毒物劇物試験問題集

序

毒物及び劇物取締法は、日常流通している有用な化学物質のうち、毒性の著しいものについて、化学物質そのものの毒性に応じて毒物又は劇物に指定し、製造業、輸入業、販売業について登録にかからしめ、毒物劇物取扱責任者を置いて管理させるとともに、保健衛生上の見地から所要の規制を行っています。

毒物劇物取扱責任者は、毒物劇物の製造業、輸入業、販売業及び届け出の必要な業務上取扱者において設置が義務づけられており、現場の実務責任者として十分な知識を有し保健衛生上の危害の防止のために必要な管理業務に当たることが期待されています。

毒物劇物取扱者試験は、毒物劇物取扱責任者の資格要件の一つとして、各都道府県の知事が概ね一年に一度実施するものであり、本書は、直近一年間に実施された全国の試験問題を道府県別、試験の種別に編集し、解答・解説を付けたものであります。

なお、解説については、この書籍の編者により編集作成し、また解説は編者により作成いたしました。この様なことから、各道府県へのお問い合わせはご容赦いただきますことをお願い申し上げます。

毒物劇物取扱者試験の受験者は、本書をもとに勉学に励み、毒物劇物に関する知識を一層深めて試験に臨み、合格されるとともに、毒物劇物に関する危害の防止についてその知識をいかんなく発揮され、ひいては、化学物質の安全の確保と産業の発展に貢献されることを願っています。

最後にこの場をかりて試験問題の情報提供等にご協力いただいた各道府県の担当の方々に深く謝意を申し上げます。

２０２０年6月

目　次

試験問題編

北海道
令和元年度実施

〔毒物及び劇物に関する法規〕
(一般・農業用品目・特定品目共通)

問1　次の文は、毒物及び劇物取締法及び同法施行令の条文の一部である。
　　□内にあてはまる語句を下欄から選びなさい。

ア　この法律で「毒物」とは、別表第一に掲げる物であって、問1及び問2以外のものをいう。

イ　興奮、幻覚又は問3の作用を有する毒物又は劇物であって政令で定めるものは、みだりに摂取し、若しくは吸入し、又はこれらの目的で問4してはならない。

ウ　次に掲げる者は、前条の毒物劇物取扱責任者となることができない。
　一　問5未満の者
　二　心身の障害により毒物劇物取扱責任者の業務を問6行うことができない者として厚生労働省令で定めるもの
　三　麻薬、大麻、あへん又は問7の中毒者

エ　毒物劇物営業者及び特定毒物研究者は、毒物又は劇物が問8にあい、又は紛失することを防ぐのに必要な措置を講じなければならない。

オ　毒物劇物営業者は、毒物又は劇物を販売し、又は授与するときは、その販売し、又は授与する時までに、譲受人に対し、当該毒物又は劇物の問9及び問10に関する情報を提供しなければならない。

＜下欄＞

問1	1　医薬品	2　医療機器	3　危険物	4　石油類
問2	1　化粧品	2　医薬部外品	3　有機溶剤	4　高圧ガス
問3	1　鎮静	2　覚せい	3　麻酔	4　鎮痛
問4	1　輸入	2　保管	3　販売	4　所持
問5	1　十六歳	2　十七歳	3　十八歳	4　二十歳
問6	1　一般に	2　直接に	3　適正に	4　確実に
問7	1　向精神薬	2　アルコール	3　シンナー	4　覚せい剤
問8	1　盗難	2　事故	3　災害	4　被害
問9	1　原材料	2　性状	3　保存方法	4　価格
問10	1　製造所所在地	2　製造年月日	3　取扱い	4　製造方法

問11　次のうち、毒物及び劇物取締法施行令で規定する「引火性、発火性又は爆発性のある毒物又は劇物であって、業務その他正当な理由による場合を除いては、所持してはならないもの」として、誤っているものはどれか。

1　ナトリウム　　2　ピクリン酸
3　塩素酸ナトリウム 30 パーセントを含有する製剤
4　亜塩素酸ナトリウム 30 パーセントを含有する製剤

問12　次のうち、「販売・授与の際の情報提供」が義務づけられていない場合はどれか。

1　農薬取締法の規定に基づく登録を受けている劇物たる農薬を販売する場合
2　すでに譲受人に対し、当該毒物又は劇物に関する情報提供が行われている場合
3　特定毒物研究者が製造した特定毒物を譲り渡す場合
4　毒物劇物製造業者が製造した毒物を、毒物劇物販売業者へ販売する場合

問 13　次のうち、「毒物又は劇物の製造業の登録を受けた者が、登録事項の変更などを行った場合、30 日以内に、厚生労働大臣又は都道府県知事に対して届け出なければならない事由」として、誤っているものはどれか。

1　製造所の名称を変更したとき
2　毒物又は劇物を貯蔵する設備の重要な部分を変更したとき
3　登録に係る毒物又は劇物の品目を追加したとき
4　当該製造所における営業を廃止したとき

問 14　次のうち「毒物又は劇物の製造業の登録を受けた者による、毒物又は劇物の取り扱い」について、誤っているものはどれか。

1　全ての毒物又は劇物について、その容器として、飲食物の容器として通常使用されている物を使用してはならない。
2　劇物の容器及び被包には、「医薬用外」の文字及び白地に赤色をもって「劇物」の文字を表示しなければならない。
3　毒物を貯蔵し、又は陳列する場所に、「医薬用外」の文字及び「毒物」の文字を表示しなければならない。
4　製造した毒物又は劇物を販売し、又は授与するときは、その容器又は被包に、製造所の名称及び所在地を記載しなければならない。

問 15　次のうち、「毒物劇物営業者が有機燐（りん）化合物たる毒物又は劇物を販売し、又は授与するときに、その容器及び被包に表示しなければならない解毒剤」として、正しいものはどれか。

1　アセトアミド　　2　ジメルカプロール　　3　チオ硫酸ナトリウム
4　2-ピリジルアルドキシムメチオダイド(別名 PAM)の製剤

問 16　次の文は、毒物及び劇物取締法の一部を抜き出したものである。□にあてはまる字句を下欄から選びなさい。

(営業の登録)
第４条
４ (…途中省略…)販売業の登録は、ごとに、更新を受けなければ、その効力を失う。

＜下欄＞
1　6年　　2　5年　　3　3年　　4　2年

問 17　次のうち、特定毒物の取り扱いとして、正しいものの組み合わせを下欄から選びなさい。

ア　特定毒物研究者は、学術研究のために特定毒物を製造することができる。
イ　特定毒物研究者は、学術研究のために特定毒物を輸入することができる。
ウ　毒物劇物製造業者は、製造に必要な特定毒物を輸入することができる。
エ　特定毒物使用者は、政令で定める用途のために特定毒物を輸入することができる。

＜下欄＞
1 (ア、イ)　　2 (ア、ウ)　　3 (イ、エ)　　4 (ウ、エ)

問 18　次のうち、「特定品目販売業者が販売することができない薬物」として、正しい組み合わせを下欄から選びなさい。

ア　クロロホルム　　イ　クレゾール　　ウ　フェノール　　エ　酢酸エチル

＜下欄＞
1 (ア、ウ)　2 (ア、エ)　3 (イ、ウ)　4 (イ、エ)

問19　次のうち、毒物劇物営業者が、常時、取引関係にある者を除き、交付を受ける者の氏名、住所を、身分証明書や運転免許証等の提示を受けて確認した後でなければ交付してはならないものはどれか。

1　トルエン　　2　シアン化カリウム
3　塩素酸塩類35％含有物　　4　アジ化ナトリウム

問20　次のうち、特定毒物の用途として、誤っているものはどれか。

1　四アルキル鉛を含有する製剤を、ガソリンへ混入する。
2　モノフルオール酢酸の塩類を含有する製剤を、かきの害虫の防除に使用する。
3　モノフルオール酢酸アミドを含有する製剤を、桃の害虫の防除に使用する。
4　ジメチルエチルメルカプトエチルチオホスフェイトを含有する製剤を、なたね害虫の防除に使用する。

〔基礎化学〕
（一般・農業用品目・特定品目共通）

問21　次のうち、「混合物等の分離または精製する方法の組合せ」として、誤っているものはどれか。

1　水とエタノールの混合物からエタノールを得る－ 蒸留
2　泥水を土と水に分離する－ 沈降とろ過
3　食塩水を塩と水に分離する－ ろ過
4　昆布からだし汁をとる－ 抽出

問22　次のうち、単体であるものを選びなさい。

1　メタン　　2　オゾン　　3　ドライアイス　　4　ガソリン

問23　硫酸20mLを0.10mol/Lの水酸化ナトリウム水溶液で中和するのに40mLを要した。硫酸の濃度として、正しいものはどれか。

1　0.10mol/L　　2　0.20mol/L　　3　0.40mol/L　　4　1.00mol/L

問24　次のうち、芳香族炭化水素はどれか。

1　アセチレン　　2　エタノール　　3　キシレン　　4　酢酸エチル

問25　次のうち、最もイオン化傾向が大きい金属はどれか。

1　Ｆｅ　　2　Ｐｔ　　3　Ｎａ　　4　Ｎｉ

問26　次の化学反応式は、プロパンの燃焼を表したものである。標準状態で1.0Ｌのプロパンから二酸化炭素は何Ｌ生成するか下欄から選びなさい。

$C_3H_8 + 5O_2 \rightarrow 3CO_2 + 4H_2O$

＜下欄＞
1　2.0Ｌ　　2　3.0Ｌ　　3　5.0Ｌ　　4　6.0Ｌ

問27　次の文の［　　］内にあてはまる語句を下欄から選びなさい。

疎水コロイドに少量の電解質を加えたとき、沈殿が生じた。
この現象のことを［　　］という。

＜下欄＞
1　ブラウン運動　　2　電気泳動　　3　チンダル現象　　4　凝析

問28　10 gのＮａＯＨは何 mol になるか。正しいものを選びなさい。ただし、原子量はＨ＝１、Ｏ＝16、Ｎａ＝23 とする。

1　0.25　　2　2.5　　3　4.0　　4　400

問29～問30　次の文の［　　］内にあてはまる語句を下欄から選びなさい。

セッケンは［問29］の脂肪酸と［問30］の水酸化ナトリウムからなる塩であり、水溶液の中で加水分解して塩基性を示す。

<下欄>

問29　1　中性　　2　弱酸　　3　弱塩基　　4　強酸
問30　1　弱塩基　　2　強塩基　　3　中性　　4　強酸

問31　次のうち、三重結合をもつものはどれか。

1　N_2　　2　O_2　　3　C_2H_4　　4　Cl_2

問32　次のうち、極性分子はどれか。

1　塩素　　2　アンモニア　　3　四塩化炭素　　4　二酸化炭素

問33　次のうち、正しい組み合わせを選びなさい。

1　アルカリ金属（１族）　：　カルシウム
2　アルカリ土類金属（２族）：　カリウム
3　ハロゲン（17 族）　：　窒素
4　希ガス（18 族）　：　ヘリウム

問34　９％塩化ナトリウム水溶液 30g に 21％塩化ナトリウム水溶液６ g を加えた溶液の質量パーセント濃度は何％になるか。最も適当なものを選びなさい。

1　7％　　2　9％　　3　11％　　4　13％

問35　次のうち、［ア］～［ウ］にあてはまる語句の組み合わせで、正しいものを下欄から選びなさい。

原子には、［ア］は同じでも［イ］の数が異なるために［ウ］が異なる原子が存在するものがあり、これらをお互いに同位体という。

<下欄>

	ア		イ		ウ
1	原子番号	－	陽子	－	電子の数
2	化学的性質	－	中性子	－	質量数
3	化学的性質	－	陽子	－	電子の数
4	原子番号	－	中性子	－	質量数

問36　次のうち、黄緑色の炎色反応を示すものはどれか。

1　カリウム　　2　カルシウム　　3　バリウム　　4　ナトリウム

問37　次のうち、「二酸化ケイ素（SiO_2）のケイ素原子と酸素原子の結合」として、正しいものはどれか。

1　イオン結合　　2　金属結合　　3　共有結合　　4　水素結合

問38　次のうち、硝酸銀水溶液を白金電極を用いて電気分解したときに、陽極に生成する物質はどれか。

1　水素　　2　銀　　3　窒素　　4　酸素

問 39　次のうち、「過マンガン酸カリウムに塩酸を加えると塩素が発生する反応」として、正しいものはどれか。

1　$2KMnO_4 + 16HCl \rightarrow 2KCl + 2MnCl_3 + 8H_2O + 4Cl_2$
2　$2KMnO_4 + 16HCl \rightarrow 2KCl + 2MnCl_2 + 8H_2O + 5Cl_2$
3　$KMnO_3 + 6HCl \rightarrow KCl + MnCl_3 + 3H_2O + Cl_2$
4　$K_2MnO_3 + 6HCl \rightarrow 2KCl + MnCl_2 + 3H_2O + Cl_2$

問 40　次のうち、酸性で赤色を呈し、アルカリ性で青色を呈する指示薬はどれか。

1　リトマス　　2　フェノールフタレイン　　3　メチルオレンジ
4　フェノールレッド

〔毒物及び劇物の性質及び貯蔵その他取扱方法〕

（一般）

問 1　次のうち、化合物の「特定毒物・毒物・劇物の区分」として、正しいものはどれか。

	化合物	区分
1	ホウフッ化カリウム	毒物
2	モノフルオール酢酸アミド	劇物
3	硫化カドミウム	特定毒物
4	ジニトロフェノール	毒物

問 2　次の文は、臭素について記述したものである。正誤について、正しい組み合わせを下欄から選びなさい。

ア　単体は常温・常圧で刺激性の臭気を放って揮発する赤褐色の重い液体である。
イ　引火性、燃焼性があり、強い腐食作用を有する。
ウ　濃塩酸と反応して高熱を発する。

<下欄>

	ア	イ	ウ
1	正	正	誤
2	正	誤	正
3	誤	正	誤
4	誤	誤	正

問 3　次のうち、硫化バリウムに関する記述について、誤っているものを選びなさい。

1　分子式はＢａＳであり、白色の結晶性粉末である。
2　水により加水分解し、水酸化バリウムと水硫化バリウムを生成してアルカリ性を示す。
3　アルコールには不溶である。
4　二酸化炭素を吸収しやすく、空気中で還元されて黒色となる。

問 4　次のうち、塩化第二水銀の毒性に関する記述について、正しいものを選びなさい。

1　急性の胃腸カタルを起こすとともに、血便を出す。頭痛、めまい、また瞳孔が開くこともある。運動及び知覚神経が麻痺を起こし、うわごとを言う。
2　粘膜接触により刺激症状を呈し、眼、鼻、咽喉及び口腔粘膜を障害する。吸入により、窒息感、咽頭及び気管支筋の強直をきたし、呼吸困難に陥る。
3　経口摂取すると、はじめに胃腸が痛み、おう吐、下痢を起こす。次いで尿が極めて少なくなる。よだれが出て、口や歯ぐきが腫れる。
4　血液毒かつ神経毒であるので、血液に作用してメトヘモグロビンを作り、チアノーゼを起こさせる。

問５　次の文は、薬物の性状と用途について記述したものである。あてはまる薬物について、正しいものを下欄から選びなさい。

別名は亜ヒ酸で、性状は無色の２つの結晶系の結晶及び無定形ガラス状であり、殺虫剤や殺鼠剤、除草剤、皮革の防虫剤、陶磁器の釉薬などに使われる。

＜下欄＞

1　三酸化二ヒ素　　2　ヒ酸カリウム　　3　硫化第二ヒ素
4　フッ化ヒ酸カリウム

問６～問７　次の薬物の性状として、最も適当なものを下欄から選びなさい

物　質　名	性　状
ホスゲン	**問６**
黄燐	**問７**

＜下欄＞

1　ニンニク臭を有し、水にはほとんど溶けず、水酸化カリウムと熱すればホスフィンを発生する。ベンゼン、二硫化炭素に可溶である。
2　気体であり、可燃性で点火すれば緑色の辺縁を有する炎をあげて燃焼する。水にはわずかに溶けるが、アルコール、エーテルには容易に溶解する。
3　常温において無色可燃性、ハッカ実臭をもつ液体である。
4　無色の窒息性ガスである。水により徐々に分解され、二酸化炭素と塩化水素を生成する。

問８　次の構造式で示される薬物の名称として、正しいものを下欄から選びなさい。

〔構造式〕

CH_3

OH

＜下欄＞

1　モノフルオール酢酸アミド　　2　メチルアミン　　3　クレゾール
4　ブロムアセトン

問９　次のうち、重クロム酸カリウムの用途はどれか。

1　媒染剤　　2　還元剤　　3　樹脂硬化剤　　4　脱水剤

問10　次の文は、ぎ酸について記述したものである。正誤について、正しい組み合わせを下欄から選びなさい。

ア　特定毒物に指定されている。
イ　無色の刺激性の強い液体である。
ウ　分子式は $C_2H_2O_4 \cdot 2H_2O$ である。
エ　還元性が強い。

＜下欄＞

	ア	イ	ウ	エ
1	正	正	正	誤
2	誤	正	誤	正
3	正	誤	正	正
4	誤	正	誤	誤

問 11　次の文は、ニコチンについて記述したものである。正誤について、正しい組み合わせを下欄から選びなさい。

ア　無色無臭の油状液体である。
イ　水、アルコール等に容易に溶ける。
ウ　除草剤として用いられる。

<下欄>

	ア	イ	ウ
1	正	正	正
2	誤	正	誤
3	誤	誤	正
4	正	正	誤

問 12　次の文は、ジ(2－クロルイソプロピル)エーテル(別名：ＤＣＩＰ)ついて記述したものである。正誤について、正しい組み合わせを下欄から選びなさい。

ア　常温・常圧では、透明な液体である。
イ　なす、セロリ、トマト等の線虫の駆除に用いられる。
ウ　燃焼法により廃棄する。

<下欄>

	ア	イ	ウ
1	正	正	正
2	誤	正	誤
3	誤	誤	正
4	正	正	誤

問 13～問 15　物質の貯蔵法について、あてはまるものを下欄から選びなさい。

ア　ロテノン　［問 13］
イ　２・２’－ジピリジリウム－１・１’－エチレンジブロミド(別名ジクワット)　［問 14］
ウ　シアン化水素　［問 15］

<下欄>

1　少量ならば、褐色ガラスびん、多量ならば銅製シリンダーを用いる。日光及び加熱をさけ、通風のよい冷所におく。きわめて猛毒であるから、爆発性、燃焼性のものと隔離すべきである。
2　耐腐食性の容器で貯蔵する。中性または酸性で安定、アルカリ溶液で薄める場合には、２～３時間以上貯蔵できない。
3　酸素によって分解し、殺虫効力を失うから、空気と光線を遮断して保存する。
4　圧縮冷却して液化し、圧縮容器に入れ、直射日光その他、温度上昇の原因をさけて冷暗所に貯蔵する。

問 16～問 18　次の物質の廃棄方法として、あてはまるものを下欄から選びなさい。

ア　キシレン　［問 16］　イ　重クロム酸ナトリウム　［問 17］
ウ　水酸化カリウム　［問 18］

<下欄>

1　水を加えて希薄な水溶液とし、酸で中和させた後、多量の水で希釈して処理する。
2　多量の水を加え希薄な水溶液とした後、次亜塩素酸塩水溶液を加え分解させる。
3　希硫酸に溶かし、還元剤の水溶液を過剰に加えた後、消石灰等で処理して水酸化物とし、沈殿ろ過する。溶出試験を行い、溶出量が判定基準以下であることを確認して埋立処分をする。
4　珪そう土等に吸収させて開放型の焼却炉で少量ずつ焼却する。

問19　次の文は、過酸化水素水について記述したものである。正しいものの組み合わせを下欄から選びなさい。

ア　黄色の液体である。
イ　H_2O_2 の水溶液である。
ウ　強い酸化力はあるが、還元力はない。
エ　消毒又は防腐の目的で、医療用に供される。

＜下欄＞
1（ア、ウ）　2（ア、エ）　3（イ、ウ）　4（イ、エ）

問20　次の文は、キシレンについて記述したものである。誤っているものを選びなさい。

1　無色透明な液体で芳香がある。
2　吸入すると、眼、鼻、のどを刺激する。
3　蒸気は空気より軽く引火しにくい。
4　オルト、メタ、パラの異性体がある。

（農業用品目）

問1～問4　次の物質を含有する製剤について、劇物の扱いから除外される濃度の上限を下欄から選びなさい。

ア　トランス－N－(6－クロロ－3－ピリジルメチル)－N'－シアノ－N－メチルアセトアミジン(別名：アセタミプリド)　［問1］以下
イ　N－メチル－1－ナフチルカルバメート(別名：カルバリル、NAC)　［問2］以下
ウ　ジニトロメチルヘプチルフェニルクロトナート(別名：ジノカップ、DPC)　［問3］以下
エ　(RS)－α－シアノ－3－フェノキシベンジル＝N－(2－クロロ－α・α・α－トリフルオロ－パラトリル)－D－バリナート(別名：フルバリネート)　［問4］以下

＜下欄＞

	1	2	3	4
問1	0.2％	2％	3％	5％
問2	0.2％	2％	3％	5％
問3	0.2％	2％	3％	5％
問4	0.2％	2％	3％	5％

問5～問7　次の化合物の分類として、あてはまるものを下欄から選びなさい。

ア　カルボスルファン　［問5］　イ　ホスチアゼート　［問6］
ウ　フェンプロパトリン　［問7］

＜下欄＞
1　ネオニコチノイド系農薬　2　ピレスロイド系農薬
3　カーバメート系農薬　4　有機燐(りん)系農薬

問8　次の文は、ニコチンについて記述したものである。正誤について、正しい組み合わせを下欄から選びなさい。

ア　無色無臭の油状液体である。
イ　水、アルコール等に容易に溶ける。
ウ　除草剤として用いられる。

＜下欄＞

	ア	イ	ウ
1	正	正	正
2	誤	正	誤
3	誤	誤	正
4	正	正	誤

問９　次の文は、ジ(２−クロルイソプロピル)エーテル(別名：ＤＣＩＰ)ついて記述したものである。正誤について、正しい組み合わせを下欄から選びなさい。

ア　常温・常圧では、透明な液体である。
イ　なす、セロリ、トマト等の線虫の駆除に用いられる。
ウ　燃焼法により廃棄する。

＜下欄＞

	ア	イ	ウ
1	正	正	正
2	誤	正	誤
3	誤	誤	正
4	正	正	誤

問10　次の文は、Ｓ・Ｓ−ビス(１−メチルプロピル)＝Ｏ−エチル＝ホスホロジチオアート(別名：カズサホス)ついて記述したものである。正誤について、正しい組み合わせを下欄から選びなさい。

ア　硫黄臭のある淡黄色の液体である。
イ　野菜等のネコブセンチュウ等の防除に用いられる。
ウ　原体は毒物である。

＜下欄＞

	ア	イ	ウ
1	正	正	正
2	誤	正	誤
3	誤	誤	正
4	正	正	誤

問11〜問13　物質の貯蔵法について、あてはまるものを下欄から選びなさい。

ア　ロテノン　［問11］
イ　２・２’−ジピリジリウム−１・１’−エチレンジブロミド(別名ジクワット)　［問12］
ウ　シアン化水素　［問13］

＜下欄＞
1　少量ならば、褐色ガラスびん、多量ならば銅製シリンダーを用いる。日光及び加熱をさけ、通風のよい冷所におく。きわめて猛毒であるから、爆発性、燃焼性のものと隔離すべきである。
2　耐腐食性の容器で貯蔵する。中性または酸性で安定、アルカリ溶液で薄める場合には、２〜３時間以上貯蔵できない。
3　酸素によって分解し、殺虫効力を失うから、空気と光線を遮断して保存する。
4　圧縮冷却して液化し、圧縮容器に入れ、直射日光その他、温度上昇の原因をさけて冷暗所に貯蔵する。

問14〜問16　次の物質の用途として、あてはまるものを下欄から選びなさい。

ア　５−メチル−１，２，４−トリアゾロ〔３，４−b〕ベンゾチアゾール(別名：トリシクラゾール)　［問14］
イ　ジメチル−２，２−ジクロルビニルホスフェイト(別名：ジクロルボス、ＤＤＶＰ)　［問15］
ウ　塩素酸ナトリウム　［問16］

＜下欄＞
1　殺菌剤　　2　殺虫剤　　3　除草剤　　4　燻蒸剤

問17〜問20　次の物質の性状として、最も適当なものを下欄から選びなさい。

ア　エチルジフェニルジチオホスフェイト(別名：エジフェンホス、ＥＤＤＰ)　［問17］
イ　モノフルオール酢酸ナトリウム　［問18］
ウ　アンモニア　［問19］
エ　１−(６−クロロ−３−ピリジルメチル)−Ｎ−ニトロイミダゾリジン−２−イリデンアミン(別名：イミダクロプリド)　［問20］

<下欄>
1 重い白色の粉末で、吸湿性があり、酢酸の臭いを有する。冷水にはたやすく溶けるが、有機溶媒には溶けない。
2 弱い特異臭のある無色結晶。水にきわめて溶けにくく、ｐＨ５及びｐＨ９で安定である。
3 特有の刺激臭のある無色の気体である。
4 淡黄色透明の液体で、水にほとんど溶けず、有機溶媒によく溶ける。

(特定品目)

問１～問４ 次の物質を含有する製剤について、劇物の扱いから除外される濃度の上限を下欄から選びなさい。

ア 硝酸 **問１** 以下　　イ アンモニア **問２** 以下
ウ 塩化水素 **問３** 以下　　エ ホルムアルデヒド **問４** 以下

<下欄>

問１	1 1％	2 5％	3 6％	4 10％
問２	1 1％	2 5％	3 6％	4 10％
問３	1 1％	2 5％	3 6％	4 10％
問４	1 1％	2 5％	3 6％	4 10％

問５ 常温常圧でのメタノールの性状として、最も適当なものはどれか。
1 黄色透明な液体であり、徐々に分解する。
2 無色透明の揮発性の液体であり、特異な香気を有する。
3 不燃性の特有の臭いを有する無色の液体であり、水に難溶である。
4 シックハウスの原因物質となるアルデヒドである。

問６～問８ 水酸化カリウムの化学式、劇物の扱いから除外される濃度の上限及び性状として、最も適当なものを下欄から選びなさい。

ア [化学式] **問６**
イ [劇物の扱いから除外される濃度] **問７**
ウ [常温・常圧における性状] **問８**

<下欄>

問６	1 H_2SO_4	2 HCl	3 KOH	4 NaOH
問７	1 ５％以下	2 10％以下	3 50％以下	4 70％以下

問８ 1 無色、可燃性のベンゼン臭を有する液体である。
2 無色透明の液体で、鼻をさすような臭気があり、アルカリ性を呈する。
3 空気中に放置すると、水分と二酸化炭素を吸収して潮解する。
4 黄色または淡黄色の結晶あるいは結晶性の粉末である。

問９～問11 次の物質の貯蔵方法として、あてはまるものを下欄から選びなさい。

ア 酢酸エチル **問９**　　イ 過酸化水素水 **問10**
ウ クロロホルム **問11**

<下欄>
1 密栓して火気を遠ざけ、冷所に貯蔵する。
2 二酸化炭素と水を強く吸収するから、密栓して保管する。
3 少量ならば褐色ガラス瓶、大量ならば大型瓶などを使用し、３分の１の空間を保って貯蔵する。
4 冷暗所に貯蔵する。純品は空気と日光によって変質するので、少量のアルコールを加えて、分解を防止する。

問 12　次の文は、クロロホルムについて記述したものである。正誤について、正しい組み合わせを下欄から選びなさい。

ア　常温・常圧では、無色無臭の液体である。
イ　アルコール溶液に、水酸化カリウム溶液と少量のアニリンを加えて熱すると、不快な刺激臭を放つ。
ウ　吸入した場合、強い麻酔作用があり、めまい、頭痛、吐き気を催し、重症の場合はおう吐、意識不明などを起こすことがある。

＜下欄＞

	ア	イ	ウ
1	正	正	正
2	誤	正	正
3	正	誤	正
4	誤	正	誤

問 13　次の文は、酸化第二水銀について記述したものである。正誤について、正しい組み合わせを下欄から選びなさい。

ア　水にはよく溶け、酸に難溶である。
イ　組成は、Hg_2O である。
ウ　「毒物及び劇物の廃棄の方法に関する基準」において、焙焼法又は沈殿隔離法で廃棄するよう記載されている。

＜下欄＞

	ア	イ	ウ
1	正	正	誤
2	正	誤	正
3	誤	誤	正
4	誤	正	誤

問 14 ～問 15　次の文は一酸化鉛に関する記述である。文中の内にあてはまる語句を下欄から選びなさい。

一酸化鉛の化学式は［問 14］であり、希硝酸に溶かすと、無色の液となり、これに硫化水素を通じると、［問 15］の硫化鉛が生じて沈殿する。

＜下欄＞
問 14　1　PbO　　2　TlCl　　3　Tl_2O　　4　$PbCO_3$
問 15　1　白色　　2　黒色　　3　黄色　　4　緑色

問 16 ～問 18　次の物質の廃棄方法として、あてはまるものを下欄から選びなさい。

ア　キシレン　［問 16］　　イ　重クロム酸ナトリウム　［問 17］
ウ　水酸化カリウム　［問 18］

＜下欄＞
1　水を加えて希薄な水溶液とし、酸で中和させた後、多量の水で希釈して処理する。
2　多量の水を加え希薄な水溶液とした後、次亜塩素酸塩水溶液を加え分解させる。
3　希硫酸に溶かし、還元剤の水溶液を過剰に加えた後、消石灰等で処理して水酸化物とし、沈殿ろ過する。溶出試験を行い、溶出量が判定基準以下であることを確認して埋立処分をする。
4　珪そう土等に吸収させて開放型の焼却炉で少量ずつ焼却する。

問 19　次の文は、過酸化水素水について記述したものである。正しいものの組み合わせを下欄から選びなさい。

ア　黄色の液体である。
イ　H_2O_2 の水溶液である。
ウ　強い酸化力はあるが、還元力はない。
エ　消毒又は防腐の目的で、医療用に供される。

＜下欄＞
1（ア、ウ）　　2（ア、エ）　　3（イ、ウ）　　4（イ、エ）

問 20　次の文は、キシレンについて記述したものである。誤っているものを選びなさい。

1　無色透明な液体で芳香がある。
2　吸入すると、眼、鼻、のどを刺激する。
3　蒸気は空気より軽く引火しにくい。
4　オルト、メタ、パラの異性体がある。

〔実　　地〕

(一般)

問21～問22　フッ化水素酸の性状及び鑑識法について、最も適当なものを下欄から選びなさい。

〔性状〕　問 21　　〔鑑識法〕　問 22

＜下欄＞

問 21

1　金属光沢をもつ銀白色の金属で、水に入れると水素を生じ、常温では発火する。
2　淡黄色の光沢ある小葉状あるいは針状結晶で、刺激により爆発する。
3　腐ったキャベツ様の悪臭を有する気体で、水に溶けて結晶性の水和物を生成する。
4　無色またはわずかに着色した透明の液体で、特有の刺激臭がある。不燃性で高濃度のものは空気中で白煙を生じる。

問 22

1　水酸化ナトリウム溶液を加えて熱すれば、クロロホルム臭がする。
2　希硫酸に冷時反応して分解し、褐色の蒸気を出す。
3　炭の上に小さな孔をつくり、無水炭酸ナトリウムの粉末とともに本品を吹管炎で熱灼すると、褐色の塊となる。
4　ロウを塗ったガラス板に針で任意の模様を描いたものに本品を塗ると、ロウをかぶらない模様の部分にのみ反応する。

問 23　ピクリン酸の鑑識法として、あてはまるものはどれか。

1　水溶液に1/4量のアンモニア水と数滴のさらし粉溶液を加えてあたためると、藍色を呈する。
2　温飽和水溶液は、シアン化カリウム溶液によって暗赤色を呈する。
3　デンプンによって藍色を呈し、これを熱すると退色するが、冷やすと再び藍色を呈する。
4　暗室内で酒石酸または硫酸酸性で水蒸気蒸留を行い、その際冷却器あるいは流出管の内部に美しい青白色の光がみられる。

問 24　次のうち、硫酸亜鉛の廃棄方法はどれか。

1　水に溶かし、硫酸第一鉄の水溶液を加えて処理し、沈殿ろ過して埋立処分する。
2　アフターバーナーを具備した焼却炉で焼却する。水溶液の場合は、木粉(おが屑)等に吸収して同様に処理する。
3　水に溶かし、水酸化カルシウム、炭酸カルシウム等の水溶液を加えて処理し、沈殿ろ過して埋立処分する。多量の場合には、還元焙燃法により回収する。
4　少量の界面活性剤を加えた亜硫酸ナトリウムと炭酸ナトリウムの混合溶液中で撹拌し分解させた後、多量の水で希釈して処理する。

問25　次のうち、シアン化ナトリウムの漏えい時の措置について、「毒物及び劇物の運搬事故時における応急措置に関する基準」に照らし、あてはまるものを選びなさい。

1 飛散したものは空容器にできるだけ回収する。砂利等に付着している場合は、砂利等を回収し、そのあとに水酸化ナトリウム等の水溶液を散布してアルカリ性とし、さらに酸化剤(次亜塩素酸ナトリウム、さらし粉等)の水溶液で酸化処理を行い、多量の水を用いて洗い流す。
2 少量の場合、漏えいした液は過マンガン酸カリウム水溶液(5%)、さらし粉水溶液又は次亜塩素酸ナトリウム水溶液で処理すると共に、至急関係先に連絡し専門家に任せる。
3 流動パラフィン浸漬品の場合、露出したものは、速やかに拾い集めて灯油又は流動パラフィンの入った容器に回収する。砂利、石等に付着している場合は、砂利、石等ごと回収する。
4 多量の場合、漏えいした液は土砂等でその流れを止め、多量の活性炭又は消石灰を散布して覆い至急関係先に連絡し専門家の指示により処理する。

問26　次のうち、酢酸鉛の廃棄方法はどれか。

1 沈殿隔離法　　2 燃焼法　　3 活性汚泥法　　4 酸化法

問27～問28 トリクロル酢酸の性状及び廃棄方法について、最も適当なものを下欄から選びなさい。

〔性状〕　問27　　〔廃棄方法〕　問28

<下欄>

問27

1 無色の斜方六面形結晶で、潮解性をもち、微弱の刺激性臭気を有する。
2 淡黄色の光沢ある小葉状あるいは針状結晶で、急熱あるいは刺激により爆発する。
3 金属光沢をもつ銀白色の金属で、水に入れると水素を生じ、常温では発火する。
4 橙黄色の結晶で、水によく溶けるが、アルコールには溶けない。

問28

1 水酸化ナトリウム水溶液を加えてアルカリ性とし、酸化剤(次亜塩素酸ナトリウム、さらし粉等)の水溶液を加えて酸化分解する。
2 可燃性溶剤とともにアフターバーナーおよびスクラバーを備えた焼却炉の火室に噴霧して焼却する。
3 そのまま再生利用するため蒸留する。
4 セメントを用いて固化し、溶出試験を行い、溶出量が判定基準以下であることを確認して埋立処分する。

問29～問30　次の薬物の治療・解毒剤として、あてはまるものを下欄から選びなさい。

ア　シアン化合物　問29　　　イ　鉛　問30

<下欄>

1 硫酸アトロピン、プラリドキシムヨウ化物(パム)
2 カルシウム剤
3 亜硝酸ナトリウム、チオ硫酸ナトリウム
4 エデト酸カルシウム二ナトリウム

問31～問34　次の物質の毒性や中毒の症状として、あてはまるものを下欄から選びなさい。

ア　クロルピクリン　**問31**
イ　エチルパラニトロフェニルチオノベンゼンホスホネイト(別名：ＥＰＮ)　**問32**
ウ　ニコチン　**問33**　エ　シアン化ナトリウム　**問34**

<下欄>

1　皮膚や粘膜、経口摂取によって吸収される。コリンエステラーゼ阻害作用により、神経系に影響を与え、頭痛、めまい、おう吐、縮瞳、全身痙攣(けいれん)等を起こす。
2　皮膚、消化管や気道の粘膜から吸収され、頭痛、めまい、意識不明、呼吸麻痺等を起こす。酸と反応すると青酸ガスを発生する。
3　猛烈な神経毒である。急性中毒では、よだれ、悪心、おう吐があり、意識喪失、呼吸困難、痙攣(けいれん)をきたす。
4　流涙、咳、鼻汁など粘膜刺激症状を示す。摂取すると肺などに強い障害を与える。

問35～問38　次の文は、ケイフッ化ナトリウムについての記述である。文中の□内にあてはまる語句として、最も適当なものを下欄から選びなさい。

〔化学式〕　**問35**
〔性状〕　**問36**の結晶。水に溶けにくく、アルコールには不溶。
〔用途〕　**問37**　、試薬
〔廃棄方法〕　**問38**

<下欄>

	1	2	3	4
問35	Na_2SiO_3	Na_2SiF_6	H_2SiF_6	K_2SiF_6
問36	赤色	青色	黄色	白色
問37	釉(ゆう)薬	防腐剤	漂白剤	殺鼠剤
問38	燃焼法	酸化法	アルカリ法	分解沈殿法

問39～問40　次の物質の取り扱い上の注意事項について、あてはまるものを下欄から選びなさい。

ア　重クロム酸アンモニウム　**問39**　イ　四塩化炭素　**問40**

<下欄>

1　引火しやすく、またその蒸気は空気と混合して爆発性の混合ガスとなるので、火気に近づけない。
2　火災などで強熱されるとホスゲンを発生する恐れがあるので注意する。
3　水と急激に接触すると多量の熱を発生し、飛散することがあるので注意する。
4　可燃物と混合すると常温でも発火することがある。200度付近に加熱すると発光しながら分解するので注意する。

(農業用品目)

問21～問22　次の文は、ジメチル－４－メチルメルカプト－３－メチルフェニルチオホスフェイト(別名：ＭＰＰ、フェンチオン)の用途と性状について記述したものである。にあてはまる語句として最も適当なものを下欄から選びなさい。

用途：［問 21］　　性状：弱い［問 22］を有する液体

＜下欄＞

問 21

１ 殺菌剤　　２ 殺鼠剤　　３ 植物成長調整剤　　４ 殺虫剤

問 22

１ エーテル臭　　２ アンモニア臭　　３ ハッカ実臭　　４ ニンニク臭

問 23 ～問 26　次の物質の廃棄方法について、あてはまるものを下欄から選びなさい。

ア　Ｎ－メチル－１－ナフチルカルバメート(別名：カルバリル、ＮＡＣ)　［問 23］

イ　塩化銅(Ⅱ)(別名：塩化第二銅)　［問 24］

ウ　アンモニア　［問 25］

エ　エチルパラニトロフェニルチオノベンゼンホスホネイト(別名：ＥＰＮ)　［問 26］

＜下欄＞

１ 可燃性溶剤とともにアフターバーナー及びスクラバーを具備した焼却炉の火室へ噴霧し、焼却する。

２ 水で希薄な水溶液とし、希塩酸又は希硫酸などで中和させた後、多量の水で希釈して処理する。

３ 水酸化ナトリウム水溶液と加温して加水分解する。

４ 多量の場合には還元焙(ばい)焼法により金属を回収する。

問 27 ～問 28　次の物質の色について、 最も適当なものを下欄から選びなさい。

ア　ジメチル－(Ｎ－メチルカルバミルメチル)－ジチオホスフェイト(別名：ジメトエート)　［問 27］

イ　ジニトロメチルヘプチルフェニルクロトナート(別名：ジノカップ)　［問 28］

＜下欄＞

１ 青色　　２ 暗褐色　　３ 白色　　４ 深紅色

問 29 ～問 30　１，１’－ジメチル－４，４’－ジピリジニウムジクロリド(別名：パラコート)にあてはまるものを下欄から選びなさい。

ア　性状：［問 29］　　イ　廃棄方法：［問 30］

＜下欄＞

問 29

１ 液体で、催涙性があり、強い刺激臭がある。
２ 液体で、発煙性がある。
３ 粉末で、水、アルコールに溶けない。
４ 結晶で、水に非常に溶けやすい。

問 30

１ 燃焼法　　２ 分解沈殿法　　３ 固化隔離法　　４ 還元法

問 31 〜問 34　次の物質の毒性や中毒の症状として、あてはまるものを下欄から選びなさい。

ア　クロルピクリン　問 31
イ　エチルパラニトロフェニルチオノベンゼンホスホネイト（別名：ＥＰＮ）　問 32
ウ　ニコチン　問 33　　　エ　シアン化ナトリウム　問 34

＜下欄＞

1　皮膚や粘膜、経口摂取によって吸収される。コリンエステラーゼ阻害作用により、神経系に影響を与え、頭痛、めまい、おう吐、縮瞳、全身痙攣（けいれん）等を起こす。
2　皮膚、消化管や気道の粘膜から吸収され、頭痛、めまい、意識不明、呼吸麻痺等を起こす。酸と反応すると青酸ガスを発生する。
3　猛烈な神経毒である。急性中毒では、よだれ、悪心、おう吐があり、意識喪失、呼吸困難、痙攣（けいれん）をきたす。
4　流涙、咳、鼻汁など粘膜刺激症状を示す。摂取すると肺などに強い障害を与える。

問 35 〜問 37　次の物質の鑑別方法として、あてはまるものを下欄から選びなさい。

ア　硫酸亜鉛　問 35
イ　燐（りん）化アルミニウムとその分解促進剤とを含有する製剤　問 36
ウ　クロルピクリン　問 37

＜下欄＞

1　水に溶かして硫化水素を通じると、白色の沈殿を生じる。また、水に溶かして塩化バリウムを加えると、白色の沈殿を生じる。
2　水溶液に金属カルシウムを加え、これにベタナフチルアミン及び硫酸を加えると、赤色の沈殿を生じる。
3　本剤より発生したガスは、5 〜 10 ％硝酸銀溶液を吸着させたろ紙を黒変させる。
4　濃硫酸をうるおしたガラス棒を近づけると、白い霧を生じる。また、塩酸を加えて中和したのち、塩化白金を加えると、黄色、結晶性の白い沈殿を生じる。

問 38 〜問 40　次の物質の漏えい時の措置について「毒物及び劇物の運搬事故時における応急措置に関する基準」に照らし、あてはまるものを下欄から選びなさい。

ア　ブロムメチル　問 38　　　イ　燐（りん）化亜鉛　問 39
ウ　2－イソプロピル－4－メチルピリミジル－6－ジエチルチオホスフェイト（別名：ダイアジノン）　問 40

＜下欄＞

1　飛散した物質の表面を速やかに土砂等で覆い、密閉可能な空容器にできるだけ回収して密閉する。この物質で汚染された土砂等も同様の措置をし、そのあとを多量の水を用いて洗い流す。
2　多量に漏えいした場合、漏えいした液は、土砂等でその流れを止め、液が広がらないようにして蒸発させる。
3　漏えいした液は土砂等でその流れを止め、安全な場所に導き、空容器にできるだけ回収し、そのあとを消石灰等の水溶液を用いて処理し、多量の水を用いて洗い流す。洗い流す場合には、中性洗剤等の分散剤を使用して洗い流す。この場合、濃厚な廃液が河川等に排出されないよう注意する。
4　多量に漏えいした場合、漏えいした液は、土砂等でその流れを止め、安全な場所に導いて遠くから多量の水をかけて洗い流す。この場合、濃厚な廃液が河川等に排出されないよう注意する。

(特定品目)

問21～問23　次の物質の鑑識法として、あてはまるものを下欄から選びなさい。

ア　ホルマリン　問21　　イ　硫酸　問22　　ウ　蓚(しゅう)酸　問23

<下欄>

1　アンモニア水を加え、さらに硝酸銀溶液を加えると、徐々に金属銀を析出する。また、フェーリング溶液とともに熱すると、赤色の沈殿を生じる。
2　水溶液をアンモニア水で弱アルカリ性にして塩化カルシウムを加えると、白色の沈殿を生成する。
3　濃塩酸をうるおしたガラス棒を近づけると、白い霧を生じる。
4　希釈水溶液に塩化バリウムを加えると、白色の沈殿を生じる。この沈殿は塩酸や硝酸に溶けない。

問24　次のうち、「毒物劇物特定品目販売業者が販売できる物質又は製剤」として、正しいものの組み合わせを下欄から選びなさい。

a　燐(りん)化亜鉛　　b　フッ化水素　　c　塩素　　d　トルエン

<下欄>

1（a、b）　2（a、c）　3（b、d）　4（c、d）

問25～問28　次の文は、ケイフッ化ナトリウムについての記述である。文中の内にあてはまる語句として、最も適当なものを下欄から選びなさい。

〔化学式〕　問25
〔性状〕　問26 の結晶。水に溶けにくく、アルコールには不溶。
〔用途〕　問27 、試薬
〔廃棄方法〕　問28

<下欄>

	1	2	3	4
問25	Na_2SiO_3	Na_2SiF_6	H_2SiF_6	K_2SiF_6
問26	赤色	青色	黄色	白色
問27	釉(ゆう)薬	防腐剤	漂白剤	殺鼠剤
問28	燃焼法	酸化法	アルカリ法	分解沈殿法

問29～問32　次の物質の毒性や中毒の症状として、あてはまるものを下欄から選びなさい。

ア　蓚(しゅう)酸　問29　　イ　水酸化カリウム　問30　　ウ　クロム酸カリウム　問31
エ　酢酸エチル　問32

<下欄>

1　ダストやミストを吸入すると呼吸器官を侵し、眼に入った場合には失明のおそれがある。
2　血液中のカルシウム分を奪取し、神経系を侵す。急性中毒症状は、胃痛、おう吐、口腔・咽喉の炎症などを引き起こす。
3　口と食道が赤黄色に染まり、のちに青緑色に変化する。腹痛が生じ、緑色のものを吐き出し、血の混じった便をする。
4　吸入した場合、短時間の興奮期を経て、麻酔状態に陥ることがある。

問 33 ～問 36　次の物質の漏えい時の措置について、「毒物及び劇物の運搬事故時における応急措置に関する基準」に照らし、あてはまるものを下欄から選びなさい。

ア　硝酸　問 33　　　　イ　クロム酸ナトリウム　問 34
ウ　酢酸エチル　問 35　　エ　液化塩素　問 36

＜下欄＞

1　飛散したものはできるだけ回収し、そのあと還元剤(硫酸第一鉄等)の水溶液を散布し、消石灰、ソーダ灰等の水溶液で処理したのち、多量の水を用いて洗い流す。

2　漏えいした液は土砂等でその流れを止め、安全な場所に導いた後、液の表面を泡等で覆い、できるだけ空容器に回収する。その後は多量の水を用いて洗い流す。

3　少量漏えいした液は土砂等に吸着させて取り除くか、又はある程度水で徐々に希釈した後、消石灰、ソーダ灰等で中和し、多量の水を用いて洗い流す。
　多量漏えいした液は土砂等でその流れを止め、これに吸着させるか又は安全な場所に導いて、遠くから徐々に注水してある程度希釈した後、消石灰、ソーダ灰等で中和し、多量の水を用いて洗い流す。

4　漏えい箇所や漏えいした液には消石灰を十分に散布し、ムシロ、シート等をかぶせ、その上に更に消石灰を散布し吸収させる。多量にガスが噴出した場所には遠くから霧状の水をかけて吸収させる。

問 37 ～問 38　次の物質の用途として、あてはまるものを下欄から選びなさい。

ア　酸化第二水銀　問 37　　　イ　蓚酸　問 38

＜下欄＞

1　殺鼠剤　　2　殺菌剤　　3　漂白剤　　4　塗料

問 39 ～問 40　次の物質の取り扱い上の注意事項について、あてはまるものを下欄から選びなさい。

ア　重クロム酸アンモニウム　問 39
イ　四塩化炭素　問 40

＜下欄＞

1　引火しやすく、またその蒸気は空気と混合して爆発性の混合ガスとなるので、火気に近づけない。

2　火災などで強熱されるとホスゲンを発生する恐れがあるので注意する。

3　水と急激に接触すると多量の熱を発生し、飛散することがあるので注意する。

4　可燃物と混合すると常温でも発火することがある。200 度付近に加熱すると発光しながら分解するので注意する。

青森県
令和元年度実施

〔毒物及び劇物に関する法規〕
（一般・農業用品目・特定品目共通）

問１ 次の文章のうち、法第１条（目的）の条文として正しいものを下欄から選びなさい。

【下欄】

① この法律は、毒物及び劇物の濫用による保健衛生上の危害を防止するため、毒物及び劇物の輸入、輸出、所持、製造、譲渡、譲受及び使用に関して必要な取締を行うことを目的とする。
② この法律は、毒物及び劇物の安全性の向上、安定供給の確保及び適正な使用の推進のため必要な措置を講ずるとともに、毒物及び劇物使用者の保護を図るために必要な規制を行うことにより、国民の保健衛生の向上に資することを目的とする。
③ この法律は、毒物及び劇物の安全性の確保のために公衆衛生の見地から必要な規制その他の措置を講ずることにより、毒物及び劇物に起因する衛生上の危害の発生を防止し、もって国民の健康の保護を図ることを目的とする。
④ この法律は、毒物及び劇物について、保健衛生上の見地から必要な取締を行うことを目的とする。

問２ 次の文章は、法第２条の条文の一部である。（　）の中に入るべき語句の正しい組み合わせを下表から選びなさい。

この法律で「毒物」とは、別表第一に掲げる物であつて、（ ア ）以外のものをいう。 この法律で「特定毒物」とは、（ イ ）であつて、別表第三に掲げるものをいう。

【下表】

	ア	イ
①	医薬品及び医薬部外品	毒物
②	医薬品	毒物
③	医薬品	特定の用に供するもの
④	医薬品及び医薬部外品	特定の用に供するもの

問３ 次のア～オのうち、法第３条の３に規定する「興奮、幻覚又は麻酔の作用を有する毒物又は劇物（これらを含有する物を含む。）であつて政令で定めるもの」に該当するものの正しい組み合わせを下欄から選びなさい。

ア トルエン
イ エタノールを含有するシンナー
ウ メチルエチルケトンを含有する塗料
エ メタノールを含有する接着剤
オ クロロホルム

【下欄】

①(ア, イ)　　②(ア, エ)　　③(ウ, オ)　　④(エ, オ)

問4　次の文章は、法第3条の4の条文である。(　　)の中に入るべき語句の正しい組 合せを下表から選びなさい。

引火性、(ア)又は爆発性のある毒物又は劇物であつて政令で定めるもの は、業務その他正当な(イ)による場合を除いては、(ウ)してはならない。

【下表】

	ア	イ	ウ
①	燃焼性	理由	所持
②	発火性	理由	所持
③	発火性	権利	販売
④	燃焼性	権利	販売

問5　次の文章は、法第5条の条文である。( )内に当てはまる語句として、正しいものを下欄から選びなさい。

厚生労働大臣、都道府県知事、保健所を設置する市の市長又は特別区の区長は、毒物又は劇物の製造業、輸入業又は販売業の登録を受けようとする者の設備が、厚生労働省令で定める基準に適合しないと認めるとき、又はその者が第 19 条第2項若しくは第4項の規定により登録を取り消され、取消の日から起算して(**問5**)を経過していないものであるときは、第4条の登録をしてはならない。

【下欄】

① 1年　② 2年　③ 3年　④ 5年

問6～8　次の文章は、法第8条の条文の一部である。(　　)の中に入るべき語句の正しい組合せを下欄から選びなさい。

次に掲げる者は、前条の毒物劇物取扱責任者となることができない。

一　(**問6**)未満の者

二　略

三　麻薬、大麻、あへん又は(**問7**)の中毒者

四　毒物若しくは劇物又は薬事に関する罪を犯し、罰金以上の刑に処せられ、その執行を終り、又は執行を受けることがなくなつた日から起算して(**問8**)を経過していない者

【下欄】

問6	① 14 歳	② 16 歳	③ 18 歳	④ 20 歳
問7	① コカイン	② タバコ	③ アルコール	④ 覚せい剤
問8	① 2年	② 3年	③ 4年	④ 5年

問9　次のア～ウの記述の正誤について、正しい組合せを下表から選びなさい。

ア　特定毒物を製造できる者は、毒物若しくは劇物の製造業者又は特定毒物研究者である。

イ　毒物又は劇物の製造業者は、販売業の登録を受けることなく、農家に毒物または劇物を販売することができる。

ウ　農業用品目毒物劇物取扱者試験に合格した者は、農業用品目販売業及び特定品目販売業の店舗で、毒物劇物取扱責任者となることができる。

	ア	イ	ウ
①	誤	正	誤
②	正	誤	誤
③	誤	誤	正
④	正	正	正

問 10　以下の事項のうち、毒物劇物販売業者が法第 10 条の規定により、変更の届出を要するものとして、正しい組合せを下欄から選びなさい。

ア　毒物劇物販売業者が法人の場合、その役員を変更した場合
イ　当該店舗を他の場所へ移転した場合
ウ　当該店舗の営業を休止した場合
エ　毒物劇物販売業者が法人の場合、その名称を変更した場合
オ　毒物劇物販売業者が法人の場合、その主たる事務所の所在地を変更した場合

【下欄】

①（ア、ウ）　②（イ、ウ）　③（イ、エ）　④（エ、オ）

問 11　次のうち、毒物劇物営業者が毒物又は劇物の容器として、飲食物の容器を使用できないものを下欄から選びなさい。

【下欄】

①　毒物のみ
②　毒物及びすべての劇物
③　毒物及び刺激臭のある劇物以外の劇物
④　毒物及び揮発性の劇物以外の劇物

問 12 次の文章の（　）内に当てはまる語句として、正しいものを下欄から選びなさい。

毒物劇物営業者及び特定毒物研究者は、毒物又は劇物の容器及び被包に、「医薬用外」の文字及び劇物については（ **問 12** ）をもって「劇物」の文字を表示しなければならない。

【下欄】

①　白地に赤色　②　赤地に白色　③　黒地に白色　④　白地に黒色

問 13　次の文章は、法第 12 条の一部である。（　）の中に入るべき語句の正しい組合せを下表から選びなさい。

毒物劇物営業者は、その容器及び被包に、左に掲げる事項を表示しなければ、毒物又は劇物を販売し、又は授与してはならない。
一　毒物又は劇物の（ ア ）
二　毒物又は劇物の成分及びその（ イ ）
三　厚生労働省令で定める毒物又は劇物については、それぞれ厚生労働省令で定めるその（ ウ ）の名称

	ア	イ	ウ
①	商品名	化学式	解毒剤
②	名称	化学式	治療剤
③	商品名	含量	治療剤
④	名称	含量	解毒剤

問 14　農業用劇物の着色に関する次の記述について、（　）内に当てはまる語句として、正しいものを下欄から選びなさい。

法第 13 条の規定により、毒物劇物営業者は、硫酸タリウムを含有する製剤たる劇物をあせにくい（ **問 14** ）色で着色しなければ、農業用として販売してはならない。

【下欄】

① 赤	② 黄	③ 黒	④ 青

問 15　次のうち、毒物劇物営業者が、毒物又は劇物を他の毒物劇物営業者に販売し、又は授与したとき、その都度、書面に記載しておかなければならない事項として正しい組合せを下欄から選びなさい。

ア　譲受人の年齢
イ　譲受人の職業
ウ　譲受人の住所(法人にあつては、その名称及び主たる事務所の所在地)
エ　毒物又は劇物の使用目的
オ　毒物又は劇物の性状

【下欄】

①（ア、イ）	②（ア、エ）	③（イ、ウ）	④（ウ、オ）

問 16　問 15 における書面の、販売又は授与の日からの保存期間を下欄から選びなさい。

【下欄】

① 1年間	② 2年間	③ 3年間	④ 5年間

問 17　次の文章は、法第 15 条の条文の一部である。（　）内に当てはまる語句として、正しいものを下欄から選びなさい。

毒物劇物営業者は、毒物又は劇物を次に掲げる者に交付してはならない。
一　（ **問 17** ）未満の者
二、三　略

【下欄】

① 12 歳	② 16 歳	③ 18 歳	④ 20 歳

問 18　次の文章は法第 16 条の２の条文の一部である。（　）内に当てはまる語句として、正しいものを下欄から選びなさい。

毒物劇物営業者及び特定毒物研究者は、その取扱いに係る毒物又は劇物が盗難にあい、又は紛失したときは、直ちに、その旨を（ 問 18 ）に届け出なければならない。

【下欄】

① 保健所	② 警察署	③ 消防署	④ 製造業者

問 19　法第 22 条第１項に規定する業務上取扱者の届出が必要な事業でないものを下欄から選びなさい。

【下欄】

① 電気めつきを行う事業	② 金属熱処理を行う事業
③ 野ねずみの駆除を行う事業	④ しろありの防除を行う事業

問 20　次のア～ウの記述の正誤について、正しい組合せを下表から選びなさい。

ア　特定毒物の容器及び被包には、「特定毒物」の文字が記載されていなければならない。
イ　毒物劇物営業者は、毒物の容器に「医薬用外」の文字及び「毒」の文字を表示しなければならない。
ウ　大学や病院において業務上劇物を取り扱う者は、その劇物を貯蔵する場所に、「医薬用外」および「劇物」の文字を表示する義務はない。

	ア	イ	ウ
①	誤	誤	誤
②	誤	正	正
③	正	正	誤
④	正	誤	正

〔基礎化学〕
（一般・農業用品目・特定品目共通）

問 21 ～ 24　次の元素の分類として、正しいものを下欄から選びなさい。

問 21　Ca　　問 22　F　　問 23　He　　問 24　Li

【下欄】

① アルカリ金属	② アルカリ土類金属	③ ハロゲン	④ 希ガス

問 25　次のうち、電気陰性度が最も大きいものはどれか。下欄から選びなさい。

【下欄】

① Na	② S	③ F	④ He

問 26　次の同位体に関するア～エの記述の正誤について、正しい組み合わせを下表から選びなさい。

ア　原子番号が異なる。
イ　陽子の数が異なる。
ウ　中性子の数が異なる。
エ　質量数が異なる。

	ア	イ	ウ	エ
①	正	正	誤	誤
②	誤	誤	正	誤
③	誤	誤	正	正
④	正	誤	誤	正

問 27　次のうち、最も沸点が高いものはどれか。下欄から選びなさい。

【下欄】

① HF	② HCl	③ HBr	④ HI

問 28　次のうち、水に溶かしたときにアルカリ性を示す物質はどれか。下欄から選びなさい。

【下欄】

① $NaCl$	② $NaHCO_3$	③ NH_4Cl	④ Na_2SO_4

問 29　次の分子のうち、極性分子はどれか。下欄から選びなさい。

【下欄】

① 水	② 塩素	③ メタン	④ 二酸化炭素

問 30 ～ 32　プロパン C_3H_8 を完全燃焼させたときの化学反応式における各係数について、最も適切な値を下欄から選びなさい。

C_3H_8 +（問 30）O_2 →（問 31）CO_2 +（問 32）H_2O

【下欄】

問 30	① 2	② 3	③ 4	④ 5
問 31	① 2	② 3	③ 4	④ 5
問 32	① 2	② 3	③ 4	④ 5

問 33 ～ 35　次に示した各水溶液の水素イオン指数 pH の値として、最も適切な値 を下欄から選びなさい。
ただし、水溶液の温度は 25℃、水のイオン積は
$[H^+][OH^-] = 1.0 \times 10^{-14}\ (mol/L)^2$　とする。

問 33　0.01mol/L の塩酸（電離度 1.0）
問 34　0.001mol/L の水酸化ナトリウム水溶液（電離度 1.0）
問 35　0.01mol/L のアンモニア水溶液（電離度 0.01）

【下欄】

問 33	① 2	② 3	③ 4	④ 5
問 34	① 10	② 11	③ 12	④ 13
問 35	① 10	② 11	③ 12	④ 13

問 36　次のうち、1.0g の水酸化ナトリウムを水に溶かして 500mL とした水溶液のモル濃度として、最も適切な値を下欄から選びなさい。
ただし、原子量はH ＝ 1 、O = 16、Na = 23 とする。

【下欄】

① 0.025mol/L	② 0.05mol/L	③ 0.10mol/L	④ 0.25mol/L

問 37　圧力 1.0×10^5 Ｐａで 5.0L を占める気体を、一定温度で体積を 2.0L にしたときの圧力として、最も適切な値を下欄から選びなさい。

【下欄】

①　1.0×10^5 Pa	②　1.5×10^5 Pa	③　2.0×10^5 Pa	④　2.5×10^5 Pa

問 38　次のア～ウの物質において、その構造内に含まれる官能基の正しい組み合わせを下表から選びなさい。

ア　アセトン　　イ アニリン　　ウ　エタノール

	ア	イ	ウ
①	ケトン基	アミノ基	ヒドロキシ基
②	カルボキシ基	アミノ基	アルデヒド基
③	ケトン基	ニトロ基	アルデヒド基
④	カルボキシ基	ニトロ基	ヒドロキシ基

問 39 次のうち、芳香族化合物でないものはどれか。下欄から選びなさい。

【下欄】

①　安息香酸	②　フェノール	③　エチレングリコール	④　クレゾール

問 40　次のア～ウの有機化合物に関する記述の正誤について、正しい組み合わせを下表から選びなさい。

ア　炭化水素は炭素、水素のみからなる。
イ　アセチレンは二重結合を有している。
ウ　プロパンには構造異性体が存在しない。

	ア	イ	ウ
①	正	正	誤
②	誤	正	正
③	誤	誤	誤
④	正	誤	正

〔毒物及び劇物の性質及び貯蔵その他取扱方法〕

（一般）

問 41 ～ 44　次の表に示した項目について、該当する物質として最も適当なものを下欄から選びなさい。

	性状	用途	貯蔵法
問 41	無色の気体または液体。特異臭あり。引火性有する。	アクリルニトリル、アクリル酸樹脂、乳酸などの有機合成原料。	少量は褐色ガラス瓶、多量では銅製シリンダーで、拡散防止のため、爆発性、燃焼性物質から隔離して保管。
問 42	無色無臭の油状液体。空気中では速やかに褐色に変化。	農業用殺虫剤、防虫剤。	吸湿性のため密閉し、冷乾燥場所に保管。強酸化剤および食品や飼料から離しておく。
問 43	無色の液体。揮発性を有し、蒸気は空気より重く不燃性である。光により分解し徐々にホスゲン、塩化水素などを生じる。	溶媒として広く用いられる。	純品は空気と日光によって変質するため、少量のアルコー ルを加えて冷暗所に保管。
問 44	無色油状液体。市販品は淡黄色を呈する。強い刺激臭。	土壌燻蒸剤。	酸化剤から離し、密栓して換気の良い場所へ保管。

【下欄】

①　ニコチン	②　クロロホルム	③　シアン化水素	④　クロルピクリン

問 45 ～問 48　以下の物質の人体に対する代表的な中毒症状について、最も適当なものを下欄から選びなさい。

問 45　亜硝酸ナトリウム　　**問 46**　ジクワット　　**問 47**　ピクリン酸

問 48　蓚（しゅう）酸

【下欄】

① 誤って嚥下した場合に、消化器障害、ショックのほか、数日遅れて腎臓機能障害、肺の軽度の障害を起こすことがある。
② 多量に服用すると、嘔吐（おうと）、下痢などを起こし、諸器官は黄色に染まる。
③ ヘモグロビンを酸化させ酸素運搬機能を失わせるため、血液はしだいに暗黒色となる。また、中枢神経を麻痺するとともに、めまいがして、ひどくなると血圧低下する。
④ 血液中の石灰分を奪取し、神経系を侵す。急性中毒症状は、胃痛、嘔吐（おうと）、口腔（こうこう）、咽喉に炎症を起こし、腎臓が侵される。

問 49 ～問 50　次の物質について、中毒時の処置に使用するものとして最も適当なものを下欄から選びなさい。

問 49　パラチオン　　　問 50　シアン化合物

【下欄】

①　カルシウム剤	②　アセトアミド
③　PAM（2-ピリジンアルドキシムメチオダイド）	④　亜硝酸ナトリウム

（農業用品目）

問 41 ～ 44　次の表に示した項目について、該当する物質として最も適当なものを下欄から選びなさい。

	性状	用途	貯蔵法
問 41	無色油状液体。市販品 は淡黄色を呈する。強い刺激臭。	土壌燻蒸剤。	酸化剤から離し、密栓して換気の良い場所に保管。
問 42	白色結晶で水に溶けやすい。強アルカリ性で分解。	除草剤。	密封し、食品や飼料から離して保管。
問 43	斜方六面体結晶。 デリス根に含有する成分。	殺虫剤。	空気と光線を遮断して保管。
問 44	白色粉末。 潮解性あり。	冶金、電気メッキ。 殺虫剤。	多量の場合ブリキ缶、鉄ドラム缶で、酸類とは離して、乾燥した冷所に密封して保管。

【下欄】

①　パラコート　②　ロテノン　③　クロルピクリン　④　シアン化カリウム

問 45 ～ 48　以下の物質の人体に対する代表的な中毒症状について、最も適当なものを下欄から選びなさい。

問 45　塩素酸カリウム　　　問 46　DDVP　　　問 47　ニコチン
問 48　モノフルオロ酢酸ナトリウム

【下欄】

①　血液中のコリンエステラーゼ阻害作用を有し、副交感神経刺激症状を呈す。 頭痛、めまい、意識混濁等の症状を引き起こす。
②　猛烈な神経毒がある。急性中毒では、よだれ、吐気、悪心、嘔吐があり、 ついで脈拍緩徐不整となり、発汗、瞳孔縮小、呼吸困難、痙攣をきたす。
③　血液毒である。溶血、メトヘモグロビン生成及び腎臓障害を生じることが ある。
④　細胞内のＴＣＡサイクルを阻害し、過興奮・嘔吐・筋痙攣・呼吸抑制・心不全症状を呈す。

問 49 ～問 50　次の物質について、中毒時の処置に使用するものとして最も適当なものを下欄から選びなさい。

問 49　カルバメート系殺虫剤　　　問 50　硫酸銅（Ⅱ）

【下欄】

①　カルシウム剤	②　亜硝酸ナトリウム
③　硫酸アトロピン	④　BAL（ジメルカプロール）

（特定品目）

問 41 ～ 44　次の表に示した項目について、該当する物質として最も適当なものを下欄から選びなさい。

	性状	用途	貯蔵法
問 41	無色透明の液体。芳香 臭気があり、水には殆ど溶けない。	爆薬、染料、香料、サッカリン、合成高分子材料の原料、溶剤。	酸化剤との接触を避け、引火しやすいために、火気に近づけないで保管。
問 42	無色液体。麻酔性の芳香がある。常温であっても、空気中の湿気により徐々に分解して塩化水素、ホスゲンを発生する。	洗濯剤および種々の洗浄剤の製造、ホスゲンの合成原料。	亜鉛または錫メッキをした鋼鉄製容器で保管し、高温に接しないよう保管。蒸気は低所に滞留するため換気の悪い場 所には保管しない。
問 43	無色透明な可燃性液体。特異な香気があり、揮発性を有する。	染料その他有機合成原料、樹脂、塗料等の溶剤、燃料、試薬、標本保存用。	火災の危険性があるため、酸化剤と接触させないよう、密栓して冷暗所に保管。
問 44	無色無臭の油状液体。水を加えると激しく発熱する。	肥料、各種化学薬品の製造、乾燥剤。	水を吸収して激しく発熱するため、気密容器に保管。

【下欄】

①　四塩化炭素　　②　メタノール　　③　トルエン　　④　硫酸

問 45 ～ 48　以下の物質の人体に対する代表的な中毒症状について、最も適当な ものを下欄から選びなさい。

問 45 メタノール　　問 46 クロロホルム　　問 47 水酸化カリウム

問 48 蓚（しゅう）酸

【下欄】

① 原形質毒である。この作用は、脳の節細胞を麻酔させ、溶血させる。吸入すると、はじめは嘔吐、瞳孔の縮小、運動性不安が現れ、ついで脳及びその他の神経細胞を麻酔させる。
② 腐食性が強く、皮膚に触れると激しく侵す。ダストやミストを吸入すると、呼吸器官を侵し、目に入った場合には、失明のおそれがある。
③ 頭痛、めまい、嘔吐、下痢、などを起こし、致死量に近ければ麻酔状態になり、視神経が侵され、目がかすみ、ついには失明することがある。 蓄積作用によるとともに、神経細胞内でギ酸が発生することによる。
④ 血液中の石灰分を奪取し、神経系を侵す。胃痛、嘔吐、口腔や咽頭に炎症を起こし、腎臓が侵される。

問 49 ～ 50 次の物質を含有する製剤で、劇物からの指定から除外される上限の濃度について、最も適当なものを下欄から選びなさい。

問 49 過酸化水素水　　問 50 蓚酸

【下欄】

① 1％　② 5％　③ 6％　④ 10％

〔実地：毒物及び劇物の識別及び取扱方法〕
（一般）

問 51 ～ 54 次の物質の識別方法について、最も適切なものを下欄から選びなさい。

問 51 ニコチン　　問 52 ホルムアルデヒド水溶液　　問 53 蓚酸
問 54 硝酸

【下欄】

① ホルマリンを加えた後、濃硝酸を加えると、ばら色を呈する。
② 銅くずを加えて熱すると、藍色を呈して溶け、その際、赤褐色の蒸気を生じる。
③ 水溶液を酢酸で弱酸性にして酢酸カルシウムを加えると、結晶性の沈殿を生じる。
④ フェーリング溶液とともに熱すると、赤色の沈殿を生じる。

問 55 ～ 58 物質とその廃棄方法について「毒物及び劇物の廃棄の方法に関する基準」で定める下記の方法に該当する物質名を下欄から選びなさい。

問 55 多量の消石灰水溶液に撹拌しながら少量ずつ加えて中和し、沈殿ろ過後埋め立て。
問 56 可燃性溶剤とともにアフターバーナー及びスクラバーを具備した焼却炉の火室へ噴霧し、焼却。
問 57 多量の水を加え希薄な水溶液とした後、次亜塩素酸ナトリウム水溶液を加えて分解。
問 58 多量の水酸化ナトリウム水溶液に撹拌しながら少量ずつガスを吹き込み分解した後、希硫酸を加えて中和。

【下欄】

① EDDP（エチルジフェニルジチオホスフェイト）　② フッ化水素酸 ③ ホスゲン　④ ホルマリン

問 59 ～ 60　漏えい時の措置として、下記の措置方法に対する最も適切な物質を下欄から選びなさい。

問 59　措置方法：水と接触させないよう十分注意し、速やかに拾い集めて灯油または流動パラフィンの入った容器に回収する。

問 60　措置方法：土砂等で流れを止め、遠くから徐々に注水し、ある程度希釈した後、消石灰、ソーダ灰などで中和し、多量の水で洗い流す。

【下欄】

① 重クロム酸ナトリウム　② 硫酸　③ 水酸化バリウム ④ ナトリウム

（農業用品目）

問 51 ～ 54　次の物質の識別方法について、最も適切なものを下欄から選びな さい。

問 51　ニコチン　問 52　クロルピクリン　問 53　燐（りん）化亜鉛

問 54　塩素酸ナトリウム

【下欄】

① ホルマリンを加えた後、濃硝酸を加えると、ばら色を呈する。 ② 炭の上に小さな孔を作り、試料を入れて吹管炎で熱灼すると、パチパチ音を立てて分解する。 ③ 希酸にホスフィンを出して溶解する。 ④ 水溶液に金属カルシウムを加え、これにベタナフチルアミン及び硫酸を加えると、赤色の沈殿を生じる。

問 55 ～ 58　物質とその廃棄方法について「毒物及び劇物の廃棄の方法に関する基準」で定める下記の方法に該当する物質名を下欄から選びなさい。

問 55　可燃性溶剤とともにスクラバーを具備した焼却炉の火室へ噴霧し、焼却。

問 56　水に溶かし、消石灰、ソーダ灰などの水溶液を加えて処理し、沈殿 ろ過後埋め立て。

問 57　還元剤の水溶液に希硫酸を加えて酸性にし、この中に少量ずつ投入。 反応終了後、反応液を中和し、多量の水で希釈。

問 58　水酸化ナトリウム水溶液でアルカリ性とし、高温加圧下で加水分解。

【下欄】

① 硫酸銅（Ⅱ）　② ブロムメチル　③ シアン化ナトリウム ④ 塩素酸ナトリウム

問 59 ～ 60　漏えい時の措置として、下記の措置方法に対する最も適切な物質を下欄から選びなさい。

問 59　措置方法：洗い流す場合には、中性洗剤などの分散剤を使用して洗い流す。

問 60　措置方法：飛散したものは空容器にできるだけ回収し、そのあと消石灰、ソーダ灰等の水溶液を用いて処理し、多量の水を用いて洗い流す。

【下欄】

①　シアン化水素	②　硫酸銅（Ⅱ）	③　水酸化砒(ひ)素	④　ダイアジノン

（特定品目）

問 51 ～ 54　次の物質の識別方法について、最も適切なものを下欄から選びなさい。

問 51　アンモニア水　　問 52　過酸化水素水　　問 53　蓚(しゅう)酸　　問 54　硝酸

【下欄】

①　濃硫酸を潤したガラス棒を近づけると、白い霧を生じる。
②　銅くずを加えて熱すると、藍色を呈して溶け、その際、赤褐色の蒸気を生じる。
③　水溶液を酢酸で弱酸性にして酢酸カルシウムを加えると、結晶性の沈殿を生じる。
④　過マンガン酸カリウムを還元し、クロム酸塩を過クロム酸塩に変える。

問 55 ～ 58　物質とその廃棄方法について「毒物及び劇物の廃棄の方法に関する基準」で定める下記の方法に該当する物質名を下欄から選びなさい。

問 55　多量のアルカリ水溶液（石灰乳または水酸化ナトリウム水溶液等）の中に吹き込んだ後、多量の水で希釈。

問 56　多量の消石灰水溶液に攪拌(かくはん)しながら少量ずつ加え、希硫酸を加えて中和し、沈殿ろ過して埋め立て。

問 57　多量の水を加えて希薄な水溶液とした後、次亜塩素酸ナトリウム溶液を加えて分解。

問 58　セメントで固化し、溶出試験を行い、溶出量が判定基準以下であることを確認後埋め立て。

【下欄】

①　硅弗(けいふっ)化ナトリウム	②　塩素	③　酢酸鉛	④ホルマリン

問 59 ～ 60　漏えい時の措置として、下記の措置方法に対する最も適切な物質を下欄から選びなさい。

問 59　措置方法：漏えい箇所は、濡れたむしろ等で覆い、遠くから多量の水を かけて洗い流す。

問 60　措置方法：土砂等で流れを止め、遠くから徐々に注水し、ある程度希釈 した後、消石灰、ソーダ灰などで中和し、多量の水で洗い流す。

【下欄】

①　四塩化炭素	②　硫酸	③　水酸化カリウム	④　アンモニア水

岩手県
令和元年度実施

〔毒物及び劇物に関する法規〕

(一般・農業用品目・特定品目共通)

設問1　次の文章は、毒物及び劇物取締法に関する条文の一部である。(　　)内にあてはまる適切な語句をそれぞれ下欄から選びなさい。

(1)　毒物又は劇物の販売業の登録を受けた者でなければ、毒物又は劇物を販売し、(**問1**)し、又は販売若しくは(**問1**)の目的で(**問2**)し、運搬し、若しくは陳列してはならない。(以下略)(法第3条第3項)

【下欄】
(**問1**) 1　輸出　2　授与　3　製造　4　保管
(**問2**) 1　広告　2　製造　3　貯蔵　4　使用

(2)引火性、発火性又は(**問3**)のある毒物又は劇物であつて政令で定めるものは、業務その他正当な理由による場合を除いては、(**問4**)してはならない。(法第3条の4)

【下欄】
(**問3**) 1　幻覚性　2　爆発性　3　揮発性　4　可燃性
(**問4**) 1　吸入　2　販売　3　所持　4　保管

(3)製造業又は輸入業の登録は、(**問5**)ごとに、販売業の登録は、(**問6**)ごとに、 更新を受けなければ、その効力を失う。(法第4条第4項)

【下欄】
(**問5**) 1　5年　2　6年　3　7年　4　8年
(**問6**) 1　5年　2　6年　3　7年　4　8年

(4)　毒物劇物営業者は、毒物又は劇物を(**問7**)に取り扱う製造所、営業所又は店舗ごとに、専任の毒物劇物取扱責任者を置き、毒物又は劇物による(**問8**)上の危害の防止に当たらせなければならない。(以下略)　(法第7条第1項)

【下欄】
(**問7**) 1　継続的　2　大量　3　直接　4　暴露的
(**問8**) 1　保健衛生　2　法律　3　生命科学　4　犯罪防止

(5)　毒物劇物営業者及び特定毒物研究者は、その取扱いに係る毒物又は劇物が盗難にあい、又は紛失したときは、(**問9**)にその旨を(**問 10**)に届け出なければならない。(法第 16 条の2第2項)

【下欄】
(**問9**) 1　直ち　2　24 時間以内　3　3日以内　4　30 日以内
(**問 10**) 1　厚生労働省　2　警察署　3　保健所　4　消防署

設問2　次の文章は、毒物劇物取扱責任者に関する記述である。正しいものには数字の1を、誤っているものには数字の2を選びなさい。

(**問 11**)　毒物劇物営業者が毒物劇物取扱責任者を変更したときは、30 日以内にその毒物劇物取扱責任者の氏名を届け出なければならない。
(**問 12**)　農業用品目毒物劇物取扱者試験に合格した者は、農業用品目の毒物又は劇物のみを輸入する営業所において、毒物劇物取扱責任者になることができる。

（問 13） 特定品目毒物劇物取扱者試験に合格した者は、特定品目の毒物又は劇物のみを製造する製造所において、毒物劇物取扱責任者になることができる。
（問 14） 都道府県知事が行う毒物劇物取扱者試験に合格しても、18 歳にならなければ毒物劇物取扱責任者になることができない。
（問 15） 薬事に関する罪を犯し、罰金以上の刑に処せられ、その執行を終わり、又は執行を受けることがなくなった日から起算して３年を経過していない者は、毒物劇物取扱者試験に合格しても毒物劇物取扱責任者になることができない。

設問３ 次の文章は、毒物又は劇物の譲渡手続きに関する記述である。（　）内に当てはまる適切な語句をそれぞれ下欄から選びなさい。

１ 毒物劇物営業者は、毒物又は劇物を他の毒物劇物営業者に販売したときは、その都度、次に掲げる事項を書面に記載しておかなければならない。
ア 毒物又は劇物の名称及び（ 問 16 ）
イ （ 問 17 ）の年月日
ウ 譲受人の氏名、（ 問 18 ）及び（ 問 19 ）
２ 毒物劇物営業者は、この書面を販売の日から（ 問20 ）間保存しなければならない。

【下欄】

（問 16）	1 性状	2 数量	3 色	4 規格
（問 17）	1 販売	2 受注	3 製造	4 使用期限
（問 18）	1 年齢	2 生年月日	3 使用目的	4 職業
（問 19）	1 勤務先	2 健康状態	3 性別	4 住所
（問 20）	1 ４年	2 ５年	3 ６年	4 ７年

設問４ 次の文章は、特定毒物に関する記述である。正しいものには数字の１を、誤っているものには数字の２を選びなさい。

（問 21） 営業のために倉庫を有する者であって都道府県知事の指定を受けたものは、燐（りん）化アルミニウムとその分解促進剤とを含有する製剤を、倉庫内のねずみの駆除を目的として使用することができる。
（問 22） 農業者の組織する団体であって都道府県知事の指定を受けたものは、四アルキル鉛を含有する製剤を、観賞用植物の害虫の防除に使用することができる。
（問 23） 特定毒物を輸入できる者は、毒物又は劇物の輸入業者及び特定毒物使用者に限られる。
（問 24） 特定毒物を製造できる者は、毒物又は劇物の製造業者及び特定毒物研究者に限られる。
（問 25） 特定毒物を所持できる者は、特定毒物研究者及び特定毒物使用者に限られる。

設問５ 次の事例について、毒物及び劇物取締法の規定により、必要な手続として正しいものをそれぞれ下欄から選びなさい。

（問 26） 毒物劇物営業者が、不要となった劇物を廃棄するとき
（問 27） 毒物劇物販売業者が、その営業所での営業を廃止したとき
（問 28） 法人である毒物劇物営業者が、主たる事務所の所在地を変更したとき
（問 29） 毒物劇物販売業者が、現在の店舗を取壊し、新築した店舗で営業を行うとき
（問 30） 毒物又は劇物の製造業者が、学術研究のため特定毒物を使用しようとするとき

【下欄】 1 登録申請及び廃止の届出　2 廃止の届出　3 変更の届出
4 手続不要　5 許可申請

設問6 次の文章は、毒物又は劇物製造所の設備の基準に関する記述である。正しいものには数字の1を、誤っているものには数字の2を選びなさい。

(問 31) 貯蔵設備は、毒物又は劇物とその他の物とを区分して貯蔵できるものであること。
(問 32) 毒物又は劇物を貯蔵する場所が、性質上施錠できないものであるときは、常時監視が行われていること。
(問 33) 毒物又は劇物を陳列する場所に施錠設備があること。

設問7 毒物劇物営業者が、毒物又は劇物を販売する際に、その容器及び被包に必要な表示の記述について、正しいものには数字の1を、誤っているものには数字の2を選びなさい。

(問 34) 毒物又は劇物の名称
(問 35) 毒物又は劇物の成分及びその含量
(問 36) 厚生労働省令で定める毒物又は劇物については、その解毒剤の名称
(問 37) 「医薬用外」の文字及び毒物については赤地に白色をもって「毒物」の文字、劇物については白地に赤色をもって「劇物」の文字

設問8 次の文章は、毒物及び劇物取締法に関する条文の一部である。(　　)内にあてはまる適切な語句をそれぞれ下欄から選びなさい。

1 この法律は、毒物及び劇物について、保健衛生上の見地から必要な(**問 38**)を行うことを目的とする
2 この法律で「劇物」とは、別表第二に掲げる物であつて、医薬品及び(**問 39**)以外のものをいう。
3 法第15条の2の規定により、毒物若しくは劇物又は法第11条第2項に規定する政令で定 める物の廃棄の方法に関する技術上の基準を次のように定める。
一 中和、加水分解、酸化、還元、(**問 40**)その他の方法により、(**問 41**)並びに 法第11条第2項に規定する政令で定める物のいずれにも該当しない物とすること。

【下欄】

(問 38)	1 指導	2 規制	3 管理	4 取締
(問 39)	1 医薬部外品	2 化粧品	3 食品	4 危険物
(問 40)	1 濃縮	2 稀釈	3 蒸留	4 揮発
(問 41)	1 毒物	2 劇物	3 毒物及び劇物	4 危険物

設問9 次の文章は、毒物及び劇物の業務上取扱者に関する記述である。正しいものには数字の1を、誤っているものには数字の2を選びなさい。なお、この問において「都道府県知事等」とは、「都道府県知事(事業場の所在地が保健所設置市又は特別区の場合においては、市長又は区長)」を指すものとする。

(問 42) 最大積載量 10,000 キログラムの自動車に固定された容器を用い、弗(ふっ)化水素を運送する事業者は、業務上取扱者としての届出が必要である。
(問 43) 農家が自己の所有する倉庫において、医薬部外品である殺鼠(そ)剤を使用する場合は業務上取扱者としての届出が必要である。
(問 44) しろありの防除を行う事業者が、無機シアン化合物たる毒物を含有する製剤を使用する場合は、業務上取扱者としての届出が必要である。
(問 45) 都道府県知事等が必要と認めるときは、毒物を使用する農家に対し、毒物劇物監視員に立入検査を行わせることができる。

設問 10　次の文章は、毒物又は劇物の運搬に関する記述である。（　　）内にあてはまる適切な語句をそれぞれ下欄から選びなさい。

1　塩素を車両を使用して１回につき（ **問 46** ）を越えて運搬する場合は、車両には、0.3 メートル平方の板に地を黒色、文字を白色として、「（ **問 47** ）」と表示した標識を、車両の前後の見やすい箇所に掲げる必要がある。また、車両には、防毒マスク、ゴム手袋その他事故の際に応急の措置を講ずるために必要な保護具で厚生労働省令で定めるものを（ **問 48** ）以上備える必要がある。

2　毒物又は劇物を車両を使用して１回の運搬につき 1,000kg を越えて運搬する場合で、当該運搬を他に委託するときは、その荷送人は運送人に対し、あらかじめ、当該毒物又は劇物の名称、（ **問 49** ）並びに数量並びに事故の際に講じなければならない（ **問 50** ）の内容を記載した書面を交付しなければならない。

【下欄】

（問 46）1　500kg　2　1,000kg　3　3,000kg　4　5,000kg
（問 47）1　毒　2　劇　3　危　4　爆
（問 48）1　１人分　2　２人分　3　３人分　4　４人分
（問 49）1　成分及び使用目的　2　成分及び毒性　3　成分及びその含量　4　使用目的及び毒性
（問 50）1　廃棄の方法　2　応急の措置　3　避難の方法　4　連絡の方法

〔基礎化学・毒物及び劇物の性質及び貯蔵その他取扱方法〕

（一般・農業用品目共通）

設問 11　次の薬物の化学式をそれぞれ選びなさい。

（問 51）水酸化カリウム
1　KNO_3　2　$KClO_3$　3　KOH　4　KCl
（問 52）ジメチルエーテル
1　CH_3OCH_3　2　CH_3COOH　3　$HCOOH$　4　CH_3OH
（問 53）リン酸
1　HNO_3　2　H_2CO_3　3　H_3PO_4　4　HCl
（問 54）トルエン
1　C_6H_5OH　2　$C_6H_5CH_3$　3　CH_3OH　4　$C_6H_5NH_2$
（問 55）エタン
1　CH_4　2　CH_3CHO　3　C_6H_6　4　C_2H_6

設問 12　次の文章を読んで、最も適切と思われる答えの番号を選びなさい。

（問 56）炭素原子の L 殻に含まれる電子の数はどれか。
1　4個　2　5個　3　6個　4　7個
（問 57）アルカリ土類金属元素<u>でないもの</u>はどれか。
1　マグネシウム　2　リチウム　3　カルシウム　4　ベリリウム
（問 58）イオン化傾向が最も大きい元素はどれか。
1　ナトリウム　2　ニッケル　3　アルミニウム　4　銅
（問 59）アミノ酸の検出に用いられる反応はどれか。
1　ヨードホルム反応　2　ヨウ素デンプン反応　3　銀鏡反応　4　ニンヒドリン反応
（問 60）温度が一定で、2.0atm（気圧）、8.0L の気体の圧力を 4.0atm（気圧）にすると、体積は何 L になるか。
1　1.0　2　2.0　3　4.0　4　8.0

設問 13 次の文章の(　　)内にあてはまる適切な語句をそれぞれの番号を選びなさい。

ア 炭素には、質量数 12 と質量数 13 と質量数 14 の同位体が存在するが、この3種類の同位体で異なるものは、(**問 61**)である。
　1 中性子数　2 原子番号　3 陽子数　4 電子数

イ 炭素電極を用いて塩化ナトリウム水溶液を電気分解した際、陰極から(**問 62**)が発生する。
　1 窒素　2 酸素　3 水素　4 塩素

ウ 炎色反応で黄色を示す元素は(**問 63**)である。
　1 リチウム　2 銅　3 ナトリウム　4 ストロンチウム

エ 「反応熱は、反応の経路によらず、反応の最初の状態と最後の状態で決まる」という法則は(**問 64**)とよばれている。
　1 ヘンリーの法則　2 アボガドロの法則　3 気体反応の法則　4 ヘスの法則

オ 気体が液体になる状態変化を(**問 65**)という。
　1 凝固　2 凝縮　3 融解　4 昇華

(一般)

設問 14 次の薬物を含む製剤について、劇物としての指定から除外される上限の濃度を選びなさい。

(**問 66**) 硫酸
　1 1%　2 2%　3 5%　4 10%

(**問 67**) ロテノン
　1 1%　2 2%　3 5%　4 10%

(**問 68**) 水酸化ナトリウム
　1 5%　2 10%　3 15%　4 20%

(**問 69**) アクリル酸
　1 1%　2 5%　3 10%　4 20%

(**問 70**) ホルムアルデヒド
　1 0.1%　2 0.3%　3 0.5%　4 1%

設問 15 次の薬物の貯蔵方法として適切なものをそれぞれ下欄からその番号を選びなさい。

(**問 71**) キノリン　(**問 72**) クロロプレン　(**問 73**) 四エチル鉛
(**問 74**) 黄燐(りん)　(**問 75**) フッ化水素酸

【下欄】
1 空気中にそのまま貯えることはできないので、普通石油中に貯える。
2 容器は特別製のドラム缶を用い、出入を遮断できる独立倉庫で、火気のないところを選定し、床面はコンクリートまたは分厚な枕木の上に保管する。
3 空気に触れると発火しやすいので、水中に沈めて瓶に入れ、さらに砂を入れた缶中に固定して、冷暗所に保管する。
4 銅、鉄、コンクリートまたは木製のタンクに、ゴム、鉛、ポリ塩化ビニルあるいはポリエチレンのライニングを施したものを用いる。火気厳禁。
5 重合防止剤(フェノチアジン等)を加えて窒素置換し遮光して冷所に貯える。
6 光及び湿気を遮って貯蔵する。

設問 16　次の薬物の廃棄の方法として最も適切なものをそれぞれ下欄からその番号を選びなさい。

(問 76) ホスゲン　(問 77) 砒(ひ)素　(問 78) 蓚(しゅう)酸　(問 79) 塩化亜鉛
(問 80) 水酸化ナトリウム

【下欄】

1 水に溶かし、消石灰、ソーダ灰等の水溶液を加えて処理し、沈殿濾過して埋立処分する。
2 還元剤(例えばチオ硫酸ナトリウム等)の水溶液に希硫酸を加えて酸性にし、この中に少量ずつ投入する。反応終了後、反応液を中和し、多量の水で希釈して処理する。
3 セメントを用いて固化し、溶出試験を行い、溶出量が判定基準以下であることを確認して埋立処分する。
4 ナトリウム塩とした後、活性汚泥で処理する。
5 水を加えて希薄な水溶液とし、酸(希塩酸、希硫酸等)で中和させた後、多量の水で希釈して処理する。
6 多量の水酸化ナトリウム水溶液(10 %程度)に撹拌しながら少量ずつガスを吹き込み分解した後、希硫酸を加えて中和する。

設問 17　次の薬物の毒性や中毒機序又は症状について最も適当なものをそれぞれ下欄からその番号を選びなさい。

(問 81) 四塩化炭素　(問 82) 燐(りん)化亜鉛　(問 83) シアン化亜鉛
(問 84) 黄燐(りん)　(問 85) アンモニア

【下欄】

1　はじめ頭痛、悪心等を来し、また黄疸のように角膜が黄色となり、しだいに尿毒症様を呈し、はなはだしいときは死ぬことがある。
2　蒸気の吸入、皮膚からの吸収により中毒が起きる。症状としては、血液に作用して、メトヘモグロビンをつくり、チアノーゼを起こさせる。
3　ミトコンドリアの呼吸酵素(シトクロム酸化酵素)の阻害作用が誘発されるため、エネルギー消費の多い中枢神経に影響が現れる。
4　内服では、一般的に、服用後暫時で胃部の疼痛、灼熱感、にんにく臭のおくび、悪心、嘔吐(おうと)を来す。
5　嚥下吸入したときに、胃及び肺で胃酸や水と反応してホスフィンを生成することにより中毒症状が発現する。
6　ガスの吸入により、すべての露出粘膜の刺激症状を発し、咳、結膜炎、口腔、鼻、咽喉粘膜の発赤、高濃度では口唇、結膜の腫脹、一時的失明を来す。

設問 18　次の薬物を取り扱う際の注意事項等について最も適切なものをそれぞれ下欄からその番号を選びなさい。

(問 86) 三酸化二砒(ひ)素　(問 87) アクリルニトリル　(問 88) 二硫化炭素
(問 89) ジメチルジチオホスホリルフェニル酢酸エチル(別名ＰＡＰ)
(問 90) 塩素

【下欄】

1　非常に蒸発しやすく、極めて燃焼しやすい液体で電球の表面に触れるだけで発火することがある。
2　支燃性を有し、鉄、アルミニウム等の燃焼を助ける。水素または炭化水素と爆発的に反応する。
3　強熱されると煙霧を発生する。煙霧は、少量の吸入であっても強い溶血作用があり、危険なので注意する。
4　芳香性の甘味ある匂いがあるが、猛毒であるので注意する。また、汚染した衣服等は過マンガン酸カリウム水溶液(５%)、さらし粉水溶液または次亜塩素酸ナトリウム水溶液で処理後すべて焼却する。
5　中毒症状が発現した場合には、至急医師による 2-ピリジルアルドキシムメチオダイド(別名ＰＡM)製剤又は硫酸アトロピン製剤を用いた適切な解毒手当てを受ける。
6　空気、光にさらされると容易に重合する性質があり、運搬時には、重合防止剤が添加されている。

設問 19　次の薬物について、毒物のうち特定毒物には数字の１を、その他の毒物には数字の２を、また劇物には数字の３を記入しなさい。

(問 91) トルイジン　　(問 92) 塩素　　(問 93) 四アルキル鉛
(問 94) メチルスルホナール　　(問 95) ニコチン　　(問 96) ジボラン
(問 97) ストリキニーネ　　(問 98) エチレンオキシド　　(問 99) 燐(りん)化水素
(問 100) テトラエチルピロホスフェイト

(農業用品目)

設問 14　次の薬物を含む製剤について、劇物としての指定から除外される上限の濃度を選びなさい。

(問 66) フルバリネート
1　1%　　2　5%　　3　10%　　4　15%
(問 67) ベンフラカルブ
1　1%　　2　2%　　3　6%　　4　10%
(問 68) トリシクラゾール
1　8%　　2　10%　　3　15%　　4　20%
(問 69) チアクロプリド
1　0.5%　　2　1%　　3　2%　　4　3%
(問 70) イミシアホス
1　0.1%　　2　1%　　3　1.5%　　4　10%

設問 15　次の薬物の物性及び貯蔵方法として適切なものをそれぞれ下欄から選びなさい。

(問 71) シアン化水素　　(問 72) ブロムメチル　　(問 73) アンモニア水

【下欄】

1　常温では気体なので、圧縮冷却して液化し、圧縮容器に入れ、直射日光、その他温度上昇の原因を避けて、冷暗所に貯蔵する。
2　少量ならば褐色ガラス瓶を用い、多量ならば銅製シリンダーを用いる。日光及び加熱を避け、通風のよい冷所に置く。
3　アルカリ性の液体で、鼻をさすような臭気があり、成分の一部が揮発しやすいのでよく密栓して貯蔵する。

設問 16　次の薬物の漏えい時の応急措置として適切なものをそれぞれ下欄から選びなさい。

(問 74) 2,2´-ジピリジリウム-1,1´-エチレンジブロミド（別名ジクワット）
(問 75) クロルピクリン

【下欄】
1 漏えいした液は土壌等でその流れを止め、安全な場所に導き、空容器にできるだけ回収し、そのあとを土壌で覆って十分接触させたあと、土壌を取り除き、多量の水を用いて、洗い流す。
2 漏えいした液が多量の場合、土砂等でその流れを止め、多量の活性炭または消石灰を散布して覆い至急関係先に連絡し専門家の指示により処理する。
3 漏えいした液が少量の場合は、漏えい箇所を濡れむしろ等で覆い、遠くから多量の水をかけて洗い流す。

設問 17　次の薬物の廃棄の方法として最も適切なものを下欄から選びなさい。

(問 76) ダイアジノン　(問 77) 硫酸　(問 78) シアン化ナトリウム
(問 79) 塩素酸ナトリウム　(問 80) 硫酸亜鉛

【下欄】
1 水酸化ナトリウム水溶液等でアルカリ性とし、高温加圧下で加水分解する。
2 還元剤（チオ硫酸ナトリウム等）の水溶液に希硫酸を加えて酸性にし、この中に少量ずつ投入する。反応終了後、反応液を中和し多量の水で希釈して処理する。
3 少量の界面活性剤を加えた亜硫酸ナトリウムと炭酸ナトリウムの混合溶液中で、撹拌し分解させた後、多量の水で希釈して処理する。
4 徐々に石灰乳等の攪拌溶液に加えて中和させたあと、多量の水で希釈して処理する。
5 可燃性溶剤とともにアフターバーナー及びスクラバーを具備した焼却炉の火室へ噴霧し、焼却する。
6 水に溶かし、消石灰、ソーダ灰等の水溶液を加えて処理し、沈殿濾過して埋立処分する。

設問 18　次の文章は、薬物の毒性や中毒機序又は症状についての記述である。正しいものには数字の１を、誤っているものには数字の２を記入しなさい。

(問 81)　硫酸第二銅は、嚥下吸入したときに、胃及び肺で胃酸や水と反応してホスフィンを生成することにより中毒症状が発現する。
(問 82)　ダイアジノンは、コリンエステラーゼ阻害作用により、縮瞳、筋線維性痙攣（けいれん）、中枢神経系の障害により呼吸麻痺を起こす。
(問 83)　燐（りん）化亜鉛は、ミトコンドリアの呼吸酵素の阻害作用を誘発し、エネルギー消費の多い中枢神経に影響を与える。
(問 84)　塩素酸ナトリウムは、強い酸化作用により赤血球の破壊が起こり、赤血球外に溶出したヘモグロビンが酸化されてメトヘモグロビンが生成される。また、近位尿細管に 対する直接作用により、尿路系症状（乏尿、無尿、腎不全）を誘発する。
(問 85)　弗（ふっ）化スルフリルは大量に接触すると結膜炎、咽頭炎、鼻炎、知覚異常を引き起こし、直接接触すると凍傷にかかることがある。

設問 19 次の薬物を取り扱う際の注意事項等について最も適切なものをそれぞれ下欄から選びなさい。

（問 86） 硫酸　（問 87） シアン化ナトリウム
（問 88） ジメチル４－メチルメルカプト－３－メチルフェニルチオホスフェイト（別名ＭＰＰ）
（問 89） 燐（りん）化アルミニウムとその分解促進剤とを含有する製剤
（問 90） 液化アンモニア

【下欄】
1 吸収した場合は至急医師による亜硝酸ナトリウム水溶液とチオ硫酸ナトリウム水溶液を用いた解毒手当てを受ける。
2 水で薄めた場合、各種の金属を腐食して水素ガスを発生し、これが空気と混合して引火爆発することがある。
3 魚毒性が強いので、漏えいした場所を水で洗い流すことはできるだけ避け、水で洗い流す場合には、廃液が河川等へ流入しないよう注意する。
4 中毒症状が発現した場合には、至急医師による 2-ピリジルアルドキシムメチオダイド（別名ＰＡＭ）製剤又は硫酸アトロピン製剤を用いた適切な解毒手当てを受ける。
5 酸と接触すると有毒なホスフィンを発生する。ホスフィンは少量の吸入であっても危険なので注意する。
6 漏えいすると空気よりも軽いガスとして拡散する。

設問 20 次の薬物について、農業用品目販売業者が販売又は授与できるものには数字の１を、できないものには数字の２を記入しなさい。

（問 91） アバメクチン　（問 92） メタノール
（問 93） メチルイソチオシアネート　（問 94） トルエン　（問 95） カズサホス
（問 96） 塩化ホスホリル　（問 97） ナラシン　（問 98） ＥＰＮ
（問 99） 過酸化水素　（問 100） エトプロホス

（特定品目）

設問 11 次の文章を読んで、最も適切と思われる答えを選び、その番号を解答用紙に記入しなさい。

（問 51） 炭素原子の L 殻に含まれる電子の数はどれか。
1 4個　2 5個　3 6個　4 7個

（問 52） 次のうち、アルカリ土類金属元素でないものはどれか。
1 マグネシウム　2 リチウム　3 カルシウム　4 ベリリウム

（問 53） 次のうち、イオン化傾向が最も大きい元素はどれか。
1 ナトリウム　2 ニッケル　3 アルミニウム　4 銅

（問 54） アミノ酸の検出に用いられる反応はどれか。
1 ヨードホルム反応　2 ヨウ素デンプン反応　3 銀鏡反応
4 ニンヒドリン反応

（問 55） 温度が一定で、2.0atm（気圧）、8.0L の気体の圧力を 4.0atm（気圧）にすると、体積は何 L になるか。
1 1.0　2 2.0　3 4.0　4 8.0

設問 12　次の文章の(　　)内にあてはまる適切な語句をそれぞれ選び、その番号を記入しなさい。

ア 炭素には、質量数 12 と質量数 13 と質量数 14 の同位体が存在するが、この３種類の同位体で異なるものは、(**問 56**)である。
　1 中性子数　2 原子番号　3 陽子数　4 電子数

イ 炭素電極を用いて塩化ナトリウム水溶液を電気分解した際、陰極から(**問 57**)が発生する。
　1 窒素　2 酸素　3 水素　4 塩素

ウ 炎色反応で黄色を示す元素は(**問 58**)である。
　1 リチウム　2 銅　3 ナトリウム　4 ストロンチウム

エ 「反応熱は、反応の経路によらず、反応の最初の状態と最後の状態で決まる」という法則 は(**問 59**)とよばれている。
　1 ヘンリーの法則　2 アボガドロの法則　3 気体反応の法則　4 ヘスの法則

オ 気体が液体になる状態変化を(**問 60**)という。
　1 凝固　2 凝縮　3 融解　4 昇華

設問 13　次の薬物を含む製剤について、劇物としての指定から除外される上限の濃度を選びなさい。

(**問 61**) アンモニア
　1 1％　2 6％　3 8％　4 10％
(**問 62**) 水酸化ナトリウム
　1 3％　2 5％　3 6％　4 10％
(**問 63**) 蓚(しゅう)酸
　1 1％　2 5％　3 10％　4 20％
(**問 64**) クロム酸鉛
　1 10％　2 30％　3 50％　4 70％
(**問 65**) 過酸化水素
　1 6％　2 8％　3 10％　4 12％

設問 14　次の薬物について、特定品目販売業者が販売又は授与できるものには数字の1を、できないものには数字の２を記入しなさい。

(**問 66**) ブロムメチル　(**問 67**) 弗(ふっ)化水素　(**問 68**) 酸化鉛
(**問 69**) メチルエチルケトン　(**問 70**) クロロホルム

設問 15　次の薬物の漏えい時の対応又は廃棄の方法について、正しいものには数字の１を、誤っているものには数字の２を記入しなさい。

(**問 71**) 酢酸エチルを廃棄する場合は、焼却炉の火室へ噴霧し焼却する。
(**問 72**) 硫酸を廃棄する場合は、セメントを用いて固化し、溶出試験を行い、溶出量が判定基準以下であることを確認して埋立処分する。
(**問 73**) 蓚(しゅう)酸を廃棄する場合は、ナトリウム塩としたあと、活性汚泥で処理する。
(**問 74**) 少量の硝酸の漏えいがあった場合は、土砂等に吸着させて取り除くか、またはある程度水で徐々に希釈したあと、消石灰、ソーダ灰等で中和し、多量の水を用いて洗い流す。
(**問 75**) クロム酸ストロンチウムの漏えいがあった場合は、濡れむしろ等で覆い、遠くから 多量の水をかけて洗い流す。

〔実地試験（毒物及び劇物の識別及び取扱方法）〕

（一般・農業用品目・特定品目共通）

（注）　農業用品目における設問 21 →設問 20、設問 22 →設問 21 です。
また、特定品目における設問 16 →設問 20、設問 17 →設問 21 です。

設問 20　次の問題の答えをそれぞれの[　　]内から選びなさい。ただし、それぞれの原子量を、H＝1、O＝16、Na＝23 とする。

（問 101）　水に水酸化ナトリウムを溶かして、5mol/L 水酸化ナトリウム水溶液を 200mL 作るためには、水酸化ナトリウムは何 g 必要か。
[1　10 g　　2　40 g　　3　400 g　　4　1000 g]

（問 102） 1.5mol/L の水酸化ナトリウム水溶液 100mL を中和するため、3.0mol/L の硫酸は何 mL 必要か。
[1　25mL　　2　50mL　　3　100mL　　4　200mL]

設問 21　次の問題の答えをそれぞれの[　]内から選びなさい。

（問 103）　塩化ナトリウム 80g を水に溶かして 10％(w/w)塩化ナトリウム水溶液を作るためには、水は何 g 必要か。
[1　240g　　2　400g　　3　720g　　4　800g]

（問 104） 4％(w/w)塩化ナトリウム水溶液 600g に 12％(w/w)塩化ナトリウム水溶液 200g を混合させたとき、できた塩化ナトリウム水溶液の濃度は何％(w/w)か。
[1　4％　　2　6％　　3　10％　　4　12％]

（一般）

設問 22　次の薬物についてその性状を A 欄から、主な用途を B 欄から、最も適切なものをそれぞれ選びなさい。

	【性状】	【主な用途】
ア　チアクロプリド	（問 105）	（問 106）
イ　弗（ふっ）化水素酸	（問 107）	（問 108）
ウ　ナトリウム	（問 109）	（問 110）
エ　燐（りん）化水素	（問 111）	（問 112）

【A欄】（性状）
1　腐魚臭様の臭気のある気体。
2　無臭の黄色粉末結晶。
3　無色の結晶で、かすかにフェノール臭がある。光により、暗色化する。
4　軽い銀白色の軟らかい固体。切断すると切断面は金属光沢を示すが、空気に触れると鈍い灰色となる。
5　無色またはほとんど無色の発煙性の液体で水と混和する。

【B欄】（主な用途）
1　染料製造原料、防腐剤、試薬
2　半導体工業におけるドーピングガス
3　フロンガスの原料、ガソリンのアルキル化反応の触媒、ガラスのつや消し
4　アマルガム製造、漂白剤の過酸化ナトリウムの製造
5　シンクイムシ類等に対する農薬

設問 23　次の薬物についてその性状を A 欄から、主な用途を B 欄から、最も適切なものをそれぞれ選びなさい。

	【性状】	【主な用途】
ア　アジ化ナトリウム	（問 113）	（問 114）
イ　セレン	（問 115）	（問 116）
ウ　カルボスルファン	（問 117）	（問 118）
エ　ホルマリン	（問 119）	（問 120）

【A欄】（性状）

1　種々の同素体が知られている。水、アルコールに不溶で、二硫化炭素にわずかに溶ける。
2　重い白色の粉末で、吸湿性があり、辛い味と酢酸の臭いとを有する。
3　無色の液体で刺激臭がある。低温では、混濁又は沈殿が生成することがある。
4　無色無臭の結晶。
5　褐色粘稠液体。

【B欄】（主な用途）

1　人造樹脂、人造角、色素合成等の製造
2　水稲のイネミズゾウムシ等の殺虫
3　ガラスの脱色、釉薬、整流器
4　試薬、医療検体の防腐剤、エアバッグのガス発生剤
5　野ねずみの駆除

（農業用品目）

設問 21　次の問題の答えをそれぞれの[　]内から選びなさい。ただし、それぞれの原子量を、H＝1、O＝16、Na＝23 とする。

（問 101）　水に水酸化ナトリウムを溶かして、5mol/L 水酸化ナトリウム水溶液を200mL 作るためには、水酸化ナトリウムは何 g 必要か。
[1　10 g　　2　40 g　　3　400 g　　4　1000 g]

（問 102）1.5mol/L の水酸化ナトリウム水溶液 100mL を中和するため、3.0mol/L の硫酸は何 mL 必要か。
[1　25mL　　2　50mL　　3　100mL　　4　200mL]

設問 22 次の問題の答えをそれぞれの[　]内から選びなさい。

（問 103）　塩化ナトリウム 80g を水に溶かして 10 %(w/w)塩化ナトリウム水溶液を作るためには、水は何 g 必要か。
[1　240g　　2　400g　　3　720g　　4　800g]

（問 104）　4 %(w/w)塩化ナトリウム水溶液 600g に 12 %(w/w)塩化ナトリウム水溶液 200g を混合させたとき、できた塩化ナトリウム水溶液の濃度は何%(w/w)か。
[1　4 %　　2　6 %　　3　10 %　　4　12 %]

設問 23 次の薬物についてその性状を A 欄から、主な用途を B 欄から、最も適切なものをそれぞれ選びなさい。

	【性状】	【主な用途】
ア フルスルファミド	(問 105)	(問 106)
イ 2－クロルエチルトリメチルアンモニウムクロリド(別名クロルメコート)	(問 107)	(問 108)
ウ フルバリネート	(問 109)	(問 110)
エ 塩素酸ナトリウム	(問 111)	(問 112)

【A欄】 (性状)

1 無色無臭の結晶、又は顆粒。
2 白色結晶で魚臭。非常に吸湿性のある結晶。エーテルに不溶で、水、低級アルコールに可溶。
3 淡黄色ないし黄褐色の粘稠性液体で、水に難溶、熱、酸性には安定であるが、太陽 光、アルカリには不安定。
4 淡黄色結晶性粉末。水に難溶、有機溶媒、無極性溶媒に易溶。

【B欄】 (主な用途)

1 野菜の根瘤病等の病害防除
2 アブラムシ類、ハダニ類、アオムシ、コナガ等の殺虫、しろあり防除
3 除草剤
4 植物成長調整剤

設問 24 次の薬物についてその性状を A 欄から、主な用途を B 欄から、最も適切なものをそれぞれ選びなさい。

	【性状】	【主な用途】
ア エンドタール	(問 113)	(問 114)
イ テブフェンピラド	(問 115)	(問 116)
ウ トリシクラゾール	(問 117)	(問 118)
エ クロルピクリン	(問 119)	(問 120)

【A欄】 (性状)

1 無色の結晶で臭いはない。融点 187 ～ 189 ℃。水に難溶、メタノール、エタノールに溶ける。
2 白色結晶。
3 無色～淡黄色の油状液体で強い刺激臭がある。
4 淡黄色結晶。水に極めて溶けにくく、有機溶媒に溶けやすい。

【B欄】 (主な用途)

1 土壌燻蒸剤、土壌病原菌センチュウ等の駆除
2 芝生の難防除雑草スズメノカタビラの除草
3 野菜、果樹等のハダニ類の害虫防除
4 農業用殺菌剤(イモチ病に用いる)

（特定品目）

設問 16 次の問題の答えをそれぞれの[　]内から選びなさい。ただし、それぞれの原子量を、H＝1、O＝16、Na＝23 とする。

（問 76） 水に水酸化ナトリウムを溶かして、5mol/L 水酸化ナトリウム水溶液を 200mL 作るためには、水酸化ナトリウムは何 g 必要か。
[1 10 g　2 40 g　3 400 g　4 1000 g]

（問 77） 1.5mol/L の水酸化ナトリウム水溶液 100mL を中和するため、3.0mol/L の硫酸は何 mL 必要か。
[1 25mL　2 50mL　3 100mL　4 200mL]

設問 17 次の問題の答えをそれぞれの[　]内から選びなさい。

（問 78） 塩化ナトリウム 80g を水に溶かして 10％(w/w)塩化ナトリウム水溶液を作るためには、水は何 g 必要か。
[1 240g　2 400g　3 720g　4 800g]

（問 79） 4％(w/w)塩化ナトリウム水溶液 600g に 12％(w/w)塩化ナトリウム水溶液 200g を混合させたとき、できた塩化ナトリウム水溶液の濃度は何％(w/w)か。
[1 4％　2 6％　3 10％　4 12％]

設問 18 次の薬物についてその性状を A 欄から、主な用途を B 欄から、最も適切なものをそれぞれ選びなさい。

	【性状】	【主な用途】
ア 硝酸	（問 80）	（問 81）
イ 塩素	（問 82）	（問 83）
ウ 硅弗（けいふつ）化ナトリウム	（問 84）	（問 85）
エ トルエン	（問 86）	（問 87）

【A欄】（性状）

1 窒息性の臭気をもつ緑黄色の気体。冷却すると液化し、さらに固体となる。
2 白色の顆粒状粉末。融点 485℃。冷水の溶液の液性は中性である。
3 無色透明でベンゼン様の臭気がある液体。沸点は 110.6℃で、エーテル、アルコール、アセトン等と混和する。
4 無色の液体で湿気を含んだ空気中では発煙する。窒息性の臭気をもつ。酸化剤。

【B欄】（主な用途）

1 冶金、爆薬の製造、セルロイド工業
2 爆薬、染料、香料、サッカリンなどの原料
3 釉薬、殺虫剤
4 漂白剤の原料、紙・パルプの漂白剤、殺菌剤、消毒剤

宮城県
令和元年度実施

〔毒物及び劇物に関する法規〕
(一般・農業用品目・特定品目共通)

問1　次の文は，毒物及び劇物取締法の条文の一部である。(ア)及び(イ)に当てはまる語句の組み合わせとして，正しいものはどれか。

(目的)
第一条
　この法律は，毒物及び劇物について，(ア)の見地から必要な(イ)を行うことを目的とする。

	ア	イ
1	公衆衛生上	管理
2	保健衛生上	取締
3	保健衛生上	管理
4	公衆衛生上	取締

問2　次の文は，毒物及び劇物取締法第三条第一項の条文である。(　　)に当てはまる語句として正しいものはどれか。

(定義)
第二条第一項
　この法律で「毒物」とは，別表第一に掲げる物であつて，(　　)以外のものをいう。

1 危険物　　2 食品及び食品添加物　　3 農薬　　4 医薬品及び医薬部外品

問3　次の文は，毒物及び劇物取締法の条文の一部である。(　　)に当てはまる語句として正しいものはどれか。

(禁止規定)
第三条第三項
　毒物又は劇物の販売業の登録を受けた者でなければ，毒物又は劇物を販売し，授与し，又は販売若しくは授与の目的で(　　)し，運搬し，若しくは陳列してはならない。

1 保管　　2 所持　　3 貯蔵　　4 小分け

問4　毒物及び劇物取締法の規定に基づき，次のア～エのうち，興奮，幻覚又は麻酔の作用を有する毒物又は劇物(これらを含有する物を含む。)であって，みだりに摂取し，若しくは吸入し，又はこれらの目的で所持してはならない物の組み合わせとして正しいものはどれか。

ア エタノールを含有する塗料
イ フェノールを含有する接着剤
ウ メタノールを含有するシンナー
エ トルエンを含有するシーリング用の充てん料

1(ア，イ)　　2(ア，エ)　　3(イ，ウ)　　4(ウ，エ)

問5　次の文は，毒物及び劇物取締法の条文の一部である。(ア)，(イ)，(ウ)及び(エ)に当てはまる語句の組み合わせとして，正しいものはどれか。

(特定毒物研究者の許可)
第六条の二第三項
　都道府県知事は，次に掲げる者には，特定毒物研究者の許可を与えないことができる。
一（　ア　)の障害により特定毒物研究者の業務を適正に行うことができない者として厚生労働省令で定めるもの
二 麻薬，大麻，あへん又は覚せい剤の(イ)者
三 毒物若しくは劇物又は薬事に関する罪を犯し，罰金以上の刑に処せられ，その執行を終わり，又は執行を受けることがなくなつた日から起算して(ウ)を経過していない者
四 第十九条第四項の規定により許可を取り消され，取消しの日から起算して(エ)を経過していない者

	ア	イ	ウ	エ
1	心身	中毒	三年	二年
2	身体	使用	三年	三年
3	心身	中毒	二年	三年
4	身体	使用	二年	二年

問6　次の文は，毒物及び劇物取締法の条文の一部である。(　ア　)及び(　イ　)に当てはまる語句の組み合わせとして，正しいものはどれか。

(毒物劇物取扱責任者)
第七条第一項
　毒物劇物営業者は，毒物又は劇物を直接に取り扱う製造所，営業所又は店舗ごとに，(　ア　)の毒物劇物取扱責任者を置き，毒物又は劇物による(　イ　)上の危害の防止に当たらせなければならない。

	ア	イ
1	兼任の	公衆衛生
2	兼務の	公衆衛生
3	専門の	保健衛生
4	専任の	保健衛生

問7　次の文は，毒物及び劇物取締法の条文の一部である。(ア)，(イ)及び(ウ)に当てはまる語句の組み合わせとして，正しいものはどれか。

(毒物劇物取扱責任者の資格)
第八条
　次の各号に掲げる者でなければ，前条の毒物劇物取扱責任者となることができない。
一（ア）
二 厚生労働省令で定める学校で，(イ)に関する学課を修了した者
三 都道府県知事が行う毒物劇物取扱者試験に合格した者
2 次に掲げる者は，前条の毒物劇物取扱責任者となることができない。
一（ウ）未満の者

	ア	イ	ウ
1	医師	基礎化学	十八歳
2	医師	応用化学	二十歳
3	薬剤師	応用化学	十八歳
4	薬剤師	基礎化学	二十歳

問８　次の文は，毒物及び劇物取締法の条文の一部である。(　　　)に当てはまる語句として正しいものはどれか。

(毒物又は劇物の取扱)
第十一条第四項
毒物劇物営業者及び特定毒物研究者は，毒物又は厚生労働省令で定める劇物については，その容器として，(　　　)を使用してはならない。

1　医薬部外品の容器として通常使用される物
2　飲食物の容器として通常使用される物
3　壊れやすい又は腐食しやすい物
4　密閉できない構造の物

問９　次の文は，毒物及び劇物取締法の条文の一部である。(ア)，(イ)及び(ウ)に当てはまる語句の組み合わせとして，正しいものはどれか。

(毒物又は劇物の表示)
第十二条第一項
毒物劇物営業者及び特定毒物研究者は，毒物又は劇物の容器及び被包に，「(ア)」の文字及び毒物については(イ)をもって「毒物」の文字，劇物については(ウ)をもって「劇物」の文字を表示しなければならない。

	ア	イ	ウ
1	医薬用外	赤地に白色	白地に赤色
2	医療用外	白地に赤色	赤地に白色
3	医療用外	赤地に白色	白地に赤色
4	医薬用外	白地に赤色	赤地に白色

問10～問12 次の文は，毒物及び劇物取締法の条文の一部である。(ア)，(イ)及び(ウ)にそれぞれ当てはまる語句として正しいものはどれか。

(毒物又は劇物の表示)
第十二条第二項
毒物劇物営業者は，その容器及び被包に，左に掲げる事項を表示しなければ，毒物又は劇物を販売し，又は授与してはならない。
一　毒物又は劇物の(ア)
二　毒物又は劇物の成分及びその(イ)
三　厚生労働省令で定める毒物又は劇物については，それぞれ厚生労働省令で定めるその(ウ)の名称
四　毒物又は劇物の取扱及び使用上特に必要と認めて，厚生労働省令で定める事項

問 10　ア
1　名称　　2　使用期限　　3　保存方法　　4　取扱方法

問 11　イ
1　化学式　　2　学名　　3　含量　　4　致死量

問 12　ウ
1　配合剤　　2　洗浄剤　　3　中和剤　　4　解毒剤

問 13　次の文は，毒物及び劇物取締法の条文の一部である。(ア)及び(イ)に当てはまる語句の組み合わせとして，正しいものはどれか。

(特定の用途に供される毒物又は劇物の販売等)
第十三条
　毒物劇物営業者は，政令で定める毒物又は劇物については，厚生労働省令で定める方法により(　ア　)したものでなければ，これを(　イ　)として販売し，又は授与してはならない。

	ア	イ
1	着色	家庭用
2	稀釈	家庭用
3	着色	農業用
4	稀釈	農業用

問 14　次の文は，毒物及び劇物取締法の条文の一部である。(ア)，(イ)及び(ウ)に当てはまる語句の組み合わせとして，正しいものはどれか。

(毒物又は劇物の譲渡手続)
第十四条第一項
　毒物劇物営業者は，毒物又は劇物を他の毒物劇物営業者に販売し，又は授与したときは，その都度，次に掲げる事項を書面に記載しておかなければならない。
一　毒物又は劇物の(　ア　)
二　販売又は授与の(　イ　)
三　譲受人の氏名，(　ウ　)及び住所(法人にあつては，その名称及び主たる事務所の所在地)

	ア	イ	ウ
1	製造者及び使用期限	目的	職業
2	製造者及び使用期限	年月日	年齢
3	名称及び数量	年月日	職業
4	名称及び数量	目的	年齢

問 15　次の文は，毒物及び劇物取締法の条文の一部である。(ア)及び(イ)に当てはまる語句の組み合わせとして，正しいものはどれか。

(事故の際の措置)
第十六条の二第一項
毒物劇物営業者及び特定毒物研究者は，その取扱いに係る毒物若しくは劇物又は第十一条第二項に規定する政令で定める物が飛散し，漏れ，流れ出，しみ出，又は地下にしみ込んだ場合において，不特定又は多数の者について保健衛生上の危害が生ずるおそれがあるときは，(　ア　)，その旨を(　イ　)，警察署又は消防機関に届け出るとともに，保健衛生上の危害を防止するために必要な応急の措置を講じなければならない。

	ア	イ
1	七日以内に	厚生労働省
2	直ちに	保健所
3	直ちに	厚生労働省
4	七日以内に	保健所

問 16　次の文は，毒物及び劇物取締法の条文の一部である。(ア)，(イ)及び(ウ)に当てはまる語句の組み合わせとして，正しいものはどれか。

(登録が失効した場合等の措置)
第二十一条第一項
　毒物劇物営業者，特定毒物研究者又は特定毒物使用者は，その営業の登録若しくは特定毒物研究者の許可が効力を失い，又は特定毒物使用者でなくなつたときは，(　ア　)以内に，毒物又は劇物の製造業者又は輸入業者にあつてはその製造所又は営業所の所在地の都道府県知事を経て厚生労働大臣に，毒物又は劇物の販売業者にあつてはその店舗の所在地の都道府県知事に，特定毒物研究者にあつてはその主たる研究所の所在地の都道府県知事(その主たる研究所の所在地が指定都市の区域にある場合においては，指定都市の長)に，特定毒物使用者にあつては都道府県知事に，それぞれ現に所有する(　イ　)の(　ウ　)を届け出なければならない。

	ア	イ	ウ
1	十日	全ての毒物及び劇物	品目
2	十五日	特定毒物	品名及び数量
3	十五日	特定毒物	品目
4	十日	全ての毒物及び劇物	品名及び数量

問 17　次の文は，毒物及び劇物取締法の条文の一部である。(ア)，(イ)，(ウ)及び(エ)に当てはまる語句の組み合わせとして，正しいものはどれか。

(業務上取扱者の届出等)
第二十二条第一項
　政令で定める事業を行う者であつてその業務上(　ア　)又は政令で定めるその他の毒物若しくは劇物を取り扱うものは，事業場ごとに，その業務上これらの毒物又は劇物を取り扱うこととなつた日から(　イ　)日以内に，厚生労働省令の定めるところにより，次の各号に掲げる事項を，その事業場の所在地の都道府県知事(その事業場の所在地が保健所を設置する市又は特別区の区域にある場合においては，市長又は区長。第三項において同じ。)に届け出なければならない。
一　氏名又は住所(法人にあつては，その名称及び主たる事務所の所在地)
二　(　ア　)又は政令で定めるその他の毒物若しくは劇物のうち取り扱う毒物又は劇物の(　ウ　)
三　事業場の(　エ　)
四　その他厚生労働省令で定める事項

	ア	イ	ウ	エ
1	シアン化カリウム	三十	品目	構造設備
2	シアン化カリウム	十五	品名及び数量	所在地
3	シアン化ナトリウム	十五	品名及び数量	構造設備
4	シアン化ナトリウム	三十	品目	所在地

問 18　次の文は，毒物及び劇物取締法施行令の条文の一部である。(ア)，(イ)及び(ウ)に当てはまる語句の組み合わせとして，正しいものはどれか。

（廃棄の方法）
第四十条
　法第十五条の二の規定により，毒物若しくは劇物又は法第十一条第二項に規定する政令で定める物の廃棄の方法に関する技術上の基準を次のように定める。
一 中和，(　ア　)，酸化，還元，稀釈その他の方法により，毒物及び劇物並びに法第十一条第二項に規定する政令で定める物のいずれにも該当しない物とすること。
二 ガス体又は揮発性の毒物又は劇物は，保健衛生上危害を生ずるおそれがない場所で，少量ずつ放出し，又は(　イ　)させること。
三 可燃性の毒物又は劇物は，保健衛生上危害を生ずるおそれがない場所で，(　ウ　)燃焼させること。

	ア	イ	ウ
1	電気分解	揮発	すばやく
2	加水分解	揮発	少量ずつ
3	電気分解	水に吸収	少量ずつ
4	加水分解	水に吸収	すばやく

問 19　次の文は，毒物及び劇物取締法施行規則の条文の一部である。(ア)，(イ)及び(ウ)に当てはまる語句の組み合わせとして，正しいものはどれか。

（製造所等の設備）
第四条の四第一項
　毒物又は劇物の製造所の設備の基準は，次のとおりとする。
一 毒物又は劇物の製造作業を行なう場所は，次に定めるところに適合するものであること。
イ コンクリート，板張り又はこれに準ずる構造とする等その外に毒物又は劇物が飛散し，漏れ，しみ出若しくは流れ出，又は地下にしみ込むおそれのない構造であること。
ロ 毒物又は劇物を含有する粉じん，(　ア　)又は(　イ　)の処理に要する設備又は器具を備えていること。
二 毒物又は劇物の貯蔵設備は，次に定めるところに適合するものであること。
イ 毒物又は劇物とその他の物とを区分して貯蔵できるものであること。
ロ 毒物又は劇物を貯蔵するタンク，(　ウ　)，その他の容器は，毒物又は劇物が飛散し，漏れ，又はしみ出るおそれのないものであること。

	ア	イ	ウ
1	汚泥	排気	ドラムかん
2	蒸気	廃水	ボンベ
3	汚泥	排気	ボンベ
4	蒸気	廃水	ドラムかん

問20　次の文は，毒物及び劇物取締法施行規則の条文の一部である。(ア)，(イ)，(ウ)及び(エ)に当てはまる語句の組み合わせとして，正しいものはどれか。

(毒物又は劇物を運搬する車両に掲げる標識)
第十三条の五
　令第四十条の五第二項第二号に規定する標識は，(　ア　)メートル平方の板に地を(　イ　)色，文字を(　ウ　)色として「(　エ　)」と表示し，車両の前後の見やすい箇所に掲げなければならない。

	ア	イ	ウ	エ
1	〇・二	白	黒	毒
2	〇・三	黒	白	毒
3	〇・三	白	黒	劇
4	〇・二	黒	白	劇

〔基礎化学〕
(一般・農業用品目・特定品目共通)

問21　次の元素のうち，ハロゲン元素として，正しいものはどれか。

1　He　　2　I　　3　P　　4　N

問22　100ppm を%に換算した場合の値として，正しいものはどれか。

1　0.000001 %　　2　0.0001 %　　3　0.01 %　　4　1 %

問23　物質の三態に関する以下の記述のうち，誤っているものはどれか。

1　液体が気体になる変化を蒸発という。
2　固体が液体になる変化を融解という。
3　気体が固体になる変化を凝集という。
4　気体が液体になる変化を凝縮という。

問24　質量パーセント濃度が 10 %の塩酸を調製するために，質量パーセント濃度が35% の塩酸 10 g に対して加えるべき水の質量として正しいものはどれか。

1　10 g　　2　15 g　　3　20 g　　4　25 g

問25　0.1 mol/L の塩酸 20 mL に，0.1 mol/L の水酸化ナトリウム水溶液 10 mL を加え，全体を水で希釈し，100 mL にした水溶液の pH はいくつか。ただし強酸，強塩基の電離度は 1 とし，混合する前後で溶液の体積の総量に変化はないものとする。

1　2　　2　5　　3　7　　4　10

問26　エチレン，プロピレンなどの化合物はアルケンと呼ばれている。アルケンの一般式として正しいものはどれか。

1　C_nH_{2n+2}　　2　C_nH_{2n}　　3　C_nH_{2n+1}　　4　C_nH_{2n-2}

問 27　下線で示す原子の酸化数の変化の組み合わせとして正しいものはどれか。

$\underline{Mn}O_2 \rightarrow \underline{Mn}Cl_2$

1	＋１ → ＋２
2	＋４ → ＋２
3	＋２ → －４
4	－１ → ＋４

問 28　次の金属をイオン化傾向の大きいものから順に並べたとき，正しいものはどれか。

1　Ｋ＞Ａｌ＞Ｐｂ＞Ｃｕ　　2　Ｋ＞Ａｌ＞Ｃｕ＞Ｐｂ
3　Ｋ＞Ｐｂ＞Ａｌ＞Ｃｕ　　4　Ｃｕ＞Ａｌ＞Ｐｂ＞Ｋ

問 29　次の物質の中で，不斉炭素原子をもつ物質はどれか。

1　メタノール　　2　エタノール　　3　乳酸　　4　ヘキサン

問 30　次のうち，金属元素とその炎色反応について，正しい組み合わせはどれか。

1	Ｌｉ	黄色
2	Ｎａ	青緑色
3	Ｃａ	黄緑色
4	Ｓｒ	紅色

〔毒物及び劇物の性質及び貯蔵その他取扱方法〕

（一般）

問 31　クロム酸カリウムの性状として，最も適当なものはどれか。

1　無色の固体　　2　橙赤色の固体　　3　橙黄色の固体　　4　白色の固体

問 32　フェノールの性状として，最も適当なものはどれか。

1　無色透明の結晶で，光によって分解して黒変する。強力な酸化剤であり，腐食性がある。
2　本来は無色透明の麻酔性芳香をもつ液体であるが，ふつう市場にあるものは，不快な臭気をもっている。有毒で，長く吸入すると麻酔を起こす。
3　不燃性の無色液化ガスで激しい刺激性がある。ガスは空気より重く，空気中の水や湿気と作用して白煙を生じ，強い腐食性を示す。水に極めて溶けやすい。
4　無色の針状結晶あるいは白色の放射状結晶塊で，空気中で容易に赤変する。特異の臭気を有する。

問 33　亜硝酸ナトリウムの性状として，最も適当なものはどれか。

1　無色透明の気体　　2　淡黄色の液体　　3　淡黄色の気体
4　白色または微黄色の固体

問 34　燐(りん)化水素の性状として，最も適当なものはどれか。

1　刺激臭をもつ無色あるいはほとんど無色透明の液体で,冷えると混濁することがある。
2　無色で腐った魚の臭いのある気体である。水にわずかに溶け，酸素及びハロゲンと激しく結合する。
3　無色の結晶で，湿った空気中で潮解する。水及び有機溶媒に容易に溶ける。市販品は，あせにくい黒色で着色されている。
4　常温では無色透明，揮発性のある液体で，果実様の特徴ある香気を発する。

問 35　酢酸エチルの性状として，最も適当なものはどれか。

1　無色透明の液体で，不純物の混入やわずかな加熱で爆鳴を発して急に分解する。
2　無色の液体で，水や蒸気と激しく反応する。硫酸より強い強酸性で，強腐食性液体である。アセトンに溶ける。
3　白色の固体で，水，アルコールに熱を発して溶ける。空気中に放置すると，水分と二酸化炭素を吸収して潮解する。
4　無色透明の液体で果実様の芳香がある。

問 36　ピクリン酸の貯蔵方法として，最も適当なものはどれか。

1　少量ならガラス瓶，多量ならブリキ缶又は鉄ドラムを用い，酸類とは離して，通気性のよい乾燥した冷所に密封して貯蔵する。
2　火気に対し安全で隔離された場所に，硫黄，ヨード，ガソリン，アルコール等と離して保管する。鉄，銅，鉛等の金属容器を使用しない。
3　含有成分が揮発しやすいので，よく密栓して保存する。
4　石油中に保存し，水分の混入，火気を避ける。

（農業用品目）

問 31　エチレンクロルヒドリンの性状として，最も適当なものはどれか。

1　エーテル臭をもつ無色の液体。水，有機溶媒によく溶ける。
2　重い白色の粉末で，吸湿性があり，酢酸の臭いを有する。冷水にはたやすく溶けるが，有機溶媒には溶けない。
3　常温で白色の結晶固体。弱い硫黄臭がある。
4　刺激性で，微臭のある比較的揮発性の無色油状の液体である。有機溶媒には可溶で，水には溶けにくい。

問 32　ジエチル-S-(2-オキソ-6-クロルベンゾオキサゾロメチル)-ジチオホスフエイト(別名：ホサロン)の性状として，最も適当なものはどれか。

1　刺激性で，微臭のある比較的揮発性の無色油状の液体である。有機溶媒には可溶で，水には溶けにくい。
2　赤褐色，油状の液体で，芳香性刺激臭を有し，水には不溶で，アルコールには溶ける。
3　橙黄色の樹脂状固体で，キシレン等有機溶媒によく溶ける。熱，酸に安定で，アルカリ，光に不安定である。
4　白色結晶，ネギ様の臭気があり，水には不溶で，メタノール，アセトンには溶ける。

問 33　ジメチル-２・２-ジクロルビニルホスフエイト(別名：ＤＤＶＰ，ジクロルボス)の性状として，最も適当なものはどれか。

1　橙黄色の樹脂状固体で，キシレン等有機溶媒によく溶ける。熱，酸に安定で，アルカリ，光に不安定である。
2　白色結晶，ネギ様の臭気があり，水には不溶で，メタノール，アセトンには溶ける。
3　刺激性で，微臭のある比較的揮発性の無色油状の液体である。有機溶媒には可溶で，水には溶けにくい。
4　赤褐色，油状の液体で，芳香性刺激臭を有し，水には不溶で，アルコールには溶ける。

問 34　メチル－Ｎ′・Ｎ′－ジメチル－Ｎ－〔(メチルカルバモイル)オキシ〕－１－チオオキサムイミデート(別名：オキサミル)の性状として，最も適当なものはどれか。

1　弱いメルカプタン臭のある淡褐色液体で，水に極めて溶けにくい。pH ６及び pH ８で安定である。
2　淡黄色ないし黄褐色の粘稠(ちゅう)性液体で，水に難溶である。熱，酸性には安定であるが，太陽光，アルカリには不安定である。沸点は 450 ℃以上である。
3　白色～淡黄褐色の粉末で，有機溶媒に可溶，水には難溶である。常温で安定である。融点は 140 ℃であり，アルカリに不安定である。
4　白色針状結晶で，かすかに硫黄臭がある。アセトンや水に溶けやすく，クロロホルムや石油エーテルにほとんど溶けない。融点は 108 ～ 110 ℃である。

問 35　Ｎ－メチル－１－ナフチルカルバメート(別名：ＮＡＣ，カルバリル)の性状として，最も適当なものはどれか。

1　淡黄色ないし黄褐色の粘稠(ちゅう)性液体で，水に難溶である。熱，酸性には 安定であるが，太陽光，アルカリには不安定である。沸点は 450 ℃以上である。
2　白色の固体で，融点は 51 ～ 52 ℃，キシレンに可溶，80 ℃の水に７％溶解する。水溶液は室温で徐々に加水分解する。太陽光線には安定で，熱に対する安定性は低い。
3　弱いメルカプタン臭のある淡褐色液体で，水に極めて溶けにくい。pH ６及び pH ８で安定である。
4　白色～淡黄褐色の粉末で，有機溶媒に可溶，水には難溶である。常温で安定である。融点は 140 ℃であり，アルカリに不安定である。

問 36　アンモニア水の貯蔵方法として，最も適当なものはどれか。

1　風解性があるので，密栓し乾燥した場所に貯蔵する。
2　溶液からガスが揮発しやすいので，密栓して直射日光を避け，換気のよい冷所に貯蔵する。
3　大気中の湿気に触れると，徐々に分解して有毒ガスを発生することから，密閉した容器で貯蔵する。
4　水と接触すると多量の熱が発生するので，密閉した容器に貯蔵する。

（特定品目）

問 31　キシレンの性状として，最も適当なものはどれか。

1　無色透明，揮発性の液体で，鼻をさすような臭気があり，アルカリ性を呈する。
2　不燃性の無色透明又は淡黄色の液体で，25 %以上の濃度のものは発煙性を有する。腐食性が強く，強酸性である。
3　無色透明の液体で芳香族炭化水素特有の臭いがある。水に不溶である。
4　無色の結晶で，75 ℃で無水物になる。水に溶けやすく，グリセリンに可溶である。

問 32　クロム酸鉛の性状として，最も適当なものはどれか。

1　黄色または赤黄色の粉末で，水にほとんど溶けない。酸，アルカリに溶け，酢酸，アンモニア水に不溶である。
2　無色の揮発性液体で，水，エチルアルコール，クロロホルム，揮発油と混和する。
3　無色の液体で，特有の刺激臭がある。腐食性が激しく，空気に接すると白霧を発し，水を吸収する性質が強い。
4　白色の固体で，水，アルコールに発熱して溶ける。空気中に放置すると，二酸化炭素と水を吸収して潮解する。

問 33　硝酸の性状として，最も適当なものはどれか。

1　白色の結晶で，空気中に放置すると潮解する。
2　無色の液体で，空気に触れると白霧を生じる。また，腐食性が激しい。
3　無色の液体で，空気中の酸素により一部酸化されて，蟻酸（ギ酸）を生じる。
4　白色の結晶で，水に溶けにくく，アルコールには溶けない。

問 34　蓚（しゅう）酸の性状として，最も適当なものはどれか。

1　無色の液体で，特有の刺激臭がある。腐食性が激しく，空気に接すると白霧を発し，水を吸収する性質が強い。
2　白色の固体で，水，アルコールに発熱して溶ける。空気中に放置すると，二酸化炭素と水を吸収して潮解する。
3　無色透明の稜（りょう）柱状結晶で，風化性がある。水によく溶け，エーテルには溶けにくい。
4　無色の揮発性液体で，水，エチルアルコール，クロロホルム，脂肪，揮発油と混和する。

問 35　酢酸エチルの性状として，最も適当なものはどれか。

1　橙色または赤色粉末。融点 844 ℃。水にほとんど溶けない。酸，アルカリに可溶。酢酸，アンモニア水に不溶。
2　無色，可燃性のベンゼン臭を有する液体である。
3　強い果実様の香気ある可燃性無色の液体である。沸点は 77 ℃。
4　重い粉末で黄色から赤色までの間の様々なものがあり，水にはほとんど溶けない。酸，アルカリにはよく溶ける。

問 36　クロロホルムの貯蔵方法として，最も適当なものはどれか。

1 冷暗所に貯蔵する。純品は，空気と日光によって変質するので，少量のアルコールを加えて分解を防止する。

2 亜鉛又は錫（すず）メッキをした鋼鉄製容器で保管し，高温に接しない場所に保管する。ドラム缶で保管する場合は，雨水が漏入しないようにし，直射日光をさけ冷所に置く。本品の蒸気は空気より重く，低所に滞留するので，地下室などの換気の悪い場所には保管しない。

3 二酸化炭素と水を強く吸収するから，密栓をして貯蔵する。

4 可燃性の液体であるので，火気から離し密栓して冷暗所保存する。

〔実　地〕

(一般)

問 37　エチレンオキシドの主な用途として，最も適当なものはどれか。

1 溶剤，染料中間体などの有機合成原料，試薬
2 殺虫剤
3 有機合成原料，有機合成顔料，燻（くん）蒸消毒，殺菌剤
4 農薬原料

問 38 アジ化ナトリウムの主な用途として，最も適当なものはどれか。

1 試薬，医療検体の防腐剤，エアバッグのガス発生剤
2 殺虫剤，香料，付臭剤，触媒活性調整剤，反応促進剤
3 ロケット燃料
4 有機合成原料，有機合成顔料，燻（くん）蒸消毒，殺菌剤

問 39 メチルエチルケトンの主な用途として，最も適当なものはどれか。

1 溶剤，有機合成原料　　　2 冶金（やきん），鍍金，写真用
3 水処理剤や接着剤の原料，土木工事用の土質安定剤
4 タール中間物の製造原料，医薬品や染料等の製造原料

問 40 アクロレインの毒性として，最も適当なものはどれか。

1 摂取すると，体内で代謝されてギ酸となり，頭痛，吐き気等の症状を呈し，致死量に近ければ視神経を侵し，失明することがある。
2 蒸気の吸入や，皮膚からの吸収により中毒がおこり，急性中毒では，顔面，口唇，指先などにチアノーゼが現れる。
3 視野狭さく，眼のふるえ，運動障害，記憶障害などの神経系の障害のほか，妊婦では新生児の発育異常や奇形を誘発する。
4 目と呼吸器系を激しく刺激し，催涙性がある。気管支カタルや結膜炎をおこす。

問 41　シアン化水素の毒性として，最も適当なものはどれか。

1 暴露した場合，頭痛，めまい，悪心，意識不明，呼吸麻痺を起こす。
2 経口摂取すると，胃腸の運動過多，下痢，吐き気，脱水症状を起こす。
3 吸入した場合，はじめ，短時間の興奮期を経て，深い麻酔状態に陥ることがある。
4 吸入した場合，倦（けん）怠感，頭痛，めまい，下痢などの症状を呈し，重症の場合は，縮瞳，意識混濁等コリンエステラーゼ活性阻害作用を起こすことがある。

問 42　ニコチンの毒性として，最も適当なものはどれか。

1　猛烈な神経毒であって，急性毒性では，よだれ，嘔吐があり，発汗，瞳 孔縮小，呼吸困難，けいれんを起こす。
2　経口直後から，嘔吐，口内炎，視野暗点，手足の刺痛及び疼痛をきたす。 しだいに，けいれん，麻痺等の症状に伴い，呼吸困難，虚脱症状となる。
3　慢性毒性では，腎臓に集積し，カルシウムの再吸収を阻害する等して，骨代謝異常を起こす。
4　35 %以上の溶液が皮膚に触れた場合，やけど(薬傷)を起こす。眼に入った場合，角膜が侵され，場合によっては失明する。

問 43　ブロムメチルの毒性として，最も適当なものはどれか。

1　吸入した場合，倦怠感，頭痛，めまい，嘔気，嘔吐， 腹痛，下痢，多汗等の症状を呈し，重症の場合には，縮瞳，意識混濁，全身けいれん等を起こすことがある。
2　強い麻酔作用があり，めまい，頭痛，吐き気をおぼえ，重症の場合は，嘔 吐，意識不明などをおこす。
3　吸入した場合，吐き気，嘔吐，頭痛，歩行困難，けいれん，視力障害， 瞳孔拡大等の症状を起こすことがある。低濃度のガスを長時間吸入すると，数日を経て，けいれん，麻痺，視力障害等の症状を起こす。
4　皮膚に触れた場合，激しいやけど(薬傷)を起こす。眼に入った場合，粘膜を激しく刺激し，失明することがある。

問 44　蓚 酸の毒性として，最も適当なものはどれか。

1　揮発性蒸気の吸入により，はじめ頭痛，悪心などをきたし，また黄疸のように角膜が黄色となり，しだいに尿毒症様を呈する。
2　粘膜接触により刺激症状を呈し，目，鼻，咽喉及び口腔粘膜に障害を与える。吸入により，窒息感，喉頭及び気管支筋の強直をきたし，呼吸困難におちいる。
3　血液に入ってメトヘモグロビンをつくり，各器官に障害を与える。中枢神経や心臓，眼結膜をおかし，肺に強い障害を与える。
4　血液中のカルシウム分を奪取し，神経系をおかす。急性中毒症状は，胃痛，嘔吐，口腔，咽頭に炎症を起こし，腎臓がおかされる。

問 45　クロルピクリンの識別方法として，最も適当なものはどれか。

1　水溶液に金属カルシウムを加え，これにベタナフチルアミン及び硫酸を加えると，赤色の沈殿を生ずる。
2　濃塩酸をうるおしたガラス棒を近づけると，白い霧を生ずる。
3　水に溶かし，硝酸銀を加えると白色沈殿を生じる。
4　小さな試験管に入れて熱すると，はじめ黒色に変わり，さらに熱すると揮散する。

問 46　バリウム化合物の識別方法として，最も適当なものはどれか。

1　水溶液に過クロール鉄液を加えると，紫色を呈する。
2　水溶液をアンモニア水で弱アルカリ性にし，これに塩化カルシウムを加えると，白色の沈殿を生じる。
3　水に溶かしてさらし粉を加えると，紫色を呈する。
4　水溶液に硫酸又は硫酸カルシウム溶液を加えると，白色の沈殿を生じる。

問 47　一酸化鉛の識別方法として，最も適当なものはどれか。

1　銅くずを加えて熱すると，藍色を呈して溶け，その際赤褐色の蒸気を発生する。
2　水酸化ナトリウム溶液を加えて熱するとクロロホルム臭を放つ。
3　空気や光線に触れると赤変する。水溶液に塩化第二鉄溶液を加えると類緑色を呈し，のちに白色コロイド状の沈殿を生じる。
4　希硝酸に溶かした液に硫化水素を通じると，黒色沈殿を生じる。

問 48　ホルマリンの識別方法として，最も適当なものはどれか。

1　水溶液にさらし粉を加えると紫色を呈する。
2　水に溶かして硝酸バリウムを加えると，白色沈殿を生じる。
3　アンモニア水を加え，さらに硝酸銀溶液を加えると，徐々に金属銀を析出する。また，フェーリング溶液とともに加熱すると赤色の沈殿を生じる。
4　あらかじめ熱灼した酸化銅を加えると，ホルムアルデヒドができ，酸化銅は還元されて金属銅色を呈する。

問 49　過酸化水素の識別方法として，最も適当なものはどれか。

1　刺激臭のある酸性の液体で，硝酸銀溶液を加えると，白色沈殿を生じる。
2　硫酸酸性水溶液に，ピクリン酸溶液を加えると，黄色結晶の沈殿を生じる。
3　過マンガン酸カリウムを還元し，クロム酸塩を過クロム酸塩に変える。また，ヨード亜鉛からヨードを析出する。
4　水溶液を白金線につけて火炎中に入れると，火炎は黄色に染まる。

問 50　アンモニアの廃棄方法について，「毒物及び劇物の廃棄の方法に関する基準」に適合するものとして，最も適当なものはどれか。

1　多量の水を加え，希薄な水溶液とした後，次亜塩素酸塩水溶液を加え分解させ廃棄する。
2　水に溶かし，消石灰，ソーダ灰等の水溶液を加えて処理し，沈殿ろ過して埋立処分する。
3　水で希薄な水溶液とし，酸で中和した後，多量の水で希釈して廃棄する。
4　多量の水酸化ナトリウム水溶液(約 10 %)を撹拌しながら，少量ずつガスを吹き込み分解した後，希硫酸を加えて中和する。

問 51　エチレンオキシドの廃棄方法について，「毒物及び劇物の廃棄の方法に関する基準」に適合するものとして，最も適当なものはどれか。

1　セメントを用いて固化し，溶出試験を行い，溶出量が判定基準以下であることを確認して埋立処分する。
2　おがくず等に吸収させて焼却炉で焼却する。可燃性溶剤と共に焼却炉の火室へ噴霧し焼却する。
3　多量の水で希釈して処理する。
4　多量の水に少量ずつガスを吹き込み溶解し希釈した後，少量の硫酸を加えエチレングリコールに変え，アルカリ水で中和し，活性汚泥で処理する。

問 52　ジメチル－２・２－ジクロルビニルホスフエイト(別名：DDVP, ジクロルボス)の廃棄方法について,「毒物及び劇物の廃棄の方法に関する基準」に適合するものとして，最も適当なものはどれか。

1　多量の水酸化ナトリウム水溶液中に徐々に吹き込んでガスを吸収させた後，希硫酸を加えて中和し，沈殿ろ過して埋立処分する。
2　炭酸水素ナトリウムと混合したものを少量ずつ紙などで包み，他の木材，紙等と一緒に危害を生ずるおそれがない場所で，開放状態で焼却する。
3　セメントを用いて固化し，埋立処分する。
4　おがくず等に吸収させてアフターバーナー及びスクラバーを具備した焼却炉で焼却する。

問 53　ホスゲンの廃棄方法について,「毒物及び劇物の廃棄の方法に関する基準」に適合するものとして，最も適当なものはどれか。

1　多量の水酸化ナトリウム水溶液(10 %程度)に撹拌(かくはん)しながら少量ずつガスを吹き込み分解したあと，希硫酸を加えて中和する。
2　おがくず等に吸収させてアフターバーナー及びスクラバーを具備した焼却炉で焼却する。
3　セメントを用いて固化し，埋立処分する。
4　多量の水に少量ずつガスを吹き込み溶解し希釈した後，少量の硫酸を加えエチレングリコールに変え，アルカリ水で中和し，活性汚泥で処理する。

問 54　弗化水素酸(フッ化水素酸)の廃棄方法について,「毒物及び劇物の廃棄の方法に関する基準」に適合するものとして，最も適当なものはどれか。

1　可燃性溶剤と共に，焼却炉の火室に噴霧し，焼却する。
2　水に溶かし，水酸化ナトリウム，ソーダ灰等の水溶液を用いて沈殿分解する。
3　多量の消石灰水溶液に撹拌しながら少量ずつ加えて中和し，沈殿ろ過して埋立処分する。
4　水に溶かし，硫化ナトリウム水溶液を加えて沈殿させ，ろ過して埋立処分する。

問 55　ジメチル－２・２－ジクロルビニルホスフエイト(別名：DDVP, ジクロルボス)の中毒時の主な措置として，最も適当なものはどれか。

1　プラリドキシムヨウ化メチル(別名：PAM)製剤，硫酸アトロピン製剤の投与
2　過マンガン酸カリウム溶液，硫酸銅の投与
3　ジメルカプロール(別名：BAL)の投与
4　澱粉溶液の投与

問 56　キシレンの漏えい時の措置について,「毒物及び劇物の運搬事故時における応急措 置に関する基準」に適合するものとして，最も適当なものはどれか。

1　土砂等でその流れを止め，安全な場所に導き，液の表面を泡等で覆いできるだけ空容器に回収する。
2　土砂等でその流れを止め，安全な場所に導き，多量の水で十分に希釈して洗い流す。
3　土砂等でその流れを止め，安全な場所に導き，アルカリ水溶液で分解した後，多量の水を用いて洗い流す。
4　土砂等でその流れを止め，安全な場所に導き，亜硫酸水素ナトリウム水溶液と反応させた後，多量の水を用いて洗い流す。

問 57　クロム酸ナトリウムの漏えい時の措置について，「毒物及び劇物の運搬事故時における応急措置に関する基準」に適合するものとして，最も適当なものはどれか。

1　漏えいした液は，土砂等でその流れを止め，安全な場所に導き水で覆った後，土砂等に吸着させて空容器に回収し，水封(すいふう)後密栓する。
2　飛散したものは空容器にできるだけ回収し，そのあとを還元剤の水溶液を散布し，消石灰，ソーダ灰等の水溶液で処理したのち，多量の水を用いて洗い流す。
3　多量に漏えいした液は，土砂等でその流れを止め，安全な場所に導いてアルカリ水溶液で分解した後，多量の水を用いて洗い流す。
4　漏えいした液は，土砂等でその流れを止め，土砂等で表面を覆い，放置して冷却固化させた後，掃き集めて空容器にできるだけ回収する。そのあとは多量の水を用いて洗い流す。

問 58　ニトロベンゼンの漏えい時の措置について，「毒物及び劇物の運搬事故時における 応急措置に関する基準」に適合するものとして，最も適当なものはどれか。

1　着火源を速やかに取り除き，漏えいした液は，水で覆った後，土砂等に吸着させ，空容器に回収し，水封後密栓する。そのあとを多量の水を用いて洗い流す。
2　漏えいした液が少量の場合は，漏えいした場所及び漏えいした液には消石灰を十分に散布して吸収させる。
3　漏えいした液が少量の場合は，アルカリ水溶液で分解した後，多量の水を用いて洗い流す。
4　漏えいした液が少量の場合は，多量の水を用いて洗い流すか，土砂，おがくず等に吸着させて空容器に回収し，安全な場所で焼却する。

問 59　ナトリウムの漏えい時の措置について，「毒物及び劇物の運搬事故時における応急 措置に関する基準」に適合するものとして，最も適当なものはどれか。

1　飛散したものは空容器にできるだけ回収し，そのあと食塩水を用いて塩化物とし，多量の水を用いて洗い流す。
2　漏えいした液は，密閉可能な空容器にできるだけ回収し，そのあとを水酸化カルシウム等の水溶液で中和した後，多量の水を用いて洗い流す。
3　水と接触させないよう十分に注意し，速やかに拾い集めて灯油又は流動パラフィンの入った容器に回収する。
4　多量の液が漏えいした場合は，土砂等でその流れを止め，液が拡がらないようにして蒸発させる。

問 60　蟻酸(ギ酸)の漏えい時の措置について，「毒物及び劇物の運搬事故時における応急措置に関する基準」に適合するものとして，最も適当なものはどれか。

1　付近の着火源となるものを速やかに取り除く。少量の漏えい時は，漏えい箇所を濡れむしろ等で覆い，遠くから多量の水をかけて洗い流す。
2　漏えいした液は，土砂等でその流れを止め，安全な場所に導き，密閉可能な空容器にできるだけ回収し，そのあとを水酸化カルシウム等の水溶液で中和した後，多量の水を用いて洗い流す。
3　漏えいした容器には石こうによる閉止，木栓の打ち込み等により漏えいを止める。多量にガスが噴出した場合には，遠方から霧状の水をかけて吸収させる。この場合，容器に直接散水してはならない。
4　漏えいしたものは空容器にできるだけ回収する。砂利等に付着している場合は，砂利等を回収し，水酸化ナトリウム等の水溶液を散布してアルカリ性(pH　１１以上)とし，さらに酸化剤の水溶液で酸化し，多量の水を用いて洗い流す。

(農業用品目)

問37 ジエチル－(５－フェニル－３－イソキサゾリル)－チオホスフエイト(別名：イソキサチオン)の主な用途として，最も適当なものはどれか。

1 植物成長調整剤　　2 殺虫剤(みかん，稲，野菜，茶等の害虫の駆除)

3 果樹の腐らん病，芝の葉枯れ病の殺菌　　4 殺鼠剤

問38 ナラシンの主な用途として，最も適当なものはどれか。

1 飼料添加物　　2 殺虫剤　　3 殺菌剤　　4 殺鼠剤

問39 ２－イソプロピル－４－メチルピリミジル－６－ジエチルチオホスフエイト(別名：ダイアジノン)の主な用途として，最も適当なものはどれか。

1 殺虫剤　　2 土壌燻蒸剤　　3 殺鼠剤　　4 殺菌剤

問40 エチレンクロルヒドリンの毒性として，最も適当なものはどれか。

1 吸入すると，分解されずに組織内に吸収され，各器官が障害される。血液中でメトヘモグロビンを生成，また中枢神経や心臓，眼結膜を侵し，肺も強く障害する。

2 主な中毒症状は激しい嘔吐が繰り返され，胃の疼痛，意識混濁，てんかん性けいれん，脈拍の遅緩がおこり，チアノーゼ，血圧下降をきたす。

3 猛烈な神経毒である。急性中毒では，よだれ，吐き気，悪心，嘔吐があり，ついで脈拍緩徐不整となり，発汗，瞳孔縮小，呼吸困難，けいれんを起こす。

4 皮膚から容易に吸収され，全身中毒症状を引き起こす。中枢神経系，肝臓，腎臓，肺に著明な障害を引き起こす。

問41 クロルピクリンの毒性として，最も適当なものはどれか。

1 吸入した場合，倦怠感，頭痛，めまい，嘔気，嘔吐，腹痛，下痢，多汗等の症状を呈し，重症の場合には，縮瞳，意識混濁，全身けいれん等コリンエステラーゼ活性阻害作用を起こすことがある。

2 主な中毒症状は激しい嘔吐が繰り返され，胃の疼痛，意識混濁，てんかん性けいれん，脈拍の遅緩がおこり，チアノーゼ，血圧下降をきたす。

3 皮膚から容易に吸収され，全身中毒症状を引き起こす。中枢神経系，肝臓，腎臓，肺に著明な障害を引き起こす。

4 吸入すると，分解されずに組織内に吸収され，各器官が障害される。血液中でメトヘモグロビンを生成，また中枢神経や心臓，眼結膜を侵し，肺も強く障害する。

問42 モノフルオール酢酸ナトリウムの毒性として，最も適当なものはどれか。

1 主な中毒症状は激しい嘔吐が繰り返され，胃の疼痛，意識混濁，てんかん性けいれん，脈拍の遅緩がおこり，チアノーゼ，血圧下降をきたす。

2 皮膚から容易に吸収され，全身中毒症状を引き起こす。中枢神経系，肝臓，腎臓，肺に著明な障害を引き起こす。

3 気管支を刺激して咳や鼻汁が出る。多量に吸入すると，胃腸炎，肺炎，尿に血が混じる。悪心，呼吸困難，肺水腫を起こす。

4 猛烈な神経毒である。急性中毒では，よだれ，吐き気，悪心，嘔吐があり，ついで脈拍緩徐不整となり，発汗，瞳孔縮小，呼吸困難，けいれんを起こす。

問 43　ヘキサクロルヘキサヒドロメタノベンゾジオキサチエピンオキサイド(別名：ベンゾエピン)の毒性として，最も適当なものはどれか。

1　おもな中毒症状は，震せん，呼吸困難であり，その他肝臓の変性や細尿管のうっ血，脾炎等を起こす。また，散布に際して，眼に対する刺激が特に強いので注意を要する。
2　コリンエステラーゼ阻害作用により，神経系に影響を与え，頭痛，めまい，嘔（おう）吐，縮瞳，全身けいれん等を起こす。
3　中枢神経毒であり，激しい中毒症状を呈する。症状は，震せん，間代性及び強直性けいれんを呈する。
4　せん痛，嘔（おう）吐，震せん，けいれん，麻痺等の症状に伴い，しだいに呼吸 困難，虚脱症状を呈する。

問 44　2－イソプロピルフエニル－N－メチルカルバメート(別名：イソプロカルブ，MIPC)の毒性として，最も適当なものはどれか。

1　吸入した場合，倦（けん）怠感，頭痛，めまい，嘔（おう）気，嘔（おう）吐，　腹痛，下痢，多汗等の症状を呈し，重症の場合には，縮瞳，意識混濁，全身けいれ ん等を起こすことがある。
2　コリンエステラーゼ阻害作用により，神経系に影響を与え，頭痛，めまい，嘔（おう）吐，縮瞳，全身けいれん等を起こす。
3　主な中毒症状は激しい嘔（おう）吐が繰り返され，胃の疼痛，意識混濁，てんかん性けいれん，脈拍の遅緩がおこり，チアノーゼ，血圧下降をきたす。
4　吸入すると，分解されずに組織内に吸収され，各器官が障害される。血液中でメトヘモグロビンを生成，また中枢神経や心臓，眼結膜を侵し，肺も強く障害する。

問 45　アンモニア水の識別方法として，最も適当なものはどれか。

1　酒石酸を多量に加えると，白色の結晶性物質を生ずる。
2　濃塩酸をうるおしたガラス棒を近づけると白い霧を生ずる。
3　硝酸バリウムを加えると，白色の沈澱を生ずる。
4　水酸化カリウムのアルコール溶液と銅粉を加えて煮沸すると，黄赤色の沈殿を生ずる。

問 46　クロルピクリンの識別方法として，最も適当なものはどれか。

1　水溶液に金属カルシウムを加え，これにベタナフチルアミン及び硫酸を加えると，赤色の沈澱を生じる。
2　熱すると酸素を発生し，これに塩酸を加えて熱すると，塩素を発生する。
3　特有の刺激臭があり，濃塩酸に浸したガラス棒を近づけると，白い霧を生じる。
4　5～10 %硝酸銀溶液を吸着させたろ紙を近づけると，発生したガスによりろ紙が黒変する。

問 47　塩化亜鉛の識別方法として，最も適当なものはどれか。

1　水でうすめると激しく発熱し，塩化バリウムを加えると，白色の沈殿を生じる。
2　硫酸酸性水溶液に，ピクリン酸溶液を加えると，黄色結晶の沈殿を生じる。
3　水溶液にさらし粉を加えると，紫色を呈する。
4　水溶液に硝酸銀を加えると，白色の沈殿を生じる。

問48　硫酸の識別方法として，最も適当なものはどれか。

1　水で薄めると激しく発熱する。濃厚な液は，木片等を炭化し黒変させる。
2　水溶液に金属カルシウムを加え，さらにベタナフチルアミン及び硫酸を加えると，赤色の沈殿を生ずる。
3　熱すると酸素を発生し，これに塩酸を加えて熱すると，塩素を発生する。
4　濃塩酸をうるおしたガラス棒を近づけると，白い霧を生ずる。

問49　硫酸第二銅の識別方法として，最も適当なものはどれか。

1　水に溶かして硝酸バリウムを加えると，白色の沈殿を生じる。
2　水蒸気蒸留して得られた留液に，水酸化ナトリウム溶液を加えてアルカリ性とし，硫酸第一鉄溶液及び塩化第二鉄溶液を加えて熱し，塩酸で酸性とすると藍色を呈する。
3　水溶液に酒石酸を多量に加えると，白色の結晶性の沈殿を生じる。
4　濃塩酸をうるおしたガラス棒を近づけると，白い霧を生じる。

問50　エチルパラニトロフェニルチオノベンゼンホスホネイト(別名：ＥＰＮ)の廃棄方法について，「毒物及び劇物の廃棄の方法に関する基準」に適合するものとして，最も適当なものはどれか。

1　おがくず等に吸収させてアフターバーナー及びスクラバーを具備した焼却炉で焼却する。(燃焼法)
2　希硫酸を加えて酸性にしたチオ硫酸ナトリウム等の還元剤の水溶液に，少量ずつ投入する。反応終了後，反応液を中和し多量の水で希釈する。(還元法)
3　少量の界面活性剤を加えた亜硫酸ナトリウムと炭酸ナトリウムの混合溶液中で，撹拌し分解させた後，多量の水で希釈して処理する。(分解法)
4　石灰乳などの撹拌溶液に徐々に加え中和させた後，多量の水で希釈して処理する。(中和法)

問51　シアン化水素の廃棄方法について，「毒物及び劇物の廃棄の方法に関する基準」に適合するものとして，最も適当なものはどれか。

1　石灰乳などの撹拌溶液に徐々に加え中和させた後，多量の水で希釈して処理する。(中和法)
2　おがくず等に吸収させてアフターバーナー及びスクラバーを具備した焼却炉で焼却する。(燃焼法)
3　多量の水酸化ナトリウム水溶液に吹き込んだのち，酸化剤の水溶液を加えて分解する。(酸化法)
4　水に溶かし，消石灰，ソーダ灰等の水溶液を加えて処理し，沈殿ろ過して埋立処分する。(沈殿法)

問52　ジメチル－２・２－ジクロルビニルホスフエイト(別名：ＤＤＶＰ，ジクロルボス)の廃棄方法について，「毒物及び劇物の廃棄の方法に関する基準」に適合するものとして，最も適当なものはどれか。

1　多量の水酸化ナトリウム水溶液に吹き込んだのち，酸化剤の水溶液を加えて分解する。(酸化法)
2　少量の界面活性剤を加えた亜硫酸ナトリウムと炭酸ナトリウムの混合溶液中で，撹拌し分解させた後，多量の水で希釈して処理する。(分解法)
3　多量の水で希釈し，活性汚泥で処理する。(活性汚泥法)
4　10 倍量以上の水と撹拌しながら加熱還流して加水分解し，冷却後，水酸化ナトリウム等の水溶液で中和する。(アルカリ法)

問53　塩素酸ナトリウムの廃棄方法について，「毒物及び劇物の廃棄の方法に関する基準」に適合するものとして，最も適当なものはどれか。

1　少量の界面活性剤を加えた亜硫酸ナトリウムと炭酸ナトリウムの混合溶液中で，撹拌し分解させた後，多量の水で希釈して処理する。（分解法）
2　石灰乳などの撹拌溶液に徐々に加えて中和させた後，多量の水で希釈して処理する。（中和法）
3　希硫酸を加えて酸性にしたチオ硫酸ナトリウム等の還元剤の水溶液に，少量ずつ投入する。反応終了後，反応液を中和し多量の水で希釈する。（還元法）
4　おがくず等に吸収させてアフターバーナー及びスクラバーを具備した焼却炉で焼却する。（燃焼法）

問54　硫酸の廃棄方法について，「毒物及び劇物の廃棄の方法に関する基準」に適合するものとして，最も適当なものはどれか。

1　石灰乳などの撹拌溶液に徐々に加えて中和させた後，多量の水で希釈して処理する。（中和法）
2　希硫酸を加えて酸性にしたチオ硫酸ナトリウム等の還元剤の水溶液に，少量ずつ投入する。反応終了後，反応液を中和し多量の水で希釈する。（還元法）
3　おがくず等に吸収させてアフターバーナー及びスクラバーを具備した焼却炉で焼却する。（燃焼法）
4　少量の界面活性剤を加えた亜硫酸ナトリウムと炭酸ナトリウムの混合溶液中で，撹拌し分解させた後，多量の水で希釈して処理する。（分解法）

問55　ジメチル－２・２－ジクロルビニルホスフエイト（別名：ＤＤＶＰ，ジクロルボス）の中毒時の主な措置として，最も適当なものはどれか。

1　プラリドキシムヨウ化メチル（別名：ＰＡＭ）製剤，硫酸アトロピン製剤の投与
2　過マンガン酸カリウム溶液，硫酸銅の投与
3　ジメルカプロール（別名：ＢＡＬ）の投与
4　澱粉溶液の投与

問56　クロルピクリンの漏えい時の措置について，「毒物及び劇物の運搬事故時における応急措置に関する基準」に適合するものとして，最も適当なものはどれか。

1　土砂等でその流れを止め，安全な場所に導き，空容器にできるだけ回収する。そのあとを土砂で覆って十分接触させた後，土砂を取り除き，多量の水を用いて洗い流す。
2　土砂等でその流れを止め，多量の活性炭又は消石灰を散布して覆う。また，至急関係先に連絡して専門家の指示により処理する。
3　土砂等でその流れを止め，液が広がらないようにし，液の表面を泡で覆う。
4　土砂等でその流れを止め，安全な場所に導き，空容器にできるだけ回収する。そのあとを消石灰等の水溶液を用いて処理し，多量の水と中性洗剤等の分散剤を用いて洗い流す。

問57　塩素酸カリウムの漏えい時の措置について，「毒物及び劇物の運搬事故時における応急措置に関する基準」に適合するものとして，最も適当なものはどれか。

1　飛散したものは空容器にできるだけ回収し，そのあとを消石灰等の水溶液を用いて処理し，多量の水を用いて洗い流す。
2　飛散したものは速やかに掃き集めて空容器にできるだけ回収し，そのあとは多量の水を用いて洗い流す。
3　飛散したものは空容器にできるだけ回収する。砂利等に付着している場合は，砂利等を回収し，そのあと水酸化ナトリウム水溶液を散布し，更に次亜塩素酸ナトリウム水溶液を散布ののち，多量の水を用いて洗い流す。
4　多量であっても，速やかに蒸発するので周辺に近づかないようにする。

問58　燐(りん)化アルミニウム(リン化アルミニウム)とカルバミン酸アンモニウムとの錠剤の漏えい時の措置について，「毒物及び劇物の運搬事故時における応急措置に関する基準」に適合するものとして，最も適当なものはどれか。

1　有毒なホスフィンを発生する可能性があるので，吸入しないように注意し，飛散したものを密閉可能な空容器に回収して密閉し，そのあとを多量の水を用いて洗い流す。
2　水酸化ナトリウム等の水溶液を散布してアルカリ性(pH11 以上)とし，さらに酸化剤の水溶液で酸化処理を行い，多量の水を用いて洗い流す。
3　付近の着火源となるものを速やかに取り除くとともに，少量の液が漏えいした場合は，漏えい箇所を濡れた毛布等で覆い，遠くから多量の水をかけて洗い流す。
4　漏えいした液は，空容器にできるだけ回収し，そのあとを土砂で覆って充分接触させた後，土砂を取り除き，多量の水で洗い流す。

問59　1・1’－ジメチル－4・4’－ジピリジニウムジクロリド(別名：パラコート)の漏えい時の措置について，「毒物及び劇物の運搬事故時における応急措置に関する基準」に適合するものとして，最も適当なものはどれか。

1　付近の着火源となるものを速やかに取り除くとともに，少量の液が漏えいした場合は，漏えい箇所を濡れた毛布等で覆い，遠くから多量の水をかけて洗い流す。
2　多量の液が漏えいした場合は，土砂等でその流れを止め，液が拡がらないようにして蒸発させる。
3　有毒なホスフィンを発生する可能性があるので，吸入しないように注意し，飛散したものを密閉可能な空容器に回収して密閉し，そのあとを多量の水を用いて洗い流す。
4　漏えいした液は，空容器にできるだけ回収し，そのあとを土砂で覆って充分接触させた後，土砂を取り除き，多量の水で洗い流す。

問60　シアン化カリウムの漏えい時の措置について，「毒物及び劇物の運搬事故時における応急措置に関する基準」に適合するものとして，最も適当なものはどれか。

1　飛散したものは空容器にできるだけ回収し，そのあとを消石灰，ソーダ灰等の水溶液を用いて処理し，多量の水を用いて洗い流す。
2　漏出した液の表面を速やかに土砂又は多量の水で覆い，水を満たした空容器に回収する。
3　少量が漏えいした場合，漏えいした液は，速やかに蒸発するので周辺に近づかないようにする。
4　飛散したものは空容器にできるだけ回収する。砂利等に付着している場合は，砂利等を回収し，そのあとに水酸化ナトリウム等の水溶液を散布してアルカリ性(pH11 以上)とし，さらに酸化剤の水溶液で酸化処理を行い，多量の水を用いて洗い流す。

(特定品目)

問 37 塩素の主な用途として，最も適当なものはどれか。

1 冶金，爆薬の原料　　2 酸化剤，漂白剤，殺菌剤
3 香料，溶剤　　4 錆除去剤

問 38 過酸化水素の主な用途として，最も適当なものはどれか。

1 酸化剤，製革用，顔料原料　　2 せっけんの製造，パルプの製造
3 レーキ顔料，染料　　4 消毒剤，漂白剤，酸化剤，還元剤

問 39 酢酸エチルの主な用途として，最も適当なものはどれか。

1 防腐剤，樹脂の原料　　2 冶金，爆薬の原料
3 酸化剤，漂白剤，殺菌剤　　4 香料，溶剤

問 40 クロム酸カリウムの毒性として，最も適当なものはどれか。

1 血液中のカルシウム分を奪い，神経系をおかす。急性中毒症状は，胃痛，嘔吐，口腔・咽喉に炎症を起こし，腎臓がおかされる。
2 摂取すると口と食道が赤黄色に染まり，のち青緑色に変化する。腹痛，血便等を引き起こす。
3 強い麻酔作用があり，めまい，頭痛，吐き気をおぼえ，重症の場合は嘔吐，意識不明などを起こす。
4 濃厚な蒸気を吸入すると，頭痛，めまい，嘔吐等の症状を呈し，さらに 高濃度の時は麻酔状態になり，視神経がおかされ，目がかすみ，ついには失明することがある。

問 41 塩素の毒性として，最も適当なものはどれか。

1 吸入すると鼻や気管支などの粘膜が激しく刺激され，多量に吸入したときは，喀血，胸の痛み，呼吸困難，チアノーゼなどを起こす。
2 摂取すると口と食道が赤黄色に染まり，のち青緑色に変化する。腹痛，血便等を引き起こす。
3 致死量に近く摂取すると麻酔状態になり，視神経がおかされ，目がかすみ，ついには失明することがある。

4 吸入すると，はじめ嘔吐，瞳孔の縮小などが現れ，ついで脳や神経細胞を麻酔させる。筋肉の張力は失われ，反射機能は消失し，瞳孔は散大する。

問 42 硫酸の毒性として，最も適当なものはどれか。

1 鼻，のどの刺激，頭痛，めまい，嘔吐が起こる。重篤な場合は，こん睡，意識不明となる。
2 脳の節細胞を麻酔させ，赤血球を溶解する。吸収するとはじめは，嘔吐，瞳孔の縮小，運動性不安が現れ，ついで脳及びその他の神経細胞を麻酔させる。
3 濃度が高いものは，人体に触れると激しいやけど(薬傷)を起こす。
4 血液中のカルシウム分を奪い，神経系をおかす。急性中毒症状は，胃痛，嘔吐，口腔・咽喉に炎症を起こし，腎臓がおかされる。

問 43　蓚酸の毒性として，最も適当なものはどれか。

1　蒸気により粘膜が刺激され，鼻カタル，結膜炎，気管支炎などを起こす。
2　血液中のカルシウム分を奪い，神経系をおかす。急性中毒症状は，胃痛，嘔吐，口腔・咽喉に炎症を起こし，腎臓がおかされる。
3　濃厚な蒸気を吸入すると，頭痛，めまい，嘔吐等の症状を呈し，さらに 高濃度の時は麻酔状態になり，視神経がおかされ，目がかすみ，ついには失明することがある。
4　摂取すると口と食道が赤黄色に染まり，のち青緑色に変化する。腹痛，血便等を引き起こす。

問 44　酢酸エチルの毒性として，最も適当なものはどれか。

1　蒸気は粘膜を刺激し，持続的に吸入すると肺，腎臓及び心臓の障害をきたす。
2　視野狭さく，眼のふるえ，運動障害，記憶障害などの神経系の障害のほか，妊婦では新生児の発育異常や奇形を誘発する。
3　摂取すると口と食道が赤黄色に染まり，のち青緑色に変化する。腹痛，血便等を引き起こす。
4　摂取すると，体内で代謝されてギ酸となり，頭痛，嘔気等の症状を呈し，致死量に近ければ視神経を侵し，失明することがある。

問 45　アンモニア水の識別方法として，最も適当なものはどれか。

1　アルコールに溶かし，水酸化カリウムと少量のアニリンを加えて熱すると，不快な刺激性の臭気を放つ。
2　硝酸銀溶液を加えると，白い沈殿を生じる。
3　水酸化カリウムのアルコール溶液と銅粉を加えて煮沸すると，黄赤色の沈殿を生ずる。
4　濃塩酸をうるおしたガラス棒を近づけると，白い霧を生じる。

問 46　クロロホルムの識別方法として，最も適当なものはどれか。

1　二酸化マンガンの粉末を少量加えると，激しく酸素を発生する。
2　アルコールに溶かし，水酸化カリウムと少量のアニリンを加えて熱すると，不快な刺激性の臭気を放つ。
3　水酸化カリウムのアルコール溶液と銅粉を加えて煮沸すると，黄赤色の沈殿を生ずる。
4　酒石酸溶液を過剰に加えると，白色の沈殿を生ずる。

問 47　水酸化ナトリウムの識別方法として，最も適当なものはどれか。

1　水溶液をアンモニア水で弱アルカリ性にして塩化カルシウムを加えると，白色の沈殿を生ずる。
2　銅くずを加えて熱すると，藍色を呈して溶け，その際赤褐色の蒸気を発する。
3　希硝酸に溶かすと無色の液体となり，これに硫化水素を通じると，黒色の沈殿を生ずる。
4　水溶液を白金線につけて無色の火炎中に入れると，火炎はいちじるしく黄色に染まり，長時間続く。

問48　硝酸の識別方法として，最も適当なものはどれか。

1　中性又はアルカリ性では黄色を呈し，酸性にすると赤色になる。
2　あらかじめ熱灼した酸化銅を加えると，ホルムアルデヒドができ，酸化銅は還元されて金属銅色を呈する。
3　銅くずを加えて熱すると，藍色を呈して溶け，その際赤褐色の蒸気を発する。
4　アルコールに溶かし，水酸化カリウムと少量のアニリンを加えて熱すると，不快な刺激性の臭気を放つ。

問49　硫酸の識別方法として，最も適当なものはどれか。

1　硝酸銀水溶液を加えると白色の沈殿を生ずる。
2　灼熱すると昇華する。塩化第一スズを加えると白色沈殿を生ずる。
3　アンモニア水を加え，さらに硝酸銀を加えると，徐々に鏡状物質が析出する。
4　濃いものを水で薄めると激しく発熱する。希釈水溶液に塩化バリウムを加えると白色沈殿を生ずるが，この沈殿は塩酸や硝酸に溶けない。

問50　クロム酸鉛の廃棄方法について，「毒物及び劇物の廃棄の方法に関する基準」に適合するものとして，最も適当なものはどれか。

1　希硫酸に溶かし，還元剤の水溶液を用いて還元したのち，消石灰，ソーダ灰等の水溶液で処理し，沈殿ろ過する。溶出試験を行い，溶出量が判定基準以下であることを確認して埋立処分する。
2　徐々にソーダ灰又は消石灰の撹拌溶液に加えて中和させた後，多量の水で希釈して処理する。
3　珪そう土等に吸収させて開放型の焼却炉で少量ずつ焼却する。
4　重油等の燃料とともにアフターバーナー及びスクラバーを具備した焼却炉の火室へ噴霧してできるだけ高温で焼却する。

問51　四塩化炭素の廃棄方法について，「毒物及び劇物の廃棄の方法に関する基準」に適合するものとして，最も適当なものはどれか。

1　希塩酸，希硫酸などで中和させた後，多量の水で希釈して処理する。
2　重油等の燃料とともにアフターバーナー及びスクラバーを具備した焼却炉の火室へ噴霧してできるだけ高温で焼却する。
3　水に溶かし硫化ナトリウム水溶液を加えて沈殿を生成させた後，セメントを加えて固化し，溶出試験を行い，溶出量が判定基準以下であることを確認して埋立処分する。
4　珪そう土等に吸収させて開放型の焼却炉で焼却する。

問52　塩酸の廃棄方法について，「毒物及び劇物の廃棄の方法に関する基準」に適合するものとして，最も適当なものはどれか。

1　徐々に水酸化カルシウムなどの溶液に加えて中和させた後，多量の水で希釈する。
2　水で薄めた液を酸で中和させた後，多量の水で希釈する。
3　希硫酸に溶かし，還元剤で還元した後，塩基により水酸化物として沈殿させ，その沈殿を埋立処分する。
4　燃焼炉の火室へ噴霧しながら焼却する。

問53　硅弗化ナトリウム(ケイフッ化ナトリウム)の廃棄方法について，「毒物及び劇物の廃棄の方法に関する基準」に適合するものとして，最も適当なものはどれか。

1　水に溶かし，消石灰等の水溶液を加えて処理したのち，希硫酸を加えて中和し，沈殿ろ過して埋立処分する。
2　徐々にソーダ灰又は消石灰の撹拌溶液に加えて中和させたのち，多量の水で希釈して処理する。
3　水を加えて希薄な水溶液とし，希塩酸又は希硝酸で中和させたのち，多量の水で希釈して処理する。
4　セメントを用いて固化し，溶出試験を行い，溶出量が判定基準以下であることを確認して埋立処分する。

問54　過酸化水素の廃棄方法について，「毒物及び劇物の廃棄の方法に関する基準」に適合するものとして，最も適当なものはどれか。

1　多量の水で希釈して処理する。
2　徐々に水酸化カルシウムなどの溶液に加えて中和させた後，多量の水で希釈して処理する。
3　希硫酸に溶かし，還元剤で還元した後，アルカリにより水酸化物として沈殿させ，その沈殿を埋立処分する。
4　燃焼炉の火室へ噴霧しながら焼却する。

問55　酢酸鉛の取扱い上の注意事項として，最も適当なものはどれか。

1　空気，湿気などにより，常温でも徐々に分解して有毒なガスを生じるので注意する。
2　強熱すると煙霧及びガスを発生する。煙霧及びガスは有害なので注意する。
3　それ自体は引火性ではないが，溶液が高温に熱せられると含有アルコールがガス状となって揮散し，これに着火して燃焼する場合がある。
4　引火しやすいので，静電気に対する対策を十分に考慮する。

問56　クロム酸ストロンチウムの漏えい時の措置について，「毒物及び劇物の運搬事故時における応急措置に関する基準」に適合するものとして，最も適当なものはどれか。

1　漏えいした液は，多量の水を用いて十分希釈して洗い流す。
2　空容器にできるだけ回収し，そのあとを還元剤(硫酸第一鉄等)の水溶液を散布し，消石灰，ソーダ灰等の水溶液で処理したのち，多量の水を用いて洗い流す。
3　漏えいした液は土砂等でその流れを止め，安全な場所に導くとともに，引火点が30℃前後と極めて低いことから液の表面を泡で覆いできるだけ空容器に回収する。
4　付近の着火源となるものを速やかに取り除き，漏えい箇所を濡れむしろ等で覆い，遠くから多量の水をかけて洗い流す。

問57　メチルエチルケトンの漏えい時の措置について，「毒物及び劇物の運搬事故時における応急措置に関する基準」に適合するものとして，最も適当なものはどれか。

1　漏えいした液は，引火しやすいので，多量のときは，安全な場所に導き，液の表面を泡で覆い，できるだけ容器に回収する。
2　漏えい箇所や漏えいした液には消石灰を十分に散布して吸収させる。ガスが噴出した場所には，遠くから霧状の水をかけて吸収させる。
3　空容器にできるだけ回収し，そのあとを還元剤(硫酸第一鉄等)の水溶液を散布し，消石灰等の水溶液で処理したのち，多量の水を用いて洗い流す。
4　漏えいした液が多量のときは，土砂等でその流れを止め，安全な場所に導き多量の水を用いて十分に希釈して洗い流す。

問58　水酸化ナトリウム水溶液の漏えい時の措置について，「毒物及び劇物の運搬事故時における応急措置に関する基準」に適合するものとして，最も適当なものはどれか。

1　漏えい箇所や漏えいした液には消石灰を十分に散布して吸収させる。ガスが噴出した場所には，遠くから霧状の水をかけて吸収させる。
2　多量に漏えいした場合，漏えいした液は土砂等でその流れを止め，土砂等に吸着させるか，又は安全な場所に導いて多量の水をかけて洗い流す。必要があればさらに中和し，多量の水を用いて洗い流す。
3　飛散したものは空容器にできるだけ回収し，そののち還元剤の水溶液を散布し，消石灰，ソーダ灰等の水溶液で処理した後，多量の水で洗い流す。
4　多量に漏えいした液は，土砂等でその流れを止め，安全な場所に導き，液の表面を泡で覆いできるだけ空容器に回収する。

問59　液化塩素の漏えい時の措置について，「毒物及び劇物の運搬事故時における応急措置に関する基準」に適合するものとして，最も適当なものはどれか。

1　空容器にできるだけ回収し，そのあとを還元剤(硫酸第一鉄等)の水溶液を散布し，消石灰等の水溶液で処理したのち，多量の水を用いて洗い流す。
2　漏えいした箇所を濡れむしろ等で覆い，遠くから多量の水をかけて洗い流す。
3　少量の場合，漏えい箇所や漏えいした液には消石灰を十分に散布して吸収させる。多量にガスが噴出した場所には，遠くから霧状の水をかけて吸収させる。
4　漏えいした液は土砂等でその流れを止め，安全な場所に導き，空容器にできるだけ回収し，そのあとを多量の水を用いて洗い流す。洗い流す場合には中性洗剤等の分散剤を使用して洗い流す。

問60　蓚(しゅう)酸の漏えい時の措置について，「毒物及び劇物の運搬事故時における応急措置に関する基準」に適合するものとして，最も適当なものはどれか。

1　空容器にできるだけ回収し，そのあとを還元剤(硫酸第一鉄等)の水溶液を散布し，消石灰，ソーダ灰等の水溶液で処理したのち，多量の水を用いて洗い流す。
2　飛散したものは，速やかに掃き集めて空容器に回収し，そのあとを多量の水を用いて洗い流す。
3　漏えいした液は，多量では，土砂等でその流れを止め，これに吸着させるか，又は安全な場所に導いて，遠くから徐々に注水してある程度希釈した後，消石灰，ソーダ灰等で中和し多量の水を用いて洗い流す。
4　漏えいした液は，多量では，漏えい箇所を濡れむしろ等で覆い，ガス状のものに対しては遠くから霧状の水をかけ吸収させる。

秋田県
令和元年度実施

〔毒物及び劇物に関する法規〕
(一般・農業用品目・特定品目共通)

問1 次の記述は、毒物及び劇物取締法の条文の一部である。条文中の(　　)内にあてはまる語句について、正しい組み合わせを下表から一つ選びなさい。

第一条
この法律は、毒物及び劇物について、保健衛生上の見地から必要な(a)を行うことを目的とする。
第二条第一項
この法律で「毒物」とは、別表第一に掲げる物であつて、(b)及び(c)以外のものをいう。
第十一条第四項
毒物劇物営業者及び特定毒物研究者は、毒物又は厚生労働省令で定める劇物については、その容器として、(d)の容器として通常使用される物を使用してはならない。

	a	b	c	d
1	指導	医薬品	飲食物	飲食物
2	取締	医薬品	医薬部外品	飲食物
3	規制	医薬部外品	劇物	医薬品
4	取締	医薬部外品	劇物	医薬品
5	規制	医薬品	医薬部外品	飲食物

問2 毒物及び劇物取締法並びにこれに基づく法令の規定に照らし、特定毒物研究者又は特定毒物使用者に関する次の記述について、正しいものの組み合わせを一つ選びなさい。

a 特定毒物使用者は、特定毒物を製造することができる。
b 特定毒物研究者は、学術研究のためであっても、特定毒物を輸入することはできない。
c 特定毒物研究者は、特定毒物使用者に対し、その者が使用することができる特定毒物を譲り渡すことができる。
d 特定毒物使用者は、特定毒物を品目ごとに政令で定める用途以外の用途に供してはならない。

1 (a、c)　2 (a、d)　3 (b、c)　4 (b、d)　5 (c、d)

問3 四アルキル鉛を含有する製剤については、毒物及び劇物取締法第三条の二第九項の規定により着色の基準が定められているが、その着色方法として誤っているものを一つ選びなさい。

1 赤色に着色する　2 黒色に着色する　3 青色に着色する
4 緑色に着色する　5 黄色に着色する

問4　次のうち、毒物及び劇物取締法の規定に基づき、都道府県知事(その事業場の所在地が保健所を設置する市又は特別区の区域にある場合においては、市長又は区長。)の登録を受けなければならない者はどれか。正しいものを一つ選びなさい。

1　劇物を生徒の実験のため使用する学校の設置者
2　特定毒物を学術研究のため製造する特定毒物研究者
3　劇物を直接に取り扱わないが、注文を受けて販売する事業者
4　塩化ナトリウムを販売する事業者

問5　次の記述は、毒物及び劇物取締法の条文の一部である。条文中の(　　　)内にあてはまる語句について、正しい組み合わせを下表から一つ選びなさい(二箇所 a及びbには、同じ語句が入る。)

第四条第二項
　毒物又は劇物の製造業又は輸入業の登録を受けようとする者は、製造業者にあつては(a)、輸入業者にあつては(b)ごとに、その(a)又は(b)の所在地の(c)を経て、厚生労働大臣に申請書を出さなければならない。
第四条第四項
　製造業又は輸入業の登録は、(d)ごとに、販売業の登録は、(e)ごとに、更新を受けなければ、その効力を失う。

	a	b	c	d	e
1	製造所	営業所	都道府県知事	五年	六年
2	工場	事業所	都道府県知事	六年	四年
3	工場	営業所	地方厚生局長	五年	六年
4	製造所	事業所	地方厚生局長	四年	五年
5	製造所	営業所	都道府県知事	六年	五年

問6　次のうち、毒物及び劇物取締法第三条の三において、「みだりに摂取し、若しくは吸入し、又はこれらの目的で所持してはならない」と規定されている物質はどれか。正しい組み合わせを一つ選びなさい。

a　メタノールを含有する塗料
b　エタノールを含有するシーリング用の充てん剤
c　ベンゼンを含有する有機溶剤
d　トルエンを含有する接着剤

1 (a、c)　2 (a、d)　3 (b、c)　4 (b、d)

問7　次のうち、毒物及び劇物取締法第三条の四において、「業務その他正当な理由による場合を除いては、所持してはならない」と規定されている物質はどれか。正しい組み合わせを一つ選びなさい。

a　30％塩素酸カリウム　　b　ナトリウム　　c　ヒドラジン
d　30％亜塩素酸ナトリウム

1 (a、c)　2 (a、d)　3 (b、c)　4 (b、d)

問8 次の記述は、毒物及び劇物取締法の条文の一部である。条文中の(　　)内にあてはまる語句について、正しい組み合わせを下表から一つ選びなさい。

第十二条
毒物劇物営業者及び特定毒物研究者は、毒物又は劇物の容器及び被包に、「医薬用外」の文字及び毒物については(　a　)をもつて「毒物」の文字、劇物については(　b　)をもつて「劇物」の文字を表示しなければならない。

	a	b
1	赤地に白色	白地に赤色
2	白地に赤色	赤地に白色
3	黒地に白色	白地に赤色
4	黒地に白色	赤地に白色
5	赤地に白色	黒地に白色

問9 次の記述は、毒物及び劇物取締法の条文の一部である。条文中の(　)内にあてはまる語句について、正しい組み合わせを下表から一つ選びなさい。

第十七条第二項
都道府県知事は、保健衛生上必要があると認めるときは、毒物又は劇物の販売業者又は(　a　)から必要な報告を徴し、又は(　b　)のうちからあらかじめ指定する者に、これらの者の店舗、研究所その他業務上毒物若しくは劇物を取り扱う場所に立ち入り、帳簿その他の物件を検査させ、関係者に質問させ、(　c　)のため必要な最小限度の分量に限り、毒物、劇物、第十一条第二項に規定する政令で定める物若しくはその疑いのある物を収去させることができる。

	a	b	c
1	特定毒物研究者	毒物劇物監視員	指導
2	特定毒物使用者	毒物劇物監視員	試験
3	特定毒物使用者	薬事監視員	指導
4	特定毒物研究者	薬事監視員	試験

問10 次の物質のうち、毒物及び劇物取締法並びにこれに基づく法令の規定に照らし、毒物劇物営業者がその容器及び被包に、厚生労働省令で定める解毒剤の名称を表示して販売し、又は授与しなければならないものはどれか。最も適当なものを一つ選びなさい。

1　有機シアン化合物　　2　有機塩素化合物　　3　有機燐(りん)化合物
4　無機シアン化合物　　5　砒(ひ)素化合物

問 11　毒物及び劇物取締法並びにこれに基づく法令の規定に照らし、毒物又は劇物の販売業の店舗の設備基準に関する次の記述ａ～ｄの正誤の組み合わせとして、最も適当なものを下表から一つ選びなさい。

ａ　毒物又は劇物を貯蔵する場所が性質上かぎをかけることができないものであるときはその周囲に、防犯カメラが設けてあること。

ｂ　毒物又は劇物を貯蔵するタンク、ドラムかん、その他の容器は、毒物又は劇物が飛散し、漏れ、又はしみ出るおそれのないものであること。

ｃ　毒物又は劇物の貯蔵設備は、毒物又は劇物とその他の物とを区分して貯蔵できるものであること。

ｄ　貯水池その他容器を用いないで毒物又は劇物を貯蔵する設備は、毒物又は劇物が飛散し、地下にしみ込み、又は流れ出るおそれがないものであること。

	a	b	c	d
1	正	誤	正	正
2	正	正	誤	誤
3	誤	正	正	正
4	誤	誤	正	誤
5	誤	正	誤	正

問 12　毒物及び劇物取締法第十五条の規定に基づき、毒物又は劇物の交付に関する次の記述について、誤っているものを一つ選びなさい。

1　毒物劇物営業者は、大麻の中毒者には劇物を交付してはならない。
2　毒物劇物営業者は、十七歳の高校生には毒物を交付してはならない。
3　毒物劇物営業者は、塩素酸塩類の交付を受ける者の氏名及び住所を確認し、帳簿に記載しなければならない。
4　毒物劇物営業者は、塩素酸塩類の交付を受ける者の確認をしたときは、確認に関する事項を記載した帳簿を、最終の記載をした日から二年間、保存しなければならない。

問 13　毒物及び劇物取締法並びにこれに基づく法令の規定に照らし、毒物又は劇物の譲渡手続に関する次の記述ａ～ｄの正誤の組み合わせとして、最も適当なものを下表から一つ選びなさい。

ａ　毒物劇物営業者は劇物を以前譲渡した者に対して、同じ劇物を譲渡する場合、譲渡に係る書面の記載事項の一部を省略することができる。

ｂ　電磁的方法を使用しない場合、毒物劇物営業者は、譲受人から法第十四条第一項に掲げる事項を記載、押印した書面の提出を受けなければ、毒物又は劇物を毒物劇物営業者以外の者に販売し、又は授与してはならない。

ｃ　毒物劇物営業者が毒物劇物営業者以外の者に劇物を譲渡する場合、譲受人から提出を受けなければならない書面に職業が記載されていなければならない。

ｄ　毒物劇物営業者は他の毒物劇物営業者に劇物を譲渡する場合に限り、譲渡に係る書面や電磁的記録を作成する必要はない。

	a	b	c	d
1	誤	誤	誤	正
2	誤	誤	正	誤
3	誤	正	正	誤
4	正	誤	誤	正
5	正	正	正	正

問 14　次のうち、毒物及び劇物取締法並びにこれに基づく法令の規定に照らし、毒物劇物営業者等がその取扱いに係る毒物又は劇物に関する事故が発生した際に行う措置として、最も適当なものを一つ選びなさい。

1　毒物劇物業務上取扱者である運送業者が、運送中に劇物を紛失したが、紛失したものが毒物ではなかったので、警察署へは届出を行わなかった。
2　毒物劇物業務上取扱者である農家が貯蔵している劇物が流出し、近隣の住民に健康被害が生じるおそれがあったので、直ちに保健所、警察署、消防署に届け出た。
3　毒物劇物販売業者が毒物を紛失したので、直ちに消防署へ届け出た。
4　毒物劇物輸入業者が輸入した毒物を紛失したので、紛失してから十五日以内に保健所へ届け出た。

問 15　次のうち、毒物及び劇物取締法並びにこれに基づく法令の規定に照らし、業務上、毒物又は劇物を取り扱う場合、その事業場の所在地の都道府県知事(その事業場の所在地が保健所を設置する市又は特別区の区域にある場合においては、市長又は区長。)に届け出なければならない事業者の組み合わせとして、最も適当なものを一つ選びなさい。

a　砒素化合物を含む廃液の処理を行う事業者
b　砒素化合物を用いてしろありの防除を行う事業者
c　無機シアン化合物を用いて試験検査を行う事業者
d　無機シアン化合物を用いて電気めっきを行う事業者

1 (a、b)　　2 (a、c)　　3 (a、d)　　4 (b、c)　　5 (b、d)

問 16　次の物質のうち、毒物及び劇物取締法並びにこれに基づく法令の規定に照らし、車両を使用して一回につき五千キログラム以上運搬する場合に、その車両に「防毒マスク、ゴム手袋その他事故の際に応急の措置を講ずるために必要な保護具で厚生労働省令で定めるもの」を二人分以上備えなければならないものはどれか。正しいものを一つ選びなさい。

1　アクロレイン　2　クロロホルム　3　ヨウ化メチル
4　トリクロロ酢酸

問 17　次のうち、毒物及び劇物取締法並びにこれに基づく法令の規定に照らし、毒物又は劇物の製造業者が製造した硫酸を含有する製剤(住宅用の洗浄剤で液体状のものに限る。)を販売する場合、その容器及び被包に取扱及び使用上特に記載が必要と認められる表示事項の組み合わせとして、最も適当なものを一つ選びなさい。

a　皮膚に触れた場合には、石けんを使つてよく洗うべき旨
b　小児の手の届かないところに保管しなければならない旨
c　眼に人った場合は、直ちに流水でよく洗い、医師の診断を受けるべき旨
d　居間など人が常時居住する室内では使用してはならない旨

1 (a、b)　　2 (a、c)　　3 (a、d)　　4 (b、c)　　5 (b、d)

問 18　毒物及び劇物取締法並びにこれに基づく法令の規定に照らし、毒物劇物取扱責任者に関する次の記述ａ～ｄの正誤の組み合わせとして、最も適当なものを下表から一つ選びなさい。

a　毒物又は劇物を直接に取り扱う製造所、営業所、又は店舗において、毒物又は劇物を取り扱う業務に五年以上従事した経験がなければ、毒物劇物取扱責任者となることができない。
b　毒物劇物販売業者は、毒物劇物取扱責任者を変更するときは、あらかじめ、その店舗の所在地の都道府県知事(その店舗の所在地が、保健所を設置する市又は特別区の区域にある場合においては、市長又は区長。)に、その氏名及び住所を届け出なければならない。
c　十八歳未満の者でも、都道府県知事が行う毒物劇物取扱者試験に合格していれば、毒物劇物取扱責任者となることができる。
d　秋田県知事が行う一般毒物劇物取扱者試験に合格した者は、秋田県以外の都道府県に所在する毒物劇物一般販売業の店舗においても毒物劇物取扱責任者となることができる。

	a	b	c	d
1	正	正	誤	誤
2	正	誤	正	誤
3	正	誤	誤	正
4	誤	正	正	正
5	誤	誤	誤	正

問 19　毒物及び劇物取締法並びにこれに基づく法令の規定に照らし、毒物又は劇物の販売業の登録を受けた者が、変更したときにその店舗の所在地の都道府県知事(店舗の所在地が保健所を設置する市又は特別区の区域にある場合は市長又は区長)に届け出なければならない事項の組み合わせとして、最も適当なものを一つ選びなさい。

a　店舗の営業日及び営業時間を変更したとき
b　店舗の名称を変更したとき
c　店舗における営業を休止したとき
d　毒物又は劇物を貯蔵する設備の重要な部分を変更したとき

1 (a、b)　　2 (a、d)　　3 (b、c)　　4 (b、d)　　5 (c、d)

問 20　毒物及び劇物取締法並びにこれに基づく法令の規定に照らし、次の毒物及び劇物の廃棄に関する記述として、誤っているものを一つ選びなさい。

1　中和、加水分解、酸化、還元、希釈その他の方法により、毒物及び劇物並びに法第十一条第二項に規定する政令で定める物のいずれにも該当しない物とすること。
2　可燃性の毒物又は劇物は、保健衛生上危害を生ずるおそれがない場所で、少量ずつ燃焼させること。
3　地下〇．五メートル以上で、かつ、地下水を汚染するおそれがない地中に確実に埋め、海面上に引き上げられ、若しくは浮き上がるおそれがない方法で海水中に沈め、又は保健衛生上危害を生ずるおそれがないその他の方法で処理すること。
4　ガス体又は揮発性の毒物又は劇物は、保健衛生上危害を生ずるおそれがない場所で、少量ずつ放出し、又は揮発させること。

〔基礎化学〕
(一般・農業用品目・特定品目共通)

問 21　次のうち、同素体である組み合わせを一つ選びなさい。

1　黒鉛とダイヤモンド　　2　^{14}C と ^{14}N　　3　Fe^{2+} と Fe^{3+}
4　^{1}H と ^{2}H　　5　メタノールとエタノール

問 22　次のうち、結晶状態の二酸化ケイ素 SiO_2 のケイ素原子と酸素原子の結合として、正しいものを一つ選びなさい。

1 イオン結合　　2　金属結合　　3　共有結合　　4　水素結合

問 23　次のうち、海水から純粋な水を取り出す方法として、最も適当なものを一つ選びなさい。

1　抽出　　2　蒸留　　3　再結晶　　4　昇華

問 24　次のうち、55 %ブドウ糖水溶液 40g と 20 %ブドウ糖水溶液 10 g を混合して得られる水溶液の重量パーセント濃度として、最も適当なものを一つ選びなさい。

1　24 %　　2　32 %　　3　46 %　　4　48 %　　5　52 %

問 25　次の化学反応式について、(　)の中に入れるべき係数の組み合わせとして、正しいものを下表から一つ選びなさい。ただし、係数の１は記載しないことと同義とする。

(　ア　)Al+(　イ　)H_2SO_4 →(　ウ　)$Al_2(SO_4)_3$+(　エ　)H_2

	ア	イ	ウ	エ
1	2	3	1	3
2	2	3	2	6
3	4	6	2	1
4	4	3	1	2

問 26　次のうち、気体から液体への状態変化の呼び方として、正しいものを一つ選びなさい。

1　融解　　2　蒸発　　3　凝縮　　4　凝固

問 27　次のうち、4 mol/L の硫酸 100mL を中和するのに必要な 1 mol/L の水酸化ナトリウム水溶液　の量として、最も適当なものを一つ選びなさい。

1　50mL　　2　100mL　　3　200mL　　4　400mL　　5　800mL

問 28　次のうち、常温で水と反応して水素を発生する金属として、最も適当なものを一つ選びなさい。

1　Ag　　2　Cu　　3　Fe　　4　Na　　5　Hg

問 29　次のうち、ハロゲン(周期表 17 族)に属する元素を一つ選びなさい。

1　N　　2　Be　　3　Fe　　4　Zn　　5　Br

問 30　次のうち、芳香族化合物を一つ選びなさい。

1　トルエン　　2　メタノール　　3　酢酸エチル　　4　ヘキサン

〔毒物及び劇物の性質及び貯蔵その他取扱方法〕
(一般)

問 31　次のうち、キシレンに関する記述の組み合わせとして、最も適当なものを一つ選びなさい。

a　白色又は無色の固体である。
b　蒸気は空気と混合して爆発性混合ガスとなり、引火しやすい。
c　腐食性が強く、皮膚に触れると激しい火傷を起こす。
d　芳香族炭化水素特有の臭いを有し、o－(オルト)、m－(メタ)、p－(パラ)の3つの異性体がある。

1　(a、b)　　2　(a、c)　　3　(b、d)　　4　(c、d)

問 32 ～問 36　次の物質の貯蔵方法として、最も適当なものを下欄の中から一つずつ選びなさい。

問 32　シアン化カリウム　　問 33　フッ化水素酸
問 34　臭化メチル　　問 35　ナトリウム
問 36　四エチル鉛

【下欄】

1　容器は特別製のドラム缶を用い、出入を遮断できる独立倉庫で、火気のないところを選定し、床面はコンクリート又は分厚な枕木の上に保管する。 2　常温では気体なので、圧縮冷却して液化し、圧縮容器に入れ、直射日光その他、温度上昇の原因を避けて、冷暗所に保管する。 3　少量ならばガラス瓶、多量ならばブリキ缶または鉄ドラムを用い、酸類とは離して、風通しのよい乾燥した冷所に密封して保管する。 4　空気中にそのまま保存することはできないので、通常石油中に保管し、冷所で雨水などの漏れが絶対にない場所に保管する。 5　銅、鉄、コンクリート又は木製のタンクにゴム、鉛、ポリ塩化ビニルあるいはポリエチレンのライニングを施したものを用いて保管する。火気厳禁。

問 37　次のうち、シアン化カリウムの性状として、最も適当なものを一つ選びなさい。

1　無色又は淡黄色、無臭の固体で、水に溶けるがアルコールに溶けにくい。急激な加熱や衝撃により爆発することがある。
2　白色又は無色の固体で、空気中の湿気を吸収し、炭酸ガスと反応し特徴的な臭気を放つ。水によく溶ける。
3　青色の固体で、水、アルコールに熱を発して溶け、空気中に放置すると水分と二酸化炭素を吸収して潮解する。
4　暗赤色針状結晶で、潮解性があり、水によく溶け、強酸となる。
5　白色又は無色、無臭の固体で、水に不溶でエタノールによく溶ける。

問 38　次のうち、塩素酸ナトリウムの性状として、最も適当なものを一つ選びなさい。

1　黄色の固体で、潮解性がある。
2　黄色の固体で、昇華性がある。
3　白色又は無色の固体で、刺激臭を有する。
4　白色又は無色の固体で、潮解性がある。
5　白色又は無色の固体で、昇華性がある。

問 39　次のうち、水銀の性状として、最も適当なものを一つ選びなさい。

1　気体であり，腐ったキャベツ様の悪臭を有する。
2　重い液体であり、金属光沢を有する。
3　赤褐色の液体であり、刺激臭を有する。
4　無色の可燃性液体であり、刺激臭を有する。
5　黒色の粉末であり、金属光沢を有する。

問 40　次のうち、黄燐（りん）の性状として、最も適当なものを一つ選びなさい。

1　純品は無色の油状め液体であるが、市販品はふつう微黄色を呈している。催涙性があり、強い粘膜刺激臭を有する。水にはほとんど溶けない。
2　特徴的臭気のある黄色の油状の液体であり、水にやや溶けにくい。
3　白色又は淡黄色のロウ状の固体であり、光に曝露すると着色する。
4　無色無臭、油状の液体であり、高濃度のものは水と接触して激しく発熱する。
5　白色又は無色の固体で、強い酸化剤であり、水に非常によく溶ける。

問 41 ～問 45　次の薬物の人体に対する代表的な作用や中毒症状について、最も適当なものを下欄の中から一つずつ選びなさい。

問 41　メタノール　　問 42　シアン化ナトリウム　　問 43　硝酸
問 44　トルエン　　問 45　塩素酸カリウム

【下欄】

1　ミトコンドリアの呼吸酵素(シトクロム酸化酵素)の阻害作用が誘発されるため中枢神経に影響が現れる。 2　蒸気の吸入により頭痛、食欲不振等がみられる。大量では、緩和な大赤血球性貧血を来す。 3　頭痛、めまい、嘔吐(おうと)、下痢、腹痛などを起こし、致死量に近ければ麻酔状態になり、視神経が侵され、目がかすみ、失明することがある。 4　強い酸化作用により赤血球が破壊され、赤血球外に溶出したヘモグロビンが酸化されてメトヘモグロビンが生成される。また、近位尿細管に対する直接作用があり、尿路系症状(乏尿、無尿、腎不全)を誘発する。 5　蒸気は眼、呼吸器等の粘膜及び皮膚に強い刺激性をもつ。濃度が高い場合、皮膚に触れると、ガスを発生して、組織ははじめ白く、次第に深黄色となる。

問 46　次のうち、過酸化水素を含有する製剤で、劇物の指定から除外される濃度の上限として正しいものを一つ選びなさい。

1　3％　　2　6％　　3　10％　　4　20％

問 47　次の物質のうち、毒物と劇物の組み合わせとして、正しいものを一つ選びなさい。

番号	毒物	劇物
1	塩化第一水銀	五塩化燐(りん)
2	ジニトロフェノール	一酸化鉛
3	四エチル鉛	ニコチン
4	酸化カドミウム	亜硝酸メチル

問 48 ～問 50　次の物質について、その用途として最も適当なものを下欄の中から一つずつ選びなさい。

問 48　クレゾール　　問 49　水酸化ナトリウム　　問 50　ニトロベンゼン

【下欄】

1　消毒、殺菌、木材の防腐剤 2　試薬、医療検体の防腐剤、エアバッグのガス発生剤 3　釉(ゆう)薬、殺虫剤 4　石鹸製造、パルプ工業、染料工業などの合成原料 5　純アニリンの製造原料、タール中間物の製造原料

(農業用品目)

問 31　次の物質について、農業用品目毒物劇物販売業者が販売又は授与できるものを一つ選びなさい。

1　塩化水素　　2　塩素　　3　塩素酸ナトリウム(爆発薬を除く
4　ホルムアルデヒド　　5　ヒドラジン

問 32　ジニトロメチルヘプチルフェニルクロトナート(別名：ジノカップ)を含有する製剤について、毒物及び劇物取締法上の劇物としての指定から除外される上限の濃度を下欄の中から一つ選びなさい。

【下欄】

1　0.1％　　2　0.2％　　3　0.5％　　4　1％　　5　2％

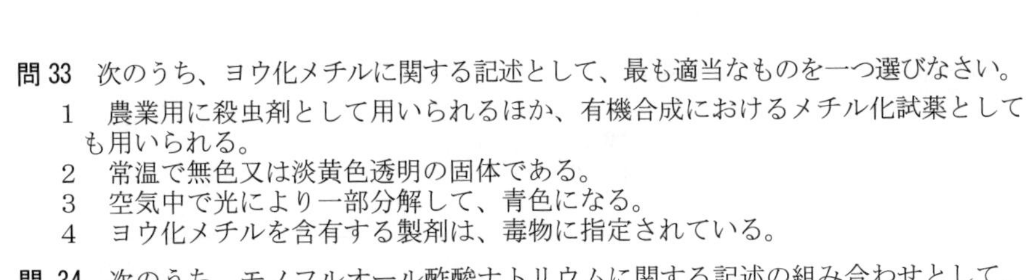

問 33　次のうち、ヨウ化メチルに関する記述として、最も適当なものを一つ選びなさい。

1　農業用に殺虫剤として用いられるほか、有機合成におけるメチル化試薬としても用いられる。
2　常温で無色又は淡黄色透明の固体である。
3　空気中で光により一部分解して、青色になる。
4　ヨウ化メチルを含有する製剤は、毒物に指定されている。

問 34　次のうち、モノフルオール酢酸ナトリウムに関する記述の組み合わせとして、最も適当なものを一つ選びなさい。

a　白色又は無色の固体で、吸湿性がある。
b　水に不溶である。
c　1％含有製剤は毒物に該当しない。
d　野ねずみの駆除に使用される。

1　(a、c)　　2　(a、d)　　3　(b、c)　　4　(b、d)

問 35　次のうち、5－ジメチルアミノ－1, 2, 3－トリチアンシュウ酸塩(別名：チオシクラム)に関する記述の組み合わせとして、最も適当なものを一つ選びなさい。

a　常温常圧下において透明な液体である。
b　トルエンに不溶である。
c　刺激臭がある。
d　主に殺虫剤として用いられる。

1　(a、b)　　2　(a、d)　　3　(b、c)　　4　(b、d)

問 36 ～問 39　次の物質の分類について、最も適当なものを下欄の中から一つずつ選びなさい。

問 36　1-(6-クロロ-3-ピリジルメチル)-N-ニトロイミダソリジン-2-イリデンアミン(別名：イミダクロプリド)
問 37　2, 3-ジヒドロ-2, 2-ジメチル-7-ベンゾ[b]フラニル-N-ジブチルアミノチオ-N-メチルカルバマート(別名：カルボスルファン)
問 38　2, 3, 5, 6-テトラフルオロ-4-メチルベンジル=(Z), (1RS, 3RS)-3-(2, クロロ-3, 3, 3, トリフルオロ-1-プロペニル)-2, 2-ジメチルシクロプロパンカルボキシラート(別名：テフルトリン)
問 39　3-ジメチルジチオホスホリル-S-メチル-5-メトキシ-1, 3, 4-チアジアソリン-2-オン(別名：メチダチオン)

【下欄】

1　有機燐(りん)系	2　ネオニコチノイド系	3　カーバメート系
4　ピレスロイド系		

問 40 ～問 42　次の物質の主な用途として、最も適当なものを下欄の中から一つずつ選びなさい。

問 40　1, 1′-Pイミノジ(オクタメチレン)ジグアニジン(別名：イミノクタジン)
問 41　2-クロルエチルトリメチルアンモニウムクロリド(別名：クロルメコート)
問 42　2-イソプロピル-4-メチルピリミジル-6-ジエチルチオホスフェイト(別名：ダイアジノン)

【下欄】

1　殺菌剤	2　植物成長調整剤	3　接触性殺虫剤	4　殺鼠(そ)剤

問 43 ～問 46　次の物質の貯蔵方法として、下欄の中から最も適当なものを一つずつ選びなさい。

問 43　臭化メチル　　問 44　塩化亜鉛
問 45　硫酸第二銅　　問 46　クロルピクリン

【下欄】

1　催涙性及び強い粘膜刺激臭を有し、金属腐食性が大きいため、耐腐食性容器に密閉して貯蔵する。
2　五水和物は、風解性があるので、密閉して乾燥した場所に貯蔵する。
3　常温では気体なので、圧縮冷却して液化し、圧縮容器に入れ、直射日光その他、温度上昇の原因を避けて、冷暗所に貯蔵する。
4　潮解性があるので、密栓して貯蔵する。

問 47 ～問 50　次の物質の人体に対する代表的な作用や中毒機序又は症状として、最も適当なものを下欄の中から一つずつ選びなさい。

問 47　ブラストサイジン S ベンジルアミノベンゼンスルホン酸塩
問 48　ヨウ化メチル
問 49　エチルパラニトロフェニルチオノベンゼンホスホネイト(別名:EPN)
問 50　燐(りん)化亜鉛

【下欄】

1　主な中毒症状は、振戦、呼吸困難である。肝臓に核の膨大及び変性、腎臓には糸球体、細尿管のうつ血、脾(ひ)臓には脾(ひ)炎を引き起こす。また、散布には際して、眼刺激性が特に強いので注意を要する。
2　体内に吸収されてコリンエステラーゼを阻害し、神経の正常な機能を妨げる。
3　中枢神経系の抑制作用および肺の刺激症状が現れる。皮膚に付着して蒸発が阻害された場合には発赤、水疱(ほう)が見られる。
4　嚥下吸入したときに、胃及び肺で胃酸や水と反応してホスフィンを生成し、中毒を起こす。

(特定品目)

問 31 ～問 34　次の物質を含有する製剤が、劇物の指定から除外される上限の濃度をそれぞれ、下欄の中から一つ選びなさい。なお同じ番号を何度選んでもよい。

a　水酸化ナトリウム　［問 31］　以下　　b　硫酸　［問 32］　以下
c　過酸化水素　［問 33］　以下
d　塩化水素と硫酸とを含有する製剤
　塩化水素と硫酸を合わせて［問 34］　以下

【下欄】

1　1％　　2　5％　　3　6％　　4　10％

問 35 ～問 38　次の物質の性状に関する記述について、それぞれ最も適当なものを下欄から一つずつ選びなさい。

問 35　塩素　　問 36　四塩化炭素　　問 37　重クロム酸カリウム
問 38　クロロホルム

【下欄】

1　無色、揮発性の液体で、特異の香気と、かすかな甘みを有する。純粋な本品は、空気に触れ、同時に日光の作用を受けると分解して塩素、塩化水素、ホスゲン等を生ずる。 2　橙赤色の柱状結晶。水に溶けやすく、アルコールには溶けない。強力な酸化剤である。 3　揮発性、麻酔性の芳香を有する無色の重い不燃性の液体であり、また、揮発して重い蒸気となり、火炎を包んで空気を遮断するので、強い消火力を示す。 4　常温においては窒息性臭気をもつ黄緑色気体。冷却すると黄色溶液を経て黄白色固体となる。

問 39　次の記述の（　a　）～（　c　）にあてはまる字句として、正しい組み合わせを一つ選びなさい。

メチルエチルケトンは（　a　）液体で（　b　）。（　c　）とも呼ばれる。

	a	b	c
1	引火性がある	臭いはない	カルボール
2	引火性がある	芳香がある	２－ブタノン
3	不燃性の	臭いはない	２－ブタノン
4	不燃性の	芳香がある	カルボール

問 40　次の記述の（　a　）～（　c　）にあてはまる字句として、正しい組み合わせを一つ選びなさい。

蓚酸（二水和物）は、（　a　）の結晶で、注意して加熱すると（　b　）するが、急に加熱すると分解する。主に（　c　）として用いられる。

	a	b	c
1	白色又は無色	昇華	漂白剤
2	白色又は無色	潮解	殺鼠剤
3	橙　色	昇華	殺鼠剤
4	橙　色	潮解	漂白剤

問 41 ～問 45　次の物質の用途として、最も適当なものを下欄の中から一つずつ選びなさい。

問 41　ホルマリン　　**問 42**　硅弗化ナトリウム　　**問 43**　酸化水銀
問 44　酢酸エチル　　**問 45**　水酸化ナトリウム

【下欄】

1	香料、溶剤	2	燻蒸剤、フィルムの硬化	3	船底塗料
4	石鹸の製造	5	釉薬		

問 46 ～問 50　次の物質の貯蔵方法について、最も適当なものを下欄の中から一つずつ選びなさい。

問 46　四塩化炭素　　**問 47**　トルエン　　**問 48**　ホルマリン
問 49　水酸化カリウム　　**問 50**　過酸化水素水

【下欄】

1　引火しやすく、その蒸気は空気と混合して爆発性ガスとなるので、火気に近づけないよう貯蔵する。
2　少量なら褐色ガラス瓶、多量ならばカーボイ又はポリエチレン容器を使用して、3分の1の空間を保ち、有機物、金属粉等と離して冷暗所に貯蔵する。
3　炭酸ガスと水を吸収する性質が強いので、密栓して貯蔵する。
4　分解を防ぐため遮光瓶に入れ、少量のアルコールを加えて貯蔵する。冷所に保存すると懸濁するので、常温で貯蔵する。
5　亜鉛又は錫メッキをほどこした鉄製容器に入れて、高温を避けて貯蔵する。

〔毒物及び劇物の識別及び取扱方法（実地）〕
（一般）

問 51　次の物質のうち、特定毒物に該当するものを一つ選びなさい。

1　亜砒酸ナトリウム　　2　黄燐　　3　シアン化鉛
4　モノフルオール酢酸アミド

問 52 ～問 56　厚生労働省が定めた「毒物及び劇物の廃棄の方法に関する基準」に基づき、次の物質の廃棄方法として、最も適当なものを下欄の中から一つずつ選びなさい。

問 52　エチレンオキシド　　問 53　クロルピクリン　　問 54　水銀
問 55　三酸化二砒素　　問 56　重クロム酸ナトリウム

【下欄】

1　回収法　2　沈殿隔離法　3　活性汚泥法　4　分解法　5　還元沈殿法

問 57 ～問 64　次の物質について、その性状をA欄から、用途をB欄から、最も適当なものをそれぞれ一つずつ選びなさい。

	薬物	性状	用途
ア	硝酸	**問 57**	**問 61**
イ	重クロム酸カリウム	**問 58**	**問 62**
ウ	アニリン	**問 59**	**問 63**
エ	ベタナフトール	**問 60**	**問 64**

【A 欄】（性状）

1　窒息性の臭気を持つ無色の液体で、湿気を含んだ空気中では発煙する。
2　特徴的な臭気のある油状の液体。新たに蒸留したものは無色であるが、光及び空気により着色してくる。
3　常温では無色、無臭の気体。高濃度のときは甘いクロロホルム様の臭気がある。
4　白色又は無色の結晶。かすかにフェノール臭がある。光に曝露すると着色する。
5　橙赤色の結晶で吸湿性も潮解性もない。融点 398 ℃、およそ 500 ℃で分解する。水に溶け、その水溶液は酸性を示す。

【B欄】（用途）

1	工業用に酸化剤、媒染剤、製革用、電気メッキ用、電池調整用、顔料原料
2	冶（や）金、爆薬の製造、試薬
3	タール中間物の製造原料、医薬品、染料、樹脂、香料等の製造原料
4	果樹、種子、貯蔵食糧等の病害虫の燻（くん）蒸
5	染料製造原料、防腐剤、試薬

問 65 ～問 67　次の物質による中毒時に、治療に用いられるものとして、最も適当なものを下欄の中から一つずつ選びなさい。

問 65　2-イソプロピル-4-メチルピリミジル-6-ジエチルチオホスフェイト（別名:ダイアジノン）

問 66　砒（ひ）素化合物　　　**問 67**　硫酸タリウム

【下欄】

1	2-ピリジンアルドキシムメチオダイド（別名：PAM）、硫酸アトロピン
2	ヘキサシアノ鉄（Ⅱ）酸鉄（Ⅲ）水和物（別名：プルシアンブルー）
3	亜硝酸ナトリウム、亜硝酸アミル
4	カルシウム剤、多量の石灰水
5	ジメルカプロール（別名：BAL）

問 68 ～ 問 72　厚生労働省が定めた「毒物及び劇物の運搬事故時における応急措置に関する基準」に基づき、次の物質が漏えい又は飛散した際の措置として、最も適当なものを下欄の中から一つずつ選びなさい。

問 68　アンモニア水　　　**問 69**　弗（ふっ）化水素　　　**問 70**　キシレン
問 71　エチルパラニトロフェニルチオノベンゼンホスホネイト（別名：EPN）
問 72　シアン化水素

【下欄】

1　漏洩したボンベ等を多量の水酸化ナトリウム水溶液（20W/V%以上）に容器ごと投入してガスを吸収させ、さらに酸化剤（次亜塩素酸ナトリウム、さらし粉等）の水溶液で酸化処理を行い、多量の水を用いて洗い流す。
2　風下の人を退避させ、付近の着火源になるものを除く。少量の場合、漏えいした液は土砂等に吸着させて空容器に回収する。多量の場合、土砂等でその流れを止め、安全な場所に導き、液の表面を泡で覆い、できるだけ空容器に回収する。
3　多量に漏えいした場合には遠方から霧状の水をかけて吸収させる。この場合、容器に直接散水してはならない。水と急激に接触すると多量の熱を発生し、酸が飛散することがあるので注意する。漏えいした液が少量の場合には徐々に霧状の水を多量にかけ、ある程度希釈した後、消石灰等の水溶液で処理し、多量の水を用いて洗い流す。
4　少量の場合、漏えい箇所を濡れむしろ等で覆い、遠くから多量の水をかけて洗い流す。多量の場合、漏えいした液は土砂等でその流れを止め、安全な場所に導いて遠くから多量の水をかけて洗い流す。
5　漏えいした液は、土砂等でその流れを止め、安全な場所に導き、空容器にできるだけ回収し、そのあとを消石灰等の水溶液を用いて処理し、多量の水を用いて洗い流す。洗い流す場合には、中性洗剤等の分散剤を使用して洗い流す。

問 73 ～ 問 75　次の記述に該当する物質はどれか。最も適当なものを下欄の中から一つずつ選びなさい。

問 73　皮膚に触れると、激しい痛みを感じて、著しく腐食される。大部分の金属、ガラス、コンクリート等と反応する。ガラスのつや消し、金属の酸洗剤等に使用する。

問 74　濃い藍色の結晶。150 ℃で結晶水を失って、白色の粉末となる。水に溶かして硝酸バリウムを加えると、白色の沈殿を生ずる。工業用の電解液用、媒染剤、農薬などに用いられる。

問 75　光沢のある粉末。水、アルコールには溶けないが、希酸にはホスフィンを出して溶解する。殺鼠(そ)剤として用いる。１％粒剤で黒色に着色され、かつ、トウガラシエキスを用いて著しく辛く着味されている製剤は、劇物に該当しない。

【下欄】

1　シアン酸ナトリウム	2　エマメクチン安息香酸塩	3　燐(りん)化亜鉛
4　弗(ふっ)化水素酸	5　硫酸第二銅	

（農業用品目）

問 51 ～問 54　厚生労働省が定めた「毒物及び劇物の廃棄の方法に関する基準」に基づき、次の物質の廃棄方法として、最も適当なものを下欄の中から一つずつ選びなさい。

問 51　塩化亜鉛　　問 52　硫酸　　問 53　塩素酸カリウム

問 54　ジメチル-4-メチルメルカプト-3-メチルフェニルチオホスフェイト
(別名：フェンチオン、MPP)

【下欄】

1　沈殿法	2　還元法	3　燃焼法	4　中和法

問 55 ～問 57　次の物質の性状等として、最も適当なものを下欄の中から一つずつ選びなさい。

問 55　2, 2’-ジピリジリウム-1, 1'-エチレンジブロミド(別名：ジクワット)

問 56　ジメチル-2, 2-ジクロルビニルホスフェイト(別名：DDVP)

問 57　塩化亜鉛

【下欄】

1　白色又は無色の結晶で、水にやや溶け、熱湯に可溶。なお、農業用に使用する場合は、着色が義務づけられている。

2　無色～黄色の吸湿性結晶で、加熱により分解する。水に可溶。

3　白色又は無色の潮解性がある固体で、水、アルコール、アセトンによく溶ける。水溶液は酸性を示す。

4　特徴的な臭気をもつ液体で、アルコールと混和する。

問 58 ～問 61　次の物質の性状等として、最も適当なものを下欄の中から一つずつ選びなさい。

問 58　N-メチル－1-ナフチルカルバメート(別名：カルバリル)

問 59　ニコチン

問 60　弗(ふっ)化スルフリル

問 61　トリクロルヒドロキシエチルジメチルホスホネイト(別名:DEP)

【下欄】

1　純粋なものは無色無臭の油状液体であるが、空気中では速やかに褐変する。水、エタノールと混和する。 2　ほとんど白色無臭の結晶で、アセトンに可溶、水には難溶。加熱により分解する。 3　白色の結晶で弱い特異臭を有し、水及びベンゼンに可溶である。 4　無色無臭の空気より重い気体で、水に難溶である。

問 62 ～問 66　次の物質の識別方法として、最も適当なものを下欄の中から一つずつ選びなさい。

問62　塩化亜鉛　　　　**問63**　アンモニア水

問64　燐（りん）化アルミニウムとその分解促進剤とを含有する製剤

問65　ニコチン　　　　**問66**　塩素酸塩類

【下欄】

1　炭の上に小さな孔をつくり、試料を入れて吹管炎で熱灼すると。パチパチ音をたてて分解する。熱すると酸素を出す。 2　この物質のエーテル溶液にヨウ素のエーテル溶液を加えると、褐色の液状沈殿を生じ、これを放置すると赤色の針状結晶となる。 3　濃塩酸を潤したガラス棒を近づけると、白い霧を生じる。 4　水に溶かし硝酸銀を加えると、白色の沈殿を生ずる。 5　この物質から発生するガスは、5 ～ 10 %硝酸銀溶液を吸着させたろ紙を黒変させる。

問 67 ～問 70　次の物質の注意事項等について、最も適当なものを下欄の中から一つずつ選びなさい。

問67　硫酸　　　　**問68**　燐（りん）化亜鉛　　　　**問69**　臭化メチル

問70　塩素酸ナトリウム

【下欄】

1　強酸と作用し発火又は爆発することがある。また、アンモニウム塩と混ざると爆発する恐れがあるので接触させない。 2　においは極めて弱く、蒸気は空気より重いため、吸入による中毒を起こしやすい。 3　火災等で燃焼すると、有毒の煙霧及びホスフィンガスが発生するので注意する。 4　水で希釈したものは各種の金属を腐食して水素ガスを発生し、これが空気と混合して引火爆発をすることがある。

問 71 ～問 75　厚生労働省が定めた「毒物及び劇物の運搬事故時における応急措置に関する基準」に基づき、次の物質が漏えい又は飛散した際の措置として、最も適当なものを下欄の中から一つずつ選びなさい。

問71　エチルパラニトロフェニルチオノベンゼンホスホネイト（別名:EPN）

問72　シアン化カリウム

問73　1, 1'-ジメチル-4, 4'-ジピリジニウムヒドロキシド（別名：パラコート）

問74　シアン化水素

問75　アンモニア水

【下欄】

1　漏えいした液は、土砂等でその流れを止め、安全な場所に導き、空容器にできるだけ回収し、そのあとを消石灰等の水溶液を用いて処理し、多量の水を用いて洗い流す。洗い流す場合には、中性洗剤等の分散剤を使用して洗い流す。
2　漏えいした液は、土壌等でその流れを止め、安全な場所に導き、空容器にできるだけ回収し、そのあとを土壌で覆って十分接触させた後、土壌を取り除き、多量の水を用いて洗い流す。
3　漏えいしたボンベ等を多量の水酸化ナトリウム水溶液(20W/V%以上)に容器ごと投入してガスを吸収させ、さらに酸化剤(次亜塩素酸ナトリウム、さらし粉等)の水溶液で酸化処理を行い、多量の水を用いて洗い流す。
4　少量の場合、漏えい箇所を濡れむしろ等で覆い、遠くから多量の水をかけて洗い流す。多量の場合、漏えいした液は土砂等でその流れを止め、安全な場所に導いて遠くから多量の水をかけて洗い流す。
5　飛散したものは空容器にできるだけ回収する。砂利等に付着している場合は、砂利等を回収し、そのあとに水酸化ナトリウム、ソーダ灰等の水溶液を散布してアルカリ性(pH11 以上)とし、さらに酸化剤(次亜塩素酸ナトリウム、さらし粉等)の水溶液で酸化処理を行い、多量の水を用いて洗い流す。

(特定品目)

問 51 ～問 54　次の物質について、識別に用いる試薬を A 欄から、その試薬を加えた後に生じる反応を B 欄から、それぞれ最も適当なものを一つ選びなさい。

【物質名】	【試薬】	【反応】
塩酸	問 51	問 53
一酸化鉛	問 52	問 54

【A 欄】

1　硝酸銀　　2　希硝酸及び硫化水素　　3　塩化バリウム
4　酒石酸

【B 欄】

1　黒色の沈殿の発生　　2　黄色の沈殿の発生　　3　酸素の発生
4　白色の沈殿の発生

問 55 ～問 57　次の物質の識別方法として、最も適当なものを下欄の中から一つずつ選びなさい。

問 55　クロロホルム　　問 56　メタノール　　問 57　硝酸

【下欄】

1　サリチル酸と濃硫酸とともに熱すると、芳香のある物質を生じる。
2　アルコールに溶かし、水酸化カリウムと少量のアニリンを加えて加熱すると、不快な刺激性の臭気を放つ。
3　銅屑(くず)を加えて熱すると、藍色を呈して溶け、その際に赤褐色の蒸気を生成する。
4　二酸化マンガンの粉末を少量加えると、激しく酸素を発生する。

問 58 ～問 62　次の物質について、その毒性として最も適当なものを下欄から一つずつ選びなさい。

問 58　キシレン　　問 59　水酸化ナトリウム　　問 60　クロム酸カリウム
問 61　ホルムアルデヒド　　問 62　メタノール

【下欄】

1　腐食性が極めて強いので、皮膚に触れると激しく侵し、また高濃度溶液を飲めば、口内、食道、胃などの粘膜を腐食して、死に至らしめる。
2　口と食道が赤黄色に染まり、その後青緑色に変化する。腹痛を起こし、血の混じった便が出る。重症になると、尿に血が混じり、痙攣（けいれん）を起こし、さらに気を失う。
3　蒸気は粘膜を刺激し、鼻カタル、結膜炎、気管支炎などを起こさせる。濃厚水溶液は、皮膚に対し壊疽（えそ）を起こさせ、しばしば湿疹を生じさせる。
4　内服によって、頭痛、めまい、嘔吐（おうと）、下痢、腹痛などを起こし、致死量に近ければ麻酔状態となり、視神経が侵され、目がかすみ、ついには失明することがある。
5　吸入すると、目、鼻、のどを刺激する。高濃度で興奮、麻酔作用がある。

問 63 ～問 66　厚生労働省が定めた「毒物及び劇物の廃棄の方法に関する基準」に基づき、次の物質の廃棄方法として、最も適当なものを下欄から一つずつ選びなさい。

問 63　アンモニア　　問 64　一酸化鉛　　問 65　塩素　　問 66　トルエン

【下欄】

1　珪（けい）そう土等に吸収させて、開放型の焼却炉で焼却する。もしくは、焼却炉の火室へ噴霧し焼却する。
2　水を加えて希薄な水溶液とし、酸で中和させた後、多量の水で希釈して処理する。
3　セメントを用いて固化し、溶出試験を行い、溶出量が判定基準以下であることを確認して埋立処分する。
4　多量のアルカリ水溶液中に吹き込んだ後、多量の水で希釈して処理する。

問 67　厚生労働省が定めた「毒物及び劇物の廃棄の方法に関する基準」に基づき、酢酸鉛の廃棄方法について、最も適当なものを下欄の中から一つ選びなさい。

【下欄】

1　沈殿隔離法	2　中和法	3　活性汚泥法	4　酸化法

問 68 ～問 71　厚生労働省が定めた「毒物及び劇物の運搬事故時における応急措置に関する基準」に基づき、次の物質が漏えい又は飛散した際の措置として、最も適当なものを下欄の中から一つずつ選びなさい。

問 68　塩酸　　問 69　クロム酸ナトリウム　　問 70　四塩化炭素
問 71　メタノール

【下欄】

1　風下の人を避難させる。漏えいした場所の周辺にロープを張るなどして人の立入りを禁止する。作業の際には必ず保護具を着用し、風下で作業をしない。漏えいした液は土砂等でその流れを止め、安全な場所に導き、空容器にできるだけ回収し、そのあとを多量の水を用いて洗い流す。洗い流す場合には中性洗剤等の分散剤を使用して洗い流す。この場合、濃厚な廃液が河川等に排出されないよう注意する。
2　漏えいした液が多量の場合は、土砂等でその流れを止め、これに吸着させるか、又は安全な場所に導いて遠くから徐々に注水してある程度まで希釈した後、消石灰、ソーダ灰等で中和し、多量の水を用いて洗い流す。発生するガスは霧状の水をかけ吸収させる。この場合、濃厚な廃液が河川等に排出されないよう注意する。
3　飛散したものは空容器にできるだけ回収し、そのあとを還元剤(硫酸第一鉄等)の水溶液を散布し、消石灰、ソーダ灰等の水溶液で処理したあと、多量の水を用いて洗い流す。この場合、濃厚な廃液が河川等に排出されないよう注意する。
4　付近の着火源となるものを速やかに取り除く。漏えいした液は土砂等でその流れを止め、安全な場所に導き、多量の水で十分に希釈して洗い流す。

問 72 ～問 75　毒物及び劇物取締法並びにこれに基づく法令の規定に照らし、次の物質を車両を用いて一回につき五千キログラム以上運搬する場合に、備えなければならない保護具として、最も適当なものを下欄の中から一つずつ選びなさい。

問 72　塩素
問 73　硫酸及びこれを含有する製剤(硫酸 10 %以下を含有するものを除く。)で液体状のもの
問 74　硝酸及びこれを含有する製剤(硝酸 10 %以下を含有するものを除く。)で液体状のもの
問 75　ホルムアルデヒド及びこれを含有する製剤(ホルムアルデヒド１%以下を含有するものを除く。)で液体状のもの

【下欄】

1　保護手袋、保護長ぐつ、保護衣、有機ガス用防毒マスク
2　保護手袋、保護長ぐつ、保護衣、酸性ガス用防毒マスク
3　保護手袋、保護長ぐつ、保護衣、保護眼鏡
4　保護手袋、保護長ぐつ、保護衣、普通ガス用防毒マスク

山形県
令和元年度実施

〔法　規〕

この問題において「法」又は「法律」とは「毒物及び劇物取締法」（昭和 25 年法律第 303 号)を、「政令」とは「毒物及び劇物取締法施行令」（昭和 30 年政令第 261 号)を、「厚生労働省令」又は「省令」とは「毒物及び劇物取締法施行規則」（昭和 26 年厚生省令第４号)をそれぞれいうものとする。

（一般・農業用品目・特定品目共通）

問１　法第１条及び第２条の条文に関する以下の記述の正誤について、正しい組み合わせはどれか。

a　この法律は、毒物及び劇物について、保健衛生上の見地から必要な取締を行うことを目的とする。
b　法第２条の別表第一に掲げられている物質であっても、医薬品又は医薬部外品は毒物から除外される。
c　法第２条の別表第二に掲げられている物質であっても、医薬品又は医薬部外品は劇物から除外される。
d　法第２条の別表第三に掲げられている物質を含有する製剤は、すべて特定毒物から除外される。

	a	b	c	d
1:	誤	正	正	誤
2:	正	誤	正	正
3:	誤	正	誤	正
4:	正	正	正	誤

問２　以下の記述は。法第３条第３項の条文の一部である。(　　　)の中に当てはまる字句の正しい組み合わせはどれか。（なお、２箇所の(　a　)内はどちらも同じ字句が入る。）

毒物又は劇物の販売業の登録を受けた者でなければ、毒物又は劇物を販売し、(　a　)し、又は販売若しくは(　a　)の目的で(　b　)し、運搬し、若しくは(　c　)してはならない。

	a	b	c
1：	分割	開封	陳列
2：	授与	開封	表示
3：	分割	貯蔵	表示
4：	授与	貯蔵	陳列

問３　毒物劇物営業者の登録に関する以下の記述のうち。正しいものはどれか。

1：毒物又は劇物の販売業の登録は、店舗ごとに厚生労働大臣が行う。
2：毒物又は劇物の製造業又は輸入業の登録は、6年ごとに、更新を受けなければ、その効力を失う。
3：毒物又は劇物の製造業者は、販売業の登録を受けなければ、その製造した毒物又は劇物を他の毒物又は劇物の製造業者に販売してはならない。
4：毒物又は劇物の輸入業の登録は、輸入しようとする毒物又は劇物の品目についても受ける必要がある。

問４　毒物又は劇物の販売業の店舗の設備基準に関する以下の記述のうち、誤っているものはどれか。

１：毒物又は劇物の貯蔵設備は、毒物又は劇物とその他の物とを区分して貯蔵できるものであること。
２：毒物又は劇物を陳列する場所にかぎをかける設備があること。ただし、その場所が性質上かぎをかけることができないものであるときは、この限りではない。
３：毒物又は劇物を含有する粉じん、蒸気又は廃水の処理に要する設備又は器具を備えていること。
４：毒物又は劇物を貯蔵するタンク、ドラムかん、その他の容器は。毒物又は劇物が飛散し、漏れ、又はしみ出るおそれのないものであること。

問５　法第３条の２第９項で規定されている、モノフルオール酢酸の塩類を含有する製剤の着色及び表示の基準に関する以下の記述のうち、正しいものの組み合わせはどれか。

a　青色に着色されていること。
b　深紅色に着色されていること。
c　その容器及び被包に野ねずみの駆除以外の用に使用してはならない旨が表示されていること。
d　その容器及び被包にかんきつ類、りんご、なし、桃又はかきの害虫の防除以外の用に使用してはならない旨が表示されていること。

１：（a、b）　２：（a、c）　３：（b、d）　４：（c、d）

問６　毒物劇物取扱責任者に関する以下の記述の正誤について。正しい組み合わせはどれか。

a　毒物劇物取扱者試験に合格した者であっても 20 歳未満の者は、毒物劇物取扱責任者になることができない。
b　毒物劇物営業者が毒物又は劇物の製造業と毒物又は劇物の販売業を互いに隣接する施設であわせて営む場合、毒物劇物取扱責任者はこれらの施設を通じて１人で足りる。
c　農業用品目毒物劇物取扱者試験に合格した者は、農業用品目のみを製造する毒物劇物製造業の製造所において毒物劇物取扱責任者になることができる。
d　毒物若しくは劇物又は薬事に関する罪を犯し、罰金以上の刑に処せられ、その執行を終り、又は執行を受けることがなくなった日から起算して３年を経過していない者は毒物劇物取扱責任者になることができない。

	a	b	c	d
1:	誤	正	誤	正
2:	正	正	正	誤
3:	誤	正	正	正
4:	正	誤	正	正

問７　以下の記述のうち、法第 10 条の規定により、毒物又は劇物の輸入業者が 30 日以内に届け出なければならない事項として、正しいものの組み合わせはどれか。

a　毒物又は劇物の輸入業者が法人の場合にあっては、その主たる事務所の所在地を変更したとき。
b　登録を受けた毒物又は劇物以外の毒物又は劇物を輸入しようとするとき。
c　毒物又は劇物を運搬する設備の重要な部分を変更したとき。
d　毒物又は劇物を廃棄したとき。

１：（a、b）　２：（a、c）　３：（b、d）　４：（c、d）

問８　毒物又は劇物の表示に関する以下の記述について、（　　）の中に入れるべき軸の正しい組み合わせはどれか。

毒物劇物営業者は、毒物又は劇物の容器及び被包に、（　a　）の文字及び毒物については（　b　）をもって「毒物」の文字、劇物については、（　c　）をもって「劇物」の文字を表示しなければならない。

	a	b	c
1：	医療用外	白地に黒色	白地に赤色
2：	医療用外	白地に赤色	赤地に白色
3：	医薬用外	黒地に白色	赤地に白色
4：	医薬用外	赤地に白色	白地に赤色

問９　以下の物質の内毒物劇物営業者が、その容器及び被包に解毒剤の名称を表示したものでなければ、販売し、又は授与することができない毒物又は劇物として、正しいものはどれか。

1：有機燐（りん）化合物　　2：有機シアン化合物　　3：砒（ひ）素化合物
4：無機シアン化合物

問 10　毒物又は劇物の製造業者が製造した硫酸を含有する製剤たる劇物（住宅用の洗浄剤で液体状のものに限る。）を販売するときに、容器及び被包に表示しなければならない事項に関する以下の記述のうち、正しいものの組み合わせはどれか。

a　皮膚に触れた場合には、石けんを使ってよく洗うべき旨
b　眼に入った場合は、直ちに流水でよく洗い、医師の診断を受けるべき旨。
c　居間など人が常時移住する室内では使用してはならない旨
d　小児の手の届かないところに保管しなければならない旨

1：（a、b）　2：（a、c）　3：（b、d）　4：（c、d）

問 11　以下の物質のうち、法第 13 条の規定により、毒物劇物営業者があせにくい黒色で着色したものでなければ農業用として販売してはならないものはどれか。

1：沃（よう）化メチルを含有する製剤たる劇物
2：モノクロム酢酸を含有する製剤たる劇物
3：硫化カドミウムを含有する製剤たる劇物
4：硫酸タリウムを含有する製剤たる劇物

問 12　毒物劇物営業者が、毒物又は劇物を他の毒物劇物営業者に販売又は授与したときに、書面に記載しなければならない事項及びその取扱いに関する以下の記述の正誤について、正しい組み合わせはどれか。

a　毒物又は劇物の名称及び数量を記載しなければならない。
b　販売又は授与の年月日を記載しなければならない。
c　譲受人の氏名、職業及び住所（法人にあっては、その名称及び主たる事務所の所在地）を記載しなければならない。
d　毒物劇物営業者は、販売又は授与の日から３年間、当該書面を保存しなければならない。

	a	b	c	d
1:	正	正	正	誤
2:	正	正	誤	正
3:	正	誤	正	正
4:	誤	正	正	誤

問 13　以下の記述は、法第 15 条第１項の条文の一部である。(　　)の中に当てはまる字句の正しい組み合わせはどれか。

毒物劇物営業者は、毒物又は劇物を次に掲げるものに交付してはならない。
一　(a)歳未満の者
二　(b)の障害により毒物又は劇物による保健衛生上の危害の防止の措置を適正に行うことができない者として厚生労働省令で定めるもの
三　麻薬、大麻、あへん又は(c)の中毒者

	a	b	c
1：	十六	心身	向精神薬
2：	十六	身体	覚せい剤
3：	十八	心身	覚せい剤
4：	十八	身体	向精神薬

問 14　以下の記述は、政令第 40 条の条文の一部である。(　　)の中に当てはまる字句の正しい組み合わせはどれか。

法第 15 条の２の規定により、毒物もしくは劇物又は法第 11 条第２項に規定する政令で定める物の廃棄の方法に関する技術上の基準を次のように定める。
一　中和、(a)、酸化、還元、稀釈その他の方法により、毒物及び劇物並びに法第 11 条第２項に規定する法令で定める物のいずれにも該当しない物とすること。
二　ガス体又は揮発性の毒物又は劇物は、保健衛生上危害を生ずるおそれがない場所で、少量ずつ(b)し、又は発揮させること。
三　可燃性の毒物又は劇物は、保健衛生上危害を生ずるおそれがない場所で、少量ずつ(c)させること。

	a	b	c
1：	加水分解	焼却	蒸発
2：	加水分解	放出	燃焼
3：	電気分解	焼却	燃焼
4：	電気分解	放出	蒸発

問 15　以下の記述のうち、１回につき 1,000 キログラムを超える毒物又は劇物を車両を使用して運搬する場合で、当該運搬を他に委託するとき、その荷送人が運送人に対し、あらかじめ交付しなればならない書面に記載すべき事項として、政令に<u>定められていないもの</u>はどれか。

1：事故の際に講じなければならない応急の措置の内容
2：毒物又は劇物の保管上の注意
3：毒物又は劇物の数量
4：毒物又は劇物の名称、成分及びその含量

問 16　以下の記述は、法第７条第１項の条文の一部である。(　　)の中に当てはまる字句の正しい組み合わせはどれか。

毒物劇物営業者は、毒物又は劇物を(a)に取り扱う製造所、営業所又は店舗ごとに、(b)の毒物劇物取扱責任者を置き、毒物又は劇物による保健衛生上の危害の防止に当たらせなければならない。

	a	b
1:	直接	常勤
2:	直接	専任
3:	継続的	常勤
4:	継続的	専任

問 17　四アルキル鉛を含有する製剤の取扱いに関する以下の記述について、正しいものの組み合わせはどれか。

a　この製剤は、石油精製業者（原油から石油を精製することを業とする者）でなければ使用することができない。
b　この製剤の用途は、灯油への混入に限られている。
c　この製剤は、黒色に着色しなくてはならない。
d　この製剤の容器には、四アルキル鉛を含有する製剤が入っている旨及びその内容量を表示しなくてはならない。

1：（a、c）　2：（a、d）　3：（b、c）　4：（b、d）

問 18　以下の記述のうち、劇物たるアクロレインを車両を使用して１回につき 5,000 キログラム運搬する場合に、省令第 13 条の５の規定により、車両の前後の見やすい箇所に掲げなければならない標識として、正しいものはどれか。

1：0.3 メートル平方の板に地を赤色、文字を白色として「毒」と表示した標識
2：0.3 メートル平方の板に地を黒色、文字を白色として「毒」と表示した標識
3：0.3 メートル平方の板に地を赤色、文字を白色として「劇」と表示した標識
4：0.3 メートル平方の板に地を黒色、文字を白色として「劇」と表示した標識

問 19、20　以下の記述は、法第 16 条の２第１項及び第２項の条文である。（　　）の中に当てはまる字句はどれか。

法第 16 条の２第１項
毒物劇物営業者及び特定毒物研究者は、その取扱いに係る毒物若しくは劇物又は第 11 条第２項の規定する法令で定める物が飛散し、漏れ、流れ出、しみ出、又は地下にしみ込んだ場合において、不特定又は多数の者について保健衛生上の危害が生ずるおそれがあるときは、直ちに、その旨を（　問 19　）に届けるとともに、保健衛生上の危害を防止するために必要な応急の措置を講じなければならない。

法第 16 条の２第２項
毒物劇物営業者及び特定毒物研究者は、その取扱いに係る毒物又は劇物が盗難にあい、又は紛失したときは、直ちに、その旨を（　問 20　）に届け出なければならない。

問 19
1：保健所及び警察署　2：保健所及び消防機関
3：警察署及び消防機関　4：保健所、警察署又は消防機関

問 20
1：警察署　2：保健所及び警察署
3：警察署及び消防機関　4：保健所、警察署又は消防機関

問 21　都道府県知事が行う監視指導及び処分に関する以下の記述について、正しいものの組み合わせはどれか。

a　保健衛生上必要があると認めるときは、毒物劇物監視員に、業務上毒物若しくは劇物を取り扱う場所に立ち入りさせ、関係者に質問させることができる。
b　販売業の登録を受けている者について、この者の有する設備が法令で定める基準に適合しなくなったと認めるときは、直ちに、この者の登録を取り消さなければならない。
c　毒物劇物販売業の毒物劇物取扱責任者について法律に違反する行為があったときは、その毒物劇物販売業者に対して、毒物劇物取扱責任者の変更を命ずることができる。
d　犯罪捜査上必要があると認めたときは、毒物劇物監視員に、毒物又は劇物の輸入業者の営業所に立ち入り、試験のために必要な最小限度の分量に限り、毒物の疑いのあるものを収去させることができる。

1：（a、b）　2：（a、c）　3：（b、d）　4：（c、d）

問 22　以下の記述のうち、法第 22 条第１項の規定により、業務上取扱者の届出が必要な業者として<u>誤っているもの</u>はどれか。

１：シアン化ナトリウムを用いて金属熱処理を行う事業者
２：三酸化砒(ひ)素を用いてしろありの防除を行う事業者
３：酸化クロムを用いて電気めっきを行う事業者
４：最大積載量 5,000 キログラムのタンクローリー車で、硝酸を 20 %含有する製剤で液体状のものを運搬する事業者

問 23　政令第 40 条の９に規定されている毒物劇物営業者による毒物又は劇物の情報提供に関する以下の記述について、正しいものの組み合わせはどれか。

a　毒物又は劇物を販売し、又は授与するときは、その販売し、又は授与する時までに、譲受人に対し、行わなければならない。
b　文書の交付によるもの以外に、譲受者が承諾した場合は次期ディスクの交付によることが認められている。
c　毒物劇物販売業者が行う場合は、情報提供の内容に物理的及び化学的性質を含まなくてもよい。
d　１回につき 200mg 以下の毒物を販売又は授与する場合は、情報提供を行わなくてもよい。

１：（a、b）　２：（a、c）　３：（b、d）　４：（c、d）

問 24　以下の記述は、法第 11 条第４項の条文である。（　　）の中にあてはまる字句はどれか。

毒物劇物営業者及び特定毒物研究者は、毒物又は厚生労働省令で定める劇物については、その容器として、（　　）の容器として通常使用される物を使用してはならない。

１：医薬品　２：化粧品　３：飲食物　４：危険物

問 25　以下の物質のうち、法第 15 条第２項に基づき、毒物劇物営業者が、その交付を受ける者の氏名及び住所を確認した後でなければ交付してはならない劇物の正しい組み合わせはどれか。

a　カリウム　b　ナトリウム　c　ピクリン酸　d　硫酸

１：（a、b）　２：（a、c）　３：（b、c）　４：（b、d）

〔基礎化学〕

（一般・農業用品目・特定品目共通）

問 26　以下の記述の組み合わせのうち、純物質の組み合わせはどれか。

１：空気とエタノール　２：水と二酸化炭素　３：塩酸と鉄
４：石油と酸素

問 27　以下の物質のうち、同素体があるものはどれか。

１：リン　２：窒素　３：ヘリウム　４：ケイ素

問 28　以下の記述のうち、化学変化であるものはどれか。

１：水にインクをたらすと、全体が赤い色になる。
２：水を加熱すると、水蒸気になる
３：新しい十円硬貨を長時間放置すると、次第に光沢が失われる。
４：お茶のティーパックに注ぐと、次第に湯の色が変化する。

問 29　以下の記述のうち、塩化ナトリウムとヨウ素の混合物から、ヨウ素を取り出す際分離・精製の操作に用いられる方法として、正しいものはどれか。

1：ろ過　　2：蒸留　　3：抽出　　4：昇華

問 30　以下の元素のうち、炎色反応で赤紫色を示すものはどれか。

1：カリウム　　2：バリウム　　3：ナトリウム　　4：銅

問 31　同位体に関する以下の記述の正誤について、正しい組み合わせはどれか。

a　同位体は、陽子の数が等しく、質量数が異なる。
b　同位体は、同じ原子で、原子核に含まれる中性子の数が同じである。
c　同位体は、化学的性質が全く異なる。
d　同位体の中で放射線を出すものを放射性同位体(ラジオアイソトープ)という。

	a	b	c	d
1:	正	誤	誤	正
2:	誤	誤	正	正
3:	誤	正	正	誤
4:	正	正	正	正

問 32　以下の原子のうち、イオン化エネルギーが最も小さいものはどれか。

1：He　　2：Na　　3：F　　4：O

問 33　以下のイオンのうち、Ne と同じ電子配置となっているものはどれか。

1：Li^{+}　　2：O^{2-}　　3：Cl^{-}　　4：Ca^{2+}

問 34　金属の性質に関する以下の記述の正誤について、正しい組み合わせはどれか。

a　結晶内では原子どうしが共有結合で結ばれている。
b　結晶中に自由電子があるので、電気をよく通す。
c　かたいがもろく、強くたたくと割れやすい。
d　薄く広げて箔(はく)にすることができる展性がある。

	a	b	c	d
1:	正	正	正	誤
2:	正	正	誤	正
3:	誤	誤	正	正
4:	誤	正	誤	正

問 35　以下の値のうち、炭素原子 3.0×10^{22} 個の物質量として、正しいものはどれか。ただし、アボガドロ定数は 6.0×10^{23} ／molとする。

1：0.05 mol　　2：0.5 mol　　3：2 mol　　4：20 mol

問 36　以下の値のうち、炭酸水素ナトリウム($NaHCO_3$)の式量として正しいものはどれか。ただし、原子量は、H＝1.0、C＝12、O＝16、Na＝23 とする。

1：36　　2：52　　3：84　　4：156

問 37　以下の記述のうち、メタンの完全燃焼の化学反応式として、正しいものはどれか。

1：$CH_4 + 2O_2 \rightarrow Co_2 + 3H_2O$　　2：$CH_4 + 4O_2 \rightarrow 2CO_2 + 2H_2O$
3：$2CH_4 + O_2 \rightarrow 2CO_2 + 4H_2O$　　4：$CH_4 + 2O_2 \rightarrow CO_2 + 2H_2O$

問 38　以下の熱化学方程式に示されている反応熱の名称として正しいものはどれか。

C(黒鉛)＋ $2H_2$ (気)＝ CH_4(気)＋ 74.9kJ

1：燃焼熱　　2：中和熱　　3：生成熱　　4：溶解熱

問 39　以下の記述のうち、正しいものはどれか。

1：塩酸は電離度が大きいので、強酸である。
2：酸はすべて酸素原子を含んでいる。
3：NH_3 は OH をもたないので、塩基ではない。
4：３価の酸と１価の酸では、３価の方が強い酸である。

問 40　以下の値のうち、0.0010 mol/L 塩酸の pH として正しいものはどれか。

1： 0.0010　　2： 1　　3： 2　　4： 3

問 41　以下の物質のうち、pH が最も小さいものはどれか。ただし、溶液の濃度は全て 0.1 mol/L とする。

1：酢酸　　2：水酸化ナトリウム水溶液　　3：塩酸　　4：食塩水

問 42　以下の pH 指示薬のうち、酸性および中性では無色で、塩基性では赤色になるものはどれか。

1：フェノールフタレイン　　2：メチルオレンジ　　3：ブロモチモールブルー
4：リトマス

問 43　以下の値のうち、リン酸(H_3PO_4)における P の酸化数として正しいものはどれか。

1：-5　　2：-3　　3：+3　　4：+5

問 44　以下の化学反応式のうち、酸化還元反応はどれか。

1：$HCl + NaOH \rightarrow NaCl + H_2O$　　2：$MnO_2 + 4HCl \rightarrow MnCl + 2H_2O + Cl_2$
3：$CH_3COONa + HCl \rightarrow CH_3COOH + NaCl$　　4：$CaCO_3 \rightarrow CaO + CO_2$

問 45　電池に関する以下の記述について、(　　)の中に入れるべき字句の正しい組み合わせはどれか。

電池の負極では(　a　)反応が起こり、正極では(　b　)反応が起こる。
また、亜鉛板と銅板を希硫酸中に浸したものを(　c　)電池という。

	a	b	c
1：	酸化	還元	ダニエル
2：	酸化	還元	ボルタ
3：	還元	酸化	ダニエル
4：	還元	酸化	ボルタ

問 46　以下のハロゲン単体のうちで、酸化力が最も強いものはどれか。

1：F_2　　2：Cl_2　　3：Br_2　　4：I_2

問 47　以下の物質のうち、アルケンであるものはどれか。

1：ヘキサン　　2：シクロプロパン　　3：プロペン　　4：アセチレン

問 48　以下の物質のうち、エタノールを酸化すると得られ、還元性があるものはどれか。

1：ホルムアルデヒド　　2：アセトアルデヒド　　3：酢酸　　4：アセトン

問 49　以下の物質のうち、ヨードホルム反応を示すものはどれか。

1：アセトン　　2：ホルムアルデヒド　　3：エチレン　　4：プロパン

問 50　以下の官能基の組み合わせのうち、サリチル酸が有する官能基の組み合わせはどれか。

1：ヒドロキシ基とアミノ基　　2：ニトロ基とヒドロキシ基
3：アミノ基とアルデヒド基　　4：カルボキシル基とヒドロキシ基

〔性質、識別及び貯蔵その他取扱方法〕

(一般)

問 51　以下の物質のうち、常温常圧下で液体のものはどれか。

1：クロルエチル　　2：ジメチルアミン　　3：亜硝酸メチル
4：塩化チオニル

問 52　以下の物質のうち、特定毒物と特定毒物ではない毒物の組み合わせとして、正しいものはどれか。

	特定毒物	特定毒物ではない毒物
1：	四メチル鉛	砒(ひ)酸
2：	塩化ホスホリル	モノフルオール酢酸ナトリウム
3：	シアン化カリウム	砒(ひ)酸
4：	四エチル鉛	モノフルオール酢酸アミド

問 53　物質の用途に関する以下の記述のうち、正しいものはどれか。

1：クロム酸亜鉛カリウムは、錆(さび)止め下塗り塗料に用いられる。
2：クロム酸ナトリウムは、農薬に用いられる。
3：重クロム酸カリウムは、食品添加物に用いられる。
4：重クロム酸アンモニウムは、コンクリート増強剤に用いられる。

問 54　以下の物質のうち、パルプの漂白剤として使用されるものはどれか。

1：塩素　　2：クロロプレン　　3：過酸化尿素　　4：シアン化水素

問 55　以下の物質のうち、潮解性のあるものの正しい組み合わせはどれか。

a　硫酸第二銅　　b　蓚(しゅう)酸カリウム　　c　酢酸タリウム　　d　水酸化カリウム

1：(a、b)　　2：(a、d)　　3：(b、c)　　4：(c、d)

問 56　以下の物質のうち、廃棄方法に分解沈殿法を適用するものとして、最も適当なものはどれか。ただし、ここでいう分解沈殿法とは厚生労働省が定めた「毒物及び劇物の廃棄方法に関する基準」に基づく方法とする。

1：水酸化鉛　　2：弗(ふっ)化第一錫(すず)　　3：塩化亜鉛　　4：酢酸第二銅

問 57　以下の記述のうち、シアン化カリウムの貯蔵方法として、最も適当なものはどれか。

1：常温では気体なので、圧縮冷却して液化し、圧縮容器に入れ、直射日光その他、温度上昇の原因をさけて、冷暗所に貯蔵する。
2：金属腐食性が大きいため、ガラス容器に入れ、密栓して冷暗所に貯蔵する。
3：空気や光線に触れると赤変するから、しゃ光してたくわえる。
4：少量ならばガラスびん、多量ならばブリキ缶あるいは鉄ドラムを用い、酸類とは離して、空気の流通のよい乾燥した冷所に密栓してたくわえる。

問 58　以下の物質のうち、可燃性のあるものの正しい組み合わせはどれか。

a　ジボラン　　b　四塩化炭素　　c　弗化水素　　d　モノゲルマン

1：(a、b)　　2：(a、d)　　3：(b、c)　　4：(c、d)

問 59　物質の識別方法に関する以下の記述のうち、最も適当なものはどれか。

1：臭素は、澱粉糊液を橙黄色に染め、ヨードカリ澱粉紙を藍変する。
2：ブロム水素酸は、硝酸銀溶液を加えると黒色の結晶を生じる。
3：沃素は、澱粉にあうと藍色を呈し、熱すると赤変する。
4：硫酸亜鉛は、水に溶かし硫化水素を通すと黒色沈殿を生じる。

問 60　第1欄の記述は毒物又は劇物が多量に漏洩した際の措置に関するものである。第1欄の記述に該当する毒物又は劇物として最も適当なものは第2欄のどれか。

第1欄
　漏えいした液は土砂等でその流れを止め、これに吸着させるか、又は安全な場所に導いて、遠くから徐々に注水してある程度稀釈した後、消石灰、ソーダ灰等で中和し、多量の水を用いて洗い流す。この場合、濃厚な廃液が河川等に排出されないよう注意する。

第2欄
1：フェノール　　2：β-ナフトール　　3：クレゾール　　4：硫酸

問 61　以下の物質のうち、その解毒剤にジメルカプロール(別名：BAL)を用いるものはどれか。

1：シアン化水素
2：ジメチルジチオホスホリルフエニル酢酸エチル(別名：PAP)
3：N-メチル-1-ナフチルカルバメート(別名：NAC)
4：砒素

問 62　ニコチンに関する以下の記述の正誤について、正しい組み合わせはどれか。

a　神経毒の強い毒物である。
b　水、アルコール、エーテル、石油に溶けやすい。
c　純ニコチンは褐色、特異臭の油状液体である。
d　農薬として病害虫に対する接触剤に使用される。

	a	b	c	d
1:	正	正	誤	誤
2:	誤	正	正	誤
3:	正	誤	正	正
4:	誤	正	正	正

問 63　以下の物質のうち、白色粉末であるものの正しい組み合わせはどれか。

a　シアン化亜鉛　　b　炭酸バリウム　　c　クロム酸カリウム　　d　二酸化鉛

1：(a、b)　　2：(a、d)　　3：(b、c)　　4：(c、d)

問 64　以下の物質のうち、廃棄方法に回収法を適応するものとして、最も適当なものの組み合わせはどれか。ただし、ここでいう回収法とは厚生労働省で定めた「毒物及び劇物の廃棄方法に関する基準」に基づく方法とする。

a　塩化金酸　　b　沃化銀　　c　砒素　　d　水銀

1：(a、b)　　2：(a、d)　　3：(b、c)　　4：(c、d)

問 65　物質の用途に関する以下の記述の正誤について、正しい組み合わせはどれか。

a　五酸化バナジウムは、触媒に用いられる。
b　N-エチル-O-(2-イソプロポキシカルボニル-1メチルビニル)-O-メチルチオホスホルアミド(別名：プロペタンホス)は、除草剤に用いられる。
c　シクロヘキシルアミンは、防錆(せい)剤に用いられる。
d　ベンゾニトリルは、溶剤に用いられる。

	a	b	c	d
1:	正	正	誤	誤
2:	誤	正	正	誤
3:	正	誤	正	正
4:	誤	正	正	正

問 66　以下の物質のうち、水に可溶なものの正しい組み合わせはどれか。

a　亜硝酸ナトリウム　　b　臭化カドミウム　　c　塩化第一水銀
d　一酸化鉛

1：(a、b)　　2：(a、d)　　3：(b、c)　　4：(c、d)

問 67　以下の物質とその用途の組み合わせのうち、正しいものはどれか。

1：セレン　・・・・・・　ワックス剤
2：酸化バリウム　・・・・　医薬品
3：クロロプレン　・・・・　合成ゴム原料
4：モノクロル酢酸　・・・　ロケット燃料

問 68　物質の貯蔵方法に関する以下の記述のうち、正しいものの組み合わせはどれか。

a　水酸化ナトリウムは、炭酸ガスと水を吸収する性質が強いから、密栓してたくわえる。
b　黄燐(りん)は、瓶に入れて石油中に沈めて貯蔵する。
c　シアン化ナトリウムは、反応性に富むので安定剤を加えて貯蔵する。
d　カリウムは、石油中にたくわえ、水分の混入をさけて貯蔵する。

1：(a、b)　　2：(a、d)　　3：(b、c)　　4：(c、d)

問 69　第1欄の記述は毒物又は劇物の識別方法に関するものである。第1欄の記述に該当する毒物又は劇物として最も適当なものは第2欄のどれか。

第1欄
ほんの少量を磁製のルツボに入れて熱すると、小爆鳴を発する。
第2欄
1：硝酸鉛　　2：塩化第二金　　3：硫酸亜鉛　　4：一酸化鉛

問 70　以下の物質のうち、揮発性の低いものはどれか。

1：硫酸ニコチン　　2：クロロホルム　　3：ブロムエチル
4：クロロプレン

問 71　以下の物質とその用途の組み合わせのうち、正しいものはどれか。

1：酸化カドミウム　・・・　ガラス着色
2：アクリルアミド　・・・　殺虫剤
3：アクロレイン　・・・・　殺菌剤
4：メチルアミン　・・・・　安定化剤

問 72　アジ化ナトリウムを含有する製剤で、毒物の指定から除外される濃度の上限として正しいものはどれか。

1：0.5％　　2：0.3％　　3：0.1％　　4：0.05％

問 73　第１欄の記述は毒物又は劇物の毒性に関するものである。第１欄の記述に該当する毒物又は劇物として最も適当なものは第２欄のどれか。

第１欄
血色素を溶解したり、メトヘモグロビンとしたり、あるいは結合力の強いヘモグロビン結合体をつくって酸素の供給を不十分とする。

第２欄
１：メタノール　　２：硫酸　　３：黄燐　　４：ニトロベンゼン

問 74　以下の物質のうち、廃棄方法にアルカリ法を適応するものとして、最も適当なものの組み合わせはどれか。ただし、ここでいうアルカリ法とは厚生労働省で定めた「毒物及び劇物の廃棄方法に関する基準」に基づく方法とする。

a　ホスゲン　　b　三塩化燐　　c　ニトロベンゼン　　d　2-クロロアニリン

１：（a、b）　　２：（a、d）　　３：（b、c）　　４：（c、d）

問 75　以下の物質のうち、毒物と劇物の組み合わせとして、正しいものはどれか。

	毒物	劇物
１：	アクリル酸	二酸化セレン
２：	黄燐	硫化燐
３：	アバメクチン	トルイジン
４：	エチレンオキシド	塩化カドミウム

（農業用品目）

問 51、52　以下の物質を含有する製剤で、劇物の指定から除外される濃度の上限として正しいものはどれか。

問 51　５－ジメチルアミノ－１・２・３－トリチアン－トリチアン蓚酸塩（別名：チオシクラム）

問 52　**2'・4**－ジクロロ－α・α・α－トリフルオロ－4'－ニトロメタトルエンスルホンアニロド(別名：フルスルフアミド)

１：0.3％　　２：３％　　３：50％　　４：80％

問 53、54　以下の物質の解毒、治療法に使用されるものとして最も適当なものはどれか。

問 53 ジメチル－４－メチルメルカプト－３－メチルフエニルチオホスフエイト（別名：フェンチオン、MPP）

問 54　シアン化水素

１：亜硝酸ナトリウム水溶液とチオ硫酸ナトリウム水溶液
２：バルビタール製剤
３：硫酸アトロピン製剤または２－ピリジルアルドキシムメチオダイド（別名：ＰＡＭ）
４：ジメルカプロール(別名：ＢＡＬ)

問55、56　以下の物質の廃棄方法として、最も適当なものはどれか。

問55　(RS)－α－シアノ－３－フェノキシベンジル＝(RS)－２－(４－クロロフェニル)－３－メチルブタノアート(別名：フェンバレレート)

問56　硫酸第二銅

１：多量の水酸化ナトリウム水溶液(10 %程度)に攪拌(かくはん)しながら少しずつガスを吹き込み分解した後、希硫酸を加えて中和する。(アルカリ法)

２：水に溶かしたものを、攪拌(かくはん)下のスルファミン酸溶液に徐々に加えて分解させた後中和し、多量の水で稀釈して処理する。(分解法)

３：木粉(おが屑(くず))等に吸収させてアフターバーナー及びスクラバーを具備した焼却炉で焼却する。(燃焼法)

４：水に溶かし、消石灰、ソーダ灰等の水溶液を加えて処理し、沈殿ろ過して埋め立て処分する。(沈殿法)

問57、58　以下の物質の用途として、最も適当なものはどれか。

問57　２・２'－ジピリジリウム－１・１'－エチレンジブロミド(別名：ジクワット)

問58　２－(フエニルパラクロルフエニルアセチル)－１・３－インダンジオン(別名：クロロファシノン)

１：殺虫剤　　２：殺菌剤　　３：除草剤　　４：殺鼠(そ)剤

問59、60　以下の物質の用途として、最も適当なものはどれか。

問59　(１Ｒ・２Ｓ・３Ｒ・４Ｓ)－７－オキサビシクロ［２・２・１］ヘプタン－２・３－ジカルボン酸(別名：エンドタール)

問60　５－メチル－１・２・４－トリアゾロ［３・４－ｂ］ベンゾチアゾール(別名：トリシクラゾール)

１：ネコブセンチュウ、ネグサレセンチュウの駆除
２：ナメクジ類、カタツムリ類の防除
３：スズメノカタビラの除草
４：イモチ病の農業用殺菌

問61、62　以下の物質の毒性の分類について、正しいものはどれか。

問61　弗(ふっ)化スルフリル　　問62　燐(りん)化亜鉛

１：特定毒物　　２：毒物　　３：劇物　　４：上記１から３に該当しないもの

問 63、64　以下の物質の殺虫剤としての分類として、最も適当なものはどれか。

問 63　メチル―N'・N'－ジメチル―N－［(メチルカルバモイル)オキシ］－１－チオオキサムイミデート(別名：オキサミル)

問64　ジエチル―３・５・６－トリクロル―２－ピリジルイオホスフエイト(別名：クロルピリホス)

１：有機リン系　　２：カーバメート系　　３：ピレスロイド系
４：ネオニコチノイド系

問 65、66　以下の物質の貯蔵方法として、最も適当なものはどれか。

問 65　ブロムメチル　　問 66　シアン化カリウム

1：常温では気体なので、圧縮冷却して液化し、圧縮容器に入れ、直射日光その他、温度上昇の原因をさけて、冷暗所に貯蔵する。
2：金属腐食性が大きいため、ガラス容器に入れ、密栓して冷暗所に貯蔵する。
3：空気や光線に触れると赤変するから、しゃ光してたくわえる。
4：少量ならばガラスびん、多量ならばブリキ缶あるいは鉄ドラムを用い、酸類とは離して、空気の流通のよい乾燥した冷所に密封してたくわえる。

問 67、68、69　以下の物質が漏えいした場合の措置として、最も適当なものはどれか。

問 67　2・2'―ジピリジリウム―1―エチレンジブロミド(別名：ジクワット)
問 68　2－イソプロピルフエニル－N－メチルカルバメート
(別名：イソプロカルブ、MIPC)
問 69　ブロムメチル

1：漏えいした液は土壌等でその流れを止め、安全な場所に導き、空容器にできるだけ回収し、そのあとを土壌で覆って十分接触された後、土壌を取り除き、多量の水を用いて洗い流す。
2：飛散したものは空容器にできるだけ回収し、そのあとを消石灰等の水溶液を用いて処理し、多量の水を用いて洗い流す。
3：飛散したものの表面を速やかに土砂等で覆い、密栓可能な空容器に回収して密閉する。その後を多量の水を用いて洗い流す。着火した場合には有毒なホスフィンガスを発生するので、消火作業の際には必ず空気呼吸器その他の保護具を着用する。
4：多量の場合、漏えいした液は、土砂等でその流れを止め、液が拡がらないようにして蒸発させる。

問 70、71、72　以下の物質の性状として、最も適当なものはどれか。

問 70　ジメチルジチオホスホリルフエニル酢酸エチル
(別名：フェントエート、PAP)
問 71　ジメチル－(N－メチルカルバミルメチル)－ジチオホスフエイト
(別名：ジメトエート)
問 72　沃(よう)化メチル

1：無色または単黄色透明の液体で、エタノール、エーテルに任意の割合に混合する。水に可溶である。
2：白色の固体で、水溶液は室温で徐々に加水分解し、アルカリ溶液中ではすみやかに加水分解する。空気中で光により一部分解して、褐色になる。
3：白色の粉末で、非常に水を吸いやすく、空気中の水分を吸ってしだいに青色を呈する。
4：赤褐色、油状の液体で、芳香性刺激臭を有し、水、プロピレングリコールに不溶、リグロインにやや溶け、アルコール、アセトン、エーテル、ベンゼンに溶ける。

問 73、74、75　以下の物質の毒性として最も適当なものはどれか。

問 73　クロルピクリン　　問 74　燐(りん)化亜鉛

問 75　1・1'−ジメチル—4・4'−ジピリジニウムジクロリド
（別名：パラコート）

1：アセチルコリンエステラーゼを阻害し、軽症の場合には全身倦怠、頭痛、めまい、悪心、嘔吐、発汗、腹痛、下痢等の症状を呈し、重症の場合には、意識完全混濁、高度の縮瞳、全身痙攣(けいれん)等を起こすことがある。
2：吸入した場合、分解されずに組織内に吸収され、各器官に障害を与える。血液に入ってメトヘモグロビンを作り、また中枢神経や心臓、眼結膜をおかし、肺にも強い障害を与える。
3：誤って嚥下した場合には、消化器障害、ショックのほか、数日遅れ肝臓、腎臓、肺等の機能障害を起こすことがある。
4：嚥下吸入したときに、胃及び肺で胃酸や水と反応してホスフィンを生成することにより中毒する。はなはだしい場合に配水腫、呼吸困難、昏睡をおこす。

（特定品目）

問 51、52　以下の物質を含有する製剤で、劇物の指定から除外される濃度の上限として、正しいものはどれか。

問 51　過酸化水素　　問 52　ホルムアルデヒド

1：1％　　2：5％　　3：6％　　4：10％

問 53、54、55　以下の物質を、車両を使用して運搬する場合、車両に備えなければならない保護具について、省令第 13 条の6に規定するものとして、正しいものはどれか。

問 53　塩素
問 54　硝酸及びこれを含有する製剤（硝酸 10 ％以下を含有するものを除く。）で液体状のもの
問 55　水酸化カリウム及びこれを含有する製剤（水酸化カリウム５％以下を含有するものを除く。）で液体状のもの

1：保護手袋、保護長ぐつ、保護衣、酸性ガス用防毒マスク
2：保護手袋、保護長ぐつ、保護衣、有機ガス用防毒マスク
3：保護手袋、保護長ぐつ、保護衣、普通ガス用防毒マスク
4：保護手袋、保護長ぐつ、保護衣、保護眼鏡

問 56、57、58 以下の物質の性状に関する記述として、最も適当なものはどれか。

問 56　四塩化炭素　　問 57　水酸化ナトリウム　　問 58　メチルエチルケトン

1：無色透明の液体で、アセトン様の芳香を有し、蒸気は空気より重く引火しやすい。
2：水と炭酸を吸収する性質が強く、空気中に放置すると、潮解して徐々に炭酸塩の皮層を生成する。
3：常温において、窒息性臭気を有する黄緑色の気体であり、冷却すると、黄色溶液を経て黄白色固体となる。
4：揮発性、麻酔性の芳香を有する無色の重い液体であり、揮発して重い蒸気となり、火炎を包んで空気を遮断するため強い消火力を示す。

問 59　アンモニアに関する以下の記述の正誤について、正しい組み合わせはどれか。

a　無色透明の液体で、果実様の芳香を有する。
b　水、エタノール、エーテルに可溶である。
c　空気中では燃焼しないが、酸素中では黄色の炎をあげて燃焼する。
d　紙・パルプの漂白剤、殺菌剤、消毒剤(上水道水)として用いられる。

	a	b	c	d
1：	正	誤	正	誤
2：	誤	正	誤	正
3：	誤	正	正	誤
4：	誤	誤	正	正

問 60　水酸化カリウムに関する以下の記述の正誤について、正しい組み合わせはどれか。

a　橙色結晶である。
b　アンモニア水に易溶である。
c　水溶液は強い酸性を示す。
d　中和法(水を加えて希薄な水溶液とし、酸(希塩酸、希硫酸など)で中和させた後、多量の水で稀釈して処理する)により廃棄する。

	a	b	c	d
1：	誤	誤	誤	正
2：	誤	正	誤	誤
3：	正	誤	正	誤
4：	正	誤	誤	正

問 61　トルエンに関する以下の記述の正誤について、正しい組み合わせはどれか。

a　無色透明、可燃性のベンゼン臭を有する液体である。
b　蒸気は空気より軽い。
c　エタノール、ベンゼン、エーテルに可溶である。
d　分解沈殿法(水に溶かし、水酸化カルシウム等の水溶液を加えて処理した後、希硫酸を加えて中和し、沈殿濾過して埋め立て処分する)により廃棄する。

	a	b	c	d
1：	正	正	誤	誤
2：	正	誤	誤	正
3：	正	誤	正	誤
4：	誤	正	誤	正

問 62　ホルムアルデヒド水溶液(ホルマリン)に関する以下の記述の正誤について、正しい組み合わせはどれか。

a　無色の催涙性透明液体で、刺激臭を有する。
b　空気中の酸素によって一部酸化され、ぎ酸を生じる。
c　エーテルによく混和するが、アルコールには混和しない。
d　蒸気は粘膜を刺激し、結膜炎、気管支炎などを起こす。

	a	b	c	d
1：	誤	正	誤	正
2：	正	誤	正	正
3：	正	正	正	誤
4：	正	正	誤	正

問 63、64　以下の物質の貯蔵方法として、最も適当なものはどれか。

問 63　過酸化水素水　　　問 64　四塩化炭素

1：二酸化炭素と水を吸収する性質が強いため、密栓をして貯蔵する。
2：冷暗所に貯蔵する。純品は空気と日光によって変質するので、少量のアルコールを加えて分解を防止する。
3：少量ならば褐色ガラス瓶、大量ならばガーボイなどを使用し、3分の1の空間を保って所蔵する。日光の直射を避け、冷所に有機物、金属塩、樹脂、油類、その他有機性蒸気を放出する物質と引き離して貯蔵する。
4：亜鉛又はスズメッキをした鋼鉄製容器を使用し、高温に接しない場所に貯蔵する。

問 65、66　以下の物質の代表的な用途として、最も適当なものはどれか。

問 65　硅弗化(けいふつ)ナトリウム　　　問 66　蓚(しゅう)酸

1：木、コルク、綿、藁(わら)製品等の漂白剤、鉄錆(さび)による汚れ落とし
2：樹脂、塗料などの溶剤、燃料、標本保存用
3：洗浄剤及び種々の洗浄剤の製造、引火性の少ないベンジンの製造、化学薬品
4：釉(うわ)薬、試薬

問 67、68、69　以下の物質の廃棄方法として、最も適当なものはどれか。

問 67 キシレン　　問 68 一酸化鉛　　問 69 硝酸

1：徐々に炭酸ナトリウム又は水酸化カルシウムの攪拌(かくはん)溶液に加え中和させた後、多量の水で希釈して処理する。水酸化カルシウムの場合は上澄液のみを流す。
2：セメントを用いて固化し、溶出試験を行い、溶出量が判定基準以下であることを確認して埋立処分する。
3：可燃性溶液とともに焼却炉の火室へ噴霧し焼却する。
4：多量の水を加え希薄な水溶液とした後、次亜塩素酸塩水溶液を加え分解させ廃棄する。

問 70、71、72　以下の物質の識別方法として、最も適当なものはどれか。

問 70　クロロホルム　　問 71 ホルムアルデヒドの水溶液（ホルマリン）
問 72　メタノール

1：アンモニア水を加え、さらに硝酸銀水溶液を加えると、徐々に金属銀を析出する。またフェーリング溶液とともに熱すると、赤色の沈殿を生成する。
2：サリチル酸と濃硫酸とともに熱すると、芳香のあるサリチル酸メチルエステルを生成する。
3：銅屑を加えて熱すると、藍色を呈して溶け、その際赤褐色の蒸気を生成する。
4：アルコール溶液に、水酸化カリウム溶液と少量のアニリンを加えて熱すると、不快な刺激臭を放つ。

問 73　第１欄の記述は、ある物質が多量に漏えいした際の措置に関するものである。第１欄の記述に該当する物質として、最も適当なものは第２欄のどれか。

第１欄

漏えいした液は土砂等でその流れを止め、これに吸着させるか、または安全な場所に導いて遠くから徐々に注水してある程度希釈した後、水酸化カルシウム、炭酸ナトリウム等で中和し多量の水で洗い流す。発生するガスは霧状の水をかけ吸収させる。

この場合、高濃度の廃液が河川等に排出されないよう注意する。

第２欄

1：アンモニア水　　2：塩化水素の水溶液（塩酸）　　3：キシレン
4：酢酸エチル

問 74、75　以下の物質の取扱上の注意事項として、最も適当なものはどれか。

問 74　塩素　　問 75　メタノール

1：水が加わると大部分の金属、ガラス、コンクリート等を激しく腐食する。
2：極めて反応性が強く、水素又は炭化水素（特にアセチレン）と爆発的に反応する。
3：高濃度の蒸気に長時間暴露された場合、失明することがある。
4：火災などで強熱されるとホスゲンを生成するおそれがある。

福島県
令和元年度実施

〔毒物及び劇物に関する法規〕
（一般・農業用品目・特定品目共通）

【問１】 毒物及び劇物取締法に関する記述について、正誤の組み合わせが正しいものはどれか。

a この法律は、毒物及び劇物について、保健衛生上の見地から必要な許可を行うことを目的とする。
b 引火性、発火性又は爆発性のある毒物又は劇物であつて政令で定めるものは、業務その他正当な理由による場合を除いては、所持してはならない。

	a	b
1	正	正
2	正	誤
3	誤	正
4	誤	誤

【問２】 次の記述は、毒物及び劇物取締法の一部を抜き出したものである。（　）に当てはまる字句の正しい組み合わせはどれか。

（定義）
第２条　この法律で「毒物」とは、別表第一に掲げる物であつて、（　a　）及び（　b　）以外のものをいう。

	a	b
1	危険物	特定毒物
2	医薬品	劇物
3	毒薬	劇薬
4	医薬品	医薬部外品

【問３】 毒物及び劇物取締法第２条第３項に規定する「特定毒物」に<u>該当しないもの</u>はどれか。

1 テトラエチルピロホスフエイト（別名 TEPP）
2 砒素
3 モノフルオール酢酸アミド
4 四アルキル鉛

【問４】 毒物及び劇物取締法施行令第２条に規定される四アルキル鉛を含有する製剤の着色及び表示に関する記述について、正誤の組み合わせが正しいものはどれか。

a 赤色、青色、黄色又は黒色に着色されていること。
b その容器に四アルキル鉛を含有する製剤が入っている旨が表示されていれば内容量の表示は必要ない。

	a	b
1	正	正
2	正	誤
3	誤	正
4	誤	誤

【問５】 毒物及び劇物取締法第３条の３の規定により、「興奮、幻覚又は麻酔の作用を有する毒物又は劇物（これらを含有する物を含む。）であつて、みだりに摂取し、若しくは吸入し、又はこれらの目的で所持してはならない」ものとして、政令で定められているものはどれか。

1 シアン化水素　　2 トルエン　　3 カリウム　　4 ベンゼン

【問６】 毒物及び劇物取締法に関する記述について、正誤の組み合わせが正しいものはどれか。

a　毒物又は劇物の販売業には、一般販売業、農業用品目販売業、特定品目販売業の３種類がある。
b　毒物又は劇物の輸入業の登録を受けた者は、販売業の登録を受けずに、全ての毒物又は劇物を他の毒物劇物営業者に販売することができる。

	a	b
1	正	正
2	正	誤
3	誤	正
4	誤	誤

【問７】 毒物及び劇物取締法第４条の３に規定される「販売品目の制限」に関する記述について、正誤の組み合わせが正しいものはどれか。

a　農業用品目販売業の登録を受けた者は、農業上必要な毒物又は劇物であれば厚生労働省令で定めるもの以外の毒物又は劇物を販売することができる。
b　特定品目販売業の登録を受けた者は、厚生労働省令で定める毒物又は劇物以外の毒物又は劇物を販売してはならない。

	a	b
1	正	正
2	正	誤
3	誤	正
4	誤	誤

【問８】 毒物及び劇物取締法施行規則第４条の４に規定される「毒物又は劇物の販売業の店舗の設備の基準」に関する記述について、正誤の組み合わせが正しいものはどれか。

a　毒物又は劇物とその他の物とを区別して貯蔵できるものであること。
b　毒物又は劇物を陳列する場所にかぎをかける設備があること。

	a	b
1	正	正
2	正	誤
3	誤	正
4	誤	誤

【問９】 毒物及び劇物取締法第６条に規定される毒物劇物営業者の登録事項に関する記述について、誤っているものはどれか。

1　申請者の氏名及び住所（法人にあつては、その名称及び主たる事務所の所在地）
2　製造業又は輸入業の登録にあつては、製造し、又は輸入しようとする毒物又は劇物の品目
3　販売業の登録にあつては、販売しようとする毒物又は劇物の品目
4　製造所、営業所又は店舗の所在地

【問 10】 次の記述は、毒物及び劇物取締法の一部を抜き出したものである。（　　）に当てはまる字句の正しい組み合わせはどれか。

（毒物劇物取扱責任者）
第７条
３　毒物劇物営業者は、毒物劇物取扱責任者を置いたときは、（ a ）日以内に、製造業又は輸入業の登録を受けている者にあつてはその製造所又は営業所の所在地の都道府県知事を経て厚生労働大臣に、販売業の登録を受けている者にあつてはその店舗の所在地の都道府県知事に、その毒物劇物取扱責任者の（ b ）を届け出なければならない。毒物劇物取扱責任者を変更したときも、同様とする。

	a	b
1	30	氏名
2	30	住所
3	15	氏名
4	15	住所

【問 11】 毒物及び劇物取締法に関する記述について、正誤の組み合わせが正しいものはどれか。

a　登録を受けた毒物又は劇物以外の毒物又は劇物を製造したため、製造後 30 日以内に届出をした。
b　毒物を貯蔵する設備の重要な部分を変更したので、変更後 30 日以内に届出をした。

	a	b
1	正	正
2	正	誤
3	誤	正
4	誤	誤

【問 12】 次の記述は、毒物及び劇物取締法の一部を抜き出したものである。（　　）に当てはまる字句はどれか。

（毒物又は劇物の取扱）
第 11 条
4　毒物劇物営業者及び特定毒物研究者は、毒物又は厚生労働省令で定める劇物については、その容器として、（　　）を使用してはならない。

1　壊れやすい又は腐食しやすい物
2　密閉できない構造の物
3　再利用された物
4　飲食物の容器として通常使用される物

【問 13】 毒物及び劇物取締法第 12 条第 1 項の規定に基づき、毒物劇物営業者が劇物の容器及び被包に表示しなければならない事項として、正しいものはどれか。

1　「医薬部外」の文字、白地に赤色をもつて「劇物」の文字
2　「医薬用外」の文字、白地に赤色をもつて「劇物」の文字
3　「医薬部外」の文字、赤地に白色をもつて「劇物」の文字
4　「医薬用外」の文字、赤地に白色をもつて「劇物」の文字

【問 14】 毒物及び劇物取締法第 13 条の規定により、毒物劇物営業者が「あせにくい黒色」で着色したものでなければ、農業用として<u>販売できないもの</u>はどれか。

1　塩化第一銅を含有する製剤たる劇物
2　過酸化ナトリウムを含有する製剤たる劇物
3　酸銀を含有する製剤たる劇物
4　硫酸タリウムを含有する製剤たる劇物

【問 15】 次の記述は、毒物及び劇物取締法の一部を抜き出したものである。（　　）に当てはまる字句の正しい組み合わせはどれか。

（毒物又は劇物の譲渡手続）
第 14 条　毒物劇物営業者は、毒物又は劇物を他の毒物劇物営業者に販売し、又は授与したときは、その都度、次に掲げる事項を書面に記載しておかなければならない。
一　毒物又は劇物の（ a ）及び数量
二　販売又は授与の年月日
三　譲受人の氏名、（ b ）及び住所（法人にあつては、その名称及び主たる事務所の所在地）

	a	b
1	名称	年齢
2	名称	職業
3	成分	年齢
4	成分	職業

【問 16】 毒物及び劇物取締法第 15 条第１項の規定により毒物劇物営業者が毒物又は劇物を交付してはならない者はどれか。

1　あへんの中毒者　　　　2　18 歳の者
3　毒物又は劇物に関する罪を犯し、罰金以上の刑に処せられ、その執行を終わり、又は執行を受けることがなくなつた日から起算して３年を経過していない者
4　特定毒物研究者

【問 17】 次の記述は、毒物及び劇物取締法施行令の一部を抜き出したものである。(　)に当てはまる字句の正しい組み合わせはどれか。

(廃棄の方法)
第 40 条 法第 15 条の２の規定により、毒物若しくは劇物又は法第 11 条第２項に規定する政令で定める物の廃棄の方法に関する技術上の基準を次のように定める。
1　中和、加水分解、酸化、還元、(a) その他の方法により、毒物又は劇物並びに法第 11 条第２項に規定する政令で定める物のいずれにも該当しない物とすること。
2　(b) 又は揮発性の毒物又は劇物は、保健衛生上危害を生ずるおそれがない場所で、少量ずつ放出し、又は揮発させること。

	a	b
1	稀釈	ガス体
2	稀釈	蒸気
3	加熱	ガス体
4	加熱	蒸気

【問 18】 クロルピクリンを車両を使用して１回につき五千キログラム以上運搬する場合には、当該車両には、厚生労働省令で定める標識を掲げることが定められているが、その標識について、(　　) に当てはまる字句の正しい組み合わせはどれか。

(a) メートル平方の板に (b) として「毒」と表示し、車両の前後の見やすい箇所に掲げなければならない。

	a	b
1	0.3	地を黒色、文字を白色
2	0.3	地を白色、文字を黒色
3	0.5	地を黒色、文字を白色
4	0.5	地を白色、文字を黒色

【問 19】 次の記述は、毒物及び劇物取締法施行令の一部を抜き出したものである。(　　) に当てはまる字句の正しい組み合わせはどれか。

(荷送人の通知義務)
第 40 条の６　毒物又は劇物を車両を使用して、又は鉄道によつて運搬する場合で、当該運搬を他に委託するときは、その荷送人は、運送人に対し、あらかじめ、当該毒物又は劇物の名称、(a) 及びその (b) 並びに数量並びに事故の際に講じなければならない応急の措置の内容を記載した書面を交付しなければならない。ただし、厚生労働省令で定める数量以下の毒物又は劇物を運搬する場合は、この限りでない。

	a	b
1	成分	含量
2	成分	使用方法
3	性状	含量
4	性状	使用方法

【問 20】 毒物及び劇物取締法に関する記述について、正誤の組み合わせが正しいものはどれか。

a　毒物劇物営業者及び特定毒物研究者は、その取扱いに係る毒物又は劇物が 盗難にあい、又は紛失したときは、直ちに、その旨を保健所、警察署又は消防機関に届け出なければならない。

b　毒物劇物営業者及び特定毒物研究者は、その取扱いに係る毒物又は劇物が 飛散し、漏れ、流れ出、しみ出、又は地下にしみ込んだ場合において、不特定又は多数の者について保健衛生上の危害が生ずるおそれがあるときは、直ちに、その旨を保健所、警察署又は消防機関に届け出なければならない。

	a	b
1	正	正
2	正	誤
3	誤	正
4	誤	誤

〔基礎化学〕
（一般・農業用品目・特定品目共通）

【問 21】 次の記述が説明している法則はどれか。

> 一定温度、一定圧力のもとで、同じ体積の気体に含まれる分子の数は、気体の種類に関係なく一定である。

1 アボガドロの法則　2 気体反応の法則　3 定比例の法則　4 倍数比例の法則

【問 22】 アルカリ土類金属はどれか。

1 Li　2 F　3 Ca　4 Ar

【問 23】 陰イオンはどれか。

1 塩化物イオン　2 ナトリウムイオン　3 水素イオン　4 アンモニウムイオン

【問 24】 親水コロイドが多量の電解質で沈殿する現象はどれか。

1 電気泳動　2 凝析　3 塩析　4 透析

【問 25】 圧力 100kPa の空気 0.5m^3 を一定の温度で 0.2m^3 になるまで圧縮した。その時の圧力に最も近い値はどれか。

1 150kPa　2 200kPa　3 250kPa　4 300kPa

【問 26】 電解質はどれか。

1 食塩　2 油脂　3 砂糖　4 アルコール

【問27】 水 500g に食塩 125g を溶かした食塩水を作った。食塩水の質量パーセント濃度に最も近い値はどれか。

1 10％　2 20％　3 30％　4 40％

【問28】 水酸化カルシウムの分子量はどれか。 ただし、カルシウム、酸素及び水素の原子量をそれぞれ 40、16 及び 1 とする。

1 57　2 58　3 74　4 97

【問 29】 単糖類はどれか。

1 ショ糖　2 ブドウ糖　3 乳糖　4 麦芽糖

【問30】 イオン化傾向の最も小さいものはどれか。

1 Li　2 Na　3 Zn　4 Cu

【問 31】 塩化ナトリウム(NaCl) 100g を水に溶かし１ L の溶液とした。この水溶 液中の塩化ナトリウムのモル濃度に最も近い値はどれか。
ただし、原子量を Na = 23、Cl = 35.5 とする。

1 1.7mol/L　2 3.4mol/L　3 5.1mol/L　4 6.8mol/L

【問32】 単体はどれか。

1 ルビー　2 サファイア　3 ダイヤモンド　4 真珠

【問33】 同素体の組み合わせからなるものはどれか。

1 酸素とオゾン　2 一酸化窒素と二酸化窒素
3 水と水蒸気　4 塩素と塩化水素

【問 34】 常温で液体のものはどれか。

1 Ba　2 Mg　3 Ca　4 Hg

【問 35】 次の記述に該当する現象の名称はどれか。

大気圧のもとで水を加熱すると、温度が高くなるにつれて蒸気圧が大きくなり、蒸気圧が大気圧と等しくなると、水の内部からも気化が起こるようになる。

1 沸騰　2 昇華　3 融解　4 液化

【問36】 常温において最も液化しやすいものはどれか。

1 水素　2 酸素　3 ヘリウム　4 アンモニア

【問 37】 異性体に関する記述について、正誤の組み合わせが正しいものはどれか。

a 異性体とは、分子式が同じで、分子内における原子や原子団の配列が異 なる物質であり、いずれも同一の性質を示す。
b 異性体には、構造異性体、幾何異性体、光学異性体などが存在する。

	a	b
1	正	正
2	正	誤
3	誤	正
4	誤	誤

【問 38】 分子内に二重結合をもつものはどれか。

1 水　2 エタノール　3 二酸化炭素　4 窒素

【問 39】 芳香族炭化水素である化合物はどれか。

1 アンモニア　2 フェノール　3 ヘキサン　4 メタノール

【問 40】 水溶液がアルカリ性を示す物質はどれか。

1 NaCl　2 HCl　3 $NaHCO_3$　4 $NaHSO_4$

〔毒物及び劇物の性質、識別及び取扱方法〕
（一般）

【問 41】 トリクロル酢酸に関する記述について、正しいものはどれか。

1 水溶液は弱酸性を呈する。
2 水、アルコール、エーテルに可溶である。
3 皮膚に対する腐食性はない。
4 廃棄方法として、希釈法が用いられている。

【問 42】 爆発性があるものはどれか。

1 亜塩素酸ナトリウム　2 ジメチル硫酸　3 ニコチン　4 ロテノン

【問 43】 次の記述に該当する物質はどれか。

無色の針状結晶あるいは白色の放射状結晶塊で、空気中で容易に赤変する。特異な臭気を持つ。

1 アクロレイン　2 キシレン　3 クロロホルム　4 フエノール

【問 44】 シアン化カリウムに関する記述について、誤っているものはどれか。

1 水溶液は強酸性である。
2 水溶液を煮沸すると、ギ酸カリウムとアンモニアを生成する。
3 白色等軸晶の塊片、あるいは粉末である。
4 空気中では湿気を吸収し、かつ空気中の二酸化炭素に反応して有毒な青酸臭を放つ。

【問 45】 ホルマリンに関する記述について、誤っているものはどれか。

1 無色あるいはほとんど無色透明の液体で、刺激性の臭気をもつ。
2 水にはよく混和するが、エーテルやアルコールには混和しない。
3 空気中の酸素によって一部酸化されて、ギ酸を生じる。
4 工業用としてフィルムの硬化、人造樹脂、色素合成などの製造に用いられる。

【問 46】 モノフルオール酢酸ナトリウムに関する記述について、正誤の組み合わせが正しいものはどれか。

a 白色の重い粉末で、からい味と酢酸の臭いを有する。
b 哺乳動物ならびに人間には強い毒作用を呈するが、皮膚を刺激したり、皮膚から吸収されることはない。

	a	b
1	正	正
2	正	誤
3	誤	正
4	誤	誤

【問 47】 トランス－N－（6－クロロ－3－ピリジルメチル）－N′－シアノ－N－メチルアセトアミジン（別名アセタミプリド）に関する記述について、正しいものはどれか。

1 暗紫色の潮解性結晶である。
2 アセトン、メタノール等の有機溶媒に可溶である。
3 除草剤として用いられる。
4 眼刺激性がある。

【問 48】 有機燐製剤の中毒等に関する記述について、誤っているものはどれか。

1　経口または気管から体内に摂取されるばかりでなく、皮膚からも吸収される。
2　血液中のアセチルコリンエステラーゼの働きを増強させるので、アセチルコリンが生成されて蓄積する。
3　重症中毒症状には、意識混濁、縮瞳、全身けいれん等がある。
4　中毒の治療には、2－ピリジルアルドキシムメチオダイド（別名 PAM）の製剤が使用される。

【問 49】 2－イソプロピル－4－メチルピリミジル－6－ジエチルチオホスフエイト（別名ダイアジノン）に関する記述について、正誤の組み合わせが正しいものはどれか。

a　接触性殺虫剤として使用される。
b　有機塩素系製剤であり、中枢神経毒がある。

	a	b
1	正	正
2	正	誤
3	誤	正
4	誤	誤

【問 50】 2・2′－ジピリジリウム－1・1′－エチレンジブロミド（別名：ジクワット）の用途について、正しいものはどれか。

1 殺そ剤　　2 殺虫剤　　3 植物成長調整剤　　4 除草剤

【問 51】 4－ブロモ－2－（4－クロロフエニル）－1－エトキシメチル－5－トリフル オロメチルピロール－3－カルボニトリル（別名クロルフエナピル）に関する記述について、誤っているものはどれか。

1 アセトンやジクロロメタンには溶けるが、水には溶けない。
2 殺虫剤やシロアリ防除剤として使用されている。
3 0.6％以下を含有する製剤は普通物である。
4 淡黄色結晶である。

【問 52】 ジエチル－（5－フエニル－3－イソキサゾリル）－チオホスフエイト（別名イソキサチオン）に関する記述について、正しいものはどれか。

1 暗灰色の結晶または粉末である。
2 水によく溶け、有機溶媒には難溶である。
3 本剤3％を含有する製剤は劇物に該当しない。
4 みかん、野菜、茶などの害虫の駆除に用いられる。

【問 53】 次の記述に該当する物質はどれか。

> 暗赤色の光沢ある粉末。
> 水、アルコールには溶けないが、希酸にはホスフィンを出して溶解する。 殺そ剤として用いる。
> 1％粒剤で黒色に着色され、かつ、トウガラシエキスを用いて著しく辛く着味されている製剤は、劇物に該当しない。

1　エマメクチン安息香酸塩
2　4－クロロ－3－エチル－1－メチル－N－［4－（パラトリルオキシ） ベンジル］ピラゾール－5－カルボキサミド（別名：トルフェンピラド）
3　3・5－ジヨード－4－オクタノイルオキシベンゾニトリル（別名：アイオキシニル、オクタノエート）
4 燐化亜鉛

【問 54】 ２－チオ－３・５－ジメチルテトラヒドロ－１・３・５－チアジアジン（別名：ダゾメット）に関する記述について、正誤の組み合わせが正しいものはどれか。

a 白色の結晶性粉末である。
b 芝地雑草の除草に用いられる。

	a	b
1	正	正
2	正	誤
3	誤	正
4	誤	誤

【問 55】 ５－メチル－１・２・４－トリアゾロ［３・４－b］ベンゾチアゾール（別名トリシクラゾール）に関する記述について、正誤の組み合わせが正しいものはどれか。

a 無色の結晶で無臭である。
b 農業用殺虫剤やりんごの摘果剤に用いる。

	a	b
1	正	正
2	正	誤
3	誤	正
4	誤	誤

【問 56】 次の記述に該当する物質はどれか。

> 白色の結晶固体である。
> 水、メタノール、アセトンに溶けやすい。
> 劇物であり、殺虫剤として用いられる。
> 製剤として水和剤、粉粒剤がある。
> 廃棄方法の一つに、可燃性溶剤とともにスクラバーを備えた焼却炉の火室へ噴霧し、焼却する方法がある。

1 ジプロピル－４－メチルチオフエニルホスフエイト（別名：プロパホス）
2 スルホナール（別名：ジエチルスルホンジメチルメタン）
3 メタンアルソン酸鉄（別名：MAF）
4 S－メチル－N－［(メチルカルバモイル）－オキシ］－チオアセトイミデート（別名メトミル）

【問 57】 次の記述に該当する物質はどれか。

> 吸入すると、頭痛、めまい、嘔吐、下痢、腹痛などの中毒症状を呈し、致死量に近ければ麻酔状態になり、視神経がおかされ、目がかすみ、ついには失明することがある。

1 アンモニア　2 酸化鉛　3 トルエン　4 メタノール

【問 58】 メチルエチルケトンに関する記述について、誤っているものはどれか。

1 無色の液体でアセトン様の芳香を有する。
2 蒸気は空気より軽く引火しやすい。
3 皮膚に触れた場合、皮膚を刺激して乾性の炎症（鱗状症）を起こす。
4 廃棄は焼却炉の火室へ噴霧し焼却する。

【問 59】 ホルマリンの鑑識法に関する記述について、正しいものはどれか。

1 サリチル酸と濃硫酸とともに熱すると、芳香のある液体を生ずる。
2 アルコール性の水酸化カリウムと銅粉とともに煮沸すると、黄赤色の沈殿を生ずる。
3 １％フェノール溶液数滴を加え、硫酸上に層積させると、赤色の輪層を生ずる。
4 塩化バリウムを加えると、白色の沈殿を生ずる。

【問 60】 塩酸の漏えい時の対策に関する記述について、誤っているものはどれか。

1　風下の人を退避させる。漏えいした場所の周辺にはロープを張るなどして人の立入りを禁止する。
2　作業の際は必ず保護具を使用する。
3　ガスが発生した場合は砂をかけて吸収させる。
4　少量の場合は、土砂等に吸着させて取り除くか、ある程度水で徐々に希釈 した後、炭酸ナトリウム等で中和し多量の水で洗い流す。

（農業用品目）

【問 41】 トランス－N－（6－クロロ－3－ピリジルメチル）－N′－シアノ－N－メチルアセトアミジン（別名アセタミプリド）に関する記述について、正しいものはどれか。

1　暗紫色の潮解性結晶である。
2　アセトン、メタノール等の有機溶媒に可溶である。
3　除草剤として用いられる。
4　眼刺激性がある。

【問 42】 1・3－ジカルバモイルチオ－2－（N・N －ジメチルアミノ）－プロパン塩酸塩（別名：カルタップ）の廃棄方法に関する記述について、正しいものはどれか。

1　おが屑等に吸収させてアフターバーナーおよびスクラバーを備えた焼却炉で焼却する。
2　チオ硫酸ナトリウム等の還元剤に希硫酸を加えて酸性にした水溶液中に少量ずつ投入し、反応が終了したら、その反応液を中和して多量の水で希釈して処理する。
3　水に溶かし、硫酸第一鉄の水溶液を加えて処理し、沈殿ろ過して埋立処分する。
4　セメントで固化して埋立処分する。

【問 43】 ジエチル－3・5・6－トリクロル－2－ピリジルチオホスフエイト（別名：クロルピリホス）に関する記述について、正誤の組み合わせが正しいものはどれか。

a　淡黄色の油状液体である。
b　水に可溶であるが、アセトンやベンゼンには難溶である。

	a	b
1	正	正
2	正	誤
3	誤	正
4	誤	誤

【問 44】 有機燐（りん）製剤の中毒等に関する記述について、誤っているものはどれか。

1　経口または気管から体内に摂取されるばかりでなく、皮膚からも吸収される。
2　血液中のアセチルコリンエステラーゼの働きを増強させるので、アセチルコリンが生成されて蓄積する。
3　重症中毒症状には、意識混濁、縮瞳、全身けいれん等がある。
4　中毒の治療には、2－ピリジルアルドキシムメチオダイド（別名 PAM） の製剤が使用される。

【問 45】 硫酸第二銅に関する記述について、正誤の組み合わせが正しいものはどれか。

a　淡い緑色の結晶で、潮解性がある。
b　水溶液は酸性を示し、硝酸バリウムを加えると白色沈澱を生ずる。

	a	b
1	正	正
2	正	誤
3	誤	正
4	誤	誤

【問 46】 1・1′－イミノジ（オクタメチレン）ジグアニジン（別名イミノクタジン）に関する記述について、正誤の組み合わせが正しいものはどれか。

a　三酢酸塩は、白色の粉末である。
b　りんごの腐らん病、ぶどうの晩腐病などに用いられる。

	a	b
1	正	正
2	正	誤
3	誤	正
4	誤	誤

【問 47】 2－イソプロピル－4－メチルピリミジル－6－ジエチルチオホスフエイト（別名ダイアジノン）に関する記述について、正誤の組み合わせが正しいものはどれか。

a　接触性殺虫剤として使用される。
b　有機塩素系製剤であり、中枢神経毒がある。

	a	b
1	正	正
2	正	誤
3	誤	正
4	誤	誤

【問 48】 塩素酸ナトリウムに関する記述について、正しいものはどれか。

1　暗赤色の結晶である。
2　農業用には除草剤として用いられる。
3　水に溶けにくく、風解性がある。
4　毒物であり、強い還元剤である。

【問 49】 2・2′－ジピリジリウム－1・1′－エチレンジブロミド（別名：ジクワット）の用途について、正しいものはどれか。

1 殺そ剤　　2 殺虫剤　　3 植物成長調整剤　　4 除草剤

【問 50】 4－ブロモ－2－（4－クロロフエニル）－1－エトキシメチル－5－トリフル オロメチルピロール－3－カルボニトリル（別名クロルフエナピル）に関する記述について、誤っているものはどれか。

1　アセトンやジクロロメタンには溶けるが、水には溶けない。
2　殺虫剤やシロアリ防除剤として使用されている。
3　0.6％以下を含有する製剤は普通物である。
4　淡黄色結晶である。

【問 51】 次の記述に該当する物質はどれか。

純品は無色の油状体であるが、市販品は通常微黄色を呈している。 催涙性、強い粘膜刺激臭を有する。 水には不溶であるが、アルコール、エーテル等には可溶である。 土壌燻蒸に使用し、土壌病原菌、センチュウ等の駆除に用いられる。 本品のアルコール溶液にジメチルアニリン及びブルシンを加えて溶解し、これにブロムシアン溶液を加えると、緑色ないし赤紫色を呈する。

1　2－イソプロピルフエニル－N－メチルカルバメート（別名：イソプロカルブ、MIPC）
2　クロルピクリン
3　3－ジメチルジチオホスホリル－S－メチル－5－メトキシ－1・3・4－チアジアゾリン－2－オン（別名：メチダチオン、DMTP）
4　トリクロルヒドロキシエチルジメチルホスホネイト（別名：トリクロルホン、ディプテレックス、DEP）

【問 52】 次の記述に該当する物質はどれか。

純品は芳香性刺激臭を有する油状の液体である。 水、プロピレングリコールに不溶であるが、アルコール、アセトン、エーテル等には可溶である。 ニカメイチュウ、ツマグロヨコバイ、アオムシ等の駆除に用いる。 本剤３％以下を含有する製剤は劇物に該当しない。

1 （１R・２S・３R・４S）－７－オキサビシクロ［２・２・１］ヘプタン－２・３－ジカルボン酸（別名エンドタール）
2 ２′・４－ジクロロ－α・α・α－トリフルオロ－４′－ニトロメタトルエンスルホンアニリド（別名フルスルファミド）
3 ジメチルジチオホスホリルフエニル酢酸エチル（別名フェントエート、PAP）
4 ２－（フエニルパラクロルフエニルアセチル）－１・３－インダンジオン（別名：クロロファシノン）

【問 53】 ジエチル－（５－フエニル－３－イソキサゾリル）－チオホスフエイト（別名イソキサチオン）に関する記述について、正しいものはどれか。

1 暗灰色の結晶または粉末である。
2 水によく溶け、有機溶媒には難溶である。
3 本剤３％を含有する製剤は劇物に該当しない。
4 みかん、野菜、茶などの害虫の駆除に用いられる。

【問 54】 （RS）－α－シアノ－３－フエノキシベンジル＝N－（２－クロロ－α・α・α－トリフルオロ－パラトリル）－D－バリナート（別名フルバリネート）に関する記述について、正誤の組み合わせが正しいものはどれか。

a 太陽光、アルカリに安定であるが、熱、酸性には不安定である。
b 殺菌剤として用いられる。

	a	b
1	正	正
2	正	誤
3	誤	正
4	誤	誤

【問 55】 次の記述に該当する物質はどれか。

暗赤色の光沢ある粉末。 水、アルコールには溶けないが、希酸にはホスフィンを出して溶解する。 殺そ剤として用いる。 １％粒剤で黒色に着色され、かつ、トウガラシエキスを用いて著しく辛く着味されている製剤は、劇物に該当しない。

1 エマメクチン安息香酸塩
2 ４－クロロ－３－エチル－１－メチル－N－［４－（パラトリルオキシ）ベンジル］ピラゾール－５－カルボキサミド（別名：トルフェンピラド）
3 ３・５－ジヨード－４－オクタノイルオキシベンゾニトリル（別名：アイオキシニル、オクタノエート）
4 燐（りん）化亜鉛

【問 56】　２－チオ－３・５－ジメチルテトラヒドロ－１・３・５－チアジアジン（別名：ダゾメット）に関する記述について、正誤の組み合わせが正しいものはどれか。

a　白色の結晶性粉末である。
b　芝地雑草の除草に用いられる。

	a	b
1	正	正
2	正	誤
3	誤	正
4	誤	誤

【問 57】　５－メチル－１・２・４－トリアゾロ［３・４－ｂ］ベンゾチアゾール（別名トリシクラゾール）に関する記述について、正誤の組み合わせが正しいものはどれか。

a　無色の結晶で無臭である。
b　農業用殺虫剤やりんごの摘果剤に用いる。

	a	b
1	正	正
2	正	誤
3	誤	正
4	誤	誤

【問 58】　２－クロルエチルトリメチルアンモニウムクロリド（別名：クロルメコート）の用途について、正しいものはどれか。

1　殺菌剤　　2　殺そ剤　　3　殺虫剤　　4　植物成長調整剤

【問 59】　次の記述に該当する物質はどれか。

白色の結晶固体である。
水、メタノール、アセトンに溶けやすい。
劇物であり、殺虫剤として用いられる。
製剤として水和剤、粉粒剤がある。
廃棄方法の一つに、可燃性溶剤とともにスクラバーを備えた焼却炉の火室へ噴霧し、焼却する方法がある。

1　ジプロピル－４－メチルチオフエニルホスフエイト（別名：プロパホス）
2　スルホナール（別名：ジエチルスルホンジメチルメタン）
3　メタンアルソン酸鉄（別名：MAF）
4　Ｓ－メチル－Ｎ－［(メチルカルバモイル)－オキシ］－チオアセトイミデート（別名メトミル）

【問 60】　次の記述に該当する物質はどれか。

淡黄色の結晶である。
水に溶けにくく、有機溶媒に溶けやすい。
劇物であり、野菜、果樹等のハダニ類の害虫防除に用いられる。
製剤として水和剤、乳剤がある。

1　Ｏ－エチル＝Ｓ－１－メチルプロピル＝（２－オキソ－３－チアゾリジニル）ホスホノチオアート（別名ホスチアゼート）
2　１・１′－ジメチル－４・４′－ジピリジニウムヒドロキシド（別名：パラコート）
3　Ｎ－（４－ｔ－ブチルベンジル）－４－クロロ－３－エチル－１－メチルピラゾール－５－カルボキサミド（別名テブフエンピラド）
4　２－メチリデンブタン二酸（別名メチレンコハク酸）

(特定品目)

【問 41】 塩素に関する記述について、正誤の組み合わせが正しいものはどれか。

a 激しい刺激臭があり、粘膜接触により刺激症状を呈し、眼、鼻、咽喉および口腔粘膜に障害をあたえる。
b 適切な廃棄方法は、酸化法である。

	a	b
1	正	正
2	正	誤
3	誤	正
4	誤	誤

【問 42】 クロロホルムの中毒症状に関する記述について、正誤の組み合わせが正しいものはどれか。

a 原形質毒である。この作用は、脳の節細胞を麻酔させ、赤血球を溶解する。
b 中毒の際の死因の多くは、呼吸麻痺または心臓停止による。

	a	b
1	正	正
2	正	誤
3	誤	正
4	誤	誤

【問 43】 次の記述に該当する物質はどれか。

> 吸入すると、頭痛、めまい、嘔吐(おうと)、下痢、腹痛などの中毒症状を呈し、致死量に近ければ麻酔状態になり、視神経がおかされ、目がかすみ、ついには失明することがある。

1 アンモニア　2 酸化鉛　3 トルエン　4 メタノール

【問 44】 次の記述に該当する物質はどれか。

> 亜鉛または錫メッキした鋼鉄製容器で、高温に接しない場所に保管する。ドラム缶で保管する場合は雨水が漏入しないようにし、直射日光を避け、冷所に置く。

1 キシレン　2 クロム酸ナトリウム　3 トルエン　4 四塩化炭素

【問 45】 次の記述に該当する物質はどれか。

> 無色透明の高濃度な液体で、強く冷却すると稜柱状の結晶に変化する。微量の不純物が混入したり、少し加熱されると爆鳴を発して急激に分解する。

1 塩基性酢酸鉛　2 過酸化水素水　3 酢酸エチル　4 蓚(しゅう)酸

【問 46】 次の記述に該当する物質はどれか。

> 無色透明の液体で、25 %以上のものは、湿った空気中で著しく発煙し、刺激臭がある。

1 塩酸　2 塩素　3 蓚(しゅう)酸　4 水酸化ナトリウム

【問 47】 水酸化ナトリウムに関する記述について、誤っているものはどれか。

1 水溶液を白金線につけて無色の火炎中に入れると、火炎は著しく黄色を呈する。
2 水に溶けやすく、水溶液はアルカリ性反応を呈する。
3 酸素と水を吸収する性質が強いため、密栓して保管する。
4 腐食性が極めて強く、皮膚に触れると皮膚を激しく侵す。

【問 48】　メチルエチルケトンに関する記述について、誤っているものはどれか。

1　無色の液体でアセトン様の芳香を有する。
2　蒸気は空気より軽く引火しやすい。
3　皮膚に触れた場合、皮膚を刺激して乾性の炎症（鱗状症）を起こす。
4　廃棄は焼却炉の火室へ噴霧し焼却する。

【問 49】　アンモニアに関する記述について、誤っているものはどれか。

1　液化アンモニアは漏えいすると空気よりも軽いアンモニアガスとして拡散する。
2　水、エタノール、エーテルに可溶である。
3　空気中で赤色の炎をあげて燃焼する。
4　特有の刺激臭のある無色の気体である。

【問 50】　酢酸エチルに関する記述について、誤っているものはどれか。

1　蒸気は粘膜を刺激し、持続的に吸入するときは肺、腎臓および心臓の障害をきたす。
2　可燃性無色の液体である。
3　強い果実様の臭気がある。
4　蒸気は空気より軽い。

【問 51】　キシレンに関する記述について、正誤の組み合わせが正しいものはどれか。

a　常温・常圧では、無色透明の液体で芳香族炭化水素特有の臭いがある。
b　蒸気は水と混合して爆発性混合ガスとなり、引火しやすい。

	a	b
1	正	正
2	正	誤
3	誤	正
4	誤	誤

【問 52】　物質とその用途の組み合わせについて、正誤の組み合わせが正しいものはどれか。

	物質	用途
a	ホルムアルデヒド	合成樹脂の製造
b	蓚（しゅう）酸	酸除草剤

	a	b
1	正	正
2	正	誤
3	誤	正
4	誤	誤

【問 53】　塩化水素に関する記述について、正誤の組み合わせが正しいものはどれか。

a　常温、常圧においては無色無臭の気体である。
b　眼、呼吸器系粘膜を強く刺激する。

	a	b
1	正	正
2	正	誤
3	誤	正
4	誤	誤

【問 54】　次の記述に該当する物質はどれか。

> 無色揮発性の液体で、特異な香気を有する。
> 純品は空気と日光によって変質するので、少量のアルコールを加えて分解を防止する。

1　一酸化鉛　　2　クロロホルム　　3　重クロム酸カリウム　　4　トルエン

【問 55】 次の記述に該当する物質はどれか。

橙黄色の結晶で、水によく溶けるが、アルコールには溶けない。 水溶液は硝酸バリウムと反応し、黄色のバリウム化合物を沈殿する。

1 クロム酸カリウム　　2 蓚(しゅう)酸亜鉛
3 蓚(しゅう)酸カルシウム　　4 水酸化ナトリウム

【問 56】 次の記述に該当する物質はどれか。

赤色または黄色の粉末で、製法によって色が異なる。水にほとんど溶けないが、酸に溶けやすい。強熱すると有害な煙霧およびガスを生成する。塗料、試薬に用いる。

1 クロム酸鉛　　2 酸化水銀(酸化第二水銀)　　3 四塩化炭素　　4 硫酸亜鉛

【問 57】 重クロム酸カリウムに関する記述について、(　　)に当てはまる字句の正しい 組み合わせはどれか。

(a)で、水に溶けやすく、アルコールには溶けない。また、強力な(b)である。

	a	b
1	橙赤色の柱状結晶	還元剤
2	白色粉末	酸化剤
3	白色粉末	還元剤
4	橙赤色の柱状結晶	酸化剤

【問 58】 ホルマリンの鑑識法に関する記述について、正しいものはどれか。

1 サリチル酸と濃硫酸とともに熱すると、芳香のある液体を生ずる。
2 アルコール性の水酸化カリウムと銅粉とともに煮沸すると、黄赤色の沈殿を生ずる。
3 1%フェノール溶液数滴を加え、硫酸上に層積させると、赤色の輪層を生ずる。
4 塩化バリウムを加えると、白色の沈殿を生ずる。

【問 59】 塩酸の漏えい時の対策に関する記述について、誤っているものはどれか。

1 風下の人を退避させる。漏えいした場所の周辺にはロープを張るなどして人の立入りを禁止する。
2 作業の際は必ず保護具を使用する。
3 ガスが発生した場合は砂をかけて吸収させる。
4 少量の場合は、土砂等に吸着させて取り除くか、ある程度水で徐々に希釈した後、炭酸ナトリウム等で中和し多量の水で洗い流す。

【問 60】 硫酸に関する記述について、誤っているものはどれか。

1 無色透明、油様の液体であり、木片を炭化して黒変させる。
2 比重は水よりも小さい。
3 銅片を加えて熱すると、無水亜硫酸を発生する。
4 濃度の高いものを水で薄めると、激しく発熱する。

茨城県
令和元年度実施

〔毒物及び劇物に関する法規〕
（一般・農業用品目・特定品目共通）

(問1)から(問15)までの各問について、最も適当なものを選びなさい。
この問題において、「法」とは毒物及び劇物取締法(昭和25年法律第303号)を、「政令」とは毒物及び劇物取締法施行令(昭和30年政令第261号)を、省令とは毒物及び劇物取締法施行規則(昭和26年厚生省令第4号)いうものとする。

(問1) 次の記述は、法第2条の条文の一部である。(　)にあてはまる語句として正しいものはどれか。

この法律で「劇物」とは、別表第一に掲げる物であつて、医薬品及び(　)以外のものをいう。

1 医薬部外品　2 化粧品　3 医療機器　4 危険物　5 特定毒物

(問2) 特定毒物の用途に関する次のア～ウの記述について、法の規定に照らし、正誤の組合せとして正しいものはどれか。

ア 四アルキル鉛を含有する製剤の用途は、ガソリンへの混入である。
イ モノフルオール酢酸の塩類を含有する製剤の用途は、野ねずみの駆除である。
ウ 燐(りん)化アルミニウムとその分解促進剤とを含有する製剤の用途は、かんきつ類、りんご、なし、桃又はかきの害虫の防除である。

	ア	イ	ウ
1	正	正	正
2	正	正	誤
3	正	誤	誤
4	誤	正	正
5	誤	誤	正

(問3) 法第3条の3において、「興奮、幻覚又は麻酔の作用を有する毒物又は劇物(これらを含有する物を含む。)であつて政令で定めるものは、みだりに摂取し、若しくは吸入し、又はこれらの目的で所持してはならない。」と定められている。
この「政令で定めるもの」として、次のア～エのうち正しいものの組合せはどれか。

ア 酢酸エチルを含有するシンナー
イ トルエンを含有する塗料
ウ 酢酸ビニルを含む接着剤
エ エーテルを含む洗浄剤

1(ア、イ)　2(ア、ウ)　3(イ、ウ)　4(イ、エ)　5(ウ、エ)

（問４） 次の記述は、法第４条第４項の条文の一部である。（ ア ）～（ ウ ）にあてはまる語句の組合せとして正しいものはどれか。

製造業又は輸入業の登録は、（ ア ）ごとに、販売業の登録は、（ イ ）ごと に、（ ウ ）を受けなければ、その効力を失う。

	(ア)	(イ)	(ウ)
1	六年	五年	更新
2	四年	五年	検査
3	四年	五年	更新
4	五年	六年	検査
5	五年	六年	更新

（問５） 次の記述は、法第５条の条文の一部である。（ ア ）～（ ウ ）にあてはまる語句の組合せとして正しいものはどれか。

（ ア ）、都道府県知事、保健所を設置する市の市長又は特別区の区長は、毒物又は劇物の製造業、輸入業又は販売業の登録を受けようとする者の（ イ ）が、厚生労働省令で定める基準に適合しないと認めるとき、又はその者が第十九条第二項若しくは第四項の規定により登録を取り消され、取消の日から起算して（ ウ ）年を経過していないものであるときは、第四条の登録をしてはならない。

	(ア)	(イ)	(ウ)
1	環境大臣	構造	二
2	環境大臣	設備	三
3	厚生労働大臣	構造	二
4	厚生労働大臣	設備	三
5	厚生労働大臣	設備	二

（問６） 毒物劇物取扱責任者に関する次のア～ウの記述について、正誤の組合せとして正しいものはどれか。

ア 毒物劇物営業者は、自ら毒物劇物取扱責任者として毒物又は劇物による保健衛生上の危害の防止に当たることはできない。
イ 毒物劇物営業者が、同一店舗において毒物又は劇物の販売業を２以上あわせて営む場合には、毒物劇物取扱責任者は、当該店舗に１人で足りる。
ウ 毒物劇物営業者は、毒物劇物取扱責任者を変更したときは、30 日以内に、その毒物劇物取扱責任者の氏名を届け出なければならない。

	ア	イ	ウ
1	正	正	正
2	正	正	誤
3	誤	正	正
4	誤	誤	正
5	誤	誤	誤

（問７） 法第８条第２項の規定により、「毒物劇物取扱責任者となることができない者」として、次のア～エのうち正しいものはいくつあるか。

ア 麻薬、大麻、あへん又は覚せい剤の中毒者
イ 心身の障害により毒物劇物取扱責任者の業務を適正に行うことができない者として厚生労働省令で定めるもの
ウ 18 歳未満の者
エ 毒物若しくは劇物又は薬事に関する罪を犯し、罰金以上の刑に処せられ、その執行を終り、又は執行を受けることがなくなつた日から起算して５年を経過していない者

1 なし　　2 1つ　　3 2つ　　4 3つ　　5 4つ

(問8) 法の規定に照らし、毒物劇物販売業者が届け出なければならない場合として、次のア～エのうち正しいものの組合せはどれか。

ア　法人である毒物劇物販売業者の代表者を変更したとき
イ　店舗の名称を変更したとき
ウ　店舗で取り扱う毒物又は劇物を廃棄したとき
エ　毒物又は劇物を貯蔵する設備の重要な部分を変更したとき

1（ア、イ）　2（ア、ウ）　3（イ、ウ）　4（イ、エ）　5（ウ、エ）

(問9) 法第12条第2項の規定により、毒物劇物営業者が、毒物又は劇物を販売するとき、その容器及び被包に、表示しなければならない事項として、次のア～エのうち正しいものはいくつあるか。

ア　毒物又は劇物の使用期限
イ　毒物又は劇物の廃棄方法
ウ　毒物又は劇物の成分及びその含量
エ　厚生労働省令で定める毒物又は劇物については、それぞれ厚生労働省令で定めるその解毒剤の名称

1　なし　2　1つ　3　2つ　4　3つ　5　4つ

(問10) 法第12条第3項の規定により、毒物劇物営業者が、劇物を貯蔵し又は陳列する場所に表示しなければならない事項として、正しいものはどれか。

1　「医薬用」及び「劇物」の文字
2　「医薬部外」及び「劇」の文字
3　「医薬用外」及び「劇」の文字
4　「医薬部外」及び「劇物」の文字
5　「医薬用外」及び「劇物」の文字

(問11) 法第14条第1項の規定により、「毒物劇物営業者が、毒物又は劇物を他の毒物劇物営業者に販売し、又は授与したときに、書面に記載しておかなければならない事項」として、次のア～エのうち正しいものの組合せはどれか。

ア　毒物又は劇物の数量
イ　販売又は授与の年月日
ウ　毒物又は劇物の使用目的
エ　譲受人の年齢

1（ア、イ）　2（ア、ウ）　3（イ、ウ）　4（イ、エ）　5（ウ、エ）

(問12) 次の記述は、政令第40条の条文の一部である。（ ア ）～（ ウ ）にあてはまる語句の組合せとして正しいものはどれか。

法第十五条の二の規定により、毒物若しくは劇物又は法第十一条第二項に規定する政令で定める物の廃棄の方法に関する技術上の基準を次のように定める。
一　中和、加水分解、酸化、還元、（ ア ）その他の方法により、毒物及び劇物並びに法第十一条第二項に規定する政令で定める物のいずれにも該当しない物とすること。
二　ガス体又は揮発性の毒物又は劇物は、保健衛生上危害を生ずるおそれがない場所で、少量ずつ（ イ ）し、又は揮発させること。
三　（ ウ ）の毒物又は劇物は、保健衛生上危害を生ずるおそれがない場所で、少量ずつ燃焼させること。

	(ア)	(イ)	(ウ)
1	溶解	揮散	難燃性
2	溶解	放出	可燃性
3	溶解	揮散	可燃性
4	稀釈	放出	可燃性
5	稀釈	揮散	難燃性

(問 13) 法及び政令の規定に照らし、「毒物又は劇物を車両を使用して運搬する場合で、当該運搬を他に委託し、その1回の運搬数量が1,000キログラムを超えるとき、その荷送人が、運搬人に対し、あらかじめ、通知しなければならない事項」として、 次のア～エのうち正しいものはいくつか。

ア 運搬する毒物及び劇物の名称
イ 運搬する毒物及び劇物の製造年月日
ウ 運搬を委託する年月日
エ 事故の際に講じなければならない応急の措置の内容

1 なし　2 1つ　3 2つ　4 3つ　5 4つ

(問 14) 毒物劇物営業者が事故の際に講じなければならない措置に関する次のア～ウの記述について、法及び政令の規定に照らし、正誤の組合せとして正しいものはどれか。

ア 無機シアン化合物たる毒物を含有する液体状の物(シアン含有量が1リットルにつき1ミリグラム以下のものを除く。)を漏洩し、不特定の者に保健衛生上の危害が生ずるおそれがあるときは、直ちに、その旨を保健所、警察署又は消防機関に届けなければならない。
イ 取り扱う毒物又は劇物が盗難にあったときは、直ちに、その旨を警察署に届け出なければならない。
ウ 取り扱う毒物又は劇物を紛失したときは、直ちに、その旨を消防機関に届け出なければならない。

	ア	イ	ウ
1	正	正	正
2	正	正	誤
3	正	誤	正
4	誤	正	誤
5	誤	誤	誤

(問 15) 業務上取扱者の届出が必要な事業に関する次のア～エの記述について、法及び政令の規定に照らし、正誤の組合せとして正しいものはどれか。

ア シアン化ナトリウムを使用して金属熱処理を行う事業
イ 亜砒(ひ)酸を使用してしろありの防除を行う事業
ウ 最大積載量が1、000キログラムの自動車に固定された容器を用いてクロルピクリンを運送する事業
エ シアン化銅を使用して電気めっきを行う事業

	ア	イ	ウ	エ
1	正	正	正	誤
2	正	正	誤	誤
3	正	正	誤	正
4	誤	誤	正	正
5	誤	正	正	誤

〔基礎化学〕
（一般・農業用品目・特定品目共通）

（問 16） 次のうち、塩化ナトリウム水溶液に硝酸銀水溶液を加えた後の反応として、正しいものはどれか。

1 変化しない。　2 黄色沈殿が生じる。　3 黒色沈殿が生じる。
4 白色沈殿が生じる。　5 黒色沈殿が生じた後、灰白色になる。

（問 17） 次のうち、炭素と同族である元素はどれか。

1 ケイ素　2 ナトリウム　3 窒素　4 硫黄　5 酸素

（問 18） 次のうち、同素体の関係にあるものはどれか。

1 水素と重水素　2 一酸化炭素と二酸化炭素　3 酸素とオゾン
4 塩素と臭素　5 塩酸と硫酸

（問 19） 鉄（Ⅱ）イオン$^{56}_{26}Fe^{2+}$一つに含まれている陽子の数、電子の数及び中性子の数の組合せとして正しいものどれか。

	陽子の数	電子の数	中性子の数
1	26	24	30
2	26	24	56
3	26	26	30
4	28	28	56
5	28	26	30

（問 20） イオン結晶の一般的な性質として、あてはまらないものはどれか。

1 かたいが、割れやすい。　2 融解した液体は電気を導く。
3 水溶液は電気を導く。　4 結晶は電気を導く。
5 静電気的な引力で結合している。

（問 21） 次の分子のうち、その構造式が誤っているものはどれか。

	分子	構造式
1	弗(ふっ)化水素	H − F
2	窒素	N ≡ N
3	四塩化炭素	Cl ‖ Cl = C = Cl ‖ Cl
4	水	H − O − H
5	二酸化炭素	O = C = O

（問 22） 標準状態（0℃，1.013 × 10^5Pa）において二酸化炭素 2.24L 中の酸素原子の物質量はどれか。標準状態における 1 mol の気体の体積は 22.4L とする。

1 0.10mol　2 0.20mol　3 0.25mol　4 0.30mol　5 1.0mol

(問 23) 次のうち、1価の酸はどれか。

1 水酸化カリウム　2 アンモニア　3 炭酸　4 硫酸　5 酢酸

(問 24) 次の物質のうち、その水溶液が酸性を示すものはどれか。

1 塩化カルシウム　2 炭酸ナトリウム　3 硫酸ナトリウム
4 酢酸ナトリウム　5 塩化アンモニウム

(問 25) 下図はビュレットに液体を入れたときの液面(メニスカス)である。メニスカスの目盛りの読みが最も近いものはどれか。

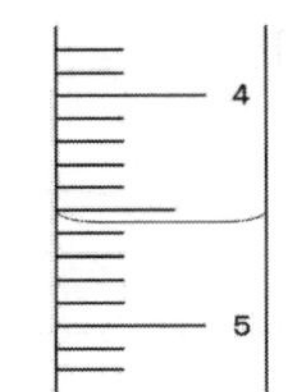

1 4.50mL　2 4.55mL　3 4.60mL
4 5.45mL　5 5.50mL

(問 26) 0.050mol/L のシュウ酸標準水溶液 20.0mL に、濃度のわからない水酸化ナトリウム水溶液 10.0mL を加えたら過不足なく中和した。水酸化ナトリウム水溶液のモル濃度はどれか。

シュウ酸と水酸化ナトリウムの反応は次の式で表される。

$(COOH)_2 + 2NaOH \rightarrow (COONa)_2 + 2H_2O$

1 0.10mol/L　2 0.20mol/L　3 0.40mol/L　4 1.0mol/L　5 2.0mol/L

(問 27) うすい水酸化ナトリウム水溶液を、白金電極を用いて電気分解したとき、陽極と陰極に発生または生成する物質として正しいものはどれか。

	陽極	陰極
1	酸素	水素
2	ナトリウム	酸素
3	酸素	ナトリウム
4	水素	ナトリウム
5	水素	酸素

(問 28) 銅を空気中で熱すると酸化銅(Ⅱ)CuO ができる。

$2Cu + O_2 \rightarrow 2CuO$

熱い酸化銅(Ⅱ)を水素中に入れると元の銅になる。

$CuO + H_2 \rightarrow Cu + H_2O$

これらの反応についての記述のうち、正しいものはどれか。

1 銅は酸素と結びついたので、酸化した。
2 酸素は銅と結びついたので、還元した。
3 酸素原子は銅から電子をうばったので、還元された。
4 酸化銅(Ⅱ)は酸素を失ったので、酸化された。
5 水素は酸素と結びついたので、還元された。

（問 29） 次の物質中の窒素原子のうち、その酸化数が最も小さいものはどれか。

1 硝酸イオン NO_3^-　2 二酸化窒素 NO_2　3 一酸化窒素 NO
4 窒素 N_2　5 アンモニア NH_3

（問 30） 次のうち、塩酸に溶けない金属はどれか。

1 鉄　2 アルミニウム　3 マグネシウム　4 銅　5 亜鉛

〔毒物及び劇物の性質及び貯蔵その他取扱方法〕

（一般）

（問 31） アンモニアに関する次のア～ウの記述について、正誤の組合せとして正しいものはどれか。

ア 刺激臭のある無色の気体である。
イ 圧縮すると常温でも容易に液化する。
ウ 水に可溶であるが、エタノールには不溶である。

	ア	イ	ウ
1	正	正	正
2	正	正	誤
3	正	誤	正
4	誤	正	誤
5	誤	誤	正

（問 32） 水酸化ナトリウムに関する次のア～ウの記述について、正誤の組合せとして正しいものはどれか。

ア 褐色、結晶性の固体である。
イ 水に可溶であり、水溶液は青色リトマス紙を赤色に変える。
ウ 水と炭酸を吸収する性質が強く、空気中で潮解する。

	ア	イ	ウ
1	正	正	正
2	正	正	誤
3	正	誤	正
4	誤	正	誤
5	誤	誤	正

（問 33） 塩酸に関する次のア～ウの記述について、正誤の組合せとして正しいものはどれか。

ア 濃厚なものは、湿った空気中で発煙する。
イ 塩素酸ナトリウムの水溶液である。
ウ 鉄を腐食する。

	ア	イ	ウ
1	正	正	正
2	正	正	誤
3	正	誤	正
4	誤	正	正
5	誤	誤	誤

（問 34） 物質の用途に関する次のア～ウの記述について、正誤の組合せとして正しいものはどれか。

ア フェノールは医薬品の製造原料として用いられる。
イ 塩化亜鉛は還元剤に用いられる。
ウ エチルパラニトロフェニルチオノベンゼンホスホネイト（別名 EPN）は殺虫剤に用いられる。

	ア	イ	ウ
1	正	正	正
2	正	正	誤
3	正	誤	正
4	誤	正	正
5	誤	誤	正

(問 35)　物質の用途に関する次の記述のうち、誤っているものはどれか。

1　塩素は殺菌剤に用いられる。
2　クレゾールは木材の防腐剤に用いられる。
3　塩酸アニリンは染料の製造原料に用いられる。
4　亜セレン酸はロケットの燃料に用いられる。
5　クロルピクリンは土壌燻(くん)蒸剤に用いられる。

(問 36)　物質の貯蔵に関する次のア～ウの記述について、正誤の組合せとして正しいものはどれか。

ア　シアン化ナトリウムを貯蔵する場合、酸類とは離して、空気の流通のよい乾燥した冷所に密封してたくわえる。
イ　黄燐(りん)を貯蔵する場合、びんに入れた水の中に沈め、このびんを砂の入った缶の中に固定して、冷暗所にたくわえる。
ウ　過酸化水素水を貯蔵する場合、分解防止の安定剤としてアルカリを添加することが許容されている。

	ア	イ	ウ
1	正	正	正
2	正	正	誤
3	正	誤	正
4	誤	正	誤
5	誤	誤	正

(問 37)　アクリロニトリルの貯蔵に関する次のア～ウの記述について、正誤の組合せとして正しいものはどれか。

ア　火災、爆発の危険性が強いので、ガスバーナーや火花を発する器具などから十分離して貯蔵する。
イ　蒸気が部屋の上部に滞留しやすいので、貯蔵する部屋の上層部に換気口を設けて開放する。
ウ　強酸と激しく反応するので、硝酸や硫酸などから十分離して貯蔵する。

	ア	イ	ウ
1	正	正	正
2	正	正	誤
3	正	誤	正
4	誤	正	誤
5	誤	誤	正

(問 38)　次の文章は、ある物質の毒性や中毒症状について述べたものである。最も適当なものはどれか。

蒸気の吸入により、頭痛、食欲不振などを起こし、大量の場合、緩和な大赤血球性貧血を起こす。

1　クロロホルム　　2　トルエン　　3　塩素
4　ホルムアルデヒド　　5　水酸化ナトリウム

(問 39)　ニトロベンゼンの毒性及び解毒剤に関する次のア～ウの記述について、正誤の組合せとして正しいものはどれか。

ア　体内に吸収される場合、消化器や呼吸器からばかりでなく皮膚からも吸収される。
イ　急性中毒の解毒剤には、カルシウム剤が有効とされている。
ウ　急性中毒の症状の一つとして、チアノーゼがある。

	ア	イ	ウ
1	正	正	正
2	正	正	誤
3	正	誤	正
4	誤	正	誤
5	誤	誤	正

（問 40） 解毒療法に関する次のア～ウの記述について、正誤の組合せとして正しいものはどれか。

ア 三酸化二砒(ひ)素よる中毒の解毒療法には、2－ピリジルアルドキシムメチオダイド(別名 PAM)が用いられる。
イ ダイアジノンによる中毒の解毒療法には、ジメルカプロール(別名 BAL)と硫酸アトロピンが用いられる。
ウ シアン化カリウムによる中毒の解毒療法には、チオ硫酸ナトリウムと亜硝酸ナトリウムが用いられる。

	ア	イ	ウ
1	正	正	正
2	正	正	誤
3	正	誤	正
4	誤	正	誤
5	誤	誤	正

（農業用品目）

（問 題） 次のア～オの物質について，（問 31）～（問 35）に答えなさい。

ア　3―ブロモ―1―(3―クロロピリジン―2―イル)―N―［4―シアノ―2―メ チル―6―(メチルカルバモイル)フェニル］―1H―ピラゾール―5―カルボキサミド(別名 シアントラニリプロール)
イ　2・3・5・6―テトラフルオロ―4―メチルベンジル＝(Z)―(1RS・3RS)―3―(2―クロロ―3・3・3―トリフルオロ―1―プロペニル)―2・2―ジメチルシクロプロパンカルボキシラート(別名 テフルトリン)
ウ　ジエチル―(5―フェニル―3―イソキサゾリル)―チオホスフェイト(別名 イソキサチオン)
エ　2・3―ジヒドロ―2・2―ジメチル―7―ベンゾ〔b〕フラニル―N―ジブチルアミノチオ―N―メチルカルバマート(別名 カルボスルファン)
オ　トランス―N―(6―クロロ―3―ピリジルメチル)―N'―シアノ―N―メチルアセトアミジン(別名 アセタミプリド)

（問 31） 原体(製剤ではなく物質自体)が毒物に指定されているものはどれか。

1 ア　2 イ　3 ウ　4 エ　5 オ

（問 32） 製剤がすべて劇物に指定されているものはどれか。

1 ア　2 イ　3 ウ　4 エ　5 オ

（問 33） 製剤の濃度に関わらず、毒物及び劇物に<u>該当しないもの</u>はどれか。

1 ア　2 イ　3 ウ　4 エ　5 オ

（問 34） 有機燐(りん)化合物に分類されるものはどれか。

1 ア　2 イ　3 ウ　4 エ　5 オ

（問 35） これらの物質の共通の用途はどれか。

1 殺虫剤　2 殺菌剤　3 除草剤　4 植物成長調整剤　5 殺鼠(そ)剤

（問 題） 次のア～オの物質について、（問 36）～（問 40）に答えなさい。

ア　アバメクチン
イ　弗(ふっ)化スルフリル
ウ　2・4・6・8―テトラメチル―1・3・5・7―テトラオキソカン(別名 メタアルデヒド)
エ　1・3―ジクロロプロペン
オ　(S)―2・3・5・6―テトラヒドロ―6―フェニルイミダゾ〔2・1―b〕チアゾール塩酸塩(別名 塩酸レバミゾール)

（問 36） 製剤がすべて毒物に指定されているものはどれか。

1 ア　2 イ　3 ウ　4 エ　5 オ

（問 37） 製剤がすべて劇物にされているものはどれか。

1 ア　2 イ　3 ウ　4 エ　5 オ

（問 38） 土壌消毒剤として用いられるものはどれか。

1 ア　2 イ　3 ウ　4 エ　5 オ

（問 39） ナメクジ類防除剤として用いられるものはどれか。

1 ア　2 イ　3 ウ　4 エ　5 オ

（問 40） マツノザイセンチュウ防除（松枯れ防除）剤として用いられるものはどれか。

1 ア　2 イ　3 ウ　4 エ　5 オ

（特定品目）

（問 題） 次の性状を示す物質として、最も適当なものはどれか。

（問 31） 常温では透明な液体で、水に溶けにくく、水より重い。

1 水酸化カリウム　2 塩基性酢酸鉛　3 四塩化炭素
4 酸化水銀　5 過酸化水素水

（問 32） 常温では気体で、水に溶けやすく、塩基性を示す。

1 トルエン　2 アンモニア　3 水酸化ナトリウム
4 塩素　5 塩化水素

（問 題） 次の物質の性状として、最も適当なものはどれか。

（問 33）酢酸エチル　（問 34） 蓚（しゅう）酸

1 無色透明の液体で、果実様の芳香を有する。
2 無色の気体で、刺激臭を有する。
3 無色透明の液体で、ベンゼン臭を有する。
4 無色の結晶で、乾燥空気中で風解する。
5 無色の液体で、特異臭と甘味を有する。

（問 題） 次の用途に関する記述について、最も適当な物質はどれか。

（問 35） ホルムアルデヒドや合成繊維の製造原料であるだけでなく、最近では燃料電池自動車の水素源としても注目されている。

（問 36） 火薬や染料などの製造に不可欠であるだけでなく、肥料の製造原料としても重要である。

1 硝酸　2 トルエン　3 過酸化水素水
4 メチルエチルケトン　5 メタノール

（問 題） 次の物質の貯蔵方法として、最も適当なものはどれか。

（問 37） 蓚（しゅう）酸　（問 38） クロロホルム

1 刺激臭の気体を発生するので容器を密栓し、かつ冷所では重合するので常温で保管する。
2 可燃性液体なので容器を密栓し、地下室を避けて冷暗所に貯蔵する。
3 冷暗所に貯蔵する。純品は空気と日光によって変質するので、少量のアルコールを加えて分解を防止する。
4 吸湿性があるので容器を密栓し、酸とは隔離して暗所に貯蔵する。
5 容器を密封し、還元性があるので酸化剤から隔離して冷暗所に貯蔵する。

(問題) 次の毒性に関する記述について、最も適当な物質はどれか。

(問 39) 蒸気の吸入により、頭痛、食欲不振などを起こし、大量の場合、緩和な大赤血球性貧血を起こす。

(問 40) 蒸気は非常に刺激性があり、吸入すると、気管支炎などを起こし、呼吸困難に陥る場合もある。建材によるシックハウスの原因物質の一つである。

1 クロロホルム　　2 トルエン　　3 塩素
4 ホルムアルデヒド　　5 水酸化ナトリウム

〔毒物及び劇物の識別及び取扱方法〕

(一般)

(問 題) 次の物質の識別方法として、最も適当なものはどれか。

(問 41) トリクロル酢酸　　(問 42) 硫酸　　(問 43) ニコチン

1 試料の水溶液に少量のアンモニア水を加えると青白色の沈殿を生じるが、過剰に加えると沈殿は溶解し濃青色の溶液となる。
2 試料の水溶液に塩化バリウム水溶液を加えると白色沈殿が生じる。この沈殿は塩酸や硝酸に溶けない。
3 試料は特有の臭気を発しているが、濃塩酸で潤したガラス棒を近づけると白煙が生じる。
4 試料に水酸化ナトリウム水溶液を加えて熱するとクロロホルム臭を発する。
5 試料のエーテル溶液に、沃(よう)素のエーテル溶液を加えると、褐色の液状沈殿を生じくこれを放置すると赤色針状結晶となる。

(問 44) 物質の色に関する次のア～ウの記述について、正誤の組合せとして正しいものはどれか。

ア 重クロム酸カリウムの結晶は橙赤色を呈している。
イ ピクリン酸の結晶は青色を呈している。
ウ 硝酸銀の結晶は黒紫を呈している。

	ア	イ	ウ
1	正	正	正
2	正	誤	正
3	誤	正	正
4	誤	正	誤
5	正	誤	誤

(問 45) 次の物質のうち、常温常圧において固体であるものの組合せはどれか。

ア 燐(りん)化水素　　イ 沃(よう)素　　ウ ベタナフトール　　エ 二硫化炭素

1(ア, イ)　2(ア, ウ)　3(ア, エ)　4(イ, ウ)　5(イ, エ)

(問 46) 次の物質のうち、潮解性を示さないものはどれか。

1 硫酸第二銅　　2 三塩化アンチモン　　3 水酸化カリウム
4 塩化亜鉛　　5 塩素酸ナトリウム

(問 47) 次のうち、「毒物及び劇物の廃棄の方法に関する基準」の内容に照らし、水銀の廃棄方法として、最も適当なものはどれか。

1 回収法　　2 沈殿法　　3 固化隔離法　　4 活性汚泥法　　5 燃焼法

(問 48) 次のうち、「毒物及び劇物の廃棄の方法に関する基準」の内容に照らし、塩素の廃棄方法として適当なものの組合せはどれか。

ア アルカリ法	イ 還元法	ウ 活性汚泥法	エ 沈殿法

1(ア，イ)　2(ア，ウ)　3(ア，エ)　4(イ，ウ)　5(イ，エ)

(問 49) 次の記述は、「毒物及び劇物の運搬事故時における応急措置に関する基準」に示される漏えい時の措置について述べたものである。この応急措置が最も適切なものはどれか。

漏えいした場所の周辺にはロープを張るなどして人の立入りを禁止する。作業の際には必ず保護具を着用し、風下で作業をしない。漏えいした液は土砂等でその流れを止め、安全な場所に導き、できるだけ空容器に回収し、そのあとを還元剤(硫酸第一鉄等)の水溶液を散水し、消石灰、ソーダ灰等の水溶液で処理したのち、多量の水を用いて洗い流す。この場合、濃厚な廃液が河川等に排出されないよう注意する。

1 液化アンモニア　2 液化塩素　3 ホルムアルデヒド水溶液
4 重クロム酸ナトリウム水溶液　5 アクリルアミド水溶液

(問 50) 次の記述は、「毒物及び劇物の運搬事故時における応急措置に関する基準」に示される漏えい時の措置について述べたものである。この応急措置が<u>適切でないもの</u>はどれか。

飛散した場所の周辺にはロープを張るなどして人の立入りを禁止する。作業の際は必ず保護具を着用し、風下で作業しない。飛散したものは空容器にできるだけ回収し、そのあとを多量の水を用いて洗い流す。

1 キシレン　2 亜セレン酸バリウム　3 水酸化カドミウム
4 クロム酸バリウム　5 炭酸バリウム

(農業用品目)

(問題) 次の物質に関する記述として、最も適当なものを下欄から選べ。

(問 41) クロルピクリン　(問 42) 沃(よう)化メチル　(問 43) 硫酸第二銅
(問 44) 硫酸亜鉛

【下欄】

1 無水物のほか数種類の水和物が知られている。五水和物は、青色結晶で風解性がある。水に可溶。
2 無水物のほか数種類の水和物が知られている。七水和物は、白色結晶であり、グリセリンに可溶。火災等で強熱されると酸化亜鉛の煙霧及びガスが発生する。
3 暗赤色から暗灰色の粉末である。空気中で分解する。水、エタノールに不溶。ベンゼンに可溶。火災等で燃焼すると酸化亜鉛の煙霧及びホスフィンガスが発生する。
4 無色(市販品は微黄色)の液体で、催涙性、粘膜刺激性がある。金属腐食性が大きい。アルコール、エーテルに可溶。
5 無色または淡黄色透明の液体でエーテル様のにおいがある。空気中で光により一部分解して、褐色となる。水に可溶。

（問題）　「毒物及び劇物の廃棄の方法に関する基準」の内容に照らし，次の廃棄方法が最も適当な物質を下欄から選べ。

（問 45）　燃焼法とアルカリ法の両法の適用が示されている物質
（問 46）　還元法の適用が示されている物質

【下欄】

1　塩素酸ナトリウム
2　２，２’—ジピリジリウム—１，１’—エチレンジブロミド（別名 ジクワット）
3　N—メチル—１—ナフチルカルバメート（別名 カルバリル，NAC）
4　ジメチルジチオホスホリルフェニル酢酸エチル（別名 フェントエート，PAP）
5　エチルパラニトロフェニルチオノベンゼンホスホネイト（別名 EPN）

（問題）　次の物質に関して、「毒物及び劇物の運搬事故時における応急措置に関する基準」の内容に照らし、漏えいした場合の対応として最も適当なものを下欄から選べ。

（問 47）　２—イソプロピル—４—メチルピリミジル—６—ジエチルチオホスフェイト（別名 ダイアジノン）
（問 48）　ブロムメチル

【下欄】

1　漏えいした液は土砂等でその流れを止め、安全な場所に導き、空容器にできるだけ回収し、そのあとを消石灰等の水溶液を用いて処理し、多量の水を用いて洗い流す。洗い流す場合には中性洗剤等の分散剤を使用して洗い流す。
2　漏えいした液が少量の場合、速やかに蒸発するので周辺に近づかないようにする。漏えいした液が多量の場合、漏えいした液は、土砂等でその流れを止め、液が広がらないようにして蒸発させる。
3　飛散したものは速やかに掃き集めて空容器にできるだけ回収し、そのあとは多量の水を用いて洗い流す。この場合、濃厚な廃液が河川等に排出されないように注意する。
4　漏えいした液は土砂等でその流れを止め、多量の活性炭又は消石灰を散布して覆い、至急関係先に連絡し専門家の指示により処理する。
5　漏えいした液は土壌等でその流れを止め、安全な場所に導き、空容器にできるだけ回収し、そのあとを土壌で覆って十分接触させた後、土壌を取り除き、多量の水を用いて洗い流す。

（問題）　次の物質に関して、「毒物及び劇物の運搬事故時における応急措置に関する基準」の内容に照らし、吸入した場合の急性毒性として最も適当なものを下欄から選べ。

（問 49）　ジメチルジチオホスホリルフェニル酢酸エチル（別名 フェントエート、PAP）を含有する製剤
（問 50）　クロルピクリン

【下欄】

1　気管支を刺激してせきや鼻汁が出る。多量に吸入すると、胃腸炎、肺炎、尿に血が混じる。悪心、呼吸困難、肺水腫を起こす。
2　倦怠感、頭痛、めまい、嘔気、嘔吐、腹痛、下痢、多汗等の症状を呈し、はなはだしい場合には、縮瞳、意識混濁、全身けいれん等を起こすことがある。
3　激しく鼻やのどを刺激し、長時間吸入すると肺や気管支に炎症を起こす。高濃度のガスを吸うと喉頭けいれんを起こすので極めて危険である。
4　シアン中毒(頭痛、めまい、悪心、意識不明、呼吸麻痺)を起こす。
5　倦怠感、運動失調等の症状を呈し、はなはだしい場合には、流涎、全身けいれん、呼吸困難等を起こすことがある。

(特定品目)

(問題)　次の各記述について、物質A及び物質Bとして最も適当なものどれか。

(問 41)　物質A
常温で無色の液体であり、芳香臭がある。また、水に溶けず、その一部を取り、点火したところ、多量のススを出しながら燃えた。

(問 42)　物質B
常温で潮解性のある白色固体で、無臭である。水によく溶け、赤色リトマス紙を青くした。また、皮膚を侵す物質である。

1　硅弗化ナトリウム　　2　水酸化ナトリウム　　3　メタノール
4　キシレン　　5　クロロホルム

(問題)　次の各問の２つの物質に関する記述として、最も適当なものはどれか。

(問 43)　重クロム酸カリウムとクロム酸カリウム
(問 44)　アンモニアと塩素

1　どちらも常温で固体であるが、一方は風解性があるのに対して他方にはない。
2　どちらも常温で固体であるが、一方は橙赤色であるのに対して他方は黄色である。
3　どちらも塩基であるが、一方は弱塩基であるのに対して他方は強塩基である。
4　どちらも常温で気体であるが、一方は無色であるのに対して他方はうすい黄緑色である。
5　どちらも常温で気体であるが、一方は刺激臭があるのに対して他方にはない。

(問題)　次の方法で識別される物質として、最も適当なものはどれか。

(問 45)　物質を一部取り、アルコール溶液とし、それに水酸化カリウムと少量のアニリンを加えて熱すると、不快な刺激性の臭気を放つ。
(問 46)　物質を一部取り、それに紫色の硫酸酸性の過マンガン酸カリウム水溶液を加えると無色になる。

1　一酸化鉛　　2　水酸化ナトリウム　　3　クロロホルム
4　過酸化水素水　　5　硫酸

(問題)　「毒物及び劇物の廃棄の方法に関する基準」の内容に照らし、次の廃棄方法が最も適当なものはどれか。

(問 47)　水を加えて溶解して希薄な水溶液とし、希塩酸などで中和させた後、多量の水で希釈して流す。
(問 48)　通常の焼却処分として、燃焼炉の火室へ噴霧しながら注入する。

1　メチルエチルケトン　　2　硫酸　　3　四塩化炭素
4　酸化水銀　　5　水酸化カリウム

(問題)　「毒物及び劇物の運搬事故時における応急措置に関する基準」の内容に照らし、次の物質が漏えいした時の措置として、最も適当なものはどれか。

(問 49)　四塩化炭素　　　　　(問 50)　硫酸

1　少量の場合は土砂等に吸着させて取り除くか、水で徐々に希釈した後、消石灰等で中和し、そのあと多量の水で洗い流す。多量の場合は土砂等でその流れを止めるか、安全 な場所に導き、遠くから徐々に注水し、消石灰等で中和し、そのあと多量の水で洗い流す。

2　風下の人を退避させ、漏えいした場所に消石灰を十分に散布して吸収させる。多量に漏えいしたときは、その場所に遠くから霧状の水をかけて吸収させる。

3　風下の人を退避させ、漏えいした液を安全な場所に導いて空容器に回収する。また、漏えいした場所は中性洗剤等の分散剤を使用して多量の水で洗い流す。

4　風下の人を退避させ、少量の場合は、漏えいした箇所を濡れたむしろなどで覆い、遠くから大量に水をかけて洗い流す。

5　飛散したものは空容器にできるだけ回収し、そのあとを還元剤(硫酸第一鉄等)の水溶液を散布し、水酸化カルシウム、炭酸ナトリウム等の水溶液で処理した後、多量の水で洗い流す。

栃木県
令和元年度実施

〔法規・共通問題〕
（一般・農業用品目・特定品目共通）

問１　次の記述は、法の条文の一部である。（　　）の中に入れるべき字句の正しい組み合わせはどれか。

第１条
この法律は、毒物及び劇物について、（ Ａ ）の見地から必要な（ Ｂ ）を行うことを目的とする。
第２条
三 この法律で「特定毒物」とは、（　Ｃ ）であつて、別表第三に掲げるものをいう。

	A	B	C
1	公衆衛生上	規制	毒物
2	公衆衛生上	取締	毒物又は劇物
3	保健衛生上	規制	毒物
4	保健衛生上	取締	毒物
5	保健衛生上	取締	毒物又は劇物

問２　次の記述は、法の条文の一部である。（　　）の中に入れるべき字句の正しい組み合わせはどれか。

第３条第３項
毒物又は劇物の販売業の（ Ａ ）でなければ、毒物又は劇物を販売し、（ Ｂ ）し、又は販売若しくは（ Ｂ ）の目的で貯蔵し、運搬し、若しくは（ Ｃ ）してはならない。

	A	B	C
1	届出をした者	使用	小分け
2	届出をした者	授与	小分け
3	登録を受けた者	授与	小分け
4	登録を受けた者	使用	陳列
5	登録を受けた者	授与	陳列

問３　次の記述は、法の条文の一部である。（　　）の中に入れるべき字句の正しい組み合わせはどれか。

法第３条の３
興奮、幻覚又は（ Ａ ）の作用を有する毒物又は劇物（これらを含有する物を含む。）であつて政令で定めるものは、みだりに（　Ｂ ）し、若しくは吸入し、又はこれらの目的で（ Ｃ ）してはならない。

	A	B	C
1	麻酔	摂取	所持
2	催眠	摂取	譲渡
3	麻酔	注射	譲渡
4	催眠	注射	所持

問４　法第３条の４に規定する引火性、発火性又は爆発性のある毒物又は劇物であって政令で定めるものとして、正しいものはどれか。

１：トルエン　　２：ナトリウム　　３：酢酸エチル　　４：燐（りん）化アルミニウム

問５　次の記述は、法の条文の一部である。（　　）の中に入れるべき字句の正しい組み合わせはどれか。

法第４条第４項
製造業又は輸入業の登録は、（ A ）年ごとに、販売業の登録は、（ B ）年ごとに、（ C ）を受けなければ、その効力を失う。

	A	B	C
1	5	6	検査
2	5	5	検査
3	5	6	更新
4	6	5	更新
5	6	5	検査

問６　毒物劇物の販売業の店舗における貯蔵・陳列場所に関する次の記述のうち、誤っているものはどれか。

１：毒物又は劇物を貯蔵する場所が、性質上かぎをかけることができないものであるときは、その周囲に、堅固なさくが設けてあること。
２：毒物又は劇物を陳列する場所にかぎをかける設備があること。ただし、常時監視できる場所に陳列する場合は、かぎをかける設備がなくてもよい。
３：毒物又は劇物を貯蔵するタンク、ドラムかん、その他の容器は、毒物又は劇物が飛散し、漏れ、又はしみ出るおそれのないものであること。
４：毒物又は劇物を貯蔵し、又は陳列する場所に、「医薬用外」の文字及び毒物については「毒物」、劇物については「劇物」の文字を表示しなければならない。

問７　毒物劇物販売業の登録を受けている者が、その店舗の所在地の都道府県知事に30 日以内に届け出なければならない事項に関する次の記述の正誤について、正しい組み合わせはどれか。

A：法人の名称を変更した場合
B：法人の代表者を変更した場合
C：法人の主たる事務所の所在地を変更した場合
D：店舗の名称を変更した場合

	A	B	C	D
1	正	正	正	誤
2	正	誤	正	正
3	誤	正	誤	正
4	誤	正	正	誤

問８　毒物劇物営業者が、飲食物の容器として通常使用される物を、その容器として使用してはならないとされる劇物として、正しいものはどれか。

１：液体状の劇物　　２：すべての劇物
３：刺激臭のない劇物　　４：ガス体又は揮発性の劇物

問９　毒物劇物営業者が、毒物又は劇物の容器及び被包に表示しなければならない事項として、誤っているものはどれか。

１：毒物又は劇物の名称
２：毒物又は劇物の成分及びその含量
３：厚生労働省令で定める毒物又は劇物については、それぞれ厚生労働省令で定めるその解毒剤の名称
４：「医薬用外」の文字及び毒物については白地に赤色をもって「毒物」の文字、劇物については赤地に白色をもって「劇物」の文字

問 10　毒物劇物営業者があせにくい黒色で着色しなければ、農業用として販売してはならないものとして、正しいものはどれか。

1：塩化水素を含有する製剤たる劇物
2：燐(りん)化亜鉛を含有する製剤たる劇物
3：有機シアン化合物を含有する製剤たる劇物
4：無機シアン化合物を含有する製剤たる毒物

問 11　毒物劇物営業者が、毒物又は劇物を販売したとき、譲受人から提出を受ける書面の保存期間として正しいものはどれか。

1：販売の日から5年間　　2：販売の日から3年間
3：販売の日から1年間　　4：販売の日から6か月間

問 12　毒物劇物営業者による毒物又は劇物の交付に関する次の記述について、正しい組み合わせはどれか。

A：17 歳の者には交付できない。
B：麻薬中毒者への交付は禁止されているが、覚せい剤中毒者への交付については規制されていない。
C：心身の障害により毒物又は劇物による保健衛生上の危害の防止の措置を適正に行うことができない者として厚生労働省令で定めるものには交付できない。
D：毒物若しくは劇物に関する罪を犯し、罰金以上の刑に処せられ、その執行を終わった日から起算して3年を経過していない者には交付できない。

1	AとB
2	AとC
3	BとD
4	CとD

問13　次の記述は、法の条文の一部である。(　　)の中に入れるべき字句の正しい組み合わせはどれか。

政令第 40 条
法第 15 条の2の規定により、毒物若しくは劇物又は法第 11 条第2項に規定する政令で定める物の廃棄の方法に関する技術上の基準を次のように定める。
一 (A)、加水分解、酸化、還元、(B)その他の方法により、毒物及び劇物並びに法第 11 条第2項に規定する政令で定める物のいずれにも該当しない物とすること。
二 ガス体又は揮発性の毒物又は劇物は、保健衛生上危害を生ずるおそれがない場所で、少量ずつ(C)し、又は(D)させること。
三(略)
四(略)

	A	B	C	D
1	中和	稀釈	揮発	燃焼
2	液化	燃焼	燃焼	揮発
3	液化	稀釈	放出	燃焼
4	中和	稀釈	放出	揮発

問14　毒物劇物営業者が、その取扱いに係る毒物又は劇物を紛失したときに、直ちに、その旨を届け出なければならない機関として、正しいものはどれか。

1：保健所　　2：消防機関　　3：警察署　　4：厚生労働省
5：都道府県の薬務主管課

問 15　次の記述は、法第 21 条に規定する登録が失効した場合の措置に関するものである。(　　)の中に入れるべき字句の正しい組み合わせはどれか。

毒物劇物販売業者は、その営業の登録が効力を失ったときは、(　A)に、その店舗の所在地の都道府県知事に、現に所有する(B)の品名及び数量を届け出なければならない。

この届出をしなければならなくなった日から起算して(C)であれば、(B)を他の毒物劇物販売業者に譲渡することができる。

	A	B	C
1	15 日以内	特定毒物	30 日以内
2	15 日以内	特定毒物	50 日以内
3	15 日以内	すべての毒劇物	50 日以内
4	30 日以内	すべての毒劇物	60 日以内
5	30 日以内	特定毒物	50 日以内

〔基礎化学・共通問題〕
(一般・農業用品目・特定品目共通)

問 16　次の記述に該当する化学の法則はどれか。

「物質が変化する際の反応熱の総和は、変化する前と変化した後の物質とその状態だけで決まり、変化の経路や方法には関係しない。」

1：ボイル・シャルルの法則　　2：ヘスの法則
3：ヘンリーの法則　　4：アボガドロの法則

問 17　カリウムの炎色反応の色として、最も適当な色はどれか。

1：黄色　　2：青緑色　　3：赤紫色　　4：黄緑色

問 18　0.02 %を百万分率で表すと何 ppm になるか。

1：0.2ppm　　2：2 ppm　　3：20ppm　　4：200ppm

問 19　次の化学式であらわされる物質とそれに含まれる結合の種類の組み合わせとして、正しいものはどれか。

1：NH_3 ― 金属結合　　2：CO_2 ― 共有結合
3：NaCl ― 共有結合　　4：Fe ― イオン結合

問 20　常温常圧における 0.01mol/L 塩酸の pH として最も適当なものはどれか。
ただし、電離度は 1 とする。

1：0.01　　2：1　　3：2　　4：3

問 21　次の物質のうち、無極性分子はどれか。

1：CH_3COOH　　2：CH_4　　3：H_2O　　4：HCl

問 22　酸化と還元に関する次の記述について、正しいものはどれか。

1：ある物質が水素と化合する反応を還元という。
2：酸素分子中の酸素原子の酸化数は－2である。
3：酸化剤は、相手を酸化する物質であり、自身の酸化数は増加する。

問 23　酸素とその化合物に関する次の記述のうち、正しいものはどれか。

1：酸素は 15 族に属し、5 個の価電子をもつ。
2：化学実験で発生した酸素は、水上置換で捕集する。
3：オゾンは無色無臭の無毒な気体である。

問 24　アルカリ金属と、その化合物に関する次の記述のうち、正しいものはどれか。

1：イオン化傾向の大きい順に並べると、ナトリウム、カリウム、リチウムである。
2：炭酸水素ナトリウムに塩酸を加えると、二酸化炭素を発生する。
3：水素はアルカリ金属に分類される。

問 25　次のうち、最外殻電子の数が 3 個の原子であるものはどれか。

1：リチウム　　2：窒素　　3：フッ素　　4：ホウ素

問 26　2 mol/L の水酸化ナトリウム水溶液 200mL に水を加えて、0.5mol/L の水酸化ナトリウム水溶液を作った。このとき加えた水の量は、次のうちどれか。

1：100mL　　2：200mL　　3：400mL　　4：600mL

問 27　次のうち、互いに同素体であるものの組み合わせで正しいものはどれか。

1：一酸化炭素、二酸化炭素　　2：黒鉛、ダイヤモンド
3：メタノール、エタノール　　4：水、過酸化水素

問 28　次のうち、芳香族化合物であるものはどれか。

1：フェノール　　2：ホルムアルデヒド　　3：ヘキサン　　4：アセチレン

問 29　次の元素のうち、塩酸にも水酸化ナトリウム水溶液にも溶解する元素はどれか。

1：アルミニウム　　2：マグネシウム　　3：鉄　　4：ニッケル

問 30　エタノール(C_2H_5OH)の完全燃焼は下の化学反応式で表される。この化学反応式について、ア及びイにあてはまる係数の組み合わせとして、正しいものはどれか。

$$C_2H_5OH + 3\ O_2 \rightarrow ア\ CO_2 + イ\ H_2O$$

	ア	イ
1	2	3
2	2	4
3	3	2
4	4	2

〔実地試験・選択問題〕

(一般)

問 31 ～問 34　次の物質の廃棄方法として、最も適当なものを下の選択肢から選びなさい。

問 31　クレゾール　　問 32　塩素酸塩類　　問 33 ブロムエチル(臭化エチル)
問 34 セレン

【選択肢】

1：可燃性溶剤と共に、スクラバーを具備した焼却炉の火室へ噴霧し焼却する。
2：木粉(おが屑)等に吸収させ焼却炉で焼却する。
3：還元剤の水溶液に希硫酸を加えて酸性にし、この中に少量ずつ投入し、反応終了後、反応液を中和し多量の水で希釈して処理する。
4：セメントを用いて固化し、埋立処分をする。

問 35 ～問 38　次の物質の貯蔵方法として、最も適当なものを下の選択肢から選びなさい。

問 35 フッ化水素酸　　問 36 臭化メチル　　問 37 過酸化水素水
問 38 アンモニア水

【選択肢】

1：少量ならば褐色ガラス瓶、大量ならばカーボイなどを使用し、３分の１の空間を保って貯蔵する。日光の直射を避け、冷所に、有機物、金属塩、樹脂、油類、その他有機性蒸気を放出する物質と引き離して貯蔵する。
2：揮発しやすいので、よく密栓して貯蔵する。
3：銅、鉄、コンクリート又は木製のタンクにゴム、鉛、ポリ塩化ビニルあるいはポリエチレンのライニングを施したものを用いて火気厳禁で貯蔵する。
4：常温では気体なので、圧縮冷却して液化し、圧縮容器に入れ、直射日光、その他温度上昇の原因を避けて冷暗所に貯蔵する。

問 39 ～問 43　次の物質の主な用途として、最も適当なものを下の選択肢から選びなさい。

問 39　水酸化ナトリウム
問 40　１，１’－ジメチル－４，４’－ジピリジニウムヒドロキシド(別名パラコート)
問 41　フッ化水素酸
問 42　Ｓ－メチル－Ｎ－［(メチルカルバモイル)－オキシ］－チオアセトイミデート(別名メトミル)
問 43　アニリン

【選択肢】

1：フロンガスの原料、ガラスのつや消し、半導体のエッチング剤
2：タール中間物の製造原料、医薬品、染料の製造原料
3：除草剤
4：殺虫剤
5：石けん製造、パルプ工業に使用、試薬としても用いられる。

問 44 ～問 47　次の物質の毒性として、最も適当なものを下の選択肢から選びなさい。

問 44　ニコチン　　　　　問 45 フェノール
問 46　クロルピクリン　　問 47　ベタナフトール

【選択肢】

1：猛烈な神経毒であり、慢性中毒では、咽頭、喉頭等のカタル、心臓障害、視力減弱、めまい、動脈硬化等をきたし、時に精神異常を引き起こすことがある。
2：吸入すると分解しないで組織内に吸収され、血液に入ってメトヘモグロビンを作り、また中枢神経や心臓、眼結膜を侵し、肺にも相当強い障害を与える。
3：皮膚や粘膜につくと火傷を起こし、その部分は白色となる。内服した場合には、口腔、咽喉、胃に高度の灼(しゃく)熱感を訴える。
4：吸入した場合、腎炎を起こし、はなはだしい場合には死亡することがある。また、肝臓を侵して黄疸が出たり、溶血を起こして血色素尿をみることもある。

問 48 ～問 49　ヨウ化水素酸（ヨウ化水素の水溶液）の性状及び鑑別法について、最も適当なものを下の選択肢から選びなさい。

問 48　性状

【選択肢】

1：赤褐色の液体で、強い腐食作用をもち、濃塩酸に接すると高熱を発する。
2：無色の液体で、空気と日光の作用を受けて黄褐色を帯びてくる。
3：紫色の液体で、熱すると臭気をもつ腐食性のある蒸気を発生する。
4：黒色の溶液で、酸化力があり、加熱、衝撃、摩擦により分解をおこす。

問 49　鑑別法

【選択肢】

1：硝酸銀水溶液を加えると淡黄色の沈殿が生じ、この沈殿はアンモニア水にわずかに溶け、硝酸には溶けない。
2：でん粉に接すると藍色を呈し、チオ硫酸ナトリウムの溶液に接すると脱色する。
3：酢酸で弱酸性にして、酢酸カルシウムを加えると、結晶性の沈殿を生じる。
4：でん粉液を橙黄色に染め、フルオレッセン溶液を赤変する。

問 50　水酸化ナトリウムを含有する製剤について、劇物としての指定から除外される濃度はどれか。

1：5％　　2：10％　　3：15％　　4：20％　　5：25％

（農業用品目）

問 31　ジメチル－２，２－ジクロルビニルホスフェイト（別名 DDVP）に関する次の記述の正誤について、正しい組み合わせはどれか。

A：接触性殺虫剤として用いられる。
B：有機リン製剤の一種である。
C：中毒症状が発現した場合には、至急医師による２－ピリジルアルドキシムメチオダイド（別名 PAM）製剤または硫酸アトロピン製剤を用いた適切な解毒手当を受ける。

	A	B	C
1	正	正	正
2	正	誤	誤
3	誤	誤	正
4	誤	正	誤

問 32 ～ 34 次の物質の主な用途として、最も適当なものを下の選択肢から選びなさい。

問 32 1，1’－ジメチル－4，4’－ジピリジニウムヒドロキシド(別名パラコート)

問 33 S－メチル－N－［(メチルカルバモイル)－オキシ］－チオアセトイミデート(別名メトミル)

問 34 硫酸タリウム

【選択肢】

1：殺鼠(そ)剤	2：除草剤	3：殺虫剤	4：殺菌剤

問 35 ～ 37 次の物質の貯蔵方法として、最も適当なものを下の選択肢から選びなさい。

問 35 シアン化カリウム　問 36 ロテノン　問 37 アンモニア水

【選択肢】

1：酸素によって分解し、殺虫効力を失うから、空気と光線を遮断して貯蔵する。
2：光を遮り少量ならばガラス瓶、多量ならばブリキ缶あるいは鉄ドラム缶を用い、酸類とは離して、空気の流通のよい乾燥した冷所に密封して貯蔵する。
3：揮発しやすいので、よく密栓して貯蔵する。

問 38 ～ 40 次の物質の毒性として、最も適当なものを下の選択肢から選びなさい。

問 38 エチルパラニトロフェニルチオノベンゼンホスホネイト(別名 EPN)

問 39 クロルピクリン

問 40 モノフルオール酢酸ナトリウム

【選択肢】

1：吸入すると分解しないで組織内に吸収され、血液に入ってメトヘモグロビンを作り、また中枢神経や心臓、眼結膜を侵し、肺にも相当強い障害を与える。
2：人にははなはだしい毒作用を呈するが、皮膚を刺激したり、皮膚から吸収されることはなく、主な中毒症状は、激しい嘔吐(おうと)が繰り返され、胃の疼痛を訴え、しだいに意識が混濁し、てんかん性痙攣(けいれん)、脈拍の遅緩が起こり、チアノーゼ、血圧低下をきたす。
3：吸入した場合、倦怠感、頭痛、めまい、吐き気、嘔吐(おうと)、腹痛、下痢、多汗等の症状を呈し、皮膚に触れた場合、軽度の紅斑、浮腫等を起こすことがある。眼に入った場合、軽度の発赤、浮腫等を起こすことがある。

問 41 ～ 43 次の物質の廃棄方法として、最も適当なものを下の選択肢から選びなさい。

問 41 シアン化カリウム　問 42 塩素酸ナトリウム　問 43 硫酸銅(Ⅱ)

【選択肢】

1：水酸化ナトリウム水溶液等でアルカリ性とし、高温加圧下で加水分解する。
2：還元剤の水溶液に希硫酸を加えて酸性にし、この中に少量ずつ投入する。反応終了後、反応液を中和し多量の水で希釈して処理する。
3：水に溶かし、消石灰、ソーダ灰等の水溶液を加えて処理し、沈殿ろ過して埋立処分する。
4：アフターバーナーまたはスクラバーを具備した焼却炉などを使用して焼却する。

問 44 ～ 46　次の物質の鑑別方法として、最も適当なものを下の選択肢から選びなさい。

問 44　クロルピクリン　　問 45　硫酸　　問 46　ニコチン

【選択肢】

1：ホルマリン１滴を加えたのち、濃硫酸１滴を加えると、ばら色を呈する。
2：水溶液に金属カルシウムを加えこれにベタナフチルアミンおよび硫酸を加えると、赤色の沈殿を生じる。
3：希釈水溶液に塩化バリウムを加えると、白色の沈殿を生じる。

問 47 ～ 49　次の物質が漏えいした時の措置として、最も適当なものを下の選択肢から選びなさい。

問 47　シアン化ナトリウム　　問 48　ブロムメチル　　問 49　硫酸

【選択肢】

1：少量の漏えいした液は、速やかに蒸発するので周辺に近づかないようにする。多量の場合は、土砂等でその流れを止め、液が広がらないようにして蒸発させる。
2：少量の漏えいした液は、土砂等に吸着させて取り除くか、またはある程度水で徐々に希釈したあと、消石灰、ソーダ灰等で中和し、多量の水を用いて洗い流す。多量の場合は、土砂等でその流れを止め、これに吸着させるか、または安全な場所に導いて、遠くから徐々に注水してある程度希釈したあと、消石灰、ソーダ灰等で中和し、多量の水を用いて洗い流す。
3：飛散したものは空容器にできるだけ回収する。砂利等に付着している場合は、砂利等を回収し、そのあとに水酸化ナトリウム、ソーダ灰等の水溶液を散布してアルカリ性とし、さらに酸化剤の水溶液で酸化処理を行い、多量の水を用いて洗い流す。

問 50　1－(6－クロロ－3－ピリジルメチル)－N－ニトロイミダゾリジン－2－イリデンアミン(別名イミダクロプリド)に関する次の記述の正誤について、正しい組み合わせはどれか。

A：弱い特異臭のある黄色結晶
B：殺鼠(そ)剤として用いられる
C：２％以下(マイクロカプセル製剤にあっては 12 ％以下)は劇物から除外される

	A	B	C
1	正	正	正
2	正	誤	誤
3	誤	誤	正
4	誤	正	誤

(特定品目)

問 31 ～ 33 次の物質の廃棄方法として、最も適当なものを下の選択肢から選びなさい。

問 31 酢酸エチル　　問 32 一酸化鉛　　問 33 硅弗(けいふつ)化ナトリウム

【選択肢】

1：硅(けい)そう土等に吸収させて開放型の焼却炉で焼却する。
2：水に溶かし、消石灰等の水溶液を加えて処理した後、希硫酸を加えて中和し、沈殿ろ過して埋立処分する。
3：セメントを用いて固化し、溶出試験を行い、溶出量が判定基準以下であることを確認して埋立処分する。

問 34 ～ 35　次の物質が漏えいした時の措置として、最も適当なものを下の選択肢から選びなさい。

問 34　トルエン　　問 35　クロロホルム

【選択肢】

1：少量の場合、漏えいした液は、土砂等に吸着させて空容器に回収する。
2：漏えいした液は土砂等でその流れを止め、安全な場所に導き、空容器にできるだけ回収し、そのあとを多量の水を用いて洗い流す。洗い流す場合には中性洗剤等の分散剤を使用して洗い流す。
3：少量の場合、漏えいした液は土砂等に吸着させて取り除くか、又はある程度水で徐々に希釈した後、消石灰、ソーダ灰等で中和し、多量の水を用いて洗い流す。

問 36 ～ 37 次の物質の主な用途として、最も適当なものを下の選択肢から選びなさい。

問 36　重クロム酸カリウム　　問 37　ホルマリン

【選択肢】

1：工業用に酸化剤、媒染剤、製革用、電気メッキ用、電池調整用、顔料原料などに使 用されるほか、試薬として用いられる。
2：獣毛、羽毛、綿糸、絹糸、骨質等の漂白に用いられる。
3：農薬として、トマト葉カビ病、うり類ベト病などの防除、種子の消毒、温室の燻（くん）蒸剤に、工業用としては、フィルムの硬化、人造樹脂、人造角、色素合成などの製造に用いられるほか、試薬として使用される。

問 38 ～ 40　次の物質の毒性として、最も適当なものを下の選択肢から選びなさい。

問 38　キシレン　　問 39　四塩化炭素　　問 40　塩化水素

【選択肢】

1：吸入すると、目、鼻、のどを刺激する。高濃度で興奮、麻酔作用あり。
2：はじめ頭痛、悪心などをきたし、また黄疸のように角膜が黄色となり、しだいに尿毒症様を呈し、はなはだしいときは死ぬことがある。
3：目、呼吸器系粘膜を強く刺激する。高濃度では短時間暴露で喉の痛み、咳、窒息感、胸部圧迫を起こし、さらに高濃度になると、喉頭痙攣（けいれん）や肺水腫を起こす。

問 41 ～ 43 次の物質の鑑別方法として、最も適当なものを下の選択肢から選びなさい。

問 41　水酸化ナトリウム　　問 42　硝酸　　問 43　蓚（しゅう）酸

【選択肢】

1：水溶液を白金線につけて無色の火炎中に入れると、火炎はいちじるしく黄色に染まり、長時間続く。
2：銅屑を加えて加熱すると藍色を呈して溶け、その際赤褐色の蒸気を発生する。
3：水溶液を酢酸で弱酸性にして酢酸カルシウムを加えると、結晶性の沈殿を生ずる。

問 44 ～ 46　性状に関する次の記述について、それぞれ最も適当な物質を下の選択肢から選びなさい。

問 44　白色の固体で、水、アルコールには熱を発して溶けるが、アンモニア水には溶けない。空気中に放置すると、水分と二酸化炭素を吸収して潮解する。
問 45　無色で可燃性のベンゼン臭を有する液体である。水には不溶である。
問 46　無色の結晶で、75 ℃で無水物になる。水に溶けやすく、グリセリンに可溶である。

【選択肢】

1：水酸化カリウム　　2：メタノール　　3：トルエン　　4：酢酸鉛

問 47 ～ 48　次の物質の貯蔵方法として、最も適当なものを下の選択肢から選びなさい。

問 47　四塩化炭素　　　問 48　過酸化水素水

【選択肢】

1：亜鉛または錫（すず）メッキをした鋼鉄製容器で保管し、高温に接しない場所に貯蔵する。
2：少量ならば褐色ガラス瓶、大量ならばカーボイなどを使用し、３分の１の空間をたもって貯蔵する。
3：冷暗所に貯蔵する。純品は空気と日光によって変質するので、少量のアルコールを加えて分解を防止する。

問 49 塩素に関する次の記述の正誤について、正しい組み合わせはどれか。

A：常温・常圧では、窒息性臭気をもつ黄緑色の気体である。
B：紙・パルプの漂白剤として用いられる。
C：中和法又は燃焼法により廃棄する。

	A	B	C
1	正	正	正
2	正	正	誤
3	正	誤	誤
4	誤	正	誤

問 50　一酸化鉛に関する次の記述の正誤について、正しい組み合わせはどれか。

A：常温・常圧では、白色の結晶で水によく溶ける。
B：ガラスの製造に用いられる。
C：強熱すると有害な煙霧が発生する。

	A	B	C
1	正	正	正
2	正	誤	誤
3	誤	正	正
4	誤	誤	正

群馬県
令和元年度実施

〔法　規〕
(一般・農業用品目・特定品目共通)

問1　次の文は、毒物及び劇物取締法第3条の3の規定について記述したものである。(　　)にあてはまる語句の組合せのうち、正しいものはどれか。

興奮、幻覚又は(ア)の作用を有する毒物又は劇物(これらを含有する物を含む。)であって政令で定めるものは、みだりに摂取し、若しくは吸入し、又はこれらの目的で(イ)してはならない。
具体的には、(ウ)を含むシンナー等が該当する。

	ア	イ	ウ
1	鎮静	所持	クロロホルム
2	麻酔	授与	クロロホルム
3	麻酔	所持	酢酸エチル
4	鎮静	授与	酢酸エチル

問2　次の文は、毒物劇物取扱責任者の資格について記述したものである。記述の正誤について、正しい組合せはどれか。

ア 厚生労働省令で定める学校で、応用化学に関する学課を修了した者は毒物劇物取扱責任者となることができる。
イ 医師及び薬剤師は、毒物劇物取扱責任者となることができる。
ウ 一般毒物劇物取扱者試験に合格した者は、一般販売業の店舗において、毒物劇物取扱責任者となることができるが、農業用品目販売業や特定品目販売業の店舗 においては、毒物劇物取扱責任者となることができない。
エ 農業用品目毒物劇物取扱者試験に合格した者は、一般販売業の店舗において、 毒物劇物取扱責任者となることができない。

	ア	イ	ウ	エ
1	誤	正	誤	正
2	正	誤	正	正
3	誤	誤	正	誤
4	正	誤	誤	正

問3　次の文は、毒物及び劇物取締法に関する記述である。記述の正誤について、正しい組合せはどれか。

ア この法律の目的は、「毒物及び劇物の製造、販売、貯蔵、運搬、消費その他取扱を規制することにより、毒物及び劇物による災害を防止し、公共の安全を確保すること」とされている。
イ この法律で「毒物」とは、別表第1に掲げる物であって、医薬品及び医薬部外 品以外のものをいう。
ウ この法律で「特定毒物」に指定されているものは、すべて毒物にも指定されている。

	ア	イ	ウ
1	誤	正	正
2	誤	誤	誤
3	正	正	誤
4	正	誤	正

問4　次の文は、毒物及び劇物取締法第3条の4の規定について、記述したものである。( )にあてはまる語句の組合せのうち、正しいものはどれか。

引火性、(　ア)又は爆発性のある毒物又は劇物であって政令で定めるものは、業務その他正当な理由による場合を除いては、(イ)してはならない。
具体的には、(ウ)等が該当する。

	ア	イ	ウ
1	腐食性	所持	シアン化ナトリウム
2	発火性	運搬	ニトロベンゼン
3	発火性	所持	ピクリン酸
4	腐食性	運搬	ナトリウム

問5 次の文は、毒物又は劇物の輸入業の営業所及び販売業の店舗の設備の基準について記述したものである。正しいものの組合せはどれか。

ア コンクリート、板張り又はこれに準ずる構造とする等その外に毒物又は劇物が飛散し、漏れ、しみ出若しくは流れ出、又は地下にしみ込むおそれのない構造であること。
イ 毒物又は劇物を含有する粉じん、蒸気又は廃水の処理に要する設備又は器具を備えていること。
ウ 毒物又は劇物を陳列する場所にかぎをかける設備があること。
エ 毒物又は劇物の運搬用具は、毒物又は劇物が飛散し、漏れ、又はしみ出るおそれがないものであること。

1（ア，イ）　2（イ，ウ）　3（ウ，エ）　4（ア，エ）

問6 次の文は、毒物及び劇物取締法第15条第1項の記述である。（ ）にあてはまる語句の組合せのうち、正しいものはどれか。

毒物劇物営業者は、毒物又は劇物を次に掲げる者に交付してはならない。
一（ ア ）の者
二 心身の障害により毒物又は劇物による（ イ ）の危害の防止の措置を適正に行うことができない者として厚生労働省令で定めるもの
三 麻薬、大麻、あへん又は（ ウ ）の中毒者

	ア	イ	ウ
1	18歳未満	保健衛生上	覚せい剤
2	18歳未満	公衆衛生上	向精神薬
3	18歳以下	公衆衛生上	覚せい剤
4	18歳以下	保健衛生上	向精神薬

問7 次のうち、毒物及び劇物取締法第22条第1項の規定により、業務上取扱者の届出をしなければならない事業として、正しいものの組合せはどれか。

ア 四アルキル鉛を使用して電気めっきを行う事業
イ 砒（ひ）素化合物たる毒物を使用してねずみの防除を行う事業
ウ 最大積載量が 5,000 キログラムの自動車に固定された容器を用いて、塩素を運送する事業
エ 無機シアン化合物たる毒物を使用して金属熱処理を行う事業

1（ア，イ）　2（ア，ウ）　3（イ，エ）　4（ウ，エ）

問8 次のうち、毒物及び劇物取締法第14条第1項の規定により、毒物劇物営業者が毒物又は劇物を他の毒物劇物営業者に販売し、又は授与したとき、その都度、書面に記載しておかなければならない事項として、正しいものの組合せはどれか。

ア 販売又は授与の年月日　　イ 毒物又は劇物の製造年月日
ウ 譲受人の氏名、年齢及び住所　　エ 毒物又は劇物の名称及び数量

1（ア，イ）　2（ア，エ）　3（イ，ウ）　4（ウ，エ）

問９　次の文は、毒物及び劇物取締法第 10 条の規定により、毒物劇物営業者又は特定毒物研究者が行う届出について記述したものである。記述の正誤について、正しい組合せはどれか。

ア　毒物又は劇物の販売業者が店舗の名称を変更したときは、30 日以内に変更届を提出しなければならない。
イ　毒物又は劇物の製造業者が毒物又は劇物を製造する設備の重要な部分を変更するときは、あらかじめ変更届を提出しなければならない。
ウ　毒物又は劇物の輸入業者が新たに輸入する品目を追加したときは、30 日以内に変更届を提出しなければならない。
エ　特定毒物研究者が使用する特定毒物の品目を変更したときは、30 日以内に変 更届を提出しなければならない。

	ア	イ	ウ	エ
1	正	誤	正	誤
2	正	正	誤	誤
3	誤	正	正	正
4	正	誤	誤	正

問 10　次のうち、毒物及び劇物取締法第１２条第１項の規定により、毒物劇物営業者が毒物又は劇物の容器及び被包に表示しなければならないものとして、正しいものの組合せはどれか。

ア　毒物については「医薬用外」の文字及び赤地に白色をもって「毒物」の文字
イ　劇物については「医薬用外」の文字及び白地に赤色をもって「劇物」の文字
ウ　毒物については「医薬用外」の文字及び白地に黒色をもって「毒物」の文字
エ　劇物については「医薬用外」の文字及び赤地に白色をもって「劇物」の文字

1（ア，イ）　2（ア，エ）　3（イ，ウ）　4（ウ，エ）

〔基礎化学〕
（一般・農業用品目・特定品目共通）

問１　次のうち、物質とその炎色反応の組合せとして、正しいものの組合せはどれか。

	物質		炎色反応
ア	銅(Cu)	—	青緑色
イ	ナトリウム(Na)	—	黄色
ウ	ストロンチウム(Sr)	—	黄緑色
エ	バリウム(Ba)	—	深赤色

1（ア，イ）　2（ア，エ）　3（イ，ウ）　4（ウ，エ）

問２　重量パーセント濃度 15 %の食塩水が 300 g ある。この食塩水に水を加えて、10 %の食塩水としたい。何 g の水を加えればよいか。

1　100 g　2　150 g　3　200 g　4　450 g

問３　次の文は、ある法則について記述したものである。法則の名称として、正しいものはどれか。

等温、等圧のもとでは、同体積のすべての気体は同数の分子を含む。

1　ボイル・シャルルの法則　2　ルシャトリエの法則
3　アボガドロの法則　4　質量保存の法則

問４　次の文は、物質の状態変化について記述したものである。正しいものはどれか。

1　気体から液体への変化を蒸発という。
2　液体から気体への変化を融解という。
3　液体から固体への変化を凝固という。
4　固体から液体への変化を昇華という。

問５　次のうち、同素体として、正しいものはどれか。

1 一酸化炭素と二酸化炭素　　2 メタノールとエタノール
3 ダイヤモンドと黒鉛　　4 銀と水銀

〔性質及び貯蔵その他取扱方法〕

※ 注意事項
問題文中の薬物の性状等に関する記述について、特に温度等の条件に関する記載がない場合は、常温常圧下における性状等について記述しているものとする。

（一般）

問１　次の薬物とその薬物が劇物から除外される濃度の組合せの正誤について、正しい組合せはどれか。

	薬物		劇物から除外される濃度
ア	メチルアミンを含有する製剤	—	40％以下
イ	過酸化尿素を含有する製剤	—	20％以下
ウ	トリフルオロメタンスルホン酸を含有する製剤	—	10％以下
エ	アセトニトリルを含有する製剤	—	50％以下

	ア	イ	ウ	エ
1	正	誤	誤	正
2	誤	正	誤	誤
3	誤	誤	正	正
4	正	誤	正	誤

問２　次の文は、薬物とその性質等について記述したものである。記述の正誤について、正しい組合せはどれか。

ア　無水クロム酸は、暗赤色結晶、潮解性があり水に易溶である。酸化性、腐食性が大きく、強酸性である。可燃物と混合すると常温でも発火する。
イ　アクロレインは、無色又は帯黄色の液体で刺激臭があり、引火性である。
ウ　フェンバレレート(※１)は、黄褐色の粘稠性液体で、水にほとんど溶けず、メタノール、アセトニトリルに溶けやすい。光で分解する。
エ　六弗（ふっ）化タングステンは、純品は白色の結晶で、わずかに揮発性を有する。通常のものはわずかに黄色を帯びた白色で、特異な刺激臭を有する。水に溶けず、有機溶媒に溶けやすい。

(※１)(ＲＳ)－α－シアノ－３－フェノキシベンジル＝(ＲＳ)－２－(４－クロロフェニル)－３－メチルブタノアートの別名

	ア	イ	ウ	エ
1	正	正	正	誤
2	正	誤	誤	誤
3	誤	正	誤	正
4	正	誤	正	正

問3　次の文は、弗（ふっ）化水素酸の性質等について記述したものである。記述の正誤について、正しい組合せはどれか。

ア　皮膚に触れると、激しい痛みを生じて、いちじるしく腐食される。
イ　無色又はわずかに着色した透明な液体である。
ウ　金属を腐食するので、ガラス瓶に入れて貯蔵する。
エ　特有の刺激臭がある。

	ア	イ	ウ	エ
1	誤	正	誤	正
2	正	誤	正	正
3	正	正	誤	正
4	誤	正	正	誤

問4　次の薬物とその主な用途の組合せの正誤について、正しい組合せはどれか。

	薬物		主な用途
ア	硝酸銀	—	写真用、試薬、医薬用
イ	砒（ひ）素	—	散弾の製造、冶金、花火の製造
ウ	メチルメルカプタン	—	殺虫剤、香料、触媒活性調整剤、反応促進剤
エ	三硫化燐（りん）	—	漂白剤、鉄さびによるよごれの除去

	ア	イ	ウ	エ
1	正	正	正	誤
2	正	誤	正	正
3	誤	正	誤	正
4	正	誤	誤	誤

問5　次の薬物とその適切な貯蔵方法の組合せの正誤について、正しい組合せはどれか。

	薬物		貯蔵方法
ア	アクリルニトリル	—	きわめて引火しやすいため、貯蔵室は防火性とし、適当な換気装置を備える。また、硫酸や硝酸などの強酸と安全な距離を保って貯蔵する。
イ	ホルマリン	—	低温では混濁するので常温で貯蔵する。
ウ	クロロホルム	—	純品は空気と日光によって変質するので、少量のアルコールを加えて分解を防止する。冷暗所に貯蔵する。
エ	ナトリウム	—	空気に触れると発火しやすいので、通常、水中に保存する。

	ア	イ	ウ	エ
1	正	正	正	誤
2	正	誤	正	正
3	誤	正	誤	正
4	正	誤	誤	誤

問6　次のうち、メタノールが多量に漏えいした場合の措置に関する記述として、正しいものはどれか。

1　酸化剤の水溶液で酸化処理を行う。
2　引火しやすいため、すばやく一度に燃焼させる。
3　発熱を防ぐために、徐々に注水して希釈し、消石灰で中和する。
4　土砂等でその流れを止め、安全な場所に導き、多量の水で十分に希釈して洗い流す。

問7　次の薬物とその主な中毒症状の組合せの正誤について、正しい組合せはどれか。

	薬物		主な中毒症状
ア	ベタナフトール	—	吸入した場合は、腎炎を起こし、重症の場合には死亡することがある。また、肝臓を障害し黄疸（だん）が出たり、溶血を起こして血色素尿を見ることもある。
イ	ニトロベンゼン	—	吸入した場合は、皮膚や粘膜が青黒くなる（チアノーゼ）、頭痛、めまい、眠気が起こる。
ウ	ホスゲン	—	体内に吸収されると塩酸と二酸化炭素に分解され、肺充血、肺水腫などを起こし、さらに肺炎へと進む。
エ	チメロサール	—	吸入した場合は、鼻、のど、気管支の粘膜への起炎性を有し、水銀中毒を起こす。

	ア	イ	ウ	エ
1	誤	正	正	誤
2	正	正	正	正
3	誤	正	誤	正
4	正	誤	誤	誤

問8　次の薬物とその適切な解毒剤又は治療薬の組合せのうち、正しいものはどれか。

	薬物		解毒剤又は治療薬
1	シアン化水素	—	硫酸アトロピン
2	有機燐化合物	—	ジメルカプロール(別名：ＢＡＬ)
3	モノフルオール酢酸ナトリウム	—	ジアゼパム
4	有機塩素化合物	—	アセトアミド

問9　次のうち、クロルピクリンの鑑別方法に関する記述として、正しいものはどれか。

1　水溶液に金属カルシウムを加え、ベタナフチルアミン及び硫酸を加えると、赤色の沈殿を生成する。
2　サリチル酸と濃硫酸とともに熱すると、芳香のあるサリチル酸メチルエステルを生成する。
3　木炭とともに加熱すると、メルカプタンの臭気を放つ。
4　銅屑を加えて熱すると、藍色を呈して溶け、その際赤褐色の蒸気を生成する。

問10　次の薬物とその適切な廃棄方法の組合せの正誤について、正しい組合せはどれか。

	薬物		廃棄方法
ア	臭素	—	多量の水で希釈し、チオ硫酸ナトリウム等の還元剤の水溶液を加えた後、中和する。その後、多量の水で希釈して処理する。
イ	燐化亜鉛	—	多量の次亜塩素酸ナトリウムと水酸化ナトリウムの混合水溶液を撹拌しながら少量ずつ加えて酸化分解する。過剰の次亜塩素酸ナトリウムをチオ硫酸ナトリウム水溶液等で分解した後、希硫酸を加えて中和し、沈殿ろ過して埋立処分する。
ウ	黄燐	—	廃ガス水洗設備及び必要があれば、アフターバーナーを備えた焼却設備で焼却する。
エ	クロルメチル	—	水に溶かし、水酸化カルシウム、炭酸ナトリウム等の水溶液を加えて処理し、沈殿ろ過して埋立処分する。

	ア	イ	ウ	エ
1	正	正	正	誤
2	正	誤	正	誤
3	誤	正	誤	誤
4	正	誤	誤	正

（農業用品目）

問1　次の劇物のうち、毒物又は劇物の農業用品目販売業者が販売できるものとして、正しいものの組合せはどれか。

ア 沃(よう)化メチル　イ 酢酸エチル　ウ ＤＤＶＰ　エ 水酸化ナトリウム
オ 塩化亜鉛

1（ア，ウ，エ）2（ア，ウ，オ）3（イ，ウ，エ）4（イ，エ，オ）

問2　次の薬物とその主な用途の組合せの正誤について、正しい組合せはどれか。

	薬物		主な用途
ア	硫酸タリウム	—	殺菌剤
イ	ダイアジノン	—	殺虫剤
ウ	弗(ふっ)化スルフリル	—	土壌消毒剤
エ	アセタミプリド	—	除草剤

	ア	イ	ウ	エ
1	誤	正	正	正
2	正	誤	正	誤
3	誤	正	誤	誤
4	誤	誤	誤	正

問3　次の文は、薬物とその主な鑑別方法について記述したものである。記述の正誤について、正しい組合せはどれか。

ア　塩素酸カリウムの水溶液に金属カルシウムを加え、これにベタナフチルアミン及び硫酸を加えると赤色の沈殿を生成する。
イ　クロルピクリンのアルコール溶液にジメチルアニリン及びブルシンを加えて 溶解し、これにブロムシアン溶液を加えると、緑色ないし赤紫色を呈する。
ウ　アンモニア水は、濃塩酸を潤したガラス棒を近づけると、赤い霧を生ずる。
エ　ニコチンは、熱すると酸素を生成して、塩化カリウムとなり、これに塩酸を加えて熱すると塩素を生成する。

	ア	イ	ウ	エ
1	正	正	正	誤
2	誤	誤	正	誤
3	正	誤	誤	正
4	誤	正	誤	誤

問4　次のうち、クロルピクリンの廃棄方法に関する記述として、最も適当なものはどれか。

1 還元剤の水溶液に希硫酸を加えて酸性にし、この中に少量ずつ投入する。反応終了後、反応液を中和し多量の水で希釈して処理する。
2 可燃性溶剤とともにアフターバーナー及びスクラバーを備えた焼却炉の火室へ噴霧し、焼却する。
3 少量の界面活性剤を加えた亜硫酸ナトリウムと炭酸ナトリウムの混合溶液中で攪拌(かくはん)し分解させた後、多量の水で希釈して処理する。
4 水に溶かし、消石灰、ソーダ灰等の水溶液を加え、沈殿ろ過して処理する。

問5　次のうち、シアン化カリウムの貯蔵方法に関する記述として、最も適当なものはどれか。

1 少量ならガラス瓶、多量ならばブリキ缶又は鉄ドラムを用い、酸類とは離して、風通しのよい乾燥した冷所に密封して貯蔵する。
2 空気中にそのまま保存することはできないので、石油中に保管する。
3 常温では気体なので、圧縮冷却して液化し、圧縮容器に入れ、直射日光その他、温度上昇の原因を避けて、冷暗所に貯蔵する。
4 潮解性、爆発性があるので、可燃性の物質と離して、乾燥している冷暗所に密栓して貯蔵する。

問6　次の文は、薬物とその分類について記述したものである。正しいものはどれか。

1　フェンプロパトリンは、有機塩素系農薬である。
2　カルボスルファンは、カーバメート系農薬である。
3　イソフェンホスは、ピレスロイド系農薬である。
4　ベンダイオカルブは、有機燐（りん）系農薬である。

問7　次の文は、ある薬物の性質等について記述したものである。該当する薬物はどれか。

白色の正方単斜状の結晶又は顆粒で、水に溶けやすく、溶液は中性である。強い酸化剤で、有機物その他酸化されやすいものと混合すると、加熱、摩擦、衝撃により爆発することがある。農業用には、除草剤として使用される。

1　塩素酸ナトリウム　　2　ジメトエート　　3　ナラシン　　4　イミダクロプリド

問8　次の（ａ）から（ｃ）の薬物と、その漏えい時の主な措置の組合せのうち、正しいものはどれか。

（ａ）シアン化水素
（ｂ）１，１′　－ジメチル－４，４′　－ジピリジニウムジクロリド
　（別名：パラコ ート）
（ｃ）エチルパラニトロフェニルチオノベンゼンホスホネイト（別名：ＥＰＮ）

ア　漏えいしたボンベ等を多量の水酸化ナトリウム水溶液に容器ごと投入してガスを吸収させ、さらに酸化剤（次亜塩素酸ナトリウム、さらし粉等）の水溶液で酸化処理を行い、多量の水で洗い流す。
イ　漏えいした液は土砂等でその流れを止め、安全な場所に導き、空容器にできるだけ回収し、そのあとを水酸化カルシウム等の水溶液を用いて処理し、中性洗剤等の分散剤を使用して多量の水で洗い流す。
ウ　漏えいした液は土壌等でその流れを止め、安全な場所に導き、空容器にできる だけ回収し、そのあとを土壌で覆って十分に接触させた後、土壌を取り除き、多量の水で洗い流す。

	（ａ）	（ｂ）	（ｃ）
1	ア	イ	ウ
2	ア	ウ	イ
3	イ	ウ	ア
4	ウ	ア	イ

問9　次の薬物とその解毒剤又は治療薬の組合せのうち、正しいものはどれか。

	薬物		解毒剤又は治療薬
1	モノフルオール酢酸ナトリウム	—	チオ硫酸ナトリウム
2	シアン化カリウム	—	ＰＡＭ（※１）
3	メトミル	—	硫酸アトロピン
4	フェンチオン（※２）	—	ジメルカプロール（別名：ＢＡＬ）

（※１）２－ピリジルアルドキシムメチオダイドの別名
（※２）ジメチル—４—メチルメルカプト—３メチルフェニルチオホスフェイトの別名

問10　次の製剤のうち、農業用劇物として国内で販売する際に、あせにくい黒色で着色する必要のあるものとして、正しいものの組合せはどれか。

ア　燐（りん）化亜鉛を含有する製剤　　イ　硫酸亜鉛を含有する製剤
ウ　ロテノンを含有する製剤　　エ　硫酸タリウムを含有する製剤

1（ア，イ）2（ア，エ）3（イ，ウ）4（ウ，エ）

（特定品目）

問1　次の毒物又は劇物のうち、毒物又は劇物の特定品目販売業者が販売できるものとして、正しいものの組合せはどれか。

ア　ブロムメチル　　イ　キシレン　　ウ　エチレンクロルヒドリン
エ　メチルエチルケトン

1（ア，ウ）　2（ア，エ）　3（イ，ウ）　4（イ，エ）

問2　次の薬物とその薬物が劇物から除外される濃度の組合せの正誤について、正しい組合せはどれか。

	薬物		劇物から除外される濃度
ア	水酸化ナトリウムを含有する製剤	—	10％以下
イ	アンモニアを含有する製剤	—	10％以下
ウ	硝酸を含有する製剤	—	10％以下

	ア	イ	ウ
1	誤	正	誤
2	正	誤	正
3	誤	正	正
4	正	正	誤

問3　次のうち、塩基性酢酸鉛の廃棄方法に関する記述として、最も適当なものはどれか。

1　希硫酸に溶かし、還元剤の水溶液を過剰に用いて還元した後、水酸化カルシウム、炭酸ナトリウム等の水溶液で処理し、沈殿ろ過する。
2　水に溶かし、水酸化カルシウム、炭酸ナトリウム等の水溶液を加えて沈殿させ、さらにセメントを用いて固化する。
3　徐々に石灰乳（水酸化カルシウムの懸濁液）等の撹拌（かくはん）溶液に加え中和させた後、多量の水で希釈して処理する。
4　多量の水を加え希薄な水溶液とした後、次亜塩素酸塩水溶液を加え分解させ廃棄する。

問4　次の文は、薬物の用途について記述したものである。正しいものの組合せはどれか。

ア　ホルムアルデヒドは、工業用としては、フィルムの硬化、人造樹脂、色素合成などの製造のほか、試薬として使用される。
イ　トルエンは、爆薬、染料、香料、サッカリン、合成高分子材料などの原料のほか、溶剤、分析用試薬として使用される。
ウ　過酸化水素水は、工業用の酸化剤、媒染剤として使用される。
エ　重クロム酸カリウムは、漂白剤のほか、織物、油絵などの洗浄に使用される。

1（ア，イ）　2（ア，エ）　3（イ，ウ）　4（ウ，エ）

問5　次の薬物とその鑑別方法の組合せの正誤について、正しい組合せはどれか。

	薬物		鑑別方法
ア	メタノール	—	サリチル酸と濃硫酸とともに熱すると、芳香のあるサリチル酸メチルエステルを生成する。
イ	四塩化炭素	—	希硝酸に溶かすと、無色の液となり、これに硫化水素を通すと、黒色の沈殿を生成する。
ウ	硝酸	—	銅屑を加えて熱すると、藍色を呈して溶け、その際赤褐色の蒸気を生成する。

	ア	イ	ウ
1	正	誤	正
2	正	正	誤
3	誤	正	正
4	誤	誤	正

問6　次の薬物とその毒性の組合せの正誤について、正しい組合せはどれか。

	薬物		毒性
ア	クロム酸ナトリウム	—	原形質毒である。この作用は脳の節細胞を麻酔させ、赤血球を溶解する。吸収すると、はじめは嘔吐、瞳孔の縮小、運動性不安が現れ、脳およびその他の神経細胞を麻酔させる。
イ	クロロホルム	—	口と食道が赤黄色に染まり、のち青緑色に変化する。腹部が痛くなり、緑色のものを吐き出し、血の混じった便をする。
ウ	トルエン	—	蒸気の吸入により頭痛、食欲不振など、大量の場合、緩和な大赤血球性貧血をきたす。

	ア	イ	ウ
1	正	誤	正
2	正	正	誤
3	誤	正	正
4	誤	誤	正

問7　次のうち、クロロホルムの貯蔵方法に関する記述として、最も適当なものはどれか。

1　低温では混濁するので、常温で保存する。
2　亜鉛または錫（すず）めっきをした鋼鉄製容器で保管し、高温に接しない場所に保管する。
3　二酸化炭素と水を吸収する性質が強いので、密栓をして保管する。
4　冷暗所に貯蔵する。純品は空気と日光によって変質するので、少量のアルコールを加えて分解を防止する。

問8　次の文は、塩素の性質等について記述したものである。記述の正誤について、正しい組合せはどれか。

ア　常温常圧では窒息性臭気をもつ無色透明の気体である。
イ　不燃性を有し、鉄、アルミニウムなどの燃焼を助ける。
ウ　水分の存在下では、各種の金属を腐食する。
エ　主な用途は、酸化剤や殺菌剤、漂白剤原料などである。

	ア	イ	ウ	エ
1	誤	誤	誤	正
2	誤	正	正	正
3	正	誤	正	正
4	正	正	誤	誤

問9　次の文は、酸化第二水銀の性質等について記述したものである。記述の正誤について、正しい組合せはどれか。

ア　分子式は、HgO である。
イ　酸にはほとんど溶けないが、水には容易に溶ける。
ウ　「毒物及び劇物の廃棄の方法に関する基準」において、焙焼法又は沈殿隔離法で廃棄するよう記載されている。
エ　強熱すると有毒な煙霧及びガスを生成する。

	ア	イ	ウ	エ
1	正	誤	誤	誤
2	誤	正	正	誤
3	正	誤	正	正
4	正	正	誤	正

問 10　次のうち、重クロム酸ナトリウムが漏えいした場合の措置に関する記述として、最も適当なものはどれか。

1　漏えいしたものは土砂等でその流れを止め、これに吸着させるか、又は安全な場所に導いて遠くから徐々に注水してある程度希釈した後、水酸化カルシウム、炭酸ナトリウム等で中和し多量の水で洗い流す。
2　飛散したものは空容器にできるだけ回収し、そのあとを還元剤（硫酸第一鉄等）の水溶液を散布し、水酸化カルシウム、炭酸ナトリウム等の水溶液で処理した後、多量の水で洗い流す。
3　漏えいしたものは土砂等でその流れを止め、安全な場所に導き、液の表面を泡で覆いできるだけ空容器に回収する。
4　飛散したものは空容器にできるだけ回収する。砂利等に付着している場合は、砂利等を回収し、そのあとに水酸化ナトリウム、炭酸ナトリウム等の水溶液を散布してアルカリ性とし、さらに、酸化剤の水溶液で酸化処理を行い、多量の水で洗い流す。

〔識別及び取扱方法〕

（一般）

次の薬物の常温常圧下における主な性状について、最も適当なものを下欄から一つ選びなさい。

問 1　重クロム酸カリウム　　**問 2**　フェノール　　**問 3**　沃（よう）素　　**問 4**　臭素
問 5　メチルエチルケトン

下欄

番号	性　　　状
1	特有の臭気を持ち、無色の針状結晶又は放射状結晶性塊で、空気中で赤変する。
2	濃い藍色の結晶で、風解性を有する。
3	赤褐色の重い液体で、刺激性の臭気を持ち、揮発性を有する。
4	橙赤色の柱状結晶である。
5	無色の液体で、アセトン様のにおいを有する。
6	純品は無色透明な油状の液体で、特有の臭気がある。空気にふれて赤褐色を呈する。
7	黒灰色、金属様の光沢のある稜（りょう）板状結晶である。

（農業用品目）

次の薬物の常温常圧下における主な性状について、最も適当なものを下欄から一つ選びなさい。

問1 ニコチン　　**問2** モノフルオール酢酸ナトリウム
問3 硫酸銅　　**問4** ブロムメチル
問5 ジクワット（※1）

（※1）2，2′ －ジピリジリウム－1，1′ －エチレンジブロミドの別名

下欄

番号	性　　状
1	濃い藍色の結晶で、風解性を有する。
2	褐色又は暗緑色で、脂状か結晶状である。
3	無色、無臭の油状液体で空気中ではすみやかに褐変する。
4	淡黄色の吸湿性結晶である。
5	白色の粉末で、吸湿性があり酢酸のにおいを有する。
6	赤褐色、油状の液体で、芳香性刺激臭を有する。
7	無色の気体で、わずかに甘いクロロホルム様のにおいを有する。

（特定品目）

次の薬物の常温常圧下における主な性状について、最も適当なものを下欄から一つ選びなさい。

問1 クロム酸ストロンチウム　　**問2** 硅弗(けいふつ)化ナトリウム
問3 硝酸　　**問4** 酢酸エチル　　**問5** 重クロム酸ナトリウム

下欄

番号	性　　状
1	白色の結晶である。
2	無色透明の液体で、果実様の芳香を有する。
3	無色の重い液体で、揮発性があり、麻酔性の芳香を有する。
4	無色の稜(りょう)柱状結晶で、乾燥空気中で風解する。
5	無色の液体で、特有な臭気を有し、空気に接すると、刺激性白霧を発する。
6	橙色の結晶で、潮解性を有する。
7	淡黄色の粉末である。

埼玉県
令和元年度実施

〔毒物及び劇物に関する法規〕
（一般・農業用品目・特定品目共通）

問１　次のうち、毒物及び劇物取締法第１条の条文として、**正しいもの**を選びなさい。

1　この法律は、毒物及び劇物について、環境衛生上の見地から必要な取締を行うことを目的とする。
2　この法律は、毒物及び劇物について、保健衛生上の見地から必要な取締を行うことを目的とする。
3　この法律は、毒物及び劇物について、事故防止上の見地から必要な取締を行うことを目的とする。
4　この法律は、毒物及び劇物について、犯罪防止上の見地から必要な取締を行うことを目的とする。

問２　次のうち、毒物及び劇物取締法第２条第３項に規定する「特定毒物」に該当するものとして、**正しいもの**を選びなさい。

1　塩化第一水銀　　2　二硫化炭素　　3　四塩化炭素　　4　四アルキル鉛

問３　次のうち、毒物及び劇物取締法第３条の４で規定する引火性、発火性又は爆発性のある劇物として、**正しいもの**を選びなさい。

1　バリウム　　2　カルシウム　　3　ナトリウム　　4　アルミニウム

問４　次のうち、毒物及び劇物取締法に基づく毒物劇物営業者又は特定毒物研究者に関する記述として、**正しいもの**を選びなさい。

1　毒物劇物製造業の登録は、５年ごとに、更新を受けなければ、その効力を失う。
2　毒物劇物輸入業の登録は、６年ごとに、更新を受けなければ、その効力を失う。
3　毒物劇物販売業の登録は、５年ごとに、更新を受けなければ、その効力を失う。
4　特定毒物研究者の許可は、６年ごとに、更新を受けなければ、その効力を失う。

問５　次の記述は、毒物及び劇物取締法第８条第１項の条文である。
［　　］内に入る**正しい語句の組合せ**を選びなさい。

> 次の各号に掲げる者でなければ、前条の毒物劇物取扱責任者となることができない。
> 一［　A　］
> 二 厚生労働省令で定める学校で、［　B　］に関する学課を修了した者
> 三 都道府県知事が行う毒物劇物取扱者試験に合格した者

	A	B
1	薬剤師	応用化学
2	臨床検査技師	応用化学
3	薬剤師	基礎化学
4	臨床検査技師	基礎化学

問6　次のうち、毒物及び劇物取締法第 10 条の規定に基づき、30 日以内に届け出なければならない事項として、**正しいものの組合せ**を選びなさい。

a　毒物劇物製造業者が、製造所における営業を廃止したとき。
b　毒物劇物輸入業者が、登録を受けた劇物以外の劇物の輸入を開始したとき。
c　毒物劇物販売業者が、登録の種類を農業用品目販売業から一般販売業に変更したとき。
d　特定毒物研究者が、主たる研究所の設備の重要な部分を変更したとき。

1（a、b）　2（a、d）　3（b、c）　4（c、d）

問7　次のうち、毒物及び劇物取締法第 12 条第３項の規定に基づく劇物の貯蔵場所の表示として、**正しいもの**を選びなさい。

1「医薬部外品」の文字及び「劇」の文字
2「医薬部外品」の文字及び「劇物」の文字
3「医薬用外」の文字及び「劇」の文字
4「医薬用外」の文字及び「劇物」の文字

問8　次のうち、毒物及び劇物取締法第 14 条第２項の規定に基づき、毒物劇物営業者が毒物劇物 営業者以外の者に劇物を販売したとき、譲受人から提出を受ける書面に記載されていなければならない事項として、**正しいもの**を選びなさい。

1　譲受人の性別　　2　譲受人の年齢　　3　譲受人の職業
4　譲受人の電話番号

問9　次のうち、毒物及び劇物取締法施行規則第 13 条の６の規定に基づき、車両を使用して、ホルマリン(ホルムアルデヒド 36.5 %含有)を１回につき 7,000 キログラム運搬する場合に、車両に備えなければならない保護具の組合せとして、**正しいもの**を選びなさい。

1　保護手袋、保護眼鏡、保護衣、酸性ガス用防毒マスク
2　保護手袋、保護長ぐつ、保護衣、有機ガス用防毒マスク
3　保護手袋、保護長ぐつ、保護衣、酸性ガス用防毒マスク
4　保護眼鏡、保護長ぐつ、保護衣、有機ガス用防毒マスク

問 10　次のうち、毒物劇物営業者が、その取扱いに係る劇物が流れ出る事故が発生した場合に、毒物及び劇物取締法第 16 条の２第１項の規定に基づき、直ちに届け出なければならない機関として、**正しいもの**を選びなさい。

1　保健所、警察署又は消防機関
2　保健所、警察署又は厚生労働省
3　警察署、消防機関又は厚生労働省
4　警察署、消防機関、市役所又は町村役場

（農業用品目）

問 11　次のうち、毒物及び劇物取締法第 12 条第２項の規定に基づき、その容器及び被包に解毒剤の名称を表示しなければ、販売又は授与してはならない毒物又は劇物として、**正しいもの**を選びなさい。

1　砒素化合物及びこれを含有する製剤
2　水銀化合物及びこれを含有する製剤
3　有機燐（りん）化合物及びこれを含有する製剤
4　セレン化合物及びこれを含有する製剤

（特定品目）

問 11　次のうち、毒物及び劇物取締法第６条の規定に基づく毒物劇物販売業の登録事項として、**誤っているもの**を選びなさい。

1　申請者の氏名　　2　申請者の住所　　3　店舗の所在地
4　販売しようとする毒物又は劇物の品目

問 12　次のうち、毒物及び劇物取締法第 14 条第４項の規定に基づき、毒物劇物営業者が他の毒 物劇物営業者に劇物を販売したときに作成した書面を保存しなければならない期間として、**正しいもの**を選びなさい。

1　1年間　　2　3年間　　3　5年間　　4　10 年間

問 13　次の記述は、毒物及び劇物取締法第 15 条第１項の条文である。[　　　]内に入る**正しい語句**を選びなさい。

> 毒物劇物営業者は、毒物又は劇物を次に掲げる者に交付してはならない。
> 一　[　　　]の者
> 二～三（略）

1　18 歳以下　　2　18 歳未満　　3　20 歳以下　　4　20 歳未満

〔基礎化学〕

(注)基礎化学の設問には、一般・農業用品目・特定品目に共通の設問があることから編集の都合上、一般の設問番号を通し番号(基本)として、農業用品目・特定品目における設問番号をそれぞれ繰り下げの上、読み替えいただきますようお願い申し上げます。

（一般・農業用品目・特定品目共通）

問 11　次の物質同士の組合せのうち、互いに同素体であるものとして、**正しいもの**を選びなさい。

1　銀と水銀　　2　酸素とオゾン　　3　鉄とダイヤモンド
4　ゴム状硫黄と黄リン

問 12　次のうち、金属元素の原子からなる物質として、**正しいもの**を選びなさい。

1　黒鉛　　2　ヨウ素　　3　ナトリウム　　4　二酸化ケイ素

問 13　次のうち、三重結合をもつ分子として、**正しいもの**を選びなさい。

1　窒素　　2　水素　　3　アンモニア　　4　二酸化炭素

問 14　次のうち、一般に、物質の移動速度の違いを利用して、混合物を分離・精製する方法として、**正しいもの**を選びなさい。

1　抽出　　2　蒸留　　3　再結晶　　4　クロマトグラフィー

問 15　次のうち、水 80g に塩化ナトリウム 20g を溶かした水溶液の質量パーセント濃度として、**正しいもの**を選びなさい。

1　15 %　　2　20 %　　3　25 %　　4　30 %

問 16 次のうち、無極性分子として、**正しいもの**を選びなさい。

1 水　　2 メタン　　3 塩化水素　　4 アンモニア

問 17 次のうち、[　　]内に入る**正しい語句**の組合せを選びなさい。

> フェノールフタレイン溶液は、酸性では[A]の溶液であり、塩基性になったとき に溶液が[B]に変色する。

	A	B
1	赤色	青色
2	無色	青色
3	青色	赤色
4	無色	赤色

問 18 削除

問 19 次のうち、NaH(水素化ナトリウム)中の H の酸化数として、**正しいもの**を選びなさい。

1 −1　　2 0　　3 +1　　4 +2

問 20 次のうち、硫酸酸性の過マンガン酸カリウム水溶液と過酸化水素水を反応させたときに発生する気体として、**正しいもの**を選びなさい。

1 酸素　　2 窒素　　3 水素　　4 塩素

(農業用品目)

問 22 次のうち、酢酸(CH_3COOH)がもつ官能基の名称として、**正しいもの**を選びなさい。

1 アミノ基　　2 スルホ基　　3 ニトロ基　　4 カルボキシ基

(特定品目)

問 24 次のエタンが完全燃焼したときの化学反応式について、[　　]内に入る数字の組合せとして、**正しいもの**を選びなさい。

[ア] C_2H_6 + [イ] O_2 ⟶ [ウ] CO_2 + [エ] H_2O

	ア	イ	ウ	エ
1	2	5	3	2
2	3	6	2	3
3	2	6	2	3
4	2	7	4	6

問 25 次のうち、25 ℃における水素イオン指数 pH(ピーエイチ)に関する記述として、**正しいもの**を選びなさい。

1 水溶液の pH は、− 14 から 14 までである。
2 pH = 5 の水溶液は、アルカリ性である。
3 pH = 7 の水溶液は、中性である。
4 水素イオン濃度が 10 倍になると、pH は 1 大きくなる。

〔毒物及び劇物の性質及び 貯蔵その他の取扱方法〕

(一般)

問21 次のうち、キシレンに関する記述として、**正しいもの**を選びなさい。

1 黄色の液体で、無臭である。
2 水に溶けやすく、一般に溶剤として使用される。
3 オルト(*o*-)、メタ(*m*-)、パラ(*p*-)の異性体がある。
4 腐食性が極めて強い。

問22 次のうち、重クロム酸カリウムに関する記述として、**正しいもの**を選びなさい。

1 青色の柱状結晶である。
2 アルコールによく溶ける。
3 強力な還元剤である。
4 粘膜や皮膚への刺激性が強い。

問23 次のうち、水酸化ナトリウムに関する記述として、**正しいもの**を選びなさい。

1 青色、結晶性の軟らかい固体である。
2 水溶液は酸性反応を呈する。
3 空気中に放置すると、徐々に潮解する。
4 光により赤変するため、遮光して保存する。

問24 次のうち、シアン酸ナトリウムに関する記述として、**正しいもの**を選びなさい。

1 黒色の結晶性粉末である。
2 水に溶けにくく、エタノールによく溶ける。
3 強力な酸化剤である。
4 融点は 550 ℃で、熱に対して安定である。

問25 次のうち、ジメチル－(*N*－メチルカルバミルメチル)－ジチオホスフェイト(別名：ジメトエート)に関する記述として、**正しいもの**を選びなさい。

1 白色の固体である。
2 熱に対して安定である。
3 主に除草剤として用いられる。
4 アルカリ溶液中で安定である。

問26 次のうち、ジエチル－３，５，６－トリクロル－２－ピリジルチオホスフェイト(別名：クロルピリホス)の解毒剤として、**最も適切なもの**を選びなさい。

1 ジアゼパム
2 ペニシラミン
3 ジメルカプロール(BAL)
4 ２－ピリジルアルドキシムメチオダイド(PAM)

問27 次のうち、アクリルニトリルに関する記述として、**正しいもの**を選びなさい。

1 青色の液体である。
2 有機塩素化合物である。
3 空気や光によって重合する性質がある。
4 粘膜から吸収されると体内で分解し、クロロホルムを生成する。

問28 次のうち、ヒドロキシルアミンに関する記述として、**正しいもの**を選びなさい。

1 常温で安定である。
2 強力な酸化剤である。
3 水溶液は酸性反応を呈する。
4 体内で分解し、亜硝酸塩とアンモニアを生成する。

問 29　次の記述の［　　］に入る**正しい語句の組合せ**を選びなさい。

> 三酸化二砒素は強熱すると［ A ］の煙霧を生じ、この煙霧は少量の吸入であっても強い［ B ］がある。

	A	B
1	酸化砒素(Ⅲ)	麻酔作用
2	五塩化砒素	麻酔作用
3	酸化砒素(Ⅲ)	溶血作用
4	五塩化砒素	溶血作用

問 30　次のうち、ナトリウムの貯法に関する記述として、**正しいもの**を選びなさい。

1　少量なら褐色ガラス瓶を用い、多量ならば銅製シリンダーを用い、日光及び加熱を避け、風通しのよい場所に貯蔵する。
2　特定条件下で過酸化物を生成して重合するので、安定剤を添加し低温下で貯蔵する。
3　空気中にそのまま保存することができないので、通常石油中に貯蔵する。
4　空気に触れると発火するので、水中に沈めて瓶に入れ、さらに砂を入れた缶中に固定して、冷暗所に貯蔵する。

(農業用品目)

問 23　次のうち、シアン酸ナトリウムに関する記述として、**正しいもの**を選びなさい。

1　黒色の結晶性粉末である。　　2　水に溶けにくく、エタノールによく溶ける。
3　強力な酸化剤である。　　4　融点は 550 ℃で、熱に対して安定である。

問 24　次のうち、ジメチル－(*N* －メチルカルバミルメチル)－ジチオホスフェイト(別名：ジメトエート)に関する記述として、**正しいもの**を選びなさい。

1　白色の固体である。　　2　熱に対して安定である。
3　主に除草剤として用いられる。　　4　アルカリ溶液中で安定である。

問 25　次のうち、ジエチル－３，５，６－トリクロル－２－ピリジルチオホスフェイト(別名：クロルピリホス)の解毒剤として、**最も適切なもの**を選びなさい。

1　ジアゼパム　　2　ペニシラミン　　3　ジメルカプロール(BAL)
4　２－ピリジルアルドキシムメチオダイド(PAM)

問 26　次のうち、２，２’－ジピリジリウム－１，１’－エチレンジブロミド(別名：ジクワット) に関する記述として、**正しいもの**を選びなさい。

1　水に溶けにくい。　　2　白色の結晶性粉末である。
3　土壌等に強く吸着されて不活性化する。
4　アルカリ性で安定であるが、酸性では不安定である。

問 27　次のうち、２－(１－メチルプロピル)－フェニル－ *N* －メチルカルバメート(別名：フェノブカルブ)に関する記述として、**正しいもの**を選びなさい。

1　水に溶けやすい。
2　主に除草剤として用いられる。
3　無色透明の液体又はプリズム状の結晶である。
4　水酸化ナトリウム水溶液と加温して加水分解すると、溶液中にチオール類が生成される。

問 28　次のうち、(*RS*)－ α －シアノ－３－フェノキシベンジル＝(*RS*)－２－(４－クロロフェニル)－３－メチルブタノアート(別名：フェンバレレート)に関する記述として、**正しいもの**を選びなさい。

1 黄緑色の気体で、刺激臭がある。
2 白色のロウ状の固体で、空気中で自然発火することがある。
3 微黄色の結晶性粉末で、潮解性があり、空気中で徐々に酸化する。
4 黄褐色の粘稠(ねんちゅう)性液体で、熱や酸に安定であるが、光により分解する。

問 29　次のうち、ブロムメチルの貯法に関する記述として、**最も適切なもの**を選びなさい。

1 空気や光線に触れると赤変するので、遮光して貯蔵する。
2 亜鉛又はスズメッキをした鋼鉄製容器に入れ、高温に接しない場所に貯蔵する。
3 常温では気体なので、圧縮冷却して液化し、圧縮容器に入れ、冷暗所に貯蔵する。
4 空気中にそのまま貯蔵することができないので、通常石油中に貯蔵する。

問 30　次のうち、「毒物及び劇物の廃棄の方法に関する基準」で定めるジメチル－４－メチルメルカプト－３－メチルフェニルチオホスフェイト(別名：MPP)の廃棄方法として、**最も適切なもの**を選びなさい。

1 酸化法　　2 燃焼法　　3 活性汚泥法　　4 固化隔離法

(特定品目)

問 26　次のうち、キシレンに関する記述として、**正しいもの**を選びなさい。

1 黄色の液体で、無臭である。
2 水に溶けやすく、一般に溶剤として使用される。
3 オルト(*o*-)、メタ(*m*-)、パラ(*p*-)の異性体がある。
4 腐食性が極めて強い。

問 27　次のうち、重クロム酸カリウムに関する記述として、**正しいもの**を選びなさい。

1 青色の柱状結晶である。　2 アルコールによく溶ける。
3 強力な還元剤である。　4 粘膜や皮膚への刺激性が強い。

問 28　次のうち、水酸化ナトリウムに関する記述として、**正しいもの**を選びなさい。

1 青色、結晶性の軟らかい固体である。　2 水溶液は酸性反応を呈する。
3 空気中に放置すると、徐々に潮解する。
4 光により赤変するため、遮光して保存する。

問 29　次のうち、過酸化水素水に関する記述として、**正しいもの**を選びなさい。

1 酸化、還元の両作用を有している。
2 常温において徐々に窒素と水に分解する。
3 アルカリ存在下では、安定な化合物である。
4 赤褐色の液体で、強く冷却すると板状の結晶となる。

問 30　次のうち、ホルマリンに関する記述として、**正しいもの**を選びなさい。

1 褐色の液体で、無臭である。
2 空気中の酸素によって一部酸化され、塩酸を生じる。
3 低温ではパラホルムアルデヒドとなって析出し、混濁する。
4 フェーリング溶液とともに熱すると、白色の沈殿を生成する。

〔毒物及び劇物の識別及び取扱方法〕

（一般）

問 31　ヨウ素について、次の問題に答えなさい。

(1) 性状として、**正しいものを別紙から**選びなさい。
(2) ヨウ素の鑑識法に関する記述として、**適切なもの**を次のうちから選びなさい。

1　デンプンと反応すると藍色を呈し、これを熱すると退色し、冷えると再び藍色となる。
2　アルコール性の水酸化カリウムと銅紛とともに煮沸すると、黄赤色の沈殿を生成する。

問 32　硝酸銀について、次の問題に答えなさい。

(1) 性状として、**正しいものを別紙から**選びなさい。
(2) 硝酸銀の鑑識法に関する記述として、**適切なもの**を次のうちから選びなさい。

1　水溶液に硝酸を加え、さらにフクシン亜硫酸溶液を加えると、藍紫色を呈する。
2　水溶液に塩酸を加えると、白色の沈殿を生じる。その液に硫酸と銅紛を加えて熱すると、赤褐色の蒸気を生成する。

問 33　ピクリン酸について、次の問題に答えなさい。

(1) 性状として、**正しいものを別紙から**選びなさい。
(2) ピクリン酸の鑑識法に関する記述として、**適切なもの**を次のうちから選びなさい。

1　アルコール溶液は、白色の羊毛又は絹糸を鮮黄色に染める。
2　水溶液に濃塩酸を潤したガラス棒を近づけると、白い霧が生じる。

問 34　カリウムについて、次の問題に答えなさい。

(1) 性状として、**正しいものを別紙から**選びなさい。
(2) カリウムの鑑識法に関する記述として、**適切なもの**を次のうちから選びなさい。

1　白金線につけて熱すると、炎が青紫色となる。この炎は、コバルトの色ガラスをとおしてみると紅紫色となる。
2　白金線につけて熱すると、炎が黄色となる。この炎は、コバルトの色ガラスをとおしてみると見えなくなる。

問 35　硫酸第二銅について、次の問題に答えなさい。

(1) 性状として、**正しいものを別紙から**選びなさい。
(2) 硫酸第二銅の鑑識法に関する記述として、**適切なもの**を次のうちから選びなさい。

1　水溶液は、過マンガン酸カリウムを還元し、クロム酸塩を過クロム酸に変える。
2　水溶液に硝酸バリウムを加えると、白色の沈殿を生成する。

別　紙

1　金属光沢を持つ銀白色の軟らかい固体で、反応性に富む。
2　濃い藍色の結晶で、水溶液は青いリトマス試験紙を赤くし、酸性反応を呈する。
3　黒灰色、金属様の光沢ある稜板（りょうばん）状結晶で、熱すると紫菫（すみれ）色の蒸気を生成する。
4　無色透明の結晶で、光によって分解し黒変する。
5　淡黄色の光沢ある小葉状あるいは針状結晶で、徐々に熱すると昇華するが、急激な加熱あるいは衝撃により爆発する。

（農業用品目）

問31　クロルピクリンについて、次の問題に答えなさい。

(1) 性状として、**正しいものを別紙から**選びなさい。
(2) クロルピクリンの鑑識法に関する記述として、**適切なもの**を次のうちから選びなさい。

1　水溶液に銅屑を加え、熱すると藍色を呈し、その際に赤褐色の蒸気が発生する。
2　水溶液に金属カルシウムを加え、これにベタナフチルアミン及び硫酸を加えると、赤色の沈殿を生成する。

問32　２，３－ジヒドロ－２，２－ジメチル－７－ベンゾ［ *b* ］フラニル－ *N* －ジブチルアミノチオ－ *N* －メチルカルバマート(別名：カルボスルファン)について、次の問題に答えなさい。

(1) 性状として、**正しいものを別紙**から選びなさい。
(2) ２，３－ジヒドロ－２，２－ジメチル－７－ベンゾ［ *b* ］フラニル－ *N* －ジブチルアミノチオ－ *N* －メチルカルバマートの用途として、適切なものを次のうちから選びなさい。

1　除草剤　　2　殺虫剤

問33　２－ジフェニルアセチル－１，３－インダンジオン(別名：ダイファシノン)について、次の問題に答えなさい。

(1) 性状として、**正しいものを別紙**から選びなさい。
(2) ２－ジフェニルアセチル－１，３－インダンジオンの用途として、**適切なもの**を次のうちから選びなさい。

1　殺鼠(さっそ)剤　　2　植物成長調整剤

問34　弗(ふっ)化スルフリルについて、次の問題に答えなさい。

(1) 性状として、**正しいものを別紙から**選びなさい。
(2) 弗(ふっ)化スルフリルの用途として、**適切なもの**を次のうちから選びなさい。

1　殺虫剤　　2　除草剤

問35　１，１’－イミノジ(オクタメチレン)ジグアニジン(別名：イミノクタジン)について、 次の問題に答えなさい。

(1) 性状として、**正しいものを別紙から**選びなさい。
(2) １，１’－イミノジ(オクタメチレン)ジグアニジンの用途として、**適切なもの**を次のうちから選びなさい。

1　除草剤　　2　殺菌剤

別　紙

1　褐色の粘稠(ねんちゅう)な液体である。
2　三酢酸塩は白色の粉末である。
3　純品は無色の油状体で、市販品は通常微黄色である。催涙性があり、強い粘膜刺激臭を有する。
4　無色の気体で水に溶けにくく、アセトン及びクロロホルムに溶ける。
5　黄色の結晶性粉末で水に溶けず、アセトン及び酢酸に溶ける。

（特定品目）

問31　クロム酸ナトリウムについて、次の問題に答えなさい。

(1) 性状として、**正しいものを別紙から**選びなさい。
(2) クロム酸ナトリウムの用途として、**適切なもの**を次のうちから選びなさい。

1　工業用の還元剤　　2　工業用の酸化剤

問32　アンモニア水について、次の問題に答えなさい。

(1) 性状として、**正しいもの**を別紙から選びなさい。
(2) アンモニア水の鑑識法に関する記述として、**適切なもの**を次のうちから選びなさい。

1　塩酸を加えて中和した後、塩化白金溶液を加えると黄色、結晶性の沈殿を生じる。
2　過クロール溶液を加えると紫色を呈する。

問33　蓚（しゅうさん）酸について、次の問題に答えなさい。

(1) 性状として、**正しいものを別紙**から選びなさい。
(2) 蓚（しゅうさん）酸の鑑識法に関する記述として、**適切なもの**を次のうちから選びなさい。

1　水溶液に水酸化ナトリウムを加えて熱すると、クロロホルムの臭気をはなつ。
2　水溶液を酢酸で弱酸性にして酢酸カルシウムを加えると、結晶性の沈殿を生じる。

問34　酸化第二水銀について、次の問題に答えなさい。

(1) 性状として、**正しいもの**を別紙から選びなさい。
(2) 酸化第二水銀の鑑識法に関する記述として、**適切なもの**を次のうちから選びなさい。

1　小さな試験管に入れて熱すると、はじめ黒色に変わり、後に分解して金属を残し、さらに熱すると、完全に揮散してしまう。
2　ホルマリン一滴を加えたのち、濃硝酸一滴を加えるとばら色を呈する。

問35　硫酸について、次の問題に答えなさい。

(1) 性状として、**正しいもの**を別紙から選びなさい。
(2) 硫酸の鑑識法に関する記述として、適切なものを次のうちから選びなさい。

1　希釈水溶液に塩化バリウムを加えると、白色の沈殿を生ずるが、この沈殿は塩酸や硝酸に溶けない。
2　希釈水溶液に塩化バリウムを加えると、赤褐色の沈殿を生ずるが、この沈殿は塩酸や硝酸に溶ける。

別　紙

1　十水和物は、黄色の結晶で、潮解性がある。
2　結晶水を有する無色、稜（りょうちゅう）柱状の結晶で、乾燥空気中で風化する。
3　無色透明、油様の液体であり、濃いものは猛烈に水を吸収する。
4　赤色又は黄色の粉末で、水にほとんど溶けないが、酸には容易に溶ける。
5　無色透明、揮発性の液体で、鼻をさすような臭気があり、アルカリ性を呈する。

千葉県
令和元年度実施

〔筆記：毒物及び劇物に関する法規〕
(一般・農業用品目・特定品目共通)

問１　次の各設問に答えなさい。

(1) 次の文章は、毒物及び劇物取締法の条文である。文中の(　)に当て はまる語句の組み合わせとして、正しいものを下欄から一つ選びなさい。

(第一条)

この法律は、毒物及び劇物について、保健衛生上の見地から必要な(ア) を行うことを目的とする。

(第二条第二項)

この法律で「劇物」とは、別表第二に掲げる物であつて、(イ)及び (ウ)以外のものをいう。

〔下欄〕

	ア	イ	ウ
1	指導	医薬品	危険物
2	指導	劇薬	医薬部外品
3	取締	医薬品	危険物
4	取締	劇薬	危険物
5	取締	医薬品	医薬部外品

(2) 次の文章は、毒物及び劇物取締法の条文である。文中の(　)に当てはまる語句の組み合わせとして、正しいものを下欄から一つ選びなさい。

(第三条第三項抜粋)

毒物又は劇物の販売業の登録を受けた者でなければ、毒物又は劇物を販売し、授与し、又は販売若しくは授与の目的で(ア)し、運搬し、若しくは(イ)してはならない。

(第三条の二第二項)

毒物若しくは劇物の輸入業者又は特定毒物(ウ)でなければ、特定毒物を輸入してはならない。

〔下欄〕

	ア	イ	ウ
1	所持	陳列	研究者
2	所持	広告	使用者
3	貯蔵	陳列	研究者
4	貯蔵	広告	使用者
5	貯蔵	広告	研究者

(3)　次の文章は、毒物及び劇物取締法の条文である。文中の(　)に当てはまる語句の組み合わせとして、正しいものを下欄から一つ選びなさい。
なお、2か所の(イ)にはどちらも同じ語句が入る。

(第三条の三)
興奮、(ア)又は麻酔の作用を有する毒物又は劇物(これらを含有する物を含む。)であつて政令で定めるものは、みだりに摂取し、若しくは吸入し、又はこれらの目的で(イ)してはならない。

(第二十四条の二抜粋)
次の各号のいずれかに該当する者は、二年以下の懲役若しくは百万円以下の罰金に処し、又はこれを併科する。
一　みだりに摂取し、若しくは吸入し、又はこれらの目的で(イ)することの情を知つて第三条の三に規定する政令で定める物を(ウ)した者

〔下欄〕

	ア	イ	ウ
1	幻覚	所持	販売し、又は授与
2	幻覚	譲渡	製造し、又は輸入
3	幻覚	譲渡	販売し、又は授与
4	覚醒	譲渡	販売し、又は授与
5	覚醒	所持	製造し、又は輸入

(4)　次の文章は、毒物及び劇物取締法の条文である。文中の(　)に当てはまる語句の組み合わせとして、正しいものを下欄から一つ選びなさい。

(第八条第二項)
次に掲げる者は、前条の毒物劇物取扱責任者となることができない。
一　(ア)未満の者
二　(イ)の障害により毒物劇物取扱責任者の業務を適正に行うことができない者として厚生労働省令で定めるもの
三　麻薬、大麻、あへん又は覚せい剤の(ウ)
四　毒物若しくは劇物又は薬事に関する罪を犯し、罰金以上の刑に処せられ、その執行を終り、又は執行を受けることがなくなつた日から起算して(エ)を経過していない者

〔下欄〕

	ア	イ	ウ	エ
1	十八歳	身体	使用者	三年
2	十八歳	心身	中毒者	五年
3	十八歳	心身	中毒者	三年
4	二十歳	心身	使用者	五年
5	二十歳	身体	中毒者	五年

(5) 次の文章は、毒物及び劇物取締法及び同法施行規則の条文である。文中の(　)に当てはまる語句の組み合わせとして、正しいものを下欄から一つ選びなさい。

(法第十条第二項)

特定毒物研究者は、次の各号のいずれかに該当する場合には、三十日以内に、その主たる研究所の所在地の都道府県知事にその旨を届け出なければならない。

一　氏名又は住所を変更したとき。

二　その他厚生労働省令で定める事項を変更したとき。

三　当該研究を(ア)したとき。

(施行規則第十条の三)

法第十条第二項第二号に規定する厚生労働省令で定める事項は、次のとおりとする。

一　主たる研究所の名称又は所在地

二　特定毒物を必要とする研究事項

三　特定毒物の(イ) 四 主たる研究所の(ウ)次の文章は、毒物及び劇物取締法の条文である。

〔下欄〕

	ア	イ	ウ
1	廃止	品目	代表者
2	廃止	品目	設備の重要な部分
3	廃止	数量	代表者
4	休止	数量	設備の重要な部分
5	休止	品目	代表者

(6) 次の文章は、毒物及び劇物取締法及び同法施行規則の条文である。文中の(　)に当てはまる語句の組み合わせとして、正しいものを下欄から一つ選びなさい。

(法第十一条抜粋)

2　毒物劇物営業者及び特定毒物研究者は、毒物若しくは劇物又は毒物若しくは劇物を含有する物であつて政令で定めるものがその製造所、営業所若しくは店舗又は研究所の外に飛散し、漏れ、流れ出、若しくはしみ出、又はこれらの施設の地下にしみ込むことを防ぐのに必要な措置を講じなければならない。

3　毒物劇物営業者及び特定毒物研究者は、その製造所、営業所若しくは 店舗又は研究所の外において毒物若しくは劇物又は前項の政令で定める物を(ア)する場合には、これらの物が飛散し、漏れ、流れ出、又はしみ出ることを防ぐのに必要な措置を講じなければならない。

4　毒物劇物営業者及び特定毒物研究者は、毒物又は厚生労働省令で定め る劇物については、その容器として、(イ)の容器として通常使用される物を使用してはならない。

(施行規則第十一条の四)

法第十一条第四項に規定する劇物は、(ウ)とする。

〔下欄〕

	ア	イ	ウ
1	保管	飲食物	液体状の劇物
2	保管	農薬	すべての劇物
3	運搬	飲食物	すべての劇物
4	運搬	農薬	すべての劇物
5	運搬	農薬	液体状の劇物

(7) 次の文章は、毒物及び劇物取締法の条文である。文中の(　)に当てはまる語句の組み合わせとして、正しいものを下欄から一つ選びなさい。

(第十三条)
毒物劇物営業者は、政令で定める毒物又は劇物については、厚生労働省令で定める方法により(ア)したものでなければ、これを(イ)として(ウ)してはならない。

〔下欄〕

	ア	イ	ウ
1	着色	販売し、	販売し、又は授与
2	着色	製造し、	製造し、又は輸入
3	着色	販売し、	販売し、又は授与
4	表示	販売し、	販売し、又は授与
5	表示	製造し、	製造し、又は輸入

(8) 次の文章は、毒物及び劇物取締法の条文である。文中の(　)に当てはまる語句の組み合わせとして、正しいものを下欄から一つ選びなさい。

(第十四条第一項)
毒物劇物営業者は、毒物又は劇物を他の毒物劇物営業者に販売し、又は授与したときは、(ア)、次に掲げる事項を書面に記載しておかなければならない。
一　毒物又は劇物の名称及び(イ)
二　販売又は授与の年月日
三　譲受人の氏名、(ウ)及び住所(法人にあつては、その名称及び主 たる事務所の所在地)

〔下欄〕

	ア	イ	ウ
1	初回のみ	製造番号	年齢
2	初回のみ	数量	年齢
3	その都度	数量	職業
4	その都度	製造番号	職業
5	その都度	数量	年齢

(9) 次の文章は、毒物及び劇物取締法の条文である。文中の(　)に当てはまる語句の組み合わせとして、正しいものを下欄から一つ選びなさい。
なお、2か所の(ア)にはどちらも同じ語句が入る。

(第二十二条第一項)
政令で定める事業を行う者であつてその業務上(ア)又は政令で定めるその他の毒物若しくは劇物を取り扱うものは、事業場ごとに、その業務上これらの毒物又は劇物を取り扱うこととなつた日から三十日以内に、厚生労働省令の定めるところにより、次の各号に掲げる事項を、その事業場の所在地の都道府県知事(その事業場の所在地が保健所を設置する市又は特別区の区域にある場合においては、市長又は区長。第三項において同じ。)に届け出なければならない。
一　氏名又は住所(法人にあつては、その名称及び主たる事務所の所在地)
二　(ア)又は政令で定めるその他の毒物若しくは劇物のうち取り扱う毒物又は劇物の(イ)
三　事業場の(ウ)
四　その他厚生労働省令で定める事項

〔下欄〕

	ア	イ	ウ
1	シアン化カリウム	品目	所在地
2	シアン化カリウム	数量	構造設備
3	シアン化カリウム	数量	所在地
4	シアン化ナトリウム	品目	構造設備
5	シアン化ナトリウム	品目	所在地

(10) 次の文章は、毒物及び劇物取締法施行令の条文である。文中の(　　)に当てはまる語句の組み合わせとして、正しいものを下欄から一つ選びなさい。

(第四十条の六第一項)

毒物又は劇物を車両を使用して、又は鉄道によつて運搬する場合で、当該運搬を他に委託するときは、その荷送人は、(ア)に対し、あらかじめ、当該毒物又は劇物の名称、成分及びその含量並びに数量並びに事故の際に講じなければならない応急の措置の内容を(イ)しなければならない。ただし、厚生労働省令で定める(ウ)以下の毒物又は劇物を運搬する場合は、この限りでない。

〔下欄〕

	ア	イ	ウ
1	運送人	記載した書面を交付	数量
2	運送人	告知	含量
3	運送人	記載した書面を交付	含量
4	荷受人	記載した書面を交付	含量
5	荷受人	告知	数量

(11) 毒物及び劇物取締法第三条の四の規定により、引火性、発火性又は爆発性を有する物であつて、業務その他正当な理由による場合を除いては、所持してはならないものとして同法施行令第三十二条の三で定められているものを下欄から一つ選びなさい。

〔下欄〕

1 アクロレイン　　2 黄燐(りん)　　3 ナトリウム　　4 メタノール
5 ニトロベンゼン

(12) 毒物及び劇物取締法第二十二条第一項、同法施行令第四十一条及び第四十二条の規定により、業務上取扱者としての届出が必要なものの組み合わせとして、正しいものを欄から一つ選びなさい。

ア　水酸化ナトリウムを使用して清掃を行う事業
イ　シアン化カリウムを使用して電気めつきを行う事業
ウ　シアン化カリウムを使用してしろありの防除を行う事業
エ　シアン化ナトリウムを使用して金属熱処理を行う事業

〔下欄〕

1(ア・イ)　　2(ア・ウ)　　3(イ・ウ)　　4(イ・エ)　　5(ウ・エ)

(13)　毒物及び劇物取締法の規定に照らし、毒物劇物取扱責任者に関する次の記述の正誤の組み合わせとして、正しいものを下欄から一つ選びなさい。

ア　一般毒物劇物取扱者試験に合格した者は、農業用品目販売業の店舗で毒物劇物取扱責任者となることができる。
イ　毒物劇物営業者が、自ら毒物劇物取扱責任者としてその製造所、営業所又は店舗において毒物又は劇物による保健衛生上の危害の防止に当たる場合には、他に毒物劇物取扱責任者を置く必要はない。
ウ　特定品目毒物劇物取扱者試験の合格者は、法第二条第三項に定める特定毒物を取り扱う輸入業の営業所において、毒物劇物取扱責任者となることができる。

〔下欄〕

	ア	イ	ウ
1	正	正	正
2	正	正	誤
3	正	誤	誤
4	誤	正	誤
5	誤	誤	正

(14)　毒物及び劇物取締法の規定に照らし、毒物又は劇物の表示に関する次の記述の正誤の組み合わせとして、正しいものを下欄から一つ選びなさい。

ア　毒物劇物営業者は、毒物の容器及び被包に、「医薬用外」の文字及び黒地に白色をもつて「毒物」の文字を表示しなければならない。
イ　毒物劇物営業者は、劇物の容器及び被包に、「医薬用外」の文字及び赤地に白色をもつて「劇物」の文字を表示しなければならない。
ウ　特定毒物研究者は、劇物を貯蔵する場所に、「医薬用外」の文字及び「劇物」の文字を表示しなければならない。

〔下欄〕

	ア	イ	ウ
1	正	正	誤
2	正	誤	正
3	誤	正	正
4	誤	正	誤
5	誤	誤	正

(15)　次のうち、毒物及び劇物取締法施行規則の規定に照らし、毒物劇物営業者が有機燐（りん）化合物を含有する製剤たる劇物を販売するときに、その容器及び被包に表示しなければならない解毒剤として、正しい組み合わせを下欄から一つ選びなさい。

ア　チオ硫酸ナトリウムの製剤
イ　ジメルカプロール（別名 BAL）の製剤
ウ　2－ピリジルアルドキシムメチオダイド（別名 PAM）の製剤
エ　硫酸アトロピンの製剤

〔下欄〕

1（ア・イ）	2（ア・エ）	3（イ・ウ）	4（イ・エ）	5（ウ・エ）

(16)　毒物及び劇物取締法の規定に照らし、毒物劇物監視員に関する次の記述の正誤の組み合わせとして、正しいものを下欄から一つ選びなさい。

ア　毒物劇物監視員は、その身分を示す証票を携帯し、関係者の請求があるときは、これを提示しなければならない。
イ　毒物劇物監視員は、毒物劇物販売業者の店舗から試験のため必要な最小限度の分量に限り、劇物を収去することができる。
ウ　毒物劇物監視員は、犯罪捜査のために毒物劇物輸入業者の営業所に立入検査することができる。

	ア	イ	ウ
1	正	正	正
2	正	正	誤
3	正	誤	正
4	誤	誤	正
5	誤	誤	誤

(17)　毒物及び劇物取締法の規定に照らし、特定毒物研究者に関する次の記述について、正しいものを下欄から一つ選びなさい。

1　特定毒物研究者としての許可を受けるためには、毒物劇物特定品目販 売業の登録が必要である。
2　特定毒物研究者は、特定毒物を輸入することができない。
3　特定毒物研究者は、特定毒物を学術研究以外の用途に供してはならない。
4　特定毒物研究者は、特定毒物を使用することはできるが、製造してはならない。
5　特定毒物研究者は、特定毒物使用者に対し、全ての特定毒物を譲り渡すことができる。

(18)　毒物及び劇物取締法施行規則の規定に照らし、毒物又は劇物の製造所の設備に関する次の記述の正誤の組み合わせとして、正しいものを下欄から一つ選びなさい。

ア　毒物又は劇物の貯蔵設備は、毒物又は劇物とその他の物とを区分して貯蔵できるものでなければならない。
イ　毒物又は劇物を貯蔵する場所が、性質上かぎをかけることができないものであるときは、その周囲に堅固なさくを設けなければならない。
ウ　毒物又は劇物の運搬用具は、毒物又は劇物が飛散し、漏れ、又はしみ出るおそれがないものでなければならない。

	ア	イ	ウ
1	正	正	正
2	正	誤	正
3	正	誤	誤
4	誤	正	誤
5	誤	正	正

(19)　毒物及び劇物取締法の規定に照らし、毒物又は劇物の事故が起きた場合の措置に関する次の記述の正誤の組み合わせとして、正しいものを下欄から一つ選びなさい。

ア　毒物劇物営業者は、その取扱いに係る劇物が飛散した場合、保健衛生上の危害を防止するために必要な応急の措置を講じなければならない。
イ　毒物劇物営業者は、その取扱いに係る毒物が漏れた場合において、多数の者について保健衛生上の危害が生ずるおそれがあるときは、直ちに、その旨を保健所、警察署又は消防機関に届け出なければならない。
ウ　毒物劇物営業者は、その取扱いに係る毒物を紛失したときは、三十日以内にその旨を警察署に届け出なければならない。

	ア	イ	ウ
1	正	正	正
2	正	正	誤
3	正	誤	正
4	誤	正	誤
5	誤	誤	正

(20)　毒物及び劇物取締法施行令及び毒物及び劇物取締法施行規則の規定に照らし、ジメチル硫酸 5,000 キログラムを、車両を使用して一回で運搬する場合の基準に関する次の記述の正誤の組み合わせとして、正しいものを下欄から一つ選びなさい。

ア　一人の運転者による運転時間が一日当たり九時間を超える場合は、交替して運転する者を同乗させること。
イ　車両の前後の見やすい箇所に、〇・三メートル平方の板に地を黒色、文字を白色として「毒」と表示した標識を掲げること。
ウ　車両には、防毒マスク、ゴム手袋その他事故の際に応急の措置を講ずるために必要な保護具を少なくとも一人分以上備えること。

	ア	イ	ウ
1	正	正	誤
2	正	誤	正
3	誤	正	正
4	誤	正	誤
5	誤	誤	正

〔筆記：基礎化学〕
（一般・農業用品目・特定品目共通）

問2 次の各設問に答えなさい。

(21) 電気陰性度の最も大きなものはどれか。正しいものを下欄から一つ選びなさい。

〔下欄〕

1 H	2 F	3 Na	4 P	5 I

(22) アンモニア分子(NH_3)の共有電子対は何組あるか。正しいものを下欄 から一つ選びなさい。

〔下欄〕

1 1組	2 2組	3 3組	4 4組	5 共有電子対なし

(23) 次のアからエの記述について、正しいものの組み合わせを下欄から一つ 選びなさい。

ア 原子は、原子核といくつかの陽子でできている。
イ 電子の質量と中性子の質量は、ほとんど同じである。
ウ 原子核の中の陽子の数と中性子の数の和を質量数という。
エ 原子核に含まれる陽子の数を原子番号という。

〔下欄〕

1（ア・イ）	2（ア・エ）	3（イ・ウ）	4（イ・エ）	5（ウ・エ）

(24) 黄緑色の炎色反応を示すものはどれか。正しいものを下欄から一つ選びなさい。

〔下欄〕

1 Na	2 Li	3 Ba	4 Sr	5 Ca

(25) アルカリ土類金属に属するものはどれか。正しいものを下欄から一つ選びなさい。

〔下欄〕

1 Hg	2 Au	3 Li	4 Ca	5 Na

(26) 次の金属のイオン化列について、（ ）に当てはまる金属の正しい組み合わせを下欄から一つ選びなさい。

K ＞ Ca ＞(ア)＞ Mg ＞ Al ＞(イ)＞ Fe ＞ Ni ＞ Sn ＞ Pb ＞
Cu ＞ Hg ＞ Ag ＞(ウ)＞ Au

〔下欄〕

	ア	イ	ウ
1	Zn	Pt	Na
2	Pt	Zn	Na
3	Na	Zn	Pt
4	Zn	Na	Pt
5	Na	Pt	Zn

(27)　次のうち、分子量が最も小さいものはどれか。正しいものを下欄から一 つ選びなさい。ただし、原子量を H=1、C=12、O=16、S=32 とする。

〔下欄〕

1 ホルムアルデヒド	2 フェノール	3 酢酸	4 酢酸エチル	5 硫酸

(28)　次のうち、三価アルコールであるものはどれか。正しいものを下欄から 一つ選びなさい。

〔下欄〕

1 エタノール	2 フェノール	3 イソプロパノール
4 グリセリン	5 エチレングリコール	

(29)　次のうち、酢酸の官能基はどれか。正しいものを下欄から一つ選びなさい。

下欄

1 アルデヒド基	2 カルボキシル基	3 アミノ基
4 ニトロ基	5 スルホン基	

(30)　次のうち、二重結合をもつ化合物はどれか。正しいものを下欄から一つ選びなさい。

〔下欄〕

1 エタノール	2 アセチレン	3 エチレン	4 ブタン	5 メタン

(31)　次のうち、水上置換法による捕集が最も適している気体はどれか。正しいものを下欄から一つ選びなさい。

〔下欄〕

1 HCl	2 O_2	3 Cl_2	4 NO_2	5 NH_3

(32)　次の記述が当てはまる法則名はどれか。正しいものを下欄から一つ選びなさい。
「平衡の条件を変化させると、その変化による影響を緩和する方向に平衡が移動する。」

〔下欄〕

1 ボイル・シャルルの法則	2 アボガドロの法則	3 ヘスの法則
4 ファラデーの法則	5 ルシャトリエの法則	

(33)　プロパン 1mol が完全燃焼したときに発生する二酸化炭素の量は何 g か。正しいものを下欄から一つ選びなさい。ただし、原子量を H=1、C=12、 O=16 とする。

〔下欄〕

1 16g	2 32g	3 44g	4 88g	5 132g

(34)　次の指示薬のうち、酸性では呈色せず、pH10 以上のアルカリ性で赤色を呈するものはどれか。正しいものを下欄から一つ選びなさい。

〔下欄〕

1 メチルレッド	2 リトマス試験紙	3 メチルオレンジ
4 フェノールフタレイン	5 ブロモチモールブルー	

(35)　水に最も溶けやすい溶媒はどれか。正しいものを下欄から一つ選びなさ い。

〔下欄〕

1　ベンゼン	2　メタノール	3　キシレン
4　トルエン	5　クロロホルム	

(36)　水酸化ナトリウム 2.0g を水に溶かして 100mL にした。この水溶液のモル濃度は、何 mol/L か。正しいものを下欄から一つ選びなさい。ただし、原子量を H=1、O=16、Na=23 とする。

〔下欄〕

1　0.1mol/L	2　0.2mol/L	3　0.5mol/L	4　1.0mol/L	5　5.0mol/L

(37)　次のうち、過マンガン酸イオン(MnO_4^-)中のマンガン原子の酸化数はどれか。正しいものを下欄から一つ選びなさい。

〔下欄〕

1　＋2	2　＋3	3　＋5	4　＋7	5　＋9

(38)　次の記述について、正しいものを下欄から一つ選びなさい。

〔下欄〕

1　物質が水素を失ったとき、その物質は還元されたという。
2　還元剤は相手物質を酸化し、還元剤自身は還元される物質である。
3　水分子の水素原子の酸化数は 0 である。
4　物質が電子を失うとき、その物質は酸化されたという。
5　化合物中の成分元素(原子)の酸化数の総和は1である。

(39)　食塩水を電気分解したとき陽極に発生する気体はどれか。正しいものを下欄から一つ選びなさい。

〔下欄〕

1　塩化水素	2　二酸化炭素	3　水素	4　塩素	5　酸素

(40)　アミノ酸の検出に用いられる反応はどれか。正しいものを下欄から一つ 選びなさい。

〔下欄〕

1　ヨードホルム反応	2　ニンヒドリン反応	3　銀鏡反応
4　ヨウ素デンプン反応	5　フェーリング反応	

〔筆記：毒物及び劇物の性質及び貯蔵その他取扱方法〕

(一般)

問3　次の物質の貯蔵方法について、最も適切なものを下欄からそれぞれ一つ選びなさい。

(41)黄燐(りん)　　(42)ブロムメチル　　(43)ピクリン酸
(44)ナトリウム　　(45)シアン化カリウム

〔下欄〕

1　鉄、銅、鉛等の金属容器は使用せず、火気に対し安全で隔離された場所に、硫黄、ガソリン、アルコール等と離して保管する。
2　少量ならばガラス瓶(びん)、多量ならばブリキ缶又は鉄ドラムを用い、酸類 とは離して、風通しのよい乾燥した冷所に密封して保存する。
3　常温では気体なので、圧縮冷却して液化し、圧縮容器に入れ、直射日 光その他、温度上昇の原因を避けて、冷暗所に貯蔵する。
4　空気に触れると発火しやすいので、水中に沈めて瓶(びん)に入れ、さらに砂を入れた缶中に固定して、冷暗所に保管する。
5　空気中にそのまま保存することはできないので、通常石油中に保管する。冷所で雨水などの漏れが絶対にない場所に保存する。

問4　次の物質の性状等について、最も適切なものを下欄からそれぞれ一つ選びなさい。

(46)クラーレ　　(47)塩化第一銅　　(48)硫酸タリウム
(49)キノリン　　(50)セレン

〔下欄〕

1　無色の結晶で、水に難溶、熱湯に可溶である。農業用劇物として販売されている製剤は、あせにくい黒色で着色されている。
2　白色又は帯灰白色の結晶性粉末である。空気で酸化されやすく緑色と なり、光により褐色を呈する。
3　無色又は淡黄色の不快臭の吸湿性の液体である。熱水、アルコール、 エーテル、二硫化炭素に溶ける。
4　黒又は黒褐色の塊状あるいは粒状である。猛毒性アルカロイドを含有する。
5　灰色の金属光沢を有するペレット又は黒色の粉末で、水に溶けないが、硫酸に溶ける。

問5　次の物質の代表的な用途について、最も適切なものを下欄からそれぞれ一つ選びなさい。

(51)シアン酸ナトリウム　　(52)アジ化ナトリウム　　(53)四エチル鉛　　(54)過酸化ナトリウム　　(55)エチレンオキシド

〔下欄〕

1　工業用の酸化剤、漂白剤　　2　ガソリンのアンチノック剤
3　アルキルエーテル等の有機合成原料、燻(くん)蒸消毒、殺菌剤
4　試薬、試薬・医療検体の防腐剤、エアバッグのガス発生剤
5　除草剤、鋼の熱処理

問6　次の物質の毒性について、最も適切なものを下欄からそれぞれ一つ選びなさい。

(56) 蓚酸　(57) メタノール　(58) ＥＰＮ※
(59) 沃素　(60) クロルピクリン

〔下欄〕

1　吸入すると、分解されずに組織内に吸収され、各器官が障害される。血液中でメトヘモグロビンを生成、また中枢神経や心臓、眼結膜を侵し、肺も強く障害する。
2　吸入するとコリンエステラーゼ阻害作用により、頭痛、めまい、嘔吐等の症状を呈し、重症の場合には、縮瞳、意識混濁、全身痙攣 けいれん 等を起こす。
3　血液中のカルシウム分を奪取し、神経系を侵す。急性中毒症状は、胃痛、嘔吐、口腔・咽頭の炎症、腎障害。　4　頭痛、めまい、嘔吐 、下痢等を起こし、視神経が侵され、眼がかすみ、失明することがある。
5　皮膚に触れると褐色に染め、その揮散する蒸気を吸入すると、めまいや頭痛を伴う酩酊 めいてい を起こすことがある。

※ エチルパラニトロフエニルチオノベンゼンホスホネイト

（農業用品目）

問3　次の物質の性状等について、最も適切なものを下欄からそれぞれ一つ選びなさい。

(41) クロルピクリン　(42) フェンバレレート※　(43) 硫酸第二銅　(44) 硫酸亜鉛　(45) モノフルオール酢酸ナトリウム

〔下欄〕

1　濃い藍色の結晶で、風解性がある。水に可溶、水溶液は酸性である。
2　白色の重い粉末で、吸湿性があり、からい味と酢酸の臭いを有する。冷水に易溶。有機溶媒に不溶。
3　黄褐色の粘 稠性液体で、水に不溶。メタノール、アセトニトリル、酢酸 エチルに可溶。熱、酸に安定で、アルカリに不安定、光で分解する。
4　純品は無色の油状体で、市販品は通常微黄色を呈している。催涙性、粘膜刺激臭がある。アルコール、エーテル等に可溶。酸、アルカリには安定である。
5　一般的には七水和物が流通している。七水和物は、白色結晶で、水及びグリセリンに可溶。

※ (RS)－α－シアノ－３－フエノキシベンジル＝(RS)－２－（４－クロロフエニル）－３－メチルブタノアートジメチル－４－メチルメルカプト－３－メチルフエニルチオホスフエイト

問4　次の物質の毒性等について、最も適切なものを下欄からそれぞれ一つ選 びなさい。

(46) ＥＰＮ※　(47) シアン化ナトリウム　(48) ニコチン
(49) アニリン

〔下欄〕

1　猛烈な神経毒で、急性中毒では、よだれ、吐気、悪心、嘔吐（おうと）があり、 次いで脈拍緩徐不整となり、発汗、瞳孔縮小、意識喪失、呼吸困難、痙攣（けいれん）をきたす。慢性中毒では、咽頭、喉頭等のカタル、心臓障害、視力減弱、 めまい、動脈硬化等をきたし、ときに精神異常を引き起こす。 2　吸入するとコリンエステラーゼ阻害作用により、頭痛、めまい、嘔吐（おうと）等の症状を呈し、重症の場合には、縮瞳、意識混濁、全身痙攣 けいれん 等を起こす。 3　血液に作用してメトヘモグロビンをつくり、チアノーゼを引き起こす。急性中毒では、顔面、口唇、指先等にチアノーゼが現れ、重症では さらにチアノーゼが著しくなる。脈拍、血圧は最初に亢進（こうしん）した後下降し、 嘔吐（おうと）、下痢、腎臓炎、痙攣（けいれん）、意識喪失を引き起こし、さらに死亡するこ ともある。 4　酸と反応すると有毒ガスを生成する。吸入した場合、頭痛、めまい、意識不明、呼吸麻痺等を起こす。 5　中毒は、生体細胞内の TCA サイクルの阻害によって主として起こる。主な中毒症状は激しい嘔吐（おうと）が繰り返され、胃の疼（とう）痛を訴え、しだいに意識が混濁し、てんかん性痙攣（けいれん）、脈拍の遅緩が起こり、チアノーゼ、 血圧下降をきたす。

※　エチルパラニトロフエニルチオノベンゼンホスホネイト

問5　次の物質の代表的な用途について、最も適切なものを下欄からそれぞれ一つ選びなさい。

(50)エマメクチン安息香酸塩　(51)イミノクタジン※1　(52)ナラシン　(53)ダイファシノン※2　(54)塩素酸ナトリウム

〔下欄〕

1　殺虫剤	2　除草剤	3　殺菌剤	4　飼料添加物	5　殺鼠（そ）剤

※1　1・1´－イミノジ(オクタメチレン)ジグアニジン
※2　2－ジフエニルアセチル－1・3－インダンジオン

問6　次の物質の貯蔵方法について、最も適切なものを下欄からそれぞれ一つ選びなさい。

(55)ブロムメチル　(56)ロテノン　(57)アンモニア水

〔下欄〕

1　揮発しやすいので、密栓して保管する。 2　空気中の湿気に触れると徐々に分解し、有毒ガスを発生するので密封容器に貯蔵する。 3　酸素によって分解するので、空気と光線を遮断して保管する。 4　少量ならばガラス瓶（びん）、多量ならばブリキ缶又は鉄ドラムを用い、酸類とは離して、風通しのよい乾燥した冷所に密封して保存する。 5　常温では気体なので、圧縮冷却して液化し、圧縮容器に入れ、直射日光その他、温度上昇の原因を避けて、冷暗所に貯蔵する。

問７　次のジメチルジチオホスホリルフエニル酢酸エチル(別名フェントエート、PAP)に関する記述について、(　　)に当てはまる語句として、最も適切なものを下欄からそれぞれ一つずつ選びなさい。

フェントエートは(58)の油状の液体で、水に不溶である。(59)系農薬で、主な用途は(60)である。硫酸タリウムは(57)の結晶で、組成式は(58)で表される。

(58)
〔下欄〕

1　青色	2　赤褐色	3　白色	4　無色	5　黒色

(59)
〔下欄〕

1　カーバメート	2　有機燐(りん)	3　有機塩素	4　ピレスロイド	5　ネオニコチノイド

(60)
〔下欄〕

1　殺虫剤	2　除草剤	3　植物成長促進剤	4　殺鼠(そ)剤	5　殺菌剤

(特定品目)

問３　次の物質の性状について、最も適切なものを下欄からそれぞれ一つ選びなさい。

(41)過酸化水素水　(42)硅弗(けいふつ)化ナトリウム　(43)四塩化炭素　(44)塩化水素　(45)一酸化鉛

〔下欄〕

1　無色の刺激臭をもつ気体で、湿った空気中で激しく発煙する。
2　揮発性、麻酔性の芳香を有する無色の重い液体で、水には溶けにくいが、アルコール、エーテル、クロロホルム等には溶ける。不燃性である。
3　無色透明の液体で、常温において徐々に酸素と水に分解する。強い酸化力と還元力を併有している。
4　重い粉末で黄色から赤色までのものがある。水にはほとんど溶けない。酸、アルカリには溶ける。
5　白色の結晶である。水に溶けにくく、アルコールには溶けない。

問４　次の物質の貯蔵方法等について、最も適切なものを下欄からそれぞれ一つ選びなさい。

(46)水酸化ナトリウム　(47)過酸化水素水　(48)四塩化炭素
(49)キシレン　(50)クロロホルム

〔下欄〕

1　少量ならば褐色ガラス瓶、大量ならばカーボイ等を使用し、３分の１ の空間を保って貯蔵する。日光の直射を避け、冷所に有機物、金属塩、 樹脂、油類、その他有機性蒸気を放出する物質と引き離して貯蔵する。
2　二酸化炭素と水を吸収する性質が強いため、密栓して保管する。
3　亜鉛又は錫メッキをした鋼鉄製容器で保管する。沸点は 76 ℃のため、 高温に接しない場所に保管する。
4　引火しやすく、また、その蒸気は空気と混合して爆発性混合ガスとなるので火気を避けて貯蔵する。
5　冷暗所に貯蔵する。純品は空気と日光によって変質するので、少量のアルコールを加えて分解を防止する。

問５　次の物質の毒性について、最も適切なものを下欄からそれぞれ一つ選びなさい。

(51) 蓚酸　(52) 塩素　(53) クロム酸ナトリウム
(54) 四塩化炭素　(55) メチルエチルケトン

〔下欄〕

1　蒸気を吸入すると、はじめ頭痛、悪心等をきたし、黄疸のように角膜 が黄色となり、しだいに尿毒症様を呈し、重症なときは死亡する。皮膚に触れた場合、皮膚を刺激し、湿疹を生成する。
2　血液中のカルシウム分を奪取し、神経系を侵す。急性中毒症状は、胃痛、嘔吐、口腔・咽喉の炎症、腎障害。
3　口と食道が赤黄色に染まり、のち青緑色に変化する。腹痛を起こし、 血の混じった便をする。重症になると、尿に血が混じり、痙攣を起こし、さらに気を失う。
4　吸入により、窒息感、喉頭及び気管支筋の強直をきたし、呼吸困難におちいる。
5　皮膚に触れた場合、皮膚を刺激して乾性の炎症（鱗状症）を起こす。

問６　次の物質の代表的な用途について、最も適切なものを下欄からそれぞれ一つ選びなさい。

(56) 水酸化ナトリウム　(57) キシレン　(58) 塩素
(59) 塩化水素　(60) ホルマリン

〔下欄〕

1　酸化剤、紙・パルプの漂白剤、殺菌剤、消毒剤に用いられる。
2　農薬として種子の消毒、温室の燻蒸剤に用いられる。また、工業用と してフィルムの硬化、人造樹脂、色素合成等の製造に用いられる。
3　せっけん製造、パルプ工業、染料工業、レーヨン工業、諸種の合成化学等に使用されるほか、試薬、農薬として用いられる。
4　溶剤、染料中間体等の有機合成原料、試薬として用いられる。
5　無水物は塩化ビニルの原料に用いられる。

〔実地：毒物及び劇物の識別及び取扱方法〕

(一般)

問7　次の物質の鑑別方法として、最も適切なものを下欄からそれぞれ一つ選びなさい。

(61)クロルピクリン　(62)メタノール　(63)ニコチン
(64)アニリン　(65)一酸化鉛

〔下欄〕

1　本品の水溶液に金属カルシウムを加え、これにベタナフチルアミン及び硫酸を加えると、赤色の沈殿を生成する。
2　希硝酸に溶かすと、無色の液となり、これに硫化水素を通すと、黒色の沈殿を生成する。
3　本品のエーテル溶液に、ヨードのエーテル溶液を加えると、褐色の液状沈殿を生じ、これを放置すると赤色針状結晶となる。
4　あらかじめ熱灼(しゃく)した酸化銅を加えると、ホルムアルデヒドができ、酸化銅は還元されて金属銅色を呈する。
5　本品の水溶液にさらし粉を加えると、紫色を呈する。

問8　次の物質の廃棄方法について、「毒物及び劇物の廃棄の方法に関する基準」に照らし、最も適切なものを下欄からそれぞれ一つ選びなさい。

(66)水酸化カドミウム　(67)硅弗(けいふつ)化ナトリウム　(68)クロロホルム
(69)過酸化水素水　(70)過酸化ナトリウム

〔下欄〕

1　水に溶かし、水酸化カルシウム等の水溶液を加えて処理した後、希硫 酸を加えて中和し、沈殿濾(ろ)過して埋立処分する。(分解沈殿法)
2　過剰の可燃性溶剤又は重油等の燃料とともにアフターバーナー及びスクラバーを備えた焼却炉の火室へ噴霧して、できるだけ高温で焼却す る。(燃焼法)
3　セメントで固化し溶出試験を行い、溶出量が判定基準以下であることを確認して埋立処分する。(固化隔離法)　4　水に加えて希薄な水溶液とし、酸(希塩酸、希硫酸等)で中和した後、多量の水で希釈して処理する。(中和法)
5　多量の水で希釈して処理する。(希釈法)

問9　次の物質の漏えい時の措置について、「毒物及び劇物の運搬事故時における応急措置に関する基準」に照らし、最も適切なものを下欄からそれぞれ一つ選びなさい。

(71)エチレンオキシド　(72)アンモニア水　(73)ジクロルボス(DDVP)※
(74)砒(ひ)素　(75)硫酸

〔下欄〕

1　付近の着火源となるものは速やかに取り除く。漏えいしたボンベ等を多量の水に容器ごと投入して気体を吸収させ、処理し、その処理液を多量の水で希釈して流す。
2　付近の着火源となるものを速やかに取り除く。漏えいした液は土砂等でその流れを止め、安全な場所に導き、空容器にできるだけ回収し、そのあとを水酸化カルシウム等の水溶液を用いて処理した後、中性洗剤等の分散剤を使用して多量の水で洗い流す。
3　多量に漏えいした場合は、土砂等でその流れを止め、これに吸着させるか、又は安全な場所に導いて、遠くから徐々に注水して、ある程度希釈した後、水酸化カルシウム、炭酸ナトリウム等で中和し、多量の水で洗い流す。
4　必要があれば水で濡らした手ぬぐい等で口及び鼻を覆う。少量の場合、漏えい箇所は濡れむしろ等で覆い、遠くから多量の水をかけて洗い流す。
5　空容器にできるだけ回収し、そのあとを硫酸鉄(Ⅲ)等の水溶液を散布し、水酸化カルシウム、炭酸ナトリウム等の水溶液を用いて処理した後、多量の水で洗い流す。

※ ジメチル－２・２－ジクロルビニルホスフエイト

問 10　次の物質の取扱い上の注意事項について、最も適切なものを下欄からそれぞれ一つ選びなさい。

(76)弗(ふっ)化水素酸　(77)塩素　(78)メタクリル酸
(79)クロロホルム　(80)ブロムメチル　(80)ブロムエチル

〔下欄〕

1 臭いは極めて弱く、蒸気は空気より重いため、吸入による中毒を起こしやすい。
2　大部分の金属、ガラス、コンクリート等と反応する。本品は爆発性でも引火性でもないが、各種の金属と反応して気体の水素が発生し、これが空気と混合して引火爆発することがある。
3　火災等で強熱されるとホスゲンを生成するおそれがある。
4　重合防止剤が添加されているが、加熱、直射日光、過酸化物、鉄錆(さび)等により重合が始まり、爆発することがある。
5　極めて反応性が強く、水素又は炭化水素(特にアセチレン)と爆発的に反応する。

(農業用品目)

問８　次の物質の鑑別方法について、最も適切なものを下欄からそれぞれ一つ選びなさい。

(61)ニコチン　(62)塩素酸カリウム　(63)アンモニア水
(64)硫酸第二銅　(65)クロルピクリン

〔下欄〕

1　本品の水溶液に酒石酸を多量に加えると、白色の結晶を生成する。
2　水に溶かして硝酸バリウムを加えると、白色の沈殿を生成する。
3 本品の水溶液に金属カルシウムを加えこれにベタナフチルアミン及び硫酸を加えると、赤色の沈殿を生成する。
4　塩酸を加えて中和した後、塩化白金溶液を加えると、黄色、結晶性の沈殿を生じる。
5　本品のエーテル溶液に、ヨードのエーテル溶液を加えると、褐色の液状沈殿を生じ、これを放置すると赤色針状結晶となる。

問９　次の物質の廃棄方法について、「毒物及び劇物の廃棄の方法に関する基準」に照らし、最も適切なものを下欄からそれぞれ一つ選びなさい。

(66)塩素酸ナトリウム　(67)硫酸亜鉛　(68)クロルピクリン
(69)フェンチオン※　(70)アンモニア水

〔下欄〕

1　水で希薄な水溶液とし、酸(希塩酸、希硫酸等)で中和させた後、多量の水で希釈して処理する。(中和法)
2　可燃性溶剤とともにアフターバーナー及びスクラバーを備えた焼却炉の火室へ噴霧し、焼却する。(燃焼法)
3　チオ硫酸ナトリウム等の還元剤の水溶液に希硫酸を加えて酸性にし、この中に少量ずつ投入する。反応終了後、反応液を中和し多量の水で希釈して処理する。(還元法)
4　少量の界面活性剤を加えた亜硫酸ナトリウムと炭酸ナトリウムの混合溶液中で、攪拌(かくはん)し分解させた後、多量の水で希釈して処理する。(分解法)
5　水に溶かし、水酸化カルシウム、炭酸カルシウム等の水溶液を加えて処理し、沈殿濾(ろ)過して埋立処分する。(沈殿法)

※　ジメチル－４－メチルメルカプト－３－メチルフエニルチオホスフエイト

問 10　次の物質の取扱い上の注意事項について、最も適切なものを下欄からそれぞれ一つ選びなさい。

(71)塩素酸ナトリウム
(72)燐(りん)化アルミニウムとカルバミン酸アンモニウムとの錠剤
(73)パラコート※　(74)硫酸　(75)ブロムメチル

〔下欄〕

1　強酸と反応し、発火又は爆発することがある。アンモニウム塩と混ざると爆発するおそれがあるため接触させない。衣服等に付着した場合、着火しやすくなる。
2　無色の気体であり、臭いは極めて弱く、蒸気は空気より重いため、吸入による中毒を起こしやすい。
3　水で希釈したものは、各種の金属を腐食して水素ガスを生成し、空気と混合して引火爆発をすることがある。
4　火災等での燃焼や酸との接触により有毒なホスフィンを生成する。また、水と徐々に反応してホスフィンを生成する。
5　生体内でラジカルとなり、酸素に触れて活性酸素イオンを生じることで組織に障害を与える。誤って飲み込んだ場合には、消化器障害、ショックのほか、数日遅れて肝臓、腎臓、肺等の機能障害を起こすことがあるので、特に症状がない場合にも至急医師による手当てを受けること。

※　１・１′－ジメチル－４・４′－ジピリジニウムジクロリド

問 11　次の物質の漏えい時の措置について、「毒物及び劇物の運搬事故時における応急措置に関する基準」に照らし、最も適切なものを下欄からそれぞれ一つ選びなさい。

(76)ダイアジノン※　(77)シアン化カリウム　(78)ブロムメチル
(79)液化アンモニア　(80)硫酸　(71)ニコチン

〔下欄〕

1　多量に漏えいした場合は、土砂等でその流れを止め、これに吸着させるか、又は安全な場所に導いて、遠くから徐々に注水してある程度希釈した後、水酸化カルシウム、炭酸ナトリウム等で中和し、多量の水で洗い流す。
2　付近の着火源となるものを速やかに取り除く。多量に漏えいした場合は、漏えいした箇所を濡れむしろ等で覆い、ガス状になったものに対しては遠くから霧状の水をかけ吸収させる。
3　飛散したものは空容器にできるだけ回収する。砂利(じゃり)等に付着している場合は、砂利(じゃり)等を回収し、そのあとに水酸化ナトリウム、炭酸ナトリウム等の水溶液を散布してアルカリ性(pH11　以上)とし、さらに酸化剤(次亜塩素酸ナトリウム、さらし粉等)の水溶液で酸化処理を行い、多量の水で洗 い流す。
4　多量に漏えいした場合は、土砂等でその流れを止め、液が広がらないようにして蒸発させる。
5　付近の着火源となるものを速やかに取り除く。漏えいした液は土砂等でその流れを止め、安全な場所に導き、空容器にできるだけ回収し、そのあとを水酸化カルシウム等の水溶液を用いて処理し、中性洗剤等の界面活性剤を使用し多量の水で洗い流す。

※　2－イソプロピル－4－メチルピリミジル－6－ジエチルチオフオスフエ イト

(特定品目)

問7　次の物質の漏えい時の措置について、「毒物及び劇物の運搬事故時における応急措置に関する基準」に照らし、最も適切なものを下欄からそれぞれ一つ選びなさい。

(61)硫酸　(62)四塩化炭素　(63)液化アンモニア
(64)トルエン　(65)クロム酸ナトリウム

〔下欄〕

1　付近の着火源となるものを速やかに取り除く。多量の場合、漏えいした液は土砂等でその流れを止め、安全な場所に導き、液の表面を泡で覆い、 できるだけ空容器に回収する。
2　漏えいした液は土砂等でその流れを止め、安全な場所に導き、空容器にできるだけ回収し、そのあとを中性洗剤等の分散剤を使用して多量の水で洗い流す。
3　付近の着火源となるものを速やかに取り除く。多量の場合、漏えい箇所を濡れむしろ等で覆い、ガス状のものに対しては遠くから霧状の水をかけ吸収させる。
4　多量の場合、漏えいした液は土砂等でその流れを止め、これに吸着させるか、又は安全な場所に導いて、遠くから徐々に注水してある程度希釈した後、水酸化カルシウム、炭酸ナトリウム等で中和し、多量の水で洗い流す。
5　飛散したものは空容器にできるだけ回収し、そのあと還元剤(硫酸第一鉄等)の水溶液を散布し、水酸化カルシウム、炭酸ナトリウム等の水溶液で処理した後、多量の水で洗い流す。

問8　次の物質の廃棄方法について、「毒物及び劇物の廃棄の方法に関する基準」に照らし、最も適切なものを下欄からそれぞれ一つ選びなさい。

(66)クロロホルム　(67)アンモニア　(68)塩素　(69)一酸化鉛

〔下欄〕

1　過剰の可燃性溶剤又は重油等の燃料とともにアフターバーナー及びスクラバーを備えた焼却炉の火室へ噴霧して、できるだけ高温で焼却する。(燃焼法) 2　水で希薄な水溶液とし、酸(希塩酸、希硫酸等)で中和させた後、多量の水で希釈して処理する。(中和法) 3　セメントを用いて固化し、溶出試験を行い、溶出量が判定基準以下であることを確認して埋立処分する。(固化隔離法) 4　希硫酸に溶かし、還元剤の水溶液を過剰に用いて還元した後、水酸化カルシウム、炭酸ナトリウム等の水溶液で処理し、沈殿濾(ろ)過する。溶出試験を行い、溶出量が判定基準以下であることを確認して埋立処分する。(還元沈殿法) 5　多量のアルカリ水溶液(水酸化ナトリウム水溶液等)中に吹き込んだ後、多量の水で希釈して処理する。(アルカリ法)

問9 次の物質の取扱い上の注意事項について、最も適切なものを下欄からそれぞれ一つ選びなさい。

(70)水酸化カリウム水溶液　(71)過酸化水素水　(72)クロロホルム　(73)メチルエチルケトン

〔下欄〕

1　分解が起こると激しく酸素を生成し、周囲に易燃物があると火災になるおそれがある。 2　高濃度の場合、水と急激に接触すると多量の熱を生成し、酸が飛散することがある。 3　火災等で強熱されるとホスゲンを生成するおそれがある。 4　アルミニウム、スズ、亜鉛等の金属を腐食して水素ガスを生成し、これが空気と混合して引火爆発することがある。 5　引火しやすく、また、その蒸気は空気と混合して爆発性の混合ガスとなるので火気は近づけない。

問10 次の物質の鑑別方法について、最も適切なものを下欄からそれぞれ一つ選びなさい。

(74)アンモニア　(75)クロム酸カリウム

〔下欄〕

1　本品の希釈水溶液に塩化バリウムを加えると、白色の沈殿を生成する。この沈殿は塩酸や硝酸に溶けない。 2　希硝酸に溶かすと、無色の液となり、これに硫化水素を通すと、黒色の沈殿を生成する。 3　本品の水溶液に酢酸鉛水溶液を加えると、黄色の沈殿を生成する。 4　本品の水溶液はアルカリ性を呈し、強い臭気があり、濃塩酸を潤したガラス棒を近づけると、白い霧を生じる。 5　アルコール性の水酸化カリウムと銅粉とともに煮沸すると、黄赤色の沈殿を生成する。

問11 硝酸の鑑別方法に関する次の記述について、(　　)に当てはまる語句として正しいものを下欄からそれぞれ一つ選びなさい。

銅屑(くず)を加えて熱すると、(76)を呈して溶け、その際(77)の亜硝酸の蒸気を生成する。

羽毛のような有機質を硝酸に浸し、アンモニア水でこれを潤すと、(78)を呈する。

(76)〔下欄〕

1 白色	2 黄色	3 藍色	4 赤褐色	5 緑色

(77)〔下欄〕

1 白色	2 黄色	3 藍色	4 赤褐色	5 緑色

(78)〔下欄〕

1 白色	2 黄色	3 藍色	4 緑色	5 黒色

問 12 メタノールの鑑別方法に関する次の記述について、(　　)に当てはまる語句として正しいものを下欄からそれぞれ一つ選びなさい。

あらかじめ熱灼（しゃく）した酸化銅を加えると、(79)ができ、酸化銅は (80)されて金属銅色を呈する。

(79)〔下欄〕

1 メタン　2 酢酸　3 エタン　4 アセトアルデヒド
5 ホルムアルデヒド

(77)〔下欄〕

1 還元	2 酸化	3 電気分解	4 中和	5 脱水

神奈川県
令和元年度実施

〔毒物及び劇物に関する法規〕
（一般・農業用品目・特定品目共通）

問１～問５　毒物及び劇物取締法の規定に関する次の記述について、正しいものは１を、誤っているものは２を選びなさい。

問１ この法律は、毒物及び劇物について、保健衛生上の見地から必要な管理を行うことを目的する。

（法第１条）

問２ 毒物若しくは劇物の輸入業者又は特定毒物研究者でなければ、特定毒物を輸入してはならない。

（法第３条の２第２項）

問３ 毒物又は劇物の輸入業者は、登録を受けた毒物又は劇物以外の毒物又は劇物を輸入したときは、輸入後三十日以内に登録の変更を受けなければならない。

（法第９条第１項）

問４ 毒物劇物営業者は、毒物又は劇物のうち主として営業の用に供されると認められるものであつて政令で定めるものについては、その成分の含量又は容器若しくは被包について政令で定める基準に適合するものでなければ、これを販売し、又は授与してはならない。

（法第13条の２）

問５ 毒物劇物営業者は、毒物又は劇物を麻薬、大麻、あへん又は覚せい剤の中毒者に交付してはならない。

（法第15条第１項第３号）

問６～問10　毒物及び劇物取締法の規定に関する次の記述について、正しいものは１を、誤っているものは２を選びなさい。

問６ 毒物又は劇物の販売業の登録は、六年ごとに、更新を受けなければ、その効力を失う。

（法第４条第４項）

問７ 毒物又は劇物の一般販売業の登録を受けた者は、農業上必要な毒物又は劇物であつて厚生労働省令で定めるものを販売してはならない。

（法第４条の３）

問８ 医師の資格をもって、毒物劇物取扱責任者となることができる。

（法第８条第１項）

問９ 特定毒物研究者は、氏名又は住所を変更したときは、三十日以内に、その主たる研究所の所在地の都道府県知事を経て厚生労働大臣に、その旨を届け出なければならない。

（法第10条第２項第１号）

問10 毒物劇物営業者は、毒物又は劇物を他の毒物劇物営業者に販売し、又は授与したときは、その都度、譲受人の年齢及び毒物又は劇物の使用目的を書面に記載しておかなければならない。

（法第14条第１項）

問11～問15　次の文章は、毒物及び劇物取締法の条文の一文である。(　　　)の中に入れるべき字句の番号を下欄から選びなさい。

法第3条の2第4項
特定毒物研究者は、特定毒物を(問11)研究以外の用途に供してはならない。

法第7条第1項
毒物劇物営業者は、毒物又は劇物を(問12)取り扱う製造所、営業所又は店舗ごとに、専任の毒物劇物取扱責任者を置き、毒物又は劇物による保健衛生上の(問13)の防止に当たらせなければならない。

法第12条第3項
毒物劇物営業者及び特定毒物研究者は、毒物又は劇物を貯蔵し、又は陳列する場所に、「(問14)」の文字及び毒物については「毒物」、劇物については「劇物」の文字を表示しなければならない。

法第13条
毒物劇物営業者は、政令で定める毒物又は劇物については、厚生労働省令で定める方法により(問15)したものでなければ、これを農業用として販売し、又は授与してはならない。

【下欄】

1	主として	2	学術	3	医療用外	4	臨床	5	危害
6	包装	7	直接に	8	着色	9	医薬用外	0	事故

問16～問20　次の事項について、毒物及び劇物取締法の規定に基づく毒物劇物営業者の登録事項に該当するものは1を、該当しないものは2を選びなさい。

問16　取り扱う毒物又は劇物の販売先の名称

問17　申請者の氏名及び住所(法人にあっては、その名称及び主たる事務所の所在地)

問18　製造業又は輸入業の登録にあっては、製造し、又は輸入しようとする毒物又は劇物の品目

問19　毒物劇物取扱責任者の年齢

問20　製造所、営業所又は店舗の所在地

問21～問25　次の物質について、劇物に該当するものは1を、毒物(特定毒物を除く。)に該当するものは2を、特定毒物に該当するものは3を選びなさい。
ただし、記載してある物質は全て原体である。

問21　オクタメチルピロホスホルアミド【別名：シユラーダン】

問22　ナトリウム

問23　弗(ふっ)化水素

問24　メチルホスホン酸ジクロリド

問25　硅弗(けいふっ)化水素酸

〔基礎化学〕
（一般・農業用品目・特定品目共通）

問 26 ～問 30　次の設問の答えとして最も適当なものの番号をそれぞれ下欄から選びなさい。

問 26　アルカリ土類金属元素ではないものはどれか。

【下欄】
1　Ca　2　Sr　3　Cs　4　Ba　5　Ra

問 27　三価の酸はどれか。

【下欄】
1　シュウ酸　2　リン酸　3　酢酸　4　硝酸　5　硫酸

問 28　炎色反応で青緑色を示す元素はどれか。

【下欄】
1　銅　2　カリウム　3　リチウム　4　ストロンチウム
5　ナトリウム

問 29　固体が液体になることなく、直接気体になる状態変化はどれか。

【下欄】
1　沸騰　2　昇華　3　凝縮　4　凝固　5　融解

問 30　互いが同位体であるものはどれか。

【下欄】
1　ヘリウムとネオン　2　ブタンとイソブタン
3　ダイヤモンドとグラファイト　4　水素と重水素
5　シス－２－ブテンとトランス－２－ブテン

問 31 ～問 35　次の設問の答えとして最も適当なものの番号をそれぞれ下欄から選びなさい。
ただし、質量数は、H=１、C=12、N=14、O=16、Al=27、Cl=35.5、Ca=40、標準状態における１ mol の気体の体積は 22.4 L、ファラデー定数を 9.65×10^4 C/mol とする。

問 31　酢酸の分子量はどれか。

【下欄】
1　32　2　46　3　60　4　74　5　88

問 32　0.1 mol/L の塩酸 40 mL に 0.2 mol/L の水酸化ナトリウム 15 mL を加え、水で 100 mL にした溶液の pH はどれか。ただし、強酸及び強塩基の電離度は１とする。

【下欄】
1　2　2　3　3　4　4　10　5　12

問 33　アルミニウム 5.4 g を塩酸に入れて完全に溶かしたとき、発生する水素の体積は標準状態において何 L か。

【下欄】
1　2.24 L　2　3.36 L　3　4.48 L　4　6.72 L　5　13.44 L

問 34　白金電極を用いて硝酸銅(Ⅱ)水溶液を１ A の電流で 32 分 10 秒間電気分解した。このとき、陽極で発生する気体の体積は標準状態で何 mL か。なお、i〔A〕の電流が t〔秒〕流れた時の電気量Q〔C〕は、Q〔C〕＝ i〔A〕× t〔秒〕で表され、陽極で起こる反応は、$2H_2O \rightarrow O_2 + 4H^+ + 4e^-$ である。

【下欄】
1　112 mL　2　224 mL　3　448 mL　4　672 mL　5　1120 mL

問 35　1 mol/L 塩化アンモニウム水溶液を作るには何 g の塩化アンモニウムを水に溶かして 200 mL とすればよいか。

【下欄】
1　5.35 g　　2　10.1 g　　3　10.7 g
4　53.5 g　　5　101 g　　6　107 g

問 36 ～問 40　次の文章は希ガス元素、ハロゲン元素(単体)の性質について記述したものである。該当する元素として最も適当なものの番号を下欄から選びなさい。

問 36　空気中に約1パーセント(体積)含まれており、液体空気の分留により得られる。電球の封入ガスや溶接時の酸化を防ぐための保護ガスなどに使われる。
問 37　黒紫色の昇華性の結晶で、水に溶けにくい。
問 38　水素に次いで軽く、すべての物質の中で最も沸点が低い。
問 39　濃い赤褐色の重い液体で、容易に蒸発して、強い刺激臭を持つ赤褐色の有毒な蒸気を出す。
問 40　黄緑色の有害な気体で刺激臭がある。空気より重く、水に溶けるため、下方置換で捕集する。

【下欄】
1　He　　2　Li　　3　F　　4　Ne　　5　S
6　Cl　　7　Ar　　8　Br　　9　I

問 41 ～問 45　次の図はナトリウムとその化合物の反応を示したものである。(　　)の中に入る物質の化学式の番号を下欄から選びなさい。

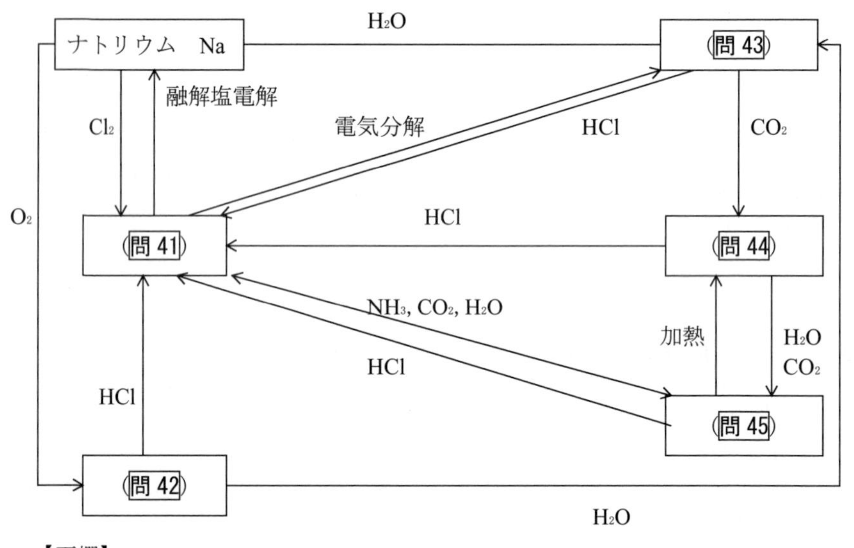

【下欄】
1　NaOH　　2　Na_2O　　3　NaCl　　4　Na_2CO_3　　5　$NaHCO_3$

問 46 ～問 50　次の文章は、酸化還元滴定について記述したものである。設問の答えとして最も適当なものの番号を下欄から選びなさい。
なお、２箇所の(問 46 内には同じ字句が入る。

濃度のわからない過酸化水素水 10 mL を(問 46)を用いて(問 47)にとり、水を加えて正確に 100 ml とした。この溶液 10 mL を(問 46)を用いてコニカルビーカーにとり、希硫酸を加え、0.050 mol/L の過マンガン酸カリウム水溶液を(問 48)で滴下したところ、12.0 mL を加えたところで(問 49)色が消えなくなった。
過酸化水素水と過マンガン酸カリウムが過不足なく反応したとすると、この過酸化水素水の濃度は(問 50)である。
化学反応式：
$2\ KMnO_4 + 5\ H_2O_2 + 3\ H_2SO_4 \rightarrow 2\ MnSO_4 + 5\ O_2 + 8\ H_2O + K_2SO_4$

問 46　(　)の中に入る器具として最も適当なものはどれか。
【下欄】
1　ビュレット　　2　メスシリンダー　　3　駒込ピペット
4　ホールピペット　　5　パスツールピペット

問 47　(　)の中に入る器具として最も適当なものはどれか。
【下欄】
1　三角フラスコ　　2　メスフラスコ　　3　ナス型フラスコ
4　丸底フラスコ　　5　ケルダールフラスコ

問 48　(　)の中に入る器具として最も適当なものはどれか。
【下欄】
1　ビュレット　　2　メスピペット　　3　駒込ピペット
4　ホールピペット　　5　パスツールピペット

問 49　(　)の中に入る溶液の色として最も適当なものはどれか。
【下欄】
1　淡黄　　2　青白　　3　黄緑　　4　黒　　5　赤紫

問 50　(　)の中に入る濃度として最も適当なものはどれか。
【下欄】
1　0.06 mol/L　　2　0.12 mol/L　　3　0.15 mol/L
4　0.60 mol/L　　5　1.20 mol/L　　6　1.50 mol/L

〔毒物及び劇物の性質及び貯蔵その他の取扱方法〕

（一般）

問 51 ～問 55　次の物質について、性状の説明として最も適当なものの番号を下欄から選びなさい。

問 51　四メチル鉛　　問 52　水素化アンチモン
問 53　ニトロベンゼン　　問 54　カリウム
問 55　クロルエチル

【下欄】
1　常温において無色でハッカ実臭がある可燃性の液体。日光によって分解する。
2　金属光沢を持つ銀白色の固体。
3　無色または微黄色の吸湿性の液体。強いアーモンド様の香気を有し、光線を屈折させる。
4　無色でニンニク臭がある気体。水に難溶。空気中では常温でも徐々に分解する。
5　常温で気体。点火すると緑色の辺縁を有する炎をあげて燃焼する。

問 56 ～問 60　次の物質について、貯蔵方法として最も適当なものの番号を下欄から選びなさい。

問 56　弗（ふっ）化水素酸　　問 57　ブロムメチル　　問 58　ナトリウム
問 59　ピクリン酸　　問 60　過酸化水素水

【下欄】
1　常温では気体なので、圧縮冷却して液化し、圧縮容器に入れ、直射日光その他、温度上昇の原因を避けて、冷暗所に貯蔵する。
2　火気に対し安全で隔離された場所に、硫黄、ヨード、ガソリン、アルコール等と離して貯蔵する。鉄、銅、鉛等の金属容器を使用しない。
3　少量ならば褐色ガラス瓶、大量ならばカーボイ等を使用し、３分の１の空間を保って貯蔵する。直射日光を避け、冷所に有機物、金属塩、樹脂、油類、その他有機性蒸気を放出する物質と引き離して貯蔵する。
4　銅、鉄、コンクリートまたは木製のタンクにゴム、鉛、ポリ塩化ビニルあるいはポリエチレンのライニングを施したものを用いて貯蔵する。
5　空気中にそのまま保存することはできないので、通常石油中に貯蔵する。冷所で雨水等の漏れが絶対にない場所に貯蔵する。

問 61 ～問 65　次の物質について、主な用途として最も適当なものの番号を下欄から選びなさい。

問 61　ヒドラジン　　問 62　アクリルアミド　　問 63　クロルピクリン
問 64　モノクロル酢酸　　問 65　重クロム酸カリウム

【下欄】
1　ロケット燃料として用いられる。
2　土壌燻蒸剤として用いられる。
3　土木工事用の土質安定剤として用いられる。また、重合体は、水処理剤、紙力増強剤、接着剤の原料として用いられる。
4　工業用の酸化剤、媒染剤、製革用、電池調整用、顔料原料、試薬に用いられる。
5　合成染料の製造原料、人造樹脂工業、膠（にかわ）製造に用いられる。

問 66 ～問 70　次の物質について、毒性の説明として最も適当なものの番号を下欄から選びなさい。

問 66 チメロサール　問 67 三硫化二砒（ひ）素　問 68 キシレン
問 69 蓚（しゅう）酸　問 70 トルエン

【下欄】
1　吸入した場合、眼、鼻、のどを刺激する。高濃度で興奮、麻酔作用あり。
2　吸入した場合、鼻、のど、気管支の粘膜に炎症を起こし、水銀中毒を起こすことがある。
3　血液中のカルシウム分を奪取し、神経系を侵す。急性中毒症状は、胃痛、嘔吐（おうと）、口腔・咽喉の炎症、腎障害である。
4　吸入した場合、鼻、のど、気管支の粘膜を刺激し、頭痛、めまい、悪心、チノーゼを起こす。重症の場合は血色素尿を排泄し、肺水腫を生じ、呼吸困難を起こす。
5　吸入した場合、頭痛、食欲不振等がみられる。大量に吸入した場合、緩和な大赤血球性貧血を起こす。

問 71 ～問 75　次の文章は、シアン化カリウムについて記述したものである。（ ）の中に入る最も適当なものの番号を下欄から選びなさい。

シアン化カリウムは、白色（ 問 71 ）の塊片、あるいは粉末である。空気中では湿気を吸収し、かつ空気中の（ 問 72 ）に反応して有毒な青酸臭を放つ。水に易溶で、水溶液は（ 問 73 ）であり、その溶液を煮沸すると（ 問 74 ）と（ 問 75 ）を生じる。

【問 71 下欄】

1　柱状晶	2　ろう状	3　等軸晶

【問 72 下欄】

1　酸素	2　二酸化炭素	3　窒素

【問 73 下欄】

1　酸性	2　中性	3　アルカリ性

【問 74 下欄】

1　ギ酸カリウム	2　クロルシアン	3　水酸化カリウム

【問 75 下欄】

1　窒素	2　アンモニア	3　水素

（農業用品目）

問 51 ～問 55　次の物質について、性状の説明として最も適当なものの番号を下欄から選びなさい。

問 51 ブロムメチル【別名：臭化メチル】
問 52 メチル－N’・N’－ジメチル－N－[（メチルカルバモイル）オキシ]－１－チオオキサムイミデート【別名：オキサミル】
問 53 ２－ジフエニルアセチル－１・３－インダンジオン【別名：ダイファシノン】
問 54 ジエチル－３・５・６－トリクロル－２－ピリジルチオホスフエイト【別名：クロルピリホス】
問 55 シアン化水素

【下欄】

1　白色の結晶。融点 41 ～ 42 ℃。アセトン、ベンゼンに可溶、水に難溶。

2　白色針状結晶で、かすかな硫黄臭がする。アセトン、メタノール、酢酸エチル、水に可溶、ｎ－ヘキサン、クロロホルム、石油エーテルに不溶。

3　無色で特異臭のある液体。水を含まない純品は焦げたアーモンド臭を帯び、水、アルコールによく混和し、点火すれば青紫色の炎を発し燃焼する。

4　無色の気体。わずかに甘いクロロホルム様の臭いを有する。水に難溶。圧縮または冷却すると、無色または淡黄緑色の液体を生じる。

5　黄色から淡黄色の結晶性粉末。水に不溶。アセトン、酢酸に可溶。ベンゼンにわずかに可溶。

問 56 ～問 60　次の製剤について、劇物に該当するものは１を、毒物(特定毒物を除く。)に該当するものは２を、特定毒物に該当するものは３を、これらのいずれにも該当しないものは４を選びなさい。

問 56　１・１’－ジメチル－４・４’－ジピリジニウムジクロリド【別名：パラコート】を５パーセント含有する製剤

問 57　１・１’－イミノジ(オクタメチレン)ジグアニジン【別名：イミノクタジン】を 25 パーセント含有する製剤

問 58　１・３－ジカルバモイルチオ－２－(Ｎ・Ｎ－ジメチルアミノ)－プロパン塩酸塩【別名：カルタップ】を１パーセント含有する製剤

問 59　１－(６－クロロ－３－ピリジルメチル)－Ｎ－ニトロイミダゾリジン－２－イリデンアミン【別名：イミダクロプリド】を 20 パーセント含有する製剤

問 60　燐(りん)化アルミニウムとカルバミン酸アンモニウムとを含有する製剤

問 61 ～問 65　次の物質について、化学組成等を踏まえた分類として適当なものの番号を下欄から選びなさい。

問 61　Ｓ－メチル－Ｎ－[(メチルカルバモイル)－オキシ]－チオアセトイミデート【別名：メトミル、メソミル】

問 62　トランス－Ｎ－(６－クロロ－３－ピリジルメチル)－Ｎ’－シアノ－Ｎ－メチルアセトアミジン【別名：アセタミプリド】

問 63　５－ジメチルアミノ－１・２・３－トリチアン蓚(しゅう)酸塩【別名：チオシクラム】

問 64　α－シアノ－４－フルオロ－３－フエノキシベンジル＝３－(２・２－ジクロロビニル)－２・２－ジメチルシクロプロパンカルボキシラート【別名：シフルトリン】

問 65　ジメチル－(Ｎ－メチルカルバミルメチル)－ジチオホスフエイト【別名：ジメトエート】

【下欄】

1　カーバメート系殺虫剤　　2　有機リン系殺虫剤

3　ピレスロイド系殺虫剤　　4　ネオニコチノイド系殺虫剤

5　ネライストキシン系殺虫剤

問 66 ～問 70　次の物質について、毒性等の説明として最も適当なものの番号を下欄から選びなさい。

問66　クロルピクリン

問67　トリクロルヒドロキシエチルジメチルホスホネイト【別名：トリクロルホン、ＤＥＰ】

問68　燐化亜鉛

問69　２・２’－ジピリジリウム－１・１’－エチレンジブロミド【別名：ジクワット】

問70　モノフルオール酢酸ナトリウム

【下欄】

1　純品は、白色の結晶である。コリンエステラーゼ阻害作用を有し、吸入した場合、倦怠感、頭痛、めまい、嘔気、嘔吐、腹痛、多汗等の症状を呈し、重症の場合には、縮瞳、意識混濁、全身痙攣等を起こすことがある。

2　嚥下吸入した場合、胃及び肺で胃酸や水と反応してホスフィンを生成し中毒を起こす。中毒症状は実験動物で立毛、軽度の感覚鈍麻、運動不活発で、体位の保持が困難となり、横転し、体温下降、呼吸麻痺で死亡する。

3　重い白色の粉末である。主な中毒症状は、激しい嘔吐、胃の疼痛、意識混濁、てんかん性痙攣、脈拍の緩徐、チアノーゼ、血圧下降である。

4　淡黄色の吸湿性の結晶である。吸入した場合、鼻やのど等の粘膜に炎症を起こし、重症な場合には嘔気、嘔吐、下痢等を起こすことがある。皮膚に触れた場合は皮膚を刺激し、紅斑、浮腫等を起こす。嚥下した場合には、消化器障害、ショック、腎臓機能障害、肺の軽度の障害を起こすことがある。

5　純品は、無色の油状体である。吸入した場合、分解されずに組織内に吸収され、各器官に障害を与える。血液中でメトヘモグロビンを作り、また中枢神経や心臓、眼結膜を侵す。

問 71 ～問 75　次の物質について、原体の性状及び製剤の用途の説明として最も適当なものの番号を下欄から選びなさい。

問71　(RS)－α－シアノ－３－フエノキシベンジル＝N－(２－クロロ－α・α・α－トリフルオロ－パラトリル)－D－バリナート【別名：フルバリネート】

問72　２’・４－ジクロロ－α・α・α－トリフルオロ－４’－ニトロメタトルエンスルホンアニリド【別名：フルスルフアミド】

問73　(１R・２S・３R・４S)－７－オキサビシクロ［２・２・１］ヘプタン－２・３－ジカルボン酸【別名：エンドタール】

問74　１－t－ブチル－３－(２・６－ジイソプロピル－４－フエノキシフエニル)チオウレア【別名：ジアフエンチウロン】

問75　O－エチル＝S－１－メチルプロピル＝(２－オキソ－３－チアゾリジニル)ホスホノチオアート【別名：ホスチアゼート】

【下欄】

1　白色の結晶である。芝生の難防除雑草であるスズメノカタビラの除草剤として用いられる。

2　淡黄色の結晶性粉末である。野菜の根こぶ病等の病害を防除する土壌殺菌剤として用いられる。

3　白～灰白色の結晶である。野菜、茶の害虫を防除する殺虫剤として用いられる。

4　弱いメルカプタン臭のある液体である。野菜、花き類等のセンチュウ等を防除する殺センチュウ剤として用いられる。

5　淡黄色または黄褐色の粘ちょう性の液体である。野菜、果樹、園芸植物の害虫の殺虫剤として用いられる。

（特定品目）

問 51 ～問 55　次の物質について、性状の説明として正しいものは１を、誤っているものは２を選びなさい。

問 51　トルエン
無色透明、可燃性の液体である。蒸気は空気より軽い。ベンゼン、エーテルに可溶。

問 52　塩酸
無色透明の液体である。25 パーセント以上のものは湿った空気中で発煙し、刺激臭がある。種々の金属を溶解し、水素を生じる。

問 53　メチルエチルケトン
無色の液体である。アセトン様の芳香を有する。蒸気は空気より重く引火しやすい。有機溶媒、水に可溶。

問 54　一酸化鉛
重い粉末で黄色から赤色までのものがあり、黄色酸化鉛、赤色酸化鉛と呼ばれる。赤色粉末を 720 ℃以上に加熱すると黄色に変化する。

問 55　重クロム酸カリウム
橙赤色の柱状結晶である。水に可溶、アルコールに不溶。強力な還元剤である。

問 56 ～問 60　次の物質について、性状の説明として最も適当なものの番号を下欄から選びなさい。

問 56　四塩化炭素
問 57　酢酸エチル
問 58　酸化第二水銀
問 59　硅弗化（けいふっ）ナトリウム
問 60　水酸化カリウム

【下欄】
1　白色の結晶。水に難溶、アルコールに不溶。
2　無色透明の液体。果実様の芳香がある。引火性がある。
3　赤色または黄色の粉末で、製法によって色が異なる。500 ℃で分解する。
4　揮発性、麻酔性の芳香を有する無色の重い液体。不燃性である。
5　白色の固体。水、アルコールに可溶で、その際、熱を発する。空気中に放置すると潮解する。

問 61 ～問 65　次の物質について、貯蔵方法等の説明として最も適当なものの番号を下欄から選びなさい。

問 61　過酸化水素水
問 62　クロロホルム
問 63　水酸化ナトリウム
問 64　ホルマリン
問 65　アンモニア水

【下欄】
1　鼻をさすような刺激臭があり、アルカリ性を示す。揮発しやすいので、密栓して貯蔵する。
2　純品は空気と日光によって変質するので、少量のアルコールを加えて冷暗所に貯蔵する。
3　二酸化炭素と水を吸収する性質が強いため、密栓して貯蔵する。
4　低温では混濁することがあるので、常温で貯蔵する。
5　少量ならば褐色ガラス瓶、大量ならばカーボイ等を使用し、３分の１の空間を保って貯蔵する。直射日光を避け、冷所に有機物、金属塩、樹脂、油類、その他有機性蒸気を放出する物質と引き離して貯蔵する。

問 66 ～問 70　次の物質について、毒性の説明として最も適当なものの番号を下欄から選びなさい。

問66　トルエン　　問67　四塩化炭素　　問68　アンモニア水
問69　メタノール　　問70　クロム酸ナトリウム

【下欄】
1　経口投与によって口腔、胸腹部疼痛（とうつう）、嘔吐（おうと）、咳嗽（がいそう）、虚脱を発する。また、腐食作用によって直接細胞を損傷し、気道刺激症状、肺浮腫、肺炎を招く。
2　吸入した場合、はじめ頭痛、悪心等をきたし、また黄疸のように角膜が黄色となり、しだいに尿毒症様を呈し、重症なときは死亡する。
3　吸入した場合、頭痛、食欲不振等がみられる。大量に吸入した場合、緩和な大赤血球性貧血を起こす。
4　頭痛、めまい、嘔吐（おうと）、下痢、腹痛等を起こし、致死量に近ければ麻酔状態になり、視神経が侵され、眼がかすみ、失明することがある。
5　口と食道が赤黄色に染まり、のちに青緑色に変化する。腹痛が生じ、緑色のものを吐き出し、血の混じった便をする。

問 71 ～問 75　次の物質について、その主な用途として最も適当なものの番号を下欄から選びなさい。

問71　一酸化鉛　　問72　重クロム酸カリウム　　問73　ホルマリン
問74　塩素　　問75　硝酸

【下欄】
1　消毒剤、漂白剤として用いられる。
2　フィルムの硬化、人造樹脂の製造に用いられる。
3　工業用の酸化剤、媒染剤、製革用、電池調整用、顔料原料、試薬に用いられる。
4　冶金（やきん）に用いられる他、ピクリン酸やニトログリセリン等の製造にも用いられる。
5　ゴムの加硫促進剤、顔料として用いられる。

〔実　地〕

（一般）

問 76 ～問 80　次の物質について、鑑識法として最も適当なものの番号を下欄から選びなさい。

問76　一酸化鉛　　問77　黄燐（りん）　　問78　水酸化ナトリウム
問79　硝酸銀　　問80　ベタナフトール

【下欄】
1　水に溶かして塩酸を加えると、白色の沈殿を生じる。その液に硫酸と銅粉を加えて熱すると、赤褐色の蒸気を生じる。
2　希硝酸に溶かすと、無色の液となり、これに硫化水素を通すと、黒色の沈殿を生じる。
3　水溶液を白金線につけて無色の火炎中に入れると、火炎は著しく黄色に染まり、長時間続く。
4　暗室内で酒石酸または硫酸酸性で水蒸気蒸留すると、冷却器あるいは流出管の内部に青白色の光が認められる。
5　水溶液にアンモニア水を加えると、紫色の螢石彩（けいせきさい）を放つ。

問81～問85　次の物質について、廃棄方法として最も適当なものの番号を下欄から選びなさい。
なお、廃棄方法は「毒物及び劇物の廃棄の方法に関する基準」によるものとする。

問81　メチルエチルケトン　　問82　クロム酸ナトリウム　　問83　セレン
問84　硝酸　　問85　エチレンオキシド

【下欄】
1　希硫酸に溶かし、還元剤(硫酸第一鉄等)の水溶液を過剰に用いて還元した後、水酸化カルシウム、炭酸ナトリウム等の水溶液で処理し、沈殿ろ過する。溶出試験を行い、溶出量が判定基準以下であることを確認して埋立処分する。
2　多量の場合には加熱し、蒸発させて捕集回収する。
3　珪藻土(けいそうど)等に吸収させて開放型の焼却炉で焼却する。
4　多量の水に少量ずつこの気体を吹き込み溶解し希釈した後、少量の硫酸を加え、アルカリ水で中和し活性汚泥で処理する。高濃度の場合、活性汚泥に悪影響があるので注意する。
5　徐々に炭酸ナトリウムまたは水酸化カルシウムの攪拌(かくはん)溶液に加えて中和させた後、多量の水で希釈して処理する。水酸化カルシウムの場合は上澄液のみを流す。

問86～問90　次の物質について、漏えい時の措置として最も適当なものの番号を下欄から選びなさい。
なお、作業にあたっては、風下の人を退避させ周囲の立入禁止、保護具の着用、風下での作業を行わないことや廃液が河川等に排出されないよう注意する等の基本的な対応のうえ実施することとする。

問86　無水クロム酸　　問87　カリウム　　問88　アクロレイン
問89　クロロホルム　　問90　塩酸

【下欄】
1　多量に漏えいした場合、漏えいした液は土砂等でその流れを止め、安全な場所に穴を掘る等して貯める。これに亜硫酸水素ナトリウム水溶液(約10パーセント)を加え、時々攪拌して反応させた後、多量の水で十分に希釈して洗い流す。この際、蒸発した本物質が大気中に拡散しないよう霧状の水をかけて吸収させる。
2　流動パラフィン浸漬品が漏えいした場合は、露出した本物質を速やかに拾い集めて灯油または流動パラフィンの入った容器に回収する。
3　飛散したものは空容器にできるだけ回収し、そのあとを還元剤(硫酸第一鉄等)の水溶液を散布し、水酸化カルシウム、炭酸ナトリウム等の水溶液で処理した後、多量の水で洗い流す。
4　空容器にできるだけ回収し、そのあとを中性洗剤等の分散剤を使用して多量の水で洗い流す。
5　多量に漏えいした場合、漏えいした液は土砂等でその流れを止め、これに吸着させるか、または安全な場所に導いて遠くから徐々に注水してある程度希釈した後、水酸化カルシウム、炭酸ナトリウム等で中和し多量の水で洗い流す。発生するガスは霧状の水をかけ吸収させる。

問 91 ～問 95　次の文章は、アクリルニトリルについて記述したものである。(　　)の中に入る最も適当なものの番号を下欄から選びなさい。
　なお、廃棄方法は「毒物及び劇物の廃棄の方法に関する基準」によるものとする。

分　　類：(問 91)
化 学 式：(問 92)
性　　状：(問 93)で、(問 94)しやすい。無臭又は微刺激臭の臭気をもつ。
廃棄方法：(問 95)、アルカリ法、活性汚泥法

【問 91 下欄】
1　劇物　　2　毒物(特定毒物を除く。)　　3　特定毒物
【問 92 下欄】
1　C_3H_3N　　2　C_4H_7N　　3　$C_6H_8N_2$
【問 93 下欄】
1　青色　　2　赤色　　3　無色透明
【問 94 下欄】
1　固化　　2　蒸発　　3　吸湿
【問 95 下欄】
1　燃焼法　　2　分解沈殿法　　3　固化隔離法

問 96 ～問 100　次の文章は、メタノールについて記述したものである。(　　)の中に入る最も適当なものの番号をそれぞれ下欄から選びなさい。
　なお、廃棄方法は「毒物及び劇物の廃棄の方法に関する基準」によるものとする。

分　　類：(問 96)
化 学 式：(問 97)
用　　途：樹脂、塗料等の溶剤、(問 98)、試薬
廃棄方法：(問 99)、燃焼法
鑑 識 法：あらかじめ熱灼した酸化銅を加えると、(問 100)ができ、酸化銅は還元されて金属銅色を呈する。

【問 96 下欄】
1　劇物　　2　毒物(特定毒物を除く。)　　3　特定毒物
【問 97 下欄】
1　CH_4O　　2　C_2H_6O　　3　C_3H_8O
【問 98 下欄】
1　せっけん製造　　2　漂白剤　　3　燃料
【問 99 下欄】
1　固化隔離法　　2　分解沈殿法　　3　活性汚泥法
【問 100 下欄】
1　ホスフィン　　2　ホルムアルデヒド　　3　クロロホルム

(農業用品目)

問 76 ～問 80　次の物質について、漏えい時の措置として最も適当なものの番号を下欄から選びなさい。
　なお、作業にあたっては、風下の人を退避させ周囲の立入禁止、保護具の着用、風下での作業を行わないことや廃液が河川等に排出されないよう注意する等の基本的な対応のうえ実施することとする。

問 76　ジエチル－S－(エチルチオエチル)－ジチオホスフエイト
　　【別名：エチルチオメトン、ジスルホトン】
問 77　クロルピクリン　　問 78　燐(りん)化亜鉛
問 79　シアン化水素　　問 80　アンモニア水

【下欄】

1　漏えいしたボンベ等を多量の水酸化ナトリウム水溶液(20パーセント以上)に容器ごと投入してこの気体を吸収させ、さらに酸化剤(次亜塩素酸ナトリウム、さらし粉等)の水溶液で酸化処理を行い、多量の水で洗い流す。

2　少量の場合は、漏えい箇所は濡れむしろ等で覆い遠くから多量の水をかけて洗い流す。多量の場合、漏えいした液は土砂等でその流れを止め、安全な場所に導いて遠くから多量の水をかけて洗い流す。

3　付近の着火源となるものを速やかに取り除き、土砂等でその流れを止め、安全な場所に導き、空容器にできるだけ回収し、そのあとを水酸化カルシウム等の水溶液にて処理し、中性洗剤等の分散剤を使用して多量の水で洗い流す。

4　飛散したものは、表面を速やかに土砂等で覆い、密閉可能な空容器にできるだけ回収して密閉する。汚染された土砂等も同様の措置をし、そのあとを多量の水で洗い流す。

5　少量の場合は、漏えいした液は布で拭き取るか、またはそのまま風にさらして蒸発させる。多量の場合は、漏えいした液は、土砂等でその流れを止め、多量の活性炭または水酸化カルシウムを散布して覆い、至急関係先に連絡し専門家の指示により処理する。

問81～問85　次の物質について、廃棄方法の説明として、正しいものは1を、誤っているものは2を選びなさい。

なお、廃棄方法は「毒物及び劇物の廃棄の方法に関する基準」によるものとする。

問81　硫酸第二銅

水に溶かし、水酸化カルシウム、炭酸ナトリウム等の水溶液を加えて処理し、沈殿ろ過して埋立処分する。

問82　ジメチルジチオホスホリルフエニル酢酸エチル【別名：フェントエート、PAP】

水で希薄な水溶液とし、酸(希塩酸、希硫酸等)で中和させた後、多量の水で希釈して処理する。

問83　(RS)－α－シアノ－3－フェノキシベンジル＝(RS)－2－(4－クロロフェニル)－3－メチルブタノアート【別名：フェンバレレート】

おが屑等に吸収させてアフターバーナー及びスクラバーを備えた焼却炉で焼却する。

問84　ジ(2－クロルイソプロピル)エーテル【別名：DCIP】

少量の界面活性剤を加えた亜硫酸ナトリウムと炭酸ナトリウムの混合溶液中で、攪拌(かくはん)し分解させた後、多量の水で希釈して処理する。

問85　N－メチル－1－ナフチルカルバメート【別名：カルバリル、NAC】

水酸化ナトリウム水溶液等と加温して加水分解する。

問86～問90　次の文章は、(RS)－α－シアノ－3－フェノキシベンジル＝(1 RS・3 RS)－(1 RS・3 SR)－3－(2・2－ジクロロビニル)－2・2－ジメチルシクロプロパンカルボキシラート【別名：シペルメトリン】について記述したものである。(　)の中に入る最も適当なものの番号を下欄から選びなさい。

分　類：(問86)

性　状：本品は、(問87)の結晶性粉末で、(問88)にほとんど溶けない。

用　途：本品は、(問89)系の農薬に分類され、用途は野菜、果樹等の(問90)として用いられる。

【問 86 下欄】
1　劇物　2　毒物(特定毒物を除く。)　3　特定毒物
【問 87 下欄】
1　青色　2　黒灰色　3　白色
【問 88 下欄】
1　水　2　アセトン　3　キシレン
【問 89 下欄】
1　有機リン　2　ピレスロイド　3　ネオニコチノイド
【問 90 下欄】
1　除草剤　2　殺菌剤　3　殺虫剤

問 91 ～問 95　次の文章は塩素酸ナトリウムについて記述したものである。(　)の中に入る最も適当なものの番号を下欄から選びなさい。

分　類：(問 91)
化学式：(問 92)
性　状：白色の正方単斜状の結晶で、(問 93)がある。加熱により分解して(問 94)を生じる。
廃棄方法：(問 95)

【問 91 下欄】
1　劇物　2　毒物(特定毒物を除く。)　3　特定毒物
【問 92 下欄】
1　$NaClO$　2　$NaClO_2$　3　$NaClO_3$
【問 93 下欄】
1　凝固性　2　風解性　3　潮解性
【問 94 下欄】
1　酸素　2　水素　3　塩素
【問 95 下欄】
1　中和法　2　還元法　3　活性汚泥法

問 96 ～問 100　次の文章は沃(よう)化メチルについて記述したものである。( )の中に入る最も適当なものの番号を下欄から選びなさい。
なお、廃棄方法は「毒物及び劇物の廃棄の方法に関する基準」によるものとする。

分　類：(問 96)(ただし、3パーセント以下を含有するものを除く。)
性　状：無色または淡黄色透明の液体で、エーテル様臭がある。
水に(問 97)。空気中で光により一部分解して(問 98)となる。
用　途：(問 99)
廃棄方法:(問 100)

【問 96 下欄】
1　劇物　2　毒物(特定毒物を除く。)　3　特定毒物
【問 97 下欄】
1　可溶　2　不溶
【問 98 下欄】
1　白色　2　褐色　3　黄緑色
【問 99 下欄】
1　除草剤　2　殺鼠(そ)剤　3　殺菌剤、殺虫剤
【問 100 下欄】
1　沈殿法　2　溶解中和法　3　燃焼法

（特定品目）

問 76 ～問 80　次の物質について、鑑識法として最も適当なものの番号を下欄から選びなさい。

問 76　クロム酸カリウム　　問 77　水酸化ナトリウム　　問 78　蓚（しゅう）酸
問 79　メタノール　　問 80　四塩化炭素

【下欄】
1　サリチル酸と濃硫酸とともに熱すると、芳香のある物質を生じる。
2　アルコール性の水酸化カリウムと銅粉とともに煮沸すると、黄赤色の沈殿を生じる。
3　水溶液に硝酸銀水溶液を加えると、赤褐色の沈殿を生じる。
4　水溶液を酢酸で弱酸性にして酢酸カルシウムを加えると、結晶性の沈殿を生じる。
5　水溶液を白金線につけて無色の火炎中に入れると、火炎は著しく黄色に染まり、長時間続く。

問 81 ～問 85　次の物質について、廃棄方法として最も適当なものの番号を下欄から選びなさい。
　なお、廃棄方法は「毒物及び劇物の廃棄の方法に関する基準」によるものとする。

問 81　四塩化炭素　　問 82　硅弗（けいふつ）化ナトリウム
問 83　重クロム酸ナトリウム　　問 84　過酸化水素水　　問 85　硝酸

【下欄】
1　中和法　　2　燃焼法　　3　分解沈殿法
4　還元沈殿法　　5　希釈法

問 86 ～問 90　次の文章は、キシレンについて記述したものである。（ ）の中に入る最も適当なものの番号を下欄から選びなさい。
　なお、廃棄方法は「毒物及び劇物の廃棄の方法に関する基準」によるものとする。

分　　類：（問 86）
化 学 式：（問 87）
性　　状：無色透明の液体。（問 88）しやすい。
毒　　性：（問 89）
廃棄方法：（問 90）

【問 86 下欄】
1　劇物　　2　毒物（特定毒物を除く。）　　3　特定毒物
【問 87 下欄】
1　C_9H_7N　　2　C_8H_{10}　　3　C_7H_8O
【問 88 下欄】
1　引火　　2　加水分解　　3　吸湿
【問 89 下欄】
1　血液中のカルシウム分を奪取し、神経系を侵す。急性中毒症状は、胃痛、嘔吐（おうと）、口腔・咽喉の炎症、腎障害。
2　脳の節細胞を麻酔させ、赤血球を溶解する。吸入した場合、はじめに嘔吐（おうと）、瞳孔の縮小、運動性不安が現れる。
3　吸入した場合、眼、鼻、のどを刺激する。高濃度で興奮、麻酔作用あり。
【問 90 下欄】
1　中和法　　2　燃焼法　　3　沈殿隔離法

問 91 ～問 95　次の文章は、硫酸について記述したものである。( )の中に入る最も適当なものの番号を下欄から選びなさい。
なお、廃棄方法は「毒物及び劇物の廃棄の方法に関する基準」によるものとする。

廃棄方法：(問 91)
鑑 識 法：濃硫酸は水で薄めると発熱し、ショ糖、木片等に触れると、それらを(問 92)させる。また、銅片を加えて熱すると、(問 93)を生じる。硫酸の希釈水溶液に塩化バリウムを加えると、(問 94)の沈殿が生じるが、この沈殿は塩酸や硝酸に(問 95)。

【問 91 下欄】
1　還元沈殿法　　2　中和法　　3　焙焼法
【問 92 下欄】
1　黒変　　2　赤変　　3　黄変
【問 93 下欄】
1　無水亜硫酸　　2　窒素　　3　塩素
【問 94 下欄】
1　黒色　　2　青色　　3　白色
【問 95 下欄】
1　可溶　　2　不溶

問 96 ～問 100　次の品目について、毒物及び劇物取締法で規定する特定品目販売業の登録を受けた者が、登録を受けた店舗において、販売することができる品目は1を、販売できない品目は2を選びなさい。
ただし、含有量の記載がない品目は原体とする。

問 96　臭素
問 97　クロム酸鉛を 80 パーセント含有するもの
問 98　過酸化尿素
問 99　塩基性酢酸鉛
問 100　塩素

新潟県
令和元年度実施

〔毒物及び劇物に関する法規〕
（一般・農業用品目・特定品目共通）

問1　毒物及び劇物取締法上、正しい記述はどれか。

1　この法律は、毒物及び劇物について、保健衛生上の見地から必要な取締を行うことを目的としている。
2　「毒物」とは、毒物及び劇物取締法別表第一に掲げる物であって、医薬品以外のものをいう。
3　毒物及び劇物の製造業又は輸入業の登録は、６年ごとに更新を受けなければ、その効力を失う。
4　一般毒物劇物取扱者試験に合格した満 16 歳の者は、毒物劇物取扱責任者になることができる。

問2　毒物及び劇物取締法上、正しい記述の組合せはどれか。

ア　クロルピクリンは、毒物及び劇物取締法第３条の４の規定により、引火性、発火性又は爆発性のある劇物であって政令で定めるものであり、業務その他正当な理由による場合を除いて、所持してはならないものである。
イ　毒物劇物営業者は、その取扱いに係る劇物が飛散し、漏れ、流れ出、しみ出、又は地下にしみ込んだ場合において、不特定又は多数の者について保健衛生上の危害が生ずるおそれがあるときは、直ちに、その旨を保健所、警察署又は消防機関に届け出なければならない。
ウ　毒物劇物営業者は、毒物及び劇物取締法第３条の４に規定する引火性、発火性又は爆発性のある劇物であって政令で定める物を交付したときは、帳簿に、交付した劇物の名称、交付年月日、交付を受けた者の氏名及び住所を記載しなければならない。
エ　毒物又は劇物の販売業者は、毒物劇物取扱責任者を変更する場合、変更日の 30 日前までにその店舗の所在地の都道府県知事（店舗の所在地が保健所を設置する市又は特別区の区域にある場合は市長又は区長）にその毒物劇物取扱責任者の氏名を あらかじめ届け出なければならない。

1　ア、イ　　2　ア、エ　　3　イ、ウ　　4　ウ、エ

問3　次の記述は、毒物及び劇物取締法施行令第 40 条の５に関するものである。［A］、［B］及び［C］に当てはまる語句の組合せとして正しいものはどれか。

> 劇物たる臭素を車両を使用して１回につき 5,000 キログラム以上運搬する場合 には、車両に０．３メートル平方の板に地を［A］、文字を［B］として「［C］」と表示し、車両の前後の見やすい箇所に掲げなければならない。

	A		B		C
1	白色	－	黒色	－	毒
2	黒色	－	白色	－	毒
3	黒色	－	白色	－	劇
4	白色	－	黒色	－	劇

問4　毒物及び劇物取締法上、正しい記述はどれか。

1　毒物劇物営業者は、劇物の容器及び被包に、「医薬用外」の文字及び赤地に白色をもって「劇物」の文字を表示しなければならない。
2　特定毒物研究者は、毒物を貯蔵し、又は陳列する場所に、「医薬用外」の文字及び「毒物」の文字を表示しなければならない。
3　毒物劇物営業者は、あせにくい黒色で着色したものでなければ、シアン酸ナトリウムを農業用として販売してはならない。
4　毒物及び劇物取締法施行規則第 13 条の 12 の規定による、毒物劇物営業者が毒物を販売する時までに譲受人に対し提供しなければならない情報の内容として、有効期限がある。

問5　毒物及び劇物取締法上、正しい記述はどれか。

1　毒物又は劇物の製造業の登録を受けた者は、毒物又は劇物を販売又は授与の目的で輸入することができる。
2　毒物劇物営業者は、劇物を販売したときには、劇物の名称及び数量等を書面に記載しておかなければならないが、他の毒物劇物営業者に販売した場合には、記載しなくともよい。
3　特定毒物研究者以外の者は、特定毒物を所持してはならない。
4　毒物又は劇物の製造業者は、登録を受けた毒物又は劇物以外の毒物又は劇物を製造しようとするときは、あらかじめ、登録の変更を受けなければならない。

問6　毒物及び劇物取締法第 10 条の規定により、毒物又は劇物の販売業者が 30 日以内に届出をしなければならない場合の組合せとして正しいものはどれか。

ア　毒物又は劇物の販売業者が販売する毒物又は劇物の品目を変更したとき
イ　毒物又は劇物の販売業者が法人の場合にあっては、その名称を変更したとき
ウ　毒物又は劇物を販売する店舗の営業日を変更したとき
エ　毒物又は劇物を販売する店舗の営業を廃止したとき

1 ア、イ　　2 ア、ウ　　3 イ、エ　　4 ウ、エ

問7　毒物及び劇物取締法施行規則第 11 条の 5 の規定による、有機燐(りん)化合物及びこれを含有する製剤たる毒物及び劇物の解毒剤の組合せとして正しいものはどれか。

ア　亜硝酸アミルの製剤
イ　ジメルカプロール（別名：BAL）の製剤
ウ　硫酸アトロピンの製剤
エ　2－ピリジルアルドキシムメチオダイド（別名：PAM）の製剤

1 ア、イ　　2 ア、エ　　3 イ、ウ　　4 ウ、エ

問8　次の記述は、毒物及び劇物取締法施行令第 40 条の条文である。［ A ］、［ B ］及び［ C ］に当てはまる語句の組合せとして正しいものはどれか。

> 第四十条 法第十五条の二の規定により、毒物若しくは劇物又は法第十一条第二項に規定する政令で定める物の廃棄の方法に関する技術上の基準を次のように定める。
> 一　中和、［ A ］、酸化、還元、［ B ］その他の方法により、毒物及び劇物並びに法第十一条第二項に規定する政令で定める物のいずれにも該当しない物とすること。
> 二　（略）
> 三　可燃性の毒物又は劇物は、保健衛生上危害を生ずるおそれがない場所で、少量ずつ［ C ］させること。
> 四　（略）

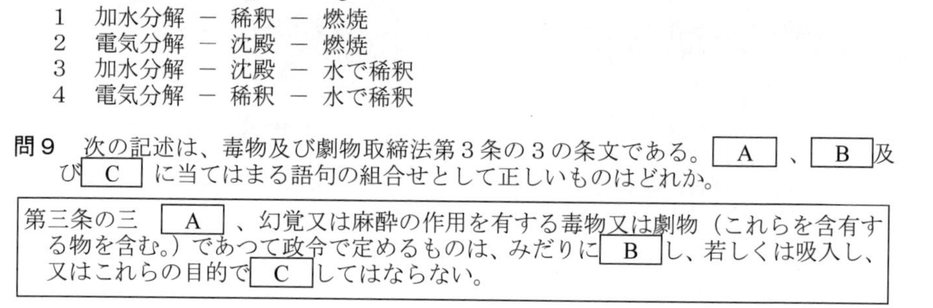

	A		B		C
1	加水分解	－	稀釈	－	燃焼
2	電気分解	－	沈殿	－	燃焼
3	加水分解	－	沈殿	－	水で稀釈
4	電気分解	－	稀釈	－	水で稀釈

問９　次の記述は、毒物及び劇物取締法第３条の３の条文である。［ A ］、［ B ］及び［ C ］に当てはまる語句の組合せとして正しいものはどれか。

> 第三条の三　［ A ］、幻覚又は麻酔の作用を有する毒物又は劇物（これらを含有する物を含む。）であつて政令で定めるものは、みだりに［ B ］し、若しくは吸入し、又はこれらの目的で［ C ］してはならない。

	A		B		C
1	依存	－	乱用	－	所持
2	興奮	－	乱用	－	購入
3	依存	－	摂取	－	購入
4	興奮	－	摂取	－	所持

問 10　毒物及び劇物取締法第 22 条第１項の規定により、その事業場の所在地の都道府県知事（その事業場の所在地が保健所を設置する市又は特別区の区域にある場合においては、市長又は区長）に業務上取扱者の届出をしなければならない者として、正しいものはどれか。

1　重クロム酸を用いて電気メッキを行う事業者
2　硫酸を用いて金属熱処理を行う事業者
3　三酸化二砒(ひ)素を用いてしろありの防除を行う事業者
4　硫酸タリウムを用いてねずみの駆除を行う事業者

〔基礎化学〕
（一般・農業用品目・特定品目共通）

問11　次の［ A ］及び［ B ］に当てはまる語句の組合せとして正しいものはどれか。

> 原子には、原子番号は同じでも、［ A ］の数が異なるために質量数が異なる原子が存在するものがあり、これらを互いに［ B ］という。

	A		B
1	中性子	－	同位体
2	中性子	－	同素体
3	陽　子	－	同位体
4	陽　子	－	同素体

問 12　リチウムが炎色反応によって示す色はどれか。

1　青緑　　2　黄緑　　3　赤　　4　黄

問 13　アルミニウム（Al）、カルシウム（Ca）、ニッケル（Ni）をイオン化傾向の大きい順に並べると正しいものはどれか。

1　Al ＞ Ca ＞ Ni　　2　Ca ＞ Ni ＞ Al
3　Ni ＞ Al ＞ Ca　　4　Ca ＞ Al ＞ Ni

問14　エタノール１モルの質量は何ｇか。ただし、原子量は、水素を１、炭素を12、酸 素を16とする。

1　32　　2　46　　3　60　　4　86

問15　次の物質とその結合の組合せとして正しいものはどれか。

1　ケイ素　－　イオン結合
2　硫酸銀　－　金属結合
3　黒　鉛　－　配位結合
4　窒　素　－　共有結合

問16　次の［　A　］、［　B　］及び［　C　］当てはまる語句の組合せで正しいものはどれか。

> 酸化還元反応において、電子を［　A　］、相手の物質を［　B　］する物質を還元剤という。酸化剤と還元剤が反応するとき、還元剤は［　C　］される。

	A		B		C
1	与　え	－	酸化	－	還元
2	与　え	－	還元	－	酸化
3	受け取り	－	酸化	－	還元
4	受け取り	－	還元	－	酸化

問17　次のうち、正しい記述はどれか。

1　酸とは、水に溶けると電離して、水酸化物イオンを生じる化合物である。
2　メチルオレンジは、pH10 で赤色を呈する。
3　アンモニアは、３価の塩基である。
4　pH が１小さくなると、水素イオン濃度は 10 倍大きくなる。

問18　次のうち、極性分子はどれか。

1　メタン　　2　二酸化炭素　　3　硫化水素　　4　フッ素

問19　次のうち、正しい記述はどれか。

1　ヘリウムは、希ガス元素である。
2　リンは、ハロゲン元素である。
3　鉄は、典型元素である。
4　硫黄は、アルカリ金属元素である。

問20　次のうち、正しい記述はどれか。

1　塩化水素分子内の共有電子対と非共有電子対の数は等しい。
2　アセチレン分子は、二重結合を有する。
3　ナトリウムイオンは、ネオン原子と同じ電子配置である。
4　アルゴン原子は、不対電子を有する。

〔毒物及び劇物の性質及び貯蔵その他取扱方法〕

（一般）

問 21　毒物に該当するものはどれか。

1　重クロム酸カリウム　2　チオシアン酸亜鉛
3　硝酸ウラニル　4　ニッケルカルボニル

問 22　次の［A］及び［B］に当てはまる語句の組合せとして正しいものはどれか。

> クロロホルムは無色、揮発性の液体で、［A］性である。純粋のクロロホルムは、空気に触れ、同時に日光の作用を受けると分解して塩素、塩化水素、［B］、四塩化炭素を生ずる。

	A		B
1	可燃	－	ホスゲン
2	不燃	－	ホスゲン
3	可燃	－	クロラミン
4	不燃	－	クロラミン

問 23　次のうち、正しい記述はどれか。

1　シアン化カリウムは、少量ならばガラス瓶、多量ならばブリキ缶あるいは鉄ドラムを用い、酸類とは離して、空気の流通のよい乾燥した冷所に密封して保管する。
2　カリウムは、水中に沈めて瓶に入れて保管する。
3　ベタナフトールは、空気や光線に触れると黄色に変化するため、遮光して保管する。
4　黄燐（りん）は、ベンゼン中に沈めて瓶に入れ、さらに砂を入れた缶中に固定して、冷暗所にて保管する。

問 24　次のうち、正しい記述はどれか。

1　フェノール水溶液に過クロール鉄液を加えると、淡黄色を呈する。
2　無水硫酸銅は、空気中の水分を吸って次第に赤褐色を呈する。
3　白金線にナトリウムをつけて炎の中に入れると、炎は紫色を呈する。
4　塩酸に硝酸銀溶液を加えると、白い沈殿を生ずる。

問 25　常温常圧下で液体のものはどれか。

1　モノフルオール酢酸アミド　2　塩化チオニル
3　珪弗（けいふつ）化カリウム　4　四弗（ふつ）化硫黄

問 26　次のうち、臭素の廃棄方法として最も適切なものはどれか。

1　燃焼法　2　固化隔離法　3　還元法　4　酸化法

問 27　不燃性を有するものはどれか。

1　四塩化炭素　2　二硫化炭素　3　アクリルニトリル　4　クロルエチル

問 28　次の鑑識法により同定される物質はどれか。

> 水溶液に硝酸銀溶液を加えると、淡黄色の沈殿を生じ、この沈殿は、アンモニア水にわずかに溶け、硝酸には溶けない。

1　硫酸　　2　沃化水素　　3　メタノール　　4　アクロレイン

問 29　DDVP に関する記述として正しいものはどれか。

1　特定毒物に該当する。
2　中毒治療薬として亜硝酸ナトリウムが用いられる。
3　有機燐製剤の一種である。
4　有機溶媒に不溶である。

問 30　次のうち、正しい記述はどれか。

1　アンモニア水に濃塩酸をうるおしたガラス棒を近づけると、白い霧を生ずる。
2　アセトニトリルは、アーモンド様の臭気を有する無色の液体である。
3　ニトロベンゼンには、オルト、メタ、パラの３種類の異性体が存在する。
4　砒酸の中性溶液から硝酸銀によって、藍色の沈殿を生ずる。

（農業用品目）

問 21　有機燐化合物に分類されるものはどれか。

1　トラロメトリン　　2　ダイアジノン　　3　チアクロプリド　　4　メトミル

問 22　常温常圧下で液体であるものはどれか。

1　４－クロロ－３－エチル－１－メチル－Ｎ－［４－（パラトリルオキシ）ベンジル］ピラゾール－５－カルボキサミド（別名：トルフェンピラド）
2　Ｎ－メチル－１－ナフチルカルバメート（別名：カルバリル、NAC）
3　ベンフラカルブ
4　フェンプロパトリン

問 23　次のうち、ジメチル－４－メチルメルカプト－３－メチルフェニルチオホスフェイト（別名：フェンチオン、MPP）の廃棄方法として最も適切なものはどれか。

1　燃焼法　　2　沈殿法　　3　中和法　　4　還元法

問 24　４－ブロモ－２－（４－クロロフェニル）－１－エトキシメチル－５－トリフルオロメチルピロール－３－カルボニトリル（別名：クロルフェナピル）に関する記述として正しいものはどれか。

1　ジクロロメタンに溶けない。
2　黄褐色の液体である。
3　主として除草剤として用いられる。
4　１パーセントを含有する製剤は劇物に該当する。

問 25　２パーセントを含有する製剤が劇物に該当するものはどれか。

1　Ｎ－メチル－１－ナフチルカルバメート（別名：カルバリル、NAC）
2　アセタミプリド
3　イミノクタジン
4　クロルピクリン

問 26　1・1’－ジメチル－4・4’－ジピリジニウムジクロリド（別名：パラコート）に関する記述として正しいものはどれか。

1　無色の液体である。　　　　　　　2　水によく溶ける。
3　主として殺鼠剤として用いられる。　4　カーバメート系化合物である。

問 27　トリシクラゾールに関する記述として正しいものはどれか。

1　暗赤色の液体である。
2　水によく溶ける。
3　主に殺菌剤として用いられる。
4　2パーセントを含有する製剤は劇物に該当する。

問 28　次の A 、 B 及び C に当てはまる語句の組合せとして正しいものはどれか。

> (RS) －α－シアノ－3－フェノキシベンジル＝（1 RS・3 RS）－（1 RS・3 SR）－3－（2・2－ジクロロビニル）－2・2－ジメチルシクロプロパンカル ボキシラート（別名：シペルメトリン）は、主に A として用いられ、 B にほとんど溶けず、 C に不安定である。

	A	B	C
1	殺虫剤	水	アルカリ
2	殺虫剤	メタノール	酸
3	殺菌剤	水	酸
4	殺菌剤	メタノール	アルカリ

問 29　物質とその常温常圧下での性質に関する記述として正しいものはどれか。

1　(RS) －α－シアノ－3－フェノキシベンジル＝(RS) －2－（4－クロロフェニル）－3－メチルブタノアート（別名：フェンバレレート）は、酸に不安定で、アルカリに安定である。
2　イソキサチオンは、淡黄褐色の液体で、水に溶けにくいが、有機溶剤によく溶ける。
3　イミダクロプリドは、無臭の液体であり、水に溶けにくい。
4　2・2’－ジピリジリウム－1・1’－エチレンジブロミド（別名：ジクワット）は、淡黄色結晶で、水に溶けない。

問 30　次の記述に当てはまる物質はどれか。

> 常温常圧下において、淡黄色ないし黄褐色の粘稠性液体で、水に難溶である。熱、性には安定であるが、 太陽光、アルカリには不安定である。劇物に指定されているが、5パーセント以下を含有する製剤は劇物の指定から除外されている。

1　ジメトエート　　　　2　テブフェンピラド
3　EPN　　　　　　　 4　フルバリネート

（特定品目）

問 21　10パーセント製剤が劇物に該当するものはどれか。

1　硝酸　　2　塩化水素　　3　クロム酸鉛　　4　過酸化水素

問 22　35 パーセントのアンモニア水の鑑識法として正しいものはどれか。

1　硝酸銀水溶液を加えると、塩化銀の白い沈殿を生ずる。
2　サリチル酸と濃硫酸とともに熱すると、芳香あるサリチル酸メチルエステルを生ずる。
3　濃塩酸をうるおしたガラス棒を近づけると、白い霧を生ずる。
4　銅屑（くず）を加えて熱すると、銅屑（くず）は藍色を呈して溶け、その際赤褐色の蒸気を発生する。

問 23　次のうち、クロム酸ナトリウムの廃棄方法として最も適切なものはどれか。

1　固化隔離法　　2　燃焼法　　3　希釈法　　4　還元沈殿法

問 24　次の毒性を有する物質として最も適当なものはどれか。

この物質の蒸気の吸入による症状は、はじめ頭痛、悪心などをきたし、また黄疸（だん）のように角膜が黄色となり、しだいに尿毒症様を呈し、はなはだしいときは死ぬことがある。

1　硫酸　　2　四塩化炭素　　3　メタノール　　4　塩素

問 25　可燃性を有するものはどれか。

1　トルエン　　2　酸化水銀　　3　塩化水素　　4　水酸化カリウム

問 26　次の方法で貯蔵することが最も適当な物質はどれか。

冷暗所にたくわえる。純品は空気と日光によって変質するので、少量のアルコールを加えて分解を防止する。

1　四塩化炭素　　2　クロロホルム　　3　水酸化カリウム　　4　過酸化水素

問 27　多量に漏えいした場合に、次の措置を行うことが最も適切な物質はどれか。

極めて腐食性が強いので、作業の際には必ず保護具を着用する。必要があれば、漏えいした場所の周辺にはロープを張るなどして人の立入りを禁止する。 漏えいした液は土砂等でその流れを止め、土砂等に吸着させるか、又は安全な場所に導いて多量の水をかけて洗い流す。必要があればさらに中和し、多量の水を用いて洗い流す。

1　メタノール　　2　トルエン
3　水酸化ナトリウム水溶液　　4　酢酸エチル

問 28　毒物劇物特定品目販売業の登録を受けた者が販売できるものはどれか。

1　硅弗（けいふつ）化ナトリウム　　2　硝酸鉛
3　弗化（ふっか）水素　　4　砒（ひ）酸

問 29　次の性質を有する物質として最も適当なものはどれか。

水浴上で蒸発すると、水に溶解しにくい白色、無晶形の物質をのこす。

1　キシレン　　2　メチルエチルケトン　　3　ホルマリン　　4　トルエン

問 30　次のうち、正しい記述の組合せはどれか。

ア　過酸化水素水は、酸化力を有するが、還元力は有しない。
イ　硝酸は、腐食性を有する液体で、冶金に用いられる。
ウ　塩素は、粘膜接触により、刺激症状を呈する。
エ　アンモニアは、酸素中では、赤色の炎を上げて燃焼する。

1　ア、イ　　2　ア、エ　　3　イ、ウ　　4　ウ、エ

〔毒物及び劇物の識別及び取扱方法〕

（一般）

問 31　無水クロム酸の常温常圧下での性状として正しいものはどれか。

1　無色透明の結晶で、潮解性がある。
2　無色透明の結晶で、風解性がある。
3　暗赤色の結晶で、潮解性がある。
4　暗赤色の結晶で、風解性がある。

問 32　次のうち、無水クロム酸の用途として最も適するものはどれか。

1　消火剤　　2　還元剤　　3　界面活性剤　　4　酸化剤

問 33　弗（ふっ）化水素酸の常温常圧下での性状として正しいものはどれか。

1　特有の刺激臭があり、不燃性である。
2　特有の刺激臭があり、可燃性である。
3　芳香臭があり、不燃性である。
4　芳香臭があり、可燃性である。

問 34　次のうち、弗化水素酸の用途として最も適するものはどれか。

1　界面活性剤　　2　防腐剤　　3　釉（ゆう）薬　　4　ガラスのつや消し

問 35　ピクリン酸の常温常圧下での性状として正しいものはどれか。

1　淡黄色の光沢ある結晶で、ベンゼンに溶ける。
2　淡黄色の光沢ある結晶で、ベンゼンに溶けない。
3　暗褐色の光沢ある結晶で、ベンゼンに溶ける。
4　暗褐色の光沢ある結晶で、ベンゼンに溶けない。

問 36　次のうち、ピクリン酸の用途として最も適するものはどれか。

1　香料　　2　染料　　3　消火剤　　4　殺鼠（そ）剤

問 37　シアナミド鉛の常温常圧下での性状として正しいものはどれか。

1　無色の液体で、水に溶ける。
2　無色の液体で、水に溶けない。
3　淡黄色の結晶で、水に溶ける。
4　淡黄色の結晶で、水に溶けない。

問38　次のうち、シアナミド鉛の用途として最も適するものはどれか。

1　防錆(せい)顔料　　2　漂白剤　　3　界面活性剤　　4　染料

問39　イミダクロプリドの常温常圧下での性状として正しいものはどれか。

1　無色の結晶で、水によく溶ける。
2　無色の結晶で、水に極めて溶けにくい。
3　赤褐色の結晶で、水によく溶ける。
4　赤褐色の結晶で、水に極めて溶けにくい。

問40　次のうち、イミダクロプリドの用途として最も適するものはどれか。

1　除草剤　　2　殺鼠(そ)剤　　3　殺虫剤　　4　土壌燻(くん)蒸剤

（農業用品目）

問31　フルスルファミドの常温常圧下での性状として正しいものはどれか。

1　淡黄色の結晶性粉末で、水に溶けにくい。
2　淡黄色の粘稠(ちょう)性液体で、水に溶けにくい。
3　淡黄色の結晶性粉末で、水に溶けやすい。
4　淡黄色の粘稠性液体で、水に溶けやすい。

問32　次のうち、フルスルファミドの用途として最も適するものはどれか。

1　除草剤　　2　殺虫剤　　3　殺菌剤　　4　殺鼠(そ)剤

問33　塩素酸ナトリウムの常温常圧下での性状として正しいものはどれか。

1　白色の結晶で、水に溶けにくい。　　2　橙(とう)赤色の結晶で、水に溶けにくい。
3　白色の結晶で、水に溶けやすい。　　4　橙(とう)赤色の結晶で、水に溶けやすい。

問34　次のうち、塩素酸ナトリウムの用途として最も適するものはどれか。

1　除草剤　2　殺虫剤　3　殺菌剤　4　土壌燻(くん)蒸剤

問35　メチル－N'・N'－ジメチル－N－[（メチルカルバモイル）オキシ]－１－チオオキサムイミデート（別名：オキサミル）の常温常圧下での性状として正しいものはどれか。

1　淡黄色の液体で、アセトンに溶けにくい。
2　白色の結晶で、アセトンに溶けにくい。
3　淡黄色の液体で、アセトンに溶けやすい。
4　白色の結晶で、アセトンに溶けやすい。

問36　次のうち、メチル－N'・N'－ジメチル－N－[（メチルカルバモイル）オキシ]－１－チオオキサムイミデート（別名：オキサミル）の用途として最も適するものはどれか。

1　除草剤　　2　殺虫剤　　3　殺菌剤　　4　殺鼠(そ)剤

問37　２－ジフェニルアセチル－１・３－インダンジオン（別名：ダイファシノン）の常温常圧下での性状として正しいものはどれか。

1　暗赤色の結晶性粉末で、酢酸に溶ける。
2　暗赤色の結晶性粉末で、酢酸に溶けない。
3　黄色の結晶性粉末で、酢酸に溶ける。
4　黄色の結晶性粉末で、酢酸に溶けない。

問 38　次のうち、2－ジフェニルアセチル－1・3－インダンジオン（別名：ダイファシノン）の用途として最も適するものはどれか。

1　除草剤　　2　殺虫剤　　3　殺菌剤　　4　殺鼠(そ)剤

問 39　アセタミプリドの常温常圧下での性状として正しいものはどれか。

1　白色の液体で、メタノールに溶けやすい。
2　白色の結晶で、メタノールに溶けやすい。
3　白色の結晶で、メタノールに溶けにくい。
4　白色の液体で、メタノールに溶けにくい。

問 40　次のうち、アセタミプリドの用途として最も適するものはどれか。

1　除草剤　　2　殺虫剤　　3　殺菌剤　　4　土壌燻(くん)蒸剤

（特定品目）

問31　塩化水素の常温常圧下での性状として正しいものはどれか。

1　黄緑色の刺激臭を持つ気体で、水に溶けにくい。
2　黄緑色の刺激臭を持つ気体で、水に溶けやすい。
3　無色の刺激臭を持つ気体で、水に溶けにくい。
4　無色の刺激臭を持つ気体で、水に溶けやすい。

問 32　次のうち、塩化水素の用途として最も適するものはどれか。

1　塩化ビニルの原料　　2　燃料　　3　顔料　　4　アンチノック剤

問 33　クロム酸カルシウムの常温常圧下での性状として正しいものはどれか。

1　淡赤黄色の粉末で、アルカリに溶けない。
2　淡赤黄色の粉末で、アルカリに溶ける。
3　白色の粉末で、アルカリに溶けない。
4　白色の粉末で、アルカリに溶ける。

問 34　次のうち、クロム酸カルシウムの用途として最も適するものはどれか。

1　香料　　2　媒染剤　　3　顔料　　4　還元剤

問 35　キシレンの常温常圧下での性状として正しいものはどれか。

1　赤褐色の液体で、水によく溶ける。
2　赤褐色の液体で、水にほとんど溶けない。
3　無色透明の液体で、水によく溶ける。
4　無色透明の液体で、水にほとんど溶けない。

問 36　次のうち、キシレンの用途として最も適するものはどれか。

1　冶金　　2　乾燥剤　　3　有機合成原料　　4　界面活性剤

問 37　メチルエチルケトンの常温常圧下での性状として正しいものはどれか。

1　無色の液体で、アセトン様の芳香がある。
2　無色の液体で、無臭である。
3　赤褐色の液体で、アセトン様の芳香がある。
4　赤褐色の液体で、無臭である。

問38　次のうち、メチルエチルケトンの用途として最も適するものはどれか。

1　酸化剤　　2　溶剤　　3　アンチノック剤　　4　染料

問39　蓚(しゅう)酸の常温常圧下での性状として正しいものはどれか。

1　赤褐色の結晶で、エーテルに溶けやすい。
2　赤褐色の結晶で、エーテルに溶けにくい。
3　無色の結晶で、エーテルに溶けやすい。
4　無色の結晶で、エーテルに溶けにくい。

問40　次のうち、蓚(しゅう)酸の用途として最も適するものはどれか。

1 捺(なつ)染剤　　2 アンチノック剤　　3 釉(ゆう)薬　　4 燃料

富山県
令和元年度実施

〔法　規〕
（一般・農業用品目・特定品目共通）

問１　次の文章は、毒物及び劇物取締法の条文の抜粋である。（　　）内にあてはまる正しい語句を≪選択肢≫から選びなさい。

（目的）
第１条　この法律は、毒物及び劇物について、保健衛生上の見地から必要な（　　）を行うことを目的とする。

≪選択肢≫
１　規制　　２　取締　　３　監視　　４　検査　　５　指導

問２～問３　次の文章は、毒物及び劇物取締法の条文の抜粋である。（　　）内にあてはまる正しい語句を≪選択肢≫から選びなさい。

（定義）
第２条　この法律で「毒物」とは、別表第一に掲げる物であつて、（　**問２**　）及び（　**問３**　）以外のものをいう。

≪選択肢≫
問２　１　医薬品　　２　医療機器　　３　危険物　　４　石油類　　５　毒薬
問３　１　化粧品　　２　有機溶媒　　３　医薬部外品　　４　高圧ガス　　５　劇薬

問４　次の文章は、毒物及び劇物取締法第３条第３項の条文の抜粋である。（　　）内にあてはまる語句の正しいものの組み合わせを≪選択肢≫から選びなさい。

毒物又は劇物の販売業の登録を受けた者でなければ、毒物又は劇物を販売し、授与し、又は販売若しくは授与の目的で（　a　）し、運搬し、若しくは（　b　）してはならない。

≪選択肢≫

	a	b
1	貯蔵	陳列
2	貯蔵	所持
3	小分け	陳列
4	小分け	所持
5	小分け	使用

問５　次のうち、特定毒物として、正しいものの組み合わせを≪選択肢≫から選びなさい。

a　四アルキル鉛　　b　四塩化炭素　　c　ジクロロ酢酸
d　モノフルオール酢酸

≪選択肢≫
１（a、b）　２（b、c）　３（c、d）　４（a、d）　５（b、d）

問６　次の毒物及び劇物取締法に関する記述の正誤について、正しい組み合わせを≪選択肢≫から選びなさい。

a　毒物又は劇物の現物を取り扱うことなく、伝票処理のみの方法によって販売又は授与しようとする場合、毒物劇物取扱責任者を置けば、毒物劇物販売業の登録を受ける必要はない。

b　毒物又は劇物の製造業(製剤の製造(製剤の小分けを含む。)又は原体の小分けのみを行う場合を除く。)の登録を受けようとする者は、製造所ごとに、その製造所の所在地の都道府県知事を経て、厚生労働大臣に申請書を出さなければならない。

c　毒物又は劇物の販売業の登録は、店舗ごとにその店舗の所在地の都道府県知事(その店舗の所在地が、保健所を設置する市又は特別区の区域にある場合においては、市長又は区長)が行う。

d　毒物劇物特定品目販売業者は、特定毒物を販売することができる。

≪選択肢≫

	a	b	c	d
1	正	正	誤	正
2	誤	正	正	誤
3	誤	誤	正	正
4	誤	正	誤	正
5	正	正	正	誤

問７　次の毒物劇物営業者の登録及び特定毒物研究者の許可に関する記述の正誤について、正しい組み合わせを≪選択肢≫から選びなさい。

a　毒物又は劇物の輸入業の登録は、３年ごとに更新を受けなければ、その効力を失う。

b　毒物又は劇物の販売業の登録は、４年ごとに更新を受けなければ、その効力を失う。

c　毒物又は劇物の製造業の登録は、５年ごとに更新を受けなければ、その効力を失う。

d　特定毒物研究者の許可は、更新を受ける必要はない。

≪選択肢≫

	a	b	c	d
1	正	正	正	誤
2	正	誤	誤	正
3	誤	正	誤	正
4	誤	誤	正	誤
5	誤	誤	正	正

問８　次のうち、毒物及び劇物取締法第10条の規定により、毒物劇物営業者が行う届出について、正しいものの組み合わせを≪選択肢≫から選びなさい。

a　毒物又は劇物の販売業者がその住所を変更したときは、30日以内に届け出なければならない。

b　毒物又は劇物の製造業者が登録に係る品目の製造を廃止したときは、30日以内に届け出なければならない。

c　毒物又は劇物の輸入業者が当該営業所における営業を廃止したときは、15日以内に届け出なければならない。

d　毒物又は劇物の製造業者が毒物を貯蔵する設備の重要な部分を変更するときは、あらかじめ届け出なければならない。

≪選択肢≫

1 (a、b)　2 (b、c)　3 (c、d)　4 (a、d)　5 (b、d)

問９　次のうち、興奮、幻覚又は麻酔の作用を有する毒物又は劇物(これらを含有する物を含む。)であって、みだりに摂取し、若しくは吸入し、又はこれらの目的で所持してはならないものとして、毒物及び劇物取締法施行令で定められている正しいものの組み合わせを≪選択肢≫から選びなさい。

a　エタノールを含有する塗料

b　フェノールを含有する接着剤

c　メタノールを含有するシンナー

d　トルエンを含有するシーリング用の充てん料

≪選択肢≫

1 (a、b)　2 (b、c)　3 (c、d)　4 (a、d)　5 (b、d)

問 10　次のうち、引火性、発火性又は爆発性のある毒物又は劇物であって、業務その他正当な理由による場合を除いては、所持してはならないものとして、毒物及び劇物取締法施行令で定められている正しいものの組み合わせを≪選択肢≫から選びなさい。

a　ナトリウム　　b　ニトロベンゼン　　c　硝酸　　d　ピクリン酸

≪選択肢≫
1 (a、b)　2 (b、c)　3 (c、d)　4 (a、d)　5 (b、d)

問 11　次の毒物又は劇物の販売業の店舗の設備の登録基準に関する記述について、誤っているものを≪選択肢≫から選びなさい。

≪選択肢≫
1　毒物又は劇物の運搬用具は、毒物又は劇物が飛散し、漏れ、又はしみ出るおそれがないものであること。
2　毒物又は劇物の貯蔵設備は、毒物又は劇物とその他の物とを区分して貯蔵できるものであること。
3　毒物又は劇物を陳列する場所に消火設備があること。
4　毒物又は劇物を貯蔵する場所が、性質上かぎをかけることができないものであるときは、その周囲に、堅固なさくが設けてあること。
5　毒物又は劇物を貯蔵するタンク、ドラムかん、その他の容器は、毒物又は劇物が飛散し、漏れ、又はしみ出るおそれのないものであること。

問 12　次の特定毒物に関する記述のうち、正しいものの組み合わせを≪選択肢≫から選びなさい。

a　毒物劇物一般販売業者は、特定毒物使用者に対し、すべての特定毒物を販売することができる。
b　毒物若しくは劇物の輸入業者又は特定毒物研究者でなければ、特定毒物を輸入してはならない。
c　毒物劇物営業者、特定毒物研究者又は特定毒物使用者でなければ、特定毒物を譲り渡し、又は譲り受けてはならない。
d　学術研究のために、特定毒物を製造し、又は使用する場合に限り、その主たる研究所の所在地の都道府県知事又は指定都市の長の許可を受けなくても特定毒物を製造できる。

≪選択肢≫
1 (a、b)　2 (b、c)　3 (c、d)　4 (a、d)　5 (b、d)

問 13　次の文章は、毒物及び劇物取締法の条文の抜粋である。(　　)内にあてはまる語句の正しいものの組み合わせを≪選択肢≫から選びなさい。

(毒物劇物取扱責任者の資格)
第８条　次の各号に掲げる者でなければ、前条の毒物劇物取扱責任者となることができない。
一　(　a　)
二　厚生労働省令で定める学校で、(　b　)に関する学課を修了した者
三　都道府県知事が行う毒物劇物取扱者試験に合格した者
2　次に掲げる者は、前条の毒物劇物取扱責任者となることができない。
一　(　c　)の者

≪選択肢≫

	a	b	c
1	危険物取扱者	応用化学	20 歳未満
2	危険物取扱者	環境化学	18 歳未満
3	薬剤師	応用化学	18 歳未満
4	薬剤師	環境化学	20 歳未満
5	薬剤師	応用化学	20 歳未満

問 14　次の毒物劇物取扱責任者に関する記述について、正しいものの組み合わせを≪選択肢≫から選びなさい。

a　毒物劇物営業者は、自ら毒物劇物取扱責任者となることができる。
b　毒物劇物営業者が、毒物劇物製造業及び毒物劇物販売業を併せ営む場合において、その製造所及び店舗が互いに隣接している場合であっても、毒物劇物取扱責任者は、それぞれ専任の者を置かなければならない。
c　毒物劇物営業者が、毒物劇物取扱責任者を置いたときは、30 日以内に、その毒物劇物取扱責任者の氏名を届け出なければならない。
d　一般毒物劇物取扱者試験の合格者は、特定品目販売業の店舗の毒物劇物取扱責任者となることはできない。

≪選択肢≫
1 (a、b)　2 (b、c)　3 (b、c)　4 (a、d)　5 (c、d)

問 15　次の文章は、毒物及び劇物取締法の条文の抜粋である。(　　)内にあてはまる語句の正しいものの組み合わせを≪選択肢≫から選びなさい。

(毒物又は劇物の譲渡手続)
第 14 条　毒物劇物営業者は、毒物又は劇物を他の毒物劇物営業者に販売し、又は授与したときは、(　a　)、次に掲げる事項を書面に記載しておかなければならない。
一　毒物又は劇物の名称及び(　b　)
二　販売又は授与の年月日
三　譲受人の氏名、(　c　)及び住所(法人にあつては、その名称及び主たる事務所の所在地

≪選択肢≫

	a	b	c
1	必要に応じ	性状	連絡先
2	必要に応じ	数量	連絡先
3	必要に応じ	数量	職業
4	その都度	性状	連絡先
5	その都度	数量	職業

問 16　次のうち、毒物及び劇物取締法第 12 条第 2 項第 4 号及び同法施行規則第 11 条の 6 第 2 号の規定に基づき、毒物又は劇物の製造業者が、その製造した塩化水素を含有する製剤たる劇物(住宅用の洗浄剤で液体状のもの)を販売しようとするときに、その容器及び被包に表示しなければならない事項として、法令で定められている正しいものの組み合わせを≪選択肢≫から選びなさい。

a　皮膚に触れた場合には、石けんを使つてよく洗うべき旨
b　使用直前に開封し、包装紙等は直ちに処分すべき旨
c　眼に入った場合は、直ちに流水でよく洗い、医師の診断を受けるべき旨
d　小児の手の届かないところに保管しなければならない旨

≪選択肢≫
1 (a、b)　2 (b、c)　3 (c、d)　4 (a、d)　5 (b、d)

問 17 次の文章は、毒物及び劇物取締法の条文の抜粋である。(　　)内にあてはまる語句の正しいものの組み合わせを≪選択肢≫から選びなさい。

(事故の際の措置)
第16条の2　毒物劇物営業者及び特定毒物研究者は、その取扱いに係る毒物若しくは劇物又は第11条第2項に規定する政令で定める物が飛散し、漏れ、流れ出、しみ出、又は地下にしみ込んだ場合において、不特定又は多数の者について保健衛生上の危害が生ずるおそれがあるときは、(　a　)、その旨を(　b　)、警察署又は(　c　)に届け出るとともに、保健衛生上の危害を防止するために必要な応急の措置を講じなければならない。

≪選択肢≫

	a	b	c
1	直ちに	保健所	都道府県
2	直ちに	保健所	消防機関
3	直ちに	市町村	都道府県
4	24時間以内に	市町村	消防機関
5	24時間以内に	保健所	都道府県

問 18 次の毒物及び劇物取締法第 15 条の2の規定に基づく廃棄の方法に関する記述の正誤について、正しい組み合わせを≪選択肢≫から選びなさい。

a　揮発性の毒物を保健衛生上の危害を生ずるおそれがない場所で、少量ずつ揮発させた。
b　液体の毒物を稀(き)釈し、毒物及び劇物並びに毒物及び劇物取締法第11条第2項に規定する政令で定める物のいずれにも該当しない物とした。
c　可燃性の毒物を保健衛生上の危害を生ずるおそれがない場所で、大量に燃焼させた。
d　地下 50 センチメートルで、かつ、地下水を汚染するおそれがない地中に確実に埋めた。

≪選択肢≫

	a	b	c	d
1	正	正	誤	誤
2	誤	正	正	誤
3	誤	誤	正	正
4	誤	誤	誤	正
5	正	誤	誤	誤

問 19 次のうち、毒物及び劇物取締法第 11 条第4項の規定により、毒物又は劇物の容器として使用してはならないとされているものとして正しいものを≪選択肢≫から選びなさい。

≪選択肢≫
1　医薬品の容器として通常使用される物
2　日用品の容器として通常使用される物
3　飲食物の容器として通常使用される物
4　密閉できない物
5　壊れやすい又は腐食しやすい物

問 20 次の毒物及び劇物取締法に基づいて都道府県知事(その店舗の所在地が、保健所を設置する市又は特別区の区域にある場合においては、市長又は区長)が行う監視指導及び処分に関する記述について、正しいものの組み合わせを≪選択肢≫から選びなさい。

a　毒物劇物販売業者の有する設備が毒物及び劇物取締法第5条の規定に基づく登録基準に適合しなくなったと認めるときは、その者の登録を取り消さなければならない。
b　毒物劇物販売業の毒物劇物取扱責任者に、毒物及び劇物取締法に違反する行為があったときは、その販売業者に対して、毒物劇物取扱責任者の変更を命ずることができる。
c　保健衛生上必要があると認めるときは、毒物劇物監視員に毒物劇物販売業者の店舗、その他業務上毒物又は劇物を取り扱う場所に立ち入り、帳簿その他の物件を検査させ、関係者に質問させることができる。
d　保健衛生上の危害を防止するため特に必要があると認めるときは、毒物劇物監視員に毒物劇物販売業者が所有する全ての毒物を押収させることができる。

≪選択肢≫

1 (a、b)　2 (b、c)　3 (c、d)　4 (a、d)　5 (b、d)

問 21 次の文章は、毒物及び劇物取締法の条文の抜粋である。(　　)内にあてはまる語句の正しいものの組み合わせを≪選択肢≫から選びなさい。

(毒物又は劇物の表示)

第 12 条　毒物劇物営業者及び特定毒物研究者は、毒物又は劇物の容器及び被包に、(a)の文字及び毒物については(b)をもつて「毒物」の文字、劇物については白地に赤色をもつて「劇物」の文字を表示しなければならない。

2　毒物劇物営業者は、その容器及び被包に、左に掲げる事項を表示しなければ、毒物又は劇物を販売し、又は授与してはならない。

一　毒物又は劇物の名称

二　毒物又は劇物の成分及びその含量

三　厚生労働省令で定める毒物又は劇物については、それぞれ厚生労働省令で定めるその(c)の名称

≪選択肢≫

	a	b	c
1	「医薬用外」	黒地に白色	中和剤
2	「医薬用外」	赤地に白色	解毒剤
3	「医薬用外」	赤地に白色	中和剤
4	「工業用」	黒地に白色	中和剤
5	「工業用」	赤地に白色	解毒剤

問 22 ～問 24 次の文章は、毒物及び劇物取締法の条文の抜粋である。(　　)内にあてはまる正しい語句を≪選択肢≫から選びなさい。

(毒物又は劇物の交付の制限等)

第 15 条　毒物劇物営業者は、毒物又は劇物を次に掲げる者に交付してはならない。

一　(**問 22**)の者

二～三　略

2　毒物劇物営業者は、厚生労働省令の定めるところにより、その交付を受ける者の(**問 23**)を確認した後でなければ、第 3 条の 4 に規定する政令で定める物を交付してはならない。

3　毒物劇物営業者は、帳簿を備え、前項の確認をしたときは、厚生労働省令の定めるところにより、その確認に関する事項を記載しなければならない。

4　毒物劇物営業者は、前項の帳簿を、(**問 24**)、保存しなければならない。

≪選択肢≫

問 22　1　15 歳未満　2　15 歳以下　3　18 歳未満　4　18 歳以下　5　20 歳未満

問 23　1　年齢　2　使用目的　3　氏名及び住所　4　氏名及び年齢　5　使用目的及び職業

問 24　1　最終の記載をした日から 3 年間　2　最終の記載をした日から 5 年間　3　最終の記載をした日から 10 年間　4　営業の廃止をした日から 3 年間　5　営業の廃止をした日から 5 年間

問 25　次のうち、毒物及び劇物取締法第 22 条の規定に基づき、業務上取扱者の届出が必要な事業者に関する記述の正誤について、正しい組み合わせを≪選択肢≫から選びなさい。

a　電気めっきを行う事業者であって、その業務上シアン化カリウムを取り扱う者
b　金属熱処理を行う事業者であって、その業務上シアン酸ナトリウムを取り扱う者
c　毒物又は劇物の運送を行う事業者であって、その業務上内容積が 200L の容器を大型自動車に積載して硫酸を運送する者
d　電気工事を行う事業者であって、その業務上ポリ塩化ビフェニルを含有する製品を取り扱う者

≪選択肢≫

	a	b	c	d
1	正	正	誤	誤
2	誤	正	正	誤
3	誤	誤	正	正
4	誤	誤	誤	正
5	正	誤	誤	誤

〔基礎化学〕
（一般・農業用品目・特定品目共通）

問 26　次の a ～ i の物質のうち、単体はいくつあるか。≪選択肢≫から選びなさい。

a　水　b　酸素　c　水酸化ナトリウム　d　アンモニア　e　窒素
f　塩化ナトリウム　g　二酸化炭素　h　メタン　i　白金

≪選択肢≫
1　1個　2　2個　3　3個　4　4個　5　5個

問 27　海水から純水を分離する蒸留操作について、図の装置の説明で誤っているものを≪選択肢≫から選びなさい。

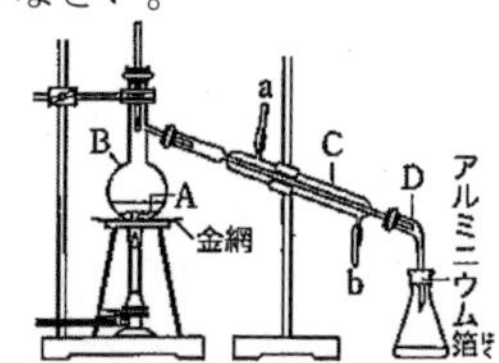

≪選択肢≫
1　海水の量は枝付きフラスコ B の半分以下とする。
2　突沸を防ぐため、沸騰石 A を入れる。
3　温度計は液溜(だめ)が枝付きフラスコ B の枝の付け根の位置にくるように調節する。
4　リービッヒ冷却管 C には冷却水を、常に A から B へ流しておく。
5　アダプター D と三角フラスコは密栓しない。

問 28　次のうち、互いに同位体であるものの組み合わせを≪選択肢≫から選びなさい。

a　^{14}C　b　^{40}Ar　c　^{12}C　d　^{20}Ne　e　^{14}N　f　^{40}K

≪選択肢≫
1 (a、c)　2 (a、f)　3 (b、d)　4 (b、f)　5 (d、e)

問 29　次の変化のうち、化学変化に該当するものの組み合わせを≪選択肢≫から選びなさい。

a　水を電気分解した。
b　食塩水を蒸留して純水をつくった。
c　湿った空気中に放置した十円玉に緑のさび(緑青)が生じた。
d　ドライアイスが全て気体に変化した。
e　水に食塩を溶かした。

≪選択肢≫
1 (a、b)　2 (a、c)　3 (b、c)　4 (c、d)　5 (d、e)

問 30　中性子の数が最も多い原子を≪選択肢≫から選びなさい。

≪選択肢≫

1　^{32}S　　2　^{35}Cl　　3　^{30}Si　　4　^{31}P　　5　^{27}Al

問 31　共有電子対が最も少ない分子を≪選択肢≫から選びなさい。

≪選択肢≫

1　N_2　　2　Cl_2　　3　CO_2　　4　cH_4　　5　H_2O

問 32　次のうち、アルカリ金属であるものを≪選択肢≫から選びなさい。

≪選択肢≫

1　He　　2　Al　　3　Ca　　4　F　　5　K

問 33　イオン結晶の性質の記述として正しいものを≪選択肢≫から選びなさい。

≪選択肢≫

1　融点が極めて高く、非常に硬い。水に溶けにくく電気を通さない。
2　分子間力による結晶であり、昇華しやすいものもある。
3　固体も液体も電気を良く通す。
4　結晶中では陽イオンと陰イオンが規則正しく並んでいる。
5　自由電子をもち、展性、延性を示す。

問 34　図のグラフが、あらわしているものを≪選択肢≫から選びなさい。

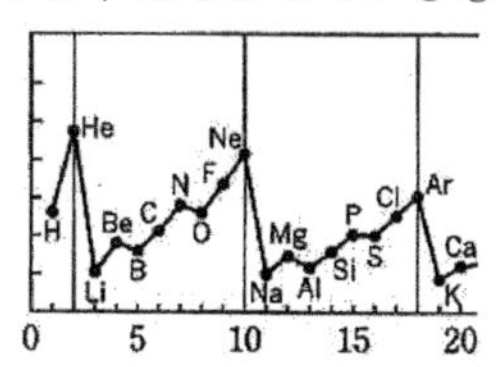

≪選択肢≫

1　(第1)イオン化エネルギー　　2　電子親和力　　3　価電子数
4　原子半径　　5　電気陰性度

問 35　次の分子のうち、極性分子はいくつあるか。≪選択肢≫から選びなさい。

a　メタン　　b　エチレン　　c　アンモニア　　d　窒素　　e　水

≪選択肢≫

1　1個　　2　2個　　3　3個　　4　4個　　5　5個

問 36　物質とそれを構成する化学結合の組み合わせとして<u>適当でないもの</u>を≪選択肢≫から選びなさい。

≪選択肢≫

1　金　—　金属結合のみ
2　塩化カリウム　—　イオン結合のみ
3　酸素　—　共有結合のみ
4　アンモニウムイオン　—　配位結合と共有結合
5　炭酸カルシウム　—　イオン結合のみ

問 37　6％の食塩水 100　g から水を蒸発させて、8％の食塩水をつくりたい。何 g の水を蒸発させればよいか。≪選択肢≫から選びなさい。

≪選択肢≫

1　20g　　2　22g　　3　25g　　4　28g　　5　30g

問 38　大気圧下での水の三態に関する記述として誤りを含むものを≪選択肢≫から選びなさい。

≪選択肢≫
1　粒子間距離の長さは気体＞固体＞液体の順である。
2　液体では水分子は熱運動により互いの位置を変えている。
3　見た目に変化が無くても、液体の表面では常に蒸発が起こっている。
4　大気圧が変化しても沸点は一定である。
5　熱運動が最も激しいのは水蒸気のときである。

問 39　圧力一定で一定体積のある気体の温度を下げると、ある時点で液体が生じた。この現象を何というか。≪選択肢≫から選びなさい。

≪選択肢≫
1　昇華　　2　凝固　　3　凝縮　　4　蒸発　　5　融解

問 40　放射性同位体が放射線を放出して壊変し、その原子数が元の半分になるまでの時間を半減期という。^{14}C の半減期は 5730 年である。^{14}C の量がある時刻の 1/8 になるまでには何年かかるか。最も近い値を≪選択肢≫から選びなさい。

≪選択肢≫
1　1910 年　　2　3820 年　　3　5730 年　　4　11460 年　　5　17190 年

問 41　ある純物質 A の固体をビーカーに入れ、次の実験Ⅰ～Ⅲを行った。この純物質 A として最も適当なものを≪選択肢≫から選びなさい。

実験Ⅰ　A の固体をビーカーに入れ、十分な水を入れてかき混ぜると全て溶けた。
実験Ⅱ　実験Ⅰで得た水溶液で炎色反応を調べたところ、紫色の炎が観察できた。
実験Ⅲ　実験Ⅰで得た水溶液に硝酸銀水溶液を加えると白色の沈殿が生じた。

≪選択肢≫
1　硝酸カリウム　　2　炭酸カルシウム
3　塩化カリウム　　4　塩化ナトリウム
5　硫酸バリウム

問 42　この設問において、必要ならば下記の原子量を用いなさい。
また、標準状態(0 ℃、1 気圧)の気体の体積は 22.4 L/mol とする。

原子量
H : 1.0　　C : 12　　O : 16

純粋なエタノール C_2H_5OH を完全燃焼させたところ、4.4g の二酸化炭素が発生した。このとき必要な酸素の標準状態における体積として最も適当な数値を≪選択肢≫から選びなさい。

≪選択肢≫
1　1.12 L　　2　2.24 L　　3　3.36 L　　4　4.48 L　　5　6.00 L

問 43　次の手順で中和滴定の実験を行った。元の酢酸溶液の濃度は何 mol/L か。最も適当なものを≪選択肢≫から選びなさい。

実験Ⅰ　濃度が不明の酢酸溶液 10.0mL をホールピペットで取り、100mL メスフラスコに入れた後、蒸留水で希釈した。
実験Ⅱ　実験Ⅰで希釈した水溶液 10.0mL を別のホールピペットでコニカルビーカーに取り、ビュレットに入れた 0.10mol/L の水酸化ナトリウム水溶液で滴定したところ、15.8 mL を要した。

≪選択肢≫
1　0.16 mol/L　　2　0.31 mol/L　　3　0.62 mol/L　　4　1.2 mol/L
5　1.6 mol/L

問 44　次の物質のうち、酸性塩であるが、水溶液が塩基性を示すものを≪選択肢≫から選びなさい。

≪選択肢≫

1　$NaHSO_4$　　2　cH_3cOONa　　3　NH_4cl　　4　Mgc1(OH)

5　$NaHcO_3$

問 45　次の水溶液のうち、最もｐＨの大きいものを≪選択肢≫から選びなさい。
強酸、強塩基は完全に電離しているものとする。

≪選択肢≫

1　0. 10 moL/L　塩酸
2　0. 0050moL/L　希硫酸
3　0. 10 mol/L　酢酸水溶液（電離度 0. 010）
4　0. 050moL/L　アンモニア水（電離度 0. 020）
5　0. 010 mol/L　水酸化ナトリウム水溶液

問 46　次の化合物について、下線を付けた原子の酸化数を比べたとき、酸化数が最も大きいものを≪選択肢≫から選びなさい。

≪選択肢≫

1　$K\underline{Mn}O_4$　　2　$H_2\underline{S}O_4$　　3　$\underline{fe}_2O_3$　　4　$H_2\underline{S}$　　5　$H\underline{N}O_3$

問 47　酸化還元反応に関する記述として、<u>誤りを含むもの</u>を≪選択肢≫から選びなさい。

≪選択肢≫

1　硫化水素は還元剤としてはたらく。
2　オゾンは酸化剤としてはたらく。
3　過酸化水素は､反応する相手によって酸化剤としても還元剤としてもはたらく。
4　酸化剤は相手を酸化すると同時に、自分は還元される。
5　酸化還元反応では、酸素原子もしくは水素原子が必ず関与する。

問 48　次の図はいくつかの金属をイオン化傾向の大きい順に並べたものである。（　　）の位置に入る金属を≪選択肢≫から選びなさい。

K　＞　Ca　＞　Pb　＞　（　　）　＞　Ag

≪選択肢≫

1　Na　　2　Fe　　3　Al　　4　Cu　　5　Zn

問 49　電池に関する次の説明について、（　　）に入る正しい記述を≪選択肢≫から選びなさい。

図のように導線でつないだ種類の異なる金属 A、金属 B を電解質の水溶液に浸して電池を作製した。
このとき、イオン化傾向の大きい金属は（　　）。

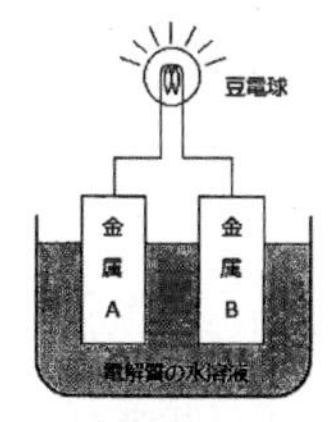

≪選択肢≫

1　還元され、陰イオンとなって溶けだすため、電池の負極となる。
2　還元され、陽イオンとなって溶けだすため、電池の負極となる。
3　酸化され、陰イオンとなって溶けだすため、電池の負極となる。
4　酸化され、陽イオンとなって溶けだすため、電池の正極となる。
5　酸化され、陽イオンとなって溶けだすため、電池の負極となる。

問50　削除

〔性質及び貯蔵その他取扱方法〕

（一般）

問1～問5　次の物質の毒性の説明として、最も適当なものを≪選択肢≫から選びなさい。

問1　フェノール　　**問2**　沃素(よう)素　　**問3**　トルイジン
問4　臭素　　**問5**　シアン化水素

≪選択肢≫
1　皮膚や粘膜につくと火傷を起こし、その部分は白色となる。経口摂取した場合には口腔(くう)、咽喉、胃に高度の灼(しゃく)熱感を訴え、悪心、嘔吐(おうと)、めまいを起こし、失神、虚脱、呼吸麻痺(まひ)で倒れる。尿は特有の暗赤色を呈する。
2　蒸気の暴露により咳、鼻出血、めまい、、頭痛等を起こし、眼球結膜の着色、発声異常、気管支炎、気管支喘息様発作等が現れる。
3　皮膚に触れると褐色に染め、その揮散する蒸気を吸入すると、めまいや頭痛を伴う一種の酩酊(めいてい)を起こす。
4　メトヘモグロビン形成能があり、チアノーゼ症状を起こす。
5　極めて猛毒で、希薄な蒸気でも吸入すると呼吸中枢を刺激し、次いで麻痺(まひ)させる。

問6～問10　次の物質の貯蔵方法として、最も適当なものを≪選択肢≫から選びなさい。

問6　ナトリウム　　**問7**　ロテノン　　**問8**　シアン化カリウム
問9　弗(ふっ)化水素酸　　**問10**　黄燐(りん)

≪選択肢≫
1　少量ならばガラス瓶、多量ならばブリキ缶または鉄ドラムを用い、酸類とは離して、風通しのよい乾燥した冷所に密封して保存する。
2　空気中にそのまま保存することはできないので、通常、石油中に保管する。
3　空気に触れると発火しやすいので、水中に沈めて瓶に入れ、さらに砂を入れた缶中に固定して、冷暗所に保管する。
4　酸素によって分解し、殺虫効力を失うため、空気と光線を遮断して保管する。
5　銅、鉄、コンクリートまたは木製のタンクにゴム、鉛、ポリ塩化ビニルあるいはポリエチレンのライニングを施したものに保管する。

問11～問15　次の物質の用途として、最も適当なものを≪選択肢≫から選びなさい。

問11　塩化亜鉛
問12　酢酸エチル
問13　シアン化ナトリウム
問14　1，1’－イミノジ(オクタメチレン)ジグアニジン(別名　イミノクタジン)
問15　1，1’－ジメチル－4，4’－ジピリジニウムジクロリド(別名　パラコート)

≪選択肢≫
1　果樹の腐らん病、芝の葉枯れ病の殺菌
2　香料、溶剤
3　除草剤
4　脱水剤、木材防腐剤、活性炭の原料、乾電池材料、脱臭剤、染料安定剤
5　冶金、鍍(と)金、写真用、果樹の殺虫剤

問 16 ～問 20　次の物質の漏えい時又は飛散時の措置として、最も適当なものを≪選択肢≫から選びなさい。

問 16　塩化バリウム　　問 17　硝酸銀　　問 18　過酸化ナトリウム
問 19　アンモニア水　　問 20　ブロムメチル

≪選択肢≫

1　飛散したものは空容器にできるだけ回収し、そのあと食塩水を用いて塩化物とし、多量の水で洗い流す。

2　少量漏えいした場合、漏えいした液は、速やかに蒸発するので周辺に近づかないようにする。多量に漏えいした場合、漏えいした液は、土砂等でその流れを止め、液が広がらないようにして蒸発させる。

3　飛散したものは空容器にできるだけ回収し、そのあとを硫酸ナトリウムの水溶液を用いて処理し、多量の水で洗い流す。

4　少量漏えいした場合、漏えい箇所は濡（ぬ）れムシロ等で覆い遠くから多量の水をかけて洗い流す。多量に漏えいした場合、漏えいした液は土砂等でその流れを止め、安全な場所に導いて遠くから多量の水をかけて洗い流す。

5　飛散したものは、空容器にできるだけ回収する。回収したものは、発火のおそれがあるので速やかに多量の水に溶かして処理する。回収したあとは、多量の水で洗い流す。

問 21 ～問 22　次の物質を含有する製剤で、毒物及び劇物取締法や関連する法令により劇物の指定から除外される含有濃度の上限として最も適当なものを≪選択肢≫から選びなさい。

問 21　水酸化ナトリウム　　問 22　ホルムアルデヒド

≪選択肢≫

1　1％　　2　5％　　3　11％　　4　50％　　5　90％

問 23 ～問 25　次の文章は、硫酸第二銅について記述したものである。それぞれの（　　）内にあてはまる最も適当な語句を≪選択肢≫から選びなさい。

濃い（　問 23　）の風解性のある結晶で、150 ℃で結晶水を失い（　問 24　）の粉末を生成する。主な用途は、工業用の電解液用、媒染剤、農薬などである。水に溶かして硝酸バリウムを加えると、（　問 25　）の沈殿を生成する。

≪選択肢≫

問 23	1　白色	2　褐色	3　淡黄色	4　藍色	5　緑青色
問 24	1　白色	2　褐色	3　淡黄色	4　藍色	5　緑青色
問 25	1　白色	2　褐色	3　淡黄色	4　藍色	5　緑青色

（農業用品目）

問１～問５　次の物質の主な用途として、最も適当なものを≪選択肢≫から選びなさい。

問 I　S－メチル－N－［(メチルカルバモイル)－オキシ］－チオアセトイミデート(別名　メトミル(メソミル))
問２　メチルイソチオシアネート　　問３　燐（りん）化亜鉛
問４　2－クロルエチルトリメチルアンモニウムクロリド(別名　クロルメコート)
問５　シアン酸ナトリウム

≪選択肢≫

1　殺そ剤　　2　植物成長調整剤
3　土壌中のセンチュウ類や病原菌などに効果を発揮する土壌消毒剤
4　除草剤
5　殺虫剤。キャベツ等のアブラムシ、アオムシ、ヨトウムシ、ハスモンヨトウ、稲のニカメイチュウ、ツマグロヨコバイ、ウンカの駆除。

問6～問10　次の物質の貯蔵方法として、最も適当なものを≪選択肢≫から選びなさい。

問6　アンモニア水　　　問7　シアン化カリウム　　　問8　ロテノン

問9　燐(りん)化アルミニウムとその分解促進剤とを含有する製剤

問10　ブロムメチル

≪選択肢≫

1　酸素によって分解し、殺虫効力を失うため、空気と光線を遮断して保管する。

2　常温では気体なので、圧縮冷却して液化し、圧縮容器に入れ、直射日光その他、温度上昇の原因を避けて、冷暗所に貯蔵する。

3　分解すると有毒な気体を発生するため「保管は、密閉した容器で行われなければならない。」と法令に規定されている。

4　少量ならばガラス瓶、多量ならばブリキ缶または鉄ドラムを用い、酸類とは離して、風通しのよい乾燥した冷所に密封して保存する。

5　成分が揮発しやすいので、密栓して保管する。

問11～問15　次の物質の毒性について、最も適当なものを≪選択肢≫から選びなさい。

問11　硫酸タリウム

問12　ニコチン

問13　ヘキサクロルヘキサヒドロメタノベンゾジオキサチエピンオキサイド
（別名　エンドスルファン、ベンゾエピン）

問14　モノフルオール酢酸ナトリウム

問15　２－イソプロピル－４－メチルピリミジル－６－ジエチルチオホスフェイト
（別名　ダイアジノン）

≪選択肢≫

1　激しい嘔吐(おうと)、胃の疼(とう)痛、意識混濁、てんかん性痙攣、脈拍の緩徐、チアノーゼ、血圧下降。心機能の低下により死亡する場合もある。

2　急性中毒では、よだれ、吐気、悪心、嘔吐(おうと)があり、次いで脈拍緩徐不整となり、発汗、瞳孔縮小、意識喪失、呼吸困難、痙攣(けいれん)をきたす。慢性中毒では、咽頭、喉頭などのカタル、心臓障害、視力減弱、めまい、動脈硬化などをきたし、ときに精神異常を引き起こす。

3　疝(せん)痛嘔吐(おうと)、振戦、痙攣(けいれん)、麻痺(まひ)等の症状に伴い、次第に呼吸困難となり、虚脱症状となる。

4　激しい中毒症状を呈する。症状は、振戦、間代性および強直性痙攣(けいれん)を呈する。魚類に対して強い毒性を示す。

5　体内に吸収されて、コリンエステラーゼを阻害し、神経の正常な機能を妨げる。

問16～問20　次の物質の漏えい時の措置として、最も適当なものを≪選択肢≫から選びなさい。

問16　ブロムメチル

問17　アンモニア水

問18　クロルピクリン

問19　２，２’－ジピリジリウム－１，１’－エチレンジブロミド
（別名　ジクワット）

問20　ジメチル－２，２－ジクロルビニルホスフェイト（別名　DDVP）

≪選択肢≫

1　漏えいした液は土砂等でその流れを止め、安全な場所に導き、空容器にできるだけ回収し、そのあとを水酸化カルシウム等の水溶液を用いて処理した後、中性洗剤等の分散剤を使用して多量の水で洗い流す。

2　少量漏えいした場合、漏えい箇所は濡(ぬ)れムシロ等で覆い遠くから多量の水をかけて洗い流す。多量に漏えいした場合、漏えいした液は土砂等でその流れを止め、安全な場所に導いて遠くから多量の水をかけて洗い流す。

3　少量漏えいした場合、漏えいした液は、速やかに蒸発するので周辺に近づかないようにする。多量に漏えいした場合、漏えいした液は、土砂等でその流れを止め、液が広がらないようにして蒸発させる。

4　漏えいした液は土壌等でその流れを止め、安全な場所に導き、空容器にできるだけ回収し、そのあとを土壌で覆って十分接触させた後、土壌を取り除き、多量の水で洗い流す。

5　少量漏えいした場合、漏えいした液は布で拭き取るか、またはそのまま風にさらして蒸発させる。多量に漏えいした場合、漏えいした液は土砂等でその流れを止め、多量の活性炭または水酸化カルシウムを散布して覆い、至急関係先に連絡し専門家の指示により処理する。

問 21 ～問 22　次の文章の(　　)内にあてはまる最も適当な語句を≪選択肢≫から選びなさい。

１－(６－クロロ－３－ピリジルメチル)－ N －ニトロイミダゾリジン－２－イリデンアミンは、別名(**問 21**)と呼ばれ、弱い特異臭のある無色の結晶で、水に難溶である。主に、野菜等のアブラムシ類などの害虫を防除するために用いられる。

この物質を含有する製剤のうち、マイクロカプセル製剤については 12 %を上限の含有濃度として、その他の製剤については(**問 22**)を上限の含有濃度として劇物の指定から除外される。

≪選択肢≫

問21　1　イミダクロプリド　　2　アセダミプリド　　3　チオメトン
　　　　4　エトプロホス　　5　ベンフラカルブ

問22　1　1％　　2　2％　　3　10 ％　　4　15 ％　　5　20 ％

問 23 ～問 25　次の文章の(　　)内にあてはまる最も適当な語句を≪選択肢≫から選びなさい。

N －メチル－１－ナフチルカルバメートは、別名(**問 23**)と呼ばれ、白色～淡黄褐色の粉末で、水に難溶、有機溶剤に可溶である。主に、稲のツマグロヨコバイ、ウンカなど農業用殺虫剤やりんごの摘果剤として用いられ、(**問 24**)以下を含有する製剤は、劇物から除かれる。

本品の中毒症状は、摂取後５～ 20 分後より運動が不活発になり、振戦、呼吸の促迫、嘔吐(おうと)、流涎(ぜん)を呈する。これの作用は中枢に対する作用が著明である。また、一時的に反射運動亢進、強直性痙攣(けいれん)を示す。死因は(**問 25**)が多い。

≪選択肢≫

問23　1　MTMC　　2　NAC　　3　CVP　　4　BPMC　　5　DPC

問24　1　5％　　2　10 ％　　3　15 ％　　4　20 ％　　5　30 ％

問25　1　消化管出血　　2　急性腎不全　　3　急性肝不全
　　　　4　心臓障害　　5　呼吸麻痺(まひ)

（特定品目）

問１～問５　次の物質について、その毒性として最も適当なものを≪選択肢≫から選びなさい。

問１　アンモニア水　　**問２**　四塩化炭素　　**問３**　硝酸
問４　ホルムアルデヒド　　**問５**　トルエン

≪選択肢≫
1　液体の経口摂取で、口腔以下の消化管に強い腐食性火傷を生じ、重症の場合にはショック状態となり死亡する。
2　蒸気の吸入により頭痛、食欲不振等がみられる。大量に吸入した場合、緩和な大赤血球性貧血をきたす。麻酔性が強い。
3　強い局所刺激作用を示す。経口摂取によって、口腔、胸腹部疼痛、嘔吐、咳嗽虚脱を発する。
4　高濃度水溶液は、皮膚に対し壊疽を起こさせ、しばしば湿疹を生じさせる。
5　揮発性の蒸気を吸入すると、はじめ頭痛、悪心などをきたし、黄疸のように角膜が黄色となり、しだいに尿毒症様を呈し、重症なときは死亡する。

問６～問10　次の物質の貯蔵方法について、最も適当なものを≪選択肢≫から選びなさい。

問６　水酸化カリウム　　**問７**　クロロホルム　　**問８**　アンモニア水
問９　過酸化水素水　　**問10**　四塩化炭素

≪選択肢≫
1　冷暗所に貯蔵する。純品は空気と日光によって変質するので、少量のアルコールを加えて分解を防止する。
2　少量ならば褐色ガラス瓶、大量ならばカーボイなどを使用し、３分の１の空間を保って貯蔵する。
3　二酸化炭素と水を強く吸収するから、密栓をして保管する。
4　亜鉛またはスズメッキをした鋼鉄製容器で保管し、高温に接しない場所に保管する。
5　成分が揮発しやすいので、密栓して保管する。

問11～問15　次の物質の主な用途について、最も適当なものを≪選択肢≫から選びなさい。

問11　蓚酸　　**問12**　塩素　　**問13**　硅弗化ナトリウム
問14　酢酸エチル　　**問15**　メタノール

≪選択肢≫
1　酸化剤、紙・パルプの漂白剤、殺菌剤、消毒剤
2　染料その他有機合成原料、樹脂、塗料などの溶剤、燃料、試薬、標本保存用など
3　木、コルク、綿、藁製品等の漂白剤。鉄錆による汚れ落とし、また合成染料、試薬、その他真鍮、銅の研磨。
4　香料、溶剤、有機合成原料
5　釉薬、試薬

問16～問18　次の物質を含有する製剤で、毒物及び劇物取締法や関連する法令により劇物の指定から除外される含有濃度の上限として最も適当なものを≪選択肢≫から選びなさい。

問16　クロム酸鉛　　**問17**　過酸化水素　　**問18**　蓚酸

≪選択肢≫
1　1％　　2　6　％　　3　10％　　4　50％　　5　70％

問 19 ～問 20　次の文章は、重クロム酸カリウムについて記述したものである。それぞれの(　　)内にあてはまる最も適当な語句を≪選択肢≫から選びなさい。

(　問19　)の柱状結晶で水に溶けやすく、強力な(　問20　)である。

≪選択肢≫

問19　1　黄緑色　2　橙赤色　3　淡青色　4　白色　5　黒色
問20　1　酸化剤　2　還元剤　3　緩衝剤　4　乳化剤　5　溶解剤

問 21 ～問 25　次の物質の漏えい時又は飛散時の措置について、最も適当なものを≪選択肢≫から選びなさい。

問21　メチルエチルケトン　問22　硅弗化ナトリウム
問23　塩化水素　問24　クロム酸ナトリウム
問25　アンモニア水

≪選択肢≫

1　多量に漏えいしたガスは多量の水をかけて吸収させる。多量にガスが噴出する場合は遠くから霧状の水をかけ吸収させる。
2　多量に漏えいした場合、漏えいした液は、土砂等でその流れを止め、安全な場所に導き、液の表面を泡で覆い、できるだけ空容器に回収する。
3　飛散したものは空容器にできるだけ回収し、そのあとを多量の水で洗い流す。
4　多量に漏えいした場合、漏えいした液は、土砂等でその流れを止め、安全な場所に導いて遠くから多量の水をかけて洗い流す。
5　飛散したものは空容器にできるだけ回収し、そのあとを還元剤(硫酸第一鉄等)の水溶液を散布し、水酸化カルシウム、炭酸ナトリウム等の水溶液で処理した後、多量の水で洗い流す。

〔識別及び取扱方法〕

(一般)

問 26 ～問 30　次の物質の性状について、最も適当なものを≪選択肢≫から選びなさい。

問26　燐化水素　問27　硫酸
問28　モノフルオール酢酸ナトリウム　問29　アクロレイン
問30　燐化亜鉛

≪選択肢≫

1　無色または帯黄色の液体。刺激臭。引火性がある。
2　無色透明、油様の液体。粗製のものは、かすかに褐色を帯びていることがある。濃いものは猛烈に水を吸収する。
3　腐った魚の臭いのある無色の気体。水に難溶。自然発火性。酸素およびハロゲンと激しく化合する。
4　暗赤色の光沢ある粉末で、水、アルコールに溶けない。
5　白色の重い粉末で、吸湿性がある。冷水にはたやすく溶けるが、有機溶媒には溶けない。

問 31 ～問 35　次の物質の性状について、最も適当なものを≪選択肢≫から選びなさい。

問 31　ジボラン
問 32　過酸化水素水
問 33　ブラストサイジンＳベンジルアミノベンゼンスルホン酸塩
問 34　砒(ひ)素
問 35　メチルメルカプタン

≪選択肢≫

1　種々の形で存在するが、結晶のものが最も安定。灰色、金属光沢を有する。もろく、粉砕できる。無定形のものは、黄色、黒色、褐色の３種が存在する。
2　無色透明の高濃度な液体。微量の不純物が混入したり、少し加熱されると、爆鳴を発して急激に分解する。
3　純品は白色、針状の結晶、粗製品は白色または微褐色の粉末である。水、氷酢酸にやや可溶である。
4　腐ったキャベツ様の悪臭を有する気体。水に可溶で結晶性の水化物を生成する。
5　無色のビタミン臭のある気体。可燃性。水により速やかに加水分解する。

問 36 ～問 40　次の物質の識別方法として、最も適当なものを≪選択肢≫から選びなさい。

問 36　ニコチン　　問 37　四塩化炭素　　問 38　塩酸　　問 39　アニリン
問 40　燐(りん)化アルミニウムとその分解促進剤とを含有する製剤

≪選択肢≫

1　この物質のエーテル溶液に、ヨードのエーテル溶液を加えると、褐色の液状沈殿を生じ、これを放置すると赤色針状結晶となる。
2　この物質に硝酸銀溶液を加えると、白い沈殿を生じる。沈殿を分取し、この一部に希硝酸を加えても溶けない。また、他の一部に過量のアンモニア試液を加えるとき、溶ける。
3　この物質をアルコール性の水酸化カリウムと銅粉とともに煮沸すると、黄赤色の沈殿を生成する。
4　この物質の水溶液にさらし粉を加えると、紫色を呈する。
5　この物質より発生した気体は、5 ～ 10 ％硝酸銀溶液を吸着させた濾(ろ)紙を黒変させる。

問 41 ～問 45　次の物質の廃棄方法として、最も適当なものを≪選択肢≫から選びなさい。

問 41　クレゾール　　問 42　クロルスルホン酸　　問 43　重クロム酸カリウム
問 44　塩化第二水銀　　問 45　クロルピクリン

≪選択肢≫

1　耐食性の細い導管より気体生成がないように少量ずつ、多量の水中深く流す装置を用い希釈してからアルカリ水溶液で中和して処理する。
2　少量の界面活性剤を加えた亜硫酸ナトリウムと炭酸ナトリウムの混合溶液中で、攪拌(かくはん)し分解させた後、多量の水で希釈して処理する。
3　おが屑(くず)等に吸収させて焼却炉で焼却する。
4　希硫酸に溶かし、還元剤(硫酸第一鉄等)の水溶液を過剰に用いて還元した後、水酸化カルシウム、炭酸ナトリウム等の水溶液で処理し、水酸化物として沈殿濾(ろ)過する。溶出試験を行い、溶出量が判定基準以下であることを確認して埋立処分する。
5　水に溶かし硫化ナトリウムの水溶液を加え沈殿を生成させた後、セメントを加えて固化し、溶出試験を行い、溶出量が判定基準以下であることを確認して埋立処分する。

（農業用品目）

問 26 ～問 30　次の物質の性状として、最も適当なものを≪選択肢≫から選びなさい。

問 26　２，３－ジヒドロ－２，２－ジメチル－７－ベンゾ〔b〕フラニル－ N －ジブチルアミノチオ－ N －メチルカルバマート(別名　カルボスルファン)
問 27　硫酸
問 28　硫酸第二銅
問 29　１，３－ジカルバモイルチオ－２－(N，N －ジメチルアミノ)－プロパン塩酸塩(別名　カルタップ)
問 30　ナラシン

≪選択肢≫
1　無色透明、油様の液体。粗製のものは、かすかに褐色を帯びていることがある。
2　褐色の粘稠（ちゅう）液体。
3　濃い藍色の結晶。水に可溶。
4　無色の結晶。水およびメタノールに可溶、エーテル、ベンゼンに不溶。
5　白色から淡黄色の粉末。特異な臭い。水に難溶。酢酸エチル、クロロホルム、アセトン、ベンゼンに可溶。

問 31 ～問 35　次の物質の性状について、最も適当なものを≪選択肢≫から選びなさい。

問 31　ニコチン
問 32　２，２′－ジピリジリウム－１，１’－エチレンジブロミド(別名　ジクワット)
問 33　ジメチルジチオホスホリルフェニル酢酸エチル(別名　フエントエート)
問 34　ブラストサイジンＳベンジルアミノベンゼンスルホン酸塩
問 35　ジエチル－３，５，６－トリクロル－２－ピリジルチオホスフェイト(別名　クロルピリホス)

≪選択肢≫
1　芳香性刺激臭を有する赤褐色、油状の液体。水、プロピレングリコールに不溶、リグロイン、アルコール、アセトン、エーテル、ベンゼンに可溶。アルカリに不安定。
2　白色の結晶。アセトン、ベンゼンに可溶、水に難溶。
3　淡黄色の吸湿性結晶。水に可溶。
4　純品は無色・無臭の油状液体。空気中では速やかに褐変する。水、アルコール、エーテル、石油等に易溶。
5　純品は白色、針状の結晶、粗製品は白色または微褐色の粉末。水、氷酢酸にやや可溶、その他の有機溶媒に難溶。

問 36 ～問 40　次の物質の識別方法として、最も適当なものを≪選択肢≫から選びなさい。

問 36　アンモニア水　　問 37　クロルピクリン　　問 38　硫酸
問 39　硫酸亜鉛　　問 40　塩素酸カリウム

≪選択肢≫
1　この物質を熱すると酸素を発生して、塩化物となり、これに塩酸を加えて熱すると、塩素を生成する。
2　この物質のアルコール溶液にジメチルアニリンおよびブルシンを加えて溶解し、これにブロムシアン溶液を加えると、緑色ないし赤紫色を呈する。
3　この物質を水に溶かして硫化水素を通じると、白色の沈殿を生じる。また、この物質を水に溶かして塩化バリウムを加えると、白色の沈殿を生じる。
4　この物質に濃塩酸を潤したガラス棒を近づけると、白い霧を生じる。また、この物質に塩酸を加えて中和したのち、塩化白金溶液を加えると、黄色、結晶性の沈殿を生じる。
5　この物質の濃度の高いものを水で薄めると発熱し、ショ糖、木片などに触れると、それらを炭化・黒変させる。

問 41 ～問 45　次の物質の廃棄方法として、最も適当なものを≪選択肢≫から選びなさい。

問41　塩化第一銅　　問42　アンモニア　　問43　塩素酸ナトリウム
問44　1，1’－ジメチル－4，4′－ジピリジニウムジクロリド
　(別名　パラコート)
問45　シアン化ナトリウム

≪選択肢≫
1　水で希薄な水溶液とし、酸(希塩酸、希硫酸など)で中和させた後、多量の水で希釈して処理する。
2　還元剤(例えば、チオ硫酸ナトリウム等)の水溶液に希硫酸を加えて酸性にし、この中に少量ずつ投入する。反応終了後、反応液を中和し多量の水で希釈して処理する。
3　水酸化ナトリウム水溶液を加えてアルカリ性(pH11 以上)とし、酸化剤(次亜塩素酸ナトリウム、さらし粉等)の水溶液を加えて酸化分解する。分解したのち硫酸を加え中和し、多量の水で希釈して処理する。
4　おが屑(くず)等に吸収させてアフターバーナーおよびスクラバーを備えた焼却炉で焼却する。
5　セメントを用いて固化し、埋立処分する。

(特定品目)

問 26 ～問 27　次の文章は、クロロホルムについて記述したものである。それぞれの(　)内にあてはまる最も適当な語句を≪選択肢≫から選びなさい。

(　問 26　)、揮発性の液体である。特異臭を有する。(　問 27　)にて廃棄する。

≪選択肢≫
問26　1　無色　　2　暗紫色　　3　橙(とう)赤色　　4　白色　　5　淡青色
問27　1　中和法　　2　アルカリ法　　3　分解沈殿法　　4　活性汚泥法
　5　燃焼法

問 28 ～問 30　次の文章は、塩化水素について記述したものである。それぞれの(　)内にあてはまる最も適当な語句を≪選択肢≫から選びなさい。

常温、常圧においては(　問 28　)の刺激臭をもつ気体である。塩化水素を廃棄する際は、(　問 29　)で処理する。
塩化水素は爆発性でも引火性でもないが、吸湿すると各種の金属を腐食して(　問 30　)を生成し、これが空気と混合して引火爆発することがある。

≪選択肢≫
問28　1　淡黄色　　2　白色　　3　黄緑色　　4　無色　　5　こはく色
問29　1　燃焼隔離法　　2　中和法　　3　沈殿隔離法　　4　活性汚泥法
　5　分解沈殿法
問30　1　窒素ガス　　2　酸素ガス　　3　炭酸ガス　　4　硫化水素ガス
　5　水素ガス

問 31 ～問 35　次の物質の識別方法として、最も適当なものを≪選択肢≫から選びなさい。

問 31　一酸化鉛　　問 32　水酸化ナトリウム　　問 33　蓚(しゅう)酸
問 34　ホルムアルデヒド　　問 35　四塩化炭素

≪選択肢≫

1　この物質の水溶液を白金線につけて無色の火炎中に入れると、火炎は著しく黄色に染まり、長時間続く。
2　この物質をアルコール性の水酸化カリウムと銅粉とともに煮沸すると、黄赤色の沈殿を生成する。
3　この物質の水溶液を酢酸で弱酸性にして酢酸カルシウムを加えると、結晶性の沈殿を生成する。
4　この物質の水溶液にアンモニア水を加え、さらに硝酸銀溶液を加えると、徐々に金属銀を析出する。また、フェーリング溶液とともに熱すると、赤色の沈殿を生成する。
5　この物質を希硝酸に溶かすと、無色の液となり、これに硫化水素を通すと、黒色の沈殿を生成する。

問 36 ～問 40　次の物質の性状について、最も適当なものを≪選択肢≫から選びなさい。

問 36　塩素　　問 37　四塩化炭素　　問 38　水酸化ナトリウム
問 39　硝酸　　問 40　クロム酸カリウム

≪選択肢≫

1　橙(とう)黄色の結晶で、水によく溶けるが、アルコールには溶けない。
2　揮発性、麻酔性の芳香を有する無色の重い液体である。不燃性。揮発して重い蒸気となり、火炎を包んで空気を遮断するため、強い消火力を示す。
3　極めて純粋な、水分を含まないものは、無色の液体であり、腐食性が激しく、空気に接すると刺激性白霧を発する。
4　常温においては窒息性臭気を有する黄緑色の気体。冷却すると、黄色溶液を経て黄白色固体となる。
5　白色の固体であり、空気中に放置すると、二酸化炭素と水を吸収して潮解する。

問 41 ～問 45　次の物質の廃棄方法について、最も適当なものを≪選択肢≫から選びなさい。

問 41　硅弗(けいふつ)化ナトリウム　　問 42　キシレン　　問 43　水酸化ナトリウム
問 44　一酸化鉛　　問 45　硫酸

≪選択肢≫

1　徐々に石灰乳などの攪拌(かくはん)溶液に加え中和させた後、多量の水で希釈して処理する。
2　水に溶かし、水酸化カルシウム等の水溶液を加えて処理した後、希硫酸を加えて中和し、沈殿濾(ろ)過して埋立処分する。
3　セメントを用いて固化し、溶出試験を行い、溶出量が判定基準以下であることを確認して埋立処分する。
4　木粉(おが屑(くず))等に吸収させて焼却炉で焼却する。
5　水を加えて希薄な水溶液とし、酸(希塩酸など)で中和させた後、多量の水で希釈して処理する。

石川県
令和元年度実施

〔法　規〕
（一般・農業用品目・特定品目共通）

問１　次の記述は、毒物及び劇物取締法の条文である。（　　）の中に入れるべき字句の正しい組み合わせはどれか。

第一条
　この法律は、毒物及び劇物について、（　a　）上の見地から必要な取締を行うことを目的とする。

第二条第一項
　この法律で「毒物」とは、別表第一に掲げる物であつて、（　b　）及び（　c　）以外のものをいう。

【下欄】

	a	b	c
1	保健衛生	毒薬	劇薬
2	公衆衛生	毒薬	劇薬
3	保健衛生	医薬品	医薬部外品
4	公衆衛生	医薬品	医薬部外品
5	保健衛生	医薬品	化粧品

問２　次のうち、正しい記述の組み合わせはどれか。

a　毒物又は劇物の販売業の登録は、６年ごとに更新を受けなければ、その効力を失う。
b　毒物又は劇物の製造業の登録を受けた者は、毒物又は劇物の販売業の登録をしなくても、その製造した毒物又は劇物を、他の毒物又は劇物の製造業者に販売することができる。
c　毒物又は劇物の販売業の登録を受けた者は、毒物又は劇物を販売又は授与の目的で輸入することができる。
d　農業用品目毒物劇物取扱者試験に合格した者は、特定品目販売業の店舗の毒物劇物取扱責任者になることができる。

1（a、b）　2（b、c）　3（c、d）　4（a、d）

問３　次の記述は、毒物及び劇物取締法施行規則第四条の四第一項の条文の一部である。（　　）の中に入れるべき字句の正しい組み合わせはどれか。

毒物又は劇物の製造所の設備の基準は、次のとおりとする。
一　毒物又は劇物の製造作業を行なう場所は、次に定めるところに適合するものであること。
　イ　コンクリート、（　a　）又はこれに準ずる構造とする等その外に毒物又は劇物が飛散し、漏れ、しみ出若しくは流れ出、又は地下にしみ込むおそれのない構造であること。
　ロ　毒物又は劇物を含有する粉じん、（　b　）又は廃水の処理に要する設備又は器具を備えていること。

【下欄】

	a	b
1	板張り	蒸気
2	シート張り	汚泥
3	鉄板張り	汚泥
4	板張り	汚泥
5	シート張り	蒸気

問４～問５　次の記述は、毒物及び劇物取締法第十条第一項の条文である。(　　)の中に入れるべき正しい字句を下欄からそれぞれ選びなさい。

毒物劇物営業者は、左の各号の一に該当する場合には、(　問４　)、製造業又は輸入業の登録を受けている者にあつてはその製造所又は営業所の所在地の都道府県知事を経て厚生労働大臣に販売業の登録を受けている者にあつてはその店舗の所在地の都道府県知事に、その旨を届け出なければならない。
一　氏名又は住所(法人にあつては、その名称又は主たる事務所の所在地)を変更したとき。
二　毒物又は劇物を製造し、貯蔵し、又は(　問５　)する設備の重要な部分を変更したとき。
三　その他厚生労働省令で定める事項を変更したとき。
四　当該製造所、営業所又は店舗における営業を廃止したとき。

【下欄】

問４	1　七日以内に	2　十五日以内に	3　三十日以内に	4　すみやかに
問５	1　使用	2　廃棄	3　運搬	4　小分け

問６～問７　次の記述は、毒物及び劇物取締法及び同法施行規則の条文の一部である。(　　)の中に入れるべき正しい字句を下欄からそれぞれ選びなさい。

毒物及び劇物取締法第十一条第四項
毒物劇物営業者及び特定毒物研究者は、毒物又は厚生労働省令で定める劇物については、その容器として、(　問６　)の容器として通常使用される物を使用してはならない。

毒物及び劇物取締法施行規則第十一条の四
法第十一条第四項に規定する劇物は、(　問７　)とする。

【下欄】

問６	1　危険物	2　農薬	3　薬品	4　飲食物

問７
1　引火性、発火性又は爆発性のある劇物
2　常温・常圧下で液体の劇物
3　興奮、幻覚又は麻酔の作用を有する劇物
4　すべての劇物

問８　次のうち、毒物及び劇物取締法第十四条第一項の規定に基づき、毒物劇物営業者が毒物又は劇物を他の毒物劇物営業者に販売し、又は授与したとき、その都度書面に記載しなければならない事項の正誤について、正しい組み合わせはどれか。

a　毒物又は劇物の名称及び数量
b　毒物又は劇物の使用目的
c　販売又は授与の年月日
d　譲受人の年齢

	a	b	c	d
1	誤	正	正	誤
2	正	誤	正	正
3	誤	正	誤	正
4	正	誤	正	誤
5	正	正	誤	正

問９　次の記述は、毒物及び劇物取締法施行令第四十条の条文である。（　　　）の中に入れるべき字句の正しい組み合わせはどれか。

法第十五条の二の規定により、毒物若しくは劇物又は法第十一条第二項に規定する政令で定める物の廃棄の方法に関する技術上の基準を次のように定める。
一　中和、（　a　）、酸化、還元、稀釈その他の方法により、毒物及び劇物並びに法第十一条第二項に規定する政令で定める物のいずれにも該当しない物とすること。
二　ガス体又は（　b　）性の毒物又は劇物は、保健衛生上危害を生ずるおそれがない場所で、少量ずつ放出し、又は揮発させること。
三　（　c　）性の毒物又は劇物は、保健衛生上危害を生ずるおそれがない場所で、少量ずつ燃焼させること。
四　前各号により難い場合には、地下一メートル以上で、かつ、地下水を汚染するおそれがない地中に確実に埋め、海面上に引き上げられ、若しくは浮き上がるおそれがない方法で海水中に沈め、又は保健衛生上危害を生ずるおそれがないその他の方法で処理すること。

【下欄】

	a	b	c
1	加水分解	揮発	可燃
2	加水分解	水溶	燃焼
3	加水分解	揮発	爆発
4	けん化	水溶	燃焼
5	けん化	揮発	可燃

問 10 ～問 13　次の記述は、毒物及び劇物取締法第十五条の条文である。（　　　）の中に入れるべき正しい字句を下欄からそれぞれ選びなさい。

第十五条　毒物劇物営業者は、毒物又は劇物を次に掲げる者に交付してはならない。
一　（　問 10　）の者
二　心身の障害により毒物又は劇物による保健衛生上の危害の防止の措置を適正に行うことができない者として厚生労働省令で定めるもの
三　麻薬、（　問 11　）、あへん又は覚せい剤の中毒者
2　毒物劇物営業者は、厚生労働省令の定めるところにより、その交付を受ける者の氏名及び（　問 12　）を確認した後でなければ、第三条の四に規定する政令で定める物を交付してはならない。
3　毒物劇物営業者は、帳簿を備え、前項の確認をしたときは、厚生労働省令の定めるところにより、その確認に関する事項を記載しなければならない。
4　毒物劇物営業者は、前項の帳簿を、最終の記載をした日から（　問 13　）、保存しなければならない。

【下欄】

問 10	1	十五歳未満	2	十五歳以下	3	十八歳未満	4	十八歳以下
問 11	1	向精神薬	2	アルコール	3	指定薬物	4	大麻
問 12	1	住所	2	職業	3	使用目的	4	連絡先
問 13	1	一年間	2	二年間	3	三年間	4	五年間

問 14　次のうち、毒物及び劇物取締法第二十二条第一項の規定に基づく業務上取扱者の届出が必要な事業として、正しい組み合わせはどれか。

a　最大積載量が 5,000 キログラムの自動車に、内容量 500 リットルの容器を積載して、10％アンモニア水を運送する事業
b　砒素化合物たる毒物を用いて、しろありの防除を行う事業
c　70％硫酸を用いて電気めっき処理を行う事業
d　無機シアン化合物たる毒物を用いて、金属熱処理を行う事業

1　（a、b）　　2　（a、c）　　3　（b、d）　　4　（c、d）

問 15 ～問 16 次の記述は、10 %水酸化ナトリウムを、車両を使用して１回につき 5,000 キログラム運搬する場合に、車両に掲げなければならない標識についての記述である。

0.3 メートル平方の板に（　a　）として「（　b　）」と表示し、車両の（　c　）の見やすい箇所に掲げなければならない。

問 15 （　a　）及び（　b　）の中に入る字句の正しい組み合わせはどれか。

	a	b
1	地を白色、文字を黒色	毒
2	地を黒色、文字を白色	劇
3	地を白色、文字を赤色	劇
4	地を赤色、文字を白色	劇
5	地を黒色、文字を白色	毒

問 16 （　c　）の中に入る正しい字句はどれか。

1 前　　2 後ろ　　3 前後　　4 前又は後ろ

問 17 毒物及び劇物取締法第三条の三で、「みだりに摂取し、若しくは吸入し、又はこれらの目的で所持してはならない。」と規定されている「興奮、幻覚又は麻酔の作用を有する毒物又は劇物（これらを含有する物を含む。）」として、政令で定められていないものを下欄から選びなさい。

【下欄】

1 メタノールを含有する塗料	2 酢酸エチルを含有する接着剤
3 トルエン	4 クロロホルム

問 18 ～問 20 次の記述は、毒物及び劇物取締法の条文である。（　　）の中に入れるべき正しい字句を下欄からそれぞれ選びなさい。

第十二条第一項

毒物劇物営業者及び特定毒物研究者は、毒物又は劇物の容器及び被包に、（　問 18　）の文字及び毒物については赤地に白色をもつて「毒物」の文字、劇物については白地に赤色をもつて「劇物」の文字を表示しなければならない。

第十二条第二項

毒物劇物営業者は、その容器及び被包に、左に掲げる事項を表示しなければ、毒物又は劇物を販売し、又は授与してはならない。

一　毒物又は劇物の名称

二　毒物又は劇物の（　問 19　）

三　厚生労働省令で定める毒物又は劇物については、それぞれ厚生労働省令で定めるその（　問 20　）の名称

四　毒物又は劇物の取扱及び使用上特に必要と認めて、厚生労働省令で定める事項

【下欄】

問 18	1 「危険物」	2 「医薬用外」	3 「取扱注意」	4 「工業用」又は「農業用」
問 19	1 性状及びその毒性	2 性状及びその廃棄方法	3 成分及びその毒性	4 成分及びその含量
問 20	1 中和剤	2 解毒剤	3 還元剤	4 酸化剤

〔基礎化学〕
(一般・農業用品目・特定品目共通)

問 21 次のうち、ぎ酸(CH_2O_2)の分子量として正しいものはどれか。ただし、原子量をH = 1、C = 12、O = 16とする。

1 30　　2 44　　3 46　　4 60

問 22 次の組み合わせのうち、互いに同素体である正しい組み合わせはどれか。

a 水と氷　　b 水素と三重水素　　c 斜方硫黄と単斜硫黄
d 黄リンと赤リン

1 (a、b)　　2 (a、c)　　3 (b、d)　　4 (c、d)

問 23 次のうち、常温・常圧下でイオン結合の結晶をつくるものはどれか。

1 ナトリウム　　2 メタン　　3 二酸化ケイ素　　4 塩化ナトリウム

問 24 次のうち、極性分子の最も適当な組み合わせはどれか。

a 水　　b アンモニア　　c メタン　　d 二酸化炭素

1 (a、b)　　2 (a、c)　　3 (b、d)　　4 (c、d)

問 25 硫酸(H_2SO_4)98gを水に溶かして全体で0.1Lにしたときの硫酸水溶液のモル濃度(mol/L)として、最も適当なものはどれか。ただし、原子量をH = 1、O = 16、S = 32とする。

1 0.1　　2 0.5　　3 10　　4 98

問 26 次のうち、元素記号とその原子番号の組み合わせとして、誤っているものはどれか。

	(元素記号)		(原子番号)
a	He	—	2
b	Li	—	3
c	B	—	5
d	Ne	—	2

問 27 濃度12%の食塩水150gと濃度4%の食塩水50gを混ぜたとき、できた食塩水の質量パーセント濃度(%)として、最も適当なものはどれか。

1 0.08　　2 0.1　　3 10　　4 16

問 28 炎色反応で紅色の色調を示す物質のうち、最も適当なものはどれか。

1 銅　　2 バリウム　　3 セシウム　　4 ストロンチウム

問 29 次のうち、最もイオン化傾向が大きい元素はどれか。

1 Au　　2 Sn　　3 Na　　4 Ca

問 30 次のうち、硫酸(H_2SO_4)の硫黄原子の酸化数として正しいものはどれか。

1 0(ゼロ)　　2 +2　　3 +6　　4 +12

問 31 0.01mol/Lの希塩酸のpHとして最も適当なものを選びなさい。ただし、希塩酸の電離度を1とする。

1 pH= 0　　2 pH=2　　3 pH=9　　4 pH=15

問 32　次の記述について、(　　)の中に入る最も適当な字句はどれか。

デンプンにヨウ素溶液を加えると(　　)色になる。

1　白　　2　青紫　　3　黄　　4　銀

問 33　次の物質名とその分類の組み合わせで誤っているものを選びなさい。

1　ダイヤモンド　―　単体
2　硫酸　―　化合物
3　オゾン　―　化合物
4　食塩水　―　混合物

問 34　物質の三態の変化に関する記述について、誤っているものを選びなさい。

1　気体から液体への変化を凝固という。
2　液体から固体への変化を凝固という。
3　固体から気体への変化を昇華という。
4　気体から固体への変化を昇華という。

問 35　リトマス試験紙に関する次の記述のうち、(　　)に入れるべき字句の正しい組み合わせはどれか。

リトマス試験紙を、無色透明の酸性水溶液(pH 2)につけると(　a　)色、無色透明のアルカリ性水溶液(pH12)につけると(　b　)色の色調を示す。

	a	b
1	青	赤
2	赤	青
3	赤	黒
4	黒	赤

問 36　ある容器に窒素(N_2)と二酸化炭素(CO_2)の比率が２：３の混合気体が封入されている。この混合気体の全圧が 200kPa のとき、窒素の分圧として最も適当なものはどれか。

1　80kPa　　2　100kPa　　3　120kPa　　4　160kPa

問 37　水(H_2O、気体)の生成熱の熱化学方程式は次のとおりである。水素(H_2)と酸素(O_2)から水９ｇを生成したときに発生する熱量として、最も適当なものを次の１～４から選びなさい。ただし、原子量はＨ＝１、Ｏ＝16 とする。

H_2(気体)＋ 1/2O_2(気体)＝ H_2O(気体)＋ 242 kJ

1　121kJ　　2　484kJ　　3　968kJ　　4　11,936kJ

問 38　コロイドに関する次の記述のうち、正しいものはどれか。

1　一般に、親水コロイドは疎水コロイドに比べて水中で安定性が高い。
2　コロイド溶液に光を当てて横から見ると、コロイド粒子が光を散乱するため光路が見える。この現象をブラウン運動という。
3　コロイド粒子は、ろ紙は通過しないが、半透膜は通過することができる。

問 39　電池に関する次の記述のうち、正しいものの組み合わせはどれか。

a　放電時、電子は正極から負極に流れる。
b　放電時、電子は負極から正極に流れる。
c　放電時、正極では還元反応、負極では酸化反応が発生する。
d　放電時、正極では酸化反応、負極では還元反応が発生する。

1　（a、b）　2　（b、c）　3　（c、d）　4　（a、d）

問 40　次のうち、物質とその官能基の組み合わせとして誤っているものを選びなさい。

1　アセトアルデヒド　―　アルデヒド基
2　アセトン　―　ケトン基
3　エタノール　―　ニトロ基
4　アニリン　―　アミノ基

〔各　論・実　地〕

（一般）

問１～問４　次の物質を含有する製剤は、毒物及び劇物取締法令上、一定濃度以下で劇物から除外される。その上限の濃度として、正しいものを下欄からそれぞれ選びなさい。ただし、同じ番号を繰り返し選んでもよい。

問１　ぎ酸　　問２　トリフルオロメタンスルホン酸
問３　アンモニア水　　問４　クロム酸鉛

【下欄】

1　10％	2　40％	3　50％	4　70％	5　90％

問５～問８　次の物質の用途について、最も適当なものを下欄から選びなさい。

問５　クロルエチル(別名：クロロエタン、塩化エチル)
問６　サリノマイシンナトリウム
問７　ベタナフトール(別名：２－ナフトール)
問８　リン化亜鉛

【下欄】

1　飼料添加物(抗コクシジウム剤)して用いられる。
2　工業用の染料製造原料、防腐剤として用いられる。
3　合成化学工業でのアルキル化剤として用いられる。
4　ロケット燃料として用いられる。
5　殺鼠(そ)剤として用いられる。

問９～問 12　次の物質の性状に関する記述について、最も適当なものを下欄から選びなさい。

問９　塩化チオニル　　問 10　クロルメチル　　問 11　ヨウ化メチル
問 12　リン化水素

【下欄】

1　無色または淡黄色透明の液体。空気中で光により一部分解して、褐色になる。水に可溶で、エタノール、エーテルに任意の割合で混合する。
2　刺激性のある無色の液体。加水分解する。ベンゼン、クロロホルム、四塩化炭素に可溶。
3　無色、腐魚臭の気体。水に難溶で、エタノール、エーテルに可溶。自然発火性。酸素およびハロゲンと激しく化合する。
4　無色の結晶で臭いはない。水、有機溶剤にあまり溶けない。
5　無色の気体でエーテル様の甘い臭気がある。水に可溶であるが、空気中で爆発するおそれもあるため、高濃度な濃厚液の取扱いには注意を要する。

問 13 ～問 16　次の物質の鑑識法として、最も適当なものを下欄から選びなさい。

問 13　アニリン　　問 14　トリクロル酢酸　　問 15　四塩化炭素
問 16　過酸化水素水

【下欄】

1　本品のアルコール溶液は、白色の羊毛または絹糸を鮮黄色に染める。
2　水溶液にさらし粉を加えると紫色を呈する。
3　アルコール性の水酸化カリウムと銅粉とともに煮沸すると、黄赤色の沈殿を生じる。
4　水酸化ナトリウム溶液を加えて熱すれば、クロロホルム臭がする。
5　過マンガン酸カリウムを還元し、クロム酸塩を過クロム酸塩に変える。また、ヨード亜鉛からヨードを析出する。

問 17 ～問 20　毒物及び劇物の品目ごとの具体的な廃棄方法として厚生労働省が定めた「毒物及び劇物の廃棄の方法に関する基準」に基づき、次の物質の廃棄方法として、最も適当なものを下欄から選びなさい。ただし、同じ番号を繰り返し選んでもよい。

問 17　ホスゲン
問 18　亜セレン酸ナトリウム
問 19　ジメチル－４－メチルメルカプト－３－メチルフェニルチオホスフェイト（別名：フェンチオン、MPP）
問 20　塩化バリウム

【下欄】

1　水に溶かし、硫酸ナトリウムの水溶液を加えて処理し、沈殿濾過して埋立処分する。（沈殿法）
2　多量の水酸化ナトリウム水溶液（10 ％程度）に攪拌（かくはん）しながら少量ずつガスを吹き込み分解した後、希硫酸を加えて中和する。（アルカリ法）
3　水に溶かし、希硫酸を加えて酸性にし、硫化ナトリウム水溶液を加えて沈殿させ、さらにセメントを用いて固化し、埋立処分する。（沈殿隔離法）
4　おが屑等に吸収させてアフターバーナー及びスクラバーを備えた焼却炉で焼却する。（燃焼法）

問 21　次の記述の(　　)中に入れるべき字句の正しい組み合わせはどれか。

ジエチル－３，５，６－トリクロル－２－ピリジルチオホスフェイト(別名：クロルピリホス)は、(　a　)の結晶で、(　b　)よく溶け、(　c　)に用いられる。

【下欄】

	a	b	c
1	白色	アセトン	果樹の害虫防除
2	白色	水	除草剤
3	黒色	アセトン	除草剤
4	黒色	水	果樹の害虫防除

問 22 ～問 25　次の物質の毒性として、最も適当なものを下欄から選びなさい。

問 22　フェノール　　問 23　アクロレイン　　問 24　メタノール
問 25　トルイジン

【下欄】

1　体内に入ると、ぎ酸が発生し、視神経が侵され、目がかすみ、失明することがある。
2　眼と呼吸器系を刺激し、催涙性がある。気管支カタルや結膜炎を起こす。
3　慢性中毒では、口の中や歯ぐきが腫れ、歯が浮き出して顔面が蒼白になる。
4　メトヘモグロビン形成能があり、チアノーゼ症状を起こす。頭痛、疲労感、呼吸困難、精神障害、腎臓や膀胱の機能障害による血尿をきたす。
5　皮膚や粘膜につくと火傷を起こし、その部分は白色となる。内服した場合には、口腔、咽頭、胃に高度の灼熱感を訴える。尿は特有の暗赤色を呈する。

問 26 ～問 28　次の文章は、ニトロベンゼンについて記述したものである。(　　)の中に入る最も適当なものを下欄から選びなさい。なお、廃棄方法は「毒物及び劇物の廃棄方法に関する基準」によるものとする。

示性式は(　問 26　)で、無色又は微黄色の液体である。強い(　問 27　)臭を持つ。(　問 28　)により廃棄する。

【下欄】

	1	2	3	4
問 26	$C_6H_5NO_2$	$C_6H_5NH_2$	C_6H_5OH	$C_6H_5N_2O_4$
問 27	アセトン	苦扁桃(くへんとう)	酢酸	アンモニア
問 28	燃焼法	活性汚泥法	中和法	アルカリ法

問 29　次の毒性に関する記述について、(　　)の中に入る最も適当なものの組み合わせはどれか。

LD_{50} とは、同一母集団に属する動物に薬物を投与して(　a　)を死に至らしめる薬物の量であり、一般にその薬物の量を体重あたりの量(　b　)として表したものである。この値が大きいほど、その物質の毒性は(　c　)といえる。

	a	b	c
1	50 匹	(mg/kg)	高い
2	50 匹	(μg/kg)	高い
3	50 %	(mg/kg)	低い
4	50 匹	(mg/kg)	低い
5	50 %	(μg/kg)	高い

問 30　次の文章は、トリフルオロメタンスルホン酸について記述したものである。（　　）の中に入る最も適当なものの組み合わせはどれか。

常温・常圧下では、無色透明の（　a　）であり、（　b　）。

	a	b
1	液体	臭いはない
2	気体	臭いはない
3	液体	刺激臭がある
4	気体	刺激臭がある
5	液体	甘い臭気がある

問 31　次のうち、有機リン剤中毒の治療に用いられるものはどれか。

1　エデト酸カルシウムニナトリウム
2　プラリドキシムヨウ化物(総称：パム)
3　ジメルカプロール(総称：バル)
4　チオ硫酸ナトリウム

問 32 ～問 35　次の物質の貯蔵方法として、最も適当なものを下欄から選びなさい。

問 32　クロロホルム　　問 33　アクロレイン　　問 34　過酸化水素
問 35　黄リン

【下欄】

1　少量ならば褐色ガラス瓶(びん)、大量ならばカーボイ(硬質容器)などを使用し、日光の直射を避け、冷所に貯蔵する。温度上昇、動揺などによって爆発することがある。
2　本品の蒸気は空気より重く、低所に滞留するので、地下室など換気の悪い場所には保管しない。
3　空気に触れると発火しやすいので、水中に沈めて瓶に入れ、さらに砂を入れた缶中に固定して、冷暗所に保管する。
4　非常に反応性に富む物質なので、安定剤を加え、空気を遮断して貯蔵する。火気厳禁。
5　冷暗所に貯蔵する。純品は空気と日光によって変質するので、少量のアルコールを加えて分解を防止する。

問 36　次のうち、キシレンに関する記述として誤っているものはどれか。

1　無色透明な液体である。
2　芳香族炭化水素特有の臭いがある。
3　水によく溶ける。
4　吸入すると深い麻酔状態に陥(おちい)ることがある。

問 37 ～問 40　毒物及び劇物の運搬事故時における応急措置の具体的な方法として厚生労働省が定めた「毒物及び劇物の迪搬事故時における応急措置に関する基準」に基づき、次の物質の漏えい時等の措置として、最も適当なものを下欄から選びなさい。

問 37　重クロム酸カリウム
問 38　1，1’－ジメチル－4，4’－ジピリジニウムジクロリド
(別名：パラコート)
問 39　ブロムメチル
問 40　硫酸

【下欄】

1　漏えいした液は土砂等でその流れを止め、これに吸着させるか、または安全な場所に導いて、遠くから徐々に注水してある程度希釈した後、水酸化カルシウム、炭酸ナトリウム等で中和し、多量の水を用いて洗い流す。
2　漏えいした液は土砂等でその流れを止め、液が広がらないようにして蒸発させる。
3　漏えいした液は土壌等でその流れを止め、安全な場所に導き、空容器にできるだけ回収し、そのあとを土壌で覆って十分接触させた後、土壌を取り除き、多量の水で洗い流す。
4　飛散したものは、空容器にできるだけ回収し、そのあとを還元剤(硫酸第一鉄等)の水溶液を散布し、水酸化カルシウム、炭酸ナトリウム等の水溶液で処理した後、多量の水で洗い流す。
5　少量の場合、漏えいした液は亜硫酸水素ナトリウム水溶液(約 10 %)で反応させた後、多量の水で十分に希釈して洗い流す。

(農業用品目)

問１～問５　次の製剤の毒物劇物の該当性について、正しいものを下欄から選びなさい。なお、同じものを繰り返し選んでもよい。

問１　２－イソプロピル－４－メチルピリミジル－６－ジエチルチオホスフェイト(別名：ダイアジノン)を 40 %含有する乳剤

問２　フッ化スルフリルを 99 %含有する燻蒸(くんじよう)剤

問３　アンモニア水(アンモニアとして 25 %含有)

問４　N －メチル－１－ナフチルカルバメート(別名：NAC、カルバリル)を含有する粒剤

問５　グリホシネートを 18.5 %含有する液剤

【下欄】

1　毒物に該当　　2　劇物に該当　　3　毒物又は劇物に該当しない

問６　次の劇物のうち、農業用品目販売業者の登録を受けた者が、販売又は授与できるものの組み合わせはどれか。

a　トランス－N－(６－クロロ－３－ピリジルメチル)－N’－シアノ－N－メチルアセトアミジン(別名：アセタミプリド)
b　水酸化ナトリウム
c　トリクロルヒドロキシエチルジメチルホスホネイト(別名：DEP、ディプテレックス)
d　トルエン

1　(a、b)　　2　(a、c)　　3　(b、d)　　4　(c、d)

問７～問９　毒物及び劇物の品目ごとの具体的な廃棄方法として厚生労働省が定めた「毒物及び劇物の廃棄の方法に関する基準」に基づき、次の物質の廃棄方法として、最も適当なものを下欄から選びなさい。

問７　硫酸第二銅

問８　ジメチル－４－メチルメルカプト－３－メチルフェニルチオホスフェイト(別名：フェンチオン、MPP)

問９　塩素酸ナトリウム

【下欄】

1　還元剤(例えば､チオ硫酸ナトリウム等)の水溶液に希硫酸を加えて酸性にし、この中に少量ずつ投入する。反応終了後、反応液を中和し多量の水で希釈して処理する。(還元法)
2　おが屑等に吸収させてアフターバーナー及びスクラバーを備えた焼却炉で焼却する。(燃焼法)
3　水に溶かし､水酸化カルシウム､炭酸ナトリウム等の水溶液を加えて処理し、沈殿ろ過して埋立処分する。(沈殿法)

問 10 ～問 11　次の物質の貯蔵方法として、最も適当なものを下欄から選びなさい。

問 10　アンモニア水　　　　　問 11　シアン化カリウム(別名：青酸カリ)

【下欄】

1　空気中にそのまま保存することはできないので、通常、石油中に保管する。
2　少量ならばガラス瓶(びん)、多量ならばブリキ缶または鉄ドラムを用い、酸類とは離して、風通しのよい乾燥した冷所に密封して保存する。
3　揮発しやすいので、密栓して保管する。

問 12 ～問 14　毒物及び劇物の運搬事故時における応急措置の具体的な方法として厚生労働省が定めた「毒物及び劇物の運搬事故時における応急措置に関する基準」に基づき、次の物質の漏えい時等の措置として、最も適当なものを下欄から選びなさい。

問 12　1，1’－メチル－4，4’－ジピリジニウムジクロリド
　　　(別名：パラコート)
問 13　ブロムメチル　　　問 14　硫酸

【下欄】

1　漏えいした液は土砂等でその流れを止め、これに吸着させるか、または安全な場所に導いて、遠くから徐々に注水してある程度希釈した後、水酸化カルシウム、炭酸ナトリウム等で中和し、多量の水を用いて流す。
2　漏えいした液は土砂等でその流れを止め、液が広がらないようにして蒸発させる。
3　漏えいした液は土壌等でその流れを止め、安全な場所に導き、空容器にできるだけ回収し、そのあとを土壌で覆って十分接触させた後、土壌を取り除き、多量の水で洗い流す。

問 15 ～問 17　次の物質による毒性や中毒の症状として、最も適当なものを下欄から選びなさい。

問 15　ジメチル－(N－メチルカルバミルメチル)－ジチオホスフェイト
　　　(別名：ジメトエート)
問 16　リン化亜鉛
問 17　シアン化水素(別名：青酸ガス)

【下欄】

1　嚥下(えんげ)吸入したときに、胃及び肺で胃酸や水と反応してホスフィンを生成することにより中毒症状を発現する。
2　ミトコンドリアのシトクローム酸化酵素の鉄イオンと結合して細胞の酸素代謝を直接阻害する。致死量を摂取した場合には、直ちに意識消失、けいれん、呼吸停止、心停止などの症状が出現し死亡する。
3　コリンエステラーゼと結合し、その働きを阻害することにより、ムスカリン様症状、ニコチン様症状、中枢神経症状が出現する。

問18　次のうち、有機リン剤に分類されるものはどれか。

1　リン化亜鉛
2　2－クロルエチルトリメチルアンモニウムクロリド(別名：クロルメコート)
3　2，4，6，8－テトラメチル－1，3，5，7－テトラオキソカン
　(別名：メタアルデヒド)
4　エチルパラニトロフェニルチオノベンゼンホスホネイト(別名：EPN)

問19　次のうち、有機リン剤中毒の治療に用いられるものはどれか。

1　エデト酸カルシウム二ナトリウム
2　プラリドキシムヨウ化物(総称：パム)
3　ジメルカプロール(総称：バル)
4　チオ硫酸ナトリウム

問20～問22　次の物質の鑑識法として、最も適当なものを下欄から選びなさい。

問20　硫酸　　　問21　ニコチン　　　問22　塩素酸カリウム

【下欄】

1　この物質の希釈水溶液に、塩化バリウムを加えると、白色の沈殿が生じるが、この沈殿は塩酸や硝酸に不溶。
2　エーテル溶液に、ヨードのエーテル溶液を加えると、褐色の液状沈殿を生じ、これを放置すると、赤色の針状結晶となる。
3　熱すると酸素を生成し、これに塩酸を加えて熱すると、塩素を生成する。水溶液に酒石酸を多量に加えると、白色の結晶性の重酒石酸カリウムを生成する。

問23～問26　次の物質の用途として、最も適当なものを下欄から選びなさい。

問23　2－ジフェニルアセチル－1，3－インダンジオン
　(別名：ダイファシノン)
問24　2，2'－ジピリジリウム－1，1'－エチレンジブロミド
　(別名：ジクワット)
問25　2－イソプロピル－4－メチルピリミジル－6－ジエチルチオホスフェイト
　(別名：ダイアジノン)
問26　5－メチル－1，2，4－トリアゾロ［3，4－b］ベンゾチアゾール
　(別名：トリシクラゾール)

【下欄】

1　除草剤　　2　殺虫剤　　3　殺鼠(そ)剤　　4　殺菌剤

問27～問29　次の記述にあてはまる物質を下欄から選びなさい。

問27　0.5％含有の粒剤が劇物として市販されている。野菜等のコガネムシ類、ネキリムシ類などの土壌害虫の防除に用いられるピレスロイド剤の成分である。
問28　劇物に指定されている。農業用には燻蒸(くんじょう)剤として用いられる。また、有機合成におけるメチル化試薬として用いられる。
問29　特定毒物に指定されている。倉庫内、コンテナ内、または船倉内における、ネズミ、昆虫等駆除に用いられる。

【下欄】

1	リン化アルミニウムとカルバミン酸アンモニウムとの錠剤 (別名：リン化アルミニウム燻蒸(くんじょう)剤)
2	2，3，5，6－テトラフルオロ－4－メチルベンジル＝(Z)－(1 RS, 3 RS)－3－(2－クロロ－3，3，3－トリフルオロ－1－プロペニル)－2，2－ジメチルシクロプロパンカルボキシラート (別名：テフルトリン)
3	ヨウ化メチル

問 30 1，3－ジクロロプロペンに関する次の記述のうち、正しいものの組み合わせはどれか。

a 常温・常圧では、白色の結晶性粉末である。
b 解毒剤として亜硝酸アミルが知られている。
c 土壌害虫の殺虫剤の成分として用いられる。
d 劇物に指定されている。

1 （a、b） 2 （a、c） 3 （b、d） 4 （c、d）

問 31 1，3－ジカルバモイルチオ－2－(N, N －ジメチルアミノ)－プロパン塩酸塩(別名：カルタップ)に関する次の記述のうち，正しいものはどれか。

1 常温・常圧下で、無色の気体である。
2 有機塩素剤に分類される。
3 稲のニカメイチュウ、野菜のコナガ、アオムシ等の駆除に使用される。
4 2％粉剤は毒物に指定されている。

問 32 2，3－ジヒドロ－2，2－ジメチル－7－ベンゾ［b］フラニル－ N －ジブチルアミノチオ－ N －メチルカルバマート(別名：カルボスルファン)に関する次の記述のうち，誤っているものはどれか。

1 褐色の粘稠液体である。
2 有機リン剤に分類される。
3 水稲(箱育苗)のイネミズゾウムシ等の殺虫剤として用いられる。
4 5％含有する粒剤は、劇物に指定されている。

問 33 S －メチル－N－［(メチルカルバモイル)－オキシ］－チオアセトイミデート(別名：メトミル、メソミル)に関する次の記述のうち、誤っているものはどれか。

1 常温・常圧では、白色の結晶固体である。
2 カーバメート剤に分類される。
3 稲のイモチ病等の殺菌剤として用いられる。
4 45％含有の水和剤、1.5％含有の粉粒剤が市販されている。

問 34 次の記述の(　　)中に入れるべき字句の正しい組み合わせはどれか。

4－クロロ－3－エチル－1－メチル－N－［4－(パラトリルオキシ)ベンジル］ピラソール－5－カルボキサミド(別名：トルフェンピラド)を含有する製剤は、毒物及び劇物取締法により(　a　)に指定されている。農薬としての用途は、(　b　)である。

	a	b
1	毒物	除草剤
2	毒物	殺虫剤
3	劇物	除草剤
4	劇物	殺虫剤

問 35 次の記述の(　　)中に入れるべき字句の正しい組み合わせはどれか。

１－(６－クロロ－３－ピリジルメチル)－Ｎ－ニトロイミダゾリジン－２－イリデンアミン(別名：イミダクロプリド)は、(　a　)で、野菜等の(　b　)などの防除に用いられる。

	a	b
1	有機塩素剤	アブラムシ類
2	有機塩素剤	根こぶ病
3	ネオニコチノイド剤	アブラムシ類
4	ネオニコチノイド剤	根こぶ病

問 36 次の記述の(　　)中に入れるべき字句の正しい組み合わせはどれか。

ジエチル－３，５，６－トリクロル－２－ピリジルチオホスフェイト(別名：クロルピリホス)は、(　a　)の結晶で、(　b　)よく溶け、(　c　)に用いられる。

【下欄】

	a	b	c
1	白色	アセトン	果樹の害虫防除
2	白色	水	除草剤
3	黒色	アセトン	除草剤
4	黒色	水	果樹の害虫防除

問 37 ～問 40 クロルピクリンを有効成分として含有する製剤について、次の問いに答えなさい。

問 37 この農薬の用途として、正しいものはどれか。

1　除草剤　　2　土壌燻(くんじょう)蒸剤　　3　殺鼠(そ)剤　　4　展着剤

問 38 この有効成分の性状及び性質として、正しいものはどれか。

1　無色から淡黄色の油状液体で、催涙性、強い粘膜刺激臭を有する。
2　無色の気体で、わずかに甘いクロロホルム臭がある。水に難溶
3　淡黄色の吸湿性結晶で、水に溶ける。アルカリ性で不安定。
4　暗赤色の光沢のある粉末。水、アルコールに不溶。

問 39 この製剤の廃棄方法として、最も適当なものはどれか。なお、廃棄方法は、厚生労働省が定めた「毒物及び劇物の廃棄の方法に関する基準」によるものとする。

1　徐々に石灰乳などの攪拌(かくはん)溶液に加え中和させた後、多量の水で希釈して処理する。(中和法)
2　少量の界面活性剤を加えた亜硫酸ナトリウムと炭酸ナトリウムの混合溶液中で、攪拌(かくはん)し分解させた後、多量の水で希釈して処理する。(分解法)
3　セメントを用いて固化し、溶出試験を行い、溶出量が判定基準以下であることを確認して埋め立て処分する。(固化隔離法)

問 40 クロルピクリンを 80 ％含有する製剤の毒物劇物の該当性について、正しいものはどれか。

1　毒物に該当　　2　劇物に該当　　3　毒物又は劇物に該当しない

（特定品目）

問１　次の物質のうち、特定品目販売業の登録を受けた者が販売できるものはいくつあるか、下欄から選びなさい。

a　塩素　　b　クロロホルム　　c　酸化鉛　　d　塩基性酢酸鉛

【下欄】

1　1つ	2　2つ	3　3つ	4　4つ

問２　次のうち、キシレンに関する次の記述のうち、誤っているものはどれか。

1　無色透明な液体である。
2　芳香族炭化水素特有の臭いがある。
3　水によく溶ける。
4　吸入すると深い麻酔状態に陥（おちい）ることがある。

問３　次の物質名と用途の組み合わせのうち、適当でないものはどれか。

	（物質名）		（用途）
1	ホルムアルデヒド	―	合成樹脂の原料
2	キシレン	―	除草剤
3	過酸化水素水	―	漂白剤
4	重クロム酸カリウム	―	酸化剤

問４～問５　水酸化カリウムに関する次の記述について、（　　）の中に入れるべき正しい字句を下欄から選びなさい。

水酸化カリウムは（　問４　）の固体で、空気中に放置すると、（　問５　）する。

【下欄】

問4	1　白色	2　赤色	3　青色
問5	1　昇華	2　潮解	3　引火

問６～問10　メタノールに関する次の記述について、（　　）の中に入れるべき正しい字句を下欄から選びなさい。

示性式：（　問６　）
毒物劇物の別：（　問７　）
性状：無色透明の（　問８　）で、水、エチルアルコール、エーテル、クロロホルムと任意の割合で混和する。引火しやすい。
鑑識法：(一)サリチル酸と（　問９　）とともに熱すると、芳香あるサリチル酸メチルエステルを生じる。
(二)あらかじめ熱灼（しゃく）した酸化銅を加えると、（　問10　）ができ、酸化銅は還元されて金属銅色を呈する。

【下欄】

問6	1　CH_3OH	2　CH_4	3　HCHO
問7	1　毒物	2　劇物	3　特定毒物
問8	1　揮発性の液体	2　芳香を有する気体	3　刺激臭のある気体
問9	1　水酸化ナトリウム	2　濃硫酸	3　アンモニア水
問10	1　酢酸	2　エタノール	3　ホルムアルデヒド

問 11 ～問 15　クロロホルムに関する次の記述について、（　　　）の中に入れるべき正しい字句を下欄から選びなさい。

示性式：（　問 11　）
毒物劇物の別：（　問 12　）
性状：（　問 13　）の揮発性の液体で、特異臭と甘味を有する。
貯蔵法：純粋のクロロホルムは、空気に触れ、同時に日光の作用を受けると分解して塩素、塩化水素、ホスゲン、（　問 14　）を生成するが、少量の（　問 15　）を含有させると、分解を防ぐことができる。

【下欄】

問 11	1	CH_3Cl	2	CH_2Cl_2	3	$CHCl_3$
問 12	1	毒物	2	劇物	3	特定毒物
問 13	1	赤褐色	2	緑色	3	無色
問 14	1	一酸化炭素	2	二酸化炭素	3	四塩化炭素
問 15	1	アルコール	2	水酸化カリウム	3	水酸化ナトリウム

問 16　メチルエチルケトンに関する次の記述の正誤について、正しい組み合わせはどれか。

a　無色の液体。アセトン様の芳香を有する。
b　水にきわめて溶けにくく、蒸気は空気より軽い。
c　引火しやすい。
d　燃焼法により廃棄する。

	a	b	c	d
1	正	誤	誤	正
2	誤	誤	正	誤
3	誤	正	誤	正
4	正	誤	正	正
5	誤	正	誤	誤

問 17　クロム酸鉛を含有する製剤は、毒物及び劇物取締法令上ある一定濃度以下で劇物から除外される。その上限の濃度として、正しいものを下欄から選びなさい。

【下欄】

1　1％	2　6％	3　10％	4　70％

問 18 ～問 20　次の物質の常温・常圧下における性状として、最も適当なものを下欄から選びなさい。

問 18　酢酸エチル　　問 19　塩化水素　　問 20　過酸化水素水

【下欄】

1　無色透明の液体。常温において徐々に酸素と水に分解する。
2　無色の刺激臭を有する気体。湿った空気中で激しく発煙する。
3　無色透明の液体。果実様の芳香。水に可溶。
4　無色透明の液体。果実様の芳香。水に不溶。

問 21 ～問 24　次の物質の貯蔵方法として、最も適当なものを下欄から選びなさい。
さい。

問 21　アンモニア水　　問 22　水酸化ナトリウム　　問 23　過酸化水素水
問 24　四塩化炭素

【下欄】

1　二酸化炭素と水を吸収する性質が強いため、密栓をして貯蔵する。
2　亜鉛またはスズメッキをした鋼鉄製容器で保管し、高温に接しない場所に貯蔵する。本品の蒸気は空気より重く、低所に滞留するので、地下室など換気の悪い場所には保管しない。
3　空気より軽く、特有の刺激臭のある無色のガスが揮発するので、密栓をして保管する。
4　少量ならば褐色ガラス瓶、大量ならばカーボイ(硬質容器)などを使用し、日光の直射を避け、冷所に貯蔵する。温度上昇、動揺などによって爆発することがある。

問 25 ～問 29　次の物質の鑑識法として、最も適当なものを下欄から選びなさい。

問 25　クロム酸ナトリウム　　問 26　硫酸　　問 27　アンモニア水
問 28　クロロホルム　　問 29　過酸化水素水

【下欄】

1　濃塩酸を潤したガラス棒を近づけると、白い霧を生ずる。
2　希釈水溶液に塩化バリウムを加えると、白色の沈殿を生じる。この沈殿は塩酸や硝酸に不溶。
3　水溶液は硝酸バリウムまたは塩化バリウムで、黄色の化合物を沈殿する。
4　アルコール溶液に、水酸化カリウム溶液と少量のアニリンを加えて熱すると、不快な刺激臭を放つ。
5　過マンガン酸カリウムを還元し、クロム酸塩を過クロム酸塩に変える。また、ヨード亜鉛からヨードを析出する。

問 30 ～問 32　毒物及び劇物の運搬事故時における応急措置の具体的な方法として厚生労働省が定めた「毒物及び劇物の運搬事故時における応急措置に関する基準」に基づき、次の物質が多量に漏えいした際の措置として、最も適当なものを下欄から選びなさい。

問 30　硝酸　　問 31　重クロム酸カリウム　　問 32　キシレン

【下欄】

1　飛散したものは、空容器にできるだけ回収し。そのあとを還元剤(硫酸第一鉄等)の水溶液を散布し、水酸化カルシウム、炭酸ナトリウム等の水溶液で処理した後、多量の水で洗い流す。
2　漏えいした液は、土砂等でその流れを止め、これに吸着させるか、又は安全な場所に導いて、遠くから徐々に注水してある程度希釈した後、水酸化カルシウム、炭酸ナトリウム等で中和し多量の水で洗い流す。
3　漏えいした液は、土砂等でその流れを止め、安全な場所に導き、液の表面を泡で覆いできるだけ空容器に回収する。

問 33 ～問 36　次の物質の毒性や中毒の症状として、最も適当なものを下欄から選びなさい。

問 33　硝酸　　　問 34　水酸化カリウム　　　問 35　酢酸エチル

問 36　メタノール

【下欄】

1　水溶液が皮膚に触れると、激しく侵す。ダストやミストを吸入すると、呼吸器官を侵し、目に入った場合には、失明のおそれがある。
2　特有の臭気のある液体で、高濃度のものが皮膚に触れると、気体を生成して、組織ははじめ白く、次第に深黄色となる。
3　蒸気は粘膜を刺激し、持続的に吸入したときは肺、腎臓および心臓の障害をきたす。
4　体内に入ると、ぎ酸が発生し、視神経が侵され、目がかすみ、失明することがある。

問 38 ～問 40　毒物及び劇物の品目ごとの具体的な廃棄方法として厚生労働省が定めた「毒物及び劇物の廃棄の方法に関する基準」に基づき、次の物質の廃棄方法として、最も適当なものを下欄から選びなさい。

問 37　過酸化水素　　　問 38　トルエン　　　問 39　塩化水素

問 40　硅弗(けいふっ)化ナトリウム

【下欄】

1　水に溶かし、水酸化カルシウム等の水溶液を加えて処理した後、希硫酸を加えて中和し、ろ過して埋立処分する。(分解沈殿法)
2　硅(けい)そう土等に吸収させて開放型の焼却炉で少量ずつ焼却する。(燃焼法)
3　徐々に石灰乳などの撹拌(かくはん)溶液に加え中和させた後、多量の水で希釈して処理する。(中和法)
4　多量の水で希釈して処理する。(希釈法)

福井県
令和元年度実施

〔法　規〕
（一般・農業用品目・特定品目共通）

問１　毒物及び劇物取締法第２条第１項に関する記述について、（　）の中に入れる

この法律で「毒物」とは、別表第１に掲げる物であつて、（　問１　）及び医薬部外品以外のものをいう。

１ 毒薬　　２ 医薬品　　３ 化粧品　　４ 食品添加物

問２～３　次のうち、興奮、幻覚または麻酔の作用を有する毒物または劇物であり、みだりに摂取し、もしくは吸入し、またはこれらの目的で所持してはならないものとして、毒物及び劇物取締法施行令で定められているものを2つ選びなさい。

１ トルエン　２ ブロムメチル　３ クロロホルム　４ ピクリン酸
５ 酢酸エチルを含有するシンナー　６ メタノール

問４～５　次のうち、引火性、発火性または爆発性のある毒物または劇物であり、業務その他正当な理由による場合を除いては、所持してはならないものとして、毒物及び劇物取締法施行令で定められているものを2つ選びなさい。

１ 発煙硫酸　２ ピクリン酸　３ 塩素酸塩類を 30 %含有する製剤
４ 黄燐（りん）　５ ナトリウム　６ フェノール

問６～７　次の記述のうち、毒物及び劇物取締法第 10 条第１項の規定により、毒物劇物営業者が厚生労働大臣または都道府県知事等に対し、その旨を届け出なければならない場合として、誤っているものを２つ選びなさい。

１　毒物劇物販売業の店舗における営業を廃止した場合
２　毒物劇物製造業の製造所を移転した場合
３　毒物劇物製造業者の氏名を変更した場合
４　毒物劇物販売業者の法人営業から個人営業へ変更した場合
５　毒物劇物販売業の店舗の名称を変更した場合

問８　次のうち、毒物及び劇物取締法第２条第３項に規定する「特定毒物」に該当するものとして、正しいものの組み合わせはどれか。

a 硝酸タリウム　b シアン酸ナトリウム　c 四アルキル鉛
d モノフルオール酢酸アミド

1（a、b）　2（a、d）　3（b、c）　4（b、d）　5（c、d）

問9　毒物及び劇物取締法施行規則第13条の5の規定に基づき、毒物又は劇物を 運搬する車両に掲げる標識に関する記述について(　)の中に入れるべき字句として正しいものの組み合わせはどれか。

(ア)メートル平方の板に地を(イ)、文字を白色として、「(ウ)」と表示し、車両の(エ)の見やすい箇所に掲げなければならない。

	ア	イ	ウ	エ
1	0.2	赤色	劇	前後
2	0.3	黒色	毒	前
3	0.2	赤色	毒	前
4	0.3	黒色	毒	前後
5	0.3	赤色	劇	前
6	0.2	黒色	劇	前後

問10～問14　毒物及び劇物取締法第15条に関する記述について、(　)の中に入れるべき字句として正しいものはどれか。

毒物劇物営業者は、毒物又は劇物を次に掲げる者に交付してはならない。

一 (**問10**)の者

二 (**問11**)の障害により毒物又は劇物による保健衛生上の危害の防止の措置を適正に行うことができない者として厚生労働省令で定めるもの

三 麻薬、大麻、あへん又は(**問12**)の中毒者

2　毒物劇物営業者は、厚生労働省令の定めるところにより、その交付を受ける者の(**問13**)を確認した後でなければ、第3条の4に規定する政令で定める物を交付してはならない。

3 毒物劇物営業者は、帳簿を備え、前項の確認をしたときは、厚生労働省令の定めるところにより、その確認に関する事項を記載しなければならない。

4 毒物劇物営業者は、前項の帳簿を、最終の記載をした日から(**問14**)、 保存しなければならない。

問10	1 14歳未満　2 18歳未満　3 14歳以下　4 18歳以下
問11	1 身体　2 神経　3 心身　4 精神
問12	1 向精神薬　2 覚せい剤　3 指定薬物　4 アルコール
問13	1 氏名及び住所　2 氏名及び年齢　3 氏名及び職業 4 氏名及び性別
問14	1 1年間　2 2年間　3 3年間　4 5年間

問15、問16　毒物及び劇物取締法第8条第1項に関する記述について、(　)の中に入れるべき字句として正しいものはどれか。

次の各号に掲げる者でなければ、前条の毒物劇物取扱責任者となることができない。

一 (**問15**)

二 厚生労働省令で定める学校で、(**問16**)化学に関する学課を修了した者

三 都道府県知事が行う毒物劇物取扱者試験に合格した者

問15	1 医師　2 歯科医師　3 薬剤師　4 獣医師
問16	1 基礎　2 工業　3 応用　4 物理

問 17　毒物及び劇物取締法第 12 条第 1 項に関する記述について、(　　)の中に入れるべき字句の正しい組み合わせはどれか。

毒物劇物営業者及び特定毒物研究者は、毒物又は劇物の容器及び被包に、「(ア)」の文字及び毒物については(イ)をもつて「毒物」の文字、 劇物については(ウ)をもつて「劇物」の文字を表示しなければならない。

	ア	イ	ウ
1	医薬用外	赤地に白色	白地に赤色
2	医薬部外	赤地に白色	白地に赤色
3	医薬部外	黒地に白色	赤地に白色
4	医薬用外	黒地に白色	赤地に白色
5	医薬用外	黒地に白色	白地に赤色

問 18　毒物及び劇物取締法第 12 条第 2 項の規定に関する記述について、(　　) の中に入れるべき字句の正しい組み合わせはどれか。

毒物劇物営業者は、その容器及び被包に、左に掲げる事項を表示しなければ、毒物又は劇物を販売し、又は授与してはならない。

1　毒物又は劇物の名称
2　毒物又は劇物の成分及びその(ア)
3　厚生労働省令で定める毒物又は劇物については、それぞれ厚生労働省令で定める(イ)の名称

	ア	イ
1	化学式	中和剤
2	含量	解毒剤
3	化学式	解毒剤
4	含量	中和剤

問 19、問 20　毒物及び劇物取締法第 16 条の 2 第 2 項に関する記述について、(　　)の中に入れるべき字句として正しいものはどれか。

毒物劇物営業者及び特定毒物研究者は、その取扱いに係る毒物又は劇物が盗難にあい、又は紛失したときは、(**問 19**)、その旨を(**問 20**)に届け出なければならない。

問 19	1　3 日以内に	2　7 日以内に	3　10 日以内に	4　直ちに
問 20	1　保健所	2　消防機関	3　警察署	4　市役所

問 21　毒物及び劇物取締法施行令第 40 条の規定に基づき、毒物又は劇物の廃棄の方法に関する記述について、(　　)の中に入れるべき字句として正しい組み合わせはどれか。ただし、2 か所の(イ)には同じ字句が入る。

一　中和、(ア)、酸化、還元、希釈その他の方法により、毒物及び劇物並びに法第 11 条第 2 項に規定する政令で定める物のいずれにも該当しない物とすること。
二　ガス体又は揮発性の毒物又は劇物は、保健衛生上危害を生ずるおそれがない場所で、(イ)放出し、又は揮発させること。
三　可燃性の毒物又は劇物は、保健衛生上危害を生ずるおそれがない場所で、(イ)燃焼させること。

	ア	イ
1	電気分解	少量ずつ
2	電気分解	すばやく
3	加水分解	少量ずつ
4	加水分解	すばやく

問22　車両を使用して、１回につき5,000キログラムの硫酸を運搬する場合に、車両に備えなければならない保護具として、毒物及び劇物取締法施行規則で定めるものとして正しいものはどれか。

1　保護手袋、保護長ぐつ、保護衣、普通ガス用防毒マスク
2　保護手袋、保護長ぐつ、保護衣、酸性ガス用防毒マスク
3　保護手袋、保護長ぐつ、保護衣、有機ガス用防毒マスク
4　保護手袋、保護長ぐつ、保護衣、保護眼鏡

問23～問30　次の記述のうち、毒物及び劇物取締法の規定に照らし、正しいものには１を、誤っているものには２を記入しなさい。

問23　毒物または劇物を直接取り扱わない販売形態であれば、毒物劇物販売業の登録を受けなくても、毒物または劇物を販売することができる。
問24　毒物劇物営業者は、毒物劇物取扱責任者を置いたときは、30日以内に、都道府県知事等に、その毒物劇物取扱責任者の氏名を届け出なければならない。
問25　毒物劇物販売業の登録を受けた者は、５年ごとに登録の更新をしなければ、その効力を失う。
問26　しろあり防除を行う事業者であって、その業務上、硝酸タリウムを取り扱う者は、業務上取扱者として届け出なければならない。
問27　毒物劇物営業者は、毒物または劇物については、その容器として飲食物の容器として通常使用される物を使用してはならない。
問28　特定毒物研究者は、毒物劇物輸入業の登録を受けなくても特定毒物を輸入することができる。
問29　モノフルオール酢酸アミド製剤は黒色に着色されている。
問30　毒物劇物製造業者が自ら製造した毒物または劇物を他の毒物劇物販売業者に販売する場合には、販売業の登録は必要ない。

〔基礎化学〕
(一般・農業用品目・特定品目共通)

問51から問80までの各問における原子量については次のとおりとする。
H＝1、N=7、O＝16、Na＝23、S＝32、Cl＝35、

問51　炎色反応で紫色を呈する元素として最も適当なものはどれか。

1　Li　　2　Cu　　3　K　　4　Ca　　5　Na

問52　ストロンチウム元素の炎色反応の色として、最も適当なものはどれか。

1　橙　　2　黄緑　　3　黄　　4　深紅　　5　群青

問53　次のうち、希ガス元素(周期表18族元素)はどれか。

1　He　　2　N　　3　O　　4　H　　5　Cl

問54　次のうち、ハロゲン元素(周期表17族元素)<u>ではないもの</u>はどれか。

1　F　　2　I　　3　At　　4　Ag　　5　Br

問 55　化学法則に関する次の記述について、(　)の中に入れるべき字句として正しいものはどれか。

「同温、同圧のもとでは、すべての気体は同体積中に同数の分子を含む。」という法則を(**問 55**)という。

1　ルシャトリエの法則　　2　気体反応の法則　　3　質量保存の法則
4　アボガドロの法則　　5　ヘンリーの法則

問 56　次の金属をイオン化傾向の大きいものから順に並べたとき、正しいものはどれか。

1　Ca ＞ Mg ＞ Hg ＞ Al　　2　K ＞ Ag ＞ Al ＞ Cu
3　Ca ＞ Ag ＞ Mg ＞ Cu　　4　K ＞ Na ＞ Mg ＞ Ca
5　Ca ＞ Mg ＞ Fe ＞ Cu

問 57、問 58　硫酸の電気分解に関する次の記述について、(　)の中に入れるべき字句として正しいものはどれか。

硫酸水溶液を電気分解したとき、陽極では(**問 57**)反応が起こり、気体として(**問 58**)が発生する。

問 57	1 酸化　2 還元　3 中和　4 置換　5 付加
問 58	1 水素　2 硫化酸素　3 酸素　4 二酸化炭素 5 一酸化炭素

問 59　次の化合物のうち、その構造に官能基「－ CHO」を有するものはどれか。

1 アセトン　2 ホルムアルデヒド　3 クロロホルム
4 キシレン　5 酢酸

問 60　次の化合物のうち、その構造にベンゼン環を有するものはどれか。

1　蓚(しゅう)酸　2 マレイン酸　3 ぎ酸　4 安息香酸　5 乳酸

問 61　次の化学式で示される化合物の名称として、正しいものはどれか。

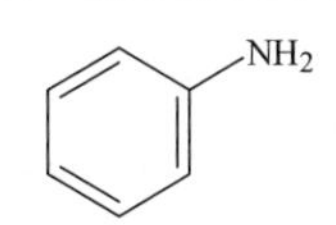

1 フェノール　2 アニリン　3 クレゾール　4 キシレン
5 トルエン

問 62　コロイド溶液に関する次の記述について、(　)の中に入れるべき字句として正しいものはどれか。

コロイド溶液に横から強い光をあてると、コロイド粒子によって光が散乱されるため、光の進路が明るく輝いて見えることを(**問 62**)という。

1　ブラウン運動　　2　チンダル現象　　3　凝集反応
4　塩析　　5　屈折

問 63　次の化合物のうち、その構造に三重結合を有するものはどれか。

1 スチレン　2 キシレン　3 アセチレン　4 エチレン
5 プロパン

問64　次のイオンのうち、3価の陽イオンはどれか。

1　マグネシウムイオン　　2　アルミニウムイオン　　3　カリウムイオン
4　亜鉛イオン　　　　　　5　バリウムイオン

問65　次の化合物の水溶液のうち、青色リトマス試験紙を赤変させるものはどれか。

1　塩化アンモニウム　　2　硫酸ナトリウム　　3　塩化カルシウム
4　炭酸ナトリウム　　　5　硝酸カリウム

問66　塩化ナトリウム20mgを含有する水溶液1kgの濃度として正しいものはどれか。

1　0.002ppm　　2　0.02ppm　　3　0.2ppm　　4　2 ppm　　5　20ppm

問67　硫酸98gを水に溶かして500mLにした場合、この水溶液のモル濃度として正しいものはどれか。

1　1 mol/L　　2　2 mol/L　　3　4 mol/L　　4　8 mol/L　　5　10mol/L

問68　あるモル濃度の希硫酸40mLと4 mol/Lの水酸化ナトリウム水溶液 80mLが中和した。 このときの希硫酸のモル濃度として正しいものはどれか。

1　1 mol/L　　2　2 mol/L　　3　3 mol/L　　4　4 mol/L　　5　8 mol/L

問69　分子式「C_4H_8」で表されるアルケンの異性体はいくつあるか。

1　1つ　　2　2つ　　3　3つ　　4　4つ　　5　5つ

問70　油脂に関する次の記述について、(　)の中に入れるべき字句として正しいものはどれか。

油脂に水酸化ナトリウムを加えて加熱すると、脂肪酸のナトリウム塩とグリセリンが得られる。この反応を(問70)という。

1　エステル化　　2　けん化　　3　ニトロ化　　4　ジアゾ化　　5　酸化

問71　次の記述について、(　)の中に入れるべき字句として正しいものはどれか。

酸素とオゾンのように、同じ元素からできている単体で性質が異なるものを(問71)という。

1　同位体　　2　異性体　　3　同素体　　4　ラセミ体　　5　対掌体

問72　削除

問73　フェノールフタレイン指示薬に関する次の記述について、(　)の中に入るべき字句として正しい組合せはどれか。

フェノールフタレイン指示薬は、酸性では(ア)色、アルカリ性では(イ)色を示す。

	ア	イ
1	青	無
2	赤	無
3	青	赤
4	赤	青
5	無	青
6	無	赤

問 74 ～問 76　次の操作を行ったときに発生する気体について、正しいものを【下欄】からそれぞれ１つ選びなさい。ただし、同じ番号を繰り返し選んでもよい。

問 74　亜鉛に塩酸を加える。
問 75　二酸化マンガンに過酸化水素水を加える。
問 76　炭酸カルシウムに希塩酸を加える。

【下欄】

1 H_2	2 Cl_2	3 NO_2	4 NH_3	5 N_2	6 H_2S	7 O_2	8 CO_2

問 77　次の水溶液のうち、酸性が最も強いものはどれか。ただし、ｐＨとは水溶液中の水素イオン濃度指数を指す。

1　ｐＨ＝１の水溶液　2　ｐＨ＝４の水溶液　3　ｐＨ＝７の水溶液
4　ｐＨ＝ 10 の水溶液　5　ｐＨ＝ 12 の水溶液

問 78 ～問 79　下図は物質の三態変化を示したものである。(　　)の中に入れるべき字句として正しいものはどれか。

液体 ──→ 固体 ←── 気体
(問 78)　(問 79)

問 78	1　昇華	2　溶解	3　凝固	4　融解
問 79	1　昇華	2　蒸発	3　転化	4　凝縮

問 80　次の化学反応式の(　　)に入る係数として、正しい組合せはどれか。

(ア) Al ＋ (イ) H_2SO_4 → (ウ) $Al_2(SO_4)_3$ ＋ 3 H_2

	ア	イ	ウ
1	2	1	1
2	2	2	1
3	2	3	1
4	4	2	3
5	4	3	2

〔毒物および劇物の性質および貯蔵その他取扱方法〕

(一般)

問 31 ～問 35　次の物質を含有する製剤について、劇物に該当しなくなる濃度を【下欄】からそれぞれ１つ選びなさい。ただし、同じ番号を繰り返し選んでもよい。

問 31　硝酸　問 32　アクリル酸　問 33　ロテノン
問 34　メチル＝Ｎ－［２－［１－(４－クロロフエニル)－１Ｈ－ピラゾール－３－イルオキシメチル］フエニル］(Ｎ－メトキシ)カルバマート
(別名ピラクロストロビン)
問 35　水酸化ナトリウム

【下欄】

1　0.2 ％以下	2　2 ％以下	3　5 ％以下	4　6.8 ％以下
5　10 ％以下	6　規定なし		

問 36 ～問 40　次の物質の貯蔵方法として最も適当なものを【下欄】からそれぞれ１つ選びなさい。

問 36　黄燐(りん)　　問 37　弗(ふっ)化水素酸　　問 38　水酸化ナトリウム

問 39　沃(よう)素　　問 40　ピクリン酸

【下欄】

1　炭酸ガスと水を吸収する性質が強いので、密栓して貯える。
2　腐食性があるため、銅、鉄、コンクリートまたは木製のタンクにゴム、鉛、ポリ塩化ビニルあるいはポリエチレンのライニングを施したものを用いる。火気厳禁。
3　空気に触れると発火しやすいので、水中に沈めて瓶に入れ、さらに砂を入れた缶中に固定して、冷暗所に貯える。
4　爆発性があるため、火気に対し安全で隔離された場所に、硫黄、ヨード、ガソリン、アルコール等と離して保管する。鉄、銅、鉛等の金属容器を使用しない。
5　容器は気密容器を用い、通風のよい冷所に貯える。腐食されやすい金属、濃塩酸、アンモニア水、テレビン油などは、なるべく引き離しておく。

問 41　ジエチルパラニトロフエニルチオホスフエイト(別名パラチオン)による中毒の治療に使用する解毒剤として最も適切な組み合わせはどれか。

a　アトロピン　　b　プラリドキシム(PAM)
c　亜硝酸アミル　　d　ジメルカプロール(BAL)

1（a、b）　2（a、c）　3（b、d）　4（c、d）

問 42 ～問 44　次の物質の廃棄方法として最も適切なものを【下欄】からそれぞれ１つ選びなさい。

問 42　四アルキル鉛　　問 43　トルエン　　問 44　硝酸銀

【下欄】

1　多量の次亜塩素酸塩水溶液を加えて分解させたのち、消石灰、ソーダ灰等を加えて処理し、沈殿ろ過しさらにセメントを用いて固化し、溶出試験を行い、溶出量が判定基準以下であることを確認して埋め立て処分する。
2　水に溶かし、食塩水を加えて沈殿ろ過する。
3　珪そう土等に吸収させて開放型の焼却炉で少量ずつ焼却する。

問 45 ～問 47　厚生労働省が毒物および劇物の運搬事故時における応急措置の方法を品目ごとに具体的に定めた「毒物及び劇物の運搬事故時における応急措置に関する基準」に基づき、次の物質が漏えいした際の措置として最も適切なものを【下欄】からそれぞれ１つ選びなさい。

問 45　燐(りん)化アルミニウムとその分解促進剤とを含有する製剤
(別名：ホストキシン)

問 46　硫酸　　問 47　ブロムメチル

【下欄】

1 少量では、速やかに蒸発するので周辺に近づかないようにする。多量では、土砂等でその流れを止め、液が広がらないようにして蒸発させる。 2 空気中の湿気により猛毒ガスを発生するので、作業の際には必ず保護具を着用し、風下で作業をしない。飛散したものの表面を速や かに土砂等で覆い、密閉可能な空容器に回収して密閉する。飛散した物質で汚染された土砂等も同様な措置をし、そのあとを多量の水 を用いて洗い流す。 3 少量では、土砂等に吸着させて取り除くか、またはある程度水で 徐々に希釈した後、消石灰、ソーダ灰等で中和し、多量の水を用い て洗い流す。多量では、漏えいした液は土砂等でその流れを止め、これに吸着させるか、または安全な場所に導いて、遠くから徐々に 注水してある程度希釈した後、消石灰、ソーダ灰等で中和し、多量の水を用いて洗い流す。この場合、濃厚な廃液が河川等に排出されないよう注意する。

問 48 ～問 50 次の物質の代表的な毒性について、最も適当なものを【下欄】からそれぞれ１つ選びなさい。

問 48 フェノール　　**問 49** クロロホルム　　**問 50** 硝酸

【下欄】

1 強い麻酔作用があり、吸入した場合、めまい、頭痛、吐き気を覚え、はなはだしい場合は嘔吐、意識不明等を起こす。 2 皮膚や粘膜につくとやけどを起こし、その部分は白色となる。内服した場合には口腔、咽喉、胃に高度の灼熱感を訴え、悪心、嘔吐、めまいを起こし、失神、虚脱、呼吸麻痺で倒れる。尿は特有の暗赤 色を呈する。 3 吸入した場合、のど、気管支が侵される。濃厚なガスの場合は、24 ～ 48 時間後に肺水腫を起こすことがある。皮膚に触れた場合、重症のやけど(薬傷)を起こす。眼に入った場合、粘膜を激しく刺激し、失明することがある。

（農業用品目）

問 31 ～問 35 次の物質を含有する製剤について、劇物に該当しなくなる濃度を【下欄】からそれぞれ１つ選びなさい。ただし、同じ番号を繰り返し選んでもよい。

問 31 硫酸
問 32 メチル＝N－［2－［1－(4－クロロフエニル)－1 H－ピラゾ ール－3－イルオキシメチル］フエニル］(N－メトキシ)カルバマー ト(別名ピラクロストロビン)
問 33 ジニトロメチルヘプチルフエニルクロトナート(別名ジノカップ)
問 34 アンモニア
問 35 ロテノン

【下欄】

1 0.2 %以下	2 0.5 %以下	3 2%以下	4 6．8%以下
5 10 %以下	6 規定なし		

問36～問38　次の物質の貯蔵方法として最も適当なものを【下欄】からそれぞれ１つ選びなさい。

問36　ブロムメチル　　問37　シアン化カリウム　　問38　ロテノン

【下欄】

1　酸素によって分解し、効力を失うので、空気と光線を遮断して貯える。
2　酸と反応しガスを発生するほか、潮解性があるので、光を遮り少量ならばガラス瓶、多量ならばブリキ缶あるいは鉄ドラム缶を用い、酸類とは離して、空気の流通のよい乾燥した冷所に密封して貯える。
3　常温では気体なので、圧縮冷却して液化し、圧縮容器に入れ、直射日光、その他温度上昇の原因を避けて、冷暗所に貯蔵する。

問39　ジメチル―２・２―ジクロルビニルホスフエイト(別名 DDVP)による中 毒の治療に使用する解毒剤として最も適切な組み合わせはどれか。

a　アトロピン　　b　プラリドキシム(PAM)　　c　亜硝酸アミル
d　ジメルカプロール(BAL)

1（a、b）　2（a、c）　3（b、d）　4（c、d）

問40～問42　次の物質の廃棄方法として最も適切なものを【下欄】からそれぞれ１つ選びなさい。

問40　クロルピクリン
問41　２・２´―ジピリジリウム―１・１´―エチレンジブロミド
(別名：ジクワット)
問42　硫酸銅(Ⅱ)

【下欄】

1　水に溶かし、消石灰、ソーダ灰等の水溶液を加えて処理し、沈殿ろ過して埋立処分する。
2　少量の界面活性剤を加えた亜硫酸ナトリウムと炭酸ナトリウムの混合溶液中で、撹拌(こうはん)し分解させたあと、多量の水で希釈して処理する。
3　木粉(おが屑)等に吸収させて、アフターバーナーおよびスクラバーを具備した焼却炉で焼却するか、そのままアフターバーナーおよびスクラバーを具備した焼却炉の火室へ噴霧し、焼却する。

問43～問45　厚生労働省が毒物および劇物の運搬事故時における応急措置の方法を品目ごとに具体的に定めた「毒物及び劇物の運搬事故時における応急措置に関する基準」に基づき、次の物質が漏えいした際の措置として最も適切なものを【下欄】からそれぞれ１つ選びなさい。

問43　燐(りん)化アルミニウムとその分解促進剤とを含有する製剤
(別名：ホストキシン)
問44　硫酸
問45　ブロムメチル

【下欄】

1　少量では、速やかに蒸発するので周辺に近づかないようにする。　多量では、土砂等でその流れを止め、液が広がらないようにして蒸発させる。
2　空気中の湿気により猛毒ガスを発生するので、作業の際には必ず保護具を着用し、風下で作業をしない。飛散したものの表面を速やかに土砂等で覆い、密閉可能な空容器に回収して密閉する。飛散した物質で汚染された土砂等も同様な措置をし、そのあとを多量の水を用いて洗い流す。
3　少量では、土砂等に吸着させて取り除くか、またはある程度水で徐々に希釈した後、消石灰、ソーダ灰等で中和し、多量の水を用いて洗い流す。多量では、漏えいした液は土砂等でその流れを止め、これに吸着させるか、または安全な場所に導いて、遠くから徐々に 注水してある程度希釈した後、消石灰、ソーダ灰等で中和し、多量の水を用いて洗い流す。この場合、濃厚な廃液が河川等に排出されないよう注意する。

問 46 ～問 50　次の物質の代表的な毒性について、最も適当なものを【下欄】からそれぞれ 1つ選びなさい。

問 46 エチルパラニトロフエニルチオノベンゼンホスホネイト(別名 EPN)
問 47 シアン化水素
問 48 燐(りん)化亜鉛
問 49 塩素酸ナトリウム
問 50 硫酸タリウム

【下欄】

1　嚥下吸入したときに、胃および肺で胃酸や水と反応してホスフィンを生成することにより、頭痛、吐き気、嘔吐(おうと)、悪寒、めまい等の症状を起こし、はなはだしい場合には、肺水腫、呼吸困難、昏睡を 起こす。
2　強い酸化剤であり、吸入した場合、鼻、のどの粘膜を刺激し、悪心、嘔吐(おうと)、下痢、チアノーゼ、呼吸困難等を起こす。
3　コリンエステラーゼの阻害により、ムスカリン様受容体あるいはニコチン様受容体におけるアセチルコリンの蓄積により神経系が過度の刺激状態になり、縮瞳、消化器症状などさまざまな症状を引き起こす。中枢神経系の障害による呼吸麻痺が死因となり得る。
4　殺鼠(そ)剤として用いられており、疝(せん)痛、嘔吐(おうと)、振戦、痙攣(けいれん)、麻痺等の症状に伴い、しだいに呼吸困難となり、虚脱症状となる。
5　きわめて猛毒で、希薄な蒸気でもこれを吸入すると、呼吸中枢を 刺激し、ついで麻痺させる。

(特定品目)

問 31 ～問 35　次の物質を含有する製剤について、劇物に該当しなくなる濃度を【下欄】からそれぞれ１つ選びなさい。ただし、同じ番号を繰り返し選んでもよい。

問 31　塩化水素　　問 32　ホルムアルデヒド　　問 33　硫酸
問 34　アンモニア　　問 35　水酸化カリウム

【下欄】

1　1％以下　　2　5％以下　　3　6％以下　　4　10％以下
5　20％以下　　6　規定なし

問 36 ～問 38　次の物質の代表的な用途として最も適切なものを【下欄】からそれぞれ１つ選びなさい。

問 36　クロム酸ナトリウム　　問 37　一酸化鉛　　問 38　硝酸

【下欄】

1　釉薬、殺虫剤として用いられる。
2　ピクリン酸など各種爆薬の製造、セルロイド工業などに用いられる。
3　工業用として酸化剤、製革用に使用され、また試薬に用いられる。
4　捺染剤、木、コルク、綿製品の漂白剤として用いられる。
5　ゴムの加硫促進剤、顔料、試薬に用いられる。

問 39　次の物質の貯蔵方法の説明として最も適切なものの組み合わせを【下欄】から１つ選びなさい。

ア　過酸化水素は、少量ならば褐色ガラス瓶、大量ならばカーボイ等を使用し、３分の１の空間を保って貯蔵する。日光の直射を避け、冷所に、有機性蒸気を放出する物質と引き離して貯蔵する。
イ　酸化水銀は、光によって分解するため、遮光して保存する。
ウ　水酸化ナトリウムは、炭酸ガスと水を吸収する性質が強いので、密栓して貯える。
エ　クロム酸ナトリウムは、潮解性があるため、密栓して保存する。

	ア	イ	ウ	エ
1	正	正	正	正
2	誤	正	正	正
3	正	誤	正	正
4	正	正	誤	正
5	正	正	正	誤

問 40 ～問 42　次の物質の廃棄方法として最も適切なものを【下欄】からそれぞれ１つ選びなさい。

問 40　クロロホルム　　問 41　アンモニア　　問 42　酸化水銀

【下欄】

1　水に溶かし、硫化ナトリウムの水溶液を加え、沈殿を生成させた のち、セメントを加えて固化し、溶出試験を行い、溶出量が判定基準以下であることを確認して埋め立て処分する。
2　過剰の可燃性溶剤または重油等の燃料とともにアフターバーナー およびスクラバーを具備した焼却炉の火室に噴霧してできるだけ高温で焼却する。
3　水で希薄な水溶液とし、酸（希塩酸等）を加えて中和させたあと、多量の水で希釈して処理する。

問 43 ～問 45　厚生労働省が毒物および劇物の運搬事故時における応急措置の方法を品目ごとに具体的に定めた「毒物及び劇物の運搬事故時における応急措置に関する基準」に基づき、次の物質が漏えいした際の措置として最も適切なものを【下欄】 からそれぞれ１つ選びなさい。

問 43　メチルエチルケトン　　問 44　硝酸　　問 45　液化アンモニア

【下欄】

1 少量では、漏えい箇所を濡れむしろ等で覆い、遠くから多量の水をかけて洗い流す。多量では、漏えい箇所を濡れむしろ等で覆い、ガス状のものに対しては、遠くから霧状の水をかけ吸収させる。この場合、濃厚な廃液が河川等に排出されないよう注意する。
2 引火しやすいため、付近の着火源となるものを速やかに取り除く。漏えいした液は、少量では土砂等に吸着させて空容器に回収する。多量では、土砂等でその流れを止め、安全な場所に導き、液の表面を泡で覆いできるだけ空容器に回収する。
3 少量では、土砂等で流れを止め、これに吸着させて取り除くか、またはある程度水で徐々に希釈した後、消石灰、ソーダ灰等で中和し、多量の水を用いて洗い流す。多量では、土砂等でその流れを止め、これに吸着させるか、または安全な場所に導いて、遠くから徐々に注水してある程度希釈した後、消石灰、ソーダ灰等で中和し、多量の水を用いて洗い流す。この場合、濃厚な廃液が河川等に排出されないよう注意する。

問46～問50 次の物質の代表的な毒性について、最も適当なものを【下欄】からそれぞれ1つ選びなさい。

問46 硫酸　　問47 メタノール　　問48 蓚(しゅう)酸

問49 硅弗(けいふつ)化ナトリウム　　問50 クロロホルム

【下欄】

1 炭化水素を炭化して黒変させる性質を持ち、皮膚に触れると激しいやけど(薬傷)を起こす。
2 濃厚な蒸気を吸入すると酩酊、頭痛、眼のかすみ等の症状を呈し、さらに高濃度のときは昏睡を起こす。神経細胞内でぎ酸が発生することによる酸中毒症が起こる。
3 強い麻酔作用があり、吸入した場合、めまい、頭痛、吐き気を覚え、はなはだしい場合は嘔吐(おうと)、意識不明等を起こす。
4 吸入した場合、はなはだしい場合には鼻、のど、気管支、肺等の粘膜を刺激し、炎症を起こすことがある。慢性中毒として斑状歯などの症状が現れる。
5 血液中の石灰分を奪い、神経系を侵す。急性中毒症状は、胃痛、嘔吐、口腔および咽喉に炎症を起こし、腎臓が侵される。

〔実地試験(毒物及び劇物の識別及び取扱方法)〕

(一般)

問81～問85 次の物質の特徴について、正しいものの組み合わせをそれぞれ1つ選びなさい。

問81 クロルピクリン(純品)

	形状	色	臭い
1	固体	白色	刺激臭
2	固体	無色	無臭
3	油状液体	無色	刺激臭
4	油状液体	白色	無臭
5	気体	無色	刺激臭

問 82　モノフルオール酢酸アミド

	形状	臭い	その他特徴
1	白色結晶	刺激臭	水に溶けない
2	白色結晶	無臭	水に易溶
3	白色結晶	無臭	水に溶けない
4	無色液体	刺激臭	水に溶けない
5	無色液体	刺激臭	水に易溶

問 83　硫酸銅（II）五水和物

	形状	色	その他特徴
1	固体	青色	風解性
2	固体	青色	潮解性
3	固体	無色	風解性
4	液体	青色	潮解性
5	液体	無色	風解性

問 84　エチレンオキシド

	形状	色	その他特徴
1	液体	黄色	水に溶ける
2	液体	無色	水に溶けない
3	ガス	無色	水に溶ける
4	ガス	黄色	水に溶けない
5	ガス	無色	水に溶けない

問 85　アセトニトリル

	形状	色	臭い
1	固体	白色	フェノール様臭
2	固体	淡黄色	エーテル様臭
3	液体	淡黄色	フェノール様臭
4	液体	無色	エーテル様臭
5	気体	無色	無臭

問 86 〜問 90　次の物質の識別方法について、最も適当なものを【下欄】からそれぞれ１つ選びなさい。

問 86　弗（ふっ）化水素酸　　**問 87**　硫酸亜鉛　　**問 88**　スルホナール
問 89　クロルピクリン　　**問 90**　ニコチン

【下欄】

1　この物質を木炭とともに加熱すると、メルカプタンの臭気を放つ。
2　この物質にホルマリン１滴を加えたのち、濃硝酸１滴を加えると、ばら色を呈する。
3　蠟（ろう）を塗ったガラス板に針で任意の模様を描いたものに、この物質を塗ると、蠟（ろう）をかぶらない模様の部分は腐食される。
4　この物質を水に溶かして硫化水素を通じると、白色の沈殿を生じる。また、水に溶かして塩化バリウムを加えると、白色の沈殿を生ずる。
5　この物質の水溶液に金属カルシウムを加えこれにベタナフチルアミンおよび硫酸を加えると、赤色の沈殿を生ずる。

（農業用品目）

問 81 ～問 85　次の物質の特徴について、正しいものの組み合わせをそれぞれ１つ選びなさい。

問 81　クロルピクリン(純品)

	形状	色	臭い
1	固体	白色	刺激臭
2	固体	無色	無臭
3	油状液体	無色	刺激臭
4	油状液体	白色	無臭
5	気体	無色	刺激臭

問 82　モノフルオール酢酸アミド

	形状	臭い	その他特徴
1	白色結晶	刺激臭	水に溶けない
2	白色結晶	無臭	水に易溶
3	白色結晶	無臭	水に溶けない
4	無色液体	刺激臭	水に溶けない
5	無色液体	刺激臭	水に易溶

問 83　硫酸銅(Ⅱ)五水和物

	形状	色	その他特徴
1	固体	青色	風解性
2	固体	青色	潮解性
3	固体	無色	風解性
4	液体	青色	潮解性
5	液体	無色	風解性

問 84　弗(ふっ)化スルフリル

	形状	色	その他特徴
1	固体	白色	水で分解しない
2	液体	白色	水で分解する
3	液体	無色	水で分解しない
4	気体	白色	水で分解する
5	気体	無色	水で分解しない

問 85　アセトニトリル

	形状	色	臭い
1	固体	白色	フェノール様臭
2	固体	淡黄色	エーテル様臭
3	液体	淡黄色	フェノール様臭
4	液体	無色	エーテル様臭
5	気体	無色	無臭

問 86 ～問 90　次の物質の識別方法について、最も適当なものを【下欄】からそれぞれ１つ選びなさい。

問 86　アンモニア水　　**問 87**　硫酸亜鉛　　**問 88**　水酸化ナトリウム
問 89　クロルピクリン　　**問 90**　ニコチン

【下欄】

1　水溶液を白金線につけて無色の火炎中に入れると、火炎は著しく黄色に染まり、長時間続く。 2　この物質にホルマリン１滴を加えたのち、濃硝酸１滴を加えると、ばら色を呈する。 3　この物質に濃塩酸をうるおしたガラス棒を近づけると白い霧を生ずる。 4　この物質を水に溶かして硫化水素を通じると、白色の沈殿を生じる。また、水に溶かして塩化バリウムを加えると、白色の沈殿を生ずる。 5　この物質の水溶液に金属カルシウムを加えこれにベタナフチルアミンおよび硫酸を加えると、赤色の沈殿を生ずる。

（特定品目）

問 81 ～問 85　次の物質の特徴について、正しいものの組み合わせをそれぞれ１つ選びなさい。

問 81　トルエン

	形状	色	臭い
1	液体	無色	ベンゼン様臭
2	液体	無色	エーテル様臭
3	液体	黄色	無臭
4	気体	無色	エーテル様臭
5	気体	黄色	ベンゼン様臭

問 82　メチルエチルケトン

	形状・色	臭い	その他特徴
1	白色固体	アセトン様臭	引火性
2	淡黄色固体	フェノール様臭	非引火性
3	無色液体	アセトン様臭	引火性
4	白色液体	フェノール様臭	引火性
5	淡黄色液体	アセトン様臭	非引火性

問 83　塩素

	形状	色	臭い
1	液体	無色	果実様臭
2	液体	緑黄色	無臭
3	気体	無色	果実様臭
4	気体	緑黄色	窒息性臭気
5	気体	無色	窒息性臭気

問 84　水酸化カリウム

	形状	色	その他特徴
1	固体	白色	風解性
2	固体	白色	潮解性
3	固体	無色	揮発性
4	気体	白色	潮解性
5	気体	無色	揮発性

問 85　酢酸エチル

	形状・色	臭い	その他特徴
1	白色固体	果実様香気	非引火性
2	無色固体	無臭	引火性
3	白色液体	果実様香気	非引火性
4	無色液体	無臭	引火性
5	無色液体	果実様香気	引火性

問 86 ～問 90　次の物質の識別方法について、最も適当なものを【下欄】からそれぞれ１つ選びなさい。

問 86　メタノール　　**問 87**　一酸化鉛　　**問 88**　水酸化ナトリウム
問 89　硝酸　　**問 90**　過酸化水素水

【下欄】

1　この物質の水溶液を白金線につけて無色の火炎中に入れると、火炎は著しく黄色に染まり、長時間続く。
2　この物質は過マンガン酸カリウムを還元し、過クロム酸を酸化する。また、ヨウ化亜鉛からヨウ素を析出する。
3　この物質にあらかじめ熱灼した酸化銅を加えると、ホルムアルデヒドができ、酸化銅は還元されて金属銅色を呈する。
4　この物質を希硝酸に溶かすと無色の液となり、これに硫化水素を通じると黒色の沈殿を生ずる。
5　この物質に銅屑（くず）を加えて熱すると、藍色を呈して溶け、その際、赤褐色の蒸気を発生する。

山梨県
令和元年度実施

〔法　規〕
(一般・農業用品目・特定品目共通)

問題1　次の文章は、毒物及び劇物取締法第１条である。(　　)の中に当てはまる正しい語句の組合せはどれか。下欄の中から選びなさい。

(第１条)
この法律は、毒物及び劇物について、(　ア　)上の見地から必要な(　イ　)を行うことを目的とする。

	ア	イ
1	保健衛生	取締
2	薬事衛生	取締
3	保健衛生	規制
4	薬事衛生	規制
5	保健衛生	指導

問題2　毒物劇物営業者が、毒物又は劇物を毒物劇物営業者以外の者に販売したとき、譲受人から提出を受けた書面を保存しておかなければならない期間はどれか。下欄の中から選びなさい。

1　販売した日から１年間　　2　販売した日から２年間
3　販売した日から３年間　　4　販売した日から４年間
5　販売した日から５年間

問題3　次の記述について、毒物及び劇物取締法の規定に照らし、毒物又は劇物の販売業の店舗の設備の基準として、正しい正誤の組合せはどれか。
下欄の中から選びなさい。

ア　毒物又は劇物の貯蔵は必ず容器を用いて行うこと。
イ　毒物又は劇物を貯蔵する容器は、毒物又は劇物が飛散し、漏れ、又はしみ出るおそれのないものであること。
ウ　毒物又は劇物とその他の物とを区分して貯蔵できるものであること。
エ　毒物又は劇物を貯蔵する場所には、必ずかぎをかける設備があること。

	ア	イ	ウ	エ
1	正	誤	正	誤
2	誤	正	正	正
3	正	正	誤	誤
4	誤	誤	誤	正
5	誤	正	正	誤

問題4　次の文章は、毒物及び劇物取締法第３条第３項の一部である。(　　)の中に当てはまる正しい語句の組合せはどれか。下欄の中から選びなさい。

(第３条第３項)
毒物又は劇物の販売業の登録を受けた者でなければ、毒物又は劇物を販売し、(　ア　)し、又は販売若しくは(　ア　)の目的で貯蔵し、運搬し、若しくは(　イ　)してはならない。

	ア	イ
1	譲受	陳列
2	授与	所持
3	授与	小分け
4	授与	陳列
5	譲受	所持

問題５　次の物質のうち、特定毒物に該当するものとして、正しいものの組合せはどれか。下欄の中から選びなさい。

ア モノフルオール酢酸　　イ 四塩化炭素　　ウ 硫化燐（りん）
エ シアン化ナトリウム　　オ 四アルキル鉛

1（ア、ウ）	2（イ、エ）	3（イ、オ）	4（ウ、エ）	5（ア、オ）

問題６　次の記述について、毒物及び劇物取締法第10条の規定に照らし、毒物又は劇物の販売業者が都道府県知事へ行う届出として、正しいものの組合せはどれか。下欄の中から選びなさい。

ア 法人の名称を変更したときは届け出る。
イ 店舗における営業を廃止したときは届け出る。
ウ 法人の役員を変更したときは届け出る。
エ 個人経営から法人経営に変更したときは届け出る。

1（ア、イ）	2（ア、ウ）	3（ア、エ）	4（イ、ウ）	5（ウ、エ）

問題７　次の毒物劇物取扱責任者の資格に関する記述うち、正しいものの組合せはどれか。下欄の中から選びなさい。

ア 薬剤師は毒物劇物取扱責任者になることができる。
イ 大学で基礎化学に関する学課を修了した者は、毒物劇物取扱責任者になることができる。
ウ 18歳未満の者は毒物劇物取扱責任者になることができない。
エ 特定品目毒物劇物取扱責任者試験に合格した者は、特定品目のみを取り扱う毒物劇物製造業の毒物劇物取扱責任者になることができる。

1（ア、ウ）	2（ア、エ）	3（イ、ウ）	4（イ、エ）	5（ウ、エ）

問題８　次の文章は、毒物及び劇物取締法第16条の２第２項の条文である。（　　）の中に当てはまる正しい語句はどれか。下欄の中から選びなさい。

（第16条の２第２項）
毒物劇物営業者及び特定毒物研究者は、その取扱いに係る毒物又は劇物が盗難にあい、又は紛失したときは、直ちに、その旨を（　　）に届け出なければならない。

1 消防署
2 保健所
3 警察署
4 都道府県の薬務主管課
5 厚生労働省

問題９　次の文章は、毒物及び劇物取締法第15条第１項の条文である。（　　）の中に当てはまる正しい語句の組合せはどれか。下欄の中から選びなさい。

（第15条第１項）
毒物劇物営業者は、毒物又は劇物を次に掲げる者に交付してはならない。
一　（ア）未満の者
二　心身の障害により毒物又は劇物による（イ）の危害の防止の措置を適正に行うことができない者として厚生労働省令で定めるもの
三　麻薬、（ウ）、あへん又は覚せい剤の中毒者

	ア	イ	ウ
1	二十歳	保健衛生上	向精神薬
2	十八歳	保健衛生上	向精神薬
3	二十歳	公衆衛生上	向精神薬
4	十八歳	保健衛生上	大麻
5	十八歳	公衆衛生上	大麻

問題 10 次の毒物劇物営業者の登録に関する記述について、正しい正誤の組合せはどれか。下欄の中から選びなさい。

ア 毒物又は劇物の製造業の登録は、5年ごとに更新を受けなければ、その効力を失う。
イ 毒物又は劇物の輸入業と販売業の登録は、6年ごとに更新を受けなければ、その効力を失う。
ウ 毒物又は劇物の販売業の登録は、一般販売業、農業用品目販売業、特定品目販売業に分けられている。
エ 毒物又は劇物の製造業の登録事項として、製造しようとする毒物又は劇物の品目及びその最大製造量がある。

	ア	イ	ウ	エ
1	正	正	正	正
2	正	誤	正	誤
3	正	誤	誤	誤
4	誤	正	正	正
5	誤	誤	誤	正

問題 11 次の記述について、毒物及び劇物取締法第 14 条第 1 項の規定に照らし、毒物劇物営業者が、毒物又は劇物を他の毒物劇物営業者に販売し、又は授与したときに、その都度、書面に記載しておかなければならない事項として、正しいものの組合せはどれか。下欄の中から選びなさい。

ア 毒物又は劇物の名称、数量及び金額
イ 譲受人の年齢
ウ 譲受人の氏名、職業及び住所(法人にあっては、その名称及び主たる事務所の所在地)
エ 毒物又は劇物の使用目的
オ 販売又は授与の年月日

1(ア、ウ) 2(ウ、オ) 3(イ、オ) 4(ア、エ) 5(イ、エ)

問題 12 次の記述のうち、毒物及び劇物取締法の規定に照らし、正しいものはどれか。下欄の中から選びなさい。

1 毒物劇物営業者は、毒物の包装に「医薬用外」の文字及び白地に赤色をもって「毒物」の文字を表示しなければならない。
2 毒物及び劇物取締法第 22 条に規定されている業務上取扱者は、毒物劇物営業者ではないので、劇物を貯蔵する場所に「医薬用外」の文字及び「劇物」の文字を表示する必要はない。
3 毒物の販売業者は、毒物を貯蔵する場所に「医薬用外」及び「毒物」の文字を表示しなければならない。
4 毒物の容器にはその解毒剤の名称を表示しなくてはならないが、劇物の容器には表示する必要はない。
5 毒物劇物営業者は、劇物の容器に「医薬用外」の文字及び黒地に白色をもって「劇物」の文字を表示しなければならない。

問題 13　次の物質のうち、引火性、発火性又は爆発性がある毒物又は劇物として、業務その他正当な理由による場合を除き、所持してはならないとされるものとして誤っているものはどれか。下欄の中から選びなさい。

1　亜塩素酸ナトリウムを 35 %含有する製剤
2　塩素酸カリウムを 35 %含有する製剤
3　ナトリウム
4　過酸化水素を 35 %含有する製剤
5　ピクリン酸

問題 14　次の記述について、毒物及び劇物取締法の規定に照らし、毒物及び劇物取締法第 22 条に規定されている業務上取扱者に義務づけられている事項として、正しい正誤の組合せはどれか。下欄の中から選びなさい。

ア　業務上取扱者としての都道府県知事への届け出は、政令で定める毒物又は劇物を業務上取り扱うこととなった日から 30 日以内に行わなければならない。
イ　業務上取扱者は、取り扱う毒物又は劇物の品目と取扱量を届け出なければならない。
ウ　業務上取扱者は、事業場の所在地、名称及び連絡先を届け出なければならない。

	ア	イ	ウ
1	正	正	正
2	正	正	誤
3	誤	誤	正
4	誤	正	正
5	正	誤	誤

問題 15　次の記述について、毒物及び劇物取締法の規定に照らし、(　　)の中に当てはまる正しい語句はどれか。下欄の中から選びなさい。

毒物劇物販売者は、硫酸タリウムを１%含有する製剤については、あせにくい(　　)で着色したものでなければ、これを農業用として販売してはならない。

1　赤色　　2　黒色　　3　黄色　　4　紅色　　5　緑色

〔基礎化学〕
(一般・農業用品目・特定品目共通)

問題 16　次の化学式と名称の組合せのうち、正しいものはどれか。下欄の中から選びなさい。

1　CH_3OH　－　エタノール
2　$C_2H_5OC_2H_5$　－　アセトン
3　CH_3CHO　－　アセトアルデヒド
4　CH_3COOH　－　ギ酸
5　$C_6H_5NH_2$　－　安息香酸

問題 17　次のうち、水銀の元素記号として正しいものはどれか。下欄の中から選びなさい。

1　Hg　　2　Au　　3　Cl　　4　Ar　　5　Mn

問題 18　次のうち、銅の炎色反応を行ったときの色として正しいものはどれか。下欄の中から選びなさい。

1　青緑　　2　赤紫　　3　橙色　　4　黄色　　5　白色

問題 19　次の変化において、Mn 原子の酸化数の変化として、正しいものはどれか。下欄の中から選びなさい。

<u>Mn</u>O_2 → <u>Mn</u>Cl_2

1　＋1→＋2　　2　－1→＋4　　3　＋2→－4　　4　－2→－1 5　＋4→＋2

問題 20　次の化学反応式の(　　)の中に当てはまる正しい数字の組合せはどれか。下欄の中から選びなさい。

C_2H_5OH ＋(ア)O_2 → $2CO_2$ ＋(イ)H_2O

	ア	イ
1	1	1
2	1	2
3	2	3
4	3	3
5	3	4

問題 21　0.01mol/L の塩酸の pH はいくつか。下欄の中から選びなさい。ただし、塩酸の電離度は 1 とする。

1　pH1　　2　pH2　　3　pH5　　4　pH8　　5　pH10

問題 22　50％ぶどう糖水溶液 40g と 20％ぶどう糖水溶液 10g を混合して得られる水溶液の濃度は何％か。最も近いものを下欄の中から選びなさい。ただし％は重量％とする。

1　30％　　2　35％　　3　44％　　4　55％　　5　60％

問題 23　次の塩のうち、水に溶かしたときに酸性を示すものはどれか。下欄の中から選びなさい。

1　CH_3COONa　　2　K_2CO_3　　3　NH_4Cl　　4　NaCl　　5　Na_2SO_4

問題 24　次の有機化合物のうち、官能基(－COOH)をもつものはどれか。下欄の中から選びなさい。

1　クロロホルム　　2　酢酸　　3　メタン　　4　フェノール 5　トルエン

問題 25　次の文章は原子の構造に関する記述である。(　　)の中に当てはまる正しい語句の組合せはどれか。下欄の中から選びなさい。

原子は、中心にある原子核と、そのまわりに存在する電子で構成されている。また、一般に原子核は正の電荷をもつ(ア)と電荷をもたない(イ)からできている。(ア)の数を(ウ)といい、(ア)と(イ)の数の和を(エ)という。

	ア	イ	ウ	エ
1	中性子	原子核	原子番号	質量数
2	電子	陽子	質量数	原子番号
3	陽子	原子核	質量数	原子番号
4	陽子	中性子	原子番号	質量数
5	中性子	原子核	質量数	原子番号

問題 26　次の化学反応式のとおりプロパン(C_3H_8)4.4g を完全燃焼させると二酸化炭素(CO_2)と水(H_2O)が生じた。この時に発生する二酸化炭素(CO_2)の標準状態における体積は何 L か。最も近いものを下欄の中から選びなさい。なお、標準状態(0℃、1.013×10^5Pa)での 1 mol の気体は 22.4L とし、原子量は C ＝ 12、H= 1 、O=16 とする。

$C_3H_8 + 5\ O_2 \rightarrow 3\ CO_2 + 4\ H_2O$

1　6.7L　　2　11.2L　　3　17.9L　　4　22.4L　　5　44.8L

問題 27　次のうち、イオン化傾向が最も大きいものはどれか。下欄の中から選びなさい。

1　銅(Cu)　　2　カルシウム(Ca)　　3　白金(Pt)
4　マグネシウム(Mg)　　5　アルミニウム(Al)

問題 28　分子式が $C_5H_{12}O$ で示されるエーテルについて、構造異性体は何種類となるか。下欄の中から選びなさい。ただし、立体異性体は考えないものとする。

1　2種類　　2　4種類　　3　6種類　　4　8種類　　5　10 種類

問題 29　次の可逆反応が平衡状態になっているとき、ルシャトリエの法則による平衡移動において右に移動させる操作として正しい組合せはどれか。下欄の中から選びなさい。

$N_2 + 3\ H_2 \rightleftarrows 2\ NH_3 + 92.2$[kJ]

ア　圧力を下げる　　イ　H_2 を加える　　ウ　温度を上げる　　エ　N_2 を加える
オ　NH_3 を加える

1(ア、ウ)　　2(ア、エ)　　3(イ、オ)　　4(イ、エ)　　5(ウ、オ)

問題 30　次の文章は、物質の状態変化について述べたものである。
（　）の中に当てはまる語句の正しい組合せはどれか。下欄の中から選びなさい。

温度や圧力が変化したとき、固体、液体、気体の間で物質の状態が変化することを状態変化という。そのうち、固体から液体への変化を（　ア　）、その逆を（　イ　）、液体から気体への変化を（　ウ　）、その逆を（　エ　）という。また固体から直接気体になる変化を（　オ　）という。

	ア	イ	ウ	エ	オ
1	融解	蒸発	凝縮	凝固	昇華
2	凝固	蒸発	沸騰	昇華	沸点
3	昇華	融解	凝固	凝縮	沸点
4	融解	凝固	沸騰	昇華	凝縮
5	融解	凝固	蒸発	凝縮	昇華

〔毒物及び劇物の性質及び貯蔵その他取扱方法〕
（一般）

問題 31　次の記述のうち、砒（ひ）素に関する説明として、誤っているものはどれか。下欄の中から選びなさい。

1　乾燥した空気中では安定で、水によく溶ける。
2　鉛との合金は球形となりやすい。
3　内服しても尿中に排出されるが、一部は亜ヒ酸に変化する。
4　吸入した場合、血色素尿の排泄、呼吸困難を起こす場合がある。
5　酸化剤と混合すると発火することがある。

問題 32　次の記述のうち、蓚（しゅう）酸に関する説明として、誤っているものはどれか。下欄の中から選びなさい。

1　一般に流通している二水和物は、ベンゼンによく溶ける。
2　水溶液は過マンガン酸カリの溶液を退色する。
3　二水和物は無色の結晶である。
4　木、綿などの漂白剤として使用される。
5　中毒の療法として、石灰水を与えるか、胃洗浄を行う。

問題 33　次の物質のうち、常温、常圧で液体のものの正しい組合せはどれか。
下欄の中から選びなさい。

ア　燐（りん）化水素　　イ　ピクリン酸　　ウ　ニトロベンゼン　　エ　クロロホルム

1（ア、イ）　2（ア、ウ）　3（イ、ウ）　4（イ、エ）　5（ウ、エ）

問題 34 ～問題 37　次の物質の貯蔵法として、最も適当なものはどれか。下欄の中から選びなさい。

問題 34　シアン化カリウム　　問題 35　過酸化水素水　　問題 36　黄燐（りん）
問題 37　カリウム

1　純品は空気と日光によって変質するので、少量のアルコールを加えて分解を防止し、冷暗所に貯蔵する。
2　空気に触れると発火しやすいので、水中に沈めてビンに入れ、さらに砂を入れた缶中に固定して、冷暗所に貯える。
3　光を遮り少量ならガラスビン、多量ならブリキ缶あるいは鉄ドラムを用い、酸類とは離して、空気の流通のよい乾燥した冷所に密封して貯える。
4　空気中にそのまま貯えることができないので、通常、石油中に貯蔵し、水分の混入、火気を避ける。
5　少量なら褐色ガラスビン、多量ならカーボイなどを使用し、三分の一の空間を保って、日光の直射をさけ、冷所に、有機物、金属塩と引き離して貯蔵する。

問題 38 ～問題 40　次の物質を含有する製剤で、劇物から除外される上限の濃度について正しいものはどれか。下欄の中から選びなさい。

問題 38　亜塩素酸ナトリウム　　問題 39　クレゾール
問題 40　アクリル酸

1　1％　　2　5％　　3　8％　　4　10％　　5　25％

問題 41 ～問題 43　次の物質の毒性として、最も適切なものはどれか。下欄の中から選びなさい。

問題 41　ホルムアルデヒド　　問題 42　水酸化ナトリウム
問題 43　クロルピクリン

1　血液中の石灰分を奪取し、神経系を侵す。胃痛、嘔吐、口腔、咽頭に炎症を起こし、腎臓が侵される。
2　血液に入ってメトヘモグロビンを作り、また中枢神経や心臓、眼結膜を侵し、肺にも強い障害を与える。
3　吸入した場合、短時間の興奮期を経て深い麻酔状態に陥り、皮膚に触れた場合、皮膚を刺激し、皮膚からも吸収される。
4　腐食性が極めて強いので、皮膚にふれると激しく侵し、濃厚液を飲むと、口内、咽頭、食道など粘膜を腐食して、死にいたらしめる。
5　蒸気は、粘膜を刺激し、鼻カタル、結膜炎、気管支炎などを起こさせる。

問題 44 ～問題 45　の物質の中毒の治療に使用する物質として、最も適当なものはどれか。下欄の中から選びなさい。

問題 44　シアン化ナトリウム
問題 45　エチルパラニトロフェニルチオノベンゼンホスホネイト(別名 EPN)

1　ジメルカプロール(別名 BAL)
2　バルビタール製剤
3　2－ピリジルアルドキシムメチオダイド製剤(別名 PAM)、硫酸アトロピン製剤
4　亜硝酸ナトリウム製剤、チオ硫酸ナトリウム製剤
5　カルシウム剤

（農業用品目）

問題 31 ～問題 33　次の物質の性状として、最も適当なものはどれか。下欄の中から選びなさい。

問題 31　クロルピクリン　　**問題 32**　燐（りん）化亜鉛
問題 33　２－（１－メチルプロピル）－フェニル－Ｎ－メチルカルバメート

1　無色（市販品は淡黄色）の液体で、催涙性、強い刺激臭がある。
2　淡黄色の吸湿性結晶で水に溶けやすい。中性、酸性下で安定。アルカリ性で不安定。水溶液中紫外線で分解する。
3　無色透明の液体又はプリズム状結晶。水にほとんど溶けないが、エーテル、アセトン、クロロホルムなどに溶ける。
4　暗灰色の粉末で、水、アルコールに溶けないが、希酸にはホスフィンを出して溶解する。
5　白色の結晶。空気に触れると水分を吸収して潮（ちょうかい）解する。水、アルコールによく溶ける。

問題 34 ～問題 36　次の物質の用途として、最も適当なものはどれか。下欄の中から選びなさい。

問題 34　２－ジフェニルアセチル－１・３－インダンジオン
問題 35　Ｓ－メチル－Ｎ－〔（メチルカルバモイル）－オキシ〕－チオアセトイミデート（別名メトミル）
問題 36　ナラシン

1　殺虫剤	2　忌避剤	3　除草剤	4　殺鼠（そ）剤	5　飼料添加物

問題 37 ～問題 38　次の物質を含有する製剤で、劇物の指定から除外される上限の濃度について正しいものはどれか。下欄の中から選びなさい。

問題 37　ジニトロメチルヘプチルフェニルクロトナート（別名ジノカップ）
問題 38　Ｏ－エチル＝Ｓ－１－メチルプロピル＝（２－オキソ－３－チアゾリジニル）ホスホノチオアート（別名ホスチアゼート）

1　20％	2　10％	3　5％	4　1.5％	5　0.2％

問題 39 ～問題 41　次の物質の貯蔵方法として、最も適当なものはどれか。下欄の中から選びなさい。

問題 39　ブロムメチル　　**問題 40**　ロテノン　　**問題 41**　塩素酸ナトリウム

1　少量ならばガラスビン、多量ならばブリキ缶あるいは鉄ドラムを用い、酸類とは離して、空気の流通のよい乾燥した冷所に密封して貯蔵する。
2　常温では気体なので、圧縮冷却して液化し、圧縮容器に入れ、直射日光その他、温度上昇の原因を避けて、冷暗所に貯蔵する。
3　水を吸収して発熱するので、よく密栓して貯蔵する。
4　可燃性物質とは離して、金属容器を避け、乾燥した冷暗所に密栓貯蔵する。
5　酸素によって分解し殺虫効果を失うので、空気と日光を遮断して貯蔵する。

問題 42 ～問題 45　次の物質の毒性として、最も適当なものはどれか。下欄の中から選びなさい。

問題 42　ニコチン
問題 43　ブラストサイジンS
問題 44　モノフルオール酢酸ナトリウム
問題 45　２－イソプロピル－４－メチルピリミジル－６－ジエチルチオホスフェイト(別名ダイアジノン)

1　猛烈な神経毒であり、急性中毒では、よだれ、吐気、悪心、嘔吐があり、ついで発汗、呼吸困難、痙攣等をきたす。慢性中毒では、咽頭、喉頭等のカタル、心臓障害、視力減弱、めまい、動脈硬化等をきたし、時として精神異常を引き起こすことがある。
2　主な中毒症状は、震せん、呼吸困難である。本毒は肝臓に核の肥大および変性を認められ、腎臓には糸球体、細尿管のうっ血、脾臓には脾炎が認められる。また散布に際して目に対する刺激が特に強いので注意する。
3　激しい嘔吐が繰り返され、胃の疼痛を訴え、しだいに意識が混濁し、てんかん性痙攣、脈拍の遅緩がおこり、チアノーゼ、血圧下降を示す。
4　呼吸した場合、血液に入ってメトヘモグロビンを作り、また、中枢神経や心臓、眼結膜をおかし、肺にも強い障害を与える。
5　血液中のアセチルコリンエステラーゼと結合し、その作用を阻害することにより、頭痛、めまい、意識混濁、言語障害、昏睡等の中枢神経症状をきたす。

(特定品目)

問題 31　次の記述のうち、塩素に関する説明として、誤っているものはどれか。下欄の中から選びなさい。

1　常温において、窒息性の臭気をもつ緑黄色の気体である。
2　酸化剤、紙・パルプの漂白剤として用いられる。
3　吸入により、喉頭及び気管支筋の強直を来し、呼吸困難に陥る。
4　廃棄する際は多量のアルカリ水溶液中に吹き込んだあと、多量の水で希釈して処理する。
5　多くの元素と酸化物をつくる。

問題 32　次の記述のうち、蓚酸に関する説明として、誤っているものはどれか。下欄の中から選びなさい。

1　水溶液は過マンガン酸カリの溶液を退色する。
2　一般に流通している二水和物は、ベンゼンによく溶ける。
3　二水和物は無色の結晶である。
4　木、綿などの漂白剤として使用される。
5　中毒の療法として、石灰水を与えるか、胃洗浄を行う。

問題 33　次の物質のうち、常温、常圧で固体のものの正しい組合せはどれか。下欄の中から選びなさい。

ア　硅弗化ナトリウム　　イ　重クロム酸カリウム　　ウ　酢酸エチル
エ　キシレン

1(ア、イ)　2(ア、ウ)　3(イ、ウ)　4(イ、エ)　5(ウ、エ)

問題 34 ～問題 37 次の物質の貯蔵法として、最も適当なものはどれか。下欄の中から選びなさい。

問題 34 水酸化カリウム　**問題 35** 過酸化水素水　**問題 36** 四塩化炭素
問題 37 クロロホルム

1 純品は空気と日光によって変質するので、少量のアルコールを加えて分解を防止し、冷暗所に貯蔵する。
2 引火しやすく、その蒸気は空気と混合して爆発性混合ガスとなるので、火気を近づけず、静電気に対する対策を考慮して貯蔵する。
3 亜鉛または錫（すず）メッキをした鋼鉄製容器で保管する。空気より重く低所に滞留するので地下室など換気の悪い場所には貯蔵しない。
4 二酸化炭素と水を強く吸収するので、密栓をして貯蔵する。
5 少量なら褐色ガラスビン、多量ならカーボイなどを使用し、三分の一の空間を保って、日光の直射をさけ、有機物、金属塩と引き離して貯蔵する。

問題 38 ～問題 40 次の物質を含有する製剤で、劇物から除外される上限の濃度について正しいものはどれか。下欄の中から選びなさい。

問題 38 ホルムアルデヒド　**問題 39** 水酸化カリウム　**問題 40** 塩化水素

1 1％　2 5％　3 8％　4 10％　5 50％

問題 41 ～問題 43 次の物質の毒性として、最も適切なものはどれか。下欄の中から選びなさい。

問題 41 トルエン　**問題 42** 水酸化ナトリウム　**問題 43** 硫酸

1 血液中の石灰分を奪取し、神経系を侵す。胃痛、嘔吐、口腔、咽頭に炎症を起こし、腎臓が侵される。
2 血液に入ってメトヘモグロビンを作り、また中枢神経や心臓、眼結膜を侵し、肺にも強い障害を与える。
3 吸入した場合、短時間の興奮期を経て深い麻酔状態に陥り、皮膚にふれた場合、皮膚を刺激し、皮膚からも吸収される。
4 腐食性が極めて強いので、皮膚にふれると激しく侵し、濃厚液を飲むと、口内、食道、胃など粘膜を腐食して、死にいたらしめる。
5 高濃度の本物質が人体に触れると、激しい火傷を起こさせ、飲んだ場合は死亡した例がある。

問題 44 ～問題 45 次の物質の主な用途として、最も適当なものはどれか。下欄の中から選びなさい。

問題 44 クロム酸ナトリウム　**問題 45** 二酢酸鉛

1 工業用にレーキ、染料の製造　2 製革用
3 石けんの製造、パルプ工業　4 爆薬、溶剤　5 漂白剤、医療用消毒剤

〔実　地〕

（一般）

問題 46 ～問題 50　次の性状及び識別方法に関する記述に該当する物質として、最も適当なものはどれか。下欄の中から選びなさい。

問題 46　純粋なものは、無色、無臭の油状液体である。この物質のエーテル溶液に、ヨードのエーテル溶液を加えると、褐色の液状沈殿を生じ、これを放置すると、赤色の針状結晶となる。

問題 47　無色透明、揮発性の液体で、鼻をさすような臭気があり、アルカリ性を呈する。濃塩酸をうるおしたガラス棒を近づけると白い霧を生じる。

問題 48　重い粉末で、黄色から赤色までの間の種々のものがある。水にはほとんど溶けない。酸、アルカリにはよく溶ける。希硝酸に溶かすと無色の液となり、これに硫化水素を通じると黒色の沈殿を生ずる。

問題 49　無色透明の液体で、発煙性で刺激臭がある。硝酸銀溶液を加えると白い沈殿を生じる。

問題 50　淡黄色の結晶で苦みがある。冷水には溶けにくいが、熱湯、アルコール、ベンゼン、クロロホルムには溶ける。アルコール溶液は、白色の羊毛または絹糸を鮮黄色に染める。

1　アンモニア水　　2　一酸化鉛　　3　ピクリン酸　　4　塩酸
5　ニコチン

問題 51　硝酸に関する次の記述について、誤っているものはどれか。下欄の中から選びなさい。

1　組成は HNO_3 である。
2　金、白金その他白金族の金属を除く諸金属を溶解し硝酸塩を生じる。
3　廃棄するときは、多量の水に吸収させ、希釈して、活性汚泥で処理する。
4　空気に接すると刺激性白霧を発する。
5　銅屑を加えて熱すると、藍色を呈して溶け、その際赤褐色の亜硝酸の蒸気を発生する。

問題 52 ～問題 56　次の廃棄方法に関する記述に該当する物質として、最も適当なものはどれか。下欄の中から選びなさい。

問題 52　可燃性溶剤と共に焼却炉の火室へ噴霧し焼却する。

問題 53　多量の水で希釈して処理する。

問題 54　多量の消石灰水溶液に攪拌（かくはん）しながら少量ずつ加えて中和し、沈殿ろ過して埋立処分する。

問題 55　水に溶かし、消石灰、ソーダ灰等の水溶液を加えて処理し、さらにセメントを用いて固化する。溶出試験を行い、溶出量が判定基準値以下であることを確認して埋立処分する。

問題 56　多量の水に少量ずつガスを吹き込み、溶解し希釈した後、少量の硫酸を加え、アルカリ水で中和し、活性汚泥で処理する。

1　塩化カドミウム　　2　過酸化水素　　3　ベタナフトール
4　エチレンオキシド　　5　弗（ふっ）化水素

問題 57 ～問題 58 次のアニリンに関する記述について、（ ）の中に当てはまる最も適当なものはどれか。下欄の中から選びなさい。

無色透明の（ **問題 57** ）で、特有の臭気がある。本品の水溶液にさらし粉を加えると、（ **問題 58** ）を呈する。

問題 57

1 油状の液体	2 発煙性の液体	3 気体	4 粉末固体
5 結晶性粉末			

問題 58

1 橙色	2 紫色	3 淡黄色	4 乳白色	5 青色

問題 59 ～問題 60 次のジメチル－２・２－ジクロルビニルホスフェイト(別名 DDVP)に関する記述について、（ ）の中に当てはまる最も適当なものはどれか。下欄の中から選びなさい。

(**問題 59**)製剤の一種であり、激しい中枢神経刺激と副交感神経刺激とが認められる。(**問題 60**)として用いられる。

問題 59

1 合成ピレスロイド系	2 ネライストキシン系	3 有機リン
4 マクロライド系	5 フェニルピラゾール系	

問題 60

1 殺虫剤	2 殺菌剤	3 除草剤	4 殺鼠（そ）剤	5 植物成長調整剤

(農業用品目)

問題 46 ～問題 49 次の物質の廃棄方法として、最も適当なものはどれか。下欄の中から選びなさい。

問題 46 塩素酸ナトリウム **問題 47** クロルピクリン

問題 48 ジメチル－４－メチルメルカプト－３－メチルフェニルチオホスフェイト（別名 MPP）

問題 49 硫酸第二銅

1 木粉(おが屑)等に吸収させてアフターバーナー及びスクラバーを具備した焼却炉で焼却する。
2 少量の界面活性剤を加えた亜硫酸ナトリウムと炭酸ナトリウムの混合溶液中で、撹拌（かくはん）し分解させた後、多量の水で希釈して処理する。
3 水に溶かし、消石灰、ソーダ灰等の水溶液を加えて処理し、沈殿ろ過して埋立処分する。
4 還元剤(例えばチオ硫酸ナトリウム等)の水溶液に希硫酸を加えて酸性にし、この中に少量ずつ投入する。反応終了後、反応液を中和し多量の水で希釈して処理する。
5 セメントを用いて固化し、埋立処分する。

問題 50 ～問題 53　次の物質の識別方法として、最も適当なものはどれか。
下欄の中から選びなさい。

問題 50　燐(りん)化アルミニウムとその分解促進剤とを含有する製剤
問題 51　塩化亜鉛　　**問題 52**　アンモニア水　　**問題 53**　硫酸

1　この物質から発生するガスは、5～10％硝酸銀溶液を吸着したろ紙を黒変させる。 2　ショ糖を炭化して黒変させる。希釈水溶液に塩化バリウムを加えると白色の沈殿を生じる。 3　水に溶かし、硝酸銀を加えると、白色の沈殿を生じる。 4　エーテルに溶解させ、ヨードのエーテル溶液を加えると、褐色の液状沈殿を生じ、これを放置すると、赤色の針状結晶となる。 5　濃塩酸をうるおしたガラス棒を近づけると、白い霧を生じる。

問題 54 ～問題 55　次の物質の取扱い上の注意事項について、最も適当なものはどれか。下欄の中から選びなさい。

問題 54　ジメチル－２・２ジクロルビニルホスフェイト
(別名 DDVP、ジクロルボス)
問題 55　塩素酸カリウム

1　空気中では、徐々に炭酸ガスと反応して有毒なガスを発生するので、注意する。 2　アンモニウム塩と混ぜると爆発するおそれがあるので接触させないようにする。 3　アルカリで急激に分解すると発熱するので、分解させるときは希薄な消石灰等の水溶液を用いる。 4　火災による燃焼、酸との接触及び水との反応で、有毒なホスフィンガスが発生するので、注意する。 5　吸収した場合は、至急医師による交換輸血を行うことが有効である。また、解毒剤としてはジメルカプロール(別名 BAL)が知られている。

問題 56　硫酸第二銅の鑑別法に関する記述について、(　)の中に当てはまる最も適当なものはどれか。下欄の中から選びなさい。

水溶液に硝酸バリウムを加えると、(**問題 56**)の沈殿を生じる。

1　赤色　　2　黄色　　3　白色　　4　青色　　5　緑色

問題 57　シアン化カリウム漏えい時の措置について、「毒物及び劇物の運搬時における応急措置に関する基準」に適合するものとして、最も適当なものはどれか。下欄の中から選びなさい。

1　少量が漏えいした場合、漏えいした液は、速やかに蒸発するので周囲に近づかないようにする。 2　漏出した液の表面を速やかに土砂又は多量の水で覆い、水を満たした空容器に回収する。 3　水と接触させないよう十分に注意し、速やかに拾い集めて灯油又は流動パラフィンの入った容器に回収する。 4　漏えいした液は土壌等でその流れを止め、安全な場所に導き、空容器にできるだけ回収し、そのあとを土壌で覆って十分に接触させたあと、土壌を取り除き、多量の水を用いて洗い流す。 5　飛散したものは空容器にできるだけ回収する。砂利等に付着している場合は、砂利等を回収し、そのあとに水酸化ナトリウム、ソーダ灰等の水溶液を散布してアルカリ性(pH11 以上)とし、さらに酸化剤(次亜塩素酸ナトリウム、さらし粉等)の水溶液で酸化処理を行い、多量の水を用いて洗い流す。

問題 58　２－イソプロピルフェニル－Ｎ－メチルカルバメート(別名 MIPC)の中毒時に用いられる解毒剤として、最も適当なものはどれか。下欄の中から選びなさい。

1　硫酸アトロピン製剤	2　亜硝酸ナトリウム	3　ブドウ糖
4　チオ硫酸ナトリウム	5　バルビタール製剤	

問題 59 ～問題 60　次のジエチル－Ｓ－(２－オキソ－６－クロルベンゾオキサゾロメチル)－ジチオホスフェイト(別名ホサロン)の記述について、(　)の中に当てはまる最も適当なものはどれか。下欄の中から選びなさい。

純品は(**問題 59**)の結晶で、(**問題 60**)の臭気がし、アセトンによく溶ける。

問題 59

1　黒色	2　白色	3　青色	4　黄色	5　赤色

問題 60

1　果実様	2　アーモンド様	3　カビ様	4　ネギ様
5　腐ったキャベツ様			

(特定品目)

問題 46 ～問題 49 次の性状及び識別方法に関する記述に該当する物質として、最も適当なものはどれか。下欄の中から選びなさい。

問題 46 無色透明で、火を近づけると容易に燃える。サリチル酸と濃硫酸とともに熱すると、芳香あるサリチル酸メチルエステルを生じる。

問題 47 無色透明、揮発性の液体で、鼻をさすような臭気があり、アルカリ性を呈する。濃塩酸をうるおしたガラス棒を近づけると白い霧を生じる。

問題 48 無色透明な油状の液体である。濃い本品は比重が極めて大で、水で薄めると激しく発熱し、ショ糖、木片等に触れると、それらを炭化して黒変させる。

問題 49 無色透明の液体で、発煙性で刺激臭がある。硝酸銀溶液を加えると白い沈殿を生じる。

問題 50 白色、結晶性の固いかたまりで、水と炭酸を吸収する性質が強い。水溶液を白金線につけて無色の火炎中に入れると、火炎は著しく黄色に染まり、長時間続く。

1 アンモニア水	2 硫酸	3 水酸化ナトリウム	4 塩酸
5 メタノール			

問題 51 次のうち、硅弗化(けいふつ)ナトリウムについて最も適当なものはどれか。下欄の中から選びなさい。

ア 赤色の結晶である。
イ 水に溶けやすい。
ウ アルコールに溶けない。
エ 用途は、木材防腐剤、コンクリート増強剤である。
オ 廃棄する場合は、水に溶かし、消石灰等の水溶液を加えて処理した後、希硫酸を加えて中和し、沈殿ろ過して埋立処分する。

1(ア、イ)	2(イ、エ)	3(イ、オ)	4(ウ、オ)	5(エ、オ)

問題 52 ～問題 56 次の廃棄方法に関する記述に該当する物質として、最も適当なものはどれか。下欄の中から選びなさい。

問題 52 過剰の可燃性溶剤又は重油等の燃料とともにアフターバーナー及びスクラバーを具備した焼却炉の火室へ噴霧してできるだけ高温で焼却する。

問題 53 多量の水で希釈して処理する。

問題 54 希硫酸に溶かし、還元剤(硫酸第一鉄等)の水溶液を過剰に用いて還元したのち、消石灰、ソーダ灰等の水溶液で処理し、沈殿ろ過する。溶出試験を行い、溶出量が判定基準以下であることを確認して埋立処分する。

問題 55 セメントを用いて固化し、溶出試験を行い、溶出量が判定基準値以下であることを確認して埋立処分する。

問題 56 徐々に石灰乳などの攪拌(かくはん)溶液に加え中和させた後、多量の水で希釈して処理する。

1 一酸化鉛	2 過酸化水素	3 クロロホルム	4 塩酸
5 クロム酸ナトリウム			

問題 57　次の酢酸エチルに関する記述のうち、誤っているものはどれか。下欄の中から選びなさい。

1　可燃性である。
2　沸点は 77 ℃である。
3　強い果実様の香気のある黄色の液体である。
4　用途としては、香料、溶剤、有機合成原料に用いられる。
5　廃棄方法は燃焼法又は活性汚泥法を用いる。

問題 58 ～ 59　次の四塩化炭素の記述について、(　)の中に当てはまる最も適当なものはどれか。下欄の中から選びなさい。

アルコール性の(**問題 58**)と(**問題 59**)粉とともに煮沸すると、黄赤色の沈殿を生じる。

問題 58

1　濃硫酸　　2　塩酸　　3　水酸化カリウム　　4　硝酸　　5　酢酸

問題 59

1　鉄　　2　銅　　3　鉛　　4　亜鉛　　5　錫（すず）

問題 60　硝酸に関する次の記述について、誤っているものはどれか。下欄の中から選びなさい。

1　組成は HNO_3 である。
2　金、白金その他白金族の金属を除く諸金属を溶解し硝酸塩を生じる。
3　銅屑を加えて熱すると、藍色を呈して溶け、その際赤褐色の亜硝酸の蒸気を発生する。
4　空気に接すると刺激性白霧を発する。
5　廃棄するときは、多量の水に吸収させ、希釈して、活性汚泥で処理する。

長野県
令和元年度実施

〔法　規〕

設問中の法令とは、毒物及び劇物取締法、毒物及び劇物取締法施行令(政令)、毒物及び劇物指定令(政令)、毒物及び劇物取締法施行規則(省令)を指す。

(一般・農業用品目・特定品目共通)

第１問　次の文は、毒物及び劇物取締法の条文の一部である。(　　)の中に入る字句として、正しいものの組合せはどれか。

この法律は、(a)について、(b)の見地から必要な(c)を行うことを目的とする。

解答番号	a	b	c
1	毒物及び劇物	保健衛生上	取締
2	毒物及び劇物	公衆衛生上	取締
3	毒物及び劇物	保健衛生上	規制
4	毒薬及び劇薬	公衆衛生上	規制
5	毒薬及び劇薬	保健衛生上	取締

第２問　次の文は、毒物及び劇物取締法の条文の一部である。(　　)の中に入る字句として、正しいものの組合せはどれか。

毒物又は劇物の販売業の登録を受けた者でなければ、毒物又は劇物を販売し、(ア)し、又は販売若しくは(ア)の目的で貯蔵し、(イ)し、若しくは陳列してはならない。

a　所持　　b　譲渡　　c　授与　　d　小分け　　e　運搬

1(a、d)　2(a、e)　3(b、d)　4(b、e)　5(c、e)

第３問　次の文は、毒物及び劇物取締法の条文の一部である。(　　)の中に入る字句として、正しいものの組合せはどれか。

興奮、幻覚又は(　　)の作用を有する毒物又は劇物(これらを含有する物を含む。)であって政令で定めるものは、みだりに(　　)し、若しくは吸入し、又はこれらの目的で所持してはならない。

a　鎮静　　b　麻酔　　c　酩酊(めいてい)　　d　使用　　e　摂取

1(a、d)　2(a、e)　3(b、d)　4(b、e)　5(c、e)

第４問　次のうち、引火性、発火性又は爆発性のある毒物又は劇物であって、業務その他正当な理由による場合を除いては、所持してはならないものとして、政令で定められているものはどれか。

1　トルエン　　2　エタノール　　3　ピクリン酸
4　酢酸エチル　　5　クロロホルム

第５問　次のうち、毒物に該当するものはどれか。

1　20 %アンモニア水溶液　　2　モノフルオール酢酸　　3　四塩化炭素
4　シアン酸ナトリウム　　5　アクリルニトリル

第6問 次のうち、特定毒物に該当するものはどれか。

1 ヒドラジン　2 トリクロル酢酸　3 ストリキニーネ
4 テトラエチルピロホスフェイト　5 メタノール

第7問 次のうち、毒物劇物農業用品目販売業者が販売できないものはどれか。

1 硝酸タリウム　2 弗化スルフリル　3 メチルイソチオシアネート
4 クロルピクリン　5 ブロムメチル

第8問 次のうち、毒物劇物特定品目販売業者が販売できないものはどれか。

1 メタノール　2 キシレン　3 フェノール　4 酢酸エチル
5 クロロホルム

第9問 特定毒物研究者に関する次の記述のうち、正しいものはどれか。

1 特定毒物研究者以外の者は、特定毒物を輸入することはできない。
2 特定毒物研究者は、特定毒物を品目ごとに政令で定める用途以外の用途に供してはならない。
3 特定毒物研究者は、厚生労働大臣が許可する。
4 特定毒物研究者は、その取り扱う特定毒物の品目を変更するときは、あらかじめ、その旨を都道府県知事に届け出なければならない。
5 特定毒物研究者は、3年ごとに、許可の更新を受けなければならない。

第10問 毒物劇物営業者に関する次の記述のうち、正しいものはどれか。

1 毒物又は劇物の輸入業の登録は、6年ごとに、更新を受けなければ、その効力を失う。
2 毒物又は劇物の製造業の登録を受けようとする者は、製造所ごとに、厚生労働大臣に直接、申請書を出さなければならない。
3 毒物又は劇物の販売業者は、その販売しようとする毒物又は劇物の品目ごとに、登録を受けなければならない。
4 毒物又は劇物の製造業者は、販売業の登録を受けなければ、その製造した毒物又は劇物を他の毒物劇物営業者に販売してはならない。
5 毒物又は劇物の販売業の登録を受けようとする者は、店舗ごとに、その店舗の所在地の都道府県知事に申請書を出さなければならない。

第11問 毒物劇物取扱責任者に関する次の記述のうち、正しいものの組合せはどれか。

a 毒物劇物営業者は、必ず製造所、営業所又は店舗ごとに、専任の毒物劇物取扱責任者を置かなければならない。
b 一般毒物劇物取扱者試験に合格した者は、法令で定める特定品目の毒物若しくは劇物のみを取り扱う輸入業の営業所において、毒物劇物取扱責任者になることができない。
c 都道府県知事が行う毒物劇物取扱者試験に合格した者以外は、毒物劇物取扱責任者になることができない。
d 毒物劇物営業者が毒物又は劇物の製造業及び輸入業を併せ営む場合において、その製造所と営業所が互いに隣接しているとき、毒物劇物取扱責任者は、これらの施設を通じて1人で足りる。
e 18歳未満の者は、毒物劇物取扱責任者になることができない。

1(a、b)　2(a、d)　3(b、c)　4(c、e)　5(d、e)

第12問 次のうち、特定毒物であるジメチルエチルメルカプトエチルチオホスフェイトを含有する製剤の着色の基準として、政令で定められている色はどれか。

1 青色　2 紫色　3 緑色　4 紅色　5 橙色

第 13 問　毒物又は劇物の販売業の店舗の設備の基準に関する次の記述のうち、法令で定められているものはどれか。

1　毒物又は劇物を貯蔵する場所は、営業所の境界線から十分離すか又は部外者が容易に近づくことができない措置を講じること。
2　毒物又は劇物を貯蔵する場所は、換気が十分であり、かつ、清潔であること。
3　毒物又は劇物の運搬用具は、毒物又は劇物が飛散し、漏れ、又はしみ出るおそれがないものであること。
4　毒物又は劇物を貯蔵する場所は、コンクリート、板張り又はこれに準ずる構造とする等、その外に毒物又は劇物が飛散し、漏れ、しみ出若しくは流れ出、又は地下にしみ込むおそれのない構造であること。
5　毒物又は劇物を含有する粉じん、蒸気又は廃水の処理に要する設備又は器具を備えていること。

第 14 問　毒物劇物営業者に関する次の記述のうち、誤っているものはどれか。

1　毒物劇物営業者は、製造所、営業所又は店舗の名称を変更したときは、30 日以内に、その旨を届け出なければならない。
2　毒物又は劇物の製造業者は、登録を受けた毒物又は劇物以外の毒物又は劇物を製造したときは、30 日以内に、その旨を届け出なければならない。
3　毒物又は劇物の輸入業者は、毒物又は劇物を貯蔵する設備の重要な部分を変更したときは、30 日以内に、その旨を届け出なければならない。
4　毒物劇物営業者は、製造所、営業所又は店舗における営業を廃止したときは、30 日以内に、その旨を届け出なければならない。
5　毒物又は劇物の販売業者は、法人の主たる事務所の所在地を変更したときは、30 日以内に、その旨を届け出なければならない。

第 15 問　次のうち、毒物又は劇物の輸入業者が、その輸入したジメチル－2，2－ジクロルビニルホス フェイト(別名：DDVP)を含有する製剤(衣料用の防虫剤に限る。)を販売するときに、その容器及び被包に表示しなければならない事項として、法令で定められている正しいものの組合せはどれか。

a　使用の際、十分に換気をしなければならない旨
b　使用の際、手足や皮膚、特に眼にかからないように注意しなければならない旨
c　使用直前に開封し、包装紙等は直ちに処分すべき旨
d　眼に入った場合は、直ちに流水でよく洗い、医師の診断を受けるべき旨
e　居間等人が常時居住する室内では使用してはならない旨

1（a、b）　2（a、c）　3（b、d）　4（c、e）　5（d、e）

第 16 問　次の文は、毒物及び劇物取締法の条文の一部である。(　　)の中に入る字句として、正しいものの組合せはどれか。

毒物劇物営業者及び特定毒物研究者は、毒物又は劇物の容器及び被包に、(a)の文字及 び毒物については(b)をもって「毒物」の文字、劇物については(c)をもって「劇物」の文字を表示しなければならない。

解答番号	a	b	c
1	「医薬部外品」	白地に赤色	赤地に白色
2	「医薬部外品」	赤地に白色	白地に赤色
3	「医薬用外」	白地に赤色	赤地に白色
4	「医薬用外」	赤地に白色	白地に赤色
5	「医薬用外」	赤地に黒色	白地に黒色

第17問　次のうち、毒物劇物営業者があせにくい黒色で着色しなければ、農業用として販売してはならないものとして、政令で定められているものはどれか。

1　沃(よう)化メチルを含有する製剤たる劇物
2　有機燐(りん)化合物を含有する製剤たる劇物
3　硫酸タリウムを含有する製剤たる劇物
4　無機シアン化合物を含有する製剤たる毒物
5　砒(ひ)素化合物を含有する製剤たる毒物

第18問　毒物又は劇物の販売業者が、毒物劇物営業者以外の者に毒物又は劇物を販売するとき、譲受人から提出を受けなければならない書面に関する次の記述のうち、正しいものはどれか。

1　書面に譲受人の氏名、職業及び住所を記載しなければならない。
2　書面への押印は、署名があれば省略することができる。
3　サンプル商品に限り、書面の提出を受けずに販売することができる。
4　書面は、販売の日から3年間保存しなければならない。
5　書面には、譲受人の身分証明書の写しを添付しなければならない。

第19問　次のうち、毒物劇物営業者が、毒物又は劇物を販売し、又は授与するとき、原則として、譲受人に対し提供しなければならない情報の内容として、法令で定められていないものはどれか。

1　安定性及び反応性　　2　事故発生時の緊急連絡先　　3　毒物又は劇物の別
4　毒性に関する情報　　5　物理的及び化学的性質

第20問　次の文は、毒物及び劇物取締法施行令の条文の一部である。(　　)の中に入る字句として、正しいものの組合せはどれか。

法第15条の2の規定により、毒物若しくは劇物又は法第11条第2項に規定する政令で定める物の廃棄の方法に関する技術上の基準を次のように定める。
一 (　a　)、加水分解、酸化、還元、稀釈その他の方法により、毒物及び劇物並びに法第 11 条第2項に規定する政令で定める物のいずれにも該当しない物とすること。
二 (　b　)又は揮発性の毒物又は劇物は、保健衛生上危害を生ずるおそれがない場所で、少量ずつ放出し、又は揮発させること。
三 可燃性の毒物又は劇物は、保健衛生上危害を生ずるおそれがない場所で、少量ずつ(　c　)させること。

解答番号	a	b	c
1	中和	ガス体	燃焼
2	中和	水溶性	蒸発
3	蒸留	ガス体	蒸発
4	蒸留	水溶性	燃焼
5	焼却	ガス体	燃焼

第 21 問　硫酸 50 %を含有する液体状の製剤を、車両を使用して１回につき五千キログラム以上運搬する場合の運搬方法等に関する次の記述のうち、正しいものはどれか。

1　１人の運転者による連続運転時間（１回が連続 10 分以上で、かつ、合計が 30 分以上の運転を中断することなく連続して運転する時間をいう。）が３時間の場合、交替して運転する者を同乗させなければならない。
2　車両には、防毒マスク、ゴム手袋その他事故の際に応急の措置を講ずるために必要な保護具で厚生労働省令で定めるものを２人分以上備えること。
3　運搬する製剤の容器又は被包は、密閉されていなくてもよい。
4　車両には、0.3 メートル平方の板に地を白色、文字を黒色として「毒」と表示し、車両の前後の見やすい箇所に掲げなければならない。
5　運搬する製剤の容器又は被包の外部に、その収納した毒物又は劇物の名称、成分及びその含量を表示しなければならない。

第 22 問　次のうち、燐（りん）化アルミニウムとその分解促進剤とを含有する製剤の使用者及び用途の組合せとして、正しいものはどれか。

解答番号	使用者	用途
1	森林組合	野ねずみの駆除
2	農業協同組合	かんきつ類の害虫の防除
3	日本たばこ産業株式会社	倉庫内における昆虫等の駆除
4	生産森林組合	松くい虫の駆除
5	石油精製業者	ガソリンへの混入

第 23 問　毒物又は劇物の事故の際の措置に関する次の記述のうち、正しいものの組合せはどれか。

a　毒物又は劇物の製造業者が、その製造している特定毒物を紛失したため、直ちに厚生労働省に届け出た。
b　毒物劇物業務上取扱者である運送業者が、運送中に劇物を紛失したが、少量であったため、警察署には届け出なかった。
c　毒物又は劇物の輸入業者が、その輸入した劇物が盗難にあったが、毒物ではなかったため、警察署には届け出なかった。
d　毒物又は劇物の製造業者が、その製造した劇物を流出させ、近隣住民に保健衛生上の危害が生ずるおそれがあったため、直ちに警察署に届け出た。
e　毒物劇物業務上取扱者である農家が、その所有する毒物が盗難にあったため、直ちに警察署に届け出た。

1（a、b）　2（a、c）　3（b、d）　4（c、e）　5（d、e）

第 24 問　次の文は、毒物又は劇物の販売業者の登録が失効した場合の措置に関する記述である。（　）の中に入る字句として、正しいものの組合せはどれか。

毒物又は劇物の販売業者は、その営業の登録が効力を失ったときは、（ａ）以内に、現に所有する（ｂ）の品名及び数量を届け出なければならない。

解答番号	a	b
1	15 日	すべての毒物
2	50 日	すべての毒物
3	15 日	特定毒物
4	50 日	特定毒物
5	30 日	特定毒物

第 25 問 次のうち、毒物劇物業務上取扱者の届出を行う必要がある者として、正しいものはどれか。

1 弗（ふっ）化スルフリルを含有する製剤を使用するしろあり防除業者
2 モノフルオール酢酸を含有する製剤を使用する野ねずみ駆除業者
3 水銀化合物たる毒物を使用する金属熱処理業者
4 トルエンを使用する塗装業者
5 無機シアン化合物たる毒物を使用する電気めっき業者

〔学　科〕

設問中の物質の性状は、特に規定しない限り常温常圧におけるものとする。

（一般・農業用品目・特定品目共通）

第 26 問 次のうち、同素体であるものの組合せとして、正しいものはどれか。

1 ナトリウムとカリウム　2 鉛と亜鉛　3 水と氷
4 酸素と二酸化炭素　5 黒鉛とダイヤモンド

第 27 問 次のうち、炎色反応で黄色を示すものとして、正しいものはどれか。

1 Cu　2 Li　3 Na　4 Sr　5 Ba

第 28 問 原子の構造に関する次の記述のうち、正しいものはどれか。

1 原子の中心にある原子核は負の電荷をもつ。
2 陽子の数と電子の数は等しい。
3 原子核に含まれる中性子の数を原子番号という。
4 原子核中の陽子と中性子の数は常に等しい。
5 中性子の数と電子の数の和を質量数という。

第 29 問 次のうち、物質とその粒子間の主な結合の種類の組合せとして、正しいものはどれか。

解答番号	物質	結合の種類
1	NaOH	金属結合
2	HCl	イオン結合
3	NH_3	共有結合
4	Hg	イオン結合
5	KCl	共有結合

第 30 問 次のうち、10 %の食塩水 100 g に、40 %の食塩水 200 g を加えたときにできる、食塩水の濃度として正しいものはどれか。なお、濃度は質量パーセント濃度とする。

1 15 %　2 20 %　3 25 %　4 30 %　5 35 %

第 31 問 酸化還元に関する次の記述のうち、正しいものはどれか。

1 電子を受け取ることを酸化という。
2 相手の物質を酸化させ、自身は還元される物質を還元剤という。
3 硫化水素は酸化剤である。
4 酸化数が増加することを還元という。
5 イオン化傾向の大きな金属は還元作用が強い。

第 32 問　次のうち、ボイルの法則に関する記述として、正しいものはどれか。なお、気体はすべて理想気体とする。

1　温度一定のとき、一定量の気体の体積は、圧力に反比例する。
2　圧力一定のとき、一定量の気体の体積は、絶対温度に比例する。
3　同温、同圧、同体積の気体には、気体の種類に関係なく、同数の分子が含まれる。
4　温度一定のとき、一定量の液体に溶ける気体の質量は、圧力に比例する。
5　同温、同容積の容器内の混合気体の全圧は、気体の分圧の和に等しい。

第 33 問　コロイドに関する次の記述のうち、正しいものはどれか。

1　熱運動している溶媒分子がコロイド粒子に不規則な衝突をするために起こる現象をチンダル現象という。
2　コロイド溶液に少量の電解質溶液を加えたとき、コロイド粒子が集まって沈殿する現象を塩析という。
3　コロイドが分散媒中で分散しているとき、全体をゲルという。
4　コロイド粒子は半透膜を通過することができるが、ろ紙を通過することはできない。
5　疎水コロイドを凝析しにくくする作用を持つ親水コロイドを保護コロイドという。

第 34 問　次のうち、官能基とその名称の組合せとして、正しいものはどれか。

解答番号	官能基	名称
1	$-CH_3$	カルボニル基
2	$-SH$	スルホ基
3	$-CHO$	カルボキシ基
4	$-NO_2$	ニトロ基
5	$-COOH$	ヒドロキシ基

第 35 問　次の記述のうち、正しいものはどれか。

1　エタノールはナトリウムと反応して、酸素を発生する。
2　酢酸は２価のカルボン酸である。
3　第一級アルコールは酸化されてケトンになる。
4　フェーリング液にアルデヒドを加えて加熱すると、赤色沈殿が生じる。
5　第三級アルコールは酸化されやすい。

(一般)

第 36 問　シアン化カリウムに関する次の記述のうち、正しいものの組合せはどれか。

a　空気中の酸素と反応して、有毒なシアン化水素を発生する。
b　水溶液は強アルカリ性を示す。
c　アルカリと反応して、有毒なシアン化水素を発生する。
d　青色の粉末である。
e　冶金（やきん）に用いられる。

1（a、b）　2（a、c）　3（b、e）　4（b、d）　5（d、e）

第 37 問　過酸化水素水に関する次の記述のうち、正しいものの組合せはどれか。

a　白色の液体である。
b　常温で分解し、酸素と水素を発生する。
c　強く冷却すると針状の結晶に変化する。
d　10 %過酸化水素水は劇物に該当する。
e　安定剤として酸を加えて貯蔵する。

1（a、b）　2（a、c）　3（b、c）　4（b、d）　5（d、e）

第 38 問　四塩化炭素に関する次の記述のうち、正しいものはどれか。

1　可燃性で特有の臭気を有する。
2　水によく溶け、ベンゼンにはほとんど溶けない。
3　蒸気は空気より重い。
4　強アルカリと混合するとホスゲンを生じる。
5　防腐剤として用いられる。

第 39 問　カリウムに関する次の記述のうち、正しいものはどれか。

1　金属光沢をもつ黄色の柔らかい固体である。
2　ナトリウムと比較して反応性に乏しい。
3　水と激しく反応し、水酸化カリウムと水素を発生する。
4　エタノール中に貯蔵する。
5　炎色反応で緑色を示す。

第 40 問　次のうち、物質名とその用途の組合せとして、誤っているものはどれか。

解答番号	物質	用途
1	ニトロベンゼン	爆薬原料
2	メトミル (S-ﾒﾁﾙ-N-[(ﾒﾁﾙｶﾙﾊﾞﾓｲﾙ)-ｵｷｼ]-ﾁｵｱｾﾄｲﾐﾃﾞｰﾄ)	殺虫剤
3	メタクリル酸	接着剤
4	フェノール	防腐剤
5	シュウ酸	漂白剤

第 41 問　次のうち、砒(ひ)素中毒の解毒剤として用いられるものはどれか。

1　硫酸アトロピン　　2　ジメルカプロール　　3　削除
4　2－ピリジルアルドキシムメチオダイド　　5　ペニシラミン

第 42 問　次の文は、ある物質の毒性に関する記述である。該当するものはどれか。

血液に作用して、メトヘモグロビンをつくり、チアノーゼを引き起こす。頭痛、めまい、吐き 気を引き起こし、重症の場合は昏睡、意識不明となる。

1　クロロホルム　　2　硫酸　　3　アニリン
4　二硫化炭素　　5　クロルピクリン

第 43 問　次のうち、「毒物及び劇物の廃棄の方法に関する基準」で定める塩素酸ナトリウムの廃棄の方法として、正しいものはどれか。

1　徐々にソーダ灰又は消石灰の撹拌(かくはん)溶液に加えて中和させた後、多量の水で希釈して処理す る。
2　多量の水に吸収させ、稀釈して活性汚泥で処理する。
3　多量の水で希釈して処理する。
4　少量の界面活性剤を加えた亜硫酸ナトリウムと炭酸ナトリウムの混合溶液中で、撹拌(かくはん)し分解させた後、多量の水で希釈して処理する。
5　還元剤の水溶液に希硫酸を加えて酸性にし、この中に少量ずつ投入する。反応終了後、反 応液を中和し、多量の水で希釈して処理する。

第 44 問　次のうち、「毒物及び劇物の運搬事故時における応急措置に関する基準」で定める硫酸の漏えい時の措置として、正しいものはどれか。

1　土壌等でその流れを止め、安全な場所に導き、空容器にできるだけ回収し、そのあとを土壌で覆って十分接触させた後、土壌を取り除き、多量の水で洗い流す。
2　消石灰を十分に散布し、むしろ、シート等をかぶせ、その上に更に消石灰を散布して吸収させる。多量にガスが発生した場所には遠くから霧状の水をかけて吸収させる。
3　多量の場合は、土砂等でその流れを止め、これに吸着させるか、又は安全な場所に導いて、 遠くから徐々に注水してある程度希釈した後、消石灰、ソーダ灰等で中和し、多量の水で洗い流す。
4　多量の場合は、土砂等でその流れを止め、安全な場所へ導き、液の表面を泡で覆い、できるだけ空容器に回収する。
5　空容器にできるだけ回収し、更に土砂等に混ぜて空容器に全量を回収し、そのあとを多量の水で洗い流す。

(一般・農業用品目・特定品目共通)

第 45 問　毒性に関する次の記述について、その正誤の正しいものの組合せはどれか。

a　LC_{50} とは半数致死量のことである。
b　LC_{50} の値が大きいほど、その物質の毒性は強いといえる。
c　薬物が身体に侵入して短時間で起こる中毒を「急性中毒」という。

解答番号	a	b	c
1	正	正	誤
2	正	誤	正
3	誤	正	正
4	誤	誤	正
5	誤	誤	誤

(農業用品目)

第 36 問　クロルピクリンに関する次の記述のうち、正しいものの組合せはどれか。

a　酸やアルカリに不安定である。
b　催涙性と強い粘膜刺激性を有する。
c　純品は褐色の油状液体である。
d　殺そ剤として用いられる。
e　金属腐食性がある。

1（a、b）　2（a、c）　3（b、e）　4（c、d）　5（d、e）

第 37 問　硫酸亜鉛に関する次の記述のうち、正しいものの組合せはどれか。

a　七水和物は青色結晶である。
b　水溶液はアルカリ性を示す。
c　水に溶かして、塩化バリウムを加えると、褐色の沈殿を生ずる。
d　強熱されると、有毒な酸化亜鉛の気体を発生する
e　木材防腐剤として用いられる。

1（a、b）　2（a、c）　3（b、c）　4（b、d）　5（d、e）

第 38 問　フェンチオン(ジメチル-4-メチルメルカプト-3-メチルフェニルチオホスフェイト)に関する次の記述のうち、誤っているものはどれか。

1　無色の液体で、特異臭を有する。
2　２％以下を含有するものは普通物である。
3　有機リン系製剤に分類される。
4　有機溶媒によく溶け、水にはほとんど溶けない。
5　農業用の殺虫剤として用いられる。

第 39 問　メトミル(S-メチル-N-[(メチルカルバモイル)-オキシ]-チオアセトイミデート)に関する次の記述のうち、正しいものはどれか。

1　黒色の液体である。
2　エーテル様の芳香を有する。
3　50 %を含有するものは劇物に該当する。
4　水及びアセトンの両方に可溶である。
5　除草剤として用いられる。

第 40 問　次の物質とその用途の組合せとして、誤っているものはどれか。

解答番号	物質名	用途
1	フェノブカルブ (2-(1-メチルプロピル)-フェニル-N-メチルカルバメート)	殺虫剤
2	エジフェンホス (エチルジフェニルジチオホスフェイト)	殺菌剤
3	ダゾメット (2-チオ-3, 5-ジメチルテトラヒドロ-1, 3, 5-チアジアジン)	除草剤
4	ダイアジノン (2-イソプロピル-4-メチルピリミジル-6-ジエチルチオホスフェイト)	除草剤
5	NAC (N-メチル-1-ナフチルカルバメート)	除草剤

第 41 問　次のうち、オキサミル(メチル-N′,N′ジメチル-N-[(メチルカルバモイル)オキシ]-1-チオオキサムイミデート)の解毒剤として、用いられるものはどれか。

1　硫酸アトロピン　　2　エタノール　　3　チオ硫酸ナトリウム
4　亜硝酸ナトリウム　　5　ペニシラミン

第 42 問　次の文は、ある物質の毒性に関する記述である。該当するものはどれか。

嚥下吸入した場合、胃及び肺で胃酸や水と反応しホスフィンを生成し、頭痛、吐き気、嘔吐(おうと)、悪寒、めまい等の症状を起こす。

1　燐(りん)化亜鉛　　2　ジクワット(2, 2′-ジピリジリウム-1, 1′-エチレンジブロミド)
3　アンモニア　　4　ブロムメチル　　5　ニコチン

第 43 問　次のうち、「毒物及び劇物の廃棄の方法に関する基準」で定めるＤＥＰ(トリクロルヒドロキシエチルジメチルホスホネイト)の廃棄の方法として、正しいものはどれか。

1　水で希薄な水溶液とし、酸で中和させた後、大量の水で希釈して処理する。
2　水に溶かし、消石灰又、ソーダ灰等の水溶液を加え処理し、沈殿ろ過して埋め立て処理する。
3　水酸化ナトリウム水溶液等と加温して加水分解する。
4　少量の界面活性剤を加えた亜硫酸ナトリウムと炭酸ナトリウムの混合溶液中で、撹拌(かくはん)し分解させた後、多量の水で希釈して処理する。
5　還元剤の水溶液に希硫酸を加えて酸性にし、この中に少量ずつ投入する。反応終了後、反応液を中和し、多量の水で希釈して処理する。

第 44 問　次のうち、「毒物及び劇物の運搬事故時における応急措置に関する基準」で定めるパラコート（1,1′-ｼﾞﾒﾁﾙ-4,4′-ｼﾞﾋﾟﾘｼﾞﾆｳﾑｼﾞｸﾛﾘﾄﾞ）の漏えい時の措置として、正しいものはどれか。

1　土壌等でその流れを止め、安全な場所に導き、空容器にできるだけ回収し、そのあとを土壌で覆って十分接触させた後、土壌を取り除き、多量の水で洗い流す。
2　土壌等でその流れを止め、安全な場所に導き、空容器にできるだけ回収し、そのあと消石灰等の水溶液を用いて処理し、中性洗剤等の界面活性剤を使用し多量の水で洗い流す。
3　少量の場合は、濡れむしろ等で覆い遠くから多量の水をかけて洗い流す。
4　大量の場合は、土砂等でその流れを止め、多量の活性炭又は消石灰を散布して覆い至急関係先に連絡し専門家の指示により処理する。
5　空容器にできるだけ回収し、そのあとを消石灰、ソーダ灰等の水溶液を用いて処理し、多量の水を用いて洗い流す。

（特定品目）

第 36 問　アンモニアに関する次の記述のうち、誤っているものはどれか。

1　刺激臭をもつ黄色の気体である。
2　水溶液は揮発性を有する。
3　化学工業の原料に用いられる。
4　水溶液はアルカリ性を示す。
5　水溶液中では１価の陽イオンであるアンモニウムイオンとして存在する。

第 37 問　酸化第二水銀に関する次の記述のうち、正しいものの組合せはどれか。

a　白色の粉末である。
b　塗料や試薬として用いられる。
c　５％以下を含有する物は劇物に該当する。
d　分子式は HgO_2 である。
e　水によく溶ける。

1（a、b）　2（a、c）　3（b、c）　4（b、e）　5（d、e）

第 38 問　四塩化炭素に関する次の記述のうち、正しいものはどれか。

1　可燃性で特有の臭気を有する。
2　水によく溶け、ベンゼンにはほとんど溶けない。
3　蒸気は空気より重い。
4　強アルカリと混合するとホスゲンを生じる。
5　防腐剤として用いられる。

第 39 問　水酸化カリウムに関する次の記述のうち、正しいものはどれか。

1　無色の液体である。
2　水、アルコールに発熱して溶解する。
3　風解性を有する。
4　アルミニウム等の金属を腐食して酸素を発生する。
5　水溶液は強酸性を示す。

第 40 問　次のうち、ホルマリン（ホルムアルデヒドの水溶液）の用途として、誤っているものはどれか。

1　消毒剤　2　殺菌剤　3　防腐剤　4　合成樹脂原料　5　殺そ剤

第 41 問　次のうち、物質とその化学式について、正誤の正しいものの組合せはどれか。

	物質名	化学式
a	メチルエチルケトン	$H_3CCOC_2H_5$
b	ホルムアルデヒド	CH_3CHO
c	シュウ酸	$(COOH)_2 \cdot 2H_2O$

解答番号	a	b	c
1	正	正	誤
2	正	誤	正
3	正	誤	誤
4	誤	正	正
5	誤	誤	誤

第 42 問　次の文は、ある物質の毒性に関する記述である。該当するものはどれか。

頭痛、めまい、嘔吐（おうと）、下痢、腹痛などを起こし、致死量に近ければ麻酔状態になり、視神経が 侵され、目がかすみ、ついには失明することがある。

1 メタノール　2 クロロホルム　3 硫酸　4 ホルムアルデヒド　5 硝酸

第 43 問　次のうち、「毒物及び劇物の廃棄の方法に関する基準」で定める過酸化水素の廃棄の方法として、正しいものはどれか。

1 水で希薄な水溶液とし、酸で中和させた後、多量の水で希釈して処理する。
2 ケイソウ土等に吸収させて開放型の焼却炉で少量ずつ焼却する。
3 多量の水で希釈して処理する。
4 多量の水を加えて希薄な水溶液とした後、次亜塩素酸水溶液を加え分解させて廃棄する。
5 多量のアルカリ水溶液中に吹き込んだ後、多量の水で希釈して処理する。

第 44 問　次のうち、「毒物及び劇物の運搬事故時における応急措置に関する基準」で定める硫酸の漏えい時の措置として、正しいものはどれか。

1 空容器にできるだけ回収し、そのあとを還元剤の水溶液を散布し、消石灰、ソーダ灰等の水溶液で処理した後、多量の水を用いて洗い流す。
2 消石灰を十分に散布し、むしろ、シート等をかぶせ、その上に更に消石灰を散布して吸収させる。多量にガスが発生した場所には遠くから霧状の水をかけて吸収させる。
3 多量の場合は、土砂等でその流れを止め、これに吸着させるか、又は安全な場所に導いて、 遠くから徐々に注水してある程度希釈した後、消石灰、ソーダ灰等で中和し、多量の水で洗い流す。
4 多量の場合は、土砂等でその流れを止め、安全な場所へ導き、液の表面を泡で覆い、できるだけ空容器に回収する。
5 土壌等でその流れを止め、安全な場所に導き、空容器にできるだけ回収し、そのあとを中性洗剤等の界面活性剤を使用し多量の水で洗い流す。

〔実　地〕

設問中の物質の性状は、特に規定しない限り常温常圧におけるものとする。

（一般）

第46問～第50問　次の表の各問に示した性状等にあてはまる物質を、それぞれ下記の物質欄から選びなさい。

問題番号	色	状態	用途	その他
第46問	黒灰色～黒紫色	結晶	消毒薬	金属腐食性を有する。
第47問	黄色又は赤黄色	粉末	顔料	水に不溶である。
第48問	無色	結晶	マッチの製造 抜染剤	摩擦すると激しく爆発することがある。
第49問	黄色	液体	試験研究用試薬	特異的なにおいを有する。
第50問	無色～淡黄色	液体	アルキル化剤	揮発性の液体。 エーテル様のにおいを有する。

物質欄	1　$C_4H_9NO_2$　2　$KClO_3$　3　I_2　4　C_2H_5Br　5　$PbCrO_4$

第51問～第52問　ペンタクロルフェノールの性状及び用途に関する次の記述について、（　）にあてはまる字句を下欄からそれぞれ選びなさい。

【性 状】（**第51問**）、針状の結晶。
【用 途】（**第52問**）、防虫剤。

≪下欄≫
第51問　1　黄色　2　緑色　3　白色又は灰白色　4　淡青色　5　褐色
第52問　1　界面活性剤　2　脱水剤　3　染料剤　4　防かび剤　5　難燃剤

第53問～第54問　アニリンの性状及び鑑別法に関する次の記述について、（　）にあてはまる字句を下欄からそれぞれ選びなさい。

【性 状】　無色透明な油状液体、空気に触れると（**第53問**）を呈する。
【鑑別法】　水溶液にさらし粉を加えると（**第54問**）を呈する。

≪下欄≫
第53問　1　紫色　2　赤褐色　3　白色　4　青色　5　緑色
第54問　1　緑色　2　白色　3　黒色　4　黄色　5　紫色

第55問～第57問　ベタナフトールの性状、用途及び鑑別法に関する次の記述について、（　）にあてはまる字句を下欄からそれぞれ選びなさい。

【性 状】（**第55問**）の結晶性粉末。かすかなフェノール様臭気を有する。
【用 途】（**第56問**）、試薬
【鑑別法】　水溶液にアンモニア水を加えると（**第57問**）の蛍光を放つ。

≪下欄≫
第55問　1　濃青色　2　無色又は白色　3　赤色又は赤褐色　4　緑色　5　黄色
第56問　1　防腐剤　2　有機溶剤　3　殺虫剤　4　可塑剤　5　除草剤
第57問　1　灰色　2　白色　3　黒色　4　紫色　5　黄色

第58問　灰色の金属光沢を有する灰色又は黒色の粉末で、炭の上に小さな孔をつくり、無水炭酸ナトリウムの粉末と共に吹管炎で熱灼すると、特有のニラ臭を出し、冷えると赤色の塊となるものは、次のうちどれか。

1　セレン　2　亜砒（ひ）酸　3　臭化銀　4　燐（りん）化亜鉛　5　塩化鉛

第 59 問　ホルマリン１滴を加えたのち、濃硝酸を１滴加えるとばら色(淡紅色)を呈するものは、次のうちどれか。

1　アジ化ナトリウム　　2　キノリン　　3　メチルエチルケトン　　4　ニコチン
5　クラーレ

第 60 問　次のうち、ナトリウム及びカリウムが有する性状として、共通するものはどれか。

1　風解性　　2　潮解性　　3　腐食性　　4　麻酔性　　5　揮発性

（農業用品目）

第 46 問～第 50 問　次の表の各問に示した性状等にあてはまる物質を、それぞれ下記の物質欄から選びなさい。

問題番号	色	状態	用途	その他
第 46 問	無色	気体	殺虫剤	クロロホルム様のにおいを有する。
第 47 問	無色又は白色	結晶	除草剤	潮解性を有する。
第 48 問	無色	液体	エチレングリコール製造原料	エーテル臭を有する。
第 49 問	淡黄色～黄色	粉末	殺菌剤	眼粘膜に重度の刺激性を有する。
第 50 問	淡黄褐色	液体	殺虫剤	有機溶媒に易溶。 アルカリに不安定。

物　質　欄
1　イソキサチオン (ジエチル-(5-フェニル-3-イソキサゾリル)-チオホスフェイト)
2　エチレンクロルヒドリン
3　塩素酸ナトリウム
4　ブロムメチル
5　フルスルファミド (2′,4-ジクロロ-α,α,α-トリフルオロ-4′-ニトロメタトルエンスルホンアニリド)

第 51 問～第 52 問　ダイファシノン(2-ジフェニルアセチル-1,3-インダンジオン)の性状及び用途に関する次の記述について、(　)にあてはまる字句を下欄からそれぞれ選びなさい。

【性　状】 原体は(**第 51 問**)の結晶性粉末、水にほとんど溶けない。
【用　途】 (**第 52 問**)

≪下欄≫
第 51 問　1　黄色　　2　青色　　3　白色　　4　黒色　　5　赤色
第 52 問　1　殺虫剤　　2　殺そ剤　　3　除草剤　　4　防虫剤　　5　防腐剤

第 53 問～第 54 問　硫酸第二銅五水和物の性状及び鑑別法に関する次の記述について、(　)にあてはまる字句を下欄からそれぞれ選びなさい。

【性　状】 濃青色の結晶。(**第 53 問**)を有する。
【鑑別法】 炭の小さな孔をつくり、無水炭酸塩の粉末とともに吹管炎で熱灼すると、(**第 54 問**)のもろい塊となる。

≪下欄≫
第 53 問　1　腐食性　　2　爆発性　　3　風解性　　4　潮解性　　5　揮発性
第 54 問　1　白色　　2　赤色　　3　黄色　　4　青色　　5　黒色

第 55 問～第 56 問　ニコチンの性状、用途及び鑑別法に関する次の記述について、（　）にあてはまる字句を下欄からそれぞれ選びなさい。

【性　状】 純品は(**第 55 問**)の油状液体。空気中で速やかに褐色を呈する。
【用　途】 (**第 56 問**)、薬品原料。
【鑑別法】 ニコチンの硫酸酸性水溶液に、ピクリン酸溶液を加えると、ピクリン酸ニコチンの(**第 57 問**)結晶を沈殿する。

≪下欄≫

第 55 問　1　褐色　2　赤色　3　緑色　4　無色　5　青色
第 56 問　1　合成染料原料　2　防腐剤原料　3　有機合成原料　4　香料合成原料　5　殺虫剤原料
第 57 問　1　緑色　2　青色　3　黄色　4　白色　5　黒色

第 58 問　無色又は淡黄色の液体で、空気中で光により一部分解して、褐色になるものは、次のうちどれか。

1　硝酸第二銅三水和物　2　無水硫酸銅　3　沃(よう)化メチル
4　無水塩化第二銅　5　塩化亜鉛

第 59 問　次のうち、有機リン系殺虫剤であるものはどれか。

1　エチルチオメトン(ジエチル-S-(エチルチオエチル)-ジチオホスフェイト)
2　エマメクチン
3　イソプロカルブ(2-イソプロピルフェニル-N-メチルカルバメート)
4　アセタミプリド(トランス-N-(6-クロロ-3-ピリジルメチル)-N′-シアノ-N-メチルアセトアミジン)
5　ＤＣＩＰ(ジ(2-クロルイソプロピル)エーテル)

第 60 問　水溶液にアンモニア水を加えると、白色の沈殿を生ずるが、過剰のアンモニア水によって溶解するのは、次のうちどれか。

1　塩化第二銅二水和物　2　弗(ふっ)化スルフリル
3　硝酸亜鉛六水和物　4　硫酸タリウム　5　モノフルオール酢酸

(特定品目)

第 46 問～第 50 問　次の表の各問に示した性状等にあてはまる物質を、それぞれ下記の物質欄から選び、番号で答えなさい。

問題番号	色	状態	用途	その他
第 46 問	無色	液体	爆薬原料	可燃性を有する。
第 47 問	無色又は白色	結晶	釉薬(ゆうやく)(うわぐすり)	水に難溶。
第 48 問	黄緑色	気体	漂白剤	窒息性臭気を有する。
第 49 問	無色	液体	溶剤	アセトン様のにおいを有する。
第 50 問	黄色	結晶	酸化剤	潮解性を有する。

物質欄
1　クロム酸ナトリウム十水和物
2　硅弗(けいふっ)化ナトリウム
3　塩素
4　トルエン
5　メチルエチルケトン

第 51 問～第 52 問　酢酸エチルの性状及び用途に関する次の記述について、(　　)にあてはまる字句を下欄からそれぞれ選びなさい。

【性 状】（**第 51 問**）の液体。水に可溶。可燃性を有する。
【用 途】（**第 52 問**）、溶剤。

≪下欄≫

第 51 問	1　褐色	2　無色	3　緑色	4　青色	5　黒色
第 52 問	1　界面活性剤	2　染料	3　顔料	4　釉薬(ゆうやく)(うわぐすり)	5　香料

第 53 問～第 54 問　一酸化鉛の性状及び鑑別法に関する次の記述について、(　　)にあてはまる字句を下欄からそれぞれ選びなさい。

【性　状】　重い粉末で、赤色粉末を加熱すると（**第 53 問**）に変化する。
【鑑別法】　希硝酸に溶かすと、無色の液となり、これに硫化水素を通すと（**第 54 問**）の沈殿の硫化鉛を生成する。

≪下欄≫

第 53 問	1　黒色	2　青色	3　黄色	4　白色	5　緑色
第 54 問	1　褐色	2　白色	3　赤色	4　黄色	5　黒色

第 55 問～第 57 問　クロロホルムの性状、用途及び鑑別法に関する次の記述について、(　　)にあてはまる字句を下欄からそれぞれ選びなさい。

【性 状】（**第 55 問**）の揮発性の液体。特異的なにおいを有する。
【用 途】（**第 56 問**）
【鑑別法】　ベタナフトールと高濃度水酸化カリウム溶液と熱すると藍色を呈し、空気に触れて緑から褐色に変化し、酸を加えると（**第 57 問**）の沈殿を生じる。

≪下欄≫

第 55 問	1　無色	2　緑色	3　褐色	4　淡青色	5　黒色
第 56 問	1　可塑剤	2　溶媒	3　水処理剤	4　防虫剤	5　難燃剤
第 57 問	1　緑色	2　赤色	3　青色	4　白色	5　黒色

第 58 問　1％フェノール溶液数滴を加え、硫酸上に層積すると、赤色の輪層を生成するものは、次のうちどれか。

1　塩酸　　2　メタノール　　3　ホルマリン(ホルムアルデヒド水溶液)
4　トルエン　　5　過酸化水素水

第 59 問　液面にアンモニア試液で潤したガラス棒を近づけると、濃い白煙を生じるのは、次のうちどれか。

1　塩酸　　2　クロロホルム　　3　硝酸　　4　過酸化水素水　　5　硫酸

第 60 問　硫酸酸性下で、ヨウ化カリウム水溶液と反応して沃(よう)素を析出するものは、次のうちどれか。

1　ホルマリン(ホルムアルデヒド水溶液)　　2　水酸化ナトリウム
3　キシレン　　4　過酸化水素水　　5　メタノール

岐阜県
令和元年度実施

〔毒物及び劇物に関する法規〕

※　問題文中の用語は次によるものとする。
　法：毒物及び劇物取締法　　政令：毒物及び劇物取締法施行令　　規則：毒物及び劇物取締法施行規則

（一般・農業用品目・特定品目共通）

問１　毒物又は劇物の目的及び定義に関する記述について、正しいものを①～⑤の中から一つ選びなさい。

① この法は、毒物及び劇物について、犯罪防止上の見地から必要な取締を行うことを目的としている。
② この法は、毒物及び劇物について、自然環境上の見地から必要な規制を行うことを目的としている。
③ この法で「毒物」とは、医薬品を含んでいる。
④ この法で「劇物」とは、医薬品及び医薬部外品を含んでいない。
⑤ この法で「特定毒物」とは、毒物及び劇物取締法施行規則で定められている。

問２　毒物又は劇物の禁止規定に関する記述について、（　　）に当てはまる語句として、正しいものの組み合わせを①～⑤の中から一つ選びなさい。

　毒物又は劇物の（ a ）業の登録を受けた者でなければ、毒物又は劇物を（ a ）し、授与し、又は（ a ）若しくは授与の目的で（ b ）し、（ c ）し、若しくは陳列してはならない。但し、毒物又は劇物の製造業者又は輸入業者が、その製造し、又は輸入した毒物又は劇物を、他の毒物又は劇物の製造業者、輸入業者又は（ a ）業者に（ a ）し、授与し、又はこれらの目的で（ b ）し、（ c ）し、若しくは陳列するときは、この限りでない。

	a	b	c
①	販売	貯蔵	運搬
②	販売	貯蔵	製造
③	輸入	製造	研究
④	輸入	貯蔵	運搬
⑤	販売	製造	研究

問３　四アルキル鉛を含有する製剤の着色及び表示の基準について、（　　）内にあてはまる語句として、正しいものの組み合わせを①～⑤の中から一つ選びなさい。

（ a ）色、（ b ）色、（ c ）色又は緑色に着色されていること。

	a	b	c
①	赤	白	黄
②	深紅	黒	黄
③	赤	青	黄
④	深紅	黒	青
⑤	深紅	青	紫

問4　毒物又は劇物の表示に関する記述について、(　　)内に当てはまる語句として、正しいものの組み合わせを①～⑤の中から一つ選びなさい。

＜毒物又は劇物の表示＞

法第12条　毒物劇物営業者及び特定毒物研究者は、毒物又は劇物の容器及び被包に、「(a)」の文字及び毒物については(b)をもって「毒物」の文字、劇物については(c)をもって「劇物」の文字を表示しなければならない。

	a	b	c
①	医薬用	赤地に白色	白地に赤色
②	医薬用	白地に赤色	赤地に白色
③	医薬用外	黒地に白色	白地に黒色
④	医薬用外	白地に赤色	赤地に白色
⑤	医薬用外	赤地に白色	白地に赤色

問5　毒物又は劇物の表示に関する記述について、(　　)内に当てはまる語句として、正しいものの組み合わせを①～⑤の中から一つ選びなさい。

毒物劇物営業者は、その(a)に、毒物又は劇物の(b)、毒物又は劇物の成分及びその(c)を表示しなければ、毒物又は劇物を販売し、又は授与してはならない。また、厚生労働省令で定める毒物又は劇物については、それぞれ厚生労働省令で定めるその解毒剤の名称も表示しなければならない。

	a	b	c
①	容器及び被包	化学式	重量
②	容器及び被包	名称	含量
③	容器及び被包	化学式	含量
④	容器	名称	含量
⑤	容器	化学式	重量

問6　劇物に該当するものとして、正しいものの組み合わせを①～⑤の中から一つ選びなさい。

ア　水酸化ナトリウムの原体　　イ　過酸化ナトリウム10％を含有する製剤

ウ　アクリル酸5％を含有する製剤　　エ　黄燐(りん)を含有する製剤

オ　四アルキル鉛を含有する製剤

①（ア、イ）　②（ア、ウ）　③（イ、エ）　④（イ、オ）

⑤（ウ、オ）

問7　業務上取扱者の届出が必要な事業として、<u>誤っているもの</u>を①～⑤の中から一つ選びなさい。

ア　シアン化カリウムを取り扱う、電気めっきを行う事業

イ　シアン化ナトリウムを取り扱う、金属熱処理を行う事業

ウ　四アルキル鉛を含有する製剤を200リットルの容器を用い、大型自動車に積載して行う運送の事業

エ　砒素化合物たる毒物を含有する製剤を取り扱うしろありの防除を行う事業

オ　黄燐(りん)を含有する製剤を取り扱うネズミの駆除を行う事業

①ア　②イ　③ウ　④エ　⑤オ

問8　事故の際の措置に関する記述について、(　　)内に当てはまる語句として、正しいものの組み合わせを①～⑤の中から一つ選びなさい。

<事故の際の措置>

法第16条の2　毒物劇物営業者及び特定毒物研究者は、その取扱いに係る(a)又は法第11条第2項に規定する政令で定める物が飛散し、漏れ、流れ出、しみ出、又は地下にしみ込んだ場合において、(b)について(c)の危害が生ずるおそれがあるときは、直ちに、その旨を保健所、警察署又は消防機関に届け出るとともに、(c)の危害を防止するために必要な応急の措置を講じなければならない。

	a	b	c
①	毒物若しくは劇毒物	周囲の環境	保健衛生上
②	毒物若しくは劇毒物	不特定又は多数の者	保健衛生上
③	毒物若しくは劇毒物	周囲の環境	自然環境上
④	特定毒物	不特定又は多数の者	自然環境上
⑤	特定毒物	周囲の環境	保健衛生上

問9　特定毒物研究者の許可が失効した場合の措置に関する次の記述について、( )内に当てはまる語句として、正しいものの組み合わせを①～⑤の中から一つ選びなさい。

特定毒物研究者は、その許可の効力を失った場合は、(　a)日以内に、現に所有する(b)の品名及び(c)を届け出なければならない。

	a	b	c
①	15	毒物若しくは劇毒物	数量
②	10	毒物若しくは劇毒物	数量
③	15	毒物若しくは劇毒物	処分方法
④	15	特定毒物	数量
⑤	10	特定毒物	処分方法

問10　毒物、劇物等の廃棄の方法に関する記述について、( )内に当てはまる語句として、正しいものの組み合わせを①～⑤の中から一つ選びなさい。

法第15条の2の規定により、毒物若しくは劇物又は法第11条第2項に規定する政令で定める物の廃棄の方法に関する技術上の基準を次のように定める。

一　中和、加水分解、酸化、還元、(a)その他の方法により、毒物及び劇物並びに法第11条第2項に規定する政令で定める物のいずれかにも該当しない物とすること。

二　ガス体又は揮発性の毒物又は劇物は、保健衛生上危害が生ずるおそれがない場所で、少量ずつ(b)し、又は揮発させること。

三　可燃性の毒物又は劇物は、保健衛生上危害が生ずるおそれがない場所で、少量ずつ(c)させること。

	a	b	c
①	溶解	放出	浸透
②	稀釈	放出	浸透
③	稀釈	放出	燃焼
④	稀釈	揮散	燃焼
⑤	溶解	揮散	燃焼

問 11　毒物又は劇物の譲渡手続に関する次の記述について、(　　)内に当てはまる語句として、正しいものの組み合わせを①～⑤の中から一つ選びなさい。

毒物劇物営業者は、毒物又は劇物を販売した場合は、その都度販売した毒物又は劇物の名称及び数量、販売の年月日、譲受人の氏名、(　a　)及び住所を書面に記載しておかなければならない。
また、販売する相手が(　b　)でない場合は、譲受人から必要事項を記載し、押印した書面の提出を受けなければ、毒物又は劇物を販売してはならない。
これらの書面は、販売の日から(　c　)年間保存しなければならない。

	a	b	c
①	年齢	成人	3
②	年齢	毒物劇営業者	3
③	年齢	成人	4
④	職業	毒物劇営業者	4
⑤	職業	毒物劇営業者	5

問 12　毒物又は劇物の取扱いに関する記述について、(　　)内に当てはまる語句として、正しいものの組み合わせを①～⑤の中から一つ選びなさい。

毒物劇物(　a　)及び特定毒物研究者は、毒物又は劇物が盗難にあい、又は(　b　)することを防ぐのに必要な措置を講じなければならない。
毒物劇物(　a　)及び特定毒物研究者は、毒物又は省令で定める劇物については、その容器として、(　c　)の容器として通常使用される物を使用してはならない。

	a	b	c
①	営業者	紛失	医薬品
②	営業者	紛失	飲食物
③	営業者	劣化	医薬品
④	製造業者	劣化	飲食物
⑤	製造業者	紛失	医薬品

問 13　毒物劇物営業者は、政令で定める毒物又は劇物については、あせにくい黒色で着色したものでなければ、これを農業用として販売し、又は授与してはならないとされている。この政令で定められている毒物又は劇物として、正しいものの組み合わせを①～⑤の中から一つ選びなさい

ア　モノフルオール酢酸アミドを含有する製剤たる毒物
イ　硫酸タリウムを含有する製剤たる劇物
ウ　硫化水素又は硫酸を含有する製剤たる劇物
エ　燐(りん)化亜鉛を含有する製剤たる劇物
オ　亜塩素酸ナトリウム及びこれを含有する製剤たる劇物

①（ア、イ）　②（ア、ウ）　③（イ、エ）　④（イ、オ）
⑤（ウ、エ）

問 14　毒物又は劇物の運搬を委託するときの荷送人の通知義務に関する記述について、(　　)内に当てはまる語句として、正しいものの組み合わせを①～⑤の中から一つ選びなさい。

毒物又は劇物を車両を使用して、又は鉄道によって運搬する場合で、当該運搬を他に委託するときは、その荷送人は、運送人に対し、あらかじめ当該毒物又は劇物の(　a　)、成分及びその含量並びに数量並びに事故の際に講じなければならない応急の措置の内容を記載した書面を交付しなければならない。ただし、1回の運搬につき(　b　)キログラム以下の毒物又は劇物を運搬する場合は、この限りでない。

	a	b
①	名称	1000
②	名称	500
③	名称	100
④	化学式	100
⑤	化学式	500

問 15　毒物又は劇物の交付の制限に関する記述について、(　　)内に当てはまる語句として、正しいものの組み合わせを①～⑤の中から一つ選びなさい。

＜毒物又は劇物の交付の制限等＞
法第 15 条　毒物劇物営業者は、毒物又は劇物を次に掲げる者に交付してはならない。
一　(　a　)歳未満の者
二　心身の障害により毒物又は劇物による(　b　)の危害の防止の措置を適正に行うことができない者として省令で定める者
三　麻薬、大麻、あへん又は(　c　)の中毒者

	a	b	c
①	20	保健衛生上	アルコール
②	20	環境衛生上	覚せい剤
③	20	保健衛生上	覚せい剤
④	18	保健衛生上	覚せい剤
⑤	18	環境衛生上	アルコール

問 16　毒物劇物取扱責任者の資格に関する次の記述の正誤について、正しいものの組み合わせを①～⑤の中から一つ選びなさい。

a　16 歳の者は、毒物劇物取扱責任者になることができる。
b　一般毒物劇物取扱者試験に合格した者は、農業用品目販売業の登録を受けた店舗の毒物劇物取扱責任者になることができる。
c　大学で応用化学に関する学課を修了した者は、毒物劇物取扱責任者になることができる。

	a	b	c
①	正	正	正
②	正	正	誤
③	正	誤	誤
④	誤	正	正
⑤	誤	誤	正

問 17　特定毒物に関する次の記述について、正しいものの組み合わせを①～⑤の中から一つ選びなさい。

ア　特定毒物研究者は、特定毒物を海外から輸入することができる。
イ　特定毒物研究者は、特定毒物を販売することができる。
ウ　毒物又は劇物の製造業者は、毒物又は劇物の製造のためであれば、特定毒物を使用することができる。
エ　特定毒物使用者は、政令で定められた用途以外に特定毒物を使用してはならない。

①（ア、イ、ウ）　②（ア、ウ、エ）　③（イ、ウ、エ）
④（ア、ウ）　⑤（イ、エ）

問18　水酸化ナトリウム及びこれを含有する製剤(水酸化ナトリウム５％以下を含有するものを除く。)で液体状のものを、車両を使用して１回につき5000キログラム以上運搬する場合に関する記述の正誤について、正しいものの組み合わせを①～⑤の中から一つ選びなさい。

a　運搬は運搬車両と監督車両の２台以上で行わなければならない。
b　車両による運搬を行う場合、毒物劇物取扱責任者が自ら運転若しくは同乗しなければならない。
c　運搬する車両に掲げる標識は、0.3メートル平方の板で、地を黒色、文字を白色として、運搬する物が毒物か劇物かによらず「毒」と表示し、車両の前後の見やすい個所に掲げなければならない。

	a	b	c
①	正	正	正
②	正	正	誤
③	正	誤	誤
④	誤	正	正
⑤	誤	誤	正

問19　毒物劇物取扱責任者の資格に関する次の記述の正誤について、正しいものの組み合わせを①～⑤の中から一つ選びなさい。

a　獣医師の資格で毒物劇物取扱責任者になることができる。
b　薬剤師の資格で毒物劇物取扱責任者になることができる。
c　医師の資格で毒物劇物取扱責任者になることができる。

	a	b	c
①	正	正	正
②	正	正	誤
③	正	誤	誤
④	誤	正	正
⑤	誤	正	誤

問20　モノフルオール酢酸の塩類を含有する製剤について、法令で定められている着色及び用途の記述として、正しいものの組み合わせを①～⑤の中から一つ選びなさい。

	着色	用途
①	緑色	かんきつ類、りんご、なし、桃又はかき等の害虫の防除
②	白色	倉庫内、コンテナ内又は船庫内におけるねずみ、昆虫等の駆除
③	黒色	ガソリンへの混入
④	青色	観賞用植物若しくは球根等の害虫の防除
⑤	深紅色	野ねずみの駆除

〔基礎化学〕

(一般・農業用品目・特定品目共通)

問21　次の原子のうち、Arと最外殻の電子数が同じものを①～⑤の中から一つ選びなさい。

①　He　　②　K　　③　Ca　　④　Cl　　⑤　Ne

問22　次の化合物のうち、ハロゲン元素を<u>含まないもの</u>を①～⑤の中から一つ選びなさい。

①　KBr　　②　PbS　　③　NaF　　④　AgI　　⑤　CH_2Cl_2

問23　次のうち、極性分子に該当するものを①～⑤の中から一つ選びなさい。

①　C_6H_6　　②　CO_2　　③　CCl_4　　④　C_2H_5OH　　⑤　Br_2

問 24　分子式 C_3H_8O で表される化合物には、構造異性体がいくつ存在するか①～⑤の中から一つ選びなさい。

① 1つ　② 2つ　③ 3つ　④ 4つ　⑤ 5つ

問 25　次の物質のうち、不斉炭素原子をもち光学異性体が存在するものを①～⑤の中から一つ選びなさい。

① 乳酸　② グリシン　③ 2－メチルプロパン　④ アセトアルデヒド
⑤ 安息香酸

問 26　温度が一定の状態で、200 kPa の酸素 6.0L と 400 kPa の窒素 2.0 L を 5.0 L の容器に封入したとき、混合気体の全圧として最も近い値を①～⑤の中から一つ選びなさい。

① 360 kPa　② 400 kPa　③ 600 kPa　④ 800 kPa　⑤ 960 kPa

問 27　固体の水酸化ナトリウムの溶解熱を①～⑤の中から一つ選びなさい。ただし、水酸化ナトリウム水溶液と塩酸の反応熱を 56.5 kJ、固体の水酸化ナトリウムと塩酸の反応熱を 101 kJ とする。

① 22.2 kJ　② 44.5 kJ　③ 78.8 kJ　④ 89.0 kJ　⑤ 157.5 kJ

問 28　次のうち、塩化銅(Ⅱ)水溶液を白金電極で電気分解した場合、陽極で発生するものを①～⑤の中から一つ選びなさい。

① Cl_2　② O_2　③ H_2　④ HCl　⑤ Cu

問 29　次のイオンのうち、水溶液にアンモニア水を加えると沈殿が生じるが、過剰に加えるとその沈殿が溶けるものを①～⑤の中から一つ選びなさい。

① Fe^{3+}　② Al^{3+}　③ Cu^{2+}　④ Cd^{2+}　⑤ Fe^{2+}

問 30　塩化アンモニウム(分子量：53.5)10.7 g が水酸化カルシウムと完全に反応すると、0 ℃、1 気圧において何 L のアンモニアが発生するか。最も近いものを①～⑤の中から一つ選びなさい。

① 4.5 L　② 6.5 L　③ 8.5 L　④ 10.5 L　⑤ 12.5 L

〔毒物及び劇物の性質及びその他の取扱方法〕
（一般）

問 31 ～ 35　次の物質の性状として最も適当なものを下欄から一つ選びなさい。

問 31 ホルムアルデヒド　　**問 32** 沃化メチル

問 33 ジメチル－２，２－ジクロルビニルホスフェイト(別名 ＤＤＶＰ，ジクロルボス)

問 34 メタノール　　**問 35** ニコチン

［下欄］

① 純品は、無色無臭の油状液体であるが、空気中では速やかに褐変する。水蒸気蒸留にすれば、分解しないで留出する。水、アルコール、エーテル、石油等に容易に溶ける。本物質は猛烈な神経毒であり、人体に対する経口致死量は、成人に対して 0.06 g である。

② 本品の水溶液は、無色あるいはほとんど無色透明の液体で、刺激性の臭気をもち、寒冷にあえば混濁することがある。中性又は弱酸性の反応を呈し、水、アルコールによく混和するが、エーテルには混和しない。

③ 無色又は淡黄色透明の液体で、エタノール、エーテルに任意の割合で混合する。水に可溶である。ガス殺菌剤としてたばこの根瘤線虫、立枯病等に使用する。

④ 刺激性で、微臭のある比較的揮発性の無色油状の液体である。一般の有機溶媒に可溶である。石油系溶剤にやや溶けにくく、水には溶けにくい。接触性の殺虫剤である。

⑤ 無色透明、揮発性の液体で、水、エタノール、エーテル、クロロホルム、脂肪、揮発油と随意の割合で混合する。エタノールに似た臭気をもち、火をつけると容易に燃える。染料その他有機合成原料、樹脂、塗料などの溶剤、燃料、試薬、標本保存用などにも用いられる。

問 36 ～問 38　次の物質の主な用途として最も適当なものを下欄から一つ選びなさい。

問 36　アセトニトリル　　**問 37**　アジ化ナトリウム　　**問 38**　アニリン

［下欄］

① フロンガスの原料、ガラスのつや消し、半導体のエッチング剤
② 有機合成出発原料、合成繊維の溶剤
③ 石鹸製造、パルプ工業に使用、試薬
④ タール中間物の製造原料、医薬品、染料の製造原料
⑤ 試薬・医療検体の防腐剤、エアバッグのガス発生剤

問 39　シアン化カリウムに関する記述のうち、誤っているものを次の①～⑤の中から一つ選びなさい。

① 青酸カリとも呼ばれる。
② 水によく溶け、水溶液は強い塩基性を呈する。
③ 白色の粉末、粒状又はタブレット状の固体である。
④ 空気中の二酸化炭素、水分と反応して、塩素ガスを発生する。
⑤ アルカリ性溶液中で次亜塩素酸ナトリウムを作用させると酸化される。

問 40　アクリルニトリルに関する記述のうち、誤っているものを次の①～⑤の中から一つ選びなさい。

① 分解を防止するため、少量の硝酸を添加して貯蔵される。
② 極めて引火しやすい。
③ 有機シアン化合物の一つである。
④ 合成樹脂や合成繊維の原料として用いられる。
⑤ 無色透明の液体である。

問 41 ～問 45　次の物質の貯蔵方法として最も適当なものを下欄から一つ選びなさい。

問 41　カリウム　　問 42　四塩化炭素　　問 43　ピクリン酸
問 44　ブロムメチル　　問 45　水酸化ナトリウム

［下欄］
① 炭酸ガスと水を吸収する性質が強いので、密栓して貯蔵する。
② 鉄、銅、鉛等の金属容器は使用せず、火気に対し安全で隔離された場所に、硫黄、ガソリン、アルコール等と離して貯蔵する。
③ 常温では気体なので、圧縮冷却して液化し、圧縮容器に入れ、直射日光その他、温度上昇の原因を避けて冷暗所に貯蔵する。
④ 空気中にそのまま貯蔵することができないので、普通、石油中に貯蔵する。また、水分の混入や火気を避けて貯蔵する。
⑤ 亜鉛又は錫メッキをした鋼鉄製容器で保管し、高温に接しない場所に保管する。

問 46　黄燐（りん）に関する記述の正誤について、正しい組み合わせを①～⑤の中から一つ選びなさい。

a 金属光沢をもつ金属で、常温では蝋のような硬度をもっているが、低温ではもろい。
b 白色又は淡黄色の蝋様半透明の結晶性固体で、ニンニク臭を有し、空気中では非常に酸化されやすい。放置すると 50 ℃で発火する。
c 無色又は淡黄色透明液体で、水、エタノール、グリセリン、クロロホルムに溶ける。
d 催涙性があり、強い刺激臭を有する。本品の水溶液に金属カルシウムを加え、これにベタナフチルアミン及び硫酸を加えると、赤色の沈殿を生ずる。

	a	b	c	d
①	正	正	誤	誤
②	正	誤	誤	誤
③	誤	正	誤	誤
④	誤	誤	正	誤
⑤	誤	誤	誤	正

問 47　硫酸に関する記述の正誤について、正しい組み合わせを①～⑤の中から一つ選びなさい。

a 常温常圧では、無色無臭、結晶性の固体である。
b 濃硫酸は水と接触して激しく発熱する。
c 希硫酸に塩化バリウムを加えたとき白色沈殿を生じる。

	a	b	c
①	誤	誤	正
②	正	正	正
③	誤	正	正
④	誤	正	誤
⑤	正	誤	誤

問 48 ～ 50　次の物質の廃棄方法として、最も適当なものを下欄から一つ選びなさい。

問 48 クレゾール　　問 49 アンモニア　　問 50 ホスゲン

［下欄］
① 耐食性の細い導管よりガス発生がないように少量ずつ、多量の水中深く流す装置を用い希釈してからアルカリ水溶液で中和して処理する。
② 多量の水酸化ナトリウム水溶液（10 ％程度）に攪拌しながら少量ずつガスを吹き込み分解した後、希硫酸を加えて中和する。
③ 木粉（おが屑）等に吸収させて焼却炉で焼却する。
④ 希硫酸に溶かし、還元剤（硫酸第一鉄等）の水溶液を過剰に用いて還元したのち、消石灰、ソーダ灰等の水溶液で処理し、水酸化物塩として沈殿ろ過する。
⑤ 水で希薄な水溶液とし、酸（希塩酸、希硫酸など）で中和させた後、多量の水で希釈して処理する。

（農業用品目）

問31　燐（りん）化アルミニウムに関する記述の正誤について、正しい組み合わせを①～⑤の中から一つ選びなさい。

a　燐（りん）化アルミニウムとその分解促進剤とを含有する製剤は特定毒物に指定されている。
b　空気中の水分に触れると徐々に分解し、有毒ガスを発生するので密閉容器に貯蔵する。
c　除草剤として用いられる。

	a	b	c
①	正	正	誤
②	誤	正	正
③	正	誤	正
④	誤	正	誤
⑤	正	誤	誤

問32～35　各物質の性状等として、適切なものを下欄から一つ選びなさい。

問32　エチルパラニトロフェニルチオノベンゼンホスホネイト（別名ＥＰＮ）
問33　２，２’－ジピリジリウム－１，１’－エチレンジブロミド（別名ジクワット）
問34　ジメチルジチオホスホリルフェニル酢酸エチル（別名フェントエート，ＰＡＰ）
問35　メチル－Ｎ’－Ｎ’－ジメチル－Ｎ－［（メチルカルバモイル）オキシ］－１－チオオキサムイミデート（別名オキサミル）

［下欄］
① 白色の結晶で水に溶けにくいが、有機溶媒には溶けやすい有機リン系殺虫剤である。
② 淡黄色結晶で水に溶ける。中性または酸性で安定であるが、アルカリ溶液で希釈する場合、２，３時間以上貯蔵できない。除草剤として用いる。
③ 工業品は赤褐色の芳香性刺激臭を有する油状の液体で水、プロピレングリコールに不溶であり、アルコール、アセトン、エーテル、ベンゼンに溶ける。有機リン系殺虫剤であり、50％含有の乳剤及び40％含有の水和剤などがある。
④ 白色の針状結晶でかすかに硫黄臭がある。アセトン、メタノール、酢酸エチル、水に溶けやすい。カーバメート系殺虫剤であり野菜の線虫類の駆除に用いられる。

問36　３，７，９，１３－テトラメチル－５，１１－ジオキサ－２，８，１４－トリチア－４，７，９，１２－テトラアザペンタデカ－３，１２－ジエン－６，１０－ジオン（別名チオジカルブ）に関する記述の正誤について、正しいものの組み合わせを①～⑤の中から一つ選びなさい。

a　白色結晶性の粉末である。
b　カーバメート系殺虫剤である。
c　アセチルコリンエステラーゼ活性阻害による殺虫効果を有する。
d　中毒時の処置として、アトロピン療法は禁忌である。

	a	b	c	d
①	正	誤	正	誤
②	正	正	正	誤
③	誤	正	正	正
④	誤	正	誤	正
⑤	正	正	誤	誤

問37　Ｓ－メチル－Ｎ－［（メチルカルバモイル）－オキシ］－チオアセトイミデート（別名メトミル）に関する記述の正誤について、正しいものの組み合わせを①～⑤の中から一つ選びなさい。

a　白色粉末で、水、メタノール、アセトンに溶ける。
b　有機リン系殺虫剤である。
c　廃棄する際は、水酸化ナトリウム水溶液と加温して加水分解する。（アルカリ法）

	a	b	c
①	誤	正	誤
②	誤	正	正
③	正	誤	正
④	正	正	誤
⑤	誤	誤	正

問38　沃化メチルに関する記述の正誤について、正しい組み合わせを①～⑤の中から一つ選びなさい。

a　無色又は淡黄色透明の液体である。
b　空気中で光により一部分解して褐色になる。
c　燻蒸剤として用いられ、蒸気は空気よりも重い。
d　ゾウムシ類などの殺虫剤として用いられる。

	a	b	c	d
①	誤	誤	正	正
②	誤	正	正	誤
③	正	正	誤	正
④	正	正	正	誤
⑤	正	正	正	正

問39　ジメチル－(N－メチルカルバミルメチル)－ジチオホスフェイト(別名ジメトエート)の常温常圧下での性状として、正しいものを①～⑤の中から一つ選びなさい。

① 黄褐色の液体でメタノールに溶ける。
② 黄褐色の液体でメタノールに溶けない。
③ 白色の液体でメタノールに溶ける。
④ 白色の固体でメタノールに溶ける。
⑤ 白色の固体でメタノールに溶けない

問40　１，１’－ジメチル－４，４’－ジピリジニウムジクロリド(別名パラコート)に関する記述として、正しいものの組み合わせを①～⑤から一つ選びなさい。

a　水に溶けにくい。
b　赤褐色の結晶である。
c　強アルカリ性の状態で分解する。
d　除草剤として用いられる。

①（a，c）②（b，d）③（a，b）④（c，d）⑤（a，d）

問41～45　次の毒物又は劇物の貯蔵方法について、最も適当なものを下欄から一つ選びなさい。

問41　アンモニア水　　問42　ブロムメチル　　問43　塩素酸ナトリウム
問44　クロルピクリン　　問45　シアン化カリウム

［下欄］
① 常温では気体なので、冷却圧縮して液化し、圧縮容器に入れ、冷暗所に貯蔵する。
② 催涙性があり、強い粘膜刺激臭を有し、金属腐食性が大きいため、耐腐食性容器に密栓して貯蔵する。
③ 揮発しやすいので、よく密栓して貯蔵する。
④ 酸類とは離して、少量ならガラスびん、多量ならブリキ缶等を用い、空気の流通のよい乾燥した冷所に密封して保管する。
⑤ 空気中の水分を吸って潮解するので、密栓して冷所に貯蔵する。

問 46 ～ 48　次の毒物又は劇物の性状等について、最も適当なものを下欄から一つ選びなさい。

問 46 硫酸第二銅　問 47 燐化亜鉛
問 48 ジメチル－４－メチルメルカプト－３－メチルフェニルチオホスフェイト（別名ＭＰＰ，フェンチオン）

［下欄］
① 無色または淡黄色透明の液体。空気中で光により一部分解して褐色になる。
② 常温常圧で白色の結晶固体。弱い硫黄臭がある。殺虫剤として用いられる。
③ 褐色の液体で、弱いニンニク臭を有する。有機溶媒にはよく溶けるが、水にはほとんど溶けない。
④ 濃い藍色の結晶で、風解性がある。
⑤ 暗灰色の結晶又は粉末。水に極めて溶けにくいが、酸性の水溶液には急激に分解しながら溶解する。

問 49 ～ 50　各物質を含有する製剤が劇物から除外される濃度として、正しいものを下欄から一つ選びなさい。

問 49　５－メチル－１，２，４－トリアゾロ［３，４－ｂ］ベンゾチアゾール（別名トリシクラゾール）
問 50　アンモニア

［下欄］
①２％以下　②３％以下　③８％以下　④ 10 ％以下

（特定品目）

問 31 ～ 35　次の問 31 から問 35 の劇物の貯蔵方法について、最も適当なものを下欄から一つ選びなさい。

問 31　クロロホルム　問 32　重クロム酸ナトリウム
問 33　水酸化カリウム　問 34　メタノール　問 35　アンモニア水

［下欄］
① 純品は空気と日光によって変質するので、少量のアルコールを加えて分解を防止し、冷暗所に貯蔵する。
② 潮解性があるので、密封して乾燥した場所で、可燃物と混合しないように貯蔵する。
③ 二酸化炭素と水を強く吸収するので、密栓をして貯蔵する。
④ 火気を避け、密栓し冷所に貯蔵する。
⑤ 揮発しやすいので、よく密栓して貯蔵する。

問 36　常温常圧でのキシレンの性状として誤っているものはどれか。次の①～⑤の中から一つ選びなさい。

① 水に不溶である。
② アルコールやエーテルに溶ける。
③ 無色透明な液体で、芳香がある。
④ 蒸気は空気より軽く、引火しにくい。
⑤ オルト(o-)、メタ(m-)、パラ(p-)の異性体がある。

問 37 ～ 41　次の問 37 から問 41 の物質の毒性について、最も適当なものを下欄から一つ選びなさい。

問 37　トルエン　　問 38　水酸化ナトリウム　　問 39　塩素
問 40　過酸化水素　　問 41　蓚酸

［下欄］
① 吸入により、窒息感、喉頭および気管支筋の強直をきたし呼吸困難に陥る。
② 蒸気の吸入により頭痛、食欲不振等がみられる。大量では緩和な大赤血球性貧血をきたす。麻酔性が強い。
③ 溶液、蒸気いずれも刺激性が強い。35 %以上の溶液は皮膚に水疱をつくりやすい。眼には腐食作用を及ぼす。蒸気は低濃度でも刺激性が強い。
④ 血液中の石灰分を奪取し、神経系をおかす。急性中毒症状は、口内、咽喉に炎症を起こし、腎臓がおかされる。
⑤ 腐食性がきわめて強いので、皮膚に触れると激しくおかし、濃厚溶液を飲めば、口内、食道、胃などの粘膜を腐食して、死にいたらしめる。

問 42　塩酸の性状について、最も適当なものをそれぞれ①～⑤の中から一つ選びなさい。

① 淡黄色の粉末で、冷水に溶けにくい。酸、アルカリに可溶。
② 無色の液体でアセトン様のにおいがあり、引火性が高い。
③ 無色透明の液体で、25 %以上のものは湿った空気で著しく発煙し、刺激臭がある。
④ 橙赤色の柱状結晶。水に溶けやすく、アルコールには溶けない。
⑤ 白色の固体で水やアルコールには熱を発して溶ける。

問 43 ～問 47　次の問 43 から問 47 の物質の主な用途について、最も適当なものを下欄から一つ選びなさい。

問 43　塩素　　問 44　トルエン　　問 45　ホルムアルデヒド
問 46　クロム酸ナトリウム　　問 47　硅弗化ナトリウム

［下欄］
① 爆薬、染料、香料、合成高分子材料などの原料
② 製革用
③ 釉薬
④ 酸化剤、紙、パルプの漂白剤、殺菌剤、消毒剤
⑤ 農薬として、トマト葉黴病、うり類べト病などの防除

問 48 ～ 50　次の問 48 から問 50 の物質を含有する製剤について、劇物として取り扱いを受けなくなる濃度を下欄から一つ選びなさい。なお、同じものを繰り返し選んでもよい。

問 48　塩化水素　　問 49　アンモニア　　問 50　ホルムアルデヒド

［下欄］
① 1 %以下　② 3 %以下　③ 5 %以下　④ 8 %以下　⑤ 10 %以下

〔毒物及び劇物の識別及び取扱方法〕

（一般）

問 51 ～ 54　次の物質について劇物から除外される濃度として、正しいものを下欄から一つ選びなさい。なお、同じものを繰り返し選んでもよい。

問 51　蓚酸を含有する製剤　　**問 52**　ホルムアルデヒドを含有する製剤
問 53　過酸化尿素を含有する製剤　　**問 54**　硝酸を含有する製剤

［下欄］
① 1％以下　② 10％以下　③ 12％以下　④ 15％以下
⑤ 17％以下

問 55　ぎ酸を含有する製剤について、劇物から除外される濃度として、正しいものを①～⑤の中から一つ選びなさい。

① 70％以下　② 75％以下　③ 80％以下　④ 85％以下
⑤ 90％以下

問 56 ～ 60　次の物質の漏えい時の措置として最も適当なものを下欄から一つ選びなさい。なお、作業にあたっては、風下の人を退避させ、周囲の立入禁止、保護具の着用、風下での作業を行わないことや廃液が河川等に排出されないよう注意する等の基本的な対応のうえ行うものとする。また、下欄に示す措置は、飛散した物質を空容器にできるだけ回収した後に行うものとする。

問 56　水酸化バリウム　　**問 57**　過酸化ナトリウム
問 58　硝酸銀　　**問 59**　クロム酸ナトリウム
問 60　シアン化カリウム

［下欄］
① 希硫酸を用いて中和し、多量の水を用いて洗い流す。
② 硫酸第一鉄等の還元剤の水溶液を散布し、消石灰、ソーダ灰等の水溶液を用いて処理したのち、多量の水を用いて洗い流す。
③ 水酸化ナトリウム、ソーダ灰等の水溶液を散布してアルカリ性とし、さらに次亜塩素酸ナトリウム、さらし粉等の酸化剤の水溶液で酸化処理を行い、多量の水を用いて洗い流す。
④ 回収したものは、発火のおそれがあるので速やかに多量の水に溶かして処理する。回収した後は、多量の水を用いて洗い流す。
⑤ 食塩水を用いて処理し、多量の水を用いて洗い流す。

（農業用品目）

問 51　Ｓ－メチル－Ｎ－［(メチルカルバモイル)－オキシ］－チオアセトイミデート(別名メトミル)の中毒治療薬として主に用いられるものはどれか。①～⑤の中から一つ選びなさい。

① 硫酸アトロピン
② グルコン酸カルシウム
③ ジメルカプロール(別名ＢＡＬ)
④ ２－ピリジルアルドキシムメチオダイド(別名ＰＡM)
⑤ 亜硝酸アミル

問52　２－（１－メチルプロピル）－フェニル－Ｎ－メチルカルバメート（別名フェノブカルブ，ＢＰＭＣ）に関する記述の正誤について、正しい組み合わせを①～⑤の中から一つ選びなさい。

a　稲のツマグロヨコバイやウンカ類の駆除に用いられる。
b　有機リン系殺虫剤である。
c　常温・常圧では無色透明の液体又はプリズム状の結晶であり、水に極めて溶けにくい。

	a	b	c
①	正	正	正
②	正	正	誤
③	誤	誤	正
④	誤	正	正
⑤	正	誤	正

問53～57　次の毒物又は劇物の識別方法について、最も適当なものを下欄から一つ選びなさい。

問53　クロルピクリン　　問54　硫酸第二銅　　問55　硫酸
問56　アンモニア水　　問57　塩素酸カリウム

［下欄］
① 熱すると酸素を発生し、これに塩酸を加えて熱すると、塩素を発生する。
② 水溶液に金属カルシウムを加え、さらにベタナフチルアミン及び硫酸を加えると、赤色の沈殿を生ずる。
③ 水に溶かして硝酸バリウムを加えると、白色の沈殿を生じる。
④ 水で薄めると激しく発熱する。濃厚な液は、木片等を炭化し黒変させる。
⑤ 濃塩酸を潤したガラス棒を近づけると、白い霧を生ずる。

問58～60　各物質の毒性について、最も適当なものを下欄から一つ選びなさい。

問58　１，１’－ジメチル－４，４’－ジピリジニウムジクロリド
（別名パラコート）
問59　クロルピクリン
問60　ジメチルジチオホスホリルフェニル酢酸エチル
（別名フェントエート，ＰＡＰ）

［下欄］
① 吸入した場合、血液に入ってメトヘモグロビンをつくり、また中枢神経や心臓、眼結膜をおかし、肺にも強い障害を与える。
② 誤って飲み込んだ場合には、消化器障害やショックのほか、数日遅れて肝臓、腎臓、肺等の機能障害を起こすことがあるので、特に症状がない場合でも、至急医師による手当を受けること。
③ 吸入した場合、倦怠感、頭痛、めまい、嘔気、嘔吐、腹痛、下痢、多汗等の症状を呈し、重症な場合には、縮瞳、意識混濁、全身痙攣等を起こすことがある。

（特定品目）

問51　硝酸に関する次の記述として、正しいものの組み合わせを①～⑤の中から一つ選びなさい。

a　揮発性の液体で水に混和しない。
b　光に当たると分解しやすいので、濃硝酸は褐色瓶に保存する。
c　皮膚に触れると、組織ははじめ白く、しだいに深黄色となる。
d　白金を溶解し、硝酸塩を生じる。

①（ａ、ｃ）　②（ａ、ｄ）　③（ｂ、ｃ）　④（ｂ、ｄ）
⑤（ｃ、ｄ）

問 52 ～ 56　次の問 52 から問 56 の物質の識別方法について、最も適当なものを下欄から一つ選びなさい。

問 52　過酸化水素水　　**問 53**　一酸化鉛　　**問 54**　水酸化ナトリウム
問 55　塩酸　　**問 56**　四塩化炭素

［下欄］
① 希硝酸に溶かすと、無色の液となり、これに硫化水素を通じると、黒色の沈殿を生じる。
② 硝酸銀溶液に加えると、白い沈殿を生じる。
③ 過マンガン酸カリウムを還元し、クロム酸塩を過クロム酸塩に変える。また、ヨード亜鉛からヨードを析出する。
④ 水溶液を白金線につけて無色の火炎中に入れると、火炎は著しく黄色に染まり、長時間続く。
⑤ アルコール性の水酸化カリウムと銅粉とともに煮沸すると、黄赤色の沈殿を生じる。

問 57　硫酸に関する記述の正誤について、正しい組み合わせを①～⑤の中から一つ選びなさい。

a　常温常圧では、無色透明、油状の液体である。
b　濃い硫酸は猛烈に水を吸収する。
c　揮発性がある。
d　濃硫酸が人体に触れると、激しい凍傷を起こさせる。

	a	b	c	d
①	正	正	誤	誤
②	誤	正	正	誤
③	誤	誤	正	正
④	誤	誤	誤	正
⑤	正	誤	誤	誤

問 58 ～ 60　次の問 58 から問 60 の物質について、飛散又は漏えいした時の措置として、最も適当なものを下欄から一つ選びなさい。なお、作業にあたっては、風下の人を退避させ周囲の立入禁止、保護具の着用、風下での作業を行わないことや廃液が河川等に排出されないよう注意する等の基本的な対応のうえ実施する措置とする。

問 58　硫酸　　**問 59**　メチルエチルケトン　　**問 60**　酸化第二水銀

［下欄］
① 多量の場合、漏えいした液は、土砂等でその流れを止め、安全な場所に導き、液の表面を泡で覆い、できるだけ空容器に回収する。付近の着火源となるものを速やかに取り除く。
② 飛散したものは空容器にできるだけ回収し、そのあとを多量の水を用いて洗い流す。
③ 飛散したものは空容器にできるだけ回収する。砂利等に付着している場合は、砂利等を回収し、そのあとに水酸化ナトリウム、ソーダ灰等の水溶液を散布してｐＨ 11 以上のアルカリ性とし、さらに酸化剤の水溶液で酸化処理を行い、多量の水を用いて洗い流す。
④ 少量の場合、漏えいした液は土砂等に吸着させて取り除くか、又はある程度水で徐々に希釈した後、消石灰、ソーダ灰等で中和し、多量の水を用いて洗い流す。
⑤ 多量の場合、漏えい箇所や漏えいした液には消石灰を十分に散布し、むしろ、シート等をかぶせ、その上にさらに消石灰を散布して吸収させる。漏えい容器には散布しない。多量にガスが噴出した場所には、遠くから霧状の水をかけて吸収させる。

静岡県

令和元年度実施

(注)解答・解説については、この書籍の編者により編集作成しております。これに係わることについては、県への直接のお問い合わせはご容赦下さいます様お願い申し上げます。

〔学科：法　規〕

（一般・農業用品目・特定品目共通）

問１　次は、毒物及び劇物取締法第２条について述べたものであるが、(　　)内に入る語句の組合せとして、正しいものはどれか。

この法律で「毒物」とは、別表第二に掲げる物であって、(　ア　)及び(　イ　)以外のものをいう。

	ア	イ
(1)	劇物	特定毒物
(2)	劇物	危険物
(3)	医薬品	医薬部外品
(4)	医薬品	医療機器

問２　次は、毒物及び劇物取締法第３条の３について述べたものであるが、(　　)内に入る語句の組合せとして、正しいものはどれか。

興奮、幻覚又は(　ア　)の作用を有する毒物又は劇物(これらを含有する物を含む。)であって政令で定めるものは、みだりに摂取し、若しくは(　イ　)し、又はこれらの目的で(　ウ　)してはならない。

	ア	イ	ウ
(1)	麻酔	譲受	所持
(2)	鎮静	譲受	貯蔵
(3)	麻酔	吸入	所持
(4)	鎮静	吸入	貯蔵

問３　次の(a)から(d)のうち、毒物劇物営業者の登録について述べたものとして、正しいものはいくつあるか。

(a) 毒物又は劇物の製造業の登録は、３年ごとに、販売業の登録は、６年ごとに、更新を受けなければ、その効力を失う。
(b) 毒物又は劇物の輸入業の登録を受けた者でなければ、毒物又は劇物を販売又は授与の目的で輸入してはならない。
(c) 毒物劇物一般販売業の登録を受けた者であっても、特定毒物を販売することはできない。
(d) 毒物又は劇物の販売業の登録は、店舗ごとに受けなければならない。

(1) １つ　　(2) ２つ　　(3) ３つ　　(4) ４つ

問４　次のうち、毒物劇物取扱責任者について述べたものとして、正しいものの組合せはどれか。

(ア) 都道府県が行う毒物劇物取扱者試験に合格した者であっても、18 歳未満の者は毒物劇物取扱責任者となることができない。
(イ) 医師は、毒物劇物取扱者試験に合格していなくても、毒物劇物取扱責任者となることができる。
(ウ) 毒物若しくは劇物又は薬事に関する罪を犯し、罰金以上の刑に処せられ、その執行を終り、又は執行を受けることがなくなった日から起算して５年経過していない者は毒物劇物取扱責任者となることができない。
(エ) 毒物劇物営業者は、毒物又は劇物の製造業と販売業を併せ営む場合において、その製造所及び店舗が互に隣接しているときには、毒物劇物取扱責任者は、これらの施設を通じて１人で足りる。

(1) ア、イ　　(2) イ、ウ　　(3) ウ、エ　　(4) ア、エ

問５　次の(a)から(d)のうち、毒物又は劇物の販売業の登録を受けた者が 30 日以内に、都道府県知事(その店舗の所在地が保健所を設置する市又は特別区の区域にある場合においては、市長又は区長)に届け出なければならない事由として、正しいものはいくつあるか。

(a) 店舗の名称を変更したとき。
(b) 毒物又は劇物を貯蔵する設備の重要な部分を変更したとき。
(c) 業務を行う役員を変更したとき。
(d) 店舗における毒物又は劇物の販売に係る営業を廃止したとき。

(1) １つ　　(2) ２つ　　(3) ３つ　　(4) ４つ

問６　次のうち、毒物又は劇物の表示について述べたものとして、誤っているものはどれか。

(1) 毒物劇物営業者は、毒物の容器及び被包に、「医薬用外」の文字及び赤地に白色をもって「毒物」の文字を表示しなければならない。
(2) 毒物又は劇物の販売業者は、毒物又は劇物の直接の容器又は直接の被包を開いて、毒物又は劇物を販売し、又は授与するときは、その氏名及び住所(法人にあっては、その名称及び主たる事務所の所在地)並びに毒物劇物取扱責任者の氏名を表示しなければならない。
(3) 毒物劇物営業者は、有機燐(りん)化合物及びこれを含有する製剤たる毒物及び劇物の容器及び被包に、厚生労働省令で定めるその解毒剤の名称を表示しなければ、これを販売し、又は授与してはならない。
(4) 毒物及び劇物の製造業者は、その製造したジメチル－２，２－ジクロルビニルホスフェイト(別名ＤＤＶＰ)を含有する製剤(衣料用の防虫剤に限る。)を販売し、又は授与するときは、その容器及び被包に、眼に入った場合は、直ちに流水でよく洗い、医師の診断を受けるべき旨を表示しなければならない。

問７　次は、毒物及び劇物取締法第 14 条について述べたものであるが、(　　)内に入る語句の組合せとして、正しいものはどれか。

毒物劇物営業者は、毒物又は劇物を他の毒物劇物営業者に販売し、又は授与したときは、その都度、次に掲げる事項を書面に記載しておかなければならない。

一　毒物又は劇物の(　ア　)
二　販売又は授与の(　イ　)
三　譲受人の氏名、(　ウ　)及び住所(法人にあっては、その名称及び主たる事務所の所在地)

	ア	イ	ウ
(1)	名称及び数量	年月日	職業
(2)	成分及び数量	年月日	年齢
(3)	名称及び数量	目的	職業
(4)	成分及び数量	目的	年齢

問8　次のうち、毒物及び劇物取締法第15条に規定する毒物又は劇物の交付の制限等について述べたものとして、誤っているものはどれか。

(1) 毒物劇物営業者は、18歳未満の者に、毒物又は劇物を交付してはならない。
(2) 毒物劇物営業者は、麻薬、大麻、あへん又は覚せい剤の中毒者に、毒物又は劇物を交付してはならない。
(3) 毒物劇物営業者は、厚生労働省令の定めるところにより、交付を受ける者の氏名及び住所を確認した後でなければ、引火性、発火性又は爆発性のある毒物又は劇物であって政令で定めるものを交付してはならない。
(4) 毒物劇物営業者は、毒物又は劇物の交付を受ける者の確認に関する事項を記載した帳簿を、最終の記載をした日から3年間、保存しなければならない。

問9　次は、毒物及び劇物取締法第16条の2に規定する毒物又は劇物に係る事故の際の措置について述べたものであるが、(　　)内に入る語句の組合せとして、正しいものはどれか。

毒物劇物営業者及び特定毒物研究者は、その取扱いに係る毒物又は劇物が飛散し、漏れ、流れ出、しみ出、又は地下にしみ込んだ場合において、不特定又は多数の者について保健衛生上の危害が生ずるおそれがあるときは、(　ア　)、その旨を(　イ　)に届け出るとともに、保健衛生上の危害を防止するために必要な応急の措置を講じなければならない。

毒物劇物営業者及び特定毒物研究者は、その取扱いに係る毒物又は劇物が盗難にあい、又は紛失したときは、(　ア　)、その旨を(　ウ　)に届け出なければならない。

	ア	イ	ウ
(1)	直ちに	保健所、警察署又は消防機関	保健所又は警察署
(2)	7日以内に	保健所又は消防機関	警察署
(3)	直ちに	保健所、警察署又は消防機関	警察署
(4)	7日以内に	保健所又は消防機関	保健所又は警察署

問10　次のうち、毒物及び劇物取締法第22条第1項の規定により、都道府県知事(その事業場の所在地が保健所を設置する市又は特別区の区域にある場合においては、市長又は区長)に業務上取扱者の届出をしなければならない者として、正しいものの組合せはどれか。

(ア) シアン化カリウムを使用して、電気めっきを行う事業者
(イ) 硫酸を使用して、金属熱処理を行う事業者
(ウ) 内容積が1,000リットルの容器を大型自動車に積載して、ヒドロキシルアミンを輸(ゆ)送する事業者
(エ) 亜砒(ひ)酸を使用して、しろありの防除を行う事業者

(1) ア、イ　　(2) イ、ウ　　(3) ウ、エ　　(4) ア、エ

〔学科：基礎化学〕

（一般・農業用品目・特定品目共通）

問 11　次のうち、化合物の名称とその化学式の組合せとして、誤っているものはどれか。

	名称	化学式
(1)	メチルエチルケトン	$CH_3COOC_2H_5$
(2)	アセトニトリル	CH_3CN
(3)	アニリン	$C_6H_5NH_2$
(4)	メタノール	CH_3OH

問 12　次のうち、クレゾールの分子量として、正しいものはどれか。
ただし、原子量を、H＝1、C＝12、N＝14、O＝16 とする。

(1) 94　(2) 108　(3) 110　(4) 122

問 13　次の(a)から(d)のうち、金属元素とその炎色反応の組合せとして、正しいものはいくつあるか。

	金属元素	炎色反応
(1)	Na	黄色
(2)	Sr	青色
(3)	Ba	橙赤色
(4)	Cu	赤紫色

(1) 1つ　(2) 2つ　(3) 3つ　(4) 4つ

問 14　次のうち、pH 2の塩酸を水で 1,000 倍に希釈した溶液の pH として、最も適当なものはどれか。
ただし、電離度は1とする。

(1) 3　(2) 5　(3) 7　(4) 9

問 15　30％の食塩水 400g に 15％の食塩水を加えたら、25％の食塩水ができた。
次のうち、加えた 15％の食塩水の量として、正しいものはどれか。

(1) 100g　(2) 150g　(3) 200g　(4) 250g

〔学科：性質・貯蔵・取扱〕

（一般）

問 16　次の(a)から(d)のうち、特定毒物に該当するものはいくつあるか。

(a) 四アルキル鉛　(b) シアン化ナトリウム　(c) 硝酸タリウム
(d) モノフルオール酢酸アミド

(1) 1つ　(2) 2つ　(3) 3つ　(4) 4つ

問 17　次のうち、ギ酸について述べたものとして、誤っているものはどれか。

(1) 化学式は、HCOOH である。
(2) 無色の刺激性の強い液体である。
(3) エーテルに不溶である。
(4) 強い腐食性、還元性がある。

問 18　次のうち、毒物又は劇物の貯蔵方法について述べたものとして、誤っているものはどれか。

(1) アクロレインは、火気厳禁であり、非常に反応性に富む物質のため、安定剤を加え、空気を遮断して貯蔵する。
(2) ナトリウムは、空気中にそのまま貯蔵することができないため、通常石油中に貯蔵する。
(3) 三硫化燐（りん）は、少量ならば、共栓ガラス瓶を用い、多量ならば、ブリキ缶を使用し木箱入れとし、引火性、自然発火性、爆発性物質を遠ざけて、通風のよい冷所に貯蔵する。
(4) ピクリン酸は、火気に対し安全で隔離された場所に、鉄製容器を使用して、硫黄、ヨード、アルコールと離して貯蔵する。

問 19　次のうち、毒物又は劇物の名称とその主な用途の組合せとして、誤っているものはどれか。

	名称	主な用途
(1)	アジ化ナトリウム	殺鼠（そ）剤
(2)	シアン酸ナトリウム	除草剤
(3)	クロルピクリン	土壌燻（くんじょう）蒸剤
(4)	キノリン	界面活性剤

問 20　次は、ある物質の毒性について述べたものであるが、物質名として最も適当なものはどれか。

揮発性の蒸気を吸入すると、はじめ頭痛、悪心などをきたし、また、黄疸（だん）のように角膜が黄色となり、次第に尿毒症様を呈する。

(1) キシレン　(2) ブロムエチル　(3) 四塩化炭素　(4) 臭素

(農業用品目)

問 16　次の毒物又は劇物のうち、農業用品目販売業の登録を受けた者が販売できるものの組合せとして、正しいものはどれか。

(ア) クロロホルム　(イ) アンモニア
(ウ) モノフルオール酢酸　(エ) メチルエチルケトン

(1) ア、イ　(2) イ、ウ　(3) ウ、エ　(4) ア、エ

問 17　次のうち、あせにくい黒色で着色したものでなければ、毒物劇物営業者が農業用として販売し、又は授与してはならないものの組合せとして、正しいものはどれか。

(ア) 硫酸タリウムを含有する製剤たる劇物
(イ) 塩素酸塩を含有する製剤たる劇物
(ウ) 沃（よう）化メチルを含有する製剤たる劇物
(エ) 燐（りん）化亜鉛を含有する製剤たる劇物

(1) ア、イ　(2) イ、ウ　(3) ウ、エ　(4) ア、エ

問 18　次のうち、毒物又は劇物の名称とその主な用途の組合せとして、正しいものはどれか。

	名称	主な用途
(ア)	ブロムメチル	燻蒸剤
(イ)	モノフルオール酢酸ナトリウム	殺鼠剤
(ウ)	シアン酸ナトリウム	漂白剤
(エ)	１，１’－ジメチル－４，４’－ジピリジニウムジクロリド(別名パラコート)	殺虫剤

(1) ア、イ　(2) イ、ウ　(3) ウ、エ　(4) ア、エ

問 19　次のうち、クロルピクリンの人体への影響について述べたものとして、最も適当なものはどれか。

(1) 極めて猛毒で、希薄な蒸気でも吸入すると呼吸中枢を刺激し、次いで麻痺させる。
(2) 頭痛、めまい、嘔吐、下痢、腹痛などを起こし、致死量に近ければ麻酔状態になり、視神経が侵され、眼がかすみ、失明することがある。
(3) 吸入すると、分解されずに組織内に吸収され、各器官が障害される。血液中でメトヘモグロビンを生成し、また、中枢神経や心臓、眼結膜を侵し、肺も強く障害する。
(4) ガスの吸入により、すべての露出粘膜に刺激性を有し、せき、結膜炎、口腔、鼻、咽喉粘膜の発赤、高濃度では口唇、結膜の腫脹、一時的失明をきたす。

問 20　次のうち、ジニトロメチルヘプチルフェニルクロトナートの別名として、正しいものはどれか。

(1) チオメトン　(2) ジメトエート　(3) ジノカップ　(4) ダイアジノン

(特定品目)

問 16　次の(a)から(d)のうち、特定品目販売業の登録を受けた者が販売できる劇物はいくつあるか。

(a) クロロホルム　(b) 酸化鉛　(c) シアン酸ナトリウム
(d) クロルピクリン

(1) １つ　(2) ２つ　(3) ３つ　(4) ４つ

問 17　次は、キシレンについて述べたものであるが、誤っているものはどれか。

(1) 無色透明の液体である。　(2) 水に不溶である。　(3) 無臭である。
(4) 吸入すると、眼、鼻、のどを刺激する。

問 18　次のうち、塩素の用途として、最も適当なものはどれか。

(1) 合成ゴム、合成樹脂の原料　(2) セメントの硬化促進剤
(3) 医療検体の防腐剤　(4) 紙・パルプの漂白剤

問 19　次は、水酸化カリウムの貯蔵方法について述べたものであるが、(　　　)に入る語句の組合せとして、正しいものはどれか。

二酸化炭素と(　ア　)を強く吸収することから、(　イ　)貯蔵する。

	ア	イ
(1)	水	3分の1の空間を保って
(2)	メタノール	3分の1の空間を保って
(3)	水	密栓して
(4)	メタノール	密栓して

問 20　次の(a)から(d)のうち、ベンゼン環を有する化合物はいくつあるか。

(a) クロロホルム　(b)キシレン　(c) 蓚(しゅう)酸　(d)酢酸エチル

(1) 1つ　(2) 2つ　(3) 3つ　(4) 4つ

〔実　地：識別・取扱〕

(一般・農業用品目・特定品目共通)

問1　次は、アンモニアの性状について述べたものであるが、(　)内に入る語句の組合せとして、正しいものはどれか。

- 特有の刺激臭のある無色の(　ア　)である。
- エタノール、エーテルに(　イ　)である。
- 空気中では燃焼しないが、酸素中では黄色の炎をあげて燃焼し、主として(　ウ　)及び水を生成し、また、同時に少量の硝酸アンモニウム、二酸化窒素などを生成する。

	ア	イ	ウ
(1)	液体	可溶	窒素
(2)	気体	可溶	窒素
(3)	液体	不溶	酸素
(4)	気体	不溶	酸素

問2　次のうち、硫酸の廃棄方法について述べたものとして、最も適当なものはどれか。

(1)徐々に石灰乳などの攪拌(かくはん)溶液に加え中和させた後、多量の水で希釈して処理する。
(2)炭酸水素ナトリウムと混合したものを少量ずつ紙などで包み、他の木材、紙などと一緒に危害を生じるおそれがない場所で、開放状態で焼却する。
(3)セメントを用いて固化し、埋立処分する。
(4)アフターバーナー及びスクラバー(洗浄液にアルカリ液)を備えた焼却炉の火室へ噴霧し焼却する。

問3　10 %の水酸化ナトリウム水溶液 160g を 20 %の塩酸で中和するために必要な塩酸の量として、正しいものはどれか。
ただし、水酸化ナトリウムの分子量を 40、塩酸の分子量を 36.5 とする。

(1) 73g　(2) 146g　(3) 292g　(4) 365g

(一般)

問4　次のうち、毒物又は劇物の性状について述べたものとして、誤っているものはどれか。

(1) 重クロム酸カリウムは、橙赤色の柱状結晶であり、アルコールに不溶である。
(2) 硝酸銀は、無色透明の結晶で、光によって分解し黒変する。
(3) ジメチルアミンは、強いアンモニア臭のある気体で、水に可溶である。
(4) アクリル酸は、無色透明の液体で、青酸臭(焦げたアーモンド臭)を帯び、水、アルコールによく混和し、点火すれば青紫色の炎を発し燃焼する。

問5　次のうち、スルホナールについて述べたものとして、誤っているものはどれか。

(1) 無色、稜（りょう）柱状の結晶性粉末である。
(2) 水、エーテルに可溶である。
(3) 無臭、無味である。
(4) 木炭とともに加熱すると、メルカプタンの臭気を発する。

問6　次は、エチレンオキシドについて述べたものであるが、(　　)内に入る語句の組合せとして、正しいものはどれか。

エチレンオキシドは、(　ア　)のある無色の液体で、エタノール、エーテルに(　イ　)であり、また、(　ウ　)を有する。

	ア	イ	ウ
(1)	エーテル臭	可溶	引火性
(2)	アルコール臭	不溶	腐食性
(3)	エーテル臭	可溶	腐食性
(4)	アルコール臭	不溶	引火性

問7　次は、ある物質の特徴について述べたものであるが、物質名として最も適当なものはどれか。

無色又は淡黄色の発煙性、刺激臭の液体で、水と反応し、硫酸と塩酸を生成する。

(1) クロロ酢酸エチル　(2) ジメチル硫酸　(3) 塩化ホスホリル
(4) クロルスルホン酸

問8　次は、硫酸亜鉛の識別方法について述べたものであるが、(　　)内に入る語句の組合せとして、正しいものはどれか。

水に溶かして硫化水素を通じると、(　ア　)の硫化亜鉛の沈殿を生成し、また、水に溶かして塩化バリウムを加えると、(　イ　)の硫酸バリウムの沈殿を生成する。

	ア	イ
(1)	白色	白色
(2)	白色	青色
(3)	黒色	青色
(4)	黒色	白色

問9　次のうち、亜セレン酸ナトリウムの廃棄方法について述べたものとして、最も適当なものはどれか。

(1) 過剰の可燃性溶剤又は重油などの燃料とともに、アフターバーナー及びスクラバーを備えた焼却炉の火室へ噴霧してできるだけ高温で焼却する。
(2) 水に溶かし、希硫酸を加えて酸性にし、硫化ナトリウム水溶液を加えて沈殿させ、さらにセメントを用いて固化し、埋立処分する。
(3) 水に溶かし、水酸化ナトリウム、炭酸ナトリウムなどの水溶液で沈殿分解する。
(4) 水で希薄な水溶液とし、酸で中和させた後、多量の水で希釈して処理する。

問10　次のうち、砒（ひ）素化合物による中毒の解毒又は治療に用いられるものとして、最も適当なものはどれか。

(1) 硫酸アトロピン
(2) アセトアミド
(3) ジメルカプロール(別名 BAL)
(4) 2－ピリジルアルドキシムメチオダイド(別名 PAM)

（農業用品目）

問4　次のうち、ジメチル－4－メチルメルカプト－3－メチルフェニルチオホスフェイト(別名 MPP)について述べたものとして、誤っているものはどれか。

(1) 弱いニンニク臭を有する。
(2) 無色の液体である。
(3) 有機溶媒に易溶、水に不溶である。
(4) 稲のニカメイチュウ、ツマグロヨコバイなど、豆類のフキノメイガ、マメアブラムシ、マメシンクイガなどの駆除に用いられる。

問5　次のうち、1，3－ジカルバモイルチオ－2－(N，N－ジメチルアミノ)－プロパン塩酸塩(別名カルタップ)について述べたものとして、誤っているものはどれか。

(1) 無色の結晶である。
(2) 水、メタノールに可溶である。
(3) エーテル、ベンゼンに不溶である。
(4) 除草剤として用いられる。

問6　次は、2，2’－ジピリジリウム－1，1’－エチレンジブロミド(別名ジクワット)の性状について述べたものであるが、(　　　)内に入る語句の組合せとして、正しいものはどれか。

・　(　ア　)の吸湿性結晶である。
・　水に(　イ　)であり、また、中性、酸性下で安定、アルカリ性で不安である。
・　用途は(　ウ　)である。

	ア	イ	ウ
(1)	淡黄色	可溶	除草剤
(2)	淡黄色	不溶	殺虫剤
(3)	茶褐色	可溶	除草剤
(4)	茶褐色	不溶	殺虫剤

問7　次の(a)から(d)のうち、S－メチル－N－［(メチルカルバモイル)－オキシ］－チオアセトイミデート(別名メトミル)について述べたものとして、正しいものはいくつあるか。

(a) 茶褐色の液状物質である。
(b) 弱い硫黄臭を有する。
(c) 殺虫剤として用いられる。
(d) 劇物である。

(1) 1つ　　(2) 2つ　　(3) 3つ　　(4) 4つ

問8　次は、ニコチンの識別方法について述べたものであるが、(　　　)入る語句の組合せとして、正しいものはどれか。

ニコチンのエーテル溶液に、ヨードのエーテル溶液を加えると、(　ア　)沈殿を生じ、これを放置すると、(　イ　)結晶となる。
また、ニコチンにホルマリン1滴を加えた後、濃硝酸1滴を加えると(　ウ　)を呈する。

	ア	イ	ウ
(1)	褐色の液状	赤色の針状	ばら色(淡紅色)
(2)	褐色の固形状	白色の針状	ばら色(淡紅色)
(3)	白色の液状	赤色の針状	黄色
(4)	白色の固形状	白色の針状	黄色

問９　次のうち、１，３－ジカルバモイルチオ－２－(N，N －ジメチルアミノ)－プロパン塩酸塩(別名カルタップ)の廃棄方法について述べたものとして、最も適当なものはどれか。

(1) 活性汚泥法　(2) 中和法　(3) 酸化法　(4) 還元法

問 10　次のうち、有機燐(りん)製剤による中毒の解毒又は治療に用いられるものとして、最も適当なものはどれか。

(1) チオ硫酸ナトリウム　(2) ジメルカプロール(別名 BAL)
(3) 硫酸アトロピン　(4) バルビタール製剤

(特定品目)

問４　次の(a)から(d)のうち、蓚(しゅう)酸について述べたものとして、正しいものはいくつあるか。

(a) 無色の稜(りょう)柱状結晶である。
(b) 乾燥空気中で風化する。
(c) エーテルに難溶である。
(d) 無水物は、無色無臭の吸湿性物質である。

(1) １つ　(2) ２つ　(3) ３つ　(4) ４つ

問５　次のうち、メチルエチルケトンについて述べたものとして、正しいものの組合せはどれか。

(ア) 黄色の液体である。
(イ) 引火性を有する。
(ウ) アセトン様の芳香を有する。
(エ) 有機溶媒、水に不溶である。

(1) ア、イ　(2) イ、ウ　(3) ウ、エ　(4) ア、エ

問６　次は、トルエンについて述べたものであるが、(　　)内に入る語句の組合せとして、正しいものはどれか。

無色透明の(　ア　)のベンゼン臭を有する液体で、水に(　イ　)、エタノールに(　ウ　)である。

	ア	イ	ウ
(1)	可燃性	可溶	不溶
(2)	可燃性	不溶	可溶
(3)	不燃性	不溶	可溶
(4)	不燃性	可溶	不溶

問７　次のうち、重クロム酸カリウムについて述べたものとして、誤っているものはどれか。

(1) 橙赤色の柱状結晶である。
(2) 水に可溶、アルコールに不溶である。
(3) 強力な還元剤である。
(4) 粘膜や皮膚に対する刺激性を有する。

問8　次のうち、ホルマリンの識別方法について述べたものとして、最も適当なものはどれか。

(1) 硝酸を加え、さらにフクシン亜硫酸溶液を加えると、藍紫色を呈する。
(2) さらし粉を加えると、紫色を呈する。
(3) 澱粉（でんぷん）と反応すると藍色を呈し、これを熱すると退色し、冷えると再び藍色を現し、さらにチオ硫酸ナトリウムの溶液と反応すると脱色する。
(4) アルコール性の水酸化カリウムと銅粉とともに煮沸すると、黄赤色の沈殿を生成する。

問9　次の(a)から(d)のうち、燃焼法が最も適当な廃棄方法である物質として、正しいものはいくつあるか。

(a) 硅弗化（けいふっ）ナトリウム　　(b) トルエン
(c) 水酸化カリウム　　(d) メチルエチルケトン

(1) 1つ　(2) 2つ　(3) 3つ　(4) 4つ

問10　次は、ある物質の漏えい時の措置について述べたものであるが、物質名として最も適当なものはどれか。

- 飛散した場所の周辺にはロープを張るなどして人の立入りを禁止する。
- 作業の際には必ず保護具を着用し、風下で作業しない。
- 飛散したものは空容器にできるだけ回収し、そのあとを還元剤の水溶液を散布し、水酸化カルシウム、炭酸ナトリウムなどの水溶液で処理した後、多量の水で洗い流す。この場合、高濃度の廃液が河川などに排出されないように注意する。

(1) アンモニア水　(2) 硫酸　(3) 水酸化カリウム　(4) 重クロム酸ナトリウム

愛知県
令和元年度実施

設問中、特に規定しない限り、「法」は「毒物及び劇物取締法」、「政令」は「毒物及び劇物取締法施行令」、「省令」は「毒物及び劇物取締法施行規則」とする。
なお、法令の促音等の記述は、現代仮名遣いとする。（例：「あつて」→「あって」）
また、設問中の物質の性状は、特に規定しない限り常温常圧におけるものとする。

〔毒物及び劇物に関する法規〕
（一般・農業用品目・特定品目共通）

問１　次の記述は、法第１条の条文であるが、［　　］にあてはまる語句の組合せとして、正しいものはどれか。

この法律は、毒物及び劇物について、［ア］上の見地から必要な［イ］を行うことを目的とする。

	ア		イ
1	保健衛生	――	取締
2	保健衛生	――	規制
3	犯罪防止	――	取締
4	犯罪防止	――	規制

問２　次のうち、法第３条の規定に関する記述として、正しいものはどれか。

1　毒物又は劇物を無償で他人に譲り渡す目的で製造する場合は、毒物又は劇物の製造業の登録は必要ない。
2　毒物又は劇物の製造業者は、毒物又は劇物の販売業の登録を受けなくても、自ら製造した毒物又は劇物を他の毒物劇物営業者に販売することができる。
3　薬局の開設者は、毒物又は劇物の販売業の登録を受けなくても、毒物又は劇物を販売することができる。
4　毒物又は劇物を自家消費する目的で製造する場合は、毒物又は劇物の製造業の登録が必要である。

問３　次の記述は、法第３条の３の条文であるが、［　　］にあてはまる語句の組合せとして、正しいものはどれか。

［ア］、幻覚又は麻酔の作用を有する毒物又は劇物（これらを含有する物を含む。）であって政令で定めるものは、みだりに［イ］し、若しくは吸入し、又はこれらの目的で所持してはならない。

	ア		イ
1	興奮	――	乱用
2	興奮	――	摂取
3	錯乱	――	乱用
4	錯乱	――	摂取

問4　次の記述は、法第３条の４の条文であるが、［　　］にあてはまる語句の組合せとして、正しいものはどれか。

引火性、［ア］又は爆発性のある毒物又は劇物であって政令で定めるものは、業務その他正当な理由による場合を除いては、［イ］してはならない。

	ア		イ
1	発火性	——	所持
2	発火性	——	使用
3	可燃性	——	所持
4	可燃性	——	使用

問5　次のうち、特定毒物に関する記述として、正しいものはどれか。

1　特定毒物研究者は特定毒物を使用することはできるが、劇物を使用することはできない。
2　特定毒物を製造することができる者は、特定毒物研究者に限られる。
3　特定品目販売業者のみが､特定毒物研究者へ特定毒物を譲り渡すことができる。
4　特定毒物使用者は、その使用することができる特定毒物以外の特定毒物を譲り受け、又は所持してはならない。

問6　次の記述は、毒物劇物営業者の登録更新に関するものであるが、［　　］にあてはまる語句の組合せとして、正しいものはどれか。

製造業又は輸入業の登録は、［ア］ごとに、販売業の登録は、［イ］ごとに、更新を受けなければ、その効力を失う。
製造業又は輸入業の登録の更新は、登録の日から起算して［ア］を経過した日の［ウ］までに、販売業の登録の更新は、登録の日から起算して［イ］を経過した日の［ウ］までに、登録更新申請書に登録票を添えて提出することによって行う。

	ア		イ		ウ
1	6年	——	5年	——	15日前
2	6年	——	5年	——	1月前
3	5年	——	6年	——	15日前
4	5年	——	6年	——	1月前

問7　次の記述は、法第８条の条文の一部であるが、［　　］にあてはまる語句として、正しいものはどれか。

次の各号に掲げる者でなければ、前条の毒物劇物取扱責任者となることができない。

一　薬剤師
二　厚生労働省令で定める学校で、［　　］に関する学課を修了した者
三　都道府県知事が行う毒物劇物取扱者試験に合格した者

1　応用化学　　2　応用物理学　　3　公衆衛生学　　4　毒性学

問8　次のうち、法第10条に基づき、毒物劇物営業者が30日以内に変更の旨を届け出なければならない場合として、<u>定められていないもの</u>はどれか。

1　毒物劇物営業者の氏名(法人にあっては、その名称)を変更したとき
2　毒物劇物営業者の住所(法人にあっては、その主たる事務所の所在地)を変更したとき
3　製造所、営業所又は店舗の名称を変更したとき
4　製造所、営業所又は店舗の所在地を変更したとき

問9　次の記述は、法第 11 条第４項及び省令第 11 条の４の条文であるが、□□□にあてはまる語句として、正しいものはどれか。

＜法第 11 条第４項＞
　毒物劇物営業者及び特定毒物研究者は、毒物又は厚生労働省令で定める劇物については、その容器として、飲食物の容器として通常使用される物を使用してはならない。

＜省令第 11 条の４＞
　法第 11 条第４項に規定する劇物は、□□□とする。

1　依存性を有する劇物
2　揮発性を有する劇物
3　液体状の劇物
4　すべての劇物

問 10　次の記述は、省令第４条の４に基づく毒物又は劇物の製造所の設備の基準に関するものであるが、 正誤の組合せとして、正しいものはどれか。

ア　毒物又は劇物の製造作業を行なう場所は、コンクリート、板張り又はこれに準ずる構造とする等 その外に毒物又は劇物が飛散し、漏れ、しみ出若しくは流れ出、又は地下にしみ込むおそれのない 構造であること。
イ　毒物又は劇物を陳列する場所にかぎをかける設備があること。
ウ　毒物又は劇物の運搬用具は、毒物又は劇物が飛散し、漏れ、又はしみ出るおそれがないものであること。

	ア	イ	ウ
1	正	正	正
2	誤	正	正
3	正	誤	正
4	正	正	誤

問 11　次のうち、政令第 40 条の９に基づく「毒物劇物営業者等による毒物又は劇物を販売又は授与するときの性状及び取扱いに関する情報の提供」に関する記述として、正しいものはどれか。 ただし、当該毒物劇物営業者等により、既に情報提供が行われている場合ではないものとする。

1　毒物劇物営業者は、毒物であっても、1 回につき 400mg 以下を販売する場合は、譲受人に対する情報提供を省略することができる。
2　毒物劇物輸入業者は、自ら輸入した毒物を販売する場合は、譲受人に対する情報提供を邦文以外で行うことができる。
3　特定毒物研究者は、自ら製造した特定毒物を譲り渡す場合、譲受人に対する情報提供を行わなければならない。
4　毒物劇物販売業者は、毒物劇物営業者に対して毒物を授与する場合は、情報提供を省略することができる。

問 12　次の記述は、毒物劇物営業者が行う手続きに関するものであるが、正誤の組合せとして、正しいものはどれか。

ア　毒物又は劇物の販売業者は、登録を受けている店舗における営業を廃止したときは、30 日以内にその旨を届け出なければならない。
イ　毒物又は劇物の輸入業者は、登録票の再交付を受けた後、失った登録票が見つかったときは、速やかにこれを破棄しなければならない。
ウ　毒物又は劇物の製造業者は、毒物劇物取扱責任者を変更するときは、あらかじめ、その毒物劇物取扱責任者の氏名を届け出なければならない。

	ア	イ	ウ
1	誤	誤	誤
2	正	誤	誤
3	誤	正	誤
4	誤	誤	正

問13　次の記述は、法第12条第3項の条文であるが、□にあてはまる語句として、正しいものはどれか。

毒物劇物営業者及び特定毒物研究者は、毒物又は劇物を貯蔵し、又は陳列する場所に、□の文字及び毒物については「毒物」、劇物については「劇物」の文字を表示しなければならない。

1　一般用　2　農業用　3　医薬用外　4　危険物

問14　次のうち、法第3条の2第9項の規定により定められている、特定毒物を含有する製剤とその着色 の基準の組合せとして、誤っているものはどれか。

1　四アルキル鉛 ―― 赤色、青色、黄色又は緑色
2　モノフルオール酢酸の塩類 ―― あせにくい黒色
3　ジメチルエチルメルカプトエチルチオホスフェイト〔別名：メチルジメトン〕 ―― 紅色
4　モノフルオール酢酸アミド ―― 青色

問15　次のうち、法第13条の2で規定されている「毒物又は劇物のうち主として一般消費者の生活の用に供されると認められるものであって政令で定めるもの(劇物たる家庭用品)」はどれか。

1　水酸化ナトリウムを含有する製剤たる劇物(住宅用の洗浄剤で粉末状のものに限る。)
2　N,N´－ビス(2－アミノエチル)エタン－1,2－ジアミン〔別名：トリエチレンテトラミン〕を含有する製剤たる劇物(家庭用の接着剤に限る。)
3　塩化水素を含有する製剤たる劇物(住宅用の洗浄剤で液体状のものに限る。)
4　トランス－N－(6－クロロ－3－ピリジルメチル)－N´－シアノ－N－メチルアセトアミジン〔別名：アセタミプリド〕を含有する製剤たる劇物(園芸用の殺虫剤に限る。)

問16　次の記述は、法第14条第1項の条文であるが、□にあてはまる語句の組合せとして、正しいものはどれか。

毒物劇物営業者は、毒物又は劇物を他の毒物劇物営業者に販売し、又は授与したときは、［ア］、次に掲げる事項を書面に記載しておかなければならない。
一　毒物又は劇物の名称及び［イ］
二　販売又は授与の年月日
三　譲受人の氏名、職業及び住所(法人にあっては、その名称及び主たる事務所の所在地)

	ア		イ
1	その都度	――	数量
2	その都度	――	性状
3	初回のみ	――	数量
4	初回のみ	――	性状

問17　次のうち、法第22　条第1項の規定により、毒物又は劇物の業務上取扱者として、その事業場の所在地の都道府県知事(その事業場の所在地が保健所を設置する市又は特別区の区域にある場合においては、市長又は区長。)に届出が必要な事業はどれか。

1　クロム酸塩類たる劇物を用いて電気めっきを行う事業
2　無機シアン化合物たる毒物を用いて試験検査を行う事業
3　モノフルオール酢酸塩類たる毒物を用いて野ねずみの駆除を行う事業
4　砒(ひ)素化合物たる毒物を用いてしろありの防除を行う事業

問 18　次のうち、法第 15 条に基づく毒物劇物営業者による、毒物又は劇物の交付に関する記述として、誤っているものはどれか。

1　劇物たるピクリン酸を交付するときは、交付を受ける者の氏名及び住所を確認しなければならない。
2　劇物たるピクリン酸を交付するときの確認に関する事項を記載した帳簿を、最終の記載をした日から５年間保存しなければならない。
3　交付を受ける者が 18 歳未満の場合であっても、その者が毒物劇物取扱者試験に合格していれば、毒物又は劇物を交付することができる。
4　毒物又は劇物を麻薬中毒者に交付してはならない。

問 19　次のうち、劇物たる 37%ホルムアルデヒド水溶液を、車両を使用して１回につき 8,000kg を運搬する場合の運搬方法として、正しいものはどれか。

1　0.3 メートル平方の板に地を白色、文字を赤色として「劇」と表示し、車両の前後の見やすい箇所に掲げた。
2　積載する際に、劇物の容器が車両の積載装置の長さを超えてしまったが、超過した長さが積載装置の長さの 10 分の 1 未満であったため、そのまま運搬した。
3　運搬する劇物の名称及び成分を、容器の外部に表示した。
4　車両に防毒マスク、ゴム手袋、その他事故の際に応急の措置を講ずるために必要な保護具を１人分備えた。

問 20　次の記述は、毒物又は劇物の業務上取扱者の対応を述べたものであるが、正誤の組合せとして、正しいものはどれか。

ア　駐車していた車両から劇物が盗まれていたが、毒物ではなく、少量であったため、保健衛生上の危害が発生するおそれは低いと判断し、警察署へ届け出なかった。
イ　運搬車両から劇物が漏えいし、多数の者に保健衛生上の危害が発生するおそれがあったため、直ちにその旨を保健所、警察署及び消防機関に届け出るとともに、保健衛生上の危害防止のための必要な応急の措置を講じた。
ウ　劇物を車両で配送したところ、配送先から注文した数に満たないとの連絡があり、当該劇物を紛失したことが判明した。盗難の可能性はないと考えたが、直ちにその旨を警察署に届け出た。

	ア	イ	ウ
1	誤	正	正
2	誤	誤	正
3	正	正	誤
4	正	正	正

〔基礎化学〕
（一般・農業用品目・特定品目共通）

問21　次のうち、どちらも純物質である組合せとして、正しいものはどれか。

1	水素	――	水
2	塩酸	――	硫酸
3	ナフサ	――	トルエン
4	海水	――	グラニュー糖

問 22　次のうち、混合物の分離操作とその説明の組合せとして、誤っているものはどれか。

1　分留　――――　沸点の差を利用して、液体の混合物を蒸留して分離する操作
2　再結晶　――――　物質の溶解度が温度によって変化する性質を利用して、固体に含まれる不純物を除く操作
3　クロマトグラフィー　――――　固体が液体の状態を経ずに直接気体になる現象(昇華)を利用　して、固体の混合物から昇華しやすい物質を分離する操作
4　抽出　――――　目的の物質をよく溶かす溶媒を使い、溶媒に対する溶解度の差を利用して、混合物から目的の成分を分離する操作

問 23　次のうち、ネオン原子(Ne)と同じ電子配置をもつものはどれか。

1　リチウムイオン(Li^{+})　　2　マグネシウムイオン(Mg^{2+})
3　塩化物イオン(Cl^{-})　　4　カリウムイオン(K^{+})

問 24　次のうち、金属をイオン化傾向の大きい順に並べたものとして、正しいものはどれか。

1　マグネシウム(Mg) ＞ リチウム(Li) ＞ 銅(Cu)
2　金(Au) ＞ ニッケル(Ni) ＞ 水銀(Hg)
3　ナトリウム(Na) ＞ 鉄(Fe) ＞ スズ(Sn)
4　アルミニウム(Al) ＞ 鉛(Pb) ＞ カリウム(K)

問 25　次の記述は、銀と銀化合物の性質に関するものであるが、誤っているものはどれか。

1　銀(Ag)は、展性が金(Au)より小さい。
2　臭化銀(AgBr)は、フィルム写真の感光剤として用いられる。
3　銀(Ag)は、空気中で速やかに酸化されて褐色の酸化銀(Ag_2O)となる。
4　硝酸銀($AgNO_3$)水溶液に過剰のアンモニア水を加えると、無色の溶液になる。

問 26　次のうち、化学変化でないものはどれか。

1　水を電気分解すると、水素と酸素ができる。
2　水を加熱すると、水蒸気になる。
3　メタンを燃焼させると、二酸化炭素と水ができる。
4　酸化カルシウムに水を加えると、水酸化カルシウムができる。

問 27　次の記述の［　　］にあてはまる数値として、正しいものはどれか。　ただし、小数点以下は四捨五入するものとする。

27 ℃を絶対温度で表すと、［　　］K(ケルビン)となる。

1　227　　2　246　　3　273　　4　300

問 28　次の記述の［　　］にあてはまる語句として、正しいものはどれか。

エタン(C_2H_6)分子の炭素原子と水素原子間にみられるような結合を［　　］という。

1　金属結合　　2　配位結合　　3　共有結合　　4　イオン結合

問 29　次のうち、水溶液が塩基性を示すものはどれか。

1　炭酸ナトリウム(Na_2CO_3)
2　塩化アンモニウム(NH_4Cl)
3　塩化ナトリウム(NaCl)
4　硝酸カリウム(KNO_3)

問 30　次の記述は、酸化還元に関するものであるが、正しいものはどれか。

1　物質が水素を失ったとき、還元されたという。
2　物質が電子を失ったとき、還元されたという。
3　過酸化水素は、酸化剤としても還元剤としても使用される。
4　原子の酸化数が減少することを酸化という。

問 31　1 －プロパノール(C_3H_7OH) 120g を完全燃焼させたとき、生成する二酸化炭素(CO_2)の質量は、次のうちどれか。
ただし、1 －プロパノールの分子量を 60、二酸化炭素の分子量を 44 とする。
また、1 －プロパノールの燃焼は次の化学反応式で表される。

$$2C_3H_7OH + 9O_2 \longrightarrow 6CO_2 + 8H_2O$$

1　44g　　2　88g　　3　132g　　4　264g

問 32　次のうち、誤っているものはどれか。

1　フッ素(F_2)は、水と激しく反応して酸素を発生する。
2　塩素(Cl_2)は、工業的には塩化ナトリウム水溶液の電気分解で得られる。
3　臭素(Br_2)は、黄色の固体で、常温で光をあてると水素と爆発的に反応する。
4　ヨウ素(I_2)は、光沢のある黒紫色の固体で昇華性がある。

問 33　次の記述の［　　］にあてはまる語句として、正しいものはどれか。
混合気体の全圧は、各成分気体の［　　］に等しい。

1　分圧の和　　2　分圧の差　　3　分圧の積　　4　分圧の商

問 34　水素イオン指数(pH)が 1 の塩酸(HCl)を水で 1,000 倍に薄めたときの pH は、次のうちどれか。 ただし、塩酸の電離度を 1 とする。

1　pH ＝1　　2　pH ＝ 2　　3　pH ＝3　　4　pH ＝4

問 35　次のうち、2 価のカルボン酸はどれか。

1　乳酸($CH_3CH(OH)COOH$)　　2　リン酸(H_3PO_4)
3　ギ酸($HCOOH$)　　4　シュウ酸($(COOH)_2$)

問 36　次のうち、非電解質(水に溶けても電離しない物質)はどれか。

1　塩化カリウム(KCl)　　2　エタノール(C_2H_5OH)
3　アンモニア(NH_3)　　4　炭酸水素ナトリウム($NaHCO_3$)

問 37　次のうち、一次電池(充電ができない電池)に分類される電池として、正しいものはどれか。

1　ニッケル・水素電池　　2　酸化銀電池
3　鉛蓄電池　　4　リチウムイオン電池

問 38　次のうち、三重結合をもつ化合物はどれか。

1　シアン化水素(HCN)　　2　フッ化水素(HF)
3　二酸化炭素(CO_2)　　4　酸素(O_2)

問 39　次の記述は、電気分解に関するものであるが、［　　］にあてはまる語句の組合せとして、 正しいものはどれか。

硫酸酸性の硫酸銅(Ⅱ)水溶液中で粗銅板を陽極、純銅板を陰極として低電圧をかけると、陽極では銅が［　ア　］、陰極では銅が［　イ　］。このような操作を銅の［　ウ　］という。

	ア		イ		ウ
1	溶け出し	――	析出する	――	電解精錬
2	溶け出し	――	析出する	――	溶融塩電解
3	析出し	――	溶け出す	――	電解精錬
4	析出し	――	溶け出す	――	溶融塩電解

問 40　次の記述の［　　］にあてはまる語句として、正しいものはどれか。
　コロイド溶液に電極を浸して直流電圧をかけると、コロイド粒子はどちらかの極側に移動する。このような現象を［　　］という。

1　ブラウン運動　　2　チンダル現象　　3　塩析　　4　電気泳動

〔取　扱〕

（一般・農業用品目・特定品目共通）

問 41　20%のアンモニア水 200g に 30%のアンモニア水を加えて 25%のアンモニア水を作った。この 25%のアンモニア水に含まれるアンモニアの質量は、次のうちどれか。
　なお、本問中、濃度(%)は質量パーセント濃度である。

1　50g　　2　60g　　3　100g　　4　200g

問 42　0.5mol/L の硫酸 200mL に 2.0mol/L の硫酸 300mL を加えた。この硫酸の濃度は、次のうちどれか。

1　0.35mol/L　　2　0.7mol/L　　3　1.4mol/L　　4　2.8mol/L

問 43　1.8mol/L のアンモニア水 200mL を中和するのに必要な 0.9mol/L の硫酸の量は、次のうちどれか。

1　100mL　　2　200mL　　3　400mL　　4　800mL

（一般）

問 44　次のうち、シアン化ナトリウムについての記述として、<u>誤っているもの</u>はどれか。

1　白色の粉末で、粒状やタブレット状の製品がある。
2　冶金（やきん）、鍍金（めっき）に用いられる。
3　吸入時の急性毒性として、頭痛、めまい、呼吸麻痺（ひ）等の症状を呈する。
4　水に可溶で、水溶液は強酸性である。

問 45　次のうち、硝酸についての記述として、<u>誤っているもの</u>はどれか。

1　白金を溶解し、硝酸塩を生成する。
2　極めて純粋な、水分を含まないものは無色の液体である。
3　銅屑（くず）を加えて熱すると、藍色を呈して溶け、その際赤褐色の蒸気を発生する。
4　濃いものが皮膚に触れると、気体を生成して、組織ははじめ白く、次第に深黄色となる。

問46　次のうち、有機燐（りん）化合物の解毒剤の組合せとして、適当なものはどれか。

ア　2－ピリジルアルドキシムメチオダイド〔別名：PAM〕
イ　ジメルカプロール〔別名：BAL〕
ウ　硫酸アトロピン
エ　チオ硫酸ナトリウム

1（ア、イ）　2（ア、ウ）　3（イ、エ）　4（ウ、エ）

問47　次のうち、毒物又は劇物とその用途の組合せとして、最も適当なものはどれか。

1　重クロム酸カリウム ―― 媒（ばい）染剤
2　硅弗化（けいふっ）ナトリウム ―― 漂白剤
3　S－メチル－N－［(メチルカルバモイル)－オキシ］－チオアセトイミデート〔別名：メトミル ―― 殺鼠（そ）剤
4　ブロムメチル〔別名：臭化メチル〕 ―― 除草剤

問48　次のうち、毒物又は劇物とその貯蔵についての記述の組合せとして、最も適当なものはどれか。

1　ピクリン酸 ―― 鉄、銅、鉛等の金属容器を使用しないで、火気に対し安全で隔離した場所で貯蔵する。
2　ベタナフトール〔別名：2 －ナフトール〕 ―― 少量ならば共栓ガラス瓶、多量ならばカーボイなどを用いて、濃塩酸、アンモニア水などと離して、冷所に貯蔵する。
3　ナトリウム ―― 空気や光線に触れると赤変するので、遮光して貯蔵する。
4　三酸化二砒（ひ）素 ―― 通常、石油中に貯蔵する。また、冷所で雨水などの漏れがないような場所に貯蔵する。

問49　次のうち、毒物又は劇物とその廃棄方法の組合せとして、<u>適当でないもの</u>はどれか。

1　水酸化カリウム ―― 中和法
2　硅弗化（けいふっ）鉛〔別名：ヘキサフルオロケイ酸鉛〕 ―― 希釈法
3　炭酸バリウム ―― 沈殿法
4　キシレン ―― 燃焼法

問50　次のうち、トルエンが多量に漏えいした時の措置として、<u>適当でないもの</u>はどれか。

1　漏えいした場所の周辺にはロープを張るなどして人の立入りを禁止する。
2　作業の際には必ず保護具を着用し、風下で作業をしない。
3　漏えいした液は、土砂等でその流れを止め、安全な場所に導いて遠くから徐々に注水して 希釈した後、水酸化カルシウム等で中和し、多量の水を用いて洗い流す。
4　引火しやすく、その蒸気は空気と混合して爆発性混合ガスとなるので、火気は近づけない。

（農業用品目）

問44　次のうち、沃（よう）化メチルについての記述として、<u>誤っているもの</u>はどれか。

1　エーテル様臭があり、水に可溶である。
2　空気中で光により一部分解して、褐色になる。
3　たばこ等の根瘤線虫に対してや、立枯病等の殺菌剤として用いられる。
4　白色又は薄紫色の粉末である。

問 45　次のうち、2－イソプロピル－4－メチルピリミジル－6－ジエチルチオホスフェイト〔別名：ダイアジノン〕についての記述として、誤っているものはどれか。

1　ピレスロイド系の農薬である。
2　純品は無色の液体で、水に難溶である。
3　接触性殺虫剤でアブラムシ類やコガネムシの幼虫などの駆除に用いられる。
4　ヒトが摂取すると血液中のコリンエステラーゼ活性を阻害し、顕著な縮瞳、唾液分泌増大 などを起こす。

問 46　次のうち、有機燐（りん）化合物の解毒剤の組合せとして、適当なものはどれか。

ア　2－ピリジルアルドキシムメチオダイド〔別名：PAM〕
イ　ジメルカプロール〔別名：BAL〕
ウ　硫酸アトロピン
エ　チオ硫酸ナトリウム

1（ア、イ）　2（ア、ウ）　3（イ、エ）　4（ウ、エ）

問 47　次のうち、農業用品目販売業の登録を受けた者が販売できる劇物の正誤の組合せとして、正しいものはどれか。

ア シアン酸ナトリウム
イ エマメクチン
ウ 水酸化ナトリウム

	ア	イ	ウ
1	正	正	誤
2	正	誤	正
3	誤	正	誤
4	誤	誤	正

問 48　次のうち、毒物又は劇物とその用途の組合せとして、最も適当なものはどれか。

1　ナラシン ―――― 飼料添加物
2　ブロムメチル〔別名：臭化メチル〕 ―――― 除草剤
3　S－メチル－N－［(メチルカルバモイル)－オキシ］－チオアセトイミデート〔別名：メトミル〕 ―――― 殺鼠（そ）剤
4　2－チオ－3,5－ジメチルテトラヒドロ－1,3,5－チアジアジン〔別名：ダゾメット〕 ―――― 植物成長促進剤

問 49　次のうち、劇物であるクロルピクリンの廃棄方法として、最も適当なものはどれか。

1　中和法　2　分解法　3　沈殿法　4　希釈法

問 50　次のうち、劇物であるアンモニア水の事故の際の措置として、適当でないものはどれか。

1　漏えいした場所の周辺には、ロープを張るなどして人の立入りを禁止する。
2　漏えいした場合は、保護具を着用し、風下で作業をしない。
3　漏えいした液は土砂等でその流れを止め、安全な場所に導いて、水酸化カルシウム、炭酸 ナトリウム等を直接散布する。
4　容器周辺で火災が発生した場合は、速やかに容器を安全な場所に移す。移動不可能の場合は容器及び周囲に散水して冷却する。

(特定品目)

問 44　次のうち、劇物に該当するものの組合せとして、正しいものはどれか。

ア　塩化水素 35%を含有する製剤
イ　メタノール 80%を含有する製剤
ウ　クロム酸ナトリウム 80%を含有する製剤

1（ア、イ、ウ）　2（ア、イ）　3（イ、ウ）　4（ア、ウ）

問 45 次のうち、硝酸についての記述として、誤っているのはどれか。

1　白金を溶解し、硝酸塩を生成する。
2　極めて純粋な、水分を含まないものは無色の液体である。
3　銅屑(くず)を加えて熱すると、藍色を呈して溶け、その際赤褐色の蒸気を発生する。
4　濃いものが皮膚に触れると、気体を生成して、組織ははじめ白く、次第に深黄色となる。

問 46　次のうち、メチルエチルケトンについての記述として、誤っているものはどれか。

1　無色の液体で、溶剤、有機合成原料として使用される。
2　有機溶媒に溶けるが、水には溶けない。
3　蒸気は空気と混合して爆発性の混合ガスとなる。
4　高濃度で吸入すると、麻酔状態になる。

問 47　次のうち、劇物とその用途の組合せとして、最も適当なものはどれか。

1　重クロム酸カリウム ―――― 媒(ばい)染剤
2　硅弗化(けいふっ)ナトリウム ―――― 漂白剤
3　過酸化水素水 ―――― 染料
4　キシレン ―――― 釉(ゆう)薬

問 48　次の劇物のうち、特定品目販売業の登録を受けた者が、販売できるものはどれか。

1　蓚(しゅう)酸　2　シアン酸ナトリウム　3　エマメクチン　4　臭素

問 49　次のうち、劇物である水酸化カリウムの廃棄方法として、最も適当なものはどれか。

1　酸化法　2　中和法　3　沈殿法　4　燃焼法

問 50　次のうち、トルエンが多量に漏えいした時の措置として、適当でないものはどれか。

1　漏えいした場所の周辺にはロープを張るなどして人の立入りを禁止する。
2　作業の際には必ず保護具を着用し、風下で作業をしない。
3　漏えいした液は、土砂等でその流れを止め、安全な場所に導いて遠くから徐々に注水して 希釈した後、水酸化カルシウム等で中和し、多量の水を用いて洗い流す。
4　引火しやすく、その蒸気は空気と混合して爆発性混合ガスとなるので、火気は近づけない。

〔実　地〕

設問中の物質の性状は、特に規定しない限り常温常圧におけるものとする。

(一般)

問１～４　次の各問の毒物又は劇物の性状として、最も適当なものは下の選択肢のうちどれか。

問１ 2,2´－ジピリジリウム－1,1´－エチレンジブロミド〔別名：ジクワット〕
問２ 硫酸銅(Ⅱ)〔別名：硫酸第二銅〕
問３ 塩素
問４ クロロホルム

1　淡黄色の吸湿性結晶で、中性又は酸性下で安定であるが、アルカリ性で不安定である。アルカリ溶液とする場合、２～３時間以上貯蔵できない。
2　五水和物は濃い藍色の結晶で、風解性がある。水に溶けやすく、水溶液は酸性を示す。
3　無色の揮発性液体で、特異臭と甘味を有する。純粋なものは空気に触れ、同時に日光の作用 を受けると分解する。
4　黄緑色の気体で、窒息性臭気をもつ。

問５～８　次の各問の劇物の貯蔵方法として、最も適当なものは下の選択肢のうちどれか。

問５ アンモニア水　　**問６** 水酸化ナトリウム
問７ 過酸化水素水　　**問８** メチルエチルケトン

1　アルカリ存在下では分解するため、安定剤として少量の酸を添加して貯蔵する。
2　鼻をさすような臭気があり、揮発しやすいため、よく密栓して貯蔵する。
3　二酸化炭素と水を吸収する性質が強いため、密栓して貯蔵する。
4　引火しやすく、また、その蒸気は空気と混合して爆発性の混合ガスとなるので火気は近づけないで貯蔵する。

問９～12　次の各問の毒物又は劇物の毒性として、最も適当なものは下の選択肢のうちどれか。

問９　シアン化水素
問10　2－ジフェニルアセチル－1,3－インダンジオン〔別名：ダイファシノン〕
問11　メタノール
問12　モノフルオール酢酸ナトリウム

1　濃厚な蒸気を吸入すると、酩酊(めいてい)、頭痛、目のかすみ等の症状を呈し、さらに高濃度の時は昏睡を起こし、失明することがある。
2　体内でビタミン K の働きを抑えることにより血液凝固を阻害し、出血を引き起こす。
3　細胞の糖代謝に関する酵素を阻害し、激しい嘔吐が繰り返され、胃の疼痛を訴え、しだいに意識が混濁し、てんかん性痙攣(けいれん)、脈拍の遅緩がおこり、チアノーゼ、血圧下降をきたす。
4　細胞内ミトコンドリアの呼吸酵素(チトクロム酸化酵素)に結合して細胞呼吸を阻害し、酸素の感受性の高い臓器から障害を受け、中枢神経系と循環器系症状が早期から出現する。

問13～16　次の各問の毒物又は劇物の廃棄方法等として、最も適当なものは下の選択肢のうちどれか。

問 13　ジメチル－４－メチルメルカプト－３－メチルフェニルチオホスフェイト〔別名：フェンチオン、MPP〕
問 14　燐化アルミニウムとその分解促進剤とを含有する製剤
問 15　塩化銅(Ⅱ)〔別名：塩化第二銅〕
問 16　塩酸

1　有機燐化合物である本品を、可溶性溶剤とともに、アフターバーナー及びスクラバーを備えた焼却炉の火室へ噴霧し焼却する。
2　多量の次亜塩素酸ナトリウムと水酸化ナトリウムの混合水溶液を攪拌しながら少量ずつ加えて酸化分解する。過剰の次亜塩素酸ナトリウムをチオ硫酸ナトリウム水溶液等で分解した後、希硫酸を加えて中和し沈殿ろ過して処理する。
3　石灰乳(水酸化カルシウムの懸濁液)などの攪拌溶液に徐々に加えて中和させ、多量の水で 希釈して処理する。
4　水に溶かし、水酸化カルシウム、炭酸ナトリウム等の水溶液を加えた後、沈殿ろ過して処理する。

問17～20　次の各問の劇物の鑑識法として、最も適当なものは下の選択肢のうちどれか。

問 17　塩素酸カリウム　　問 18　硫酸亜鉛　　問 19　蓚酸
問 20　一酸化鉛

1　熱すると酸素を発生する。さらに塩酸を加えて熱すると塩素を生成する。
2　希硝酸に溶かすと、無色の液体となり、これに硫化水素を通じると、黒色の沈殿を生じる。
3　水溶液を酢酸で弱酸性にして酢酸カルシウムを加えると、結晶性の沈殿を生じる。
4　水に溶かして硫化水素を通じると、白色の沈殿を生じる。

（農業用品目）

問１～４　次の各問の劇物の性状等として、最も適当なものは下の選択肢のうちどれか。

問１　2,2´－ジピリジリウム－1,1´－エチレンジブロミド〔別名：ジクワット〕
問２　硫酸銅(Ⅱ)〔別名：硫酸第二銅〕
問３　塩素酸ナトリウム
問４　燐化亜鉛

1　淡黄色の吸湿性結晶で、中性又は酸性下で安定であるが、アルカリ性で不安定である。アルカリ溶液とする場合、２～３時間以上貯蔵できない。
2　五水和物は濃い藍色の結晶で、風解性がある。水に溶けやすく、水溶液は酸性を示す。
3　暗赤色の光沢のある粉末で、水、アルコールに溶けないが、希酸に気体を出して溶解する。 殺鼠剤として用いられる。
4　白色の正方単斜状の結晶で、水に溶けやすく、空気中の水分を吸って潮解する。強い酸化剤で、可燃物があると加熱、摩擦又は衝撃により爆発する。

問５～８　次の各問の毒物又は劇物の用途として、最も適当なものは下の選択肢のうちどれか。

問５　1,1´－ジメチル－4,4´－ジピリジニウムジクロリド〔別名：パラコート〕
問６　ジエチル－3,5,6－トリクロル－2－ピリジルチオホスフェイト〔別名：クロルピリホス〕
問７　1,1´－イミノジ(オクタメチレン)ジグアニジン〔別名：イミノクタジン〕
問８　硫酸タリウム

1　果樹の腐らん病、晩腐病、麦類の斑葉病、腥（なまぐさ）黒穂病、芝の葉枯れ病等の殺菌に用いられる。
2　除草剤として用いられる。
3　果樹の害虫防除に用いられる。
4　殺鼠（そ）剤として用いられる。

問９～12　次の各問の毒物又は劇物の毒性等として、最も適当なものは下の選択肢のうちどれか。

問９　シアン化水素
問10　2－ジフェニルアセチル－1,3－インダンジオン〔別名：ダイファシノン〕
問11　ジメチル－2,2－ジクロルビニルホスフェイト〔別名：DDVP、ジクロルボス〕
問12　モノフルオール酢酸ナトリウム

1　有機燐（りん）化合物であり、体内に吸収されるとコリンエステラーゼの作用を阻害し、頭痛、めまい、意識の混濁等の症状を引き起こす。
2　体内でビタミンＫの働きを抑えることにより血液凝固を阻害し、出血を引き起こす。
3　細胞の糖代謝に関する酵素を阻害し、激しい嘔吐が繰り返され、胃の疼痛を訴え、しだいに意識が混濁し、てんかん性痙攣（けいれん）、脈拍の遅緩がおこり、チアノーゼ、血圧下降をきたす。
4　細胞内ミトコンドリアの呼吸酵素(チトクロム酸化酵素)に結合して細胞呼吸を阻害し、酸素の感受性の高い臓器から障害を受け、中枢神経系と循環器系症状が早期から出現する。

問13～16　次の各問の毒物又は劇物の廃棄方法等として、最も適当なものは下の選択肢のうちどれか。

問13　ジメチル－4－メチルメルカプト－3－メチルフェニルチオホスフェイト〔別名：フェンチオン、MPP〕
問14　燐（りん）化アルミニウムとその分解促進剤とを含有する製剤
問15　塩化銅(Ⅱ)〔別名：塩化第二銅〕
問16　アンモニア

1　有機燐（りん）化合物である本品を、可溶性溶剤とともに、アフターバーナー及びスクラバーを備えた焼却炉の火室へ噴霧し焼却する。
2　多量の次亜塩素酸ナトリウムと水酸化ナトリウムの混合水溶液を攪拌（かくはん）しながら少量ずつ加えて酸化分解する。過剰の次亜塩素酸ナトリウムをチオ硫酸ナトリウム水溶液等で分解した後、希硫酸を加えて中和し沈殿ろ過して処理する。
3　水で希薄な水溶液とし、希塩酸又は希硫酸などで中和させた後、多量の水で希釈して処理する。
4　水に溶かし、水酸化カルシウム、炭酸ナトリウム等の水溶液を加えた後、沈殿ろ過して処理する。

問17～20　次の各問の毒物又は劇物の鑑識法として、最も適当なものは下の選択肢のうちどれか。

問17　アンモニア水　　問18　硫酸　　問19　塩化亜鉛　　問20　ニコチン

1　濃塩酸をつけたガラス棒を近づけると、白い霧を生じる。
2　ホルマリン一滴を加えたのち、濃硝酸一滴を加えると、ばら色を呈する。
3　白色結晶である本品を水に溶かし、硝酸銀を加えると、白色の沈殿を生じる。
4　希釈した水溶液に塩化バリウムを加えると、塩酸や硝酸に溶けない白色の沈殿を生じる。

（特定品目）

問１～４　次の各問の劇物の性状として、最も適当なものは下の選択肢のうちどれか。

問１　トルエン　　問２　ホルマリン　　問３　塩素　　問４　クロロホルム

1　無色で可燃性のベンゼン臭を有する液体。水に溶けにくいが、エタノール、ベンゼン、エーテルに溶けやすい。
2　無色透明の刺激臭を有する液体で、低温では混濁することがある。
3　無色の揮発性液体で、特異臭と甘味を有する。純粋なものは空気に触れ、同時に日光の作用を受けると分解する。
4　黄緑色の気体で、窒息性臭気をもつ。

問５～８　次の各問の劇物の貯蔵方法として、最も適当なものは下の選択肢のうちどれか。

問５　アンモニア水　　問６　水酸化ナトリウム　　問７　過酸化水素水
問８　キシレン

1　アルカリ存在下では分解するため、安定剤として少量の酸を添加して貯蔵する。
2　鼻をさすような臭気があり、揮発しやすいため、よく密栓して貯蔵する。
3　二酸化炭素と水を吸収する性質が強いため、密栓して貯蔵する。
4　引火しやすく、また、その蒸気は空気と混合して爆発性の混合ガスとなるので火気は近づけないで貯蔵する。

問９～12　次の各問の劇物の毒性等として、最も適当なものは下の選択肢のうちどれか。

問９　水酸化カリウム　　問10　四塩化炭素　　問11　メタノール
問12　クロム酸カリウム

1　濃厚な蒸気を吸入すると、酩酊（めいてい）、頭痛、目のかすみ等の症状を呈し、さらに高濃度の時は昏睡を起こし、失明することがある。
2　蒸気を吸入すると、頭痛、悪心をきたし、黄疸（おうだん）のように角膜が黄色となり、重症な場合は、嘔吐（おうと）、意識不明などを起こす。
3　摂取により、口と食道が赤黄色に染まり、後に青緑色となる。腹痛、血便等を引き起こす。
4　白色の固体で、濃厚水溶液は極めて腐食性が強く、皮膚に触れると激しく侵される。微粒子やミストを吸引すると呼吸器官が侵され、目に入った場合には、失明のおそれがある。

問13〜16　次の各問の劇物の用途として、最も適当なものは下の選択肢のうちどれか。

問13　塩基性酢酸鉛　　問14　酢酸エチル　　問15　ホルムアルデヒド
問16　硫酸

1　工業用のレーキ、染料に用いられる。
2　香料、溶剤、有機合成原料に用いられる。
3　肥料、各種化学薬品の製造、車のバッテリー液、乾燥剤などに用いられる。
4　工業用としてフィルムの硬化、人造樹脂、色素合成などに用いられる。

問17〜20　次の各問の劇物の鑑識法として、最も適当なものは下の選択肢のうちどれか。

問17　硫酸　　問18　クロロホルム　　問19　メタノール　　問20　一酸化鉛

1　希釈した水溶液に塩化バリウムを加えると、塩酸や硝酸に溶けない白色の沈殿を生じる。
2　希硝酸に溶かすと、無色の液体となり、これに硫化水素を通じると、黒色の沈殿を生じる。
3　あらかじめ熱灼（しゃく）した酸化銅を加えると、ホルムアルデヒドが生成し、酸化銅は還元されて金属銅色を呈する。
4　アルコール溶液に水酸化カリウム溶液と少量のアニリンを加えて加熱すると、不快な刺激性の臭気を放つ。

三重県
令和元年度実施

〔法　規〕
(一般・農業用品目・特定品目共通)

問1　次の文は、毒物及び劇物取締法の条文の一部である。条文中の(　　)の中に入る語句として正しいものを下欄から選びなさい。

第1条
　この法律は、毒物及び劇物について、((1))上の見地から必要な((2))を行うことを目的とする。

第3条
3　毒物又は劇物の販売業の登録を受けた者でなければ、毒物又は劇物を販売し、授与し、又は販売若しくは授与の目的で貯蔵し、運搬し、若しくは((3))してはならない。(以下、略)

第14条
　毒物劇物営業者は、毒物又は劇物を他の毒物劇物営業者に販売し、又は授与したときは、その都度、次に掲げる事項を書面に記載しておかなければならない。
　一　毒物又は劇物の名称及び数量
　二　販売又は授与の年月日
　三　譲受人の氏名、職業及び住所(法人にあっては、その名称及び主たる事務所の所在地)
2　(略)
3　(略)
4　毒物劇物営業者は、販売又は授与の日から((4))、第1項及び第2項の書面並びに前項前段に規定する方法が行われる場合に当該方法において作られる電磁的記録(電子的方式、磁気的方式その他人の知覚によっては認識することができない方式で作られる記録であって電子計算機による情報処理の用に供されるものとして厚生労働省令で定めるものをいう。)を保存しなければならない。

下欄

(1)	1　公衆衛生	2　労働衛生	3　保健衛生	4　環境衛生
(2)	1　措置	2　指導	3　取締	4　管理
(3)	1　陳列	2　所持	3　小分け	4　広告
(4)	1　2年間	2　3年間	3　5年間	4　6年間

問2　次の(5)～(8)の設問について答えなさい。

(5) 次の文は、毒物劇物取扱責任者及び毒物又は劇物の交付の制限に関する記述である。(　　)の中に入る語句の正しい組合せを下欄から選びなさい。
・毒物及び劇物取締法第8条において、((a))歳未満の者は、毒物劇物取扱責任者となることができないと規定されている。
・毒物及び劇物取締法第15条において、毒物劇物営業者は、毒物又は劇物を((b))歳未満の者に交付してはならないと規定されている。

下欄

	(a)	(b)
1	18	18
2	18	20
3	20	18
4	20	20

(6) 次の文は、毒物及び劇物取締法施行令の条文の一部である。条文中の（　　）の中に入る語句の正しい組合せを下欄から選びなさい。

第40条の9
　毒物劇物営業者は、毒物又は劇物を販売し、又は授与するときは、その販売し、又は授与する時までに、譲受人に対し、当該毒物又は劇物の（ (a) ）及び（ (b) ）に関する情報を提供しなければならない。ただし、当該毒物劇物営業者により、当該譲受人に対し、既に当該毒物又は劇物の（ (a) ）及び（ (b) ）に関する情報の提供が行われている場合その他厚生労働省令で定める場合は、この限りでない。
（以下、略）

下欄

	(a)	(b)
1	性状	取扱い
2	性状	貯蔵方法
3	毒性	取扱い
4	毒性	貯蔵方法

(7) 次の文は、毒物及び劇物取締法施行令第32条の2の条文である。条文中の（　　）の中に入る語句として正しいものを下欄から選びなさい。

第32条の2
　法第3条の3に規定する政令で定める物は、トルエン並びに（ (7) ）を含有するシンナー（塗料の粘度を減少させるために使用される有機溶剤をいう。）、接着剤、塗料及び閉そく用又はシーリング用の充てん料とする。

参考：毒物及び劇物取締法第3条の3
　興奮、幻覚又は麻酔の作用を有する毒物又は劇物（これらを含有する物を含む。）であって政令で定めるものは、みだりに摂取し、若しくは吸入し、又はこれらの目的で所持してはならない。

下欄

1 酢酸エチル又はメタノール　　2 酢酸エチル、トルエン又はメタノール
3 酢酸エチル及びメタノール　　4 酢酸エチル、トルエン及びメタノール

(8) 次の文は、毒物及び劇物取締法施行令第35条及び第36条の規定に基づく毒物劇物営業者の登録票の書換え交付及び再交付に関する記述である。記述の正誤について、正しい組合せを下欄から選びなさい。

a 登録票の記載事項に変更を生じたときは、登録票の書換え交付を申請することができる。
b 登録票を破り、汚し、又は失ったときは、登録票の再交付を申請することができる。
c 登録票の再交付を受けた後、失った登録票を発見したときは、これを返納しなければならない。

下欄

	a	b	c
1	正	誤	正
2	正	誤	誤
3	誤	正	正
4	正	正	正

問３　次の文は、毒物及び劇物取締法の条文の一部である。条文中の(　　)の中に入る語句として正しいものを下欄から選びなさい。

第11条

４　毒物劇物営業者及び特定毒物研究者は、毒物又は厚生労働省令で定める劇物については、その容器として、(　(9)　)の容器として通常使用される物を使用してはならない。

第12条

３　毒物劇物営業者及び特定毒物研究者は、毒物又は劇物((10))に、「((11))外」の文字及び毒物については「毒物」、劇物については「劇物」の文字を表示しなければならない。

第16条の２

２　毒物劇物営業者及び特定毒物研究者は、その取扱いに係る毒物又は劇物が盗難にあい、又は紛失したときは、直ちに、その旨を(　(12)　)に届け出なければならない。

下欄

(9)	1 飲食物	2 医薬品	3 危険物	4 一般物
(10)	1 の容器	2 の容器及び被包	3 を貯蔵する場所	
	4 を貯蔵し、又は陳列する場所			
(11)	1 薬用	2 薬品	3 医薬用	4 医薬品
(12)	1 保健所、警察署又は消防機関		2 保健所	
	3 警察署		4 消防機関	

問４　次の(13)～(16)の設問について答えなさい。

(13)　次の文は、毒物劇物営業者の登録に関する記述である。記述の正誤について、正しい組合せを下欄から選びなさい。

a　毒物又は劇物の製造業者が、その製造した毒物又は劇物を、他の毒物又は劇物の販売業者に販売するときは、毒物又は劇物の販売業の登録を受けなくてもよい。

b　毒物又は劇物の販売業の登録を受けようとする者は、販売又は授与しようとする毒物又は劇物の品目を登録しなければならない。

下欄

	(a)	(b)
1	正	正
2	誤	正
3	正	誤
4	誤	誤

(14)　次の文は、毒物又は劇物の販売業者が行う手続きに関する記述である。正しいものの組合せを下欄から選びなさい。

a　氏名又は住所(法人にあっては、その名称又は主たる事務所の所在地)を変更したときは、毒物及び劇物取締法第10条の規定に基づき、30日以内にその旨をその店舗の所在地の都道府県知事に届け出なければならない。

b　毒物又は劇物を貯蔵し、又は陳列する設備の重要な部分を変更するときは、毒物及び劇物取締法第10条の規定に基づき、あらかじめその旨をその店舗の所在地の都道府県知事に届け出なければならない。

c　店舗の名称を変更したときは、毒物及び劇物取締法第10条の規定に基づき、30日以内にその旨をその店舗の所在地の都道府県知事に届け出なければならない。

d　店舗の営業日及び営業時間を変更したときは、毒物及び劇物取締法第10条の規定に基づき、30日以内にその旨をその店舗の所在地の都道府県知事に届け出なければならない。

下欄

1（a、b）　2（a、c）　3（b、d）　4（c、d）

(15)　次のうち、毒物及び劇物取締法第12条第2項の規定に基づき、毒物又は劇物を販売する際に毒物劇物営業者が、毒物又は劇物の容器及び被包に表示しなければならない事項はどれか。正しいものの組合せを下欄から選びなさい。

a　毒物又は劇物の名称　　b　毒物又は劇物の成分及びその含量
c　毒物又は劇物の廃棄方法　　d　毒物又は劇物の使用期限

下欄

1（a、b）　2（a、c）　3（b、d）　4（c、d）

(16)　次の文は、毒物及び劇物取締法施行令第40条の5第2項の規定に基づき、車両を使用して、ホルムアルデヒド5％を含有する製剤で液体状のものを、1回につき6,000kg運搬する場合の運搬方法に関する記述である。記述の正誤について、正しい組合せを下欄から選びなさい。

a　1日当たりの運転時間が10時間の場合、2時間ごとに30分以上の休憩をとりながら運転すれば、運転者は1人でもよい。
b　車両には、運搬する毒物又は劇物の名称、成分及びその含量並びに事故の際に講じなければならない応急の措置の内容を記載した書面を備えなければならない。

下欄

	(a)	(b)
1	正	正
2	誤	正
3	正	誤
4	誤	誤

問5　次の(17)～(20)の設問について答えなさい。

(17)　(18)次の文は、毒物又は劇物の業務上取扱者の届出に関する記述である。(　　)の中に入る語句として正しいものを下欄から選びなさい。

毒物及び劇物取締法第22条において、((17))を行う事業者は、当該毒物を取り扱うこととなった日から((18))以内に、その事業場の所在地の都道府県知事(その事業場の所在地が保健所を設置する市又は特別区の区域にある場合においては、市長又は区長)に業務上取扱者の届出をしなければならないと規定されている。

下欄

(17)	1　砒(ひ)素化合物たる毒物を使用して、電気めっき 2　砒(ひ)素化合物たる毒物を使用して、金属熱処理 3　無機シアン化合物たる毒物を使用して、電気めっき 4　無機シアン化合物たる毒物を使用して、しろありの防除
(18)	1　10日　　2　15日　　3　30日　　4　50日

(19)　(20)次の文は、引火性、発火性又は爆発性のある毒物又は劇物に関する記述である。(　　)の中に入る語句として正しいものを下欄から選びなさい。

・毒物及び劇物取締法第3条の4において、引火性、発火性又は爆発性のある毒物又は劇物であって政令で定めるものは、((19))してはならないと規定されている。
・毒物及び劇物取締法施行令第32条の3においては、毒物及び劇物取締法第3条の4に規定する政令で定めるものとして、((20))等の劇物が定められている。

下欄

(19)	1　業務その他正当な理由による場合を除いては、所持 2　業務その他正当な理由による場合を除いては、販売 3　所持及び使用 4　販売及び使用
(20)	1　ニトロベンゼン　　2　ナトリウム　　3　亜塩素酸ナトリウム10％ 4　カリウム

〔基礎化学〕

（一般・農業用品目・特定品目共通）

問6　次の各問(21)～(24)について、最も適当なものを下欄から選びなさい。

(21) アルカリ土類金属に分類される元素はどれか。

下欄

1　Na	2　Al	3　Sr	4　Cu

(22) 無極性分子はどれか。

下欄

1　H_2O	2　NH_3	3　HCl	4　CH_4

(23)　原子番号が同じで、質量数が異なる原子を互いに何というか。

下欄

1　同素体	2　異性体	3　同位体	4　同族体

(24) 固体が空気中の水分を吸収し、その吸収した水に固体が溶け込む現象を何というか。

下欄

1　潮解	2　風解	3　融解	4　分解

問7　次の各問(25)～(28)について、最も適当なものを下欄から選びなさい。

(25) 次の記述にあてはまる化学の法則はどれか。
「反応熱は、反応の経路によらず、反応の最初と最後の状態で決まる。」

下欄

1　ヘスの法則	2　ボイル・シャルルの法則
3　ファントホッフの法則	4　ファラデーの法則

(26) 0.3 カラットのダイヤモンドに含まれる炭素原子はいくつか。ただし、ダイヤモンドは不純物を含まないものとし、必要に応じて次の値を用いること。
　1 カラットは 0.2g、原子量は、C = 12、O = 16、Si = 28、アボガドロ定数は 6.0×10^{23}/mol とする。

下欄

1　3.0×10^{20} 個	2　6.0×10^{20} 個	3　1.3×10^{21} 個	4　3.0×10^{21} 個

(27) 0.010 mol/L 硫酸水溶液(電離度 1)の pH として最も近い値はどれか。ただし、$\log_{10}2 = 0.30$ とする。

下欄

1　1.3	2　1.7	3　2.0	4　2.3

(28) 塩化ナトリウム飽和水溶液を、炭素電極を用いて電気分解するとき、陽極に主に生成するものはどれか。

下欄

1　H_2	2　CO_2	3　Na	4　Cl_2

問８　次の各問(29)～(32)について、最も適当なものを下欄から選びなさい。

(29)　80 ℃の塩化カリウム飽和水溶液 50.0g を 10 ℃まで冷やすと、何 g の結晶が析出するか。ただし、塩化カリウムの溶解度は、80 ℃で 51.3、10 ℃で 31.2 とする。

1　6.6g	2　10.1g	3　13.3g	4　20.1g

(30)　例えば、石けん水に多量の食塩を加えると、石けんが固まる。このような、多量の電解質を加えることによって、親水コロイドが沈殿する現象を何というか。

下欄

1　塩析	2　透析	3　凝析	4　チンダル現象

(31)　Na^{+}、Al^{3+}、Cu^{2+}、Ba^{2+}を含む酸性の混合水溶液に対して、硫化水素を通じるときに、生じる沈殿はどれか。

下欄

1　Na_2S	2　Al_2S_3	3　CuS	4　BaS

(32)　次の糖(糖類)のうち、加水分解によって２種類の単糖(単糖類)を生じる二糖(二糖類)はどれか。

下欄

1　セロビオース	2　スクロース	3　ガラクトース	4　マルトース

(一般)

問９　次の各問(33)～(36)について、最も適当なものを下欄から選びなさい。

(33)　水素(H)、黒鉛(C)及びエタノール(C_2H_5OH)の燃焼熱は、それぞれ 286 kJ/mol、394 kJ/mol 及び 1,368 kJ/mol である。エタノールの生成熱は何 kJ/mol か。

下欄

1　278 kJ/mol	2　294 kJ/mol	3　386 kJ/mol	4　688 kJ/mol

(34)　酸性域では無色であるが、pH10 付近で赤色を呈する指示薬はどれか。

下欄

1　メチルオレンジ	2　メチルレッド
3　リトマス	4　フェノールフタレイン

(35)　27 ℃、3.6×10^5Pa で 10.0L の気体を、77 ℃、1.5×10^5Pa にすると、その体積は何 L となるか。

下欄

1　8.4 L	2　20.6L	3　28.0L	4　68.4L

(36)　次の化学反応式のうち、酸化還元反応を含まないものはどれか。

1　$N_2 + 3\ H_2 \rightarrow 2\ NH_3$
2　$2\ Al + Fe_2O_3 \rightarrow Al_2O_3 + 2\ Fe$
3　$H_2SO_4 + 2\ NaOH \rightarrow Na_2SO_4 + 2\ H_2O$
4　$SO_2 + 2\ H_2S \rightarrow 2\ H_2O + 3\ S$

問10　次の各問(37)～(40)について、最も適当なものを下欄から選びなさい。

(37) 不斉炭素原子を有するものはどれか。

下欄

1　クエン酸	2　酒石酸	3　蓚酸（しゅう）	4　マレイン酸

(38)　タンパク質水溶液に水酸化ナトリウム水溶液を加えて塩基性にした後、薄い硫酸銅(Ⅱ)水溶液を加えると、赤紫色となる。この反応を何というか。

下欄

1　ビウレット反応	2　キサントプロテイン反応
3　ニンヒドリン反応	4　ルミノール反応

(39) アミノ基とカルボキシ基との脱水縮合で生成する、窒素とカルボニル基との結合を何というか。

下欄

1　エステル結合	2　ジアゾ結合	3　アミド結合	4　配位結合

(40)　次の記述のうち、誤っているものはどれか。

1　アミノ酸は、酸と塩基の両方の性質を示す両性化合物である。
2　テレフタル酸とエチレングリコールの縮合重合により得られるポリエチレンテレフタラートは、合成繊維のほか、ペットボトルの原料として使用される。
3　グリセリンと脂肪酸のエステルを、一般に油脂という。
4　けん化価は、油脂中に含まれる炭素二重結合の数に比例する。

(農業用品目・特定品目共通)

問9　次の各問(33)～(36)について、最も適当なものを下欄から選びなさい。

(33)　例えば、鍋料理を食べようとするとき、メガネが曇ることがある。このような、気体から液体への状態変化を何というか。

下欄

1　凝縮	2　凝固	3　蒸発	4　融解

(34)　次の塩（えん）のうち、その水溶液が塩基性を示すものはどれか。

下欄

1　Na_2CO_3	2　NH_4Cl	3　$CuSO_4$	4　KNO_3

(35)　水酸化ナトリウム8.0 gを水に溶かし、全量を250mLとした水溶液のモル濃度は何mol/Lか。
ただし、原子量はH＝1、O＝16、Na＝23とする。

下欄

1　0.2mol/L	2　0.4mol/L	3　0.8mol/L	4　1.2mol/L

(36)　一定温度において、2.0×10^5 Paの酸素 2.0 Lと、3.0×10^5 Paの窒素 5.0 Lを10.0 Lの真空容器に入れた。このとき、この混合気体の全圧は何Paとなるか。

下欄

1　4.0×10^4 Pa	2　1.3×10^5Pa	3　1.5×10^5Pa	4　1.9×10^5Pa

問 10　次の各問(37)～(40)について、最も適当なものを下欄から選びなさい。

(37)　次の変化で、下線を付けた元素が還元されたものはどれか。

下欄

1　K<u>Mn</u>O_4 → <u>Mn</u>O_2	2　<u>Na</u>Cl → <u>Na</u>HCO_3
3　K<u>Cl</u> → <u>Cl</u>$_2$	4　K_2<u>Cr</u>O_4 → K_2<u>Cr</u>$_2O_7$

(38)　フェノールに含まれる官能基はどれか。

下欄

1　－OH	2　－CHO	3　$-NO_2$	4　$-NH_2$

(39)　ベンゼンに、濃硫酸と濃硝酸の混合液を加え 60 ℃程度で反応させるとき、生成する化合物はどれか。

下欄

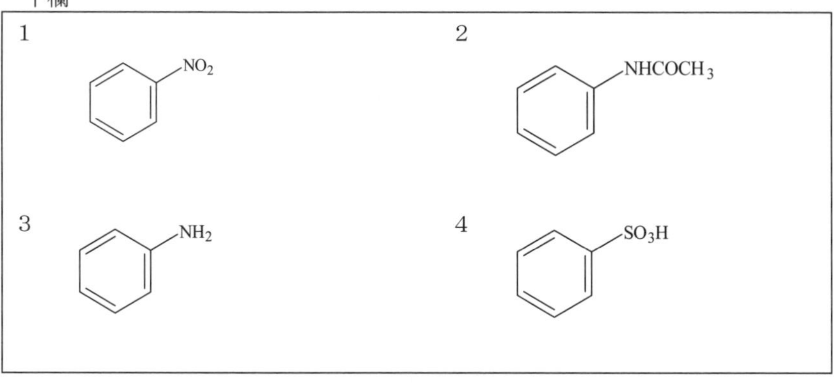

(40)　*m* －クレゾール、サリチル酸、アニリン及びフェノールを含むエーテル溶液に水酸化ナトリウム水溶液を加えて振ったとき、エーテル層から単一の芳香族化合物が分離された。この芳香族化合物はどれか。

下欄

1　*m* －クレゾール	2　サリチル酸	3　アニリン	4　フェノール

〔性状・貯蔵・取扱方法〕

(一般)

問 11　次の物質の常温・常圧下における性状として、最も適当なものを下欄から選びなさい。

(41) クロルスルホン酸　　(42) 燐(りん)化水素
(43) 重クロム酸アンモニウム　　(44) 水酸化ナトリウム

下欄

1　腐魚臭様の臭気をもつ無色の気体である。水にわずかに溶け、酸素およびハロゲンとは激しく化合する。
2　白色の固体で、空気中の水分および二酸化炭素を吸収する。
3　橙赤色の結晶、無臭で、燃焼性がある。水によく溶け、酸性を示す。
4　無色または淡黄色の腐食性液体で、刺激臭があり、空気中で発煙する

問12 次の物質の貯蔵方法として、最も適当なものを下欄から選びなさい。

(45)水酸化カリウム　　(46)ピクリン酸
(47)クロロプレン　　(48)ナトリウム

下欄

1　空気中にそのまま貯蔵することはできないので、通常、石油中に貯蔵する。
2　二酸化炭素と水を強く吸収するため、密栓をして貯蔵する。
3　重合防止剤を加えて窒素置換し、遮光して冷所に貯蔵する。
4　火気に対し安全で隔離された場所に、硫黄、ヨード、ガソリン、アルコール等と離して貯蔵する。鉄、銅、鉛等の金属容器を使用しない。通常、安全のため、水を含有させる。

問13 次の物質を含有する製剤は、毒物及び劇物取締法令上ある一定濃度以下で劇物から除外される。その除外される上限の濃度として、最も適当なものを下欄からそれぞれ選びなさい。

(49)　アンモニア

下欄

1　1％	2　5％	3　10%	4　40%

(50)　メチルアミン

下欄

1　1％	2　5％	3　10%	4　40%

(51)　クレゾール

下欄

1　1％	2　5％	3　10%	4　40%

(52)　蓚(しゅう)酸

下欄

1　1％	2　5％	3　10%	4　40%

問14 次の物質の化学式として、最も適当なものを下欄から選びなさい。

(53)ホスゲン　　(54)クロルメチル
(55)クロロホルム　　(56)クロロアセチルクロライド

下欄

1　$CHCl_3$	2　$COCl_2$	3　CH_3Cl	4　$CH_2ClCOCl$

問 15　次の物質の毒性として、最も適当なものを下欄から選びなさい。

(57)アニリン　(58)メタノール
(59)モノフルオール酢酸ナトリウム　(60)シアン化水素

下欄

1　血液に作用してメトヘモグロビンをつくり、皮膚や粘膜が青黒くなる(チアノーゼ)。頭痛、めまい、吐気が起こる。はなはだしい場合にはこん睡、意識不明となる。
2　極めて猛毒で、希薄な蒸気でもこれを吸入すると、呼吸中枢を刺激し、ついで麻痺(まひ)を起こす。
3　生体細胞内のＴＣＡサイクル阻害作用により、嘔吐(おうと)、胃の疼痛、意識混濁、てんかん性痙攣(けいれん)、脈拍の遅緩(ちかん)が起こり、チアノーゼ、血圧降下が生じる。
4　頭痛、めまい、嘔吐(おうと)、下痢、腹痛等を起こし、致死量に近ければ麻酔状態になり、視神経が侵され、目がかすみ、ついには失明することがある。

(農業用品目)

問 11　次の物質の常温・常圧下における性状として、最も適当なものを下欄から選びなさい。

(41)硫酸第二銅　(42)弗(ふつ)化スルフリル
(43)テブフェンピラド　(44)ニコチン

下欄

1　五水和物は濃い藍色の結晶で、風解性があり、水に溶けやすい。
2　淡黄色の結晶で、水に極めて溶けにくい。
3　アルカロイドであり、純品は無色、無臭の油状液体であるが、空気中では速やかに褐変する。
4　無色の気体で、アセトン、クロロホルムに溶ける。

問 12　次の物質の貯蔵方法に関する記述について、(　　)内にあてはまる最も適当なものを下欄からそれぞれ選びなさい。

《燐(りん)化アルミニウムとその分解促進剤とを含有する製剤》
毒物及び劇物取締法において((45))に指定されており、毒物及び劇物取締法施行令第 31 条において、その保管は、((46))で行わなければならないと規定されている。

《シアン化カリウム》
酸類と反応すると有毒で引火性のあるガスを発生するため、光を遮り、酸類とは、 離して((47))する。

《塩化亜鉛》
((48))があるので、密栓して貯蔵する。

下欄

(45)	1 特定毒物 2 引火性、発火性又は爆発性のある毒物 3 発火性又は爆発性のある劇物 4 引火性、発火性又は爆発性のある劇物
(46)	1 石油中　2 水中　3 密閉した容器　4 遮光した容器
(47)	1 石油中に貯蔵 2 空気の流通のよい乾燥した冷所に密封して貯蔵 3 圧縮容器に入れ、冷所を避けて貯蔵 4 水を少量加えて冷所に貯蔵
(48)	1 揮発性　2 爆発性　3 発火性　4 潮解性

問 13　次の物質を含有する製剤は、毒物及び劇物取締法令上ある一定濃度以下で劇物から除外される。その除外される上限の濃度として、最も適当なものを下欄からそれぞれ選びなさい。

(49)　ロテノン

下欄

1　1.5%	2　2%	3　6.8%	4　8%

(50)　エンドタール

下欄

1　1.5%	2　2%	3　6.8%	4　8%

(51)　トリシクラゾール

下欄

1　1.5%	2　2%	3　6.8%	4　8%

(52)　ピラクロストロビン

下欄

1　1.5%	2　2%	3　6.8%	4　8%

問 14　次の物質の分類について、最も適当なものを下欄から選びなさい。

(53)ダイアジノン　(54)メトミル　(55)テフルトリン
(56)チアクロプリド

下欄

1　ネオニコチノイド系農薬	2　ピレスロイド系農薬
3　カーバメート系農薬	4　有機リン系農薬

問 15　次の物質の化学式として、最も適当なものを下欄から選びなさい。

(57)　エチレンクロルヒドリン

下欄

1　$SO_2Cl(OH)$	2　$CH_2ClCOCl$	3　CCl_3NO_2	4　CH_2ClCH_2OH

(58)　ブロムメチル

下欄

1　CH_3Br	2　C_2H_5Br	3　Br_2	4　HBr

(59)　硫酸

下欄

1　HCOOH	2　HNO_3	3　H_2SO_4	4　$(COOH)_2$

(60)　シアン酸ナトリウム

下欄

1　$NaClO_3$	2　$NaClO_2$	3　NaClO	4　NaOCN

(特定品目)

問 11　次の物質の常温・常圧下における性状として、最も適当なものを下欄から選びなさい。

(41) クロロホルム　(42) 重クロム酸カリウム
(43) 硅弗化（けいふっ）ナトリウム　(44) 塩素

下欄

1　窒息性の臭気をもつ黄緑色の気体。
2　無色の結晶で、水に溶けにくい。
3　橙赤色の結晶で、水に溶けやすい。強力な酸化剤である。
4　エーテル様の臭気を持つ無色の液体で、不燃性である。

問 12　次の物質の貯蔵方法として、最も適当なものを下欄から選びなさい。

(45) クロロホルム　(46) 過酸化水素水
(47) キシレン　(48) 水酸化カリウム

下欄

1　直射日光を避け、少量ならば褐色ガラス瓶、大量ならばカーボイなどを使用し、３分の１の空間を保って冷所に貯蔵する。
2　二酸化炭素と水を強く吸収するため、密栓して貯蔵する。
3　純品は空気と日光によって分解するため、少量のアルコールを加えて冷暗所に貯蔵する。
4　引火しやすく、また、その蒸気は空気と混合して爆発性混合ガスとなるため、火気を遠ざけて貯蔵する。

問 13　次の物質を含有する製剤は、毒物及び劇物取締法令上ある一定濃度以下で劇物から除外される。その除外される上限の濃度として、最も適当なものを下欄からそれぞれ選びなさい。

(49)　アンモニア

下欄

1　５%	2　６%	3　10%	4　70%

(50)　蓚（しゅう）酸

下欄

1　５%	2　６%	3　10%	4　70%

(51)　クロム酸鉛

下欄

1　５%	2　６%	3　10%	4　70%

(52)　過酸化水素

下欄

1　5%	2　6%	3　10%	4　70%

問 14　次の物質の化学式として、最も適当なものを下欄から選びなさい。

(53)酢酸エチル　(54)メタノール
(55)メチルエチルケトン　(56)キシレン

下欄

1　CH_3OH	2　$CH_3COC_2H_5$	3　$C_6H_4(CH_3)_2$	4　$CH_3COOC_2H_5$

問 15　次の物質の毒性として、最も適当なものを下欄から選びなさい。

(57)　蓚(しゅう)酸　(58)　硝酸　(59)　四塩化炭素　(60)　メタノール

下欄

1　血液中の石灰分を奪取し、神経系を侵す。急性中毒症状は、胃痛、嘔吐(おうと)、口腔(くう)、咽喉(いんこう)に炎症を起こし、腎臓が侵される。
2　高濃度の当該物質の水溶液が皮膚に触れると、ガスを発生して、組織ははじめ白く、しだいに深黄色となる。
3　頭痛、めまい、嘔吐(おうと)、下痢、腹痛等を起こし、致死量に近ければ麻酔状態になり、視神経が侵され、目がかすみ、ついには失明することがある。
4　蒸気の吸入により、はじめ頭痛、悪心などをきたし、また黄疸(おうだん)のように角膜が黄色となり、しだいに尿毒症様を呈し、はなはだしいときは死ぬことがある。

〔実　地〕

(一般)

問 16　次の物質の用途として、最も適当なものを下欄から選びなさい。

(61) ジメトエート　(62) 炭酸バリウム
(63) 硅弗(けいふつ)化水素酸　(64)ヘキサン-1, 6-ジアミン

下欄

1　有機リン系殺虫剤
2　セメントの硬化促進剤
3　陶磁器の釉(ゆう)薬、光学ガラス
4　ナイロン 66 の原料、ウレタンの原料

問 17　次の物質の鑑別方法として、最も適当なものを下欄から選びなさい。

(65) フェノール　(66) 塩化亜鉛
(67) カリウム　(68) 四塩化炭素

下欄

1　アルコール性の水酸化カリウムと銅粉とともに煮沸すると、黄赤色の沈殿を生じる。
2　水溶液に過クロール鉄液を加えると紫色を呈する。
3　水に溶かし、硝酸銀を加えると、白色の沈殿を生じる。
4　白金線に試料を付けて、溶融炎で熱すると、炎の色は青紫色になる。

問 18　毒物及び劇物の品目ごとの具体的な廃棄方法として厚生労働省が定めた「毒物及び劇物の廃棄の方法に関する基準」に基づき、次の毒物又は劇物の廃棄方法として、最も適当なものを下欄から選びなさい。

(69) 過酸化ナトリウム　　(70) トリクロル酢酸
(71) 水銀　　(72) クロム酸カルシウム

下欄

1　還元沈殿法	2　燃焼法	3　中和法	4　回収法

問 19　毒物及び劇物の運搬事故時における応急措置の具体的な方法として厚生労働省が定めた「毒物及び劇物の運搬事故時における応急措置に関する基準」に基づき、次の毒物又は劇物が多量に漏えい又は飛散した際の措置として、最も適当なものを下欄から選びなさい。

(73) 硫酸　　(74) 酢酸エチル　　(75) ブロムメチル　　(76) 臭素

下欄

1　漏えい箇所や漏えいした液には、消石灰を十分に散布し、ムシロ、シート等 をかぶせ、その上に更に消石灰を散布して吸収させる。漏えい容器には散水しない。多量にガスが噴出した場所には、遠くから霧状の水をかけ吸収させる。
2　漏えいした液は、土砂等でその流れを止め、液が広がらないようにして蒸発させる。
3　漏えいした液は、土砂等でその流れを止め、安全な場所へ導いた後、液の表面を泡等で覆(おお)い、できるだけ空容器に回収する。そのあとは多量の水を用いて洗い流す。この場合、濃厚な廃液が河川等に排出されないよう注意する。
4　漏えいした液は、土砂等でその流れを止め、これに吸着させるか、又は安全な場所に導いて、遠くから徐々に注水してある程度希釈した後、消石灰、ソーダ灰等で中和し、多量の水を用いて洗い流す。この場合、濃厚な廃液が河川等に排出されないよう注意する。

問 20　次の物質の毒物及び劇物取締法施行令第 40 条の５第２項第３号に規定する厚生労働省令で定める保護具として、(　　)内にあてはまる最も適当なものを下欄からそれぞれ選びなさい。

(77)　水酸化ナトリウム及びこれを含有する製剤(水酸化ナトリウム５％以下を含有するものを除く。)で液体状のもの

保護具：保護手袋、保護長ぐつ、保護衣、(　(77)　)

下欄

1　保護眼鏡	2　有機ガス用防毒マスク
3　酸性ガス用防毒マスク	4　普通ガス用防毒マスク

(78)　クロルピクリン

保護具：保護手袋、保護長ぐつ、保護衣、(　(78)　)

下欄

1　保護眼鏡	2　有機ガス用防毒マスク
3　酸性ガス用防毒マスク	4　普通ガス用防毒マスク

(79)　黄燐（りん）

保護具：保護手袋、保護長ぐつ、保護衣、（　(79)　）

下欄

1　保護眼鏡	2　有機ガス用防毒マスク
3　酸性ガス用防毒マスク	4　普通ガス用防毒マスク

(80)　ニトロベンゼン

保護具：保護手袋、保護長ぐつ、保護衣、（　(80)　）

下欄

1　保護眼鏡	2　有機ガス用防毒マスク
3　酸性ガス用防毒マスク	4　普通ガス用防毒マスク

（農業用品目）

問 16　次の物質の主な農業用の用途として、最も適当なものを下欄から選びなさい。

(61) DDVP　　(62) イミノクタジン酢酸塩　　(63) パラコート
(64) クロルメコート(ークロルエチルトリメチルアンモニウムクロリド)

下欄

1　殺菌剤	2　殺虫剤	3　除草剤	4　植物成長調整剤

問 17　次の物質の鑑別方法に関する記述について、（　　　）内にあてはまる最も適当なものを下欄からそれぞれ選びなさい。

《硫酸》
硫酸の希釈溶液に塩化バリウムを加えると、（　(65)　）の硫酸バリウムを沈殿するが、この沈殿は、塩酸や硝酸に溶けない。

《クロルピクリン》
クロルピクリンの水溶液に金属カルシウムを加えこれにベタナフチルアミンおよび硫酸を加えると、（　(66)　）の沈殿を生じる。
クロルピクリンのアルコール溶液にジメチルアニリンおよびブルシンを加えて溶解し、これにブロムシアン溶液を加えると、（　(67)　）ないし赤紫色を呈する。

《ニコチン》
ニコチンのエーテル溶液に、ヨードのエーテル溶液を加えると、褐色の液状沈殿を生じ、これを放置すると、（　(68)　）の針状結晶となる。

下欄

(65)	1 白色	2 黒色	3 緑色	4 赤色
(66)	1 白色	2 黒色	3 緑色	4 赤色
(67)	1 白色	2 黒色	3 緑色	4 赤色
(68)	1 白色	2 黒色	3 緑色	4 赤色

問 18　毒物及び劇物の品目ごとの具体的な廃棄方法として厚生労働省が定めた「毒物及び劇物の廃棄の方法に関する基準」に基づき、次の毒物又は劇物の廃棄方法として、最も適当なものを下欄から選びなさい。

(69) クロルピクリン　　(70) パラコート
(71) アンモニア水　　(72) シアン化カリウム

下欄

1　分解法	2　燃焼法	3　中和法	4　酸化法

問 19　毒物及び劇物の運搬事故時における応急措置の具体的な方法として厚生労働省が定めた「毒物及び劇物の運搬事故時における応急措置に関する基準」に基づき、次の毒物又は劇物が漏えい又は飛散した際の措置として、最も適当なものを下欄から選びなさい。

(73) シアン化カリウム　　　　(74) 硫酸
(75) 塩素酸ナトリウム　　　　(76) EPN

下欄

1　飛散したものは、速やかに掃き集めて空容器にできるだけ回収し、そのあとは多量の水を用いて洗い流す。この場合、濃厚な廃液が河川等に排出されないよう注意する。
2　多量に漏えいした場合、漏えいした液は、土砂等でその流れを止め、これに 吸着させるか、又は安全な場所に導いて、遠くから徐々に注水してある程度希釈した後、消石灰、ソーダ灰等で中和し、多量の水を用いて洗い流す。この場合、濃厚な廃液が河川等に排出されないよう注意する。
3　飛散したものは、空容器にできるだけ回収する。砂利等に付着している場合は、砂利等を回収し、そのあとに水酸化ナトリウム、ソーダ灰等の水溶液を散布してアルカリ性(pH11 以上)とし、更に酸化剤(次亜塩素酸ナトリウム、さらし粉等)の水溶液で酸化処理を行い、多量の水を用いて洗い流す。この場合、濃厚な廃液が河川等に排出されないよう注意する。また、前処理なしに直接水で流してはならない。
4　漏えいした液は、土砂等でその流れを止め、安全な場所に導き、空容器にできるだけ回収し、そのあとを消石灰等の水溶液を用いて処理し、多量の水を用いて洗い流す。洗い流す場合には、中性洗剤等の分散剤を使用して洗い流す。この場合、濃厚な廃液が河川等に排出されないよう注意する。

問 20　次の各問(77)～(80)について、(　　)内にあてはまる最も適当なものを下欄から選びなさい。

(77)　毒物及び劇物取締法施行規則別表第1に掲げられておらず、農業用品目販売業の登録を受けたものが<u>販売することができない毒物又は劇物</u>は、(　　)である。

下欄

1　エトプロホス　　2　ジチアノン　　3　沃(よう)化メチル　　4　黄燐(りん)

(78)　シアン化ナトリウムの毒物及び劇物取締法施行令第 40 条の 5 第 2 項第 3 号に規定する厚生労働省令で定める保護具は、保護手袋、保護長ぐつ、保護衣、(　　)である。

下欄

1　保護眼鏡　　　　　　　2　有機ガス用防毒マスク
3　青酸用防毒マスク　　　4　普通ガス用防毒マスク

(79)　(　　)は特定毒物に該当する。

下欄

1　ナラシン　　　　　　　　　　2　ニコチン
3　モノフルオール酢酸ナトリウム　　4　弗(ふっ)化スルフリル

(80)　アバメクチンを含有する製剤には毒物に該当するものと劇物に該当するものがあり、アバメクチン(　　　)を上限として、その濃度以下を含有するものについては劇物となる。

下欄

1　1.8%	2　3%	3　5%	4　10%

(特定品目)

問 16　次の物質の用途として、最も適当なものを下欄から選びなさい。

(61) 蓚(しゅう)酸　(62) 硝酸　(63) ホルマリン　(64) 硅弗(けいふつ)化ナトリウム

下欄

1　ニトロ化合物の原料、冶(や)金
2　ポリアセタール樹脂の原料、メラミン樹脂の原料
3　捺染(なっせん)剤、木、コルク、綿、藁(わら)製品等の漂白剤
4　釉(ゆう)薬、ガラス乳濁剤、フォームラバーのゲル化安定剤

問 17　次の物質の鑑別方法として、最も適当なものを下欄から選びなさい。

(65)アンモニア水　(66)クロロホルム
(67)メタノール　(68)水酸化ナトリウム

下欄

1 あらかじめ強熱した酸化銅を加えると、ホルムアルデヒドができ、酸化銅は還元されて金属銅色を呈する。
2 レゾルシンと 33 %の水酸化カリウム溶液と熱すると黄赤色を呈し、緑色の蛍石彩を放つ。
3 濃塩酸をうるおしたガラス棒を近づけると、白い霧を生じる。また、塩酸を加えて中和したのち、塩化白金溶液を加えると、黄色、結晶性沈殿を生じる。
4 本物質の水溶液を白金線につけて無色の火炎中に入れると、火炎は著しく黄色に染まり、長時間続く。

問 18　毒物及び劇物の品目ごとの具体的な廃棄方法として厚生労働省が定めた「毒物及び劇物の廃棄の方法に関する基準」に基づき、次の毒物又は劇物の廃棄方法として、最も適当なものを下欄から選びなさい。

(69)塩素　(70)過酸化水素　(71)一酸化鉛　(72)ホルムアルデヒド

下欄

1　還元法	2　固化隔離法	3　活性汚泥法	4　希釈法

問 19　毒物及び劇物の運搬事故時における応急措置の具体的な方法として厚生労働省が定めた「毒物及び劇物の運搬事故時における応急措置に関する基準」に基づき、次の毒物又は劇物が多量に漏えいした際の措置として、最も適当なものを下欄から選びなさい。

(73) 酢酸エチル　(74) アンモニア水　(75) 硫酸　(76) 液化塩素

下欄

1　漏えい箇所や漏えいした液には、消石灰を十分に散布し、ムシロ、シート等をかぶせ、その上に更に消石灰を散布して吸収させる。漏えい容器には散布しない。多量にガスが噴出した場所には、遠くから霧状の水をかけて吸収させる。
2　漏えいした液は、土砂等でその流れを止め、安全な場所に導いて遠くから多量の水をかけて洗い流す。この場合、濃厚な廃液が河川等に排出されないよう注意する。
3　漏えいした液は、土砂等でその流れを止め、これに吸着させるか、又は安全な場所に導いて、遠くから徐々に注水してある程度希釈したあと、消石灰、ソーダ灰等で中和し、多量の水を用いて洗い流す。この場合、濃厚な廃液が河川等に排出されないよう注意する。
4 漏えいした液は、土砂等でその流れを止め、安全な場所へ導いた後、液の表面を泡等で覆(おお)い、できるだけ空容器に回収する。そのあとは多量の水を用いて洗い流す。この場合、濃厚な廃液が河川等に排出されないよう注意する。

問 20　次の物質の毒物及び劇物取締法施行令第 40 条の５第２項第３号に規定する厚生労働省令で定める保護具として、(　　　)内にあてはまる最も適当なものを下欄からそれぞれ選びなさい。

(77)　水酸化カリウム及びこれを含有する製剤(水酸化カリウム５％以下を含有するものを除く。)で液体状のもの

保護具：保護手袋、保護長ぐつ、保護衣、(　(77)　)

下欄

1　保護眼鏡	2　普通ガス用防毒マスク
3　酸性ガス用防毒マスク	4　有機ガス用防毒マスク

(78)　塩素

保護具：保護手袋、保護長ぐつ、保護衣、(　(78)　)

下欄

1　保護眼鏡	2　普通ガス用防毒マスク
3　酸性ガス用防毒マスク	4　有機ガス用防毒マスク

(79)　塩化水素及びこれを含有する製剤(塩化水素 10 ％以下を含有するものを除く。)で液体状のもの

保護具：保護手袋、保護長ぐつ、保護衣、(　(79)　)

下欄

1　保護眼鏡	2　普通ガス用防毒マスク
3　酸性ガス用防毒マスク	4　有機ガス用防毒マスク

(80)　ホルムアルデヒド及びこれを含有する製剤(ホルムアルデヒド１％以下を含有するものを除く。)で液体状のもの

保護具：保護手袋、保護長ぐつ、保護衣、(　(80)　)

下欄

1　保護眼鏡	2　普通ガス用防毒マスク
3　酸性ガス用防毒マスク	4　有機ガス用防毒マスク

関西広域連合統一共通〔滋賀県、京都府、大阪府、和歌山県、兵庫県、徳島県〕
令和元年度実施

〔毒物及び劇物に関する法規〕
（一般・農業用品目・特定品目共通）

問１　次の記述は法の条文の一部である。（　　）の中に入れるべき字句の正しい組合せを下表から一つ選べ。

法第１条(目的)
この法律は、毒物及び劇物について、保健衛生上の見地から必要な（ a ）を行うことを目的とする。

法第２条(定義)
この法律で「毒物」とは、別表第一に掲げる物であつて、医薬品及び（ b ）以外のものをいう。

	a	b
1	措置	危険物
2	規制	医薬部外品
3	規制	食品添加物
4	取締	医薬部外品
5	取締	危険物

問２　次の記述は法第３条の２第９項の条文である。（　　）の中に入れるべき字句の正しい組合せを下表から一つ選べ。

毒物劇物営業者又は特定毒物研究者は、保健衛生上の危害を防止するため政令で特定毒物について（ a ）、（ b ）又は（ c ）の基準が定められたときは、当該特定毒物については、その基準に適合するものでなければ、これを特定毒物使用者に譲り渡してはならない。

	a	b	c
1	品質	着色	廃棄
2	品質	着色	表示
3	品質	応急措置	使用
4	安全	応急措置	表示
5	安全	着色	廃棄

問３　次の製剤のうち、毒物に該当するものの正しい組合せを１～５から一つ選べ。

a　セレン化水素を含有する製剤
b　塩化第一水銀を含有する製剤
c　塩化水素を含有する製剤
d　弗(ふっ)化水素を含有する製剤

１（a、b）　２（a、c）　３（a、d）　４（b、d）　５（c、d）

問4　施行令第32条の2に規定されている興奮、幻覚又は麻酔の作用を有するものについて、正しい組合せを1～5から一つ選べ。

a　トルエン　　　b　酢酸エチル
c　メタノール　　d　酢酸エチルを含有する接着剤

1（a、b）　2（a、c）　3（a、d）　4（b、c）　5（b、d）

問5　毒物又は劇物の営業の登録に関する記述の正誤について、正しい組合せを下表から一つ選べ。

a　毒物又は劇物の製剤の製造業の登録は、都道府県知事が行う。
b　毒物又は劇物の販売業の登録を受けようとする者は、本社の所在地の都道府県知事に申請書を出さなければならない。
c　毒物又は劇物の輸入業の登録は、6年ごとに、更新を受けなければ、その効力を失う。

	a	b	c
1	正	正	正
2	正	誤	誤
3	誤	誤	正
4	誤	誤	誤
5	誤	正	誤

問6　毒物劇物販売業の販売品目に関する記述の正誤について、正しい組合せを下表から一つ選べ。

a　一般販売業の登録を受けた者は、特定毒物を販売することはできない。
b　農業用品目販売業の登録を受けた者は、農業上必要な毒物又は劇物のすべてを販売することができる。
c　特定品目販売業の登録を受けた者は、厚生労働省令で定める毒物又は劇物以外の毒物又は劇物を販売してはならない。

	a	b	c
1	正	正	正
2	正	正	誤
3	正	誤	正
4	誤	誤	正
5	誤	正	誤

問7　毒物又は劇物の製造所の設備基準に関する記述の正誤について、正しい組合せを下表から一つ選べ。

a　毒物又は劇物を陳列する場所にかぎをかける設備があること。
b　毒物又は劇物の運搬用具は、毒物又は劇物が飛散し、漏れ、又はしみ出るおそれがないものであること。
c　毒物又は劇物の貯蔵設備は、毒物又は劇物とその他の物とを区分して貯 蔵できるものであること。

	a	b	c
1	正	正	正
2	正	正	誤
3	正	誤	正
4	誤	誤	正
5	誤	正	誤

問8　毒物劇物販売業者は、当該店舗に設置している毒物劇物取扱責任者を変更したとき、いつまでにその毒物劇物取扱責任者の氏名を届け出なければならないか。正しいものを1～5から一つ選べ。

1　5日以内　　2　7日以内　　3　10日以内　　4　15日以内　　5　30日以内

問9　次のうち、施行令第32条の3で規定されている、発火性又は爆発性のある劇物に該当するものはいくつあるか、正しいものを1～5から一つ選べ。

a　亜塩素酸ナトリウム30％を含有する製剤
b　塩素酸塩類30％を含有する製剤
c　ナトリウム
d　クロルピクリン

1　1つ　　2　2つ　　3　3つ　　4　4つ　　5　なし

問 10　毒物劇物営業者が、モノフルオール酢酸アミドを含有する製剤を特定毒物使用者に譲渡する場合、何色に着色されていなければならないか。正しいものを１～５から一つ選べ。

1　黒色　　2　青色　　3　黄色　　4　赤色　　5　暗緑色

問 11　次の記述は法第 11 条第４項及び施行規則第 11 条の４の条文である。(　　)の中に入れるべき字句の正しい組合せを下表から一つ選べ。

法第 11 条第４項

毒物劇物営業者及び特定毒物研究者は、毒物又は厚生労働省令で定める劇物については、その容器として、(a)を使用してはならない。

施行規則第 11 条の４

法第 11 条第４項に規定する劇物は、(b)とする。

	a	b
1	密閉できない物	すべての劇物
2	危険物の容器として通常使用される物	すべての劇物
3	飲食物の容器として通常使用される物	すべての劇物
4	密閉できない物	液体状の劇物
5	飲食物の容器として通常使用される物	液体状の劇物

問 12　毒物劇物営業者が毒物又は劇物である有機燐(りん)化合物を販売するときに、その容器及び被包に表示しなければならない解毒剤として、正しい組合せを１～５から一つ選べ。

a　２－ピリジルアルドキシムメチオダイド(別名 PAM)の製剤
b　ジメチル－２・２－ジクロルビニルホスフエイト(別名 DDVP)の製剤
c　硫酸アトロピンの製剤
d　アセチルコリンの製剤

1(a、b)　2(a、c)　3(a、d)　4(b、d)　5(c、d)

問 13　毒物劇物営業者が行う毒物又は劇物の表示に関する記述の正誤について、正しい組合せを下表から一つ選べ。

a　毒物の容器及び被包に、「医薬用外」の文字を表示しなければならない。
b　毒物の容器及び被包に、黒地に白色をもって「毒物」の文字を表示しなければならない。
c　劇物の容器及び被包に、白地に赤色をもって「劇物」の文字を表示しなければならない。
d　特定毒物の容器及び被包に、白地に黒色をもって「特定毒物」の文字を表示しなければならない。

	a	b	c	d
1	正	正	正	正
2	誤	正	誤	誤
3	正	正	誤	誤
4	正	誤	正	誤
5	正	誤	正	正

問 14　毒物劇物営業者が、毒物又は劇物の容器及び被包に表示しなければ販売又は授与できない事項の正誤について、正しい組合せを下表から一つ選べ。

a　毒物又は劇物の名称
b　毒物又は劇物の成分及びその含量
c　毒物又は劇物の使用期限
d　毒物又は劇物の製造番号

	a	b	c	d
1	正	正	誤	誤
2	正	誤	誤	誤
3	誤	正	正	正
4	正	誤	正	正
5	正	正	正	正

問 15　法第 13 条の規定により、硫酸タリウムを含有する製剤である劇物を農業用として販売する場合の着色方法として、正しいものを１～５から一つ選べ。

1　鮮明な青色　　2　あせにくい緑色　　3　鮮明な黄色
4　あせにくい黒色　　5　鮮明な赤色

問 16　毒物劇物営業者が、毒物又は劇物を毒物劇物営業者以外の者に販売するとき、その譲受人から提出を受けなければならない書面に記載等が必要な事項として、法及び施行規則に規定されていないものを１～５から一つ選べ。

1　毒物又は劇物の名称及び数量　　2　販売の年月日
3　毒物又は劇物の使用目的　　4　譲受人の氏名、職業及び住所
5　譲受人の押印

問 17　次の記述は法第 15 条第１項の条文である。(　　)の中に入れるべき字句の 正しい組合せを下表から一つ選べ。

法第 15 条第１項
毒物劇物営業者は、毒物又は劇物を次に掲げる者に交付してはならない。
一　(a)の者
二　心身の障害により毒物又は劇物による保健衛生上の危害の防止の措置を適正に行うことができない者として厚生労働省令で定めるもの
三　麻薬、(b)、あへん又は(c)の中毒者

	a	b	c
1	14 歳未満	シンナー	覚せい剤
2	18 歳未満	大麻	覚せい剤
3	18 歳未満	シンナー	向精神薬
4	20 歳未満	大麻	向精神薬
5	20 歳未満	大麻	危険ドラッグ

問 18　次の記述は施行令第 40 条の条文の一部である。(　　)の中に入れるべき字句の正しい組合せを下表から一つ選べ。

施行令第 40 条
法第 15 条の２の規定により、毒物若しくは劇物又は法第 11 条第２項に規定する政令で定める物の廃棄の方法に関する技術上の基準を次のように定める。
一　中和、(a)、(b)、還元、(c)その他の方法により、毒物及び劇物並びに法第 11 条第２項に規定する政令で定める物のいずれにも該当しない物とすること。

	a	b	c
1	加水分解	酸化	稀釈
2	加水分解	加熱	冷却
3	電気分解	加熱	稀釈
4	加水分解	加熱	濃縮
5	電気分解	酸化	冷却

問 19　法に規定する立入検査に関する記述の正誤について、正しい組合せを下表から一つ選べ。

a　都道府県知事は、保健衛生上必要があると認めるときは、毒物又は劇物の販売業者から必要な報告を徴することができる。
b　都道府県知事は、犯罪捜査上必要があると認めるときは、薬事監視員のうちからあらかじめ指定する者(毒物劇物監視員)に、毒物又は劇物の販 売業者の店舗に立ち入り、試験のため必要な最小限度の分量に限り、毒物、劇物を収去させることができる。
c　毒物劇物監視員は、その身分を示す証票を携帯し、関係者の請求があるときは、これを提示しなければならない。

	a	b	c
1	正	正	正
2	正	誤	正
3	誤	正	誤
4	正	正	誤
5	誤	誤	正

問 20　法第 22 条第１項の規定により、届出が必要な事業について、正しい組合せを１～５から一つ選べ。

a　無機シアン化合物たる毒物を取り扱う、電気めっきを行う事業者
b　無機水銀たる毒物を取り扱う、金属熱処理を行う事業者
c　最大積載量が 3,000 キログラムの自動車に固定された容器を用いて 20 %水酸化ナトリウム水溶液の運送を行う事業者
d　砒(ひ)素化合物たる毒物を取り扱う、しろありの防除を行う事業者

1（a、b）　2（a、c）　3（a、d）　4（b、d）　5（c、d）

〔基礎化学〕
(一般・農業用品目・特定品目共通)

問 21　原子の構造に関する記述について、(　　)の中に入れるべき字句の正しい組合せを下表から一つ選べ。

原子は、その中心に(a)の電荷をもつ原子核と、それを取り巻く(b)の電荷をもつ電子からなる。さらに原子核は、(c)の電荷をもつ陽子と、電荷をもたない中性子からなる。原子中の陽子の数を(d)といい、原子核中の陽子の数と中性子の数の和を(e)という。

	a	b	c	d	e
1	正	負	正	原子番号	質量数
2	負	正	負	原子番号	質量数
3	正	負	正	質量数	原子番号
4	負	正	負	質量数	原子番号
5	中性	負	正	原子番号	質量数

問 22　分子の構造に関する記述の正誤について、正しい組合せを下表から一つ選べ。

a　N_2 は二重結合をもつ分子で、直線形の立体構造をしている。
b　H_2O は単結合のみをもつ分子で、折れ線形の立体構造をしている。
c　CO_2 は三重結合をもつ分子で、直線形の立体構造をしている。

	a	b	c
1	誤	正	誤
2	正	誤	誤
3	誤	正	正
4	誤	誤	正
5	正	正	誤

問 23　中和反応の量的関係に関する記述について、(　　　)の中に入れるべき字句の正しい組合せを下表から一つ選べ。

中和反応は、酸の H^+ と塩基の OH^- が結合して(　a　)を生成する反応である。たとえば、１価の塩基である水酸化ナトリウム(NaOH) 1　mol をちょうど中和するのに必要な酸の物質量は、１価の塩酸(HCl)ならば１ mol、(　b　)価の硫酸(H_2SO_4)ならば(　c　)mol である。

	a	b	c
1	H_2O_2	1	0.5
2	H_2O_2	2	2
3	H_2O	1	2
4	H_2O	2	2
5	H_2O	2	0.5

問 24　メタン(CH_4)8.0g を完全燃焼させたときに生成する水の質量は何 g にな るか。次の１～５から一つ選べ。

ただし、原子量は H ＝ 1.0、C ＝ 12、O ＝ 16 とする。

1　0.9　　2　4.5　　3　9.0　　4　18　　5　45

問 25　酸化還元反応に関する記述について、(　　　)の中に入れるべき字句の正しい組合せを下表から一つ選べ。

$H_2S + I_2 \rightarrow S + 2HI$

の酸化還元反応では、S 原子の酸化数は(　a　)しているので、H_2S は（　b　)として作用しており、I 原子の酸化数は(　c　)しているので、 I_2 は(　d　)として作用している。

	a	b	c	d
1	増加	還元剤	減少	酸化剤
2	増加	酸化剤	増加	還元剤
3	増加	還元剤	減少	還元剤
4	減少	酸化剤	増加	還元剤
5	減少	還元剤	増加	酸化剤

問 26　熱化学方程式に関する記述の正誤について、正しい組合せを下表から一つ選べ。

a　化学反応式の右辺に反応熱を加えて、両辺を等号(＝)で結んだ式を熱 化学方程式という。
b　熱化学方程式の係数に分数や小数を使用してはいけない。
c　反応熱は、発熱反応のときは＋の符号を、吸熱反応のときは－の符号をつけて、kJ の単位で表す。

	a	b	c
1	正	誤	誤
2	誤	誤	正
3	正	誤	正
4	正	正	正
5	誤	正	誤

問 27　1 mol の N_2 と３ mol の H_2 を密閉容器に入れて高温に保ったとき、平衡状態にある記述として、正しいものを１～５から一つ選べ。

$N_2 + 3H_2 \rightleftarrows 2NH_3$

1　NH_3 が生成する速さと NH_3 が分解する速さが等しい。
2　物質量の比が $N_2 : H_2 : NH_3$ ＝　1　:　3　:　2になっている。
3　反応が停止して、各物質の濃度が一定になっている。
4　N_2、H_2、NH_3 の物質量の比が等しくなっている。
5　NH_3 は分解しない。

問 28　コロイド溶液に関する記述の正誤について、正しい組合せを下表から一つ選べ。

a　親水コロイドは、少量の電解質を加えると沈殿する。
b　ブラウン運動は、コロイド粒子自身の熱運動である。
c　コロイド溶液に横から強い光を当てると、光の通路が輝いて見える。この現象をチンダル現象という。

	a	b	c
1	正	誤	正
2	誤	誤	正
3	正	正	誤
4	正	正	正
5	誤	正	誤

問 29　次の水素化合物のうち、沸点が最も高いものを１～５から一つ選べ。

1　HF　　2　CH_4　　3　NH_3　　4　H_2O　　5　H_2S

問 30　次の図は面心立方格子の結晶構造をもつ金属結晶の構造である。単位格子内に含まれる原子の数と配位数について、正しい組合せを下表から一つ選べ。

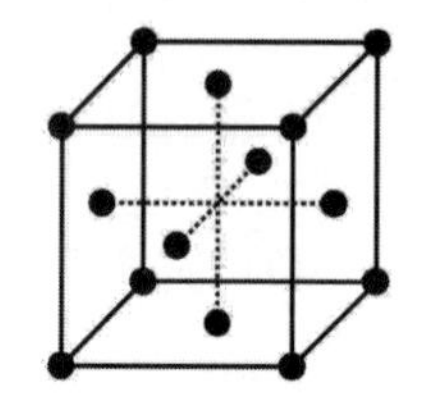

	単位格子内に含まれる原子の数	配位数
1	2	8
2	2	12
3	4	8
4	4	12
5	6	12

問 31　鉄の製錬に関する記述について、(　　)に入れるべき字句の正しい組合せを下表から一つ選べ。

鉄鉱石、コークス、(　a　)を溶鉱炉に入れ、下から熱風を送ると、主にコークスの燃焼で生じた(　b　)によって鉄の酸化物が(　c　)されて、鉄の単体を取り出すことができる。

	a	b	c
1	石灰石	二酸化炭素	酸化
2	石灰石	二酸化炭素	還元
3	石灰石	一酸化炭素	還元
4	重曹	二酸化炭素	酸化
5	重曹	一酸化炭素	還元

問 32　遷移元素に関する記述のうち、銅と銀の両方に当てはまるものを１～５から一つ選べ。

1　湿った空気中で酸化されにくい。
2　赤色の金属光沢を示す。
3　希塩酸には溶けないが、希硫酸には溶ける。
4　ハロゲンの化合物はフィルム式写真の感光剤に利用される。
5　熱伝導性、電気伝導性が大きい。

問 33　アセチレンに関する反応の主な生成物として、<u>誤っているもの</u>を１～５から一つ選べ。

1　$CH \equiv CH + HCl \rightarrow CH_2 = CHCl$
2　$CH \equiv CH + CH_3COOH \rightarrow CH_2 = CHOCOCH_3$
3　$CH \equiv CH + HCN \rightarrow CH_2 = CHCN$
4　$CH \equiv CH + H_2O$（$HgSO_4$ 触媒）$\rightarrow CH_2 = CHOH$
5　$3CH \equiv CH$（Fe 触媒）$\rightarrow C_6H_6$

問 34　次の化合物について、塩化鉄(Ⅲ)($FeCl_3$)水溶液を加えても<u>呈色しないもの</u>を１～５から一つ選べ。

1　フェノール　　2　ベンジルアルコール　　3　*o*－クレゾール
4　サリチル酸　　5　１－ナフトール（α－ナフトール）

問 35　次のアミノ酸のうち、酸性アミノ酸はいくつあるか。正しいものを１～５から一つ選べ。

a　チロシン　　b　アスパラギン酸　　c　システイン　　d　リシン

1　１つ　　2　２つ　　3　３つ　　4　４つ　　5　なし

〔毒物及び劇物の性質及び貯蔵その他取扱方法、識別〕

（一般）

問 36　次の製剤について、劇物に該当するものの正しい組合せを１～５から一つ選べ。

a　過酸化水素 10 ％を含有する製剤
b　塩化水素 10 ％を含有する製剤
c　ホルムアルデヒド 10 ％を含有する製剤
d　過酸化尿素 10 ％を含有する製剤

1（a、b）　2（a、c）　3（b、c）　4（b、d）　5（c、d）

問 37　次の物質について、毒物に該当するものの正しい組合せを１～５から一つ選べ。

a　モノクロル酢酸　　b　トルイジン　　c　ヒドラジン
d　アリルアルコール

1（a、b）　2（a、c）　3（b、c）　4（b、d）　5（c、d）

問 38　弗（ふっ）化水素の廃棄方法として、最も適切なものを１～５から一つ選べ。

1　多量の水酸化ナトリウム水溶液（20W/V ％以上）に吹き込んだのち、多量の水で希釈して活性汚泥槽で処理する。
2　多量の水酸化ナトリウム水溶液（20W/V ％以上）に吹き込んだのち、高温加圧下で加水分解する。
3　多量の次亜塩素酸ナトリウムと水酸化ナトリウムの混合水溶液に吹き込んで吸収させ、酸化分解した後、過剰の次亜塩素酸ナトリウムをチオ硫酸ナトリウム水溶液等で分解し、希硫酸を加えて中和し、硫化ナトリウム水溶液を加えて沈殿させ、ろ過して埋立処分する。
4　多量の消石灰（水酸化カルシウム）水溶液中に吹き込んで吸収させ、中和し（中和時のｐＨは、8.5 以上とする）、沈殿ろ過して埋立処分する。
5　多量の次亜塩素酸ナトリウムと水酸化ナトリウムの混合水溶液中に徐々に 吹き込んでガスを吸収させ、酸化分解した後、多量の水で希釈して処理する。

問 39　黄燐(りん)の貯蔵方法として、最も適当なものを１～５から一つ選べ。

1　少量ならば共栓ガラス瓶を用い、多量ならばブリキ缶を使用し、木箱に入れて貯蔵する。
2　少量ならばガラス瓶、多量ならばブリキ缶又は鉄ドラム缶を用い、酸類とは離して風通しのよい乾燥した冷所に密栓して貯蔵する。
3　ケロシンなど酸素を含まない液体中に貯蔵する。
4　水中に沈めて瓶に入れ、さらに砂を入れた缶中に固定して冷暗所に貯蔵する。
5　金属容器は避け、可燃性の物質とは離して、乾燥している冷暗所に密栓して貯蔵する。

問 40　クロロプレン(別名２－クロロ－１，３ブタジエン)に関する記述の正誤について、正しい組合せを下表から一つ選べ。

a　重合防止剤を加えて窒素置換し遮光して冷所に貯蔵する。
b　火災の際には、有毒な塩化水素ガスを発生するので注意する。
c　廃棄方法は、木粉(おが屑)等の可燃物に吸収させ、スクラバーを具備した焼却炉で少量ずつ燃焼させる。

	a	b	c
1	正	正	誤
2	正	正	正
3	誤	正	正
4	正	誤	誤
5	誤	誤	正

問 41　着火時の措置に関する記述について、最も適当な物質の組合せを下表から一つ選べ。

a　十分な水を用いて消火する。
b　高圧ボンベに着火した場合には消火せずに燃焼させる。
c　粉末消火剤(金属火災用)、乾燥した炭酸ナトリウム又は乾燥砂等で物質が露出しないように完全に覆い消火する。

	a	b	c
1	水素化アンチモン	ナトリウム	二硫化炭素
2	水素化アンチモン	二硫化炭素	ナトリウム
3	二硫化炭素	水素化アンチモン	ナトリウム
4	ナトリウム	水素化アンチモン	二硫化炭素
5	二硫化炭素	ナトリウム	水素化アンチモン

問 42　S －メチル－ N －［(メチルカルバモイル)－オキシ］－チオアセトイミデート(別名メトミル、メソミル)の性状及び用途に関する記述について、正しい組合せを下表から一つ選べ。

	物質	用途
1	白色粉末	農業用の殺虫剤
2	白色粉末	農業用の除草剤
3	無色透明の液体	農業用の殺虫剤
4	無色透明の液体	農業用の殺菌抗生物質
5	白色粉末	農業用の殺菌抗生物質

問 43　亜塩素酸ナトリウムの化学式と主な用途について、正しい組合せを下表から一つ選べ。

	化学式	主な用途
1	$NaClO$	漂白剤
2	$NaClO_2$	除草剤
3	$NaClO_3$	漂白剤
4	$NaClO$	除草剤
5	$NaClO_2$	漂白剤

問 44　劇物とその毒性に関する記述の正誤について、正しい組合せを下表から一つ選べ。

	劇物		毒性
a	メタノール	―	皮膚に触れると激しい火傷(薬傷)を起こす。
b	沃素	―	揮散する蒸気を吸入すると、めまいや頭痛を伴う一種の酩酊を起こす。
c	蓚酸	―	血液中のカルシウム分を奪取し、神経系を侵す。

	a	b	c
1	誤	正	正
2	正	正	誤
3	正	誤	正
4	正	正	正
5	誤	誤	誤

問 45　漏えい時の措置に関する記述について、最も適当な物質の組合せを下表から一つ選べ。

なお、漏えいした場所の周辺にはロープを張るなどして人の立ち入りを禁止する、作業の際には保護具を着用する、風下で作業しないなどの措置を行っているものとする。

a　飛散したものは空容器にできるだけ回収し、そのあとを多量の水を用いて洗い流す。

b　飛散したものは空容器にできるだけ回収し、そのあとを硫酸ナトリウムの水溶液を用いて処理し、多量の水を用いて洗い流す。

c　漏えいした液は土砂等でその流れを止め、安全な場所に導き、できるだけ 空容器に回収し、そのあとを徐々に注水してある程度希釈した後、消石灰(水酸化カルシウム)等の水溶液で処理し、多量の水を用いて洗い流す。発生するガスは霧状の水をかけて吸収させる。

	a	b	c
1	硅弗化水素酸	硅弗化ナトリウム	硝酸バリウム
2	硅弗化ナトリウム	硝酸バリウム	硅弗化水素酸
3	硝酸バリウム	硅弗化水素酸	硅弗化ナトリウム
4	硝酸バリウム	硅弗化ナトリウム	硅弗化水素酸
5	硅弗化水素酸	硝酸バリウム	硅弗化ナトリウム

問 46　亜硝酸カリウムに関する記述について、正しいものを１～５から一つ選べ。

1　無色透明の油状の液体である。
2　潮解性がある。
3　アルコールに易溶である。
4　水に不溶である。
5　木材、食品の漂白に用いられる。

問 47　アニリンに関する記述について、正しいものを１～５から一つ選べ。

1　本品の水溶液にさらし粉を加えると黄色を呈する。
2　白色結晶性の粉末である。
3　空気に触れて赤褐色を呈する。
4　水に易溶である。
5　冷凍用寒剤に用いられる。

問 48　水酸化ナトリウムに関する記述について、正しいものの組合せを１～５から一つ選べ。

a　無色液体である。
b　水と二酸化炭素を吸収する性質が強い。
c　炎色反応は黄色を呈する。
d　水に難溶である。

1（a、b）　2（a、c）　3（b、c）　4（b、d）　5（c、d）

問 49　塩化亜鉛に関する記述について、正しいものの組合せを１～５から一つ選べ。

a　淡赤色結晶である。
b　潮解性がある。
c　本品の水溶液に硝酸銀を加えると、白色の硝酸亜鉛が沈殿する。
d　アルコールに可溶である。

1（a、b）　2（a、c）　3（b、c）　4（b、d）　5（c、d）

問 50　蓚（しゅう）酸の識別方法に関する記述について、正しいものを１～５から一つ選べ。

1　本品の水溶液にさらし粉を加えると黄色を呈する。
2　本品の希釈水溶液に塩化バリウムを加えると白色の沈殿を生ずるが、この沈殿は塩酸や硝酸に溶けない。
3　本品の水溶液に硝酸バリウムを加えると白色沈殿を生ずる。
4　本品の水溶液にアンモニア水を加えると紫色の蛍石彩を放つ。
5　本品の水溶液は過マンガン酸カリウム溶液の赤紫色を消す。

（農業用品目）

問 36　次の製剤について、劇物に該当するものの正しい組合せを１～５から一つ選べ。

a　O－エチル－O－(２－イソプロポキシカルボニルフエニル)－N－イソプロピルチオホスホルアミド(別名イソフエンホス)５％を含有する製剤
b　アバメクチン５％を含有する製剤
c　エチレンクロルヒドリン５％を含有する製剤
d　エチルパラニトロフエニルチオノベンゼンホスホネイト(別名 EPN)５％を含有する製剤

1（a、b）　2（a、c）　3（b、c）　4（b、d）　5（c、d）

問 37　次の毒物又は劇物について、毒物劇物農業用品目販売業者が販売できるものの正しい組合せを１～５から一つ選べ。

a　チオセミカルバジド　　b　ペンタクロルフエノール(別名 PCP)
c　硫酸　　d　ニコチン

1（a、b）　2（a、c）　3（b、c）　4（b、d）　5（c、d）

問 38 次の物質とその廃棄方法の組合せとして、<u>不適切なもの</u>を１～５から一つ選べ。

	物質	廃棄方法
1	２－イソプロピル－４－メチルピリミジル－６－ジエチルチオホスフエイト（別名ダイアジノン）	木粉（おが屑）等に吸収させてアフターバーナー及びスクラバーを具備した焼却炉で焼却する。
2	エチレンクロルヒドリン	可燃性溶剤とともに、スクラバーを具備した焼却炉で焼却する。
3	燐（りん）化亜鉛	多量の次亜塩素酸ナトリウムと水酸化ナトリウムの混合水溶液を攪拌（かくはん）しながら少量ずつ加えて酸化分解する。過剰の次亜塩素酸ナトリウムをチオ硫酸ナトリウム水溶液等で分解した後、希硫酸を加えて中和し、沈殿ろ過して埋立処分する。
4	塩素酸ナトリウム	酸化剤の水溶液の中に少量ずつ投入した後、多量の水で希釈して処理する。
5	アンモニア	水で希薄な水溶液とし、希塩酸などで中和した後、多量の水で希釈して処理する。

問 39 ロテノンの貯蔵方法として、最も適当なものを１～５から一つ選べ。

1　常温では気体なので、圧縮冷却して液化し、圧縮容器に入れ、冷暗所に貯蔵する。
2　水分の混入や火気を避け、通常石油中に貯蔵する。
3　炭酸ガスを吸収する性質が強いので、密栓して貯蔵する。
4　酸素によって分解し、効力を失うので、空気と光を遮断して貯蔵する。
5　空気や光に触れると赤変するので、遮光して貯蔵する。

問 40 シアン化ナトリウムの貯蔵方法及び廃棄方法に関する記述について、正しいものの組合せを１～５から一つ選べ。

a　酸類とは離して、空気の流通のよい乾燥した冷所に密封して貯蔵する。
b　揮発性が強く窒息性、刺激臭のある液体であるため、ガラス密閉容器に貯蔵する。
c　水に溶かし、希硫酸を加えて酸性にし、多量の水で希釈して廃棄する。
d　水酸化ナトリウム水溶液等でアルカリ性とし、高温加圧下で加水分解して廃棄する。

1（a、c）　2（a、d）　3（b、c）　4（b、d）　5（c、d）

問 41 トランス－Ｎ－（６－クロロ－３－ピリジルメチル）－Ｎ’－シアノ－Ｎ－メチルアセトアミジン（別名アセタミプリド）に関する記述について、正しいものの組合せを１～５から一つ選べ。

a　特異臭のある無色の液体である。
b　アセトン、エタノール、クロロホルム等の有機溶媒に可溶である。
c　果菜類のアブラムシ類などの害虫に有効なネオニコチノイド系殺虫剤である。
d　眼や皮膚に対する刺激性が強い。

1（a、b）　2（a、c）　3（b、c）　4（b、d）　5（c、d）

問 42　１・１’－イミノジ(オクタメチレン)ジグアニジン(別名イミノクタジン)に関する記述の正誤について、正しい組合せを下表から一つ選べ。

a　三酢酸塩の場合、黄色粉末である。
b　果樹の腐らん病、麦類の斑葉病等に用いる殺菌剤である。
c　嚥下吸入した場合、胃及び肺で胃酸や水と反応してホスフィンを生成し中毒を起こす。

	a	b	c
1	誤	正	誤
2	誤	誤	正
3	正	誤	正
4	正	正	誤
5	誤	正	正

問 43　次の記述について、(　)の中に入れるべき字句の正しい組合せを下表から一つ選べ。

３－ジメチルジチオホスホリル－Ｓ－メチル－５－メトキシ－１・３・４－チアジアゾリン－２－オン(別名メチダチオン、DMTP)は、(　a　)の結晶で、水に難溶である。果樹の(　b　)などの防除に用いられる(　c　)殺虫剤である。

	a	b	c
1	灰白色	ハダニ類	有機燐(りん)系
2	赤褐色	ハダニ類	カーバメート系
3	灰白色	カイガラムシ類	カーバメート系
4	赤褐色	カイガラムシ類	カーバメート系
5	灰白色	カイガラムシ類	有機燐(りん)系

問 44　次の記述に該当する物質について、最も適当なものを１～５から一つ選べ。

白色の結晶性粉末。粉剤として除草に用いる。

1　２－チオ－３・５－ジメチルテトラヒドロ－１・３・５－チアジアジン(別名ダゾメット)
2　ジメチル－(N－メチルカルバミルメチル)－ジチオホスフエイト(別名ジメトエート)
3　２・２’－ジピリジリウム－１・１’－エチレンジブロミド(別名ジクワット)
4　２－ジフエニルアセチル－１・３－インダンジオン(別名ダイファシノン)
5　ジエチル－S－(エチルチオエチル)－ジチオホスフエイト(別名エチルチオメトン、ジスルホトン)

問 45　次の記述に該当する物質について、最も適当なものを１～５から一つ選べ。

［毒性等］
激しい嘔吐(おうと)、胃の疼痛、意識混濁、てんかん性痙攣(けいれん)、徐脈、チアノーゼが起こり、血圧が下降する。
毒性が強いため、特定毒物に指定されている。

1　２－イソプロピル－４－メチルピリミジル－６－ジエチルチオホスフエイト(別名ダイアジノン)
2　モノフルオール酢酸ナトリウム
3　硫酸タリウム
4　ジメチル－２・２－ジクロルビニルホスフエイト(別名 DDVP)
5　シアン化カリウム

問 46 ～問 50　次の物質について、正しい組合せを１～５から一つ選べ。

問 46　塩化亜鉛（別名クロル亜鉛）

	性状	溶解性	その他特徴
1	褐色結晶	水に難溶	風解性
2	白色結晶	水に可溶	潮解性
3	白色結晶	水に難溶	風解性
4	褐色結晶	水に可溶	潮解性
5	白色結晶	水に可溶	風解性

問 47　エチルパラニトロフエニルチオノベンゼンホスホネイト（別名 EPN）

	溶解性	製剤の特徴	用途
1	水に可溶	無　臭	除草剤
2	水に難溶	不快臭	除草剤
3	水に難溶	不快臭	殺虫剤
4	水に可溶	不快臭	殺虫剤
5	水に可溶	無　臭	殺虫剤

問 48　テトラエチルメチレンビスジチオホスフエイト（別名エチオン）

	性状	溶解性	その他特徴
1	液　体	水に可溶	不揮発性
2	固　体	水に不溶	揮発性
3	液　体	水に不溶	不揮発性
4	固　体	水に可溶	揮発性
5	液　体	水に不溶	揮発性

問 49　硫酸タリウム

	性状	溶解性	用途
1	無色液体	水に可溶	殺鼠剤
2	無色液体	水に難溶、熱水に可溶	殺虫剤
3	赤褐色結晶	水に難溶、熱水に可溶	殺鼠剤
4	無色結晶	水に難溶、熱水に可溶	殺鼠剤
5	無色結晶	水に可溶	殺虫剤

問 50　ヘキサクロルヘキサヒドロメタノベンゾジオキサチエピンオキサイド
（別名エンドスルファン、ベンゾエピン）

	性状	溶解性	その他特徴
1	無色液体	水に不溶	水質汚濁性
2	無色液体	水に可溶	土壌残留性
3	黄色結晶	水に不溶	土壌残留性
4	白色結晶	水に可溶	水質汚濁性
5	白色結晶	水に不溶	水質汚濁性

（特定品目）

問 36　次の製剤について、劇物に該当するものを１～５から一つ選べ。

1　塩化水素５％を含有する製剤
2　過酸化水素 10 ％を含有する製剤
3　メタノール５％を含有する製剤
4　水酸化カルシウム 10 ％を含有する製剤
5　硝酸 10 ％を含有する製剤

問 37　次の物質について、劇物に該当しないものを１～５から一つ選べ。

1　硅弗化ナトリウム（けいふっ）　2　酸化鉛　3　重クロム酸ナトリウム
4　メチルエチルケトン　5　酢酸メチル

問 38　クロロホルムに関する記述について、誤っているものを１～５から一つ選べ。

1　無色の液体で特異臭を有する。
2　空気中で日光の作用を受けると分解して、塩素、塩化水素、ホスゲン等を生成する。
3　強い麻酔作用がある。
4　貯蔵は冷暗所で行い、変質を避けるために少量の酸を添加する。
5　廃棄する場合は、過剰の可燃性溶剤又は重油等の燃料とともに、アフター バーナー及びスクラバーを具備した焼却炉の火室へ噴霧してできるだけ高温で焼却する。

問 39　ホルムアルデヒド水溶液（ホルマリン）の廃棄方法に関する記述について、（　）に入れるべき字句の正しい組合せを下表から一つ選べ。

ア　多量の水を加えて希薄な水溶液とした後、（ a ）を加えて分解させ廃棄する。
イ　水酸化ナトリウム水溶液等でアルカリ性とし、（　b　）を加えて分解させ、多量の水で希釈して処理する

	a	b
1	塩化アンモニウム水溶液	次亜塩素酸塩水溶液
2	次亜塩素酸塩水溶液	塩化アンモニウム水溶液
3	過酸化水素水	次亜塩素酸塩水溶液
4	次亜塩素酸塩水溶液	過酸化水素水
5	塩化アンモニウム水溶液	過酸化水素水

問 40　水酸化ナトリウムに関する記述について、誤っているものを１～５から一つ選べ。

1　腐食性が強いので、皮膚に触れると激しく侵す。
2　水や酸素を吸収する性質が強いため、密栓して貯蔵する。
3　本品の水溶液は、アルカリ性を示す。
4　本品の水溶液は、アルミニウムを腐食して水素ガスを発生させる。
5　廃棄する場合は、水を加えて希薄な水溶液とし、酸で中和させた後、多量の水で希釈して処理する。

問 41　塩化水素と四塩化炭素の廃棄方法について、正しい組合せを下表から一つ選べ。

	塩化水素	四塩化炭素
1	還元法	燃焼法
2	還元法	中和法
3	中和法	燃焼法
4	中和法	沈殿法
5	沈殿法	中和法

問 42　酢酸エチルの性状について、最も適当なものを１～５から一つ選べ。

1　無色で果実のような香りのある可燃性の液体である。
2　無色で麻酔性の香気とかすかな甘味を有する不燃性の液体である。
3　特有の刺激臭を有する無色の気体である。
4　無色透明で刺激臭を有する発煙性の液体である。
5　芳香族炭化水素特有の臭いを有する無色の液体である。

問 43　トルエンの貯蔵方法に関する記述の正誤について、正しい組合せを下表から一つ選べ。

a　ガラスを侵す性質があるため、ポリエチレン容器で貯蔵する。
b　引火しやすく、またその蒸気は空気と混合して爆発性混合ガスとなるので、火気に近づけないよう貯蔵する。
c　少量のアルコールを加えて密栓し、常温で貯蔵する。

	a	b	c
1	正	誤	誤
2	誤	誤	正
3	正	誤	正
4	正	正	正
5	誤	正	誤

問 44　ホルムアルデヒド水溶液（ホルマリン）に関する記述について、誤っているものを１～５から一つ選べ。

1　空気中の酸素によって一部酸化され、酢酸を生じる。
2　催涙性のある無色透明な液体で、刺激臭を有する。
3　アンモニア水を加え、さらに硝酸銀を加えると銀を析出する。
4　フェーリング溶液と熱すると、赤色の沈殿を生じる。
5　中性又は弱酸性を示す。

問 45　水酸化カリウムの性状に関する記述の正誤について、正しい組合せを下表から一つ選べ。

a　白色の固体である。
b　炎色反応は黄色を呈する。
c　潮解性がある。

	a	b	c
1	正	正	誤
2	正	誤	正
3	正	誤	誤
4	誤	正	正
5	誤	誤	正

問 46　塩素に関する記述について、誤っているものを１～５から一つ選べ。

1　黄緑色の気体で、水にわずかに溶ける。
2　可燃性を有する。
3　アセチレンと爆発的に反応する。
4　多量に吸入した場合は、重篤な症状が起こる。
5　廃棄する場合は、多量のアルカリ水溶液中に吹き込んだ後、多量の水で希釈して処理する。

問 47　物質の性状に関する記述の正誤について、正しい組合せを下表から一つ選べ。

a　四塩化炭素は、水に難溶でエーテル、クロロホルムに可溶であり、可燃性の無色の液体である。
b　メタノールは、特異な香気を有し、水、クロロホルム、エーテルと任意の割合で混和する。
c　キシレンは、無色透明の液体であるが、パラキシレンは、冬季に固結することがある。

	a	b	c
1	誤	正	誤
2	正	誤	誤
3	誤	正	正
4	誤	誤	正
5	正	正	誤

問 48　次の記述について、正しいものの組合せを１～５から一つ選べ。

a　濃硫酸は比重が極めて大きく、ショ糖や木片に触れると炭化・黒変させ、銅片を加えて熱すると無水硫酸を生成する。
b　硫酸の希釈水溶液に塩化バリウムを加えると白色の沈殿を生じるが、この沈殿は硝酸に不溶である。
c　蓚（しゅう）酸の水溶液は、過マンガン酸カリウム溶液の赤紫色を消す。
d　蓚（しゅう）酸の水溶液をアンモニア水で弱アルカリ性にして塩化カルシウムを加えると、赤色を呈する。

1（a、b）　2（a、c）　3（b、c）　4（b、d）　5（c、d）

問 49　クロム酸塩の水溶液に関する記述の正誤について、正しい組合せを下表から一つ選べ。

a　硝酸バリウムの添加で、赤色の沈殿を生じる。
b　酢酸鉛の添加で、黄色の沈殿を生じる。
c　硝酸銀の添加で、赤褐色の沈殿を生じる。

	a	b	c
1	正	正	誤
2	正	誤	正
3	正	誤	誤
4	誤	正	正
5	誤	誤	正

問 50　次の記述について、正しいものの組合せを１～５から一つ選べ。

a　酸化第二水銀は、赤色又は黄色の粉末で、水、酸、アルカリに難溶である。
b　アンモニアは、水に可溶であるが、エーテルには不溶である。
c　塩化水素は、湿った空気中で激しく発煙する。
d　過酸化水素水は、過マンガン酸カリウムを還元する。

1（a、b）　2（a、c）　3（b、c）　4（b、d）　5（c、d）

奈良県
令和元年度実施

〔法　規〕
（一般・農業用品目・特定品目共通）

問1　次のうち、毒物及び劇物取締法施行令第22条に規定されている、モノフルオール酢酸アミドを含有する製剤の使用者及び用途として、**正しいものの組み合わせ**を１つ選びなさい。

	使用者	用途
1	生産森林組合	食用に供されることがない観賞用植物の害虫の防除
2	農業協同組合	りんごの害虫の防除
3	石油精製業者	ガソリンへの混入
4	地方公共団体	コンテナ内におけるねずみの駆除
5	農業共済組合	倉庫内の昆虫等の駆除

問2　次のうち、特定毒物である四アルキル鉛を含有する製剤の着色の基準で規定されている色として、**誤つているもの**を１つ選びなさい。

1　赤色　　2　青色　　3　黄色　　4　緑色　　5　黒色

問3　次のうち、毒物及び劇物取締法第３条の４に規定されている、引火性、発火性又は爆発性のある劇物であって政令で定めるものとして、**正しいものの組み合わせ**を１つ選びなさい。

a　ピクリン酸　　b　ナトリウム　　c　メタノール　　d　ニトロベンゼン

1（a、b）　2（a、c）　3（b、d）　4（c、d）

問4　次のうち、毒物及び劇物取締法上、毒物劇物農業用品目販売業者が販売できるものとして、**正しいものの組み合わせ**を１つ選びなさい。

a　アクリルニトリル　　b　硫化燐（りん）

c　シアナミド　　d　メチルイソチオシアネート

1（a、b）　2（a、c）　3（b、d）　4（c、d）

問5　次のうち、毒物及び劇物取締法上、毒物劇物特定品目販売業者が販売できるものとして、**正しいものの組み合わせ**を１つ選びなさい。

a　四塩化炭素　　b　二硫化炭素　　c　アンモニア　　d　カリウム

1（a、b）　2（a、c）　3（b、d）　4（c、d）

問6　次のうち、毒物及び劇物取締法第４条に基づき毒物劇物営業者の登録を行う場合の登録事項として、**誤っているもの**を１つ選びなさい。

1　申請者の氏名及び住所（法人にあっては、その名称及び主たる事務所の所在地）
2　販売業の登録にあっては、販売又は授与しようとする毒物又は劇物の数量
3　製造業又は輸入業の登録にあっては、製造し、又は輸入しようとする毒物又は劇物の品目
4　製造所、営業所又は店舗の所在地

問７　毒物劇物営業者の登録に関する記述の正誤について、**正しい組み合わせ**を１つ選びなさい。

a　輸入業の登録は、営業所ごとに内閣総理大臣が行う。
b　製造業の登録は、５年ごとに更新を受けなければ、その効力を失う。
c　販売業の登録の種類は、一般販売業、農業用品目販売業、特定品目販売業及び特定毒物販売業の４つがある。
d　毒物劇物製造業者がその製造した毒物又は劇物を、他の毒物劇物営業者に販売する場合、毒物劇物販売業の登録を受ける必要がない。

	a	b	c	d
1	誤	正	誤	誤
2	誤	正	誤	正
3	正	誤	誤	正
4	誤	誤	正	正
5	正	正	正	誤

問８　毒物及び劇物取締法の規定に関する記述の正誤について、**正しい組み合わせ**を１つ選びなさい。

a　販売業の登録の種類である特定品目とは、特定毒物のことである。
b　毒物劇物営業者は、16 歳の者に対して毒物又は劇物を交付することができる。
c　薬局の開設者が薬剤師の場合は、販売業の登録をうけなくても、毒物又は劇物を販売することができる。
d　特定毒物を所持できるのは、毒物劇物営業者、特定毒物研究者又は特定毒物使用者である。

	a	b	c	d
1	正	正	誤	誤
2	誤	正	正	正
3	正	誤	誤	正
4	誤	誤	誤	正
5	正	正	正	誤

問９　次の記述は、毒物及び劇物取締法第７条第１項の条文の一部である。（　　　）中にあてはまる字句として、**正しいものの組み合わせ**を１つ選びなさい。

毒物劇物営業者は、毒物又は劇物を（　a　）に取り扱う製造所、営業所又は店舗ごとに、（　b　）の毒物劇物取扱責任者を置き、毒物又は劇物による（　c　）の危害の防止に当たらせなければならない。

	a	b	c
1	直接	常勤	保健衛生上
2	継続的	専任	保健衛生上
3	継続的	常勤	公衆衛生上
4	直接	専任	保健衛生上
5	直接	常勤	公衆衛生上

問 10　毒物劇物取扱責任者に関する記述について、**正しいものの組み合わせ**を１つ選びなさい。

a　薬剤師は、都道府県知事が行う毒物劇物取扱者試験に合格することなく、毒物劇物取扱責任者となることができる。
b　一般毒物劇物取扱者試験に合格した者は、特定品目販売業の毒物劇物取扱責任者になることはできない。
c　毒物劇物営業者は、毒物劇物取扱責任者を変更したときは、30 日以内に、その毒物劇物取扱責任者の氏名を届け出なければならない。
d　毒物又は劇物に関する罪を犯し、罰金以上の刑に処せられ、その執行を終った日から起算して５年を経過していない者は、毒物劇物取扱責任者になることができない。

1（a、b）　2（a、c）　3（b、d）　4（c、d）

問 11　毒物及び劇物取締法の規定を踏まえ、毒物劇物営業者の届出に関する記述について、**正しいもの**を１つ選びなさい。

1　店舗における毒物劇物販売業の営業時間を変更した場合、変更後 30 日以内に届出をしなければならない。
2　毒物を廃棄処分した場合、廃棄後 30 日以内に届出をしなければならない。
3　登録を受けた毒物又は劇物以外の毒物又は劇物を製造した場合、製造後 30 日以内に届出をしなければならない。
4　店舗の名称を変更した場合、変更後 30 日以内に届出をしなければならない。

問 12　毒物又は劇物の表示に関する記述について、**正しいものの組み合わせ**をで１つ選びなさい。

a　毒物又は劇物の製造業者が、その製造した毒物又は劇物を販売し、又は授与するときは、その容器及び被包に、製造所の名称及びその所在地を表示しなければならない。
b　毒物劇物営業者は、劇物の容器及び被包に、「医薬用外」の文字及び白地に赤色をもって「劇物」の文字を表示しなければならない。
c　毒物劇物営業者は、有機燐（りん）化合物及びこれを含有する製剤たる毒物及び劇物の容器及び被包に、厚生労働省令で定めるその中和剤の名称を表示しなければ、これを販売し、又は授与してはならない。
d　毒物劇物営業者は、毒物を陳列する場所に、「医薬用外」の文字及び「毒物」の文字を表示しなければならない。

1（a、b）　2（a、c）　3（b、d）　4（c、d）

問 13　毒物又は劇物の販売業者が、毒物又は劇物の直接の容器又は直接の被包を開いて、毒物又は劇物を販売し、又は授与するとき、その容器又は被包に表示しなければならない事項として、**正しいものの組み合わせ**を１つ選びなさい。

a　毒物劇物取扱責任者の氏名
b　毒物劇物取扱責任者の氏名及び住所
c　販売業者の氏名及び住所
d　販売業者の氏名及び電話番号

1（a、b）　2（a、c）　3（b、d）　4（c、d）

問 14　次の記述は、毒物及び劇物取締法第 14 条第１項の条文である。（　　　）あてはまる字句として、**正しいものの組み合わせ**を１つ選びなさい。

毒物劇物営業者は、毒物又は劇物を他の毒物劇物営業者に販売し、又は授与したときは、その都度、次に掲げる事項を書面に記載しておかなければならない。
一　毒物又は劇物の名称及び（　a　）
二　販売又は授与の年月日
三　（　b　）の氏名、（　c　）及び住所（法人にあつては、その名称及び主たる事務所の所在地）

	a	b	c
1	成分	譲受人	職業
2	数量	譲渡人	年齢
3	数量	譲受人	職業
4	成分	譲渡人	職業
5	数量	譲受人	年齢

問 15 次の防毒マスクのうち、ホルムアルデヒド 37 %含有する製剤で液体状のものを車両を使用して1回につき 5,000 kg 運搬する場合に、当該車両に備えなければならない保護具として、**正しいもの**を1つ選びなさい。

1 酸性ガス用防毒マスク
2 普通ガス用防毒マスク
3 有機ガス用防毒マスク
4 ハロゲンガス用防毒マスク
5 塩基性ガス用防毒マスク

問 16 次の記述は、毒物及び劇物取締法施行令第 40 条の6に規定されている、毒物又は劇物の荷送人の通知義務に関するものである。(　　　)の中にあてはまる字句として、**正しいものの組み合わせ**を1つ選びなさい。

車両を使用して、1回の運搬につき(a)を超えて毒物又は劇物を運搬する場合で、当該運搬を他に委託するときは、その荷送人は、運送人に対し、あらかじめ、当該毒物又は劇物の名称、(b)及びその含量並びに数量並びに事故の際に講じなければならない応急の措置の内容を記載した書面を交付しなければばらない。

	a	b
1	5,000kg	成分
2	5,000kg	毒性
3	1,000kg	成分
4	1,000kg	毒性

問 17 毒物及び劇物取締法施行令第 40 条の9第1項及び同法施行規則第 13 条の 12 に規定されている、毒物劇物営業者が、譲受人に対し、提供しなければならない情報の内容として、**正しいものの組み合わせ**を1つ選びなさい。

a 輸送上の注意
b 盗難・紛失時の措置
c 物理的及び化学的性質
d 毒物劇物取扱責任者の氏名

1 (a、b)　2 (a、c)　3 (b、d)　4 (c、d)

問 18 次のうち、毒物及び劇物取締法第 16 条の2に規定されている、毒物劇物営業者が、その取扱に係る毒物又は劇物を紛失した場合に、直ちに、その旨を届け出なければならない機関として、**正しいもの**を1つ選びなさい。

1 都道府県庁　2 保健所　3 消防機関　4 警察署

問 19 次の記述は、毒物及び劇物取締法第 21 条第1項に規定されている、毒物又は劇物の販売業者の登録が失効した場合の措置に関するものである。(　　　)の中にあてはまる字句として、**正しいものの組み合わせ**を1つ選びなさい。

毒物又は劇物の販売業者は、その営業の登録が効力を失ったときは、(a)以内に、その店舗の所在地の都道府県知事(その店舗の所在地が、保健所を設置する市又は特別区の区域にある場合においては、市長又は区長。)に、現に所有する(b)の品名及び数量を届け出なければならない。

	a	b
1	15 日	全ての毒物及び劇物
2	15 日	特定毒物
3	30 日	全ての毒物及び劇物
4	30 日	特定毒物

問 20　次のうち、毒物及び劇物取締法第 22 条第１項に規定されている、業務上取扱者の届出が必要な事業者として、**誤っているもの**を１つ選びなさい。

1　電気めっきを行う事業者であって、その業務上、無機シアン化合物を取り扱う者
2　鼠の防除を行う事業者であって、その業務上、砒素化合物を取り扱う者
3　金属熱処理を行う事業者であって、その業務上、無機シアン化合物を取り扱う者
4　最大積載量が 5,000 ｋｇ以上の自動車で塩素を運送する者

〔基礎化学〕
（一般・農業用品目・特定品目共通）

問 21 ～ 31　次の記述について、（　　）の中に入れるべき字句のうち、**正しいもの**を１つ選びなさい。

問 21　次のうち、常温、常圧において、固体である物質は（　　　）である。

1　F_2　　2　Cl_2　　3　Br_2　　4　I_2　　5　N_2

問 22　次のうち、価電子の数が O の原子は（　　）である。

1　${}_{11}Na$　　2　${}_{12}Mg$　　3　${}_{13}Al$　　4　${}_{17}Cl$　　5　${}_{18}Ar$

問 23　次のうち、元素記号「S」で表される元素名は（　　）である。

1　ケイ素　　2　硫黄　　3　スカンジウム　　4　セレン　　5　ストロンチウム

問 24　次のうち、不飽和度が２である脂肪酸は（　　　）である。

1　パルミチン酸　　2　ステアリン酸　　3　オレイン酸
4　リノール酸　　5　アラキドン酸

問 25　次のうち、アルデヒド基の識別に用いられる反応は（　　）である。

1　キサントプロテイン反応　　2　ニンヒドリン反応　　3　ビウレット反応
4　フェーリング反応　　5　ヨウ素デンプン反応

問 26　次のうち、ヨードホルム反応で生成する黄色結晶は（　　）である。

1　CHI_3　　2　CH_2I_2　　3　CH_3I　　4　CH_4　　5　CI_4

問 27　次のうち、塩化ナトリウムのナトリウム原子と塩素原于の結合は（　）である。

1　分子間力による結合　　2　金属結合　　3　配位結合
4　共有結合　　5　イオン結合

問 28　次のうち、純物質でないものは（　　）である。

1　塩酸　　2　酸素　　3　水　　4　塩化ナトリウム　　5　鉄

問 29　次のうち、中性の原子が電子１個を取り入れて、１価の陰イオンになるときに放出されるエネルギーは（　　　）である。

1　第１イオン化エネルギー　　2　ファンデルワールス力　　3　電子親和力
4　クーロン力　　5　電気陰性度

問 30　次のうち、アミノ基は（　　）である。

1　$-NH_2$　　2　$-NO_2$　　3　$-CHO$　　4　$-SO_3H$　　5　$-COOH$

問 31　次のうち、芳香族化合物でないものは（　　）である。

1　スチレン　　2　クメン　　3　アニリン
4　マレイン酸　　5　フタル酸

問 32　次の電池に関する記述のうち、**正しいもの**を１つ選びなさい。

1　電池の正極、負極は反応させる金属のイオン化傾向の大小により決定される。
2　放電の際、正極では酸化反応、負極では還元反応が起こる。
3　ボルタ電池は希硫酸に浸した亜鉛板を正極、銅板を負極とした電池である。
4　鉛蓄電池は正極が鉛、負極が塩化鉛(Ⅳ)であり、充電によりくりかえし使用ができるため、二次電池ともいわれる。

問 33　次の銅イオン(Cu^{2+})を含む水溶液の性質に関する記述のうち、**正しいもの**を１つ選びなさい。

1　水酸化ナトリウム水溶液を加えると無色透明な溶液となる。
2　炎色反応は赤色を示す。
3　硫化水素を通じると黒色の沈殿物を生じる。
4　アンモニア水を加えると暗褐色の沈殿を生じる。

問 34　次の酸化還元反応に関する記述のうち、**誤っているもの**を１つ選びなさい。

1　過酸化水素は、酸化剤及び還元剤の両方の働きをする物質である。
2　酸化マンガン(Ⅳ)と濃塩酸の酸化還元反応では、マンガン原子は還元される。
3　酸化反応と還元反応は同時におこり、それぞれの反応が単独でおこることはない。
4　硫酸酸性にしたシュウ酸水溶液と過マンガン酸カリウム水溶液の酸化還元反応では、シュウ酸は酸化剤として働く。

問 35　次の記述の正誤について、**正しい組み合わせ**を１つ選びなさい。

a　水分子は直線型の構造をした極性分子である。
b　水を大気圧下で固体から液体へ状態変化させると、体積は減少する。
c　水分子中の水素原子と酸素原子は共有結合している。

	a	b	c
1	正	正	正
2	誤	正	誤
3	誤	正	正
4	正	誤	誤
5	誤	誤	誤

問 36　次の元素の周期表に関する記述の正誤について、**正しい組み合わせ**を１つ選びなさい。

a　２族の元素は、すべてアルカリ土類金属である。
b　典型元素は、１族及び２族の元素のみである。
c　遷移元素は、３周期目からあらわれる。

	a	b	c
1	正	正	正
2	正	正	誤
3	誤	誤	正
4	正	誤	誤
5	誤	誤	誤

問 37　次の記述の正誤について、**正しい組み合わせ**を１つ選びなさい。

a　エチレングリコールは２価アルコールである。
b　２－プロパノールの水溶液は酸性を示す。
c　２－ブタノールは第三級アルコールである。

	a	b	c
1	正	正	正
2	正	正	誤
3	誤	正	正
4	正	誤	誤
5	誤	誤	誤

問 38　2.24L のメタンを空気中で完全燃焼させたとき、水と二酸化炭素が生じた。このとき生じた水の質量として**正しいもの**を１つ選びなさい。
（原子量:H ＝ 1、C ＝ 12、O ＝ 16 とする。）

1　1.8 g　　2　3.6 g　　3　7.2 g　　4　18 g　　5　36 g

問 39　質量パーセント濃度が 4.0 ％の塩化カリウム水溶液の密度は 1.02g/㎤である。水溶液のモル濃度として**最も近い値**を１つ選びなさい。
（原子量:K ＝ 39.1、Cl ＝ 35.5 とする。）

1　0.41mol/L　　2　0.55mol/L　　3　1.02mol/L　　4　4.08 mol/L
5　30.4mol/L

問 40　2.0×10^{-2}mol/L の希硫酸を完全に中和するのに 0.1mol/L の水酸化ナトリウム水溶液 4.0mL を要した。このとき中和した希硫酸の量として**正しいもの**を１つ選びなさい。ただし、希硫酸及び水酸化ナトリウム水溶液の電離度は１とする。

1　2.5mL　　2　5 mL　　3　10 mL　　4　15mL　　5　20 mL

〔取扱・実地〕

（一般）

問 41　ぎ酸に関する記述の正誤について、**正しいものの組み合わせ**を１つ選びなさい。

a　無色の刺激性の強い液体である。
b　特定毒物に指定されている。
c　還元性が強い。
d　分子式は $C_2H_2O_4$ である。

1（a、b）　　2（a、c）　　3（b、d）　　4（c、d）

問 42　四エチル鉛に関する記述の正誤について、**正しいものの組み合わせ**を１つ選びなさい。

a　無色無臭の揮発性液体である。
b　比較的安定な物質である。
c　引火性があり、金属に対して腐食性がある。
d　分子式は $C_8H_{20}Pb$ であり、別名エチル液である。

1（a、b）　　2（a、c）　　3（b、d）　　4（c、d）

問 43 ～ 47　次の物質の性状について、**最も適当なもの**を１つずつ選びなさい。

問 43　アジ化ナトリウム
問 44　ジメチル－２・２－ジクロルビニルホスフエイト(別名:DDVP)
問 45　硝酸ストリキニーネ
問 46　燐(りん)化水素
問 47　沃化メチル

1　微臭を有し、揮発性のある無色油状の液体で、一般の有機溶媒に可溶である。水には溶けにくい。
2　無色の針状結晶で、水、エタノール、グリセリン、クロロホルムに可溶。エーテルに不溶。
3　無色無臭の結晶で、アルコールに難溶、エーテルに不溶。
4　無色、腐魚臭の気体。水に難溶。エタノール、エーテルに可溶。
5　無色または淡黄色透明の液体で、空気中で光により一部分解して褐色になる。

問 48 ～ 51　次の物質の毒性について、**最も適当なもの**を１つずつ選びなさい。

問 48　アクロレイン　　**問 49**　シアン化水素　　**問 50**　トルイジン

問 51　燐(りん)化亜鉛

1　極めて猛毒で、希薄な蒸気でも吸入すると呼吸中枢を刺激し、次いで麻痺(まひ)させる。
2　嚥下(えんか)吸入すると、胃及び肺で胃酸や体内の水と反応して毒性を呈する。吸入した場合、頭痛、吐き気、嘔吐(おうと)、悪寒、めまいなどの中毒症状を起こす。重症な場合には、肺水腫、呼吸困難、昏睡を起こす。
3　眼と呼吸器系を激しく刺激し、催涙性がある。気管支カタルや結膜炎を起こす。
4　メトヘモグロビン形成能があり、チアノーゼ症状を起こす。頭痛、疲労感、呼吸困難、精神障害、腎臓や膀胱の機能障害による血尿をきたす。

問 52 ～ 55　次の毒物または劇物の用途として、**最も適当なもの**を１つずつ選びなさい。

問 52　アクリルアミド　　**問 53**　ジメチルアミン　　**問 54**　水銀

問 55　フエノール

1　グアヤコールなど種々の医薬品及び染料の製造原料として用いられるほか、防腐剤、ベークライト、人造タンニンの原料、試薬などにも使用される。
2　界面活性剤原料等に使用される。
3　工業用として寒暖計、気圧計その他の理化学機械、整流器等に使用される。
4　反応開始剤及び促進剤と混合し地盤に注入し、土木工事用の土質安定剤として用いるほか、水処理剤、紙力増強剤、接着剤等に用いられる物質の原料として使用する。

問 56　物質の保管方法に関する記述について、**正しい組み合わせ**を１つ選びなさい。

a　クロロホルムは、少量のアルコールを加えて分解を防ぎ冷暗所に貯蔵する。

b　三酸化二砒(ひ)素は、ガラス瓶を腐食させるので、少量ならば金属の容器に密栓して保管する。

c　ナトリウムは、空気中にそのまま蓄えることができないので、通常石油中に貯蔵する。

d　二硫化炭素は、日光の直射を受けない冷所に、可燃性、発熱性、自然発火性のものから十分に引き離して貯蔵する。

	a	b	c	d
1	正	誤	正	正
2	誤	正	誤	正
3	正	誤	正	誤
4	誤	誤	誤	正
5	正	正	正	誤

問 57 ～ 60　次の物質の漏えい又は飛散した場合の措置として、**最も適当なもの**を１つずつ選びなさい。

問 57　２－イソプロピル－４－メチルピリミジル－６－ジエチルチオホスフエイト(別名：ダイアジノン)
問 58　過酸化ナトリウム(別名：二酸化ナトリウム)
問 59　エチレンオキシド(別名：酸化エチレン)
問 60　砒(ひ)酸

1　付近の着火源となるものを速やかに取り除く。漏えいした液は土砂等でその流れを止め、安全な場所に導き、空容器にできるだけ回収する。そのあとを水酸化カルシウム等の水溶液を用いて処理し、中性洗剤等の界面活性剤を使用し、多量の水で洗い流す。
2　付近の着火源となるものを速やかに取り除く。作業の際には必ず人口呼吸器その他の保護具を着用し、風下で作業しない。漏えいしたボンベ等を多量の水に容器ごと投入して気体を吸収させ、処理し、その処理液を多量の水で希釈して流す。
3　飛散したものは、空容器にできるだけ回収する。回収したものは、発火のおそれがあるので速やかに多量の水に溶かして処理する。回収したあとは、多量の水で洗い流す。
4　飛散したものは、空容器にできるだけ回収し、そのあとを硫酸鉄(Ⅲ)等の水溶液を散布し、水酸化カルシウム、炭酸ナトリウム等の水溶液を用いて処理した後、多量の水で洗い流す。

(農業用品目)

問 41　次の物質のうち、農業用品目販売業者が**販売できないもの**を１つ選びなさい。

1　塩化亜鉛　　2　クロロ酢酸ナトリウム　　3　シアン化ナトリウム
4　沃(よう)化メチル　　5　燐(りん)化亜鉛

問 42 ～ 44　次の物質を含有する製剤で、劇物としての指定から除外される上限濃度について、**正しいもの**を１つずつ選びなさい。

問 42　Ｏ－エチル＝１－メチルプロピル＝(２－オキソ－３－チアゾリジニル)ホスホノチオアート(別名：ホスチアゼート)
問 43　エマメクチン
問 44　５－メチル－１・２・４－トリアゾロ〔３・４－ｂ〕ベンゾチアゾール(別名：トリシクラゾール)

1　1％　　2　1.5％　　3　2％　　4　8％　　5　10％

問 45 ～ 47　次の物質の漏えい又は飛散した場合の措置として、**最も適当なもの**を１つずつ選びなさい。

問 45　ブロムメチル
問 46　Ｓ－メチル－Ｎ－［(メチルカルバモイル)－オキシ］－チオアセトイミデート(別名：メトミル)
問 47　燐(りん)化アルミニウムとその分解促進剤とを含有する製剤

1　飛散したものの表面を速やかに土砂等で覆い、密閉可能な空容器に回収して密閉する。汚染された土砂等も同様な措置をし、そのあとを多量の水で洗い流す。
2　飛散したものは空容器にできるだけ回収し、そのあとを水酸化カルシウム等の水溶液を用いて処理し、多量の水で洗い流す。
3　飛散したものは空容器にできるだけ回収し、そのあとを硫酸鉄(Ⅲ)等の水溶液を散布し、水酸化カルシウム、炭酸ナトリウム等の水溶液を用いて処理した後、多量の水で洗い流す。
4　漏えいした液が多量の場合は、土砂等でその流れを止め、液が広がらないようにして蒸発させる。

問 48　クロルピクリンに関する記述について、**正しいものの組み合わせ**を１つ選びなさい。

a　アルコールに溶けない。
b　主に除草剤として用いられる。
c　金属腐食性が大きい。
d　吸入した場合、気管支を刺激してせきや鼻汁が出る。多量に吸入すると、胃腸炎、肺炎、尿に血が混じる。

1（a、b）　2（a、c）　3（b、d）　4（c、d）

問 49　ジエチル－(５－フエニル－３－イソキサゾリル)－チオホスフエイト(別名：イソキサチオン)に関する記述について、**正しいものの組み合わせ**を１つ選びなさい。

a　水に溶けやすい。
b　主に除草剤として用いられる。
c　解毒剤として、硫酸アトロピン製剤、２－ピリジルアルドキシムメチオダイド(別名：ＰＡＭ)が用いられる。
d　劇物(２％以下を含有するものを除く)である。

1（a、b）　2（a、c）　3（b、d）　4（c、d）

問 50 ～ 53　次の物質の廃棄方法について、**最も適当なもの**を１つずつ選びなさい。

問 50　アンモニア水
問 51　塩素酸カリウム
問 52　ジメチル－２・２－ジクロルビニルホスフエイト(別名：DDVP)
問 53　硫酸

1　徐々に石灰乳などの攪拌溶液に加え中和させた後、多量の水で希釈して処理する。
2　水で希薄な水溶液とし、酸で中和させた後、多量の水で希釈して処理する。
3　おが屑等に吸収させてアフターバーナー及びスクラバーを備えた焼却炉で焼却する。
4　還元剤の水溶液に希硫酸を加えて酸性にし、この中に少量ずつ投入する。反応終了後、反応液を中和し多量の水で希釈して処理する。
5　ナトリウム塩とした後、活性汚泥で処理する。

問 54 ～ 57　次の物質の用途について、**最も適当なもの**を１つずつ選びなさい。

問 54　エチルジフエニルジチオホスフエイト
問 55　塩素酸ナトリウム
問 56　２－ジフエニルアセチル－１・３－インダンジオン
問 57　２・３・５・６－テトラフルオロ－４－メチルベンジル＝(Ｚ)－(１ＲＳ・３ＲＳ)－３－(２－クロロ－３・３・３－トリフルオロ－１－プロペニル)－２・２－ジメチルシクロプロパンカルボキシラート(別名：テフルトリン)

1　殺鼠剤　　2　除草剤　　3　殺菌剤
4　野菜等のコガネムシ類、ネキリムシ類などの土壌害虫の防除
5　接触性殺虫剤

問 58 ～ 60　次の物質の毒性について、**最も適当なもの**を１つずつ選びなさい。

問 58　無機銅塩類
問 59　モノフルオール酢酸ナトリウム
問 60　硫酸タリウム

1　猛烈な神経毒であり、急性中毒では、よだれ、吐気、悪心、嘔吐があり、次いで脈拍緩徐不整となり、発汗、瞳孔縮小、意識喪失、呼吸困難、痙攣をきたす。慢性中毒では、咽頭、喉頭などのカタル、心臓障害、視力減弱、めまい、動脈硬化などをきたし、ときに精神異常を引き起こす。

2　激しい嘔吐、胃の疼痛、意識混濁、てんかん性痙攣、脈拍の緩徐、チアノーゼ、血圧下降。心機能の低下により死亡する場合もある。

3　疝痛、嘔吐、振戦、痙攣、麻痺等の症状に伴い、次第に呼吸困難となり、虚脱症状となる。

4　中毒では、緑色または青色のものを吐く。のどが焼けるように熱くなり、よだれが流れ、また、しばしば痛む。急性の胃腸カタルを起こすとともに血便を出す。

（特定品目）

問 41 ～ 48　次の物質について、性状を A 欄から、鑑識法を B 欄から、**それぞれ最も適当なもの**を１つずつ選びなさい。

	性　状	鑑識法
水酸化カリウム	問 41	問 45
蓚酸	問 42	問 46
一酸化鉛	問 43	問 47
硫酸	問 44	問 48

【A 欄】

1　無色透明な油様の液体で、水と急激に接触すると多量の熱を生成する。
2　無色、稜柱状の結晶で、加熱すると昇華する。エーテルに難溶。
3　白色の固体で、水、アルコールには熱を発して溶けるが、アンモニア水には溶けない。
4　重い粉末で黄色から赤色までのものがあり、赤色粉末を 720 ℃以上に加熱すると黄色に変化する。

【B 欄】

1　水溶液に酒石酸溶液を過剰に加えると、白色結晶性の沈殿を生成する。また、塩酸を加えて中性にした後、塩化白金溶液を加えると、黄色結晶性の沈殿を生成する。
2　希釈水溶液に塩化バリウムを加えると、白色の沈殿を生成する。この沈殿は塩酸や硝酸に溶けない。
3　希硝酸に溶かすと、無色の液となり、これに硫化水素を通すと、黒色の沈殿を生成する。
4　水溶液を酢酸で弱酸性にして酢酸カルシウムを加えると、結晶性の沈殿を生成する。

問 49 ～ 52　次の物質の漏えい又は飛散した場合の措置として、**最も適当なもの**を１つずつ選びなさい。

問 49　メチルエチルケトン　**問 50**　塩素　**問 51**　重クロム酸カリウム
問 52　硝酸

1　飛散したものは空容器にできるだけ回収し、そのあとを還元剤(硫酸第一鉄等)の水溶液を散布し、水酸化カルシウム、炭酸ナトリウム等の水溶液で処理した後、多量の水で洗い流す。
2　漏えい箇所や漏えいした液には水酸化カルシウムを十分に散布し、シート等を被せ、その上にさらに水酸化カルシウムを散布して吸収させる。多量にガスが噴出した場所には、遠くから霧状の水をかけて吸収させる。
3　少量の漏えいした液は土砂等で吸着させて取り除くか、またはある程度水で徐々に希釈した後、水酸化カルシウム、炭酸ナトリウム等で中和し、多量の水で洗い流す。多量の漏えいした液は土砂等でその流れを止め、これに吸着させるか、または安全な場所に導いて、遠くから徐々に注水してある程度希釈した後、水酸化カルシウム、炭酸ナトリウム等で中和し多量の水で洗い流す。
4　付近の着火源となるものを速やかに取り除く。多量の場合、漏えいした液は、土砂等でその流れを止め、安全な場所に導き、液の表面を泡で覆い、できるだけ空容器に回収する。

問 53 ～ 56　次の物質の廃棄方法について、**最も適当なもの**を１つずつ選びなさい。

問 53　硅弗(けいふつ)化ナトリウム　**問 54**　キシレン
問 55　ホルマリン　**問 56**　水酸化ナトリウム

1　木粉(おが屑)等に吸収させて焼却炉で焼却する。
2　水を加えて希薄な水溶液とし、酸で中和させた後、多量の水で希釈して処理する。
3　多量の水を加え希薄な水溶液とした後、次亜塩素酸塩水溶液を加え分解させ廃棄する。
4　水に溶かし、水酸化カルシウム等の水溶液を加えて処理した後、希硫酸を加えて中和し、沈殿ろ過して埋立処分する。

問 57 ～ 60　次の物質の人体に対する毒性について、**最も適当なもの**を１つずつ選びなさい。

問 57　過酸化水素　**問 58**　クロム酸カリウム　**問 59**　メタノール
問 60　酢酸エチル

1　神経細胞内でぎ酸が生成され、視神経が侵され、眼がかすみ、失明することがある。
2　水溶液、蒸気いずれも刺激性が強い。35 %以上の水溶液は皮膚に水疱をつくりやすい。眼には腐食作用を及ぼす。
3　蒸気は粘膜を刺激し、持続的に吸入するときは肺、腎臓および心臓を障害する。
4　口と食道が赤黄色に染まり、のちに青緑色に変化する。腹部が痛くなり、緑色のものを吐き出し、血の混じった便をする。

中国五県統一共通
〔島根県、鳥取県、岡山県、広島県、山口県〕
令和元年度実施

〔毒物及び劇物に関する法規〕

(一般・農業用品目・特定品目共通)

問１　以下の法の条文について、(　　)の中に入れるべき字句の正しい組み合わせを一つ
選びなさい。

第１条　この法律は、毒物及び劇物について、(ア)の見地から必要な取締を行うことを目的とする。

第２条　この法律で「毒物」とは、別表第一に掲げる物であって、(イ)及び(ウ)以外のものをいう。

	ア	イ	ウ
1	公衆衛生上	医薬品	医薬部外品
2	公衆衛生上	医薬部外品	危険物
3	保健衛生上	医薬品	危険物
4	保健衛生上	医薬品	医薬部外品

問２　特定毒物に関する記述の正誤について、正しい組み合わせを一つ選びなさい。

ア　毒物若しくは劇物の輸入業者又は特定毒物研究者でなければ、特定毒物を輸入してはならない。

イ　特定毒物を所持することができるのは、特定毒物研究者又は特定毒物使用者のみである。

ウ　特定毒物使用者は、特定毒物を品目ごとに政令で定める用途以外の用途に供してはならない。

エ　特定毒物研究者は、特定毒物を学術研究以外の用途に供してはならない。

	ア	イ	ウ	エ
1	正	誤	誤	誤
2	正	誤	正	正
3	正	正	正	誤
4	誤	正	誤	正

問３　以下の法の条文について、(　)の中に入れるべき字句の正しい組み合わせを一つ選びなさい。

第３条の３　興奮、(　ア　)又は(　イ　)の作用を有する毒物又は劇物(これらを含有する物を含む。)であって政令で定めるものは、みだりに摂取し、若しくは吸入し、又はこれらの目的で(　ウ　)してはならない。

	ア	イ	ウ
1	幻覚	麻酔	所持
2	幻聴	麻酔	授与
3	幻覚	鎮静	授与
4	幻聴	鎮静	所持

問４　以下のうち、法第３条の４で「業務その他正当な理由による場合を除いては、所持してはならない。」と規定されている「引火性、発火性又は爆発性のある毒物又は劇物であって政令で定めるもの」を一つ選びなさい。

1　ピクリン酸　　2　酢酸エチル　　3　メタノール　　4　ニトロベンゼン

問５　毒物劇物営業者に関する記述の正誤について、正しい組み合わせを一つ選びなさい。

ア　毒物又は劇物の製造業者が、その製造した毒物又は劇物を、他の毒物又は劇物の販売業者に販売するときは、毒物又は劇物の販売業の登録を受けなくてもよい。

イ　毒物又は劇物の販売業者が貯蔵している毒物又は劇物を廃棄したときには、その店舗の所在地の都道府県知事(その店舗の所在地が、保健所を設置する市又は特別区の区域にある場合においては、市長又は区長。)にその旨を届け出なければならない。

ウ　毒物又は劇物の販売業の登録を受けようとする者が、法の規定により登録を取り消され、取消の日から起算して３年を経過していても販売業の登録は受けられない。

エ　農業用品目販売業の登録を受けた者は、農業上必要な毒物又は劇物であって省令で定めるもの以外の毒物又は劇物を販売してはならない。

	ア	イ	ウ	エ
1	正	正	誤	誤
2	誤	正	正	誤
3	正	誤	誤	正
4	誤	誤	正	正

問６～問９　以下の毒物又は劇物の製造所の設備の基準に関する記述について、正しいものには１を、誤っているものには２をそれぞれ選びなさい。

問６　毒物又は劇物を陳列する場所にかぎをかける設備があること。ただし、常時従事者による監視が行われる場合は、不要である。

問７　毒物又は劇物の製造作業を行う場所は、コンクリート、板張り又はこれに準ずる構造とする等その外に毒物又は劇物が飛散し、漏れ、しみ出若しくは流れ出、又は地下にしみ込むおそれのない構造であること。

問８　毒物又は劇物の製造作業を行う場所には、毒物又は劇物を含有する粉じん、蒸気又は廃水の処理に要する設備又は器具を備えていること。

問９　毒物又は劇物の運搬用具は、毒物又は劇物が飛散し、漏れ、又はしみ出るおそれがないものであること。

問 10 ～問 15　以下の毒物劇物取扱責任者に関する記述について、正しいものには１を、誤っているものには２をそれぞれ選びなさい。

問 10　毒物劇物取扱者試験に合格しても、18 歳未満の者は毒物劇物取扱責任者となることができない。

問 11　薬剤師であっても、毒物又は劇物を取り扱う業務に１年以上従事した者でなければ毒物劇物取扱責任者になることができない。

問 12　毒物又は劇物の販売業者は、毒物又は劇物を直接取り扱うことのない店舗においても毒物劇物取扱責任者を置かなければならない。

問 13　砒(ひ)素化合物である毒物を使用して、しろありの防除を行う事業者は、毒物劇物取扱責任者を置く必要はない。

問 14　特定品目毒物劇物取扱者試験の合格者は、農業用品目販売業の店舗の毒物劇物取扱責任者となることができない。

問 15　毒物又は劇物の販売業者は、毒物劇物取扱責任者を置いたときは、30 日以内に、その店舗の所在地の都道府県知事(その店舗の所在地が、保健所を設置する市又は特別区の区域にある場合においては、市長又は区長。)に、その毒物劇物取扱責任者の氏名を届け出なければならない。

問 16　届出に関する記述の正誤について、正しい組み合わせを一つ選びなさい。

ア　毒物劇物販売業者は、毎年 11 月 30 日までに、その年の9月 30 日に所有した毒物又は劇物の品名及び数量を届け出なければならない。

イ　毒物劇物販売業者が、店舗の名称を変更する場合は、事前に届け出なければならない。

ウ　法人である毒物劇物販売業者が、法人の名称を変更した場合は、30 日以内に届け出なければならない。

エ　法人である毒物劇物販売業者が、代表取締役を変更した場合は、30 日以内に届け出なければならない。

	ア	イ	ウ	エ
1	正	正	正	誤
2	正	誤	正	正
3	誤	正	誤	正
4	誤	誤	正	誤

問 17　毒物又は劇物の表示に関する以下の記述について、（　　）の中に入れるべき字句の正しい組み合わせを一つ選びなさい。

毒物劇物営業者は、毒物又は劇物の容器及び被包に、「（ ア ）」の文字及び毒物については（ イ ）をもって「毒物」の文字、劇物については（ ウ ）をもって「劇物」の文字を表示しなければならない。

	ア	イ	ウ
1	医療用外	白地に赤色	赤地に白色
2	医薬用外	赤地に白色	白地に赤色
3	医薬用外	黒地に白色	白地に赤色

問 18　以下のうち、あせにくい黒色で着色したものでなければ、毒物劇物営業者がこれを農業用として販売し、又は授与してはならない劇物はどれか一つ選びなさい。

1　メチルイソチオシアネートを含有する製剤たる劇物
2　ジクロルブチンを含有する製剤たる劇物
3　硫酸タリウムを含有する製剤たる劇物
4　沃(よう)化メチルを含有する製剤たる劇物

問 19　以下の法の条文について、（　　）の中に入れるべき字句の正しい組み合わせを一つ選びなさい。

第 14 条　毒物劇物営業者は、毒物又は劇物を他の毒物劇物営業者に販売し、又は授与したときは、（ ア ）、次に掲げる事項を書面に記載しておかなければならない。
一　毒物又は劇物の名称及び（ イ ）
二　販売又は授与の（ ウ ）
三　譲受人の氏名、（ エ ）及び住所（法人にあっては、その名称及び主たる事務所の所在地）

	ア	イ	ウ	エ
1	その都度	性状	目的	職業
2	その都度	数量	年月日	職業
3	初回のみ	性状	年月日	年齢
4	初回のみ	数量	目的	年齢

問 20　以下の法の条文について、（　　）の中に入れるべき字句の正しい組み合わせを一つ選びなさい。

第 15 条　毒物劇物営業者は、毒物又は劇物を次に掲げる者に交付してはならない。
　一　（ ア ）未満の者
　二　心身の障害により毒物又は劇物による（ イ ）上の危害の防止の措置を適正に行うことができない者として厚生労働省令で定めるもの
　三　麻薬、大麻、あへん又は（ ウ ）の中毒者

	ア	イ	ウ
1	18 歳	精神衛生	指定薬物
2	18 歳	保健衛生	覚せい剤
3	20 歳	保健衛生	指定薬物
4	20 歳	精神衛生	覚せい剤

問 21 ～問 23　以下の法及び政令の条文について、（　　）の中に入れるべき字句を下欄の１～３の中からそれぞれ一つ選びなさい。

法第 15 条の２
　毒物若しくは劇物又は第 11 条第２項に規定する政令で定める物は、廃棄の方法について政令で定める技術上の基準に従わなければ、廃棄してはならない。

政令第 40 条
　法第 15 条の２の規定により、毒物若しくは劇物又は法第 11 条第２項に規定する政令で定める物の廃棄の方法に関する技術上の基準を次のように定める。
　一　中和、加水分解、酸化、還元、（ 問 21 ）その他の方法により、毒物及び劇物並びに法第 11 条第２項に規定する政令で定める物のいずれにも該当しない物とすること。
　二　（ 問 22 ）又は揮発性の毒物又は劇物は、保健衛生上危害を生ずるおそれがない場所で、少量ずつ放出し、又は揮発させること。
　三　（ 問 23 ）の毒物又は劇物は、保健衛生上危害を生ずるおそれがない場所で、少量ずつ燃焼させること。
　四　略

【下欄】

問 21	1	けん化	2	稀釈	3	電気分解
問 22	1	ガス体	2	爆発性	3	昇華性
問 23	1	爆発性	2	助燃性	3	可燃性

問 24　以下の法の条文について、（　）の中に入れるべき字句を一つ選びなさい。

第 16 条の２
　２　毒物劇物営業者及び特定毒物研究者は、その取扱いに係る毒物又は劇物が盗難にあい、又は紛失したときは、直ちに、その旨を（　　）に届け出なければならない。

1　保健所　　2　警察署　　3　消防機関

問 25　95 %硫酸を、車両を使用して１回につき 5,000 キログラム以上運搬する場合の運搬方法に関する記述の正誤について、正しい組み合わせを一つ選びなさい。

ア　１人の運転者による運転時間が、１日当たり９時間を超える場合には、車両１台について運転手のほか交替して運転する者を同乗させなければならない。
イ　車両には、0.3 メートル平方の板に地を赤色、文字を白色として「劇」と表示した標識を、車両の前後の見やすい箇所に掲げなければならない。
ウ　車両には、防毒マスク、ゴム手袋その他事故の際に応急の措置を講ずるために必要な保護具として、保護手袋、保護長ぐつ、保護衣及び保護眼鏡を１人分備えなければならない。

	ア	イ	ウ
1	正	誤	誤
2	正	正	正
3	誤	正	誤
4	誤	誤	正

〔基礎化学〕
（一般・農業用品目・特定品目共通）

問 26 ～問 33　以下の記述について、正しいものには１を、誤っているものには２をそれぞれ選びなさい。

問 26　エチレンから水素原子１個を取り除いた残りの炭化水素基をエチル基という。
問 27　電気陰性度が小さい元素ほど、陽イオンになりやすい傾向がある。
問 28　一般に、共有結合でできている結晶は、分子結晶に比べ融点が高い。
問 29　カルボキシル基とアミノ基の脱水縮合によって、エステル結合を生じる。
問 30　硫黄は水に溶けやすく、水に溶けて硫化水素を生じる。
問 31　元素の周期表において、18 族元素は希ガスとも呼ばれ、化学的に安定である。
問 32　元素の周期表において、水素を除く１族元素をアルカリ金属という。
問 33　塩化ナトリウムはイオン結晶であり、固体状態では電気を通さないが、水溶液にすると電気を通す。

問 34 ～問 38　以下の(　　)に入る最も適当な字句を下欄の１～３の中からそれぞれ一つ選びなさい。

ある原子や物質が電子を失ったとき、(問 34)されたといい、原子や物質が電子を受け取ったとき、(問 35)されたという。
金属が水または水溶液中で(問 36)になる傾向を金属のイオン化傾向という。
塩化銅(Ⅱ)水溶液に２本の炭素棒を電極として入れ、直流電流を通じると、陰極では (問 37)が析出し、陽極では(問 38)が発生する。

【下欄】

問 34	1	分解	2	酸化	3	還元
問 35	1	合成	2	酸化	3	還元
問 36	1	陽イオン	2	陰イオン	3	分子
問 37	1	食塩	2	銅	3	塩化銅(Ⅱ)
問 38	1	水素	2	酸素	3	塩素

問 39　質量パーセント濃度が 30 %の水酸化ナトリウム水溶液 200 g に水を加えて、質量パーセント濃度が 10 %の水酸化ナトリウム水溶液を作るには何 g の水が必要か、最も適当 なものを一つ選びなさい。

1　300 g　　2　360 g　　3　400 g　　4　460 g

問40　25℃、0.04mol/L　の酢酸水溶液の pH(水素イオン指数)はいくらか、最も適当なものを一つ選びなさい。ただし、25 ℃における酢酸水溶液の電離度を 0.025 とする。

1　pH＝1　　2　pH＝3　　3　pH＝5　　4　pH＝7

問41　水素の燃焼は、$2H_2+O_2 \rightarrow 2H_2O$ で示される。標準状態(温度0℃、1気圧)で 168L の水素を燃焼すると、水は何g生じるか、最も適当なものを一つ選びなさい。

ただし、標準状態における気体のモル体積は、22.4L/mol　とし、原子量は、H＝1、O＝16 とする。

1　67.5 g　　2　135 g　　3　270 g　　4　337.5 g

問42　分子式 C_5H_{12} で表される炭化水素の構造異性体の種類として、正しいものを一つ選びなさい。

1　2種類　　2　3種類　　3　4種類　　4　5種類

問43　コロイド溶液に関する記述の正誤について、正しい組み合わせを一つ選びなさい。

ア　コロイド溶液に側面から強い光を当てると、光が散乱され、光の通路が輝いて見える。これをブラウン運動という。
イ　コロイド溶液では熱運動によって溶媒分子がコロイド粒子に衝突するために、コロイド粒子が不規則な運動をする。これをチンダル現象という。
ウ　疎水コロイドに少量の電解質を加えたとき、沈殿が生じる現象を凝析という。
エ　コロイド溶液に、直流電圧をかけると、陽極または陰極にコロイド粒子が移動する。この現象を電気泳動という。

	ア	イ	ウ	エ
1	正	正	正	誤
2	正	誤	誤	正
3	誤	誤	正	正
4	誤	正	誤	誤

問44　化学反応に関する記述の正誤について、正しい組み合わせを一つ選びなさい。

ア　触媒とは、一般に反応の前後において自身が変化し、他の化学反応の速さを変化させる 物質のことをいう。
イ　反応物が活性化状態に達するのに必要な最小のエネルギーのことを活性化エネルギーという。
ウ　一般に、反応物の濃度は、化学反応の速さに影響を与えない。
エ　化学変化の前後で全体の質量は変化しない。

	ア	イ	ウ	エ
1	正	誤	誤	誤
2	正	正	正	正
3	誤	誤	正	誤
4	誤	正	誤	正

問45～問46　以下の分離方法の名称として、最も適当なものを下欄の1～4の中からそれぞれ一つ選びなさい。

問45　固体を溶媒に溶かし、溶解度の差を利用して、分離する方法。
問46　固体または液体の混合物に、溶媒を加えて良く振り混ぜ、特定の成分を溶かし出して分離する方法。

【下欄】

1　蒸留	2　分留	3　再結晶	4　抽出

問47　以下の物質とその水溶液の液性の組み合わせとして、正しいものを一つ選びなさい。

1　塩化ナトリウム　－ 塩基性　　2　硫酸ナトリウム － 中性
3　炭酸水素ナトリウム － 酸性　　4　炭酸ナトリウム － 酸性

問 48 中和に関する以下の記述のうち、正しいものを一つ選びなさい。

1 塩酸 1 mol と過不足なく中和する水酸化カルシウムは 1 mol である。
2 硫酸 1 mol と過不足なく中和するアンモニアは 1 mol である。
3 酢酸水溶液の、水酸化ナトリウム水溶液による中和滴定では、指示薬としてフェノール フタレインを用いる。
4 中和点での pH は常に 7 である。

問 49 以下の記述のうち、酸化還元反応を表しているものを一つ選びなさい。

1 食品の保冷剤として入れていたドライアイスが、数時間でなくなった。
2 寺の銅葺(ぶ)きの屋根の色が、長い年月の間に青緑色に変化した。
3 酸性土壌の改良剤として消石灰をまく。
4 夏の暑い日に、道路に打ち水をすると涼しくなる。

問 50 以下の記述のうち、誤っているものを一つ選びなさい。

1 一般に、グリセリンと高級脂肪酸からできたエステルを油脂という。
2 油脂に水酸化ナトリウム水溶液を加え、加熱し、けん化するとグリセリンとセッケンの混合物が得られる。
3 セッケンを水に溶かすと、セッケンの脂肪酸イオンは、疎水性の部分を内側に、親水性の部分を外側にして、水中に細かく分散する。
4 セッケンは水の表面張力を大きくする性質をもつ。

〔毒物及び劇物の性質及び貯蔵、識別及び取扱方法〕

(一般)

問 51 ～問 54 以下の物質の性状について、最も適当なものを下欄の１～５の中からそれぞれ一つ選びなさい。

問 51 ヒドラジン一水和物
問 52 無水クロム酸
問 53 モノフルオール酢酸ナトリウム
問 54 ナトリウム

【下欄】

1 重い白色の粉末で、吸湿性がある。
2 暗赤色の潮解性針状結晶。
3 無色の気体。
4 軽い銀白色の軟らかい固体。
5 無色透明の液体。

問 55 ～問 58　以下の物質の性状について、最も適当なものを下欄の１～５の中からそれぞれ一つ選びなさい。

問55　塩化第二銅　**問56**　塩素酸ナトリウム　**問57**　砒素
問58　ジメチル硫酸

【下欄】

1　二水和物は緑色または青色の潮解性結晶または粉末で、乾燥空気中では風解性である。
2　無色無臭の結晶または顆粒。強い酸化剤で、有機物その他酸化されやすいものと混合すると加熱、摩擦、衝撃により爆発することがある。
3　金属光沢があり空気中で燃やすと青白色の焔をあげて燃える。乾燥した空気中では安定である。
4　揮発性の引火性液体。果実様の芳香がある。アルコール、クロロホルム等と混和する。
5　無色の油状液体。18 度以上の水では加水分解が速まる。二硫化炭素に溶けにくい。

問 59　以下の物質を含有する製剤と、それらが劇物の指定から除外される濃度に関する組み合わせのうち、正しいものを一つ選びなさい。

1　過酸化ナトリウム　－　５％以下
2　クレゾール　－　10 ％以下
3　五酸化バナジウム　－　25 ％以下

問 60 ～問 63　以下の物質の用途について、最も適当なものを下欄の１～５の中からそれぞれ一つ選びなさい。

問60　酢酸タリウム　**問61**　チメロサール
問62　セレン　**問63**　トルイジン

【下欄】

1　殺菌消毒薬
2　ガラスの脱色、釉薬
3　染料、有機合成の製造原料
4　殺鼠剤
5　除草剤

問 64 ～問 67　以下の物質の鑑定法について、最も適当なものを下欄の１～５の中からそれぞれ一つ選びなさい。

問 64　過酸化水素　**問 65**　クロロホルム　**問 66**　蓚酸　**問 67**　硝酸

【下欄】

1　レゾルシン及び 33 ％の水酸化カリウム溶液と熱すると黄赤色を呈し、緑色の蛍石彩を放つ。
2　銅屑を加えて熱すると、藍色を呈して溶け、その際赤褐色の蒸気を発生する。
3　水溶液をアンモニア水で弱アルカリ性にして塩化カルシウムを加えると、白色の沈殿を生じる。
4　蠟を塗ったガラス板に針で任意の模様を描いたものに、当該物質を塗ると、蠟をかぶらない模様の部分は腐食される。
5　過マンガン酸カリウムを還元し、クロム酸塩を過クロム酸塩に変える。またヨード亜鉛からヨードを析出する。

問 68　以下の物質とその廃棄方法に関する組み合わせのうち、誤っているものを一つ選びなさい。

1　臭素　－　アルカリ法
2　五塩化アンチモン　－　焙(ばい)焼法
3　ナトリウム　－　燃焼法

問 69　以下の物質とその廃棄方法に関する組み合わせのうち、誤っているものを一つ選びなさい。

1　亜塩素酸ナトリウム　－　還元法
2　N－エチルアニリン　－　燃焼法
3　キシレン　－　中和法

問 70　以下の物質とその貯蔵方法に関する組み合わせのうち、正しいものを一つ選びなさい。

1　五塩化燐(りん)　－　腐食性が強いので密栓して貯蔵する。
2　黄燐(りん)　－　少量ならば褐色ガラス瓶、大量ならばカーボイ等を使用し、3分の1の空間を保って貯蔵する。
3　ロテノン　－　水中に沈めて瓶に入れ、さらに砂を入れた缶中に固定して、冷暗所に貯蔵する。

問 71　以下の物質とその貯蔵方法に関する組み合わせのうち、誤っているものを一つ選びなさい。

1　沃(よう)素　－　亜鉛または錫(すず)メッキをした鋼鉄製容器で、高温に接しない場所に保管する。
2　カリウム　－　空気中にそのまま貯蔵することはできないので、通常、石油中に貯蔵する。
3　水酸化カリウム　－　二酸化炭素と水を強く吸収するため、密栓をして貯蔵する。

問 72 ～問 75　以下の物質が漏えいまたは飛散した場合の応急措置について、最も適当なものを下欄の１～５の中からそれぞれ一つ選びなさい。

問 72　S－メチル－N－〔(メチルカルバモイル)－オキシ〕－チオアセトイミデート（別名　メトミル）
問 73　砒(ひ)酸
問 74　燐(りん)化アルミニウムとその分解促進剤とを含有する製剤
問 75　クロルピクリン

【下欄】

1　空容器にできるだけ回収し、そのあとを希硫酸を用いて処理し、多量の水を用いて洗い流す。
2　飛散したものは空容器にできるだけ回収し、そのあとを硫酸第二鉄等の水溶液を散布し、消石灰、ソーダ灰等の水溶液を用いて処理し、多量の水を用いて洗い流す。
3　飛散したものの表面を速やかに土砂等で覆い、密閉可能な空容器に回収して密閉する。
4　少量漏えいした場合の液は布で拭きとるか、またはそのまま風にさらして蒸発させる。
5　飛散したものは空容器にできるだけ回収し、そのあとを消石灰等の水溶液を用いて処理し、多量の水を用いて洗い流す。

問 76 〜問 79　以下の物質の毒性について、最も適当なものを下欄の１〜５の中からそれぞれ一つ選びなさい。

問 76　ブロムエチル　　問 77　水酸化鉛
問 78　水素化アンチモン　　問 79　シアン化ナトリウム

【下欄】

1　主にミトコンドリアの呼吸酵素の阻害作用が誘発されるため、エネルギー消費の多い中枢神経に影響が現れる。
2　ヘモグロビンと結合して急激な赤血球の低下を導き、強い溶血作用が現れ、また、肺水腫を引き起こしたり、肝臓、腎臓にも影響を与える。
3　頭痛、眼及び鼻孔の刺激、呼吸困難等として現れ、皮膚につくと水疱（ほう）を生じる。
4　はじめ不快な吐き気をもよおし、疲労を覚え、顔面蒼白となる。典型的なものは胸部圧迫感、肋（ろっ）骨の強痛である。
5　中毒は慢性疾患であり、急性中毒は高濃度の短時間暴露により生じるものでまれである。初期症状としては、酸素欠乏、消化不良がみられ、遅脈、平滑筋の急激な収縮により血圧が上昇する。

問 80　以下の物質と中毒時の主な措置に関する組み合わせのうち、誤っているものを一つ選びなさい。

1　スルホナール　－　フェノバルビタールの投与
2　ジメチル－４－メチルメルカプト－３－メチルフエニルチオホスフエイト（別名 フェンチオン、MPP）　－　２－ピリジルアルドキシムメチオダイド（別名 PAM）製剤及び硫酸アトロピン製剤の投与
3　亜ヒ酸ナトリウム　－　ジメルカプロール（BAL）の投与

（農業用品目）

問 51　以下の物質を含有する製剤と、それらが劇物の指定から除外されるものに関する組み合わせのうち、正しいものを一つ選びなさい。

1　アンモニア水　－　15 %以下を含有するもの
2　シアナミド　－　10 %以下を含有するもの
3　燐（りん）化亜鉛　－　10 %以下を含有し、黒色に着色され、かつ、トウガラシエキスを用いて著しくからく着味されているもの

問 52　以下の物質とその性状に関する組み合わせのうち、誤っているものを一つ選びなさい。

1　シアン化水素　－　無色の液体で、純粋なものは青酸臭（焦げたアーモンド臭）を帯び、水、アルコールによく混和する。
2　２，２’－ジピリジリウム－１，１’－エチレンジブロミド （別名 ジクワット）　－　一水和物は淡黄色の結晶。水に可溶で、中性、 酸性下で安定。アルカリ性で不安定。
3　１，３－ジカルバモイルチオ－２－（N, N －ジメチルアミノ）－プロパン塩酸塩（別名 カルタップ）　－　橙色の重い粉末で、吸湿性があり、からい味と酢酸の臭いを有する。

問 53 ～問 56　以下の物質の性状について、最も適当なものを下欄の１～５の中からそれぞれ一つ選びなさい。

問 53　ニコチン　　問 54　硫酸第二銅　　問 55　燐化亜鉛　　問 56　塩素酸カリウム

【下欄】

1　無色、無臭の油状液体であるが、空気中では速やかに褐変する。
2　五水和物は、濃い藍色の結晶で、風解性がある。結晶水を失うと白色の粉末となる。
3　暗赤色もしくは暗灰色の結晶または粉末であり、希塩酸と反応してホスフィンを発生する。
4　無色の光沢のある結晶または白色の顆粒か粉末。酸化されやすいものと混合して、摩擦すると爆発する。
5　純品は無色の油状体。催涙性、強い粘膜刺激臭を有する。180 度以上に熱すると分解するが、引火性はない。

問 57 ～問 60　以下の物質の用途について、最も適当なものを下欄の１～５の中からそれぞれ一つ選びなさい。

問 57　２－クロルエチルトリメチルアンモニウムクロリド(別名 クロルメコート)
問 58　硫酸タリウム
問 59　Ｓ，Ｓ－ビス(１－メチルプロピル)＝Ｏ－エチル＝ホスホロジチオアート(別名 カズサホス)
問 60　シアン酸ナトリウム

【下欄】

1 殺線虫	2 殺鼠剤	3 植物成長調整剤
4 除草剤	5 殺菌剤	

問 61　以下の物質とその用途に関する組み合わせのうち、正しいものを一つ選びなさい。

1　エマメクチン安息香酸塩 － 殺虫剤
2　ブラストサイジンＳ － 除草剤
3　ジメチル－４－メチルメルカプト－３－メチルフエニルチオホスフエイト(別名 フェンチオン、ＭＰＰ) － 殺鼠剤

問 62 ～問 65　以下の物質の鑑定法について、最も適当なものを下欄の１～５の中からそれぞれ一つ選びなさい。

問 62　硫酸亜鉛　　問 63　塩素酸カリウム　　問 64　硫酸
問 65　クロルピクリン

【下欄】

1　水で薄めると発熱し、ショ糖、木片などに触れると、それらを炭化・黒変させる。希釈水溶液に塩化バリウムを加えると、白色の沈殿を生じるが、この沈殿は塩酸や硝酸に不溶である。
2　暗室内で酒石酸または硫酸酸性で水蒸気蒸留を行う際、冷却器あるいは流出管の内部に青白色の光を認める。
3　水に溶かして硫化水素を通じると、白色の沈殿を生じる。また、水に溶かして塩化バリウムを加えると白色の沈殿を生じる。
4　熱すると酸素を発生する。水溶液に酒石酸を多量に加えると、白色の結晶を生じる。
5　水溶液に金属カルシウムを加え、これにベタナフチルアミン及び硫酸を加えると、赤色の沈殿を生じる。

問 66　以下の物質とその廃棄方法に関する組み合わせのうち、誤っているものを一つ選びなさい。

1　硫酸第二銅 ― 焙(ばい)焼法
2　2，2’―ジピリジリウム―1，1’―エチレンジブロミド(別名　ジクワット) ― 燃焼法
3　燐(りん)化アルミニウムとその分解促進剤とを含有する製剤 ― 還元沈殿法

問 67 ～問 70　以下の物質の廃棄方法について、最も適当なものを下欄の１～５の中からそれぞれ一つ選びなさい。

問 67　硫酸　　問 68　塩化亜鉛　　問 69　アンモニア水
問 70　ジメチルジチオホスホリルフエニル酢酸エチル(別名　フェントエート、PAP)

【下欄】

1　水で希薄な水溶液とし、希塩酸、希硫酸等で中和させた後、多量の水で希釈して処理する。
2　徐々に石灰乳などの撹拌(かくはん)溶液に加え中和させた後、多量の水で希釈して処理する。
3　おが屑(くず)等に吸収させてアフターバーナー及びスクラバーを備えた焼却炉で焼却する。
4　水に溶かし、水酸化カルシウム等の水溶液を加えて処理し、沈殿濾(ろ)過して埋立処分する。
5　多量の水酸化ナトリウム水溶液に吹き込んだのち、高温加圧下で加水分解する。

問 71　以下の物質とその貯蔵方法に関する組み合わせのうち、誤っているものを一つ選びなさい。

1　ブロムメチル ― 圧縮冷却して液化し、圧縮容器に入れて冷暗所に貯蔵する。
2　ロテノン ― 水中に沈めて瓶に入れ、さらに砂を入れた缶中に固定して、冷暗所に貯蔵する。
3　シアン化ナトリウム ― 酸類とは離して、風通しのよい乾燥した冷所に密封して貯蔵する。

問 72 ～問 75　以下の物質について、それらが漏えいまたは飛散したときの措置として、最も適当なものを下欄の１～５の中からそれぞれ一つ選びなさい。

問 72　硫酸亜鉛　　問 73　液化アンモニア　　問 74　シアン化水素
問 75　ブロムメチル

【下欄】

1　飛散したものはできるだけ回収し、そのあとを消石灰等の水溶液を用いて処理し、多量の水を用いて洗い流す。
2　漏えいしたボンベ等を多量の水酸化ナトリウム水溶液に容器ごと投入してガスを吸収させ、さらに次亜塩素酸ナトリウム等の酸化剤の水溶液で酸化処理を行い、多量の水を用いて洗い流す。
3　漏えい箇所を濡れむしろ等で覆い、遠くから霧状の水をかけ吸収させる。高濃度の廃液が河川等に排出されないよう注意する。
4　速やかに土砂または多量の水で覆い、水を満たした空容器に回収する。
5　少量に漏えいした液は、速やかに蒸発するので周辺に近づかないようにする。多量に漏えいした液は、土砂等でその流れを止め、液が広がらないようにして蒸発させる。

問 76　以下の物質と中毒時の主な措置に関する組み合わせのうち、誤っているものを一つ選びなさい。

1	ジメチル－2，2－ジクロルビニルホスフエイト（別名　ジクロルボス、DDVP）	－	2－ピリジルアルドキシムメチオダイド（別名　PAM）製剤及び硫酸アトロピン製剤の投与
2	硫酸タリウム	－	亜硝酸ナトリウム、チオ硫酸ナトリウムの投与
3	塩化第一銅	－	ペニシラミン、ジメルカプロール（BAL）あるいはエデト酸カルシウム二ナトリウムの投与

問 77 ～問 80　以下の物質の毒性について、最も適当なものを下欄の１～５の中からそれぞれ一つ選びなさい。

問 77　ニコチン　　問 78　クロルピクリン

問 79　モノフルオール酢酸ナトリウム　　問 80　弗(ふっ)化スルフリル

【下欄】

1　血液に入ってメトヘモグロビンを作り、中枢神経や心臓、眼結膜をおかし、肺にも相当強い障害を与える。
2　人体に対する経口致死量が、成人１人に対して、0.06 g といわれており、猛烈な神経毒である。
3　大量に接触すると結膜炎、咽頭炎、鼻炎、知覚異常を引き起こし、直接接触すると凍傷にかかることがある。
4　主な中毒症状は、振戦、呼吸困難である。肝臓に核の膨大及び変性を認め、腎臓には糸球体、細尿管のうっ血、脾(ひ)臓には脾(ひ)炎が認められる。また、眼に対する刺激が特に強い。
5　哺乳動物ならびに人間には強い毒作用を呈するが、皮膚を刺激したり、皮膚から吸収されることはない。主な中毒症状は、激しい嘔吐(おうと)、胃の疼(とう)痛、意識混濁、てんかん性痙攣(けいれん)、脈拍の緩徐、チアノーゼ、血圧下降である。

（特定品目）

問 51 ～問 54　以下の物質の性状について、最も適当なものを下欄の１～５の中からそれぞれ一つ選びなさい。

問 51　アンモニア　　問 52　酢酸エチル　　問 53　一酸化鉛　　問 54　蓚(しゅう)酸

【下欄】

1　常温においては窒息性臭気をもつ黄緑色の気体である。冷却すると黄色溶液を経て黄白色固体となる。
2　一般的に流通しているのは二水和物の無色の結晶で、これを加熱すると昇華する。
3　無色透明の液体で果実様の芳香がある。蒸気は空気より重く、引火性がある。
4　重い粉末で黄色から赤色までのものがある。水に不溶。酸、アルカリにはよく溶ける。
5　特有の刺激臭がある無色の気体で、圧縮することによって、常温でも簡単に液化する。

問 55 ～問 58　以下の物質の性状について、最も適当なものを下欄の１～５の中からそれぞれ一つ選びなさい。

問 55　塩酸　　問 56　クロム酸ストロンチウム　　問 57　水酸化カリウム
問 58　メチルエチルケトン

【下欄】

1	淡黄色の粉末で、冷水に難溶。酸、アルカリに可溶。
2	無色の液体でアセトン様の芳香があり、引火しやすい。
3	無色透明の液体で、25％以上のものは湿った空気中で発煙し、刺激臭がある。
4	橙赤色の柱状結晶。水に溶けやすく、アルコールには溶けない。
5	白色の固体で、水やアルコールには熱を発して溶ける。

問 59　以下の物質を含有する製剤と、それらが劇物の指定から除外される濃度に関する組み合わせのうち、正しいものを一つ選びなさい。

1　クロム酸カリウム　－　0.1％以下
2　ホルムアルデヒド　－　10％以下
3　水酸化カリウム　－　５％以下

問 60　以下の物質を含有する製剤と、それらが劇物の指定から除外される濃度に関する組み合わせのうち、誤っているものを一つ選びなさい。

1　硝酸　－　10％以下　　2　過酸化水素　－　10％以下
3　アンモニア　－　10％以下

問 61 ～問 64　以下の物質の用途について、最も適当なものを下欄の１～５の中からそれぞれ一つ選びなさい。

問 61　水酸化ナトリウム　　問 62　硫酸　　問 63　過酸化水素水
問 64 ホルマリン

【下欄】

1	工業用として、フィルムの硬化、人造樹脂、色素合成などの製造に用いられるほか、試薬として使用される。
2	化学工業用として、せっけん製造、パルプ工業、染料工業、レーヨン工業、諸種の合成 化学などに使用されるほか、試薬、農薬にも用いられる。
3	ゴムの加硫促進剤、顔料、試薬として用いられる。
4	肥料や各種化学薬品の製造、石油の精製、冶金、塗料、顔料などの製造に用いられ、また、乾燥剤あるいは試薬として用いられる。
5	工業上貴重な漂白剤として獣毛、羽毛、綿糸、絹糸、骨質、象牙などを漂白することに応用される。そのほか織物、油絵などの洗浄に使用される。

問 65 ～問 68　以下の物質の鑑定法について、最も適当なものを下欄の１～５の中からそれぞれ一つ選びなさい。

問 65　四塩化炭素　　問 66　蓚（しゅう）酸　　問 67　酸化第二水銀　　問 68　硫酸

【下欄】

1	小さな試験管に入れて熱すると、黒色に変わり、後に分解し、残ったものをなお熱すると、完全に揮散する。
2	水で薄めると発熱し、ショ糖、木片などに触れると、それらを炭化・黒変させる。希釈水溶液に塩化バリウムを加えると、白色の沈殿を生じるが、この沈殿は塩酸や硝酸に不溶である。
3	アルコール溶液に水酸化カリウム溶液と少量のアニリンを加えて熱すると、不快な刺激臭を放つ。
4	アルコール性の水酸化カリウムと銅粉とともに煮沸すると、黄赤色の沈殿を生じる。
5	水溶液をアンモニア水で弱アルカリ性にして塩化カルシウムを加えると、白色の沈殿を生じる。

問 69　以下の物質とその廃棄方法に関する組み合わせのうち、誤っているものを一つ選びなさい。

1　アンモニア水　－　中和法
2　クロロホルム　－　燃焼法
3　硝酸　－　酸化法

問 70　以下の物質とその廃棄方法に関する組み合わせのうち、誤っているものを一つ選びなさい。

1　硅弗化（けいふっ）ナトリウム　－　分解沈殿法
2　酢酸エチル　－　アルカリ法
3　塩素　－　還元法

問 71　過酸化水素の貯蔵方法に関する記述のうち、最も適当なものを一つ選びなさい。

1　少量ならば褐色ガラス瓶、大量ならばカーボイ等を使用し、３分の１の空間を保って貯蔵する。
2　亜鉛または錫（すず）メッキをした鋼鉄製容器で、高温に接しない場所に保管する。
3　純品は空気と日光によって変質するので、少量のアルコールを加えて分解を防止する。

問 72 ～問 75　以下の物質が漏えいまたは飛散した場合の応急措置について、最も適当なものを下欄の１～５の中からそれぞれ一つ選びなさい。

問 72　重クロム酸カリウム　　問 73　クロロホルム　　問 74　トルエン
問 75　水酸化ナトリウム水溶液

【下欄】

1　少量の場合、漏えいした液は多量の水で十分に希釈して洗い流す。
2　多量の場合、漏えいした液は土砂等でその流れを止め、これに吸着させるか、または安全な場所に導いて遠くから徐々に注水してある程度希釈した後、水酸化カルシウム、炭酸ナトリウム等で中和し、多量の水で洗い流す。発生するガスは霧状の水をかけ吸収させる。
3　空容器にできるだけ回収し、そのあとを硫酸第一鉄等の還元剤の水溶液を散布し、水酸化カルシウム、炭酸ナトリウム等の水溶液で処理した後、多量の水で洗い流す。
4　空容器にできるだけ回収し、そのあとを中性洗剤等の分散剤を使用して多量の水で洗い流す。
5　付近の着火源となるものを速やかに取り除き、少量の場合、漏えいした液は土砂等に吸着させて空容器に回収する。

問 76 ～問 79 以下の物質の毒性について、最も適当なものを下欄の１～５の中からそれぞれ一つ選びなさい。

問 76 トルエン　　問 77 メタノール　　問 78 重クロム酸カリウム
問 79 四塩化炭素

【下欄】

1 粘膜や皮膚の刺激性が大きい。慢性中毒としては、接触性皮膚炎、穿(せん)孔性潰瘍(特に鼻中隔穿(せん)孔)等がみられる。
2 頭痛、めまい、嘔吐(おうと)、下痢などを起こし、視神経がおかされて、眼がかすみ、失明することがある。
3 触れると、激しいやけどを起こす。
4 蒸気の吸入により頭痛、食欲不振等がみられる。大量の場合、緩和な大赤血球性貧血をきたす。
5 はじめ頭痛、悪心などをきたし、黄疸のように角膜が黄色となり、しだいに尿毒症様を呈する。

問 80 以下の物質と中毒時の主な措置に関する組み合わせのうち、誤っているものを一つ選びなさい。

1 ホルムアルデヒド　－　２－ピリジルアルドキシムメチオダイド(別名 PAM)製剤及び硫酸アトロピン製剤を投与する。
2 蓚(しゅう)酸　－　大量摂取時には牛乳や水を飲ませて吐かせる。
3 酸化第二水銀　－　ジメルカプロール(BAL)を投与する。

香川県
令和元年度実施

〔法　規〕
（一般・農業用品目・特定品目共通）

問１　次の文は、毒物及び劇物取締法の条文の抜粋である。次の（　）に当てはまる語句として、正しい組み合わせを下欄から一つ選びなさい。

・　この法律は、毒物及び劇物について、保健衛生上の見地から必要な（ a ） を行うことを目的とする。
・　この法律で「劇物」とは、別表第二に掲げる物であつて（ b ）及び（ c ）以外のものをいう。
・　興奮、幻覚又は麻酔の作用を有する毒物又は劇物（これらを含有する物を 含む。）であつて政令で定めるものは、みだりに（　d ）し、若しくは吸入し、 又はこれらの目的で（ e ）してはならない。

下欄

	a	b	c	d	e
1	規制	危険物	食品添加物	乱用	所持
2	取締	医薬品	化粧品	摂取	譲渡
3	規制	危険物	有機溶剤	乱用	譲渡
4	取締	医薬品	医薬部外品	摂取	所持
5	規制	医薬品	高圧ガス	乱用	譲渡

問２　次の特定毒物に関する記述のうち、誤っているものを一つ選びなさい。

1　特定毒物研究者であれば、特定毒物を製造することができる。
2　特定毒物研究者は、特定毒物を学術研究以外の用途に供してはならない。
3　特定毒物研究者又は特定毒物使用者でなければ、特定毒物を所持してはならない。
4　特定毒物研究者であれば、特定毒物を輸入することができる。
5　四アルキル鉛、テトラエチルピロホスフエイト、モノフルオール酢酸は、いずれも特定毒物である。

問３～問４　次の文は、毒物及び劇物取締法の別表第１を記載している。（　）にあてはまる語句として、正しいものを下欄から一つ選びなさい。

別表第１
　1　エチルパラニトロフエニルチオノベンゼンホスホネイト（別名 EPN）
　2　黄燐（りん）
　（省略）
　28　前各号に掲げる物のほか、前各号に掲げる物を含有する（ **問３** ）その他の毒性を有する物であつて（ **問４** ）で定めるもの

問３　下欄

1　原体	2　物質	3　製剤	4　製品	5　農薬

問４　下欄

1　法律	2　政令	3　指定令	4　省令	5　条例

問5　次のうち､毒物及び劇物取締法第３条の２第９項の規定により政令で定める「ジメチルエチルメルカプトエチルチオホスフエイトを含有する製剤の着色の基準」として、正しいものを一つ選びなさい。

1　青色に着色されていること　　　2　黒色に着色されていること
3　紅色に着色されていること　　　4　紫色に着色されていること
5　黄色に着色されていること

問6　次の記述のうち、毒物又は劇物の販売業の店舗における設備基準として、正誤の正しい組み合わせを下欄から一つ選びなさい。

a　毒物又は劇物を陳列する場所にかぎをかける設備があること。ただし、その場所が構造上かぎをかけることができないものであるときは、この限りでない。
b　毒物又は劇物を貯蔵するタンク、ドラムかん、その他の容器は、毒物又は 劇物が飛散し、漏れ、又はしみ出るおそれがないものであること。
c　毒物又は劇物を貯蔵する場所が性質上かぎをかけることができないものであるときは、その周囲に、堅固なさくが設けてあること。
d 貯水池その他容器を用いないで毒物又は劇物を貯蔵する設備は、毒物又は劇物が飛散し、地下にしみ込み、又は流れ出るおそれがないものであること。

下欄

	a	b	c	d
1	誤	正	正	誤
2	正	正	正	正
3	正	正	誤	誤
4	誤	誤	誤	正
5	誤	正	正	正

問7　次のうち、毒物劇物取扱責任者に関する記述の正誤の正しい組み合わせを下欄から一つ選びなさい。

a　農業用品目毒物劇物取扱者試験に合格した者は、農業用品目のみを取り扱う毒物劇物輸入業の営業所の毒物劇物取扱責任者になることができる。
b　特定品目の試験区分で毒物劇物取扱者試験に合格した者は、毒物劇物農業用品目販売業の店舗で、毒物劇物取扱責任者になることができる。
c　薬事に関する罪により罰金の刑に処せられたが、その執行を受けなくなって１年を経過した者は、毒物劇物取扱責任者になることができる。
d　香川県の毒物劇物取扱者試験に合格した者は、他の都道府県の毒物劇物販売業の店舗で、毒物劇物取扱者になることができない。

下欄

	a	b	c	d
1	誤	正	正	正
2	誤	正	誤	正
3	正	誤	誤	正
4	正	正	正	誤
5	正	誤	誤	誤

問8　次のうち、毒物及び劇物取締法第 10 条の規定により、毒物劇物営業者が行う届出に関する記述として正しいものの組み合わせを下欄から一つ選びなさい。

a　毒物劇物販売業者が、店舗における営業を廃止した時は、30 日以内に届け出なければならない。
b　毒物劇物販売業者が、店舗の名称を変更する場合は、事前に届け出なければならない。
c　法人である毒物劇物販売業者が、法人の名称を変更した場合は、30 日以内に届け出なければならない。
d　法人である毒物劇物販売業者が、代表取締役を変更した場合は、30 日以内に届け出なければならない。

下欄

1（a、b）	2（a、c）	3（b、c）	4（b、d）	5（c、d）

問9　次のうち、毒物及び劇物取締法第12条の規定により、毒物劇物営業者が毒物又は劇物の容器及び被包にしなければならない表示として、正誤の正しい組み合わせを下欄から一つ選びなさい。

a　「医薬部外」の文字
b　毒物又は劇物の成分及びその含量
c　劇物については赤地に白色をもって「劇物」の文字
d　毒物については黒地に白色をもって「毒物」の文字

下欄

	a	b	c	d
1	正	正	正	正
2	正	正	誤	誤
3	正	誤	正	正
4	誤	正	誤	誤
5	誤	誤	正	正

問10　毒物劇物営業者が有機燐（りん）化合物を販売するときに、その容器及び被包に表示しなければならない解毒剤について、正しい組み合わせを下欄から一つ選びなさい。

a　チオ硫酸ナトリウムの製剤
b　ジメルカプロール(別名BAL)の製剤
c　２－ピリジルアルドキシムメチオダイド(別名PAM)の製剤
d　硫酸アトロピンの製剤

下欄

1（a、b）　2（a、d）　3（b、c）　4（b、d）　5（c、d）

問11　次のうち、毒物及び劇物の輸入業者が、その輸入した塩化水素又は硫酸を含有する製剤たる劇物(住宅用の洗浄剤で液体状のものに限る。)を販売するとき、その容器及び被包に表示しなければならない事項として、毒物及び劇物取締法施行規則で定められているものの組み合わせを下欄から一つ選びなさい。

a　小児の手の届かないところに保管しなければならない旨
b　居間等人が常時居住する室内では使用してはならない旨
c　使用の際、手足や皮膚、特に眼にかからないように注意しなければならない旨
d　使用直前に開封し、包装紙等は直ちに処分すべき旨
e　皮膚に触れた場合は、石けんを使つてよく洗うべき旨

下欄

1（a、b）　2（a、c）　3（b、d）　4（c、e）　5（d、e）

問12　次の文は、毒物及び劇物取締法第13条である。(　　)に当てはまる語句として、正しい組み合わせを下欄から一つ選びなさい。

(特定の用途に供される毒物又は劇物の販売等)
第13条　毒物劇物営業者は、政令で定める毒物又は劇物(*)については、厚生労働省で定める方法により(a)したものでなければ、これを(b)として販売し、又は授与してはならない。
(*) 硫酸タリウムを含有する製剤たる劇物及び燐（りん）化亜鉛を含有する製剤たる劇物

下欄

	a	b
1	着色	家庭用
2	稀釈	農業用
3	着色	農業用
4	稀釈	家庭用
5	濃縮	家庭用

問13　次の文は、毒物及び劇物取締法第15条である。(　　)に当てはまる語句として、

正しい組み合わせを下欄から一つ選びなさい。

(毒物又は劇物の交付の制限等)
第15条　毒物劇物営業者は、毒物又は劇物を次に掲げる者に交付してはならない。
一　(a)歳未満の者
二　(b)の障害により毒物又は劇物による保健衛生上の危害の防止の措置を適正に行うことができない者として厚生労働省令で定めるもの
三　麻薬、大麻、あへん又は覚せい剤の中毒者
2　毒物劇物営業者は、厚生労働省令の定めるところにより、その交付を受ける者の氏名及び住所を確認した後でなければ、第三条の四に規定する政令で定める物を交付してはならない。
3　毒物劇物営業者は、帳簿を備え、前項の確認をしたときは、厚生労働省令の定めるところにより、その確認に関する事項を記載しなければならない。
4　毒物劇物営業者は、前項の帳簿を、最終の記載をした日から(c)年間、保存しなければならない。

下欄

	a	b	c
1	16	心身	3
2	16	身体機能	6
3	18	心身	5
4	18	身体機能	6
5	20	心身	6

問 14　毒物及び劇物取締法第 15 条第2項の規定により、毒物劇物営業者が、身分証明書等により、その交付を受ける者の氏名及び住所を確認した後でなければ交付してはならないものに該当しないものを一つ選びなさい。

1　亜塩素酸ナトリウム　　2　塩素酸塩類　　3　ナトリウム
4　酢酸エチル　　5　ピクリン酸

問 15　次の文は、水酸化ナトリウムを車両を利用して1回につき5千キログラム運搬する場合の運搬方法に関する記述である。正誤の正しい組み合わせを下欄から一つ選びなさい。

a　車両に、保護手袋、保護長ぐつ、保護衣及び保護眼鏡を3人分備えた。
b　1人の運転者が連続して2時間 30 分、車両を運転した。
c　0.3 メートル平方の板に地を黒色、文字を白色として「劇」と表示し、 車両の前後の見やすい箇所に掲げた。
d　交替して運転する者を同乗させず、1人の運転者による運転時間が、1日あたり 10 時間であった。

下欄

	a	b	c	d
1	正	正	正	誤
2	正	正	誤	誤
3	正	誤	正	正
4	誤	正	誤	正
5	誤	誤	正	正

問 16　次の文は、毒物及び劇物取締法施行令第 40 条の6の記述である。(　　)にあてはまる語句として、正しい組み合わせを下欄から一つ選びなさい。

毒物又は劇物を車両を使用して、又は鉄道によつて運搬する場合で、当該 運搬を他に委託するときは、その荷送人は、運送人に対し、あらかじめ、当 該毒物又は劇物の名称、成分及びその(a)並びに(b)並びに事故の 際に講じなければならない応急の措置の内容を記載した書面を交付しなけれ ばならない。ただし、厚生労働省令で定める数量以下の毒物又は劇物を運搬 する場合は、この限りでない。

下欄

	a	b
1	化学式	保管方法
2	性状	数量
3	化学式	荷受人の住所及び氏名
4	含量	数量
5	含量	使用方法

問 17　毒物劇物営業者が毒物を販売する時ま

でに、譲受人に対し提供しなければならない情報の内容として、毒物及び劇物取締法施行規則第 13 条の 12 に規定されている事項として、正しいものの組み合わせを下欄から一つ選び なさい。

a　取扱い及び保管上の注意　　b　火災時の措置
c　有効期限　　d　紛失時の連絡先

下欄

1（a、b） 2（a、c） 3（a、d） 4（b、d） 5（c、d）

問 18　次の文は、毒物及び劇物取締法第 16 条の２第 1 項の記述である。（　　）にあてはまる語句として、下欄から正しい組み合わせを一つ選びなさい。

（事故の際の措置）
第 16 条の２（　a　）及び特定毒物研究者は、その取扱いに係る毒物若しくは劇物又は第 11 条第２項に規程する政令で定める物が飛散し、漏れ、流れ出、しみ出、又は地下にしみ込んだ場合において、不特定又は多数の者について保健衛生上の危害が生ずるおそれがあるときは、（　b　）、その旨を保健所、（　c　）又は消防機関に届け出るとともに、保健衛生上の危害を防止するために必要な応急の措置を講じなければならない。

下欄

	a	b	c
1	毒物劇物取扱責任者	直ちに	厚生労働省
2	毒物劇物営業者	直ちに	市町村
3	毒物劇物営業者	24 時間以内に	市町村
4	毒物劇物営業者	直ちに	警察署
5	毒物劇物取扱責任者	24 時間以内に	警察署

問 19　以下の事業とその業務上取り扱う毒物又は劇物の組み合わせのうち、毒物及び劇物取締法第 22 条第１項の規定により、業務上取扱者の届出が必要なものとして正しいものを一つ選びなさい。

1　しろありの防除を行う事業・・・・・・砒（ひ）素化合物
2　ねずみの駆除を行う事業・・・・・・・硝酸タリウム
3　金属熱処理を行う事業・・・・・・・・発煙硫酸
4　電気めつきを行う事業・・・・・・・・水酸化ナトリウム
5　毒物又は劇物の運送を行う事業・・・・全ての毒物又は劇物

問 20　次の記述のうち、毒物又は劇物を業務上取り扱う者に関する毒物又は劇物の取扱いとして、正しいものの組み合わせを下欄から一つ選びなさい。

a　毒物又は劇物を保管する場所には毒物又は劇物法第 12 条第３項に基づく表示をしなければいけないことから表示した。
b　毒物劇物の営業者ではないので、毒物を小分けした容器には、「毒物」の文字は表示せず、毒物の名称を記載した。
c　劇物を車両で運搬する業務を委託した際、劇物の数量は 1,200kg だったので、運送人に対し、事故の際に講じなければならない応急措置の内容を記載した書面の交付を行った。
d　毒物を紛失したが、少量であり、いつ紛失したのかわからなかったので、 警察には届けなかった。
e　劇物たる水酸化ナトリウム水溶液を廃棄する際、希釈し、さらに希塩酸で 中和して廃棄した。

下欄

1（a、c）　2（a、d）　3（a、b、c）　4（a、b、e） 5（a、c、e）

〔基礎化学〕
(一般・農業用品目・特定品目共通)

問 21 ～問 25　下の表は原子番号、元素名、元素記号、原子量の表である。
次の設問に答えなさい。

原子番号	元素名	元素記号	原子量	原子番号	元素名	元素記号	原子量
1	水素	H	1	11	ナトリウム	Na	23
2	ヘリウム	He	4	12	マグネシウム	Mg	24
3	リチウム	Li	7	13	アルミニウム	Al	27
4	ベリリウム	Be	9	14	ケイ素	Si	28
5	ホウ素	B	11	15	リン	P	31
6	炭素	C	12	16	イオウ	S	32
7	窒素	N	14	17	塩素	Cl	35.5
8	酸素	O	16	18	アルゴン	Ar	40
9	フッ素	F	19	19	カリウム	K	39
10	ネオン	Ne	20	20	カルシウム	Ca	40

問 21　下欄のうち、２価の陽イオンがネオンと同じ電子配置の元素は何か。あてはまる元素を選びなさい。

下欄

1　Na　　2　F　　3　Mg　　4　O　　5　Ar

問 22　下欄のうち、1 価の陰イオンがネオンと同じ電子配置の元素は何か。あてはまる元素を選びなさい。

下欄

1　Na　　2　F　　3　Mg　　4　O　　5　Ar

問 23　欄のうち、L 殻に３個の電子をもつ元素は何か。あてはまる元素を選びなさい。

下欄

1　He　　2　Li　　3　Be　　4　B　　5　C

問 24　下欄のうち、M 殻に４個の電子をもつ元素は何か。あてはまる元素を選びなさい。

下欄

1　Al　　2　Si　　3　P　　4　S　　5　Cl

問 25　下欄のうち、最外殻電子が５個である元素は何か。あてはまる元素を選びなさい。

下欄

1　N　　2　O　　3　F　　4　Ne　　5　Na

問 26 ～問 30　次の記述にあてはまる金属として、最も適するものを下欄から選びなさい。

問 26　常温の水と激しく反応して、H_2 を発生する。

下欄

1　Zn	2　Cu	3　Na	4　Mg	5　Au

問 27　常温の水とは反応しないが、熱水とは反応して H_2 を発生する。

下欄

1　Zn	2　Cu	3　Na	4　Mg	5　Au

問 28　王水とだけ反応して溶ける。

下欄

1　Zn	2　Cu	3　Na	4　Mg	5　Au

問 29　塩酸や希硫酸とは反応しないが、酸化力のある濃硝酸には NO_2 を発生して溶ける。

下欄

1　Zn	2　Cu	3　Na	4　Mg	5　Au

問 30　熱水とは反応しないが、塩酸や希硫酸とは反応して H_2 を発生する。

下欄

1　Zn	2　Cu	3　Na	4　Mg	5　A u

問 31 ～問 35　次の記述にあてはまる化合物として、最も適するものを下欄から選びなさい。

問 31　空気中に放置すると潮解し、炎色反応は黄色である。

下欄

1　Na_2CO_3	2　$Na_2CO_3 \cdot 10H_2O$	3　KOH	4　NaOH	5　$NaHCO_3$

問 32　空気中に放置すると無色透明の結晶から白色の粉末に変わる。

下欄

1　Na_2CO_3	2　$Na_2CO_3 \cdot 10H_2O$	3　KOH	4　NaOH	5　$NaHCO_3$

問 33　水に少し溶け、試験管で加熱すると気体を発生して分解する。

下欄

1　Na_2CO_3	2　$Na_2CO_3 \cdot 10H_2O$	3　KOH	4　NaOH	5　$NaHCO_3$

問 34　白色の固体で、水によく溶け、酸を加えると気体を発生する。

下欄

1　Na_2CO_3	2　$Na_2CO_3 \cdot 10H_2O$	3　KOH	4　NaOH	5　$NaHCO_3$

問 35　水溶液は強い塩基性を示し、炎色反応は赤紫色である。

下欄

1　Na_2CO_3	2　$Na_2CO_3 \cdot 10H_2O$	3　KOH	4　NaOH	5　$NaHCO_3$

問 36 ～問 40　次の設問の答えを下欄から選びなさい。
ただし、H ＝ 1、C ＝ 12、O=16、Na=23、Cl=35. 5、アボガドロ定数を 6. 0 × 10^{23}/mol として計算しなさい。

問 36　窒素分子 2. 4 × 10^{24} 個の物質量は何モルか。

下欄

1　0. 2mol	2　0. 25mol	3　0. 4mol	4　2. 0mol	5　4. 0mol

問 37　標準状態で 11. 2 リットルのアンモニア分子の物質量は何モルか。

下欄

1　0. 25mol	2　0. 5mol	3　1. 0mol	4　2. 0mol	5　2. 5mol

問 38　水 2. 0 モルには何個の水分子が含まれているか。

下欄

1　1. 2 × 10^{23} 個	2　3. 6 × 10^{23} 個	3　1. 2 × 10^{24} 個
4　3. 0 × 10^{24} 個	5　3. 6 × 10^{24} 個	

問 39　酸素原子 1. 5 モルの質量は何グラムか。

下欄

1　0. 48g	2　2. 4g	3　4. 8g	4　7. 2g	5　24g

問 40　二酸化炭素 0. 25 モルの体積は標準状態で何リットルか。

下欄

1　5. 6L	2　11. 2L	3　16. 8 L	4　22. 4L	5　28. 0L

問 41 ～問 45　次の記述にあてはまる化合物として、最も適するものを下欄から選びなさい。

問 41　2－プロパノールの酸化によって生成する。

下欄

1　エタノール	2　アセトアルデヒド	3　アセトン
4　1～3すべて当てはまる	5　1～3すべて当てはまらない	

問 42　金属ナトリウムと反応して水素を発生する。

下欄

1　エタノール	2　アセトアルデヒド	3　アセトン
4　1～3すべて当てはまる	5　1～3すべて当てはまらない	

問 43　水によく溶け、ヨードホルム反応を呈する。

下欄

1　エタノール	2　アセトアルデヒド	3　アセトン
4　1～3すべて当てはまる	5　1～3すべて当てはまらない	

問 44　濃硫酸と混ぜて 160 度～ 170 度に加熱するとエチレンになる。

下欄

1　エタノール	2　アセトアルデヒド	3　アセトン
4　1～3すべて当てはまる	5　1～3すべて当てはまらない	

問 45　酢酸カルシウムを乾留すると生成する。

下欄

1　エタノール	2　アセトアルデヒド	3　アセトン
4　1～3すべて当てはまる	5　1～3すべて当てはまらない	

〔取り扱い〕

(一般)

問 46 ～問 49　次の物質を含有する製剤について、劇物として取り扱いを受けなくなる濃度を下欄から選びなさい。なお、同じ番号を何度選んでもよい。

問 46　過酸化水素　　問 47　塩化水素

問 48　フエノール　　問 49　水酸化カリウム

下欄

1　1％以下	2　5％以下	3　6％以下
4　10％以下	5　25％以下	

問 50 ～問 53　次の物質の漏えい又は飛散した場合の応急措置として、最も適するものを、下欄から選びなさい。

問 50　過酸化ナトリウム　　問 51　黄燐（りん）

問 52　トルエン　　問 53　シアン化ナトリウム

下欄

1　表面をやかに土砂又は多量の水で覆い、水を満たした空容器に回収する。
2　飛散したものは、空容器にできるだけ回収する。砂利等に付着している場合は、砂利等を回収し、そのあとに水酸化ナトリウム、炭酸ナトリウム等の水溶液を散布してアルカリ性(pH11 以上)とし、さらに酸化剤の水溶液で酸化 処理を行い、多量の水で洗い流す。
3　漏えいした液は、土砂等でその流れを止め、これに吸着させるか、又は安全な場所に導いて、遠くから徐々に注水してある程度希釈した後、水酸化カルシウム、炭酸ナトリウム等で中和し、多量の水で洗い流す。
4　蒸気は空気より重く引火しやすいため、付近の着火源となるものをやかに取り除く。漏えいした液は、少量では、土砂等に吸着させて空容器に回収する。多量では、土砂等でその流れを止め、安全な場所に導き、液の表面を泡で覆い、できるだけ空容器に回収する。
5　飛散したものは、空容器にできるだけ回収する。回収したものは、発火のおそれがあるのでやかに多量の水に溶かして処理する。回収したあとは、多量の水で洗い流す。

問 54 ～問 57　次の物質を人が吸入又は飲み下したときの代表的な毒性・中毒症状として、最も適するものを、下欄から選びなさい。

問 54　メタノール

問 55　ニコチン

問 56　1・1’―ジメチル―4・4’ジピリジニウムジクロリド
　　　(別名：パラコート)

問 57　蓚（しゅう）酸

下欄

1　猛烈な神経毒であって、急性中毒では、よだれ、吐気、悪心、嘔吐があり、次いで脈拍緩徐不整となり、発汗、瞳孔縮小、意識喪失、呼吸困難、痙攣をきたす。慢性中毒では、咽頭、喉頭等のカタル、心臓障害、視力減弱、めまい、動脈硬化等をきたし、ときに精神異常を引き起こす。
2　毒作用は非常に強く、蒸発して蒸気となり、鼻、口腔等から吸入され、また液が皮膚に触れても皮膚から浸透して体内に入り込む。神経系を侵し、重い神経障害を起こす。
3　頭痛、めまい、嘔吐、下痢、腹痛等を起こし、致死量に近ければ麻酔状態になり、視神経が侵され、眼がかすみ、失明することがある。
4　吸入した場合、鼻や喉等の粘膜に炎症を起こし、重症な場合には、吐気、嘔吐、下痢等を起こすことがある。皮膚に触れた場合、皮膚を刺激し、紅斑、浮腫等を起こし、放置すると皮膚より吸収されて中毒を起こすことがある。
5　血液中のカルシウム分を奪取し、神経系を侵す。急性中毒症状は、胃痛、嘔吐、口腔、咽喉に炎症を起こし、腎臓が侵される。

問 58 ～問 61　次の物質の廃棄方法として最も適するものを、下欄から選びなさい。

問 58　水酸化バリウム
問 59　ジメチル—4—メチルメルカプト—3—メチルフエニルチオホスフエイト（別名：フェンチオン、MPP）
問 60　アンモニア
問 61　硫酸第二銅（硫酸銅）

下欄

1　水に溶かし、水酸化カルシウム、炭酸ナトリウム等の水溶液を加えて処理し、殿ろ過して埋立処分する。多量の場合は、還元焙焼法により金属として回収する。
2　水溶液とし、攪拌下のスルファミン酸溶液に徐々に加えて分解させた後、中和し、多量の水で希釈して処理する。
3　水で希薄な水溶液とし、酸（希塩酸、希硫酸等）で中和させた後、多量の水で希釈して処理する。
4　可燃性溶剤とともにアフターバーナー及びスクラバーを備えた焼却炉の火室へ噴霧し、焼却する。
5　水に溶かし、希硫酸を加えて中和し、沈殿ろ過して埋立処分する。

問 62 ～問 65　次の物質の貯蔵方法として、最も適するものを、下欄から選びなさい。

問 62　弗化水素酸　　**問 63**　ナトリウム　　**問 64**　二硫化炭素
問 65　ロテノン

下欄

1　空気中にそのまま貯えることができないので、通常、石油中に貯蔵する。冷所で雨水等の漏れが絶対にない場所に貯蔵する。
2　直射日光を受けない冷所に、可燃性、発熱性、自然発火性のものからは十分に引き離して貯蔵する。いったん開封したものは、蒸留水を混ぜておくと安全である。
3　銅、鉄、コンクリート又は木製のタンクにゴム、鉛、ポリ塩化ビニルあるいはポリエチレンのライニングを施したものを用いて、火気厳禁で貯蔵する。
4　冷暗所に貯蔵する。純品は空気と日光によって変質するので、少量のアルコールを加えて分解を防止する。
5　酸素によって分解し、効力を失うので、空気と光を遮断して貯蔵する。

（農業用品目）

問 46 ～問 49　次の物質を含有する製剤について、劇物として取り扱いを受けなくなる濃度を下欄から選びなさい。なお、同じ番号を何度選んでもよい。

問 46　ジメチル―４―メチルメルカプト―３―メチルフエニルチオホスフエ イト（別名：フェンチオン、MPP）
問 47　アンモニア
問 48　N―メチル―１―ナフチルカルバメート（別名：カルバリル、NAC）
問 49　ロテノン

下欄

1　1％以下	2　2％以下	3　5％以下	4　6％以下	5　10％以下

問 50 ～問 53　次の物質の代表的な用途について、最も適するものを下欄から選びなさい。

問 50　塩素酸ナトリウム
問 51　ジエチル―（５―フエニル―３―イソキサゾリル）―チオホスフエイト（別名：イソキサチオン）
問 52　２－ジフエニルアセチル－１・３－インダンジオン（別名：ダイファシノン）
問 53　５―メチル―１・２・４－トリアゾロ［３・４―b］ベンゾチアゾール（別名：トリシクラゾール）

下欄

1　燻（くん）蒸剤	2　殺菌剤	3　除草剤	4　殺鼠（そ）剤	5　殺虫剤

問 54 ～問 57　次の物質の漏えい又は飛散した場合の応急措置として、最も適するものを、下欄から選びなさい。

問 54　１．１’―ジメチル―４・４’―ジピリジニウムジクロリド（別名：パラコート）
問 55　アンモニア水
問 56　ブロムメチル（別名：臭化メチル）
問 57　硫酸亜鉛

下欄

1　少量の漏えいの場合は、液はやかに蒸発するので、周辺に近づかないようにする。多量の場合は、土砂等でその流れを止め、ガス化しやすいので、液が広がらないようにして蒸発させる。
2　漏えいした液は、土壌等でその流れを止め、安全な場所に導き、空容器にできるだけ回収し、そのあとを土壌で覆って十分に接触させた後、土壌を取り除き、多量の水で洗い流す。
3　少量の漏えいの場合、漏えい場所を濡れむしろ等で覆い、遠くから多量の水をかけて洗い流す。多量の場合は、漏えいした液を土砂等でその流れを止め、安全な場所に導いて遠くから多量の水をかけて洗い流す。
4　飛散したものは、空容器にできるだけ回収し、そのあとを水酸化カルシウム、炭酸ナトリウム等の水溶液を用いて処理し、多量の水で洗い流す。
5　少量の漏えいの場合、液は布で拭き取るか又はそのまま風にさらして蒸発させる。多量の場合は、土砂等でその流れを止め、多量の活性炭又は水酸化カルシウムを散布して覆い、至急関係先に連絡し専門家の指示により処理する。

問 58 ～問 61　次の物質を人が吸入又は飲み下したときの代表的な毒性・中毒症状として、最も適するものを、下欄から選びなさい。

問 58　ニコチン
問 59　２・２’—ジピリジリウム—１・１’—エチレンジブロミド
（別名：ジクワット）
問 60　クロルピクリン
問 61　エチルパラニトロフエニルチオノベンゼンホスホネイト（別名：EPN）

下欄

1　吸入した場合、気管支を刺激してせきや鼻水が出る。多量に吸入すると、胃腸炎、肺炎、尿に血が混じる。悪心、呼吸困難、肺水腫を起こす。液が直接皮膚に触れると、水ぶくれを生じることがある。
2　血液中の石灰分を奪取し、神経系をおかす。急性中毒症状は、胃痛、嘔吐（おうと）、口腔、咽喉に炎症を起こし、腎臓が侵される。
3　吸入した場合、鼻や喉等の粘膜に炎症を起こし、重症な場合には、吐気、嘔吐（おうと）、下痢等を起こすことがある。皮膚に触れた場合、皮膚を刺激し、紅斑、浮腫等を起こし、放置すると皮膚より吸収されて中毒を起こすことがある。
4　体内に吸収されてコリンエステラーゼの活性を阻害して、神経系に影響を与える。吸入した場合は、倦怠感、頭痛、めまい、吐気、嘔吐（おうと）、腹痛、下痢、多汗等の症状を呈し、重症の場合には、縮瞳、意識混濁、全身痙攣（けいれん）等を起こす。
5　猛烈な神経毒であって、急性中毒では、よだれ、吐気、悪心、嘔吐（おうと）があり、次いで脈拍緩徐不整となり、発汗、瞳孔縮小、意識喪失、呼吸困難、痙攣（けいれん）をきたす。慢性中毒では、咽頭、喉頭等のカタル、心臓障害、視力減弱、めまい、動脈硬化等をきたし、ときに精神異常を引き起こす。

問 62 ～問 65　次の物質の廃棄方法として最も適するものを、下欄から選びなさい。

問 62　２—イソプロピル—４—メチルピリミジル—６—ジエチルチオホスフエイト（別名：ダイアジノン）
問 63　硫酸　　問 64　塩化第二銅　　問 65　シアン化カリウム

下欄

1　燃焼法　　2　沈殿法　　3　酸化法　　4　中和法　　5　分解法

（特定品目）

問 46 ～問 49　次の物質を含有する製剤について、劇物として取り扱いを受けなくなる濃度を下欄から選びなさい。なお、同じ番号を何度選んでもよい。

問 46　塩化水素　　問 47　水酸化ナトリウム　　問 48　ホルムアルデヒド
問 49　硫酸

下欄

1　1％以下　　2　5％以下　　3　6％以下　　4　10％以下
5　25％以下

問 50 ～問 53　次の物質の漏えい又は飛散した場合の応急措置として、最も適するものを下欄から選びなさい。

問 50　メチルエチルケトン　　問 51　液化アンモニア
問 52　クロロホルム　　問 53　クロム酸ナトリウム

下欄

1　漏えいした液は、土砂等で流れを止め、安全な場所に導き、空容器にできるだけ回収し、そのあとを中性洗剤等の分散剤を使用して多量の水で洗い流す。
2　少量では、漏えい箇所や漏えいした液には、水酸化カルシウムを十分に散布して吸収させる。多量では、漏えい箇所や漏えいした液には、シート等を被せ、その上にさらに水酸化カルシウムを散布して吸収させる。多量にガスが噴出した場所には、遠くから霧状の水をかけて吸収させる。
3　飛散したものは、空容器にできるだけ回収し、そのあとを還元剤(硫酸第一鉄等)の水溶液を散布し、水酸化カルシウム、炭酸ナトリウム等の水溶液で処理した後、多量の水で洗い流す。
4　少量では、漏えい箇所を濡れむしろ等で覆い、遠くから多量の水をかけて洗い流す。多量では、漏えい箇所に濡れむしろ等で覆い、ガス状のものに対しては、遠くから霧状の水をかけ吸収させる。
5　付近の着火源となるものをやかに取り除く。漏えいした液は、土砂等で流れを止め、安全な場所に導き、液の表面を泡で覆い、できるだけ空容器に回収 する。

問 54 ～問 57　次の物質の人体に対する代表的な毒性・中毒症状として、最も適するものを下欄から選びなさい。

問 54　メタノール　　**問 55**　四塩化炭素　　**問 56**　硝酸　　**問 57**　蓚(しゅう)酸

下欄

1　血液中のカルシウム分を奪取し、神経系を侵す。急性中毒症状は、胃痛、嘔吐(おうと)、口腔、咽喉の炎症を起こし、腎臓が侵される。
2　蒸気は眼、呼吸器等の粘膜及び皮膚に強い刺激性を有する。液体を飲めば、口腔以下の消化管に強い腐食性火傷を生じ、重症の場合にはショック状態となり死亡する。
3　吸入した場合、頭痛、めまい、嘔吐(おうと)、下痢、腹痛等を起こし、致死量に近ければ麻酔状態になり、視神経が侵され、眼がかすみ、失明することがある。
4　蒸気を吸入した場合、頭痛、悪心等をきたし、黄疸のように角膜が黄色となり、しだいに尿毒症様を呈し、重症の場合には死亡する。
5　吸入した場合、鼻、気管支等の粘膜が激しく刺激され、多量吸入したときは、かっ血、胸の痛み、呼吸困難、皮膚や粘膜が青黒くなる(チアノーゼ)等を起こす。

問 58 ～問 61　次の物質の廃棄方法として、最も適するものを、下欄から選びなさい。

問 58　キシレン　　**問 59**　水酸化カリウム　　**問 60**　過酸化水素水
問 61　酢酸鉛

下欄

1　焙焼法　　2　燃焼法　　3　希釈法　　4　分解法　　5　中和法

問 62 ～問 65　次の物質の貯蔵方法として、最も適するものを、下欄から選びなさい。

問 62　過酸化水素水　　**問 63**　トルエン　　**問 64**　水酸化ナトリウム
問 65　アンモニア水

下欄

1　二酸化炭素と水を吸収する性質が強いため、密栓して貯蔵する。
2　引火しやすく、その蒸気は空気と混合して発性混合ガスとなるので、火気は絶対に近づけず、静電気に対する対策を十分考慮して貯蔵する。
3　少量では褐色ガラス瓶、多量ではカーボイ等を使用し、3分の1の空間を保って貯蔵する。直射日光を避け、冷所に有機物、金属塩、樹脂、油類、その他有機性蒸気を放出する物質と引き離して貯蔵する。
4　亜鉛又はスズメッキをした鋼鉄製容器で貯蔵し、高温に接しない場所に貯蔵する。蒸気は低所に滞留するので、地下室等の換気の悪い場所には貯蔵しない。
5　揮発性があり、空気より軽いガスを発生するので、よく密栓して貯蔵する。

〔実　地〕

(一般)

問 66 ～問 69　次の物質に関する記述について、最も適するものを下欄から選びなさい。

問 66　硝酸　　**問 67**　アニリン　　**問 68**　硫酸　　**問 69**　弗(ふっ)化水素

下欄

1　純品は無色透明な油状の液体で、空気に触れると赤褐色を呈する。 水溶液にさらし粉を加えると紫色を呈する。
2　無色液化した不燃性の気体である。空気中の水や湿気と作用して白煙を生じ、強い腐食性を示す。
3　無色透明の液体で、25 %以上のものは湿った空気中で発煙し、刺激臭がある。水溶液に硝酸銀溶液を加えると、白色の殿を生成する。
4　腐食性が激しく、空気に接すると刺激性白霧を発し、水を吸収する性質が強い。また、本品に銅屑を加えて熱すると、藍色を呈する。
5　無色透明、油様の液体で、濃いものは猛烈に水を吸収する。希釈水溶液に塩化バリウムを加えると、白色の沈殿を生成する。

問 70 ～問 73　次の物質に関する記述について、最も適するものを下欄から選びなさい。

問 70　アンモニア　　**問 71**　モノフルオール酢酸ナトリウム
問 72　フエノール　　**問 73**　二硫化炭素

下欄

1　麻酔性芳香を有する無色透明の液体であるが、市場にあるものは、不快な臭気を有する。有毒で、長時間吸入すると麻酔作用が現れる。 水に難溶である。
2　特有の刺激臭のある無色の気体で、空気中では燃焼しないが、酸素中では黄色の炎をあげて燃焼し、主として窒素及び水を生成する。
3　無色透明、可燃性のベンゼン臭を有する液体で、蒸気は空気より重く引火しやすい。水に不溶であるが、エタノールには可溶である。
4　吸湿性がある白色の重い粉末で、からい味と酢酸の臭いを有する。冷水に溶けるが、有機溶媒に溶けない。
5　無色の針状結晶あるいは白色の放射状結晶塊である。空気中で容易に赤変する。特異の臭気と灼くような味を有する。

問 74 ～問 77　次に記述する性状に該当する物質として、最も適するものを下欄から選びなさい。

問 74　純品は無色・無臭の油状液体で、空気中ではやかに褐変する。 ホルマリン１滴を加えた後、濃硝酸１滴を加えるとばら色を呈する。
問 75　白色の固体である。水溶液は強いアルカリ性。水溶液に酒石酸溶液を過剰に加えると、白色結晶性の沈殿を生成する。
問 76　デリス根に含有される成分であり、斜方６面体結晶。水に難溶であるが、クロロホルムには溶けやすい。
問 77　無色の揮発性液体で、特異臭と甘味を有する。水に難溶である。アルコール溶液に、水酸化カリウム溶液と少量のアニリンを加えて熱すると、不快な刺激臭を放つ。

下欄

1　水酸化カリウム	2　ロテノン	3　クロロホルム	4　ニコチン
5　水酸化ナトリウム			

問 78 ～問 81　次に記述する性状に該当する物質として、最も適するものを下欄から選びなさい。

問 78　無色透明の液体で、果実様の芳香を持ち、水に可溶である。蒸気は空気より重く、引火性である。
問 79　金属光沢を持つ銀白色の軟らかい固体で、水と激しく反応する。 白金線に試料をつけて溶融炎で熱し、炎の色をみると青紫色となる。
問 80　白色の粉末、粒状又はタブレット状の固体。水溶液は強アルカリ性である。酸と反応すると有毒かつ引火性のガスが発生する
問 81　銀白色、金属光沢を有する重い液体。硝酸に溶けるが、塩酸に溶けない。油脂と研磨、攪拌すれば容易にコロイド状に分散し、灰黒色のエマルジョンを生成する。

下欄

1　シアン化ナトリウム	2　水銀	3　カリウム
4　ナトリウム	5　酢酸エチル	

問 82 ～問 85　次の文章は、物質に関して記述したものである。(　　)内に最も適する語句を下欄から選びなさい。

●ホルマリンは、刺激臭を有する(問 82)の催涙性の液体である。水浴上で蒸発すると、水に溶解しにくい(問 83)、無晶形の物質を残す。

問 82　下欄

1 無色	2 白色	3 緑色	4 黄色	5 赤色

問 83　下欄

1 ばら色	2 白色	3 緑色	4 黄色	5 黒色

●黄燐(りん)は、白色又は淡黄色のロウ様半透明の結晶性固体で、(問 84)を有する。暗室内で酒石酸又は硫酸酸性で水蒸気蒸留を行う際に、冷却器あるいは流出管の内部に(問 85)のリン光が認められる。

問 84　下欄

1 アーモンド臭	2 ベンゼン臭	3 ニンニク臭	4 エーテル臭
5 アンモニア臭			

問 85　下欄

1 青白色	2 緑色	3 褐色	4 淡黄色	5 ばら色

(農業用品目)

問 66 ～問 69　次の物質の性状に関する記述について、最も適するものを下欄から選びなさい。

問 66　ロテノン
問 67　ジメチル－(N －メチルカルバミルメチル)－ジチオホスフエ イト
(別名：ジメトエート)
問 68　硫酸亜鉛　　　問 69　ニコチン

下欄

1　デリス根に含有される成分であり、斜方6面体結晶で水に溶けにくいが、ベンゼン、アセトンに可溶である。酸素によって分解し、 殺虫効力を失う。
2　純品は無色・無臭の油状液体で、刺激性の味を有する。空気中ではやかに褐変する。水、エーテルに溶けやすい。
3　無色透明、油様の液体で、濃いものは猛烈に水を吸収する。希釈水溶液に塩化バリウムを加えると、白色の沈殿を生成する。
4　無水物のほか水和物が知られているが、一般には七水和物が流通している。水に溶かして硫化水素を通じると、白色の沈殿を生成する。
5 白色の固体で、クロロホルムに可溶である。水溶液は室温で徐々に加水分解する。太陽光には安定で、熱に対する安定性は低い。

問 70 ～問 73　次の物質に関する記述について、最も適するものを下欄から選びなさい。

問 70　モノフルオール酢酸ナトリウム
問 71　２・２’－ジピリジリウム－１・１’－エチレンジブロミド
(別名：ジクワット)
問 72　硫酸銅(硫酸第二銅)　　　問 73　燐(りん)化亜鉛

下欄

1　淡黄色の結晶。アルカリ性で不安定なため、アルカリ溶液で薄める場合には、２～３時間以上貯蔵できない。除草剤として用いる。
2　濃い藍色の結晶で風解性がある。水に溶かして硝酸バリウムを加えると、白色の殿を生成する。
3　無色の吸湿性の結晶。アルカリ性で不安定。水溶液中紫外線で分解する。工業品は、暗褐色又は暗青色の特異臭のある水溶液である。除草剤として用いる。
4　暗赤色の光沢ある粉末で、空気中で分解する。水、アルコールに溶けないが、ベンゼンには溶ける。殺鼠(そ)剤として用いる。
5　からい味と酢酸の臭いを有する白色の重い粉末で吸湿性がある。水、 エタノールには溶けるが、有機溶媒に溶けない。殺鼠(そ)剤として用いる。

問 74 ～問 77　次に記述する性状に該当する物質として、最も適するものを下欄から選びなさい。

問 74　灰白色の結晶で、水に難溶であるが、有機溶媒には溶ける。果樹、野菜、鱗翅目幼虫、及びカイガラムシの防除に用いる。
問 75　弱いメルカプタン臭のある淡褐色の液体で、水に溶けにくい。野菜等のネコブセンチュウ等の害虫の防除に用いる。
問 76　わずかに甘いクロロホルム様の臭いを有する、無色の気体である。圧縮又は冷却すると、無色又は淡黄緑色の液体を生成する。 果樹、種子、貯蔵食糧等の病害虫の燻蒸用に用いる。
問 77　本品を 25 %含有する粉剤(水和剤)は、灰白色で、特異の不快臭がある。遅効性の殺虫剤で、通常、乳剤は 1000 ～ 3000 倍に希釈し、アカダニやアブラムシ等に使用する。

下欄

1　ブロムメチル(別名：臭化メチル)
2　Ｏ－エチル＝Ｓ－１－メチルプロピル＝(２－オキソ－３－チアゾリジニル)ホスホノチオアート(別名：ホスチアゼート)
3　エチルパラニトロフエニルチオノベンゼンホスホネイト(別名：EPN)
4　クロルピクリン
5　３－ジメチルジチオホスホリル－Ｓ－メチル－５－メトキシ－１・３・４－チアジアゾリン－２－オン(別名：メチダチオン)

問 78 ～問 81　次に記述する性状に該当する物質として、最も適するものを下欄から選びなさい。

問 78　硫黄化合物特有の臭いのある、無色～淡黄色の液体である。稲、野菜、果樹のアブラムシ、ハダニ等吸汁性害虫の駆除に用いる。

問 79　白色の結晶固体で、メタノール、エタノール等の有機溶媒に溶 ける農薬である。十字花科のコナガ、果菜類のミナミキイロアザミウマ、アブラムシ類等の害虫に有効な殺虫剤として用いる。

問 80　芳香性刺激臭を有する赤褐色の油状の液体で、水に溶けない。稲のニカメイチュウ、ツマグロヨコバイ、果樹のモモシンクイガ(殺卵)等の駆除に用いる。

問 81　白色～淡黄褐色粉末。常温で安定であるが、アルカリに不安定である。稲のツマグロヨコバイ、ウンカ等の農業用殺虫剤、りんごの摘果剤として用いる。

下欄

1　Ｎ－メチル－１－ナフチルカルバメート(別名：カルバリル)
2　ブロムメチル(別名：臭化メチル)
3　トランス－Ｎ－(６－クロロ－３－ピリジルメチル)－Ｎ’－シアノ－Ｎ－メチルアセトアミジン(別名：アセタミプリド)
4　ジメチルジチオホスホリルフエニル酢酸エチル（別名：フェントエート）
5　ジエチル－Ｓ－(エチルチオエチル)－ジチオホスフエイト(別名：エチルチオメトン)

問 82 ～問 85　次の文章は、物質に関して記述したものである。(　　)内に最も適する語句を下欄から選びなさい。

●ジメチル－４－メチルメルカプト－３－メチルフエニルチオホスフエイト(別名：フェンチオン、ＭＰＰ)は、稲のニカメイチュウ、ツマグロヨコバイ等、豆類のフキノメイガ、マメアブラムシ等の駆除に用いら れる。(**問 82**)を有する(**問 83**)色の液体である。

問 82　下欄

1　アーモンド臭　　2　ニンニク臭　　3　アンモニア臭
4　硫黄臭　　5　クロロホルム様の臭

問 83　下欄

1　桃色　　2　淡黄緑色　　3　赤色　　4　白色　　5　褐色

●アンモニア水は(**問 84**)の液体で揮発性がある。塩酸を加えて中和した後、塩化白金溶液を加えると(**問 85**)の結晶性の沈殿を生じる。

問 84　下欄

1　藍色　　2　無色　　3　黒色　　4　白色　　5　黄色

問 85　下欄

1　黄緑色　　2　白色　　3　黒色　　4　ばら色　　5　黄色

（特定品目）

問 66 ～問 69　次の物質に関する記述について、最も適するものを下欄から選びなさい。

問 66　ホルムアルデヒド　　問 67　塩化水素　　問 68　クロロホルム
問 69　過酸化水素水

下欄

1　本品の水溶液は無色の催涙性の液体で、刺激臭を有する。水溶液を水浴上で蒸発すると、水に溶解しにくい白色、無晶形の物質を残す。
2　常温、常圧においては無色の刺激臭を有する気体であるが、冷却すると無色の液体及び固体となる。湿った空気中で激しく発煙する。
3　常温においては窒息性臭気を有する黄緑色の気体で、冷却すると、 黄色溶液を経て黄白色固体となる。
4　無色透明の高濃度な液体。強く冷却すると稜柱状の結晶に変化する。微量の不純物が混入したり、少し加熱されたりすると、爆鳴を発して急激に分解する。強い酸化力と還元力を併有している。
5　特異臭と甘味を有する揮発性の液体である。純品は、空気に触れ、同時に日光の作用を受けると分解する。

問 70 ～問 73　次の物質に関する記述について、最も適するものを下欄から選びなさい。

問 70　キシレン　　問 71　水酸化ナトリウム　　問 72　硝酸　　問 73　一酸化鉛

下欄

1　白色の硬い固体で、繊維状結晶様の破砕面を現す。水と炭酸を吸収する性質が強く、空気中に放置すると、潮解して徐々に炭酸塩の皮層を生成する。水溶液を白金線につけて無色の火炎中に入れると、火炎は黄色に染まる。
2　重い粉末で黄色から赤色までのものがあり、水に溶けない。空気中に放置しておくと、徐々に炭酸を吸収する。希硝酸に溶かすと、無色の液となる。
3　無色透明の液体で、芳香族炭化水素特有の臭いを持つ。引火しやすく、水に不溶である。
4　白色の固体で、水やアルコールに溶け、熱を発する。水溶液に酒石酸溶液を過剰に加えると、白色の結晶が生じる。
5　工業用のものは、黄色又は赤褐色をしているが、純品は無色の液体で、特有の臭気を有する。腐食性が激しく、空気に接すると刺激性白霧を発し、水を吸収する性質が強い。

問 74 ～問 77　次に記述する性状に該当する物質として、最も適するものを下欄から選びなさい。

問 74　果実様の芳香を持つ、無色透明の液体である。蒸気は空気より重く、引火性がある。
問 75　橙赤色の柱状結晶。水に溶けるが、アルコールに溶けない。強力な酸化剤である。
問 76　無色透明、可燃性のベンゼン臭を有する液体で、水に溶けないが、エタノールやベンゼンに溶ける。
問 77　アセトン様の芳香を有する無色の液体である。蒸気は空気より重く、引火しやすく、空気と混合して発性の混合ガスとなる。

下欄

1　重クロム酸カリウム　　2　酢酸エチル　　3　メチルエチルケトン
4　クロム酸カリウム　　5　トルエン

問 78 ～問 81　次に記述する性状に該当する物質として、最も適するものを下欄から選びなさい。

問 78　特異な香気を有する、無色透明、揮発性の液体である。サリチル酸と濃硫酸とともに熱すると、サリチル酸メチルエステルを生成する。

問 79　揮発性、麻酔性の芳香を有する無色の重い液体である。揮発して重い蒸気となり、火炎を包んで空気を遮断するため強い消火力を示す。

問 80　赤色又は黄色の粉末で、製法により色が異なっている。小さな試験管に入れて熱すると、始めに黒色に変わり、なお熱すると、 完全に揮散する。

問 81　２モルの結晶水を有する無色の結晶で、乾燥空気中で風化する。 無水物は無色無臭の吸湿性物質で、空気中で二水和物となる。水溶液は、過マンガン酸カリウムの溶液の赤紫色を消す。

下欄

1　蓚（しゅう）酸	2　メタノール	3　四塩化炭素
4　酸化第二水銀	5　ケイ弗（ふっ）化ナトリウム	

問 82 ～問 85　次の文章は、物質に関して記述したものである。(　　)内に最も適する語句を下欄から選びなさい。

●アンモニア水は、(問 82)の鼻をさすような臭気のある液体で、塩酸を加えて中和した後、塩化白金溶液を加えると(問 83)の結晶性の沈殿を生じる。

問 82　下欄

1　赤色	2　白色	3　黄緑色	4　無色	5　紫色

問 83　下欄

1　黄色	2　無色	3　赤色	4　藍色	5　灰色

●硫酸は、(問 84)の油様の液体である。希釈水溶液に塩化バリウムを加えると、(問 85)の沈殿が生成するが、この沈殿は塩酸や硝酸に不溶である。

問 84 下欄

1　紫色	2　白色	3　黄緑色	4　藍色	5　無色

問 85 下欄

1　褐色	2　白色	3　黄赤色	4　藍色	5　紫色

愛媛県
令和元年度実施

〔法規(選択式問題)〕
(一般・農業用品目・特定品目共通)

1　次の文章は、毒物及び劇物取締法の条文の一部である。(　　)に当てはまる正しい字句を下欄から選びなさい。

第十四条　毒物劇物営業者は、毒物又は劇物を他の毒物劇物営業者に販売し、又は授与したときは、(**問題 1**)、次に掲げる事項を書面に記載しておかなければならない。
一　毒物又は劇物の名称及び(**問題 2**)
二　販売又は授与の(**問題 3**)
三　譲受人の氏名、(**問題 4**)及び住所(法人にあつては、その名称及び(**問題 5**))

【下欄】

(問題1)	1　直ちに	2　3日以内に	3　事前に	4　その都度
(問題2)	1　形状	2　数量	3　製造者	4　主成分
(問題3)	1　場所	2　年月日	3　目的	4　方法
(問題4)	1　勤務先	2　職業	3　性別	4　年齢
(問題5)	1　主たる事務所の所在地	2　代表者氏名	3　電話番号	4　毒物劇物取扱責任者氏名

2　次の文章は、毒物及び劇物取締法の条文の一部である。(　　)に当てはまる正しい字句を下欄から選びなさい。

第十二条　毒物劇物営業者及び特定毒物研究者は、毒物又は劇物の容器及び被包に「(**問題 6**)」の文字及び毒物については(**問題 7**)をもつて「毒物」の文字、劇物については(**問題 8**)をもつて「劇物」の文字を表示しなければならない。

2　毒物劇物営業者は、その容器及び被包に、左に掲げる事項を表示しなければ、毒物又は劇物を販売し、又は授与してはならない。
一　毒物又は劇物の名称
二　毒物又は劇物の成分及びその(**問題 9**)
三　厚生労働省令で定める毒物又は劇物については、それぞれ厚生労働省令で定めるその(**問題 10**)の名称

【下欄】

(問題6)	1医薬用外	2危険物	3指定物	4医薬品
(問題7)	1白地に赤色	2白地に黒色	3黒地に白色	4赤地に白色
(問題8)	1白地に赤色	2白地に黒色	3黒地に白色	4赤地に白色
(問題9)	1製造元	2化学式	3質量数	4含量
(問題10)	1解毒剤	2類縁物質	3別名	4官能基

3　次の物質について、毒物(特定毒物を除く。)であるものは[1]を、劇物であるものには[2]を、特定毒物であるものは[3]を、いずれにも該当しないものは[4]を、選択しなさい。ただし、記載してある物質は全て原体である。

(問題 11) 硫酸アンモニウム　(問題 12) 弗(ふっ)化水素　(問題 13) 塩化水素
(問題 14) 四アルキル鉛　(問題 15) エマメクチン

4　次の文章で正しいものには[1]を、誤っているものには[2]を選びなさい。

(問題 16) 薬剤師は毒物劇物取扱責任者となることができる。
(問題 17) 高等学校で、基礎化学に関する学課を終了した者は毒物劇物取扱責任者となることができる。
(問題 18) 毒物劇物営業者は、毒物又は劇物を 20 歳未満の者に交付してはならない。
(問題 19) 毒物劇物営業者は、毒物又は劇物を他の毒物劇物営業者に販売又は授与したときは、販売又は授与の日から5年間、譲渡手続きに必要な書面を保存しなければならない。
(問題 20) 電気めっきを行う事業者であって、その業務上シアン化ナトリウムを取り扱う者は、毒物劇物取扱責任者を置かなければならない。
(問題 21) 一般販売業の登録を受けた者は、農業上必要な毒物又は劇物であって厚生労働省令で定めるもの以外の毒物又は劇物の販売等を行ってはならない。
(問題 22) 毒物若しくは劇物又は薬事に関する罪を犯し、罰金以上の刑に処され、その執行を終り、又は執行を受けることがなくなった日から起算して5年を経過していない者は、毒物劇物取扱責任者となることができない。
(問題 23) 毒物劇物営業者が個人経営から法人経営になる場合は、新たに登録を受けなければならない。
(問題 24) 毒物又は劇物の販売業者は、その営業の登録が効力を失ったときには、15日以内に、その店舗の所在地の都道府県知事に、現に所有する特定毒物の品名及び数量を届け出なければならない。
(問題 25) 製造業又は輸入業の登録は、6年ごとに、販売業の登録は、5年ごとに、更新を受けなければ、その効力を失う。

〔法規(記述式問題)〕

(一般・農業用品目共通)

1　次の文章は、毒物及び劇物取締法の条文の一部である。正しい語句を記入しなさい。

第三条の三　興奮、幻覚又は(問題 1)の作用を有する毒物又は劇物であって政令で定めるものは、(問題 2)に摂取し、若しくは(問題 3)し、又はこれらの目的で(問題 4)してはならない。

第三条の四　引火性、(問題 5)又は爆発性のある毒物又は劇物であって政令で定めるものは、業務その他正当な理由による場合を除いては、(問題 4)してはならない。

第十六条の二　毒物劇物営業者及び特定毒物研究者は、その取扱いに係る毒物若しくは劇物又は第十一条第二項に規定する政令で定める物が(問題 6)し、漏れ、流れ出、しみ出、又は地下にしみ込んだ場合において、(問題 7)又は多数の者について保健衛生上の危害が生ずるおそれがあるときは、直ちに、その旨を(問題 8)、(問題 9)又は消防機関に届け出るとともに、保健衛生上の危害を防止するために必要な応急の措置を講じなければならない。

2　毒物劇物営業者及び特定毒物研究者は、その取扱いに係る毒物又は劇物が盗難にあい、又は(問題 10)したときは、直ちに、その旨を(問題 9)に届け出なければならない。

〔基礎化学（選択式問題）〕
（一般・農業用品目・共通）

1　次の２つの物質の反応により発生する気体を下欄から選びなさい。

（問題 26）硫化鉄と希硫酸　　（問題 27）ナトリウムと水
（問題 28）炭酸カルシウムと塩酸　　（問題 29）濃塩酸と二酸化マンガン
（問題 30）銅と熱濃硫酸

【下欄】

1　酸素	2　窒素	3　二酸化炭素	4　塩素	5　水素
6　塩化水素	7　二酸化硫黄	8　硫化水素	9　アンモニア	
0　アセチレン				

2　次の（　）内に当てはまる最も適当な語句を下欄から選びなさい。

原子と原子が価電子（不対電子）を共有してできる結合を（問題 31）、非共有電子対を使った（問題 31）を（問題 32）という。
酸素原子と水素原子は両者の（問題 33）の差が大きいため、水分子の中で、酸素原子はいくぶん（問題 34）の電荷を帯びている。液体の水では、水分子中の酸素原子と、ほかの水分子の水素原子が互いに静電気で引きあっており、この結合を（問題 35）という。

【下欄】

1　水素結合	2　配位結合	3　金属結合	4　共有結合	5　イオン結合
6　電気陰性度	7　ファンデルワールス力		8　正	9　負
0　イオン化エネルギー				

3　次の記述について、正しいものは［１］を、誤っているものは［２］を選びなさい。

（問題 36）カルシウムは、アルカリ土類金属であり、炎色反応は橙赤色を呈し、マグネシウムよりイオン化傾向が大きい。
（問題 37）酸化還元反応で、ある物質が電子を失う変化は還元、電子を受け取る変化は酸化である。
（問題 38）弗（ふっ）化水素酸はガラスを溶かすため、ポリエチレンの容器に入れて保存する。
（問題 39）一般的に、同じぐらいの分子量をもつ物質の沸点を比較すると、無極性分子からなる物質の沸点よりも、極性分子からなる物質の沸点のほうが高くなる。
（問題 40）温度が一定ならば、一定量の気体の体積は、圧力に反比例して変化する法則をシャルルの法則という。

4　次の物質について、水溶液が酸性を示すものには［１］を、中性を示すものには［２］を、塩基性を示すものには［３］を選びなさい。

（問題 41）硫酸ナトリウム　　（問題 42）酢酸ナトリウム
（問題 43）硫酸アンモニウム　　（問題 44）クエン酸ナトリウム
（問題 45）燐（りん）酸二水素ナトリウム　　（問題 46）炭酸水素ナトリウム
（問題 47）硝酸カリウム　　（問題 48）塩化水素
（問題 49）硫酸銅（Ⅱ）　　（問題 50）塩化アンモニウム

〔基礎化学（記述式問題）〕

（一般・農業用品目共通）

1　次の問題について、（　）内にあてはまる数値をを選びなさい。ただし、原子量は、水素を１、炭素を 12、酸素を 16、塩素を 35.5、硫黄を 32 とする。

(1) 40w/v ％硫酸水溶液（**問題 11**）mL と 60w/v ％硫酸水溶液（**問題 12**）mL を混合すると、43w/v ％硫酸水溶液 1,000 mL になる。

(2)　ある物質は、水 200g に対して 25 ℃で 120g まで溶ける。この物質の 25 ℃における飽和水溶液の濃度は、（**問題 13**）％である。（小数第２位を四捨五入せよ。）

(3)　標準状態（摂氏０度、1.01 × 10^5Pa）でエチレン（C_2H_4）16.8L を空気中で完全燃焼させたところ、二酸化炭素が（**問題 14**）g 生成した。

(4) 水（**問題 15**）g に塩化ナトリウムを 20g 溶かすと、濃度が 12.5 ％の塩化ナトリウム水溶液となる。

〔薬物（選択式問題）〕

（一般）

1 次の物質について、毒物（特定毒物を除く。）であるものは［１］を、劇物であるものには［２］を、特定毒物であるものは［３］を、いずれにも該当しないものは［４］を選びなさい。ただし、記載してある物質は全て原体である。

（**問題 1**）エチルパラニトロフエニルチオノベンゼンホスホネイト（別名 EPN）
（**問題 2**）酢酸　　（**問題 3**）モノフルオール酢酸アミド
（**問題 4**）ヒドロキシルアミン　　（**問題 5**）四塩化炭素
（**問題 6**）ニコチン　　（**問題 7**）クラーレ
（**問題 8**）蓚（しゅう）酸　　（**問題 9**）フエノール
（**問題 10**）エチレングリコールモノエチルエーテル

2 次の表に挙げる物質の、「性状」についてはＡ欄から、「用途」についてはＢ欄から最も適当なものを選びなさい。

物質名	性　状	用　途
酢酸タリウム	（問題 11）	（問題 16）
重クロム酸カリウム	（問題 12）	（問題 17）
五塩化アンチモン	（問題 13）	（問題 18）
臭化銀	（問題 14）	（問題 19）
メチルエチルケトン	（問題 15）	（問題 20）

【A 欄】

1　橙赤色の結晶。水に溶けやすい。アルコールには溶けない。
2　無色の液体で、アセトン様の芳香がある。引火性が大きく、水、有機溶媒に可溶。
3　無色の結晶で、湿った空気中で潮解し、水及び有機溶媒に溶けやすい。
4　淡黄色の液体。水により加水分解し白煙を生じる。塩酸、クロロホルムに可溶。
5　淡黄色粉末。光により分解して黒変。水にほとんど溶けない。シアン化カリウム水溶液に可溶。

【B 欄】

1 化学反応触媒として用いる。
2 殺鼠（そ）剤として用いる。
3 溶剤、有機合成原料として用いる。
4 写真感光材料として用いる。
5 工業用の酸化剤、媒染剤、電気鍍金（めっき）として用いる。

3　次の物質の貯蔵方法として、最も適当なものを下欄から選びなさい。

（問題 21）五硫化二燐　（問題 22）水酸化ナトリウム　（問題 23）沃素
（問題 24）四メチル鉛　（問題 25）ブロムメチル

【下欄】

1　炭酸ガスと水を吸収しやすいため、密栓して貯蔵する。
2　容器は特別製のドラム缶を用い、火気のない独立した倉庫で、床面はコンクリート又は分厚な枕木の上に保管する。
3　常温では気体なので、圧縮冷却して液化し、圧縮容器に入れ、冷暗所に貯蔵する。
4　火災、爆発の危険性があり、わずかの加熱で発火し、発生した気体で爆発することがあるので、換気良好な冷暗所に貯蔵する。
5　容器は気密容器を用い、通風のよい冷所にたくわえる。腐食されやすい金属、濃塩酸、アンモニア水、アンモニアガス、テレビン油などは、なるべく引きはなしておく。

4　次の物質による中毒症状及びその対処方法について、最も適当なものを下欄から選びなさい。

（問題 26）しきみの実
（問題 27）S－メチル－N－［（メチルカルバモイル）－オキシ］－チオアセトイミデート（別名 メトミル）
（問題 28）ジメチル硫酸　（問題 29）メタノール　（問題 30）水銀

【下欄】

1　経口摂取した場合、腹痛、嘔吐、瞳孔縮小、チアノーゼ、顔面蒼白、発作性の痙攣などの症状を呈し、ついで全身の痙攣、昏睡状態におちいる。
2　吸入した場合、倦怠感、頭痛、めまい、嘔気、嘔吐、腹痛、下痢、多汗等の症状を呈し、はなはだしい場合には、縮瞳、意識混濁、全身痙攣等を起こすことがある。
3　多量に蒸気を吸入した場合の急性中毒の特徴は、呼吸器、粘膜を刺激し、はなはだしい場合には、肺炎を起こすことがある。
4　頭痛、めまい、嘔吐、下痢、腹痛などの症状を呈し、致死量に近ければ麻酔状態になり、視神経がおかされ、目がかすみ、失明することがある。中毒症状が発現した場合の解毒法として、アルカリ剤による中和療法がある。
5　皮膚に触れた場合、発赤、水ぶくれ、痛覚喪失、やけどを起こす。また、皮膚から吸収され全身中毒を起こす。

5　次の物質について、劇物から除外される濃度を下から選びなさい。

（問題 31）ジニトロメチルヘプチルフエニルクロトナート（別名ジノカップ）を含有する製剤
1　0.1％以下　2　0.2％以下　3　0.3％以下　4　0.5％以下　5　1％以下

（問題 32）過酸化水素を含有する製剤
1　1％以下　2　5％以下　3　6％以下　4　10％以下　5　70％以下

（問題 33）クレゾールを含有する製剤
1　5％以下　2　7％以下　3　10％以下　4　15％以下　5　20％以下

（問題 34）シクロヘキシミドを含有する製剤
1　0.1％以下　2　0.2％以下　3　0.3％以下　4　0.5％以下　5　1％以下

(問題 35) クロム酸鉛を含有する製剤
1　4％以下　2　17％以下　3　25％以下　4　40％以下　5　70％以下

(問題 36) 無水酢酸を含有する製剤
1　0.2％以下　2　0.5％以下　3　5％以下　4　10％以下　5　18％以下

(問題 37) アンモニアを含有する製剤
1　1％以下　2　2.5％以下　3　5％以下　4　10％以下　5　20％以下

(問題 38) 3－アミノメチル－3・5・5－トリメチルシクロヘキシルアミン(別名イソホロンジアミン)を含有する製剤を含有する製剤
1　1％以下　2　2％以下　3　4％以下　4　6％以下　5　8％以下

(問題 39) 2－アミノエタノールを含有する製剤
1　1％以下　2　5％以下　3　20％以下　4　50％以下　5　90％以下

(問題 40) 亜塩素酸ナトリウムを含有する製剤
1　5％以下　2　10％以下　3　15％以下　4　20％以下　5　25％以下

(農業用品目)

1　次の用途に用いるものとして、最も適当なものを下欄から選びなさい。

(問題１) 除草剤　(問題２) 殺菌剤　(問題３) 土壌燻(くん)蒸剤
(問題４) 殺鼠(そ)剤　(問題５) 殺虫剤

【下欄】

1　燐(りん)化亜鉛
2　ジメチル－2・2－ジクロルビニルホスフエイト(別名 DDVP)
3　2・3－ジシアノ－1・4－ジチアアントラキノン(別名ジチアノン)
4　2・2’－ジピリジリウム－1・1’－エチレンジブロミド(別名 ジクワット
5　メチルイソチオシアネート

2　次の文章の(　)に入る正しい字句をそれぞれ下欄から選びなさい。

塩素酸ナトリウムは無色無臭の(問題 6)で、組成式は(問題 7)で表される。また、毒物及び劇物取締法で(問題 8)に指定されており、強酸と作用して(問題 9)を放出する。農薬としての主な用途は(問題 10)である。

【下欄】

(問題 6)
1　結晶　2　粉末　3　気体　4　液体
(問題 7)
1　Na_2ClO_3　2　$NaClO_2$　3　$NaClO_3$　4　Na_2ClO_2　5　$Na_2Cl_2O_3$
(問題 8)
1　特定毒物　2　毒物　3　劇物
4　劇物(ただし、10％以下を含有するものは除く)
(問題 9)
1　塩素　2　二酸化塩素　3　過酸化ソーダ　4　亜硝酸ソーダ
5　二酸化窒素
(問題 10)
1　殺鼠(そ)剤　2　植物成長調整剤　3　抗菌剤　4　殺虫剤　5　除草剤

3　次の物質の性状、特徴、用途について、最も適当な説明を下欄から選びなさい。

（問題 11）　Ｏ－エチル＝Ｓ－１－メチルプロピル＝（２－オキソ－３－チアゾリジニル）ホスホノチオアート（別名　ホスチアゼート）
（問題 12）　メチル－Ｎ'・Ｎ'－ジメチル－Ｎ－［（メチルカルバモイル）オキシ］－１－チ オオキサムイミデート（別名　オキサミル）
（問題 13）　２－ヒドロキシ－４－メチルチオ酪酸
（問題 14）　Ｓ－（４－メチルスルホニルオキシフエニル）－Ｎ－メチルチオカルバマート（別名　メタスルホカルブ）
（問題 15）　ジエチル－（５－フエニル－３－イソキサゾリル）－チオホスフエイト（別名　イソキサチオン）

【下欄】

1　淡褐色、弱いメルカプタン臭のある液体で、水に溶けにくい。野菜等のネコブセンチュウ等の害虫の防除に用いる。
2　褐色のやや粘性のある液体で、特異な臭いを有する。水、エーテル、クロロホルムと混和し、エタノールに極めて溶けやすい。飼料添加物として用いられる。
3　白色針状結晶で、かすかに硫黄臭がある。アセトン、メタノール、酢酸エチル、水に 溶けやすく、ｎ －ヘキサン、クロロホルムにほとんど溶けない。殺線虫に用いられる。
4　淡黄色の結晶で、臭いはない。酸、光に対しては安定で、アルカリ及び水で分解する。水稲の苗立枯病に用いる殺菌剤である。
5　淡黄褐色の液体で、水に難溶、有機溶媒によく溶け、アルカリに不安定である。みかん、稲等の害虫の駆除に用いられる。

4　次の物質について、農業用品目販売業者が販売できる毒物は［1］を、農業用品目販売業者が販売できる劇物は［２］を、農業用品目販売業者が販売できない毒物又は劇物は［３］を、毒物及び劇物に該当しないものは［４］を記入しなさい。

（問題 16）　２・３－ジヒドロ－２・２－ジメチル－７－ベンゾ［ｂ］フラニル－Ｎ－ジブチルアミノチオ－Ｎ－メチルカルバマート（別名　カルボスルフアン）2.5％を含有する製剤
（問題 17）　アバメクチン４％を含有する製剤
（問題 18）　（Ｓ）－α－シアノ－３－フエノキジベンジル＝（１Ｒ・３Ｓ）－２・２－ジメチル－３－（１・２・２・２－テトラブロモエチル）シクロプロパンカルボキシラート（別名　トラロメトリン）１％を含有する製剤
（問題 19）　アジ化ナトリウム２％を含有する製剤
（問題 20）　５－ジメチルアミノ－１・２・３－トリチアン（別名　チオシクラム）2.5％を含有する製剤
（問題 21）　弗（ふっ）化スルフリル及びこれを含有する製剤
（問題 22）　硝酸タリウム 10％を含有する製剤
（問題 23）　１・１'－ジメチル－４・４'－ジピリジニウムジクロライド（別名　パラコート）５％を含有する製剤
（問題 24）　ヘキサクロルヘキサヒドロメタノベンゾジオキサチエピンオキサイド及びこれを含有する製剤
（問題 25）　ジエチル－Ｓ－（エチルチオエチル）－ジチオホスフエイト（別名　エチルチオメトン）6.5％を含有する製剤

5　次の物質について、最も適当な貯蔵方法を下欄から選びなさい。

（問題 26）　チオシアン酸亜鉛　　（問題 27）　ロテノン
（問題 28）　シアン化カリウム　　（問題 29）　沃（よう）化メチル
（問題 30）　クロルピクリン

【下欄】

1 酸素によって分解し、殺虫効力を失うため、空気と光線を遮断して貯蔵する。
2 空気中で光により分解するので、容器は遮光し、直射日光を避け、密栓して換気の良い冷暗所に貯蔵する。
3 潮解性があるので、密栓して遮光下に貯蔵する。
4 少量ならばガラス瓶、多量ならばブリキ缶又は鉄ドラム缶を用い、酸類とは離して、風通しの良い乾燥した冷所に密栓して貯蔵する。
5 金属腐食性が大きいため、ガラス容器に入れ、密栓して冷暗所に貯蔵する。

〔薬物(選択式問題)〕

(特定品目)

1 次の物質のうち、毒物劇物特定品目販売業者が取り扱うことができる毒物又は劇物は［1］を、取り扱うことができない毒物又は劇物は［2］を、毒物でも劇物でもない物質は［3］を選びなさい。

(問題 1) エタノール　(問題 2) メチルエチルケトン
(問題 3) クロルピクリンを含む製剤
(問題 4) 水酸化カリウムを８％含む製剤
(問題 5) ニトロベンゼン　(問題 6) フェノール
(問題 7) アクリルニトリル　(問題 8) 塩化カルシウム
(問題 9) 塩基性酢酸鉛　(問題 10) アンモニアを５％含む製剤

2 次の物質について、化学式とその用途の組み合わせが正しいものは［1］を、誤っているものは［2］を選びなさい。

	物　質	化学式	用　途
(問題 11)	酢酸エチル	$CH_3COOC_2H_5$	香料
(問題 12)	クロロホルム	$CHCl_3$	溶剤
(問題 13)	硫酸	H_2SO_4	肥料製造
(問題 14)	硅弗化ナトリウム(けいふっ)	Na_2SiF_6	触媒
(問題 15)	塩素	HCl	漂白剤

3 次の物質の代表的な毒性として、最も適当なものを下欄から選びなさい。

(問題 16) トルエン　(問題 17) 酸化鉛　(問題 18) クロム酸ナトリウム
(問題 19) 硝酸　(問題 20) メタノール

【下欄】

1 濃厚な蒸気を吸入すると、頭痛、めまい、嘔(おう)吐等の症状を呈し、さらに高濃度の時は麻酔状態になり、視神経がおかされ、目がかすみ、失明することがある。
2 皮膚と目に強い刺激を与える。長期にわたって暴露すると、末梢神経障害、腎機能障害、貧血などを起こす。
3 吸入すると、はじめ短時間の興奮期を経て、深い麻酔状態に陥ることがある。皮膚からも吸収され、吸入した場合と同様の中毒症状を起こす。眼に入ると粘膜を刺激して炎症を起こす。
4 摂取すると、口と食道が帯赤黄色に染まり、のちに青緑色に変化する。腹痛、血便を生じる。
5 蒸気は、眼、呼吸器などの粘膜及び皮膚に強い刺激性を持つ。皮膚に触れるとガスを発生して、組織ははじめ白く、しだいに深黄色となる。

4 次の物質に関するアからエの記述の正誤について、正しい組み合わせを右表から選びなさい。

(問題 21) 硫酸

ア　５％を超える硫酸を含む製剤は、劇物に該当する。
イ　強い腐食性と吸湿性を有し、ガラス瓶を溶かすため、プラスチック容器に密栓して冷暗所に保管する。
ウ　水で薄めた希硫酸は、各種の金属を腐食して水素ガスを発生し、これが空気と混合して引火爆発すること がある。
エ　工業上の用途としては、化学薬品の製造、石油の精製、冶(や)金、塗料など極めて広い。

	ア	イ	ウ	エ
1	正	正	誤	誤
2	正	誤	正	誤
3	誤	誤	正	正
4	誤	誤	誤	正

(問題 22) 過酸化水素

ア　常温では無色透明の濃厚な液体である。
イ　常温で徐々に分解して二酸化炭素と水に分解し、あるいは少し加熱すると爆鳴を発して急に分解する。
ウ　水溶液は酸化力と還元力の両方を有している。
エ　廃棄する場合には、多量の水で希釈して処理する。

	ア	イ	ウ	エ
1	正	誤	誤	誤
2	正	正	正	正
3	誤	正	誤	正
4	正	誤	正	正

(問題 23) キシレン

ア　常温では無色透明の液体で芳香がある。蒸気は空気より軽く、引火しやすい。
イ　水にはよく溶け、水溶液は弱アルカリ性である。
ウ　溶剤、染料中間体などの有機合成原料に用いられる。
エ　廃棄する際は少量ずつ水で希釈して処理する。

	ア	イ	ウ	エ
1	正	誤	正	誤
2	正	正	誤	誤
3	誤	正	誤	正
4	誤	誤	正	誤

(問題 24) 重クロム酸カリウム

ア　常温では橙赤色の粉末で、水にほとんど溶けない。
イ　クロムの酸化数は６価であり、いわゆる「６価クロム」の一つである。
ウ　強力な酸化剤で、顔料や染料として用いられる。
エ　廃棄する場合には、希硫酸に溶かし、還元剤の水溶液を過剰に用いて還元したのち、消石灰やソーダ灰等の水溶液で処理して沈殿ろ過する。

	ア	イ	ウ	エ
1	誤	正	正	誤
2	正	正	正	正
3	誤	正	正	正
4	正	誤	誤	正

(問題 25) 蓚(しゅう)酸

ア　蓚(しゅう)酸を１２％含有する製剤は、劇物に該当する。
イ　二水和物は無色の柱状結晶で、水に溶けにくい。
ウ　主な用途は、漂白剤や合成染料の原料、真鍮(ちゅう)や銅のみがきなどである。
エ　乾燥した空気中では風化するので、湿度の高い場所で開封したまま保存する。

	ア	イ	ウ	エ
1	正	正	正	誤
2	正	誤	正	誤
3	誤	正	正	誤
4	誤	誤	誤	正

5　次の物質が漏えい又は飛散した場合の応急の措置として、最も適当なものを下欄から選びなさい。

(問題 26) 四塩化炭素　　(問題 27) 液化アンモニア
(問題 28) トルエン　　(問題 29) 硫酸
(問題 30) 水酸化ナトリウム

【下欄】

1　漏えいした液に、遠くから徐々に注水してある程度希釈した後、消石灰、ソーダ灰で中和して、多量の水で洗い流す。その際、漏えいした液に可燃物や有機物を接触させないようにする。
2　極めて腐食性が強いので、作業の際には必ず保護具を着用する。少量の場合、漏えいした液は多量の水をかけて十分に希釈して洗い流す。
3　風下の人を退避させる。漏えいした液は土砂等でその流れを止め、安全な場所に導き、空容器にできるだけ回収し、そのあとを多量の水を用いて洗い流す。洗い流す場合には中性洗剤等の分散剤を使用して洗い流す。
4　風下の人を退避させ、必要があれば水で濡らした手ぬぐい等で口及び鼻を覆う付近の着火減となるものを速やかに取り除く。多量に漏えいし、ガス状となった場合は遠くから霧状の水をかけて吸収させる。
5　付近の着火源となるものを速やかに取り除く。多量に漏えいした場合は、安全な場所に導いて、液の表面を泡で覆いできるだけ空容器に回収する。

〔実地(選択式問題)〕

(一般)

1　次の物質の鑑別について、最も適当なものを下欄から選びなさい。

(問題 41) 硝酸銀　　(問題 42) ホルムアルデヒド
(問題 43) 燐(りん)化アルミニウムとその分解促進剤と含有する製剤
(問題 44) アンモニア水　　(問題 45) 塩素酸カリウム

【下欄】

1　物質より発生したガスは、5～10％硝酸銀水溶液を吸着させたろ紙を黒変する。
2　水に溶かして塩酸を加えると白色の沈殿を生じ、その液に硫酸と銅屑(くず)を加えて熱すると赤褐色の蒸気を発生する。
3　濃塩酸をうるおしたガラス棒を近づけると、白い霧を生じる。
4　フェーリング溶液とともに熱すると、赤色の沈殿を生じる。
5　熱すると酸素を発生する。水溶液に酒石酸を多量に加えると、白色結晶を生じる。

2　次の物質の常温常圧における性状について、最も適当なものを下から選びなさい。

(問題 46)　硫酸

1 無色透明な油状の液体　2　橙黄色の結晶　3　銀白色の油状の液体
4　銀白色の固体　5　無色透明の結晶

(問題 47)　キシレン

1　無色透明で無臭の液体　2　黄色で特有の臭いのある液体
3　無色透明で特有の臭いのある液体　4　黄色で無臭の液体
5　白色で無臭の液体

(問題 48)　三塩化チタン

1　暗赤色の液体　2　青色の液体　3　黄色の結晶
4　暗紫色の結晶　5　緑色の結晶

(問題 49) ブロム水素

1 赤褐色の気体	2 赤褐色の液体	3 白色の固体
4 無色の液体	5 無色の気体	

(問題 50) O－エチル－O－(2－イソプロポキシカルボニルフエニル)－N－イソプロピルチオホスホルアミド(別名 イソフェンホス)

1 無色の液体	2 赤褐色の結晶	3 黒色の結晶
4 赤褐色の粉末	5 赤褐色の液体	

3 次の物質の廃棄方法として、最も適当なものを下欄から選びなさい。

(問題 51) 砒(ひ)素　(問題 52) アニリン　(問題 53) 塩化亜鉛

(問題 54) シアン化ナトリウム

(問題 55) 1，1’－ジメチル－4，4’－ジピリジニウムクロライド
(別名 パラコート)

【下欄】

1 木粉(おが屑(くず))等に混ぜて焼却炉で焼却する。
2 水に溶かし、消石灰、ソーダ灰等の水溶液を加えて処理し、沈殿ろ過して、埋め立て処分する。
3 セメントを用いて固化し、溶出試験を行い、溶出量が判定基準以下であることを確認して埋立処分する。
4 水酸化ナトリウム水溶液を加えアルカリ性(pH11 以上)とし、酸化剤(次亜塩素酸ナトリウム等)の水溶液を加えて酸化分解する。分解したのち硫酸を加え中和し、多量の水で希釈して処理する。
5 可燃性溶剤と共に、焼却炉の火室に噴霧し、焼却する。

4 次の物質が漏えい又は飛散した場合の応急の措置として正しいものは〔1〕を、誤っているものは〔2〕を記入しなさい。
ただし、いずれの作業も必ず風下の人を退避させ、立入りを禁止したうえで、適切な保護具を着用し、風下で作業を行わないようにするものとする。

(問題 56) 2，2’－ジピリジリウム－1，1’－エチレンジブロミド(別名 ジクワット)が漏えいした場合、土砂等で液の流れを止め、安全な場所に導き、空容器にできるだけ回収し、そのあとを土砂で覆って十分接触させた後、土砂を取り除き、多量の水を用いて洗い流す。

(問題 57) ニッケルカルボニルが漏えいした場合、着火源は速やかに取り除き、漏えいした液は、水で覆った後、土砂等に吸着させて空容器に回収し、水封後密栓する。その後、多量の水で洗い流す。

(問題 58) ベタナフトールが飛散した場合、飛散したものは速やかに掃き集め、空容器に回収する。また、汚染された土砂、物体は同様の措置をとる。

(問題 59) 水酸化バリウムが飛散した場合、空容器にできるだけ回収し、そのあと、苛性ソーダを用いて中和し、多量の水を用いて洗い流す。

(問題 60) アクロレインが漏えいした場合、木屑(くず)等の可燃物に吸着させ焼却処分する。

5　次の物質を取り扱う際の注意事項について、最も適切なものを下欄から選びなさい。

(問題 61) アクリルニトリル	(問題 62) ナトリウム
(問題 63) 臭化水素酸	(問題 64) 酸化カドミウム
(問題 65) ロテノン	

【下欄】

1 空気、光にさらされると容易に重合する性質があるため、運搬時には重合防止剤を添加する。
2 水や二酸化炭素と激しく反応するのでこれらと接触させない。
3 強熱すると有害な煙霧を発生する。
4 酸素によって分解し、殺虫効果を失うため、空気と光を遮断する。
5 各種の金属と反応してガスを発生し、空気と混合して引火爆発する恐れがある。

（農業用品目）

1　次の物質の性状について、最も適当なものを下欄から選びなさい。

(問題 31) 硫酸タリウム
(問題 32) ２・４・６・８－テトラメチル－１・３・５・７－テトラオキソカン
(別名 メタアルデヒド)
(問題 33) ジメチル－(N－メチルカルバミルメチル)－ジチオホスフエイト
(別名 ジメトエート)
(問題 34) ジメチル－２・２－ジクロルビニルホスフエイト(別名 DDVP)
(問題 35) (RS)－α－シアノ－３－フエノキシベンジル＝N－(２－クロロ－α・α・α－トリフルオロ－パラトリル)－D－バリナート
(別名 フルバリネート)

【下欄】

1　淡黄色ないし黄褐色の粘稠(ちゅう)性液体で、水に難溶である。熱、酸性には安定であるが、太陽光、アルカリには不安定である。沸点は摂氏 450 度以上である。
2　無色の結晶で、水にやや溶け、熱湯には溶けやすい。
3　白色の固体で、融点は摂氏 51 ～ 52 度、キシレンに可溶、摂氏 80 度の水に７％溶解する。水溶液は室温で徐々に加水分解する。太陽光線には安定で、熱に対する安定性は低い。
4　刺激性で、微臭のある比較的揮発性の無色油状の液体である。一般の有機溶媒に可溶であるが、水には溶けにくい。比重は 1.415、沸点は摂氏 140 度である。
5　白色の粉末で、融点は、摂氏約 163 度である。水に溶けにくく、酸性で不安定であるが、アルカリ性で安定である。強酸化剤と接触又は混合すると、激しい反応が起こりうる。

2　次の文章の(　)に入る正しい字句をそれぞれ下欄から選びなさい。

ジエチル－S－(２－オキソ－６－クロルベンゾオキサゾロメチル)－ジチオホスフエイト(別名 ホサロン)は、(問題 36)臭のある(問題 37)の(問題 38)であり、メタノール、エタノール、アセトン、クロロホルム及びアセトニトリルに(問題 39)、水に(問題 40)。

【下欄】

(問題 36)	1 ネギ様	2 アーモンド		3 メルカプタン	4 エステル
(問題 37)	1 淡黄色	2 褐色	3 白色	4 暗赤色	5 黒色
(問題 38)	1 粉末	2 結晶	3 液体	4 気体	5 ろう状の物質
(問題 39)	1 溶け	2 溶けにくく		3 ほとんど溶けず	
(問題 40)	1 溶ける	2 溶けにくい		3 ほとんど溶けない	

3　次の文章の(　　)に入る正しい字句をそれぞれ下欄から選びなさい。

2－イソプロピル－4－メチルピリミジル－6－ジエチルチオホスフエイト(別名ダイアジノン)の純品は(**問題 41**)の(**問題 42**)であり、(**問題 43**)に難溶である。

工業製品は純度 90 ％で、(**問題 44**)透明やや粘稠(ちゅう)で、かすかな(**問題 45**)臭を有している。

【下欄】

	1	2	3	4
(**問題 41**)	1　白色	2　青色	3　無色	4　淡褐色
(**問題 42**)	1　粉末	2　結晶	3　液体	4　気体
(**問題 43**)	1　アルコール	2　エーテル	3　水	4　ベンゼン
(**問題 44**)	1　無色	2　白色	3　青色	4　淡褐色
(**問題 45**)	1　エステル	2　酢酸	3　硫黄	4　アミン

4　次の文章の(　)に入る正しい字句をそれぞれ下欄から選びなさい。

クロルピクリンを廃棄する場合には、少量の(**問題 46**)を加えた(**問題 47**)と炭酸ナトリウムの混合溶液中で、撹拌し分解させた後、多量の水で希釈して処理する。なお、混合溶液の(**問題 47**)の濃度は 30 ％、炭酸ナトリウムの濃度は約(**問題 48**)％とする。

シアン化水素が漏えいした場合には、漏えいしたボンベ等を多量の(**問題 49**)水溶液(20 w/v％以上)に容器ごと投入してガスを吸収させ、さらに酸化剤((**問題 50**)、さらし粉等)の水溶液で処理を行い、多量の水を用いて洗い流す。

【下欄】

(**問題 46**)　1　エタノール　2　木粉　3　可燃性溶材　4　界面活性剤
(**問題 47**)　1　硝酸　2　メタノール　3　水酸化カリウム　4　亜硫酸ナトリウム
(**問題 48**)　1　1　2　4　3　10　4　16　5　20
(**問題 49**)　1　水酸化ナトリウム　2　塩化水素　3　ホルムアルデヒド　4　塩化カルシウム
(**問題 50**)　1　蓚(しゅう)酸　2　次亜塩素酸ナトリウム　3　アンモニア　4　二酸化硫黄

5　次の物質による中毒症状について、最も適当なものを下欄から選びなさい。

(**問題 51**)　硫酸銅　(**問題 52**)　ブロムメチル　(**問題 53**)　燐(りん)化亜鉛
(**問題 54**)　ジエチル－3・5・6－トリクロル－2－ピリジルチオホスフエイト(別名 クロルピリホス)
(**問題 55**)　1・1’－ジメチル－4・4’－ジピリジニウムクロライド(別名 パラコート)

【下欄】

1　吸入した場合、チトクロムオキシダーゼ阻害作用により、頭痛、吐気、嘔吐、悪寒、めまい等の症状を起こす。はなはだしい場合には、肺水腫、呼吸困難、昏睡を起こす。
2　コリンエステラーゼ阻害剤特有の症状である、倦怠感、頭痛、めまい、嘔気、嘔吐、腹痛、下痢、多汗等の症状を呈し、はなはだしい場合には、縮瞳、意識混濁、全身痙攣等を起こすことがある。
3　吸入した場合、吐気、嘔吐、頭痛、歩行困難、痙攣、視力障害、瞳孔拡大等の症状を起こすことがある。低濃度のガスを長時間吸入すると、数日を経て、痙攣、麻痺、視力障害等の症状を起こす。はなはだしい場合には、数日後に神経障害を起こす。
4　経口直後から２日以内に、激しい嘔吐、粘膜障害及び食道穿孔などが発生し、２～３日で急性肝不全、進行性の糸球体腎炎、尿細管壊死による急性腎不全及び肺水腫、３～10 日で間質性肺炎や進行性の肺線維症を起こす。
5　細胞膜の SH 基の酸化や脂質の過酸化により、嘔吐、上腹部灼熱感、下痢、黄疸、ヘモグロビン尿症、血尿、乏尿、無尿、血圧低下、昏睡を起こす。

(特定品目)

1　次の物質は、ホルムアルデヒドについて記述したものである。(　　)内に当てはまる最も適当なものを下欄から選びなさい。

ホルムアルデヒドは、白金や銅を触媒として(**問題 31**)を酸化するとできる。ホルムアルデヒドの 37 %水溶液は、(**問題 32**)の液体で、毒物及び劇物取締法では(**問題 33**)に該当し、廃棄方法は(**問題 34**)により処理する。ホルムアルデヒド(**問題 35**)%以下を含有するものは(**問題 33**)に該当しないと規定されている。

【下欄】

(**問題 31**)　1 アセトアルデヒド　2 プロパノール　3 エタノール　4 メタノール
(**問題 32**)　1 無色　2 赤色　3 橙赤色　4 黄色
(**問題 33**)　1 特定毒物　2 毒物(特定毒物を除く)　3 劇物　4 普通物
(**問題 34**)　1 中和法　2 アルカリ法　3 燃焼法　4 還元沈殿法
(**問題 35**)　1 0.5 %　2 1 %　3 5 %　4 10 %

2　次の物質の性状として、最も適当なものを下欄から選びなさい。

(**問題 36**) クロム酸鉛　(**問題 37**) 液化塩素
(**問題 38**) ホルムアルデヒド　(**問題 39**) 硫酸　(**問題 40**) 酢酸エチル

【下欄】

1　黄色又は赤黄色の粉末で、水にほとんど溶けない。酸、アルカリに溶けるが、酢酸、アンモニア水には溶けない。
2　無色あるいはほとんど無色透明の液体で、催涙性の刺激臭がある。低温では混濁することがある。
3　無色透明、揮発性の引火性の液体、果実様の特徴ある臭気を発する。アルコール、アセトン、エーテル、クロロホルムに混和する。
4　無色透明、油状の液体であるが、粗製のものは微褐色のものもある。濃い溶液は猛烈に水を吸収し、水で薄めると発熱する。
5　橙黄色液体で、大気中に放出されると直ちに気化して黄緑色の空気より重いガスになる。激しい刺激臭がある。

3　次の方法により鑑定したときに得られる、最も適当な物質を下欄から選びなさい。

(問題 41) 水で薄めると激しく発熱し、木片に触れると炭化して黒変させる。
(問題 42) 熱灼(しゃく)すると昇華する。塩化第一スズを加えると白色沈殿を生じる。
(問題 43) 濃塩酸をうるおしたガラス棒を近づけると、白い霧を生じる。
(問題 44) 過マンガン酸カリウムを還元し、クロム酸を酸化する。また、ヨード亜鉛を加えると、ヨードを析出する。
(問題 45) 水溶液を白金線につけて無色の火炎中に入れると、火炎は著しく黄色に染まり、長時間続く。

【下欄】

1　過酸化水素水	2　酸化水銀	3　アンモニア水	4　硫酸
5　水酸化ナトリウム			

4　次の物質の廃棄方法として最も適当なものを下欄から選びなさい。

(問題 46) 水酸化ナトリウム　(問題 47) 硫酸　(問題 48) トルエン
(問題 49) ホルムアルデヒド　(問題 50) 酸化鉛

【下欄】

1　徐々に石灰乳(消石灰の懸濁液)などの攪拌(かくはん)溶液に加え中和させた後、大量の水で希釈する。
2　セメントを用いて固化して、溶出試験を行い、溶出量が判定基準以下であることを確認して埋立処分する。
3　多量の水で希薄な水溶液とした後、次亜塩素酸塩水溶液を加え分解させる。
4　水を加えて希薄な水溶液とし、希塩酸または希硝酸で中和させたのち、多量の水で希釈する。
5　珪(けい)そう土等に吸収させて開放型の焼却炉で少量ずつ焼却する。

5　次の物質の貯蔵方法として最も適当なものを下欄から選びなさい。

(問題 51) キシレン　(問題 52) 過酸化水素
(問題 53) 水酸化ナトリウム　(問題 54) クロロホルム
(問題 55) アンモニア水

【下欄】

1　炭酸ガスと水を吸収する性質が強いので、密栓して貯蔵する。
2　少量なら褐色ガラス瓶、多量ならばカーボイ又はポリエチレン容器を使用して、3分の1の空間を保ち、有機物、金属粉等と離して冷暗所に貯蔵する。
3　可燃性、揮発性があり、密栓し冷所に貯蔵する。引火しやすく、またその蒸気は空気と混合して爆発性混合ガスになるので火気には近づけない。
4　分解を防ぐため遮光瓶に入れ、少量のアルコールを加えて冷暗所で貯蔵する。
5　揮発しやすいので、気密容器に入れ、摂氏 30 度以下で貯蔵する。

高知県

令和元年度実施

法規に関する設問中、特に規定しない限り、「法」は「毒物及び劇物取締法」、「政令」は「毒物及び劇物取締法施行令」、「省令」は「毒物及び劇物取締法施行規則」とする。

〔法　規〕

（一般・農業用品目・特定品目共通）

問１　次の記述は法の条文の一部である。（　　）の中に入る適当な語句を　　下欄から一つ選びなさい。

第十四条（毒物又は劇物の譲渡手続）

　毒物劇物営業者は、毒物又ほ劇物を他の毒物劇物営業者に販売し、又は授与したときは、その都度、次に掲げる事項を書面に記載しておかなければならない。

一　毒物又は劇物の名称及び（　１　）

二　販売又は授与の（　２　）

三　譲受人の氏名、（　３　）及び住所（法人にあつては、その名称及び主たる事務所の所在地）

第十五条（毒物又は劇物の交付の制限等）

毒物劇物営業者は、毒物又は劇物を次に掲げる者に交付してはならない。

一　（　４　）歳未満の者

二　心身の障害により毒物又は劇物による保健衛生上の危害の防止の措置を適正に行うことができない者として厚生労働省令で定めるもの

三　麻薬、（　５　）、あへん又は覚せい剤の中毒者

下欄

ア．数量	イ．含量	ウ．濃度	エ．成分	オ．年月日
カ．場所	キ．年齢	ク．職業	ケ．十二	コ．十六
サ．十八	シ．二十	ス．大麻	セ．向精神薬	ソ．アルコール

問２　次の記述は法の条文の一部である。（　　）の中に入る適当な語句を下欄から一つ選びなさい。

第十二条（毒物又は劇物の表示）

毒物劇物営業者及び特定毒物研究者は、毒物又は劇物の容器及び被包に、「（　１　）」の文字及び毒物については（　２　）をもつて「（　３　）」の文字、劇物については（　４　）をもつて「（　５　）」の文字を表示しなければならない。

下欄

ア．青地に白色	イ．白地に赤色	ウ．黄地に赤色		エ．黒地に白色
オ．赤地に白色	カ．医薬用外	キ．医療用外		ク．医薬用
ケ．医療用	コ．劇	サ．毒	シ．劇物	ス．毒物

問３　毒物劇物営業者が毒物又は劇物を販売する時までに、譲受人に対し提供しなければならない情報の内容として、省令第十三条の十二により規定されている事項として、誤っているものを下欄から一つ選びなさい

下欄

ア，応急措置	イ．火災時の措置	ウ．漏出時の措置	エ．輸送上の注意
オ．安定性及び反応性	カ．毒性に関する情報	キ．盗難時の措置	

問4　次の記述は、法の条文である。文中の(　1　)から(　5　)の内に当てはまる語句の組み合わせとして、正しいものを下表から一つ選びなさい。

第十六条の二
　毒物劇物営業者及び特定毒物研究者は、その取扱いに係る毒物若しくは劇物又は第十一条第二項に規定する政令で定める物が飛散し、漏れ、流れ出、しみ出、又は地下にしみ込んだ場合において、不特定又は多数の者について(　1　)の危害が生ずるおそれがあるときは、(　2　)、その旨を(　3　)、警察署又は消防機関に届け出るとともに、(　1　)の危害を防止するために必要な応急の措置を講じなければならない。
2　毒物劇物営業者及び特定毒物研究者は、その取扱いに係る毒物又は劇物が盗難にあい、又は紛失したときは、(　2　)、その旨を(　4　)に届け出なければならない。

下表

	(1)	(2)	(3)	(4)
ア	保健衛生上	直ちに	保健所	市町村役場
イ	保健衛生上	直ちに	保健所	警察署
ウ	保健衛生上	速やかに	市町村役場	警察署
エ	公衆衛生上	速やかに	市町村役場	保健所
オ	公衆衛生上	遅滞なく	市町村役場	消防機関

問5　次の(　1　)から(　5　)の記述の正誤について、法令の規定に照らし、毒物劇物営業者の構造設備の基準として正しい組み合わせを下表から一つ選びなさい。

(1)　毒物又は劇物の運搬用具は、毒物又は劇物が飛散し、漏れ、又はしみ出るおそれがないものであること。
(2)　毒物又は劇物を貯蔵するタンク、ドラムかん、その他の容器は、毒物又は劇物が飛散し、漏れ、又はしみ出るおそれのないものであること。
(3)　毒物又は劇物の製造作業を行なう場所には、毒物又は劇物を含有する粉じん、蒸気又は廃水の処理に要する設備又は器具を備えていること。
(4)　毒物又は劇物とその他の物とを区分して貯蔵できるものであること。
(5)　毒物又は劇物を貯蔵する場所が性質上かぎをかけることができないものであるときは、特段の措置を講じる必要はない。

下表

	(1)	(2)	(3)	(4)	(5)
ア	誤	誤	誤	誤	正
イ	誤	正	誤	誤	誤
ウ	誤	誤	正	正	正
エ	正	正	正	正	誤
オ	正	正	正	正	正

問6　次のアからエの物質のうち、引火性、発火性又は爆発性のある毒物又は劇物として、<u>政令で規定されていないもの</u>を一つ選びなさい。

ア　ピクリン酸
イ　亜塩素酸ナトリウム35％を含有する製剤
ウ　塩素酸カリウム30％を含有する製剤
エ　ナトリウム

問７　次の（１）から（４）の記述の正誤について、法令の規定に照らし、毒物劇物取扱責任者に関する記述として正しい組み合わせを下表から一つ選びなさい。

(1)　毒物又は劇物の一般販売業の登録を受けた店舗で、農業用品目のみを取り扱う場合は、農業用品目毒物劇物取扱者試験に合格した者を、毒物劇物取扱責任者とすることができる。
(2)　本店の毒物劇物取扱責任者は、隣町の支店の毒物劇物取扱責任者を兼ねることができる。
(3)　毒物劇物販売業者自らが毒物劇物取扱責任者となるときは、毒物劇物取扱責任者設置届を提出する必要はない。
(4)　毒物劇物取扱者試験合格者は、合格した都道府県においてのみ、毒物劇物取扱責任者となることができる。

下表

	(1)	(2)	(3)	(4)
ア	正	誤	誤	誤
イ	誤	正	誤	誤
ウ	誤	誤	正	誤
エ	誤	誤	誤	正
オ	誤	誤	誤	誤

問８　次の物質のうち、毒物劇物営業者がその容器及び被包に解毒剤の名称を表示したものでなければ、販売し、又は授与することができない毒物又は劇物を次のア～エから一つ選びなさい。

ア　無機シアン化合物　　イ　砒素化合物　　ウ　有機塩素化合物
エ　有機リン化合物

問９　次の文は、政令の規定に基づき、車両を使用してアクリルニトリルを１回につき 5,000kg を運搬する場合の運搬方法に関する記述である。次の（　１　）から（　４　）の記述の正誤について、正しい組み合わせを下表から一つ選びなさい。

(1)　車両には、運搬する劇物の名称、成分及びその含量並びに事故の際に講じなければならない応急の措置の内容を記載した書面を備える必要がある。
(2)　車両には、防毒マスク、ゴム手袋その他事故の際に応急の措置を講ずるために必要な保護具で厚生労働省令で定めるものを１人分備えるだけでよい。
(3)　運搬の経路、交通事情、自然条件、その他の条件から判断して、１人の運転者による運転時間が１人の運転者による運転時間が１日あたり９時間を超える場合は、車両１台について運転者のほか交代して運転するものを同乗させる必要がある。
(4)　車両の前後の見やすい箇所に、0．3m 平方の板に地を白色、文字を黒色として「劇」と表示した標識を掲げなければならない。

下表

	(1)	(2)	(3)	(4)
ア	正	正	誤	誤
イ	誤	誤	正	正
ウ	正	誤	正	誤
エ	誤	正	誤	正
オ	正	正	正	正

問 10　次の記述は政令第四十条の条文である。（　　）の中に入る語句として、正しい組み合わせを下表から一つ選びなさい。

第四十条　法第十五条の二の規定により、毒物若しくは劇物又は法第十一条第二項に規定する政令で定める物の廃棄の方法に関する技術上の基準を次のように定める。
一　（　１　）、加水分解、酸化、還元、稀釈その他の方法により、毒物及び劇物並びに法第十一条第二項に規定する政令で定める物のいずれにも該当しない物とすること。
二　ガス体又は（　２　）性の毒物又は劇物は、保健衛生上危害を生ずるおそれがない場所で、少量ずつ放出し、又は（　２　）させること。
三　可燃性の毒物又は劇物は、保健衛生上危害を生ずるおそれがない場所で、少量ずつ燃焼させること。
四　前各号により難い場合には、地下（　３　）以上で、かつ、（　４　）を汚染するおそれがない地中に確実に埋め、海面上に引き上げられ、若しくは浮き上がるおそれがない方法で海水中に沈め、又は保健衛生上危害を生ずるおそれがないその他の方法で処理すること。

下表

	(1)	(2)	(3)	(4)
ア	中和	蒸発	1メートル	環境
イ	焼却	揮発	2メートル	環境
ウ	中和	揮発	1メートル	環境
エ	焼却	蒸発	2メートル	地下水
オ	中和	揮発	1メートル	地下水

問 11 次の(1)から(4)の記述の正誤について、法令の規定に照らし、毒物又は劇物の業務上取扱の届出に関する記述として正しい組み合わせを下表から一つ選びなさい。

(1) 金属熱処理を行う事業者で、無機シアン化合物たる毒物を取り扱うものは、業務上取扱者の届出が必要である。
(2) しろありの防除を行う事業者で、砒素化合物たる毒物及びこれを含有する製剤を取り扱うものは、業務上取扱者の届出が必要である。
(3) 運送の事業者で、最大積載量が5,000キログラム以上の大型自動車に内容積が2,000リットルの容器を積載し、過酸化水素8パーセントを含有する製剤を容器に入れて運搬するものは、業務上取扱者の届出が必要である。
(4) 業務上取扱者の届出をした者は、取り扱う毒物又は劇物の品目に変更が生じた場合、変更後15日以内にその旨を事業所の所在地の都道府県知事に届け出なければならない。

下表

	(1)	(2)	(3)	(4)
ア	正	正	正	誤
イ	正	正	誤	正
ウ	正	誤	正	正
エ	誤	正	正	正
オ	誤	誤	誤	誤

問 12 次の(1)から(4)の記述の正誤について、法令の規定に照らし、毒物劇物営業者の登録に関する記述として正しい組み合わせを下表から一つ選びなさい。

(1) 販売業の登録は、6年ごとに更新を受けなければ、その効力を失う。
(2) 製造業者は、登録を受けた毒物以外の毒物を製造するときは、製造後30日以内に登録の変更を受けなければならない。
(3) 販売業の登録は、店舗の所在地の都道府県知事を経て厚生労働大臣に申請書を出さなければならない。
(4) 販売業の登録の種類は、一般販売業、農業用品目販売業、特定品目販売業及び特定毒物販売業の4つある。

下表

	(1)	(2)	(3)	(4)
ア	正	誤	誤	誤
イ	誤	正	誤	誤
ウ	誤	誤	正	誤
エ	誤	誤	誤	正
オ	誤	誤	誤	誤

問 13 次の(1)から(10)の記述について、法及びこれに基づく法令の規定に照らし、正しいものには○、誤っているものには×を選びなさい。

(1) 法第2条の条文で、「毒物」とは、別表第二に掲げる物であって、医薬品以外のものをいう。
(2) 毒物劇物営業者は、登録票を破り、汚し又は失ったときは、登録票の再交付を申請することができる。
(3) 一部の劇物については、その容器として、飲食物の容器として通常使用される物を使用しても構わない。
(4) 毒物又は劇物を直接取り扱わず、伝票による販売のみの毒物又は劇物の販売店を開店するときは、毒物劇物販売業の登録を必要としない。
(5) 特定品目販売業の登録を受けた者は、特定品目に加え、農業用品目も販売することができる。
(6) 毒物劇物営業者及び特定毒物研究者は、毒物を貯蔵し、又は陳列する場所に、「医薬用外」及び「毒物」の文字を表示しなければならない。

(7)　都道府県知事は、犯罪捜査上必要があると認めるときは、毒物劇物監視員に、毒物又は劇物の販売業者の店舗に立ち入り、試験のため必要な最小限度の分量に限り、劇物の疑いのある物を収去させることができる。

(8)　毒物劇物営業者は、店舗内の毒物又は劇物を貯蔵する設備の重要な部分を変更したときには、店舗の所在地の都道府県知事に、その旨を届け出なければならない。

(9)　毒物劇物営業者が、他の毒物劇物営業者に劇物を譲渡したときの譲渡記録は、販売又は授与の日から６年間保存しなければならない。

(10)　引火性、発火性又は爆発性のある毒物又は劇物であって政令で定めるものを交付する際は、厚生労働省令の定めるところにより、その交付を受けるものの氏名及び職業を確認しなければならない。

〔基礎化学〕

（一般・農業用品目・特定品目共通）

問題文中の記述については、条件等の記載が無い場合は、標準状態（０℃、1.0×10^5Pa）とし、気体は理想気体としてふるまうものとする。

問１　次のアからソに該当するものを下欄からそれぞれ１つ選びなさい。

ア　アルカリ土類金属であるもの

下欄

1　Cl	2　Fe	3　Na	4　Al	5　Ca

イ　電気陰性度が最も大きいもの

下欄

1　Li	2　F	3　I	4　K	5　O

ウ　極性分子であるもの

下欄

1　水素	2　メタン	3　アンモニア	4　二酸化炭素	5　窒素

エ　電子殻のうちM殻に収容できる電子の最大数

下欄

1　2	2　4	3　8	4　18	5　32

オ　コロイド溶液に強い光を当てると、光の進路が見える性質

下欄

1　屈折	2　凝析	3　ファラデーの法則	4　チンダル現象	5　ブラウン運動

カ　ＳＩ（国際単位系）基本単位でないもの

下欄

1　kg	2　L	3　m	4　mol	5　A

キ　アミノ基をもつもの

下欄

1　アニリン　2　ニトロベンゼン　3　安息香酸　4　トルエン 5　*p*-クレゾール

ク　飽和炭化水素であるもの

下欄

1　アセチレン　2　シクロヘキサン　3　ベンゼン　4　エチレン 5　シクロヘキセン

ケ　非共有電子対(孤立電子対)をもたないもの

下欄

1　H_2　2　HF　3　N_2　4　NH_3　5　OH^-

コ　二クロム酸カリウム($K_2Cr_2O_7$)のクロム原子の酸化数

下欄

1　0　2　＋1　3　+2　4　＋3　5　+6

サ　負極及び正極において以下の反応が起こる電池

負極：$Pb + SO_4^{2-} \rightarrow PbSO_4 + 2e^-$

正極：$PbO_2 + 4H^+ + SO_4^{2-} + 2e^- \rightarrow PbSO_4 + 2H_2O$

下欄

1　ボルタ電池　2　鉛蓄電池　3　ダニエル電池　4　マンガン電池 5　燃料電池

シ　アルデヒドの検出に用いられる試薬

下欄

1　メチルオレンジ　2　さらし粉　3　フェーリング液 4　ニンヒドリン水溶液　5　ヨウ素

ス　水のイオン積$[H^+][OH^-]$

下欄

1　$10^{-11}(mol/L)^2$　2　$10^{-12}(mol/L)^2$　3　$10^{-13}(mol/L)^2$　4　$10^{-14}(mol/L)^2$ 5　$10^{-15}(mol/L)^2$

セ　不斉炭素原子をもつ化合物

下欄

1　トルエン　2　プロパン　3　乳酸　4　シクロヘキセン 5　アセチレン

ソ　発生した気体を捕集する際に上方置換法を用いるもの

ただし、原子量はH: 1.0　C:12　N:14　0:16　S:32　C1:35.5とする。

下欄

1　塩化水素　2　アンモニア　3　二酸化窒素　4　二酸化炭素 5　硫化水素

問２　メタン(CH_4)24g を完全に燃焼した時に生じる水の質量について、最も適当なものを下欄から１つ選びなさい。
ただし、原子量は H:1．0　C:12　O:16 とする。

下欄

1　9．0g	2　18g	3　36g	4　42g	5　54g

問３　シュウ酸(HOOC-COOH)無水物 45g を 2．0L の水に溶かし、1．0mol/L の水酸化ナトリウム水溶液で中和させる時、必要な水酸化ナトリウム水溶液の体積として、最も適当なものを下欄から１つ選びなさい。ただし、原子量は H：1．0　C：12　O：16 とする。

下欄

1　200mL	2　500mL	3　700mL	4　1．0　L	5　1.5L

問４　プロパン(C_3H_8)88g が、17°C、1．2 × 10^5Pa のもとで占める体積について最も適当なものを下欄から１つ選びなさい。ただし、原子量は H:1．0　C:12 とし、気体定数Ｒは、8．3 × 10^3(Pa・L/(K・mol) とする。

下欄

1　0．40L	2　4．0L	3　40L	4　400L	5　4000L

問５　炭素(黒鉛)、水素(気体)、プロパン(気体)の燃焼熱が、それぞれ 394kJ/mol、286kJ/mol、2219kJ/mol であるとき、プロパンの生成熱について、最も適当なものを選びなさい。

下欄

1　107kJ/mol	2　215kJ/mol	3　1539kJ/mol	4　2899kJ/mol
5　4545kJ/mol			

〔毒物及び劇物の性質及び貯蔵その他取扱方法〕

問題文中の性状等の記述については、条件等の記載が無い場合は、常温常圧下における性状について記述しているものとする。

（一般）

問１　次の物質の性状について、最も適当なものを下欄からそれぞれ１つ選びなさい。

(1) 暗赤色針状結晶で潮解性があり水に易溶。きわめて強い酸化剤である。
(2) 独特の青草臭のある無色の圧縮液化ガス。蒸気は空気より重い。
(3) リンゴ臭のある気体。水に難溶。蒸気は空気より重く、引火しやすい。
(4) 無色ないし黄色の無臭の結晶で、急熱や衝撃により爆発することがある。
(5) 無色、稜柱状の結晶性粉末で、臭気なく、味もほとんどない。

下欄

ア．ホスゲン	イ．無水クロム酸	ウ．スルホナール
エ．ピクリン酸	オ．亜硝酸メチル	

問2　次の(1)から(5)の方法で貯蔵する物質として、最も適当なものを下欄からそれぞれ1つ選びなさい。

(1) 火気厳禁。非常に反応性に富む物質なので、安定剤を加え、空気を遮断して貯蔵する。
(2) 少量なら褐色ガラスびん、大量ならカーボイなどを使用し、三分の一の空間をたもって貯蔵する。
(3) 炭酸ガスと水を吸収する性質が強いので、密栓して貯蔵する。
(4) 少量ならばガラスびん、多量ならばブリキ缶あるいは鉄ドラムを用い、酸類とは離して空気の流通のよい乾燥した冷所に密封して貯蔵する。
(5) 空気中にそのまま貯蔵することができないので、ふつう石油中に貯蔵する。

下欄

ア．カリウム	イ．アクロレイン	ウ．水酸化ナトリウム
エ．過酸化水素水	オ．シアン化ナトリウム	

問3　次の(1)から(5) の毒性を持つ物質として最も適当なものを下欄からそれぞれ1つ選びなさい。

(1) 血液中の石灰分を奪取し、神経系をおかす。急性中毒症状は、胃痛、嘔吐、口腔、咽頭に炎症を起こし、腎臓がおかされる。
(2) 四肢の運動麻痺に始まり、呼吸麻痺で死にいたる。
(3) 吸入した場合、チアノーゼ等を起こす。はなはだしい場合には血色素尿を排泄し、肺水腫を起こし、呼吸困難を起こす。
(4) 皮膚や粘膜につくと火傷を起こし、その部分は白色となる。内服した場合には尿は特有の暗赤色を呈する。
(5) 急性中毒では、よだれ、吐気などがあり、ついで脈拍緩徐不整となり、呼吸困難、痙攣をきたす。

下欄

ア．蓚酸	イ．フェノール	ウ．クラーレ	エ．五弗化砒素
オ．ニコチン			

問4　次の(1)から(5)の方法で廃棄する物質として、最も適当なものを下欄からそれぞれ1つ選びなさい。

(1) 硅そう土等に吸収させて開放型の焼却炉で少量ずつ焼却する。
(2) 水酸化ナトリウム水溶液等でアルカリ性とし、過酸化水素水を加えて分解させ多量の水で希釈して処理する
(3) 水に溶かし、消石灰、ソーダ灰等の水溶液を加えて処理し、沈殿ろ過して埋立処分する。
(4) 水で希薄な水溶液とし、酸(希塩酸、希硫酸など)で中和させた後、水で希釈して処理する。
(5) 木粉(おが屑)などに吸収させてアフターバーナー及びスクラバーを具備した焼却炉で焼却する。

下欄

ア．ホルムアルデヒド
イ．ジメチル－4－メチルメルカプト－3－メチルフェニルチオホスフェイト
　(別名：フェンチオン)
ウ．塩化第一錫(すず)　　エ．アンモニア　　オ．キシレン

問５　次の(1)から(5)の物質を含有する製剤で、劇物の指定から除外される含有濃度の上限として最も適当なものを下欄からそれぞれ１つ選びなさい。必要があれば、同じものを繰り返し選んでもよい。

(1) ぎ酸　(2) ロテノン　(3) 過酸化尿素
(4) Ｎ－メチル－１－ナフチルカルバメート(別名：カルバリル)　(5) 硫酸

下欄

ア．２％	イ．17％	ウ．５％	エ．10％	オ．90％

（農業用品目）

問１　次の(1)から(5)の性状をもつ物質について、最も適当なものを下欄からそれぞれ１つ選びなさい。

(1) 赤褐色、油状の液体で、芳香性刺激臭を有し、水、プロピレングリコールに不溶、リグロインにやや溶け、アルコール、アセトン、エーテル、ベンゼンに溶ける。
(2) 無色、無臭の油状液体で、空気中ですみやかに褐変する。刺激性の味を有している。
(3) 黄色結晶性粉末。アセトン、酢酸に溶け、ベンゼンにわずかに溶け、水にはほとんど溶けない。
(4) 無色(市販品はふつう微黄色)の繊状体で、催涙性、粘膜刺激臭がある。
　水にはほとんど溶けないが、アルコール、エーテルなどには溶ける。酸、アルカリには安定である。
(5) 無色無臭の結晶で潮解性がある。強い酸化剤で有機物、硫黄、金属粉等の可燃物が混在すると、加熱、摩擦又は衝撃により爆発する。

下欄

ア．ジメチルジチオホスホリルフェニル酢酸エチル(別名：フェントエート、ＰＡＰ)
イ．ニコチン　ウ．クロルピクリン
エ．２－ジフェニルアセチル－１，３－インダンジオン(別名：ダイファシノン)
オ．塩素酸ナトリウム

問２　次の(1)から(5)の方法で貯蔵する物質として、最も適当なものを下欄からそれぞれ１つ選びなさい。

(1) 空気や光線に触れると赤変するため、遮光して貯蔵する。
(2) 酸素によって分解し、殺虫効力を失うので空気と光を遮断して貯蔵する。
(3) 揮発しやすいので、よく密栓して貯蔵する。
(4) 少量ならガラス瓶、多量ならばブリキ缶あるいは鉄ドラムを用い、酸類とは離して、空気の流通のよい乾燥した冷所に密封して貯蔵する。
(5) 空気中の湿気に触れると、徐々に分解して有毒なホスフィンを発生するため、密閉した容器で貯蔵する。

下欄

ア．燐化アルミニウムとその分解促進剤とを含有する製剤
イ．ロテノン　ウ．アンモニア水　エ．シアン化カリウム
オ．ベタナフトール

問３　次の(1)から(5)の毒性を持つ物質として最も適当なものを下欄からそれぞれ１つ選びなさい。

(1) 吸入した場合、吐き気、嘔吐、頭痛、歩行困難、痙攣、視力障害、瞳孔拡大等の症状を起こすことがある。低濃度のガスを長時間吸入すると、数日を経て、痙攣、麻痺、視力障害等の症状を起こす
(2) 吸入した場合、頭痛、めまい、悪心、意識不明、呼吸麻痺を起こす。
(3) 緑色、または青色のものを吐き、のどがやけるように熱くなり、よだれが流れ、また、しばしば痛むことがある。急性の胃腸カタルを起こし、血便を出す。
(4) 胃及び肺で胃酸や水と反応してホスフィンを生成することにより、頭痛、吐き気、めまいなどの症状を起こす。
(5) 摂取後５～20分後より運動が不活発になり、震せん、呼吸の促迫、嘔吐、よだれを生じる。

下欄

ア．Ｎ－メチル－１－ナフチルカルバメート　(別名；カルバリル)
イ．無機銅塩類　　ウ．燐化亜鉛　　エ．シアン化ナトリウム
オ．ブロムメチル

問４　次の(1)から(5)の方法で廃棄する物質として、最も適当なものを下欄からそれぞれ１つ選びなきい。

(1) 徐々に石灰乳などの攪拌溶液に加え中和させた後、多量の水で希釈して処理する。
(2) 還元剤の水溶液に希硫酸を加えて酸性にし、この中に少量ずつ投入する。反応終了後、反応液を中和し多量の水で希釈して処理する。
(3) 水に溶かし、消石灰、ソーダ灰等の水溶液を加えて処理し、沈殿ろ過して埋立処分する。
(4) 多量の次亜塩素酸ナトリウムと水酸化ナトリウムの混合水溶液に攪拌しながら少量ずつ加えて酸化分解する。
(5) 水酸化ナトリウム水溶液等と加温して加水分解する。

下欄

ア．塩素酸カリウム　　イ．硫酸　　ウ．硫酸第二銅
エ．Ｓ－メチル－Ｎ－[(メチルカルバモイル)－オキシ]－チオアセトイミデート
(別名：メトミル)
オ．燐化亜鉛

問５　次の(1)から(5)の物質を含有する製剤について、劇物の指定から除外される含有濃度の上限として最も適当なものを下欄からそれぞれ１つ選びなさい。<u>必要があれば、同じものを繰り返し選んでもよい。</u>

(1) 硫酸タリウム　　(2) アンモニア　　(3) 硫酸　　(4) イミノクタジン
(5) イソキサチオン

下欄

ア．３．５％　　イ．25％　　ウ．０．３％　　エ．２％　　オ．10％

(特定品目)

問1　次の(1)から(5)の性状をもつ物質について、最も適当なものを下欄からそれぞれ1つ選びなさい。

(1) 白色の固体。水、アルコールには熱を発して溶けるが、アンモニア水には溶けない。空気中に放置すると、水分と二酸化炭素を吸収して潮解する。水溶液は、強いアルカリ性を示す。

(2) 極めて純粋な水分を含まないものは、無色の液体で、特有な臭気がある。
腐食性が激しく、空気に接すると刺激性白霧を発し、水を吸収する性質が強い。

(3) 無色あるいは無色透明の液体で、刺激性の臭気をもち、寒冷にあえば混濁することがある。空気中の酸素によって一部酸化されて、ぎ酸を生じる。中性又は弱酸性の反応を呈し、水、アルコールによく混和するが、エーテルには混和しない

(4) 無色の液体でアセトン様の芳香がある。引火性が大きい。有機溶媒、水に可溶。

(5) 無水物のほか、二水和物が知られている。一般に流通しているのは、二水和物で性状は、橙色結晶。潮解性がある。

下欄

ア．水酸化カリウム	イ．ホルムアルデヒド水溶液	ウ．硝酸
エ．メチルエチルケトン	オ．重クロム酸ナトリウム	

問2　次の(1)から(5)の方法で貯蔵する物質として、最も適当なものを下欄からそれぞれ1つ選びなさい。

(1) 亜鉛または錫(すず)メッキをした鋼鉄製容器で保管し、高温に接しない場所に保管する。

(2) 少量ならば褐色ガラスびん、大量ならばカーボイなどを使用し、空間の三分の一を保って貯蔵する。

(3) 炭酸ガスと水を吸収する性質が強いため、密栓して貯蔵する。

(4) 揮発しやすいのでよく密栓する。

(5) 冷暗所にたくわえる。純品は空気と日光によって変質するので、少量のアルコールを加えて分解を防止する。

下欄

ア．クロロホルム	イ．アンモニア水	ウ．水酸化ナトリウム
エ．過酸化水素水	オ．四塩化炭素	

問3　次の(1)から(5)の毒性を持つ物質として最も適当なものを下欄からそれぞれ1つ選びなさい。

(1) 通常、症状は時間をおいて現れる。皮膚に触れた場合、やけどを起こす。
目に入った場合、失明することがある。

(2) 脳の節細胞を麻酔させ、赤血球を溶解する。筋肉の張力は失われ、反射機能は消失し、瞳孔は散大する。

(3) 激しく鼻やのどを刺激し、長時間吸入すると肺や気管支に炎症を起こす。
高濃度のガスを吸入すると、喉頭痙攣を起こすので極めて危険。眼に入った場合、失明する危険性が高い。

(4) 皮膚に触れると、ガスを発生して、組織ははじめ白く、しだいに深黄色となる。

(5) 蒸気の吸入により頭痛、食欲不振等がみられる。大量では緩和な大赤血球性貧血をきたす。

下欄

ア．硝酸	イ．トルエン	ウ．アンモニア	エ．過酸化水素水
オ．クロロホルム			

問4　次の(1)から(5)の廃棄方法について、最も適当なものを下欄からそれぞれ１つ選びなさい。

(1) 酢酸エチル　(2) 過酸化水素　(3) 重クロム酸カリウム
(4) アンモニア　(5) 四塩化炭素

下欄

ア．水で希薄な水溶液とし、酸(希塩酸、希硫酸など)で中和させた後、多量の水で希釈して処理する。
イ．碪そう土等に吸収させて開放型の焼却炉で焼却する。
ウ．希硫酸に溶かし、還元剤(硫酸第一鉄等)の水溶液を過剰に用いて還元したのち、消石灰、ソーダ石灰等の水溶液で処理し、沈殿ろ過する。溶出試験を行い、溶出量が判定基準以下であることを確認して埋立処分する。
エ．多量の水で希釈して処理する。
オ．過剰の可燃性溶剤または重油等の燃料と共にアフターバーナーおよびスクラバーを具備した焼却炉の火室へ噴霧してできるだけ高温で焼却する。

問5　次の(1)から(5)の物質を含有する製剤で、劇物の指定から除外される含有濃度の上限として最も適当なものを下欄からそれぞれ１つ選びなさい。<u>必要があれば、同じものを繰り返し選んでもよい。</u>

(1) 水酸化カリウム　(2) 塩化水素　(3) 過酸化水素
(4) 硝酸　(5) ホルムアルデヒド

下欄

ア．１％	イ．５％	ウ．６％	エ．10％	オ．0．1％	カ．0．3％

〔実　地〕

問題文中の性状等の記述については、条件等の記載が無い場合は、<u>常温常圧下における性状について</u>記述しているものとする。

(一般)

問1　次の物質について、該当する性状をＡ欄から、廃棄方法をＢ欄からそれぞれ最も適当なものを１つ選びなさい。

物質名	性状(A欄)	用途(B欄)
弗化水素酸	(　1　)	(　6　)
酢酸エチル	(　2　)	(　7　)
クロルピクリン	(　3　)	(　8　)
酢酸タリウム	(　4　)	(　9　)
メタノール	(　5　)	(　10　)

A 欄

ア．強い果実様の香気がある可燃性無色の液体である。 イ．無色の結晶で、湿った空気中で潮解する。水および有機溶媒に溶けやすい。 ウ．無色又はわずかに着色した透明の液体で特有の刺激臭がある。不燃性で濃厚なものは空気中で白煙を生じる。 エ．純品は無色の油状体。催涙性があり、強い粘膜刺激臭を有する。 オ．無色透明の動揺しやすい揮発性の液体。火をつけると容易に燃える。

B 欄

カ．塗料の溶剤、有機合成原料として使用される。 キ．農薬として土壌燻蒸に使われ、土壌病原菌、センチュウ等の駆除に使用される。 ク．野ねずみを対象とした殺鼠剤として使用される。 ケ．ガラスのつや消し、半導体のエッチングに使用される。 コ．燃料、試薬として使用される。

問２　次の（　１　）から（　５　）の方法で鑑別する物質として最も適当なものを下欄からそれぞれ１つ選びなさい。

(1) 硝酸銀溶液を加えると、淡黄色の沈殿を生じる。
(2) 硝酸銀溶液を加えると、白い沈殿を生じる。
(3) アルコール性の水酸化カリウムと銅粉とともに煮沸すると、黄赤色の沈殿を生じる。
(4) アルコール溶液に、水酸化カリウム溶液と少量のアニリンを加えて熱すると、不快な刺激性の臭気をはなつ。
(5) 水溶液に金属カルシウムを加えこれにベタナフチルアミンおよび硫酸を加えると、赤色の沈殿を生じる。

下欄

ア．四塩化炭素　　イ．クロルピクリン　　ウ．ブロム水素酸 エ．塩酸　　オ．クロロホルム

問３　次の記述は、各物質の識別法である。（　　　）の中に当てはまる、最も適当なものを下欄からそれぞれ１つ選びなさい。<u>必要があれば、同じものを繰り返し選んでもよい。</u>

硝酸
銅屑を加えて熱すると、（　１　）を呈して溶け、その際赤褐色の蒸気を発生する。

水酸化カリウム
白色の固体で、苛性ソーダによく似ている。水溶液に酒石酸溶液を過剰に加えると、（　２　）結晶性の沈殿を生じる。

セレン
炭の上に小さな孔をつくり、無水炭酸ナトリウム粉末とともに試料を吹管炎で熱灼すると、特有のニラ臭を出し、冷えると（　３　）のかたまりとなる。これは濃硫酸に溶けて（　４　）を呈する。

下欄

ア．白色　　イ．紫色　　ウ．黄色　　エ．緑色　　オ．藍色　　カ．赤色 キ．黒色

問4　次の(１)から(４)の物質について、それらが飛散した場合又は、漏えいした場合の措置として最も適当なものを下欄からそれぞれ１つ選びなさい。

(1) ニッケルカルボニル　　(2) 黄燐　　(3) 臭素　　(4) 塩化バリウム

下欄

ア．土砂などでその流れを止め、土砂、おが屑などに吸収させて空容器に回収し、安全な場所に移す。そのあとは多量の水を用いて洗い流す。
イ．飛散したものは空容器にできるだけ回収し、そのあとを硫酸ナトリウムの水溶液を用いて処理し、多量の水を用いて洗い流す。
ウ．表面を速やかに土砂又は多量の水で覆い、水を満たした空容器に回収する。汚染された土砂、物体は同様の措置をとる。
エ．漏えい箇所や漏えいした液には消石灰を十分に散布し、むしろ、シート等をかぶせ、その上にさらに消石灰を散布して吸収させる。漏えい容器には散水しない。
オ．漏えいした液は、水でおおった後、土砂などに吸着させ、空容器に回収し、水封後密栓する。そのあとを多量の水を用いて洗い流す。

(農業用品目)

問１　次の(1)から(5)の方法で鑑別する物質として、最も適当なものを下欄からそれぞれ１つ選びなさい。

(1)　水溶液に金属カルシウムを加え、これにベタナフチルアミン及び硫酸を加えると、赤色の沈殿を生じる。
(2)　この物質を熱すると酸素を発生する。また、この物質の水溶液に酒石酸を多量に加えると、白色の結晶性の化合物を生じる。
(3)　水に溶かして硝酸バリウムを加えると、白色の沈殿を生じる。
(4)　ホルマリン１滴を加えた後、濃硝酸１滴を加えると、ばら色を呈する。
(5)　高濃度のものは比重が極めて大きく、水で薄めると激しく発熱し、ショ糖、木片等に触れると、それらを炭化して黒変させる。

下欄

ア．ニコチン　　イ．硫酸第二銅　　ウ．クロルピクリン
エ．塩素酸カリウム　　オ．硫酸

問２　次の物質について、該当する性状をＡ欄から、廃棄方法をＢ欄からそれぞれ最も適当なものを１つ選びなさい。

物質名	性状(Ａ欄)	用途(Ｂ欄)
ジエチル－(５－フェニル－３－イソキサゾリル)－チオホスフェイト(別名：イソキサチオン)	(1)	(6)
ベタナフトール	(2)	(7)
ナラシン	(3)	(8)
１，３－ジカルバモイルチオ－２－(N，N－ジメチルアミノ)－プロパン塩酸塩(別名：カルタップ)	(4)	(9)
燐化亜鉛	(5)	(10)

A 欄

ア．暗赤色の光沢のある粉末で、水、アルコールに溶けないが、希酸には、ホスフィンを出して溶解する。 イ．無色の結晶で、水及びメタノールに溶け、エーテル、ベンゼンに溶けない。 ウ．白色から淡黄色の粉末。特異なにおい。水に難溶。 エ．淡黄褐色液体、水に難溶である。有機溶剤によく溶ける。アルカリに不安定。 オ．無色の光沢のある小葉状結晶あるいは白色の結晶性粉末で、かすかに石炭酸に類する臭気がある。

B 欄

カ．稲のニカメイチュウ、野菜のコナガ、アオムシ等の駆除に用いられる。 キ．有機リン系の殺虫剤として、みかん、稲、野菜、茶等の害虫の駆除に用いられる。 ク．飼料添加物に用いられる。 ケ．殺鼠剤として用いられる。 コ．工業用として染料製造原料に使用されるほか、防腐剤、試薬などにも用いられる。

問３　次の（　１　）から（　４　）の物質の着色について、毒物及び劇物取締法関係法規上で定められている着色の基準に照らし、最も適当なものを下欄からそれぞれ１つ選びなさい。必要があれば、同じものを繰り返し選んでもよい。

(1) モノフルオール酢酸ナトリウム　　(2) モノフルオール酢酸アミド
(3) 燐化亜鉛　　(4) 硫酸タリウム

下欄

ア．青色	イ．黒色	ウ．紅色	エ．深紅色	オ．黄色

問４　次の（　１　）から（　４　）の物質について、それらが飛散した場合又は、漏えいした場合の対応として、最も適当なものを下欄からそれぞれ１つ選びなさい。

(1) 液化アンモニア
(2) １，１’-ジメチル-４，４’-ジピリジニウムジクロリド(別名：パラコート)
(3) ブロムメチル
(4) エチルパラニトロフェニルチオノベンゼンホスホネイト(別名：ＥＰＮ)

下欄

ア．漏えい箇所を濡れむしろ等で覆い、ガス状になったものに対しては遠くから霧状の水をかけ吸収させる。 イ．漏えいした液は土壌等でその流れを止め、安全な場所に導き、空容器にできるだけ回収し、そのあとを土壌で覆って十分接触させた後、土壌を取り除き、多量の水を用いて洗い流す。 ウ．土砂等でその流れを止め、拡がらないようにして蒸発させる。 エ．漏えいした液は、土砂等でその流れを止め、安全な場所に導き、空容器にできるだけ回収し、その後を消石灰等の水溶液を用いて処理し、多量の水を用いて洗い流す。洗い流す場合には、中性洗剤等の分散剤を使用して洗い流す。 オ．飛散したものは空容器にできるだけ回収する。砂利等に付着している場合は、砂利等を回収し、そのあとに水酸化ナトリウム、ソーダ灰等の水溶液を散布してアルカリ性(pH11 以上)とし、さらに酸化剤(次亜塩素酸ナトリウム、さらし粉等)の水溶液で酸化処理を行い、多量の水を用いて洗い流す。

(特定品目)

問1 次の物質について、該当する性状をA欄から、廃棄方法をB欄からそれぞれ最も適当なものを1つ選びなさい。

物質名	性状	廃棄方法
一酸化鉛	(1)	(6)
四塩化炭素	(2)	(7)
キシレン	(3)	(8)
硅弗化ナトリウム	(4)	(9)
蓚酸	(5)	(10)

A欄

ア．白色の結晶。水に溶けにくく、アルコールには溶けない。
イ．重い粉末で黄色から赤色までの間の種々のものがある。
ウ．稜柱状の結晶で、乾燥空気中で風化する。注意して加熱すると昇華するが、急に加熱すると分解する。
エ．揮発性、麻酔性の芳香を有する無色の重い液体。
オ．重質無色透明の液体で芳香族炭化水素特有のにおいがある。

B欄

カ．木、コルク、綿、藁製品等の漂白剤として使用されるほか、鉄錆による汚れを落とすのに用いられる。
キ．洗濯剤および種々の清浄剤の製造、引火性の少ないベンジンの製造などに応用され、また化学薬品として用いられる。
ク．溶剤、染料中間体などの有機合成原料、試薬として用いられる。
ケ．釉薬、試薬として用いられる。
コ．ゴムの加硫促進剤、顔料、試薬として用いられる。

問2 次の(1)から(5)の方法で鑑別する物質として最も適当なものを下欄からそれぞれ1つ選びなさい。

(1) サリチル酸と濃硫酸とともに熱すると、芳香のある物質を生じる。あらかじめ熱灼した酸化銅を加えると、ホルムアルデヒドができ、酸化銅は還元されて金属銅色を呈する。
(2) 水浴上で蒸発すると、水に溶解しにくい白色、無晶形の物質をのこす。硝酸を加え、さらにフクシン亜硫酸溶液を加えると、藍紫色を呈する。
(3) アルコール溶液に、水酸化カリウム溶液と少量のアニリンを加えて熱すると、不快な刺激性の臭気をはなつ。
(4) 高濃度のものは比重が極めて大きく、水でうすめると激しく発熱し、ショ糖、木片などに触れると、それらを炭化して黒変させる。
(5) 水溶液を白金線につけて無色の火炎中に入れると、火炎はいちじるしく黄色に染まり、長時間続く。

下欄

ア．ホルマリン　イ．メタノール　ウ．硫酸
エ．クロロホルム　オ．水酸化ナトリウム

問3　次の記述は、各物質の識別法である。（　　　）の中に当てはまる、最も適当なものを下欄からそれぞれ１つ選びなさい。必要があれば、同じものを繰り返し選んでもよい。

硝酸

銅屑を加えて熱すると、（　１　）を呈して溶け、その際赤褐色の蒸気を発生する。

一酸化鉛

希硝酸に溶かすと無色の液となり、これに硫化水素を通じると、（　２　）の沈殿を生じる。

水酸化カリウム

塩酸を加えて中性にしたのち、塩化白金溶液を加えると、（　３　）の沈殿を生じる。

蓚酸

水溶液をアンモニア水で弱アルカリ性にし、塩化カルシウムを加えると、（　４　）の沈殿を生じる。

下欄

ア．白色	イ．紫色	ウ．黄色	エ．緑色	オ．藍色
カ．赤色	キ．黒色			

問4　次の（　１　）から（　４　）の物質について、それらが飛散した場合又は漏えいした場合の措置として、最も適当なものを下欄からそれぞれ１つ選び、その記号を記入しなさい。

(1) メチルエチルケトン　　(2) 塩酸　　(3) 液体塩素
(4) 水酸化カリウム水溶液

下欄

ア．漏えいした液は、土砂等でその流れを止め、土砂などに吸着させるか、又は安全な場所に導いて、多量の水をかけて洗い流す。必要があればさらに中和し、多量の水を用いて洗い流す。
イ．飛散したものは、空容器にできるだけ回収し、産業廃棄物として適正に処分廃棄する。漏えい場所の後処理として還元剤（硫酸第一鉄など）の水溶液を散布し、消石灰、ソーダ灰などの水溶液で処理したのち、多量の水を用いて洗い流す。
ウ．漏えい箇所や漏えいした液には、消石灰を十分に散布し、むしろ、シートなどをかぶせ、その上にさらに消石灰を散布して吸収させる。漏えい容器には散布しない。多量にガスが噴出した場所には遠くから霧状の水をかけて吸収させる。
エ．漏えいした液は、土砂等でその流れを止め、これに吸着させるか、又は安全な場所に導いて遠くから徐々に注水してある程度希釈したあと、消石灰、ソーダ灰などで中和し多量の水を用いて洗い流す。発生するガスは霧状の水をかけ吸収させる。
オ．漏えいした液は、土砂などでその流れを止め、安全な場所に導き、液の表面を泡で覆い、できるだけ空容器に回収する。

※九州全県・沖縄県統一共通においては、毎年８月に行われている試験が台風の影響により、２通りに分かれて試験が実施されました。これに伴い令和元年度は、２つの試験問題作成がされたことで、２つの試験問題を収録いたしました。

九州全県統一共通①〔福岡県・沖縄県〕

令和元年度実施

〔法　規〕

（一般・農業用品目・特定品目共通）

※　法規に関する以下の設問中、毒物及び劇物取締法を「法律」、毒物及び劇物取締法施行令を「政令」、毒物及び劇物取締法施行規則を「省令」とそれぞれ略称する。また、「都道府県知事」とあるのは、その店舗の所在地が地域保健法第５条第１項の政令で定める市（保健所を設置する市）又は特別区の区域にある場合においては、市長又は区長とする。

問　1　以下のうち、法律第１条及び第２条の条文として、誤っているものを一つ選びなさい。

1　この法律は、毒物及び劇物について、保健衛生上の見地から必要な取締を行うことを目的とする。
2　この法律で「毒物」とは、別表第一に掲げる物であつて、医薬品及び医薬部外品以外のものをいう。
3　この法律で「劇物」とは、別表第二に掲げる物であつて、医薬品及び医薬部外品以外のものをいう。
4　この法律で「特定毒物」とは、毒物及び劇物以外の物であつて、別表第三に掲げるものをいう。

問　2　以下の物質のうち、毒物に該当するものとして、正しいものの組み合わせを下から一つ選びなさい。

ア　弗（ふっ）化水素　　イ　セレン　　ウ　硝酸タリウム　　エ　ブロムメチル

1（ア、イ）　2（ア、エ）　3（イ、ウ）　4（ウ、エ）

問　3　以下の製剤のうち、劇物に該当するものとして正しい組み合わせを下から一つ選びなさい。

ア　塩化水素を10％含有する製剤
イ　水酸化カリウムを10％含有する製剤
ウ　水酸化ナトリウムを10％含有する製剤
エ　硫酸を10％含有する製剤

1（ア、イ）　2（ア、エ）　3（イ、ウ）　4（ウ、エ）

問　4　以下の記述は、法律第14条第１項の条文である。（　）の中に入れるべき字句の正しい組み合わせを下から一つ選びなさい。

法律第14条第１項
　毒物劇物営業者は、毒物又は劇物を他の毒物劇物営業者に販売し、又は授与したときは、その都度、次に掲げる事項を書面に記載しておかなければならない。
一　毒物又は劇物の（　ア　）及び数量
二　販売又は授与の年月日
三　（　イ　）の氏名、（　ウ　）及び住所（法人にあつては、その名称及び主たる事務所の所在地）

	ア	イ	ウ
1	成分	譲受人	年齢
2	成分	責任者	職業
3	名称	譲受人	職業
4	名称	責任者	年齢

問　5　以下の記述は、法律第３条の２第９項の条文である。（　）の中に入れるべき字句の正しい組み合わせを下から一つ選びなさい。

法律第３条の２第９項
　毒物劇物営業者又は特定毒物研究者は、保健衛生上の危害を防止するため政令で特定毒物について（　ア　）、（　イ　）又は（　ウ　）の基準が定められたときは、当該特定毒物については、その基準に適合するものでなければ、これを特定毒物使用者に譲り渡してはならない。

	ア	イ	ウ
1	品質	廃棄	運搬
2	毒性	廃棄	表示
3	品質	着色	表示
4	毒性	着色	運搬

問　6　以下のうち、都道府県知事が行う毒物劇物取扱者試験に合格した者で、毒物劇物取扱責任者となることができない者の組み合わせを下から一つ選びなさい。

ア　17歳の者
イ　毒物劇物営業登録施設での実務経験が１年未満の者
ウ　麻薬の中毒者
エ　道路交通法違反で罰金以上の刑に処せられ、その執行を終わり、１年を経過した者

1（ア、イ）　2（ア、ウ）　3（イ、エ）　4（ウ、エ）

問　7　以下の物質のうち、法律第３条の４の規定により、引火性、発火性又は爆発性のある毒物又は劇物であって、業務その他正当な理由による場合を除いては、所持してはならないものとして政令で定められているものの組み合わせを下から一つ選びなさい。

ア　リチウム　　イ　アルミニウム
ウ　塩素酸ナトリウム　　エ　亜塩素酸ナトリウム

1（ア、イ）　2（ア、ウ）　3（イ、エ）　4（ウ、エ）

問　8　以下のうち、法律第22条第１項の規定により、業務上取扱者として届け出なければならない者として正しいものを一つ選びなさい。

1　金属熱処理を行う事業者であって、その業務上、弗（ふつ）化水素酸を取り扱う者
2　ねずみの駆除を行う事業者であって、その業務上、モノフルオール酢酸を取り扱う者
3　電気めっきを行う事業者であって、その業務上、無水クロム酸を取り扱う者
4　しろありの防除を行う事業者であって、その業務上、亜砒（ひ）酸を取り扱う者

問　9　以下のうち、政令第40条の９及び省令第13条の12の規定により、毒物劇物営業者が毒物又は劇物を販売し、又は授与する時までに、譲受人に対し提供しなければならない情報の内容について、正しいものの組み合わせを下から一つ選びなさい。

ア　名称並びに成分及びその含量
イ　情報を提供する毒物劇物取扱責任者の氏名
ウ　応急措置
エ　管轄保健所の連絡先

1（ア、イ）　2（ア、ウ）　3（イ、エ）　4（ウ、エ）

問　10　以下のうち、法律第10条の規定により、毒物又は劇物の販売業者が30日以内に届け出なければならない場合として、正しいものの組み合わせを下から一つ選びなさい。

ア　販売する毒物又は劇物の品目を変更したとき
イ　法人である販売業者がその代表取締役を変更したとき
ウ　毒物又は劇物を貯蔵する設備の重要な部分を変更したとき
エ　店舗における営業を廃止したとき

1（ア、イ）　2（ア、ウ）　3（イ、エ）　4（ウ、エ）

問　11　以下のうち、運搬業者が車両を使用して1回につき5,000キログラムのクロルピクリンを運搬する場合に、当該車両に備えなければならない省令で定める保護具として正しいものを一つ選びなさい。

1　保護長ぐつ、保護衣、保護眼鏡、普通ガス用防毒マスク
2　保護手袋、保護長ぐつ、保護衣、有機ガス用防毒マスク
3　保護手袋、保護衣、保護眼鏡、酸性ガス用防毒マスク
4　保護手袋、保護長ぐつ、保護眼鏡、普通ガス用防毒マスク

問　12　以下下の記述は、政令第40条の5の規定による毒物又は劇物の運搬方法に関するものである。（　）の中に入れるべき字句の正しい組み合わせを下から一つ選びなさい。

車両を使用して1回につき5,000キログラムの20％水酸化ナトリウム水溶液を運搬するとき、1日当たりの運転時間が（　ア　）を超える場合には、運転者のほか交替して運転する者を同乗させなければならない。
また、連続運転時間（1回が連続10分以上で、かつ、合計が（　イ　）以上の運転の中断をすることなく連続して運転する時間をいう。）が4時間を超える場合も同様である。

	ア	イ
1	9時間	30分
2	9時間	60分
3	6時間	30分
4	6時間	60分

問　13　以下のうち、法律第12条第1項の規定により、毒物又は劇物の輸入業者が輸入した毒物の容器及び被包に表示しなければならない事項として正しいものを一つ選びなさい。

1　「医薬用外」の文字及び白地に赤色をもって「毒物」の文字
2　「輸入品」の文字及び白地に黒色をもって「毒」の文字
3　「医薬用外」の文字及び赤地に白色をもって「毒物」の文字
4　「輸入品」の文字及び黒地に白色をもって「毒」の文字

問　14　以下の記述のうち、法律の条文に照らして、正しいものを一つ選びなさい。

1　毒物又は劇物の製造業の登録は、5年ごとに、毒物又は劇物の輸入業の登録は、6年ごとに、更新を受けなければ、その効力を失う。
2　毒物又は劇物の製造業者は、毒物又は劇物の譲渡手続きに必要な書面を販売又は授与した日から3年間保存しなければならない。
3　特定毒物研究者は、その特定毒物研究者の許可が効力を失ったときは、15日以内に、現に所有する特定毒物の品名及び数量を届け出なければならない。
4　毒物又は劇物の製造業者は、毒物劇物取扱責任者を置いたときは、50日以内に、その毒物劇物取扱責任者の氏名を届け出なければならない。

問 15 以下のうち、法律第 12 条第２項及び省令第 11 条の６第４号の規定により、毒物又は劇物の販売業者が、毒物の直接の容器を開いて、毒物を販売するときに、その容器及び被包に表示しなければならない事項として、誤っているものを一つ選びなさい。

1　毒物又は劇物の販売業者の氏名及び住所（法人にあっては、その名称及び主たる事務所の所在地）
2　販売する毒物の名称、成分及びその含量
3　毒物劇物取扱責任者の氏名
4　販売する毒物の開封年月日

問 16 以下の記述のうち、法律の条文に照らして、正しいものを一つ選びなさい。

1　農業用品目販売業の登録を受けた者は、全ての品目の毒物及び劇物を販売することができる。
2　毒物又は劇物の販売業の登録を受けようとする者で、店舗が複数ある場合は、主たる店舗についてのみ都道府県知事の登録を受けることで足りる。
3　毒物又は劇物の販売業の登録を受けようとする者が、法律の規定により登録を取り消され、取消の日から起算して２年を経過していないものであるときは、販売業の登録を受けることができない。
4　毒物又は劇物の販売業の登録は、５年ごとに、更新を受けなければ、その効力を失う。

問 17 以下の記述は、法律第 21 条第２項に関するものである。（　）の中に入れるべき数字を下から一つ選びなさい。

毒物劇物営業者は、その営業の登録が効力を失ったときは、その登録が失効した日から起算して（　）日以内に、現に所有する特定毒物を他の毒物劇物営業者、特定毒物研究者又は特定毒物使用者に譲り渡す場合に限り、その譲渡が認められる。

1　10　　2　15　　3　30　　4　50

問 18 以下のうち、車両を使用して、１回の運搬につき 1,000 キログラムを超えて毒物又は劇物を運搬する場合で、当該運搬を他に委託するとき、荷送人が運送人に対し、あらかじめ、交付する書面に記載する事項として、政令第 40 条の６の条文に規定されていないものを一つ選びなさい。

1　毒物又は劇物の名称
2　毒物又は劇物の成分及びその含量
3　毒物又は劇物の製造業者の氏名及び住所
4　事故の際に講じなければならない応急の措置の内容

問 19 以下の記述は、法律第 16 条の２第２項の条文である。（　）の中に入れるべき字句を下から一つ選びなさい。

法律第 16 条の２第２項

毒物劇物営業者及び特定毒物研究者は、その取扱いに係る毒物又は劇物が盗難にあい、又は紛失したときは、直ちに、その旨を（　）に届け出なければならない。

1　保健所　　2　警察署　　3　消防機関　　4　厚生労働省

問 20 以下のうち、毒物劇物営業者が、モノフルオール酢酸アミドを含有する製剤を特定毒物使用者に譲り渡す場合の着色の基準として正しいものを一つ選びなさい。

1 黒色に着色されていること
2 赤色に着色されていること
3 黄色に着色されていること
4 青色に着色されていること

問 21 以下の記述は、毒物を運搬する車両に掲げる標識について規定した省令第13条の5の条文である。（　）の中に入れるべき字句の正しい組み合わせを下から一つ選びなさい。

省令第13条の5
令第40条の5第2項第2号に規定する標識は、0.3メートル平方の板に地を（ ア ）、文字を（ イ ）として「毒」と表示し、車両の（ ウ ）の見やすい箇所に掲げなければならない。

	ア	イ	ウ
1	白色	黒色	前後
2	白色	黒色	側面
3	黒色	白色	前後
4	黒色	白色	側面

問 22 以下の記述は、政令第40条に定める毒物又は劇物の廃棄の方法に関するものである。（　）の中に入れるべき字句の正しい組み合わせを下から一つ選びなさい。なお、同じ記号の（　）内には同じ字句が入ります。

一 中和、加水分解、酸化、還元、稀釈その他の方法により、毒物及び劇物並びに法律第11条第2項に規定する政令で定める物のいずれにも該当しない物とすること。
二 ガス体又は（ ア ）性の毒物又は劇物は、保健衛生上危害を生ずるおそれがない場所で、少量ずつ放出し、又は（ ア ）させること。
三 （ イ ）性の毒物又は劇物は、保健衛生上危害を生ずるおそれがない場所で、少量ずつ燃焼させること。
四 前各号により難い場合には、地下1メートル以上で、かつ、（ ウ ）を汚染するおそれがない地中に確実に埋め、海面上に引き上げられ、若しくは浮き上がるおそれがない方法で海水中に沈め、又は保健衛生上危害を生ずるおそれがないその他の方法で処理すること。

	ア	イ	ウ
1	揮発	引火	土壌
2	発火	可燃	土壌
3	発火	引火	地下水
4	揮発	可燃	地下水

問 23 以下の記述の正誤について、省令第4条の4の規定により、毒物又は劇物の製造所の設備の基準として、正しいものの組み合わせを下から一つ選びなさい。

ア 毒物又は劇物を陳列する場所にかぎをかける設備があること。
イ コンクリート、板張り又はこれに準ずる構造とする等その外に毒物又は劇物が飛散し、漏れ、しみ出若しくは流れ出、又は地下にしみ込むおそれのない構造であること。
ウ 毒物又は劇物を貯蔵する場所が性質上かぎをかけることができないものであるときは、その周囲に、堅固なさくが設けてあること。
エ 毒物又は劇物を含有する粉じん、蒸気又は廃水の処理に要する設備又は器具を備えていること。

	ア	イ	ウ	エ
1	正	正	正	正
2	正	正	誤	誤
3	正	誤	誤	正
4	誤	正	正	正

問 24 以下の記述は、法律第24条の2の条文である。（　）の中に入れるべき字句を下から一つ選びなさい。なお、2か所の（　）内にはどちらも同じ字句が入ります。

法律第24条の2

次の各号のいずれかに該当する者は、2年以下の懲役若しくは100万円以下の罰金に処し、又はこれを併科する。

一　みだりに摂取し、若しくは吸入し、又はこれらの目的で（　　）第3条の3に規定する政令で定める物を販売し、又は授与した者

二　業務その他正当な理由によることなく（　　）第3条の4に規定する政令で定める物を販売し、又は授与した者

三　第22条第6項の規定による命令に違反した者

1　所持することの情を知つて
2　所持することの情を知らず
3　所持することの情の有無にかかわらず
4　所持することの情を確認せず

問 25 以下の記述は、法律第17条第2項の条文である。（　　）の中に入れるべき字句の正しい組み合わせを下から一つ選びなさい。

法律第17条第2項

（ア）は、保健衛生上必要があると認めるときは、毒物又は劇物の販売業者又は特定毒物研究者から必要な報告を徴し、又は薬事監視員のうちからあらかじめ指定する者に、これらの者の店舗、研究所その他業務上毒物若しくは劇物を取り扱う場所に立ち入り、帳簿その他の物件を（イ）させ、関係者に質問させ、試験のため必要な最小限度の分量に限り、毒物、劇物、第11条第2項に規定する政令で定める物若しくはその疑いのある物を（ウ）させることができる。

	ア	イ	ウ
1	厚生労働大臣	検査	調査
2	都道府県知事	検査	収去
3	都道府県知事	捜査	調査
4	厚生労働大臣	捜査	収去

〔基礎化学〕
（一般・農業用品目・特定品目共通）

問 26 以下の物質のうち、単体であるものを一つ選びなさい。

1 石油　2 オゾン　3 水　4 アンモニア

問 27 法則に関する以下の記述の正誤について、正しい組み合わせを下から一つ選びなさい。

ア 一定温度で、溶解度の小さい気体が一定量の溶媒に溶けるとき、気体の溶解量（物質量、質量）はその圧力に比例することをヘスの法則という。
イ 一定量の気体の体積は、圧力に反比例し、絶対温度に比例することをボイル・シャルルの法則という。
ウ 化学反応によってある物質が生成するとき、その反応前後において、物質の総質量は変化しないことを質量保存の法則という。
エ 物質が変化するとき発生又は吸収する熱量（反応熱）は、変化する前の状態と変化した後の状態だけで決まり、変化の過程には無関係であることをヘンリーの法則という。

	ア	イ	ウ	エ
1	正	正	正	正
2	正	誤	誤	誤
3	誤	正	正	誤
4	誤	誤	正	誤

問 28 以下の現象を表す用語について、正しい組み合わせを下から一つ選びなさい。

ア ヨウ素を穏やかに熱すると、紫色の気体が生じる。
イ 寒い日にバケツの水が凍る。
ウ 氷が溶けて水になる。

	ア	イ	ウ
1	蒸発	凝固	溶解
2	蒸発	凝縮	融解
3	昇華	凝縮	溶解
4	昇華	凝固	溶解

問 29 以下のうち、密度が1.04g／cm^3である5.0％水酸化ナトリウム水溶液の質量モル濃度として最も適当なものを一つ選びなさい。なお、水酸化ナトリウムの分子量を40とする。

1 0.0132mol/kg　2 0.132mol/kg
3 1.32mol/kg　4 13.2mol/kg

問 30 疎水コロイドに関する以下の記述のうち、正しいものの組み合わせを下から一つ選びなさい。

ア 親水コロイドに比べ、コロイド粒子に吸着している水分子は多量である。
イ 親水コロイドに比べ、少量の電解質で凝析する。
ウ 親水コロイドに比べ、チンダル現象がはっきり現れる。
エ 親水コロイドに比べ、電気泳動の移動速度は小さい。

1（ア、ウ）　2（ア、エ）　3（イ、ウ）　4（イ、エ）

問 31 塩の種類と化合物の関係について、正しい組み合わせを下から一つ選びなさい。

	塩の種類		化合物
ア	正塩（中性塩）	―	塩化マグネシウム
イ	酸性塩	―	硫酸水素ナトリウム
ウ	酸性塩	―	炭酸ナトリウム
エ	塩基性塩	―	リン酸二水素ナトリウム

1（ア、イ）　2（ア、エ）　3（イ、ウ）　4（ウ、エ）

問 32 中和に関する以下の記述について、（　　）の中に入れるべき数字を下から一つ選びなさい。

0.05mol/L のシュウ酸水溶液 10mL を中和するのに必要な水酸化ナトリウム水溶液が 10mL としたときの水酸化ナトリウム水溶液の濃度は（　　）mol/L である。

1　0.01　　2　0.05　　3　0.10　　4　0.50

問 33 アルカリ金属に関する以下の記述のうち、誤っているものを一つ選びなさい。

1　アルカリ金属は、水素以外の1族元素をいい、すべて1個の価電子をもつ。
2　アルカリ金属は、原子番号が大きいほどイオン化エネルギーは大きくなる。
3　アルカリ金属は、空気や水と激しく反応するので、石油中に保存する。
4　アルカリ金属は、特有の炎色反応を示す。

問 34 以下の化合物のうち、酸化剤として働くものを一つ選びなさい。

1　ヨウ化カリウム　　2　硫化水素
3　チオ硫酸ナトリウム　　4　希硝酸

問 35 以下の化合物の 0.01mol/L 水溶液について、pHが小さいものから順に並べたものとして正しいものを一つ選びなさい。

1　硫酸　＜酢酸　＜　炭酸水素ナトリウム　＜　炭酸ナトリウム
2　酢酸　＜硫酸　＜　炭酸水素ナトリウム　＜　炭酸ナトリウム
3　硫酸　＜酢酸　＜　炭酸ナトリウム　＜　炭酸水素ナトリウム
4　酢酸　＜硫酸　＜　炭酸ナトリウム　＜　炭酸水素ナトリウム

問 36 アルコールの脱水反応に関する以下の記述について、（　　）の中に入れるべき字句の正しい組み合わせを下から一つ選びなさい。

アルコールの脱水反応は（　ア　）アルコール＞第二級アルコール＞（　イ　）アルコールの順に反応しやすい。アルコールに濃硫酸を加え、約 160 ～ 170 ℃に加熱すると、（　ウ　）が生成する。

	ア	イ	ウ
1	第一級	第三級	アルケン
2	第一級	第三級	エーテル
3	第三級	第一級	アルケン
4	第三級	第一級	エーテル

問　37　0.05mol のプロパンを完全燃焼させたときに生じる二酸化炭素の重量として適当なものを下から一つ選びなさい。なお、化学反応式は以下のとおりであり、原子量は H ＝ 1 、C ＝ 12、O ＝ 16 とする。

$C_3H_8 + 5O_2 \rightarrow 3CO_2 + 4H_2O$

1　0.003g　　2　2.2g　　3　6.6g　　4　293g

問　38　セッケンに関する以下の記述の正誤について、正しい組み合わせを下から一つ選びなさい。

ア　セッケンは、油脂に強塩基を加えてけん化することによってできる。
イ　逆性セッケンは、洗浄力が強く洗濯用洗剤として使用されている。
ウ　セッケンの洗浄作用は、疎水性部分を油汚れの方に、親水性部分を水の方に向けてミセルを形成し水中に分散させることによる。
エ　セッケンを Ca^{2+} や Mg^{2+} を多く含む水で使用すると洗浄力が低下する。

	ア	イ	ウ	エ
1	正	正	誤	誤
2	正	誤	正	正
3	正	誤	正	誤
4	誤	正	正	正

問　39　官能基とその名称に関する以下の組み合わせについて、誤っているものを一つ選びなさい。

	官能基		名称
1	－ COOH	－	カルボキシ基
2	－ CHO	－	アルデヒド基
3	－ NH_2	－	アミノ基
4	－ SO_3H	－	ケトン基

問　40　以下の記述のうち、誤っているものを一つ選びなさい。

1　不純物を含む溶液を温度による溶解度の変化や溶媒を蒸発させることにより、不純物を除いて、目的物質の結晶を得ることを再結晶という。
2　一般的に、溶液の蒸気圧は、純粋な溶媒よりも下がる。このような現象を蒸気圧降下という。
3　一般的に、溶液の沸点は、純粋な溶媒よりも高くなる。このような現象を沸点上昇という。
4　一般的に、溶液の凝固点は、純粋な溶媒の凝固点に比べて高い。このような現象を凝固点上昇という。

〔性質・貯蔵・取扱〕

（一般）

問題　以下の物質の代表的な用途について、最も適当なものを下から一つ選びなさい。

物　質　名	用　途
硫酸亜鉛	問　41
酸化バリウム	問　42
N－エチル－メチル－（2－クロル－4－メチルメルカプトフェニル）－チオホスホルアミド（別名アミドチオエート）	問　43
サリノマイシンナトリウム	問　44

1　みかん、りんご、なし等のハダニ類の殺虫剤として使用される。

2　飼料添加物として使用される。

3　工業用として脱水剤、過酸化物、水酸化物の製造用、釉（ゆう）薬原料に使用されるほか、試薬、乾燥剤としても使用される。

4　工業用として木材防腐剤、捺染（なつせん）剤、塗料、染料、めっきに使用されるほか、農薬としても使用される。

問題　以下の物質の性状として、最も適当なものを下から一つ選びなさい。

物　質　名	性　状
ピクリン酸	問　45
フェノール	問　46
メチルアミン	問　47
無水クロム酸	問　48

1　無色で魚臭（高濃度はアンモニア臭）のある気体で、メタノールやエタノールに溶ける。

2　無色の針状結晶あるいは白色の放射状結晶塊で、空気中で容易に赤変する。特異の臭気と灼くような味を有する。

3　淡黄色の光沢のある小葉状あるいは針状結晶で、冷水には溶けにくいが、熱湯、アルコール、エーテル、ベンゼン、クロロホルムには溶ける。

4　暗赤色結晶で、潮解性があり、水によく溶ける。酸化性、腐食性が大きく、強酸性である。

問題　以下の物質の廃棄方法として、最も適当なものを下から一つ選びなさい。

物　質　名	廃棄方法
ニッケルカルボニル	問　49
アクロレイン	問　50
シアン化ナトリウム	問　51
過酸化水素水	問　52

1　多量の次亜塩素酸ナトリウム水溶液を用いて酸化分解した後、過剰の塩素を亜硫酸ナトリウム水溶液等で分解させ、硫酸を加えて中和し、金属塩を沈殿ろ過し埋立処分する。

2　硅（けい）そう土等に吸収させ開放型の焼却炉で焼却する。

3　水酸化ナトリウム水溶液等でアルカリ性とし、高温加圧下で加水分解する。

4　多量の水で希釈して処理する。

問題　以下の物質の漏えい時の措置として、最も適当なものを下から一つ選びなさい。

物　質　名	漏えい時の措置
塩素	問　53
ニトロベンゼン	問　54
キシレン	問　55
クロルピクリン	問　56

1　少量の場合、多量の水を用いて洗い流すか、又は土砂、おが屑等に吸着させて空容器に回収し、安全な場所で焼却する。

2　水酸化カルシウムを十分に散布して吸収させる。多量にガスが噴出した場所には、遠くから霧状の水をかけて吸収させる。

3　多量の場合、土砂等でその流れを止め、安全な場所に導き、液の表面を泡で覆いできるだけ空容器に回収する。

4　少量の場合、布で拭き取るか、又はそのまま風にさらして蒸発させる。多量の場合、土砂等でその流れを止め、多量の活性炭又は水酸化カルシウムを散布して覆い、至急関係先に連絡し専門家の指示により処理する。

問題　以下の物質の人体に対する中毒症状について、最も適当なものを下から一つ選びなさい。

物　質　名	中毒症状
硝酸	問　57
四塩化炭素	問　58
N－ブチルピロリジン	問　59
メチルカプタン	問　60

1　皮膚に触れた場合、皮膚を刺激し、炎症を起こす。直接液に触れると、凍傷を起こす。
2　症状は、はじめ頭痛、悪心などをきたし、黄疸のように角膜が黄色となり、しだいに尿毒症様を呈し、重症のときは死亡する。
3　蒸気は眼、呼吸器などの粘膜及び皮膚に強い刺激性をもつ。高濃度溶液が皮膚に触れるとガスを発生して、組織ははじめ白く、次第に深黄色となる。
4　吸入した場合、呼吸器を刺激し、吐き気、嘔吐（おうと）が起こる。重症の場合はけいれんを起こし、意識不明となる。

（農業用品目）

問題　以下の物質の性状について、最も適当なものを下から一つ選びなさい。

物　質　名	性 状
塩素酸カリウム	問　41
ジエチル－（5－フェニル－3－イソキサゾリル）－チオホスフェイト （別名 イソキサチオン）	問　42
弗（ふつ）化スルフリル	問　43
S－メチル－N－〔(メチルカルバモイル）－オキシ〕－チオアセトイミデート （別名 メトミル）	問　44

1 淡黄褐色の液体である。水に溶けにくく、有機溶剤には溶ける。アルカリに不安定である。
2 無色の単斜晶系板状の結晶である。水に溶けるが、アルコールには溶けにくい。
3 無色の気体である。水に溶けにくく、アセトン、クロロホルムには溶ける。
4 白色の結晶固体である。弱い硫黄臭がある。

問題　以下の物質の代表的な用途について、最も適当なものを下から一つ選びなさい。

物　質　名	用 途
1・1’－イミノジ（オクタメチレン）ジグアニジン （別名 イミノクタジン）	問　45
2－クロルエチルトリメチルアンモニウムクロリド （別名 クロルメコート）	問　46
トリクロルヒドロキシエチルジメチルホスホネイト （別名 トリクロルホン、DEP、ディプテレックス）	問　47
硫酸タリウム	問　48

1 殺菌剤　　2 殺鼠（そ）剤　　3 殺虫剤　　4 植物成長調整剤

問題　以下の物質の人体に対する中毒症状について、最も適当なものを下から一つ選びなさい。

物　質　名	中毒症状
２－イソプロピル－４－メチルピリミジル－６－ジエチルチオホスフェイト（別名　ダイアジノン）	問　49
シアン化ナトリウム（別名　青酸ソーダ）	問　50
モノフルオール酢酸ナトリウム	問　51
燐（りん）化亜鉛	問　52

1　胃及び肺で胃酸や水と反応してホスフィンを発生することにより、頭痛、吐き気、めまい等の症状を起こす。
2　生体細胞内のＴＣＡサイクルの阻害(アコニターゼの阻害)によって､激しい嘔吐（おうと）が繰り返され、胃の疼痛を訴え、次第に意識が混濁し、てんかん性けいれん、脈拍の遅緩が起こり、チアノーゼ、血圧下降をきたす。解毒剤には、アセトアミドを使用する。
3　コリンエステラーゼを阻害し、吸入した場合、倦怠感、頭痛、めまい、嘔吐（おうと）、腹痛、下痢、多汗等の症状を呈し、重篤な場合には、縮瞳、意識混濁、全身けいれん等を起こす。解毒剤には、２－ピリジルアルドキシムメチオダイド（別名PAM）製剤又は硫酸アトロピン製剤を使用する。
4　吸入した場合、頭痛、めまい、悪心、意識不明、呼吸麻痺（ひ）を起こす。解毒剤には、亜硝酸ナトリウム水溶液とチオ硫酸ナトリウム水溶液を使用する。

問題　以下の物質の廃棄方法について、最も適当なものを下から一つ選びなさい。

物　質　名	廃棄方法
エチルパラニトロフェニルチオノベンゼンホスホネイト（別名　ＥＰＮ）	問　53
塩素酸ナトリウム	問　54
硫酸	問　55
硫酸第二銅	問　56

1　還元剤の水溶液に希硫酸を加えて酸性にし、この中に少量ずつ投入する。反応終了後、反応 液を中和し多量の水で希釈して処理する。
2　木粉（おが屑）等に吸収させてアフターバーナー及びスクラバーを備えた焼却炉で焼却する。 なお、スクラバーの洗浄液には水酸化ナトリウム水溶液を用いる。
3　水に溶かし、水酸化カルシウム、炭酸ナトリウムの水溶液を加えて処理し、沈殿ろ過して埋立処分する。
4　徐々に石灰乳等の撹拌溶液に加え中和させた後、多量の水で希釈して処理する。

問題　以下の物質の貯蔵方法について、最も適当なものを下から一つ選びなさい。

物　質　名	廃棄方法
シアン化水素 （別名　青酸ガス）	問　57
ブロムメチル （別名　臭化メチル、ブロムメタン、メチルブロマイド）	問　58
燐(りん)化アルミニウムとその分解促進剤とを含有する製剤	問　59
ロテノン	問　60

1　大気中の湿気に触れると、徐々に分解してホスフィンを発生するため、密封した容器に貯蔵する。
2　酸素によって分解し、殺虫効力を失うため、空気と光を遮断して貯蔵する。
3　常温では気体であるため、圧縮冷却して液化し、圧縮容器に入れ、冷暗所に貯蔵する。
4　少量ならば褐色ガラス瓶を用い、多量ならば銅製シリンダーを用いる。日光及び加熱を避け、 風通しのよい冷所に貯蔵する。極めて猛毒であるため、爆発性、燃焼性のものと隔離する。

（特定品目）

問題　以下の物質の用途について、最も適当なものを下から一つ選びなさい。

物　質　名	用　途
トルエン	問　41
一酸化鉛	問　42
過酸化水素水	問　43
四塩化炭素	問　44

1　織物、油絵などの洗浄に使用され、また、消毒及び防腐の目的で用いられる。
2　洗浄剤及び種々の清浄剤の製造、引火性の少ないベンジンの製造に用いられる。
3　爆薬、染料、香料、サッカリン、合成高分子材料などの原料、溶剤、分析用試薬として用いられる。
4　ゴムの加硫促進剤、顔料、試薬として用いられる。

問題　以下の物質の性状について、最も適当なものを下から一つ選びなさい。

物　質　名	廃棄方法
アンモニア	問　45
塩素	問　46
硅弗(けいふっ)化ナトリウム	問　47
硫酸	問　48

1　常温においては窒息性臭気を有する黄緑色の気体で､冷却すると黄色溶液を経て、黄白色固体となる。
2　無色透明、油様の液体で、粗製のものは、しばしば有機質が混じり、かすかに褐色を帯びていることがある。
3　白色の結晶で、水に溶けにくく、アルコールにも溶けない。
4　特有の刺激臭のある無色の気体で、圧縮することによって、常温でも簡単に液化する。

問題　以下の物質の廃棄方法として、最も適当なものを下から一つ選びなさい。

物　質　名	廃棄方法
塩素	問 49
水酸化カリウム	問 50
クロロホルム	問 51
クロム酸ナトリウム	問 52

1 水を加えて希薄な水溶液とし、酸で中和させた後、多量の水で希釈して処理する。
2 多量のアルカリ水溶液（石灰乳又は水酸化ナトリウム水溶液など）中に吹き込んだ後、多量の水で希釈して処理する。
3 希硫酸に溶かし、還元剤の水溶液を過剰に用いて還元した後、水酸化カルシウム、炭酸ナトリウム等の水溶液で処理し、沈殿ろ過する。溶出試験を行い、溶出量が判定基準以下であることを確認して埋立処分する。
4 過剰の可燃性溶剤又は重油等の燃料とともにアフターバーナー及びスクラバーを備えた焼却炉の火室へ噴霧してできるだけ高温で焼却する。

問題　以下の物質の人体に対する代表的な中毒症状について、最も適当なものを下から一つ選びなさい。

物　質　名	中毒症状
クロム酸カリウム	問 53
硝酸	問 54
キシレン	問 55
ホルムアルデヒド	問 56

1 蒸気は粘膜を刺激し、鼻カタル、結膜炎、気管支炎などが起こる。
2 蒸気は眼、呼吸器などの粘膜及び皮膚に強い刺激性を有する。液体の経口摂取で、口腔以下の消化管に強い腐食性火傷を生じ、重症の場合にはショック状態となり死に至る。
3 吸入すると、眼、鼻、のどを刺激する。高濃度で興奮、麻酔作用がある。
4 口と食道が赤黄色に染まり、その後青緑色に変化する。腹痛を起こし、緑色のものを吐き出し、血の混じった便が出る。

問題　以下の物質の取扱い・保管上の注意点として、最も適当なものを下から一つ選びなさい。

物　質　名	取扱い・保管上の注意点
クロロホルム	問　57
過酸化水素水	問　58
メチルエチルケトン	問　59
水酸化カリウム	問　60

1　二酸化炭素と水を強く吸収するため、密栓をして保管する。
2　引火しやすく、また、その蒸気は空気と混合して爆発性の混合ガスとなるため、火気を避けて保管する。
3　冷暗所に保管する。純品は空気と日光によって変質するため、少量のアルコールを加えて分解を防止する。
4　直射日光を避け、冷所に有機物、金属塩、樹脂、油類、その他有機性蒸気を放出する物質と引き離して保管する。

〔実　地〕

（一般）

問題　以下の物質について、該当する性状をA欄から、鑑識法をB欄から、それぞれ最も適当なものを下から一つ選びなさい。

物　質　名	性状	鑑識法
アニリン	問　61	問　63
塩素酸カリウム	問　62	問　64
沃(よう)化水素酸		問　65

【A欄】（性状）

1　輝黄色の安定形と輝赤色の準安定形があり、急熱や衝撃により爆発することがある。
2　純品は無色透明な油状の液体で、特有の臭気がある。空気に触れて赤褐色を呈する。
3　無色の単斜晶系板状の結晶で、水に溶けるが、アルコールには溶けにくい。燃えやすい物質と混合して、摩擦すると爆発することがある。
4　揮発性、麻酔性の芳香を有する無色の重い液体で、不燃性である。溶剤として種々の工業に用いられるが、毒性が強く、吸入すると中毒を起こす。

【B欄】（鑑識法）

1　水溶液にさらし粉を加えると、紫色を呈する。
2　水溶液に過クロール鉄液を加えると、紫色を呈する。
3　硝酸銀溶液を加えると、淡黄色の沈殿を生じる。
4　熱すると酸素を発生する。水溶液に酒石酸を多量に加えると、白色結晶を生じる。

問題　以下の物質について、該当する性状をA欄から、鑑識法をB欄から、それぞれ最も適当なものを下から一つ選びなさい。

物　質　名	性状	鑑識法
メチルスルホナール	問　66	問　68
ホルマリン	問　67	問　69
硫酸第二銅		問　70

【A欄】(性状)

1　無色の催涙性透明の液体で、刺激性の臭気がある。
2　黄色・レモン色の液体で、吸湿性がある。
3　白色又は灰白色の粉末で、水、熱湯、アルコールに溶けやすい。空気中の炭酸ガスを吸収しやすい。
4　無色無臭の光輝ある葉状結晶である。

【B欄】(鑑識法)

1　水に溶かして硝酸バリウムを加えると、白色の沈殿を生じる。
2　水浴上で蒸発すると、水に溶けにくい白色、無晶形の物質が残る。
3　木炭とともに熱すると、メルカプタンの臭気を放つ。
4　エーテル溶液に、ヨードのエーテル溶液を加えると褐色の液状沈殿を生じ、これを放置すると、赤色の針状結晶となる。

(農業用品目)

問題　以下の物質の鑑識法について、最も適当なものを下から一つ選びなさい。

物　質　名	鑑識法
アンモニア水	問　61
塩素酸ナトリウム	問　62
クロルピクリン	問　63
硫酸亜鉛	問　64

1　水溶液に金属カルシウムを加え、これにベタナフチルアミン及び硫酸を加えると、赤色の沈殿を生じる。
2　水に溶かして硫化水素を通じると、白色の沈殿を生じる。また、水に溶かして塩化バリウムを加えると、白色の沈殿を生じる。
3　濃塩酸をつけたガラス棒を近づけると、白煙を生じる。また、塩酸を加えて中和した後、塩化白金溶液を加えると、黄色の沈殿を生じる。
4　熱すると、酸素を発生する。また、炭の上に小さな孔をつくり、試料を入れ吹管炎で熱灼すると、パチパチ音を立てて分解する。

問題　以下の物質について、該当する性状をA欄から、用途をB欄から、それぞれ最も適当なものを下から一つ選びなさい。

物　質　名	性状	用途
ジメチルジチオホスホリルフェニル酢酸エチル（別名　フェントエート、PAP）	問　65	
ジメチルー（N －メチルカルバミルメチル）ージチ オホスフェイト（別名　ジメトエート）	問　66	問　68
２ージフェニルアセチルー１・３ーインダンジオン（別名　ダイファシノン）	問　67	問　69
１・１’ージメチルー４・４’ージピリジニウムジクロ リド（別名　パラコート）		問　70

【A 欄】（性状）
1　空気中ですみやかに褐色となる液体で、水、アルコールによく溶ける。
2　白色の固体である。熱に対する安定性は低いが、光には安定である。
3　赤褐色、油状の液体である。芳香性刺激臭があり、水に溶けない。
4　黄色の結晶性粉末である。アセトン、酢酸に溶けるが、水には溶けない。

【B 欄】（用途）
1　殺菌剤　　2　殺鼠（そ）剤　　3　殺虫剤　　4　除草剤

（特定品目）

問題　以下の物質について、該当する性状を A 欄から、鑑識法を B 欄から、それぞれ最も適当なものを下から一つ選びなさい。

物　質　名	性状	鑑識法
過酸化水素水	問　61	問　64
硝酸	問　62	問　65
蓚（しゅう）酸	問　63	

【A欄】（性状）
1　10 倍の水、2.5 倍のアルコールに溶けるが、エーテルには溶けにくい。無水物は無色無 臭の吸湿性物質である。
2　腐食性が激しく、空気に接すると刺激性白霧を発し、水を吸収する性質が強い。
3　無色透明、揮発性の液体で、鼻をさすような臭気があり、アルカリ性を呈する。
4　無色透明の液体で、強く冷却すると稜柱状の結晶に変わる。また、強い殺菌力をもつ。

【B 欄】（鑑識法）
1　過マンガン酸カリウムを還元し、クロム酸塩を過クロム酸塩に変える。
2　濃塩酸をうるおしたガラス棒を近づけると、白い霧を生じる。
3　希釈水溶液に塩化バリウムを加えると、白色の沈殿を生じる。
4　銅屑を加えて熱すると、藍色を呈して溶け、その際、赤褐色の蒸気を発生する。

問題　以下の物質について、該当する性状をA欄から、鑑識法をB欄から、それぞれ最も適当なものを下から一つ選びなさい。

物　質　名	性状	鑑識法
四塩化炭素	問 66	問 69
ホルマリン	問 67	問 70
一酸化鉛	問 68	

【A欄】(性状)

1 無色の催涙性透明液体で、刺激性の臭気をもち、低温では混濁するので常温で保存する。
2 重い粉末で、黄色から赤色までのものがあり、赤色粉末を720℃以上に加熱すると黄色になる。
3 不燃性で、揮発して重い蒸気となる。火炎を包んで空気を遮断するため、強い消火力を示す。
4 白色結晶で、水に溶けにくく、アルコールにも溶けない。

【B欄】(鑑識法)

1 硝酸銀溶液を加えると、白い沈殿を生じる。
2 フェーリング溶液とともに熱すると、赤色の沈殿を生じる。
3 サリチル酸と濃硫酸とともに熱すると、芳香のあるサリチル酸メチルエステルを生成する。
4 アルコール性の水酸化カリウムと銅粉とともに煮沸すると、黄赤色の沈殿を生じる。

※九州全県・沖縄県統一共通においては、毎年８月に行われている試験が台風の影響により、２通りに分かれて試験が実施されました。これに伴い令和元年度は、２つの試験問題作成がされたことで、２つの試験問題を収録いたしました。

九州全県・沖縄県統一共通②
〔佐賀県・長崎県・熊本県・大分県・宮崎県・鹿児島県〕

令和元年度実施

〔法　規〕
（一般・農業用品目・特定品目共通）

※　法規に関する以下の設問中、毒物及び劇物取締法を「法律」、毒物及び劇物取締法施行令を「政令」、毒物及び劇物取締法施行規則を「省令」とそれぞれ略称する。また、「都道府県知事」とあるのは、その店舗の所在地が地域保健法第５条第１項の政令で定める市(保健所を設置する市)又は特別区の区域にある場合においては、市長又は区長とする。

問　1　以下の記述は、法律第１条の条文である。(　　)の中に入れるべき字句の正しい組み合わせを下から一つ選びなさい。

法律第１条
この法律は、毒物及び劇物について、(　ア　)上の見地から必要な(　イ　)を行うことを目的とする。

	ア	イ
1	公衆衛生	取締
2	保健衛生	取締
3	保健衛生	指導
4	公衆衛生	指導

問　2　以下の物質のうち、法律第２条第３項の規定により、特定毒物に該当するものを一つ選びなさい。

1　水酸化ナトリウム　　2　モノフルオール酢酸アミド
3　水銀　　4　クロロホルム

問　3　以下のうち、法律第３条の３及び政令第32条の２の規定により、興奮、幻覚又は麻酔の作用を有する毒物又は劇物(これらを含有する物を含む。)として定められていないものを一つ選びなさい。

1　トルエン　　2　亜塩素酸ナトリウム
3　酢酸エチルを含有するシンナー　　4　メタノールを含有する接着剤

問　4　以下の記述は、法律第３条の４の条文である。(　　)の中に入れるべき字句の正しい組み合わせを下から一つ選びなさい。

法律第３条の４
引火性、発火性又は(　ア　)のある毒物又は劇物であつて政令で定めるものは、業務その他正当な理由による場合を除いては、(　イ　)してはならない。

	ア	イ
1	爆発性	所持
2	興奮性	販売
3	爆発性	販売
4	興奮性	所持

問　5　以下の記述は、法律第3条の条文の一部である。(　　)の中に入れるべき字句の正しい組み合わせを下から一つ選びなさい。

毒物又は劇物の販売業の登録を受けた者でなければ、毒物又は劇物を販売し、(ア)し、又は販売若しくは(ア)の目的で貯蔵し、運搬し、若しくは(イ)してはならない。

	ア	イ
1	授与	陳列
2	使用	陳列
3	授与	所持
4	使用	所持

問　6　法律第3条の2の規定による、特定毒物研究者に関する以下の記述の正誤について、正しい組み合わせを下から一つ選びなさい。

ア　特定毒物研究者は、特定毒物を学術研究以外の目的にも使用することができる。
イ　特定毒物研究者は、特定毒物使用者に対し、その者が使用することができる特定毒物を譲り渡すことができる。
ウ　特定毒物研究者は、特定毒物を使用することはできるが、製造してはならない。
エ　特定毒物研究者は、特定毒物を輸入することができる。

	ア	イ	ウ	エ
1	正	正	正	正
2	正	正	誤	誤
3	正	誤	誤	誤
4	誤	正	誤	正

問　7　毒物又は劇物の販売業に関する以下の記述のうち、誤っているものを一つ選びなさい。

1　毒物又は劇物の販売業の登録は、店舗ごとに受けなければならない。
2　特定品目販売業の登録を受けた者でなければ、特定毒物を販売することはできない。
3　毒物又は劇物の販売業の登録は6年ごとに更新を受けなければ、その効力を失う。
4　農業用品目販売業の登録を受けた者は、農業用品目以外の毒物又は劇物を販売してはならない。

問　8　省令第4条の4の規定による毒物又は劇物の製造所等の設備基準に関する以下の記述の正誤について、正しい組み合わせを下から一つ選びなさい。

ア 毒物又は劇物の貯蔵設備は、毒物又は劇物とその他の物とを区分して貯蔵できるものであること。
イ 毒物又は劇物を貯蔵する場所が性質上かぎをかけることができないものであるときは、その周囲に、堅固なさくが設けてあること。
ウ 毒物又は劇物を貯蔵するタンク、ドラムかん、その他の容器は、毒物又は劇物が飛散し、漏れ、又はしみ出るおそれのないものであること。
エ 毒物又は劇物を陳列する場所にかぎをかける設備があること。

	ア	イ	ウ	エ
1	正	正	正	正
2	正	正	誤	誤
3	正	誤	正	誤
4	誤	誤	誤	正

問　9　毒物劇物取扱責任者に関する以下の記述のうち、誤っているものを一つ選びなさい。

1　都道府県知事が行う毒物劇物取扱者試験の合格者又は薬剤師でなければ、毒物劇物営業者の毒物劇物取扱責任者になることができない。
2　毒物又は劇物の販売業者は、毒物劇物取扱責任者を変更したときは、30 日以内に、その店舗の所在地の都道府県知事に、その毒物劇物取扱責任者の氏名を届け出なければならない。
3　18歳未満の者は、毒物劇物取扱責任者になることができない。
4　毒物又は劇物の製造業者が、販売業を併せ営む場合において、その製造所と店舗が互いに隣接しているとき、毒物劇物取扱責任者は、これらの施設を通じて 1人で足りる。

問　10 毒物劇物営業者に関する以下の記述の正誤について、正しい組み合わせを下から一つ選びなさい。

ア　毒物劇物営業者は、その氏名又は住所(法人にあっては、その名称又は主たる事務所の所在地)を変更したときは、50日以内に、その旨を届け出なければならない。
イ　毒物劇物営業者は、その営業の登録が効力を失ったときは、30日以内に、現に所有する特定毒物の品名及び数量を届け出なければならない。
ウ　毒物劇物販売業者は、毒物又は劇物を貯蔵する設備の重要な部分を変更したときは、30日以内に、その旨を届け出なければならない。
エ　毒物劇物製造業者は、登録を受けた毒物又は劇物以外の毒物又は劇物を製造しようとするときは、あらかじめ登録の変更を受けなければならない。

	ア	イ	ウ	エ
1	正	正	正	誤
2	正	誤	誤	誤
3	誤	正	誤	正
4	誤	誤	正	正

問　11 以下の記述は、法律第11条第4項の条文である。(　　)の中に入れるべき字句を下から一つ選びなさい。

法律第11条第4項
毒物劇物営業者及び特定毒物研究者は、毒物又は厚生労働省令で定める劇物については、その容器として、(　　)の容器として通常使用される物を使用してはならない。

1　医薬品　　2　化粧品　　3　飲食物　　4　農薬

問　12 以下の毒物又は劇物の表示に関する記述のうち、法律第12条第1項の規定により、正しいものを一つ選びなさい。

1　毒物劇物営業者は、毒物の容器及び被包に、「医薬用外」の文字及び赤地に白色をもって「毒物」の文字を表示しなければならない。
2　毒物劇物営業者は、毒物の容器及び被包に、「医薬部外」の文字及び白地に赤色をもって「毒物」の文字を表示しなければならない。
3　毒物劇物営業者は、劇物の容器及び被包に、「医薬用外」の文字及び赤地に白色をもって「劇物」の文字を表示しなければならない。
4　毒物劇物営業者は、劇物の容器及び被包に、「医薬部外」の文字及び白地に赤色をもって「劇物」の文字を表示しなければならない。

問　13 以下の記述は、法律第12条第2項の条文である。(　　)の中に入れるべき字句の正しい組み合わせを下から一つ選びなさい。

法律第12条第2項
毒物劇物営業者は、その容器及び被包に、左に掲げる事項を表示しなければ、毒物又は劇物を販売し、又は授与してはならない。
一　毒物又は劇物の名称
二　毒物又は劇物の(　ア　)及びその(　イ　)
三　厚生労働省令で定める毒物又は劇物については、それぞれ厚生労働省令で定めるその(　ウ　)の名称
四　毒物又は劇物の取扱及び使用上特に必要と認めて、厚生労働省令で定める事項

	ア	イ	ウ
1	成分	性状	中和剤
2	化学構造式	含量	中和剤
3	成分	含量	解毒剤
4	化学構造式	性状	解毒剤

問 14　以下の劇物のうち、毒物劇物営業者が省令で定める方法により着色したものでなければ、 農業用として販売し、又は授与してはならないものとして、正しいものの組み合わせを下から一つ選びなさい。

ア 硫酸タリウムを含有する製剤たる劇物
イ ジメトエートを含有する製剤たる劇物
ウ 塩素酸ナトリウムを含有する製剤たる劇物
エ 燐(りん)化亜鉛を含有する製剤たる劇物

1(ア、イ)　2(ア、エ)　3(イ、ウ)　4(ウ、エ)

問 15　以下のうち、毒物又は劇物の販売業者が、毒物劇物営業者以外の者に毒物又は劇物を販売するときに、譲受人から提出を受けなければならない書面の記載事項として、法律第 14 条に規定されていないものを一つ選びなさい。

1 毒物又は劇物の使用目的
2 販売年月日
3 毒物又は劇物の名称及び数量
4 譲受人の氏名、職業及び住所(法人にあっては、その名称及び主たる事務所の所在地

問 16　以下のうち、法律第 14 条第 4 項の規定により、毒物又は劇物の販売業者が、毒物劇物営業者以外の者に劇物を販売するときに、譲受人から提出を受ける書面の保存期間として、正しいものを一つ選びなさい。

1 販売の日から 1 年間　　2 販売の日から 3 年間
3 販売の日から 5 年間　　4 販売の日から 6 年間

問 17　以下の記述は、法律第 15 条第 1 項の条文である。(　)の中に入れるべき字句の正しい組み合わせを下から一つ選びなさい。

法律第 15 条第 1 項
毒物劇物営業者は、毒物又は劇物を次に掲げる者に交付してはならない。
一 (ア)未満の者
二 心身の障害により毒物又は劇物による保健衛生上の危害の防止の措置を適正に行うことができない者として厚生労働省令で定めるもの
三 麻薬、(イ)、あへん又は覚せい剤の中毒者

	ア	イ
1	20 歳	大麻
2	18 歳	向精神薬
3	18 歳	大麻
4	20 歳	向精神薬

問 18　以下の記述は、政令第 40 条の 5 及び省令第 13 条の 5 に規定されている、毒物又は劇物の運搬方法に関するものである。(　)の中に入れるべき字句として正しい組み合わせを下から一つ選びなさい。

劇物である硝酸を、車両を用いて 1 回につき 8,000 キログラム運搬するときは、車両に(ア)メートル平方の板に地を(イ)、文字を白色として、(ウ)と表示した標識を、車両の前後の見やすい箇所に掲げなければならない。

	ア	イ	ウ
1	0.5	赤色	「毒」
2	0.3	黒色	「毒」
3	0.3	赤色	「劇」
4	0.5	黒色	「劇」

問　19 以下の記述は、運搬業者が車両を使用して１回につき 5,000 キログラムの塩素を運搬する際に、当該車両に備えなければならない省令で定める保護具を示したものである。（　）の中に入れるべき字句を下から一つ選びなさい。

保護手袋、保護長ぐつ、保護衣、（　）

1　酸性ガス用防毒マスク　　2　有機ガス用防毒マスク
3　普通ガス用防毒マスク　　4　アンモニア用防毒マスク

問　20 以下の記述は、毒物又は劇物の廃棄の方法に関する政令第 40 条の条文の一部である。（　）の中に入れるべき字句の正しい組み合わせを下から一つ選びなさい。

一　（ア）、加水分解、酸化、還元、稀釈その他の方法により、毒物及び劇物並びに法第 11 条第２項に規定する政令で定める物のいずれにも該当しない物とすること。
二　ガス体又は揮発性の毒物又は劇物は、保健衛生上危害を生ずるおそれがない場所で、少量ずつ放出し、又は揮発させること。
三　可燃性の毒物又は劇物は、保健衛生上危害を生ずるおそれがない場所で、少量ずつ（イ）させること。
四　前各号により難い場合には、地下１メートル以上で、かつ、（ウ）を汚染するおそれがない地中に確実に埋め、海面上に引き上げられ、若しくは浮き上がるおそれがない方法で海水中に沈め、又は保健衛生上危害を生ずるおそれがないその他の方法で処理すること。

	ア	イ	ウ
1	中和	蒸発	土壌
2	濃縮	蒸発	地下水
3	中和	燃焼	地下水
4	濃縮	燃焼	土壌

問　21 毒物劇物営業者が毒物又は劇物を販売又は授与する際の情報提供に関する以下の記述のうち、正しいものの組み合わせを下から一つ選びなさい。

ア　毒物劇物営業者は、毒物又は劇物の譲受人に対し、既に当該毒物又は劇物の性状及び取扱いに関する情報を提供していたとしても、販売する際には必ず情報提供しなければならない。
イ　譲受人の承諾があれば、情報提供の方法は必ずしも文書の交付でなくてもよい。
ウ　提供した毒物又は劇物の性状及び取扱いに関する情報の内容に変更が生じたときは、速やかに、販売した譲受人に対し、変更後の性状及び取扱いに関する情報を提供するよう努めなければならない。
エ　毒物劇物営業者は、１回につき 200 ミリグラム以下の毒物を販売する場合、譲受人に対して情報提供を省略できる。

1（ア、ウ）　2（ア、エ）　3（イ、ウ）　4（イ、エ）

問　22 以下のうち、政令第 40 条の９及び省令第 13 条の 12 の規定により、毒物劇物営業者が毒物又は劇物を販売し、又は授与する時までに、譲受人に対し提供しなければならない情報の内容について、正しいものの組み合わせを下から一つ選びなさい。

ア　盗難・紛失時の措置　　イ　取扱い及び保管上の注意
ウ　毒物劇物取扱責任者の氏名　　エ　応急措置

1（ア、イ）　2（ア、ウ）　3（イ、エ）　4（ウ、エ）

問　23　以下の記述は、法律第16条の2第1項の条文である。(　　)の中に入れるべき字句の正しい組み合わせを下から一つ選びなさい。

法律第16条の2第1項
　毒物劇物営業者及び特定毒物研究者は、その取扱いに係る毒物若しくは劇物又は第11条第2項に規定する政令で定める物が飛散し、漏れ、流れ出、しみ出、又は地下にしみ込んだ場合において、不特定又は多数の者について保健衛生上の危害が生ずるおそれがあるときは、(　ア　)、その旨を(　イ　)、警察署又は(　ウ　)に届け出るとともに、保健衛生上の危害を防止するために必要な応急の措置を講じなければならない。

	ア	イ	ウ
1	直ちに	労働基準監督署	消防機関
2	3日以内に	労働基準監督署	医療機関
3	直ちに	保健所	消防機関
4	3日以内に	保健所	医療機関

問　24　法律第17条に規定されている、立入検査等に関する以下の記述について、誤っているものを下から一つ選びなさい。

1　都道府県知事は、保健衛生上必要があると認めるときは、毒物又は劇物の販売業者から必要な報告を徴することができる。
2　毒物劇物監視員は、薬事監視員のうちからあらかじめ指定されている。
3　毒物劇物監視員は、その身分を示す証票を携帯し、関係者から請求があるときは、証票を提示しなければならない。
4　都道府県知事は、犯罪捜査上必要があると認めるときは、毒物劇物監視員に、毒物又は劇物の販売店舗に立ち入り、試験のために必要な最小限度の分量に限り、毒物又は劇物を収去させることができる。

問　25　以下のうち、法律第22条第1項の規定により、業務上取扱者の届出を要する事業として、定められていないものを一つ選びなさい。

1　砒(ひ)素化合物を用いて、しろあり防除を行う事業
2　水酸化ナトリウムを用いて、清掃を行う事業
3　シアン化ナトリウムを用いて、金属熱処理を行う事業
4　最大積載量が5,000キログラム以上のタンクローリーを用いて、臭素の運搬を行う事業

〔基礎化学〕
（一般・農業用品目・特定品目共通）

問 26 以下の物質のうち、互いに同素体であるものの組み合わせを下から一つ選びなさい。

ア ナトリウム　　イ 黒鉛　　ウ 亜鉛　　エ ダイヤモンド

1（ア、イ）　2（ア、ウ）　3（イ、エ）　4（ウ、エ）

問 27 混合物の分離方法に関する以下の関係の正誤について、正しい組み合わせを下から一つ選びなさい。

	操作		方法
ア	水とエタノールの混合物から水を取り出す	－	ろ過
イ	硫酸銅から不純物の塩化ナトリウムを取り除く	－	昇華
ウ	石油からガソリンや灯油を取り出す	－	分留
エ	砂と塩化ナトリウム水溶液の混合物から砂を取り除く	－	抽出

	ア	イ	ウ	エ
1	正	正	正	正
2	正	正	誤	誤
3	誤	正	正	誤
4	誤	誤	正	誤

問 28 以下の現象を表す記述の正誤について、正しい組み合わせを下から一つ選びなさい。

ア 液体が気体になる変化を昇華という。
イ 液体が固体になる変化を凝縮という。
ウ 固体が液体になる変化を風解という。
エ 固体が気体になる変化を蒸発という。

	ア	イ	ウ	エ
1	正	正	誤	正
2	正	正	誤	誤
3	誤	正	正	誤
4	誤	誤	誤	誤

問 29 水素イオン濃度に関する以下の記述について、（　）の中に入れるべき字句の正しい組み合わせを下から一つ選びなさい。

pH 4の水溶液の水素イオン濃度は、pH 6の水溶液の水素イオン濃度の（ ア ）であり、液性は（ イ ）である。

	ア	イ
1	1.5倍	酸性
2	1.5倍	塩基性
3	100倍	酸性
4	100倍	塩基性

問 30 以下の記述のうち、正しいものの組み合わせを下から一つ選びなさい。

ア　触媒は、反応の前後において自身が変化し、化学反応の速さを変化させる。
イ　反応物が活性化状態に達するのに必要な最小のエネルギーのことを活性化エネルギーという。
ウ　反応物の濃度は、化学反応の速さに影響を与えない。
エ　物質が変化するときの反応熱の総和は、変化する前と変化した後の物質の種類と状態で決まり、反応経路や方法には関係しない。

1（ア、イ）　2（ア、ウ）　3（イ、エ）　4（ウ、エ）

問 31 金属元素と炎色反応の関係について、正しい組み合わせを下から一つ選びなさい。

	金属元素	炎色反応
ア	リチウム	黄色
イ	ナトリウム	赤色
ウ	カリウム	紫色
エ	銅	青緑色

1（ア、イ） 2（ア、エ） 3（イ、ウ） 4（ウ、エ）

問 32 以下の記述について、（ ）の中に入れるべき数字として最も近いものを下から一つ選びなさい。なお、原子量は、H = 1、O = 16、Na = 23 とする。

水２Ｌに水酸化ナトリウムを（ ）g 秤量して溶かし、水酸化ナトリウム水溶液のモル濃度を 0.4mol/L に調製した。

1 0.2 2 0.8 3 8 4 32

問 33 非金属元素に関する以下の記述のうち、誤っているものを一つ選びなさい。

1 ハロゲンの単体は、強い還元力をもつ。
2 ハロゲンの原子は、一価の陰イオンになりやすい。
3 希ガスは常温常圧では、単原子分子の気体として存在する。
4 希ガスの原子は、他の原子と反応しにくく、極めて安定である。

問 34 以下の記述のうち、酸化還元反応が起こっているものを一つ選びなさい。

1 シリカゲルは水をよく吸収するので、乾燥剤として利用されている。
2 鉄の粉末はよく振ると発熱するので、使い捨てカイロなどに利用されている。
3 炭酸水素ナトリウムは加熱すると二酸化炭素を発生するので、ベーキングパウダーとして製菓などに利用されている。
4 酸化カルシウムは水と反応すると発熱するので、食品の加温などに利用されている。

問 35 燃料電池に関する以下の記述について、（ ）の中に入れるべき字句の正しい組み合わせを下から一つ選びなさい。

リン酸型燃料電池では、負極に水素、正極に（ ア ）、電解質溶液にリン酸を用いている。また、この電池の放電に伴う生成物は主に（ イ ）である。

	ア	イ
1	窒素	二酸化炭素
2	窒素	水
3	酸素	二酸化炭素
4	酸素	水

問　36　以下の記述について、(　)の中に入れるべき字句の正しい組み合わせを下から一つ選びなさい。なお、同じ記号の(　)内には同じ字句が入ります。

硫化鉄に希塩酸を加えると(　ア　)が発生する。(　ア　)は水に溶けやすく 空気より重いため、(　イ　)置換法で捕集する。また、(　ア　)は酸性の溶液中でAg^{+}やPb^{2+}等と反応し、(　ウ　)沈殿を生じることから、金属イオンの検出や分析にも用いられる。

	ア	イ	ウ
1	二酸化硫黄	水上	黒色
2	二酸化硫黄	下方	赤色
3	硫化水素	水上	赤色
4	硫化水素	下方	黒色

問　37　8.8gのプロパンを完全燃焼させたときに生じる水の重量として最も適当なものを下から一つ選びなさい。なお、化学反応式は以下のとおりであり、原子量はH＝1、C＝12、O＝16とする。

$$C_3H_8 + 5O_2 \rightarrow 3CO_2 + 4H_2O$$

1　0.2g　　2　5.0g　　3　14.4g　　4　35.2g

問　38　窒素及び窒素化合物に関する以下の記述の正誤について、正しい組み合わせを下から一つ選びなさい。

ア　窒素は、空気中に体積比で約80％含まれ、常温常圧では無色・無臭の気体である。
イ　アンモニアは、水によく溶け、その溶液はフェノールフタレイン溶液を滴下すると赤色に呈色する。
ウ　一酸化窒素は、常温常圧では無色で水に溶けにくい気体である。
エ　二酸化窒素は、常温常圧では黄緑色で刺激臭のある有毒な気体である。

	ア	イ	ウ	エ
1	正	正	正	誤
2	正	誤	誤	正
3	正	誤	正	誤
4	誤	正	誤	誤

問　39　以下の記述について、(　)の中に入れるべき字句を下から一つ選びなさい。

サリチル酸はベンゼン環の水素原子が(ア　)とフェノール性のヒドロキシ基に置換した化合物で、無水酢酸と反応させるとアセチルサリチル酸が生成する。アセチルサリチル酸は白色の固体で、(イ　)として用いられる。

	ア	イ
1	カルボキシ基	整腸剤
2	カルボキシ基	解熱鎮痛剤
3	アミノ基	整腸剤
4	アミノ基	解熱鎮痛剤

問　40　以下のうち、誤っているものを一つ選びなさい。

1　塩化ナトリウムのイオン結合は、陽イオンと陰イオンが静電気力によってお互いに引き合い、結合を形成している。
2　共有結合には、非金属元素の原子同士が不対電子を出し合い、電子対を共有することで結合を形成するものがある。
3　ダイヤモンドは、原子間で金属結合をしているため、非常に硬い。
4　水素結合は、共有結合より弱く、切れやすい。

〔性質・貯蔵・取扱〕

(一般)

問題　以下の物質の代表的な用途について、最も適当なものを下から一つ選びなさい。

物　質　名	用 途
アクリルアミド	問　41
水酸化ナトリウム	問　42
燐(りん)化水素	問　43
四アルキル鉛	問　44

1　航空ガソリン用アンチノック剤として使用される。
2　土木工事用の土質安定剤のほか、重合体は水処理剤、紙力増強剤、接着剤等に使用される。
3　半導体工業におけるドーピングガスに使用される。
4　せっけん製造、パルプ工業、染料工業、試薬、農薬に使用される。

問題　以下の物質の貯蔵方法として、最も適当なものを下から一つ選びなさい。

物　質　名	性 状
黄燐(りん)	問　45
弗(ふっ)化水素	問　46
クロロホルム	問　47
カリウム	問　48

1　純品は空気と日光によって変質するため、少量のアルコールを加えて分解を防止し、冷暗所に貯蔵する。
2　銅、鉄、コンクリート又は木製のタンクにゴム、鉛、ポリ塩化ビニルあるいはポリエチレンのライニングを施したものに貯蔵する。
3　空気中では酸化しやすく、水とも激しく反応するため、通常、石油中に貯蔵するが、長時間のうちには表面に酸化物の白い皮を生じる。また、水分の混入、火気を避けて貯蔵する。
4　空気に触れると発火しやすいので、水中に沈めて瓶に入れ、さらに砂を入れた缶中に固定して、冷暗所に貯蔵する。

問題　以下の物質の廃棄方法として、最も適当なものを下から一つ選びなさい。

物　質　名	廃棄方法
クロルピクリン	問 49
硫化カドミウム	問 50
トルエン	問 51
塩化亜鉛	問 52

1　少量の界面活性剤を加えた亜硫酸ナトリウムと炭酸ナトリウムの混合溶液中で、撹拌し分解させた後、多量の水で希釈して処理する。

2　硅(けい)そう土等に吸収させて開放型の焼却炉で少量ずつ焼却する。もしくは焼却炉の火室へ噴霧し焼却する。

3　水に溶かし、水酸化カルシウム、炭酸カルシウム等の水溶液を加えて処理し、沈殿ろ過して埋立処分する。

4　セメントで固化し溶出試験を行い、溶出量が判定基準以下であることを確認して埋立処分する。

問題　以下の物質の漏えい時の措置として、最も適当なものを下から一つ選びなさい。

物　質　名	漏えい時の措置
砒(ひ)素	問 53
ベタナフトール	問 54
臭素	問 55
過酸化ナトリウム	問 56

1　漏えいした箇所や漏えいした液には水酸化カルシウムを十分に散布し、多量の場合はさらに、シート等をかぶせ、その上に水酸化カルシウムを散布して吸収させる。また、漏えい容器には散水しない。

2　飛散したものは空容器にできるだけ回収し、そのあとを硫酸鉄(Ⅲ)等の水溶液を散布し、水酸化カルシウム、炭酸ナトリウム等の水溶液を用いて処理した後、多量の水で洗い流す。

3　飛散したものは速やかに掃き集め、空容器に回収する。汚染された土砂、物体にも同様の措置をとる。

4　飛散したものは空容器にできるだけ回収する。回収したものは発火のおそれがあるので速やかに多量の水に溶かして処理する。

問題　以下の物質の人体に対する中毒症状について、最も適当なものを下から一つ選びなさい。

物　質　名	中毒症状
蓚(しゅう)酸	問　57
三酸化二砒(ひ)素	問　58
ジメチルジチオホスホリルフェニル酢酸エチル (別名　フェントエート)	問　59
クロルメチル	問　60

1　吸入した場合、麻酔作用がある。多量に吸入すると頭痛、吐気、嘔吐(おうと)が起こり、重症な場合は意識を失う。液が皮膚に触れるとしもやけ(凍傷)を起こす。応急処置には強心剤や興奮剤を使用する。
2　吸入した場合、鼻、喉、気管支などの粘膜を刺激し、頭痛、めまい、悪心、チアノーゼを起こす。重症な場合には血色素尿を排泄し、肺水腫を生じ、呼吸困難を起こす。解毒剤には ジメルカプロール(BAL)を使用する。
3　血液中のカルシウム分を奪取し、神経系を侵す。急性中毒症状には胃痛、嘔吐(おうと)、口腔・咽喉の炎症や腎障害がある。
4　血液中のコリンエステラーゼを阻害し、倦怠感、頭痛、めまい、嘔気、嘔吐(おうと)、腹痛、多汗等の症状を呈し、重症な場合、縮瞳、意識混濁、全身けいれん等を起こすことがある。解毒剤には２－ピリジルアルドキシムメチオダイド(PAM)製剤を使用する。

(農業用品目)

問題　以下の物質について、該当する性状をＡ欄から、廃棄方法をＢ欄から、それぞれ最も適当なものを下から一つ選びなさい。

物　質　名	性 状	廃棄方法
Ｎ－メチル－１－ナフチルカルバメート (別名 カルバリル、NAC)	問　41	問　45
１・３－ジカルバモイルチオ－２－(Ｎ・Ｎ －ジメチルアミノ)－プロパン塩酸塩 (別名　カルタップ)	問　42	問　46
ジメチル－２・２－ジクロルビニルホスフェイト (別名　ジクロルボス、DDVP)	問　43	問　47
弗(ふつ)化亜鉛	問　44	問　48

【Ａ欄】(性状)
1　無色の結晶で、水やメタノールに溶け、エーテルやベンゼンには溶けない。
2　無色油状の液体で、水に溶けにくいが、有機溶媒に溶ける。
3　四水和物は白色の結晶で、水やアンモニア水に溶ける。
4　白色～淡黄褐色の粉末で、水に溶けにくいが、有機溶媒に溶け、アルカリに不安定である。

【B欄】(廃棄方法)
1　10 倍量以上の水と撹拌しながら加熱還流して加水分解し、冷却後、水酸化ナトリウム等の水溶液で中和する。
2　水酸化ナトリウム水溶液と加温して加水分解する。
3　還元剤の水溶液に希硫酸を加えて酸性にし、この中に少量ずつ投入する。反応終了後、反応液を中和し多量の水で希釈して処理する。
4　セメントを用いて固化し、埋立処分する。

問題　以下の物質の人体に対する中毒症状について、最も適当なものを下から一つ選びなさい。

物　質　名	中毒症状
シアン化第一銅 (別名 青化第一銅、シアン化銅(Ⅰ))	問　49
2－(1－メチルプロピル)－フェニル－ N －メチルカルバメート　(別名 フェノブカルブ、BPMC)	問　50
1・1’－ジメチル－4・4’－ジピリジニウムジクロリド (別名 パラコート)	問　51

1　吸入した場合、縮瞳、意識混濁、全身けいれん等を起こすことがある。
2　吸入した場合、頭痛、めまい、呼吸麻痺等を起こすことがある。解毒剤として、ヒドロキソコバラミンを用いる。
3　誤飲した場合は、消化器障害、ショックの他、数日遅れて、肝臓、腎臓、肺などの機能障害を起こすことがある。
4　皮膚に触れた場合、激しいやけど(薬傷)を起こす。

問　52　以下の物質のうち、硫酸タリウムの解毒剤として正しいものを一つ選びなさい。

1　硫酸アトロピン　　2　亜硝酸アミル　　3　チオ硫酸ナトリウム
4　ヘキサシアノ鉄(Ⅱ)酸鉄(Ⅲ)水和物(プルシアンブルー)

問題　以下の物質の廃棄方法について、最も適当なものを下から一つ選びなさい。

物　質　名	廃棄方法
塩素酸カリウム (別名 塩剥、塩素酸カリ)	問　53
ピロリン酸亜鉛 (別名 二リン酸亜鉛)	問　54
2－イソプロピルフェニル－N－メチルカルバメート (別名 イソプロカルブ、MIPC)	問　55
塩化第二銅 (別名 塩化銅(Ⅱ))	問　56

1　還元剤の水溶液に希硫酸を加えて酸性にし、この中に少量ずつ投入する。反応終了後、反応液を中和し多量の水で希釈して処理する。
2　水に溶かし、水酸化カルシウム、炭酸ナトリウム等の水溶液を加えて処理し、沈殿ろ過して埋立処分する。
3　水酸化ナトリウム水溶液等と加温して加水分解する。
4　セメントを用いて固化し、埋立処分する。

問題　以下の物質の用途として、最も適当なものを下から一つ選びなさい。

物　質　名	廃棄方法
S・S －ビス(1－メチルプロピル)＝ O －エチル＝ホスホロジチオアート (別名 カズサホス)	問 57
1－(6－クロロ－3－ピリジルメチル)－ N －ニトロイミダゾリジン－2－イリデンアミン (別名 イミダクロプリド)	問 58
2－クロル－1－(2・4－ジクロルフェニル)ビニルジメチルホスフェイト（別名 ジメチルビンホス)	問 59
ブラストサイジンS	問 60

1　稲のニカメイチュウ、キャベツのアオムシ等の殺虫剤として用いる。
2　稲のイモチ病に用いる。
3　野菜等のアブラムシ類等の害虫を防除する農薬として用いる。
4　野菜等のネコブセンチュウを防除する農薬として用いる。

（特定品目）

問題　以下の物質の用途について、最も適当なものを下から一つ選びなさい。

物　質　名	用　途
水酸化ナトリウム	問 41
塩素	問 42
重クロム酸カリウム	問 43
ホルマリン	問 44

1　工業用の酸化剤、媒染剤、製革用、電気めっき用、電池調整用、顔料原料、試薬として用いられる。
2　温室の燻(くん)蒸剤、フィルムの硬化、人造樹脂、人造角、色素合成などの製造、試薬、農薬として用いられる。
3　酸化剤、紙・パルプの漂白剤、殺菌剤、消毒剤、金属チタンの製造に用いられる。
4　せっけん製造、パルプ工業、染料工業、レーヨン工業、諸種の合成化学、試薬、農薬として用いられる。

問題　以下の物質の性状について、最も適当なものを下から一つ選びなさい。

物　質　名	性　状
トルエン	問 45
硅弗(けいふっ)化ナトリウム	問 46
硫酸モリブデン酸クロム酸鉛	問 47
四塩化炭素	問 48

1　白色の結晶で、水に溶けにくく、アルコールには溶けない。
2　橙色又は赤色粉末で、水、酢酸、アンモニア水には溶けず、酸やアルカリには溶ける。
3　揮発性、麻酔性の芳香がある無色の重い液体で、不燃性である。揮発して重い蒸気となり、火炎を包んで空気を遮断するため、強い消火力を示す。
4　無色透明、可燃性のベンゼン臭を有する液体で、水には溶けず、エタノール、ベンゼン、エーテルに溶ける。

問題　以下の物質の廃棄方法として、最も適当なものを下から一つ選びなさい。

物　質　名	廃棄方法
塩化水素	問　49
重クロム酸アンモニウム	問　50
メチルエチルケトン	問　51
一酸化鉛	問　52

1　セメントを用いて固化し、溶出試験を行い、溶出量が判定基準以下であることを確認して埋立処分する。
2　硅そう土等に吸収させて開放型の焼却炉で焼却する。もしくは、焼却炉の火室へ噴霧し焼却する。
3　徐々に石灰乳などの撹拌溶液に加え中和させた後、多量の水で希釈して処理する。
4　希硫酸に溶かし、還元剤の水溶液を過剰に用いて還元した後、水酸化カルシウム、炭酸ナトリウム等の水溶液で処理し、沈殿ろ過する。溶出試験を行い、溶出量が判定基準以下であることを確認して埋立処分する。

問題　以下の物質の人体に対する代表的な中毒症状について、最も適当なものを下から一つ選びなさい。

物　質　名	中毒症状
クロム酸カリウム	問　53
メタノール	問　54
過酸化水素水	問　55
蓚酸	問　56

1　頭痛、めまい、嘔吐、下痢、腹痛などを起こし、致死量に近ければ麻酔状態になり、視神経が侵され、眼がかすみ、ついには失明することがある。中毒症状の原因は、蓄積作用によるとともに、神経細胞内でぎ酸が生成されることによる。
2　口と食道が赤黄色に染まり、その後青緑色に変化する。腹痛を起こし、緑色のものを吐き出し、血の混じった便が出る。
3　35 %以上の溶液は皮膚に水疱をつくりやすく、眼には腐食作用を及ぼす。
4　血液中のカルシウム分を奪取し、神経系を侵す。急性中毒症状には胃痛、嘔吐、口腔・咽喉の炎症や腎障害がある。

問題　以下の物質の漏えい時の措置として、最も適当なものを下から一つ選びなさい。

物　質　名	漏えい時の措置
トルエン	問 57
硝酸	問 58
クロロホルム	問 59
クロム酸ナトリウム	問 60

1　飛散したものは空容器にできるだけ回収し、そのあとを還元剤の水溶液を散布し、水酸化カルシウム、炭酸ナトリウム等で処理した後、多量の水で洗い流す。
2　漏えいした液は土砂等で流れを止め、安全な場所に導き、空容器に回収し、そのあとを中性洗剤等の分散剤を使用して多量の水で洗い流す。
3　土砂等に吸着させて空容器に回収する。多量の場合、漏えいした液は、土砂等でその流れを止め、安全な場所に導き、液の表面を泡で覆いできるだけ空容器に回収する。
4　漏えいした液は土砂等に吸着させて取り除くか、又はある程度水で徐々に希釈した後、水酸化カルシウム、炭酸ナトリウム等で中和し、多量の水を用いて洗い流す。

〔実　地〕

(一般)

問題　以下の物質について、該当する性状をA欄から、鑑識法をB欄から、それぞれ最も適当なものを下から一つ選びなさい。

物　質　名	性状	鑑別法
四塩化炭素	問 61	問 63
メタノール	問 62	問 64
過酸化水素水		問 65

【A欄】(性状)

1　無色透明の揮発性の液体で、可燃性である。水、エタノール、エーテル、クロロホルムと混和する。
2　無色透明の液体で、芳香族炭化水素特有の臭いがあり、水にほとんど溶けない。
3　揮発性、麻酔性の芳香を有する無色の重い液体で、不燃性である。溶剤として種々の工業に用いられるが、毒性が強く、吸入すると中毒を起こす。
4　無色又は淡黄色透明の液体で、光により分解して褐色となる。水、エタノール、エーテルと混和する。

【B欄】(鑑識法)

1　ヨード亜鉛からヨードを析出する。
2　アルコール性の水酸化カリウムと銅粉とともに煮沸すると、黄赤色の沈殿を生成する。
3　サリチル酸と濃硫酸とともに熱すると、芳香のあるエステルを生成する。
4　暗室内で酒石酸又は硫酸酸性下で水蒸気蒸留を行うと、冷却器内又は流出管内に青白色の光が見られる。

問題　以下の物質について、該当する性状をA欄から、鑑識法をB欄から、それぞれ最も適当なものを下から一つ選びなさい。

物　質　名	性状	鑑別法
フェノール	問　66	問　68
三硫化燐（りん）	問　67	問　69
硝酸銀		問　70

【A欄】（性状）

1　無色の針状結晶又は白色の放射状結晶塊で、空気中で容易に赤変する。特異の臭気がある。

2　無色透明結晶で、光によって分解して黒変する。

3　白色又は灰白色の粉末で、水、熱湯、アルコールに溶ける。空気中の炭酸ガスを吸収しやすい。

4　黄色又は淡黄色の斜方晶系針状晶の結晶、あるいは結晶性粉末である。

【B欄】（鑑識法）

1　水溶液に塩酸を加えると、白色の沈殿物を生じる。

2　水溶液に金属カルシウムを加え、ベタナフチルアミン及び硫酸を加えると、赤色の沈殿を生じる。

3　火炎に接すると容易に引火する。沸騰水により徐々に分解し、有毒なガスを発生する。

4　水溶液に塩化鉄(Ⅲ)液(過クロール鉄液)を加えると紫色を呈する。

（農業用品目）

問題　以下の物質の原体の色として、最も適当なものを下から一つ選びなさい。

物　質　名	色
３－(６－クロロピリジン－３－イルメチル)－１・３－チ アゾリジン－２－イリデンシアナミド　(別名 チアクロプリド)	問　61
２・２－ジメチル－１・３－ベンゾジオキソール－４－イル －Ｎ－メチルカルバマート　(別名 ベンダイオカルブ)	問　62
アンモニア	問　63

1　白色　　2　無色　　3　赤褐色　　4　黄色

問題　以下の物質の性状として、最も適当なものを下から一つ選びなさい。

物　質　名	性状
２・４・６・８－テトラメチル－１・３・５・７－テトラオキソカン （別名 メタアルデヒド）	問　64
ジエチル－Ｓ－(エチルチオエチル)－ジチオホスフェイト (別名 エチルチオメトン、ジスルホトン)	問　65
２・３－ジヒドロ－２・２－ジメチル－７－ベンゾ［ｂ］フラニ ル－Ｎ－ジブチルアミノチオ－Ｎ－メチルカルバマート （別名 カルボスルファン）	問　66

1　白色の粉末で、強酸化剤と混合すると反応が起こる。
2　無色～淡黄色の液体で、特有の臭気がある。
3　褐色の粘稠液体である。
4　濃い藍色の結晶で、無水物は白色の粉末である。

問題　以下の物質の鑑識法について、最も適当なものを下から一つ選びなさい。

物　質　名	鑑識法
酢酸第二銅（別名 酢酸銅(Ⅱ)）	問　67
塩素酸コバルト	問　68
ニコチン	問　69
硝酸亜鉛	問　70

1　硫酸酸性水溶液に、ピクリン酸溶液を加えると、黄色結晶を沈殿する。
2　アンモニアと反応し、白色のゲル状の沈殿を生じるが、過剰のアンモニアでアンモニア錯塩を生成し、溶解する。
3　亜硝酸等の還元剤で塩化物を生成する。
4　水溶液は水酸化ナトリウム溶液と反応し、冷時青色の沈殿を生じる。

（特定品目）

問題　以下の物質について、該当する性状をA欄から、鑑識法をB欄から、それぞれ最も適当なものを下から一つ選びなさい。

物　質　名	性状	鑑識法
酸化第二水銀	問　61	問　64
アンモニア水	問　62	問　65
酢酸エチル	問　63	

【A欄】（性状）

1　無色透明、揮発性の液体で、鼻をさすような臭気があり、アルカリ性を呈する。
2　強い果実様の香気がある、無色の液体である。
3　無色透明の高濃度な液体で、強く冷却すると稜柱状の結晶に変わる。また、強い殺菌力をもつ。
4　赤色又は黄色の粉末で、製法によって色が異なる。一般に赤色の粉末の方が粉が粗く、化学作用もいくぶん劣る。水に溶けにくいが、酸には溶けやすい。

【B欄】（鑑識法）

1　小さな試験管に入れて熱すると、はじめ黒色に変わり、さらに熱すると、完全に揮散してしまう。
2　過マンガン酸カリウムを還元し、クロム酸塩を過クロム酸塩に変える。
3　銅屑を加えて熱すると、藍色を呈して溶け、その際赤褐色の蒸気を発生する。
4　濃塩酸をうるおしたガラス棒を近づけると、白い霧を生じる。

問題　以下の物質について、該当する性状をA欄から、鑑識法をB欄から、それぞれ最も適当なものを下から一つ選びなさい。

物　質　名	性状	鑑識法
ホルマリン	問　66	問　69
塩酸	問　67	問　70
水酸化ナトリウム	問　68	

【A欄】（性状）

1　無色透明の液体で、25％以上のものは、湿った空気中で発煙し、刺激臭がある。
2　催涙性がある無色透明な液体で、刺激臭がある。空気中の酸素によって一部酸化され、ぎ酸を生じる。
3　結晶性の硬い白色の固体で、繊維状結晶様の破砕面を現す。水と炭酸を吸収する性質が強く、空気中に放置すると、潮解して徐々に炭酸塩の皮層を形成する。
4　常温においては窒息性臭気をもつ黄緑色の気体で、冷却すると黄色溶液を経て、黄白色固体となる。

【B欄】（鑑識法）

1　希硝酸に溶かすと、無色の液となり、これに硫化水素を通すと、黒色の沈殿を生成する。
2　硝酸銀溶液を加えると、白い沈殿を生じる。
3　過マンガン酸カリウムの溶液の赤紫色を消す。
4　硝酸を加え、さらにフクシン亜硫酸溶液を加えると、藍紫色を呈する。

解答・解説編

北海道
令和元年度実施

〔毒物及び劇物に関する法規〕
（一般・農業用品目・特定品目共通）

問１～問10　問１　1　問２　2　問３　3　問４　4　問５　3
問６　3　問７　4　問８　1　問９　2　問10　3

〔解説〕
解答のとおり。

問11　3
〔解説〕
この設問は法第３条の４で正当な理由を除いて所持しはならない品目とは→施行令第 32 条の３で、①亜塩素酸ナトリウム及びこれを含有する製剤 30 ％以上、②塩素酸塩類及びこれを含有する製剤 35 ％以上、③ナトリウム、④ピクリン酸である。このことからこの設問では、誤っているものはどれかとあるので、３が誤り。

問12　2
〔解説〕
この設問は毒物又は劇物を販売し、又は授与する際に譲受人に情報提供をしなければならないことが施行令第 40 条の９で規定されているが、この設問では義務付けられていないのは、２である。２については、施行令第 40 条の９第１項ただし書規定により、情報提供を要しない。

問13　3
〔解説〕
この設問は法第 10 条における届出のことで、誤っているものはどれかとあるので、３が誤り。３については毒物又は劇物の製造業の登録とあるので、法第９条第１項によりあらかじめ登録の追加をしなければならないである。

問14　4
〔解説〕
この設問では誤っているものはどれかとあるので、４が誤り。法第 12 条第２項で、①毒物又は劇物の名称、②毒物又は劇物の成分及びその含量、③有機燐化合物たる毒物又は劇物を含有する製剤には、解毒剤の名称を容器及び被包を表示しなければならないである。

問15　4
〔解説〕
法第 12 条第２項第三号→施行規則第 11 条の５で、有機燐化合物たる毒物又は劇物を含有する製剤には解毒剤として、①２－ピリジルアルドキシムメチオダイド(別名 PAM)の製剤、②硫酸アトロピンの製剤である。

問16　1
〔解説〕
この設問は登録の更新についてで販売業の登録は、６年ごとに更新を受けなければならない。法第４条第４項(現行は法第４条第３項となる。平成 30 年６月 27 日法律第 63 号。施行令和２月４月１日による。)

問17　1
〔解説〕
この設問で正しいのは、アとイである。アの特定毒物を製造できるものは、①毒物又は劇物の製造業者、②特定毒物研究者のみである。イの特定毒物を輸入できるものは、①毒物又は劇物の輸入業者、②特定毒物研究者のみである。以上のことからウは誤り。エの特定毒物使用者については、都道府県知事からしていされた者で政令で定められた用途以外、特定毒物を使用することはできない。よってエは誤り。

問18　3
〔解説〕
特定品目販売業者が販売することができるものは、法第４条の３第第２項→施行規則第４条の３→施行規則別表第二に掲げられている品目のみである。解答のとおり。

問 19　3

〔解説〕

この設問は法第 15 条第 2 項による法第 3 条の 4 →施行令第 32 条の 3 で、①塩素酸ナトリウムを含有する製剤 30 %以上、②塩素酸塩類及びこれを含有する製剤 35 %以上、③ナトリウム、④ピクリン酸の品目については、その交付を受ける者の氏名及び住所の確認→施行規則第 12 条の 2 の 6 で身分証明書、運転免許書等である。このことから該当するのは、3 である。

問 20　2

〔解説〕

この設問は特定毒物の用途について誤っているものはどれかとあるので、2 が誤り。2 のモノフルオール酢酸の塩類を含有する製剤の用途は、施行令第 11 条第 1 項第二号で、野ねずみの駆除と規定されている。

〔基礎化学〕

（一般・農業用品目・特定品目共通）

問 21　3

〔解説〕

ろ過は固体と液体の混合物を分離するときに用いる。均一な溶液に用いることができない。

問 22　2

〔解説〕

単体とは一種類の元素からなる純物質である。メタン、ドライアイスは化合物、ガソリンは混合物。

問 23　1

〔解説〕

中和の公式は「酸の価数 (a) ×酸のモル濃度 (c_1) ×酸の体積 (V_1) = 塩基の価数 (b) ×塩基のモル濃度 (c_2) ×塩基の体積 (V_2)」である。これに代入すると、$2 \times c_1 \times 20 = 1 \times 0.1 \times 40$,　$c_1 = 0.10$ mol/L

問 24　3

〔解説〕

芳香族炭化水素とはベンゼン環を有し、かつ炭素と水素から成る物質である。キシレンはベンゼン環を有し、2 つのメチル基が置換している化合物である。

問 25　3

〔解説〕

イオン化傾向とは陽イオンになり易さの尺度で、K ＞ Ca ＞ Na ＞ Mg ＞ Al ＞ Zn ＞ Fe ＞ Ni ＞ Sn ＞ Pb ＞ (H) ＞ Cu ＞ Hg ＞ Ag ＞ Pt ＞ Au の順となる。

問 26　2

〔解説〕

反応式よりプロパン 1 モルが燃焼すると 3 モルの二酸化炭素を生じる。したがってプロパン 1 L が燃焼すると二酸化炭素は 3 L 生成する。

問 27　4

〔解説〕

疎水コロイドに少量の電解質を加えて沈殿させる操作を凝析、親水コロイドに多量の電解質を加えて沈殿させる操作を塩析という。

問 28　1

〔解説〕

水酸化ナトリウム (NaOH) の式量は 40 である。よって 10 g の水酸化ナトリウムのモル数は $10 \div 40 = 0.25$ モル

問 29 ～問 30　　問 29　2　　　問 30　2

〔解説〕

問 29　解答のとおり　問 30　石鹸は高級脂肪酸と言われている弱酸性物質と強塩基性を示す水酸化ナトリウムの塩であり、その液性は弱塩基性を示す。

問 31　1

〔解説〕

窒素 N ≡ N、酸素 O=O、エチレン $H_2C=CH_2$、塩素 Cl-Cl

問 32　2

〔解説〕

アンモニア分子のかたちは三角錐であり、極性分子である。

問33　4
〔解説〕
カルシウムはアルカリ土類金属、カリウムはアルカリ金属、窒素は15族である。
問34　3
〔解説〕
9%塩化ナトリウム水溶液30 g中に含まれる溶質の重さは30 × 0.09 = 2.7 g。同様に21%塩化ナトリウム水溶液6 gに含まれる溶質の重さは6 × 0.21= 1.26 g。よってこの混合溶液の濃度は(2.7 + 1.26) / (30 + 6) × 100 = x,　x = 11%
問35　4
〔解説〕
解答のとおり
問36　3
〔解説〕
炎色反応は Li　(赤)、Na(黄)、K(紫)、Cu(青緑)、Ca(橙)、Sr(紅)、Ba(黄緑)である。
問37　3
〔解説〕
ケイ素も酸素もどちらも非金属元素であるので、その間の結合は共有結合となる。
問38　4
〔解説〕
電気分解の際、陽極では酸化反応が、陰極では還元反応が起こる。陰極では銀イオンが還元され銀が析出するが、陽極では硝酸イオンは酸化されないので水が酸化され、酸素ガスを生じる。$2H_2O \rightarrow O_2 + 4H^+ + 4e^-$
問39　2
〔解説〕
右辺と左辺の原子の総数を同じになるものを選択する。
問40　1
〔解説〕
フェノールフタレインは酸性で無色、アルカリ性で赤色。メチルレッドは酸性で赤色、アルカリ性で黄色。フェノールレッドは酸性で黄色、アルカリ性で赤色を呈する。

〔毒物及び劇物の性質及び貯蔵その他取扱方法〕
（一般）

問1　4
〔解説〕
この設問は法第２条の定義のことで正しいのは、４である。なお、１のホウフッ化カリウムは、劇物。モノフルオール酢酸アミドは特定毒物。硫化カドミウムは劇物。
問2　2
〔解説〕
臭素 Br_2 は、劇物。赤褐色・特異臭のある重い液体。比重3.12(20 ℃)、沸点58.8 ℃。強い腐食作用があり、揮発性が強い。引火性、燃焼性はない。水、アルコール、エーテルに溶ける。
問3　4
〔解説〕
硫化バリウムは劇物。白色の結晶性粉末。アルコールには溶けない。また、空気中で酸化され黄色～オレンジ色になる。湿気中では硫化水素を発生する。用途は工業発光顔料など。
問4　3
〔解説〕
塩化第二水銀は毒物。無色又は針状結晶。水にやや溶けやすい。アルコールやエーテルにも溶ける。水溶液は酸性を示す。毒性はマウスにおける50 %致死量は、体重1kg当たり経口投与10mg/kgである。解毒法：・中毒の際には胃洗浄，卵，牛乳の飲用のほかBAL(1,2-ｼﾞﾁｵｸﾞﾘｾﾘﾝ。直射日光を避け、容器を密閉して冷暗所に施錠して保管すること。
問5　1

〔解説〕
解答のとおり。

問６～問７　問６　４　　問７　１

〔解説〕
問６　ホスゲンは独特の青草臭のある無色の圧縮液化ガス。蒸気は空気より重い。トルエン、エーテルに極めて溶けやすい。酢酸に対してはやや溶けにくい。水により加水分解し、二酸化炭素と塩化水素を生成する。不燃性。水分が存在すると加水分解して塩化水素を生じるために金属を腐食する。加熱されると塩素と一酸化炭素への分解が促進される。　問７　黄リン P_4 は、無色又は白色の蝋様の固体。毒物。別名を白リン。暗所で空気に触れるとリン光を放つ。水、有機溶媒に溶けないが、二硫化炭素には易溶。湿った空気中で発火する。

問８　３

〔解説〕
解答のとおり。

問９　１

〔解説〕
重クロム酸カリウム $K_2Cr_2O_7$ は、橙赤色柱状結晶。水にはよく溶けるが、アルコールには溶けない。用途として強力な酸化剤、焙染剤、製革用、電池調整用、顔料原料、試薬。

問10　２

〔解説〕
イとエが正しい。ギ酸(HCOOH)　は劇物。無色の刺激性の強い液体で、還元性が強い。水、アルコール、エーテルに可溶。還元性のあるカルボン酸で、ホルムアルデヒドを酸化することにより合成される。

問11　４

〔解説〕
アとイが正しい。ニコチンは毒物。純ニコチンは無色、無臭の油状液体。水、アルコール、エーテルに安易に溶ける。用途は殺虫剤。

問12　１

〔解説〕
全て正しい。解答のとおり。

問13～問15　　問13　３　　問14　２　　問15　１

〔解説〕
問 13　ロテノンを含有する製剤は空気中の酸素により有効成分が分解して殺虫効力を失い、日光によって酸化が著しく進行することから、密栓及び遮光して貯蔵する。　問 14　ジクワットは、劇物。淡黄色の結晶で水に溶けやすい。中性または酸性下で安定である。アルカリ溶液で薄める場合には、２～３時間以上貯蔵できない。腐食性がある。　問 15　シアン化水素 HCN は、無色の気体または液体(b. p. 25. 6 ℃)、特異臭(アーモンド様の臭気)、弱酸、水、アルコールに溶ける。毒物。貯法は少量なら褐色ガラス瓶、多量なら銅製シリンダーを用い日光、加熱を避け、通風の良い冷所に保存。

問16～問18　問16　４　　問17　３　　問18　１

〔解説〕
問 16　キシレン $C_6H_4(CH_3)_2$ は、C、H のみからなる炭化水素で揮発性なので珪藻土に吸着後、焼却炉で焼却(燃焼法)。　問 17　重クロム酸ナトリウム $Na_2Cr_2O_7 \cdot 2H_2O$ は、やや潮解性の赤橙色結晶、酸化剤。水に易溶。有機溶媒には不溶。希硫酸に溶かし、硫酸第一鉄水溶液を過剰に加える。次に、消石灰の水溶液を加えてできる沈殿物を濾過する。沈殿物に対して溶出試験を行い、溶出量が゛判定基準以下であることを確認して埋立処分する還元沈殿法。　問 18　水酸化カリウム KOH は、強塩基なので希薄な水溶液として酸で中和後、水で希釈処理する中和法。

問19　４

〔解説〕
イとエが正しい。過酸化水素 H_2O_2：無色無臭で粘性の少し高い液体。徐々に水と酸素に分解する。酸化力、還元力をもつ。漂白、医薬品、化粧品の製造。

問20　３

〔解説〕
この設問のキシレンについては、３が誤り。キシレン $C_6H_4(CH_3)_2$ は劇物。無色透明の液体で芳香族炭化水素特有の臭いを有する。蒸気は空気より重い。水に不溶、有機溶媒に可溶である。

（農業用品目）

問１～問４　問１　２　　問２　４　　問３　１　　問４　４

〔解説〕

劇物の除外濃度については、法第２条第２項→法別表第二→指定令第２条解答のとおり。

問５～問７　問５　３　問６　４　　問７　２

〔解説〕

問５　カルボスルファンは、劇物。有機燐製剤の一種。褐色粘稠液体。用途はカーバメイト系殺虫剤。　**問６**　ホスチアゼートは、劇物。弱いメルカプタン臭いのある淡褐色の液体。水にきわめて溶けにくい。用途は野菜等のネコブセンチュウ等の害虫を殺虫剤(有機燐系農薬)。　**問７**　フェンプロパトリンは劇物。１％以下は劇物から除外。白色の結晶性粉末。水にほとんど溶けない。キシレン、アセトン、ジメチルスルホキシドに溶ける。用途は殺虫剤、ピレスロイド系農薬。

問８　４

〔解説〕

ウが誤り。ニコチンの用途は、除草剤ではなく、殺虫剤。

問９　１

〔解説〕

解答のとおり。DCIP(ジ(2-クロルイソプロピルエーテル)は、劇物。淡黄褐色の透明な液体。沸点 187 ℃、引火点は 85 ℃。用途はなす、セロリ、トマト、さつまいも等の根腐線虫、根瘤線虫、桑、茶等根瘤線虫の駆除。廃棄法は燃焼法

問 10　１

〔解説〕

解答のとおり。カズサホスは、10 %を超えて含有する製剤は毒物、10 %以下を含有する製剤は劇物。硫黄臭のある淡黄色の液体。用途は殺虫剤(野菜等のネコブセンチュウ等の防除に用いられる。)。

問 11 ～問 13　問 11　３　　問 12　２　　問 13　１

〔解説〕

問 11　ロテノンを含有する製剤は空気中の酸素により有効成分が分解して殺虫効力を失い、日光によって酸化が著しく進行することから、密栓及び遮光して貯蔵する。　**問 12**　ジクワットは、劇物。淡黄色の結晶で水に溶けやすい。中性または酸性下で安定である。アルカリ溶液で薄める場合には、２～３時間以上貯蔵できない。腐食性がある。　**問 13**　シアン化水素 HCN は、無色の気体または液体(b. p. 25. 6 ℃)、特異臭(アーモンド様の臭気)、弱酸、水、アルコールに溶ける。毒物。貯法は少量なら褐色ガラス瓶、多量なら銅製シリンダーを用い日光、加熱を避け、通風の良い冷所に保存。

問 14 ～問 16　問 14　１　　問 15　２　　問 16　３

〔解説〕

問 14　トリシクラゾールは、劇物、無色無臭の結晶、水、有機溶媒にはあまり溶けない。農業用殺菌剤(イモチ病に用いる。)。８ %以下は劇物除外。　**問 15**　DDVP は有機リン製剤で接触性殺虫剤。無色油状液体、水に溶けにくく、有機溶媒に易溶。水中では徐々に分解。　**問 16**　塩素酸ナトリウム $NaClO_3$ は、無色無臭結晶、酸化剤、水に易溶。有機物や還元剤との混合物は加熱、摩擦、衝撃などにより爆発することがある。用途は農薬としては除草剤、その他には漂白剤や酸化剤など幅広く用いられる。

問 17 ～問 20　問 17　４　　問 18　１　　問 19　３　　問 20　２

〔解説〕

問 17　EDDP は淡黄色透明の液体であり、有機溶媒に溶けやすく水に溶けにくい。　**問 18**　モノフルオール酢酸ナトリウム FCH_2COONa は特毒。有機弗素系化合物。重い白色粉末、吸湿性、冷水に易溶、有機溶媒には溶けない。水、メタノールやエタノールに可溶。　**問 19**　アンモニア NH_3 は、常温では無色刺激臭の気体、冷却圧縮すると容易に液化する。水、エタノール、エーテルに可溶。強いアルカリ性を示し、腐食性は大。水溶液は弱アルカリ性を呈する。　**問 20**　イミダクロプリドは、劇物。弱い特異臭のある無色の結晶。水にきわめて溶けにくい。

（特定品目）

問１～問４　問１　４　　問２　４　　問３　４　　問４　１

〔解説〕

劇物の除外濃度については、法第２条第２項→法別表第二→指定令第２条解答のとおり。

問５　2

〔解説〕

メタノール(メチルアルコール)CH_3OH は、劇物。(別名：木精)無色透明。揮発性の可燃性液体である。特異な香気がある。沸点 64.7℃。蒸気は空気より重く引火しやすい。水とよく混和する。

問６～問８　問６　3　問７　1　問８　3

〔解説〕

水酸化カリウム KOH(別名苛性カリ)は劇物(５％以下は劇物から除外。)で白色の固体で、空気中の水分や二酸化炭素を吸収する潮解性がある。水溶液は強いアルカリ性を示す。また、腐食性が強い。

問９～問11　問９　1　問10　3　問11　4

〔解説〕

問９　酢酸エチル $CH_3COOC_2H_5$ は、果実様香気を発する揮発性のある引火性液体のため、密栓して火気を遠ざけ、冷所に保存する。用途は香料、溶剤、有機合成原料。　問10　過酸化水素水 H_2O_2 は、少量なら褐色ガラス瓶(光を遮るため)、多量ならば現在はポリエチレン瓶を使用し、3 分の 1 の空間を保ち、日光を避けて冷暗所保存。特に、温度の上昇、動揺などによって爆発することがあるので、注意を要する。　問11　クロロホルム $CHCl_3$ は、無色、揮発性の液体で特有の香気とわずかな甘みをもち。麻酔性がある。空気中で日光により分解し、塩素 Cl_2、塩化水素 HCl、ホスゲン $COCl_2$、四塩化炭素 CCl_4 を生じるので、少量のアルコールを安定剤として入れて冷暗所に保存。

問12　2

〔解説〕

この設問のクロロホルムについては、アが誤り。クロロホルム $CHCl_3$(別名トリクロロメタン)は劇物。無色揮発性の液体で、特有の臭気と、かすかな甘みを有する。水にはわずかに溶ける。アルコール、エーテルと良く混和する。

問13　3

〔解説〕

この設問の酸化第二水銀については、アとイが誤り。酸化水銀(Ⅱ)HgO は、別名酸化第二水銀、鮮赤色ないし橙赤色の無臭の結晶性粉末のものと橙黄色ないし黄色の無臭の粉末とがある。水にほとんど溶けず、希塩酸、硝酸、シアン化アルカリ溶液に溶ける。毒物(5 ％以下は劇物)。遮光保存。強熱すると有害な煙霧及びガスを発生。

問14～問15　問14　1　問15　2

〔解説〕

一酸化鉛 PbO は、重い粉末で、黄色から赤色までの間の種々のものがある。希硝酸に溶かすと、無色の液となり、これに硫化水素を通じると、黒色の沈殿を生じる。

問16～問18　問16　4　問17　3　問18　1

〔解説〕

問16　キシレン $C_6H_4(CH_3)_2$ は、C、H のみからなる炭化水素で揮発性なので珪藻土に吸着後、焼却炉で焼却(燃焼法)。　問17　重クロム酸ナトリウム $Na_2Cr_2O_7$ は、やや潮解性の赤橙色結晶、酸化剤。水に易溶。有機溶媒には不溶。希硫酸に溶かし、クロム酸を遊離させ、還元剤の水溶液を過剰に用いて還元したのち、消石灰、ｿｰﾀﾞ灰等の水溶液で処理し、水酸化クロムとして沈殿ろ過する還元沈殿法。

問18　水酸化カリウム KOH は、強塩基なので希薄な水溶液として酸で中和後、水で希釈処理する中和法。

問19　4

〔解説〕

この設問はイとウが正しい。過酸化水素水 H_2O_2 は、無色透明の濃厚な液体で、弱い特有のにおいがある。強く冷却すると稜柱状の結晶となる。不安定な化合物であり、常温でも徐々に水と酸素に分解する。酸化力、還元力を併有している。用途は漂白、医薬品、化粧品の製造。

問20　3

〔解説〕

この設問のキシレンについては、3が誤り。キシレン $C_6H_4(CH_3)_2$(別名キシロール、ジメチルベンゼン、メチルトルエン)は、無色透明な液体で o-、m-、p-の３種の異性体がある。水にはほとんど溶けず、有機溶媒に溶ける。蒸気は空気より重い。溶剤。揮発性、引火性。

〔実　　地〕

（一般）

問 21 ～問 22　問 21　4　　問 22　4

〔解説〕

弗化水素酸（HF・aq）は毒物。弗化水素の水溶液で無色またはわずかに着色した透明の液体。特有の刺激臭がある。不燃性。濃厚なものは空気中で白煙を生ずる。ガラスを腐食する作用がある。用途はフロンガスの原料。半導体のエッチング剤等。ろうを塗ったガラス板に針で任意の模様を描いたものに、この薬物を塗るとろうをかぶらない模様の部分は腐食される。

問 23　2

〔解説〕

ピクリン酸（$C_6H_2(NO_2)_3OH$）は、淡黄色の針状結晶で、温飽和水溶液にシアン化カリウム水溶液を加えると、暗赤色を呈する。

問 24　3

〔解説〕

硫酸亜鉛 $ZnSO_4$ の廃棄方法は、金属 Zn なので 1) 沈澱法；水に溶かし、消石灰、ソーダ灰等の水溶液を加えて生じる沈殿物をろ過してから埋立。2) 焙焼法；還元焙焼法により Zn を回収。

問 25　1

〔解説〕

解答のとおり。

問 26　1

〔解説〕

酢酸鉛 $Pb(CH_3COO)_2 \cdot 3H_2O$ は、無色結晶または白色粉末か顆粒で僅かに酢酸臭がある。水、グリセリンに易溶。水に溶かし、消石灰、ソーダ灰等の水溶液を加えて沈殿させ、さらにセメントを用いて固化し、溶出試験を行い、溶出量が判定基準以下であることを確認して埋立処分する。多量の場合には、還元焙燃法により金属として回収する。

問 27 ～問 28　　問 27　1　　問 28　2

〔解説〕

トリクロル酢酸 CCl_3-COOH は、劇物で無色斜方六面体の結晶。わずかな刺激臭がある。潮解性がある。廃棄方法は可燃性溶剤とともにアフターバーナー及びスクラバーを具備した焼却炉の火室へ噴霧し焼却する燃焼法。

問 29 ～問 30　　問 29　3　問 30　4

〔解説〕

問 29　シアン化合物の解毒剤にはチオ硫酸ナトリウム $Na_2S_2O_3$ や亜硝酸ナトリウム $NaNO_2$ を使用。　問 30　解答のとおり。

問 31 ～問 34　問 31　4　　問 32　1　　　問 33　3　　問 34　2

〔解説〕

問 31　クロルピクリン CCl_3NO_2 は、無色～淡黄色液体、催涙性、粘膜刺激臭。水に不溶。線虫駆除、燻蒸剤。毒性・治療法は、血液に入りメトヘモグロビンを作り、また、中枢神経、心臓、眼結膜を侵し、肺にも強い傷害を与える。治療法は酸素吸入、強心剤、興奮剤。　問 32　EPN は、有機リン製剤、毒物（1.5 %以下は除外で劇物）、芳香臭のある淡黄色油状または融点 36 ℃の結晶。水に不溶、有機溶媒に可溶。遅効性殺虫剤（アカダニ、アブラムシ、ニカメイチュウ等）　有機リン製剤の中毒：コリンエステラーゼを阻害し、頭痛、めまい、嘔吐、言語障害、意識混濁、縮瞳、痙攣など。治療薬は硫酸アトロピンと PAM。　問 33　ニコチンは、毒物、無色無臭の油状液体だが空気中で褐色になる。殺虫剤。猛烈な神経毒、急性中毒では、よだれ、吐気、悪心、嘔吐、ついで脈拍緩徐不整、発汗、瞳孔縮小、呼吸困難、痙攣が起きる。　問 34　シアン化ナトリウム NaCN（別名青酸ソーダ）は、白色、潮解性の粉末または粒状物、空気中では炭酸ガスと湿気を吸って分解する（HCN を発生）。また、酸と反応して猛毒の HCN（アーモンド様の臭い）を発生する。無機シアン化化合物の中毒：猛毒の血液毒、チトクローム酸化酵素系に作用し、呼吸中枢麻痺を起こす。治療薬は亜硝酸ナトリウムとチオ硫酸ナトリウム。

問 35 ～問 38　問 35　2　　問 36　4　　問 37　1　　問 38　4

〔解説〕
解答のとおり。
問 39 ～問 40　問 39　4　問 40　2
〔解説〕
問 39　重クロム酸アンモニウムは劇物。橙赤色の結晶。無臭、燃焼性があり吸湿性はない。可燃物と混合すると常温でも発火する。用途は試薬、触媒など用いられる。　問 40　四塩化炭素(テトラクロロメタン)CCl_4 は、特有な臭気をもつ不燃性、揮発性無色液体、水に溶けにくく有機溶媒には溶けやすい。強熱によりホスゲンを発生。

（農業用品目）

問21～問22　問 21　4　問 22　4
〔解説〕
フェンチオン MPP は、劇物(2 %以下除外)、有機リン剤、淡褐色のニンニク臭をもつ液体。有機溶媒には溶けるが、水には溶けない。稲のニカメイチュウ、ツマグロヨコバイなどの殺虫に用いる。
問23～問26　問 23　3　問 24　4　問 25　2　問 26　1
〔解説〕
問 23　カルバリルは有機物であるからそのまま焼却炉で焼却するか、可燃性溶剤とともに焼却炉の火室へ噴霧し焼却する焼却法。又は、水酸化カリウム水溶液等と加温して加水分解するアルカリ法。　問 24　塩化銅(Ⅱ)$CuCl_2 \cdot 2H_2O$ は劇物。無水物と二水和物がある。一般に二水和物が流通。二水和物は緑色結晶。潮解性がある。水、エタノール、メタノールに可溶。廃棄方法は、水に溶かし、消石灰、ソーダ灰等の水溶液を加えて処理し、沈殿ろ過して埋立処分する沈殿法。
問 25　アンモニア NH_3(刺激臭無色気体)は水に極めてよく溶けアルカリ性を示すので、廃棄方法は、水に溶かしてから酸で中和後、多量の水で希釈処理する中和法。　問 26　EPN は毒物。芳香臭のある淡黄色油状または白色結晶で、水には溶けにくい。一般の有機溶媒には溶けやすい。TEPP 及びパラチオンと同じ有機燐化合物である。可燃性溶剤とともにアフターバーナー及びスクラバーを具備した焼却炉の火室へ噴霧し、焼却する燃焼法。
問27～問28　問 27　3　問 28　2
〔解説〕
問 27　ジメトエートは劇物。白色の固体。水溶液は室温で徐々に加水分解し、アルカリ溶液中ではすみやかに加水分解する。有機燐製剤の一種である。
問 28　ジノカップは、ニトロ化合物、暗褐色粘性液体。バラ、たばこ等のウドンコ病の殺菌。
問29～問30　問 29　4　問 30　1
〔解説〕
パラコートは、毒物で、白色結晶で、水、メタノール、アセトンに溶ける。水に非常に溶けやすい。強アルカリ性で分解する。廃棄方法は①燃焼法では、おが屑等に吸収させてアフターバーナー及びスクラバーを具備した焼却炉で焼却する。②検定法。。
問31～問34　問 31　4　問 32　1　問 33　3　問 34　2
〔解説〕
一般の問31～問34を参照。
問35～問37　問 35　1　問 36　3　問 37　2
〔解説〕
問 35　硫酸亜鉛 $ZnSO_4 \cdot 7H_2O$ は、硫酸亜鉛の水溶液に塩化バリウムを加えると硫酸バリウムの白色沈殿を生じる。　問 36　AlP の確認方法：湿気により発生するホスフィン PH3 により硝酸銀中の銀イオンが還元され銀になる(Ag^+ →Ag)ため黒変する。　問 37　クロルピクリン CCl_3NO_2 の確認：1)CCl_3NO_2 ＋金属 Ca ＋ベタナフチルアミン＋硫酸→赤色沈殿。2)　CCl_3NO_2 アルコール溶液＋ジメチルアニリン＋ブルシン＋ BrCN →緑ないし赤紫色。
問38～問40　問 38　2　問 39　1　問 40　3
〔解説〕
解答のとおり。

（特定品目）

問 21 ～問 23　問 21　1　問 22　4　問 23　2

〔解説〕

問 21　ホルマリンはホルムアルデヒド HCHO の水溶液。フクシン亜硫酸はアルデヒドと反応して赤紫色になる。アンモニア水を加えて、硝酸銀溶液を加えると、徐々に金属銀を析出する。またフェーリング溶液とともに熱すると、赤色の沈殿を生ずる。　問 22　硫酸 H_2SO_4 は無色の粘張性のある液体。強力な酸化力をもち、また水を吸収しやすい。水を吸収するとき発熱する。木片に触れるとそれを炭化して黒変させる。硫酸の希釈液に塩化バリウムを加えると白色の硫酸バリウムが生じるが、これは塩酸や硝酸に溶解しない。　問 23　シュウ酸は一般に流通しているものは二水和物で無色の結晶である。水溶液を酢酸で弱酸性にして、酢酸カルシウムを加えると、結晶性の白色沈殿を生じる。同じく、水溶液をアンモニア水で弱アルカリ性にして、塩化カルシウムを加えても、白色沈殿を生じる。

問 24　4

〔解説〕

毒物劇物特定品目販売業者が販売できるものは、法第４条の３第１項→施行規則第４条の３→施行規則別表第二に掲げられている品目のみである。解答のとおり。

問 25 ～問 28　問 25　2　問 26　4　問 27　1　問 28　4

〔解説〕

解答のとおり。

問 29 ～問 32　問 29　2　問 30　1　問 31　3　問 32　4

〔解説〕

問 29　シュウ酸の中毒症状：血液中のカルシウムを奪取し、神経系を侵す。胃痛、嘔吐、口腔咽喉の炎症、腎臓障害。　問 30　水酸化カリウム KOH は強アルカリ性なので、高濃度のものは腐食性が強く、皮膚に触れると激しく侵す。ダストとミストを吸入すると、呼吸器官を侵す。強アルカリ性なので眼に入った場合には、失明する恐れがある。　問 31　クロム酸カリウムについては、口と食道が帯赤黄色に染まり、のち青緑色に変化する。緑色のものを吐きだ　し、血のまじった便をする。おもくなると、尿に血がまじり、痙攣(けいれん)をおこしたり、さらに気を失うにいたる。　問 32　酢酸エチル $CH_3COOC_2H_5$ は、無色果実臭の可燃性液体。蒸気は粘膜を刺激し、吸入した場合には、はじめ短時間の興奮期を経て、深い麻酔状態に陥ることがある。持続的に吸入するときは、肺、腎臓及び心臓の障害をきたす。

問 33 ～問 36　問 33　3　問 34　1　問 35　2　問 36　4

〔解説〕

解答のとおり。

問 37 ～問 38　問 37　4　問 38　3

〔解説〕

問 37　酸化水銀(Ⅱ) HgO は、別名酸化第二水銀、鮮赤色ないし橙赤色の無臭の結晶性粉末のものと橙黄色ないし黄色の無臭の粉末とがある。水にほとんど溶けず、希塩酸、硝酸、シアン化アルカリ溶液に溶ける。毒物(5 %以下は劇物)。遮光保存。強熱すると有害な煙霧及びガスを発生。船底塗料、試薬、電池の陽極用。

問 38　シュウ酸 $C_2H_2O_4 \cdot 2H_2O$ は木・コルク・綿などの漂白剤。その他鉄錆びの汚れ落としに用いる。

問 39 ～問 40　問 39　4　問 40　2

〔解説〕

解答のとおり。

青森県
令和元年度実施

〔毒物及び劇物に関する法規〕
（一般・農業用品目・特定品目共通）

問１　4
〔解説〕
解答のとおり。
問２　1
〔解説〕
特定毒物については、法第２条第３項に示されている。
問３　2
〔解説〕
この設問の法第３条の３について→施行令 32 条の２で次の品目、①トルエン、②酢酸エチル、トルエン又はメタノールを含有するシンナー、接着剤、塗料及び閉そく用又はシーリングの充てん料は、みだりに摂取し、若しくは吸入し、又はこれらの目的で所持してはならない。このことから正しいのは、アとエである。
問４　2
〔解説〕
解答のとおり。
問５　2
〔解説〕
解答のとおり。
問６～８　問６　3　問７　4　問８　2
〔解説〕
この法第８条第２項は、毒物劇物取扱責任者における不適格者と罪のこと。
問９　2
〔解説〕
この設問はアのみしい。アは法第３条の２第１項のこと。なお、イは毒物又は劇物の製造業者で、非届出事業者に毒物又は劇物を販売とあることから販売業の登録を受けなければ毒物又は劇物を販売することはできない。ウは法第８条第４項において農業用品目のみを扱う輸入業の営業所及び販売業の店舗においてのみである。
問10　4
〔解説〕
法第 10 条は届出のことで、エとオが正しい。なお、アとウについては届け出を要しない。イは当該店舗の移転した場合とあるので、新たに登録申請をして、廃止届を提出。
問 11　2
〔解説〕
この設問は法第 11 条第４項→施行規則第 11 条の４で毒物及び劇物のすべてについて飲食物容器使用禁止と規定されている。
問 12　1
〔解説〕
法第 12 条第１項のこと。
問 13　4
〔解説〕
解答のとおり。
問 14　3
〔解説〕
この設問にある着色用農業品目については法第 13 条→施行令第 39 条でその品目とは、①硫酸タリウムを含有する製剤たる劇物、②燐化亜鉛を含有する製剤たる劇物→施行規則第 12 条であせにくい黒色に着色すると規定されている。
問 15　3
〔解説〕
法第 14 条第１項に毒物又は劇物を販売し、又は授与する際には、書面に記載する事項→①毒物又は劇物の名称及び数量、②販売又は授与の年月日、③譲受人の氏名、職業及び住所(法人にあってはその名称及び主たる事務所の所在地)である。このことから正しいのは、イとウである。

問 16　4

〔解説〕

この毒物又は劇物を譲渡した際に記載した書面の保存期間は、5年間である。(法第 14 条第4項)

問 17　3

〔解説〕

この設問は法第 15 条第1項は、毒物又は劇物の不適格者について示されている。

問 18　2

〔解説〕

法第 16 条の2第2項における盗難紛失の措置のこと。なお同法については、第8次地域一括法(平成 30 年6月 27 日法律第 63 号。)→施行は令和2月4月1日より法第 16 条の2は、法第 17 条となった。

問 19　3

〔解説〕

この設問は法第 22 条第1項における業務上取扱者の届出のことで、その届出事業者とは、①電気めっき行う事業、②金属熱処理を行う事業、③最大積載量 5000kg 以上の大型運送業、④しろあり防除を行う事業となる。この設問では必要な事業でないものとあるので、3が該当する。

問20　1

〔解説〕

この設問は法第 12 の表示のことで、すべて誤り。アの特定毒物は毒物に含まれるので、法第 12 条第1項により、「医薬用外」の文字と赤地に白色をもって「毒物」」の文字を記載しなければならない。イについてもアと同様に、「医薬用外」の文字と赤地に白色をもって「毒物」」の文字を記載しなければならない。ウについては、大学や病院においての業務上取扱者とあるので、法第 22 条第5項においで法第 12 条第3項により「医薬用外」の文字及び劇物については「劇物」の文字を表示しなければならないである。

〔基礎化学〕
(一般・農業用品目・特定品目共通)

問 21 ～ 24　3　問 22　2　問 23　4　問 24　1

〔解説〕

解答のとおり

問 25　3

〔解説〕

フッ素は全元素の中で電気陰性度が最も大きい。

問 26　3

〔解説〕

同位体とは原子番号が同じであり、質量数が異なるものである。すなわち陽子の数と電子の数は同位体どうしで等しいが、中性子の数が異なるものである。

問 27　1

〔解説〕

フッ化水素は分子内で強く分極しているため、分子間で水素結合のネットワークを形成する。そのため沸点が異常に高くなる。

問 28　2

〔解説〕

炭酸水素ナトリウムは強塩基と弱酸の塩であるため、水に溶解すると弱塩基性を示す。一方塩化アンモニウムは強酸と弱塩基の塩であるため、水に溶解すると弱酸性を示す。

問 29　1

〔解説〕

水の分子の形はＶ字であり、そのため極性を有する。塩素と二酸化炭素は直線、メタンは正四面体であるので無極性となる。

問 30 ～ 32　問 30　4　問 31　2　問 32　3

〔解説〕

解答のとおり

問 33 ～ 35　問 33　1　問 34　2　問 35　1

〔解説〕

問 33　0.01　mol/L の塩酸の水素イオン濃度[H^+]は、0.01 × 1.0 ＝ 1.0 × 10^{-2}mol/L である。よってこの溶液の pH は-log10^{-2} = 2

問 34　0.001　mol/L の水酸化ナトリウム溶液の水酸化物イオン濃度[OH^-]は、0.001 × 1.0 = 1.0 × 10^{-3} mol/L である。よって水素イオン濃度は[H^+][1.0 × 10^{-3}] ＝ 1.0 × 10^{-14}，[H^+] ＝ 1.0 × 10^{-11}。したがってこの溶液の pH は -log10^{-11} = 11

問 35　0.01mol/L のアンモニア水の[OH-]は、0.01 × 0.01 ＝ 1.0 × 10^{-4} mol/L である。問 34 と同様に求めると pH = 10

問 36　2

〔解説〕

モル濃度は次の公式で求める。M ＝ w/m × 1000/v （M はモル濃度：mol/L、w は質量：g、m は分子量または式量、v は体積：mL）これに当てはめればよい。

M = 1.0/40 × 1000/500,　M = 0.05 mol/L

問 37　4

〔解説〕

ボイルの法則($P_1V_1 = P_2V_2$)より求める。

1.0 × 10^5 × 5 = P_2 × 2，P_2 = 2.5 × 10^5 Pa

問 38　1

〔解説〕

アセトン$(CH_3)_2CO$，アニリン $C_6H_5NH_2$，エタノール CH_3CH_2OH

問 39　3

〔解説〕

安息香酸 C_6H_5COOH，フェノール C_6H_5OH，

エチレングリコール $HOCH_2CH_2OH$，クレゾール $C_6H_4(OH)CH_3$

問 40　4

〔解説〕

アセチレンは三重結合を有している HC ≡ CH。

〔毒物及び劇物の性質及び貯蔵その他取扱方法〕

（一般）

問 41 ～ 44　問 41　3　問 42　1　問 43　2　問 44　4

〔解説〕

解答のとおり

問 45 ～ 48　問 45　3　問 46　1　問 47　2　問 48　4

〔解説〕

問 45　亜硝酸ナトリウム $NaNO_2$ は、劇物。白色または微黄色の結晶性粉末。水に溶けやすい。アルコールにはわずかに溶ける。潮解性がある。空気中では徐々に酸化する。ヘモグロビンを酸化させ酸素運搬機能を失わせるため、血液は次第に暗黒色となる。中枢神経を麻痺するとともに、めまいがして、ひどくなると血圧低下する。　**問 46**　ジクワットは、劇物で、ジピリジル誘導体で淡黄色結晶、水に溶ける。中性又は酸性で安定、アルカリ溶液でうすめる場合には、２～３時間以上貯蔵できない。腐食性を有する。吸入した場合は、鼻やのどの粘膜に炎症を起こし、はなはだしい場合には吐き気、嘔吐、下痢等を起こすことがある。また、皮膚に触れた場合は。紅斑、浮腫などをおこすことがある。放置すると皮膚より吸収され中毒を起こすことがある。　**問 47**　ピクリン酸は、劇物。淡黄色の光沢ある小葉状または針状結晶。毒性については、染料、爆薬製造工場で、粉や蒸気を吸入すると眼、鼻、口腔等の粘膜、気管に障害を起こす。また、多量に服用すると、嘔吐、下痢などを起こし、諸器官は黄色になる。　**問 48**　シュウ酸$(COOH)_2$・$2H_2O$ は、劇物（10 %以下は除外）、無色稜柱状結晶。血液中のカルシウムを奪取し、神経系を侵す。胃痛、嘔吐、口腔咽喉の炎症、腎臓障害。

問 49 ～ 50　問 49　3　問 50　4

〔解説〕

問 49　パラチオンは特定毒物。純品は無色ないし淡褐色の液体。コリンエステラーゼ阻害作用がある。頭痛、めまい、嘔気、発熱、麻痺、痙攣等の症状を起こす。有機燐化合物なので解毒・治療薬にはＰＡＭ・硫酸アトロピン。

問50　シアン化合物の症状は呼吸障害。解毒剤にはチオ硫酸ナトリウム $Na_2S_2O_3$ や亜硝酸ナトリウム $NaNO_2$ を使用。

（農業用品目）

問41～44　問41　3　　問42　1　　問43　2　　問44　4

〔解説〕

解答のとおり。

問45～48　問45　3　　問46　1　　問47　2　　問48　4

〔解説〕

問45　塩素酸カリウム $KClO_3$(別名塩素酸カリ)は、無色の結晶。水に可溶。アルコールに溶けにくい。熱すると酸素を発生する。皮膚を刺激する。吸入した場合は鼻、のどの粘膜を刺激し、悪心、嘔吐、下痢、チアノーゼ、呼吸困難等を起こす。　　問46　DDVP：有機リン製剤で接触性殺虫剤。無色油状、水に溶けにくく、有機溶媒に易溶。水中では徐々に分解。有機リン製剤なのでコリンエステラーゼ阻害。解毒薬は PAM。　　問47　ニコチンは猛烈な神経毒をもち、急性中毒ではよだれ、吐気、悪心、嘔吐、ついで脈拍緩徐不整、発汗、瞳孔縮小、呼吸困難、痙攣が起きる。　　問48　モノフルオロ酢酸ナトリウムは有機フッ素化合物である。有機フッ素化合物の中毒：TCA サイクルを阻害し、呼吸中枢障害、激しい嘔吐、てんかん様痙攣、チアノーゼ、不整脈など。治療薬はアセトアミド。

問49～50　問49　3　　問50　4

〔解説〕

問49　カルバメート剤の解毒剤は硫酸アトロピン(PAM は無効)、SH 系解毒剤の BAL、グルタチオン等。　　問50　硫酸銅、硫酸銅(Ⅱ) $CuSO_4 \cdot 5H_2O$ は、濃い青色の結晶。風解性。水に易溶、水溶液は酸性。劇物。経口摂取により嘔吐が誘発される。大量に経口摂取した場合では、メトヘモグロビン血症及び腎臓障害を起こして死亡に至る。なお、急性症状は嘔吐、吐血、低血圧、下血、昏睡、黄疸である。治療薬はペニシラミンあるいはジメチルカプロール(BAL)。

（特定品目）

問41～44　問41　3　　問42　1　　問43　2　　問44　4

〔解説〕

解答のとおり。

問45～48　問45　3　　問46　1　　問47　2　　問48　4

〔解説〕

問45　メタノール(メチルアルコール) CH_3OH は無色透明、揮発性の液体で水と随意の割合で混合する。火を付けると容易に燃える。：毒性は頭痛、めまい、嘔吐、視神経障害、失明。致死量に近く摂取すると麻酔状態になり、視神経がおかされ、目がかすみ、ついには失明することがある。　　問46　クロロホルム $CHCl_3$ は、無色、揮発性の液体で特有の香気とわずかな甘みをもち、麻酔性がある。吸入した場合は、強い麻酔作用があり、めまい、頭痛、吐き気をおぼえ、はなはだしい場合は、嘔吐、意識不明などを起こすことがある。また、皮膚に触れた場合は皮膚を刺激し、皮膚からも吸収される。　　問47　水酸化カリウム KOH：強アルカリ性。この薬物の濃厚水溶液は、腐食性が強く、皮膚に触れると激しく侵す。　　問48　シュウ酸 $(COOH)_2 \cdot 2H_2O$ は、劇物(10 %以下は除外)、無色稜柱状結晶。血液中のカルシウムを奪取し、神経系を侵す。胃痛、嘔吐、口腔咽喉の炎症、腎臓障害。

問49～50　問49　3　　問50　4

〔解説〕

問49　過酸化水素水は６パーセント以下は劇物から除外。

問50　蓚酸は 10 %以下は劇物から除外。

〔実地：毒物及び劇物の識別及び取扱方法〕

（一般）

問 51 ～ 54　問 51　1　　問 52　4　　問 53　3　　問 54　2

〔解説〕

問 51　ニコチンは、毒物、無色無臭の油状液体だが空気中で褐色になる。ニコチンの確認：1)ニコチン＋ヨウ素エーテル溶液→褐色液状→赤色針状結晶　2)ニコチン＋ホルマリン＋濃硝酸→バラ色。　問 52　ホルムアルデヒド HCHO は、無色刺激臭の気体で水に良く溶け、これをホルマリンという。ホルマリンは無色透明な刺激臭の液体、低温ではパラホルムアルデヒドの生成により白濁または沈澱が生成することがある。水、アルコール、エーテルと混和する。アンモニ水を加えて強アルカリ性とし、水浴上で蒸発すると、水に溶解しにくい白色、無晶形の物質を残す。フェーリング溶液とともに熱すると、赤色の沈殿を生ずる。　問 53　シュウ酸は無色の結晶で、水溶液を酢酸で弱酸性にして酢酸カルシウムを加えると、結晶性の沈殿を生ずる。また、水溶液は過マンガン酸カリウム溶液を退色する。　問 54　硝酸 HNO_3 は、劇物。無色の液体。特有な臭気がある。銅屑を加えて熱すると、藍色を呈して溶け、その際赤褐色の蒸気を発生する。

問 56 ～ 58　問 55　2　　問 56　1　　問 57　4　　問 58　3

〔解説〕

解答のとおり。

問 59 ～ 60　問 59　4　　問 60　2

解答のとおり。

（農業用品目）

問 51 ～ 54　問 51　1　　問 52　4　　問 53　3　　問 54　2

〔解説〕

問 51　ニコチンは、毒物、無色無臭の油状液体だが空気中で褐色になる。ニコチンの確認：1)ニコチン＋ヨウ素エーテル溶液→褐色液状→赤色針状結晶　2)ニコチン＋ホルマリン＋濃硝酸→バラ色。　問 52　クロルピクリン CCl_3NO_2 の確認：1)CCl_3NO_2 ＋金属 Ca ＋ベタナフチルアミン＋硫酸→赤色沈殿。2)　CCl_3NO_2 アルコール溶液＋ジメチルアニリン＋ブルシン＋ BrCN →緑ないし赤紫色。
問 53　リン化亜鉛 Zn_3P_2 は、灰褐色の結晶又は粉末。かすかにリンの臭気がある。ベンゼン、二硫化炭素に溶ける。酸と反応して有毒なホスフィン PH3 を発生。

問 54　塩素酸ナトリウム $NaClO_3$ は、劇物。潮解性があり、空気中の水分を吸収する。また強い酸化剤である。炭の中にいれ熱灼すると音をたてて分解する。

問 55 ～ 58　問 55　2　問 56　1　　問 57　4　　問 58　3

〔解説〕

問 55　ブロムメチル(臭化メチル)CH_3Br は、燃焼させると C は炭酸ガス、H は水、ところが Br は HBr(強酸性物質、気体)などになるのでスクラバーを具備した焼却炉が必要となる燃焼法。　問 56　硫酸銅 $CuSO_4$ は、水に溶解後、消石灰などのアルカリで水に難溶な水酸化銅 $Cu(OH)_2$ とし、沈殿ろ過して埋立処分する沈殿法。または、還元焙焼法で金属銅 Cu として回収する還元焙焼法。　問 57　塩素酸ナトリウム $NaClO_3$ は酸化剤なので、希硫酸で $HClO_3$ とした後、これを還元剤中へ加えて酸化還元後、多量の水で希釈処理する還元法。　問 58　シアン化ナトリウム NaCN は、酸性だと猛毒のシアン化水素 HCN が発生するのでアルカリ性にしてから酸化剤でシアン酸ナトリウム NaOCN にし、余分なアルカリを酸で中和し多量の水で希釈処理する酸化法。水酸化ナトリウム水溶液等でアルカリ性とし、高温加圧下で加水分解するアルカリ法。

問 59 ～ 60　問 59　4　　問 60　2

〔解説〕

解答のとおり。

（特定品目）

問 51 ～ 54　問 51　1　　**問 52**　4　　**問 53**　3　　**問 54**　2

〔解説〕

問 51　アンモニア水は無色透明、刺激臭がある液体。アンモニア NH_3 は空気より軽い気体。濃塩酸を近づけると塩化アンモニウムの白い煙を生じる。$NH_3 + HCl \rightarrow NH_4Cl$　**問 52**　過酸化水素 H_2O_2 は、無色無臭で粘性の少し高い液体。徐々に水と酸素に分解(光、金属により加速)する。安定剤として酸を加える。　ヨード亜鉛からヨウ素を析出する。過酸化水素自体は不燃性。しかし、分解が起こると激しく酸素を発生する。周囲に易燃物があると火災になる恐れがある。　**問 53**　シュウ酸は無色の結晶で、水溶液を酢酸で弱酸性にして酢酸カルシウムを加えると、結晶性の沈殿を生ずる。水溶液は過マンガン酸カリウム溶液を退色する。水溶液をアンモニア水で弱アルカリ性にして塩化カルシウムを加えると、蓚酸カルシウムの白色の沈殿を生ずる。　**問 54**　硝酸 HNO_3 は純品なものは無色透明で、徐々に淡黄色に変化する。特有の臭気があり腐食性が高い。うすめた水溶液に銅屑を加えて熱すると、藍色を呈して溶け、その際赤褐色の蒸気を発生する。藍(青)色を呈して溶ける。

問 55 ～ 58　問 55　2　**問 56**　1　　**問 57**　4　　**問 58**　3

〔解説〕

問 55　塩素ガスは多量のアルカリに吹き込んだのち、希釈して廃棄するアルカリ法。必要な場合(例えば多量の場合など)にはアルカリ処理法で処理した液に還元剤(例えばチオ硫酸ナトリウム水溶液など)の溶液を加えた後中和する。その後多量の水で希釈して処理する還元法。**問 56**　硅弗化ナトリウムは劇物。無色の結晶。水に溶けにくい。廃棄法は水に溶かし、消石灰等の水溶液を加えて処理した後、希硫酸を加えて中和し、沈殿濾過して埋立処分する分解沈殿法。　**問 57**　ホルマリンはホルムアルデヒド HCHO の水溶液で劇物。無色あるいはほとんど無色透明な液体。廃棄方法は多量の水を加え希薄な水溶液とした後、次亜塩素酸ナトリウムなどで酸化して廃棄する酸化法。　**問 58**　酢酸鉛 $Pb(CH_3COO)_2 \cdot 3H_2O$ は、無色結晶または白色粉末か顆粒で僅かに酢酸臭がある。水、グリセリンに易溶。廃棄は 1)沈澱隔離法：水に溶かして消石灰などのアルカリで水に不溶性の水酸化鉛 $Pb(OH)_2$ として沈殿ろ過してセメントで固化し、溶出試験で基準以下を確認後、埋立処分。　2)焙焼法：還元焙焼法で金属鉛として回収。

問 59 ～ 60　問 59　4　　**問 60**　2

〔解説〕

解答のとおり。

岩手県
令和元年度実施

〔毒物及び劇物に関する法規〕
（一般・農業用品目・特定品目共通）

設問１　**問１**　２　**問２**　３　**問３**　２　**問４**　３　**問５**　１
問６　２　**問７**　３　**問８**　１　**問９**　１　**問10**　２

〔解説〕
解答のとおり。

設問２　**問11**　１　**問12**　１　**問13**　２　**問14**　１　**問15**　１

〔解説〕
問11　設問のとおり。法第７条第３項　**問12**　設問のとおり。法第８条第４項　**問13**　この設問は、問 12 と同様に法第８条第４項のことである。この設問については、製造する製造所においてではなく、輸入業の営業所若しくは販売業の店舗においてのみである。なお、毒物又は劇物を製造する製造所での毒物劇物取扱責任者になることができるのは、一般毒物劇物取扱責任者に合格した者のみである。　**問14**　設問のとおり。法第８条第２項第一号　**問15**　設問のとおり。法第８条第２項第四号

設問３　**問16**　２　**問17**　１　**問18**　４　**問19**　４　**問20**　２

〔解説〕
この設問における毒物又は劇物の譲渡手続については、法第 14 条に示されている。解答のとおり。

設問４　**問21**　１　**問22**　２　**問23**　２　**問24**　１　**問25**　２

〔解説〕
問 21　設問のとおり。施行令第 28 条のことで都道府県知事が指定する特定毒物使用者のこと。　**問 22**　この設問も問 21 と同様に特定毒物使用者のこと。この四アルキル鉛を含有する製剤を使用する特定毒物使用者とは、石油精製業者で、用途についてはガソリンへの混入と施行令第１条に示されている。　**問 23**　特定毒物を輸入することができる者は、①毒物又は劇物の輸入業者、②特定毒物研究者のみである。よって誤り。法第３条の２第２項　**問24**　設問のとおり。法第３条の２第１項　**問25**　特定毒物を所持できる者は、①毒物劇物営業者（毒物又は劇物の製造業者、輸入業者、販売業者）、②特定毒物研究者、③特定毒物使用者である。法第３条の２第 10 項

設問５　**問26**　４　**問27**　２　**問28**　３　**問29**　１　**問30**　５

〔解説〕
問 26　この設問にある毒物又は劇物を廃棄する際には、法第 15 条の２→施行令第 40 条における廃棄基準を遵守で、届け出を要しない。　**問 27**　毒物又は劇物を廃止したときは、法第 10 条第１項第四号において、30 日以内に廃止届を届け出なければならないである。　**問 28**　法人である毒物劇物営業者が主たる事務所変更したときは、法第 10 条第１項第一号において、30 日以内に変更届を届け出なければならないである。　**問 29**　この設問については新たに登録申請をしてね廃止届を届け出る。　**問 30**　法第９条〔第６条第二号〕第１号→施行規則第 10 条→別記第 10 号様式による変更申請。

設問６　**問31**　１　**問32**　２　**問33**　１

〔解説〕
この設問は施行規則第４条の４第１項における毒物又は劇物の製造所の設備基準についてで問 31、問 33 が正しい。なお、問 32 について、毒物又は劇物を貯蔵する場合は、施行規則第４条の４第１項第二号ホにおいて、その周囲に、堅固なさくが設けてあることである。

設問７　**問34**　１　**問35**　１　**問36**　１　**問37**　１

〔解説〕
この設問は法第 12 条の毒物又は劇物の表示について。設問はすべて正しい。

設問８　**問38**　４　**問39**　１　**問40**　２　**問41**　３

〔解説〕
問38　法第１条の目的　**問39**　法第２条第２項における定義（劇物）　**問40及び問41**は、施行令第40条における毒物又は劇物の廃棄基準について。

設問９　問 42　1　　問 43　2　　問 44　2　　問 45　1

〔解説〕

問 42　この設問は業務上取扱者の届出のことで、法第 22 条１項→施行令第 41 条第三号及び施行令第 42 条第二号→施行令別表第二のこと。　**問 43**　この設問にある農家は、非届出業務上取扱者にあたるので届け出を要しない。法第 22 条第５項　**問 44**　この設問については、しろあり防除とあるので、法第 22 条１項→施行令第 41 条第四号及び施行令第 42 条第三号において、ヒ素化合物たる毒物及びこれを含有する製剤について業務上取扱者の届け出を要する。　**問 45**　法第 22 条第５項において法第 17 条第１項における毒物劇物監視員の立入検査を行わさせることができる。解答のとおり。なお、同法第 17 条については、第８次地域一括法(平成 30 年６月 27 日法律第63 号。)→施行は令和２月４月１日より法第 17 条は、法第 18 条となった。

設問 10　問 46　4　　問 47　1　　問 48　2　　問 49　3　　問 50　2

〔解説〕

問 46、問 47、問 48　はこの設問にある劇物たる塩素を車両(１回 5,000kg ↑)を使用する際に、毒物又は劇物を運搬方法については施行令第 40 条の５で示されている。また、車両の前後の見やすい箇所に掲げる標識は、施行規則第 13 条の５、車両に備える保護具については、施行規則 13 条の６に示されている。**問 49、問 50** は毒物又は劇物を運搬を他に委託する場合についてのこと、施行令第 40 条の６に示されている。

〔基礎化学･毒物及び劇物の性質及び貯蔵その他取扱方法〕

（一般・農業用品目共通）

設問 11　問 51　3　　問 52　1　　問 53　3　　問 54　2　　問 55　4

〔解説〕

問 51　1 硝酸カリウム、2 過塩素酸カリウム、4 塩化カリウム
問 52　2 酢酸、3 ギ酸、4 メタノール
問 53　1 硝酸、2 炭酸、4 塩化水素
問 54　1 フェノール、3 メタノール、4 アニリン
問 55　1 メタン、2 アセトアルデヒド、3 ベンゼン

設問 12　問 56　1　　問 57　2　　問 58　1　　問 59　4　　問 60　3

〔解説〕

問 56　炭素原子はＫ殻に２個、Ｌ殻に４個の電子をもつ。
問 57　リチウムはアルカリ金属元素である。ベリリウム、マグネシウム、カルシウムは２族の元素ではあるが、ベリリウムとマグネシウムは性質が異なるのでアルカリ土類金属には含まない。
問 58　イオン化傾向とは陽イオンになり易さの尺度で、K ＞ Ca ＞ Na ＞ Mg ＞ Al ＞ Zn ＞ Fe ＞ Ni ＞ Sn ＞ Pb ＞ (H) ＞ Cu ＞ Hg ＞ Ag ＞ Pt ＞ Au の順となる。
問 59　ヨードホルム反応はメチルケトンの検出反応、ヨウ素でんぷん反応はでんぷんの検出に、銀鏡反応はアルデヒドの検出反応である。
問 60　ボイルの法則より、$2.0 \times 8.0 = 4.0 \times x$,　$x = 4.0$ L

設問 13　問 61　1　　問 62　3　　問 63　3　　問 64　4　　問 65　2

〔解説〕

問 61　同位体とは原子番号は同じであるが、中性子の数が異なるもの同士をいう。
問 62　陰極では還元反応が起こる。ナトリウムイオンは還元を受けにくく、代わりに水が還元され、水素ガスを放出する。$2H_2O + 2e^- \rightarrow H_2 + 2OH^-$
問 63　炎色反応は Li (赤)、Na(黄)、K(紫)、Cu(青緑)、Ca(橙)、Sr(紅)、Ba(黄緑)である。
問 64　総熱量不変の法則をヘスの法則という。
問 65　凝固は液体が固体になる状態変化。融解は固体が液体になる状態変化。消化は固体が気体に、あるいは気体が固体になる状態変化。

（一般）

設問 14　問 66　4　　問 67　2　　問 68　1　　問 69　3　　問 70　4

〔解説〕

解答のとおり
設問15　問71　6　問72　5　問73　2　問74　3　問75　4
〔解説〕
解答のとおり
設問16　問76　6　問77　3　問78　4　問79　1　問80　5
〔解説〕
問76　正解6　ホスゲンは選択肢の中で唯一ガスである。
設問17　問81　1　問82　5　問83　4　問84　4　問85　6
〔解説〕
解答のとおり
設問18　問86　3　問87　6　問88　1　問89　5　問90　2
〔解説〕
問87　ポリマーの原料である。
問88　特殊引火物に指定されるほど引火点がひくい。
問89　ホスホと物質名につくものは有機リン系の化合物である。
設問19　問91　3　問92　3　問93　1　問94　3　問95　2
問96　2　問97　2　問98　3　問99　2　問100　1
〔解説〕
解答のとおり

（農業用品目）
設問14　問66　2　問67　3　問68　1　問69　4　問70　3
〔解説〕
解答のとおり
設問15　問71　2　問72　1　問73　3
〔解説〕
解答のとおり
設問16　問74　1　問75　2
〔解説〕
解答のとおり
設問17　問76　5　問77　4　問78　1　問79　2　問80　6
〔解説〕
問76　ダイアジノンは有機化合物なので燃焼して廃棄
問77　酸はアルカリで中和したのち希釈して廃棄
問79　酸化剤は還元剤と反応させて廃棄
設問18　問81　2　問82　1　問83　2　問84　1　問85　1
〔解説〕
問81　リン化亜鉛などのリン化物の記載である。
問82　ダイアジノンは有機リン系殺虫剤である。
問83　シアン化物の記載である。
設問19　問86　2　問87　1　問88　4　問89　5　問90　6
〔解説〕
問86　硫酸や希硫酸はイオン化傾向が水素より大きい金属と反応し、水素ガスを発生させる。
問87　シアン化物は亜硝酸化合物（亜硝酸アミルなど）とチオ硫酸で解毒する。
問88　有機リン系であるためアトロピンまたはPAMにより解毒する。
問89　リン化物は酸と接触することで有毒なホスフィン(PH_3)を生じる。
設問20　問91　1　問92　2　問93　1　問94　2　問95　1
問96　2　問97　1　問98　1　問99　2　問100　1
〔解説〕
解答のとおり

（特定品目）
設問11　問51　1　問52　2　問53　1　問54　4　問55　3
〔解説〕
問51　炭素原子はK殻に2個、L殻に4個の電子をもつ。
問52　リチウムはアルカリ金属元素である。ベリリウム、マグネシウム、カルシウムは2族の元素ではあるが、ベリリウムとマグネシウムは性質が異なるのでアルカリ土類金属には含まない。

問53　イオン化傾向とは陽イオンになり易さの尺度で、K > Ca > Na > Mg > Al > Zn > Fe > Ni > Sn > Pb > (H) > Cu > Hg > Ag > Pt > Au の順となる。
問54　ヨードホルム反応はメチルケトンの検出反応、ヨウ素でんぷん反応はでんぷんの検出に、銀鏡反応はアルデヒドの検出反応である。
問55　ボイルの法則より、2.0 × 8.0 = 4.0 × x,　x = 4.0 L

設問12　問56　1　**問57**　3　**問58**　3　**問59**　4　**問60**　2

〔解説〕

問56　同位体とは原子番号は同じであるが、中性子の数が異なるもの同士をいう。
問57　陰極では還元反応が起こる。ナトリウムイオンは還元を受けにくく、代わりに水が還元され、水素ガスを放出する。$2H_2O + 2e^- \rightarrow H_2 + 2OH^-$
問58　炎色反応は Li（赤）、Na（黄）、K（紫）、Cu（青緑）、Ca（橙）、Sr（紅）、Ba（黄緑）である。
問59　総熱量不変の法則をヘスの法則という。
問60　凝固は液体が固体になる状態変化。融解は固体が液体になる状態変化。消化は固体が気体に、あるいは気体が固体になる状態変化。

設問13　問61　4　**問62**　2　**問63**　3　**問64**　4　**問65**　1

〔解説〕

解答のとおり

設問14　問66　2　**問67**　2　**問68**　1　**問69**　1　**問70**　1

〔解説〕

解答のとおり

設問15　問71　1　**問72**　2　**問73**　1　**問74**　1　**問75**　2

〔解説〕

問71　酢酸エチルは可燃性の液体である。
問72　硫酸は中和法により除却、。
問75　クロム酸塩の漏洩があった場合はまず空容器にできるだけ回収し、その後多量の水を用いて洗い流す。

〔実地試験（毒物及び劇物の識別及び取扱方法）〕

（一般・農業用品目・特定品目共通）

（注）　農業用品目における設問21→設問20、設問22→設問21です。
また、特定品目における設問16→設問20、設問17→設問21です。

設問20　問101　2　**問102**　1

〔解説〕

問101　モル濃度は次の公式で求める。M ＝ w/m × 1000/v　（M はモル濃度：mol/L、w は質量：g、m は分子量または式量、v は体積：mL）これに当てはめればよい。5 = w/40 × 1000/200,　w = 40 g
問102　中和の公式は「酸の価数(a) × 酸のモル濃度(c_1) × 酸の体積(V_1) ＝ 塩基の価数(b) × 塩基のモル濃度(c_2) × 塩基の体積(V_2)」である。これに代入すると、2 × 3.0 × V_1 = 1 × 1.5 × 100,　V_1 = 25 mL

設問21　問103　3　**問104**　2

〔解説〕

問103　加える水の量を x とする。　80/(80 + x) × 100 = 10,　x = 720 g
問104　4%塩化ナトリウム水 600 g に含まれる溶質の重さは、600 × 0.04 = 24 g。同様に 12%塩化ナトリウム水溶液 200 g に含まれる溶質の重さは、200 × 0.12 = 24 g。よってこの混合溶液の濃度は (24 + 24)/(600 + 200) × 100 = 6 %

（一般）

設問22　問105　2　**問107**　5　**問109**　4　**問111**　1
問106　5　**問108**　3　**問110**　4　**問112**　2

〔解説〕

チアクロプリドは、有機塩素化合物、無臭の黄色粉末結晶。水に難溶。アセトンにやや溶けにくい。比重は 1.46、沸点は 136 ℃。劇物（３％以下は除外）。シンクイムシに類等の殺虫剤(ネオニコチノイド系殺虫剤)。　弗化水素酸（HF・aq）は毒物。弗化水素の水溶液で無色またはわずかに着色した透明の液体。特有の刺激臭がある。不燃性。濃厚なものは空気中で白煙を生ずる。ガラスを腐食する作用がある。用途はフロンガスの原料。半導体のエッチング剤等。ナトリウム Na は、銀白色の光輝をもつ金属である。常温ではロウのような硬度を持っており、空気中では容易に酸化される。冷水中に入れると浮かび上がり、すぐに爆発的に発火する。用途はアマルムガム製造、漂白剤の過酸化ナトリウムの製造、試薬等。リン化水素 PH3 は、毒物。別名ホスフィンは腐魚臭様の無色気体。水にわずかに溶ける。酸素及びハロゲンと激しく反応する。用途は半導体工業におけるドーピングガス。

設問 23　問 113　4　問 115　1　問 117　5　問 119　3
　　　　問 114　4　問 116　3　問 118　2　問 120　1

〔解説〕

アジ化ナトリウム NaN_3：毒物、無色板状結晶で無臭。水に溶けアルコールに溶け難い。徐々に加熱すると分解し、窒素とナトリウムを発生。酸によりアジ化水素 HN_3 を発生。用途は試薬、医療検体の防腐剤、エアバッグのガス発生剤。

セレン Se は毒物。灰色の金属光沢を有するペレット又は黒色の粉末。水に不溶。融点は 215 ℃。硫酸、二硫化炭素に可溶。用途はガラスの脱色、釉薬、整流器。カルボスルファンは、劇物。有機燐製剤の一種。褐色粘稠液体。用途はカーバメイト系殺虫剤。　ホルムアルデヒド HCHO は、無色刺激臭の気体で水に良く溶け、これをホルマリンという。ホルマリンは無色透明な刺激臭の液体、低温ではパラホルムアルデヒドの生成により白濁または沈殿が生成することがある。用途はフィルムの硬化、樹脂製造原料、試薬・農薬等。１％以下は劇物から除外。

（農業用品目）

設問 21　問 101　2　問 102　1

〔解説〕

問 101　モル濃度は次の公式で求める。M ＝ w/m × 1000/v （M はモル濃度：mol/L、w は質量：g、m は分子量または式量、v は体積：mL）これに当てはめればよい。　5 = w/40 × 1000/200,　w = 40 g

問 102　中和の公式は「酸の価数(a)×酸のモル濃度(c_1)×酸の体積(V_1) ＝ 塩基の価数(b)×塩基のモル濃度(c_2)×塩基の体積(V_2)」である。これに代入すると、2 × 3.0 × V_1 = 1 × 1.5 × 100,　V_1 = 25 mL

設問 22　問 103　3　問 104　2

〔解説〕

問 103　加える水の量を x とする。　80/(80 + x) × 100 = 10,　x = 720 g

問 104　4%塩化ナトリウム水 600 g に含まれる溶質の重さは、600 × 0.04 = 24 g。同様に 12%塩化ナトリウム水溶液 200 g に含まれる溶質の重さは、200 × 0.12 = 24 g。よってこの混合溶液の濃度は (24 + 24)/(600 + 200) × 100 = 6 %

設問 23　問 105　4　問 107　2　問 109　3　問 111　1
　　　　問 106　1　問 108　4　問 110　2　問 112　3

〔解説〕

フルスルファミドは、劇物(0.3 %以下は劇物から除外)。淡黄色結晶性粉末。水に難溶。有機溶媒に溶けやすい。用途は農薬の殺菌剤。　クロルメコートは、劇物、白色結晶で魚臭、非常に吸湿性の結晶。エーテルに不溶。水、アルコールに可溶。用途は植物成長調整剤。フルバリネートは劇物。淡黄色ないし黄褐色の粘稠性液体。水に難溶。熱、酸性には安定であるが、太陽光、アルカリには不安定。用途は、野菜、果樹、園芸植物のアブラムシ類、ハダニ類、アオムシ、コナガ等に用いられるピレスロイド系殺虫剤で、シロアリ防除にも有効。塩素酸ナトリウム NaClO3 は、無色無臭結晶、酸化剤、水に易溶。有機物や還元剤との混合物は加熱、摩擦、衝撃などにより爆発することがある。用途は除草剤、酸化剤、抜染剤。

設問 24　問 113　2　問 115　4　問 117　1　問 119　3
　　　　問 114　2　問 116　3　問 118　4　問 120　1

〔解説〕

エンドタールは劇物。白色結晶。用途は芝地の雑草の除草剤。テブフェンピラドは劇物。淡黄色結晶。比重 1.0214　水にきわめて溶けにくい。有機溶媒に溶けやすい。用途は野菜、果樹等のハダニ類の害虫を防除する農薬。トリシクラゾールは、劇物。無色の結晶で臭いはない。水、有機溶剤にあまり溶けない。農業用殺菌剤でイモチ病に用いる。劇物であるが、８％以下を含有するものは普通物である。クロルピクリン CCl_3NO_2　は、無色～淡黄色液体、催涙性、粘膜刺激臭。水に不溶。アルコール、エーテルなどには溶ける。線虫駆除、土壌燻蒸剤(土壌病原菌、センチュウ等の駆除）。

（特定品目）

設問16　問76　2　　問77　1

〔解説〕

問76　モル濃度は次の公式で求める。M　=　w/m × 1000/v　（M はモル濃度：mol/L、w は質量：g、m は分子量または式量、v は体積：mL）これに当てはめればよい。　5 = w/40 × 1000/200,　w = 40 g

問77　中和の公式は「酸の価数(a)×酸のモル濃度(c_1)×酸の体積(V_1)　=　塩基の価数(b)×塩基のモル濃度(c_2)×塩基の体積(V_2)」である。これに代入すると、$2 \times 3.0 \times V_1 = 1 \times 1.5 \times 100$,　$V_1 = 25$ mL

設問17　問78　3　　問79　2

〔解説〕

問78　加える水の量を x とする。　80/(80 + x) × 100 = 10,　x = 720 g

問79　4%塩化ナトリウム水 600 g に含まれる溶質の重さは、600 × 0.04 = 24 g。同様に 12%塩化ナトリウム水溶液 200　g に含まれる溶質の重さは、200 × 0.12 = 24 g。よってこの混合溶液の濃度は（24 + 24)/(600 + 200) × 100 = 6 %

設問18　問80　4　　問82　1　　問84　2　　問86　3
**　　　　問81　1　　問83　4　　問85　3　　問87　2**

〔解説〕

硝酸 HNO_3 は無色透明結晶で光によって分解して黒変するる強力な酸化剤であり、水に極めて溶けやすく、アセトン、グリセリンにも溶ける。用途は冶金、爆薬製造、セルロイド工業、試薬。　塩素 Cl_2 は、常温においては窒息性臭気をもつ黄緑色気体.冷却すると黄色溶液を経て黄白色固体となる。融点はマイナス 100.98 ℃、沸点はマイナス 34 ℃である。用途は酸化剤、紙パルプの漂白剤、殺菌剤、消毒薬。　硅弗化ナトリウム Na_2SiF_6 は劇物。無色の結晶。水に溶けにくい。アルコールにも溶けない。用途は、釉薬原料、漂白剤、殺菌剤、消毒剤

トルエン $C_6H_5CH_3$ は、劇物。特有な臭い(ベンゼン様)の無色液体。水に不溶。比重 1 以下。可燃性。引火性。劇物。用途は爆薬原料、香料、サッカリンなどの原料、揮発性有機溶媒。

宮城県
令和元年度実施

〔法　規〕
（一般・農業用品目・特定品目共通）

問１　2
〔解説〕
解答のとおり。
問２　4
〔解説〕
解答のとおり。
問３　3
〔解説〕
解答のとおり。
問４　4
〔解説〕
この設問の法第３条の３について→施行令 32 条の２で次の品目、①トルエン、②酢酸エチル、トルエン又はメタノールを含有するシンナー、接着剤、塗料及び閉そく用又はシーリングの充てん料は、みだりに摂取し、若しくは吸入し、又はこれらの目的で所持してはならない。このことから正しいのは、ウとエである。
問５　1
〔解説〕
解答のとおり。
問６　4
〔解説〕
解答のとおり。
問７　3
〔解説〕
解答のとおり。
問８　2
〔解説〕
この設問は飲食物容器使用禁止についてで、法第 11 条第４項→施行規則第 11 条の４のこと。
問９　1
〔解説〕
解答のとおり。
問 10 ～問 12　問 10　1　　問 11　3　　問 12　4
〔解説〕
解答のとおり。
問 13　3
〔解説〕
解答のとおり。
問 14　3
〔解説〕
解答のとおり。
問 15　2
〔解説〕
解答のとおり。
問 16　2
〔解説〕
解答のとおり。
問 17　4
〔解説〕
解答のとおり。
問 18　2
〔解説〕
解答のとおり。

問 19　4
〔解説〕
解答のとおり。
問 20　2
〔解説〕
解答のとおり。

〔基礎化学〕
（一般・農業用品目・特定品目共通）

問 21　2
〔解説〕
ハロゲンは F, Cl, Br, I の 17 族元素である。
問 22　3
〔解説〕
1, 000, 000ppm と 100%は同じであるから、100ppm は 0. 01%
問 23　3
〔解説〕
気体が固体になる状態変化を昇華という。
問 24　4
〔解説〕
35%塩酸 10 g に含まれる溶質の重さは 10 × 0. 35 = 3. 5 g。この塩酸を希釈して 10%塩酸にするために必要な希釈水の量を x g とすると、　3. 5/(10 + x)× 100 = 10,　x = 25 g
問 25　1
〔解説〕
0. 1 mol/L の塩酸 20 mL と 0. 1 mol/L の水酸化ナトリウム水溶液 10 mL を混和すると、中和されなかった分として 0. 1 mol/L 塩酸が 10 mL あまる。この溶液を 10 倍希釈して得られた溶液のモル濃度は 0. 01 mol/L である。よって pH は 2 となる。
問 26　2
〔解説〕
1 はアルカン、3 はアルキル基、4 はアルキンの一般式である。
問 27　2
〔解説〕
酸素の酸化数は-2(ただし過酸を除く)、ハロゲンの酸化数は-1（超原子価を除く）として計算する。
問 28　1
〔解説〕
イオン化傾向とは陽イオンになり易さの尺度で、K ＞ Ca ＞ Na ＞ Mg ＞ Al ＞ Zn ＞ Fe ＞ Ni ＞ Sn ＞ Pb ＞（H）＞ Cu ＞ Hg ＞ Ag ＞ Pt ＞ Au の順となる。
問 29　3
〔解説〕
炭素原子が結合している 4 つの置換基がすべて異なっているとき, その炭素原子を不斉炭素という
問 30　4
〔解説〕
炎色反応は Li　(赤)、Na(黄)、K(紫)、Cu(青緑)、Ca(橙)、Sr(紅)、Ba(黄緑)である。

〔毒物及び劇物の性質及び貯蔵その他取扱方法〕
（一般）

問 31　3
〔解説〕
クロム酸カリウム K_2CrO_4 は、橙黄色の結晶。(別名：中性クロム酸カリウム、クロム酸カリ)。水に溶解する。またアルコールを酸化する作用をもつ。
問 32　4
〔解説〕
フェノール C_6H_5OH(別名石炭酸、カルボール)は、劇物。無色の針状晶あるい

は結晶性の塊りで特異な臭気があり、空気中で酸化され赤色になる。水に少し溶け、有機溶媒に溶ける。

問 33　4

〔解説〕

亜硝酸ナトリウム $NaNO_2$ は、劇物。白色または微黄色の結晶性粉末。水に溶けやすい。アルコールにはわずかに溶ける。潮解性がある。空気中では徐々に酸化する。

問 34　2

〔解説〕

リン化水素(別名ホスフィン)は無色、腐魚臭の気体。気体は自然発火する。水にわずかに溶け、酸素及びハロゲンとは激しく結合する。エタノール、エーテルに溶ける。

問 35　4

〔解説〕

酢酸エチル $CH_3COOC_2H_5$(別名酢酸エチルエステル、酢酸エステル)は、劇物。強い果実様の香気ある可燃性無色の液体。揮発性がある。蒸気は空気より重い。引火しやすい。水にやや溶けやすい。沸点は水より低い。

問 36　2

〔解説〕

ピクリン酸($C_6H_2(NO_2)_3OH$)は爆発性なので、火気に対して安全で隔離された場所に、イオウ、ヨード、ガソリン、アルコール等と離して保管する。鉄、銅、鉛等の金属容器を使用しない。

(農業用品目)

問 31　1

〔解説〕

エチレンクロルヒドリン CH_2ClCH_2OH(別名グリコールクロルヒドリン)は劇物。無色液体で芳香がある。水、アルコールに溶ける。蒸気は空気より重い。

問 32　4

〔解説〕

ホサロンは劇物。白色結晶。ネギ様の臭気がある。水に不溶。メタノール、アセトン、クロロホルム等に溶ける。

問 33　3

〔解説〕

DDVP(別名ジクロルボス)は有機リン製剤で接触性殺虫剤。刺激性で微臭のある比較的揮発性の無色油状液体、水に溶けにくく、有機溶媒に易溶。水中では徐々に分解。

問 34　4

〔解説〕

オキサミルは毒物。白色粉末または結晶、かすかに硫黄臭を有する。加熱分解して有毒な酸化窒素及び酸化硫黄ガスを発生するので、熱源から離れた風通しの良い冷所に保管する。

問 35　4

〔解説〕

N-メチル-1-ナフチルカルバメート(NAC)は、:劇物。５％以下は劇物から除外。白色無臭の結晶。水に極めて溶にくい。(摂氏 30 ℃で水 100mL に 12mg 溶ける。)有機溶媒に可溶。常温では安定であるが、アルカリには不安定である。

問 36　2

〔解説〕

アンモニア水は無色透明、刺激臭がある液体。アンモニア NH_3 は空気より軽い気体。濃塩酸を近づけると塩化アンモニウムの白い煙を生じる。NH_3 が揮発し易いので密栓。

(特定品目)

問 31　3

〔解説〕

キシレン $C_6H_4(CH_3)_2$(別名キシロール、ジメチルベンゼン、メチルトルエン)は、無色透明な液体で o-、m-、p-の 3 種の異性体がある。水にはほとんど溶けず、有機溶媒に溶ける。蒸気は空気より重い。溶剤。揮発性、引火性。

問 32　1
〔解説〕
クロム酸鉛 $PbCrO_4$ は黄色または赤黄色粉末、水にほとんど溶けず、希硝酸、水酸化アルカリに溶ける。別名はクロムイエロー。
問 33　2
〔解説〕
硝酸 HNO_3 は純品なものは無色透明で、徐々に淡黄色に変化する。特有の臭気があり腐食性が高い。
問 34　3
〔解説〕
シュウ酸 $(COOH)_2 \cdot 2H_2O$ は無色の柱状結晶、風解性、還元性、漂白剤、鉄さび落とし。無水物は白色粉末。水、アルコールに可溶。エーテルには溶けにくい。また、ベンゼン、クロロホルムにはほとんど溶けない。
問 35　3
〔解説〕
酢酸エチル $CH_3COOC_2H_5$（別名酢酸エチルエステル、酢酸エステル）は、劇物。強い果実様の香気ある可燃性無色の液体。揮発性がある。蒸気は空気より重い。引火しやすい。水にやや溶けやすい。沸点は水より低い。
問 36　1
〔解説〕
クロロホルム $CHCl_3$ は、無色、揮発性の液体で特有の香気とわずかな甘みをもち、麻酔性がある。空気中で日光により分解し、塩素、塩化水素、ホスゲンを生じるので、少量のアルコールを安定剤として入れて冷暗所に保存。

〔実　地〕

（一般）

問 37　3
〔解説〕
エチレンオキシド $(CH_2)_2O$ は、劇物。快臭のある無色のガス、水、アルコール、エーテルに可溶。可燃性ガス、反応性に富む。用途は有機合成原料、界面活性剤、殺菌剤。
問 38　1
〔解説〕
アジ化ナトリウム NaN_3：毒物、無色板状結晶で無臭。水に溶けアルコールに溶け難い。徐々に加熱すると分解し、窒素とナトリウムを発生。酸によりアジ化水素 HN_3 を発生。用途は試薬、医療検体の防腐剤、エアバッグのガス発生剤。
問 39　1
〔解説〕
メチルエチルケトン $CH_3COC_2H_5$ は、劇物。アセトン様の臭いのある無色液体。引火性。有機溶媒。用途は接着剤、印刷用インキ、合成樹脂原料、ラッカー用溶剤。
問 40　4
〔解説〕
アクロレイン $CH_2=CH\text{-}CHO$ は、劇物。無色または帯黄色の液体。刺激臭があり、引火性である。毒性については、目と呼吸系を激しく刺激する。皮膚を刺激して、気管支カタルや結膜炎をおこす。
問 41　1
〔解説〕
シアン化水素 HCN は、毒物。無色の気体または液体。猛毒で、吸入した場合、頭痛、めまい、意識不明、呼吸麻痺を起こす。
問 42　1
〔解説〕
ニコチンは、毒物、無色無臭の油状液体だが空気中で褐色になる。殺虫剤。猛烈な神経毒、急性中毒では、よだれ、吐気、悪心、嘔吐、ついで脈拍緩徐不整、発汗、瞳孔縮小、呼吸困難、痙攣が起きる。
問 43　3
〔解説〕
ブロムエチルは新鮮な空気に接しさせて、足を高くして額面を下に向け、身体をあたため、呼吸が停止した場合には、人工呼吸を行い、医師の指示に従い、酸素吸入を施す。

問 44　4

〔解説〕

シュウ酸$(COOH)_2$・$2H_2O$ は、劇物(10 %以下は除外)、無色稜柱状結晶。血液中のカルシウムを奪取し、神経系を侵す。胃痛、嘔吐、口腔咽喉の炎症、腎臓障害。

問 45　1

〔解説〕

クロルピクリン CCl_3NO_2 の確認：1)CCl_3NO_2 ＋金属 Ca ＋ベタナフチルアミン＋硫酸→赤色沈殿。2)　CCl_3NO_2 アルコール溶液＋ジメチルアニリン＋ブルシン＋BrCN →緑ないし赤紫色。

問 46　4

〔解説〕

バリウム化合物は直接に中枢神経を刺激して、痙攣を起こさせる。アンモニア水では沈殿を生じないが、この液に炭酸ガスを吹き込むと、白色の沈殿炭酸バリウムの沈殿をつくる。

問 47　4

〔解説〕

一酸化鉛 PbO は、重い粉末で、黄色から赤色までの間の種々のものがある。希硝酸に溶かすと、無色の液となり、これに硫化水素を通じると、黒色の沈殿を生じる。

問 48　3

〔解説〕

ホルマリンはホルムアルデヒド HCHO の水溶液。１%石炭酸溶液数滴を加え、硫酸上に層積せしめると、赤色の輪層を生ずる。

問 49　3

〔解説〕

過酸化水素 H_2O_2 は劇物、無色無臭で粘性の少し高い液体。徐々に水と酸素に分解(光、金属により加速)する。安定剤として酸を加える。　ヨード亜鉛からヨウ素を析出する。

問 50　3

〔解説〕

アンモニア NH_3(刺激臭無色気体)は水に極めてよく溶けアルカリ性を示すので、廃棄方法は、水に溶かしてから酸で中和後、多量の水で希釈処理する中和法。

問 51　4

〔解説〕

エチレンオキシドは、劇物。快臭のある無色のガス。水、アルコール、エーテルに可溶。可燃性ガス、反応性に富む。廃棄法：多量の水に少量ずつガスを吹き込み溶解し希釈した後、少量の硫酸を加えエチレングリコールに変え、アリカリ水で中和し、活性汚泥で処理する活性汚泥法。

問 52　4

〔解説〕

DDVP は劇物。刺激性があり、比較的揮発性の無色の油状の液体。水に溶けにくい。廃棄方法は木粉(おが屑)等に吸収させてアフターバーナー及びスクラバーを具備した焼却炉で焼却する燃焼法と 10 倍量以上の水と攪拌しながら加熱乾留して加水分解し、冷却後、水酸化ナトリウム等の水溶液で中和するアルカリ法。

問 53　1

〔解説〕

ホスゲンは独特の青草臭のある無色の圧縮液化ガス。蒸気は空気より重い。廃棄法はアルカリ法：アルカリ水溶液(石灰乳又は水酸化ナトリウム水溶液等)中に少量ずつ滴下し、多量の水で希釈して処理するアルカリ法。

問 54　3

〔解説〕

フッ化水素酸の廃棄法は、沈殿法：多量の消石灰水溶液中に吹き込んで吸収させ、中和し、沈殿濾過して埋立処分する。

問 55　1

〔解説〕

DDVP：有機リン製剤で接触性殺虫剤。無色油状、水に溶けにくく、有機溶媒に易溶。水中では徐々に分解。有機リン製剤なのでコリンエステラーゼ阻害。解毒薬は、PAM 又は硫酸アトロピン。
問 56　1
〔解説〕
　キシレン $C_6H_4(CH_3)_2$ は、無色透明な液体で o-、m-、p-の 3 種の異性体がある。水にはほとんど溶けず、有機溶媒に溶ける。溶剤。揮発性、引火性。　揮発を防ぐため表面を泡で覆う。
問 57　2
〔解説〕
　クロム酸ナトリウムが漏えいしたときは、飛散したものは空容器にできるだけ回収し、そのあとを還元剤（硫酸第一鉄等）の水溶液を散布し、消石灰、ソーダ灰等の水溶液で処理したのち、多量の水を用いて洗い流す。この場合、濃厚な廃液が河川等に排出されないよう注意する。
問 58　4
〔解説〕
　ニトロベンゼン $C_6H_5NO_2$ は特有な臭いの淡黄色液体。水に難溶。比重 1 より少し大。可燃性。多量の水で洗い流すか、又は土砂、おが屑等に吸着させて空容器に回収し安全な場所で焼却する。
問 59　3
〔解説〕
　ナトリウム Na は、銀白色の柔らかい固体。水と激しく反応し、水酸化ナトリウムと水素を発生する。液体アンモニアに溶けて濃青色となる。水と接触しないように十分に注意して、速やかに拾い集めて灯油又は流動パラフィンの入った容器に回収する。
問 60　2
〔解説〕
　ギ酸は劇物。刺激臭のある無色の液体。漏えいした液は土砂等でその流れ止め、安全な場所に導き、密閉加納な空容器でできるだけ回収し、その後水酸化カルシウム等の水溶液で中和した後、多量の水を用いて洗い流す。濃厚な廃液が河川等に排出されないよう注意する。

（農業用品目）
問 37　2
〔解説〕
　イソキサチオンは有機リン剤、劇物(2 ％以下除外)、淡黄褐色液体、水に難溶、有機溶剤に易溶、アルカリには不安定。ミカン、稲、野菜、茶等の害虫駆除。(有機燐系殺虫剤)
問 38　1
〔解説〕
　ナラシンは毒物(10 ％以下は劇物)。白色～淡黄色の粉末。特異な臭い。融点 98 ～ 100 ℃。水にはほとんど溶けない。酢酸エチル（エステル類)、クロロホルム、アセトン（ケトン)、ベンゼン、ジメチルスルフォキシドに極めて溶けやすい 。ヘキサン、石油エーテルにやや溶けにくい。用途は飼料添加物。
問 39　1
〔解説〕
　ダイアジノンは劇物。有機リン製剤、接触性殺虫剤、かすかにエステル臭をもつ無色の液体、水に難溶、エーテル、アルコールに溶解する。有機溶媒に可溶。
問 40　4
〔解説〕
　エチレンクロルヒドリンを吸入した場合は吐気、嘔吐、頭痛及び胸痛等の症状を起こすことがある。皮膚にふれた場合は、皮膚を刺激し、皮膚からも吸収され吸入した場合と同様の中毒症状を起こすことがある。
問 41　4
〔解説〕
　クロルピクリン CCl_3NO_2 は、無色～淡黄色液体、催涙性、粘膜刺激臭。気管支を刺激してせきや鼻汁が出る。多量に吸入すると、胃腸炎、肺炎、尿に血が混じる。悪心、呼吸困難、肺水腫を起こす。
問 42　1
〔解説〕
　モノフルオール酢酸ナトリウムは有機フッ素系である。有機フッ素化合物の中毒：TCA サイクルを阻害し、呼吸中枢障害、激しい嘔吐、てんかん様痙攣、チアノーゼ、不整脈など。治療薬はアセトアミド。

問 43　3

〔解説〕

ベンゾエピンは有機塩素系農薬である。有機塩素化合物の中毒：中枢神経毒。食欲不振、吐気、嘔吐、頭痛、散瞳、呼吸困難、痙攣、昏睡。肝臓、腎臓の変性。治療薬はバルビタール

問 44　1

〔解説〕

イソプロカルブは、劇物。1.5 %を超えて含有する製剤は劇物から除外。白色結晶性の粉末。水に溶けない。アセトン、メタノール、酢酸エチルに溶ける。吸入した場合、倦怠感、頭痛、めまい、嘔吐、腹痛、下痢、多汗等を起こすことがある。

問 45　2

〔解説〕

解答のとおり。

問 46　1

〔解説〕

解答のとおり。

問 47　4

〔解説〕

塩化亜鉛 $ZnCl_2$ は、白色の結晶で、空気に触れると水分を吸収して潮解する。水およびアルコールによく溶ける。水に溶かし、硝酸銀を加えると、白色の沈殿が生じる。

問 48　1

〔解説〕

解答のとおり。

問 49　1

〔解説〕

硫酸第二銅、五水和物白色濃い藍色の結晶で、水に溶けやすく、水溶液は青色リトマス紙を赤変させる。水に溶かし硝酸バリウムを加えると、白色の沈殿を生じる。

問 50　1

〔解説〕

解答のとおり。

問 51　3

〔解説〕

シアン化水素の廃棄法は、多量のナトリウム水溶液(20w/v%以上)に吹き込んだのち、多量の水で希釈して活性汚泥槽で処理する活性汚泥法。

問 52　4

〔解説〕

一般の問 52 を参照。

問 53　3

〔解説〕

塩素酸ナトリウム $NaClO_3$ は酸化剤なので、希硫酸で $HClO_3$ とした後、これを還元剤中へ加えて酸化還元後、多量の水で希釈処理する還元法。

問 54　1

〔解説〕

硫酸 H_2SO_4 は酸なので廃棄方法はアルカリで中和後、水で希釈する中和法。

問 55　1

〔解説〕

一般の問 55 を参照。

問 56　2

〔解説〕

解答のとおり。

問 57　2

〔解説〕

解答のとおり。

問 58　1

〔解説〕

解答のとおり。
問 59　4
〔解説〕
解答のとおり。
問 60　4
〔解説〕
解答のとおり。

（特定品目）

問 37　2
〔解説〕
塩素 Cl_2 は、黄緑色の刺激臭の空気より重い気体で、酸化力があるので酸化剤、用途は漂白剤、殺菌剤、消毒剤として使用される（紙パルプの漂白、飲用水の殺菌消毒などに用いられる）。
問 38　4
〔解説〕
過酸化水素 H_2O_2 は、酸化漂白作用を有しているので、工業上、漂白剤として用いられる。
問 39　4
〔解説〕
酢酸エチルは無色で果実臭のある可燃性の液体。その用途は主に溶剤や合成原料、香料に用いられる。
問 40　2
〔解説〕
クロム酸塩を誤飲すると口腔や食道が侵され赤黄色に変化する。このクロムが皮膚を酸化することでクロムは 3 価になり、緑色に変色する。
問 41　1
〔解説〕
塩素 Cl_2 は、黄緑色の窒息性の臭気をもつ空気より重い気体。ハロゲンなので反応性大。水に溶ける。中毒症状は、粘膜刺激、目、鼻、咽喉および口腔粘膜に障害を与える。
問 42　3
〔解説〕
硫酸は、無色透明の液体。劇物から 10 %以下のものを除く。皮膚に触れた場合は、激しいやけどを起こす。眼に入った場合は、粘膜を激しく刺激し、失明することがある。直ちにに付着又は接触部を多量の水で、15 分間以上洗い流す。
問 43　2
〔解説〕
一般の問 44 を参照。
問 44　1
〔解説〕
解答のとおり。
問 45　4
〔解説〕
解答のとおり。
問 46　2
〔解説〕
解答のとおり。
問 47　4
〔解説〕
解答のとおり。
問 48　3
〔解説〕
硝酸 HNO_3 は、劇物。無色の液体。特有な臭気がある。腐食性が激しい。空気に接すると刺激性白霧を発し、水を吸収する性質が強い。硝酸は白金その他白金属の金属を除く。処金属を溶解し、硝酸塩を生じる。
問 49　4
〔解説〕
解答のとおり。

問50　1
〔解説〕
クロム酸鉛 $PbCrO_4$ は黄色粉末、水にほとんど溶けず、希硝酸、水酸化アルカリに溶ける。別名はクロムイエロー。用途は顔料、分析用試薬。廃棄法は、還元沈殿法で希硫酸を加えたのち、還元剤(硫酸第一鉄等)の水溶液を過剰に用いて残存する可溶性クロム酸塩類を還元したのち消石灰、ソーダ灰等の水溶液で処理し、沈殿濾過するの他に焙焼法がある。
問51　2
〔解説〕
解答のとおり。
問52　1
〔解説〕
解答のとおり。
問53　1
〔解説〕
解答のとおり。
問54　1
〔解説〕
解答のとおり。
問55　2
〔解説〕
酢酸鉛($Pb(CH_3COO)_2 \cdot 3H_2O$)は劇物。無色結晶。水に溶けやすい。希硝酸に溶かすと無色の液体となり、これに硫化水素を通じると黒色の沈殿を生じる。強熱すると煙霧及びガスを発生する。煙霧及びガスは有害なので注意する。
問56　2
〔解説〕
解答のとおり。
問57　1
〔解説〕
解答のとおり。
問58　2
〔解説〕
解答のとおり。
問59　3
〔解説〕
解答のとおり。
問60　2
〔解説〕
解答のとおり。

秋田県
令和元年度実施

〔毒物及び劇物に関する法規〕
（一般・農業用品目・特定品目共通）

問１　２
〔解説〕
解答のとおり。

問２　５
〔解説〕
この設問では、c と d が正しい。c は法第３条の２第９項。d は法第３条の２第５項のこと。なお、a の特定毒物を製造できるのは、毒物又は劇物製造業者と特定毒物研究者のみである。(法第３の２第１項)、このことから a は誤り。b の特定毒物を輸入できるのは、毒物又は劇物製造業者と特定毒物研究者のみである。(法第３の２第２項)、このことから b は誤り。

問３　２
〔解説〕
特定毒物である四アルキル鉛を含有する製剤については着色基準が施行令第２条で、赤色、青色、黄色又は緑色に着色する規定されている。誤っているものはどれかとあるので、２が誤り。

問４　３
〔解説〕
この設問では、３が登録を受けなければならないので３が該当する。３については法第３条第３項において同第４条により登録を受けなければならない。なお、１は非業務上取扱届出者であるが業としての登録を要しない。２の特定毒物研究者については法第６条の２で、都道府県知事の許可となっている。４の塩化ナトリウムは毒劇物ではない。

問５　１
〔解説〕
解答のとおり。なお、法第４条第４項について、現行は同第４条第３項となる。平成 30 年６月 27 日法律第 63 号。施行令和２月４月１日による。

問６　２
〔解説〕
この設問の法第３条の３について→施行令 32 条の２で次の品目、①トルエン、②酢酸エチル、トルエン又はメタノールを含有するシンナー、接着剤、塗料及び閉そく用又はシーリングの充てん料は、みだりに摂取し、若しくは吸入し、又はこれらの目的で所持してはならない。このことから正しいのは、a と d である。

問７　４
〔解説〕
この設問は法第３条の４で正当な理由を除いて所持しはならない品目とは→施行令第 32 条の３で、①亜塩素酸ナトリウム及びこれを含有する製剤 30 ％以上、②塩素酸塩類及びこれを含有する製剤 35 ％以上、③ナトリウム、④ピクリン酸である。このことからこの設問では、b と d が正しい。

問８　１
〔解説〕
解答のとおり。

問９　４
〔解説〕
解答のとおり。なお、法第 17 条について、現行は同第 18 条となる。平成 30 年６月 27 日法律第 63 号。施行令和２月４月１日による。

問 10　３
〔解説〕
法第 12 条第２項第三号→施行規則第 11 条の５において示されている解毒剤の名称の表示について、有機燐化合物及びこれを含有する製剤たる毒物及び劇物として、①２－ピリジルアルドキシムメチオダイド(別名 PAM)の製剤、②硫酸アトロピンの製剤である。

問11　3
〔解説〕
　この設問は施行規則第４条の４第２項における販売業の店舗の設備基準のこと。aが誤り。aについては、防犯カメラを設けてあることではなく、堅固なさくを設けてあることである。
問12　4
〔解説〕
　この設問では誤りはどれかとあるので、４が誤り。４は法第15条第４項で、５年間保存しなければならないである。
問13　3
〔解説〕
　この設問は法第14条における譲渡手続きのことで、bとcが正しい。bは法第14条第２項→施行規則第12条の２．cにおける書面に記載する事項とは、①毒物又は劇物の名称及び数量、②販売又は授与の年月日、③譲受人の氏名、職業及び住所（法人にあっては、その名称及び主たる事務所の所在地）である。なお、aについては、その都度、毒物又は劇物の譲渡に係る書面の記載事項を要する。dは法第14条第３項により電子情報処理組織を使用する方法で譲渡に係る書面に記載事項を作成することができる。
問14　2
〔解説〕
　この設問は法第16条の２における事故の際の措置についてである。正しいのは、２である。２は法第16条の２第１項のこと。なお、１、３，４は法第16条の２第２項の毒物又は劇物を紛失した際には、直ちに、その旨を警察署に届け出るである。この設問にある法第16条の２については、第８次地域一括法（平成30年６月27日法律第63号。）→施行は令和２月４月１日より法第16条の２は、法第17条となった。
問15　5
〔解説〕
　この設問は業務上取扱者の届出における事業者について、正しいのはbとdである。法第22条第１項→施行令第41条及び第42条で、①シアン化ナトリウム又は無機シアン化合物を使用する電気めっきを行う事業、②シアン化ナトリウム又は無機シアン化合物を使用する金属熱処理を行う事業、③大型自動車5000kg以上に毒物又は劇物を積載して行う大型運送業、④しろあり防除行う事業である。
問16　1
〔解説〕
　この設問は施行令第40条の５第２項において、5000kg以上運搬する際には、その運搬する毒物又は劇物の品目の内容について、施行令別表第二に掲げられている。この設問で該当するのは１のアクロレインである。
問17　4
〔解説〕
　この設問は法第12条第２項第四号→施行規則第11条の６第１項二号に示されている。解答のとおり。
問18　5
〔解説〕
　この設問の毒物劇物取扱責任者についてで、正しいのはdのみである。dは設問のとおり。なお、aにある毒物劇物取扱責任者は、五年以上従事した経験者とあるが、毒物劇物取扱責任者になることができるのは、①薬剤師、②厚生労働省令で定める学校で、応用化学に関する学課を修了した者、③都道府県知事が行う毒物劇物取扱者試験に合格した者である。（法第８条第１項）　bについては、毒物劇物取扱責任者を置いたときから30日以内に、その毒物劇物取扱責任者の氏名を届け出なければならないである。cについては法第８条第２項第一号で18歳未満の者は毒物劇物取扱責任者になることはできない。
問19　4
〔解説〕
　この設問は法第10条の届出のことで、bとdが正しい。なお、aとcについては何ら届け出を要しない。
問20　3
〔解説〕
　この設問は毒物又は劇物の廃棄方法の基準については施行令第40条に示されている。この設問では誤りはどれかとあるので３が誤り。

〔基礎化学〕
（一般・農業用品目・特定品目共通）
問 21　1
〔解説〕
同素体とは同じ元素からなる単体で性質が異なるものである。
問 22　3
〔解説〕
二酸化ケイ素を構成するケイ素と酸素はどちらも非金属元素であるので共有結合で結ばれる。
問 23　2
〔解説〕
海水を蒸留することで固体成分と水に分離精製することができる。
問 24　4
〔解説〕
$(40 \times 0.55 + 10 \times 0.2)/(40 + 10) \times 100 = 48\%$
問 25　1
〔解説〕
解答のとおり
問 26　3
〔解説〕
固体から液体への状態変化を融解、液体から気体への変化を蒸発、気体から液体への変化を凝縮、液体から固体への状態変化を凝固という。
問 27　5
〔解説〕
中和の公式は「酸の価数(a)×酸のモル濃度(c_1)×酸の体積(V_1) = 塩基の価数(b)×塩基のモル濃度(c_2)×塩基の体積(V_2)」である。これに代入すると、$4 \times 2 \times 100 = 1 \times 1 \times V_2$,　$V_2 = 800$ mL
問 28　4
〔解説〕
アルカリ金属やアルカリ土類金属の単体は水と容易に反応し水素ガスを放出する。
問 29　5
〔解説〕
ハロゲンは F, Cl, Br, I である。
問 30　1
〔解説〕
芳香族とは分子内にベンゼン環あるいはそれとよく似た構造を含む化合物である。

〔毒物及び劇物の性質及び貯蔵その他取扱方法〕
（一般）
問 31　3
〔解説〕
b と d が正しい。キシレン $C_6H_4(CH_3)_2$(別名キシロール、ジメチルベンゼン、メチルトルエン)は、無色透明な液体で o-、m-、p-の 3 種の異性体がある。水にはほとんど溶けず、有機溶媒に溶ける。蒸気は空気より重い。溶剤。揮発性、引火性。高濃度を吸入すると短時間の興奮期を経て、深い麻酔状態に陥る。
問 32 ～問 36　問 32　3　問 33　5　問 34　2　問 35　4　問 36　1
〔解説〕
問 32　シアン化カリウム KCN は、白色、潮解性の粉末または粒状物、空気中では炭酸ガスと湿気を吸って分解する(HCN を発生)。また、酸と反応して猛毒の HCN(アーモンド様の臭い)を発生する。したがって、酸から離し、通風の良い乾燥した冷所で密栓保存。安定剤は使用しない。　問 33　フッ化水素酸 HF は強い腐食性を持ち、またガラスを侵す性質があるためポリエチレン容器に保存する。火気厳禁。　問 34　臭化メチル(ブロムメチル)　CH_3Br は本来無色無臭の気体だが、クロロホルム様の臭気をもつ。通常は気体、低沸点なのでくん蒸剤に使用。

貯蔵は液化させて冷暗所。　**問 35**　ナトリウム Na：アルカリ金属なので空気中の水分、炭酸ガス、酸素を遮断するため石油中に保存。　**問 36**　四エチル鉛 $(C_2H_5)_4Pb$ は、特定毒物。常温においては無色可燃性の液体。火気のない出入りを遮断できる独立倉庫に、金属の腐食を防ぐため、耐腐食製のドラム缶を用いて一列ごとにならべて貯蔵する。

問 37　2

〔解説〕

シアン化カリウム KCN(別名青酸カリ)は毒物。無色の塊状又は粉末。空気中では湿気を吸収し、二酸化炭素と作用して青酸臭をはなつ、アルコールにわずかに溶け、水に可溶。強アルカリ性を呈し、煮沸騰すると蟻酸カリウムとアンモニアを生ずる。

問 38　4

〔解説〕

塩素酸ナトリウム $NaClO_3$(別名：クロル酸ソーダ、塩素酸ソーダ)は、無色無臭結晶で潮解性をもつ。酸化剤、水に易溶。有機物や還元剤との混合物は加熱、摩擦、衝撃などにより爆発することがある。酸性では有害な二酸化塩素を発生する。除草剤。

問 39　2

〔解説〕

水銀 Hg は毒物。常温で唯一の液体の金属である。比重 13.6。硝酸には溶け、塩酸には溶けない。

問 40　3

〔解説〕

黄リン P_4 は、毒物。無色又は白色の蝋様の固体。毒物。別名を白リン。暗所で空気に触れるとリン光を放つ。水、有機溶媒に溶けないが、二硫化炭素には易溶。湿った空気中で発火する。

問 41 ～問 45　**問 41**　3　**問 42**　1　**問 43**　5　**問 44**　2　**問 45**　4

〔解説〕

問 41　メタノール CH_3OH は特有な臭いの無色液体。水に可溶。可燃性。染料、有機合成原料、溶剤。　メタノールの中毒症状：吸入した場合、めまい、頭痛、吐気など、はなはだしい時は嘔吐、意識不明。中枢神経抑制作用。飲用により視神経障害、失明。　**問 42**　シアン化ナトリウム NaCN：シアン化合物なので胃内の胃酸と反応してシアン化水素を発生する。シアン化水素は猛烈な毒性を示し、ごく少量でも頭痛、めまい、意識不明、呼吸麻痺などを引き起こす。　**問 43**　硝酸 HNO_3 は無色の発煙性液体。蒸気は眼、呼吸器などの粘膜および皮膚に強い刺激性をもつ。高濃度のものが皮膚に触れるとガスを生じ、初めは白く変色し、次第に深黄色になる(キサントプロテイン反応)。　**問 44**　トルエン $C_6H_5CH_3$ は、劇物。特有な臭い(ベンゼン様)の無色液体。水に不溶。比重 1 以下。可燃性。引火性。劇物。中毒症状は、蒸気吸入により頭痛、食欲不振、大量で大赤血球性貧血。皮膚に触れた場合、皮膚の炎症を起こすことがある。また、目に入った場合は、直ちに多量の水で十分に洗い流す。　**問 45**　塩素酸カリウム $KClO_3$(別名塩素酸カリ)は、無色の結晶。水に可溶。アルコールに溶けにくい。熱すると酸素を発生する。皮膚を刺激する。吸入した場合は鼻、のどの粘膜を刺激し、悪心、嘔吐、下痢、チアノーゼ、呼吸困難等を起こす。

問 46　2

〔解説〕

過酸化水素水 H_2O_2 は６%以下で劇物から除外。

問 47　2

〔解説〕

２が正しい。なお、①毒物は、五塩化燐、ニコチン　②劇物は、塩化第一水銀、酸化カドミウム、亜硝酸メチル劇物。③特定毒物は、四エチル鉛。

問 48 ～問 50　**問 48**　1　**問 49**　4　**問 50**　5

〔解説〕

問 48　クレゾール $C_6H_4(CH_3)OH$：オルト、メタ、パラの３つの異性体の混合物。消毒力がメタ体が最も強い。無色～ピンクの液体、フェノール臭、光により暗色になる。殺菌消毒薬、木材の防腐剤。　**問 49**　水酸化ナトリウム(別名：苛性ソーダ)NaOH は、は劇物。白色結晶性の固体。用途は試薬や農薬のほか、石鹸製造などに用いられる。　**問 50**　ニトロベンゼン $C_6H_5NO_2$ 特有な臭いの淡黄色液体。水に難溶。比重 1 より少し大。可燃性であるためおが屑に混ぜて燃焼して焼却する。ニトロベンゼンの毒性は蒸気の吸引などによりメトヘモグロビン血症を引き起こす。用途はアニリンの合成原料である。

（農業用品目）

問 31　3

〔解説〕

農業用品目毒物劇物販売業者が販売又は授与できる毒物又劇物は、法第４条の３第１項→施行規則第４条の３谷治汁施行規則別表第一に掲げられている品目のみである。このことから該当するのは、３の塩素酸ナトリウム。

問 32　2

〔解説〕

ジノカップは 0.2%以下で劇物から除外。

問 33　1

〔解説〕

この設問では設問の沃化メチルについて正しいのは、１である。ヨウ化メチル CH_3I は劇物。無色または淡黄色透明液体、低沸点、光により I_2 が遊離して褐色になる(一般にヨウ素化合物は光により分解し易い)。エタノール、エーテルに任意の割合に混合する。水に不溶。Ｉｉｙｅガス殺菌剤としてたばこの根瘤線虫、立枯病に使用する。

問 34　2

〔解説〕

a と d が正しい。モノフルオール酢酸ナトリウム FCH_2COONa は重い白色粉末、吸湿性、冷水に易溶、メタノールやエタノールに可溶。野ネズミの駆除に使用。特毒。

問 35　4

〔解説〕

b と d が正しい。チオシクラム(5-ジメチルアミノ-1･2･3-トリチアン蓚酸塩)は劇物。無色無臭の結晶。構造式中に硫黄を含む化合物。メタノールアセトニトリル、水に可溶。アセトン、クロロホルム、トルエンに不溶。太陽光線により分解される。用途は農業殺虫剤(ネライストキシン系殺虫剤)。

問 36 ～問 39　問 36　2　　問 37　3　　問 38　4　　問 39　1

〔解説〕

解答のとおり。

問 40 ～問 42　問 40　1　　問 41　2　　問 42　3

〔解説〕

問 40　イミノクタジンは、劇物。白色の粉末(三酢酸塩の場合)。果樹の腐らん病、晩腐病等、麦の斑葉病、芝の葉枯病殺菌する殺菌剤。　問 41　クロルメコートは、劇物、白色結晶で魚臭、非常に吸湿性の結晶。エーテルに不溶。水、アルコールに可溶。用途は植物成長調整剤。　問 42　ダイアジノンは劇物。有機リン製剤、接触性殺虫剤、かすかにエステル臭をもつ無色の液体、水に難溶、エーテル、アルコールに溶解する。有機溶媒に可溶。用途は接触性殺虫剤。

問 43 ～問 46　問 43　3　　問 44　4　　問 45　2　　問 46　1

〔解説〕

問 43　臭化メチル(ブロムメチル)　CH_3Br は本来無色無臭の気体だが、クロロホルム様の臭気をもつ。通常は気体、低沸点なのでくん蒸剤に使用。貯蔵は液化させて冷暗所。　問 44　塩化亜鉛 $ZnCl_2$ は、白色結晶、潮解性、水に易溶。貯蔵法については、潮解性があるので、乾燥した冷所に密栓して貯蔵する。　問 45　硫酸銅(Ⅱ) $CuSO_4 \cdot 5H_2O$ は、濃い青色の結晶。風解性。風解性のため密封、冷暗所貯蔵。　問 46　クロルピクリン CCl_3NO_2 は、無色～淡黄色液体、催涙性、粘膜刺激臭。水に不溶。金属腐食性と揮発性があるため、耐腐食性容器に入れ、密栓して冷暗所に貯蔵する。

問 47 ～問 50　問 47　1　　問 48　3　　問 49　2　　問 50　4

〔解説〕

問 47　ブラストサイジン S ベンジルアミノベンゼンスルホン酸塩は、劇物。白色針状結晶。水、酢酸に溶けるが、メタノール、エタノール、アセトン、ベンゼンにはほとんど溶けない。中毒症状は、振せん、呼吸困難。目に対する刺激特に強い。　問 48　沃化メチル CH_3I は、無色又は淡黄色透明の液体。劇物。中枢神経系の抑制作用および肺の刺激症状が現れる。皮膚に付着して蒸発が阻害された場合には発赤、水疱形成をみる。　問 49　EPN は、有機リン製剤、毒物(1.5

%以下は除外で劇物)、芳香臭のある淡黄色油状または融点 36 ℃の結晶。水に不溶、有機溶媒に可溶。遅効性殺虫剤(アカダニ、アブラムシ、ニカメイチュウ等)
有機リン製剤の中毒：コリンエステラーゼを阻害し、頭痛、めまい、嘔吐、言語障害、意識混濁、縮瞳、痙攣など。治療薬は硫酸アトロピンと PAM。 問 50
リン化亜鉛 Zn_3P_2 は、灰褐色の結晶又は粉末。かすかにリンの臭気がある。ベンゼン、二硫化炭素に溶ける。酸と反応して有毒なホスフィン PH3 を発生。嚥下吸入したときに、胃及び肺で胃酸や水と反応してホイフィンを生成することにより中毒症状を発現する。

（特定品目）

問 31 ～問 34　問 31　2　　問 32　4　　問 33　3　　問 34　4

〔解説〕

この設問にある劇物の除外濃度は、法第２条第２項→法別表第二→指定令第２条に示されている。解答のとおり。

問 35 ～問 38　問 35　4　　問 36　3　　問 37　2　　問 38　1

〔解説〕

問 35　塩素 Cl_2 は劇物。黄緑色の気体で激しい刺激臭がある。冷却すると、黄色溶液を経て黄白色固体。水にわずかに溶ける。沸点-34．05 ℃。強い酸化力を有する。極めて反応性が強く、水素又はアセチレンと爆発的に反応する。　問 36　四塩化炭素(テトラクロロメタン)CCl_4(別名四塩化メタン)は、特有な臭気をもつ不燃性、揮発性無色液体、水に溶けにくく有機溶媒には溶けやすい。比重は 1.63。強熱によりホスゲンを発生。　問 37　重クロム酸カリウム $K_2Cr_2O_7$ は、橙赤色の結晶。融点 398 ℃、分解点 500 ℃、水に溶けやすい。アルコールには溶けない。強力な酸化剤である。で吸湿性も潮解性みない。水に溶け酸性を示す。
問 38　クロロホルム $CHCl_3$(別名トリクロロメタン)は劇物。無色の独特の甘味のある香気を持ち、水にはほとんど溶けず、有機溶媒によく溶ける。比重は 15 度で 1.498。火災の高温面や炎に触れると有毒なホスゲン、塩化水素、塩素を発生することがある。

問 39　2

〔解説〕

解答のとおり。

問 40　1

〔解説〕

解答のとおり。

問 41 ～問 45　問 41　2　　問 42　5　　問 43　3　　問 44　1　　問 45　4

〔解説〕

問 41　ホルムアルデヒド HCHO は、無色刺激臭の気体で水に良く溶け、これをホルマリンという。ホルマリンは無色透明な刺激臭の液体、低温ではパラホルムアルデヒドの生成により白濁または沈殿が生成することがある。用途はフィルムの硬化、樹脂製造原料、試薬・農薬等。　問 42　硅弗化ナトリウム Na_2SiF_6 は劇物。無色の結晶。水に溶けにくい。アルコールにも溶けない。用途はうわぐすり、試薬。　問 43　酸化水銀(Ⅱ)HgO は、別名酸化第二水銀、鮮赤色ないし橙赤色の無臭の結晶性粉末のものと橙黄色ないし黄色の無臭の粉末とがある。水にほとんど溶けず、希塩酸、硝酸、シアン化アルカリ溶液に溶ける。毒物(5 %以下は劇物)。遮光保存。強熱すると有害な煙霧及びガスを発生。船底塗料、試薬、電池の陽極用。　問 44　酢酸エチルは無色で果実臭のある可燃性の液体。その用途は主に溶剤や合成原料、香料に用いられる。　問 45　水酸化ナトリウム(別名：苛性ソーダ)NaOH は、白色結晶性の固体。水と炭酸を吸収する性質が強い。空気中に放置すると、潮解して徐々に炭酸ソーダの皮層を生ずる。動植物に対して強い腐食性を示す。用途は、染料その他有機合成原料、塗料などの溶剤、燃料、試薬、標本の保存用。

問 46 ～問 50　問 46　5　　問 47　1　　問 48　4　　問 49　3　　問 50　2

〔解説〕

解答のとおり。

〔実　地〕

（一般）

問 51　4

〔解説〕

この設問は特定毒物はどれかとあるので、４のモノフルオール酢酸アミドである。特定毒物については、法第２条第３項→法別表第三→指定令第３条に示されている。

問 52 ～問 56　問 52　3　問 53　4　問 54　1　問 55　2　問 56　5

〔解説〕

問 52　エチレンオキシドは、劇物。快臭のある無色のガス。水、アルコール、エーテルに可溶。可燃性ガス、反応性に富む。廃棄法：多量の水に少量ずつガスを吹き込み溶解し希釈した後、少量の硫酸を加えエチレングリコールに変え、アリカリ水で中和し、活性汚泥で処理する活性汚泥法。　**問 53**　クロルピクリン CCl_3NO_2 は、無色～淡黄色液体、催涙性、粘膜刺激臭。水に不溶。線虫駆除、燻蒸剤。少量の界面活性剤を加えた亜硫酸ナトリウムと炭酸ナトリウムの混合液中で、撹拌し分解させた後、多量の水で希釈して処理する分解法。　**問 54**　水銀は、気圧計や寒暖計、その他理化学機器として用いる。アマルガム（水銀とほかの金属の合金）は試薬や歯科で用いられる。廃棄法は、そのまま再生利用するため蒸留する回収法。　**問 55**　三硫化二砒素は、毒物。黄色の粉末または赤色の結晶。水にほとんど溶けない。エタノールに可溶。廃棄方法はセメントを用いて固化し、溶出試験を行い、溶出量が判定基準以下であることを確認して埋立処分する固化隔離法。　**問 56**　重クロム酸塩類〔重クロム酸ナトリウム、重クロム酸カリウム、重クロム酸アンモニウム〕は、希硫酸に溶かし、還元剤の水溶液を過剰に用いて還元した後、消石灰、ソーダ灰等の水溶液で処理して沈殿濾過させる。溶出試験を行い、溶出量が判定基準以下であることを確認して埋立処分する還元沈殿法。

問 57 ～問 64　問 57　1　問 58　5　問 59　2　問 60　4
問 61　2　問 62　1　問 63　3　問 64　5

〔解説〕

解答のとおり。

問 65 ～問 67　問 65　1　問 66　5　問 67　2

〔解説〕

問 65　ダイアジノンは、有機リン製剤、接触性殺虫剤、かすかにエステル臭をもつ無色の液体、水に難溶、有機溶媒に可溶。有機リン製剤なのでコリンエステラーゼ活性阻害。有機燐化合物特有の症状が現れ、解毒には PAM 又は硫酸アトロピンの製剤を用いる。　**問 66**　砒素化合物については胃洗浄を行い、吐剤、牛乳、蛋白粘滑剤を与える。治療薬はジメルカプロール(別名 BAL)。　**問 67**　硫酸タリウム Tl_2SO_4 は、白色結晶で、水にやや溶け、熱水に易溶、劇物、殺鼠剤。中毒症状は、疝痛、嘔吐、震せん、けいれん麻痺等の症状に伴い、しだいに呼吸困難、虚脱症状を呈する。治療法は、カルシウム塩、システインの投与。抗けいれん剤(ジアゼパム等)の投与。

問 68 ～問 72　問 68　4　問 69　3　問 70　2　問 71　5　問 72　1

〔解説〕

解答のとおり。

問 73 ～問 75　問 73　4　問 74　5　問 75　3

〔解説〕

解答のとおり。

（農業用品目）

問 51 ～問 54　問 51　1　問 52　4　問 53　2　問 54　3

〔解説〕

問 51　塩化亜鉛 $ZnCl_2$ は水に易溶なので、水に溶かして消石灰などのアルカリで水に溶けにくい水酸化物にして沈殿ろ過して埋立処分する沈殿法。　**問 52**　硫酸 H_2SO_4 は酸なので廃棄方法はアルカリで中和後、水で希釈する中和法。
問 53　塩素酸カリウム $KClO_3$ は、無色の結晶。水に可溶、アルコールに溶けにくい。漏えいの際の措置は、飛散したもの還元剤(例えばチオ硫酸ナトリウム等)の水溶液に希硫酸を加えて酸性にし、この中に少量ずつ投入する。反応終了後、反応液を中和し多量の水で希釈して処理する還元法。　**問 54**　フェンチオン

(MPP)は、劇物。褐色の液体。弱いニンニク臭を有する。各種有機溶媒に溶ける。水には溶けない。廃棄法：木粉(おが屑)等に吸収させてアフターバーナー及びスクラバーを具備した焼却炉で焼却する焼却法。(スクラバーの洗浄液には水酸化ナトリウム水溶液を用いる。)

問 55 ～問 57　問 55　2　　問 56　4　　問 57　3

〔解説〕

解答のとおり。

問 58 ～問 61　問 58　2　　問 59　1　　問 60　4　　問 61　3

〔解説〕

問 58　N-メチル-1-ナフチルカルバメート(NAC)は、:劇物。白色無臭の結晶。水に極めて溶にくい。(摂氏 30 ℃で水 100mL に 12mg 溶ける。)アルカリに不安定。常温では安定。有機溶媒に可溶。　問 59　ニコチンは毒物。純ニコチンは無色、無臭の油状液体。水、アルコール、エーテルに安易に溶ける。　問 60　弗化スルフリル(SO_2F_2)は毒物。無色無臭の気体。水に溶ける。クロロホルム、四塩化炭素に溶けやすい。アルコール、アセトンにも溶ける。水では分解しないが、水酸化ナトリウム溶液で分解される。　問 61　DEP(ディプテレックス)は、劇物。純品は白色の結晶。クロロホルム、ベンゼン、アルコールに溶ける。また、水にも溶ける。有機燐製剤の一種。

問 62 ～問 66　問 62　4　　問 63　3　　問 64　5　　問 65　2　　問 66　1

〔解説〕

解答のとおり。

問 67 ～問 70　問 67　4　　問 68　3　　問 69　2　　問 70　1

〔解説〕

解答のとおり。

問 71 ～問 75　問 71　1　　問 72　5　　問 73　2　　問 74　3　　問 75　4

〔解説〕

解答のとおり。

(特定品目)

問 51 ～問 54　問 51　1　　問 53　4
問 52　2　　問 54　1

〔解説〕

塩酸は塩化水素 HCl の水溶液。無色透明の液体 25 ％以上のものは、湿った空気中で著しく発煙し、刺激臭がある。塩酸は種々の金属を溶解し、水素を発生する。硝酸銀溶液を加えると、塩化銀の白い沈殿を生じる。一酸化鉛 PbO は、重い粉末で、黄色から赤色までの間の種々のものがある。希硝酸に溶かすと、無色の液となり、これに硫化水素を通じると、黒色の沈殿を生じる。

問 55 ～問 57　問 55　2　　問 56　1　　問 57　3

〔解説〕

問 55　クロロホルム $CHCl_3$(別名トリクロロメタン)は、無色、揮発性の液体で特有の香気とわずかな甘みをもち、麻酔性がある。アルコール溶液に、水酸化カリウム溶液と少量のアニリンを加えて熱すると、不快な刺激性の臭気を放つ。
問 56　メタノール CH_3OH は特有な臭いの無色透明な揮発性の液体。水に可溶。可燃性。あらかじめ熱灼した酸化銅を加えると、ホルムアルデヒドができ、酸化銅は還元されて金属銅色を呈する。　問 57　硝酸 HNO_3 は、劇物。無色の液体。特有な臭気がある。腐食性が激しい。空気に接すると刺激性白霧を発し、水を吸収する性質が強い。硝酸は白金その他白金属の金属を除く。処金属を溶解し、硝酸塩を生じる。

問 58 ～問 62　問 58　5　　問 59　1　　問 60　2　　問 61　3　　問 62　4

〔解説〕

問 58　キシレン $C_6H_4(CH_3)_2$ は、無色透明な液体。水に不溶。毒性は、はじめに短時間の興奮期を経て、深い麻酔状態に陥ることがある。　問 59　水酸化ナトリウム NaOH は、水溶液は皮膚の蛋白質を激しく侵し、皮膚内部まで侵襲する。吸うと肺水腫をおこすことがあり、また目に入れば失明する。マウスにおける 50 ％致死量は、腹腔内投与で体重 1 kg あたり 40mg である。　問 60　クロム酸カリウム $KCrO_4$ は、橙黄色の結晶。(別名：中性クロム酸カリウム、クロム酸カリ)。クロム酸カリウムの慢性中毒：接触性皮膚炎、穿孔性潰瘍、アレルギー疾患など。クロムは砒素と同様に発がん性を有する。特に肺がんを誘発する。　問 61　ホルムアルデヒド HCHO を吸引するとその蒸気は鼻、のど、気管支、肺などを激しく刺激し炎症を起こす。　　**問 62**　メタノール（メチルアルコール）CH_3OH は無色透明、揮発性の液体で水と随意の割合で混合する。火を付けると容易に燃える。：毒性は頭痛、めまい、嘔吐、視神経障害、失明。致死量に近く摂取すると麻酔状態になり、視神経がおかされ、目がかすみ、ついには失明することがある。

問 63 ～問 66　　**問 63**　2　　**問 64**　3　　**問 65**　4　　**問 66**　1

〔解説〕

解答のとおり。

問 67　1

〔解説〕

一酸化鉛 PbO は、水に難溶性の重金属なので、そのままセメント固化し、埋立処理する固化隔離法。

問 68 ～問 71　　**問 68**　2　　**問 69**　3　　**問 70**　1　　**問 71**　4

〔解説〕

解答のとおり。

問 72 ～問 75　　**問 72**　4　　**問 73**　3　　**問 74**　2　　**問 75**　1

〔解説〕

この設問は、施行令別表第二に掲げられている毒物又は劇物について車両を使用して 1 回につき 5000kg 以上運搬する際に保護具を備えければならないと施行令第 40 条の 5 第 2 項第三号→施行規則第 13 条の 6 で、その毒物又は劇物ごとに保護具について、施行規則別表第五のこと。

山形県
令和元年度実施

〔法　規〕
（一般・農業用品目・特定品目共通）

問１　４
〔解説〕
この設問では、a、b、c が正しい。a は法第１条の目的。b は法第２条第１項における毒物の定義。c は法第２条第２項における劇物の定義。なお、d は法第２条第３項における特定毒物の定義で、から除外されるではなく、特定毒物である。

問２　４
〔解説〕
解答のとおり。

問３　４
〔解説〕
この設問では、４が正しい。４は法第６条第１項第二号のこと。なお、１は厚生労働大臣ではなく、法第４条第１項により、その店舗の所在地の都道府県知事(政令で定める保健所を設置する市、特別区の区域、市長又は区長)。２は第４条第４項における登録の更新で、毒物又は劇物の製造業又は輸入業は、５年ごとに更新を受けなければならない。(法第４条第４項について、現行は同第４条第３項となる。平成30年６月27日法律第63号。施行令和２月４月１日による。)　３については、法第３条第３項ただし書規定により他の毒物劇物営業者(毒物又は劇物の製造業者、輸入業者、販売業者)に、毒物又は劇物を販売することができる。よって誤り。

問４　３
〔解説〕
この設問は、施行規則第４条の４第２項における販売業の店舗の設備基準のことで、３が誤り。なお、この３については製造業の設備基準では該当する。

問５　３
〔解説〕
この設問は、モノフルオール酢酸の塩類を含有する製剤の着色及び表示のことである。解答のとおり。

問６　１
〔解説〕
この設問では b と d が正しい。b は法第７条第２項のこと。d は法第８条第２項第四号のこと。なお、a は法第８条第２項第一号により、20歳未満の者ではなく、18未満の者は毒物劇物取扱責任者になることができない。c は法第８条第４項により、農業用品目のみを製造するではなく、農業品目のみを取り扱う輸入業の営業所若しくは販売業の店舗においてのみである。

問７　２
〔解説〕
この設問は法第10条の届出についてで正しいのは、a と c が該当する。なお、b については法第９条第１項で、あらかじめ登録以外の毒物又は劇物を輸入(製造)する際には登録の変更を受けなければならないである。d については毒物又は劇物を廃棄した際には、法第15条の２→施行令第40条の廃棄方法を遵守のみで届け出を要しない。

問８　４
〔解説〕
この設問は法第12条第１項における毒物又は劇物の表示のこと。解答のとおり。

問９　１
〔解説〕
この設問については、法第12条第２項第三号で解毒剤の名称とは→施行規則第11条の５により有機燐化合及びこれを含有する製剤たる毒物及び劇物で、解毒剤として①２－ピリジルアルドキシムメチオダイド(別名 PAM)の製剤、②硫酸アトロピンの製剤

問10　3
〔解説〕
この設問は法第12条第２項第四号→施行規則第11条の６第二号で、b と d が正しい。
問11　4
〔解説〕
この設問は着色する農業品目で法第13条→施行令第39条において着色すべき農業劇物として、①硫酸タリウムを含有する製剤たる劇物、②燐化亜鉛を含有する製剤たる劇物は、施行規則第12条であせにくい黒色に着色すると規定されている。
問12　1
〔解説〕
この設問は法第14条第２項における毒物劇物を譲渡する際に、書面に記載しなければならない事項のこと。その書面に記載する事項とは、①毒物又は劇物の名称及び数量、②販売又は授与の年月日、③譲受人の氏名、職業及び住所(法人にあっては、その名称及び主たる事務所の所在地)で、この書面の保存は、５年間保存しなければならない。
問13　3
〔解説〕
解答のとおり。
問14　2
〔解説〕
解答のとおり。
問15　2
〔解説〕
この設問は施行令第40条の６における毒物又は劇物について運搬を他に委託する場合は１回につき1,000kg 以上では、毒物又は劇物の①名称、②成分、③その含量、④数量、⑤書面(事故の際に講じなければならない書面)を荷送人は、運送人に対して、あらかじめ交付しなければならない。この設問では、定められていないものとあるので、２該当する。
問16　2
〔解説〕
解答のとおり。
問17　2
〔解説〕
四アルキル鉛を含有する製剤における取り扱いは施行令で示されている。着色と表示については、施行令第２条で赤色、青色、黄色又は緑色に、又表示は、設問 d のとおり。使用者及び用途については施行令第１条で使用者は、石油精製業者、用途は、ガソリンへの混入。
問18　2
〔解説〕
この設問にある劇物たるアクロレインを車両(１回5,000kg ↑)を使用する際に、車両の前後の見やすい箇所に掲げなければならないと規定されている。(施行令第40条の５第２項第二号→施行令別表第二掲げる品目→施行規則第13条の５)
問19、20　　問19　4　　　問20　1
〔解説〕
この設問の法第16条の２は事故の際の措置のこと。解答のとおり。なお、同法については、第８次地域一括法(平成30年６月27日法律第63号。)→施行は令和２月４月１日より法第16条の２は、法第17条となった。
問21　2
〔解説〕
この設問は法第17条における立入検査等のこと。解答のとおり。なお、同法については、第８次地域一括法(平成30年６月27日法律第63号。)→施行は令和２月４月１日より法第17条は、法第18条となった。
問22　3
〔解説〕
この設問は法第22条第１項における業務上取扱者の届出のことで、その届出事業者とは、①電気めっき行う事業、②金属熱処理を行う事業、③最大積載量5000kg以上の大型運送業、④しろあり防除を行う事業となる。この設問では誤っているものはどれかとあるので、３が該当する。
問23　1

〔解説〕
この設問は毒物又は劇物を販売し、又は授与する時までに、譲受人に対して毒物又は劇物の性状及び取扱についての情報提供のことで、正しいのは、a と b である。なお、c については、情報提供の内容について施行規則第13条の12でこの設問にあることは情報提供をしなければならない。d については、1回につき200mg以下の毒物とあるが、毒物については量の多少にかかわらず情報提供をしなければならない。

問24　3

〔解説〕
法第11条第４項は飲食物容器使用禁止のこと。

問25　3

〔解説〕
法第15条第２項について、法第３条の４→施行令第32条の３における引火性、発火性又は爆発性のある劇物は、①亜塩素酸ナトリウム30%以上、②塩素酸塩類35%以上、③ナトリウム、④ピクリン酸については、その交付を受ける者の氏名及び住所を確認した後でなければ交付してはならない。このことから b と c が正しい。

〔基礎化学〕
（一般・農業用品目共通・特定品目）

問26　2

〔解説〕
空気は混合物、塩酸は水と塩化水素の混合物、石油は炭化水素の混合物である。

問27　1

〔解説〕
リンには黄リンや赤リンなどの同素体が知られている。

問28　3

〔解説〕
新しい十円玉のが次第にくすんでいくのは、酸化をという化学変化のためである。

問29　4

〔解説〕
塩化ナトリウムもヨウ素もどちらも固体である。ヨウ素は昇華性があるので昇華により分離精製を行う。

問30　1

〔解説〕
炎色反応は Li (赤)、Na(黄)、K(紫)、Cu(青緑)、Ca(橙)、Sr(紅)、Ba(黄緑)である。

問31　1

〔解説〕
同位体とは同じ原子番号を持ち、質量数の異なるものである。したがって陽子の数は等しく、中性子の数が異なるものである。また、同位体同士の化学的な性質はほとんど同じである。

問32　2

〔解説〕
イオン化エネルギーは原子から電子一つを取り去るのに必要なエネルギーであり、このエネルギーが小さいものほど陽イオンになりやすい。

問33　2

〔解説〕
ネオンは電子を10個もっている。これと同じ電子配置は O^{2-} である。

問34　4

〔解説〕
金属は金属結合で結ばれており、自由電子があるため電気や熱をよく導く。また延性や展性を持っている。

問35　1

〔解説〕
$3.0\times10^{23}/6.0\times10^{23} = 0.5$ mol

問36　3

〔解説〕

$23 + 1 + 12 + 16 \times 3 = 84$

問37　4

〔解説〕

$CH_4 + 2O_2 \rightarrow CO_2 + 2H_2O$

問38　3

〔解説〕

燃焼熱は物質が燃焼し酸素と化合するときの熱量、中和熱は酸と塩基が反応する際に発生する熱。溶解熱は物質が溶媒に溶解するときに発する熱量である。

問39　1

〔解説〕

塩化水素のように酸素を含まない酸もある。酸の強弱は価数ではなく電離度によって決定される。

問40　4

〔解説〕

0.0010 mol/L 塩酸の水素イオン濃度は$[H^+] = 1.0 \times 10^{-3}$。よってこの塩酸の pH は3である。

問41　3

〔解説〕

pH が最も小さいとは、最も酸性なものはどれかに等しい。酢酸は弱酸であり、塩酸は強酸である。

問42　1

〔解説〕

酸性で無色な指示薬はフェノールフタレインのみである。

問43　4

〔解説〕

水素の酸化数を+1、酸素の酸化数を-2とし、分子全体の酸化数を0となるように計算する。

問44　2

〔解説〕

単体が関与する反応式はすべて酸化還元反応である。

問45　2

〔解説〕

電池では正極では還元反応が、負極では酸化反応が起こる。電気分解では陽極で酸化反応が、陰極で還元反応が起こる。

問46　1

〔解説〕

F_2の酸化力は非常に大きく、水素ガスと爆発的に反応する。

問47　3

〔解説〕

アルケンは2重結合を分子内に持つもので化合物の語尾の母音がエンで終わるものである。

問48　2

〔解説〕

エタノールの酸化で生じるのはアセトアルデヒドと酢酸である。またアルデヒド基は還元性を有している。

問49　1

〔解説〕

ヨードホルム反応はメチルケトン($CH_3C(=O)$-)の構造を有する化合物の検出反応である。

問50　4

〔解説〕

サリチル酸はベンゼン環の水素原子２つがカルボキシル基とヒドロキシ基に置き換わった化合物である。

〔性質、識別及び貯蔵その他取扱方法〕

（一般）

問51　4

〔解説〕

この設問では液体はどれかとあるので、4の塩化チオニルが液体。塩化チオニル($SOCl_2$)は劇物。刺激性のある無色または淡黄色の液体。なお、クロルエチル C_2H_5Cl は、劇物。常温で気体。ジメチルアミン($(CH_3)_2NH$)は、劇物。無色で魚臭様の臭気のある気体。亜硝酸メチル CH_3ONO は劇物。リンゴ臭のある気体。

問52　1

〔解説〕

解答のとおり。

問53　1

〔解説〕

クロム酸亜鉛カリウムは、劇物。淡黄色の粉末。水にやや溶ける。酸、アルカリにも溶ける。用途はさび止め下塗り塗料用。

問54　1

〔解説〕

塩素 Cl_2は、黄緑色の刺激臭の空気より重い気体で、酸化力があるので酸化剤、用途は漂白剤、殺菌剤、消毒剤として使用される(紙パルプの漂白、飲用水の殺菌消毒などに用いられる)。クロロプレンは劇物。用途は合成ゴム原料等。過酸化尿素は劇物。白色の結晶性粉末。空気中で尿素、酸素、水に分解する。水に溶けやすい。用途は酸化作用を利用して、毛髪の脱色剤。シアン化水素 HCN は、毒物。用途は殺虫剤、船底倉庫の殺鼠剤、化学分析用試薬。

問55　4

〔解説〕

潮解性のあるものは d の水酸化カリウム。その水酸化カリウムの性状は次のとおり。水酸化カリウム KOH(別名苛性カリ)は劇物(５％以下は劇物から除外。)で白色の固体で、空気中の水分や二酸化炭素を吸収する潮解性がある。水溶液は強いアルカリ性を示す。また、腐食性が強い。

問56　2

〔解説〕

弗化第一錫(弗化錫(Ⅱ))は劇物。白色結晶。水中では分解する。水に溶けやすい。廃棄法は水に溶かし、消石灰水溶液を加えて処理し、沈殿ろ過して埋立処分する分解沈殿法。

問57　4

〔解説〕

シアン化カリウム KCN は、白色、潮解性の粉末または粒状物、空気中では炭酸ガスと湿気を吸って分解する(HCN を発生)。また、酸と反応して猛毒の HCN(アーモンド様の臭い)を発生する。貯蔵法は、少量ならばガラス瓶、多量ならばブリキ缶又は鉄ドラム缶を用い、酸類とは離して風通しの良い乾燥した冷所に密栓して貯蔵する。

問58　2

〔解説〕

ジボランは毒物。無色のビタミン臭のある気体。可燃性。水によりすみやかに加水分解する。用途は特殊材料ガス。モノゲルマンは、劇物。無色の刺激臭のある気体。可燃性、水との反応性は低い。用途は特殊材料ガス。なお、四塩化炭素(テトラクロロメタン)CCl_4は、特有な臭気をもつ不燃性、揮発性無色液体、水に溶けにくく有機溶媒には溶けやすい。弗化水素 HF は毒物。不燃性の無色液化ガス。激しい刺激性がある。ガスは空気より重い。

問59　1

〔解説〕

解答のとおり。なお、ブロム水素酸(別名臭化水素酸)は劇物。無色透明あるいは淡黄色の刺激性の臭気がある液体。確認法は硝酸銀溶液を加えると、淡黄色のブロム銀を沈殿を生ずる。沃素(別名ヨード、ヨジウム)(I_2)は劇物。黒灰色、金属様の光沢ある稜板状結晶。デンプンと反応して藍色を呈し、これを熱すると退色し、冷えると再び藍色を呈し、さらにチオ硫酸ナトリウムの溶液と反応すると脱色する。

問60　4
〔解説〕
解答のとおり。
問61　4
〔解説〕
この設問についての解毒剤としてのジメカプロール(別名 BAL)を用いるものは、４の砒素。ヒ素 As は、同素体のうち灰色ヒ素が安定、金属光沢があり、空気中で燃やすと青白色の炎を出して As_2O_3を生じる。水に不溶。Pb との合金は球形と成り易いので散弾の製造に用いられる。冶金、化学工業用としても用いられる。毒性：初期症状は嚥下症状、胃激痛、嘔吐、下痢症状等の胃腸障害。さらに蛋白尿、血尿などの腎障害が現れて死亡。治療薬は BAL。シアン化水素 HCN は、毒物。無色の気体または液体。猛毒で、吸入した場合、頭痛、めまい、意識不明、呼吸麻痺を起こす。解毒剤にはチオ硫酸ナトリウム $Na_2S_2O_3$や亜硝酸ナトリウム $NaNO_2$を使用。ジメチルジチオホスホリルフェニル酢酸エチル(フェントエート、PAP)の解毒剤は、硫酸アトロピン。カルバリール(NAC)の中毒症状では解毒剤として、硫酸アトロピン製剤が用いられる。
問62　1
〔解説〕
このニコチンについては、a と b　が正しい。なお、ニコチンの性状及び用途は次のとおり。ニコチンは毒物。純ニコチンは無色、無臭の油状液体。水、アルコール、エーテルに安易に溶ける。用途は殺虫剤。猛烈な神経毒である。
問63　1
〔解説〕
白色粉末は a と b である。シアン化亜鉛は毒物。白色の粉末。水にほとんど溶けない。800℃で分解する。アンモニア水に可溶。用途は鍍金用。炭酸バリウム($BaCO_3$)は、劇物。白色の粉末。水に溶けにくい。アルコールには溶けない。酸に可溶。用途は陶磁器の釉薬、光学ガラス用、試薬。
問64　4
〔解説〕
ヒ素 As は無機毒物、回収法または固化隔離法。水銀は、気圧計や寒暖計、その他理化学機器として用いる。アマルガム（水銀とほかの金属の合金）は試薬や歯科で用いられる。廃棄法は、そのまま再生利用するため蒸留する回収法。
問65　3
〔解説〕
b のみ誤り。シクロルヘキシルアミン $C_6H_{13}N$ は、劇物。強い魚臭様の臭気をもつアミン。用途は染料、顔料、殺虫剤、酸素吸収剤等。
問66　1
〔解説〕
亜硝酸ナトリウム $NaNO_2$は、劇物。白色または微黄色の結晶性粉末。水に溶けやすい。アルコールにはわずかに溶ける。潮解性がある。臭化カドミウム $CdBr_2$・$4H_2O$ は、劇物。無水物のほか、一水和物及び四水和物があり、一般的には四水和物が流通。四水和物は無色の結晶。風解性。水に溶けやすい。エタノール、アセトンに可溶。なお、塩化第一水銀 Hg_2Cl_2は、劇物。別名「甘汞」。白色の粉末。水に不溶。一酸化鉛 PbO(別名リサージ)は劇物。赤色～赤黄色結晶。重い粉末で、黄色から赤色の間の様々なものがある。水にはほとんど溶けない。
問67　3
〔解説〕
クロロプレンは劇物。無色の揮発性の液体。多くの有機溶剤に可溶。水に難溶。用途は合成ゴム原料等。
問68　2
〔解説〕
解答のとおり。
問69　1
〔解説〕
硝酸鉛($Pb(NO_3)_2$は劇物。無色の結晶水に溶けやすいが、濃硝酸には溶けない。少量を磁製のルツボに入れて熱すると小爆鳴を発する。赤褐色の蒸気を出して、ついに酸化鉛を残す。
問70　1
〔解説〕
解答のとおり。

問71　3
〔解説〕
解答のとおり。
問72　3
〔解説〕
アジ化ナトリウム NaN_3は0.1%以下は毒物から除外。
問73　4
〔解説〕
ニトロベンゼン $C_6H_5NO_2$特有な臭いの淡黄色液体。水に難溶。ニトロベンゼンの毒性は蒸気の吸引などによりメトヘモグロビン血症を引き起こす。
問74　1
〔解説〕
ホスゲンは独特の青草臭のある無色の圧縮液化ガス。蒸気は空気より重い。廃棄法はアルカリ法：アルカリ水溶液(石灰乳又は水酸化ナトリウム水溶液等)中に少量ずつ滴下し、多量の水で希釈して処理するアルカリ法。三塩化燐(PCl_3)は毒物。無色の刺激臭のある液体。不燃性。水により加水分解し、塩酸と亜燐酸を生成する。用途は特殊材料ガス、各種塩化物の製造。廃棄法は多量の水酸化ナトリウムに攪拌しながら少量ずつ加えて、可溶性とした後、希硫酸を加えて中和するアルカリ法。
問75　3
〔解説〕
解答のとおり。

（農業用品目）

問51、52　問51　2　問52　1
〔解説〕
問51　チオシクラムは３％以下は劇物から除外。問52　フルスルファミドは0.3%以下は劇物から除外。
問53、54　問53　3　問54　1
〔解説〕
問53　MPP(フェンチオン)は、劇物。褐色の液体。弱いニンニク臭を有する。有機溶媒には良く溶ける。水にはほんど溶けない。用途は害虫剤。有機燐製剤の一種で、パラチオン等と同じにコリンエステラーゼの阻害に基づく中毒症状。有機リン化合物の解毒剤には、硫酸アトロピンや PAM を使用。　問54　シアン化水素ガスを吸引したときの中毒は、頭痛、めまい、悪心、意識不明、呼吸麻痺を起こす。治療薬は亜硝酸ナトリウムとチオ硫酸ナトリウムの投与。
問55､56　問55　3　問56　4
〔解説〕
解答のとおり。
問57､58　問57　3　問58　4
〔解説〕
問57　ジクワットは、劇物で、ジピリジル誘導体で淡黄色結晶、水に溶ける。中性又は酸性で安定、アルカリ溶液でうすめる場合には、２～３時間以上貯蔵できない。腐食性を有する。土壌等に強く吸着されて不活性化する性質がある。用途は、除草剤。　問58　クロロファシノンは、劇物。白～淡黄色の結晶性粉末。酢酸エチル、アセトンに可溶。0.025%以下は劇物から除外。用途はのねずみの駆除。
問59､60　問59　3　問60　4
〔解説〕
解答のとおり。
問61､62　問61　2　問62　3
問61　弗化スルフリル(SO_2F_2)は毒物。無色無臭の気体。　問62　リン化亜鉛 Zn_3P_2は、劇物。灰褐色の結晶又は粉末。
問63､64　問63　2　問64　1
〔解説〕
解答のとおり。
問65､66　問65　1　問66　4
〔解説〕
問65　ブロムメチル CH_3Br は常温では気体であるため、これを圧縮液化し、圧容器に入れ冷暗所で保存する。　**問66**　シアン化カリウム KCN は、白色、潮解性の粉末または粒状物、空気中では炭酸ガスと湿気を吸って分解する(HCN を発生)。また、酸と反応して猛毒の HCN(アーモンド様の臭い)を発生する。したがって、酸から離し、通風の良い乾燥した冷所で密栓保存。安定剤は使用しない。

問67、68、69　**問67**　1　**問68**　2　**問69**　4

解答のとおり。

問70、71、72　**問70**　4　**問71**　2　**問72**　1

〔解説〕

解答のとおり。

問73、74、75　**問73**　2　**問74**　4　**問75**　3

〔解説〕

問73　クロルピクリン CCl_3NO_2は、無色～淡黄色液体、催涙性、粘膜刺激臭。気管支を刺激してせきや鼻汁が出る。多量に吸入すると、胃腸炎、肺炎、尿に血が混じる。悪心、呼吸困難、肺水腫を起こす。　**問74**　リン化亜鉛 Zn_3P_2は、灰褐色の結晶又は粉末。かすかにリンの臭気がある。ベンゼン、二硫化炭素に溶ける。酸と反応して有毒なホスフィン PH3を発生。用途は、殺鼠剤。ホスフィンにより嘔吐、めまい、呼吸困難などが起こる。　**問75**　パラコートは、毒物で、ジピリジル誘導体。消化器障害、ショックのほか、数日遅れて肝臓、腎臓、肺等の機能障害を起こす。

（特定品目）

問51、52　**問51**　3　**問52**　1

〔解説〕

解答のとおり。

問53、54、55　**問53**　3　**問54**　1　**問55**　4

〔解説〕

毒物又は劇物を運搬する車両に備えなければならない保護具については施行令第40条の５第２項第三号で、施行令別表第にに掲げる品目→施行規則第13条の６→施行規則別表第五に保護具について掲げられている。解答のとおり。

問56、57、58　**問56**　4　**問57**　2　**問58**　1

〔解説〕

問56　四塩化炭素(テトラクロロメタン)CCl_4は、劇物。揮発性、麻酔性の芳香を有する無色の重い液体。水に溶けにくく有機溶媒には溶けやすい。高熱下で酸素と水分が共存するとホスゲンを発生。蒸気は空気より重く、低所に滞留する。溶剤として用いられる。　**問57**　水酸化ナトリウム(別名：苛性ソーダ)NaOH は、白色結晶性の固体。水と炭酸を吸収する性質が強い。空気中に放置すると、潮解して徐々に炭酸ソーダの皮層を生ずる。　**問58**　メチルエチルケトン $CH_3COC_2H_5$(2-ブタノン、MEK)は劇物。アセトン様の臭いのある無色液体。蒸気は空気より重い。引火性。有機溶媒。水に可溶。

問59　3

〔解説〕

b と c が正しい。アンモニア NH_3は、常温では無色刺激臭の気体、冷却圧縮すると容易に液化する。用途は化学工業原料(硝酸、窒素肥料の原料)、冷媒。

問60　1

〔解説〕

d のみが正しい。水酸化カリウム KOH は、白色の固体で、水、アルコールには熱を発して溶けるが、アンモニア水には溶けない。空気中に放置すると、水分と二酸炭素を吸収して潮解する。廃棄法は強塩基なので希薄な水溶液として酸で中和後、水で希釈処理する中和法。

問61　3

〔解説〕

a と c が正しい。トルエン $C_6H_5CH_3$(別名トルオール、メチルベンゼン)は劇物。無色透明な液体で、ベンゼン臭がある。蒸気は空気より重く、可燃性である。沸点は水より低い。水には不溶、エタノール、ベンゼン、エーテルに可溶である。トルエンの廃棄法は可燃性の溶液であるから、これを珪藻土などに付着して、焼却する燃焼法。

問62　4

〔解説〕

c のみ誤り。ホルムアルデヒド HCHO は、無色刺激臭の気体で水に良く溶け、これをホルマリンという。ホルマリンは無色透明な刺激臭の液体、低温ではパラホルムアルデヒドの生成により白濁または沈澱が生成することがある。水、アルコールとは混和する。エーテルには混和しない。中性又は弱酸性の反応を呈する。

問63、64　問63　3　問64　4

〔解説〕

解答のとおり。

問65、66　問65　4　問66　1

〔解説〕

解答のとおり。

問67、68、69　問67　3　問68　2　問69　1

〔解説〕

解答のとおり。

問70、71、72　問70　4　問71　1　問72　2

〔解説〕

解答のとおり。

問73　2

〔解説〕

解答のとおり。

問74、75　問74　2　問75　3

〔解説〕

問74　塩素 Cl_2は、黄緑色の刺激臭の空気より重い気体で、酸化力があるので酸化剤、漂白剤、殺菌剤消毒剤として使用される。不燃性を有して、鉄、アルミニウム等の燃焼を助ける。また、極めて、反応性が強い。水素又は炭化水素と爆発的に反応。　問75　メタノール CH_3OH(別名木精、メチルアルコール)は特有な臭いの無色液体。水に可溶。可燃性(引火しやすいので火気は絶対に近づけない)。高濃度の蒸気に長時間暴露された場合、失明することがある。

福島県
令和元年度実施

〔毒物及び劇物に関する法規〕
（一般・農業用品目・特定品目共通）

【問１】　3
〔解説〕
b は正しい。b は法第３条の４のこと。なお、a は法第１条の目的についで、必要な許可ではなく、必要な取締を行うである。

【問２】　4
〔解説〕
解答のとおり。

【問３】　2
〔解説〕
この設問は特定毒物に該当しないものとあるので、２の砒素は毒物。なお、特定毒物については、法第２条第３項→法別表第三→指定令第３条に示されている。

【問４】　4
〔解説〕
法第３条の２第９項に基づき、特定毒物〔四アルキル鉛、モノフルオール酢酸塩類、ジメチルエチルメチルカプトエチルホスフエイト、モノフルオール酢酸アミド、燐化アルミニウムとその分解促進剤〕について使用者、用途並びに着色、表示等が施行令で示されている。この設問では、四アルキル鉛を含有する製剤における着色及び表示が施行令第２条で着色については、赤色、青色、黄色又は緑色に着色されていること。また表示では、四アルキル鉛を含有する製剤が入っている旨及びその内容量を表示しなければならない。

【問５】　2
〔解説〕
この設問の法第３条の３について→施行令 32 条の２で次の品目、①トルエン、②酢酸エチル、トルエン又はメタノールを含有するシンナー、接着剤、塗料及び閉そく用又はシーリングの充てん料は、みだりに摂取し、若しくは吸入し、又はこれらの目的で所持してはならない。このことから２のトルエンが該当する。

【問６】　2
〔解説〕
a が正しい。a は法第４条の２のこと。なお、b については法第３条第３項ただし書規定により、自ら輸入した毒物又は劇物を他の毒物劇物営業者に販売することができる。よってこの設問は誤り。

【問７】　3
〔解説〕
b が正しい。なお、a については法第４条の３第１項→施行規則第４条の２→別表第一に掲げられている農業用品目のみ販売できる。

【問８】　1
〔解説〕
この設問は施行規則第４条の４第２項における毒物又は劇物の販売業の店舗の設備基準のこと。

【問９】　3
〔解説〕
登録については法第４条→法第６条において、その登録事項として①申請者の氏名及び住所(法人にあっては、その名称及び主たる事務所の所在地)、②製造業又は輸入業にあっては、製造し、又は輸入しようとする毒物又は劇物の品目、③製造所、営業所又は店舗の所在地である。このことからこの設問では誤りはどれかとあるので、３が誤り。

【問 10】　1
〔解説〕
解答のとおり。

【問 11】　3
〔解説〕
b が正しい。b は法第 10 条第１項第二号の届出のこと。なお、a については登録以外の毒物又は劇物を製造の場合は、法第９条第１項により、あらかじめ登録の変更しなければならない。
【問 12】　4
〔解説〕
法第 11 条第４項は飲食物容器使用禁止のこと。解答のとおり。
【問 13】　2
〔解説〕
解答のとおり。
【問 14】　4
〔解説〕
この設問は着色する農業用品目のことで、法第 13 条→施行令第 39 条で、①硫酸タリウムを含有する製剤たる劇物、②燐化亜鉛を含有する製剤たる劇物については、→施行規則第 12 条において、あせにくい黒色に着色をしなければ販売し、又は授与することはできない。
【問 15】　2
〔解説〕
解答のとおり。
【問 16】　1
〔解説〕
法第 15 条第１項は、毒物又は劇物の交付における不適格者のことで、① 18 歳未満の者、②心身の障害により毒物又は劇物の保健衛生上の危害の防止の措置を適切に行うことができない者、③麻薬、大麻、あへん又は覚せい剤の中毒者である。このことから１のあへんの中毒者が該当する。
【問 17】　1
〔解説〕
解答のとおり。
【問 18】　1
〔解説〕
この設問にある劇物たるクロルピクリンを車両(１回 5,000kg ↑)を使用する際に、車両の前後の見やすい箇所に掲げなければならないと規定されている。(施行令第 40 条の５第２項第二号→施行令別表第二掲げる品目→施行規則第 13 条の５)
【問 19】　1
〔解説〕
解答のとおり。
【問 20】　3
〔解説〕
この設問では b が正しい。b は法第 16 条の２第１項のこと。なお、a については、直ちに、その旨を警察署に届け出るである。同法については、第８次地域一括法(平成 30 年６月 27 日法律第 63 号。)→施行は令和２月４月１日より法第 16 条の２は、法第17 条となった。

〔基礎化学〕
(一般・農業用品目・特定品目共通)

【問 21】　1
〔解説〕
解答のとおり
【問 22】　3
〔解説〕
解答のとおり
【問 23】　1
〔解説〕
塩化物イオン Cl^-、ナトリウムイオン Na^+、水素イオン H^+、アンモニウムイオン NH_4^+
【問 24】　3
〔解説〕
疎水コロイドが少量の電解質で沈殿する現象は凝析と呼ばれる。
【問 25】　3
〔解説〕

ボイルの法則($P_1V_1 = P_2V_2$)より求める。$100 \times 0.5 = P_2 \times 0.2$, $P_2 = 250$ kPa

【問 26】　1

〔解説〕

電解質とは水に溶解した時、陽イオンと陰イオンに電離するものである。

【問 27】　2

〔解説〕

125/(500+125) × 100 = 20%

【問 28】　3

〔解説〕

水酸化カルシウム $Ca(OH)_2$ の式量は、40+(16+1) × 2 = 74

【問 29】　2

〔解説〕

ショ糖、乳糖、麦芽糖は二糖類である。

【問 30】　4

〔解説〕

イオン化傾向とは陽イオンになり易さの尺度で、K ＞ Ca ＞ Na ＞ Mg ＞ Al ＞ Zn ＞ Fe ＞ Ni ＞ Sn ＞ Pb ＞ (H) ＞ Cu ＞ Hg ＞ Ag ＞ Pt ＞ Au の順となる。

【問 31】　1

〔解説〕

100/58.5 ÷ 1 L = 1.71 mol/L

【問 32】　3

〔解説〕

ダイヤモンドは炭素のみからなる単体である。

【問 33】　1

〔解説〕

同素体とは同じ元素からなる単体で、互いに性質の異なるものである。水と水蒸気は状態が異なっているだけである。

【問 34】　4

〔解説〕

常温で液体の単体は臭素と水銀だけである。

【問 35】　1

〔解説〕

沸騰に関する記載である。

【問 36】　4

〔解説〕

アンモニアは極性分子であるので、比較的強い分子間力が働き、液化しやすい。

【問 37】　3

〔解説〕

異性体同士では化学的性質や物理的性質が大きく異なるものもある。

【問 38】　3

〔解説〕

二酸化炭素は分子内に二重結合を 2 つもち、窒素は分子内に三重結合を 1 つもつ。

【問 39】　2

〔解説〕

フェノールはベンゼン環を有する芳香族化合物である。芳香族炭化水素というと、ベンゼンやトルエン、キシレンなどのように炭素と水素のみから構成されていなくてはならない。

【問 40】　3

〔解説〕

NaCl 水溶液は中性、HCl 水溶液は酸性、$NaHCO_3$ 水溶液はアルカリ性、$NaHSO_4$ 水溶液は酸性を示す。

〔毒物及び劇物の性質、識別及び取扱方法〕
（一般）

【問 41】　2
〔解説〕
トリクロル酢酸 CCl_3CO_2H は、劇物。無色の斜方六面体の結晶。わずかな刺激臭がある。潮解性あり。水、アルコール、エーテルに溶ける。水溶液は強酸性、皮膚、粘膜に腐食性が強い。水酸化ナトリウム溶液を加えて熱するとクロロホルム臭を放つ。

【問 42】　1
〔解説〕
亜塩素酸ナトリアム(別名亜塩素酸ソーダは劇物。白色の粉末。水に溶けやすい。酸化力がある。加熱、衝撃、摩擦により爆発的に分解を起こす。この亜塩素酸ナトリアムは、毒物及び劇物取締法第３条の４→施行令第 32 条の４において爆発性のある劇物として正当な理由を除いて所持してはならないと指定されている。

【問 43】　4
〔解説〕
解答のとおり。

【問 44】　1
〔解説〕
この設問では、シアン化カリウムに対して誤っているものはどれかとあるので、１が誤り。シアン化カリウム KCN(別名青酸カリ)は毒物。無色の塊状又は粉末。空気中では湿気を吸収し、二酸化炭素と作用して青酸臭をはなつ、アルコールにわずかに溶け、水に可溶。強アルカリ性を呈し、煮沸騰すると蟻酸カリウムとアンモニアを生ずる。

【問 45】　2
〔解説〕
このホルマリンについては、２が誤り。次のとおり。ホルマリンは、ホルムアルデヒド HCHO を水に溶かしたもの。無色透明な液体で刺激臭を有し、寒冷地では白濁する場合がある。水、アルコールに混和するが、エーテルには混和しない。

【問 46】　1
〔解説〕
すべて正しい。モノフルオール酢酸ナトリウム FCH_2COONa は重い白色粉末、吸湿性、冷水に易溶、メタノールやエタノールに可溶。野ネズミの駆除に使用。特毒。摂取により毒性発現。皮膚刺激なし、皮膚吸収なし。　モノフルオール酢酸ナトリウムの中毒症状：生体細胞内の TCA サイクル阻害(アコニターゼ阻害)。激しい嘔吐の繰り返し、胃疼痛、意識混濁、てんかん性痙攣、チアノーゼ、血圧下降。

【問 47】　2
〔解説〕
アセタミプリドは、劇物。白色結晶固体。２％以下は劇物から除外。アセトン、メタノール、エタノール、クロロホルなどの有機溶媒に溶けやすい。用途はネオニコチノイド系殺虫剤。

【問 48】　2
〔解説〕
有機リン製剤の中毒：コリンエステラーゼを阻害し、頭痛、めまい、嘔吐、言語障害、意識混濁、縮瞳、痙攣など。治療薬は硫酸アトロピンと PAM。

【問 49】　2
〔解説〕
ダイアジノンは劇物。有機リン製剤、接触性殺虫剤、かすかにエステル臭をもつ無色の液体、水に難溶、エーテル、アルコールに溶解する。有機溶媒に可溶。体内に吸収されるとコリンエステラーゼの作用を阻害し、縮瞳、頭痛、めまい、意識の混濁等の症状を引き起こす。

【問 50】　4
〔解説〕
ジクワットは、劇物で、ジピリジル誘導体で淡黄色結晶、水に溶ける。中性又は酸性で安定、アルカリ溶液でうすめる場合には、２～３時間以上貯蔵できない。腐食性を有する。土壌等に強く吸着されて不活性化する性質がある。用途は、除草剤。

【問 51】　4
〔解説〕
クロルフェナピルは劇物。類白色の粉末固体。水にほとんど溶けない。アセトン、ジクロロメタンに溶ける。用途は殺虫剤、しろあり防除。
【問 52】　4
〔解説〕
イソキサチオンは有機リン剤、劇物(2％以下除外)、淡黄褐色液体、水に難溶、有機溶剤に易溶、アルカリには不安定。用途はミカン、稲、野菜、茶等の害虫駆除。(有機燐系殺虫剤)
【問 53】　4
〔解説〕
リン化亜鉛 Zn_3P_2 は、灰褐色の結晶又は粉末。かすかにリンの臭気がある。水アルコールに溶けない。ベンゼン、二硫化炭素に溶ける。酸と反応して有毒なホスフィン PH3 を発生。殺鼠剤、倉庫内燻蒸剤。
【問 54】　1
〔解説〕
解答のとおり。ダゾメットは劇物で除外される濃度はない。白色の結晶性粉末。融点は 106 ～ 10 ℃。用途は芝生等の除草剤。
【問 55】　2
〔解説〕
トリシクラゾールは、劇物、無色無臭の結晶、水、有機溶媒にはあまり溶けない。用途は農業用殺菌剤(イモチ病に用いる。)。8％以下は劇物除外。
【問 56】　4
〔解説〕
メソミルは、別名メトミル、カルバメート剤、廃棄方法は 1)燃焼法(スクラバー具備)　2)アルカリ法(NaOH 水溶液と加温し加水分解)。
【問 57】　4
〔解説〕
メタノールの毒性は視神経が侵され、失明する場合もある。
【問 58】　2
〔解説〕
メチルエチルケトン $CH_3COC_2H_5$(2-ブタノン、MEK)は劇物。アセトン様の臭いのある無色液体。蒸気は空気より重い。引火性。有機溶媒。水に可溶。
【問 59】　3
〔解説〕
ホルマリンはホルムアルデヒド HCHO の水溶液。１％石炭酸溶液数滴を加え、硫酸上に層積せしめると、赤色の輪層を生ずる。
【問 60】　3
〔解説〕
解答のとおり。

(農業用品目)

【問 41】　2
〔解説〕
アセタミプリドは、劇物。白色結晶固体。２％以下は劇物から除外。アセトン、メタノール、エタノール、クロロホルなどの有機溶媒に溶けやすい。用途はネオニコチノイド系殺虫剤。
【問 42】　2
〔解説〕
解答のとおり。
【問 43】　4
〔解説〕
クロルピリホスは、白色の結晶である。アセトン、ベンゼンに溶けるが、水に溶けにくい。
【問 44】　2
〔解説〕
有機リン製剤の中毒：コリンエステラーゼを阻害し、頭痛、めまい、嘔吐、言語障害、意識混濁、縮瞳、痙攣など。治療薬は硫酸アトロピンと PAM。

【問 45】　3
〔解説〕
硫酸第二銅、五水和物白色濃い藍色の結晶で、水に溶けやすく、水溶液は青色リトマス紙を赤変させる。水に溶かし硝酸バリウムを加えると、白色の沈殿を生じる。
【問 46】　1
〔解説〕
解答のとおり。
【問 47】　2
〔解説〕
ダイアジノンは有機リン系化合物であり、有機リン製剤の中毒はコリンエステラーゼを阻害し、頭痛、めまい、嘔吐、言語障害、意識混濁、縮瞳、痙攣など。治療薬は硫酸アトロピンと PAM。
【問 48】　2
〔解説〕
塩素酸ナトリウム $NaClO_3$ は、無色無臭結晶、酸化剤、水に易溶。有機物や還元剤との混合物は加熱、摩擦、衝撃などにより爆発することがある。用途は除草剤、酸化剤、抜染剤。
【問 49】　4
〔解説〕
ジクワットは、劇物で、ジピリジル誘導体で淡黄色結晶、水に溶ける。中性又は酸性で安定、アルカリ溶液でうすめる場合には、２～３時間以上貯蔵できない。腐食性を有する。土壌等に強く吸着されて不活性化する性質がある。用途は、除草剤。
【問 50】　4
〔解説〕
一般の問 51 を参照。
【問 51】　2
〔解説〕
解答のとおり。
【問 52】　3
〔解説〕
解答のとおり。
【問 53】　4
〔解説〕
一般の問 52 を参照。
【問 54】　4
〔解説〕
フルバリネートは劇物。淡黄色ないし黄褐色の粘稠性液体。水に難溶。熱、酸性には安定であるが、太陽光、アルカリには不安定。用途は、野菜、果樹、園芸植物のアブラムシ類、ハダニ類、アオムシ、コナガ等に用いられるピレスロイド系殺虫剤で、シロアリ防除にも有効。
【問 55】　4
〔解説〕
一般の問 53 を参照。
【問 56】　1
〔解説〕
一般の問 54 を参照。
【問 57】　2
〔解説〕
一般の問 55 を参照。
【問 58】　4
〔解説〕
一般の問 54 を参照。
【問 59】　4
〔解説〕
一般の問 56 を参照。
【問 60】　3
〔解説〕
解答のとおり。

（特定品目）

【問 41】　2

〔解説〕

廃棄法は多量のアルカリ水溶液（石灰乳又は水酸化ナトリウム水溶液等）中に吹き込んだ後、多量の水で希釈して処理するアルカリ法。

【問 42】　1

〔解説〕

クロロホルムの中毒：原形質毒、脳の節細胞を麻酔、赤血球を溶解する。吸収するとはじめ嘔吐、瞳孔縮小、運動性不安、次に脳、神経細胞の麻酔が起きる。中毒死は呼吸麻痺、心臓停止による。

【問 43】　4

〔解説〕

一般の問 57 を参照。

【問 44】　4

〔解説〕

四塩化炭素(テトラクロロメタン) CCl_4 は、特有な臭気をもつ不燃性、揮発性無色液体、水に溶けにくく有機溶媒には溶けやすい。強熱によりホスゲンを発生。亜鉛またはスズメッキした鋼鉄製容器で保管、高温に接しないような場所で保管。

【問 45】　2

〔解説〕

過酸化水素水は無色透明の濃厚な液体で、弱い特有のにおいがある。強く冷却すると稜柱状の結晶となる。不安定な化合物であり、常温でも徐々に水と酸素に分解する。酸化力、還元力を併有している。

【問 46】　1

〔解説〕

塩素 Cl_2 は劇物。黄緑色の気体で激しい刺激臭がある。冷却すると、黄色溶液を経て黄白色固体。水にわずかに溶ける。沸点-34 .05 ℃。強い酸化力を有する。極めて反応性が強く、水素又はアセチレンと爆発的に反応する。

【問 47】　3

〔解説〕

水酸化ナトリウム NaOH は白色、結晶性のかたいかたまり。水に溶けやすい。毒性は、苛性カリと同様に腐食性が非常に強い。皮膚にふれると激しく腐食する。

【問 48】　2

〔解説〕

一般の問 58 を参照。

【問 49】　3

〔解説〕

アンモニア NH_3 は、特有の刺激臭がある無色の気体で、圧縮することにより、常温でも簡単に液化する。空気中では燃焼しないが、酸素中では黄色の炎を上げて燃焼する。

【問 50】　4

〔解説〕

酢酸エチル $CH_3COOC_2H_5$ は、劇物。無色果実臭の可燃性液体で、溶剤として用いられる。蒸気は空気より重い。$CH_3COOC_2H_5$ は、C、H、O からなる芳香性の液体なので、廃棄方法は燃焼法あるいは微生物による分解をさせる活性汚泥法。

【問 51】　2

〔解説〕

キシレン $C_6H_4(CH_3)_2$ は劇物。無色透明の液体で芳香族炭化水素特有の臭いを有する。蒸気は空気より重い。引火しやすく、その蒸気は空気と混合して爆発性混合ガスとなるので火気には絶対に近づけない。

【問 52】　2

〔解説〕

シュウ酸 $C_2H_2O_4 \cdot 2H_2O$ は木・コルク・綿などの漂白剤。その他鉄錆びの汚れ落としに用いる。

【問 53】　3

〔解説〕

塩化水素 HCl は、劇物。常温で無色の刺激臭のある気体。湿った空気中で発煙し塩酸になる。白色の結晶。水、メタノール、エーテルに溶ける。用途は塩酸の製造に用いられるほか、無水物は塩化ビニル原料にもちいられる。

【問 54】　2
〔解説〕
クロロホルム $CHCl_3$(別名トリクロロメタン)は、無色、揮発性の重い液体で特有の香気とわずかな甘みをもち、麻酔性がある。不燃性。有機溶媒に用いられる。
【問 55】　1
〔解説〕
解答のとおり。
【問 56】　2
〔解説〕
解答のとおり。
【問 57】　4
〔解説〕
解答のとおり。
【問 58】　3
〔解説〕
一般の問 59 を参照。
【問 59】　3
〔解説〕
塩酸 HCl は作業の際には保護具を着用し、必ず風下で作業をさせない。土砂等でその流れを止め、これに吸着させるか、又は安全な場所に導いて、遠くから徐々に注水してある程度希釈した後、消石灰、ソーダ灰等で中和し、多量の水を用いて洗い流す。発生するガスは霧状の水をかけ吸収させる。
【問 60】　2
〔解説〕
硫酸 H_2SO_4 は、無色無臭澄明な油状液体、腐食性が強い、比重 1.84、水、アルコールと混和するが発熱する。空気中および有機化合物から水を吸収する力が強い。

茨城県
令和元年度実施

〔法　規〕
（一般・農業用品目・特定品目共通）

問１　1
〔解説〕
解答のとおり。

問２　2
〔解説〕
法第３条の２第９項に基づき、特定毒物〔四アルキル鉛、モノフルオール酢酸塩類、ジメチルエチルメチルカプトエチルホスフエイト、モノフルオール酢酸アミド〕について使用者、用途並びに着色、表示等が施行令で示されている。この設問では用途についてで、ウの燐化アルミニウムとその分解促進剤を含有する製剤における用途のことで、倉庫内、コンテナ、昆虫等の駆除である。施行令第 28 条に示されている。

問３　1
〔解説〕
この設問の法第３条の３について→施行令 32 条の２で次の品目、①トルエン、②酢酸エチル、トルエン又はメタノールを含有するシンナー、接着剤、塗料及び閉そく用又はシーリングの充てん料は、みだりに摂取し、若しくは吸入し、又はこれらの目的で所持してはならない。このことからアとイが該当する。

問４　5
〔解説〕
製造業又は輸入業の登録の更新のこと。同法については、第８次地域一括法(平成 30 年６月 27 日法律第 63 号。)→施行は令和２月４月１日より法第４条第４項が、法第４条第３項となった。

問５　5
〔解説〕
解答のとおり。

問６　3
〔解説〕
この設問は法第７条の毒物劇物取扱責任者のことで、アが誤り。アについては、法第７条第１項ただし書規定により、自ら毒物劇物取扱責任者になることができる。

問７　4
〔解説〕
この設問は法第８条第２項における毒物劇物取扱責任者の不適格者と罪について、ア、イ、ウが正しい。なお、エは、起算して５年ではなく、起算して３年を経過していない者である。

問８　4
〔解説〕
この設問は法第 10 条における届出について、イとエが正しい。なお、アについては、届け出を要しない。また、ウの毒物又は劇物を廃棄する場合は、法第 15 条の２→施行令第 40 条の廃棄の方法を遵守すればよい。ただし、毒物及び劇物取締法上においてのみのこと。十分に注意して廃棄しなければならない。

問９　3
〔解説〕
この設問における法第 12 条第２項は、毒物又は劇物の容器及び被包についての表示として掲げる事項→①毒物又は劇物の名称、②毒物又は劇物の成分及びその含量、③厚生労働省令で定めるその解毒剤の名称についてである。このことからウとエが該当する。

問10　5
〔解説〕
解答のとおり。

問11　1

〔解説〕
この設問は法第 14 条第１項についてで毒物劇物を譲渡する際に、書面に記載しなければならない事項のこと。その書面に記載する事項とは、①毒物又は劇物の名称及び数量、②販売又は授与の年月日、③譲受人の氏名、職業及び住所(法人にあっては、その名称及び主たる事務所の所在地)。アとイが該当する。

問 12　4
〔解説〕
解答のとおり。

問 13　3
〔解説〕
この設問は施行令第 40 条の６における毒物又は劇物について運搬を他に委託する場合は１回につき 1,000kg 以上では、毒物又は劇物の①名称、②成分、③その含量、④数量、⑤書面(事故の際に講じなければならない書面)を荷送人は、運送人に対して、あらかじめ交付しなければならない。このことからアとエが該当する。

問 14　2
〔解説〕
この設問は法第 16 条の２における事項の際の措置についてで、ウが誤り。ウについてはイと同様に、直ちに、その旨を警察署に届け出なければならない。なお、同法については、第８次地域一括法(平成 30 年６月 27 日法律第 63 号。)→施行は令和２月４月１日より法第 16 条の２は、法第 17 条となった。

問 15　3
〔解説〕
この設問は法第 22 条第１項における業務上取扱者の届出のことで、その届出事業者とは、①電気めっき行う事業、②金属熱処理を行う事業、③最大積載量 5000kg 以上の大型運送業、④しろあり防除を行う事業となる。このことからウが誤り。

〔基礎化学〕
(一般・農業用品目・特定品目共通)

問 16　4
〔解説〕
銀イオンは塩化物イオンと水に不溶な白色沈殿である AgCl を生じる。

問 17　1
〔解説〕
炭素は 14 族元素で、C のほかに Si(ケイ素)、Ge(ゲルマニウム)Sn(スズ)、Pb(鉛)などがある。

問 18　3
〔解説〕
水素と重水素は同位体の関係、塩素と臭素は同族の関係である。

問 19　1
〔解説〕
56 は原子量、26 は原子番号である。原子量=陽子の数＋中性子の数、原子番号＝陽子の数＝電子の数であるので、この鉄には陽子の数が 26、中性子の数は 30 が含まれている。電子の数は陽子の数と等しいが、+2 のイオンならば電子が 2 つ少ないということなので、26-2 =24 となる。

問 20　4
〔解説〕
結晶のままでは電機は導かないが、熱を加えて液体にすることで電子をよく導くようになる。

問 21　3
〔解説〕
四塩化炭素は CCl_4 という分子式で表され、その形は炭素原子を中心とした正四面体の頂点に塩素原子が存在する構造を取る。

問 22　2
〔解説〕
標準状態ではどんな気体でも 22.4L あれば 1 モルである。今 2.24L の二酸化炭素(CO_2)があり、これのモル数は 0.1　mol となる。二酸化炭素 1 分子中に酸素原子を2つ含むから、酸素原子の物質量は0.2 mol となる。
問23　5
〔解説〕
炭酸は2価の弱酸、硫酸は2価の強酸、酢酸は1価の弱酸である。
問24　5
〔解説〕
弱塩基と強酸の塩である塩化アンモニウムの水溶液は弱酸性を示す。
問25　2
〔解説〕
メニスカスは液体の下面で合わせる。
問26　2
〔解説〕
中和の公式は「酸の価数(a)×酸のモル濃度(c_1)×酸の体積(V_1) = 塩基の価数(b)×塩基のモル濃度(c_2)×塩基の体積(V_2)」である。これに代入すると、$2 \times 0.050 \times 20 = 1 \times c_2 \times 10$,　$c_2 = 0.20$ mol/L
問27　1
〔解説〕
陽極では酸化反応が起こる。$4OH^- \rightarrow 2H_2O + O_2 + 4e^-$となり酸素ガスが発生する。一方陰極では還元反応が起こる。Na^+は還元を受けにくいので代わりに水が還元され、水素ガスを発生する。$2H_2O + 2e^- \rightarrow H_2 + 2OH^-$
問28　3
〔解説〕
銅は酸素と結びついたので、銅は酸化された。酸素は銅と結びついたので、酸素は銅を酸化した。酸化銅は酸素を失ったので還元された。
問29　5
〔解説〕
それぞれの窒素原子の酸化数は、硝酸イオンでは+7、二酸化窒素では+4、一酸化窒素では+2、窒素では0、アンモニアでは-3となる。
問30　4
〔解説〕
銅は水素よりもイオン化傾向が小さいため塩酸とは反応しない。

〔毒物及び劇物の性質及び貯蔵その他取扱方法〕
（一般）

問31　2
〔解説〕
アンモニアは水にもエタノールにも溶解する。
問32　5
〔解説〕
水酸化ナトリウムは白色の固体であり、水溶液はアルカリ性を示すため、赤色リトマス紙を青変する。
問33　3
〔解説〕
塩酸は塩化水素の水溶液である。
問34　3
〔解説〕
塩化亜鉛の用途などは次のとおり。塩化亜鉛（別名　クロル亜鉛）$ZnCl_2$ は劇物。白色の結晶。空気にふれると水分を吸収して潮解する。用途は脱水剤、木材防臭剤、脱臭剤、試薬。
問35　4
〔解説〕
この設問では物質の用途について誤っているものはどれかとあるので、4の亜セレン酸である。亜セレン酸は毒物。セレン化合物。白色結晶。水、エタノールに易溶。用途は試薬。
問36　2
〔解説〕
この設問では物質の貯蔵についてで、ウの過酸化水素水の貯蔵は次のとおり。貯蔵法は少量なら褐色ガラス瓶(光を遮るため)、多量ならば現在はポリエチレン瓶を使用し、3分の1の空間を保ち、日光を避けて冷暗所保存。

問37　3
〔解説〕
解答のとおり。
問38　2
〔解説〕
トルエン $C_6H_5CH_3$ は、劇物。特有な臭い(ベンゼン様)の無色液体。水に不溶。比重 1 以下。可燃性。引火性。劇物。用途は爆薬原料、香料、サッカリンなどの原料、揮発性有機溶媒。中毒症状は、蒸気吸入により頭痛、食欲不振、大量で大赤血球性貧血。皮膚に触れた場合、皮膚の炎症を起こすことがある。また、目に入った場合は、直ちに多量の水で十分に洗い流す。
問39　3
〔解説〕
ニトロベンゼン $C_6H_5NO_2$ 特有な臭いの淡黄色液体。水に難溶。ニトロベンゼンの毒性は蒸気の吸引などによりメトヘモグロビン血症を引き起こす。
問40　5
〔解説〕
三酸化二砒素 AS_2O_3(別名亜砒酸)は、毒物。無色で、結晶性の物質。200 度に熱すると溶解せずに昇華する。水にわずかに溶けて、亜砒酸を生ずる。苛性アルカリには容易に溶け、亜砒酸のアルカリ塩を生ずる。用途は医薬用、工業用、砒酸塩の原料。殺虫剤、殺鼠剤、除草剤等。吸入した場合は、鼻、のど、気管支等の粘膜を刺激し、頭痛、めまい、悪心、チアノーゼを起こす。はなはだしい場合には血色素尿を排泄し、肺水腫を起こし、呼吸困難を起こす。治療薬は、亜硝酸ナトリウム、チオ硫酸ナトリウム。　ダイアジノンは、有機リン製剤、接触性殺虫剤、かすかにエステル臭をもつ無色の液体、水に難溶、有機溶媒に可溶。有機リン製剤なのでコリンエステラーゼ活性阻害。有機燐化合物特有の症状が現れ、解毒には PAM 又は硫酸アトロピンの製剤を用いる。

(農業用品目)

問31　2　　問32　4　　問33　1　　問34　3　　問35　1
〔解説〕
問31　イのテフルトリンは毒物。法第2条第1項→法別表第一→指定令第1条。ウのイソキサチオン、エのカルボスルフアン及びオのアセタミプリドも劇物。
問32　解答のとおり。　　問33　解答のとおり。　　問34　イソキサチオンは有機リン剤、劇物(2 %以下除外)、淡黄褐色液体、水に難溶、有機溶剤に易溶、アルカリには不安定。ミカン、稲、野菜、茶等の害虫駆除。(有機燐系殺虫剤)
問35　解答のとおり。
問36　2　　問37　4　　問38　4　　問39　3　　問40　5
〔解説〕
解答のとおり。

(特定品目)

問31　3　　問32　2
〔解説〕
問31　四塩化炭素(テトラクロロメタン)CCl_4 は、劇物。揮発性、麻酔性の芳香を有する無色の重い液体。水に溶けにくく有機溶媒には溶けやすい。強熱によりホスゲンを発生。蒸気は空気より重く、低所に滞留する。溶剤として用いられる。
問32　アンモニア NH_3 は、常温では無色刺激臭の気体、冷却圧縮すると容易に液化する。水、エタノール、エーテルに可溶。強いアルカリ性を示し、腐食性は大。水溶液は弱アルカリ性を呈する。なお、トルエン $C_6H_5CH_3$(別名トルオール、メチルベンゼン)は劇物。特有な臭いの無色液体。水に不溶。比重1以下。可燃性。水酸化ナトリウム(別名：苛性ソーダ)NaOH は、白色結晶性の固体。水と炭酸を吸収する性質が強い。空気中に放置すると、潮解して徐々に炭酸ソーダの皮層を生ずる。塩素 Cl_2 は劇物。黄緑色の気体で激しい刺激臭がある。冷却すると、黄色溶液を経て黄白色固体。水にわずかに溶ける。沸点-34 . 05 ℃。強い酸化力を有する。塩化水素(HCl)は劇物。常温で無色の刺激臭のある気体である。水、メタノール、エーテルに溶ける。
問33　1　　問34　4
〔解説〕
問33　酢酸エチル $CH_3COOC_2H_5$ は、無色果実臭の可燃性液体で、溶剤として用いられる。　問 34　シュウ酸$(COOH)_2$・$2H_2O$ は無色の柱状結晶、風解性、還元性、漂白剤、鉄さび落とし。無水物は白色粉末。水、アルコールに可溶。エーテルには溶けにくい。また、ベンゼン、クロロホルムにはほとんど溶けない。

問 35　5　　問 36　1

〔解説〕

解答のとおり。

問 37　5　　問 38　3

〔解説〕

問 33　シュウ酸$(COOH)_2$・$2H_2O$ は無色の柱状結晶、風解性、還元性、漂白剤、鉄さび落とし。無水物は白色粉末。直射日光の当たらない屋内貯蔵所で、火気を避け、換気の良い冷暗所に保管する。問 38　クロロホルム $CHCl_3$ は、無色、揮発性の液体で特有の香気とわずかな甘みをもち、麻酔性がある。空気中で日光により分解し、塩素、塩化水素、ホスゲンを生じるので、少量のアルコールを安定剤として入れて冷暗所に保存。

問 39　2　　問 40　4

〔解説〕

問 39　トルエンの中毒症状：蒸気吸入により頭痛、食欲不振、大量で大赤血球性貧血。はじめ興奮期があり、その後深い麻酔状態に陥る。　問 40　ホルムアルデヒドを吸引するとその蒸気は鼻、のど、気管支、肺などを激しく刺激し炎症を起こす。

〔毒物及び劇物の識別及び貯蔵その他取扱方法〕

（一般）

問 41　4　　問 42　2　　問 43　5

〔解説〕

問 41　トリクロル酢酸 CCl_3CO_2H は、劇物。無色の斜方六面体の結晶。わずかな刺激臭がある。潮解性あり。水、アルコール、エーテルに溶ける。水溶液は強酸性、皮膚、粘膜に腐食性が強い。水酸化ナトリウム溶液を加えて熱するとクロロホルム臭を放つ。　問 42　硫酸 H_2SO_4 は無色の粘張性のある液体。強力な酸化力をもち、また水を吸収しやすい。水を吸収するとき発熱する。木片に触れるとそれを炭化して黒変させる。硫酸の希釈液に塩化バリウムを加えると白色の硫酸バリウムが生じるが、これは塩酸や硝酸に溶解しない。　問 43　ニコチンは、毒物、無色無臭の油状液体だが空気中で褐色になる。殺虫剤。ニコチンの確認：1)ニコチン＋ヨウ素エーテル溶液→褐色液状→赤色針状結晶　2)ニコチン＋ホルマリン＋濃硝酸→バラ色。

問 44　5

〔解説〕

アは正しい。なお、ピクリン酸$(C_6H_2(NO_2)_3OH)$は、淡黄色の針状結晶。硝酸銀 $AgNO_3$ は、劇物。無色透明結晶。

問 45　4　　問 46　1　　問 47　1

〔解説〕

問 45　沃素とベタナフトールが固体。なお、リン化水素は腐った魚の臭いのある気体。二硫化炭素 CS_2 は、劇物。無色透明の麻酔性芳香をもつ液体。　問 46　硫酸銅、硫酸銅(Ⅱ)$CuSO_4$・$5H_2O$ は、濃い青色の結晶。風解性。　問 47　水銀 Hg は、毒物。常温で液状の金属。金属光沢を有する重い液体。廃棄法は、そのまま再利用するため蒸留する回収法。

問 48　1

〔解説〕

塩素ガスは多量のアルカリに吹き込んだのち、希釈して廃棄するアルカリ法。必要な場合(例えば多量の場合など)にはアルカリ処理法で処理した液に還元剤(例えばチオ硫酸ナトリウム水溶液など)の溶液を加えた後中和する。その後多量の水で希釈して処理する還元法。

問 49　4　　問 50　1

〔解説〕

解答のとおり。

（農業用品目）

問 41　4　　問 42　5　　問 43　1　　問 44　2

〔解説〕
解答のとおり。
問45　3　　問46　1
〔解説〕
問 45　カルバリルはそのまま焼却炉で焼却するか、可燃性溶剤とともに焼却炉の火室へ噴霧し焼却する焼却法。又は、水酸化カリウム水溶液等と加温して加水分解するアルカリ法。3　　問 46　塩素酸ナトリウム $NaClO_3$ は酸化剤なので、希硫酸で $HClO_3$ とした後、これを還元剤中へ加えて酸化還元後、多量の水で希釈処理する還元法。
問47　1　　問48　2
〔解説〕
解答のとおり。
問49　2　　問50　1
〔解説〕
解答のとおり。

（特定品目）
問41　4　　問42　2
〔解説〕
問41　キシレン $C_6H_4(CH_3)_2$ は、劇物。無色透明の液体で芳香族炭化水素特有の臭いを有する。蒸気は空気より重い。水に不溶、有機溶媒に可溶である。
問42　水酸化ナトリウム NaOH は白色、結晶性のかたいかたまり。水に溶けやすい。毒性は、苛性カリと同様に腐食性が非常に強い。皮膚にふれると激しく腐食する。
問43　2　　問44　4
〔解説〕
解答のとおり。
問45　3　　問46　4
〔解説〕
解答のとおり。
問47　5　　問48　1
〔解説〕
問47　水酸化カリウム KOH は、強塩基なので希薄な水溶液として酸で中和後、水で希釈処理する中和法。　　問48　メチルエチルケトン $CH_3COC_2H_5$ は、アセトン様の臭いのある無色液体。引火性。有機溶媒。廃棄方法は、C, H, O のみからなる有機物なので燃焼法。
問49　3　　問50　1
〔解説〕
解答のとおり。

栃木県
令和元年度実施

〔法規・共通問題〕
（一般・農業用品目・特定品目共通）

問１　４
〔解説〕
解答のとおり。

問２　５
〔解説〕
解答のとおり。

問３　１
〔解説〕
解答のとおり。

問４　２
〔解説〕
この設問は法第３条の４で正当な理由を除いて所持しはならない品目とは→施行令第 32 条の３で、①亜塩素酸ナトリウム及びこれを含有する製剤 30 ％以上、②塩素酸塩類及びこれを含有する製剤 35 ％以上、③ナトリウム、④ピクリン酸である。このことからこの設問では、２のナトリウムが正しい。

問５　３
〔解説〕
この設問は、毒物又は劇物の製造業、輸入業、販売業における登録の更新のこと。なお、この設問にある法第４条第４項については、第８次地域一括法(平成 30 年６月 27 日法律第 63 号。)→施行は令和２月４月１日より法第４条第４項は、法第４条第３項となった。

問６　２
〔解説〕
この設問は施行規則第４条の４第２項における販売業の店舗設備基準についてで、誤っているものはどれかとあるので、２が誤り。２については毒物又は劇物を陳列する場所には、かぎをかける設備があることである。

問７　２
〔解説〕
この設問は法第 10 条の届出についで、A、C、D が正しい。なお、B については、何ら届け出を要しない。

問８　２
〔解説〕
この設問は法第 11 条第４項→施行規則第 11 条の４で、毒物又は劇物については飲食物容器使用禁止のこと。このことから２が該当する。

問９　４
〔解説〕
この設問は法第 12 条第２項で、毒物又は劇物の容器及び被包に表示しなければならない事項は、①毒物又は劇物の名所、②毒物又は劇物の成分及びその含量、③厚生労働省令で定める毒物又は劇物(有機燐化合物リン)については、厚生労働省令で定める解毒剤の名称である。このことから誤っているものとあるので、４が該当する。

問10　２
〔解説〕
この設問は着色する農業用品目のことで、法第 13 条→施行令第 39 条で、①硫酸タリウムを含有する製剤たる劇物、②燐化亜鉛を含有する製剤たる劇物については、→施行規則第 12 条において、あせにくい黒色に着色をしなければ販売し、又は授与することはできないこのことから該当するのは、２である。

問11　１
〔解説〕
この設問は毒物又は劇物を販売し、又は授与した際に譲受人から提出を受ける書面の保存期間は、法第 14 条第４項で、５年間保存しなければならない。

問 12　2
〔解説〕
　この設問は法第 15 条第 1 項で、毒物又は劇物についての交付の不適格者とは、① 18 歳未満の者、②心身の障害により毒物又は劇物による保健衛生上の危害の防止の措置を適正にできない者、③麻薬、大麻、あへん又は覚せい剤の中毒者である。このことから A と C が該当する。
問 13　4
〔解説〕
　この設問は施行令第 40 条の廃棄方法基準のこと。解答のとおり。
問 14　3
〔解説〕
　この設問は法第 16 条第 2 項の盗難紛失の措置について、解答のとおり。なお、法第 16 条の 2 第 2 項については、第 8 次地域一括法(平成 30 年 6 月 27 日法律第 63 号。)→施行は令和 2 月 4 月 1 日より法第 16 条の 2 第 2 項は、法第 17 条第 2 項となった。
問 15　2
〔解説〕
　解答のとおり。

〔基礎化学・共通問題〕
（一般・農業用品目・特定品目共通）

問 16　2
〔解説〕
　解答のとおり
問 17　3
〔解説〕
　炎色反応は Li　(赤)、Na(黄)、K(紫)、Cu(青緑)、Ca(橙)、Sr(紅)、Ba(黄緑)である。
問 18　4
〔解説〕
　1, 000, 000 ppm = 100%という関係が成り立っている。
問 19　2
〔解説〕
　NH_3 共有結合、NaCl イオン結合、Fe 金属結合
問 20　3
〔解説〕
　0. 01 mol/L 塩酸の水素イオン濃度$[H^+]$は 1.0×10^{-2} である。
問 21　2
〔解説〕
　メタン CH_4 は炭素原子を中心に正四面体方向の頂点位置に水素現地が配置されており、無極性分子である。
問 22　1
〔解説〕
　酸素分子中の酸素の酸化数は 0 である。酸化剤は相手を酸化するため自身は還元され、酸化数は減少する。
問 23　2
〔解説〕
　酸素は 16 族元素である。オゾンは酸素原子 3 つからなる単体で、淡青色で独特の臭気がある気体である。また毒性を有する。
問 24　2
〔解説〕
　$NaHCO_3 + HCl \rightarrow NaCl + H_2O + CO_2$
問 25　4
〔解説〕
　ホウ素は 13 族元素で K 殻に 2 個、L 殻に 3 個電子をもつ。
問 26　4
〔解説〕
　加える水の量を x とおく。$2 \times 200/1000 = 0.5 \times (200 + x)/1000$,　x = 600 mL

問 27　2
〔解説〕
同素体とは互いに同じ元素からなる単体で、性質が異なるものである。1, 3, 4 はすべて化合物である。
問 28　1
〔解説〕
フェノールはベンゼン環を有する化合物である。
問 29　1
〔解説〕
両性金属（Zn Al Sn Pb）であるアルミニウムは酸にも塩基にもどちらにも溶解する。
問 30　1
〔解説〕
解答のとおり

〔実地試験・選択問題〕

（一般）

問 31 ～ 34　問 31　2　問 32　3　問 33　1　問 34　4
〔解説〕
問 31　クレゾール $C_6H_4(OH)CH_3$　o, m, p －の構造異性体がある。廃棄法は廃棄方法は①木粉(おが屑)等に吸収させて焼却炉の火室へ噴霧し、焼却する焼却法。②可燃性溶剤と共に焼却炉の火室へ噴霧し焼却する②活性汚泥で処理する活性汚泥法である。　問 32　塩素酸塩 $MClO_3$ は酸化剤なので、希硫酸で $HClO_3$ とした後、これを還元剤中へ加えて酸化還元後、多量の水で希釈処理する還元法。
問 33　ブロムエチル(臭化エチル) C_2H_5Br は、無色透明、揮発性の液体。光及び空気によって黄変する。廃棄法は燃焼法:可燃性溶剤と共にもスクラバーを具備した焼却炉の火室へ噴霧し焼却する。　問 34　セレン Se の廃棄は、有害重金属なので固化隔離法または回収法。
問 35 ～ 38　問 35　3　問 36　4　問 37　1　問 38　2
〔解説〕
問 35　フッ化水素酸 HF は強い腐食性を持ち、またガラスを侵す性質があるためポリエチレン容器に保存する。火気厳禁。　問 36　臭化メチル(ブロムメチル) CH_3Br は本来無色無臭の気体だが、クロロホルム様の臭気をもつ。通常は気体、低沸点なのでくん蒸剤に使用。貯蔵は液化させて冷暗所。　問 37　過酸化水素水 H_2O_2 は、少量なら褐色ガラス瓶(光を遮るため)、多量ならば現在はポリエチレン瓶を使用し、3 分の 1 の空間を保ち、日光を避けて冷暗所保存。特に、温度の上昇、動揺などによって爆発することがあるので、注意を要する。　問 38
アンモニア水は無色透明、刺激臭がある液体。アンモニア NH_3 は空気より軽い気体。濃塩酸を近づけると塩化アンモニウムの白い煙を生じる。NH_3 が揮発し易いので密栓。
問 39 ～ 43　問 39　5　問 40　3　問 41　1　問 42　4　問 43　2
〔解説〕
問 39　水酸化ナトリウム(別名：苛性ソーダ)NaOH は、は劇物。白色結晶性の固体。用途は試薬や農薬のほか、石鹸製造などに用いられる。　問 40　パラコートは、毒物で、ジピリジル誘導体で無色結晶性粉末、水によく溶け低級アルコールに僅かに溶ける。アルカリ性では不安定。金属に腐食する。不揮発性。用途は除草剤。　問 41　フッ化水素酸はガラスを侵す性質があるので、ガラスの艶消しや半導体のエッチング剤に用いられる。　問 42　メソミル(別名メトミル)は 45 %以下を含有する製剤は劇物。白色結晶。水、メタノール、アルコールに溶ける。有機燐系化合物。カルバメート剤なので、解毒剤は硫酸アトロピン(PAM は無効)、SH 系解毒剤の BAL、グルタチオン等。用途は殺虫剤　問 43　アニリン $C_6H_5NH_2$ は、新たに蒸留したものは無色透明油状液体、光、空気に触れて赤褐色を呈する。特有な臭気。水に溶けにくい。アルコール、ベンゼン、エーテルに可溶。用途はタール中間物の製造原料、医薬品、染料の原料、試薬、写真等。
問 44 ～ 47　問 44　1　問 45　3　問 46　2　問 47　4
〔解説〕
問 44　ニコチンは、毒物、無色無臭の油状液体だが空気中で褐色になる。殺虫剤。猛烈な神経毒、急性中毒では、よだれ、吐気、悪心、嘔吐、ついで脈拍緩徐不整、発汗、瞳孔縮小、呼吸困難、痙攣が起きる。　　**問 45**　フェノール C_6H_5OH は無色の針状結晶あるいは白色の放射状結晶塊。空気中で容易に赤変する。特異の臭気がある。毒性は皮膚や粘膜につくと火傷を起こす。また、その部分は白色となる。内服した場合には口腔、咽喉、胃に高度の灼熱感を訴え、悪心、嘔吐、めまいを起こし、失神、虚脱、呼吸麻痺で倒れる。尿は特有の暗赤色を呈する。

問 46　クロルピクリン CCl_3NO_2 は、無色～淡黄色液体、催涙性、粘膜刺激臭。水に不溶。線虫駆除、燻蒸剤。毒性・治療法は、血液に入りメトヘモグロビンを作り、また、中枢神経、心臓、眼結膜を侵し、肺にも強い傷害を与える。治療法は酸素吸入、強心剤、興奮剤。　　**問 47**　ベタナフトール $C_{10}H_7OH$ は、劇物。無色～白色の結晶、石炭酸臭、水に溶けにくく、熱湯に可溶。有機溶媒に易溶。皮膚に触れると、熱感やかゆみ、はれなどの皮膚炎や湿疹を起こす。吸入すると、腎炎を起こす。症状が重いと死亡することがある。また、肝臓をおかして黄疸が出ることがある。

問 48 ～ 49　　**問 48**　2　　**問 49**　1

〔解説〕

解答のとおり。

問 50　1

〔解説〕

水酸化ナトリウムは５％以下で劇物から除外。

（農業用品目）

問 31　1

〔解説〕

この設問はすべて正しい。

問 32 ～ 34　　**問 32**　2　　**問 33**　3　　**問 34**　1

〔解説〕

問 32　パラコートは、毒物で、ジピリジル誘導体で無色結晶性粉末、水によく溶け低級アルコールに僅かに溶ける。アルカリ性では不安定。金属に腐食する。不揮発性。用途は除草剤。　　**問 33**　メソミル(別名メトミル)は 45 ％以下を含有する製剤は劇物。白色結晶。水、メタノール、アルコールに溶ける。有機燐系化合物。カルバメート剤なので、解毒剤は硫酸アトロピン(PAM は無効)、SH 系解毒剤の BAL、グルタチオン等。用途は殺虫剤　　**問 34**　硫酸タリウム Tl_2SO_4 は、劇物。白色結晶で、水にやや溶け、熱水に易溶、用途は殺鼠剤。

問 35 ～ 37　　**問 35**　2　　**問 36**　1　　**問 37**　3

〔解説〕

問 35　シアン化カリウム KCN は、白色、潮解性の粉末または粒状物、空気中では炭酸ガスと湿気を吸って分解する(HCN を発生)。また、酸と反応して猛毒の HCN(アーモンド様の臭い)を発生する。したがって、酸から離し、通風の良い乾燥した冷所で密栓保存。安定剤は使用しない。　　**問 36**　ロテノンはデリスの根に含まれる。殺虫剤。酸素、光で分解するので遮光保存。２％以下は劇物から除外。　　**問 37**　アンモニア水は無色透明、刺激臭がある液体。アンモニア NH_3 は空気より軽い気体。濃塩酸を近づけると塩化アンモニウムの白い煙を生じる。NH_3 が揮発し易いので密栓。

問 38 ～ 40　　**問 38**　3　　**問 39**　1　　**問 40**　2

〔解説〕

問 38　EPN は、有機リン製剤、毒物(1.5 ％以下は除外で劇物)、芳香臭のある淡黄色油状または融点 36 ℃の結晶。水に不溶、有機溶媒に可溶。遅効性殺虫剤(アカダニ、アブラムシ、ニカメイチュウ等)　有機リン製剤の中毒：コリンエステラーゼを阻害し、頭痛、めまい、嘔吐、言語障害、意識混濁、縮瞳、痙攣など。治療薬は硫酸アトロピンと PAM。　　**問 39**　クロルピクリン CCl_3NO_2 は、無色～淡黄色液体、催涙性、粘膜刺激臭。水に不溶。線虫駆除、燻蒸剤。毒性・治療法は、血液に入りメトヘモグロビンを作り、また、中枢神経、心臓、眼結膜を侵し、肺にも強い傷害を与える。治療法は酸素吸入、強心剤、興奮剤。　　**問 40**　モノフルオール酢酸ナトリウム FCH_2COONa は有機フッ素化合物である。これの中毒は TCA サイクルを阻害し、呼吸中枢障害、激しい嘔吐、てんかん様痙攣、チアノーゼ、不整脈など。治療薬はアセトアミド。

問 41 ～ 43　　**問 41**　1　　**問 42**　2　　**問 43**　3

〔解説〕

問 41　シアン化カリウム KCN は、毒物で無色の塊状又は粉末。①酸化法　水酸化ナトリウム水溶液を加えてアルカリ性(pH11 以上)とし、酸化剤(次亜塩素酸ナトリウム、さらし粉等)等の水溶液を加えて CN 成分を酸化分解する。CN 成分を分解したのち硫酸を加え中和し、多量の水で希釈して処理する。②アルカリ法 水酸化ナトリウム水溶液等でアリカリ性とし、高温加圧下で加水分解する。

問 42 塩素酸ナトリウム $NaClO_3$ は酸化剤なので、希硫酸で $HClO_3$ とした後、これを還元剤中へ加えて酸化還元後、多量の水で希釈処理する還元法。 問 43 硫酸第二銅(硫酸銅) $CuSO_4$ は、水に溶解後、消石灰などのアルカリで水に難溶な水酸化銅 $Cu(OH)_2$ とし、沈殿ろ過して埋立処分する沈殿法。または、還元焙焼法で金属銅 Cu として回収する還元焙焼法。

問 44 ～ 46　問 44　2　問 45　3　問 46　1

〔解説〕

問 44 クロルピクリン CCl_3NO_2 の確認：1) CCl_3NO_2 ＋金属 Ca ＋ベタナフチルアミン＋硫酸→赤色沈殿。2) CCl_3NO_2 アルコール溶液＋ジメチルアニリン＋ブルシン＋ BrCN →緑ないし赤紫色。 問 45 硫酸 H_2SO_4 は無色の粘張性のある液体。強力な酸化力をもち、また水を吸収しやすい。水を吸収するとき発熱する。木片に触れるとそれを炭化して黒変させる。硫酸の希釈液に塩化バリウムを加えると白色の硫酸バリウムが生じるが、これは塩酸や硝酸に溶解しない。 問 46 ニコチンの確認：1)ニコチン＋ヨウ素エーテル溶液→褐色液状→赤色針状結晶 2)ニコチン＋ホルマリン＋濃硝酸→バラ色。

問 47 ～ 49　問 47　3　問 48　1　問 49　2　問 50　3

〔解説〕

解答のとおり。

問 50　3

〔解説〕

この設問のイミダクロプリドは C のみ正しい。なお、イミダクロプリドついては次のとおり。イミダクロプリドは劇物。弱い特異臭のある無色結晶。水にきわめて溶けにくい。マイクロカプセル製剤の場合、12 %以下を含有するものは劇物から除外。用途は野菜等のアブラムシ等の殺虫剤(クロロニコチニル系農薬)。

(特定品目)

問 31 ～ 33　問 31　1　問 32　3　問 33　2

〔解説〕

問 31 酢酸エチル $CH_3COOC_2H_5$ は劇物。強い果実様の香気ある可燃性無色の液体。可燃性であるので、珪藻土などに吸収させたのち、燃焼により焼却処理する燃焼法。 問 32 一酸化鉛 PbO は、水に難溶性の重金属なので、そのままセメント固化し、埋立処理する固化隔離法。 問 33 硅弗化ナトリウムは劇物。無色の結晶。水に溶けにくい。アルコールにも溶けない。 水に溶かし、消石灰等の水溶液を加えて処理した後、希硫酸を加えて中和し、沈殿濾過して埋立処分する分解沈殿法。

問 34 ～ 35　問 34　1　問 35　2

〔解説〕

問 34 トルエン $C_6H_5CH_3$ が漏えいした場合は、漏えいした液は、土砂等に吸着させて空容器に回収する。また多量に漏えいした液場合は、土砂等でその流れを止め、安全な場所に導き、液の表面を泡で覆いできるだけ空容器に回収する。

問 35 クロロホルム(トリクロロメタン) $CHCl_3$ は、無色、揮発性の液体で特有の香気とわずかな甘みをもち、麻酔性がある。水に不溶、有機溶媒に可溶。比重は水より大きい。揮発性のため風下の人を退避。できるだけ回収したあと、水に不溶なため中性洗剤などを使用して洗浄。

問 36 ～ 37　問 36　1　問 37　3

〔解説〕

問 36 重クロム酸カリウム $K_2Cr_2O_4$ は、劇物。橙赤色の柱状結晶。水に溶けやすい。アルコールには溶けない。強力な酸化剤。用途は試薬、製革用、顔料原料などに使用される。 問 37 ホルムアルデヒド HCHO は、無色刺激臭の気体で水に良く溶け、これをホルマリンという。ホルマリンは無色透明な刺激臭の液体、低温ではパラホルムアルデヒドの生成により白濁または沈殿が生成することがある。用途はフィルムの硬化、樹脂製造原料、試薬・農薬等。１%以下は劇物から除外。

問 38 ～ 40　問 38　1　問 39　2　問 40　3

〔解説〕

解答のとおり。

問41～43　**問41**　1　**問42**　2　**問43**　3

〔解説〕

問41　水酸化ナトリウム NaOH は、白色、結晶性のかたいかたまりで、繊維状結晶様の破砕面を現す。水と炭酸を吸収する性質がある。水溶液を白金線につけて火炎中に入れると、火炎は黄色に染まる。　**問42**　硝酸 HNO_3 は純品なものは無色透明で、徐々に淡黄色に変化する。特有の臭気があり腐食性が高い。うすめた水溶液に銅屑を加えて熱すると、藍色を呈して溶け、その際赤褐色の蒸気を発生する。藍(青)色を呈して溶ける。　**問43**　シュウ酸は一般に流通しているものは二水和物で無色の結晶である。水溶液を酢酸で弱酸性にして酢酸カルシウムを加えると、結晶性の沈殿を生ずる。また、水溶液は過マンガン酸カリウム溶液を退色する。

問44～46　**問44**　1　**問45**　3　**問46**　4

〔解説〕

問44　水酸化カリウム KOH(別名苛性カリ)は劇物(５%以下は劇物から除外。)で白色の固体で、空気中の水分や二酸化炭素を吸収する潮解性がある。水溶液は強いアルカリ性を示す。また、腐食性が強い。　**問45**　トルエン $C_6H_5CH_3$(別名トルオール、メチルベンゼン)は劇物。無色、可燃性のベンゼン臭を有する液体である。水には不溶、エタノール、ベンゼン、エーテルに可溶である。　**問46**　酢酸鉛 $Pb(CH_3COO)_2 \cdot 3H_2O$(別名鉛糖)は、重い粉末で黄色から赤色までの間の種々のものがある。水にはほとんど溶けない。酸、アルカリには良く溶ける。

問47～48　**問47**　1　**問48**　2

〔解説〕

解答のとおり。

問49　2

〔解説〕

この設問の塩素は、C の廃棄についてが誤り。廃棄法について、塩素ガスは多量のアルカリに吹き込んだのち、希釈して廃棄するアルカリ法。必要な場合(例えば多量の場合など)にはアルカリ処理法で処理した液に還元剤(例えばチオ硫酸ナトリウム水溶液など)の溶液を加えた後中和する。その後多量の水で希釈して処理する還元法。

問50　3

〔解説〕

この設問の一酸化鉛は、C のみ正しい。一酸化鉛の性状及び用途は次のとおり。一酸化鉛 PbO(別名密陀僧、リサージ)は劇物。赤色～赤黄色結晶。重い粉末で、黄色から赤色の間の様々なものがある。水にはほとんど溶けない。用途はゴムの加硫促進剤、顔料、試薬等。

群馬県
令和元年度実施

〔法　規〕
（一般・農業用品目・特定品目共通）

問１　3

〔解説〕

解答のとおり。

問２　4

〔解説〕

この設問は法第８条における毒物劇物取扱責任者の資格についてで、アとエが正しい。なお、イについては、医師又は薬剤師とあるが、法第８条第１項第一号で薬剤師が毒物劇物取扱責任者の資格がある。ウの一般毒物劇物取扱者の試験に合格した者は、販売品目における制限がないのですべての製造所、営業所、店舗において毒物劇物取扱責任者になることができる。このことからウは誤り。

問３　1

〔解説〕

この設問では、アが誤り。イは法第２条第１項のこと。ウについては法第２条第３項で毒物であってとあることからこの設問は正しい。なお、法第１条で、毒物及び劇物について、保健衛生上の見地から必要な取締を行うことを目的とすると示されている。

問４　3

〔解説〕

この設問は法第３条の４で正当な理由を除いて所持しはならない品目とは→施行令第 32 条の３で、①亜塩素酸ナトリウム及びこれを含有する製剤 30 ％以上、②塩素酸塩類及びこれを含有する製剤 35 ％以上、③ナトリウム、④ピクリン酸である。このことからこの設問では、３が正しい。

問５　3

〔解説〕

この設問施行規則第４条の４第２項の設備基準についてで、ウとエが正しい。なお、アとイについては、製造所の設備基準のことであるのでこの設問には該当しない。

問６　1

〔解説〕

この設問の法第 15 条第１項は、毒物又は劇物を交付してはならない者についてのことが示されている。

問７　4

〔解説〕

この設問は業務上取扱者の届出における事業者について、正しいのはウとエである。法第 22 条第１項→施行令第 41 条及び第 42 条で、①シアン化ナトリウム又は無機シアン化合物を使用する電気めっきを行う事業、②シアン化ナトリウム又は無機シアン化合物を使用する金属熱処理を行う事業、③大型自動車 5000kg 以上に毒物又は劇物を積載して行う大型運送業、④しろあり防除行う事業である。

問８　2

〔解説〕

この設問は法第 14 条における譲渡手続きのことで、アとエが正しい。なお、書面に記載する事項とは、①毒物又は劇物の名称及び数量、②販売又は授与の年月日、③譲受人の氏名、職業及び住所(法人にあっては、その名称及び主たる事務所の所在地)である。

問９　4

〔解説〕

アとエが正しい。なお、イは、あらかじめではなく、30 日以内に届け出なければならないである。ウ新たに毒物又は劇物を輸入する品目を追加するときは、法第９条第１項により、あらかじめ登録の変更をうけなければならないである。

問 10　1

〔解説〕

解答のとおり。

〔基礎化学〕
（一般・農業用品目・特定品目共通）

問１　1

〔解説〕

炎色反応は Li　(赤)、Na(黄)、K(紫)、Cu(青緑)、Ca(橙)、Sr(紅)、Ba(黄緑)である。

問２　2

〔解説〕

15%食塩水 300 g に含まれる溶質の重さは、300 × 0.15 ＝ 45 g。この水溶液に加える水の重さを w とすると式は、　45/(300 + w) × 100 = 10、w = 150 g

問３　3

〔解説〕

解答のとおり

問４　3

〔解説〕

気体から液体への状態変化は凝集、液体から気体への状態変化は蒸発、固体から液体への状態変化は融解

問５　3

〔解説〕

同素体とは同じ元素からなる単体であるが性質の異なるものである。

〔性質及び貯蔵その他取扱方法〕
（一般）

問１　4

〔解説〕

過酸化尿素は 17%以下の含有で劇物から除外される。アセトニトリル 40 %以下は劇物から除外。

問２　1

〔解説〕

エのみが誤り。六フッ化タングステン WF_6 : 無色低沸点液体。ベンゼンにに可溶。吸湿性で加水分解を受ける。反応性が強く。ほとんどの金属を侵す。用途は半導体特殊ガス。

問３　3

〔解説〕

この設問の弗化水素酸については、ウにおける貯蔵が誤り。次のとおり。弗化水素酸 HF は強い腐食性を持ち、またガラスを侵す性質があるためポリエチレン容器に保存する。火気厳禁。

問４　1

〔解説〕

この設問の用途については、エが誤り。次のとおり。三硫化燐（別名三硫化四燐）P_4S_3 は毒物。用途はマッチの製造、有機化合物の製造及び科学実験などに用いられる。

問５　1

〔解説〕

この設問の貯蔵については、エが誤り。次のとおり。ナトリウム Na : アルカリ金属なので空気中の水分、炭酸ガス、酸素を遮断するため石油中に保存。

問６　4

〔解説〕

メタノール(メチルアルコール)CH_3OH は、引火性の液体であるので周囲から着火源を除き、これが少量の漏えいした液は多量の水で十分に希釈して洗い流す。多量に漏えいした液は土砂等でその流れを止め、安全な場所に導き、多量の水で十分に希釈して洗い流す。

問７　2

〔解説〕

この設問はすべて正しい。解答のとおり。

問８　3

〔解説〕

この設問は、薬物におけるの適切な解毒剤又は治療薬のことで、３が正しい。なお、シアン化水素は、チオ硫酸ナトリウムを用いる。有機燐化合物の解毒薬は硫酸アトロピンまたは PAM（２－ピリジルアルドキシムメチオダイド）。有機塩素化合物は中枢神経毒である。解毒剤は中枢神経を鎮静せしめるバルビタール製剤。

問９　1

〔解説〕

解答のとおり。

問 10　1

〔解説〕

この設問の廃棄については、エが誤り。次のとおり。クロルメチル CH_3Cl は劇物。無色の気体。水にわずかに溶ける。廃棄方法は、アフターバーナー及びスクラバー(洗浄液にアルカリ液)を具備した焼却炉の火室へ噴霧し焼却する燃焼法。

（農業用品目）

問１　2

〔解説〕

毒物又は劇物の農業用品目販売業者が販売できる品目については、法第４条の３第１項→施行規則第４条の２→施行規則別表第一に掲げられている品目のみである。

問２　3

〔解説〕

この設問の用途については、イのみが正しい。なお、硫酸タリウム Tl_2SO_4 は、劇物。用途は殺鼠剤。弗化スルフリル(SO_2F_2)は毒物。用途は殺虫剤、燻蒸剤。アセタミプリドは、劇物。用途はネオニコチノイド系殺虫剤。

問３　4

〔解説〕

この設問では、イのみ正しい。なお、塩素酸カリウム $KClO_3$ は白色固体。加熱により分解し酸素発生 $2KClO_3 \rightarrow 2KCl + 3O_2$　マッチの製造、酸化剤。熱すると酸素を発生して、塩化カリとなり、これに塩酸を加えて熱すると、塩素を発生する。水溶液に酒石酸を多量に加えると、白色の結晶性の物質を生ずる。アンモニア水は刺激性の臭気があり、これに塩酸を近づけると塩化アンモニウムの白煙を生じる。ニコチンにホルマリン一滴を加えたのち、濃硝酸一滴を加えると、ばら色を呈する。

問４　3

〔解説〕

解答のとおり。

問５　1

〔解説〕

解答のとおり。

問６　2

〔解説〕

フェンプロパトリンは劇物。ピレスロイド系殺虫剤。イソフェンホスについては、毒物５％以上は毒物。有機燐系殺虫剤。ベンダイオドカルブは、毒物。カーバーメート系殺虫剤。

問７　1

〔解説〕

解答のとおり。

問８　2

〔解説〕

解答のとおり。

問９　3

〔解説〕

この設問は、薬物におけるの適切な解毒剤又は治療薬のことで、３が正しい。なお、モノフルオール酢酸ナトリウムは、ジアゼパムを用いる。シアン化カリウムは亜硝酸ナトリウムまたはチオ硫酸ナトリウムで解毒する。フェンチオン MPP は、劇物(２％以下除外)、有機リン剤なので解毒薬は硫酸アトロピンまたは PAM。

問 10　2

〔解説〕

この設問は着色する農業品目で法第 13 条→施行令第 39 条において着色すべき農業劇物として、①硫酸タリウムを含有する製剤たる劇物、②燐化亜鉛を含有する製剤たる劇物は、施行規則第 12 条であせにくい黒色に着色すると規定されている。解答のとおり。

（特定品目）

問１　４

〔解説〕

毒物又は劇物の特定品目販売業者が販売できる品目については、法第４条の３第２項→施行規則第４条の３→施行規則別表第二に掲げられている品目のみである。解答のとおり。

問２　３

〔解説〕

アが誤り。水酸化ナトリウムは 5%以下の含有で劇物から除外される。

問３　２

〔解説〕

塩基性酢酸鉛の廃棄法は、水に溶かし、消石灰、ソーダ灰等の水溶液を加えて沈殿させ、更にセメントを用いて固化し、溶出試験を行い、溶出量が判定基準以下であることを確認して埋立処分する沈殿隔離法。

問４　１

〔解説〕

この設問の用途については、アとイが正しい。なお、ウの過酸化水素水は過酸化水素の水溶液。用途は漂白、医薬品、化粧品の製造。重クロム酸カリウムは、劇物。用途は試薬、製革用、顔料原料などに使用される。

問５　１

〔解説〕

アとウが正しい。イの四塩化炭素の確認方法はアルコール性 KOH と銅粉末とともに煮沸により黄赤色沈殿を生成する。

問６　３

〔解説〕

イとウが正しい。なお、クロム酸ナトリウムは黄色結晶、酸化剤、潮解性。水によく溶ける。吸入した場合は、鼻、のど、気管支等の粘膜が侵され、クロム中毒を起こすことがある。皮膚に触れた場合は皮膚炎又は潰瘍を起こすことがある。

問７　４

〔解説〕

解答のとおり。

問８　２

〔解説〕

解答のとおり。

問９　３

〔解説〕

解答のとおり。

問 10　２

〔解説〕

解答のとおり。

〔識別及び取扱方法〕

（一般）

問１　4　　問２　1　　問３　7　　問４　3　　問５　5

〔解説〕

問１　重クロム酸カリウム $K_2Cr_2O_7$ は、橙赤色柱状結晶。水にはよく溶けるが、アルコールには溶けない。用途として強力な酸化剤、焙染剤、製革用、電池調整用、顔料原料、試薬。　**問２**　フェノール C_6H_5OH は、無色の針状晶あるいは結晶性の塊りで特異な臭気があり、空気中で酸化され赤色になる。アルコール、エーテル、クロロホルム、水酸化アルカリに溶けるが、石油エーテルには溶けない。　**問３**　7ヨウ素 I_2 は、黒褐色金属光沢ある稜板状結晶、昇華性。水に溶けにくい。ヨードあるいはヨード水素酸を含有する水には溶けやすい。有機溶媒に可溶(エタノールやベンゼンでは褐色、クロロホルムでは紫色)。　**問４**　臭素 Br_2 は、劇物。赤褐色・特異臭のある重い液体。比重 3.12(20 ℃)、沸点 58.8 ℃。強い腐食作用があり、揮発性が強い。引火性、燃焼性はない。水、アルコール、エーテルに溶ける。　**問５**　メチルエチルケトンは劇物。アセトン様の臭いのある無色液体。蒸気は空気より重い。引火性。有機溶媒。水に可溶。

（農業用品目）

問１　3　　問２　5　　問３　1　　問４　7　　問５　4

〔解説〕

問１　ニコチンは、毒物、無色無臭の油状液体だが空気中で褐色になる。沸点 246 ℃、比重 1.0097。純ニコチンは、刺激性の味を有している。ニコチンは、水、アルコール、エーテル等に容易に溶ける。　**問２**　モノフルオール酢酸ナトリウム FCH_2COONa は重い白色粉末、吸湿性、冷水に易溶、水、メタノールやエタノールに可溶。　**問３**　硫酸銅、硫酸銅(Ⅱ) $CuSO_4 \cdot 5H_2O$ は、濃い青色の結晶。風解性。水に易溶、水溶液は酸性。劇物。　**問４**　ブロムメチル(臭化メチル) CH_3Br は、常温では気体(有毒な気体)。冷却圧縮すると液化しやすい。クロロホルムに類する臭気がある。液化したものは無色透明で、揮発性がある。

問５　ジクワットは、劇物で、ジピリジル誘導体で淡黄色結晶、水に溶ける。

（特定品目）

問１　7　　問２　1　　問３　5　　問４　2　　問５　6

〔解説〕

問１　クロム酸ストロンチウム $SrCO_4$ は、劇物。黄色粉末、比重 3.89、冷水には溶けにくい。ただし、熱水には溶ける。酸、アルカリに溶ける。　**問２**　硅弗化ナトリウム Na_2SiF_6 は劇物。無色の結晶。水に溶けにくい。アルコールにも溶けない。　**問３**　硝酸 HNO_3 は、無色の液体で、特有の臭気がある。腐食性が激しく、空気に接すると刺激性白霧を発し、水を吸収する性質が強い。

問４　酢酸エチル $CH_3COOC_2H_5$(別名酢酸エチルエステル、酢酸エステル)は、劇物。強い果実様の香気ある可燃性無色の液体。揮発性がある。蒸気は空気より重い。引火しやすい。水にやや溶けやすい。　**問５**　重クロム酸ナトリウムは、やや潮解性の赤橙色結晶、酸化剤。水に易溶。有機溶媒には不溶。潮解性がある。

埼玉県
令和元年度実施

〔毒物及び劇物に関する法規〕
（一般・農業用品目・特定品目共通）

問1　2
〔解説〕
解答のとおり。

問2　4
〔解説〕
解答のとおり。

問3　3
〔解説〕
この設問は法第３条の４で正当な理由を除いて所持しはならない品目とは→施行令第 32 条の３で、①亜塩素酸ナトリウム及びこれを含有する製剤 30 ％以上、②塩素酸塩類及びこれを含有する製剤 35 ％以上、③ナトリウム、④ピクリン酸である。このことからこの設問では、３のナトリウムが該当する。

問4　1
〔解説〕
この設問は登録の更新のことで、法第４条第４項のこと。なお、法第４条第４項について、現行は同第４条第３項となる。平成 30 年６月 27 日法律第 63 号。施行令和２月４月１日による。

問5　1
〔解説〕
法第８条第１項は、毒物劇物取扱責任者の資格のこと。

問6　2
〔解説〕
法第 10 条は届出のことで、ａとｄが該当する。なお、ｂの登録を受けた劇物以外の劇物を輸入する際には、法第９条第項により、あらかじめ、登録の変更を受けなければならないである。ｃは業の変更であるので、新たに登録申請をして、廃止届を提出する。

問7　4
〔解説〕
解答のとおり。

問8　3
〔解説〕
この設問は法第 14 条における譲渡手続きについてで、書面に記載する事項とは、①毒物又は劇物の名称及び数量、②販売又は授与の年月日、③譲受人の氏名、職業及び住所（法人にあっては、その名称及び主たる事務所の所在地）である。このことから正しいのは、３である。

問9　2
〔解説〕
この設問にある劇物たるホルムアルデヒドを車両（１回 5,000kg ↑）を使用する際に、車両には２人分以上の保護具備えることと規定されている。（施行令第 40 条の５第２項第三号→施行令別表第二に掲げる品目→施行規則第 13 条の６→施行規則別表第五にその品目についての保護具が掲げられている。）

問10　1
〔解説〕
この設問は法第 16 条の２第１項における事故の際の措置についてである。正しいのは、１である。この設問にある法第 16 条の２については、第８次地域一括法（平成 30 年６月 27 日法律第 63 号。）→施行は令和２月４月１日より法第 16 条の２は、法第 17 条となった。

（農業用品目）

問 11　3

〔解説〕

法第 12 条第２項第三号→施行規則第 11 条の５において示されている解毒剤の名称の表示について、有機燐化合物及びこれを含有する製剤たる毒物及び劇物として、①２－ピリジルアルドキシムメチオダイド(別名 PAM)の製剤、②硫酸アトロピンの製剤である。

（特定品目）

問 11　4

〔解説〕

この設問の法第６条は登録事項として、①申請者の氏名及び住所(法人にあっては、その名称及びその主たる事務所の所在地)、②製造業又は輸入業の登録については、製造し、輸入しようとする毒物又は劇物の品目、③製造所、営業所又は店舗の所在地。この設問では誤っているものはどれかとあるので、４が誤り。

問 12　3

〔解説〕

解答のとおり。

問 13　2

〔解説〕

解答のとおり。

〔基礎化学〕

（一般・農業用品目・特定品目共通）

(注) 基礎化学の設問には、一般・農業用品目・特定品目に共通の設問があることから編集の都合上、一般の設問番号を通し番号(基本)として、農業用品目・特定品目における設問番号をそれぞれ繰り下げの上、読み替えいただきますようお願い申し上げます。

問 11　2

〔解説〕

同素体とは同じ元素からなる単体であるが性質の異なるものである。

問 12　3

〔解説〕

1 は炭素、2 はヨウ素でありどちらも非金属元素、4 は非金属元素同士の化合物

問 13　1

〔解説〕

窒素やアセチレンは分子内に三重結合をもつ。

問 14　4

〔解説〕

ろ紙クロマトグラフィーや薄層クロマトグラフィーなどに代表される分離方法である。

問 15　2

〔解説〕

$20/(20 + 80) \times 100 = 20\%$

問 16　2

〔解説〕

分子の構造が正四面体であるメタンは無極性分子である。

問 17　4

〔解説〕

解答のとおり。

問 18　削除

問 19　1

〔解説〕

ナトリウムのほうが水素よりも電気陰性度が小さいので陽イオン性をもつ、すなわち酸化数は+1 である。

問 20　1

〔解説〕

$5H_2O_2 + 2KMnO_4 + 3H_2SO_4 \rightarrow 5O_2 + 2MnSO_4 + K_2SO_4 + 8H_2O$

（農業用品目）

問 22　4
〔解説〕
アミノ基-NH_2，スルホ基-SO_3H，ニトロ基-NO_2

（特定品目）

問 22　1
〔解説〕

問 23　1
〔解説〕

問 24　4
〔解説〕
解答のとおり。

問 25　3
〔解説〕
pH は 0 〜 14 までであり、7 を中性、7 よりも小さい時を酸性、大きい時をアルカリ性という。

〔毒物及び劇物の性質及び貯蔵その他取扱方法〕

（一般・特定品目共通）

問 21　3
〔解説〕
キシレン $C_6H_4(CH_3)_2$ は、無色透明な液体で o-、m-、p-の 3 種の異性体がある。水にはほとんど溶けず、有機溶媒に溶ける。溶剤、染料中間体などの有機合成原料、試薬等。

問 22　4
〔解説〕
重クロム酸カリウム $K_2Cr_2O_7$ は、吸入した場合は鼻、のど，気管支等の粘膜が侵される。また、眼に入った場合は、粘膜を刺激して結膜炎を起こす。 橙赤色結晶、酸化剤。水に溶けやすく、有機溶媒には溶けにくい。

問 23　3
〔解説〕
水酸化ナトリウム（別名：苛性ソーダ）NaOH は、白色結晶性の固体。水と炭酸を吸収する性質が強い。空気中に放置すると、潮解して徐々に炭酸ソーダの皮層を生ずる。貯蔵法については潮解性があり、二酸化炭素と水を吸収する性質が強いので、密栓して貯蔵する。

（一般）

問 24　4
〔解説〕
シアン酸ナトリウム NaOCN は、白色の結晶性粉末、水に易溶、有機溶媒に不溶。熱水で加水分解。劇物。除草剤、有機合成、鋼の熱処理に用いられる。

問 25　1
〔解説〕
ジメトエートは、白色の固体。水溶液は室温で徐々に加水分解し、アルカリ溶液中ではすみやかに加水分解する。太陽光線に安定で、熱に対する安定性は低い。用途は、稲のツマグロヨコバイ、ウンカ類、果樹のﾔﾉﾈｶｲｶﾞﾗﾑｼ、ミカンハモグリガ、ハダニ類、アブラムシ類、ハダニ類の駆除。有機燐製剤の一種である。その毒性も他の有機燐製剤とほぼ同じ。

問 26　4
〔解説〕
ジエチル-3･5･6-トリクロル-2-ピリジルチオホスフェイト（クロルピリホス）は、劇物。白色の結晶。アセトン、ベンゼンに溶ける。水には溶けにくい。有機燐化合物。有機リン剤なのでアセチルコリンエステラーゼの活性阻害をするので、神経系に影響が現れる。有機リン化合物の解毒剤には、硫酸アトロピンや PAM を使用。
問 27　3
〔解説〕
アクリルニトリル $CH_2=CHCN$ は、無臭又は微刺激臭のある無色透明の蒸発しやすい液体である。水には常温で約７％溶け、有機溶媒には任意の割合で混和する。引火点は０～－１℃で、火災、爆発の危険性が高い。。
問 28　4
〔解説〕
ヒドロキシルアミン NH_2OH は、劇物。無色、針状の結晶。アルコール、酸、冷水に溶ける。水溶液は強いアルカリ性反応を呈する。強力な還元作用を呈する。常温では不安定で多少分解する。。
問 29　3
〔解説〕
三酸化二砒素 AS_2O_3(別名亜砒酸)は、毒物。無色で、結晶性の物質。吸入した場合は、鼻、のど、気管支等の粘膜を刺激し、頭痛、めまい、悪心、チアノーゼを起こす。はなはだしい場合には血色素尿を排泄し、肺水腫を起こし、呼吸困難を起こす。治療薬は、亜硝酸ナトリウム、チオ硫酸ナトリウム。。
問 30　3
〔解説〕
ナトリウム Na：アルカリ金属なので空気中の水分、炭酸ガス、酸素を遮断するため石油中に保存。

（農業用品目）
問 23　4
〔解説〕
一般の問 24 を参照。
問 24　1
〔解説〕
一般の問 25 を参照。
問 25　4
〔解説〕
一般の問 26 を参照。
問 26　3
〔解説〕
ジクワットは、劇物で、ジピリジル誘導体で淡黄色結晶、水に溶ける。土壌等に強く吸着されて不活性化する性質がある。中性又は酸性で安定、アルカリ溶液で薄める場合は、２～３時間以上貯蔵できない。
問 27　3
〔解説〕
フェノブカルブ(BPMC)は、劇物。無色透明の液体またはプリズム状結晶で、水にほとんど溶けないが、クロロホルムに溶ける。用途はイネのヨコバイやウンカ類、野菜のアザミウマ類、茶のミドリヒメヨコバイ等の駆除にも用いられる。
問 28　4
〔解説〕
フェンバレレートは劇物。黄褐色の粘調性液体。水にはほとんど溶けない。メタノール、アセトニトリル、酢酸エチルに溶けやすい。熱、酸に安定。アルカリに不安定。また、光で分解。用途は合成ピレスリン、農薬(殺虫剤)。
問 29　3
〔解説〕
ブロムメチル CH_3Br は常温では気体であるため、これを圧縮液化し、圧容器に入れ冷暗所で保存する。
問 30　2
〔解説〕
ジメチル－４－メチルメルカプト－３－メチルフェニルチオホスフェイト(別名フェンチオン)は、劇物。褐色の液体。弱いニンニク臭を有する。各種有機溶媒に溶ける。水には溶けない。廃棄法：木粉(おが屑)等に吸収させてアフターバーナー及びスクラバーを具備した焼却炉で焼却する焼却法。(スクラバーの洗浄液には水酸化ナトリウム水溶液を用いる。)

（特定品目）

問 26　3

〔解説〕

一般の問 21 を参照。

問 27　4

〔解説〕

一般の問 22 を参照。

。

問 28　3

〔解説〕

一般の問 23 を参照。

問 29　1

〔解説〕

過酸化水素 H2O2 は、過酸化水素の水溶液である。無色透明の濃厚な液体で、弱い特有のにおいがある。強く冷却すると稜柱状の結晶となる。不安定な化合物であり、常温でも徐々に水と酸素に分解する。酸化力、還元力を併有している。

問 30　3

〔解説〕

ホルムアルデヒド HCHO は劇物。無色刺激臭の気体で水に良く溶け、これをホルマリンという。ホルマリンは無色透明な刺激臭の液体、低温ではパラホルムアルデヒドの生成により白濁または沈澱が生成することがある。

〔毒物及び劇物の識別及び取扱方法〕

（一般）

問 31　(1) 3　(2) 1

〔解説〕

沃素(別名ヨード、ヨジウム)(I_2)は劇物。黒灰色、金属様の光沢ある稜板状結晶。常温でも多少不快な臭気をもつ蒸気をはなって揮散する。デンプンと反応して藍色を呈し、これを熱すると退色し、冷えると再び藍色を呈し、さらにチオ硫酸ナトリウムの溶液と反応すると脱色する。

問 32　(1) 4　(2) 2

〔解説〕

硝酸銀 $AgNO_3$ は、劇物。無色透明結晶。光により分解して黒変する。転移点 159.6 ℃、融点 212 ℃、分解点 444 ℃。強力な酸化剤があり、腐食性がある。水によく溶ける。アセトン、グリセリンに可溶。用途は鍍金、試薬等。水溶液に塩酸を加えると、白色の沈殿を生じる。その液に硫酸と銅粉を加えて熱すると、赤褐色の蒸気を生成する。

問 33　(1) 5　(2) 1

〔解説〕

ピクリン酸($C_6H_2(NO_2)_3OH$)は、淡黄色の針状結晶。アルコール溶液は、白色の羊毛又は絹糸を鮮黄色に染める。

問 34　(1) 1　(2) 1

〔解説〕

カリウム K は、劇物。銀白色の光輝があり、ろう様の高度を持つ金属。空気中で酸化されやすく水に入れると水素ガスを発生する。用途は試薬。白金線につけて、溶融炎で熱し、炎の色をみると青紫色になる。

問 35　(1) 2　(2) 2

〔解説〕

硫酸第二銅、五水和物白色濃い藍色の結晶で、水に溶けやすく、水溶液は青色リトマス紙を赤変させる。水に溶かし硝酸バリウムを加えると、白色の沈殿を生じる。

（農業用品目）

問 31　(1) 3　(2) 2

〔解説〕

クロルピクリン CCl_3NO_2　は、無色～淡黄色液体、催涙性、粘膜刺激臭。水に不溶。線虫駆除、燻蒸剤。クロルピクリン CCl_3NO_2 の確認方法：CCl_3NO_2 ＋金属カルシウム＋ベタナフチルアミン＋硫酸→赤色。

問 32　(1) 1　(2) 2

〔解説〕

カルボスルファンは、劇物。有機燐製剤の一種。褐色粘稠液体。用途はカーバメイト系殺虫剤。

問 33　(1) 5　(2) 1

〔解説〕

ダイファシノンは毒物。黄色結晶性粉末。アセトン酢酸に溶ける。水にはほとんど溶けない。0.005 %以下を含有するものは劇物。用途は殺鼠剤。

問 34　(1) 4　(2) 1

〔解説〕

弗化スルフリル(SO_2F_2)は毒物。無色無臭の気体。水に溶ける。クロロホルム、四塩化炭素に溶けやすい。アルコール、アセトンにも溶ける。水では分解しないが、水酸化ナトリウム溶液で分解される。用途は殺虫剤、燻蒸剤。

問 35　(1) 2　(2) 2

〔解説〕

イミノクタジンは、劇物。白色の粉末(三酢酸塩の場合)。果樹の腐らん病、晩腐病等、麦の斑葉病、芝の葉枯病殺菌する殺菌剤。

(特定品目)

問 31　(1) 1　(2) 2

〔解説〕

クロム酸ナトリウムは酸化性があるので工業用の酸化剤などに用いられる。

問 32　(1) 5　(2) 1

〔解説〕

アンモニア水は無色透明、刺激臭がある液体。アルカリ性を呈する。アンモニア NH_3 は空気より軽い気体。濃塩酸をうるおしたガラス棒を近づけると、白い霧を生ずる。また、塩酸を加えて中和したのち、塩化白金溶液を加えると、黄色、結晶性の沈殿を生ずる。

問 33　(1) 2　(2) 2

〔解説〕

シュウ酸は一般に流通しているものは二水和物で無色の結晶である。注意して加熱すると昇華するが、急に加熱すると分解する。水溶液は、過マンガン酸カリウムの溶液を退色する。水には可溶だがエーテルには溶けにくい。

問 34　(1) 4　(2) 1

〔解説〕

酸化第二水銀(HgO_2)は毒物。赤色又は黄色の粉末。製法によって色が異なる。小さな試験管に入れ熱すると、黒色にかわり、その後分解し水銀を残す。更に熱すると揮散する。用途は塗料、試薬。

問 35　(1) 3　(2) 1

〔解説〕

硫酸 H_2SO_4 は無色の粘張性のある液体。強力な酸化力をもち、また水を吸収しやすい。水を吸収するとき発熱する。木片に触れるとそれを炭化して黒変させる。また、銅片を加えて熱すると、無水亜硫酸を発生する。硫酸の希釈液に塩化バリウムを加えると白色の硫酸バリウムが生じるが、これは塩酸や硝酸に溶解しない。

千葉県
令和元年度実施

〔筆記：毒物及び劇物に関する法規〕
（一般・農業用品目・特定品目共通）

問１
(1)	5	(2)	3	(3)	1	(4)	3	(5)	2
(6)	3	(7)	1	(8)	3	(9)	5	(10)	1
(11)	3	(12)	4	(13)	2	(14)	5	(15)	5
(16)	2	(17)	3	(18)	1	(19)	2	(20)	1

〔解説〕

(1)　解答のとおり。　(2)　解答のとおり。
(3)　解答のとおり。　(4)　解答のとおり。
(5)　解答のとおり。　(6)　解答のとおり。
(7)　法第十三条は着色する農業品目のこと。
(8)　法第 14 条は譲渡手続のことで、記載する書面についての記載事項。
(9)　法第 22 条第１項は業務上取扱者の届出。
(10)　施行令第 40 条の６とは毒物又は劇物の運搬を車両を使用して他に委託する場合、荷送人が運搬に対して記載する書面のこと。
(11)　この設問は法第３条の４で正当な理由を除いて所持しはならない品目とは→施行令第 32 条の３で、①亜塩素酸ナトリウム及びこれを含有する製剤 30 %以上、②塩素酸塩類及びこれを含有する製剤 35 %以上、③ナトリウム、④ピクリン酸である。このことからこの設問では、３が正しい。
(12)　この設問は業務上取扱者の届出における事業者について、正しいのはイとエである。法第 22 条第１項→施行令第 41 条及び第 42 条で、①シアン化ナトリウム又は無機シアン化合物を使用する電気めっきを行う事業、②シアン化ナトリウム又は無機シアン化合物を使用する金属熱処理を行う事業、③大型自動車 5000kg 以上に毒物又は劇物を積載して行う大型運送業、④しろあり防除行う事業である。
(13)　この設問は法第８条における毒物劇物取扱責任者のことで、ウが誤り。次のとおり。特定品目毒物劇物取扱者試験に合格した者は、法第８条第４項により、法第４条第２項で厚生労働省令で定める品目のみを取り扱う輸入業の営業所若しくは特定品目業においてのみである。
(14)　この設問は法 12 条における毒物又は劇物の表示のことで、ウのみが正しい。ウは法第 12 条第３項のこと。なお、アとイは、法第 12 条第１項のことで、アについては、黒地に白色ではなく、赤地に白色である。イは赤地に白色ではなく、白地に白色である。
(15)　法第 12 条第２項第三号→施行規則第 11 条の５において示されている解毒剤の名称の表示について、有機燐化合物及びこれを含有する製剤たる毒物及び劇物として、①２－ピリジルアルドキシムメチオダイド(別名 PAM)の製剤、②硫酸アトロピンの製剤である。
(16)　この設問は法第 17 条の立入検査等のことで、アとイが正しい。なお、ウについては、犯罪捜査のためにとあるが法第 17 条第５項で、犯罪捜査のために認められたと解してはならないとあるので誤り。なお、同法第 17 条については、第８次地域一括法(平成 30 年６月 27 日法律第 63 号。)→施行は令和２月４月１日より法第 17 条は、法第 18 条となった。
(17)　この設問は、３が正しい。なお、１の特定毒物研究者の許可は都道府県知事が行い、この設問にある毒物劇物特定品目販売業の登録を要しない。２の特定毒物を輸入できる者は、①毒物又は劇物の輸入業者、②特定毒物研究者が輸入することができる。４の特定毒物を製造できる者は、①毒物又は劇物の製造業者、②特定毒物研究者が製造することができる。５については、特定毒物使用者が使用できる特定毒物のみ譲り渡すことができる。
(18)　施行規則第４条の４第１項における製造所の設備基準のことで、すべて正しい。
(19)　この設問は法第 16 条の２のことで、アとイが正しい。ウは法第 16 次用の２第２項により、毒物又は劇物を紛失した場合、その旨を、直ちに警察署に届け出なければならないである。なお、同法第 16 条の２については、第８次地域一括法(平成 30 年６月 27 日法律第 63 号。)→施行は令和２月４

月１日より法第 16 条の２は、法第 17 条となった。

(20)　この設問にある劇物たるジメチル硫酸を車両（１回 5,000kg ↑）を使用する際に、車両の前後の見やすい箇所に掲げなければならないと規定されている。（施行令第 40 条の５第２項第二号→施行令別表第二掲げる品目→施行規則第 13 条の５）

〔筆記：基礎化学〕
（一般・農業用品目・特定品目共通）

問２

(21)	2	(22)	3	(23)	5	(24)	3	(25)	4
(26)	3	(27)	1	(28)	4	(29)	2	(30)	3
(31)	2	(32)	5	(33)	5	(34)	4	(35)	2
(36)	3	(37)	4	(38)	4	(39)	4	(40)	2

〔解説〕

(21) 電気陰性度が最大の元素は F である。

(22) アンモニアの共有電子対は 3 組、1 組は非共有電子対として窒素上に存在する。

(23) 原子は原子核と電子からなり、原子核は陽子と中性子からなる。原子核が原子の重さのほとんどであり、陽子と中性子の重さは等しい。

(24) 炎色反応は Li （赤）、Na（黄）、K（紫）、Cu（青緑）、Ca（橙）、Sr（紅）、Ba（黄緑）である。

(25) アルカリ土類金属はベリリウムとマグネシウムを除く 2 族の元素である。

(26) イオン化傾向とは陽イオンになり易さの尺度で、K ＞ Ca ＞ Na ＞ Mg ＞ Al ＞ Zn ＞ Fe ＞ Ni ＞ Sn ＞ Pb ＞（H）＞ Cu ＞ Hg ＞ Ag ＞ Pt ＞ Au の順となる。

(27) 各化合物の分子量は、ホルムアルデヒド HCHO:30、フェノール C_6H_5OH:94、酢酸 CH_3COOH:60、酢酸エチル $CH_3COOCH_2CH_3$:88、硫酸 H_2SO_4:98

(28) エタノール、フェノール、イソプロパノールは 1 価アルコール、エチレングリコールは 2 価アルコール

(29) 酢酸 CH3COOH はカルボキシル基（-COOH）を持つ。

(30) エチレンは二重結合、アセチレンは三重結合をもつ。

(31) 水上置換法に最も適しているのは、水に溶けにくい気体である。

(32) 解答のとおり

(33) $C_3H_8 + 5O_2 \rightarrow 3CO_2 + 4H_2O$ であるから、1 モルのプロパンが燃焼すると 3 モルの二酸化炭素が生じる。二酸化炭素の分子量は 44 であるから、3 × 44 = 132 g

(34) フェノールフタレインは酸性で無色、アルカリ性で赤色を呈する指示薬である。

(35) メタノール CH_3OH は水とよく似た OH を持つため、水によく溶ける。

(36) モル濃度は次の公式で求める。M = w/m × 1000/v（M はモル濃度：mol/L、w は質量：g、m は分子量または式量、v は体積：mL）これに当てはめると x mol/L = 2/40 × 1000/100,　x = 0. 5 mol/L

(37) 酸素の酸化数は-2、イオン全体の価数が-1 であるので、マンガンの酸化数は-2 × 4 + x = -1, x = +7

(38) 物質が水素を失う状態変化を酸化されたという。水分子の水素の酸化数は +1

(39) 陽極では酸化反応が起こる。塩化物イオンが酸化され、塩素ガスを生じる。$2Cl^- \rightarrow Cl_2 + 2e^-$

(40) ヨードホルム反応はメチルケトンの検出反応。銀鏡反応はアルデヒドの検出、フェーリング反応も同じ、ヨウ素でんぷん反応はでんぷんの検出に用いる。

〔筆記：毒物及び劇物の性質及び貯蔵その他取扱方法〕

（一般）

問３　(41)　4　　(42)　3　　(43)　1　　(44)　5　　(45)　2

〔解説〕

(41)　黄リン P_4 は、無色又は白色の蝋様の固体。毒物。別名を白リン。暗所で空気に触れるとリン光を放つ。水、有機溶媒に溶けないが、二硫化炭素には易溶。湿った空気中で発火する。空気に触れると発火しやすいので、水中に沈めてビンに入れ、さらに砂を入れた缶の中に固定し冷暗所で貯蔵する。　(42)　ブロムメチル CH_3Br は可燃性・引火性が高いため、火気・熱源から遠ざけ、直射日光の当たらない換気性のよい冷暗所に貯蔵する。耐圧等の容器は錆防止のため床に直置きしない。　(43)　ピクリン酸（$C_6H_2(NO_2)_3OH$）は爆発性なので、火気に対して安全で隔離された場所に、イオウ、ヨード、ガソリン、アルコール等と離して保管する。鉄、銅、鉛等の金属容器を使用しない。　(44)　ナトリウム Na：アルカリ金属なので空気中の水分、炭酸ガス、酸素を遮断するため石油中に保存。

(45)　シアン化カリウム KCN は、白色、潮解性の粉末または粒状物、空気中では炭酸ガスと湿気を吸って分解する（HCN を発生）。また、酸と反応して猛毒の HCN（アーモンド様の臭い）を発生する。貯蔵法は、少量ならばガラス瓶、多量ならばブリキ缶又は鉄ドラム缶を用い、酸類とは離して風通しの良い乾燥した冷所に密栓して貯蔵する。

問４　(46)　4　　(47)　2　　(48)　1　　(49)　3　　(50)　5

〔解説〕

(46)　クラーレは、毒物。猛毒性のアルカロイドである。植物の樹皮から抽出される。黒または黒褐色の塊状あるいは粒状をなしている。水に可溶。　(47)　塩化第一銅 CuCl（あるいは塩化銅（Ⅰ））は、劇物。白色結晶性粉末、湿気があると空気により緑色、光により青色～褐色になる。水に一部分解しながら僅かに溶け、アルコール、アセトンには溶けない。　(48)　硫酸タリウム Tl_2SO_4 は、劇物。白色結晶で、水にやや溶け、熱水に易溶、用途は殺鼠剤。ただし 0.3 %以下を含有し、黒色に着色され、かつ、トウガラシエキスを用いて著しくからく着味されているものは劇物から除外。　(49)　キノリン（C_9H_7N）は劇物。無色または淡黄色の特有の不快臭をもつ液体で吸湿性である。水、アルコール、エーテル二硫化炭素に可溶。　(50)　セレン Se は、毒物。灰色の金属光沢を有するペレット又は黒色の粉末。融点 217 ℃。水に不溶。硫酸、二硫化炭素に可溶。

問５　(51)　5　　(52)　4　　(53)　2　　(54)　1　　(55)　3

〔解説〕

(51)　シアン酸ナトリウム NaOCN は、白色の結晶性粉末、水に易溶、有機溶媒に不溶。熱水で加水分解。劇物。除草剤、有機合成、鋼の熱処理に用いられる。

(52)　アジ化ナトリウム NaN_3：毒物、無色板状結晶で無臭。水に溶けアルコールに溶け難い。徐々に加熱すると分解し、窒素とナトリウムを発生。酸によりアジ化水素 HN_3 を発生。用途は試薬、医療検体の防腐剤、エアバッグのガス発生剤。

(53)　四エチル鉛（$(C_2H_5)_4Pb$）（別名エチル液）は、特定毒物。純品は無色の揮発性液体。特殊な臭気があり、引火性がある。水にほとんど溶けない。金属に対して腐食性がある。用途はガソリンのアンチック剤。　(54)　過酸化ナトリウム Na_2O_2 は、劇物。純粋なものは白色。一般的には淡黄色。用途は工業用には酸化剤、漂白剤、試薬。　(55)　エチレンオキシド（$(CH_2)_2O$）は、劇物。快臭のある無色のガス、水、アルコール、エーテルに可溶。可燃性ガス、反応性に富む。用途は有機合成原料、界面活性剤、殺菌剤。

問６　(56)　3　　(57)　4　　(58)　2　　(59)　5　　(60)　1

〔解説〕

(56)　シュウ酸を摂取すると体内のカルシウムと安定なキレートを形成することで低カルシウム血症を引き起こし、神経系が侵される。　(57)　メタノール CH_3OH は特有な臭いの無色液体。水に可溶。可燃性。染料、有機合成原料、溶剤。

メタノールの中毒症状：吸入した場合、めまい、頭痛、吐気など、はなはだしい時は嘔吐、意識不明。中枢神経抑制作用。飲用により視神経障害、失明。　(58)　EPN は、有機リン製剤、毒物（1.5 %以下は除外で劇物）、芳香臭のある淡黄色油状または融点 36 ℃の結晶。水に不溶、有機溶媒に可溶。遅効性殺虫剤（アカダニ、アブラムシ、ニカメイチュウ等）　有機リン製剤の中毒：コリンエステラーゼを阻害し、頭痛、めまい、嘔吐、言語障害、意識混濁、縮瞳、痙攣など。　(59)

ヨウ素 I_2 は：黒褐色金属光沢ある稜板状結晶、昇華性。毒性：蒸気を吸入するとめまい、頭痛を伴う酩酊(いわゆるヨード熱)を起こす。応急手当には澱粉糊液に煆製マグネシア混和したものを飲用。　(60)　クロルピクリン CCl_3NO_2 は、無色～淡黄色液体、催涙性、粘膜刺激臭。毒性・治療法は、血液に入りメトヘモグロビンを作り、また、中枢神経、心臓、眼結膜を侵し、肺にも強い傷害を与える。治療法は酸素吸入、強心剤、興奮剤。

（農業用品目）

問３　(41)　4　(42)　3　(43)　1　(44)　5　(45)　2

〔解説〕

(41)　クロルピクリン CCl_3NO_2 は、無色～淡黄色液体、催涙性、粘膜刺激臭。水に不溶。アルコール、エーテルなどには溶ける。　(42)　フェンバレレートは劇物。黄褐色の粘稠性液体。水にほとんど溶けない。メタノール、アセトニトリル、酢酸エチルに溶けやすい。熱、酸に安定。　(43)　硫酸第二銅 $CuSO_4 \cdot 5H_2O$ は一般的に七水和物で流通しており、藍色の結晶である。風解性がある。無水硫酸ナトリウムは白色の粉末である。　(44)　硫酸亜鉛 $ZnSO_4 \cdot 7H_2O$ は、無色無臭の結晶、顆粒または白色粉末、風解性。水に易溶。有機溶媒に不溶。　(45)　モノフルオール酢酸ナトリウム FCH_2COONa は特毒。有機弗素系化合物。重い白色粉末、吸湿性、冷水に易溶、有機溶媒には溶けない。水、メタノールやエタノールに可溶。

問４　(46)　2　(47)　4　(48)　1　(49)　3

〔解説〕

(46)　EPN は、有機リン製剤、毒物(1.5 ％以下は除外で劇物)、芳香臭のある淡黄色油状または融点 36 ℃の結晶。水に不溶、有機溶媒に可溶。遅効性殺虫剤(アカダニ、アブラムシ、ニカメイチュウ等)　有機リン製剤の中毒：コリンエステラーゼを阻害し、頭痛、めまい、嘔吐、言語障害、意識混濁、縮瞳、痙攣など。

(47)　シアン化ナトリウム NaCN：猛烈な毒性を有し、少量の場合でも頭痛、めまい、意識不明、呼吸麻痺などをおこす。　(48)　ニコチンは猛烈な神経毒、急性中毒では、よだれ、吐気、悪心、嘔吐、ついで脈拍緩徐不整、発汗、瞳孔縮小、呼吸困難、痙攣が起きる。　(49)　アニリン　$C_6H_5NH_2$ は、劇物。沸点 184 ～ 186 ℃の油状物。アニリンは血液毒である。かつ神経毒であるので血液に作用してメトヘモグロビンを作り、チアノーゼを起こさせる。急性中毒では、顔面、口唇、指先等にはチアノーゼが現れる。さらに脈拍、血圧は最初亢進し、後に下降して、嘔吐、下痢、腎臓炎を起こし、痙攣、意識喪失で、ついに死に至ることがある。

問５　(50)　1　(51)　3　(52)　4　(53)　5　(54)　2

〔解説〕

(50)　エマメクチン安息香酸塩(別名アフフーム)は、劇物。類白色結晶粉末。水にはほとんど溶けないが、メタノールに溶ける。用途は鱗翅目及びアザミウマ目害虫の殺虫剤。　(51)　イミノクタジンは、劇物。白色の粉末(三酢酸塩の場合)。果樹の腐らん病、晩腐病等、麦の斑葉病、芝の葉枯病殺菌する殺菌剤。　(52)　ナラシンは毒物（１％以上～ 10％以下を含有する製剤は劇物。）アセトン－水から結晶化させたものは白色～淡黄色。特有な臭いがある。用途は飼料添加物。

(53)　ダイファシノンは毒物。黄色結晶性粉末。アセトン酢酸に溶ける。水にはほとんど溶けない。0.005 ％以下を含有するものは劇物。用途は殺鼠剤。　(54)　塩素酸ナトリウム $NaClO_3$ は、無色無臭結晶、酸化剤、水に易溶。有機物や還元剤との混合物は加熱、摩擦、衝撃などにより爆発することがある。用途は除草剤、酸化剤、抜染剤。

問６　(55)　5　(56)　3　(57)　1

〔解説〕

(55)　ブロムメチル CH_3Br は可燃性・引火性が高いため、火気・熱源から遠ざけ、直射日光の当たらない換気性のよい冷暗所に貯蔵する。耐圧等の容器は錆防止のため床に直置きしない。　(56)　ロテノンは空気中の酸素により有効成分が分解して殺虫効力を失い、日光によって酸化が著しく進行することから、密栓及び遮光して貯蔵する。　(57)　アンモニア水は無色透明、刺激臭がある液体。揮発性があり、空気より軽いガスを発生するので、よく密栓して貯蔵する。

問７　(58)　2　(59)　2　(60)　1

〔解説〕

解答のとおり。

（特定品目）

問３　(41)　3　(42)　5　(43)　2　(44)　1　(45)　4

〔解説〕

(41)　過酸化水素 H_2O_2：過酸化水素水は過酸化水素の水溶液。無色無臭で粘性の少し高い液体。徐々に水と酸素に分解する。酸化力、還元力をもつ。　(42)　ケイフッ化ナトリウム $Na_2[SiF_6]$は無色の結晶。水に溶けにくく、酸により有毒な HF と SiF_4 を発生。アルコールには溶けない。　(43)　四塩化炭素（テトラクロロメタン）CCl_4 は、特有な臭気をもつ不燃性、揮発性無色液体、水に溶けにくく有機溶媒には溶けやすい。強熱によりホスゲンを発生。　(44)　塩化水素（HCl）は劇物。常温で無色の刺激臭のある気体である。水、メタノール、エーテルに溶ける。湿った空気中で発煙し塩酸になる。　(45)　一酸化鉛 PbO（別名リサージ）は劇物。赤色～赤黄色結晶。重い粉末で、黄色から赤色の間の様々なものがある。水にはほとんど溶けないが、酸、アルカリにはよく溶ける。酸化鉛は空気中に放置しておくと、徐々に炭酸を吸収して、塩基性炭酸鉛になることもある。

問４　(46)　2　(47)　1　(48)　3　(49)　4　(50)　5

〔解説〕

解答のとおり。

問５　(51)　2　(52)　4　(53)　3　(54)　1　(55)　5

〔解説〕

解答のとおり。

問６　(56)　3　(57)　4　(58)　1　(59)　5　(60)　2

〔解説〕

(56)　水酸化ナトリウム（別名：苛性ソーダ）NaOH は、は劇物。白色結晶性の固体。用途は試薬や農薬のほか、石鹸製造などに用いられる。　(57)　キシレン $C_6H_4(CH_3)_2$ は、無色透明な液体で o-、m-、p-の 3 種の異性体がある。水にはほとんど溶けず、有機溶媒に溶ける。溶剤、染料中間体などの有機合成原料、試薬等。　(58)　塩素 Cl_2 は、黄緑色の刺激臭の空気より重い気体で、酸化力があるので酸化剤、用途は漂白剤、殺菌剤、消毒剤として使用される（紙パルプの漂白、飲用水の殺菌消毒などに用いられる）。　(59)　塩化水素 HCl は、劇物。常温で無色の刺激臭のある気体。湿った空気中で発煙し塩酸になる。白色の結晶。水、メタノール、エーテルに溶ける。用途は塩酸の製造に用いられるほか、無水物は塩化ビニル原料にもちいられる。　(60)　ホルムアルデヒド HCHO は、無色刺激臭の気体で水に良く溶け、これをホルマリンという。ホルマリンは無色透明な刺激臭の液体。用途はフィルムの硬化、樹脂製造原料、試薬・農薬等。

〔実地：毒物及び劇物の識別及び取扱方法〕

（一般）

問７　(61)　1　(62)　4　(63)　3　(64)　5　(65)　2

〔解説〕

(61)　クロルピクリン CCl_3NO_2 の確認方法：CCl_3NO_2 ＋金属 Ca ＋ベタナフチルアミン＋硫酸→赤色　(62)　メタノール CH_3OH は特有な臭いの無色透明な揮発性の液体。水に可溶。可燃性。あらかじめ熱灼した酸化銅を加えると、ホルムアルデヒドができ、酸化銅は還元されて金属銅色を呈する。　(63)　ニコチンの確認：1）ニコチン＋ヨウ素エーテル溶液→褐色液状→赤色針状結晶　2）ニコチン＋ホルマリン＋濃硝酸→バラ色。　(64)　アニリン $C_6H_5NH_2$ は、新たに蒸留したものは無色透明油状液体、光、空気に触れて赤褐色を呈する。特有な臭気。水には難溶、有機溶媒には可溶。水溶液にさらし粉を加えると紫色を呈する。劇物。

(65)　一酸化鉛 PbO は、重い粉末で、黄色から赤色までの間の種々のものがある。希硝酸に溶かすと、無色の液となり、これに硫化水素を通じると、黒色の沈殿を生じる。

問８　(66)　3　(67)　1　(68)　2　(69)　5　(70)　4

〔解説〕

(66)　水酸化カドミウム $Cd(OH)_2$ は劇物。無水結晶または白色粉末。水にほとんど溶けない。廃棄法は、セメントで固化し溶出試験を行い、溶出量が判定基準以下であることを確認して埋立処分する固化隔離法。　(67)　硅弗化ナトリウムは劇物。無色の結晶。水に溶けにくい。廃棄法は水に溶かし、消石灰等の水溶液を加えて処理した後、希硫酸を加えて中和し、沈殿濾過して埋立処分する分解沈殿法。　(68)　クロロホルム $CHCl_3$ は含ハロゲン有機化合物なので廃棄方法はアフターバーナーとスクラバーを具備した焼却炉で焼却する燃焼法。　(69)　過酸化水素水は H_2O_2 の水溶液で、劇物。無色透明な液体。廃棄方法は、多量の水で希釈して処理する希釈法。　(70)　過酸化ナトリウム Na_2O_2 は水に加えて希薄な水溶液とし、酸(希塩酸、希硫酸等)で中和した後、多量の水で希釈して処理する中和法。

問９　(71)　1　(72)　4　(73)　2　(74)　5　(75)　3

〔解説〕

解答のとおり。

問10　(76)　2　(77)　5　(78)　4　(79)　3　(80)　1

〔解説〕

解答のとおり。

(農業用品目)

問８　(61)　5　(62)　1　(63)　4　(64)　2　(65)　3

〔解説〕

解答のとおり。

問９　(66)　3　(67)　5　(68)　4　(69)　2　(70)　1

〔解説〕

(66)　塩素酸ナトリウム $NaClO_3$ は酸化剤なので、希硫酸で $HClO_3$ とした後、これを還元剤中へ加えて酸化還元後、多量の水で希釈処理する還元法。　(67)　硫酸亜鉛 $ZnSO_4$ の廃棄方法は、金属 Zn なので 1) 沈澱法；水に溶かし、消石灰、ソーダ灰等の水溶液を加えて生じる沈殿物をろ過してから埋立。2) 焙焼法；還元焙焼法により Zn を回収。　(68)　クロルピクリン CCl_3NO_2 は、無色～淡黄色液体、催涙性、粘膜刺激臭。少量の界面活性剤を加えた亜硫酸ナトリウムと炭酸ナトリウムの混合液中で、撹拌し分解させた後、多量の水で希釈して処理する分解法。　(69)　フェンチオン(MPP)は、劇物。褐色の液体。弱いニンニク臭を有する。各種有機溶媒に溶ける。水には溶けない。廃棄法：木粉(おが屑)等に吸収させてアフターバーナー及びスクラバーを具備した焼却炉で焼却する焼却法。(スクラバーの洗浄液には水酸化ナトリウム水溶液を用いる。)　(70)　アンモニア NH_3 は無色刺激臭をもつ空気より軽い気体。水に溶け易く、その水溶液はアルカリ性でアンモニア水。廃棄法はアルカリなので、水で希釈後に酸で中和し、さらに水で希釈処理する中和法。

問10　(71)　1　(72)　4　(73)　5　(74)　3　(75)　2

〔解説〕

解答のとおり。

問11　(76)　5　(77)　3　(78)　4　(79)　2　(80)　1

〔解説〕

(76)　ダイアジノンは、有機リン製剤。接触性殺虫剤、かすかにエステル臭をもつ無色の液体、水に難溶、有機溶媒に可溶。付近の着火源となるものを速やかに取り除く。空容器にできるだけ回収し、その後消石灰等の水溶液を多量の水を用いて洗い流す。　(77)　シアン化カリウム KCN は無機シアン化合物なので強アルカリにしてから酸化処理をして(シアン酸カリウム KCNO)から、多量の水で希釈処理。　(78)　ブロムメチル CH_3Br は可燃性・引火性が高いため、火気・熱源から遠ざけ、直射日光の当たらない換気性のよい冷暗所に貯蔵する。耐圧等の容器は錆防止のため床に直置きしない。漏えいした場合：漏えいした液は、土砂等でその流れを止め、液が拡がらないようにして蒸発させる。　(79)　液化アンモニア：液化 NH_3 は直ちに気体の NH_3 になるので、風下の人を退避させ、付近の着火源になるものを除き、水に良く溶けるので濡れむしろで覆い水に吸収させ、水溶液は弱アルカリ性なので水で大量に希釈する。　(80)　硫酸が漏えいした液は土砂等でその流れを止め、これに吸着させるか、又は安全な場所に導いて、遠くから徐々に注水してある程度希釈した後、消石灰、ソーダ灰等で中和し、多量の水を用いて洗い流す。

(特定品目)

問７　(61)　4　(62)　2　(63)　3　(64)　1　(65)　5

〔解説〕

(61)　硫酸が漏えいした液は土砂等でその流れを止め、これに吸着させるか、又は安全な場所に導いて、遠くから徐々に注水してある程度希釈した後、消石灰、ソーダ灰等で中和し、多量の水を用いて洗い流す。　(62)　四塩化炭素が漏えいした液は土砂等でその流れを止め、安全な場所に導き、空容器にできるだけ回収し、そのあとを多量の水を用いて洗い流す。洗い流す場合には中性洗剤等の分散剤を使用して洗い流す。この場合、濃厚な廃液が河川等に排出されないよう注意する。　(63)　液化アンモニア：液化 NH_3 は直ちに気体の NH_3 になるので、風下の人を退避させ、付近の着火源になるものを除き、水に良く溶けるので濡れむしろで覆い水に吸収させ、水溶液は弱アルカリ性なので水で大量に希釈する。

(64)　トルエンが少量漏えいした液は、土砂等に吸着させて空容器に回収する。多量に漏えいした液は、土砂等でその流れを止め、安全な場所に導き、液の表面を泡で覆いできるだけ空容器に回収する。　(65)　クロム酸ナトリウムが漏えいしたときは、飛散したものは空容器にできるだけ回収し、そのあとを還元剤（硫酸第一鉄等）の水溶液を散布し、消石灰、ソーダ灰等の水溶液で処理したのち、多量の水を用いて洗い流す。この場合、濃厚な廃液が河川等に排出されないよう注意する。

問８　(66)　1　(67)　2　(68)　5　(69)　3

〔解説〕

解答のとおり。

問９　(70)　4　(71)　1　(72)　3　(73)　5

〔解説〕

解答のとおり。

問10　(74)　4　(75)　3

〔解説〕

(74)　アンモニアは濃塩酸をうるおしたガラス棒を近づけると、白い霧を生ずる。また、塩酸を加えて中和したのち、塩化白金溶液を加えると、黄色、結晶性の沈殿を生ずる。　(75)　クロム酸カリウム K_2CrO_4 は、橙黄色結晶、酸化剤。水に溶けやすく、有機溶媒には溶けにくい。　水溶液に塩化バリウムを加えると、黄色の沈殿を生ずる。

問11　(76)　3　(77)　4　(78)　2

〔解説〕

解答のとおり。

問12　(79)　5　(80)　1

〔解説〕

解答のとおり。

神奈川県
令和元年度実施

〔毒物及び劇物に関する法規〕
（一般・農業用品目・特定品目共通）

問１～問５　**問１**　2　**問２**　1　**問３**　2　**問４**　2　**問５**　1

〔解説〕

問１　必要な管理ではなく、必要な取締を行うである。　**問２**　解答のとおり。　**問３**　輸入後三十日以内ではなく、あらかじめである。　**問４**　営業の用ではなく、一般消費者の生活の溶である。　**問５**　解答のとおり。

問６～問10　**問６**　1　**問７**　2　**問８**　2　**問９**　2　**問10**　2

〔解説〕

問６　解答のとおり。なお、この設問は登録の更新のこと。同法については、第８次地域一括法(平成 30 年６月 27 日法律第63 号。)→施行は令和２月４月１日より法第４条第４項が、法第４条第３項となった。　**問７**　一般販売業の登録を受けた者は、販売品目の制限はないので販売することができる。　**問８**　法第８条第１項で、毒物劇物取扱責任者になることができるのは、①薬剤師、②厚生労働省令で定める学校で、応用化学に関する学課を修了した者、③都道府県知事が行う毒物劇物取扱者試験に合格した者である。　**問９**　法第 10 条第２項で、都道府県知事を経て厚生労働大臣ではなく、都道府県知事に届け出なければならないである。　**問10**　法第 14 条第１項における毒物劇物を譲渡する際に、書面に記載しなければならない事項のこと。その書面に記載する事項とは、①毒物又は劇物の名称及び数量、②販売又は授与の年月日、③譲受人の氏名、職業及び住所(法人にあっては、その名称及び主たる事務所の所在地)。よって誤り。

問11～問15　**問11**　2　**問12**　7　**問13**　5　**問14**　9　**問15**　8

〔解説〕

解答のとおり。

問16～問20　**問16**　2　**問17**　1　**問18**　1　**問19**　2　**問20**　1

〔解説〕

この設問は法第６条における登録事項とは、①申請者の氏名及び住所(法人にあっては、その名称及び主たる事務所の所在地)、②製造業又は輸入業にあっては、製造し、又は輸入しよとする毒物又は劇物の品目、③製造所、営業所又は店舗の所在地である。

問21～問25　**問21**　3　**問22**　1　**問23**　2　**問24**　2　**問25**　1

〔解説〕

この設問は法第２条第１項は、毒物。同条第２項は、劇物。同条第３項は、特定毒物と示されている。解答のとおり。

〔基礎化学〕
（一般・農業用品目・特定品目共通）

問26～問30　**問26**　3　**問27**　2　**問28**　1　**問29**　2　**問30**　4

〔解説〕

問 26　Cs セシウムはアルカリ金属である。

問 27　シュウ酸$(COOH)_2$、リン酸 H_3PO_4、酢酸 CH_3COOH、硝酸 HNO_3、硫酸 H_2SO_4

問 28　炎色反応は Li（赤）、Na（黄）、K（紫）、Cu（青緑）、Ca（橙）、Sr（紅）、Ba（黄緑）である。

問 29　昇華は固体が直接気体に、あるいは気体が直接固体になる状態変化である。

問 30　同位体とは同じ原子番号で異なる原子量を持つもの。1 は同族体、2 は構造異性体、3 は同素体、5 は幾何異性体

問31～問35　**問31**　3　**問32**　1　**問33**　4　**問34**　1　**問35**　3

〔解説〕

問 31　酢酸 CH_3COOH の分子量は 60 である。

問 32　0.1 mol/L の塩酸 40 mL に含まれる塩化水素のモル数は $0.1 \times 40/1000 = 0.004$ mol。0.2 mol/L の水酸化ナトリウム水溶液 15 mL に含まれる水酸化

ナトリウムのモル数は0.2 × 15/1000 ＝ 0.003 mol。よって塩化水素のほうが0.001　mol多い。この塩化水素を水に溶かして100　mLとしたときのモル濃度は0.001 × 1000/100 ＝ 0.01 mol/L。よってこの溶液のpHは2である。

問33　反応式 $2Al + 6HCl \rightarrow 2AlCl_3 + 3H_2$ である。アルミニウムが2モルあると3モルの水素が発生する。5.4 gのアルミニウムのモル数は、0.2モルであるから、0.3モルの水素が発生する。0.3 × 22.4 = 6.72 L

問34　32分10秒1Aで通電した時のクーロンは1930Cである。よってこの時のファラデーは1930/96500 = 0.02ファラデー。反応式より4ファラデーの電子で1モルの酸素(22.4L)が生じるから、4 : 22.4 = 0.02 : x,　x = 0.112 Lの酸素が生じる。

問35　塩化アンモニウムNH4Clの分子量は53.5である。塩化アンモニウムx gを溶解させて1 mol/L水溶液を200 mL作るのであるから式は、　x/53.5 × 1000/200 = 1、　　x = 10.7 g

問36～問40　**問36**　7　　**問37**　9　　**問38**　1　　**問39**　8　　**問40**　6

〔解説〕

問36　空気の成分で窒素、酸素に続き3番目に多いアルゴンは、不活性ガスであり、空気酸化を防ぐ保護ガスである。

問37　ヨウ素は昇華性のある黒紫色の固体である。

問38　ヘリウムは単原子分子で水素の次に軽く、液体ヘリウムの沸点は-269 ℃である。

問39　単体で液体の物質は臭素と水銀である。

問40　黄緑色の気体で空気よりも重いのは塩素である。フッ素の単体は空気よりも軽い。

問41～問45　**問41**　3　　**問42**　2　　**問43**　1　　**問44**　4　　**問45**　5

〔解説〕

問41　$2Na + Cl_2 \rightarrow 2NaCl$　　問42　$4Na + O_2 \rightarrow 2Na_2O$

問43　$Na_2O + H_2O \rightarrow 2NaOH$　　問44　$2NaOH + CO_2 \rightarrow Na_2CO_3 + H_2O$

問45　$Na_2CO_3 + CO_2 + H_2O \rightarrow 2NaHCO_3$

問46～問50　**問46**　4　　**問47**　2　　**問48**　1　　**問49**　5　　**問50**　6

〔解説〕

問46　正確に体積を計り取る器具はホールピペットまたはメスピペットである。

問47　正確に濃度を調製する容器はメスフラスコである。

問48　滴下による滴定を行う器具はビュレットである。

問49　本反応により過マンガン酸カリウムの赤紫色は退色する。

問50　反応式より過マンガン酸カリウム2モルに対し、過酸化水素が5モル反応していることがわかる。よって式は5 × 0.05 × 12 = 2 × x × 10, x = 0.15 mol/L。滴定に用いた過酸化水素は10倍希釈されているので、0.15 × 10 = 1.5 mol/L

〔毒物及び劇物の性質及び貯蔵その他の取扱方法〕

（一般）

問51～問55　**問51**　1　　**問52**　4　　**問53**　3　　**問54**　2　　**問55**　5

〔解説〕

問51　四メチル鉛 $(CH_3)_4Pb$（別名テトラメチル鉛）は、特定毒物。純品は無色の可燃性液体。ハッカ実をもつ液体。ガソリンに全溶。水にわずかに溶ける。
問52　水素化アンチモン SbH_3（別名スチビン、アンチモン化水素）は、劇物。無色、ニンニク臭の気体。空気中では常温でも徐々に水素と金属アンモンに分解。水に難溶。エタノールには可溶。　**問53**　ニトロベンゼン $C_6H_5NO_2$ は、劇物。特有な臭い（苦扁桃様）の淡黄色液体。水に難溶。比重1より少し大。可燃性。
問54　カリウムKは、劇物。銀白色の光輝があり、ろう様の高度を持つ金属。空気中で酸化されやすく水に入れると水素ガスを発生する。　**問55**　クロルエチル C_2H_5Cl は、劇物。常温で気体。可燃性である。点火すれば緑色の辺緑を有する炎をあげて燃焼する。水にわずかに溶ける。アルコール、エーテルには容易に溶解する。

問56～問60　**問56**　4　　**問57**　1　　**問58**　5　　**問59**　2　　**問60**　3

〔解説〕

問 56　弗化水素酸(弗酸)は、毒物。弗化水素の水溶液で無色またわずかに着色した透明の液体。水にきわめて溶けやすい。貯蔵法は銅、鉄、コンクリートまたは木製のタンクにゴム、鉛、ポリ塩化ビニルあるいはポリエチレンのライニグをほどこしたものに貯蔵する。　　問 57　ブロムメチル CH_3Br は可燃性・引火性が高いため、火気・熱源から遠ざけ、直射日光の当たらない換気性のよい冷暗所に貯蔵する。耐圧等の容器は錆防止のため床に直置きしない。　　問 58　ナトリウム Na：アルカリ金属なので空気中の水分、炭酸ガス、酸素を遮断するため石油中に保存。　　問 59　ピクリン酸($C_6H_2(NO_2)_3OH$)は爆発性なので、火気に対して安全で隔離された場所に、イオウ、ヨード、ガソリン、アルコール等と離して保管する。鉄、銅、鉛等の金属容器を使用しない。　　問 60　過酸化水素 H_2O_2 は、安定剤として酸を加える。少量なら褐色ガラス瓶(光を遮るため)、多量ならば現在はポリエチレン瓶を使用し、3 分の 1 の空間を保ち、日光を避けて冷暗所保存。

問 61 ～問 65　問 61　1　問 62　3　問 63　2　問 64　5　問 65　4

〔解説〕

問 61　ヒドラジン($H_2N・NH_2$)は、毒物。無色の油状の液体。用途は、ロケット燃料。　　問 62　アクリルアミドは無色の結晶。土木工事用の土質安定剤、接着剤、凝集沈殿促進剤などに用いられる。　　問 63　クロルピクリン CCl_3NO_2 は、劇物。無色～淡黄色液体。用途は線虫駆除、燻蒸剤。　　問 64　モノクロル酢酸 CH_2ClCO_2H は、劇物。無色、潮解性の単斜晶系の結晶。用途は合成染料の製造原料人造樹脂工業、膠製造など。　　問 65　重クロム酸カリウム $K_2Cr_2O_4$ は、劇物。橙赤色の柱状結晶。用途は試薬、製革用、顔料原料などに使用される。

問 66 ～問 70　問 66　2　問 67　4　問 68　1　問 69　3　問 70　5

〔解説〕

問 66　チメロサールは毒物。白色あるいは淡黄色結晶性粉末。吸入した場合、鼻、のど、気管支の粘膜に炎症を起こし、水銀中毒を起こすことがある。皮膚に触れた場合、刺激作用があり、炎症を起こすことがある。用途は殺菌消毒剤。
問 67　三硫化二砒素は毒物。黄色の粉末又は赤色の結晶。水にほとんど溶けない。エタノールに可溶。吸入した場合、鼻、のど、気管支の粘膜を刺激し、頭痛、めまい、悪心、チアノーゼを起こすことがある。はなはだしい場合は、血色尿素を排泄し、肺水腫を起こし、呼吸困難を起こすことがある。眼に入った場合、粘膜を刺激して結膜炎を起こす。用途は顔料として用いられる。　　問 68　キシレン $C_6H_4(CH_3)_2$：引火性無色液体。吸入すると、目、鼻、のどを刺激する。高濃度では興奮、麻酔作用がある。皮膚に触れた場合、皮膚を刺激し、皮膚から吸収される。　　問 69　シュウ酸$(COOH)_2・2H_2O$ は、劇物(10 ％以下は除外)、無色稜柱状結晶。血液中のカルシウムを奪取し、神経系を侵す。胃痛、嘔吐、口腔咽喉の炎症、腎臓障害。　　問 70　トルエンは、劇物。無色、可燃性のベンゼ臭を有する液体。麻酔性が強い。蒸気の吸入により頭痛、食欲不振などがみられる。大量では緩和な大血球性貧血をきたす。常温では容器上部空間の蒸気濃度が爆発範囲に入っているので取扱いに注意。。

問 71 ～問 75　問 71　3　問 72　2　問 73　3　問 74　1　問 75　2

〔解説〕

解答のとおり。

（農業用品目）

問 51 ～問 55　問 51　4　問 52　2　問 53　5　問 54　1　問 55　3

〔解説〕

問 51　臭化メチル(ブロムメチル)　CH_3Br は本来無色無臭の気体だが圧縮冷却により容易に液体となる。ガスはクロロホルム様の臭気をもつ。ガスは重く空気の 3.27 倍である。　　問 52　オキサミルは毒物。白色針状結晶でかすかに硫黄臭がある。アセトン、メタノール、酢酸エチル、水に溶けやすい。　　問 53　ダイファシノンは毒物。黄色結晶性粉末。アセトン酢酸に溶ける。水にはほとんど溶けない。0.005 ％以下を含有するものは劇物。　　問 54　クロルピリホスは、白色結晶、水に溶けにくく、有機溶媒に可溶。有機リン剤で、劇物(1 ％以下は除外、マイクロカプセル製剤においては 25 ％以下が除外)果樹の害虫防除、シロアリ防除。シックハウス症候群の原因物質の一つである。　　問 55　シアン化水素 HCN は毒物。無色で特異臭のある液体。水を含まないものは無色透明の液体で、苦扁桃様の臭気をおび、水、アルコールにはよく混和し、点火すれば青紫色の炎を発し燃焼する。

問 56 ～問 60　問 56　2　問 57　1　問 58　4　問 59　1　問 60　3

〔解説〕
解答のとおり。
問61～問65　問61　1　問62　4　問63　5　問64　3　問65　2
〔解説〕
問61　メソミル(別名メトミル)は45％以下を含有する製剤は劇物。白色結晶。水、メタノール、アルコールに溶ける。有機燐系化合物。カルバメート剤なので、解毒剤は硫酸アトロピン(PAMは無効)、SH系解毒剤のBAL、グルタチオン等。用途は殺虫剤　**問62**　アセタミプリドは、劇物。白色結晶固体。２％以下は劇物から除外。アセトン、メタノール、エタノール、クロロホルムなどの有機溶媒に溶けやすい。用途はネオニコチノイド系殺虫剤。　**問63**　チオシクラム(5-ジメチルアミノ-1・2・3-トリチアン蓚酸塩)は劇物。無色無臭の結晶。構造式中に硫黄を含む化合物。メタノールアセトニトリル、水に可溶。アセトン、クロロホルム、トルエンに不溶。太陽光線により分解される。用途は農業殺虫剤(ネライストキシン系殺虫剤)。　**問64**　シフルトリンは劇物。黄褐色の粘稠性または塊。無臭。水に極めて溶けにくい。キシレン、アセトンによく溶ける。0.5％以下は劇物から除外。用途は農業用ピレスロイド系殺虫剤(野菜、果樹のアオムシ、コナガやバラ、キクのアブラムシ類に使用)。　**問65**　ジメトエートは、劇物。有機リン製剤であり、白色固体で水で徐々に加水分解し、用途は殺虫剤。
問66～問70　問66　5　問67　1　問68　2　問69　4　問70　3
〔解説〕
解答のとおり。
問71～問75　問71　5　問72　2　問73　1　問74　3　問75　4
〔解説〕
解答のとおり。

(特定品目)
問51～問55　問51　2　問52　1　問53　1　問54　1　問55　2
〔解説〕
問51　トルエン $C_6H_5CH_3$(別名トルオール、メチルベンゼン)は劇物。特有な臭いの無色液体。水に不溶。比重1以下。可燃性。蒸気は空気より重い。揮発性有機溶媒。麻酔作用が強い。　**問52**　解答のとおり。　**問53**　解答のとおり。
問54　解答のとおり。　**問55**　重クロム酸カリウム $K_2Cr_2O_7$ は、橙赤色結晶、酸化剤。水に溶けやすく、有機溶媒には溶けにくい。2
問56～問60　問56　4　問57　2　問58　3　問59　1　問60　5
〔解説〕
解答のとおり。
問61～問65　問61　5　問62　2　問63　3　問64　4　問65　1
〔解説〕
解答のとおり。
問66～問70　問66　3　問67　2　問68　1　問69　4　問70　5
〔解説〕
解答のとおり。
問71～問75　問71　5　問72　3　問73　2　問74　1　問75　4
〔解説〕
解答のとおり。

〔実　地〕

(一般)
問76～問80　問76　2　問77　4　問78　3　問79　1　問80　5
〔解説〕
問76　一酸化鉛PbOは、重い粉末で、黄色から赤色までの間の種々のものがある。希硝酸に溶かすと、無色の液となり、これに硫化水素を通じると、黒色の沈殿を生じる。　**問77**　黄リン P_4 は、白色又は淡黄色の固体であり、水酸化ナトリウムと熱すればホスフィンを発生する。酸素の吸収剤として、ガス分析に使用され、殺鼠剤の原料、または発煙剤の原料として用いられる。暗室内で酒石酸又は硫酸酸性で水蒸気蒸留を行い、その際冷却器あるいは流水管の内部に美しい青白色の光がみられる。　**問78**　水酸化ナトリウムNaOHは、白色、結晶性のかたいかたまりで、繊維状結晶様の破砕面を現す。水と炭酸を吸収する性質がある。水溶液を白金線につけて火炎中に入れると、火炎は黄色に染まる。
問 79　硝酸銀 $AgNO_3$ は、劇物。無色透明結晶。光により分解して黒変する。転移点 159.6 ℃、融点 212 ℃、分解点 444 ℃。強力な酸化剤があり、腐食性がある。水によく溶ける。アセトン、グリセリンに可溶。用途は鍍金、試薬等。水溶液に塩酸を加えると、白色の沈殿を生じる。その液に硫酸と銅粉を加えて熱すると、赤褐色の蒸気を生成する。　　問 80　ベタナフトールの鑑別法；1) 水溶液にアンモニア水を加えると、紫色の蛍石彩をはなつ。　2) 水溶液に塩素水を加えると白濁し、これに過剰のアンモニア水を加えると澄明となり、液は最初緑色を呈し、のち褐色に変化する。

問 81 ～問 85　問 81　3　　問 82　1　　問 83　2　　問 84　5　　問 85　4

〔解説〕

問 81　メチルエチルケトン $CH_3COC_2H_5$ は、アセトン様の臭いのある無色液体。引火性。有機溶媒。廃棄方法は、C, H, O のみからなる有機物なので燃焼法。
問 82　クロム酸ナトリウムは十水和物が一般に流通。十水和物は黄色結晶で潮解性がある。水に溶けやすい。また、酸化性があるので工業用の酸化剤などに用いられる。廃棄方法は還元沈殿法を用いる。　　問 83　セレン Se の廃棄は、有害重金属なので固化隔離法または回収法。　　問 84　硝酸 HNO_3 は、腐食性が激しく、空気に接すると刺激性白霧を発し、水を吸収する性質が強い。酸なので中和法、水で希釈後に塩基で中和後、水で希釈処理する中和法。　　問 85　エチレンオキシドは、劇物。快臭のある無色のガス。水、アルコール、エーテルに可溶。可燃性ガス、反応性に富む。廃棄法：多量の水に少量ずつガスを吹き込み溶解し希釈した後、少量の硫酸を加えエチレングリコールに変え、アリカリ水で中和し、活性汚泥で処理する活性汚泥法。

問 86 ～問 90　問 86　3　　問 87　2　　問 88　1　　問 89　4　　問 90　5

〔解説〕

解答のとおり。

問 91 ～問 95　問 91　1　　問 92　1　　問 93　3　　問 94　2　　問 95　1

〔解説〕

解答のとおり。

問 96 ～問 100　問 96　1　　問 97　1　　問 98　3　　問 99　3　　問 100　2

〔解説〕

解答のとおり。

（農業用品目）

問 76 ～問 80　問 76　3　　問 77　5　　問 78　4　　問 79　1　　問 80　2

〔解説〕

問 76　エチルチオメトンは、毒物。淡黄色の液体。硫黄特有の臭いがある。水に難溶。有機溶媒に可溶。漏えいした液土砂等でその流れを止め、安全な場所に導き、空容器にできるだけ回収し、そのあとを消石灰等の水溶液を用いて洗い流す。洗い流す場合には中性洗剤などの分散剤を使用して洗い流す。　　問 77　クロルピクリン CCl_3NO_2 は、無色～淡黄色液体、催涙性、粘膜刺激臭。水に不溶。少量の場合、漏洩した液は布でふきとるか又はそのまま風にさらとて蒸発させる。
問 78　リン化亜鉛 Zn_3P_2 は、灰褐色の結晶又は粉末。かすかにリンの臭気がある。酸と反応して有毒なホスフィン PH3 を発生。漏えいした場合は、飛散したものは、速やかに土砂で覆い、密閉可能な空容器にできるだけ回収して密閉する。、汚染された土砂等も同様な措置をし、その後多量の水を用いて洗い流す。　　問 79　シアン化水素 HCN は、無色の気体または液体、特異臭（アーモンド様の臭気）、弱酸、水、アルコールに溶ける。毒物。風下の人を退避させる。作業の際には必ず保護具を着用して、風下で作業をしない。漏えいしたボンベ等の規制多量の水酸化ナトリウム水溶液に容器ごと投入してガスを吸収させ、さらに酸化剤（次亜塩素酸ナトリウム、さらし粉等）の水溶液で酸化処理を行い、多量の水を用いて洗い流す。　　問 80　アンモニア NH_3 は、気化すると空気より軽い塩基性の水に溶けやすい刺激臭をもつ気体になる。水に溶けても弱アルカリなので大量の水で希釈処理。

問 81 ～問 85　問 81　1　　問 82　2　　問 83　1　　問 84　2　　問 85　1

〔解説〕

問 81　解答のとおり。　　問 82　ジメチルジチオホスホリルフェニル酢酸エチル（フェントエート、PAP）の廃棄法は、木粉等に吸収させてアフターバーナー及びスクラバーを具備した焼却炉で焼却する燃焼法。　　問 83　解答のとおり。
問 84　DCIP（ジ（2-クロルイソプロピルエーテル）は、劇物。淡黄褐色の透明な液体。沸点187℃、引火点は85℃。用途はなす、セロリ、トマト、さつまいも等の根腐線虫、根瘤線虫、桑、茶等根瘤線虫の駆除。廃棄法は木粉(おが屑)等に吸収させてアフターバーナー及びスクラバーを具備した焼却炉で焼却する燃焼法。
問85　１解答のとおり。

問86～問90　問86　1　問87　3　問88　1　問89　2　問90　3
〔解説〕
解答のとおり。

問91～問95　問91　1　問92　3　問93　3　問94　1　問95　2
〔解説〕
解答のとおり。

問96～問100　問96　1　問97　1　問98　2　問99　3　問100　3
〔解説〕
解答のとおり。

(特定品目)

問76～問80　問76　3　問77　5　問78　4　問79　1　問80　2
〔解説〕
問76　クロム酸カリウムK_2CrO_4は、橙黄色結晶、酸化剤。水に溶けやすく、有機溶媒には溶けにくい。　水溶液に塩化バリウムを加えると、黄色の沈殿を生ずる。　問77　水酸化ナトリウムNaOHは、白色、結晶性のかたいかたまりで、繊維状結晶様の破砕面を現す。水と炭酸を吸収する性質がある。水溶液を白金線につけて火炎中に入れると、火炎は黄色に染まる。　問78　シュウ酸は無色の結晶で、水溶液を酢酸で弱酸性にして酢酸カルシウムを加えると、結晶性の沈殿を生ずる。また、水溶液は過マンガン酸カリウム溶液を退色する。　問79　メタノール CH_3OH は特有な臭いの無色透明な揮発性の液体。水に可溶。可燃性。あらかじめ熱灼した酸化銅を加えると、ホルムアルデヒドができ、酸化銅は還元されて金属銅色を呈する。　問80　四塩化炭素(テトラクロロメタン)CCl_4は、特有な臭気をもつ不燃性、揮発性無色液体、水に溶けにくく有機溶媒には溶けやすい。洗濯剤、清浄剤の製造などに用いられる。確認方法はアルコール性 KOH と銅粉末とともに煮沸により黄赤色沈殿を生成する。

問81～問85　問81　2　問82　3　問83　4　問84　5　問85　1
〔解説〕
解答のとおり。

問86～問90　問86　1　問87　2　問88　1　問89　3　問90　2
〔解説〕
解答のとおり。

問91～問95　問91　2　問92　1　問93　1　問94　3　問95　2
〔解説〕
解答のとおり。

問96～問100　問96　2　問97　1　問98　2　問99　1　問100　1
〔解説〕
この設問の特定品目販売業の登録を受けた者が販売できる品目は法第４条の３第２項→施行規則第４条の３→施行規則別表第二掲げられている品目のみである。この設問で販売できないのは、問98の過酸化尿素のみ販売できない。

新潟県
令和元年度実施

〔毒物及び劇物に関する法規〕
（一般・農業用品目・特定品目共通）

問１　１

〔解説〕

１が正しい。１は法第１条の目的。なお、２は法第２条第１項における毒物の定義で、この設問にある医薬品以外のものではなく、医薬品及び医薬部外品のものである。３は法第４条第４項における登録更新で、製造業又は輸入業は、６年ごとではなく、５年ごとに更新を受けなければならないである。なお、同法第４条第４項について、現行では同第４条第３項となる。平成30年６月27日法律第63号。施行令和２月４月１日による。４は毒物劇物取扱責任者の資格のことで、法第８条第２項第一号で、18歳未満の者はなることができないである。

問２　３

〔解説〕

この設問では正しい組合せはどれかとあるので、イとウが正しい。イは法第16条の２第１項の事故の際の措置についてである。なお、この設問にある法第16条の２については、第８次地域一括法(平成30年６月27日法律第63号。)→施行は令和２月４月１日より法第16条の２は、法第17条となった。ウは法第15条第２項→施行規則第12条の２の６に示されている。なお、アの法第３条の４における正当な理由を除いて所持しはならない品目とは→施行令第32条の３で、①亜塩素酸ナトリウム及びこれを含有する製剤30％以上、②塩素酸塩類及びこれを含有する製剤35％以上、③ナトリウム、④ピクリン酸である。このことからこの設問では、クロルピクリンは該当しない。エは法第７条第３項で毒物劇物取扱責任者を変更したときは30日以内に変更届を届け出なければならないである。

問３　２

〔解説〕

この設問にある劇物たる臭素を車両(１回 5,000kg ↑)を使用する際に、車両の前後の見やすい箇所に掲げなければならないと規定されている。(施行令第40条の５第２項第二号→施行令別表第二掲げる品目→施行規則第13条の５)

問４　２

〔解説〕

この設問で正しいのは、２である。２は法第12条第３項のこと。なお、１は法第12条第１項についてで、劇物については、「医薬用外」の文字及び白地に赤地をもって「劇物」」の文字を表示しなければならないである。３は着色する農業品目についてで、法第13条→施行令第39条で、①硫酸タリウムを含有する製剤たる劇物、②燐化亜鉛を含有する製剤たる劇物については、→施行規則第12条において、あせにくい黒色に着色をしなければ販売し、又は授与することはできない。４は毒物又は劇物をの性状及び取扱の情報提供についてで、施行令第40条の９第１項→施行規則第13条の12のこと。その情報提供とは、毒物劇物営業者は譲受人に対して、毒物又は劇物を販売し、又は授与する際には、この毒物又は劇物を販売し、又は授与するときまでに毒物又は劇物をの性状及び取扱の情報提供〔内容〕をしなければならないである。

問５　４

〔解説〕

この設問で正しいのは、４である。４は法第９条第１項における登録の変更のこと。なお、１の毒物又は劇物の登録を受けた者については、この設問にあるような販売又は授与の目的で輸入することはできない。２は法第14条第１項により、他の毒物劇物営業者は、書面に記載する事項である、①毒物又は劇物の名称及び数量、②販売又は授与の年月日、③譲受人の氏名、職業及び住所(法人にあっては、その名称及び主たる事務所の所在地)を記載しなければならない。３は特定毒物の所持については、①毒物劇物営業者、②特定毒物研究者、③特定毒物使用者が所持できる。〔法第３条の９第10項〕

問６　３

〔解説〕

この設問の法第10条は届出のことで、イとエが正しい。なお、アとウについては届出を要しない。

問７　４

〔解説〕

法第 12 条第２項第三号→施行規則第 11 条の５において示されている解毒剤の名称の表示について、有機燐化合物及びこれを含有する製剤たる毒物及び劇物として、①２－ピリジルアルドキシムメチオダイド(別名 PAM)の製剤、②硫酸アトロピンの製剤である。

問８　１

〔解説〕

解答のとおり。

問９　４

〔解説〕

解答のとおり。

問 10　３

〔解説〕

この設問は業務上取扱者の届出における事業者について、正しいのは３である。法第 22 条第１項→施行令第 41 条及び第 42 条で、①シアン化ナトリウム又は無機シアン化合物を使用する電気めっきを行う事業、②シアン化ナトリウム又は無機シアン化合物を使用する金属熱処理を行う事業、③大型自動車 5000kg 以上に毒物又は劇物を積載して行う大型運送業、④砒素化合物を使用するしろあり防除行う事業である。

〔基礎化学〕
（一般・農業用品目・特定品目共通）

問 11　１

〔解説〕

原子番号が同じ（陽子の数が等しい）で、原子量が異なる（中性子の数が異なる）ものどうしを互いに同位体という。

問 12　３

〔解説〕

炎色反応は Li　(赤)、Na(黄)、K(紫)、Cu(青緑)、Ca(橙)、Sr(紅)、Ba(黄緑)である。

問 13　４

〔解説〕

イオン化傾向とは陽イオンになり易さの尺度で、K ＞ Ca ＞ Na ＞ Mg ＞ Al ＞ Zn ＞ Fe ＞ Ni ＞ Sn ＞ Pb ＞ (H) ＞ Cu ＞ Hg ＞ Ag ＞ Pt ＞ Au の順となる。

問 14　２

〔解説〕

エタノール CH3CH2OH の分子量は 12 × 2+1 × 6+16 = 46

問 15　４

〔解説〕

ケイ素―共有結合、硝酸銀―イオン結合と共有結合、黒鉛―共有結合。

問 16　２

〔解説〕

還元剤は自らは酸化され、相手に電子を与えて還元する物質である。

問 17　４

〔解説〕

酸とは H+を出す物質である。pH10 で赤色になる指示薬はフェノールフタレインである。アンモニアは１価の弱塩基である。

問 18　３

〔解説〕

硫化水素は折れ曲がった分子構造を持つ極性分子である。

問 19　１

〔解説〕

リンは 15 族の元素である。鉄は遷移金属元素。硫黄は酸素と同族の 16 族である。

問 20　３

〔解説〕

塩化水素の共有電子対は 1 組、非共有電子対は 3 組である。アセチレンは分子内に三重結合を１つもつ。

〔毒物及び劇物の性質及び貯蔵その他取扱方法〕

（一般）

問 21　4

〔解説〕

毒物については法第２条第１項→法別表第一。

問 22　2

〔解説〕

解答のとおり。

問 23　1

〔解説〕

この設問は各品目の貯蔵法のことで、１が正しい。なお、各品目の貯蔵法は次のとおり。カリウムは空気中にそのまま貯蔵することはできないので、石油中に保存する。ベタナフトールは、空気や光線に触れると赤変するため、遮光して貯蔵する。黄燐は自然発火性を有するため水中に保存。

問 24　4

〔解説〕

この設問では、４が正しい。他の品目については次のとおり。フェノール水溶液に過クロール鉄液を加えると紫色を呈する。無水硫酸銅は、水に溶かして硝酸バリウムを加えると、白色の沈殿を生ずる。白金線にナトリウムをつけて炎の中に入れると、炎は黄色になる。塩酸に硝酸銀溶液を加えると、塩化銀の白い沈殿を生じる。

問 25　2

〔解説〕

この設問では固体のものはどれかあるので、２の塩化チオニル。モノフルオール酢酸アミドは特定毒物。白色の結晶。硅弗化カリウムは劇物。無色の結晶性粉末。

問 26　3

〔解説〕

臭素 Br_2 の廃棄方法は、酸化法（還元法）、過剰の還元剤（亜硫酸ナトリウムの水溶液）に加えて還元し（$Br_2 \rightarrow 2Br^-$）、余分の還元剤を酸化剤（次亜塩素酸ナトリウム等）で酸化し、水で希釈処理。

問 27　1

〔解説〕

四塩化炭素 CCl_4 は揮発性の液体ではあるが可燃性はない。また、二硫化炭素は、無色透明の麻酔性芳香を有する液体で、引火性が強い。アクリルニトリルは、僅かに刺激臭のある無色透明な液体。引火性がある。クロルエチルは常温で気体で、可燃性である。

問 28　2

〔解説〕

解答のとおり。

問 29　3

〔解説〕

DDVP（別名ジクロルボス）は劇物。有機燐製剤で接触性殺虫剤。無色油状、水に溶けにくく、有機溶媒に易溶。水中では徐々に分解。DDVP は有機燐製剤であるので、生体内のコリンエステラーゼ活性を阻害し、アセチルコリン分解能が低下することにより、蓄積されたアセチルコリンがコリン作動性の神経系を刺激して中毒症状が現れる。解毒剤は PAM 又は硫酸アトロピン。

問 30　1

〔解説〕

解答のとおり。

（農業用品目）

問 21　2

〔解説〕
この設問では有機燐化合物はどれかとあるので、2のダイアジノン。ダイアジノンは劇物。有機燐製剤、接触性殺虫剤、かすかにエステル臭をもつ無色の液体、水に難溶、エーテル、アルコールに溶解する。有機溶媒に可溶。用途は接触性殺虫剤。

問22　3

〔解説〕
ベンフラカルブは、劇物。淡黄色粘稠液体。有機溶媒には可溶であるが水にはほとんど溶けない。なお、トルフェンピラドは劇物。類白色の粉末。N-メチル-1-ナフチルカルバメート(NAC)は、:劇物。白色無臭の結晶。フェンプロパトリンは劇物。白色の結晶性粉末。

問23　1

〔解説〕
フェンチオン(MPP)は、劇物。褐色の液体。弱いニンニク臭を有する。各種有機溶媒に溶ける。水には溶けない。廃棄法：木粉(おが屑)等に吸収させてアフターバーナー及びスクラバーを具備した焼却炉で焼却する焼却法。(スクラバーの洗浄液には水酸化ナトリウム水溶液を用いる。)

問24　4

〔解説〕
クロルフェナピルは、劇物。類白色の粉末固体。水にほとんど溶けない。用途は殺虫剤、しろあり駆除。0.6％以下は劇物。

問25　4

〔解説〕
4のクロルピクリンは除外される濃度はない。なお、N-メチル-1-ナフチルカルバメート(NAC)は、5％以下は劇物から除外。アセタミプリドは、2％以下は劇物から除外。イミノクタジンは、5％以下は劇物から除外。

問26　2

〔解説〕
パラコートは、毒物で、ジピリジル誘導体で無色結晶性粉末、水によく溶け低級アルコールに僅かに溶ける。アルカリ性では不安定。金属に腐食する。不揮発性。用途は除草剤。

問27　3

〔解説〕
トリシクラゾールは、劇物、無色無臭の結晶、水、有機溶媒にはあまり溶けない。農業用殺菌剤(イモチ病に用いる。)。8％以下は劇物除外。

問28　1

〔解説〕
解答のとおり。

問29　2

〔解説〕
イソキサチオンは有機リン剤、劇物(2％以下除外)、淡黄褐色液体、水に難溶、有機溶剤に易溶、アルカリには不安定。ミカン、稲、野菜、茶等の害虫駆除。(有機燐系殺虫剤)　なお、フェンバレレートは劇物。黄褐色の粘調性液体。水にはほとんど溶けない。メタノール、アセトニトリル、酢酸エチルに溶けやすい。熱、酸に安定。アルカリに不安定。また、光で分解。イミダクロプリドは、劇物。弱い特異臭のある無色の結晶。水にきわめて溶けにくい。ジクワットは一水和物は淡黄色結晶。水に溶けるが、アルコールにはわずかに溶けるが、一般の有機溶媒には溶けない。

問30　4

〔解説〕
解答のとおり。

(特定品目)

問21　4

〔解説〕
この設問では、10％製剤が劇物はどれかとあるので、過酸化水素水は6％以下で劇物から除外であるので該当する。他の品目については次のとおり。硝酸及び塩化水素1は10％以下は劇物から除外。クロム酸鉛は70％以下は劇物から除外。

問22　3

〔解説〕
解答のとおり。
問 23　4
〔解説〕
クロロ酢酸ナトリウムは、劇物。無色の粉末又は粒状物。弱い酢酸臭がある。廃棄法は希硫酸に溶かし、クロム酸を遊離させ還元剤（硫酸第一鉄等）の水溶液を過剰に用いて還元したのち消石灰、ソーダ灰等の水溶液で処理し、水酸化クロム（Ⅲ）として沈殿濾過する還元沈殿法。
問 24　2
〔解説〕
解答のとおり。
問 25　1
〔解説〕
トルエン $C_6H_5CH_3$（別名トルオール、メチルベンゼン）は劇物。特有な臭いの無色液体。水に不溶。比重 1 以下。可燃性。揮発性有機溶媒。麻酔作用が強い。
問 26　2
〔解説〕
解答のとおり。
問 27　3
〔解説〕
解答のとおり。
問 28　1
〔解説〕
特定品目販売業の登録を受けた者が販売できる品目については、法第四条の三第二項→施行規則第四条の三→施行規則別表第二に掲げられている品目のみである。解答のとおり。
問 29　3
〔解説〕
ホルムアルデヒド HCHO は、無色刺激臭の気体で水に良く溶け、これをホルマリンという。ホルマリンは無色透明な刺激臭の液体、低温ではパラホルムアルデヒドの生成により白濁または沈澱が生成することがある。水、アルコール、エーテルと混和する。アンモニ水を加えて強アルカリ性とし、水浴上で蒸発すると、水に溶解しにくい白色、無晶形の物質を残す。フェーリング溶液とともに熱すると、赤色の沈殿を生ずる。。
問 30　3
〔解説〕
この設問では、イとウが正しい。なお、他の品目については次のとおり。過酸化水素水は、無色透明の濃厚な液体で、弱い特有のにおいがある。強く冷却すると稜柱状の結晶となる。不安定な化合物であり、常温でも徐々に水と酸素に分解する。酸化力、還元力を併有している。アンモニア NH_3 は、特有の刺激臭がある無色の気体で、圧縮することにより、常温でも簡単に液化する。空気中では燃焼しないが、酸素中では黄色の炎を上げて燃焼する。

〔毒物及び劇物の識別及び取扱方法〕

（一般）

問 31　3
〔解説〕
無水クロム酸（三酸化クロム、酸化クロム（IV））CrO_3 は、劇物。暗赤色の結晶またはフレーク状で、水に易溶、潮解性、用途は酸化剤。
問 32　4
〔解説〕
問 31 を参照。
問 33　1
〔解説〕
弗化水素酸（HF・aq）は毒物。弗化水素の水溶液で無色またはわずかに着色した透明の液体。特有の刺激臭がある。不燃性。濃厚なものは空気中で白煙を生ずる。ガラスを腐食する作用がある。用途はフロンガスの原料。半導体のエッチング剤等。

問 34　4
〔解説〕
問 33 を参照。
問 35　1
〔解説〕
ピクリン酸(別名 2，4，6 トリニトロフェノール)は、無色ないし淡黄色の光沢のある結晶。水には溶けにくいが、エーテル、ベンゼン等には溶ける。発火点は 320 度。徐々に熱すると昇華するが、急熱あるいは衝撃により爆発する。用途は試薬、染料。塩類は爆発薬として用いられる。
問 36　2
〔解説〕
問 35 を参照。
問 37　4
〔解説〕
シアナミド鉛($PbCN_2$)は劇物。淡黄色結晶。水に不溶。用途は防錆顔料。
問 38　1
〔解説〕
問 37 を参照。
問 39　2
〔解説〕
イミダクロプリドは、劇物。弱い特異臭のある無色の結晶。水にきわめて溶けにくい。用途は、野菜等のアブラムシ類等の害虫を防除する農薬。(クロロニコチル系殺虫剤)。
問 40　3
〔解説〕
問 39 を参照。

（農業用品目）

問 31　1
〔解説〕
フルスルファミドは、:劇物。淡黄色結晶性粉末。水に難溶。比重 1.739(23 ℃)。融点 170.0 ～ 171.5 ℃。用途は農薬の殺菌剤。
問 32　3
〔解説〕
問 31 を参照。
問 33　3
〔解説〕
塩素酸ナトリウムは白色の結晶で、水に溶けやすく、空気中の水分を吸ってべとべとに潮解する。用途は除草剤。
問 34　1
〔解説〕
問 33 を参照。
問 35　4
〔解説〕
オキサミルは毒物。白色針状結晶でかすかに硫黄臭がある。アセトン、メタノール、酢酸エチル、水に溶けやすい。用途として殺虫剤として用いられる。
問 36　2
〔解説〕
問 35 を参照。
問 37　3
〔解説〕
ダイファシノンは、黄色結晶性粉末、アセトン、酢酸に溶け、水に難溶。用途は殺鼠剤。
問 38　4
〔解説〕
問 37 を参照。
問 39　2
〔解説〕
アセタミプリドは、劇物(２％以下は劇物から除外)。白色結晶固体。エタノールクロロホルム、ジクロロメタン等の有機溶媒に溶けやすい。比重 1.330。融点 98.9 ℃。ネオニコチノイド製剤。用途は殺虫剤として用いられる。。

問 40　2

〔解説〕

問 39 を参照。

（特定品目）

問 31　4

〔解説〕

塩化水素（HCl）は劇物。常温で無色の刺激臭のある気体である。水、メタノール、エーテルに溶ける。湿った空気中で発煙し塩酸になる。用途は塩酸の製造に用いられるほか、無水物は塩化ビニル原料にもちいられる。

問 32　1

〔解説〕

問 31 を参照。

問 33　2

〔解説〕

クロム酸カルシウムは劇物。淡赤黄色の粉末。水に溶けやすい。アルカリに可溶。用途は顔料。

問 34　3

〔解説〕

問 33 を参照。

問 35　4

〔解説〕

キシレン（別名キシロール、ジメチルベンゼン、メチルトルエン）は、無色透明な液体で o-、m-、p-の 3 種の異性体がある。水にはほとんど溶けず、有機溶媒に溶ける。蒸気は空気より重い。揮発性、引火性。用途は溶剤、染料中間体などの有機合成原料、試薬等。

問 36　3

〔解説〕

問 35 を参照。

問 37　1

〔解説〕

メチルエチルケトンは、劇物。アセトン様の臭いのある無色液体。引火性。有機溶媒。用途は接着剤、印刷用インキ、合成樹脂原料、ラッカー用溶剤。

問 38　2

〔解説〕

問 37 を参照。

問 39　4

〔解説〕

シュウ酸は無色の柱状結晶、風解性、還元性、漂白剤、鉄さび落とし。無水物は白色粉末。水、アルコールに可溶。エーテルには溶けにくい。また、ベンゼン、クロロホルムにはほとんど溶けない。用途は漂白剤として使用されるほか、鉄錆のよごれをおとすのに用いられる。

問 40　1

〔解説〕

問 39 を参照。

富山県
令和元年度実施

〔法　規〕
（一般・農業用品目・特定品目共通）

問１　２
〔解説〕
解答のとおり。

問２～問３　問２　１　問３　３
〔解説〕
解答のとおり。

問４　１
〔解説〕
解答のとおり。

問５　４
〔解説〕
特定毒物については法第２条第３項→法別表第三に掲げられている。

問６　２
〔解説〕
この設問では、ｂとｃが正しい。ｂは法第４条第２項のことであるが、同法第４条第２項については、都道府県知事を経て、厚生労働大臣ではなく、都道府県知事に申請書を出さなければならないと、第８次地域一括法（平成 30 年６月 27 日法律第 63 号。）→施行は令和２月４月１日により改められた。ｃは法第４条第１項のこと。なお、ａについては、伝票処理のみの方法とあることから法第３条第３項→法第４条の登録である毒物劇物販売販売業の登録を要する。ｄの毒物劇物特定品目販売業者は法第４条の３第２項→施行規則第４条の３→施行規則別表第二に掲げられている劇物のみである。の設問にある特定毒物を販売することはできない。

問７　５
〔解説〕
この設問は登録の更新のことで、ｃのみ正しい。ｃは法第４条第４項のこと。毒物又は劇物の製造業及び輸入業は、５ごとに、販売業については、６年ごとに登録の更新を受けなければならない。ｄの特定毒物研究者の許可は、更新ではなく、都道府県知事の許可である。（法第６条の２第１項）。なお、第８次地域一括法（平成 30 年６月 27 日法律第 63 号。）→施行は令和２月４月１日により同法第４条第４項は同法第４条第３項に改められた。

問８　１
〔解説〕
この設問は法第 10 条の届出のことでａとｂが該当する。ａは法第 10 条第１項第一号のこと。ｂは法第 10 条第１項第三号→施行規則第 10 条の２第二号のこと。なお、ｃの営業を廃止したときは、30 日以内に廃止届をださなけばならないである。ｄについては、あらかじめではなく、30 日以内に届け出なければならないである。

問９　３
〔解説〕
この設問の法第３条の３について→施行令 32 条の２で次の品目、①トルエン、②酢酸エチル、トルエン又はメタノールを含有するシンナー、接着剤、塗料及び閉そく用又はシーリングの充てん料は、みだりに摂取し、若しくは吸入し、又はこれらの目的で所持してはならない。このことからｃとｄが該当する。

問 10　４
〔解説〕
この設問は法第３条の４で正当な理由を除いて所持しはならない品目とは→施行令第 32 条の３で、①亜塩素酸ナトリウム及びこれを含有する製剤 30 ％以上、②塩素酸塩類及びこれを含有する製剤 35 ％以上、③ナトリウム、④ピクリン酸である。このことからこの設問では、ａとｄが正しい。

問 11　３

〔解説〕
この設問は施行規則第４条の４第２項における毒物又は劇物の販売業の店舗の設備基準のことで、誤っているものはどれかとあるので、３が誤り。３については、毒物又は劇物を陳列する場所にかぎをかける設備があることである。

問 12　２

〔解説〕
この設問で正しいのは、b と c である。b は法第３条の２第２項のこと。c は法第３条の２第６項のこと。なお、a については、特定毒物使用者が使用する特定毒物のみ毒物劇物一般販売業者は販売することができる。d については特定毒物研究者のことで、学術研究をする者に、都道府県知事は許可を与えることができる。

問 13　３

〔解説〕
解答のとおり。

問 14　２

〔解説〕
この設問は法第７条及び法第８条における毒物劇物取扱責任者のことで、a と c が正しい。a は法第７条第１項ただし書規定のこと。c は法第７条第３項のこと。なお、b については法第７条第２項で、あわせ営む場合は、それぞれではなく、一人でよい。d の一般毒物劇物取扱者試験に合格した者は、販売品目の制限はなく、販売することができる。このことからこの設問は誤り。

問 15　５

〔解説〕
解答のとおり。

問 16　３

〔解説〕
解答のとおり。

問 17　２

〔解説〕
解答のとおり。この設問の法第 16 条の２については、第８次地域一括法(平成 30 年６月 27 日法律第 63 号。)→施行は令和２月４月１日より法第 16 条の２は、法第 17 条となった。

問 18　１

〔解説〕
この設問は毒物又は劇物の廃棄基準のことで、a と b が正しい。法第 15 条の２→施行令第 40 条の廃棄方法のこと。

問 19　３

〔解説〕
この設問の法第 11 条第４項は飲食物容器使用禁止のこと。解答のとおり。

問 20　２

〔解説〕
この設問は、法第 17 条(立入検査等)及び法第 19 条(登録の取消等)のことで、b と c が正しい。b は法第 19 条第４項のこと。c は法第 17 条第１項のこと。また、a について法第 19 条第１項により、必要な措置をとるへき旨を命ずることができるである。d は法第 17 条第２項により、試験のため必要な最小限度の分量に限り収去させることができるである。なお、この設問の法第 17 条については、第８次地域一括法(平成 30 年６月 27 日法律第 63 号。)→施行は令和２月４月１日より法第 17 条は、法第 18 条となった。

問 21　２

〔解説〕
解答のとおり。

問 22 ～問 24　　問 22　３　　問 23　３　　問 24　２

〔解説〕
解答のとおり。

問 25　５

〔解説〕
この設問で正しいのは a のみである。業務上取扱者の届出における事業者について、正しいのはイとエである。法第 22 条第１項→施行令第 41 条及び第 42 条で、①シアン化ナトリウム又は無機シアン化合物を使用する電気めっきを行う事業、②シアン化ナトリウム又は無機シアン化合物を使用する金属熱処理を行う事業、

③大型自動車5000kg以上に毒物又は劇物を積載して行う大型運送業、④しろあり防除行う事業である。

〔基礎化学〕
（一般・農業用品目・特定品目共通）

問26　3
〔解説〕
化合物…水、水酸化ナトリウム、アンモニア、塩化ナトリウム、二酸化炭素、メタン、単体…酸素、窒素、白金

問27　4
〔解説〕
リービッヒ冷却管は水を下から上に流す

問28　1
〔解説〕
同位体とは同じ原子番号であるが、質量数が異なるものである。

問29　2
〔解説〕
水を電気分解し、酸素と水素にするのは化学反応である。十円玉に錆ができるのは銅の酸化によるものである。

問30　2
〔解説〕
原子番号は S:16、Cl:17、Si:14、P:15、Al:13 である。質量から原子番号を引いたものが中性子の数である。

問31　2
〔解説〕
共有電子対とは共有結合に使用されている電子対の数で、N_2 が3組、Cl_2 が1組、CO_2 が4組、CH_4 が4組、H_2O が2組である

問32　5
〔解説〕
アルカリ金属は1族の金属元素である。Li, Na, K, Rb, Cs, Fr

問33　4
〔解説〕
1は共有結合結晶、2は分子間結晶、3と5は金属の記述である。

問34　1
〔解説〕
イオン化エネルギーは希ガスで大きくなり、1族で小さくなる。

問35　2
〔解説〕
メタン、エチレン、窒素は無極性、アンモニア、水は極性分子である。

問36　5
〔解説〕
炭酸カルシウムCaCO3はカルシウムイオンと炭酸イオンがイオン結合で結合しているが、炭酸イオンの炭素原子と酸素原子は共有結合で結合している。

問37　3
〔解説〕
8%溶液の重さをXとする。6%溶液100gに含まれる溶質の重さは6 gであるから、$6/X \times 100 = 8$, $X = 75$ gとなる。よって、蒸発させる水の量は $100 - 75 = 25$ g

問38　4
〔解説〕
大気圧が下がると沸点も下がり、大気圧が上がると沸点も上昇する。

問39　3
〔解説〕
気体が液体になる状態変化を凝縮という。

問40　5
〔解説〕
5730年で1/2、さらに5730年で1/4、さらに5730年で1/8

問41　3
〔解説〕

実験Ⅰの結果から、硫酸バリウムでないことがわかる。実験Ⅱの結果から、カリウム塩だとわかる。実験Ⅲの結果から、塩化物イオンを含んでいることがわかる。

問42　3

〔解説〕

化学反応式は $C_2H_5OH + 3O_2 \rightarrow 2CO_2 + 3H_2O$ である。二酸化炭素の分子量は44であるから、今回の燃焼で生じた二酸化炭素のモル数は 0.1 モルである。よって反応に必要な酸素は0.15モルであり、この体積は $22.4 \times 0.15 = 3.36$ L となる。

問43　5

〔解説〕

中和の公式は「酸の価数(a)×酸のモル濃度(c_1)×酸の体積(V_1) = 塩基の価数(b)×塩基のモル濃度(c_2)×塩基の体積(V_2)」である。希釈後の酢酸溶液のモル濃度をXとする。これを代入すると、$1 \times X \times 10 = 1 \times 0.1 \times 15.8$,　$X = 0.158$ mol/L となり、この溶液は実験Ⅰで10倍希釈されているから元の溶液の濃度は1.58 mol/L となる。

問44　5

〔解説〕

水素イオンを出すことができる塩を酸性塩というが、液性には関係がない。

問45　5

〔解説〕

pHが大きいものはすなわち、塩基性を示す物質を選択する。この中で塩基性である者はアンモニアと水酸化ナトリウムである。モル濃度だけを見るとアンモニアのほうが濃いが、そこに電離度を乗じるとアンモニアのほうが小さくなる。

問46　1

〔解説〕

酸化数は分子全体で0、酸素を－2、水素とアルカリ金属を+1として計算する。

問47　5

〔解説〕

酸化還元では必ずしも酸素と水素の関与を必要としない。

問48　4

〔解説〕

イオン化傾向とは陽イオンになり易さの尺度で、K ＞ Ca ＞ Na ＞ Mg ＞ Al ＞ Zn ＞ Fe ＞ Ni ＞ Sn ＞ Pb ＞（H）＞ Cu ＞ Hg ＞ Ag ＞ Pt ＞ Au の順となる。

問49　5

〔解説〕

電池は正極で還元反応、負極で酸化反応が起こる。イオン化傾向が大きい金属では自身が陽イオンとなるときに電子を放出する酸化反応が起こる。

問50　解答なし

〔性質及び貯蔵その他取扱方法〕

（一般）

問1～問5　問1　1　　問2　3　　問3　4　　問4　2　　問5　5

〔解説〕

問1　フェノール(C_6H_5OH は、劇物。無色の針状結晶または白色の放射状結晶性の塊。空気中で容易に赤変する。特異の臭気と灼くような味がする。アルコール、エーテル、クロロホルムにはよく溶ける。水にはやや溶けやすい。皮膚や粘膜につくと火傷を起こし、その部分は白色となる。内服した場合には、尿は特有な暗赤色を呈する。　**問2**　ヨウ素 I_2：黒褐色金属光沢ある稜板状結晶、昇華性。水に溶けにくい(しかし、KI水溶液には良く溶ける $KI + I_2 \rightarrow KI_3$)。有機溶媒に可溶(エタノールやベンゼンでは褐色、クロロホルムでは紫色)。皮膚にふれると褐色に染め、その揮散する蒸気を吸入するとめまいや頭痛をともなう一種の酩酊を起こす。治療薬は、デンプン糊液に煆製マグネシアを混和したもの。　**問3**　トルイジン $C_6H_4(NH_2)CH_3$ には、オルトー、メター、パラーの3種の異性体がある。水に難溶、有機溶媒に易溶。用途はいずれも染料、有機合成の製造原料。

オルトトルイジンは、淡黄色の液体で、光、空気により赤色を帯びる。　メタトルイジンは、無色の液体。　パラトルイジンは、光沢のある無色結晶。メトヘモグロビン形成能があり、チアノーゼを起こす。頭痛、疲労感、呼吸困難や、腎臓、膀胱の刺激を起こし血尿をきたす。　**問4**　臭素 Br_2 は劇物。刺激性の臭気をはなって揮発する赤褐色の重い液体。臭素は揮発性が強く、かつ腐食作用が激しく、目や上気道の粘膜を強く刺激する。蒸気の吸入により咳、鼻出血、めまい、頭痛等をおこし、眼球結膜の着色、発生異常、気管支炎、気管支喘息様発作等がみられる。　**問５**　シアン化水素 HCN は、毒物。無色の気体または液体。猛毒で、吸入した場合、頭痛、めまい、意識不明、呼吸麻痺を起こす。

問６～問10　**問６**　２　**問７**　４　**問８**　１　**問９**　５　**問10**　３

〔解説〕

問６　ナトリウム Na：アルカリ金属なので空気中の水分、炭酸ガス、酸素を遮断するため石油中に保存。　**問７**　ロテノンを含有する製剤は空気中の酸素により有効成分が分解して殺虫効力を失い、日光によって酸化が著しく進行することから、密栓及び遮光して貯蔵する。　**問８**　シアン化カリウム KCN は、白色、潮解性の粉末または粒状物、空気中では炭酸ガスと湿気を吸って分解する(HCN を発生)。また、酸と反応して猛毒の HCN(アーモンド様の臭い)を発生する。したがって、酸から離し、通風の良い乾燥した冷所で密栓保存。　**問９**　弗化水素酸(弗酸)は、毒物。弗化水素の水溶液で無色またわずかに着色した透明の液体。水にきわめて溶けやすい。貯蔵法は銅、鉄、コンクリートまたは木製のタンクにゴム、鉛、ポリ塩化ビニルあるいはポリエチレンのライニグをほどこしたものに貯蔵する。　**問10**　黄リン P_4 は、無色又は白色の蝋様の固体。毒物。別名を白リン。暗所で空気に触れるとリン光を放つ。水、有機溶媒に溶けないが、二硫化炭素には易溶。湿った空気中で発火する。空気に触れると発火しやすいので、水中に沈めてビンに入れ、さらに砂を入れた缶の中に固定し冷暗所で貯蔵する。

問11～問15　**問11**　４　**問12**　２　**問13**　５　**問14**　１　**問15**　３

〔解説〕

問 11　塩化亜鉛（別名　クロル亜鉛）$ZnCl_2$ は劇物。白色の結晶。空気にふれると水分を吸収して潮解する。用途は脱水剤、木材防臭剤、脱臭剤、試薬。　**問 12**　酢酸エチルは無色で果実臭のある可燃性の液体。その用途は主に溶剤や合成原料、香料に用いられる。　**問 13** シアン化ナトリウム NaCN は毒物：白色粉末、粒状またはタブレット状。用途はメッキ、写真用、果樹の殺虫剤などに用いられる。　**問 14**　イミノクタジンは、劇物。白色の粉末(三酢酸塩の場合)。果樹の腐らん病、晩腐病等、麦の斑葉病、芝の葉枯病殺菌する殺菌剤。　**問 15**　パラコートは、毒物で、ジピリジル誘導体で無色結晶性粉末、水によく溶け低級アルコールに僅かに溶ける。アルカリ性では不安定。金属に腐食する。不揮発性。用途は除草剤。。

問16～問20　**問16**　３　**問17**　１　**問18**　５　**問19**　４　**問20**　２

〔解説〕

解答のとおり。

問21～問22　**問21**　２　**問22**　１

〔解説〕

水酸化ナトリウムは５％以下で劇物から除外。ホルムアルデヒド HCHO は 1% 以下で劇物から除外。

問23～問25　**問23**　４　**問24**　１　**問25**　１

解答のとおり。

（農業用品目）

問１～問５　**問１**　５　**問２**　３　**問３**　１　**問４**　２　**問５**　４

〔解説〕

問１　メソミル(別名メトミル)は 45 ％以下を含有する製剤は劇物。白色結晶。水、メタノール、アルコールに溶ける。有機燐系化合物。用途は殺虫剤　**問２**　メチルイソチオシアネートは、劇物。無色結晶。水にわずかに溶けるが、アルコール、エーテルに易溶。用途は殺菌剤。　**問３**　燐化亜鉛 Zn_3P_2 は、灰褐色の結晶又は粉末。かすかにリンの臭気がある。用途は殺鼠剤。　**問４**　クロルメコートは、劇物、白色結晶で魚臭、非常に吸湿性の結晶。エーテルに不溶。水、アルコールに可溶。用途は植物成長調整剤。　**問５**　シアン酸ナトリウム NaOCN は、白色の結晶性粉末。水に易溶、有機溶媒に不溶。用途は除草剤、有機合成、鋼の熱処理に用いられる。

問６～問10　**問６**　５　**問７**　４　**問８**　１　**問９**　３　**問10**　２

〔解説〕

問６　アンモニア水 NH_3 は空気より軽い気体。貯蔵法は、揮発しやすいので、よく密栓して貯蔵する。　**問7**　シアン化カリウム KCN は、白色、潮解性の粉末または粒状物、空気中では炭酸ガスと湿気を吸って分解する(HCN を発生)。また、酸と反応して猛毒の HCN(アーモンド様の臭い)を発生する。貯蔵法は、少量ならばガラス瓶、多量ならばブリキ缶又は鉄ドラム缶を用い、酸類とは離して風通しの良い乾燥した冷所に密栓して貯蔵する。　**問8**　ロテノンを含有する製剤は空気中の酸素により有効成分が分解して殺虫効力を失い、日光によって酸化が著しく進行することから、密栓及び遮光して貯蔵する。　**問9**　ホストキシン(燐化アルミニウム AlP とカルバミン酸アンモニウム $H_2NCOONH_4$ を主成分とする。)は、ネズミ、昆虫駆除に用いられる。リン化アルミニウムは空気中の湿気で分解して、猛毒のリン化水素 PH3(ホスフィン)を発生する。空気中の湿気に触れると徐々に分解して有毒なガスを発生するので密閉容器に貯蔵する。使用方法については施行令第 30 条で規定され、使用者についても施行令第 18 条で制限されている。　**問 10**　ブロムメチル CH_3Br は常温では気体であるため、これを圧縮液化し、圧容器に入れ冷暗所で保存する。

問 11 ～問 15　**問 11**　3　**問 12**　2　**問 13**　4　**問 14**　1　**問 15**　5

〔**解説**〕

問 11　硫酸タリウム Tl_2SO_4 は、白色結晶で、水にやや溶け、熱水に易溶、劇物、殺鼠剤。中毒症状は、疝痛、嘔吐、震せん、けいれん麻痺等の症状に伴い、しだいに呼吸困難、虚脱症状を呈する。治療法は、カルシウム塩、システインの投与。抗けいれん剤(ジアゼパム等)の投与。　**問 12**　ニコチンは猛烈な神経毒を持ち、急性中毒では、よだれ、吐気、悪心、嘔吐、ついで脈拍緩徐不整、発汗、瞳孔縮小、呼吸困難、痙攣が起きる。　**問 13**　ベンゾエピンは有機塩素系農薬である。有機塩素化合物の中毒：中枢神経毒。食欲不振、吐気、嘔吐、頭痛、散瞳、呼吸困難、痙攣、昏睡。肝臓、腎臓の変性。治療薬はバルビタール　**問 14**　モノフルオール酢酸ナトリウムは有機フッ素系である。有機フッ素化合物の中毒：TCA サイクルを阻害し、呼吸中枢障害、激しい嘔吐、てんかん様痙攣、チアノーゼ、不整脈など。治療薬はアセトアミド。　**問 15**　ダイアジノンは有機燐系化合物であり、有機燐製剤の中毒はコリンエステラーゼを阻害し、頭痛、めまい、嘔吐、言語障害、意識混濁、縮瞳、痙攣など。治療薬は硫酸アトロピンと PAM。

問 16 ～問 20　**問 16**　3　**問 17**　2　**問 18**　5　**問 19**　4　**問 20**　1

〔**解説**〕

解答のとおり。

問 21 ～問 22　**問 21**　1　**問 22**　2

〔**解説**〕

解答のとおり。

問 23 ～問 25　**問 23**　2　**問 24**　1　**問 25**　5

解答のとおり。

(特定品目)

問1～問5　**問1**　3　**問2**　5　**問3**　1　**問4**　4　**問5**　2

〔**解説**〕

問1　アンモニア(NH_3)水の中毒症状は、吸入すると激しく鼻や喉を刺激し、長時間だと肺や気管支に炎症を起こす。皮膚に触れた場合にはやけど(薬傷)を起こす。　**問2**　四塩化炭素 CCl_4 は特有の臭気をもつ揮発性無色の液体、水に不溶、有機溶媒に易溶。揮発性のため蒸気吸入により頭痛、悪心、黄疸ようの角膜黄変、尿毒症等。　**問3**　硝酸 HNO_3 は無色の発煙性液体。蒸気は眼、呼吸器などの粘膜および皮膚に強い刺激性をもつ。高濃度のものが皮膚に触れるとガスを生じ、初めは白く変色し、次第に深黄色になる(キサントプロテイン反応)。　**問4**　ホルムアルデヒドを吸引するとその蒸気は鼻、のど、気管支、肺などを激しく刺激し炎症を起こす。　**問5**　トルエンは、劇物。無色、可燃性のベンゼ臭を有する液体。麻酔性が強い。蒸気の吸入により頭痛、食欲不振などがみられる。大量では緩和な大血球性貧血をきたす。常温では容器上部空間の蒸気濃度が爆発範囲に入っているので取扱いに注意。。

問6～問 10　**問6**　3　**問7**　1　**問8**　5　**問9**　2　**問 10**　4

〔**解説**〕

解答のとおり。

問 11 ～問 15　**問 11**　3　**問 12**　1　**問 13**　5　**問 14**　4　**問 15**　2

〔**解説**〕

問 11　シュウ酸$(COOH)_2$・$2H_2O$ は無色の柱状結晶、風解性、還元性、漂白剤、鉄さび落とし。無水物は白色粉末。水、アルコールに可溶。エーテルには溶けにくい。用途は木・コルク・綿などの漂白剤。その他鉄錆びの汚れ落としに用いる。

問 12　塩素 Cl_2 は、黄緑色の刺激臭の空気より重い気体で、酸化力があるので酸化剤、用途は漂白剤、殺菌剤、消毒剤として使用される(紙パルプの漂白、飲用水の殺菌消毒などに用いられる)。　**問 13**　硅弗化ナトリウム Na_2SiF_6 は劇物。無色の結晶。用途はうわぐすり、試薬。　**問 14**　酢酸エチルは無色で果実臭のある可燃性の液体。その用途は主に溶剤や合成原料、香料に用いられる。　**問 15**　メタノール(メチルアルコール)CH3OH は、劇物。(別名：木精)>無色透明の液体。用途は主として溶剤や合成原料、または燃料など。

問 16 ～問 18　**問 16**　5　**問 17**　2　**問 18**　3

〔解説〕

解答のとおり。

問 19 ～問 20　**問 19**　2　**問 20**　1

〔解説〕

解答のとおり。

問 21 ～問 25　**問 21**　2　**問 22**　3　**問 23**　1　**問 24**　5　**問 25**　4

〔解説〕

解答のとおり。

〔識別及び取扱方法〕

(一般)

問 26 ～問 30　**問 26**　3　**問 27**　2　**問 28**　5　**問 29**　1　**問 30**　4

〔解説〕

解答のとおり。

問 31 ～問 35　**問 31**　5　**問 32**　2　**問 33**　3　**問 34**　1　**問 35**　4

〔解説〕

問 31　ジボランは毒物。無色の特異臭(ビタミン臭)のある可燃性気体。融点-92.5 ℃、発火点はおよそ 40 ～ 50 ℃。水により分解し水素とホウ酸に分解する。二硫化炭素に溶ける。用途は特殊材料ガス。　**問 32**　過酸化水素水 H_2O_2 は、無色透明の濃厚な液体で、弱い特有のにおいがある。強く冷却すると稜柱状の結晶となる。不安定な化合物であり、常温でも徐々に水と酸素に分解する。酸化力、還元力を併有している。　**問 33**　ブラストサイジン S ベンジルアミノベンゼンスルホン酸塩は、純品は白色、針状結晶、粗製品は白色ないし微褐色の粉末である。融点 250 ℃以上で徐々に分解。水、氷酢酸にやや可溶、有機溶媒に難溶。pH5 ～ 7 で安定。用途は、稲のイモチ病に用いる。劇物。　**問 34**　ヒ素は結晶のものは灰色で、金属光沢を有し、もろく、粉砕できる。無定型のものには、黄色、黒色、褐色の 3 種が存在する。　**問 35**　メチルエチルケトン(2-ブタノン、MEK)は劇物。アセトン様の臭いのある無色液体。蒸気は空気より重い。引火性。有機溶媒。水に可溶。

問 36 ～問 40　**問 36**　1　**問 37**　3　**問 38**　2　**問 39**　4　**問 40**　5

〔解説〕

問 36　ニコチンは、毒物、無色無臭の油状液体だが空気中で褐色になる。殺虫剤。ニコチンの確認：1)ニコチン＋ヨウ素エーテル溶液→褐色液状→赤色針状結晶　2)ニコチン＋ホルマリン＋濃硝酸→バラ色。　**問 37**　四塩化炭素(テトラクロロメタン)CCl_4 は、特有な臭気をもつ不燃性、揮発性無色液体、水に溶けにくく有機溶媒には溶けやすい。洗濯剤、清浄剤の製造などに用いられる。確認方法はアルコール性 KOH と銅粉末とともに煮沸により黄赤色沈殿を生成する。
問 38　塩酸は塩化水素 HCl の水溶液。無色透明の液体 25 %以上のものは、湿った空気中で著しく発煙し、刺激臭がある。塩酸は種々の金属を溶解し、水素を発生する。硝酸銀溶液を加えると、塩化銀の白い沈殿を生じる。　**問 39**　アニリン $C_6H_5NH_2$ は、新たに蒸留したものは無色透明油状液体、光、空気に触れて赤褐色を呈する。特有な臭気。水には難溶、有機溶媒には可溶。水溶液にさらし粉を加えると紫色を呈する。　**問 40**　燐化アルミニウムとその分解促進剤とを含有する製剤(ホストキシン)は、特定毒物。無色の窒息性ガス。大気中の湿気に触れると、徐々に分解して有毒な燐化水素ガスを発生する。発生した燐化水素ガスは、5 ～ 10 %硝酸銀溶液を吸着した濾紙を黒変させる。

問 41 ～問 45　**問 41**　3　**問 42**　1　**問 43**　4　**問 44**　5　**問 45**　2

〔解説〕

問 41　クレゾールは、o, m, p －の構造異性体がある。廃棄法は廃棄方法は①木粉(おが屑)等に吸収させて焼却炉の火室へ噴霧し、焼却する焼却法。②可燃性溶剤と共に焼却炉の火室へ噴霧し焼却する②活性汚泥で処理する活性汚泥法である。問 42　クロルスルホン酸は加水分解($2ClSO_3H + 2H_2O \rightarrow 2HCl + H_2SO_4$)すると、塩酸と硫酸になるのでアルカリによる中和法。　問 43　重クロム酸カリウム $K_2Cr_2O_7$ は重金属を含む酸化剤なので希硫酸に溶かし、還元剤の水溶液を過剰に用いて還元したのち、消石灰、ソーダ灰等の水溶液で処理し、水酸化物として沈殿ろ過する。溶出試験を行い、溶出量が判定基準以下であることを確認して埋立処分する還元沈殿法。　問 44　塩化第二水銀は、毒物。白色の重い針状の結晶。廃棄方法は、還元焙焼法により金属水銀として回収する。沈殿隔離法で水に溶かし硫化ナトリウム(Na2S)の水溶液を加えて硫化水銀(Ⅰ)又は(Ⅱ)の沈殿を生成させたのち、セメントを加えて固化し、溶出試験を行い、溶出量が判定基準以下であることを確認して埋立処分する。　問 45　クロルピクリン CCl_3NO_2 は、無色～淡黄色液体、催涙性、粘膜刺激臭。水に不溶。線虫駆除、燻蒸剤。廃棄方法は少量の界面活性剤を加えた亜硫酸ナトリウムと炭酸ナトリウムの混合液中で、撹拌し分解させた後、多量の水で希釈して処理する分解法。

（農業用品目）

問 26 ～ 問 30　問 26　2　　問 27　1　　問 28　3　　問 29　4　　問 30　5

〔解説〕

問 26　カルボスルファンは、劇物。有機燐製剤の一種。褐色粘稠液体。用途はカーバメイト系殺虫剤。　問 27　硫酸 H_2SO_4 は、無色無臭澄明な油状液体、腐食性が強い、比重 1.84、水、アルコールと混和するが発熱する。空気中および有機化合物から水を吸収する力が強い。　問 28　硫酸銅、硫酸銅(Ⅱ) $CuSO_4 \cdot 5H_2O$ は、濃い青色の結晶。風解性。水に易溶、水溶液は酸性。劇物。用途は、試薬、工業用の電解液、媒染剤、農業用殺菌剤。　問 29　カルタップは、劇物。２％以下は劇物から除外。無色の結晶。水、メタノールに溶ける。用途は農薬の殺虫剤。　問 30　ナラシンは毒物(１%以上～ 10%以下を含有する製剤は劇物。)アセトン－水から結晶化させたものは白色～淡黄色。特有な臭いがある。用途は飼料添加物。

問 31 ～問 35　問 31　4　　問 32　3　　問 33　1　　問 34　5　　問 35　2

〔解説〕

解答のとおり。

問 36 ～問 40　問 36　4　　問 37　2　　問 38　5　　問 39　3　　問 40　1

〔解説〕

解答のとおり。

問 41 ～問 45　問 41　5　　問 42　1　　問 43　2　　問 44　4　　問 45　3

〔解説〕

問 41　塩化第一銅 CuCl(あるいは塩化銅(Ⅰ))は、劇物。白色結晶性粉末、湿気があると空気により緑色、光により青色～褐色になる。水に一部分解しながら僅かに溶け、アルコール、アセトンには溶けない。廃棄方法は、重金属の Cu なので固化隔離法(セメントで固化後、埋立処分)、あるいは焙焼法(還元焙焼法により金属銅として回収)。　問 42　アンモニアは塩基性であるため希釈後、酸で中和し廃棄する中和法。　問 43　塩素酸ナトリウム $NaClO_3$ は酸化剤なので、希硫酸で $HClO_3$ とした後、これを還元剤中へ加えて酸化還元後、多量の水で希釈処理する還元法。　問 44　パラコートの廃棄方法は、燃焼法では、おが屑等に吸収させてアフターバーナー及びスクラバーを具備した焼却炉で焼却する。　問 45　シアン化ナトリウム NaCN は、酸性だと猛毒のシアン化水素 HCN が発生するのでアルカリ性にしてから酸化剤でシアン酸ナトリウム NaOCN にし、余分なアルカリを酸で中和し多量の水で希釈処理する酸化法。水酸化ナトリウム水溶液等でアルカリ性とし、高温加圧下で加水分解するアルカリ法。

（特定品目）

問 26 ～問 27　問 26　1　　問 27　5

〔解説〕

解答のとおり。

問 28 ～問 30　問 28　4　　問 29　2　　問 30　5

〔解説〕

解答のとおり。

問 31 ～問 35　問 31　5　　問 32　1　　問 33　3　　問 34　4　　問 35　2

〔解説〕

問 31　一酸化鉛 PbO は、重い粉末で、黄色から赤色までの間の種々のものがある。希硝酸に溶かすと、無色の液となり、これに硫化水素を通じると、黒色の沈殿を生じる。　　問 32　水酸化ナトリウム NaOH は、白色、結晶性のかたいかたまりで、繊維状結晶様の破砕面を現す。水と炭酸を吸収する性質がある。水溶液を白金線につけて火炎中に入れると、火炎は黄色に染まる。　　問 33　シュウ酸は一般に流通しているものは二水和物で無色の結晶である。水溶液を酢酸で弱酸性にして酢酸カルシウムを加えると、結晶性の沈殿を生じる。　　問 34　ホルムアルデヒドにアンモニア水を加え、さらに硝酸銀溶液を加えると、徐々に金属銀を析出する。また、本品をフェーリング溶液とともに熱すると、赤色の沈殿を生じる。

問 36 ～問 40　問 36　4　　問 37　2　　問 38　5　　問 39　3　　問 40　1

〔解説〕

解答のとおり。

問 41 ～問 45　問 41　2　　問 42　4　　問 43　5　　問 44　3　　問 45　1

〔解説〕

問 41　硅弗化ナトリウムは劇物。無色の結晶。水に溶けにくい。アルコールにも溶けない。　水に溶かし、消石灰等の水溶液を加えて処理した後、希硫酸を加えて中和し、沈殿濾過して埋立処分する分解沈殿法。　　問 42　キシレン $C_6H_4(CH_3)_2$ は、C、H のみからなる炭化水素で揮発性なので珪藻土に吸着後、焼却炉で焼却(燃焼法)。　　問 43　水酸化ナトリウムは塩基性であるので酸で中和してから希釈して廃棄する中和法。　　問 44　一酸化鉛 PbO は、水に難溶性の重金属なので、そのままセメント固化し、埋立処理する固化隔離法。　問 45　硫酸 H_2SO_4 は酸なので廃棄方法はアルカリで中和後、水で希釈する中和法。

石川県
令和元年度実施

〔法　規〕
（一般・農業用品目・特定品目共通）

問1　3
〔解説〕
解答のとおり。

問2　1
〔解説〕
この設問で正しいのは、a と b である。a は法第４条第４項の登録の更新。この同法第４条第４項は、第８次地域一括法(平成 30 年６月 27 日法律第 63 号。)→施行は令和２月４月１日により同法第４条第３項に改められた。b は法第３条第３項ただし書規定のこと。なお、c における毒物又は劇物を輸入できる者は、毒物又は劇物の輸入業者と特定毒物研究者のみである。d については、法第８条第４項で、農業用品目毒物劇物取扱者試験に合格した者は、農業用品目のみを取り扱う輸入業の営業所若しくは販売業の店舗においてのみ販売又は授与することができる。

問3　1
〔解説〕
解答のとおり。

問4～問5　問4　3　　問5　3
〔解説〕
法第 10 条は届出のこと。解答のとおり。

問6～問7　問6　4　　問7　4
〔解説〕
この設問は飲食物容器使用禁止の規定のこと。

問8　4
〔解説〕
この法第 14 条第１項とは、毒物又は劇物を譲渡手続きする際に、書面に記載する事項→①毒物又は劇物の名称及び数量、②販売又は授与の年月日、③譲受人の氏名、職業及び住所(法人にあっては、その名称及び主たる事務所の所在地)である。このことからこの設問で正しいのは、a と c である。

問9　1
〔解説〕
この質問の施行令第 40 条は、毒物又は劇物の廃棄方法のこと。

問10～問13　問10　3　　問11　4　　問12　1　　問13　4
〔解説〕
法第 15 条とは毒物又は劇物の交付制限等のこと。

問14　3
〔解説〕
この設問で正しいのは、b と d である。なお、業務上取扱者については法第 22 条第１項→施行令第 41 条及び第 42 条で、①シアン化ナトリウム又は無機シアン化合物を使用する電気めっきを行う事業、②シアン化ナトリウム又は無機シアン化合物を使用する金属熱処理を行う事業、③大型自動車 5000kg 以上に毒物又は劇物を積載して行う大型運送業、④しろあり防除行う事業である。

問15～問16　問15　5　　問16　3
〔解説〕
この設問にある劇物たる 10%水酸化ナトリウムを車両(１回 5,000kg ↑)を使用する際に、車両の前後の見やすい箇所に掲げなければならないと規定されている。(施行令第 40 条の５第２項第二号→施行令別表第二掲げる品目→施行規則第 13 条の５)である。解答のとおり。

問17　4
〔解説〕
この設問の法第３条の３について→施行令 32 条の２で次の品目、①トルエン、②酢酸エチル、トルエン又はメタノールを含有するシンナー、接着剤、塗料及び閉そく用又はシーリングの充てん料は、みだりに摂取し、若しくは吸入し、又はこれらの目的で所持してはならないとなっている。この設問では政令で定められていないものとあるので、４のクロロホルムが該当する。

問 18 〜問 20　問 18 ２　　問 19 ４　　　問 20 ２

〔解説〕

解答のとおり。

〔基礎化学〕
（一般・農業用品目・特定品目共通）

問 21 ３

〔解説〕

12+1 × 2+16 × 2 = 46

問 22 ４

〔解説〕

同素体とは同じ元素からなる単体ではあるが、性質の異なるものである。水は化合物水素と酸重水素の関係は同位体

問 23 ４

〔解説〕

イオン結合は一般的に非金属元素と金属元素からなる化合物の結合

問 24 １

〔解説〕

水は折れ線型、アンモニアは三角錐型の分子の形をしている極性物質である。

問 25 ３

〔解説〕

98g の硫酸は、硫酸の分子量が 98 であるから１モルである。これを水で希釈して 100 mL の溶液にした時のモル濃度は 1 × 1000/100 = 10 mol/L

問 26 ４

〔解説〕

Ne は 10 番目の元素である

問 27 ３

〔解説〕

(150 × 0.12 + 50 × 0.04)/(150 + 50) × 100 = 10%

問 28 ４

〔解説〕

炎色反応は Li　(赤)、Na(黄)、K(紫)、Cu(青緑)、Ca(橙)、Sr(紅)、Ba(黄緑)である。

問 29 ４

〔解説〕

イオン化傾向とは陽イオンになり易さの尺度で、K ＞ Ca ＞ Na ＞ Mg ＞ Al ＞ Zn ＞ Fe ＞ Ni ＞ Sn ＞ Pb ＞ (H) ＞ Cu ＞ Hg ＞ Ag ＞ Pt ＞ Au の順となる。

問 30 ３

〔解説〕

解答のとおり

問 31 ２

〔解説〕

0.02 mol/L 塩酸の水素イオン濃度は 1.0×10^{-2} である。よって pH = 2

問 32 ２

〔解説〕

ヨウ素液とでんぷんが反応して青紫色の包接化合物を形成する。

問 33 ３

〔解説〕

オゾンは O_3 であり、単体である。

問 34 １

〔解説〕

気体から液体への状態変化は凝縮である。

問 35 ２

〔解説〕

リトマス試験紙は酸性で赤色、アルカリ性で青色を呈する

問 36 １

〔解説〕
窒素と二酸化炭素が 2:3 の割合で入っており、この時の全圧が 200 kPa であるから、窒素の分圧は $200 \times 2/5 = 80$ kPa
問 37 1
〔解説〕
水 9 g は水の分子量 18 で割ると、0.5 モルである。反応式より 1 モルの水が生じるときの熱量は 242 kJ であるから、0.5 モルでは 121 kJ となる
問 38 1
〔解説〕
コロイド粒子が光を散乱する現象をチンダル現象という。またコロイド粒子は半透膜を通過することができない。これを使った濾別方法を透析という。
問 39 2
〔解説〕
電池は正極で還元反応（電子を受け取る反応）、負極で酸化反応（電子を与える反応）が起こる。
問 40 3
〔解説〕
エタノールはヒドロキシ基を有する

〔各　論・実　地〕

（一般）

問１～問４　問１　5　問２　1　問３　1　問４　4
〔解説〕
この設問にある毒物又は劇物の除外濃度については、毒物及び劇物指定令で規定されている。
問５～問８　問５　3　問６　1　問７　2　問８　5
〔解説〕
問５　クロルエチル C_2H_5Cl は、劇物。常温で気体。可燃性である。用途はアルキル化剤。　問６　サリノマイシンナトリウムは劇物。白色～淡黄色の結晶性粉末。わずかに臭いがある。用途は飼料添加物。　問７　ベタナフトール $C_{10}H_7OH$ は、劇物。無色～白色の結晶、石炭酸臭。用途は、染料製造原料、試薬。　問８　リン化亜鉛 Zn_3P_2 は、灰褐色の結晶又は粉末。かすかにリンの臭気がある。用途は、殺鼠剤、倉庫内燻蒸剤。
問９～問 12　問９　2　問 10　5　問 11　1　問 12　3
〔解説〕
問９　塩化チオニル($SOCl_2$)は劇物。刺激性のある無色または淡黄色の液体。発煙性あり。加水分解する。ベンゼン、クロロホルム、四塩化炭素に可溶。用途は化学反応剤など。　問 10　クロルメチル(CH_3Cl)は、劇物。無色のエータル様の臭いと、甘味を有する気体。水にわずかに溶け、圧縮すれば液体となる。空気中で爆発する恐れがあり、濃厚液の取り扱いに注意。　問 11　ヨウ化メチル CH_3I は、無色又は淡黄色透明の液体であり、空気中で光により一部分解して褐色になる。ガス殺菌・殺虫剤として使用される。　問 12　リン化水素(別名ホスフィン)は無色、腐魚臭の気体。気体は自然発火する。水にわずかに溶け、酸素及びハロゲンとは激しく結合する。エタノール、エーテルに溶ける。
問 13 ～問 16　問 13　2　問 14　4　問 15　3　問 16　5
〔解説〕
問 13　アニリン $C_6H_5NH_2$ は、新たに蒸留したものは無色透明油状液体、光、空気に触れて赤褐色を呈する。特有な臭気。水には難溶、有機溶媒には可溶。水溶液にさらし粉を加えると紫色を呈する。　問 14　トリクロル酢酸 CCl_3CO_2H は、劇物。無色の斜方六面体の結晶。わずかな刺激臭がある。潮解性あり。水、アルコール、エーテルに溶ける。水溶液は強酸性、皮膚、粘膜に腐食性が強い。水酸化ナトリウム溶液を加えて熱するとクロロホルム臭を放つ。　問 15　四塩化炭素(テトラクロロメタン)CCl_4 は、特有な臭気をもつ不燃性、揮発性無色液体、水に溶けにくく有機溶媒には溶けやすい。洗濯剤、清浄剤の製造などに用いられる。確認方法はアルコール性 KOH と銅粉末とともに煮沸により黄赤色沈殿を生成する。
問 16　過酸化水素水 H_2O_2 は、無色無臭で粘性の少し高い液体。徐々に水と酸素に分解(光、金属により加速)する。安定剤として酸を加える。　ヨード亜鉛からヨウ素を析出する。過酸化水素自体は不燃性。しかし、分解が起こると激しく酸

素を発生する。周囲に易燃物があると火災になる恐れがある。

問 17 ～問 20　問 17 2　**問 18** 3　**問 19** 4　**問 20** 1

〔解説〕

問 17　ホスゲンは独特の青草臭のある無色の圧縮液化ガス。蒸気は空気より重い。廃棄法はアルカリ法：アルカリ水溶液(石灰乳又は水酸化ナトリウム水溶液等)中に少量ずつ滴下し、多量の水で希釈して処理するアルカリ法。　**問 18**　亜セレン酸ナトリウムは毒物。白色、結晶性の粉末。水に溶ける。用途は試薬。廃棄方法は、水に溶かし、希硫酸を加えて酸性にし、硫化ナトリウムを加えて沈殿させ、さらにセメントを用いて固化し、埋立処分する沈殿隔離法。　**問 19**　フェンチオン(MPP)は、劇物。褐色の液体。弱いニンニク臭を有する。各種有機溶媒に溶ける。水には溶けない。廃棄法：木粉(おが屑)等に吸収させてアフターバーナー及びスクラバーを具備した焼却炉で焼却する焼却法。(スクラバーの洗浄液には水酸化ナトリウム水溶液を用いる。)　**問 20**　塩化バリウム $BaCi_2 \cdot 2H_2O$ は、劇物。無水物もあるが一般的には二水和物で無色の結晶。廃棄法は水に溶かし、硫酸ナトリウムの水溶液を加えて処理し、沈殿ろ過して埋立処分する沈殿法。

問 21 1

〔解説〕

ジエチル-3･5･6-トリクロル-2-ピリジルチオホスフエイト(クロルピリホス)は、有機燐製剤で、劇物(1 %以下は除外、マイクロカプセル製剤においては 25 %以下が除外)。

問 22 ～問 24　問 22 5　**問 23** 2　**問 24** 1　**問 25** 4

〔解説〕

解答のとおり。

問 26 ～問 28　問 26 1　**問 27** 2　**問 28** 1

〔解説〕

ニトロベンゼン $C_6H_5NO_2$ の毒性は蒸気の吸引などによりメトヘモグロビン血症を引き起こす。用途はアニリンの製造原料、合成化学の酸化剤、石けん香料に用いられる。

問 29 3

〔解説〕

毒物劇物の判定の基準は中央薬事審議会で定められる、LD_{50} とは 50 %致死量であり、また、LC_{50} とは 50 %致死濃度であり実験動物の半数が死亡すると計算される被実験動物の投与量である。

問 30 3

〔解説〕

解答のとおり。

問 31 2

〔解説〕

有機リン剤の解毒薬は硫酸アトロピン又は PAM（２－ピリジルアルドキシムメチオダイド）が用いられる。

問 32 ～問 35　問 32 5　**問 33** 4　**問 34** 1　**問 35** 3

〔解説〕

解答のとおり。

問 36 3

〔解説〕

この設問のキシレンについて誤りはどれかとあるので、３が誤り。キシレン $C_6H_4(CH_3)_2$(別名キシロール、ジメチルベンゼン、メチルトルエン)は、無色透明な液体で o-、m-、p-の 3 種の異性体がある。水にはほとんど溶けず、有機溶媒に溶ける。蒸気は空気より重い。

問 37 ～問 40　問 37 4　**問 38** 3　**問 39** 2　**問 40** 1

〔解説〕

解答のとおり。

（農業用品目）

問１～問５　問１ 2　**問２** 1　**問３** 2　**問４** 3　**問５** 3

〔解説〕

問１　ダイアジノンは 5 %以下(マイクロカプセル製剤 25 %以下)で劇物から除外なので、この場合は劇物。　**問２**　フッ化スルフリルは規定される除外濃度はないので毒物。　**問３**　アンモニア水は 10%以下で劇物から除外なので、この場合

問４ N-メチル-1-ナフチルカルバメート５％以下は劇物から除外。　問５ グリホシネートは除草剤として使用されているが毒劇法に該当しない。

問６ 2

〔解説〕

農業用品目販売業者の登録が受けた者が販売できる品目については、法第四条の三第一項→施行規則第四条の二→施行規則別表第一に掲げられている品目であることから、a と c が該当する。

問７～問９　問７ 3　問８ 2　問９ 1

〔解説〕

問７ 硫酸銅 $CuSO_4$ は、水に溶解後、消石灰などのアルカリで水に難溶な水酸化銅 $Cu(OH)_2$ とし、沈殿ろ過して埋立処分する沈殿法。　問８ フェンチオン(MPP)は、劇物。褐色の液体。弱いニンニク臭を有する。各種有機溶媒に溶ける。水には溶けない。廃棄法：木粉(おが屑)等に吸収させてアフターバーナー及びスクラバーを具備した焼却炉で焼却する焼却法。　問９ 塩素酸ナトリウム $NaClO_3$ は酸化剤なので、希硫酸で $HClO_3$ とした後、これを還元剤中へ加えて酸化還元後、多量の水で希釈処理する還元法。

問10～問11　問10 3　問11 2

〔解説〕

問10　アンモニア NH_3 は空気より軽い気体。貯蔵法は、揮発しやすいので、よく密栓して貯蔵する。　問11 シアン化カリウム KCN は、白色、潮解性の粉末または粒状物、空気中では炭酸ガスと湿気を吸って分解する(HCN を発生)。また、酸と反応して猛毒の HCN(アーモンド様の臭い)を発生する。貯蔵法は、少量ならばガラス瓶、多量ならばブリキ缶又は鉄ドラム缶を用い、酸類とは離して風通しの良い乾燥した冷所に密栓して貯蔵する。

問12～問14　問12 3　問13 2　問14 1

〔解説〕

解答のとおり。

問15～問17　問15 3　問16 1　問17 2

〔解説〕

問15　ジメトエートは、有機リン製剤であり、白色固体で水で徐々に加水分解し、用途は殺虫剤。有機リン剤なのでアセチルコリンエステラーゼの活性阻害をするので、神経系に影響が現れる。　問16 リン化亜鉛 Zn_3P_2 は、灰褐色の結晶又は粉末。かすかにリンの臭気がある。酸と反応して有毒なホスフィン PH3 を発生。嚥下吸入したときに、胃及び肺で胃酸や水と反応してホイフィンを生成することにより中毒症状を発現する。　問17 シアン化水素 HCN は、(別名青酸ガス)毒物。無色の気体または液体。猛毒で、ミトコンドリアの呼吸酵素の阻害作用が誘発されるため、エネルギー消費の多い中枢神経に影響が現れる。吸入した場合、頭痛、めまい、悪心、意識不明、呼吸麻痺を起こす。

問18 4

〔解説〕

有機燐製剤は、口や呼吸により体内に摂取されるばかりでなく､皮膚からの呼吸が激しい。血液中のコリンエステラーゼと結合し、その作用を阻害する。解毒・治療薬にはＰAM・硫酸アトロピン。

問19 2

〔解説〕

有機リン剤の解毒薬は硫酸アトロピン又は PAM（２－ピリジルアルドキシムメチオダイド）が用いられる。

問20～問22　問20 1　問21 2　問22 3

〔解説〕

解答のとおり。

問23～問26　問23 3　問24 1　問25 2　問26 4

〔解説〕

問23 ダイファシノンは毒物。黄色結晶性粉末。用途は殺鼠剤。　問24 ジクワットは、劇物で、ジピリジル誘導体で淡黄色結晶。用途は、除草剤。　問25　ダイアジノンは劇物。有機リン製剤、接触性殺虫剤。用途は接触性殺虫剤。　問26 トリシクラゾールは、劇物、無色無臭の結晶。用途は農業用殺菌剤(イモチ病に用いる。)。

問27～問29　問27 2　問28 3　問29 1

〔解説〕

解答のとおり。

問 30　4
〔解説〕
この設問では、c と d が正しい。1,3-ジクロロプロペン C_3H_4Cl は、原体は常温で特異的刺激臭のある淡黄褐色透明液体で、劇物に指定されている。シス体とトランス体があり、市販製剤は混合物となっている。メタノールなどの有機溶媒によく溶け、水にはあまり溶けない。市販製剤には本物質を 97 %含む油剤などがある。
問 31　3
〔解説〕
カルタップについては、3 の用途が該当する。次のとおり。カルタップは、:劇物。: 2 %以下は劇物から除外。無色の結晶。融点 179 ～ 181 ℃。水、メタノールに溶ける。ベンゼン、アセトン、エーテルには溶けない。ネライストキシン系の殺虫剤。
問 32　2
〔解説〕
この設問で誤っているのは、2 である。次のとおり。カルボスルファンは、劇物。褐色粘稠液体。カーバメイト系剤。用途はカーバメイト系殺虫剤。
問 33　3
〔解説〕
この設問で誤っているのは、3 である。次のとおり。メソミル(別名メトミル)は 45 %以下を含有する製剤は劇物。白色結晶。水、メタノール、アルコールに溶ける。カルバメート剤なので、解毒剤は硫酸アトロピン(PAM は無効)、SH 系解毒剤の BAL、グルタチオン等。用途は殺虫剤
問 34　4
〔解説〕
トルフェンピラドは劇物。類白色の粉末。水に溶けにくい。用途は殺虫剤。
問 35　3
〔解説〕
イミダクロプリドは、劇物。弱い特異臭のある無色の結晶。水にきわめて溶けにくい。用途は、野菜等のアブラムシ類等の害虫を防除する農薬。(ネオニコチノイド系殺虫剤)
問 36　1
〔解説〕
解答のとおり。
問 37 ～問 40　問 37　2　問 38　1　問 39　2　問 40　2
〔解説〕
クロルピクリンは劇物で除外される濃度はない。

(特定品目)

問１　4
〔解説〕
この設問にある品目はすべて特定品目販売業者は販売できる。特定品目販売業の登録を受けた者が販売できる品目については、法第四条の三第二項→施行規則第四条の三→施行規則別表第二に掲げられている品目のみである。
問２　3
〔解説〕
一般の問 36 を参照。
問３　2
〔解説〕
キシレンの用途は、溶剤、染料中間体などの有機合成原料、試薬等。
問４～問５　問４　1　問５　2
〔解説〕
解答のとおり。
問６～問 10　問６　1　問７　2　問８　1　問９　2　問 10　3
〔解説〕
解答のとおり。
問 11 ～問 15　問 11　3　問 12　2　問 13　3　問 14　3　問 15　1
〔解説〕
解答のとおり。

問16 4
〔解説〕
メチルエチルケトンについては、2が誤り。メチルエチルケトンは、劇物。アセトン様の臭いのある無色液体。蒸気は空気より重い。水に可溶。引火性。有機溶媒。用途は溶剤、有機合成原料。

問17 4
〔解説〕
解答のとおり。

問18～問20 問18 3 問19 2 問20 1
〔解説〕
解答のとおり。

問21～問24 問21 3 問22 1 問23 4 問24 2
〔解説〕
〔解説〕
解答のとおり。

問25～問29 問25 3 問26 2 問27 1 問28 4 問29 5
〔解説〕
解答のとおり。

問30～問32 問30 2 問31 1 問32 3
〔解説〕
解答のとおり。

問33～問36 問33 2 問34 1 問35 3 問36 4
〔解説〕
解答のとおり。

問37～問40 問37 4 問38 2 問39 3 問40 1
〔解説〕
解答のとおり。

福井県
令和元年度実施

〔法　規〕
（一般・農業用品目・特定品目共通）

問１　２
〔解説〕
解答のとおり。

問２～３　問２　１　問３　５
〔解説〕
この設問の法第３条の３について→施行令 32 条の２で次の品目、①トルエン、②酢酸エチル、トルエン又はメタノールを含有するシンナー、接着剤、塗料及び閉そく用又はシーリングの充てん料は、みだりに摂取し、若しくは吸入し、又はこれらの目的で所持してはならない。このことから正しいのは、１と５である。

問４～５　問４　２　問５　５
〔解説〕
この設問は法第３条の４で正当な理由を除いて所持しはならない品目とは→施行令第 32 条の３で、①亜塩素酸ナトリウム及びこれを含有する製剤 30 ％以上、②塩素酸塩類及びこれを含有する製剤 35 ％以上、③ナトリウム、④ピクリン酸である。このことからこの設問では、２と５が正しい。

問６～７　問６　２　問７　４
〔解説〕
この設問は法第 10 条の届出についてで誤っているものとは、いわゆる届出でないものことを言っているので２と４が該当する。２の移転と５の法人営業から個人営業については、その業態が変わることから新たに登録申請をして、廃止届を出すことである。

問８　５
〔解説〕
この設問は特定毒物はどれかとあるので、c の四アルキル鉛と d のモノフルオール酢酸が特定毒物。特定毒物については法第２条第３項→法別表第三→指定令第３条に示されている。

問９　４
〔解説〕
この設問は、車両の前後の見やすい箇所に掲げなければならないと規定されている。これについては施行令第 40 条の５第２項第二号→施行令別表第二掲げる品目→施行規則第 13 条の５である。

問 10 ～ 14　問 10　２　問 11　３　問 12　２　問 13　１　問 14　４
〔解説〕
解答のとおり。

問 15、問 16　問 15　３　問 16　３
〔解説〕
解答のとおり。

問 17　１
〔解説〕
法第 12 条１項は毒物又は劇物の容器及び被包についての表示のこと。

問 18　２
〔解説〕
法第 12 条２項は毒物又は劇物の容器及び被包に掲げる事項について。

問 19、問 20　問 19　４　問 20　３
〔解説〕
この設問にある法第 16 条の２第２項とは、事故の際の措置についてのこと。なお同法第 16 条の２は、第８次地域一括法(平成 30 年６月 27 日法律第 63 号。)→施行は令和２月４月１日より法第 16 条の２は、法第 17 条となった。

問 21　３
〔解説〕
解答のとおり。

問 22　4
〔解説〕
この設問にある劇物たる硫酸を車両（１回 5,000kg ↑）で使用する際に、車両の前後の見やすい箇所に掲げなければならないと規定されている。（施行令第 40 条の５第２項第二号→施行令別表第二掲げる品目→施行規則第 13 条の５）
問 23 ～ 30　問 23　2　問 24　1　問 25　2　問 26　2　問 27　1
問 28　1　問 29　2　問 30　1
〔解説〕
問 23　この設問では毒物又は劇物直接取り扱わない販売形態については、法第３条第３項により法第４条の毒物劇物販売業の登録を要する。よってこの設問は誤り。　問 24　１設問のとおり。法第７条第３項。　問 25　この設問の毒物劇物販売業における登録の更新は、６年ごと。なお、毒物又は劇物製造業及び輸入業は、５年ごとに登録の更新を受けなければならない。なお、このことは法第４条第４項であったが、第８次地域一括法（平成 30 年６月 27 日法律第 63 号。）→施行は令和２月４月１日より法第４条第４項は、法第４条第３項となった。
問 26　この設問は業務上取扱者である「しろあり防除を行う事業者」は、砒素化合物たる毒物及びこれを含有する製剤について、業務上取扱者の届出を要する。
問 27　設問のとおり。法第 11 条第４項の飲食物使用禁止のこと。問 28　設問のとおり。特定毒物を輸入できる者は、毒物又は劇物の輸入業者と特定毒物研究者である。　問 29　２モノフルオール酢酸アミドの着色は施行令第 23 条で、青色に着色されていることである。　問 30　１設問のとおり。法第３条第３項ただし書規定による。

〔基礎化学〕
（一般・農業用品目・特定品目共通）

問 51　3
〔解説〕
炎色反応は Li（赤）、Na（黄）、K（紫）、Cu（青緑）、Ca（橙）、Sr（紅）、Ba（黄緑）である。
問 52　4
〔解説〕
解答のとおり
問 53　1
〔解説〕
希ガスは 18 族元素で He, Ne, Ar, Kr である。
問 54　4
〔解説〕
Ag は銀である。ハロゲンは 17 族元素で F, Cl, Br, I, At
問 55　4
〔解説〕
解答のとおり
問 56　5
〔解説〕
イオン化傾向とは陽イオンになり易さの尺度を表しており、一般的に K ＞ Ca ＞ Na ＞ Mg ＞ Al ＞ Zn ＞ Fe ＞ Ni ＞ Sn ＞ Pb ＞（H）＞ Cu ＞ Hg ＞ Ag ＞ Pt ＞ Au の順である。
問 57、問 58　問 57　1　問 58　3
〔解説〕
問 57　電気分解では陽極は酸化反応、陰極は還元反応が起こる。
問 58　硫酸イオンはこれ以上酸化を受けないので、水が酸化されて酸素ガスが発生する。$2H_2O \rightarrow 4H^+ + O_2 + 4e^-$
問 59　2
〔解説〕
-CHO はアルデヒド基である。
問 60　4
〔解説〕
安息香酸はベンゼンの水素原子一つをカルボキシル基（-COOH に置換したものである。
問 61　2

〔解説〕
ベンゼンの水素原子一つをアミノ基($-NH_2$)に置換したものをアニリンという。
問 62　2
〔解説〕
コロイド溶液に光を当てて光の進路が観察できる現象をチンダル現象という。
問 63　3
〔解説〕
スチレン、キシレン、エチレンは分子内に二重結合をもち、プロパンは単結合のみをもつ。
問 64　2
〔解説〕
マグネシウムイオン Mg^{2+}、アルミニウムイオン Al^{3+}、カリウムイオン K^{+}、亜鉛イオン Zn^{2+}、バリウムイオン Ba^{2+}
問 65　1
〔解説〕
青色リトマスを赤変させるのは酸性物質である。塩化アンモニウムは水に溶解すると弱酸性を示す。
問 66　5
〔解説〕
1kg = 1, 000, 000 mg であるので 20ppm となる。
問 67　2
〔解説〕
硫酸の分子量は 98 であるから、$98/98 \times 1000/500 = 2$ mol/L
問 68　4
〔解説〕
中和の公式は「酸の価数(a)×酸のモル濃度(c_1)×酸の体積(V_1) ＝ 塩基の価数(b)×塩基のモル濃度(c_2)×塩基の体積(V_2)」である。これに代入すると、$2 \times c_1 \times 40 = 1 \times 4 \times 80$,　$c_1 = 4.0$ mol/L
問 69　4
〔解説〕
1-ブテン、cis-2-ブテン、trans-2-ブテン、2-メチルプロペンの 4 つである。
問 70　2
〔解説〕
脂肪酸エステルのアルカリ加水分解をけん化という。
問 71　3
〔解説〕
解答のとおり
問 72　削除
問 73　6
〔解説〕
解答のとおり
問 74 ～ 76　　問 74　1　　問 75　7　　問 76　8
〔解説〕
問 74　$Zn + 2HCl \rightarrow ZnCl_2 + H_2$　　問 75　$2H_2O_2 \rightarrow 2H_2O + O_2$
問 76　$CaCO_3 + 2HCl \rightarrow CaCl_2 + H_2O + CO_2$
問 77　1
〔解説〕
pH が最も小さいものが最も酸性が強い。
問 78、問 79　　問 78　3　　問 79　1
〔解説〕
解答のとおり
問 80　3
〔解説〕
解答のとおり

〔毒物及び劇物の性質及び貯蔵その他取扱方法〕

（一般）

問 31 ～問 35　問 31　5　問 32　5　問 33　2　問 34　4　問 35　3

〔解説〕

問 31　硝酸は 10%以下で劇物から除外。　問 32　アクリル酸は 10%以下で劇物から除外。　問 33　ロテノンは２％以下で劇物から除外。　問 34　ピラクロストロビンは 6.8 %以下は劇物から除外。　問 35　水酸化ナトリウムは５％以下で劇物から除外。

問 36 ～問 40　問 36　3　問 37　2　問 38　1　問 39　5　問 40　4

〔解説〕

問 36　黄リン P_4 は、無色又は白色の蝋様の固体。毒物。別名を白リン。暗所で空気に触れるとリン光を放つ。水、有機溶媒に溶けないが、二硫化炭素には易溶。湿った空気中で発火する。空気に触れると発火しやすいので、水中に沈めてビンに入れ、さらに砂を入れた缶の中に固定し冷暗所で貯蔵する。　問 37　フッ化水素酸 HF は強い腐食性を持ち、またガラスを侵す性質があるためポリエチレン容器に保存する。　問 38　水酸化ナトリウム(別名：苛性ソーダ)NaOH は、白色結晶性の固体。貯蔵法については潮解性があり、二酸化炭素と水を吸収する性質が強いので、密栓して貯蔵する。　問 39　ヨウ素 I_2 は：黒褐色金属光沢ある稜板状結晶、昇華性。貯蔵法については気密容器に入れ、風通しの良い冷所に保存。　問 40　ピクリン酸は爆発性なので、火気に対して安全で隔離された場所に、イオウ、ヨード、ガソリン、アルコール等と離して保管する。鉄、銅、鉛等の金属容器を使用しない。4

問 41　1

〔解説〕

パラチオンは特定毒物で、有機燐化合物であるから解毒剤は、硫酸アトロピン又は PAM（２－ピリジルアルドキシムメチオダイド）が用いられる。

問 42 ～問 44　問 42　1　問 43　3　問 44　2

〔解説〕

問 42　四アルキル鉛は特定毒物。純品は無色(市販品は着色してある)、可燃性の揮発性液体。特異臭がある。廃棄法は酸化隔離法。　問 43　トルエンは可燃性の溶液であるから、これを珪藻土などに付着して、焼却する燃焼法。　問 44　硝酸銀の廃棄法は、硝酸銀の水溶液に食塩などを加え生成した塩化銀を濾過する沈殿法。

問 45 ～問 47　問 45　2　問 46　3　問 47　1

〔解説〕

解答のとおり。

問 48 ～問 50　問 48　2　問 49　1　問 50　3

〔解説〕

問 48　フェノール C_6H_5OH は無色の針状結晶あるいは白色の放射状結晶塊。用途は種々の薬品合成の原料となっている。その他にも防腐剤、殺菌剤に用いられる。毒性は皮膚や粘膜につくと火傷を起こす。また、その部分は白色となる。内服した場合には口腔、咽喉、胃に高度の灼熱感を訴え、悪心、嘔吐、めまいを起こし、失神、虚脱、呼吸麻痺で倒れる。尿は特有の暗赤色を呈する。　問 49　クロロホルム $CHCl_3$ は、無色、揮発性の液体で特有の香気とわずかな甘みをもち、麻酔性がある。原形質毒である。この作用は脳の節細胞を麻酔させ、赤血球を溶解する。強い麻酔作用があり、めまい､頭痛、吐き気をおぼえ、はなはだしい場合は、嘔吐、意識不明などを起こす。　問 50　硝酸 HNO_3 が皮膚に触れると、キサントプロテイン反応を起こし黄色に変色する。粘膜および皮膚に強い刺激性をもち、濃いものは、皮膚に触れるとガスを発生して、組織ははじめ白く、しだいに深黄色となる。

（農業用品目）

問 31 ～問 35　問 31　5　問 32　4　問 33　1　問 34　5　問 35　3

〔解説〕

問 31　硫酸は 10%以下で劇物から除外。　問 32　ラクロストロビンは 6.8 %以下は劇物から除外。　問 33　ジノカップは 0.2%以下で劇物から除外。

問 34　アンモニアは 10%以下で劇物から除外。　　問 35　ロテノンは２％以下で劇物から除外。

問 36 ～問 38　　問 36　3　　問 37　2　　問 38　1

〔解説〕

問 36　ブロムメチル CH_3Br は常温では気体であるため、これを圧縮液化し、圧容器に入れ冷暗所で保存する。　　問 37　シアン化カリウム KCN は、白色、潮解性の粉末または粒状物。猛毒性である。貯蔵法は、密封して、乾燥した場所に強力な酸化剤、酸、食品や飼料、二酸化炭素、水や水を含む生成物から離して貯蔵する。　　問 38　ロテノンはデリスの根に含まれる。殺虫剤。酸素、光で分解するので遮光保存。

問 39　1

〔解説〕

DDVP は、有機燐化合物であるから解毒剤は、硫酸アトロピン又は PAM（２－ピリジルアルドキシムメチオダイド）が用いられる。

問 40 ～問 42　問 40　2　　問 41　3　　問 42　1

〔解説〕

問 40　クロルピクリン CCl_3NO_2 は、無色～淡黄色液体。廃棄方法は少量の界面活性剤を加えた亜硫酸ナトリウムと炭酸ナトリウムの混合液中で、撹拌し分解させた後、多量の水で希釈して処理する分解法。　　問 41　ジクワットは、劇物で、ジピリジル誘導体で淡黄色結晶。廃棄方法は、有機物なので燃焼法、但しアフターバーナーとスクラバーを具備した焼却炉で焼却。　　問 42　硫酸銅 $CuSO_4$ は、水に溶解後、消石灰などのアルカリで水に難溶な水酸化銅 $Cu(OH)_2$ とし、沈殿ろ過して埋立処分する沈殿法。または、還元焙焼法で金属銅 Cu として回収する還元焙焼法。

問 43 ～問 45　問 43　2　　問 44　3　　問 45　1

〔解説〕

解答のとおり。

問 46 ～問 50　問 46　3　　問 47　5　　問 48　1　　問 49　2　　問 50　4

〔解説〕

解答のとおり。

（特定品目）

問 31 ～問 35　　問 31　4　　問 32　1　　問 33　4　　問 34　4　　問 35　2

〔解説〕

問 31　塩化水素は 10 %以下は劇物から除外。　　問 32　ホルムアルデヒドは 1%以下で劇物から除外。　　問 33　硫酸は 10%以下で劇物から除外。　　問 34　アンモニアは 10%以下で劇物から除外。　　問 35　水酸化カリウム(別名苛性カリ)は 5%以下で劇物から除外。

問 36 ～問 38　　問 36　3　　問 37　5　　問 38　2

〔解説〕

問 36　クロム酸ナトリウムは酸化性があるので工業用の酸化剤などに用いられる。　　問 37　一酸化鉛 PbO(別名密陀僧、リサージ)は劇物。赤色～赤黄色結晶。用途はゴムの加硫促進剤、顔料、試薬等。　　問 38　硝酸 HNO_3 は無色透明結晶。用途は冶金、爆薬製造、セルロイド工業、試薬。

問 39　1

〔解説〕

この設問はすべて正しい。

問 40 ～問 42　　問 40　2　　問 41　3　　問 42　1

〔解説〕

問 40　クロロホルム $CHCl_3$ は含ハロゲン有機化合物なので廃棄方法はアフターバーナーとスクラバーを具備した焼却炉で焼却する燃焼法。　　問 41　アンモニアは塩基性であるため希釈後、酸で中和し廃棄する中和法。　　問 42　酸化水銀（II）HgO の廃棄方法は、1)焙焼法：還元焙焼法により金属水銀として回収。2)沈殿廃棄法：Na2S により水に難溶性の Hg2S あるいは HgS として沈殿させ、これをセメントで固化し、溶出検査後埋立て処分。

問 43 ～問 45　　問 43　2　　問 44　3　　問 45　1

〔解説〕

解答のとおり。

問46～問50　問46　1　問47　2　問48　5　問49　4　問50　3
〔解説〕
解答のとおり。

〔実地試験〕

（一般）

問81～問85　問81　3　問82　2　問83　1　問84　3　問85　4
〔解説〕
問81　クロルピクリン CCl_3NO_2 劇物。無色～淡黄色液体、無臭、催涙性、粘膜刺激臭。水に不溶。　**問82**　モノフルオール酢酸ナトリウム FCH_2COONa は特毒。重い白色粉末、吸湿性、冷水に易溶、有機溶媒には溶けない。水、メタノールやエタノールに可溶。からい味と酢酸のにおいを有する。特毒。　**問83**　硫酸銅(Ⅱ) $CuSO_4・5H_2O$ は、濃い青色の結晶。風解性。水に易溶、水溶液は酸性。劇物。　**問84**　エチレンオキシドは劇物。無色のある液体。水、アルコール、エーテルに可溶。可燃性ガス、反応性に富む。蒸気は空気より重い。　**問85**　アセトニトリル CH_3CN は劇物。エーテル様の臭気を有する無色の液体。水、メタノール、エタノールに可溶。加水分解すれば、酢酸とアンモニアになる。

問86～問90　問86　3　問87　4　問88　1　問89　5　問90　2
〔解説〕
解答のとおり。

（農業用品目）

問81～問85　問81　3　問82　2　問83　1　問84　5　問85　4
〔解説〕
問81　一般の問81を参照。　**問82**　モノフルオール酢酸アミドは特定毒物。白色の結晶。無味無臭。水に易溶。用途は浸透性殺虫剤。　**問83**　一般の問83を参照。　**問84**　弗化スルフリル(SO_2F_2)は毒物。無色無臭の気体。水に溶ける。クロロホルム、四塩化炭素に溶けやすい。アルコール、アセトンにも溶ける。水では分解しないが、水酸化ナトリウム溶液で分解される。　**問85**　一般の問85を参照。

問86～問90　問86　3　問87　4　問88　1　問89　5　問90　2
〔解説〕
解答のとおり。

（特定品目）

問81～問85　問81　1　問82　3　問83　4　問84　2　問85　5
〔解説〕
問81　トルエン $C_6H_5CH_3$ は、劇物。特有な臭い(ベンゼン様)の無色液体。水に不溶。比重 1 以下。可燃性。引火性。劇物。　**問82**　メチルエチルケトン $CH_3COC_2H_5$(別名 2-ブタノン)は、劇物。アセトン様の臭いのある無色液体。引火性。有機溶媒、水に溶ける。沸点79.6℃。　**問83**　塩素 Cl_2 は劇物。黄緑色の気体で激しい刺激臭がある。冷却すると、黄色溶液を経て黄白色固体。水にわずかに溶ける。沸点-34 .05℃。強い酸化力を有する。極めて反応性が強く、水素又はアセチレンと爆発的に反応する。　**問84**　水酸化カリウム KOH(別名苛性カリ)は劇物(５%以下は劇物から除外。)で白色の固体で、空気中の水分や二酸化炭素を吸収する潮解性がある。水溶液は強いアルカリ性を示す。また、腐食性が強い。　**問85**　酢酸エチル $CH_3COOC_2H_5$(別名酢酸エチルエステル、酢酸エステル)は、劇物。強い果実様の香気ある可燃性無色の液体。揮発性がある。蒸気は空気より重い。引火しやすい。水にやや溶けやすい。

問86～問90　問86　3　問87　4　問88　1　問89　5　問90　2
〔解説〕
解答のとおり。

山梨県
令和元年度実施

〔法　規〕
（一般・農業用品目・特定品目共通）

問題１　1
〔解説〕
解答のとおり。

問題２　5
〔解説〕
この設問は法第 14 条第５項に示されている。

問題３　5
〔解説〕
この設問は施行規則第４条の４第２項における毒物又は劇物の販売業の店舗の設備基準で、イとウが正しい。なお、アについてはこのような規定はない。エの毒物又は劇物を貯蔵する際に、毒物又は劇物の貯蔵する場所にかぎをかける設備がないときには、その周囲に、堅固なさくを設けることとなっている。

問題４　4
〔解説〕
設問のとおり。

問題５　5
〔解説〕
この特定毒物については法第２条第３項→法別表第三に示されている。

問題６　1
〔解説〕
この設問は法第 10 条の届出についで、30 日以内に都道府県知事へ届出のことで、アとイが正しい。なお、ウについては何ら届け出を要しない。エについては個人営業から法人営業とその業態が変わっていることから新たに登録申請をし、廃止届を提出。

問題７　1
〔解説〕
この設問は法第８条における毒物劇物取扱責任者の資格についてで、アとウが正しい。ちなみに、イは法第８条第１項第二号で、厚生労働大臣が定める学校で、応用化学に関する学課を修了した者となっている。エは、毒物劇物製造業ではなく、特定品目のみを取り扱う輸入業の営業所もしくは特定品目のみを取り扱う販売業の店舗である。

問題８　3
〔解説〕
この設問の法第 16 条の２第２項は、盗難紛失の際の措置のこと。なお、同法第 16 条の２については、第８次地域一括法(平成 30 年６月 27 日法律第 63 号。)→施行は令和２月４月１日より法第 16 条の２は、法第 17 条となった。

問題９　4
〔解説〕
この法第 15 条は毒物又は劇物の交付の制限等のこと。解答のとおり。

問題 10　2
〔解説〕
この設問ではアとウが正しい。アは法第４条第４項の登録の更新。イは法第４条の２における販売業の登録の種類。ちなみに、イはアと同様に法第４条第４項の登録の更新で、毒物又は劇物の製造業又は輸入業については、５年ごとに、販売業については、６年ごとに登録の更新を受けなければならない。エは法第６条における登録事項のことで、この設問にあるような、その最大製造量については規定されていない。なお、アとイにおける設問の登録の更新の法第４条第４項については、第８次地域一括法(平成 30 年６月 27 日法律第 63 号。)→施行は令和２月４月１日より法第４条第４項は、法第４条第３項となった。

問題 11　2
〔解説〕

毒物又は劇物を譲渡手続をする際に書面に記載しなければならない事項とは、①毒物又は劇物の名称及び数量、②販売又は授与の年月日、③譲受人の氏名、職業及び住所(法人にあっては、その名称及び主たる事務所の所在地)。このことからウとオが正しい。

問題 12　3

〔解説〕

この設問は法第 12 条の表示のことで、3 が正しい。3 は法第 12 条第 3 項のこと。ちなみに、1 は法第 12 条第 1 項により、白地に赤色ではなく、赤地に白色をもってである。2 については法第 22 条第 4 項により、この設問にある法第 12 条第 3 項についても適用されるよって誤り。4 については法第 12 条第 2 項第三号で厚生労働省令で定める毒物又は劇物についてとあることからこの設問は誤り。5 は 1 と同様に法第 12 条第 1 項のことで条文のことで、劇物については、「医薬溶外」の文字及び白地に赤色をもって「劇物」の文字を表示しなければならないである。

問題 13　4

〔解説〕

この設問は法第 3 条の 4 で正当な理由を除いて所持しはならない品目とは→施行令第 32 条の 3 で、①亜塩素酸ナトリウム及びこれを含有する製剤 30 %以上、②塩素酸塩類及びこれを含有する製剤 35 %以上、③ナトリウム、④ピクリン酸である。このことからこの設問では誤りはどれかとあるので、4 が誤り。

問題 14　5

〔解説〕

この設問は法第 22 条第 1 項で業務上取扱者の届出についで、30 日以内に届け出なければならないと規定されている。このことからアが正しい。

問題 15　2

〔解説〕

この設問は着色する農業品目で法第 13 条→施行令第 39 条で、①硫酸タリウムを含有する製剤たる劇物、②燐化亜鉛を含有する製剤たる劇物については、→施行規則第 12 条において、あせにくい黒色に着色をしなければ販売し、又は授与することはできない。このことから 2 が正しい。

〔基礎化学〕
（一般・農業用品目・特定品目共通）

問題 16　3

〔解説〕

1 はメタノール、2 はジエチルエーテル、4 は酢酸、5 はアニリン

問題 17　1

〔解説〕

2 は金、3 は塩素、4 はアルゴン、5 はマンガン

問題 18　1

〔解説〕

炎色反応は Li (赤)、Na(黄)、K(紫)、Cu(青緑)、Ca(橙)、Sr(紅)、Ba(黄緑)である。

問題 19　5

〔解説〕

酸化数は分子全体で 0、酸素は－ 2、ハロゲンは－ 1 として計算する。

問題 20　4

〔解説〕

解答のとおり。

問題 21　2

〔解説〕

0.01 mol/L = 1.0×10^{-2} mol/L，よって pH は 2。

問題 22　3

〔解説〕

50%ブドウ糖溶液 40 g 中の溶質の重さは $40 \times 0.5=20$g。同様に 20%ブドウ糖溶液 10 g 中の溶質の重さは $10 \times 0.2 = 2$ g。よってこの混合溶液の濃度は$(20 + 2)/(40 + 10) \times 100 = 44$%

問題 23　3

〔解説〕
強酸と弱塩基から生じる塩は水に溶解すると酸性を示す。
問題 24　2
〔解説〕
酢酸 CH_3COOH
問題 25　4
〔解説〕
解答のとおり。
問題 26　1
〔解説〕
プロパン 4.4 g は 0.1 モルである。反応式より 1 モルのプロパンが燃焼すると 3 モルの二酸化炭素を生じることから、今回は 0.3 モルの二酸化炭素が生じる。0.3 × 22.4 = 6.72 L
問題 27　2
〔解説〕
イオン化傾向とは陽イオンになり易さの尺度で、K ＞ Ca ＞ Na ＞ Mg ＞ Al ＞ Zn ＞ Fe ＞ Ni ＞ Sn ＞ Pb ＞（H）＞ Cu ＞ Hg ＞ Ag ＞ Pt ＞ Au の順となる。
問題 28　3
〔解説〕
ブチルメチルエーテル、エチルプロピルエーテル、エチルイソプロピルエーテル、*s* ブチルメチルエーテル、*i* ブチルメチルエーテル、*t* ブチルメチルエーテルの 6 種類
問題 29　4
〔解説〕
圧力を下げると圧力を上げる方向、すなわち総分子数が増加する方向に平衡が移動する。水素や窒素を加えると、水素や窒素を減らす方向、すなわちアンモニアが生成する方向に平衡が移動する。
問題 30　5
〔解説〕
解答のとおり。

〔毒物及び劇物の性質及び貯蔵その他取扱方法〕

（一般）

問題 31　1
〔解説〕
この設問では誤りはどれかとあるので 1 が誤り。砒素については次のとおり。砒素 As は、同素体のうち灰色ヒ素が安定、金属光沢があり、空気中で燃やすと青白色の炎を出して As_2O_3 を生じる。水に不溶。Pb との合金は球形と成り易いので散弾の製造に用いられる。冶金、化学工業用としても用いられる。毒性：初期症状は嚥下症状、胃激痛、嘔吐、下痢症状等の胃腸障害。さらに蛋白尿、血尿などの腎障害が現れて死亡。
問題 32　1
〔解説〕
この設問では誤りはどれかとあるので 1 が誤り。シュウ酸 $(COOH)_2 \cdot 2H_2O$ は一般に流通しているものは二水和物で無色の結晶である。風解性、還元性、漂白剤、鉄さび落とし。無水物は白色粉末。水、アルコールに可溶。エーテルには溶けにくい。また、ベンゼン、クロロホルムにはほとんど溶けない。注意して加熱すると昇華するが、急に加熱すると分解する。水溶液は、過マンガン酸カリウムの溶液を退色する。用途は木・コルク・綿などの漂白剤。その他鉄錆びの汚れ落としに用いる。血液中のカルシウムを奪取し、神経系を侵す。胃痛、嘔吐、口腔咽喉の炎症、腎臓障害。中毒の療法は、石灰水を与えるか、胃洗浄を行う。
問題 33　5
〔解説〕
ウとエが液体。ちなみに、燐化水素（別名ホスフィン）は腐魚臭がある気体。ピクリン酸は、淡黄色の針状結晶。
問題 34 ～問題 37　問題 34　3　　問題 35　5　　問題 36　2　　問題 37　4
〔解説〕
問題 34　シアン化カリウム KCN は、白色、潮解性の粉末または粒状物。貯蔵

法は、少量ならばガラス瓶、多量ならばブリキ缶又は鉄ドラム缶を用い、酸類とは離して風通しの良い乾燥した冷所に密栓して貯蔵する。　**問題 35**　過酸化水素水 H_2O_2 は、少量なら褐色ガラス瓶(光を遮るため)、多量ならば現在はポリエチレン瓶を使用し、3 分の 1 の空間を保ち、有機物等から引き離し日光を避けて冷暗所保存。　**問題 36**　黄リン P_4 は、無色又は白色の蝋様の固体。毒物。別名を白リン。暗所で空気に触れるとリン光を放つ。水、有機溶媒に溶けないが、二硫化炭素には易溶。湿った空気中で発火する。空気に触れると発火しやすいので、水中に沈めてビンに入れ、さらに砂を入れた缶の中に固定し冷暗所で貯蔵する。

問題 37　カリウム K は、劇物。銀白色の光輝があり、ろう様の高度を持つ金属。貯蔵法は水や酸素との接触を断つため通常は石油の中に貯蔵する。

問題 38 ～問題 40　問題 38　5　**問題 39**　2　**問題 40**　4

〔解説〕

劇物から除外については法第２条第２項→法別表第二→指定令第２条に示されている。

問題 41 ～問題 43　問題 41　5　**問題 42**　4　**問題 43**　2

〔解説〕

問題 41　ホルムアルデヒド HCHO を吸引するとその蒸気は鼻、のど、気管支、肺などを激しく刺激し炎症を起こす。　**問題 42**　水酸化ナトリウム NaOH は、水溶液は皮膚の蛋白質を激しく侵し、皮膚内部まで侵襲する。吸うと肺水腫をおこすことがあり、また目に入れば失明する。マウスにおける 50 ％致死量は、腹腔内投与で体重 1 kg あたり 40mg である。　**問題 43**　クロルピクリン CCl_3NO_2 は、無色～淡黄色液体、催涙性、粘膜刺激臭。水に不溶。線虫駆除、燻蒸剤。毒性・治療法は、血液に入りメトヘモグロビンを作り、また、中枢神経、心臓、眼結膜を侵し、肺にも強い傷害を与える。

問題 44 ～問題 45　問題 44　4　**問題 45**　3

〔解説〕

問題 44　シアン化ナトリウム NaCN(別名青酸ソーダ)は、白色、潮解性の粉末または粒状物。酸と反応して猛毒の HCN(アーモンド様の臭い)を発生する。　無機シアン化合物の中毒：猛毒の血液毒、チトクローム酸化酵素系に作用し、呼吸中枢麻痺を起こす。治療薬は亜硝酸ナトリウムとチオ硫酸ナトリウム。　**問題 45**

EPN は、芳香臭のある淡黄色油状または融点 36 ℃の結晶の劇物で、EPN は有機燐製剤なので、口や呼吸により体内に摂取されるばかりでなく、皮膚からの呼吸が激しい。血液中のコリンエステラーゼと結合し、その作用を阻害する。解毒・治療薬にはＰＡＭ・硫酸アトロピンを用いる。

（農業用品目）

問題 31 ～問題 33　問題 31　1　**問題 32**　4　**問題 33**　3

〔解説〕

問題 31　クロルピクリン CCl_3NO_2 は、純品は無色の油状体であるが、市販品はふつう微黄色を呈している。催涙性があり、強い粘膜刺激臭を有する。水にはほとんど溶けないが、アルコール、エーテルなどには溶ける。　**問題 32**　燐化亜鉛 Zn_3P_2 は、灰褐色の結晶又は粉末。かすかにリンの臭気がある。水、アルコールには溶けないが、ベンゼン、二硫化炭素に溶ける。酸と反応して有毒なホスフィン PH3 を発生。　**問題 33**　2-(1-メチルプロピル)-フエニル-N-メチルカルバメート(別名フェンカルブ・BPMC)は劇物。無色透明の液体またはプリズム状結晶。水にほとんど溶けない。エーテル、アセトン、クロロホルムなどに可溶。２％以下は劇物から除外。

問題 34 ～問題 36　問題 34　4　**問題 35**　1　**問題 36**　5

〔解説〕

問題 34　２－ｼﾞﾌｪﾆﾙｱｾﾁﾙ－ 1･3 －ｲﾝﾀﾞﾝｼﾞｵﾝ(別名　ダイファシノン)は、黄色結晶性粉末。殺鼠剤。　**問題 35**　S-メチル-N[(メチルカルバモイイル)-オキシ]-チオアセイミデート（別名　メトミル）は、カルバメート剤で劇物、白色結晶。用途は殺虫剤(キャベツのアブラムシ、アオムシ、ヨトウムシなどの駆除)。

問題 36　ナラシンは毒物(10 ％以下は劇物)。白色～淡黄色の粉末。用途は飼料添加物。

問題 37 ～問題 38　問題 37　5　**問題 38**　4

〔解説〕

劇物から除外については法第２条第２項→法別表第二→指定令第２条に示されている。

問題 39 ～問題 41　問題 39　2　　**問題 40**　5　**問題 41**　4

〔解説〕

問題 39　ブロムメチル CH_3Br は可燃性・引火性が高いため、火気・熱源から遠ざけ、直射日光の当たらない換気性のよい冷暗所に貯蔵する。耐圧等の容器は錆防止のため床に直置きしない。　**問題 40**　ロテノンは酸素によって分解し殺虫効力を失うため、空気と光を遮断して貯蔵する。　**問題 41**　塩素酸ナトリウム $NaClO_3$ は、無色無臭結晶。可燃性物質と混合すると爆発する危険性があるので、同一保管をせず、金属腐食性があるので金属容器をさける。また、潮解性があるので、乾燥した冷暗所に密栓保存する。

問題 42 ～問題 45　問題 42　1　　**問題 43**　2　　**問題 44**　3　　**問題 45**　5

〔解説〕

解答のとおり。

（特定品目）

問題 31　5

〔解説〕

この設問では、5が誤り。次のとおり。塩素 Cl_2 は劇物。黄緑色の気体で激しい刺激臭がある。冷却すると、黄色溶液を経て黄白色固体。水にわずかに溶ける。沸点-34 .05 ℃。強い酸化力を有する。極めて反応性が強く、水素又はアセチレンと爆発的に反応する。水分の存在下では、各種金属を腐食する。水溶液は酸性を呈する。粘膜接触により、刺激症状を呈する。廃棄法：アルカリ法と還元法がある。用途は酸化剤、紙パルプの漂白剤、殺菌剤、消毒薬。中毒症状は、粘膜刺激、目、鼻、咽喉および口腔粘膜に障害を与える。

問題 32　2

〔解説〕

一般問 32 を参照。

問題 33　1

〔解説〕

この設問で固体であるものとあので、アとイが該当する。硅弗化ナトリウムは劇物。無色の結晶。重クロム酸ナトリウムは、やや潮解性の赤橙色結晶。ちなみに、酢酸エチルは無色で果実臭のある可燃性の液体。キシレンは、無色透明の液体。

問題 34 ～問題 37　問題 34　4　**問題 35**　5　　**問題 36**　3　**問題 37**　1

〔解説〕

解答のとおり。

問題 38 ～問題 40　問題 38　1　**問題 39**　2　　**問題 40**　4

〔解説〕

問題 38　ホルムアルデヒドは 1%以下で劇物から除外。**問題 39**　水酸化ナトリウムは５%以下で劇物から除外。　**問題 40**　塩化水素は 10 %以下は劇物から除外。

問題 41 ～問題 43　問題 41　3　　**問題 42**　4　　**問題 43**　5

〔解説〕

解答のとおり。

問題 44 ～問題 45　問題 44　2　　**問題 45**　1

〔解説〕

問題 44　クロム酸ナトリウムは黄色結晶。用途としては酸化性があるので工業用の酸化剤などに用いられる。　**問題 45**　酢酸鉛（別名二酢酸）は無色結晶。用途は合成染料、絹の増量剤、防水剤、試薬等に用いられる。

〔実　地〕

（一般）

問題 46 ～問題 50　**問題 46**　5　**問題 47**　1　**問題 48**　2　**問題 49**　4
問題 50　3

〔解説〕
解答のとおり。

問題 51　3

〔解説〕
この設問の硝酸については３が誤り。硝酸 HNO_3 は強酸なので、中和法、徐々にアルカリ(ソーダ灰、消石灰等)の攪拌溶液に加えて中和し、多量の水で希釈処理する中和法。

問題 52 ～問題 56　**問題 52**　3　**問題 53**　2　**問題 54**　5　**問題 55**　1
問題 56　4

〔解説〕
解答のとおり。

問題 57 ～問題 58　**問題 57**　1　**問題 58**　2

〔解説〕
解答のとおり。

問題 59 ～問題 60　**問題 59**　3　**問題 60**　1

〔解説〕
有機燐製剤の解毒剤は硫酸アトロピン又は PAM（２－ピリジルアルドキシムメチオダイド）が用いられる。

（農業用品目）

問題 46 ～問題 49　**問題 46**　4　**問題 47**　2　**問題 48**　1　**問題 49**　3

〔解説〕
問題 46　塩素酸ナトリウム $NaClO_3$ は酸化剤なので、希硫酸で $HClO_3$ とした後、これを還元剤中へ加えて酸化還元後、多量の水で希釈処理する還元法。４　**問題 47**　クロルピクリン CCl_3NO_2 は、無色～淡黄色液体。廃棄法は少量の界面活性剤を加えた亜硫酸ナトリウムと炭酸ナトリウムの混合液中で、撹拌し分解させた後、多量の水で希釈して処理する分解法。　**問題 48**　ジメチル－４－メチルメルカプト－３－メチルフェニルチオホスフェイト(別名フェンチオン)は、劇物。褐色の液体。弱いニンニク臭を有する。廃棄法：木粉(おが屑)等に吸収させてアフターバーナー及びスクラバーを具備した焼却炉で焼却する焼却法。（スクラバーの洗浄液には水酸化ナトリウム水溶液を用いる。）　**問題 49**　硫酸第二銅（硫酸銅）$CuSO_4$ 濃い青色の結晶。廃棄法は、沈殿法或いは多量の場合は、還元焙焼法。

問題 50 ～問題 53　**問題 50**　1　**問題 51**　3　**問題 52**　5　**問題 53**　2

〔解説〕
解答のとおり。

問題 54 ～問題 55　**問題 54**　3　**問題 55**　2

〔解説〕
解答のとおり。

問題 56　3

〔解説〕
解答のとおり。

問題 57　5

〔解説〕
シアン化カリウム KCN は無機シアン化合物なので強アルカリにしてから酸化処理をして(シアン酸カリウム KCNO)から、多量の水で希釈処理。

問題 58　1

〔解説〕
２－イソプロピルフェニル　N －メチルカルバメートは、劇物。白色結晶性の粉末。吸入した場合は、頭痛、めまい、嘔吐、腹痛、下痢等を発現し、はなはだしい場合は縮瞳、意識混濁、全身痙攣を起こすこみとがある。用途は、殺虫剤。解毒剤は硫酸アトロピンを用いる。

問題 59 ～問題 60　**問題 59**　2　**問題 60**　4

〔解説〕
ホサロンは、劇物。白色の結晶。ネギの様な臭気がある。水に不溶。用途は殺虫剤。

（特定品目）

問題 46 ～問 50　　問題 46　5　　問題 47　1　　問題 48　2　　問題 49　4
　〔解説〕　　　　問題 50　3
　　解答のとおり。

問題 51　4
　〔解説〕
　　硅弗化ナトリウム $Na_2[SiF_6]$ は無色の結晶。水に溶けにくく、酸と接触すると有毒なガスを発生する。用途は釉薬、試薬。

問題 52 ～問 56　　問題 52　3　　問題 53　2　　問題 54　5
　　　　　　　　　問題 55　1　　問題 56　4
　〔解説〕
　　解答のとおり。

問題 57　3
　〔解説〕
　　酢酸エチル $CH_3COOC_2H_5$ は、無色果実臭の可燃性液体で、溶剤として用いられる。

問題 58 ～問題 59　問題 58　3　　問題 59　2
　〔解説〕
　　四塩化炭素（テトラクロロメタン）CCl_4 は、特有な臭気をもつ不燃性、揮発性無色液体、水に溶けにくく有機溶媒には溶けやすい。洗濯剤、清浄剤の製造などに用いられる。確認方法はアルコール性 KOH と銅粉末とともに煮沸により黄赤色沈殿を生成する。

問題 60　5
　〔解説〕
　　一般の問 51 を参照。

長野県
令和元年度実施

〔法　規〕
（一般・農業用品目・特定品目共通）

第1問　1
〔解説〕
法第１条の目的のこと。

第2問　5
〔解説〕
法第３条第３項のこと。

第3問　4
〔解説〕
法第３条の３のこと。

第4問　3
〔解説〕
この設問は法第３条の４で正当な理由を除いて所持しはならない品目とは→施行令第 32 条の３で、①亜塩素酸ナトリウム及びこれを含有する製剤 30 ％以上、②塩素酸塩類及びこれを含有する製剤 35 ％以上、③ナトリウム、④ピクリン酸である。このことからこの設問では３のピクリン酸である。

第5問　2
〔解説〕
毒物とは法第２条第１項→法別表第一に示されている。

第6問　4
〔解説〕
特定毒物とは法第２条第３項→法別表第三に示されている。

第7問　1
〔解説〕
毒物劇物農業用品目販売業者が販売できる品目については、法第４条の３第１項第一号→施行規則第４条の２→施行規則別表第一に示されている。この設問では毒物劇物農業用品目販売業者が販売できないものとあるので、１の硝酸タリウムが該当する。

第8問　3
〔解説〕
毒物劇物特定品目販売業者が販売できる品目については、法第４条の３第１項第二号→施行規則第４条の３→施行規則別表第二に示されている品目のみ。この設問では毒物劇物特定品目販売業者が販売できないものとあるので、３のフェノールが該当する。

第9問　2
〔解説〕
この設問で正しいのは、２である。２については法第３条の２第４項のこと。ちなみに、１については特定毒物を輸入できるのは、毒物又は劇物輸入業者と特定毒物研究者のみである。法第３条の２第２項に示されている。３については特定毒物研究者を許可するのは、都道府県知事である。法第６条の２に示されている。５の特定毒物研究者は、登録の更新ではなく、許可である。３と同様。

第10問　5
〔解説〕
この設問で正しいのは、５である。５は法第４条第３項に示されている。ちなみに、１について毒物又は劇物製造業又は輸入業の登録は、５年ごとに、販売業の登録については、６年ごとに更新を受けなければならないである。２については、厚生労働大臣に直接ではなく、都道県知事を経て厚生労働大臣に申請書をださなければならないである。法第４条第２項のこと。４については法第３条第３項ただし書規定により、他の毒物劇物営業者に自ら製造した毒物又は劇物を販売業の登録を受けなくても販売することができる。なお、法第４条は、第８次地域一括法(平成 30 年６月 27 日法律第 63 号。)→施行は令和２月４月１日により同法第４条第３項が削られ、同第４条第４項が同法第４条第３項に改められた。また、２の設問にある都道府県知事を経て厚生労働大臣ではなく、その所在地のある都道府県知事に申請書をださなければならないと改められた。

第11問　5
〔解説〕
　この設問は法第7条及び第8条における毒物劇物取扱責任者のことで、正しいのは、d と e である。d は法第7条第2項。e は法第8条第2項第一号のこと。ちなみに、a は法第7条第1項ただし書によりおかなくてもよい。b の一般毒物劇物取扱責任者に合格した者は、毒物又は劇物の販売品目における制限はないので、毒物劇物取扱責任者になることができる。
第12問　4
〔解説〕
　特定毒物における着色基準については施行令で示されている。この設問にあるジメチルエチルメルカプトエチルホスフェイトは施行令第17条で紅色に着色と定められている。
第13問　3
〔解説〕
　この設問は施行規則第4条の4第2項における毒物又は劇物の販売業の店舗の設備基準で、3が正しい。
第14問　2
〔解説〕
　この設問は法第10条の届出についてで誤りはどれかとあるので、2が誤り。2については、登録以外の毒物又は劇物を製造する際には、法第9条第1項により、あらかじめ、登録の変更を受けなければならないである。
第15問　4
〔解説〕
　この設問は法第12条第2項第四号→施行規則第11条の6第三号における衣料用防虫剤を販売する際に、その容器及び被包を表示する事項で、c と e が正しい。
第16問　4
〔解説〕
　法第12条第1項に示されている。
第17問　3
〔解説〕
　この設問は着色する農業品目で法第13条→施行令第39条で、①硫酸タリウムを含有する製剤たる劇物、②燐化亜鉛を含有する製剤たる劇物については、→施行規則第12条において、あせにくい黒色に着色をしなければ販売し、又は授与することはできない。このことから3が正しい。
第18問　1
〔解説〕
　この法第14条第1項とは、毒物又は劇物を譲渡手続きする際に、書面に記載する事項→①毒物又は劇物の名称及び数量、②販売又は授与の年月日、③譲受人の氏名、職業及び住所(法人にあっては、その名称及び主たる事務所の所在地)である。このことからこの設問で正しいのは、1である。
第19問　2
〔解説〕
　この設問は、毒物劇物営業者が販売し、又は授与する際に、譲受人に対して毒物又は劇物の性状及び取扱における情報提供の内容について施行令第40条の9第1項→施行規則第13条の12に示されている。
第20問　1
〔解説〕
　この設問は施行令第40条における毒物又は劇物の廃棄基準のこと。
第21問　2
〔解説〕
　この設問にある劇物たる硫酸50%を車両(1回5,000kg↑)を使用する際に、毒物又は劇物を運搬方法については施行令第40条の5で示されている。この設問で正しいのは、2である。2は施行令第40条の5第2項第三号のこと。ちなみに、1は施行規則第13条の4第一号において、3時間ではなく、4時間を超える場合交替して運転する者を同乗させなければならない。3については密閉されていなければならない。4は施行規則第13条の5で、地を黒色、文字を白色として「毒」と表示し、車両の前後の見やすい箇所に掲げなければならないである。5は法第12条第1項により、「医薬用外」の文字及び毒物については赤地に白色、劇物については白地に赤色をもって「劇物」の文字を表示しなければならないである。

第 22 問　3
〔解説〕
この設問の特定毒物である燐化アルミニウムとその分解促進剤における使用者と用途については施行令第 28 条で、①使用者は、国、地方公共団体、農業協同組合又は日本たばこ産業株式会社、②用途は、燻蒸による倉庫内、コンテナ、船倉内の鼠、昆虫等の駆除である。

第 23 問　5
〔解説〕
この設問は法第 16 条の２における事故の際の措置のことで、正しいのは d と e である。この設問の法第 16 条の２は、事故の際の措置のこと。なお、同法第 16 条の２については、第８次地域一括法(平成 30 年６月 27 日法律第 63 号。)→施行は令和２月４月１日より法第 16 条の２は、法第 17 条となった。

第 24 問　3
〔解説〕
法第 21 条第１項に示されている。

第 25 問　5
〔解説〕
この設問は、業務上取扱者については法第 22 条第１項→施行令第 41 条及び第 42 条で、①シアン化ナトリウム又は無機シアン化合物を使用する電気めっきを行う事業、②シアン化ナトリウム又は無機シアン化合物を使用する金属熱処理を行う事業、③大型自動車 5000kg 以上に毒物又は劇物を積載して行う大型運送業、④しろあり防除行う事業である。このことから５が正しい。

〔学　科〕
（一般・農業用品目・特定品目共通）

第 26 問　5
〔解説〕
1 は同族体、3 は三態が異なるもの

第 27 問　3
〔解説〕
炎色反応は Li　(赤)、Na(黄)、K(紫)、Cu(青緑)、Ca(橙)、Sr(紅)、Ba(黄緑)である。

第 28 問　2
〔解説〕
原子は正電荷を帯びた原子核と負電荷を帯びた電子からなる。原子核はさらに陽子と、電荷をもたない中性子からなる。原子の重さは原子核の重さにほぼ等しく、原子番号は陽子の数と電子の数のそれぞれに等しい。

第 29 問　3
〔解説〕
1 はイオン結合と共有結合、2 は共有結合、4 は金属結合、5 はイオン結合である。

第 30 問　4
〔解説〕
10%食塩水 100 g に含まれる溶質の重さは $100 \times 10/100 = 10$ g。40%食塩水 200 g に含まれる溶質の重さは $200 \times 40/100 = 80$ g。よってこの混合溶液の質量%濃度は、$(10 + 80)/(100 + 200) \times 100 = 30$

第 31 問　5
〔解説〕
電子を受け取ることを還元と言い、還元剤は自身が酸化され、相手を還元する物質である。

第 32 問　1
〔解説〕
2 はシャルルの法則、3 はアボガドロの法則、4 はヘンリーの法則、5 はドルトンの法則である。

第 33 問　5
〔解説〕
1 はブラウン運動、2 は凝析、3 はゾル、4 はコロイド粒子は半透膜を通過できない。

第 34 問　4

〔解説〕

1 はメチル基、2 はメルカプト基、3 はアルデヒド基、5 はカルボキシル基。

第 35 問　4

〔解説〕

エタノールはナトリウムと反応して水素を発生する。酢酸は 1 価の酸である。第一級アルコールは酸化されてアルデヒドになる。第三級アルコールは酸化されにくい。

（一般）

第 36 問　3

〔解説〕

シアン化カリウムは無色の粉末で、空気中の二酸化炭素や水分によって青酸ガスを発生する。水溶液はアルカリ性を示し、酸と反応して青酸ガスを発生する。冶金に用いられる。

第 37 問　5

〔解説〕

過酸化水素は無色油状の液体で 6%以下の含有で劇物から除外される。常温で徐々に酸素と水に分解し、安定剤に少量の酸を加える。

第 38 問　3

〔解説〕

四塩化炭素は水に溶解しない重い液体で、可燃性はない。蒸気は空気よりも重く、高熱下、酸素と水が共存するとホスゲンを生じる。溶剤として用いられる。

第 39 問　3

〔解説〕

金属光沢をもつ銀白色のろう様の硬度の固体。ナトリウムよりも激しく反応し、水と反応すると水素と水酸化カリウムに変化する。灯油中に保存し、炎色反応では紫色を呈する。

第 40 問　1

〔解説〕

ニトロベンゼンはアニリンの合成原料、酸化剤などに用いられる。

第 41 問　2

〔解説〕

解答のとおり

第 42 問　3

〔解説〕

解答のとおり

第 43 問　5

〔解説〕

塩素酸ナトリウムは塩基性を示し酸化力があるので、中和し還元して廃棄する。

第 44 問　3

〔解説〕

硫酸は不揮発性の強酸である。また水に対し発熱するため、土砂などで流れを食い止め、遠くから徐々に注水し、最後にアルカリによって中和する。

（一般・農業用品目・特定品目共通）

第 45 問　4

〔解説〕

LC_{50} は半数致死濃度であり半数致死量は LD_{50} である。この値が小さいほど毒性が強い。

（農業用品目）

第 36 問　3

〔解説〕

無色油状の液体で、催涙性がある。土壌燻蒸剤として用いられており、金属腐食性が強い。強塩基と反応するので接触を避ける。

第 37 問　5

〔解説〕

硫酸亜鉛の水和物は無色の結晶で強熱されると酸化亜鉛を生じる。防腐剤や殺菌剤に用いられる。
第 38 問　1
〔解説〕
フェンチオンは無色無臭の液体である（工業用のものはわずかにニンニク臭がある)。
第 39 問　4
〔解説〕
白色の粉末でカルバメート殺虫薬である。毒物に指定されており、45 %以下の含量で劇物になる。水、メタノール、アセトンに溶解する。
第 40 問　4
〔解説〕
ダイアジノンは有機リン系殺虫剤である。
第 41 問　1
〔解説〕
カルバメート系殺虫剤であるため硫酸アトロピンで解毒する。
第 42 問　1
〔解説〕
リン化亜鉛は酸により有毒なホスフィンを生じる。
第 43 問　3
〔解説〕
DEP は燃焼法またはアルカリ法により廃棄する。
第 44 問　1
〔解説〕
解答のとおり

（特定品目）

第 36 問　1
〔解説〕
アンモニアは無色で刺激臭のある気体である。
第 37 問　3
〔解説〕
酸化水銀 HgO は黄色から橙赤色の結晶性粉末で、水にほとんど溶けない。
第 38 問　3
〔解説〕
四塩化炭素は水に溶解しない重い液体で、可燃性はない。蒸気は空気よりも重く、高熱下、酸素と水が共存するとホスゲンを生じる。溶剤として用いられる。
第 39 問　2
〔解説〕
水酸化カリウムは白色の潮解性固体で、水やアルコールに溶解しその際は発熱する。溶液は強いアルカリ性を示す。
第 40 問　5
〔解説〕
解答のとおり
第 41 問　2
〔解説〕
CH_3CHO はアセトアルデヒドである。
第 42 問　1
〔解説〕
解答のとおり
第 43 問　3
〔解説〕
解答のとおり
第 44 問　3
〔解説〕
解答のとおり

〔実　地〕

（一般）

第 46 問～第 50 問　**第 46 問**　3　**第 47 問**　5　**第 48 問**　2
第 49 問　1　**第 50 問**　4

〔解説〕

第 46 問　ヨウ素 I_2 は、劇物。黒褐色金属光沢ある稜板状結晶、昇華性。水に溶けにくい(しかし､KI 水溶液には良く溶ける KI ＋ I2 → KI3)。有機溶媒に可溶(エタノールやベンゼンでは褐色、クロロホルムでは紫色)。用途は、ヨード化合物の製造、分析用、写真感光剤原料、医療用。　**第 47 問**　クロム酸鉛 $PbCrO_4$ は黄色または赤黄色粉末、沸点:844 ℃、水にほとんど溶けず、希硝酸、水酸化アルカリに溶ける。酢酸、アンモニア水には不溶。別名はクロムイエロー。用途は顔料、分析用試薬。　**第 48 問**　塩素酸カリウム $KClO_3$(別名塩素酸カリ)は、無色の結晶。水に可溶。アルコールに溶けにくい。熱すると酸素を発生する。そして、塩化カリとなり、これに塩酸を加えて熱すると塩素を発生する。用途はマッチ、花火、爆発物の製造、酸化剤、抜染剤、医療用。　**第 49 問**　亜硝酸ブチル $C_4H_9NO_2$ は毒物。黄色の液体。特異臭がある。水に溶けない。用途は試薬。　**第 50 問**　臭化エチル C_2H_5Br は、劇物。無色透明。引火性のある揮発性液体。エーテル様の臭気をもつ。光および空気により黄色となる。用途はアルキル化剤。

第 51 問～第 52 問　**第 51 問**　3　**第 52 問**　4

〔解説〕

解答のとおり。

第 53 問～第 54 問　**第 53 問**　2　**第 54 問**　5

〔解説〕

解答のとおり。

第 55 問～第 57 問　**第 55 問**　2　**第 56 問**　1　**第 57 問**　4

〔解説〕

解答のとおり。

第 58 問　1

〔解説〕

セレン Se は毒物。灰色の金属光沢を有するペレットまたは黒色の粉末。水に不溶。鑑別法は炭の上に小さな孔をつくり、脱水炭酸ナトリウムの粉末とともに試料を吹管炎で熱灼すると、特有のニラ臭を出し、冷えると赤色のかたまりとなる。これは濃硫酸に緑色に溶ける。

第 59 問　4

〔解説〕

解答のとおり。

第 60 問　3

〔解説〕

カリウム K は劇物。金属光沢をもつ銀白色の金属。性質はナトリウムに似ている。水に入れると、水素を生じ、常温では発火する。

（農業用品目）

第 46 問～第 50 問　**第 46 問**　4　**第 47 問**　3　**第 48 問**　2
第 49 問　5　**第 50 問**　1

〔解説〕

解答のとおり。

第 51 問～第 52 問　**第 51 問**　1　**第 52 問**　2

〔解説〕

ダイファシノンは毒物。黄色結晶性粉末。アセトン酢酸に溶ける。水にはほとんど溶けない。0.005 %以下を含有するものは劇物。用途は殺鼠剤。

第 53 問～第 54 問　**第 53 問**　3　**第 54 問**　2

〔解説〕

硫酸銅、硫酸銅(Ⅱ)$CuSO_4 \cdot 5H_2O$ は、濃い青色の結晶。風解性。水に易溶、水溶液は酸性。劇物。用途は、試薬、工業用の電解液、媒染剤、農業用殺菌剤。

第 55 問～第 57 問　**第 55 問**　4　**第 56 問**　5　**第 57 問**　3

〔解説〕

ニコチンは毒物。純ニコチンは無色、無臭の油状液体。水、アルコール、エーテルに安易に溶ける。用途は殺虫剤。硫酸酸性水溶液に、ピクリン酸溶液を加えると黄色結晶を沈殿する。
第 58 問　3
〔解説〕
ヨウ化メチル CH_3I は、無色または淡黄色透明液体、低沸点、光により I_2 が遊離して褐色になる(一般にヨウ素化合物は光により分解し易い)。エタノール、エーテルに任意の割合に混合する。水に不溶。Ｉｉｙｅガス殺菌剤としてたばこの根瘤線虫、立枯病に使用する。
第 59 問　1
〔解説〕
エチルチオメトンは、毒物。淡黄色の液体。硫黄特有の臭いがある。水に難溶。有機溶媒に可溶。用途は有機燐系殺虫剤。５％以下は劇物から除外。
第 60 問　3
〔解説〕
解答のとおり。

（特定品目）

第 46 問～第 50 問　第 46 問　4　第 47 問　2　第 48 問　3
第 49 問　5　第 50 問　1
〔解説〕
解答のとおり。
第 51 問～第 52 問　第 51 問　2　第 52 問　5
〔解説〕
酢酸エチルは無色で果実臭のある可燃性の液体。その用途は主に溶剤や合成原料、香料に用いられる。
第 53 問～第 54 問　第 53 問　3　第 54 問　5
〔解説〕
一酸化鉛 PbO は、重い粉末で、黄色から赤色までの間の種々のものがある。希硝酸に溶かすと、無色の液となり、これに硫化水素を通じると、黒色の沈殿を生じる。
第 55 問～第 57 問　第 55 問　1　第 56 問　2　第 57 問　2
〔解説〕
解答のとおり。
第 58 問　3
〔解説〕
ホルマリンはホルムアルデヒド HCHO の水溶液。１％石炭酸溶液数滴を加え、硫酸上に層積せしめると、赤色の輪層を生ずる。
第 59 問　1
〔解説〕
解答のとおり。
第 60 問　4
〔解説〕
解答のとおり。

岐阜県
令和元年度実施

〔毒物及び劇物に関する法規〕
（一般・農業用品目・特定品目共通）

問１　４
〔解説〕
この設問は法第 1 条の目的と、法第２条の定義についてで、正しいのは４である。４は法第２条の定義のこと。なお、１と２は法第１条で‥保健衛生上の見地から取締を行うことを目的としているである。また、３と５は法第２条についてで、３は４と同様に、医薬品及び医薬部外以外のものである。５の特定毒物は、法第２条第３項に示されている。

問２　1
〔解説〕
この設問は法第３条第３項のこと。

問３　3
〔解説〕
特定毒物である四アルキル鉛は施行令第２条において、赤色、青色、黄色又は緑色に着色することと定められている。

問４　5
〔解説〕
解答のとおり。

問５　2
〔解説〕
この設問は法第 12 条第２項第三号における毒物又は劇物の容器及び被包についいて表示を掲げる事項で厚生労働省令で定める毒物又は劇物〔有機燐化合物〕に解毒剤の名称〔① PAM の製剤、②硫酸アトロピンの製剤〕を表示。

問６　1
〔解説〕
この設問では劇物に該当するものとあるので、アとイが該当する。ちなみに、アクリル酸は 10 ％以下は劇物から除外。黄燐と四アルキル鉛は毒物。四アルキル鉛は特定毒物にも指定されている。

問７　5
〔解説〕
この設問は業務上取扱者の届出における事業者についてで、誤っているものはどれかとあるので、オが誤り。なお、ウの四アルキル鉛については施行規則第 13 条の 13 により業務上取扱者の届出における事業者に該当する。
法第 22 条第１項→施行令第 41 条及び第 42 条で、①シアン化ナトリウム又は無機シアン化合物を使用する電気めっきを行う事業、②シアン化ナトリウム又は無機シアン化合物を使用する金属熱処理を行う事業、③大型自動車 5000kg 以上に毒物又は劇物を積載して行う大型運送業、④しろあり防除行う事業である。

問８　2
〔解説〕
解答のとおり。この設問の法第 16 条の２は、第８次地域一括法(平成 30 年６月 27 日法律第 63 号。)→施行は令和２月４月１日より法第 16 条の２は、法第 17 条となった。

問９　4
〔解説〕
この設問の特定毒物研究者の失効については法第 21 条第１項に示されている。

問 10　3
〔解説〕
毒物又は劇物の廃棄方法については、施行令第 40 条に示されている。

問 11　5
〔解説〕
法第 14 条第１項に示されている。

問12　2
〔解説〕
この設問は法第 11 条の毒物又劇物の取扱〔盗難紛失の予防、飲食物容器の使用禁止〕のこと。
問13　3
〔解説〕
この設問は着色する農業品目で法第 13 条→施行令第 39 条において着色すべき農業劇物として、①硫酸タリウムを含有する製剤たる劇物、②燐化亜鉛を含有する製剤たる劇物は、施行規則第 12 条であせにくい黒色に着色すると規定されている。このことからイとエが該当する。
問14　1
〔解説〕
毒物又は劇物の運搬を他に委託する際のことで、施行令第 40 条の 6 について示されている。
問15　4
〔解説〕
解答のとおり。
問16　4
〔解説〕
この設問は法第８条の毒物劇物取扱責任者の資格のことで、ｂとｃが正しい。ｂの一般毒物劇物取扱者試験に合格してた者は、すべての製造所、営業所、販売業の店舗において毒物劇物取扱責任者になることができる。この設問は正しい。ｃは法第８条第１項第二号のこと。ちなみに、ａは法第８条第２項第一号で 18 歳未満の者は毒物劇物取扱責任者になることができないと規定されている。
問17　2
〔解説〕
この設問は法第 3 条の２ことで、ア、ウ、エが正しい。アの特定毒物を輸入できる者は、①毒物又は劇物輸入業者、②特定毒物研究者のみである。ウは法第３条の２第３項ただし書により設問のとおりである。エは法第３条の２第５項に示されている。なお、イにおける特定毒物研究者は特定毒物を販売することはできない。特定毒物を販売てできる者は、毒物又は劇物販売業者。
問18　5
〔解説〕
この設問にある劇物たる水酸化ナトリウムを車両（１回 5,000kg ↑）を使用する際に、車両の前後の見やすい箇所に掲げなければならないと規定されている。（施行令第 40 条の５第２項第二号→施行令別表第二掲げる品目→施行規則第 13 条の5）である。ｃのみ正しい。
問19　5
〔解説〕
この設問の毒物劇物取扱責任者の資格は法第８条第１項により、①薬剤師、②厚生労働省令で定める学校で、応用化学に関する学課を修了した者、③都道府県知事が行う毒物劇物取扱者試験に合格した者である。このことからｂのみ正しい。
問20　5
〔解説〕
特定毒物であるモノフルオール酢酸の塩類を含有する製剤における着色及び用途については、施行令で定められている。着色については施行令第 12 条で、深紅色と定められている。また用途は施行令第 11 条で、野ねずみの駆除と定められている。

〔基礎化学〕
（一般・農業用品目・特定品目共通）

問21　5
〔解説〕
アルゴンと同族な元素はネオンである。
問22　2
〔解説〕
ハロゲンは F, Cl, Br, I である。
問23　4

〔解説〕
エタノールは極性基である-OH を有する。

問 24 3

〔解説〕
1-プロパノール、2-プロパノール、エチルメチルエーテル

問 25 1

〔解説〕
乳酸は不斉炭素原子に、水素、メチル基、ヒドロキシ基、カルボキシ基をもつ光学活性物質である。

問 26 2

〔解説〕
酸素の分圧 P_{O2} はボイルの法則から、200 × 6. 0=P_{O2} × 5. 0, P_{O2} = 240 kPa。同様に窒素分圧 P_{N2} は、400 × 2. 0=P_{N2} × 5. 0, P_{N2} = 160 kPa。よって全圧 P は、P = 240 + 160 = 400 kPa

問 27 2

〔解説〕
NaOH aq + HCl = NaCl + H_2O + 56. 5 kJ …①式 NaOH(固) + HCl = NaCl + H_2O + 101 kJ …②式。 ②式—①式より NaOH(固) + aq = NaOH aq + 44. 5 kJ

問 28 1

〔解説〕
陽極では酸化反応が起こる。塩化物イオンが酸化され塩素が生じる。

問 29 3

〔解説〕
Cu^{2+}を含む溶液に当量のアンモニア水を加えると青白色の固体である $Cu(OH)_2$ を生じるが、これに過剰のアンモニア水を加えると溶解し、濃青色の$[Cu(NH_3)_4]^{2+}$を生じる。

問 30 1

〔解説〕
$2NH_4Cl + Ca(OH)_2 \rightarrow CaCl_2 + 2NH_3 + 2H_2O$ であるから、塩化アンモニウム 2 モルから 2 モルのアンモニアが生じる。アンモニア 10. 7 g は 0. 2 モルであるから、発生するアンモニアガスも 0. 2 モル。1 モルの気体は 22. 4 L であるから、生じたアンモニアガスの体積は 22. 4 × 0. 2 = 4. 48 L

〔毒物及び劇物の性質及びその他の取扱方法〕

(一般)

問 31 ～ 35 問 31 2 問 32 3 問 33 4 問 34 5 問 35 1

〔解説〕
問 31 ホルムアルデヒド HCHO は、 無色透明な液体で刺激臭を有し、寒冷地では白濁する場合がある。中性または弱酸性の反応を呈し、水、アルコールに混和するが、エーテルには混和しない。1 %以下は劇物から除外。 問 32 ヨウ化メチル CH_3I は劇物。無色または淡黄色透明液体、低沸点、光により I2 が遊離して褐色になる(一般にヨウ素化合物は光により分解し易い)。水に可溶。エタノール、エーテルに任意の割合に混合する。水に可溶である。 問 33 DDVP(別名ジクロルボス)は有機リン製剤で接触性殺虫剤。刺激性で微臭のある比較的揮発性の無色油状液体、水に溶けにくく、有機溶媒に易溶。水中では徐々に分解。

問 34 メタノール(メチルアルコール)CH_3OH は、劇物。(別名：木精)>無色透明の液体で。特異な香気がある。蒸気は空気より重く引火しやすい。水と任意の割合で混和する。 問 35 ニコチンは、毒物。無色無臭の油状液体だが空気中で褐色になる。沸点 246 ℃、比重 1. 0097。純ニコチンは、刺激性の味を有している。ニコチンは、水、アルコール、エーテル等に容易に溶ける。

問 36 ～ 38 問 36 2 問 37 5 問 38 4

〔解説〕
問 36 アセトニトリル CH_3CN は劇物。エーテル様の臭気を有する無色の液体。水、メタノール、エタノールに可溶。用途は有機合成原料、合成繊維の溶剤など。

問 37 アジ化ナトリウム NaN_3：毒物、無色板状結晶で無臭。水に溶けアルコールに溶け難い。徐々に加熱すると分解し、窒素とナトリウムを発生。酸によりアジ化水素 HN_3 を発生。用途は試薬、医療検体の防腐剤、エアバッグのガス発生剤。 問 38 アニリン $C_6H_5NH_2$ は、新たに蒸留したものは無色透明油状液体、

光、空気に触れて赤褐色を呈する。特有な臭気。水には難溶、有機溶媒には可溶。劇物。用途はタール中間物の製造原料、医薬品、染料、樹脂、香料等の原料。

問 39　4

〔解説〕

この設問では 4 が誤り。次のとおり。シアン化カリウム KCN(別名青酸カリ)は毒物。無色の塊状又は粉末。空気中では湿気を吸収し、二酸化炭素と作用して青酸臭をはなつ、アルコールにわずかに溶け、水に可溶。強アルカリ性を呈し、煮沸騰すると蟻酸カリウムとアンモニアを生ずる。本品は猛毒。

問 40　1

〔解説〕

この設問では 1 が誤り。次のとおり。アクリルニトリル CH_2=CHCN は、劇物。有機シアン化合物の一つである。僅かに刺激臭のある無色透明な液体。引火性。用途はアクリル繊維、プラスチック、塗料、接着剤などの製造原料。引火点が低く、火災、爆発の危険性が高いので、火花を生ずるような器具や、強酸とも安全な距離を保つ必要がある。直接空気にふれないよう窒素等の不活性ガスの中に貯蔵する。

問 41 ～ 45　問 41　4　問 42　5　問 43　2　問 44　3　問 45　1

〔解説〕

問 41　カリウム K は、劇物。銀白色の光輝があり、ろう様の高度を持つ金属。カリウムは空気中では酸化され、ときに発火することがある。カリウムやナトリウムなどのアルカリ金属は空気中の酸素、湿気、二酸化炭素と反応する為、石油中に保存する。　問 42　四塩化炭素(テトラクロロメタン)CCl_4 は、特有な臭気をもつ不燃性、揮発性無色液体、水に溶けにくく有機溶媒には溶けやすい。強熱によりホスゲンを発生。亜鉛またはスズメッキした鋼鉄製容器で保管、高温に接しないような場所で保管。　問 43　ピクリン酸($C_6H_2(NO_2)_3OH$)は爆発性なので、火気に対して安全で隔離された場所に、イオウ、ヨード、ガソリン、アルコール等と離して保管する。鉄、銅、鉛等の金属容器を使用しない。　問 44　ブロムメチル CH_3Br は常温では気体であるため、これを圧縮液化し、圧容器に入れ冷暗所で保存する。　問 45　水酸化ナトリウム(別名：苛性ソーダ)NaOH は、白色結晶性の固体。水と炭酸を吸収する性質が強い。空気中に放置すると、潮解して徐々に炭酸ソーダの皮層を生ずる。貯蔵法については潮解性があり、二酸化炭素と水を吸収する性質が強いので、密栓して貯蔵する。

問 46　3

〔解説〕

b のみが正しい。次のとおり。黄リン P_4 は、白色又は淡黄色の固体。ニンニク臭を有する。水にはほとんど溶けない。アルコール、エーテルには溶けにくい。ベンゼン、エーテルには溶けやすい。水酸化ナトリウムと熱すればホスフィンを発生する。酸素の吸収剤として、ガス分析に使用され、殺鼠剤の原料、または発煙剤の原料として用いられる。暗室内で酒石酸又は硫酸酸性で水蒸気蒸留を行い、その際冷却器あるいは流水管の内部に美しい青白色の光がみられる。

問 47　3

〔解説〕

b と c が正しい。なお、a の硫酸の性状は、無色無臭澄明な油状液体、腐食性が強い、比重 1.84、水、アルコールと混和するが発熱する。空気中および有機化合物から水を吸収する力が強い。

問 48 ～ 50　問 48　3　問 49　5　問 50　2

〔解説〕

問 48　クレゾール $C_6H_4(OH)CH_3$　o, m, p －の構造異性体がある。廃棄法は廃棄方法は①木粉(おが屑)等に吸収させて焼却炉の火室へ噴霧し、焼却する焼却法。②可燃性溶剤と共に焼却炉の火室へ噴霧し焼却する②活性汚泥で処理する活性汚泥法である。　問 49　アンモニア NH_3(刺激臭無色気体)は水に極めてよく溶けアルカリ性を示すので、廃棄方法は、水に溶かしてから酸で中和後、多量の水で希釈処理する中和法。　問 50　ホスゲンは独特の青草臭のある無色の圧縮液化ガス。蒸気は空気より重い。廃棄法はアルカリ法：アルカリ水溶液(石灰乳又は水酸化ナトリウム水溶液等)中に少量ずつ滴下し、多量の水で希釈して処理するアルカリ法。

（農業用品目）

問 31　1

〔解説〕

この設問では、３の用途が誤り。次のとおり。 燐化アルミニウム(特毒)は空気中の湿気で分解して、猛毒の燐化水素 PH3(ホスフィン)を発生する。このホスフィンは強い還元性があるので、硝酸銀 AgNO3 の Ag+を還元して Ag にするので黒変する。用途は燻蒸剤。

問 32 ～ 35　　問 32　1　　問 33　2　　問 34　3　　問 35　4

〔解説〕

問 32　EPN は、有機リン製剤、毒物(1.5 %以下は除外で劇物)、芳香臭のある淡黄色油状または融点 36 ℃の結晶。水に不溶、有機溶媒に可溶。　問 33　ジクワットは淡黄色結晶で水に溶ける。中性又は酸性で安定、アルカリ溶液でうすめる場合には、２～３時間以上貯蔵できない。腐食性。　問 34　フェントエートは、劇物。赤褐色、油状の液体で、芳香性刺激臭を有し、水、プロピレングリコールに溶けない。リグロインにやや溶け、アルコール、エーテル、ベンゼンに溶ける。　問 35　オキサミルは毒物。白色粉末または結晶でかすかに硫黄臭がある。アセトン、メタノール、酢酸エチル、水に溶けやすい。

問 36　2

〔解説〕

この設問は d が誤り。このチオジカルブはカーバーメート系であるので、有機燐製剤と同様に、 解毒薬としては硫酸アトロピン又は PAM（２－ピリジルアルドキシムメチオダイド）が用いられる。このチオジカルブについては次のとおり。チオジカルブ：白色結晶性の粉末。カーバメート系殺虫剤として、かんきつ類、野菜等の害虫の駆除に用いられる。特徴として、カタツムリや、ナメクジ類の駆除にも使用される(農業用・カーバメイト系殺虫剤)。

問 37　3

〔解説〕

この設問は b が誤り。このメトミルは、カルバメート剤。次のとおり。メトミル(別名メソミル)は、毒物(劇物は 45 %以下は劇物)。白色の結晶。水、メタノール、アセトンに溶ける。融点 78 ～ 79 ℃。カルバメート剤なので、解毒剤は硫酸アトロピン(PAM は無効)、SH 系解毒剤の BAL、グルタチオン等。用途は殺虫剤。廃棄方法はスクラバーを具備した焼却炉で焼却する、もしくは水酸化ナトリウム水溶液等と加温して加水分解するアルカリ法。

問 38　5

〔解説〕

この設問はすべて正しい。

問 39　4

〔解説〕

ジメトエートは、劇物。白色の固体で、融点は 51 ～ 52 度。キシレン、ベンゼン、メタノール、アセトン、エーテル、クロロホルムに可溶。水溶液は室温で徐々に加水分解し、アルカリ溶液中ではすみやかに加水分解する。

問 40　4

〔解説〕

この設問のパラコートは、c と d が正しい。パラコートは、毒物。白色結晶で、水、メタノール、アセトンに溶ける。水に非常に溶けやすい。強アルカリ性で分解する。用途は除草剤。

問 41 ～ 45　　問 41　3　　問 42　1　　問 43　5　　問 44　2　　問 45　4

〔解説〕

解答のとおり。

問 46 ～ 48　　問 46　4　　問 47　5　　問 48　3

〔解説〕

問 46　硫酸銅、硫酸銅(Ⅱ)$CuSO_4・5H_2O$ は、濃い青色の結晶。風解性。水に易溶、水溶液は酸性。劇物。　問 47　燐化亜鉛 Zn_3P_2 は、暗褐色の結晶又は粉末。かすかにリンの臭気がある。ベンゼン、二硫化炭素に溶ける。酸と反応して有毒なホスフィン PH3 を発生。　問 48　フェンチオン MPP は、劇物(2 %以下除外)、有機リン剤、淡褐色のニンニク臭をもつ液体。有機溶媒には溶けるが、水には溶けない。

問 49 ～ 50　　問 49　3　　問 50　4

〔解説〕

問 49　トリシクラゾールは８％以下で劇物から除外。　　問 50　アンモニアは10%以下で劇物から除外。

（特定品目）

問 31 ～ 35　　問 31　1　　問 32　2　　問 33　3　　問 34　4　　問 35　5

〔解説〕

問 31　クロロホルム $CHCl_3$ は、無色、揮発性の液体で特有の香気とわずかな甘みをもち、麻酔性がある。空気中で日光により分解し、塩素、塩化水素、ホスゲンを生じるので、少量のアルコールを安定剤として入れて冷暗所に保存。　　問 32　重クロム酸ナトリウム $Na_2Cr_2O_7$ は、やや潮解性の赤橙色結晶、酸化剤。水に易溶。有機溶媒には不溶。潮解性があるので、密封して乾燥した場所に貯蔵する。また、可燃物と混合しないように注意する。　　問 33　水酸化カリウム KOH は潮解性で、空気中の CO_2 とも反応するので密栓して保存。　　問 34　メタノール CH_3OH は特有な臭いの揮発性無色液体。水に可溶。可燃性。引火性。可燃性、揮発性があり、火気を避け、密栓し冷所に貯蔵する。　　問 35　アンモニア水は無色透明、刺激臭がある液体。アンモニア NH_3 は空気より軽い気体。濃塩酸を近づけると塩化アンモニウムの白い煙を生じる。NH_3 が揮発し易いので密栓。

問 36　4

この設問は４が誤り。このキシレンについては次のとおり。キシレン $C_6H_4(CH_3)_2$（別名キシロール、ジメチルベンゼン、メチルトルエン）は、無色透明な液体で o-、m-、p-の３種の異性体がある。水にはほとんど溶けず、有機溶媒に溶ける。蒸気は空気より重い。揮発性、引火性。

問 37 ～ 41　　問 37　2　　問 38　5　　問 39　1　　問 40　3　問 41　4

〔解説〕

問 37　トルエンは、劇物。無色、可燃性のベンゼ臭を有する液体。麻酔性が強い。蒸気の吸入により頭痛、食欲不振などがみられる。大量では緩和な大血球性貧血をきたす。常温では容器上部空間の蒸気濃度が爆発範囲に入っているので取扱いに注意。　　問 38　水酸化ナトリウム NaOH は、水溶液は皮膚の蛋白質を激しく侵し、皮膚内部まで侵襲する。吸うと肺水腫をおこすことがあり、また目に入れば失明する。マウスにおける 50 ％致死量は、腹腔内投与で体重 1 kg あたり 40mg である。　　問 39　塩素 Cl_2 は、黄緑色の窒息性の臭気をもつ空気より重い気体。ハロゲンなので反応性大。水に溶ける。中毒症状は、粘膜刺激、目、鼻、咽喉および口腔粘膜に障害を与える。　　問 40　過酸化水素 H_2O_2 は、劇物。無色の透明な液体。皮膚に触れた場合は、やけどを起こす。眼に入った場合は、角膜が侵され、場合によっては失明することがある。　問 41　シュウ酸 $(COOH)_2 \cdot 2H_2O$ は、劇物（10 ％以下は除外）、無色稜柱状結晶。血液中のカルシウムを奪取し、神経系を侵す。胃痛、嘔吐、口腔咽喉の炎症、腎臓障害。中毒の療法は、石灰水を与えるか、胃洗浄を行う。

問 42　3

〔解説〕

塩酸 HCl は不燃性の無色透明又は淡黄色の液体で、25 ％以上の濃度のものは発煙性を有する。激しい刺激臭がある。腐食性が強く、弱酸性である。

問 43 ～ 47　　問 43　4　　問 44　1　　問 45　5　　問 46　2　　問 47　3

〔解説〕

解答のとおり。

問 48 ～ 50　　問 48　5　　問 49　5　　問 50　1

〔解説〕

問 48　塩化水素 HCl は 10 ％以下は劇物から除外。　　問 49　アンモニアは 10%以下で劇物から除外。　　問 50　ホルムアルデヒドは 1%以下で劇物から除外。

〔毒物及び劇物の識別及び取扱方法〕

（一般）

問 51 ～ 54　問 51　2　問 52　1　問 53　5　問 54　2

〔解説〕

問 51　蓚酸を含有する製剤は 10 ％以下で劇物から除外。　問 52　ホルムアルデヒドを含有する製剤は 1%以下で劇物から除外。　問 53　過酸化尿素を含有する製剤は 17 ％以下は劇物から除外。　問 54　硝酸を含有する製剤は 10%以下で劇物から除外。

問 55　5

〔解説〕

ギ酸を含有する製剤は 90 ％以下は劇物から除外。

問 56 ～ 60　問 56　1　問 57　4　問 58　5　問 59　2　問 60　3

〔解説〕

解答のとおり。

（農業用品目）

問 51　1

〔解説〕

メトミルは、カルバメート剤。次のとおり。メトミル(別名メソミル)は、毒物(劇物は 45 ％以下は劇物)。白色の結晶。水、メタノール、アセトンに溶ける。融点 78 ～ 79 ℃。カルバメート剤なので、解毒剤は硫酸アトロピン(PAM は無効)、SH 系解毒剤の BAL、グルタチオン等。

問 52　5

〔解説〕

この設問は b が誤り。このフェノカルブはカーバメイト系の殺虫剤(稲のツマグロヨコバイ、ウンカ類、野菜のミナミキイロアザミウマ等の駆除)。次のとおり。フェノブカルブ(BPMC)は、劇物。無色透明の液体またはプリズム状結晶で、水にほとんど溶けないが、クロロホルムに溶ける。

問 53 ～ 57　問 53　2　問 54　3　問 55　4　問 56　5　問 57　1

〔解説〕

解答のとおり。

問 58 ～ 60　問 58　2　問 59　1　問 60　3

〔解説〕

解答のとおり。

（特定品目）

問 51　3

この設問の硝酸では b と c が正しい。硝酸 HNO_3 は無色の発煙性液体。10%以下で劇物から除外。特有な臭気がある。腐食性が激しい。空気に接すると刺激性白霧を発し、水を吸収する性質が強い。蒸気は眼、呼吸器などの粘膜および皮膚に強い刺激性をもつ。高濃度のものが皮膚に触れるとガスを生じ、初めは白く変色し、次第に深黄色になる(キサントプロテイン反応)。

問 52 ～ 56　問 52　3　問 53　1　問 54　4　問 55　2　問 56　5

〔解説〕

解答のとおり。

問 57　1

〔解説〕

この設問の硫酸では a と b が正しい。硫酸は、劇物。10 ％以下のものを除く。無色無臭澄明な油状液体、腐食性が強い、比重 1.84、水、アルコールと混和するが発熱する。空気中および有機化合物から水を吸収する力が強い。皮膚に触れた場合は、激しいやけどを起こす。可燃物、有機物と接触させない。直接中和剤を散布すると発熱し、酸が飛散することがある。眼に入った場合は、粘膜を激しく刺激し、失明することがある。直ちにに付着又は接触部を多量の水で、15 分間以上洗い流す。

問 58 ～ 60　問 58　4　問 59　1　問 60　2

〔解説〕

解答のとおり。

静岡県
令和元年度実施

（注）解答・解説については、この書籍の編者により編集作成しております。これに係わることについては、県への直接のお問い合わせはご容赦下さいます様お願い申し上げます。

〔学科：法　規〕
（一般・農業用品目・特定品目共通）

問１　３

〔解説〕

この設問は法第２条第２項の劇物。

問２　３

〔解説〕

解答のとおり。

問３　２

〔解説〕

この設問で正しいのは、ｂとｄである。ｂは法第３条第２項のこと。ｄは法第４条第１項。ちなみに、ａについては毒物又は劇物製造業者及び輸入業者は、５年ごとに、毒物又は劇物販売業者は、６年ごとに登録の更新を受けなければならない。なお、このことについては、法第４条第４項であったが、現行は同第４条第３項となる。第８次地域一括法(平成 30 年６月 27 日法律第 63 号。)→施行は令和２月４月１日より法第４条第４項は、法第４条第３項となった。ｃの毒物劇物一般販売業の登録を受けた者は、販売品目の制限がないので、この設問にある特定毒物についても販売できる。

問４　４

〔解説〕

この設問の毒物劇物取扱責任者については法第７条及び法第８条のことである。アとエが正しい。アは法第８条第２項第一号のこと。エは法第７条第２項のこと。ちなみに、イの毒物劇物取扱責任者の資格について、毒物劇物取扱者試験を受けなくても資格のある者とは、①薬剤師、②厚生労働省令で定める学校で、応用化学に関する学課を修了した者である。このことからこの設問にある医師は、毒物劇物取扱責任者になることができない。ウについては法第８条第２項第四号により、起算して３年を経過してないものである。

問５　３

〔解説〕

この設問は法第 10 条の届出のことで、ａ、ｂ、ｄが該当する。なお、ｃについては届出を要しない。

問６　４

〔解説〕

この設問は毒物又は劇物の容器及び被包における表示のことで、誤っているものはどれかとあるので、４が誤り。４の DDVP を販売し、又は授与する際に掲げる事項とは、①小児の手の届かないところに保管しなければならない旨、②使用前に開封し、包装紙等は直ちに処分しなければならない旨、③民間人等が常時居住する室内では使用しはならない旨、④皮膚に触れた場合には、石けんを使ってよく洗うべき旨である。ちなみに、１は法第 12 条第１項のこと。２は施行規則第 11 条の６第四号のこと。３は法第 12 条第２項第三号のこと。

問７　１

〔解説〕

解答のとおり。

問８　４

〔解説〕

この法第 15 条について誤っているものはどれかとあるので、４が誤り。４は法第 15 条第４項において、確認した記載事項の書面の保存は、５年間保存しなければならないである。

問９　３

〔解説〕

解答のとおり。なお、この設問の法第 16 条の２は、第８次地域一括法(平成 30

年６月 27 日法律第 63 号。)→施行は令和２月４月１日より法第 16 条の２は、法第 17 条となった。

問 10　4

〔解説〕

誤り。アとエが正しい。法第 22 条第１項→施行令第 41 条及び第 42 条で、①シアン化ナトリウム又は無機シアン化合物を使用する電気めっきを行う事業、②シアン化ナトリウム又は無機シアン化合物を使用する金属熱処理を行う事業、③大型自動車 5000kg 以上に毒物又は劇物を積載して行う大型運送業、④しろあり防除行う事業である。

〔学科：基礎化学〕

(一般・農業用品目・特定品目共通)

問 11　1

〔解説〕

$CH_3COOC_2H_5$ は酢酸エチルである。

問 12　2

〔解説〕

クレゾールの化学式は $C_6H_4(CH_3)OH$ である。

問 13　1

〔解説〕

炎色反応は Li　(赤)、Na(黄)、K(紫)、Cu(青緑)、Ca(橙)、Sr(紅)、Ba(黄緑)である。

問 14　2

〔解説〕

pH2 ということはこの溶液の水素イオン濃度は 1.0×10^{-2} である。これを 1000 倍希釈した時の水素イオン濃度は 1.0×10^{-5} となる。

問 15　3

〔解説〕

加える 15%食塩水の量を x　g とする。30%食塩水 400　g に含まれる溶質の重さは $400 \times 0.2 = 120$ g。15%食塩水 x g に含まれる溶質の重さは $x \times 0.15 = 0.15x$, よってこの混合溶液は $(120 + 0.15x)/(400 + x) \times 100 = 25$, $x = 200$ g

〔学科：性質・貯蔵・取扱〕

(一般)

問 16　2

〔解説〕

この設問では特定毒物に該当するものはどれかとあるので、四アルキル鉛とモノフルオール酢酸アミドが特定毒物。因みに、シアン化ナトリウムは毒物。硝酸タリウムは劇物。

問 17　3

〔解説〕

この設問のギ酸について誤りはどれかとあるので、３が誤り。ギ酸については次のとおり。ギ酸(HCOOH) は劇物。無色の刺激性の強い液体で、還元性が強い。水、アルコール、エーテルに可溶。還元性のあるカルボン酸で、ホルムアルデヒドを酸化することにより合成される。

問 18　4

〔解説〕

この設問における毒物又は劇物の貯蔵方法で誤っているものはどれかとあるので、４のピクリン酸が誤り。次のとおり。ピクリン酸は爆発性なので、火気に対して安全で隔離された場所に、イオウ、ヨード、ガソリン、アルコール等と離して保管する。鉄、銅、鉛等の金属容器を使用しない。

問 19　1

〔解説〕

この設問は、毒物又は劇物における品目と用途の組み合わせで誤っているものはどれかとあるので、１のアジ化ナトリウム。次のとおり。アジ化ナトリウム NaN_3 ：毒物、無色板状結晶で無臭。用途は試薬、医療検体の防腐剤、エアバッグのガス発生剤。

問 20　3

〔解説〕

四塩化炭素 CCl_4 は特有の臭気をもつ揮発性無色の液体、水に不溶、有機溶媒に易溶。揮発性のため蒸気吸入により頭痛、悪心、黄疸ように角膜黄変、尿毒症等。

（農業用品目）

問 16　2

〔解説〕

農業用品目販売業者の登録が受けた者が販売できる品目については、法第四条の三第一項→施行規則第四条の二→施行規則別表第一に掲げられている品目である。このことからイのアンモニアとウのモノフルオール酢酸が販売できる。

問 17　4

〔解説〕

この設問は着色する農業品目で法第 13 条→施行令第 39 条で、①硫酸タリウムを含有する製剤たる劇物、②燐化亜鉛を含有する製剤たる劇物については、→施行規則第 12 条において、あせにくい黒色に着色をしなければ販売し、又は授与することはできない。このことからアとエが正しい。

問 18　1

〔解説〕

この設問で正しいのは、アのブロムメチルの用途とイのモノフルオール酢酸ナトリウムの用途が正しい。ちなみに、ウのシアン酸ナトリウム NaOCN は、白色の結晶性粉末。用途は、除草剤、有機合成、鋼の熱処理に用いられる。エのパラコートは、毒物。ジピリジル誘導体で無色結晶性粉末。用途は除草剤。

問 19　3

〔解説〕

解答のとおり。

問 20　3

〔解説〕

ジニトロメチルヘプチルフェニルクロトナートの別名は、 ジノカップ、DPC。ジニトロメチルヘプチルフェニルクロトナートは、暗褐色粘性液体。

（特定品目）

問 16　2

〔解説〕

特定品目販売業の登録を受けた者が販売できる品目については、法第四条の三第二項→施行規則第四条の三→施行規則別表第二に掲げられている品目のみである。このことから a のクロロホルムと b の酸化鉛が該当する。

問 17　3

〔解説〕

キシレンについて誤っているものはどれかとあるので、3 が誤り。次のとおり。キシレン $C_6H_4(CH_3)_2$ は劇物。無色透明の液体で芳香族炭化水素特有の臭いがある。吸入すると、目、鼻、のどを刺激し、高濃度で興奮、麻酔作用がある。溶剤、染料中間体などの有機合成原料や試薬として用いられる

問 18　4

〔解説〕

塩素 Cl_2 は、常温においては窒息性臭気をもつ黄緑色気体。用途は酸化剤、紙パルプの漂白剤、殺菌剤、消毒薬。

問 19　3

〔解説〕

解答のとおり。

問 20　1

〔解説〕

キシレンはベンゼンの水素原子を 2 つメチル基に置換した化合物である。ほかの化合物はベンゼン環を持たない。

〔実地：識別・取扱〕
(一般・農業用品目・特定品目共通)
問１　2

〔解説〕

解答のとおり。

問２　1

〔解説〕

硫酸 H_2SO_4 は酸なので廃棄方法はアルカリで中和後、水で希釈する中和法。

問３　1

〔解説〕

水酸化ナトリウムと塩化水素のモル数が等しくなるようにする。10%水酸化ナトリウム水溶液 160 mL に含まれている水酸化ナトリウムの重さは、160 × 0.1 = 16 g。よって水酸化ナトリウムのモル数は 16/40 = 0.4 モル。よって中和に必要な塩化水素のモル数も 0.4 モルであるから、この時の塩化水素の重さは 0.4 × 36.5 = 14.6 g。塩化水素 14.6 g 含むために必要な 20%塩酸の重さ x は、14.6/x × 100 = 20,　x = 73 g

(一般)
問４　4

〔解説〕

この設問では誤りはどれかとあるので、4 のアクリル酸。次のとおり。アクリル酸 CH_2=CHCOOH は、劇物。酢酸に似た刺激臭のある液体。水、エタノール、エーテルに溶け、酸素の存在下で重合する。

問５　2

〔解説〕

この設問のスルホナールでは誤りはどれかとあるので、2が誤り。次のとおり。スルホナールは劇物。無色、稜柱状の結晶性粉末。水、アルコール、エーテルに溶けにくい。臭気もない。味もほとんどない。約 300 ℃に熱すると、ほとんど分解しないで沸騰し、これを点火すれば亜硫酸ガスを発生して燃焼する。用途は殺鼠剤。

問６　1

〔解説〕

解答のとおり。

問７　4

〔解説〕

クロルスルホン酸 HSO_3Cl は、劇物。無色または淡黄色、発煙性、刺激臭の液体。水と激しく反応する。硫酸と塩酸を生成する。用途はスルホン化剤。

問８　1

〔解説〕

硫酸亜鉛 $ZnSO_4 \cdot 7H_2O$ は、無色無臭の結晶、顆粒または白色粉末、風解性。水に溶かして、硫化水素を通じると白色の沈殿を生じる。また、水に溶かして塩化バリウムを加えると、白色の沈殿を生じる。

問９　2

〔解説〕

亜セレン酸ナトリウムは毒物。白色、結晶性の粉末。水に溶ける。用途は試薬。廃棄方法は、水に溶かし、希硫酸を加えて酸性にし、硫化ナトリウムを加えて沈殿させ、さらにセメントを用いて固化し、埋立処分する沈殿隔離法。

問 10　3

〔解説〕

砒素化合物については胃洗浄を行い、吐剤、牛乳、蛋白粘滑剤を与える。治療薬はジメルカプロール(別名 BAL)。

(農業用品目)
問４　2

〔解説〕

この設問のジメチル－４－メチルメルカプト－３－メチルフェニルチオホスフェイト(別名 MPP、フェンチオン)では誤りはどれかとあるので、２が誤り。次のとおり。MPP(別名フェンチオン)は、劇物。褐色の液体。弱いニンニク臭を有する。各種有機溶媒によく溶ける。水にはほとんど溶けない。用途は稲のニカメイチュウ、ツマグロヨコバイ等、豆類のフキノメイガ、マメアブラムシ等の駆除。有機燐製剤。

問５　4

〔解説〕

この設問のカルタップでは誤りはどれかとあるので、４が誤り。次のとおり。カルタップは、劇物。２％以下は劇物から除外。無色の結晶。水、メタノールに溶ける。エーテル、ベンゼンに不溶。用途は農薬の殺虫剤。

問６　1

〔解説〕

解答のとおり。

問７　2

〔解説〕

この設問のメトミルについて、正しいのはｃとｄ が該当する。次のとおり。メトミル(別名メソミル)は 45％以下を含有する製剤は劇物。白色結晶。水、メタノール、アルコールに溶ける。カルバメート剤なので、解毒剤は硫酸アトロピン(PAM は無効)、SH 系解毒剤の BAL、グルタチオン等。用途は殺虫剤。

問８　1

〔解説〕

解答のとおり。

問９　4

〔解説〕

カルタップは、劇物。無色の結晶。水、メタノールに溶ける。廃棄法は：そのままあるいは水に溶解して、スクラバーを具備した焼却炉の火室へ噴霧し、焼却する焼却法。

問 10　3

〔解説〕

有機燐製剤は、生体内のコリンエステラーゼ活性を阻害し、アセチルコリン分解能が低下することにより、蓄積されたアセチルコリンがコリン作動性の神経系を刺激して中毒症状が現れる。解毒剤には、硫酸アトロピンや PAM を使用。

(特定品目)

問４　4

〔解説〕

解答のとおり。

問５　2

〔解説〕

このメチルエチルケトンについては、イとウが正しい。次のとおり。メチルエチルケトン $CH_3COC_2H_5$(2-ブタノン、MEK)は劇物。アセトン様の臭いのある無色液体。蒸気は空気より重い。引火性。有機溶媒。水に可溶。

問６　2

〔解説〕

解答のとおり。

問７　3

〔解説〕

この設問の重クロム酸カリウムでは誤りはどれかとあるので、３が誤り。次のとおり。重クロム酸カリウム $K_2Cr_2O_7$ は、橙赤色の結晶。融点 398 ℃、分解点 500 ℃、水に溶けやすい。アルコールには溶けない。強力な酸化剤である。水に溶け酸性を示す。

問８　1

〔解説〕

解答のとおり。

問９　2

〔解説〕

この設問における廃棄方法で燃焼法は、トルエンとメチルエチルケトンが、燃焼法。ちなみに、硅弗化ナトリウムは、分解沈殿法。水酸化カリウムは、中和法。

問 10　4

〔解説〕

解答のとおり。

愛知県
令和元年度実施

〔毒物及び劇物に関する法規〕
（一般・農業用品目・特定品目共通）

問１　1

〔解説〕

解答のとおり。

問２　2

〔解説〕

この設問では、２が正しい。２は法第３条第３項ただし書のこと。なお、１について、無償で他人に譲り渡す目的で製造とあるが法第３条第１項において、毒物又は劇物を販売又は授与の目的で製造してはならないとあるので、法第４条における登録を要する。３は法第３条第３項により毒物又は劇物の販売業の登録を要する。４については、自家消費する目的であることから販売又は授与の目的としていないから販売業の登録を要しない。

問３　2

〔解説〕

解答のとおり。

問４　1

〔解説〕

解答のとおり。

問５　4

〔解説〕

この設問は特定毒物についてで、４が正しい。４は法第３条の２第 11 項のこと。ちなみに、１の特定毒物研究者は、毒物又は劇物も使用することができる。２の特定毒物を製造できる者は、①毒物又は劇物製造業者、②特定毒物研究者が製造できる。３における特定品目販売業者ではなく、毒物劇物営業者〔製造業者、輸入業者、販売業者〕である。

問６　4

〔解説〕

登録の更新は法第４条第４項→施行規則第４条のこと。解答のとおり。なお、法第４条第４項は、第８次地域一括法(平成 30 年６月 27 日法律第 63 号。)→施行は令和２月４月１日より法第４条第４項は、法第４条第３項となった。

問７　1

〔解説〕

この設問は法第８条第１項の毒物劇物取扱責任者の資格のこと。解答のとおり。

問８　4

〔解説〕

この設問の法第 10 条は届出のことで、定められていないものはどれかとあるので、４が誤り。この法第 10 条第１項に届け出が規定されている。

問９　4

〔解説〕

この設問の法第 11 条第４項→施行規則第 11 条の４とは、毒物又は劇物について飲食物容器使用禁止のこと。

問 10　1

〔解説〕

この設問は施行規則第４条の４第１項における毒物又は劇物のむ製造所の設備基準について、この設問はすべて正しい。

問 11　3

〔解説〕

この設問の施行令第 40 条の９とは、毒物又は劇物を販売又は授与する際に、譲受人に対して、毒物又は劇物の性状及び取扱について情報提供をしなければならないと規定されている。この設問では、３が正しい。施行令第 40 条の９第１項のこと。ちなみに、１については、毒物を１回につき４００ mg 以下販売とあるが、取扱の多少にかかわらず情報提供をしなければならない。２では、邦文以外で行わなければならないとあるが、施行規則第 13 条の 11 により邦文で行わなければならないと規定されている。４については情報提供しなければならない。

問12　2

〔解説〕

この設問では、アが正しい。アは法第10条第１項第四号のこと。ちなみに、イについては登録票が見つかった時は、施行令第36条第２項により返納しなければならない。ウについては毒物劇物取扱責任者を変更した時は、法第７条第３項により、30日以内に届け出なければならないである。

問13　3

〔解説〕

法第12条第３項は毒物又は劇物の貯蔵と陳列の表示のこと。解答のとおり。

問14　2

〔解説〕

この設問は特定毒物の着色規定のことで誤っているものは、２が誤り。２のモノフルオール酢酸の塩類の着色については施行令第12条で、深紅色に着色と規定されている。

問15　3

〔解説〕

この設問は家庭用薬品のことで、法第 13 条の２→施行令第 39 条の２に規定されている。

問16　1

〔解説〕

解答のとおり。

問17　4

〔解説〕

法第22条第１項→施行令第41条及び第42条で、①シアン化ナトリウム又は無機シアン化合物を使用する電気めっきを行う事業、②シアン化ナトリウム又は無機シアン化合物を使用する金属熱処理を行う事業、③大型自動車5000kg以上に毒物又は劇物を積載して行う大型運送業、④しろあり防除行う事業である。このことから正しいのは、４が該当する。

問18　3

〔解説〕

この設問は法第15条の毒物又は劇物の交付の制限等についてで、あやまっているものはとれかとあるので、３が誤り。３については法第15条第１項第一号により、18歳未満の者に交付してはならないと規定されている。なお、法第15条第１項で交付の不適格者として、①18歳未満の者、②心身の障害により毒物又は劇物の保健衛生上の危害の防止の措置を適切に行うことができない者、③麻薬、大麻、あへん又は覚せい剤の中毒者である。また、法第３条の４→施行令第32条の３で爆発性、発火性のある劇物として、①亜塩素酸ナトリウム30％↑を含有する製剤、②塩素酸塩類を含有する製剤35％↑、③ナトリウム、④ピクリン酸を交付するときには、交付を受ける者の氏名及び住所を確認しなければならないとしている。

問19　3

〔解説〕

この設問は毒物又は劇物を車両を使用して１回につき 5,000kg ↑運搬するときの運搬方法のことで、正しいものはどれかとあるので、３が正しい。３は施行令第40条の５第２項第四号のこと。

問20　1

〔解説〕

この設問は法第16条の２における事故の際の措置についてで、イとウが正しい。ちなみに、アについては劇物が盗まれ、また保健衛生上の危害が低いとあるが、自らの判断ではなく法第16条の２第２項で、毒物又は劇物が盗難或いは紛失した場合は、直ちに、その旨を警察署に届け出なければならないと規定されている。なお、同法については、第８次地域一括法(平成30年６月27日法律第63号。)→施行は令和２月４月１日より法第16条の２は、法第17条となった。

〔基礎化学〕
（一般・農業用品目・特定品目共通）

問 21　1
〔解説〕
塩酸は水と塩化水素の混合物。ナフサは炭化水素の混合物である。

問 22　3
〔解説〕
昇華による精製である。

問 23　2
〔解説〕
リチウムイオンはヘリウムと、塩化物イオンおよびカリウムイオンはアルゴンと同じ電子配置である。

問 24　3
〔解説〕
イオン化傾向とは陽イオンになり易さの尺度で、K ＞ Ca ＞ Na ＞ Mg ＞ Al ＞ Zn ＞ Fe ＞ Ni ＞ Sn ＞ Pb ＞（H）＞ Cu ＞ Hg ＞ Ag ＞ Pt ＞ Au の順となる。

問 25　3
〔解説〕
酸化銀は黒または黒褐色の固体である。

問 26　2
〔解説〕
2 は状態（物理）変化である。

問 27　4
〔解説〕
0 K を－ 273 ℃とする。よって 27 ℃は 300 K である。

問 28　3
〔解説〕
非金属元素同士の結合は共有結合である。

問 29　1
〔解説〕
炭酸ナトリウムや炭酸水素ナトリウムの水溶液はアルカリ性、塩化アンモニウムの水溶液は弱酸性を示す。

問 30　3
〔解説〕
物質が電子を失う、水素を失う、酸素と化合する、酸化数が増える変化を酸化という。

問 31　4
〔解説〕
1-プロパノール 120　g は 2 モルである。反応式より 2 モルの 1-プロパノールが燃焼すると 6 モルの二酸化炭素を生じる。よって生じた二酸化炭素の重さは 44 × 6 = 264 g

問 32　3
〔解説〕
臭素は赤褐色液体である。

問 33　1
〔解説〕
ドルトンの分圧の法則である。

問 34　4
〔解説〕
pH が 1 の塩酸の水素イオン濃度は 1.0×10^{-1} である。これを 1000 倍希釈すると水素イオン濃度は 1.0×10^{-4} となる。

問 35　4
〔解説〕
乳酸とギ酸は 1 価のカルボン酸、リン酸は 3 価の酸である。

問 36　2
〔解説〕
エタノールは水に溶けるが電離しない。

問 37　2

〔解説〕
酸化銀電池は正極に酸化銀、負極に亜鉛を用いた 1 次電池で、代表的なものにボタン電池がある。
問 38　1
〔解説〕
シアニド($^{-}C \equiv N$)は三重結合の構造を持つ。
問 39　1
〔解説〕
陽極では酸化反応が起こるので銅が酸化され銅(II)イオンになる。一方陰極では還元反応が起こるので、陽極から溶け出した銅(II)イオンが銅に変わる。このように電気分解を用いて精製することを電解精錬という。
問 40　4
〔解説〕
解答のとおり

〔取　扱〕
(一般・農業用品目・特定品目共通)
問 41　3
〔解説〕
20%アンモニア水 200g に含まれる溶質の重さは 200 × 0.2=40g。30%アンモニア水 xg に含まれる溶質の重さは x × 0.3 ＝ 0.3x g。この溶液を混ぜて 25%のアンモニア水を作るのだから式は、(40 + 0.3x)/(200 + x) × 100 =25,　x = 200g。よって 30%アンモニア水 200g に含まれるアンモニアの重さは 200 × 0.3 = 60g。したがって 25 %アンモニア水に含まれるアンモニアの質量は 40+60 ＝ 100g
問 42　3
〔解説〕
0.5 mol/L 硫酸 200 mL に含まれる硫酸のモル数は 0.5 × 200/1000 ＝ 0.1 mol。2.0 mol/L 硫酸 300 mL に含まれる硫酸のモル数は 2.0 × 300/1000 ＝ 0.6 mol この混合溶液のモル濃度は　(0.1 + 0.6) × 1000/(200 + 300) = 1.4 mol/L
問 43　2
〔解説〕
中和の公式は「酸の価数(a)×酸のモル濃度(c_1)×酸の体積(V_1) ＝ 塩基の価数(b)×塩基のモル濃度(c_2)×塩基の体積(V_2)」である。これに代入すると、2 × 0.9 × V_1 = 1 × 1.8 × 200,　V_1 = 200 mL

(一般)
問 44　4
〔解説〕
この設問のシアン化ナトリウムについて誤っているものはどれかとあるので、4が該当する。次のとおり。シアン化ナトリウム NaCN は毒物：白色粉末、粒状またはタブレット状。別名は青酸ソーダという。水に溶けやすく、水溶液は強アルカリ性である。空気中では湿気を吸収し、二酸化炭素と作用して、有毒なシアン化水素を発生する。用途は、果樹の殺虫剤、冶金やメッキ用として使用される。
問 45　1
〔解説〕
この設問の硝酸について誤っているものはどれかとあるので、1が該当する。次のとおり。硝酸 HNO_3 は、劇物。無色の液体。特有な臭気がある。腐食性が激しい。空気に接すると刺激性白霧を発し、水を吸収する性質が強い。硝酸は白金その他白金属の金属を除く諸金属を溶解し、硝酸塩を生じる。10%以下で劇物から除外。蒸気は眼、呼吸器などの粘膜および皮膚に強い刺激性をもつ。高濃度のものが皮膚に触れるとガスを生じ、初めは白く変色し、次第に深黄色になる(キサントプロテイン反応)。
問 46　2
〔解説〕
有機燐製剤は、生体内のコリンエステラーゼ活性を阻害し、アセチルコリン分解能が低下することにより、蓄積されたアセチルコリンがコリン作動性の神経系を刺激して中毒症状が現れる。解毒剤には、硫酸アトロピンや PAM を使用。

問 47　1
〔解説〕
　この設問の用途については、1が正しい。なお、硅弗化ナトリウムの用途は、釉薬原料、漂白剤、殺菌剤、消毒剤。メトミルの用途は殺虫剤。ブロムメチル(臭化メチル)の用途は、浸透性が強いので果樹、種子等の病害虫の燻蒸剤として用いられる。
問 48　1
〔解説〕
　この設問の貯蔵については、1が正しい。なお、ベタナフトールは、無色～白色の結晶で、空気や光線に触れると赤変するため、遮光して貯蔵する。ナトリウム Na：銀白色の金属光沢固体で、アルカリ金属なので空気中の水分、炭酸ガス、酸素を遮断するため石油中に保存。三酸化二砒素(亜砒酸)は、無色、結晶性の物質。貯蔵法は少量ならばガラス壜に密栓し、大量ならば木樽に入れる。
問 49　2
〔解説〕
　この設問の廃棄法については適当でないものはどれかとあるので、2が該当する。なお、2の硅弗化鉛(ヘキサフルオロケイ酸鉛)の廃棄法は水に溶かし、消石灰の水溶液を加えて沈殿させ、更にセメントを用いて固化し、溶出試験を行い、溶出量が判定基準以下であることを確認して埋立処分する沈殿隔離法。
問 50　3
〔解説〕
　この設問はトルエンが漏洩した場合の措置で適当でないものはどれかとあるので、3が該当する。次のとおり。トルエン $C_6H_5CH_3$ が漏えいした場合は、漏えいした液は、土砂等に吸着させて空容器に回収する。また多量に漏えいした液場合は、土砂等でその流れを止め、安全な場所に導き、液の表面を泡で覆いできるだけ空容器に回収する。

（農業用品目）

問 44　4
〔解説〕
　この設問の沃化メチルについて誤っているものはどれかとあるので、4が該当する。次のとおり。ヨウ化メチル CH_3I は、無色または淡黄色透明液体、低沸点、光により I_2 が遊離して褐色になる(一般にヨウ素化合物は光により分解し易い)。エタノール、エーテルに任意の割合に混合する。水に不溶。Ｉｉｙｅガス殺菌剤としてたばこの根瘤線虫、立枯病に使用する。
問 45　1
〔解説〕
　この設問のダイアジノンについて誤っているものはどれかとあるので、1 が該当する。ダイアジノンはピレスロイド系農薬ではなく、有機燐系農薬である。
問 46　2
〔解説〕
　一般の問 46 を参照。
問 47　1
〔解説〕
　農業用品目販売業者の登録が受けた者が販売できる品目については、法第四条の三第一項→施行規則第四条の二→施行規則別表第一に掲げられている品目である。
問 48　1
〔解説〕
　この設問の用途については、1が正しい。なお、ブロムメチル(臭化メチル)の用途は、浸透性が強いので果樹、種子等の病害虫の燻蒸剤として用いられる。メトミルの用途は殺虫剤。ダゾメットの用途は除草剤。
問 49　2
〔解説〕
　クロルピクリンは、無色～淡黄色液体。廃棄方法は分解法。
問 50　3
〔解説〕
　この設問はアンモニアが漏洩した場合の措置で適当でないものはどれかとあるので、3が該当する。次のとおり。アンモニアは、気化すると空気より軽い塩基性の水に溶けやすい刺激臭をもつ気体になる。漏えい箇所を濡れむしろ等で覆い、ガス状の物質に対しては遠くから霧状の水をかけ吸収させる。

（特定品目）

問44　4

〔解説〕

アとウが劇物。ちなみに、メタノールは原体のみ劇物であるので、この設問の80％を含有する製剤は該当しない。

問45　1

〔解説〕

一般の問45を参照。

問46　2

〔解説〕

この設問のメチルエチルケトンについて誤っているものはどれかとあるので、２が該当する。次のとおり。メチルエチルケトンは、劇物。アセトン様の臭いのある無色液体。蒸気は空気より重い。有機溶媒、水に可溶。引火性。用途は溶剤、有機合成原料。吸入すると目、鼻、喉などの粘膜を刺激。頭痛、めまい、嘔吐が起こる。

問47　1

〔解説〕

この設問の用途については、１が正しい。なお、硅弗化ナトリウムの用途は、釉薬原料、漂白剤、殺菌剤、消毒剤。過酸化水素水の用途は、漂白、医薬品、化粧品の製造等に用いられる。キシレンの用途は、溶剤、染料中間体などの有機合成原料、試薬等。

問48　1

〔解説〕

特定品目販売業の登録を受けた者が販売できる品目については、法第四条の三第二項→施行規則第四条の三→施行規則別表第二に掲げられている品目のみである。

問49　2

〔解説〕

水酸化カリウム KOH は、強塩基なので希薄な水溶液として酸で中和後、水で希釈処理する中和法。

問50　3

〔解説〕

一般の問50を参照。

〔実　地〕

（一般）

問１～４　問１　1　　問２　2　　問３　4　　問４　3

〔解説〕

問１　ジクワットは、劇物。淡黄色の結晶で水に溶けやすい。中性または酸性下で安定である。アルカリ溶液で薄める場合には、２～３時間以上貯蔵できない。腐食性がある。　**問２**　硫酸銅(Ⅱ)$CuSO_4 \cdot 5H_2O$ は、無水物は灰色ないし緑色を帯びた白色の結晶又は粉末。五水和物は青色ないし群青色の大きい結晶、顆粒又は白色の結晶又は粉末である。空気中でゆるやかに風解する。水に易溶、メタノールに可溶。　**問３**　塩素 Cl_2 は劇物。常温では、窒息性臭気をもち黄緑色気体である。冷却すると黄色溶液を経て黄白色固体となる。　**問４**　クロロホルム $CHCl_3$(別名トリクロロメタン)は劇物。無色の独特の甘味のある香気を持ち、水にはほとんど溶けず、有機溶媒によく溶ける。比重は15度で1.498。火災の高温面や炎に触れると有毒なホスゲン、塩化水素、塩素を発生することがある。

問５～８　問５　2　　問６　3　　問７　1　　問８　4

〔解説〕

解答のとおり。

問９～12　問９　4　　問10　2　　問11　1　　問12　3

〔解説〕

解答のとおり。

問13～16　問13　1　　問14　2　　問15　4　　問16　3

〔解説〕

問 13　フェンチオン(MPP)は、劇物。褐色の液体。弱いニンニク臭を有する。廃棄法：木粉(おが屑)等に吸収させてアフターバーナー及びスクラバーを具備した焼却炉で焼却する焼却法。(スクラバーの洗浄液には水酸化ナトリウム水溶液を用いる。)　　問 14　燐化アルミニウムとその分解促進剤とを含有する製剤(ホストキシン)は、特定毒物。廃棄法は、多量の次亜鉛酸ナトリウムと水酸化ナトリウムの混合水溶液を攪拌しながら少量ずつ加えて酸化分解する。過剰の次亜塩素酸ナトリウムをチオ硫酸ナトリウム水溶液等で分解した後、希硫酸を加えて中和し、沈殿ろ過する酸化法。　　問 15　塩化第二銅は、劇物。無水物のほか二水和物が知られている。二水和物は緑色結晶で潮解性がある。廃棄方法は水に溶かし、消石灰、ソーダ灰等の水溶液を加えて、処理し、沈殿ろ過して埋立処分する沈殿法と多量の場合には還元焙焼法により無金属銅として回収する焙焼法。　　問 16　塩酸 HCl は無色透明の刺激臭を持つ液体。廃棄法は、水に溶解し、消石灰 $Ca(OH)_2$ 塩基で中和できるのは酸である塩酸である中和法。3

問17～20　問17　1　　問18　4　　問19　3　　問20　2

〔解説〕

問 17　塩素酸カリウム(KCl)は、無色の結晶。水に可溶。アルコールに溶けにくい。熱すると分解して酸素を放出し、自らは塩化物に変化する。これに塩酸を加え加熱すると塩素ガスを発生する。　　問 18　硫酸亜鉛 $ZnSO_4 \cdot 7H_2O$ は、無色無臭の結晶、顆粒または白色粉末、風解性。水に溶かして、硫化水素を通じると白色の沈殿を生じる。また、水に溶かして塩化バリウムを加えると、白色の沈殿を生じる。　　問 19　蓚酸は一般に流通しているものは二水和物で無色の結晶である。水溶液を酢酸で弱酸性にして酢酸カルシウムを加えると、結晶性の沈殿を生じる。　　問 20　酸化鉛 PbO は劇物。黄色又は橙色。粉末又は粒状。水に極めて溶けにくい。硝酸、酢酸、アルカリに可溶。硫化水素で黒色の硫化鉛を沈殿する。これは希塩酸、希硝酸に溶ける。

（農業用品目）

問１～４　問１　1　　問２　2　　問３　4　　問４　3

〔解説〕

解答のとおり。

問５～８　問５　2　　問６　3　　問７　1　　問８　4

〔解説〕

解答のとおり。

問９～12　問９　4　　問10　2　　問11　1　　問12　3

〔解説〕

解答のとおり。

問13～16　問13　1　　問14　2　　問15　4　　問16　3

〔解説〕

解答のとおり。

問17～20　問17　1　　問18　4　　問19　3　　問20　2

〔解説〕

問17　アンモニア NH_3 は、常温では無色刺激臭の気体、冷却圧縮すると容易に液化する。濃塩酸をうるおしたガラス棒を近づけると、白い霧を生じる。　　問18　硫酸 H_2SO_4 は無色の粘張性のある液体。木片に触れるとそれを炭化して黒変させる。硫酸の希釈液に塩化バリウムを加えると白色の硫酸バリウムが生じるが、これは塩酸や硝酸に溶解しない。　　問 19　塩化亜鉛 $ZnCl_2$ は、白色の結晶で、空気に触れると水分を吸収して潮解する。水に溶かし、硝酸銀を加えると、白色の沈殿が生じる。　　問 20　ニコチンは、毒物。アルカロイドであり、純品は無色、無臭の油状液体であるが、空気中では速やかに褐変する。この物質にホルマリンを１滴を加えたのち、濃硝酸１滴を加えると、ばら色を呈する。

（特定品目）

問１～４　問１　1　問２　2　問３　4　問４　3

〔解説〕

解答のとおり。

問５～８　問５　2　問６　3　問７　1　問８　4

〔解説〕

解答のとおり。

問９～12　問９　4　問 10　2　問 11　1　問 12　3

〔解説〕

問９　水酸化カリウム KOH：強アルカリ性。この薬物の濃厚水溶液は、腐食性が強く、皮膚に触れると激しく侵す。　**問 10**　四塩化炭素 CCl_4：(テトラクロロメタン)CCl_4 は、特有な臭気をもつ不燃性、揮発性無色液体。吸入すると、はじめ頭痛、悪心をきたし、また黄疸のように角膜が黄色になる、しだいに尿毒症様を呈する。皮膚に触れた場合は皮膚を刺激し、皮膚からも刺激される。　**問 11**　メタノール(メチルアルコール)CH_3OH は無色透明、揮発性の液体で水と随意の割合で混合する。火を付けると容易に燃える。：毒性は頭痛、めまい、嘔吐、視神経障害、失明。致死量に近く摂取すると麻酔状態になり、視神経がおかされ、目がかすみ、ついには失明することがある。用途は主として溶剤や合成原料、または燃料など。　**問 12**　クロム酸カリウム $KCrO_4$ は、橙黄色の結晶。(別名：中性クロム酸カリウム、クロム酸カリ)。クロム酸カリウムの慢性中毒：接触性皮膚炎、穿孔性潰瘍、アレルギー疾患など。クロムは砒素と同様に発がん性を有する。特に肺がんを誘発する。

問13～16　問 13　1　問 14　2　問 15　4　問 16　3

〔解説〕

解答のとおり。

問17～20　問 17　1　問 18　4　問 19　3　問 20　2

〔解説〕

解答のとおり。

三重県
令和元年度実施

〔法　規〕
（一般・農業用品目・特定品目共通）

問１　(1) 3　(2) 3　(3) 1　(4) 3
〔解説〕
解答のとおり。

問２　(5) 1　(6) 1　(7) 2　(8) 4
〔解説〕
(5)解答のとおり。(6)この設問は施行令第 40 条の９における毒物又は劇物を販売又は授与する際に、譲受人に対して、毒物又は劇物の性状及び取扱について情報提供をしなければならないと規定されている。(7)この設問については法第３条の３におけるみだりに摂取し、若しくは吸入し、又はこれらの目的で所持してはならないと規定している。(8)この設問はすべて正しい。

問３　(9) 1　(10) 4　(11) 3　(12) 3
〔解説〕
(9)法第 11 条第４項は、飲食物容器使用禁止のこと。(10)、(11)は毒物又は劇物の表示のこと。(12)法第 16 条の２は、事故の際の措置についてのこと。なお、同法については、第８次地域一括法(平成 30 年６月 27 日法律第 63 号。)→施行は令和２月４月１日より法第 16 条の２は、法第 17 条となった。

問４　(13) 3　(14) 2　(15) 1　(16) 2
〔解説〕
(13)a は設問のとおり。法第３条第３項ただし書規定による。b については毒物又は劇物の登録を要しない。(14)この設問は法第 10 条の届出についてで正しいのは、a と c が該当する。なお、b については、あらかじめではなく、30 日以内に届け出なければならない。d の設問にある店舗の営業日及び営業時間を変更したときはについては、何ら届け出を要しない。(15)この設問は法第 12 条第２項で、毒物又は劇物の容器及び被包に表示しなければならない事項は、①毒物又は劇物の名所、②毒物又は劇物の成分及びその含量、③厚生労働省令で定める毒物又は劇物(有機燐化合物リン)については、厚生労働省令で定める解毒剤の名称である。このことから誤っているものとあるので、a と b が該当する。(16)この設問では b が正しい。b は施行令第 40 条の５第２項第四号のこと。なお、a について施行令第 40 条の５第２項第一号→施行規則第 13 条の４により交替して運転する者を同乗させなければならないである。

問５　(17) 3　(18) 3　(19) 1　(20) 2
〔解説〕
(17)、(18)の業務上取扱者の届出は、法第 22 条第１項→施行令第 41 条及び第 42 条で、①シアン化ナトリウム又は無機シアン化合物を使用する電気めっきを行う事業、②シアン化ナトリウム又は無機シアン化合物を使用する金属熱処理を行う事業、③大型自動車 5000kg 以上に毒物又は劇物を積載して行う大型運送業、④しろあり防除行う事業について 30 日以内に届け出なければならない。このことから正しいのは、３が該当する。(19)、(20)は、法第３条の４で正当な理由を除いて所持しはならない品目とは→施行令第 32 条の３で、①亜塩素酸ナトリウム及びこれを含有する製剤 30 ％以上、②塩素酸塩類及びこれを含有する製剤 35 ％以上、③ナトリウム、④ピクリン酸である。このことからこの設問では、(19) 1 と(20) 2 が正しい。

〔基礎化学〕
（一般・農業用品目・特定品目共通）

問６　(21) 3　(22) 4　(23) 3　(24) 1
〔解説〕
(21)　アルカリ土類金属 Ca, Sr, Ba, Ra である。Mg と Ca は除かれる。
(22)　メタンは正四面体構造で無極性ある。
(23)　陽子と電子の数は同じだが中性子の数が異なる。
(24)　風解は固体が自らの結晶水を放出して粉末になる変化

問７　(25) 1　(26) 4　(27) 2　(28) 4

〔解説〕

(25)解答のとおり　(26)0.3 × 0.2 ÷ 12 × 6.0 × 10^{23} = 3 × 10^{21} 個

(27)0.01　mol/L の硫酸の水素イオン濃度は 2.0 × 10^{-2}mol/L である。よってこの溶液の pH は-log[2.0 × 10^{-2}], 2-0.30 = 1.7

(28)陽極では酸化反応が起こり、塩化物イオンが酸化され塩素を生じる。

問８　(29) 1　(30) 1　(31) 3　(32) 2

〔解説〕

(29)80 ℃の塩化カリウム飽和溶液 50g に含まれる溶質の重さ x は、51.3/(100 + 51.3) = x / 50, x = 16.95 g である。すなわち溶媒は 33.05 g となる。10 ℃では水 100　g の塩化カリウムが 31.2　g 溶けるのであるから、水 33.05　g に溶ける塩化カリウムの重さ y は、　100 : 31.2 = 33.05 : y, y = 10.3 g となる。よって析出する塩化カリウムは 16.95 － 10.3 = 6.65 g

(30)凝析は疎水コロイドを少量の電解質で沈殿させる方法

(31)黒色の硫化銅(II)として沈殿する。

(32)スクロースはグルコースとフルクトースに分解される。セロビオースとマルトースは 2 分子のグルコースに分解される。

(一般)

問９　(33) 1　(34) 4　(35) 3　(36) 3

〔解説〕

(33)H_2+1/2O_2 = H_2O+286 kJ …①式、C+O_2 = CO_2+394 kJ …②式、C_2H_5OH+3O_2 = 2CO_2+3H_2O+1,368　kJ …③式とする。①式× 3+②式× 2 －③式より、2C+3H_2+1/2O_2 = C_2H_5OH + 278kJ

(34)解答のとおり

(35)ボイル―シャルルの法則より、3.6 × 10^5 × 10.0/(273+27) = 1.5 × 10^5 × V_2/(273+77)、　V_2 = 28.0 L

(36)化学反応式で単体が出てくるものはすべて酸化還元反応である。

問 10　(37) 2　(38) 1　(39) 3　(40) 4

〔解説〕

(37)酒石酸は 2 つの不斉炭素原子を有する。

(38)キサントプロテイン反応は芳香族アミノ酸の検出、ニンヒドリンはアミノ基の検出、ルミノール反応は血液の検出に用いられる。

(39)エステル結合はカルボキシル基とヒドロキシ基の脱水縮合で生成する。

(40)けん化とはグリセリンの高級脂肪酸エステルの加水分解のこと。説明文はヨウ素化を指す。

(農業用品目・特定品目共通)

問９　(33) 1　(34) 1　(35) 3　(36) 4

〔解説〕

(33)気体が液体になる状態変化を凝縮という。

(34)炭酸ナトリウムや炭酸水素ナトリウムの水溶液は塩基性を示す。

(35)モル濃度は次の公式で求める。M = w/m × 1000/v (M はモル濃度 : mol/L、w は質量 : g、m は分子量または式量、v は体積 : mL) これに当てはめればよい。M mol/L = 8.0 / 40 × 1000/250,　M = 0.8 mol/L

(36)酸素の分圧 P_{O2} は、2.0 × 10^5 × 2.0 = P_{O2} × 10.0, P_{O2} = 4.0 × 10^4 Pa。同様に窒素分圧 P_{N2} は、3.0 × 10^5 × 5.0 = P_{N2} × 10.0, P_{N2}=1.5 × 10^5 Pa。よって全圧は各成分気体の分圧の和であるから、P_{N2} + P_{O2} = 1.9 × 10^5 Pa

問 10　(37) 1　(38) 1　(39) 1　(40) 3

〔解説〕

(37)Mn の酸化数は+7 から+4 に減少しているので還元されている。2 酸化還元でない。3 は酸化されている。4 は酸化還元でない。

(38)フェノールはベンゼンの水素原子をヒドロキシ基に置換したものである。

(39)濃硫酸と濃硝酸の混酸でベンゼンを反応させるとニトロベンゼンが生じる。

(40)クレゾールとフェノールは弱酸性であるフェノール性水酸基を有するため水酸化ナトリウムと反応して塩を生じ水に溶解する。サリチル酸はカルボキシル基があるのでこれが水酸化ナトリウムと反応し塩を生じて水に溶解する。アニリンは塩基性であるので塩を生じず、エーテルに溶解する。

〔性状・貯蔵・取扱方法〕

(一般)

問 11　(41) 4　(42) 1　(43) 3　(44) 2

〔解説〕

(41)クロルスルホン酸 HSO_3Cl は、劇物。無色または淡黄色、発煙性、刺激臭の液体。水と激しく反応する。硫酸と塩酸を生成する。　(42)燐化水素(別名ホスフィン)は無色、腐魚臭の気体。気体は自然発火する。水にわずかに溶け、酸素及びハロゲンとは激しく結合する。エタノール、エーテルに溶ける。　(43)重クロム酸アンモニウム$(Na_4)_2Cr_2O_7$ は、橙赤色結晶。無臭で、燃焼性がある。水に溶けやすい。　(44)水酸化ナトリウム(別名：苛性ソーダ)NaOH は、白色の固体で、空気中の水分及び二酸化炭素を吸収する。水に溶解するとき強く発熱する。

問 12　(45) 2　(46) 4　(47) 3　(48) 1

〔解説〕

(45)水酸化カリウム(KOH)は二酸化炭素と水を強く吸収するので、密栓をして貯蔵する。　(46)ピクリン酸は爆発性なので、火気に対して安全で隔離された場所に、イオウ、ヨード、ガソリン、アルコール等と離して保管する。鉄、銅、鉛等の金属容器を使用しない。　(47)クロロプレンは、重合防止剤(フェノチアジン等)を加えて窒素置換し遮光して冷所に貯える。　(48)ナトリウム Na：アルカリ金属なので空気中の水分、炭酸ガス、酸素を遮断するため石油中に保存。

問 13　(49) 3　(50) 4　(51) 2　(52) 3

〔解説〕

(49)アンモニアは 10%以下で劇物から除外。　(50)メチルアミンは 40 %以下で劇物から除外。　(51)クレゾールは 5%以下は劇物から除外。　(52)蓚酸は 10 %以下で劇物から除外。

問 14　(53) 2　(54) 3　(55) 1　(56) 4

〔解説〕

解答のとおり。

問 15　(57) 1　(58) 4　(59) 3　(60) 2

〔解説〕

(57)アニリン　$C_6H_5NH_2$ は、劇物。沸点 184 ～ 186 ℃の油状物。血液毒である。かつ神経毒であるので血液に作用してメトヘモグロビンを作り、チアノーゼを起こさせる。急性中毒では、顔面、口唇、指先等にはチアノーゼが現れる。さらに脈拍、血圧は最初亢進し、後に下降して、嘔吐、下痢、腎臓炎を起こし、痙攣、意識喪失で、ついに死に至ることがある。　(58)メタノール CH_3OH は特有な臭いの無色液体。メタノールの中毒症状：吸入した場合、めまい、頭痛、吐気など、はなはだしい時は嘔吐、意識不明。中枢神経抑制作用。飲用により視神経障害、失明。　(59)モノフルオール酢酸ナトリウムは有機フッ素系である。有機フッ素化合物の中毒：TCA サイクルを阻害し、呼吸中枢障害、激しい嘔吐、てんかん様痙攣、チアノーゼ、不整脈など。治療薬はアセトアミド。　(60)シアン化水素ガスを吸引したときの中毒は、頭痛、めまい、悪心、意識不明、呼吸麻痺を起こす。治療薬は亜硝酸ナトリウムとチオ硫酸ナトリウムの投与。

(農業用品目)

問 11　(41) 1　(42) 4　(43) 2　(44) 3

〔解説〕

(41)硫酸銅(Ⅱ)$CuSO_4 \cdot 5H_2O$ は、無水物のほか数種類の水和物が知られているが、五水和物が一般に流通している。五水和物の性状は次のとおりである。青色結晶で風解性がある。102 ℃で三水和物、113 ℃で一水和物、150 ℃で無水物になる。水に溶けやすい (20 ℃で水 100 ｍｌに 20.2 ｇ溶ける)。メタノールに可溶。

(42)フッ化スルフリル(SO_2F_2)は毒物。無色無臭の気体。沸点-55.38 ℃。水１ｌに 0.75G 溶ける。アルコール、アセトンにも溶ける。　(43)テブフェンピラドは劇物。淡黄色結晶。比重 1.0214　水にきわめて溶けにくい。有機溶媒に溶けやすい。　(44)ニコチンは、毒物。アルカロイドであり、純品は無色、無臭の油状液体であるが、空気中では速やかに褐変する。水、アルコール、エーテル等に容易に溶ける。

問 12　(45) 1　(46) 3　(47) 2　(48) 4

〔解説〕

解答のとおり。

問13　(49) 2　(50) 1　(51) 4　(52) 3
〔解説〕
(49)ロテノンは２％以下は劇物から除外。　(50)エンドタールは 1.5 ％以下は劇物から除外。　(51)トリシクラゾールは８％以下で劇物から除外。　(52)ピラクロストロビンは6.8％以下は劇物から除外。
問14　(53) 4　(54) 3　(55) 2　(56) 1
〔解説〕
(53)ダイアジノンは劇物。有機燐製剤、接触性殺虫剤、かすかにエステル臭をもつ無色の液体。　(54)メトミル(別名メソミル)は、毒物(劇物は 45 ％以下は劇物)。白色の結晶。カルバメート剤農薬。　(55)テフルトリンは、５％を超えて含有する製剤は毒物。0.5％以下を含有する製剤は劇物。淡褐色固体。ピレスロイド系農薬。　(56)チアクロプリドは、黄色粉末結晶,ネオニコチノイド系の殺虫剤。
問15　(57) 4　(58) 1　(59) 3　(60) 4
〔解説〕
解答のとおり。

(特定品目)

問11　(41) 4　(42) 3　(43) 2　(44) 1
〔解説〕
(41)クロロホルム $CHCl_3$(別名トリクロロメタン)は劇物。無色の独特の甘味のある香気を持ち、水にはほとんど溶けず、有機溶媒によく溶ける。　(42)重クロム酸カリウム $K_2Cr_2O_7$ は、橙赤色柱状結晶。水にはよく溶けるが、アルコールには溶けない。強力な酸化剤。　(43)ケイフッ化ナトリウム $Na_2[SiF_6]$は無色の結晶。水に溶けにくく、アルコールには溶けない。　(44)塩素 Cl_2 は劇物。黄緑色の気体で激しい刺激臭がある。冷却すると、黄色溶液を経て黄白色固体。水にわずかに溶ける。
問12　(45) 3　(46) 1　(47) 4　(48) 2
〔解説〕
(45)クロロホルム $CHCl_3$ は、無色、揮発性の液体で特有の香気とわずかな甘みをもち、麻酔性がある。空気中で日光により分解し、塩素、塩化水素、ホスゲンを生じるので、少量のアルコールを安定剤として入れて冷暗所に保存。　(46) 過酸化水素水 H_2O_2 は、安定剤として酸を加える。少量なら褐色ガラス瓶(光を遮るため)、多量ならば現在はポリエチレン瓶を使用し、3 分の 1 の空間を保ち、日光を避けて冷暗所保存。　(47)キシレン $C_6H_4(CH_3)_2$ は、無色透明な液体、引火しやすく、また蒸気は空気と混合して爆発性混合ガスとなるので、火気を避けて冷所に貯蔵する。　(48)水酸化カリウム(KOH)は潮解性があるため密栓して保存。
問13　(49) 3　(50) 3　(51) 4　(52) 2
〔解説〕
(49)アンモニアは 10%以下で劇物から除外。　(50)蓚酸は 10 ％以下で劇物から除外。　(51)クロム酸鉛は 70 ％以下は劇物から除外。　(52)過酸化水素は６％以下で劇物から除外。
問14　(53) 4　(54) 1　(55) 2　(56) 3
〔解説〕
解答のとおり。
問15　(57) 1　(58) 2　(59) 4　(60) 3
〔解説〕
解答のとおり。

〔実　地〕

(一般)

問16　(61) 1　(62) 3　(63) 2　(64) 4
〔解説〕
(61)ジメトエートは、白色の固体。用途は、稲のツマグロヨコバイ、ウンカ類、果樹のﾔﾉﾈｶｲｶﾞﾗﾑｼ、ミカンハモグリガ、ハダニ類、アブラムシ類、ハダニ類の駆除。　(62)炭酸バリウム($BaCO_3$)は、劇物。白色の粉末。用途は陶磁器の釉薬、光学ガラス用、試薬。　(63)ケイフッ化水素酸 H_2SiF_6 は、劇物。無色透明な液体。用途はセメントの硬化促進剤、メッキの電解液。鉄製容器に貯蔵。　(64)へキサン－１・６－ジアミンは劇物。ピペリジン様の臭気を発生する結晶。用途はナイロンの製造原料。

問 17　(65) 2　(66) 3　(67) 4　(68) 1

〔解説〕

(65)フェノール C_6H_5OH はフェノール性水酸基をもつので過クロール鉄(あるいは塩化鉄(Ⅲ)$FeCl_3$)により紫色を呈する。　(66)塩化亜鉛 $ZnCl_2$ は、白色の結晶で、空気に触れると水分を吸収して潮解する。水およびアルコールによく溶ける。水に溶かし、硝酸銀を加えると、白色の沈殿が生じる。　(67)カリウム K は、劇物。銀白色の光輝があり、ろう様の高度を持つ金属。空気中で酸化されやすく水に入れると水素ガスを発生する。白金線につけて、溶融炎で熱し、炎の色をみると青紫色になる。　(68)四塩化炭素(テトラクロロメタン)CCl_4 は、特有な臭気をもつ不燃性、揮発性無色液体。確認方法はアルコール性 KOH と銅粉末とともに煮沸により黄赤色沈殿を生成する。

問 18　(69) 3　(70) 2　(71) 4　(72) 1

〔解説〕

(69)過酸化ナトリウム Na_2O_2 は、劇物。純粋なものは白色。一般的には淡黄色。廃棄法：水に加えて希薄な水溶液とし、酸(希塩酸、希硫酸等)で中和下後、多量の水で希釈して処理する中和法である。　(70)トリクロル酢酸 CCl_3-COOH は、劇物で無色斜方六面体の結晶。わずかな刺激臭がある。廃棄方法は可燃性溶剤とともにアフターバーナー及びスクラバーを具備した焼却炉の火室へ噴霧し焼却する燃焼法。　(71)水銀 Hg は、毒物。常温で液状の金属。金属光沢を有する重い液体。廃棄法は、そのまま再利用するため蒸留する回収法。　(72)クロム酸カルシウムは、淡黄色の粉末。希硫酸に溶かし、還元剤の水溶液を用いて還元したのち、消石灰、ソーダ灰等の水溶液で処理し、沈殿ろ過する。溶出試験を行い、溶出量が判定基準以下であることを確認して埋立処分する沈殿還元法。

問 19　(73) 4　(74) 3　(75) 2　(76) 1

〔解説〕

解答のとおり。

問 20　(77) 1　(78) 2　(79) 3　(80) 2

〔解説〕

施行令第 40 条の５第２項第三号→施行規則第 13 条の５→施行規則別表第五において各品目ごとに保護具が定められている。

(農業用品目)

問 16　(61) 2　(62) 1　(63) 3　(64) 4

〔解説〕

(61)DDVP は有機燐製剤で接触性殺虫剤。無色油状液体。　(62)イミノクタジンは、劇物。白色の粉末(三酢酸塩の場合)。用途は果樹の腐らん病、晩腐病等、麦の斑葉病、芝の葉枯病殺菌する殺菌剤。　(63)パラコートは、毒物で、ジピリジル誘導体で無色結晶性粉末。用途は除草剤。　(64)クロルメコートは、劇物、白色結晶で魚臭、非常に吸湿性の結晶。用途は植物成長調整剤。

問 17　(65) 1　(66) 4　(67) 3　(68) 4

〔解説〕

解答のとおり。

問 18　(69) 1　(70) 2　(71) 3　(72) 4

〔解説〕

(69)クロルピクリン CCl_3NO_2 は、無色～淡黄色液体。廃棄方法は少量の界面活性剤を加えた亜硫酸ナトリウムと炭酸ナトリウムの混合液中で、撹拌し分解させた後、多量の水で希釈して処理する分解法。　(70)パラコートの廃棄方法は、おが屑等に吸収させてアフターバーナー及びスクラバーを具備した焼却炉で焼却する燃焼法。　(71)アンモニアは塩基性であるため希釈後、酸で中和し廃棄する中和法。　(72)シアン化カリウム KCN は、毒物で無色の塊状又は粉末。廃棄法は、水酸化ナトリウム水溶液を加えてアルカリ性(pH11 以上)とし、酸化剤(次亜塩素酸ナトリウム、さらし粉等)等の水溶液を加えて CN 成分を酸化分解する。CN 成分を分解したのち硫酸を加え中和し、多量の水で希釈して処理する酸化法。

問 19　(73) 3　(74) 2　(75) 1　(76) 4

〔解説〕

解答のとおり。

問 20　(77) 4　(78) 3　(79) 3　(80) 1

〔解説〕

(77)解答のとおり。　(78)施行令第 40 条の５第２項第三号→施行規則第 13 条の５→施行規則別表第五　(79)特定毒物については法第２条第３項→法別表第三に掲げられている。　(80)アバメクチンは毒物。1.8 %以下は毒物から除外。

（特定品目）

問 16　(61) 3　(62) 1　(63) 2　(64) 4

〔解説〕

(61)蓚酸は一般に流通しているものは二水和物で無色の結晶である。用途は木・コルク・綿などの漂白剤。その他鉄錆びの汚れ落としに用いる。

(62)硝酸 HNO_3 は無色透明結晶で光によって分解して黒変するる強力な酸化剤。用途は冶金、爆薬製造、セルロイド工業、試薬。　(63)ホルムアルデヒド HCHO は、無色刺激臭の気体で水に良く溶け、これをホルマリンという。ホルマリンは無色透明な刺激臭の液体。用途はフィルムの硬化、樹脂製造原料、試薬・農薬等。

(64)硅弗化ナトリウム Na_2SiF_6 は劇物。無色の結晶。用途は、釉薬原料、漂白剤、殺菌剤、消毒剤。

問 17　(65) 3　(66) 2　(67) 1　(68) 4

〔解説〕

解答のとおり。

問 18　(69) 1　(70) 4　(71) 2　(72) 3

〔解説〕

解答のとおり。

問 19　(73) 4　(74) 2　(75) 3　(76) 1

〔解説〕

解答のとおり。

問 20　(77) 1　(78) 2　(79) 3　(80) 4

〔解説〕

施行令第 40 条の５第２項第三号→施行規則第 13 条の５→施行規則別表第五において各品目ごとに保護具が定められている。

関西広域連合統一共通〔滋賀県、京都府、大阪府、和歌山県、兵庫県、徳島県〕
令和元年度実施

〔毒物及び劇物に関する法規〕
（一般・農業用品目・特定品目共通）

【問１】　4
〔解説〕
解答のとおり。

【問２】　2
〔解説〕
放題３条の２第９項は、特定毒物の譲り渡しの限定。

【問３】　3
〔解説〕
この設問は法第２条第１項→法別表第一→指定令第１条についてで、a と d が正しい。なお、塩化第一水銀を含有する製剤と塩化水素を含有する製剤は、劇物。

【問４】　3
〔解説〕
この設問にある興奮、厳格又は麻酔の作用を有するものについては、法第３条の３→施行令第 32 条において、みだりに摂取し、若しくは吸入し、又はこれらの目的で所持してはならないものとして、①トルエン、②酢酸エチル、トルエン又はメタノールを含有する・シンナー、・接着剤、・塗料及び閉そく用又はシーリングの充てん剤である。なお、酢酸エチルについて単独ではこの規定に適用されない。

【問５】　2
〔解説〕
この設問は法第４条の登録のこと。２が正しい。a が正しい。a については、法第 23 条の３→施行令第 36 条の７のこと。なお、b については、本社の所在地の都道府県知事ではなく、店舗ごとに、その店舗の所在地の都道府県知事である。c は、毒物又は劇物の輸入業の登録は、６年ごとではなく、５年ごとである。なお、この設問にある法第４条については、第８次地域一括法(平成 30 年６月 27 日法律第 63 号。)→施行は令和２月４月１日より同法第４条第３項が削られ、同法第４項が同法第３項となった。いわゆる今回の地方分権一括法で製造業又は輸入業の登録が従来の厚生労働大臣から都道府県知事へと委譲された。

【問６】　4
〔解説〕
この設問で正しいのは、c のみである。この設問は販売品目の制限についてである。c は法第４条の３第２項→施行規則第４条の３→施行規則別表第二に掲げられている品目のみ。なお、a の一般販売業の登録を受けた者は、すべての毒物又は劇物を販売することができる。b の設問では、すべてとあるが法第４条の３第１項→施行規則第４条の２→施行規則別表第①に掲げられている品目のみである。

【問７】　1
〔解説〕
この設問はすべて正しい。施行規則第４条の４第１項の製造所等の設備基準のこと。

【問８】　5
〔解説〕
この設問は法第 10 条第１項についてで、30 日以内に届け出なければならない。

【問９】　2
〔解説〕
この設問は法第３条の４で、引火性、発火性又は爆発性のある毒物又は劇物について政令で正当な理由を除いて所持してはならない。その品目とは→施行令第 32 条の３において、①亜塩素酸ナトリウム及びこれを含有する製剤 30 ％以上、②塩素酸塩類及びこれを含有する製剤 35 ％以上、③ナトリウム、④ピクリン酸である。このことからこの設問では、a と c が正しい。

【問 10】　2
〔解説〕
この設問にある特定毒物〔モノフルオール酢酸アミドを含有する製剤〕の着色規定は、法第３条の２第９項→施行令第 23 条で青色に着色と規定されている。
【問 11】　3
〔解説〕
この設問の法第 11 条第４項→施行規則第 11 条の４は飲食物容器使用禁止のこと。
【問 12】　2
〔解説〕
毒物又は劇物である有機燐化合物を販売する際に、容器及び被包に表示しなければならない解毒剤とは、法第 12 条第２項第三号→施行規則第 11 条の５で、①２－ピリジルアルドキシムメチオダイド(別名 PAM)、②硫酸アトロピンの製剤のことである。
【問 13】　4
〔解説〕
この設問は法第 12 条における毒物又は劇物の表示のことで、a と c である。なお、b は、黒地に白色をもってではなく、赤地に白色をもってである。法第 12 条第１項のこと。d は特定毒物とあるが、特定毒物も毒物に含まれるので、法第 12 条第１項のこと。
【問 14】　1
〔解説〕
この設問は法第 12 条第２項で、毒物又は劇物の①名称、②成分及び含量。
【問 15】　4
〔解説〕
この設問は着色する農業品目のことで、法第 13 条→施行令第 39 条において①硫酸タリウムを含有する製剤たる劇物、②燐化亜鉛を含有する製剤たる劇物について→施行規則第 12 条の規定で、あせにくい黒色で着色すると規定されている。
【問 16】　3
〔解説〕
この設問は法第 14 条第２項のことで、一般人への譲渡する際に譲受人から提出を受ける書面事項とは、①毒物又は劇物の名称及び数量、②販売又は授与の年月日、③譲受人の氏名、職業及び住所(法人の場合は、その名称及び主たる事務所の所在地)④譲受人が押印した書面である。なお、この設問では規定されていないものとあるので、３が該当する。
【問 17】　2
〔解説〕
解答のとおり。
【問 18】　1
〔解説〕
この設問は法第 15 条→施行令 40 条は、毒物又は劇物を廃棄する際の技術上の基準のこと。解答のとおり。
【問 19】　2
〔解説〕
この設問は法第 17 条における立入検査等のこと。a と c が正しい。なお、b については、犯罪捜査上必要があるではなく、保健衛生上必要があるである。よって誤り。なお、同法第 17 条については、第８次地域一括法(平成 30 年６月 27 日法律第 63 号。)→施行は令和２月４月１日より法第 17 条は、法第 18 条となった。
【問 20】　3
〔解説〕
法第 22 条は業務上取扱者の届出のことで、a と d が正しい。業務上取扱者の届出は、法第 22 条第１項→施行令第 41 条及び同第 42 条に規定されている者である。

〔基礎化学〕
（一般・農業用品目・特定品目共通）

【問 21】　1
〔解説〕
解答のとおり
【問 22】　1

〔解説〕
窒素は直線型で三重結合をもつ。二酸化炭素も直線であり二重結合を2本持つ。
【問23】　5
〔解説〕
硫酸は1分子で2つの水素イオンを出すことができる。
【問24】　4
〔解説〕
メタンの分子量は16である。メタン 8 gのモル数は0.5 molであり、この化学反応式は　$CH_4 + 2O_2 \rightarrow CO_2 + 2H_2O$ である。メタン0.5 molが酸素と反応して生じる水のモル数は1molであるから、これに水の分子量18を乗じて、18 gとなる。
【問25】　1
〔解説〕
解答のとおり
【問26】　3
〔解説〕
熱化学方程式では分数で係数が書かれることもある。
【問27】　1
〔解説〕
平衡がどちらかに偏っている可能性があるので 2 の記述のような状態とは言えない。また、平衡は常に反応しており、見かけ上停止している状態である。
【問28】　2
〔解説〕
解答のとおり
【問29】　4
〔解説〕
水は水素結合をしており、沸点が異常に上がっている。またフッ化水素やアンモニアも水素結合をするが沸点は水ほど高くない。
【問30】　4
〔解説〕
面神立方格子の 1 つの格子には立方体の頂点にある 1/8 の球が 8 つと、各面の中心にある1/2の球が6つから成る。また各粒子は12個の粒子と接している。
【問31】　3
〔解説〕
解答のとおり
【問32】　5
〔解説〕
空気中では銀は安定であるが銅は二酸化炭素と反応し緑青を生じる。銀も銅もどちらも希硫酸には溶解しない。酸化力のある酸に溶解する。臭化銀はフィルムの感光剤に用いられている。
【問33】　4
〔解説〕
アセチレンは水による水和反応を受けるが、直ちに異性化してアセトアルデヒド(CH_3CHO)を生じる。
【問34】　2
〔解説〕
塩化鉄(III)はフェノール性のOHを検出する試薬である。
【問35】　1
〔解説〕
酸性アミノ酸はアスパラギン酸とグルタミン酸などである。チロシンは芳香族アミノ酸、システインは含硫アミノ酸、リジンは塩基性アミノ酸である。

〔毒物及び劇物の性質及び貯蔵その他取扱方法、識別〕

(一般)

【問36】　2
〔解説〕
この設問では劇物である製剤の正しい組合せはどれかとあるので、a と c が正しい。なお、b の塩化水素を含有する製剤は、10 %以下は劇物から除外。d の過酸化尿素は、17 ％以下は劇物から除外される。
【問 37】　5
〔解説〕
この設問は毒物に該当するものはどれかとあるので、c のヒドラジンと d のアリルアルコールが毒物である。なお、モノクロル酢酸とトルイジンは劇物。
【問 38】　4
〔解説〕
フッ化水素の廃棄方法は沈殿法：多量の消石灰水溶液中に吹き込んで吸収させ、中和し、沈殿濾過して埋立処分する。
【問 39】　4
〔解説〕
黄リン P_4 は、無色又は白色の蝋様の固体。毒物。別名を白リン。暗所で空気に触れるとリン光を放つ。水、有機溶媒に溶けないが、二硫化炭素には易溶。湿った空気中で発火する。空気に触れると発火しやすいので、水中に沈めてビンに入れ、さらに砂を入れた缶の中に固定し冷暗所で貯蔵する。
【問 40】　2
〔解説〕
クロロプレンは劇物。無色の揮発性の液体。多くの有機溶剤に可溶。水に難溶。用途は合成ゴム原料等。火災の際は、有毒な塩化水素ガスを発生するので注意。貯蔵法は重合防止剤を加えて窒素置換し遮光して冷所で保管する。廃棄法は木粉(おが屑)等の可燃物を吸収させ、スクラバーを具備した焼却炉で少量ずつ燃焼させる。
【問 41】　3
〔解説〕
解答のとおり。
【問 42】　1
〔解説〕
メソミル(別名メトミル)は 45 ％以下を含有する製剤は劇物。白色結晶。水、メタノール、アルコールに溶ける。有機燐系化合物。カルバメート剤なので、解毒剤は硫酸アトロピン(PAM は無効)、SH 系解毒剤の BAL、グルタチオン等。用途は殺虫剤。
【問 43】　5
〔解説〕
亜塩素酸ナトリウム $NaClO_2$ は劇物。白色の粉末。水に溶けやすい。加熱、摩擦により爆発的に分解する。用途は繊維、木材、食品等の漂白剤。。
【問 44】　1
〔解説〕
この設問は b と c が正しい。なお、a のメタノール(メチルアルコール) CH_3OH ：毒性は頭痛、めまい、嘔吐、視神経障害、失明。致死量に近く摂取すると麻酔状態になり、視神経がおかされ、目がかすみ、ついには失明することがある。
【問 45】　2
〔解説〕
解答のとおり。
【問 46】　2
〔解説〕
亜硝酸カリウム KNO_2 は劇物。白色又は微黄色の固体。潮解性がある。水に溶けるが、アルコールには溶けない。空気中では徐々に酸化する。用途は、工業用にジアゾ化合物製造用、写真用に使用される。また試薬として用いられる。
【問 47】　3
〔解説〕
アニリン $C_6H_5NH_2$ は、新たに蒸留したものは無色透明油状液体、光、空気に触れて赤褐色を呈する。特有な臭気。水には難溶、有機溶媒には可溶。劇物。用途はタール中間物の製造原料、医薬品、染料、樹脂、香料等の原料。。
【問 48】　3
〔解説〕
水酸化ナトリウム(別名：苛性ソーダ) $NaOH$ は、白色結晶性の固体。空気中に放置すると、水分と二酸化炭素を吸収して潮解する。水溶液を白金線につけて火炎中に入れると、ナトリウムの炎色反応を示す。
【問 49】　4
〔解説〕

塩化亜鉛 $ZnCl_2$ は、白色の結晶で、空気に触れると水分を吸収して潮解する。水およびアルコールによく溶ける。

【問 50】　5

〔解説〕

シュウ酸$(COOH)_2 \cdot 2H_2O$ は、劇物(10 %以下は除外)、無色稜柱状結晶、風解性、徐々に加熱すると昇華、急加熱により CO_2 と H_2O に分解。確認反応：1)カルシウムイオン Ca^{2+}によりシュウ酸カルシウム CaC_2O_4 の白色沈殿。2)還元剤なので $KMnO_4$(酸化剤、紫色)と酸化還元反応を起こし、Mn^{7+}が Mn^{2+}(肌色)になるため紫色が退色。

(農業用品目)

【問 36】　2

〔解説〕

この設問の劇物に該当するものは、a と c である。a のイソフェンホスは、5％以下を含有するものは劇物。c のエチレンクロルヒドリンを含有する含有する製剤は除外濃度される濃度がないので劇物。なお、b のアバメクチンを含有する製剤及び d の EPN を含有する製剤 は 1.8 %以下は劇物で、それ以上の濃度は毒物である。

【問 37】　5

〔解説〕

この設問については、農業用品目販売業者が販売できるものは、法第４条の３→施行規則第４条の２→施行規則別表第一に掲げる品目で、これに該当するものは、c の硫酸と d のニコチンが該当する。

【問 38】　4

〔解説〕

この設問ではき廃棄方法の組合わせについて不適切なものはどれかとあるので、５のアンモニアが該当する。アンモニアの廃棄法は、次のとおり。廃棄方法は、水に溶かしてから酸で中和後、多量の水で希釈処理する中和法。

【問 39】　4

〔解説〕

ロテノンはデリスの根に含まれる。殺虫剤。酸素、光で分解するので遮光保存。２%以下は劇物から除外。

【問 40】　2

〔解説〕

シアン化ナトリウム NaCN(別名青酸ソーダ、シアンソーダ、青化ソーダ)は毒物。白色の粉末またはタブレット状の固体。酸と反応して有毒な青酸ガスを発生するため、酸とは隔離して、空気の流通が良い場所冷所に密封して保存する。廃棄法は、水酸化ナトリウム水溶液等でアルカリ性とし、高温加圧下で加水分解するアルカリ法。

【問 41】　3

〔解説〕

アセタミプリドは、劇物。白色結晶固体。２%以下は劇物から除外。アセトン、メタノール、エタノール、クロロホルなどの有機溶媒に溶けやすい。用途はネオニコチノイド系殺虫剤。

【問 42】　1

〔解説〕

この設問のイミノクタジンについて正しいのは、b のみである。イミノクタジンは、劇物。白色粉末(三酢酸塩の場合)。用途：工業は、果樹の腐らん病、麦類の斑葉病、芝の葉枯病殺菌。

【問 43】　5

〔解説〕

メチダチオンは劇物。灰白色の結晶。水には１%以下しか溶けない。有機溶媒に溶ける。有機燐化合物。用途は果樹、野菜、カイガラムシの防虫。

【問 44】　1

〔解説〕

この設問の白色の結晶性粉末、粉剤で除草剤として用いるのは、１のダゾメットは劇物で除外される濃度はない。白色の結晶性粉末。融点は 106 ～ 10 ℃。用途は芝生等の除草剤。なお、ジメトエートは、白色の固体。用途は、稲のツマグロヨコバイ、ウンカ類、果樹のﾔﾉﾈｶｲｶﾞﾗﾑｼ、ミカンハモグリガ、ハダニ類、アブラムシ類、ハダニ類の駆除。ジクワットは、劇物で、ジピリジル誘導体で淡黄色結晶で、除草剤。ダイファシノンは、黄色結晶性粉末で、用途は殺鼠剤。エチルチオメトンは、淡黄色の液体で、用途は有機燐系殺虫剤。

【問 45】　2

〔解説〕

モノフルオール酢酸ナトリウム FCH_2COONa は重い白色粉末、吸湿性、冷水に易溶、メタノールやエタノールに可溶。野ネズミの駆除に使用。特毒。摂取により毒性発現。皮膚刺激なし、皮膚吸収なし。　モノフルオール酢酸ナトリウムの中毒症状：生体細胞内の TCA サイクル阻害(アコニターゼ阻害)。激しい嘔吐の繰り返し、胃疼痛、意識混濁、てんかん性痙攣、チアノーゼ、血圧下降。。

【問 46】　2

〔解説〕

塩化亜鉛 $ZnCl_2$ は、白色結晶、潮解性、水に易溶。

【問 47】　3

〔解説〕

EPN は、有機リン製剤、毒物(1.5 ％以下は除外で劇物)、芳香臭のある淡黄色油状(工業用製品)または融点 36 ℃の白色結晶。水に不溶、有機溶媒に可溶。不快臭。遅効性殺虫剤(アカダニ、アブラムシ、ニカメイチュウ等)。

【問 48】　3

〔解説〕

エチオンは劇物。不揮発性の液体。キシレン、アセトン等の有機溶媒に可溶。水には不溶。有機リン製剤。用途は果樹ダニ類、クワガタカイガラムシ等に用いる。

【問 49】　4

〔解説〕

硫酸タリウム Tl_2SO_4 は、劇物。白色結晶で、水にやや溶け、熱水に易溶、用途は殺鼠剤。硫酸タリウム 0.3 ％以下を含有し、黒色に着色され、かつ、トウガラシエキスを用いて著しくからく着味されているものは劇物から除外。。

【問 50】　5

〔解説〕

エンドスルファン・ベンゾエピンは毒物。白色の結晶、工業用は黒褐色の固体。有機溶媒に溶ける。アルカリで分解する。水に不溶の有機塩素系農薬。水には溶けない。ほとんど臭気もない。キシレンに溶ける。用途は接触性殺虫剤で昆虫の駆除。

（特定品目）

【問 36】　2

〔解説〕

この設問における劇物に該当するものは、２の過酸化水素は、６％以下は劇物から除外であるが、設問は 10 ％を含有する製剤とあるので劇物。なお、塩化水素は 10 ％以下は劇物から除外。メタノールは除外される濃度はない。本体のみ劇物。水酸化カルシウムは毒劇物に指定されていない。硝酸は 10 ％以下は劇物から除外。

【問 37】　5

〔解説〕

酢酸メチルは毒劇物に該当しない。

【問 38】　4

〔解説〕

この設問のクロロホルムについて誤っているのは、４が誤り。クロロホルム $CHCl_3$ は、無色、揮発性の液体で特有の香気とわずかな甘みをもち、麻酔性がある。空気中で日光により分解し、塩素、塩化水素、ホスゲンを生じるので、少量のアルコールを安定剤として入れて冷暗所に保存。

【問 39】　4

〔解説〕

ホルムアルデヒド HCHO は還元性なので、廃棄はアルカリ性下で酸化剤で酸化した後、水で希釈処理する(①酸化法)。②燃焼法　では、アフターバーナーを具備した焼却炉でアルカリ性とし、過酸化水素水を加えて分解させ多量の水で希釈して処理する。③活性汚泥法。

【問 40】　2

〔解説〕

この設問で誤っているのは、２である。水酸化ナトリウムの貯蔵法は次のとおり。水酸化ナトリウム(別名：苛性ソーダ)NaOH は、白色結晶性の固体。水と炭酸を吸収する性質が強い。空気中に放置すると、潮解して徐々に炭酸ソーダの皮層を生ずる。貯蔵法については潮解性があり、二酸化炭素と水を吸収する性質が強いので、密栓して貯蔵する。

【問 41】　3

〔解説〕

塩化水素 HCl は酸性なので、石灰乳などのアルカリで中和した後、水で希釈する中和法。四塩化炭素 CCl_4 は有機ハロゲン化物で難燃性のため、可燃性溶剤や重油とともにアフターバーナーを具備した焼却炉で燃焼させる燃焼法。

【問 42】　1

〔解説〕

酢酸エチル $CH_3COOC_2H_5$(別名酢酸エチルエステル、酢酸エステル)は、劇物。強い果実様の香気ある可燃性無色の液体。揮発性がある。蒸気は空気より重い。引火しやすい。水にやや溶けやすい。

【問 43】　5

〔解説〕

b が正しい。トルエン $C_6H_5CH_3$ 特有な臭いの無色液体。水に不溶。比重 1 以下。可燃性。揮発性有機溶媒。貯蔵方法は直射日光を避け、風通しの良い冷暗所に、火気を避けて保管する。

【問 44】　1

〔解説〕

ホルムアルデヒド HCHO は、無色あるいは無色透明の液体で、刺激性の臭気をもち、寒冷にあえば混濁することがある。空気中の酸素によって一部酸化されて蟻酸を生じる。

【問 45】　2

〔解説〕

a と c が正しい。水酸化カリウム水溶液＋酒石酸水溶液→白色結晶性沈澱(酒石酸カリウムの生成)。不燃性であるが、アルミニウム、鉄、すず等の金属を腐食し、水素ガスを発生。これと混合して引火爆発する。水溶液を白金線につけガスバーナーに入れると、炎が紫色に変化する。

【問 46】　2

〔解説〕

2 が誤り。塩素 Cl_2 は劇物。黄緑色の気体で激しい刺激臭がある。冷却すると、黄色溶液を経て黄白色固体。水にわずかに溶ける。沸点-34．05 ℃。強い酸化力を有する。極めて反応性が強く、水素又はアセチレンと爆発的に反応する。水分の存在下では、各種金属を腐食する。水溶液は酸性を呈する。粘膜接触により、刺激症状を呈する。廃棄法：アルカリ法と還元法がある。

【問 47】　3

〔解説〕

a が誤り。次のとおり。四塩化炭素(テトラクロロメタン)CCl_4 は、劇物。揮発性、麻酔性の芳香を有する無色の重い液体。水に溶けにくく有機溶媒には溶けやすい。強熱によりホスゲンを発生。蒸気は空気より重く、低所に滞留する。

【問 48】　3

〔解説〕

解答のとおり。

【問 49】　4

〔解説〕

クロム酸塩類の識別方法は、クロム酸イオンは黄色、重クロム酸は赤色。これは中性またはアルカリ性溶液では黄色のクロム酸として、酸性溶液では赤色の重クロム酸として存在する。

【問 50】　5

〔解説〕

c と d が正しい。なお、酸化水銀(Ⅱ)HgO は、別名酸化第二水銀、鮮赤色ないし橙赤色の無臭の結晶性粉末のものと橙黄色ないし黄色の無臭の粉末とがある。水にほとんど溶けず、希塩酸、硝酸、シアン化アルカリ溶液に溶ける。アンモニア NH_3 は、常温では無色刺激臭の気体、冷却圧縮すると容易に液化する。水、エタノール、エーテルに可溶。強いアルカリ性を示し、腐食性は大。水溶液は弱アルカリ性を呈する。

奈良県
令和元年度実施

〔法　規〕
（一般・農業用品目・特定品目共通）

問１　2
〔解説〕
この設問の特定毒物であるモノフルオール酢酸アミドを含有する製剤を使用及び用途について施行令第 22 条で、①国、②地方公共団体、③農業協同組合及び農業者の組織団体であり、また用途は、かんきつ類、りんご、なし、桃又はかきの害虫の防除に限って都道府県知事の指定を受けた者と規定されている。この指定された者のことを特定毒物使用者という。解答のとおり。

問２　5
〔解説〕
この設問では誤っているものはどれかとあるので、５が誤り。なお、特定毒物である四アルキル鉛を含有する製剤の着色基準の規定については、施行令第２条で、赤色、青色、緑色に着色との規定されている。

問３　1
〔解説〕
この設問は法第３条の４で業務その他正当な理由を除いて所持してはならない品目として、施行令第 32 条の２で、①亜塩素酸ナトリウム及びこれを含有する製剤 30 %以上、②塩素酸塩類及びこれを含有する製剤 35 %以上、③ナトリウム、④ピクリン酸である。このことからこの設問では a と b が該当する。

問４　4
〔解説〕
この設問については法第４条の３第一項→施行規則第４条の２→施行規則別表第一に掲げられている品目のみが毒物劇物農業用品目販売業者が販売できる品目である。解答のとおり。

問５　2
〔解説〕
この設問については法第４条の３第二項→施行規則第４条の３→施行規則別表第二に掲げられている品目のみが毒物劇物特定品目販売業者が販売できる品目である。解答のとおり。

問６　2
〔解説〕
この設問では毒物劇物営業者における登録事項について、誤っていものはどれかとあるので、２が誤り。なお、このことは法第４条に基づいて法第６条で、①申請者の氏名及び住所(法人にあっては、その名称及び主たる事務所の所在地)、②製造業又は輸入業の登録にあっては、製造し、又は輸入しようとする毒物又は劇物の品目、③製造所、営業所又は店舗の所在地と規定されている。

問７　2
〔解説〕
この設問で正しいのは、b と d である。b は法第４条第４項の登録の更新。(現行は法第４条第３項となる。平成 30 年６月 27 日法律第 63 号。施行令和２月４月１日による。)　d は法第３条第３項ただし書規定において自ら製造した毒物及び劇物を販売することができる。設問のとおり。なお、a は内閣総理大臣ではなく厚生労働大臣。(現行は、第８次地域一括法(平成 30 年６月 27 日法律第 63 号。)→施行は令和２月４月１日で、都道府県知事へ移行された。) c の販売品目の種類は法第４条の２で、①一般販売業の登録、②農業用品目販売業の登録、③特定品目販売業の登録の３種類である。よってこの設問にある特定品目販売業の登録は規定されていない。

問８　4
〔解説〕
この設問で正しいのは、d のみである。d の特定毒物を所持できるのは、法第３条の２第 10 項で、①毒物劇物営業者、②特定毒物研究者、③特定毒物使用者である。なお、a にある販売業の登録の種類にある特定品目とは、法第４条の３第２項→施行規則第４条の３→施行規則別表第二に掲げられている 20 品目のみで、この品目は劇物。b については法第 15 条第１項第一号で 18 歳未満の者の交付してならないと規定されている。c については、薬局開設者である薬剤師が新たに毒物又は劇物を販売する際には、法第４条に基づいて新たに販売業の登録を受けなければならない。

問９　4

〔解説〕

解答のとおり。

問 10　2

〔解説〕

この設問で正しいのは、a と c である。a は法第８条第１項第一号のこと。c は法第７条第３項のこと。なお、b の一般毒物劇物取扱者試験に合格した者は、すべての製造所、営業所、店舗における毒物劇物取扱責任者になることができる。d は法第８条第２項第四号で、起算して５年を経過したではなく、起算して３年を経過していない者である。

問 11　4

〔解説〕

この設問は法第 10 条における届出のことで、正しいのは４である。なお、１と２については届け出を要しない。３は登録を受けた毒物又は劇物以外を製造した場合とあるので、法第９条第１項により、あらかじめ登録の変更をうけなければならないである。

問 12　3

〔解説〕

この設問は法第 12 条における毒物又は劇物の表示のことで正しいのは、b と d である。b は法第 12 条第１項のこと。d は法第 12 条第３項のこと。なお、a については法第 12 条第２項で、①毒物又は劇物の名称、②毒物又は劇物の成分及びその含量、③有機燐化合物及びこれを含有する製剤たる毒物及び劇物については、解毒剤の名称を表示しなければならないである。c は法第 12 条第２項第三号で、中和剤の名称ではなく、解毒剤の名称である。

問 13　2

〔解説〕

この設問は法第 12 条第２項第四号→施行規則第 11 条の６第１項第四号で、①販売業者の氏名及び住所、③毒物劇物取扱責任者の氏名である。

問 14　3

〔解説〕

解答のとおり。

問 15　3

〔解説〕

ホルムアルデヒド 37 ％含有する液体状のものを 1 回につき車両で運搬する場合、車両に備えなければならない防毒マスクについては、施行令第 40 条の５第２項第三号→施行規則第 13 条の６→施行規則別表第五で、有機ガス用防毒マスクを備えなければならない。なお、この他に保護具として、①保護手袋、②保護長ぐつ、③保護衣である。

問 16　3

〔解説〕

解答のとおり。

問 17　2

〔解説〕

この設問は毒物又は劇物を販売し、又は授与する際に毒物劇物営業者は。譲受人に対して情報提供しなければならない　。その情報提供の内容について、施行規則第 13 条の 12 で規定されている。解答のとおり。

問 18　4

〔解説〕

この設問は毒物又は劇物を紛失した際の措置のことである。なお、この設問にある法第 16 条の２については、第８次地域一括法(平成 30 年６月 27 日法律第 63 号。)→施行は令和２月４月１日より、法第 16 条の２から同第 17 条となった。

問 19　2

〔解説〕

解答のとおり。

問 20　2

〔解説〕

この設問は業務上取扱者の届出をする事業者についてで、法第 22 条第 1 項→施行令第 41 条及び同第 42 条のことであることから、この設問では、誤っているものはどれかとあるので 2 が誤り。2 は鼠の防除を行う事業者ではなく、しろありを行う防除を行う事業者である。

〔基礎化学〕
（一般・農業用品目・特定品目共通）

問 21 ～ 31　問 21　4　問 22　5　問 23　2　問 24　4　問 25　4　問 26　1
問 27　5　問 28　1　問 29　3　問 30　1　問 31　4

〔解説〕

問 21　フッ素、塩素、窒素は気体、臭素は液体

問 22　18 族元素の希ガス族は価電子が 0 である。

問 23　ケイ素 Si、スカンジウム Sc、セレン Se、ストロンチウム Sr

問 24　不飽和度はパルミチン酸とステアリン酸が 0、オレイン酸が 1、リノール酸が 2、アラキドン酸が 4 である。

問 25　キサントプロテイン反応は芳香族アミノ酸の確認、ニンヒドリン反応はアミノ基の確認、ビウレット反応はペプチド結合の確認、ヨウ素でんぷん反応はでんぷんの確認に用いる。

問 26　メタン CH_4 の水素原子 3 つがハロゲンに変わったものをトリハロメタンあるいはハロホルムという。CHI_3 ヨードホルム、$CHCl_3$ クロロホルム

問 27　金属元素と非金属元素の結合はイオン結合である。

問 28　塩酸は塩化水素を水に溶かした混合物である。

問 29　電子 1 つを取り入れるときに放出されるエネルギーを電子親和力という。電子 1 個取り去るのに必要なエネルギーをイオン化エネルギーという。

問 30　$-NO_2$ ニトロ基、-CHO アルデヒド基、$-SO_3H$ スルホ基、-COOH カルボキシル基

問 31　マレイン酸は不飽和ジカルボン酸である。

問 32　1

〔解説〕

イオン化傾向の大きい金属が負極、小さい金属が正極となる。また正極では還元反応、負極では酸化反応が起こる。

問 33　3

〔解説〕

水酸化ナトリウムを加えると水色の水酸化銅が沈殿する。炎色反応は緑である。またアンモニア水を過剰に加えると錯イオンを形成し濃青色の液体になる。

問 34　4

〔解説〕

過マンガン酸カリウムは酸化剤としてのみ働く。

問 35　3

〔解説〕

水分子は折れ線型である。

問 36　5

〔解説〕

2 族の元素のうち Be と Mg を除いたものがアルカリ土類金属である。典型元素は 1, 2, 12 ～ 18 族の元素である。遷移金属元素は第 4 周期から現れる。

問 37　4

〔解説〕

2-プロパノール水溶液は中性である。2-ブタノールは第二級アルコールである。

問 38　2

〔解説〕

メタンが燃焼するときの化学反応式は $CH_4 + 2O_2 \rightarrow CO_2 + 2H_2O$ である。メタン 2.24　L は 0.1 モルなので、生じる水は 0.2 モルである。これに水の分子量 18 を乗じると 3.6 g となる。

問 39　2

〔解説〕

この塩化カリウム溶液が 1L（1000 mL）あったとする。密度が 1.02g/cm^3 であるから、この時の重さは 1000 × 1.02 ＝ 1020 g。このうちの 4%が塩化カリウムの重さであるから、1020 × 0.04 ＝ 40.8 g。よってこの溶液のモル濃度は溶質の重

さを分子量 74.6 で割ったものであるから、40.8/74.6 = 0.547 mol/L となる。

問 40　3
〔解説〕
求める希硫酸の体積を V とする。0.02 × 2 × V = 0.1 × 1 × 4, V = 10 mL

〔取扱・実地〕

（一般）

問 41　2
〔解説〕
ギ酸は劇物であり、分子式は CH_2O_2 である。

問 42　4
〔解説〕
四エチル鉛 $(C_2H_5)_4Pb$（別名エチル液）は、特定毒物。純品は無色の揮発性液体。特殊な臭気があり、引火性がある。水にほとんど溶けない。金属に対して腐食性がある。

問 43 ～ 47　問 43　3　問 44　1　問 45　2　問 46　4　問 47　5
〔解説〕
問 43　アジ化ナトリウム NaN_3 は、毒物、無色板状結晶、水に溶けアルコールに溶け難い。エーテルに不溶。徐々に加熱すると分解し、窒素とナトリウムを発生。酸によりアジ化水素 HN_3 を発生。　問 44　DDVP（別名ジクロルボス）は有機リン製剤で接触性殺虫剤。刺激性で微臭のある比較的揮発性の無色油状液体、水に溶けにくく、有機溶媒に易溶。水中では徐々に分解。　問 45　硝酸ストリキニーネは、毒物。無色針状結晶。水、エタノール、グリセリン、クロロホルムに可溶。エーテルには不溶。　問 46 リン化水素（別名ホスフィン）は無色、腐魚臭の気体。気体は自然発火する。水にわずかに溶け、酸素及びハロゲンとは激しく結合する。エタノール、エーテルに溶ける。　問 47　5 ヨウ化メチル CH_3I は、無色または淡黄色透明液体、低沸点、光により I2 が遊離して褐色になる（一般にヨウ素化合物は光により分解し易い）。エタノール、エーテルに任意の割合に混合する。水に可溶である。

問 48 ～ 51　問 48　3　問 49　1　問 50　4　問 51　2
〔解説〕
解答のとおり。

問 52 ～ 55　問 52　4　問 53　2　問 54　3　問 55　1
〔解説〕
問 52　アクリルアミドは無色の結晶。土木工事用の土質安定剤、接着剤、凝集沈殿促進剤などに用いられる。　問 53　ジメチルアミン $(CH_3)_2NH$ は、劇物。無色で魚臭様（強アンモニア臭）の臭気のある気体。水溶液は強いアルカリ性を呈する。用途は界面活性剤の原料等。　問 54　水銀 Hg は常温で唯一の液体の金属である。銀白色の重い流動性がある。常温でも僅かに揮発する。毒物。比重 13.6。用途は工業用として寒暖計、気圧計、水銀ランプ、歯科用アマルガムなど。
問 55　フェノールは種々の薬品合成の原料となっている。その他にも防腐剤、殺菌剤に用いられる。

問 56　1
〔解説〕
この設問であやまっているものは b の三酸化二砒素である。三酸化二砒素（亜砒酸）は、毒物。無色、結晶性の物質。200 ℃に熱すると、溶解せずに昇華する。水にわずかに溶けて亜砒酸を生ずる。貯蔵法は少量ならばガラス壜に密栓し、大量ならば木樽に入れる。

問 57 ～ 60　問 57　1　問 58　3　問 59　2　問 60　4
〔解説〕
問 57　ダイアジノンは、有機リン製剤。接触性殺虫剤、かすかにエステル臭をもつ無色の液体、水に難溶、有機溶媒に可溶。付近の着火源となるものを速やかに取り除く。空容器にできるだけ回収し、その後消石灰等の水溶液を多量の水を用いて洗い流す。　問 58　過酸化ナトリウム (Na_2O_2) は劇物。純粋なものは白色。一般には淡黄色。常温で水と激しく反応して酸素を発生し水酸化ナトリウムを生ずる。用途は工業陽に酸化剤、漂白剤として使用されるほか、試薬に使用される。飛散したものは、空容器にできるだけ回収する。回収したものは、発火の恐れがあるので速やかに回収多量の水で流して処理する。なお、回収してた後は、多量の水で洗い流す。　**問 59**　エチレンオキシドは、劇物。快臭のある無色のガス、水、アルコール、エーテルに可溶。可燃性ガス、反応性に富む。付近の着火源となるものを速やかに取り除き、漏えいしたボンベ等告別多量の水に容器ごと投入してガスを吸収させ、処理し、その処理液を多量の水で希釈して洗い流す。
問 60　砒酸は毒物。無色透明な微小な板状結晶または結晶性粉末。水、アルコール、グリセリンに溶ける。用途は、砒酸鉛、砒酸石炭、フクシンその他医薬用砒素剤の原料として使用される。飛散したものは、空容器にできるだけ回収する。そのあとを硫酸鉄(Ⅲ)等の水溶液を散布し、水酸化カルシウム、炭酸ナトリウム等の水溶液を用いて処理した後、多量の水で洗い流す。

（農業用品目）

問 41　2
〔解説〕
農業用品目販売業者が販売できる品目は、法第４条の３第１項→施行規則第４条の２→施行規則別表第一に掲げる品目である。この設問では農業用品目販売業者が販売できない品目とあるので、クロロ酢酸ナトリウムが該当する。

問 42 ～ 44　**問 42**　2　**問 43**　3　**問 44**　4
〔解説〕
劇物としての指定から除外される濃度については、法第２条第２項→法別表第二→指定令第２条に規定されている。解答のとおり。

問 45 ～ 47　**問 45**　4　**問 46**　2　**問 47**　1
〔解説〕
問 45　ブロムメチル CH_3Br は可燃性・引火性が高いため、火気・熱源から遠ざけ、直射日光の当たらない換気性のよい冷暗所に貯蔵する。耐圧等の容器は錆防止のため床に直置きしない。漏えいした場合：漏えいした液は、土砂等でその流れを止め、液が拡がらないようにして蒸発させる。　**問 46**　メソミル(別名メトミル)は、劇物。白色の結晶。水、メタノール、アセトンに溶ける。カルバメート剤なので、解毒剤は硫酸アトロピン(PAM は無効)、SH 系解毒剤の BAL、グルタチオン等。漏えいした場合：飛散したものは空容器にできるだけ回収し、そのあとを消石灰等の水溶液を用いて処理し、多量の水を用いて洗い流す。　**問 47**　燐化アルミニウムとその分解促進剤とを含有する製剤(ホストキシン)は、特定毒物。無色の窒息性ガス。大気中の湿気に触れると、徐々に分解して有毒な燐化水素ガスを発生する。分解すると有毒ガスを発生する。飛散したものの表面を速やかに土砂等で覆い、燐化アルミニウムで汚染された土砂等も同様な措置をし、そのあとを多量の水を用いて洗い流す。

問 48　4
〔解説〕
この設問のクロルピクリンについては、c と d が正しい。なお、クロルピクリン CCl_3NO_2 は、無色～淡黄色液体、催涙性、粘膜刺激臭。水に不溶。アルコール、エーテルなどには溶ける。用途は線虫駆除、土壌燻蒸剤(土壌病原菌、センチュウ等の駆除)。

問 49　4
〔解説〕
この設問のイソキサチオンについては、c と d が正しい。なお、イソキサチオンは有機リン剤、劇物(2 %以下除外)、淡黄褐色液体、水に難溶、有機溶剤に易溶、アルカリには不安定。用途はミカン、稲、野菜、茶等の害虫駆除。(有機燐系殺虫剤)

問 50 ～ 53　**問 50**　2　**問 51**　4　**問 52**　3　**問 53**　1
〔解説〕
問 50　アンモニア NH_3 は無色刺激臭をもつ空気より軽い気体。水に溶け易く、その水溶液はアルカリ性でアンモニア水。廃棄法はアルカリなので、水で希釈後に酸で中和し、さらに水で希釈処理する中和法。　**問 51**　塩素酸ナトリウム $NaClO_3$ は、無色無臭結晶、酸化剤、水に易溶。廃棄方法は、過剰の還元剤の水溶液を希硫酸酸性にした後に、少量ずつ加え還元し、反応液を中和後、大量の水で希釈処理。**問 52**　DDVP は劇物。刺激性があり、比較的揮発性の無色の油状の液体。水に溶けにくい。廃棄方法は木粉(おが屑)等に吸収させてアフターバーナー及びスクラバーを具備した焼却炉で焼却する燃焼法と 10 倍量以上の水と攪拌しながら加熱乾留して加水分解し、冷却後、水酸化ナトリウム等の水溶液で中和するアルカリ法。　**問 53**　硫酸 H_2SO_4 は酸なので廃棄方法はアルカリで中和後、水で希釈する中和法。

問 54 ～ 57　**問 54**　3　**問 55**　2　**問 56**　1　**問 57**　4

〔解説〕

問 54　エチルジフェニルジチオホスフェイト（別名　エジフェンホス、EDDP）は劇物。黄色～淡褐色透明な液体、特異臭、水に不溶、有機溶媒に可溶。有機リン製剤、劇物(2 %以下は除外)、殺菌剤。　**問 55**　塩素酸ナトリウム $NaClO_3$ は、無色無臭結晶、酸化剤、水に易溶。有機物や還元剤との混合物は加熱、摩擦、衝撃などにより爆発することがある。用途は除草剤、酸化剤、抜染剤。　**問 56**　2 ―ｼﾞﾌｪﾆﾙｱｾﾁﾙ― 1･3 ―ｲﾝﾀﾞﾝｼﾞｵﾝ(別名　ダイファシノン)は、黄色結晶性粉末、アセトン、酢酸に溶け、水に難溶。殺鼠剤。　**問 57**　テフルトリンは、５%を超えて含有する製剤は毒物。0.5 %以下を含有する製剤は劇物。淡褐色固体。水にほとんど溶けない。有機溶媒に溶けやすい。用途は野菜等のコガネムシ類等の土壌害虫を防除する農薬(ピレスロイド系農薬)。

問 58 ～ 60　**問 58**　4　**問 59**　2　**問 60**　3

〔解説〕

問 58　無機銅塩類(硫酸銅等。ただし、雷銅を除く)の毒性は、緑色、または青色のものを吐く。のどが焼けるように熱くなり、よだれがながれ、しばしば痛むことがある。急性の胃腸カタルをおこすとともに血便を出す。　**問 59**　モノフルオール酢酸ナトリウムは有機フッ素系である。有機フッ素化合物の中毒：TCA サイクルを阻害し、呼吸中枢障害、激しい嘔吐、てんかん様痙攣、チアノーゼ、不整脈など。治療薬はアセトアミド。　**問 60**　硫酸タリウム Tl_2SO_4 は、白色結晶で、水にやや溶け、熱水に易溶、劇物、殺鼠剤。中毒症状は、疝痛、嘔吐、震せん、けいれん麻痺等の症状に伴い、しだいに呼吸困難、虚脱症状を呈する。治療法は、カルシウム塩、システインの投与。抗けいれん剤(ジアゼパム等)の投与。

（特定品目）

問 41 ～ 48　**問 41**　3　**問 42**　2　**問 43**　4　**問 44**　1　**問 45**　1
問 46　4　**問 47**　3　**問 48**　2

〔解説〕

解答のとおり。

問 49 ～ 52　**問 49**　4　**問 50**　2　**問 51**　1　**問 52**　3

〔解説〕

解答のとおり。

問 53 ～ 56　**問 53**　4　**問 54**　1　**問 55**　3　**問 56**　2

〔解説〕

問 53　硅弗化ナトリウムは劇物。無色の結晶。水に溶けにくい。アルコールにも溶けない。　水に溶かし、消石灰等の水溶液を加えて処理した後、希硫酸を加えて中和し、沈殿濾過して埋立処分する分解沈殿法。　**問 54**　キシレン $C_6H_4(CH_3)_2$ は、C、H のみからなる炭化水素で揮発性なので珪藻土に吸着後、焼却炉で焼却(燃焼法)。　**問 55**　ホルマリンはホルムアルデヒド HCHO の水溶液で劇物。無色あるいはほとんど無色透明な液体。廃棄方法は多量の水を加え希薄な水溶液とした後、次亜塩素酸ナトリウムなどで酸化して廃棄する酸化法。　**問 56**　水酸化ナトリウムは塩基性であるので酸で中和してから希釈して廃棄する中和法。

問 57 ～ 60　**問 57**　2　**問 58**　4　**問 59**　1　**問 60**　3

〔解説〕

解答のとおり。

中国五県統一共通
〔島根県、鳥取県、岡山県、広島県、山口県〕
令和元年度実施

〔毒物及び劇物に関する法規〕
（一般・農業用品目・特定品目共通）

問１　4

〔解説〕

解答のとおり。

問２　2

〔解説〕

この設問の特定毒物については法第３条の２に示されている。この設問で誤りは、イのみ。イにおける特定毒物を所持できる者は、①毒物劇物営業者〔毒物又は劇物製造業者、輸入業者、販売業者〕、②特定毒物研究者、③特定毒物使用者(施行令で定められている用途のみ所持)である。

問３　1

〔解説〕

解答のとおり。

問４　1

〔解説〕

この設問は法第３条の４で正当な理由を除いて所持しはならない品目とは→施行令第 32 条の３で、①亜塩素酸ナトリウム及びこれを含有する製剤 30 ％以上、②塩素酸塩類及びこれを含有する製剤 35 ％以上、③ナトリウム、④ピクリン酸である。このことからこの設問では、１のピクリン酸が該当する。

問５　3

〔解説〕

この設問で正しいのは、アとエである。アは法第３条第３項ただし書のこと。エは法第４条の３第１項のこと。ちなみに、イの毒物又は劇物の廃棄については、法第 15 条の２→施行令第 40 条における廃棄方法の基準を遵守すればよい。この設問のような届け出を要しない。このことは毒物及び劇物取締法上のことであって他の法律において届け出を要するものがあるので注意をしなければならない。ウについては法第５条で、取消の日から起算して２年を経過していない者については、法第４条の登録はできないのであって、この設問の場合は、３年を経過してとあるので誤り。

問６～９　　問６　2　問７　1　　問８　1　問９　1

〔解説〕

この設問は施行規則第４条の４第１項における毒物又は劇物の製造所の設備ぎゅんについてで、問６のみが誤り、問６の毒物又は劇物を陳列する場所には、かぎをかける設備があることで、この設問にあるようなただし書のについてはない。

問 10 ～問 15　問 10　1　　問 11　2　　問 12　2　　問 13　2　　問 14　1
問 15　1

〔解説〕

この設問は法第７条及び法第８条における毒物劇物取扱責任者についてのこと。ちなみに、問 10 は設問のとおり。法第８条第２項第一号に示されている。問 11 は、法第８条第１項における毒物劇物取扱責任者の資格者とは、①薬剤師、②厚生労働省令で定める学校で、応用化学に関する学課を修了した者、③都道府県知事が行う毒物劇物取扱者試験に合格した者である。このことから設問にあるような従事した経験は要しない。問 12 のような伝票操作等の取引の場合は、毒物劇物取扱責任者を置く必要はない。法第７条第１項のこと。問 13 については、法第 22 条第１項における業務上取扱者として届出を要するので、毒物劇物取扱責任者を置かなければならない。問 14 は設問のとおり。法第８条第４項のこと。問 15 は設問のとおり。法第７条第３項に示されている。

問 16　4

〔解説〕

この設問は法第 10 条の届出のことで、ウのみが正しい。ウは法第 10 条第１項第一号のこと。ちなみに、アにおける毒物又は劇物の品名及び数量については、届け出を要しない。イは、事前にではなく、30 日以内に届け出をしなければならない。エの法人の代表取締役の変更については、何ら届け出を要しない。

問 17　2

〔解説〕

この設問は法第 12 条第 1 項の毒物又は劇物の容器及び被包に表示しなければならないこと。解答のとおり。

問 18　3

〔解説〕

この設問は着色する農業用品目のことで、法第 13 条→施行令第 39 条で、①硫酸タリウムを含有する製剤たる劇物、②燐化亜鉛を含有する製剤たる劇物については、→施行規則第 12 条において、あせにくい黒色に着色をしなければ販売し、又は授与することはできない。このことから正しいのは、3 である。

問 19　2

〔解説〕

この設問は法第 14 条における譲渡手続きのこと。解答のとおり。

問 20　2

〔解説〕

この設問は法第 15 条第 1 項は毒物又は劇物の交付の不適格者のこと。解答のとおり。

問 21 ～ 23　問 21　2　問 22　1　問 23　3

〔解説〕

この設問は毒物又は劇物の廃棄方法における基準のこと。

問 24　2

〔解説〕

法第 16 条の 2 第 2 項とは盗難紛失の措置のこと。なお、同法については、第 8 次地域一括法(平成 30 年 6 月 27 日法律第 63 号。)→施行は令和 2 月 4 月 1 日より法第 16 条の 2 は、法第 17 条となった。

問 25　1

〔解説〕

この設問は毒物又は劇物を車両を使用して 95 %硫酸を 1 回につき 5,000kg ↑運搬するときの運搬方法については、施行令第 40 条の 5 で示されている。アは設問のとおり。施行規則第 13 条の 4 第二号のこと。ちなみに、イは 0.3 メートル平方の板に黒色、文字を白色として「毒」と表示した標識を車両の前後見やすい箇所にかかげなければならないである。施行規則第 13 条 5 のこと。ウの保護具については施行令第 40 条の 5 第 2 項第 3 号で、2 人分以上備えなければならないである。

〔基礎化学〕
(一般・農業用品目・特定品目共通)

問 26 ～問 33　問 26　2　問 27　1　問 28　1　問 29　2　問 30　2　問 31　1　問 32　1　問 33　1

〔解説〕

問 26　エチレンから水素一つ取り除いた炭化水素基をビニル基という。

問 27　問 28　解答のとおり

問 29　カルボキシル基とアミノ基の脱水縮合によってアミド結合を生じる。

問 30　硫黄は水に溶解しない。　問 31　問 32　問 33　解答のとおり

問 34 ～問 38　問 34　2　問 35　3　問 36　1　問 37　2　問 38　3

〔解説〕

解答のとおり

問 39　3

〔解説〕

30%水酸化ナトリウム水溶液 200 g に含まれる溶質の重さは、$200 \times 0.3 = 60$ g。加える水の重さを w とすると求める式は、$60/(200 + w) \times 100 = 10$, $w = 400$ g

問 40　2

〔解説〕

0.04　mol/L 酢酸水溶液の電離度が 0.025 であるから、この時の水素イオン濃度 [H+]は　$0.04 \times 0.025 = 1.0 \times 10^{-3}$ mol/L である。よって pH は 3 となる。

問 41　2

〔解説〕

168 L の 水素のモル数は 168/22.4 ＝ 7.5 mol　反応式より水素２モルあれば水が２モル生じるから、7.5 モルの水素では 7.5 × 18 = 135 g の水が生じる。
問 42　2
〔解説〕
ペンタン、2-メチルブタン、2,2-ジメチルプロパンの３種類である。
問 43　3
〔解説〕
アの記述がチンダル現象、イの記述がブラウン運動である。
問 44　4
〔解説〕
触媒は自らは変化しないが反応速度に影響を与える物質である。また化学反応は分子の接触確率が高いほど進行しやすいので濃度が濃いほうが反応が早い。
問 45　3
〔解説〕
解答のとおり
問 46　4
〔解説〕
解答のとおり
問 47　2
〔解説〕
塩化ナトリウムと硫酸ナトリウムは中性、炭酸水素ナトリウムと炭酸ナトリウムは塩基性を示す。
問 48　3
〔解説〕
塩酸１モルと水酸化カルシウム 0.5 モルで中和、硫酸１モルとアンモニア２モルで中和する。
問 49　2
〔解説〕
1，4 は物理変化。3 は中和である。
問 50　4
〔解説〕
石鹸は水の表面張力を下げる界面活性剤である。

〔毒物及び劇物の性質及び貯蔵、識別及び取扱方法〕

(一般)

問 51 ～問 54　問 51　5　問 52　2　問 53　1　問 54　4
〔解説〕
問 51　ヒドラジン NH_2NH_2 は、毒物。無色透明の液体であり、空気中で発煙する。蒸気は空気より重く、引火しやすい。　問 52　無水クロム酸 CrO_3 は劇物。暗赤色針状結晶。潮解性がある。水によく溶ける。きわめて強い酸化剤である。　問 53　モノフルオール酢酸ナトリウム FCH_2COONa は重い白色粉末、吸湿性、冷水に易溶、水、メタノールやエタノールに可溶。　問 54　ナトリウム Na は、銀白色の柔らかい固体。水と激しく反応し、水酸化ナトリウムと水素を発生する。
問 55 ～問 58　問 55　1　問 56　2　問 57　3　問 58　5
〔解説〕
問 55　塩化第二銅 $CuCl_2$・$2H_2O$ は劇物。無水物のほか二水和物が知られている。二水和物は緑色結晶で潮解性がある。110 ℃で無水物(褐黄色)となる。水、エタノール、メタノール、アセトンに可溶。　問 56　塩素酸ナトリウム $NaClO_3$ は、劇物。無色無臭結晶で潮解性をもつ。酸化剤、水に易溶。有機物や還元剤との混合物は加熱、摩擦、衝撃などにより爆発することがある。酸性では有害な二酸化塩素を発生する。また、強酸と作用して二酸化炭素を放出する。　問 57　砒素 As は、毒物。同素体のうち灰色ヒ素が安定、金属光沢があり、空気中で燃やすと青白色の炎を出して As_2O_3 を生じる。水に不溶。　問 58　ジメチル硫酸(別名硫酸ジメチル、硫酸メチル)は劇物。無色、油状の液体。刺激臭はない。水には不溶。水にと接触すれば、徐々に加水分解する。
問 59　1
〔解説〕

１の過酸化ナトリウムが正しい。なお、２のクレゾールは５％以下は劇物から除外。３の五酸化バナジウム 10 ％以下は劇物から除外。
問 60 ～問 63　問 60　4　　問 61　1　　問 62　2　　問 63　3
〔解説〕
問 60　酢酸タリウム CH_3COOTl は劇物。無色の結晶。用途は殺鼠剤。　問 61　チメロサールは、白色～淡黄色結晶性粉末。用途は殺菌消毒薬。　問 62　セレン Se は毒物。灰色の金属光沢を有するペレット又は黒色の粉末。用途はガラスの脱色、釉薬、整流器。　問 63　トルイジンは、劇物。オルトトルイジンは無色の液体で、空気と光に触れて淡黄色の液体に変化。用途は染料、有機合成原料。
問 64 ～問 67　問 64　5　　問 65　1　　問 66　3　　問 67　2
〔解説〕
問 64　過酸化水素 H_2O_2 は、無色無臭で粘性の少し高い液体。徐々に水と酸素に分解(光、金属により加速)する。安定剤として酸を加える。　ヨード亜鉛からヨウ素を析出する。　問 65　クロロホルムの確認反応：1)　$CHCl_3$＋レゾルシン（ベタナフトール）＋ KOH →黄赤色、緑色の蛍光彩。2) $CHCl_3$＋アニリン＋アルカリ→フェニルイソニトリル C_6H_5NC 不快臭。　問 66　蓚酸は無色の結晶で、水溶液を酢酸で弱酸性にして酢酸カルシウムを加えると、結晶性の沈殿を生ずる。また、水溶液は過マンガン酸カリウム溶液を退色する。　問 67　硝酸 HNO_3 は純品なものは無色透明で、徐々に淡黄色に変化する。特有の臭気があり腐食性が高い。うすめた水溶液に銅屑を加えて熱すると、藍色を呈して溶け、その際赤褐色の蒸気を発生する。藍(青)色を呈して溶ける。２
問 68　2
〔解説〕
この設問の廃棄方法で誤っているものはどれかとあるので、２の五塩化アンチモンが該当する。次のとおり。五塩化アンチモン $SbCl_5$ は劇物。淡黄色液体。加熱すると分解して塩素ガスを発生して、塩化アンチモン(Ⅲ)になる。塩酸、ククロホルムに可溶。廃棄法：多量の水に溶かし、硫化ナトリウム水溶液を加えて沈殿させ、ろ過して埋立処分する沈殿法。
問 69　3
〔解説〕
この設問の廃棄方法で誤っているものはどれかとるので、３のキシレンが該当する。次のとおり。キシレン $C_6H_4(CH_3)_2$ は、C、H のみからなる炭化水素で揮発性なので珪藻土に吸着後、焼却炉で焼却する燃焼法。
問 70　1
〔解説〕
この設問の貯蔵方法で正しいものはどれかとるので、１の五塩化燐が正しい。ちなみに、２の黄燐は無色又は白色の蝋様の固体。毒物。別名を白リン。暗所で空気に触れるとリン光を放つ。水、有機溶媒に溶けないが、二硫化炭素には易溶。湿った空気中で発火する。空気に触れると発火しやすいので、水中に沈めてビンに入れ、さらに砂を入れた缶の中に固定し冷暗所で貯蔵する。ロテノンを含有する製剤は空気中の酸素により有効成分が分解して殺虫効力を失い、日光によって酸化が著しく進行することから、密栓及び遮光して貯蔵する。
問 71　1
〔解説〕
この設問の貯蔵方法で誤っているものはどれかとあるので、１の沃素が該当する。沃素 I_2 は：黒褐色金属光沢ある稜板状結晶、昇華性。気密容器を用い、風通しのよい冷所に貯蔵する。腐食されやすい金属なので、濃塩酸、アンモニア水、アンモニアガス、テレビン油等から引き離しておく。
問 72 ～問 75　問 72　5　　問 73　2　　問 74　3　　問 75　4
〔解説〕
解答のとおり。
問 76 ～問 79　問 76　3　　問 77　5　　問 78　2　　問 79　1
〔解説〕
解答のとおり。
問 80　1
〔解説〕
１のスルホナールが誤り。次のとおり。スルホナールは劇物。無色、稜柱状の結晶性粉末。臭気はない。味もない。水、アルコール、エーテルに溶けにくい。嘔吐、めまい、胃腸障害、腹痛、下痢又は便秘などをおこす。運動失調、麻痺、腎臓炎、尿量減退、ポルフィリン尿(尿が赤色を呈する。)として現れる。解毒剤は、重炭酸ソーダまたはマグネシア、酢酸カリ液などのアルカリ剤を使用。

（農業用品目）

問 51　2

〔解説〕

2のシアナミドが正しい。ちなみに、アンモニア水は 10%以下で劇物から除外。燐化亜鉛を含有する製剤は劇物。ただし、1％以下を含有し、黒色に着色され、かつ、トウガラシエキスを用いて著しくからく着味されていものが劇物から除外。

問 52　3

〔解説〕

この設問の性状で誤っているものはどれかとあるので、3のカルタップが該当する。次のとおり。カルタップは、:劇物。: 2％以下は劇物から除外。無色の結晶。融点 179 ～ 181 ℃。水、メタノールに溶ける。ベンゼン、アセトン、エーテルには溶けない。

問 53 ～問 56　問 53　1　問 54　2　問 55　3　問 56　4

〔解説〕

問 53　ニコチンは、毒物。アルカロイドであり、純品は無色、無臭の油状液体であるが、空気中では速やかに褐変する。水、アルコール、エーテル等に容易に溶ける。　問 54　塩化第二銅 $CuCl_2・2H_2O$ は劇物。無水物のほか二水和物が知られている。二水和物は緑色結晶で潮解性がある。110 ℃で無水物(褐黄色)となる。水、エタノール、メタノール、アセトンに可溶。　問 55　燐化亜鉛 Zn_3P_2 は、灰褐色の結晶又は粉末。かすかにリンの臭気がある。水、アルコールには溶けないが、ベンゼン、二硫化炭素に溶ける。酸と反応して有毒なホスフィン PH3 を発生。劇物、1 %以下で、黒色に着色され、トウガラシエキスを用いて著しくからく着味されているものは除かれる。　問 56　塩素酸カリウム $KClO_3$(別名塩素酸カリ)は、無色の結晶。水に可溶。アルコールに溶けにくい。熱すると酸素を発生する。そして、塩化カリとなり、これに塩酸を加えて熱すると塩素を発生する。

問 57 ～問 60　問 57　3　問 58　2　問 59　1　問 60　4

〔解説〕

問 57　クロルメコートは、劇物、白色結晶で魚臭、非常に吸湿性の結晶。用途は植物成長調整剤。　問 58　硫酸タリウム Tl_2SO_4 は、劇物。白色結晶。用途は殺鼠剤。　問 59　カズサホスは、硫黄臭のある淡黄色の液体。用途は殺虫剤(野菜等のネコブセンチュウ等の防除に用いられる。)。　問 60　シアン酸ナトリウム NaOCN は、白色の結晶性粉末。劇物。用途は除草剤、有機合成、鋼の熱処理に用いられる。

問 61　1

〔解説〕

この設問で正しいのはどれかとあるので、1のエマメクチン安息香酸塩が該当する。ちなみに、ブラストサイジン S は、劇物。白色針状結晶。用途は稲のイモチ病に用いる殺菌剤。 MPP(フェンチオン)は、劇物。褐色の液体。弱いニンニク臭を有する。用途は害虫剤。

問 62 ～問 65　問 62　3　問 63　4　問 64　1　問 65　5

〔解説〕

解答のとおり。

問 66　3

〔解説〕

この設問の廃棄方法で誤っているものはどれかとるので、3の燐化アルミニウムとその分解促進剤とを含有する製剤が該当する。次のとおり。燐化アルミニウムとその分解促進剤とを含有する製剤(ホストキシン)は、特定毒物。廃棄方法はおが屑等の可燃物に混ぜて、スクラバーを具備した焼却炉で焼却する燃焼法。

問 67 ～問 70　問 67　2　問 68　4　問 69　1　問 70　3

〔解説〕

解答のとおり。

問 71　2

〔解説〕

この設問の貯蔵方法で誤っているものはどれかとあるので、2のロテノンである。次のとおり。ロテノンを含有する製剤は空気中の酸素により有効成分が分解して殺虫効力を失い、日光によって酸化が著しく進行することから、密栓及び遮光して貯蔵する。
問 72 ～問 75　問 72　1　問 73　3　問 74　2　問 75　5
〔解説〕
解答のとおり。
問 76　2
〔解説〕
２の硫酸タリウムが誤り。次のとおり。硫酸タリウム Tl_2SO_4 は、白色結晶で、水にやや溶け、熱水に易溶、劇物、殺鼠剤。中毒症状は、疝痛、嘔吐、震せん、けいれん麻痺等の症状に伴い、しだいに呼吸困難、虚脱症状を呈する。治療法は、カルシウム塩、システインの投与。抗けいれん剤(ジアゼパム等)の投与。
問 77 ～問 79　問 77　2　問 78　1　問 79　5　問 80　3
〔解説〕
解答のとおり。

（特定品目）

問 51 ～問 54　問 51　5　問 52　3　問 53　4　問 54　2
〔解説〕
問 51　アンモニア NH_3 は、常温では無色刺激臭の気体、冷却圧縮すると容易に液化する。水、エタノール、エーテルに可溶。強いアルカリ性を示し、腐食性は大。水溶液は弱アルカリ性を呈する。　**問 52**　酢酸エチル $CH_3COOC_2H_5$(別名酢酸エチルエステル、酢酸エステル)は、劇物。強い果実様の香気ある可燃性無色の液体。揮発性がある。蒸気は空気より重い。引火しやすい。水にやや溶けやすい。沸点は水より低い。　**問 53**　一酸化鉛 PbO(別名リサージ)は劇物。赤色～赤黄色結晶。重い粉末で、黄色から赤色の間の様々なものがある。水にはほとんど溶けないが、酸、アルカリにはよく溶ける。　**問 54**　蓚酸 $(COOH)_2 \cdot 2H_2O$ は無色の柱状結晶、風解性、還元性、漂白剤、鉄さび落とし。無水物は白色粉末。水、アルコールに可溶。エーテルには溶けにくい。また、ベンゼン、クロロホルムにはほとんど溶けない。
問 55 ～問 58　問 55　3　問 56　1　問 57　5　問 58　2
〔解説〕
問 55　塩酸 HCl は無色透明の液体で、25 %以上のものは、湿った空気中でいちじるしく発煙し、刺激臭がある。種々の金属を溶解し、水素を発生する。(大部分の金属やコンクリート等を腐食させる。)　**問 56**　クロム酸ストロンチウム $SrCO_4$ は、劇物。黄色粉末、比重 3.89、冷水には溶けにくい。ただし、熱水には溶ける。酸、アルカリに溶ける。　**問 57**　水酸化カリウム(KOH)は劇物(5 %以下は劇物から除外)。(別名：苛性カリ)。空気中の二酸化炭素と水を吸収する潮解性の白色固体である。　**問 58**　メチルエチルケトン $CH_3COC_2H_5$ は、劇物。アセトン様の臭いのある無色液体。蒸気は空気より重い。水に可溶。引火性。有機溶媒。
問 59　3
〔解説〕
この設問の除外される濃度については、３が正しい。ちなみに、クロム酸カリウムは 70 %以下は劇物から除外。ホルムアルデヒドは 1%以下で劇物から除外。
問 60　2
〔解説〕
この設問の除外される濃度については、２が誤り。２の過酸化水素は６%以下で劇物から除外。
問 61 ～問 64　問 61　2　問 62　4　問 63　5　問 64　1
〔解説〕
解答のとおり。

問 65 ～問 68　問 65　4　問 66　5　問 67　1　問 68　2
〔解説〕
問 65　四塩化炭素(テトラクロロメタン)CCl_4 は、特有な臭気をもつ不燃性、揮発性無色液体。確認方法はアルコール性 KOH と銅粉末とともに煮沸により黄赤色沈殿を生成する。　**問 66**　蓚酸は一般に流通しているものは二水和物で無色の結晶である。注意して加熱すると昇華するが、急に加熱すると分解する。水溶液は、過マンガン酸カリウムの溶液を退色する。水には可溶だがエーテルには溶けにくい。　**問 67**　酸化第二水銀 HgO は毒物。赤色または黄色の粉末。水にはほとんど溶けない。小さな試験管に入れる熱すると、ばしめに黒色にかわり、後に分解して水銀を残し、なお熱すると、まったく揮散してしまう。
問 68　硫酸の水溶液にバリウムイオンを含む水溶液を加えると硫酸バリウムの白色沈殿を生じる。

問 69　3

〔解説〕

この設問の廃棄方法で誤っているものはどれかとるので、3の硝酸が該当する。次のとおり。硝酸 HNO_3 は、腐食性が激しく、空気に接すると刺激性白霧を発し、水を吸収する性質が強い。酸なので中和法、水で希釈後に塩基で中和後、水で希釈処理する中和法。

問 70　2

〔解説〕

この設問の廃棄方法で誤っているものはどれかとるので、2の酢酸エチルが該当する。次のとおり。酢酸エチル $CH_3COOC_2H_5$ は劇物。強い果実様の香気ある可燃性無色の液体。可燃性であるので、珪藻土などに吸収させたのち、燃焼により焼却処理する燃焼法。

問 71　1

〔解説〕

過酸化水素 H_2O_2 は、無色無臭で粘性の少し高い液体。少量なら褐色ガラス瓶(光を遮るため)、多量ならば現在はポリエチレン瓶を使用し、3分の1の空間を保ち、日光を避けて冷暗所保存。

問 72 ～問 75　問 72　3　　問 73　4　　問 74　5　　問 75　1

〔解説〕

問 72　重クロム酸カリウム $K_2Cr_2O_7$ は、橙赤色結晶、酸化剤。飛散したものは空容器にできるだけ回収し、そのあとを還元剤の水溶液を散布し、消石灰、ソーダ灰等の水溶液で処理した後、多量の水を用いて洗い流す。　問 73　クロロホルム(トリクロロメタン) $CHCl_3$ は、無色、揮発性の液体で特有の香気とわずかな甘みをもち、麻酔性がある。漏えいした際、風下の人を退避させる。漏えいした液は土砂等でその流れを止め、安全な場所に導き、空容器に回収し、そのあとを多量の水を用いて洗い流す。洗い流す場合には、中性洗剤等の分解剤を使用して洗い流す。　問 74　トルエンが少量漏えいした液は、土砂等に吸着させて空容器に回収する。多量に漏えいした液は、土砂等でその流れを止め、安全な場所に導き、液の表面を泡で覆いできるだけ空容器に回収する。　問 75　水酸化ナトリウムの漏えいした液は土砂等でその流れを止め、土砂等に吸着させるか、又は安全な場所に導いて多量の水をかけて洗い流す。必要があれば更に中和し、多量の水を用いて洗い流す。皮膚に触れた場合は皮膚が激しく腐食するので、直ちに付着又は接触部を多量の水で十分に洗い流す。なお、汚染された衣服や靴は速やかに脱がせること。

問 76 ～問 79　問 76　4　　問 77　2　　問 78　1　　問 79　5

〔解説〕

解答のとおり。

問 80　1

〔解説〕

1のホルムアルデヒドが誤り。次のとおり。ホルムアルデヒド HCHO を吸引するとその蒸気は鼻、のど、気管支、肺などを激しく刺激し炎症を起こす。経口の場合は、胃洗浄等。

香川県
令和元年度実施

〔法　規〕
（一般・農業用品目・特定品目共通）

問１　４
〔解説〕
解答のとおり。

問２　３
〔解説〕
この設問における特定毒物について誤っているものはとれかとあるので、３が誤り。３の特定毒物を所持できる者は、①毒物劇物営業者〔毒物又は劇物製造業者、輸入業者、販売業者〕、②特定毒物研究者、③特定毒物使用者(施行令で定められている用途のみ所持)である。なお、１の特定毒物を製造できる者については設問の他に、毒物又は劇物製造業者。２は法第３条の２第４項に示されている。４の特定毒物を輸入できる者については設問の他に、毒物又は劇物輸入業者。５の特定毒物とは、法第２条第３項→法別表第三に示されている。

問３　３
〔解説〕
解答のとおり。

問４　２
〔解説〕
解答のとおり。

問５　３
〔解説〕
この設問にあるメチルエチルメルカプトエチルチオホスフエイトは特定毒物について施行令で着色基準が定められている。次のとおり。法第３条の２第９項→施行令第 17 条で、紅色に着色することされている。

問６　５
〔解説〕
この設問は施行規則第４条第４項第２項における毒物又は劇物販売業の店舗の設備基準のこと。b、c、d は設問のとおり。ちなみに、a については毒物又は劇物を陳列する場所にはかぎをかける設備があることとで、この設問にあるただし書については規定されていない。要するに陳列する場所には必ずかぎをかけること。

問７　５
〔解説〕
この設問の毒物劇物取扱責任者については法法第８条のことで、a のみが正しい。a は法第８条第４項のこと。ちなみに、b は毒物劇物農業用品目販売業の店舗ではなく、毒物劇物特定品目販売業の店舗においてのみ毒物劇物取扱責任者になることができる。c は法第８条第２項第四号により、この設問にある１年を経過した者ではなく、３年を経過した者である。

問８　２
〔解説〕
この設問の法第 10 条は届出についてで、a と c が正しい。ちなみに b は、事前にではなく、30 日以内に届け出なければならない。d の法人の代表取締役についての変更は、何ら届け出を要しない。

問９　４
〔解説〕
この設問で正しいのは、b のみである。表示しなければならない事項とは、①毒物又は劇物の名所、②毒物又は劇物の成分及びその含量、③厚生労働省令で定める毒物又は劇物(有機燐化合物リン)については、厚生労働省令で定める解毒剤の名称である。なお、a は、「医薬部外」ではなく、「医薬用外」である。c は劇物については、白地に赤地をもって「劇物」の文字。d の毒物は、赤地に白地をもって「毒物」の文字である。

問10　５

〔解説〕
法第12条第2項第三号→施行規則第11条の5において示されている解毒剤の名称の表示について、有機燐化合物及びこれを含有する製剤たる毒物及び劇物として、①2－ピリジルアルドキシムメチオダイド(別名 PAM)の製剤、②硫酸アトロピンの製剤である。このことから c と d が正しい。

問11　2

〔解説〕
この設問は法第12条第2項第四号→施行規則第11条の6第1項第二号における住宅用の洗浄剤について販売又は授与する際に毒物又は劇物の容器及び被包に表示しなければならない。正しいのは、a と c である。

問12　3

〔解説〕
法第13条とは着色する農業用品目の規定のこと。解答のとおり。

問13　3

〔解説〕
解答のとおり。

問14　4

〔解説〕
この設問の法第15条第2項の規定では法第3条の4→施行令第32条の3における、①亜塩素酸ナトリウム及びこれを含有する製剤30％以上、②塩素酸塩類及びこれを含有する製剤35％以上、③ナトリウム、④ピクリン酸の品目については、交付を受ける者の氏名及び住所と施行規則第12条の2の6による身分証明書等の確認をした後でなければ交付してはならないと規定している。この設問では、該当しないものとあるので、4の酢酸エチルが該当する。

問15　2

〔解説〕
この設問は毒物又は劇物を車両を使用して水酸化ナトリウムを1回につき5,000kg↑運搬するときの運搬方法については、施行令第40条の5で示されている。この設問では a、b が正しい。a は施行令第40条の5第2項第三号で、2人分以上とあるので、設問は正しい。b については施行規則第13条の4第一号で、4時間を超える場合は、交替して運転する場合は同乗させなければならないが、設問では、設問では1人の運転者が連続して2時間30分とあるので設問のとおり。ちなみに、c は車両の前後に掲げる標識で、この設問にある「劇」ではなく、「毒」と表示(施行規則第13条の5)。d は、1日当たり10時間とあるので交替して運転する者を同乗させなければならないである。

問16　4

〔解説〕
解答のとおり。

問17　1

〔解説〕
解答のとおり。

問18　4

〔解説〕
解答のとおり。なお、設問にある法第16条の2については、第8次地域一括法(平成30年6月27日法律第63号。)→施行は令和2月4月1日より法第16条の2は、法第17条となった。

問19　1

〔解説〕
法第22条第1項→施行令第41条及び第42条で、①シアン化ナトリウム又は無機シアン化合物を使用する電気めっきを行う事業、②シアン化ナトリウム又は無機シアン化合物を使用する金属熱処理を行う事業、③大型自動車5000kg以上に毒物又は劇物を積載して行う大型運送業、④しろあり防除行う事業である。このことから正しいのは、1が該当する。

問20　5

〔解説〕
この設問で正しいのは、a、c、e である。a は「医薬用外」の文字及び毒物については「毒物」、劇物については「劇物」の文字を表示しなければならない。設問は正しい。c は施行令第40条の6のことで、設問では劇物を1,200kg とあるので施行規則第13条の7における1,000kg を超えているので設問のとおり。c は施行令第40条の毒物又は劇物の廃棄基準のこと。ちなみに、b については毒物劇物営業者ではないとあるが法第 22 条第５項により、法第 12 条第３項の「医薬用外」の文字、この場合は、毒物とあるので毒物については「毒物」の文字を表示しなければならないである。d は法第 16 条の２第２項により、毒物又は劇物を紛失した多少の量にかかわらず届け出なければならない。なお、設問にある法第 16 条の２については、第８次地域一括法(平成 30 年６月 27 日法律第 63 号。)→施行は令和２月４月１日より法第 16 条の２は、法第 17 条となった。

〔基礎化学〕
（一般・農業用品目・特定品目共通）

問 21 ～問 25　**問 21**　3　**問 22**　2　**問 23**　4　**問 24**　2　**問 25**　1

〔解説〕

問 21　2 価の陽イオンになれるのはマグネシウムである。
問 22　1 価の陰イオンになれるのはフッ素のみである。
問 23　L 殻に 3 個の電子をもつものは原子番号 5 のホウ素である。
問 24　M 殻に 4 個の電子をもつものは原子番号 14 のケイ素である。
問 25　窒素は L 殻に 5 個の電子をもつ。

問 26 ～問 30　**問 26**　3　**問 27**　4　**問 28**　5　**問 29**　2　**問 30**　1

〔解説〕

問 26　金属 Na は常温の水と激しく反応する。Mg は熱水と反応する。
問 27　問 26 参照
問 28　金 Au と白金 Pt は王水とだけ反応し、溶解する。
問 29　Cu はイオン化傾向が水素よりも小さいので酸とは反応しないが、酸化力のある酸とは反応する。
問 30　Zn はイオン化傾向が水素よりも大きいので酸と反応して水素ガスを発生する。

問 31 ～問 35　**問 31**　4　**問 32**　2　**問 33**　5　**問 34**　1　**問 35**　3

〔解説〕

問 31　Na イオンの炎色反応は黄色であり、潮解性を持つものは NaOH と KOH である。
問 32　風解の記述である。結晶水を失い結晶が崩壊する現象。
問 33　炭酸水素ナトリウムは水酸化ナトリウムなどと比べると水に対する溶解性は低く、加熱することで炭酸ガスを放出する。
問 34　炭酸ナトリウムの無水物は白色粉末で水によく溶け、酸と反応して炭酸ガスを発生する。
問 35　炎色反応で赤紫色を呈するのは K である。

問 36 ～問 40　**問 36**　5　**問 37**　2　**問 38**　3　**問 39**　5　**問 40**　1

〔解説〕

問 36　$2.4 \times 10^{24}/6.0 \times 10^{23} = 4.0$ モル
問 37　$11.2/22.4 = 0.5$ モル
問 38　$2.0 \times 6.0 \times 10^{23} = 1.2 \times 10^{24}$ 個
問 39　酸素の原子量は 16 であるので、$16 \times 1.5 = 24$ g
問 40　$22.4 \times 0.25 = 5.6$ L

問 41 ～問 45　**問 41**　3　**問 42**　1　**問 43**　4　**問 44**　1　**問 45**　3

〔解説〕

問 41　第二級アルコールは酸化されるとケトンになる。
問 42　ヒドロキシ基は金属ナトリウムと反応して水素を発生する。
問 43　エタノール、アセトン、アセトアルデヒドはいずれも水によく溶ける物質で、ヨードホルム反応はメチルケトンを検出する反応であるが、エタノールはヨードホルム反応中に酸化され、メチルケトンを有するアセトアルデヒドとなり、ヨードホルム反応陽性となる。
問 44　エタノールを 160 ℃程度に加熱すると分子内脱水が起こり、エチレンを生じ、130 ℃程度で加熱すると分子間脱水が起こりジエチルエーテルを生じる。
問 45　酢酸カルシウムを乾留すると、アセトンと炭酸カルシウムになる。

〔取り扱い〕

（一般）

問46～問49　問46　3　　問47　4　　問48　2　　問49　2

〔解説〕

問46　過酸化水素水は６%以下で劇物から除外。　問47　塩化水素は10%以下は劇物から除外。　問48　フェノールは５%以下で劇物から除外　問49　水酸化カリウム(別名苛性カリ)は５%以下で劇物から除外。

問50～問53　問50　5　　問51　1　　問52　4　　問53　2

〔解説〕

解答のとおり。

問54～問57　問54　3　　問55　1　　問56　4　　問57　5

〔解説〕

解答のとおり。

問58～問61　問58　5　　問59　4　　問60　3　　問61　1

〔解説〕

問58　水酸化バリウム $Ba(OH)_2$ は、劇物。一般には一水和物と八水和物とが流通している。一水和物は白色の粉末で、八水和物は無色の結晶又は白色塊状でアルカリ性が強い。廃棄法は水に溶かし、希硫酸を加えて中和し、沈殿濾過して埋立処分する沈殿法。　問59　フェンチオン(MPP)は、劇物。褐色の液体。弱いニンニク臭を有する。各種有機溶媒に溶ける。水には溶けない。廃棄法：木粉(おが屑)等に吸収させてアフターバーナー及びスクラバーを具備した焼却炉で焼却する焼却法。(スクラバーの洗浄液には水酸化ナトリウム水溶液を用いる。)　問60 アンモニア NH_3 は無色刺激臭をもつ空気より軽い気体。水に溶け易く、その水溶液はアルカリ性でアンモニア水。廃棄法はアルカリなので、水で希釈後に酸で中和し、さらに水で希釈処理する中和法。　問61　硫酸銅 $CuSO_4$ は、水に溶解後、消石灰などのアルカリで水に難溶な水酸化銅 $Cu(OH)_2$ とし、沈殿ろ過して埋立処分する沈殿法。または、還元焙焼法で金属銅 Cu として回収する還元焙焼法。

問62～問65　問62　3　　問63　1　　問64　2　　問65　5

〔解説〕

問62　フッ化水素酸 HF は強い腐食性を持ち、またガラスを侵す性質があるためポリエチレン容器に保存する。火気厳禁。　問63　ナトリウム Na：アルカリ金属なので空気中の水分、炭酸ガス、酸素を遮断するため石油中に保存。　問64　二硫化炭素 CS_2 は、無色流動性液体、引火性が大なので水を混ぜておくと安全、蒸留したてはエーテル様の臭気だが通常は悪臭。水に僅かに溶け、有機溶媒には可溶。日光の直射が当たらない場所で保存。　問65　ロテノンを含有する製剤は空気中の酸素により有効成分が分解して殺虫効力を失い、日光によって酸化が著しく進行することから、密栓及び遮光して貯蔵する。

（農業用品目）

問46～問49　問46　2　　問47　5　　問48　3　　問49　2

〔解説〕

問46　フェンチオンは２%以下は劇物から除外。　問47　アンモニアは10%以下で劇物から除外。　問48　カルバリル、NAC は５%以下は劇物から除外。　問49　ロテノンは２%以下は劇物から除外。

問50～問53　問50　3　　問51　5　　問52　4　　問53　2

〔解説〕

問50　塩素酸ナトリウム $NaClO_3$ は、無色無臭結晶、酸化剤。用途は除草剤、酸化剤、抜染剤。　問51　イソキサチオンは、劇物(２%以下除外)、淡黄褐色液体。用途としてはミカン、稲、野菜、茶等の害虫駆除に用いられる。

問52　ダイファシノンは毒物。黄色結晶性粉末。用途は殺鼠剤。　問53　トリシクラゾールは、劇物、無色無臭の結晶。用途は農業用殺菌剤(イモチ病に用いる。)。

問54～問57　問54　2　　問55　3　　問56　1　　問57　4

〔解説〕

解答のとおり。

問58～問61　問58　5　　問59　3　　問60　1　　問61　4

〔解説〕

解答のとおり。

問 62 ～問 65　問 62　1　　問 63　4　　問 64　2　　問 65　3

〔解説〕

問 62　ダイアジノンは、劇物で純品は無色の液体。有機燐系。廃棄方法：燃焼法　廃棄方法はおが屑等に吸収させてアフターバーナー及びスクラバーを具備した焼却炉で焼却する燃焼法。　問 63　硫酸 H_2SO_4 は酸なので廃棄方法はアルカリで中和後、水で希釈する中和法。　問 64　塩化銅(Ⅱ) $CuCl_2$・$2H_2O$ は劇物。無水物と二水和物がある。一般に二水和物が流通。二水和物は緑色結晶。潮解性がある。廃棄方法は、水に溶かし、消石灰、ソーダ灰等の水溶液を加えて処理し、沈殿ろ過して埋立処分する沈殿法。　問 65　シアン化カリウム KCN は、毒物で無色の塊状又は粉末。廃棄法は、水酸化ナトリウム水溶液を加えてアルカリ性(pH11 以上)とし、酸化剤(次亜塩素酸ナトリウム、さらし粉等)等の水溶液を加えて CN 成分を酸化分解する酸化法。

（特定品目）

問 46 ～問 49　問 46　4　　問 47　2　　問 48　1　　問 49　4

〔解説〕

問 46　塩化水素は 10 ％以下は劇物から除外。　問 47　水酸化ナトリウムは５％以下で劇物から除外。　問 48　ホルムアルデヒドは 1%以下で劇物から除外。　問 49　硫酸は 10%以下で劇物から除外。

問 50 ～問 53　問 50　5　　問 51　4　　問 52　1　　問 53　3

〔解説〕

解答のとおり。

問 54 ～問 57　問 54　3　　問 55　4　　問 56　2　　問 57　1

〔解説〕

問 54　メタノール CH_3OH は特有な臭いの無色液体。水に可溶。可燃性。メタノールの中毒症状：吸入した場合、めまい、頭痛、吐気など、はなはだしい時は嘔吐、意識不明。中枢神経抑制作用。飲用により視神経障害、失明。　問 55　四塩化炭素 CCl_4 は特有の臭気をもつ揮発性無色の液体。揮発性のため蒸気吸入により頭痛、悪心、黄疸ように角膜黄変、尿毒症等。　問 56　硝酸 HNO_3 は無色の発煙性液体。蒸気は眼、呼吸器などの粘膜および皮膚に強い刺激性をもつ。高濃度のものが皮膚に触れるとガスを生じ、初めは白く変色し、次第に深黄色になる(キサントプロテイン反応)。　問 57　蓚酸は無色の柱状結晶。中毒症状は血液中のカルシウムを奪取し、神経系を侵す。胃痛、嘔吐、口腔咽喉の炎症、腎臓障害。

問 58 ～問 61　問 58　2　　問 59　5　　問 60　3　　問 61　1

〔解説〕

問 58　キシレン $C_6H_4(CH_3)_2$ は、C、H のみからなる炭化水素で揮発性なので珪藻土に吸着後、焼却炉で焼却(燃焼法)。　問 59　水酸化カリウム KOH は、強塩基なので希薄な水溶液として酸で中和後、水で希釈処理する中和法。　問 60　過酸化水素水は過酸化水素 H_2O_2 の水溶液で、劇物。無色透明な液体。廃棄方法は、多量の水で希釈して処理する希釈法。　問 61　酢酸鉛 $Pb(CH_3COO)_2$・$3H_2O$ は、無色結晶または白色粉末か顆粒で僅かに酢酸臭がある。廃棄法は水に溶かし、消石灰、ソーダ灰等の水溶液を加えて沈殿させ、更にセメントを用いて固化し、溶出試験を行い、溶出量が判定基準以下であることを確認して埋立処分する。多量の場合には還元焙焼法により金属として回収する。

問 62 ～問 65　問 62　3　　問 63　2　　問 64　1　　問 65　5

〔解説〕

解答のとおり。

〔実　地〕

（一般）

問 66 ～問 69　問 66　4　　問 67　1　　問 68　5　　問 69　2

〔解説〕

問 66　硝酸 HNO_3 は、劇物。無色透明で、徐々に淡黄色に変化する。特有の臭気があり腐食性が高い。うすめた水溶液に銅屑を加えて熱すると、藍色を呈して溶け、その際赤褐色の蒸気を発生する。藍(青)色を呈して溶ける。　問 67　アニリン $C_6H_5NH_2$ は、無色透明な液体で、特有の臭気があり、空気に触れて赤褐色を呈する。水溶液にさらし粉を加えると、紫色を呈する。　問 68　硫酸 H_2SO_4 は無色の粘張性のある液体。強力な酸化力をもち、また水を吸収しやすい。水を吸収するとき発熱する。木片に触れるとそれを炭化して黒変させる。硫酸の希釈液に塩化バリウムを加えると白色の硫酸バリウムが生じるが、これは塩酸や硝酸に溶解しない。　問 69　弗化水素 HF は毒物。不燃性の無色液化ガス。激しい刺激性がある。ガスは空気より重い。空気中の水や湿気と作用して白煙を生じる。また、強い腐食性を示す。水にきわめて溶けやすい。

問 70 ～問 73　問 70　2　　問 71　4　　問 72　5　　問 73　1

〔解説〕

問 70　アンモニア NH_3 は、常温では無色刺激臭の気体、冷却圧縮すると容易に液化する。水、エタノール、エーテルに可溶。強いアルカリ性を示し、腐食性は大。水溶液は弱アルカリ性を呈する。　問 71　モノフルオール酢酸ナトリウム FCH_2COONa は重い白色粉末。有機弗素系化合物。吸湿性、冷水に易溶、メタノールやエタノールに可溶。重い白色粉末、吸湿性、冷水に易溶、有機溶媒には溶けない。水、メタノールやエタノールに可溶。　問 72　フェノール C_6H_5OH(別名石炭酸、カルボール)は、劇物。無色の針状晶あるいは結晶性の塊りで特異な臭気があり、空気中で酸化され赤色になる。水に少し溶け、有機溶媒に溶ける。確認反応は $FeCl_3$ 水溶液により紫色になる(フェノール性水酸基の確認)。　問 73　二硫化炭素 CS_2 は、劇物。無色透明の麻酔性芳香をもつ液体。ただし、市場にあるものは不快な臭気がある。有毒であり、ながく吸入すると麻酔をおこす。

問 74 ～問 77　問 74　4　　問 75　1　　問 76　2　　問 77　3

〔解説〕

問 74　ニコチンは、毒物。アルカロイドであり、純品は無色、無臭の油状液体であるが、空気中では速やかに褐変する。水、アルコール、エーテル等に容易に溶ける。ニコチンの確認：1)ニコチン＋ヨウ素エーテル溶液→褐色液状→赤色針状結晶　2)ニコチン＋ホルマリン＋濃硝酸→バラ色。　問 75　水酸化カリウムの水溶液は強いアルカリ性を示し、水溶液に酒石酸溶液を過剰に加えると、白色結晶性の沈殿を生ずる。また、中性にした後、塩化白金溶液を加えると、黄色結晶性の沈殿を生ずる。　問 76　ロテノン $C_{23}H_{22}O_6$(植物デリスの根に含まれる。)は、斜方六面体結晶である。水にはほとんど溶けない。ベンゼン、アセトンには溶け、クロロホルムに容易に溶ける。　問 77　クロロホルム $CHCl_3$(別名トリクロロメタン)は、無色、揮発性の液体で特有の香気とわずかな甘みをもち、麻酔性がある。アルコール溶液に、水酸化カリウム溶液と少量のアニリンを加えて　熱すると、不快な刺激性の臭気を放つ。

問 78 ～問 81　問 78　5　　問 79　3　　問 80　1　　問 81　2

〔解説〕

解答のとおり。

問 82 ～問 85　問 82　1　　問 83　2　　問 84　3　　問 85　1

〔解説〕

解答のとおり。

（農業用品目）

問 66 ～問 69　問 66　1　　問 67　5　　問 68　4　　問 69　2

〔解説〕

問 66　ロテノン $C_{23}H_{22}O_6$(植物デリスの根に含まれる。)は、斜方六面体結晶である。水にはほとんど溶けない。ベンゼン、アセトンには溶け、クロロホルムに容易に溶ける。問 67　ジメトエートは、劇物。有機リン製剤であり、白色の固体で、融点は 51 ～ 52 度。キシレン、ベンゼン、メタノール、アセトン、エーテル、クロロホルムに可溶。水溶液は室温で徐々に加水分解し、アルカリ溶液中ではすみやかに加水分解する。太陽光線には安定で熱に対する安定性は低い。　　問68　硫酸亜鉛は一水和物、六水和物、七水和物など種々の結晶水を持つものが知られており、七水和物は白色の結晶で水によく溶解する。水に溶かして、硫化水素を通じると白色の沈殿を生じる。また、水に溶かして塩化バリウムを加えると、白色の沈殿を生じる。　　問69　ニコチンは、毒物。アルカロイドであり、純品は無色、無臭の油状液体であるが、空気中では速やかに褐変する。水、アルコール、エーテル等に容易に溶ける。

問70～問73　問70　5　　問71　1　　問72　2　　問73　4

〔解説〕

解答のとおり。

問74～問77　問74　5　　問75　2　　問76　1　　問77　3

〔解説〕

解答のとおり。

問78～問81　問78　5　　問79　3　　問80　4　　問81　4

〔解説〕

解答のとおり。

問82～問85　問82　2　　問83　5　　問84　2　　問85　5

〔解説〕

解答のとおり。

（特定品目）

問66～問69　問66　1　　問67　2　　問68　5　　問69　4

〔解説〕

解答のとおり。

問70～問73　問70　3　　問71　1　　問72　1　　問73　2

〔解説〕

解答のとおり。

問74～問77　問74　2　　問75　1　　問76　5　　問77　3

〔解説〕

問74　酢酸エチル $CH_3COOC_2H_5$(別名酢酸エチルエステル、酢酸エステル)は、劇物。強い果実様の香気ある可燃性無色の液体。揮発性がある。蒸気は空気より重い。引火しやすい。水にやや溶けやすい。沸点は水より低い。　　問75　重クロム酸カリウム $K_2Cr_2O_7$ は、橙赤色結晶、酸化剤。水に溶けやすく、有機溶媒には溶けにくい。　　問76　トルエン $C_6H_5CH_3$(別名トルオール、メチルベンゼン)は劇物。特有な臭いの無色液体。水に不溶。比重1以下。可燃性。揮発性有機溶媒。麻酔作用が強い。　　問77　メチルエチルケトン $CH_3COC_2H_5$(2-ブタノン、MEK)は劇物。アセトン様の臭いのある無色液体。蒸気は空気より重い。引火性。有機溶媒、水に可溶。

問78～問81　問78　2　　問79　3　　問80　4　　問81　1

〔解説〕

問78　メタノール(メチルアルコール)CH_3OH は、劇物。(別名：木精)無色透明。揮発性の可燃性液体である。沸点64.7℃。蒸気は空気より重く引火しやすい。水とよく混和する。　　問79　四塩化炭素(テトラクロロメタン)CCl_4 は、劇物。揮発性、麻酔性の芳香を有する無色の重い液体。水に溶けにくく有機溶媒には溶けやすい。強熱によりホスゲンを発生。蒸気は空気より重く、低所に滞留する。　　問80　酸化水銀(Ⅱ)HgO は、別名酸化第二水銀、鮮赤色ないし橙赤色の無臭の結晶性粉末のものと橙黄色ないし黄色の無臭の粉末とがある。水にほとんど溶けず、希塩酸、硝酸、シアン化アルカリ溶液に溶ける。毒物(5 %以下は劇物)。遮光保存。強熱すると有害な煙霧及びガスを発生。　　問81　蓚酸は一般に流通しているものは二水和物で無色の結晶である。注意して加熱すると昇華するが、急に加熱すると分解する。水溶液は、過マンガン酸カリウムの溶液を退色する。水には可溶だがエーテルには溶けにくい。

問82～問85　問82　4　　問83　1　　問84　5　　問85　2

〔解説〕

解答のとおり。

愛媛県
令和元年度実施

〔法規（選択式問題）〕
（一般・農業用品目共通）
1　問題１　4　問題２　2　問題３　2　問題４　2　問題５　1
〔解説〕
解答のとおり。
2　問題６　1　問題７　4　問題８　1　問題９　4　問題 10　1
〔解説〕
解答のとおり。
3　問題 11　4　問題 12　1　問題 13　2　問題 14　3　問題 15　2
〔解説〕
毒物については、法第２条第１項→法別表第一、劇物については、法第２条第２項→法別表第二、特定毒物については、法第２条第３項→法別表第三に示されている。
4　問題 16　1　問題 17　2　問題 18　2　問題 19　1　問題 20　1
問題 21　2　問題 22　2　問題 23　1　問題 24　1　問題 25　2
〔解説〕
問題 16　設問のとおり。法第８条第１項第一号。　**問題 17**　法第８条第１項第二号により、厚生労働省令で定める学校で、応用化学に関する学課を修了した者である。　**問題 18**　法第 15 条第１項第一号で、18 歳未満の者には交付してはならないである。　**問題 19**　設問のとおり。法第 14 条第４項。　**問題 20**　設問のとおり。業務上取扱者であるので、法第７条第３項の毒物劇物取扱責任者を置かなければならない。　**問題 21**　この設問にある一般販売業のの登録を受けた者は、販売品目の制限はなく、すべての毒物又は劇物の販売等を行うことができる。
問題 22　この設問は法第８条第２項第四号により、起算して５年ではなく、３年を経過していない者は、毒物劇物取扱責任者になることができないである。**問題 23**　設問のとおり。この設問の個人経営から法人経営であることから業態が変わることから新たに登録申請で、廃止届を届け出る。　**問題 24**　設問のとおり。法第 21 条第１項のこと。　**問題 25**　この設問は登録の更新で、毒物又は劇物の製造業又は輸入業の登録は、５年ごとに、販売業の登録は、６年ごとに更新を受けなければ、その効力を失うである。なお、この設問の法第４条第４項については、第８次地域一括法(平成 30 年６月 27 日法律第 63 号。)→施行は令和２月４月１日より法第４条第４項は、法第４条第３項となった。

〔法規（記述式問題）〕
（一般・農業用品目共通）
1　問題１　麻酔　問題２　みだり　問題３　吸入　問題４　所持
問題５　発火性　問題６　飛散　問題７　不特定
問題８　保健所　問題９　警察署　問題 10　紛失
〔解説〕
解答のとおり。なお、この設問にある法第 16 条の２については、第８次地域一括法(平成 30 年６月 27 日法律第 63 号。)→施行は令和２月４月１日より法第 16 条の２は、法第 17 条となった。

〔基礎化学（選択式問題）〕

（一般・農業用品目共通）

1　問題 26　8　問題 27　5　問題 28　3　問題 29　4　問題 30　7

〔解説〕

問題 26　$FeS + H_2SO_4 \rightarrow FeSO_4 + H_2S$

問題 27　$2Na + 2H_2O \rightarrow 2NaOH + H_2$

問題 28　$CaCO_3 + 2HCl \rightarrow CaCl_2 + H_2O + CO_2$

問題 29　$MnO_2 + 4HCl \rightarrow MnCl_2 + 2H_2O + Cl_2$

問題 30　$Cu + 2H_2SO_4 \rightarrow CuSO_4 + SO_2 + 2H_2O$

2　問題 31　4　問題 32　2　問題 33　6　問題 34　9　問題 35　1

〔解説〕

問題 33　電気陰性度の大きい原子の方に結合電子対は引き寄せられる。

3　問題 36　1　問題 37　2　問題 38　1　問題 39　1　問題 40　2

〔解説〕

問題 37　電子を失う変化を酸化という。

4　問題 41　2　問題 42　3　問題 43　1　問題 44　3　問題 45　1

問題 46　3　問題 47　2　問題 48　1　問題 49　1　問題 50　1

〔解説〕

塩の液性は一般的に、強酸強塩基から生じた塩は中性、強酸弱塩基から生じた塩は弱酸性、弱酸強塩基より生じた塩は弱塩基性を示す。

〔基礎化学（記述式問題）〕

（一般・農業用品目共通）

1　問題 11　850　問題 12　150　問題 13　37.5　問題 14　66

問題 15　140

〔解説〕

(1) 問題 11 の答えを X とおくと、問題 12 の答えは 1000 － X と置くことができる。40w/v%硫酸 X mL に含まれる溶質の重さは X × 0.4 ＝ 0.4X、同様に 60w/v%硫酸(1000 － X) mL に含まれる溶質の重さは (1000 － X)× 0.6 ＝ (600 － 0.6X)。この溶液を 2 種類合わせたときの濃度が 43%であるから式は、0.4X+(600 － 0.6X)/1000 × 100 = 43, X = 850

mL となり、もう一方は 150 mL となる。

(2) 120/(200+120) × 100 = 37.5%

(3) 反応式は C2H4 ＋ 3O2 → 2CO2 ＋ 2H2O である。C2H4 16.8 L のモル数は 16.8/22.4 ＝ 0.75 モルである。反応式より 1 モルのエチレンが酸素と反応すると 2 モルの二酸化炭素を生じるから、0.75 モルだったら 1.5 モルの二酸化炭素を生じる。二酸化炭素の分子量は 44 であるから、1.5 × 44 ＝ 66 g の二酸化炭素が生じる。

(4) 水の重さを Xg とする。20/(X+20) × 100 = 12.5, X = 140 g

〔薬物（選択式問題）〕

（一般）

1　問題１　1　問題２　4　問題３　3　問題４　2　問題５　2

問題６　1　問題７　1　問題８　2　問題９　2　問題 10　4

〔解説〕

毒物については法第１条第１項→法別表第一。劇物については法第１条第２項→法別表第二。特定毒物については法第１条第３項→法別表第三　に示されている。

2　問題 11　3　問題 12　1　問題 13　4　問題 14　5　問題 15　2

問題 16　2　問題 17　5　問題 18　1　問題 19　4　問題 20　3

〔解説〕

酢酸タリウム CH_3COOTl は劇物。無色の結晶。湿った空気中では潮解する。水及び有機溶媒易溶。用途は殺鼠剤。重クロム酸カリウム $K_2Cr_2O_7$ は、劇物。橙赤色の柱状結晶。水に溶けやすい。アルコールには溶けない。強力な酸化剤。用途は試薬、製革用、顔料原料などに使用される。五塩化アンチモン $SbCl_5$ は劇物。淡黄色液体。加熱すると分解して塩素ガスを発生して、塩化アンチモン(Ⅲ)になる。塩酸、ククロホルムに可溶。用途は触媒。臭化銀(AgBr)は、劇物。淡黄色無臭の粉末。。水にはほとんど溶けない。光により暗色化する。用途は写真感光材料。メチルエチルケトン CH3COC$_2$H$_5$ は、劇物。アセトン様の臭いのある無色液体。蒸気は空気より重い。水に可溶。引火性。有機溶媒。用途は溶剤、有機合成原料。

3　問題 21　4　問題 22　1　問題 23　5　問題 24　2　問題 25　3

〔解説〕

問題 21　五硫化二燐(五硫化燐)P_2S_5 または P_4S_{10} は、毒物。淡黄色の結晶性粉末で硫化水素臭がある。。貯蔵方法は火災、爆発の危険性がある。わずかな加熱で発火し、発生した硫化水素で爆発することがあるので、換気良好な冷暗所に保存する。　問題 22　水酸化ナトリウム(別名：苛性ソーダ)NaOH は、白色結晶性の固体。貯蔵法については潮解性があり、二酸化炭素と水を吸収する性質が強いので、密栓して貯蔵する。　問題 23　沃素 I_2 は：黒褐色金属光沢ある稜板状結晶。貯蔵法については気密容器に入れ、風通しの良い冷所に保存。

問題 24　四メチル鉛$(CH_3)_4Pb$(別名テトラメチル鉛)は、特定毒物。純品は無色の可燃性液体。ハッカ実をもつ液体。貯蔵方法は火気のない出入りを遮断できる独立倉庫に、金属の腐食を防ぐため、耐腐食製のドラム缶を用いて一列ごとにならべて貯蔵する。　問題 25　ブロムメチル CH_3Br は常温では気体であるため、これを圧縮液化し、圧容器に入れ冷暗所で保存する。

4　問題 26　1　問題 27　2　問題 28　5　問題 29　4　問題 30　3

〔解説〕

問題 26　しきみの実は劇物。しきみの果実。有毒成分はシキミシンを含んでいる。症状：中毒は、腹痛、嘔吐、瞳孔縮小、チアノーゼ、顔面蒼白、発作性の痙攣等の症状を呈し、ついで、全身麻痺、人事不肖に陥る。　問題 27　メソミル(別名メトミル)は、劇物。白色の結晶。カルバメート剤で、コリンエステラーゼ阻害作用がある。　問題 28　ジメチル硫酸は劇物。わずかに臭いがある。水と反応して硫酸水素メチルとメタノールを生ずる。のど、気管支、肺などが激しく侵される。また、皮膚から吸収された全身中毒を起こし、致命的となる。疲労、痙攣、麻痺、昏睡を起こして死亡する。　問題 29　メタノール(メチルアルコール)CH_3OH は無色透明、揮発性の液体で水と随意の割合で混合する。火を付けると容易に燃える。：毒性は頭痛、めまい、嘔吐、視神経障害、失明。致死量に近く摂取すると麻酔状態になり、視神経がおかされ、目がかすみ、ついには失明することがある。　問題 30　水銀 Hg は毒物。常温で唯一の液体の金属である。比重 13.6。硝酸には溶け、塩酸には溶けない。吸入した場合、多量の水銀蒸気を吸入すると呼吸器、粘膜を刺激し、はなはだしい場合は肺炎を起こすことがある。

5　問題 31　2　問題 32　3　問題 33　1　問題 34　2　問題 35　5
問題 36　1　問題 37　4　問題 38　4　問題 39　3　問題 40　5

〔解説〕

解答のとおり

(農業用品目)

1　問題１　4　問題２　3　問題３　5　問題４　1　問題５　2

〔解説〕

問題１　ジクワットは、劇物で、ジピリジル誘導体で淡黄色結晶。用途は、除草剤。　問題２　ジチアノンは劇物。暗褐色結晶性粉末。用途は、殺菌剤(農薬)。

問題３　メチルイソチオシアネートは、劇物。無色結晶。用途は、土壌中のセンチュウ類や病原菌などに効果を発揮する土壌消毒剤。　問題４　燐化亜鉛は、灰褐色の結晶又は粉末。用途は、殺鼠剤。　問題５　DDVP は有機リン製剤である。無色油状液体。用途は、接触性殺虫剤。

2　問題６　1　問題７　3　問題８　3　問題９　2　問題 10　5

〔解説〕

解答のとおり。

3　問題 11　1　問題 12　3　問題 13　2　問題 14　4　問題 15　5

〔解説〕

解答のとおり。

4　問題 16　2　問題 17　1　問題 18　2　問題 19　3　問題 20　4
問題 21　1　問題 22　3　問題 23　1　問題 24　1　問題 25　1

〔解説〕

農業用品目販売業者の登録が受けた者が販売できる品目については、法第四条の三第一項→施行規則第四条の二→施行規則別表第一に掲げられている品目である。解答のとおり。

5　**問題 26**　3　**問題 27**　1　**問題 28**　4　**問題 29**　2　**問題 30**　5

〔解説〕

問題 26　チオシアン酸亜鉛は劇物。一般には二水和物が流通している。二水和物は、白色結晶。貯蔵法は、潮解性がるので、密栓して遮光下に貯蔵する。

問題 27　ロテノンはデリスの根に含まれる。殺虫剤。酸素、光で分解するので遮光保存。　**問題 28**　シアン化カリウム KCN は、潮解性の粉末または粒状物、空気中では炭酸ガスと湿気を吸って分解する(HCN を発生)。また、酸と反応して猛毒の HCN(アーモンド様の臭い)を発生する。貯蔵法は、少量ならばガラス瓶、多量ならばブリキ缶又は鉄ドラム缶を用い、酸類とは離して風通しの良い乾燥した冷所に密栓して貯蔵する。　**問題 29**　沃化メチル CH_3I は、無色または淡黄色透明液体。貯蔵法は暗所に保存。　**問題 30**　クロルピクリン CCl_3NO_2 は、無色～淡黄色液体、催涙性、粘膜刺激臭。水に不溶。貯蔵法については、金属腐食性と揮発性があるため、耐腐食性容器(ガラス容器等)に入れ、密栓して冷暗所に貯蔵する。

（特定品目）

1　**問題１**　3　**問題２**　1　**問題３**　2　**問題４**　1　**問題５**　2
　問題６　2　**問題７**　2　**問題８**　3　**問題９**　1　**問題 10**　3

〔解説〕

特定品目販売業の登録を受けた者が販売できる品目については、法第四条の三第二項→施行規則第四条の三→施行規則別表第二に掲げられている品目のみである。このことからエタノールと塩化カルシウムは、毒物及び劇物取締法に指定されていない。アナモンアを５％をと含有する製剤とあるがアンモニアは 10%以下で劇物から除外なので劇物に該当しない。

2　**問題 11**　1　**問題 12**　1　**問題 13**　1　**問題 14**　2　**問題 15**　2

〔解説〕

問題 14　用途は農薬、釉薬、防腐剤に用いられる。

問題 15　塩素は Cl_2 である。

3　**問題 16**　3　**問題 17**　2　**問題 18**　4　**問題 19**　5　**問題 20**　1

〔解説〕

解答のとおり

4　**問題 21**　3　**問題 22**　4　**問題 23**　4　**問題 24**　3　**問題 25**　2

〔解説〕

問題 21　硫酸は 10%以下の含有で劇物から除外される。また硫酸は色付きのガラス瓶で保管する。

問題 22　過酸化水素は常温で徐々に酸素と水に分解する。

問題 23　キシレンは無色透明の芳香のある液体、蒸気は空気よりも重い。水には溶けなず、可燃性があるため焼却して廃棄する。

問題 24　重クロム酸カリウムは橙赤色の結晶で水に可溶、アルコールに不溶の固体である。

問題 25　シュウ酸は 10%以下で劇物から除外される無色の結晶。水やアルコールに可溶である。乾燥した空気により風解するので、密栓して冷暗所に保存する。

5　**問題 26**　3　**問題 27**　4　**問題 28**　5　**問題 29**　1　**問題 30**　2

〔解説〕

解答のとおり。

〔実地（選択式問題）〕

（一般）

1　問題 41　2　問題 42　4　問題 43　1　問題 44　3　問題 45　5

〔解説〕

問題 41　硝酸銀 $AgNO_3$ は、劇物。無色結晶。水に溶して塩酸を加えると、白色の塩化銀を沈殿する。その硫酸と銅屑を加えて熱すると、赤褐色の蒸気を発生する。　問題 42　ホルムアルデヒド HCHO は劇物。無色刺激臭の気体で水に良く溶ける。ホルムアルデヒドにアンモニア水を加え、さらに硝酸銀溶液を加えると、徐々に金属銀を析出する。また、フェーリング溶液とともに熱すると、赤色の沈殿を生じる。　問題 43　燐化アルミニウムとその分解促進剤とを含有する製剤(ホストキシン)は、特定毒物。無色の窒息性ガス。大気中の湿気に触れると、徐々に分解して有毒な燐化水素ガスを発生する。発生した燐化水素ガスは、5～10 %硝酸銀溶液を吸着した濾紙を黒変させる。　問題 44　アンモニア水は、アンモニア NH_3 が気化し易いので、濃塩酸を近づけると塩化アンモニウムの白い煙を生じる。　問題 45　塩素酸カリウム $KClO_3$ は白色固体。酸化剤。熱すると酸素を発生して、塩化カリとなり、これに塩酸を加えて熱すると、塩素を発生する。水溶液に酒石酸を多量に加えると、白色の結晶性の物質を生ずる。

2　問題 46　1　問題 47　3　問題 48　4　問題 49　5　問題 50　1

〔解説〕

解答のとおり。

3　問題 51　3　問題 52　5　問題 53　2　問題 54　4　問題 55　1

〔解説〕

問題 51　砒素の廃棄法は、固化隔離法。　問題 52　アニリンの廃棄法は、燃焼法。　問題 53　塩化亜鉛の廃棄法は、沈殿法。　問題 54　シアン化ナトリウムの廃棄法は、アルカリ法。　問題 55　パラコートの廃棄方法は、燃焼法。

4　問題 56　1　問題 57　1　問題 58　1　問題 59　2　問題 60　2

〔解説〕

この設問では誤っているものは、問題 59 の水酸化バリウムと問題 60 のアクロレインである。次のとおり。　水酸化バリウムが飛散した場合は空容器にできるだけ回収し、そのあとを希硫酸を用いて中和し、多量の水を用いて洗い流す。アクロレインが漏えいしたばあには、漏えいした液の少量の場合:漏えいした液は亜硫酸水素ナトリウム(約 10 %)で反応させた後、多量の水を用いてて十分に希釈して洗い流す。

5　問題 61　1　問題 62　2　問題 63　5　問題 64　3　問題 65　4

〔解説〕

解答のとおり。

（農業用品目）

1　問題 31　2　問題 32　5　問題 33　3　問題 34　4　問題 35　1

〔解説〕

解答のとおり。

2　問題 36　1　問題 37　3　問題 38　2　問題 39　1　問題 40　3

〔解説〕

解答のとおり。

3　問題 41　3　問題 42　3　問題 43　3　問題 44　4　問題 45　1

〔解説〕

解答のとおり。

4　問題 46　4　問題 47　4　問題 48　2　問題 49　1　問題 50　2

〔解説〕

解答のとおり。

5　問題 51　5　問題 52　3　問題 53　1　問題 54　2　問題 55　4

〔解説〕

問題 51　硫酸銅、硫酸銅（Ⅱ）$CuSO_4 \cdot 5H_2O$ は、濃い青色の結晶。風解性。水に易溶、水溶液は酸性。劇物。経口摂取により嘔吐が誘発される。大量に経口摂取した場合では、メトヘモグロビン血症及び腎臓障害を起こして死亡に至る。なお、急性症状は嘔吐、吐血、低血圧、下血、昏睡、黄疸である。　問題 52　ブロムエチルは、蒸気は空気より重く、普通の燻蒸濃度では臭気を感じないため吸入により中毒を起こしやすく、吸入した場合は、嘔吐、歩行困難、痙れん、視力障害、瞳孔拡大等の症状を起こす。　**問題 53**　燐化亜鉛 Zn_3P_2 は、灰褐色の結晶又は粉末。かすかにリンの臭気がある。ベンゼン、二硫化炭素に溶ける。酸と反応して有毒なホスフィン PH3 を発生。嚥下吸入したときに、胃及び肺で胃酸や水と反応してホイフィンを生成することにより中毒症状を発現する。　**問題 54**　クロルピリホスは、白色結晶、水に溶けにくく、有機溶媒に可溶。有機リン剤なので、主作用はコリンエステラーゼの活性を阻害し、著明な縮瞳、唾液分泌増大などを起こす。解毒は硫酸アトロピンや PAM。　**問題 55**　パラコートは、毒物で、ジピリジル誘導体で無色結晶性粉末。消化器障害、ショックのほか、数日遅れて肝臓、腎臓、肺等の機能障害を起こす。解毒剤はないので、徹底的な胃洗浄、小腸洗浄を行う。誤って嚥下した場合には、消化器障害、ショックのほか、数日遅れて肝臓、肺等の機能障害を起こすことがあるので、特に症状がない場合にも至急医師による手当てを受けること。

（特定品目）

1　**問題 31**　4　**問題 32**　1　**問題 33**　3　**問題 34**　3　**問題 35**　2

〔解説〕

解答のとおり。

2　**問題 36**　1　**問題 37**　5　**問題 38**　2　**問題 39**　4　**問題 40**　3

〔解説〕

解答のとおり。

3　**問題 41**　4　**問題 42**　2　**問題 43**　3　**問題 44**　1　**問題 45**　5

〔解説〕

解答のとおり。

4　**問題 46**　4　**問題 47**　1　**問題 48**　5　**問題 49**　3　**問題 50**　2

〔解説〕

問題 46　水酸化ナトリウムの廃棄法は、中和法。　**問題 47**　硫酸の廃棄法は、中和法。　**問題 48**　トルエンの廃棄法は、燃焼法。　**問題 49**　ホルムアルデヒドの廃棄法は、酸化法。　**問題 50**　酸化鉛の廃棄法は、固化隔離法。

5　**問題 51**　3　**問題 52**　2　**問題 53**　1　**問題 54**　4　**問題 55**　5

〔解説〕

解答のとおり。

高知県
令和元年度実施

〔法　規〕
（一般・農業用品目・特定用品目共通）

問１　(1)　ア　(2)　オ　(3)　ク　(4)　サ　(5)　ス

〔解説〕

解答のとおり。

問２　(1)　カ　(2)　オ　(3)　ス　(4)　イ　(5)　シ

〔解説〕

解答のとおり。

問３　キ

〔解説〕

解答のとおり。

問４　イ

〔解説〕

解答のとおり。なお、この設問にある法第 16 条の２については、第８次地域一括法(平成 30 年６月 27 日法律第 63 号。)→施行は令和２月４月１日より法第 16 条の２は、法第 17 条となった。

問５　エ

〔解説〕

この設問は施行規則第４条の４における構造設備基準のことで、エが誤り。エの(5)については、特段の措置を講じる必要はないではなく、その周囲に、堅固なさくが設けてあることである。

問６　ウ

〔解説〕

この設問は法第３条の４で正当な理由を除いて所持しはならない品目とは→施行令第 32 条の３で、①亜塩素酸ナトリウム及びこれを含有する製剤 30 ％以上、②塩素酸塩類及びこれを含有する製剤 35 ％以上、③ナトリウム、④ピクリン酸である。このことからこの設問では、政令で規定されていないものとあるので、ウが誤り。

問７　オ

〔解説〕

この設問は法第７条及び法第８条における毒物劇物取扱責任者のことで、この設問はすべて誤り。なお、(1)この設問では毒物又は劇物の一般販売業の登録を受けた店舗とあるので、農業用品目毒物劇物取扱者試験に合格した者は、法第８条第４項において、農業用品目のみを取り扱う店舗においてのみである。(2)この設問では、本店と隣町の店舗において毒物劇物取扱責任者になることはできない。法第７条第１項で店舗ごとに、毒物劇物取扱責任者を置かなければならない。(3)この設問の場合について、施行規則第５条において届出を提出しなければならない。(4)毒物劇物取扱責任者に合格した者は、他の都道府県においても毒物劇物取扱責任者になることができる。

問８　エ

〔解説〕

法第 12 条第２項第三号→施行規則第 11 条の５において示されている解毒剤の名称の表示について、有機燐化合物及びこれを含有する製剤たる毒物及び劇物として、①２－ピリジルアルドキシムメチオダイド(別名 PAM)の製剤、②硫酸アトロピンの製剤である。このことからエが正しい。

問９　ウ

〔解説〕

この設問は施行令第 40 条の５における毒物又は劇物の運搬方法についてで、(1)と(3)が正しい。(1)は施行令第 40 条の５第２項第四号のこと。(3)施行令第 40 条の５第２項第一号→施行規則第 13 条の４のこと。ちなみに、(2)施行令第 40 条の５第２項第三号において、厚生労働省令で定める保護具を二人分以上備えることである。(4)施行令第 40 条の５第２項第二号→施行規則第 13 条の５において、車両の前後見やすい箇所に、0.3 メートル平方の板に地を黒色として「毒」とした標識を掲げなければならないである。

問10　オ
〔解説〕
解答のとおり。この設問は廃棄方法について。
問11　ア
〔解説〕
法第22条第1項→施行令第41条及び第42条で、①シアン化ナトリウム又は無機シアン化合物を使用する電気めっきを行う事業、②シアン化ナトリウム又は無機シアン化合物を使用する金属熱処理を行う事業、③大型自動車5000kg以上に毒物又は劇物を積載して行う大型運送業、④しろあり防除行う事業である。このことから(4)における業務上取扱者の届出は、法第22条第1項により、業務上毒物又は劇物を取り扱うことになった日から30日以内に届け出をしなければならない。
問12　ア
〔解説〕
この設問で正しいのは、(1)のみである。(1)は登録の更新のこと。なお、このことは法第4条第4項に示されている。同法は、第8次地域一括法(平成30年6月27日法律第63号。)→施行は令和2月4月1日より法第4条第4項は、法第4条第3項となった。ちなみに、(2)は法第9条第1項により、あらかじめ登録の更新を受けなければならないである。(3)はその店舗の所在地の都道府県知事に申請書をださなければならないである。このことは法第4条第3項であったが、第8次地域一括法(平成30年6月27日法律第63号。)→施行は令和2月4月1日より法第4条第3項は削られ、法第4条第2項へ移行となった。(4)は販売業の登録の種類で、①一般販売業、②農業品目販売業、③特定品目販売業の3つである。法第4条の2に示されている。
問13　(1)　×　(2)　○　(3)　×　(4)　×　(5)　×　(6)　○
(7)　×　(8)　○　(9)　×　(10)　×
〔解説〕
(1)　この毒物については、法第2条第1項→法別表第一に掲げる物であって、医薬品及び医薬部外品以外のものをいうである。　(2)　設問のとおり。施行令第36条のこと。　(3)　この設問は法第11条第4項→施行規則第4条の4ですべての毒物又は劇物について飲食物容器使用禁止と規定されている。　(4)　この設問では毒物又は劇物を直接取り扱わず、伝票による販売のみとうるが法第3条第3項により法第4条における販売業の登録を要する。　(5)　法第4条の3第2項→施行規則第4条の3→施行規則別表第二に指定されている品目のみ販売することができる。このことから農業品目の毒物又は劇物を販売することはできない。　(6)　設問のとおり。法第12条第3項のこと。(7)　この設問は法17条の立入検査等についてで、この設問には犯罪捜査上必要があると認めるときはとうるが法第17条第5項で、犯罪捜査のために認められものと解してはならないとあるので、この設問は誤り。なお、同法は、第8次地域一括法(平成30年6月27日法律第63号。)→施行は令和2月4月1日より法第17条は、法第18条となった。　(8)　設問のとおり。このことは法第10条第1項第二号の届出のことで、30日以内に届け出をしなければならない。　(9)　この設問は毒物又は劇物を譲渡手続における書面の保存期間は、5年間保存することを法第14条第4項に規定されている。　(10)　この設問は法第15条第3項における法第3条の4〔引火性、発火生又は爆発性のある毒物又は劇物→施行令第32条の3〕については、交付を受ける者の氏名及び住所を確認した後でなければ交付してはならないと規定されている。

〔基礎化学〕
(一般・農業用品目・特定品目共通)

問1　ア　5　イ　2　ウ　3　エ　4　オ　4　カ　2　キ　1
ク　2　ケ　1　コ　5　サ　2　シ　3　ス　4　セ　3
ソ　2
〔解説〕
ア　アルカリ土類金属は2族の元素でBe、Mgを除くものである。
イ　フッ素は全元素の中で最も電気陰性度が大きい。
ウ　アンモニアは三角錐構造を取っているため極性分子となる。
エ　K殻には2個、L殻には8個、M殻には18個電子が収容される。

オ　凝析は疎水コロイドに少量の電解質を加えて沈殿させる操作、ブラウン運動は溶媒がコロイド粒子と衝突することでコロイド粒子が不規則に動いている現象。
カ　L は体積であり、長さの単位 m または cm を使って表すことのできる単位である。
キ　アニリンはアミノ基($-NH_2$)、ニトロベンゼンはニトロ基($-NO_2$)、安息香酸はカルボキシル基(-COOH)、トルエンはメチル基($-CH_3$)、クレゾールではメチル基とヒドロキシ基(-OH)
ク　シクロヘキサンは全て単結合からなる環状飽和炭化水素である。
ケ　水素分子は孤立電子対を持たない。
コ　カリウムの酸化数を＋1、酸素の酸化数を－2として計算する。
サ　どちらの極にも鉛を用いているので鉛蓄電池である。
シ　フェーリング反応はアルデヒドの還元性を利用している。
ス　水のイオン積は 10^{-14} であり、pH が 14 までであるのはこれに関係している。
セ　乳酸を構成している炭素原子のうち、4つ異なった置換基を持つ炭素が存在する。その炭素のことを不斉炭素という。
ソ　気体の捕集方法は、まず水に溶解しないものは全て水上置換で捕集する。水に溶けやすく、空気の平均分子量 29 よりも分子量が小さいものは上方置換、大きいものは下方置換で捕集する。

問２　5

〔解説〕

化学反応式は $CH_4 + 2O_2 \rightarrow CO_2 + 2H_2O$ である。メタンの分子量は 16 であるから 24　g のメタンは 1.5 モルである。1.5 モルのメタンが燃焼して生じる水のモル数は反応式より 3.0 モルであるから、これに水の分子量 18 を乗じて 54 g となる。

問３　4

〔解説〕

シュウ酸の分子量は 90 である。45　g のシュウ酸は 0.5 モルである。これを中和するのに必要な水酸化ナトリウムのモル数はシュウ酸が 2 価の酸であることから 1 モルの水酸化ナトリウムが必要である。よって 1.0　mol/L の水酸化ナトリウム水溶液は 1 L 必要になる。

問４　3

〔解説〕

$PV = nRT$ より、$1.2 \times 10^5 \times V = 88/44 \times 8.3 \times 10^3 \times (273+17)$,　$V = 40.117$ L

問５　1

〔解説〕

$C + O_2 = CO_2 + 394$ kJ/mol …①式、$H_2 + 1/2O_2 = H_2O + 286$ kJ/mol …②式、$C_3H_8 + 5O_2 = 3CO_2 + 4H_2O + 2219$ kJ/mol …③式とする。①×3＋②×4－③より、$3C + 4H_2 = C_3H_8 + 107$ kJ/mol

〔毒物及び劇物の性質及び貯蔵その他取扱方法〕
（一般）

問１　(1)　イ　　(2)　ア　　(3)　オ　　(4)　エ　　(5)　ウ

〔解説〕

(1)　無水クロム酸(CrO_3)は劇物。暗赤色針状結晶。潮解性がある。水に易溶。きわめて強い酸化剤である。腐食性が大きく、酸性である。用途は工業用には酸化剤、また試薬等。　(2)　ホスゲンは独特の青草臭のある無色の圧縮液化ガス。蒸気は空気より重い。トルエン、エーテルに極めて溶けやすい。酢酸に対してはやや溶けにくい。水により加水分解し、二酸化炭素と塩化水素を生成する。不燃性。　(3)　亜硝酸メチル CH_3ONO は劇物。リンゴ臭のある気体。水に難溶。蒸気は空気より重く、引火しやすい。可燃性の気体であるので注意。加熱・衝撃等により爆発することがある。　(4)　ピクリン酸 $C_6H_2(NO_2)_3OH$：淡黄色の針状結晶で、急熱や衝撃で爆発。金属との接触でも分解が起こる。用途は試薬、染料。　(5)　スルホナールは劇物。無色、稜柱状の結晶性粉末。水、アルコール、エーテルに溶けにくい。臭気もない。味もほとんどない。約 300 ℃に熱すると、ほとんど分解しないで沸騰し、これを点火すれば亜硫酸ガスを発生して燃焼する。用途は殺鼠剤。

問２　(1)　イ　　(2)　エ　　(3)　ウ　　(4)　オ　　(5)　ア

〔解説〕

(1)　アクロレイン CH_2=CHCHO　刺激臭のある無色液体、引火性。貯蔵法は、反応性に富むので安定剤を加え、空気を遮断して貯蔵する。　(2)　過酸化水素水 H_2O_2 は、少量なら褐色ガラス瓶(光を遮るため)、多量ならば現在はポリエチレン瓶を使用し、3 分の 1 の空間を保ち、有機物等から引き離し日光を避けて冷暗所保存。　(3)　水酸化ナトリウム(別名：苛性ソーダ)NaOH は、白色結晶性の固体。貯蔵法については潮解性があり、二酸化炭素と水を吸収する性質が強いので、密栓して貯蔵する。　(4)　シアン化ナトリウム NaCN(別名青酸ソーダ、シアンソーダ、青化ソーダ)は毒物。白色の粉末またはタブレット状の固体。酸と反応して有毒な青酸ガスを発生するため、酸とは隔離して、空気の流通が良い場所冷所に密封して保存する。　(5)　カリウム K は、劇物。銀白色の光輝があり、ろう様の高度を持つ金属。カリウムは空気中にそのまま貯蔵することはできないので、石油中に保存する。

問３　(1)　ア　(2)　ウ　(3)　エ　(4)　イ　(5)　オ

〔解説〕

(1)　蓚酸を摂取すると体内のカルシウムと安定なキレートを形成することで低カルシウム血症を引き起こし、神経系が侵される。　(2)　クラーレの中毒症状は、四肢の運動麻痺ではじまり、次に胸腹部、頭部におよび、呼吸麻痺で死に至る。　(3)　五弗化砒素〔弗化第二砒素〕は毒物。無色、刺激臭の気体。湿気があると白煙を生じる。吸入した場合には、鼻、のど、気管支等の粘膜を刺激する。チアノーゼを起こす。はなはだしい場合には血色素尿を排泄し、肺水腫、呼吸困難を起こす。　(4)　フェノール C_6H_5OH は無色の針状結晶あるいは白色の放射状結晶塊。毒性は皮膚や粘膜につくと火傷を起こす。また、その部分は白色となる。内服した場合には口腔、咽喉、胃に高度の灼熱感を訴え、悪心、嘔吐、めまいを起こし、失神、虚脱、呼吸麻痺で倒れる。尿は特有の暗赤色を呈する。　(5)　ニコチンは、毒物、無色無臭の油状液体だが空気中で褐色になる。殺虫剤。猛烈な神経毒、急性中毒では、よだれ、吐気、悪心、嘔吐、ついで脈拍緩徐不整、発汗、瞳孔縮小、呼吸困難、痙攣が起きる。オ

問４　(1)　オ　(2)　ア　(3)　ウ　(4)　エ　(5)　イ

〔解説〕

(1)　キシレンの廃棄法は、燃焼法。　(2)　ホルムアルデヒドの廃棄法は、酸化法。(3)　塩化第一錫の廃棄法は、沈殿法。　(4)　アンモニアの廃棄法は、中和法。　(5)　フェンチオンの廃棄法は、焼却法。

問５　(1)　オ　(2)　ア　(3)　イ　(4)　ウ　(5)　エ

〔解説〕

解答のとおり。

(農業用品目)

問１　(1)　ア　(2)　イ　(3)　エ　(4)　ウ　(5)　オ

〔解説〕

(1)　ジメチルジチオホスホリルフェニル酢酸エチル(フェントエート、PAP)は赤褐色、油状の液体で、芳香性刺激臭を有し、水、プロピレングリコールに溶けない。リグロインにやや溶け、アルコール、エーテル、ベンゼンに溶ける。アルカリには不安定。　(2)　ニコチンは、毒物。アルカロイドであり、純品は無色、無臭の油状液体であるが、空気中では速やかに褐変する。純ニコチンは、刺激性の味を有している。水、アルコール、エーテル等に容易に溶ける。　(3)　ダイファシノンは毒物。黄色結晶性粉末。アセトン酢酸に溶ける。水にはほとんど溶けない。0.005 %以下を含有するものは劇物。　(4)　クロルピクリン CCl_3NO_2 は、無色～淡黄色液体、催涙性、粘膜刺激臭。水に不溶。アルコール、エーテルなどには溶ける。　(5)　塩素酸ナトリウム $NaClO_3$ は、無色無臭結晶、酸化剤、水に易溶。有機物や還元剤との混合物は加熱、摩擦、衝撃などにより爆発することがある。

問２　(1)　オ　(2)　イ　(3)　ウ　(4)　エ　(5)　ア

〔解説〕

(1)　ベタナフトール $C_{10}H_7OH$ は、劇物。無色～白色の結晶、石炭酸臭、水に溶けにくく、熱湯に可溶。有機溶媒に易溶。遮光保存(フェノール性水酸基をもつ化合物は一般に空気酸化や光に弱い)。　(2)　ロテノンはデリスの根に含まれる。殺虫剤。酸素、光で分解するので遮光保存。　(3)　アンモニア水は無色透明、刺激臭がある液体。アンモニア NH_3 は空気より軽い気体。濃塩酸を近づけると塩化アンモニウムの白い煙を生じる。NH_3 が揮発し易いので密栓。　(4)　シ

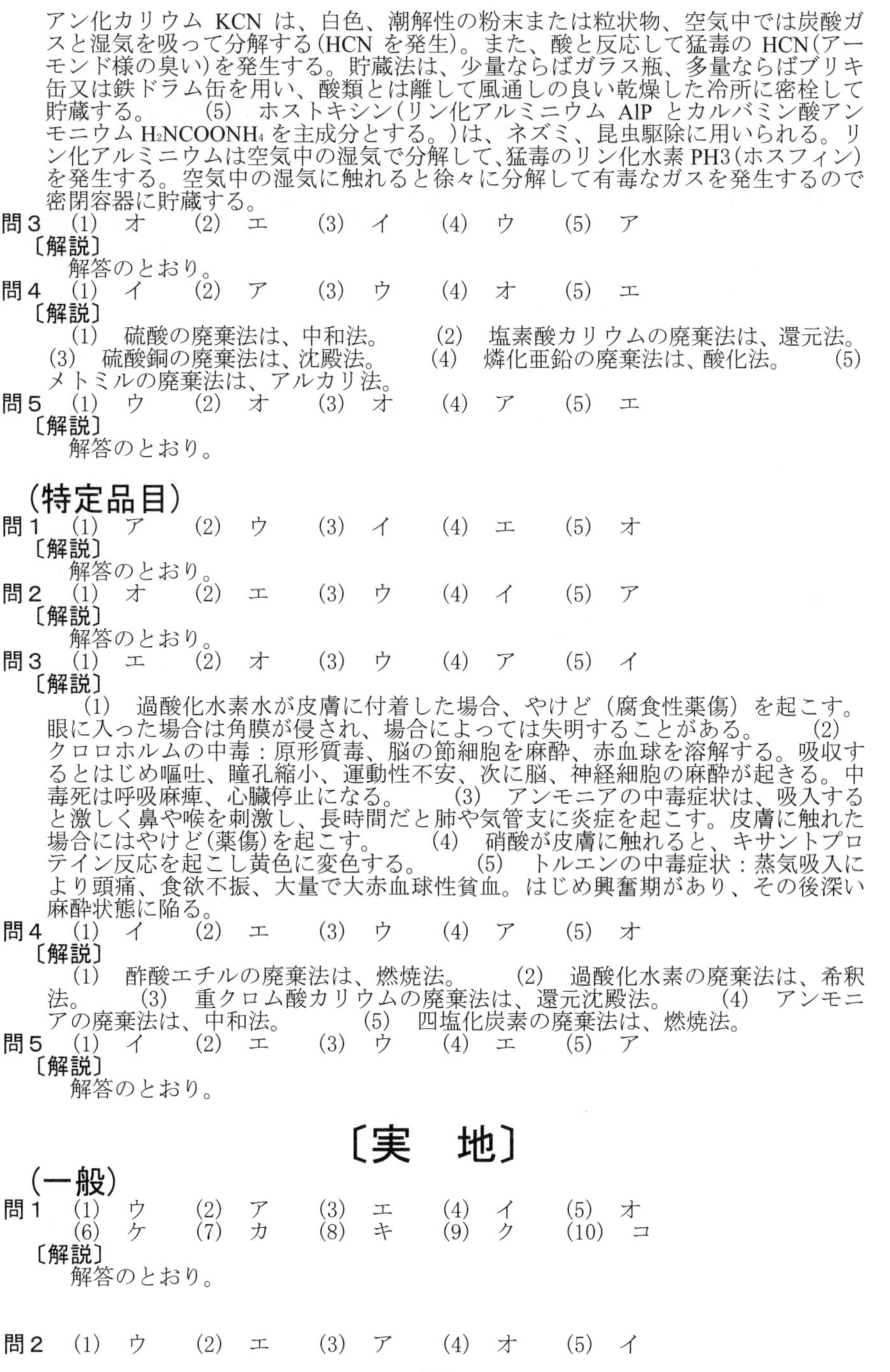

アン化カリウム KCN は、白色、潮解性の粉末または粒状物、空気中では炭酸ガスと湿気を吸って分解する(HCN を発生)。また、酸と反応して猛毒の HCN(アーモンド様の臭い)を発生する。貯蔵法は、少量ならばガラス瓶、多量ならばブリキ缶又は鉄ドラム缶を用い、酸類とは離して風通しの良い乾燥した冷所に密栓して貯蔵する。　(5)　ホストキシン(リン化アルミニウム AlP とカルバミン酸アンモニウム $H_2NCOONH_4$ を主成分とする。)は、ネズミ、昆虫駆除に用いられる。リン化アルミニウムは空気中の湿気で分解して、猛毒のリン化水素 PH3(ホスフィン)を発生する。空気中の湿気に触れると徐々に分解して有毒なガスを発生するので密閉容器に貯蔵する。

問3　(1)　オ　(2)　エ　(3)　イ　(4)　ウ　(5)　ア

〔解説〕

解答のとおり。

問4　(1)　イ　(2)　ア　(3)　ウ　(4)　オ　(5)　エ

〔解説〕

(1)　硫酸の廃棄法は、中和法。　(2)　塩素酸カリウムの廃棄法は、還元法。　(3)　硫酸銅の廃棄法は、沈殿法。　(4)　燐化亜鉛の廃棄法は、酸化法。　(5)　メトミルの廃棄法は、アルカリ法。

問5　(1)　ウ　(2)　オ　(3)　オ　(4)　ア　(5)　エ

〔解説〕

解答のとおり。

(特定品目)

問1　(1)　ア　(2)　ウ　(3)　イ　(4)　エ　(5)　オ

〔解説〕

解答のとおり。

問2　(1)　オ　(2)　エ　(3)　ウ　(4)　イ　(5)　ア

〔解説〕

解答のとおり。

問3　(1)　エ　(2)　オ　(3)　ウ　(4)　ア　(5)　イ

〔解説〕

(1)　過酸化水素水が皮膚に付着した場合、やけど（腐食性薬傷）を起こす。眼に入った場合は角膜が侵され、場合によっては失明することがある。　(2)　クロロホルムの中毒：原形質毒、脳の節細胞を麻酔、赤血球を溶解する。吸収するとはじめ嘔吐、瞳孔縮小、運動性不安、次に脳、神経細胞の麻酔が起きる。中毒死は呼吸麻痺、心臓停止になる。　(3)　アンモニアの中毒症状は、吸入すると激しく鼻や喉を刺激し、長時間だと肺や気管支に炎症を起こす。皮膚に触れた場合にはやけど(薬傷)を起こす。　(4)　硝酸が皮膚に触れると、キサントプロテイン反応を起こし黄色に変色する。　(5)　トルエンの中毒症状：蒸気吸入により頭痛、食欲不振、大量で大赤血球性貧血。はじめ興奮期があり、その後深い麻酔状態に陥る。

問4　(1)　イ　(2)　エ　(3)　ウ　(4)　ア　(5)　オ

〔解説〕

(1)　酢酸エチルの廃棄法は、燃焼法。　(2)　過酸化水素の廃棄法は、希釈法。　(3)　重クロム酸カリウムの廃棄法は、還元沈殿法。　(4)　アンモニアの廃棄法は、中和法。　(5)　四塩化炭素の廃棄法は、燃焼法。

問5　(1)　イ　(2)　エ　(3)　ウ　(4)　エ　(5)　ア

〔解説〕

解答のとおり。

〔実　地〕

(一般)

問1　(1)　ウ　(2)　ア　(3)　エ　(4)　イ　(5)　オ
　(6)　ケ　(7)　カ　(8)　キ　(9)　ク　(10)　コ

〔解説〕

解答のとおり。

問2　(1)　ウ　(2)　エ　(3)　ア　(4)　オ　(5)　イ

〔解説〕
(1)　ブロム水素酸(別名臭化水素酸)は劇物。無色透明あるいは淡黄色の刺激性の臭気がある液体。確認法は硝酸銀溶液を加えると、淡黄色のブロム銀を沈殿を生ずる。　(2)　塩酸は塩化水素 HCl の水溶液。無色透明の液体 25 %以上のものは、湿った空気中で著しく発煙し、刺激臭がある。塩酸は種々の金属を溶解し、水素を発生する。硝酸銀溶液を加えると、塩化銀の白い沈殿を生じる。　(3)　四塩化炭素の確認方法はアルコール性 KOH と銅粉末とともに煮沸により黄赤色沈殿を生成する。　(4)　クロロホルム $CHCl_3$(別名トリクロロメタン)は、無色、揮発性の液体で特有の香気とわずかな甘みをもち、麻酔性がある。アルコール溶液に、水酸化カリウム溶液と少量のアニリンを加えて熱すると、不快な刺激性の臭気を放つ。　(5)　クロルピクリン CCl_3NO_2 は、無色～淡黄色液体、催涙性、粘膜刺激臭。水に不溶。線虫駆除、燻蒸剤。クロルピクリン CCl_3NO_2 の確認方法：CCl_3NO_2 ＋金属カルシウム＋ベタナフチルアミン＋硫酸→赤色

問３　(1)　オ　(2)　ア　(3)　カ　(4)　エ

〔解説〕
解答のとおり。

問４　(1)　オ　(2)　ウ　(3)　エ　(4)　イ

〔解説〕
解答のとおり。

(農業用品目)

問１　(1)　ウ　(2)　エ　(3)　イ　(4)　ア　(5)　オ

〔解説〕
(1)　クロルピクリン CCl_3NO_2 は、無色～淡黄色液体、催涙性、粘膜刺激臭。水に不溶。線虫駆除、燻蒸剤。クロルピクリン CCl_3NO_2 の確認方法：CCl_3NO_2 ＋金属カルシウム＋ベタナフチルアミン＋硫酸→赤色　(2)　塩素酸カリウム $KClO_3$ は白色固体。加熱により分解し酸素発生 $2KClO_3 \rightarrow 2KCl + 3O_2$ マッチの製造、酸化剤。熱すると酸素を発生して、塩化カリとなり、これに塩酸を加えて熱すると、塩素を発生する。水溶液に酒石酸を多量に加えると、白色の結晶性の物質を生ずる。　(3)　硫酸第二銅、五水和物白色濃い藍色の結晶で、水に溶けやすく、水溶液は青色リトマス紙を赤変させる。水に溶かし硝酸バリウムを加えると、白色の沈殿を生じる。　(4)　ニコチンの確認：1)ニコチン＋ヨウ素エーテル溶液→褐色液状→赤色針状結晶　2)ニコチン＋ホルマリン＋濃硝酸→バラ色。
(5)　硫酸 H_2SO_4 は無色の粘張性のある液体。強力な酸化力をもち、また水を吸収しやすい。水を吸収するとき発熱する。木片に触れるとそれを炭化して黒変させる。硫酸の希釈液に塩化バリウムを加えると白色の硫酸バリウムが生じるが、これは塩酸や硝酸に溶解しない。

問２　(1)　エ　(2)　オ　(3)　ウ　(4)　イ　(5)　ア
(6)　キ　(7)　コ　(8)　ク　(9)　カ　(10)　ケ

〔解説〕
解答のとおり。

問３　(1)　エ　(2)　ア　(3)　イ　(4)　イ

〔解説〕
(1)　施行令第 12 条で、深紅色。　(2)　施行令第 23 条で、青色。
(3)と(4)は、着色する農業用品目で、法第 13 条→施行令第 39 条において、①硫酸タリウムを含有する製剤、燐化亜鉛含有する製剤→施行規則第 12 条においてあせにくい黒色。

問４　(1)　ア　(2)　イ　(3)　ウ　(4)　エ

〔解説〕
(1)　液化アンモニアの取扱上の注意として、漏えいすると空気より軽いアンモニアガスとして拡散するからである。　(2)　パラコートはジピリジル誘導体。漏えいした液は、空容器にできるだけ回収し、そのあとを土壌で覆って十分接触させたのち、土壌を取り除き、多量の水を用いて洗い流す。　(3)　ブロムメチル CH_3Br は可燃性・引火性が高いため、火気・熱源から遠ざけ、直射日光の当たらない換気性のよい冷暗所に貯蔵する。耐圧等の容器は錆防止のため床に直置きしない。漏えいした場合：漏えいした液は、土砂等でその流れを止め、液が拡がらないようにして蒸発させる。　(4)　EPN の漏えいした液は土砂等でその流れを止め、安全な場所に導き、空容器にできるだけ回収し、そのあとを消石灰等の水溶液を用いて処理し、多量の水を用いて洗い流す。洗い流す

場合には中性洗剤等の分散剤を使用して洗い流す。この場合、濃厚な廃液が河川等に排出されないよう注意する。

（特定品目）

問１　(1)　イ　(2)　エ　(3)　オ　(4)　ア　(5)　ウ
(6)　コ　(7)　キ　(8)　ク　(9)　ケ　(10)　カ

〔解説〕

解答のとおり。

問２　(1)　イ　(2)　ア　(3)　エ　(4)　ウ　(5)　オ

〔解説〕

(解答のとおり。

問３　(1)　オ　(2)　キ　(3)　ウ　(4)　ア

〔解説〕

(1)　硝酸 HNO_3 は純品なものは無色透明で、徐々に淡黄色に変化する。特有の臭気があり腐食性が高い。うすめた水溶液に銅屑を加えて熱すると、藍色を呈して溶け、その際赤褐色の蒸気を発生する。藍(青)色を呈して溶ける。　(2)　一酸化鉛 PbO は、重い粉末で、黄色から赤色までの間の種々のものがある。希硝酸に溶かすと、無色の液となり、これに硫化水素を通じると、黒色の沈殿を生じる。
(3)　水酸化カリウムの水溶液は強いアルカリ性を示し、水溶液に酒石酸溶液を過剰に加えると、白色結晶性の沈殿を生ずる。また、中性にした後、塩化白金溶液を加えると、黄色結晶性の沈殿を生ずる。　(4)　シュウ酸は一般に流通しているものは二水和物で無色の結晶である。水溶液を酢酸で弱酸性にして、酢酸カルシウムを加えると、結晶性の白色沈殿を生じる。同じく、水溶液をアンモニア水で弱アルカリ性にして、塩化カルシウムを加えても、白色沈殿を生じる。

問４　(1)　オ　(2)　エ　(3)　ウ　(4)　ア

〔解説〕

(解答のとおり。

※九州全県・沖縄県統一共通においては、毎年８月に行われている試験が台風の影響により、２通りに分かれて試験が実施されました。これに伴い令和元年度は、２つの試験問題作成がされたことで、２つの試験問題を収録いたしました。

九州全県・沖縄県統一共通①〔福岡県・沖縄県〕

令和元年度実施

〔法　規〕

（一般・農業用品目・特定品目共通）

問１　4

〔解説〕

解答のとおり。

問２　1

〔解説〕

この設問では毒物はどれかとあるので、アの弗化水素とイのセレンが毒物。法第２条第１項→法別表第一を参照。

問３　3

〔解説〕

この設問における製剤については劇物に該当するものはどれかとあるので、水酸化カリウム、水酸化ナトリウムはいずれも５％以下は劇物から除外されるので、この設問では水酸化カリウム、水酸化ナトリウムについていずれも 10 ％含有する製剤とあるので、劇物。なお、塩化水素、硫酸については、いずれも 10 ％以下は劇物から除外。

問４　3

〔解説〕

法第 14 条第１項は毒物または劇物の譲渡手続における書面に記載する事項。解答のとおり。

問５　3

〔解説〕

法第３条の２は特定毒物のことで、同法第９項は譲り渡しの限定のこと。解答のとおり。

問６　2

〔解説〕

この設問は、法第８条第２項における毒物劇物取扱責任者になることのできない者の規定。この設問で該当するアの 17 歳の者、ウの麻薬中毒者が該当する。要するに 18 歳未満の者と麻薬、大麻、あへん又は覚せい剤の中毒者である。

問７　4

〔解説〕

法第３条の４では引火性、発火性又は爆発性のある毒物又は劇物について、業務その他正当な理由を除いて所持してはならないと施行令で規定されている。→施行令第 32 条の３で、①亜塩素酸ナトリウム 30 ％以上、②塩素酸塩類 35 ％以上、③ナトリウム、④ピクリン酸のことである。

問８　4

〔解説〕

法第 22 条第１項→施行令第 41 条において業務上取扱者として届出をする事業は、①電気めっき行う事業、②金属熱処理を行う事業、③大型自動車(最大積載量 5,000kg 以上)又は内容積が厚生労働省令で定める量以上の運送事業、④しろありの防除を行う事業で、それを使用する物として施行令第 42 条により①と②はシアン化ナトリウム、無機シアン化合物たる毒物及びこれを含有する製剤。③施行令別表第二掲げる品目、④砒素化合物たる毒物及びこれを含有する製剤。

問９　2

〔解説〕

この設問は、施行令第 40 条の９第１項は譲受人に対して毒物又は劇物の性状及び取扱についての情報提供のことで、その情報提供の内容について施行規則第 13 条の 12 に規定されている。解答のとおり。

問10　4

〔解説〕
法第 10 条は届出のことで、ウとエが正しい。なお、アは販売する毒物又は劇物の変更について届出を要しない。また、イの代表取締役の変更についても届出を要しない。

問 11　2

〔解説〕
この設問は毒物又は劇物を運搬する車両に備える保護具のことで、施行令第 40 条の５第２項第三号→施行規則第 13 条の６→施行規則別表第五に規定されている。

問 12　1

〔解説〕
この設問は施行令第 40 条の５第２項第一号→施行規則第 13 条の４のこと。

問 13　3

〔解説〕
解答のとおり。

問 14　3

〔解説〕
この設問では正しいのはどれかとあるので、３が正しい。３は法第 21 条第１項のことで、登録が失効した場合の措置のこと。なお、１は法第４条第４項の登録の更新で、毒物又は劇物製造業者及び輸入業者は、５年毎に、また毒物又は劇物販売業者は、６年毎に更新を受けなければその効力を失う。２は法第 14 条第４項で５年間書面を保存しなければならない。４は法第７条第３項で毒物劇物取扱責任者を置いたときは、30 日以内に氏名を届け出なければならないである。

問 15　4

〔解説〕
この設問は毒物又は劇物の容器及び被包についての表示と掲げる事項のことで、法第 12 条第２項で、①毒物又は劇物の名称、②毒物又は劇物の成分及びその含量、③施行規則第 11 条の５で定められている解毒剤の名称のことで、誤っているものどれかとあるので３が該当する。

問 16　3

〔解説〕
この設問では正しいものはどれかとあるので３が正しい。３は法第５条における登録の基準のこと。なお、１の農業用品目販売業の登録を受けた者は、法第４条の３第１項→施行規則第４条の２→施行規則別表第一に掲げられている品目のみである。よって誤り。２については、法第４条第３項で、店舗ごとに、その店舗の所在地の都道府県知事へ申請書を出さなければならない。４は法第４条第４項の登録の更新についてで、毒物又は劇物販売業者は、６年毎に登録の更新を受けなければ、その効力を失うである。

問 17　4

〔解説〕
登録が失効した場合の措置のこと。解答のとおり。

問 18　3

〔解説〕
この設問は毒物又は劇物を運搬する際に他に委託する場合について、荷送人はは運送人に対して、あらかじめ交付する書面に記載する事項は、毒物又は劇物〔①名称、②成分、③含量、④数量、⑤事故の際に講じなければならない応急の措置〕を交付しなければならない。このことから規定していないものは、３が該当する。

問 19　2

〔解説〕
法第 16 条の２第２項は、盗難紛失の措置のことで、毒物又は劇物を盗難あるいは紛失した場合は、その旨を警察署に届け出なければならないと規定している。なお、同法第 16 条の２については、第８次地域一括法(平成 30 年６月 27 日法律第 63 号。)→施行は令和２月４月１日より法第 16 条の２は、法第 17 条となった。

問 20　4

〔解説〕
この設問は特定毒物であるモノフルオール酢酸アミドを特定毒物使用者に譲り渡す際に法第３条の２第９項→施行令第 23 条で、青色に着色と規定されている。

問 21　3

〔解説〕
この設問は毒物又は劇物を運搬する車両に掲げる標識のことで、施行令第 40 条の５第２項第二号→施行規則第 13 条の５のこと。解答のとおり。

問 22　4

〔解説〕

法第 15 条の２において毒物又は劇物を廃棄する際に、施行令第 40 条で廃棄方法の技術上の基準が示されている。

問 23　1

〔解説〕

法第５条で毒物又は劇物①製造業者、②輸入業者、③販売業者の登録を受けようとする者の設備基準について、施行規則第４条の４で示されている。なお、この設問は、施行規則第４条の４第１項のことである。

問 24　1

〔解説〕

この法第 24 条の２は、法第３条の３→施行令第 32 条の２における罰則規定である。

問 25　2

〔解説〕

この設問の法第 17 条は立入検査等が示されている。なお、同法第 17 条については、第８次地域一括法(平成 30 年６月 27 日法律第 63 号。)→施行は令和２月４月１日より法第 17 条は、法第 18 条となった。

〔基礎化学〕
（一般・農業用品目・特定品目共通）

問 26　2

〔解説〕

石油は混合物、水とアンモニアは化合物

問 27　3

〔解説〕

アはヘンリーの法則、エはヘスの法則である。

問 28　4

〔解説〕

蒸発は液体が気体になる状態変化、凝縮は気体が液体になる状態変化、溶解は固体が溶媒などの別の物質に溶ける変化

問 29　3

〔解説〕

5.0%水酸化ナトリウム水溶液が 1000 cm^3 あったとする。この時の重さは、1000 × 1.04 = 1040 g である。1040 g のうち 5.0%が水酸化ナトリウムの重さであるから、1040 × 0.05 = 52 g が溶質の重さとなる。水酸化ナトリウムの分子量は 40 であるからモル数は 52/40 = 1.3 モル。質量モル濃度は溶媒 1 kg の濃度であるので、溶媒の重さは 1040 − 52 = 988 g であるから、1.3/0.988 = 1.316 mol/kg となる。

問 30　3

〔解説〕

疎水コロイドは少量の電解質を加えるだけで沈殿する。この現象を凝析という。一般的に疎水コロイドのほうが浸水コロイドよりも水への分散が大きく、密度が小さいためチンダル現象を観察しやすい。

問 31　1

〔解説〕

塩の中に H^+を出せるものを酸性塩、OH^-を出せるものを塩基性塩、そのようなものがないものを正塩という。$NaHCO_3$ が酸性塩であるが液性は塩基性であるように液性と名称は関係しない。

問 32　3

〔解説〕

中和の公式は「酸の価数(a)×酸のモル濃度(c_1)×酸の体積(V_1) = 塩基の価数(b)×塩基のモル濃度(c_2)×塩基の体積(V_2)」である。これに代入すると、2 × 0.05 × 10 = 1 × c_2 × 10,　c_2 = 0.10 mol/L

問 33　2

〔解説〕

アルカリ金属は原子番号が大きいほどイオン化傾向が大きくなり、イオン化エネルギーは小さくなる。

問 34　4
〔解説〕
銅と希硝酸の反応のように、希硝酸は酸化剤として働く。
問 35　1
〔解説〕
硫酸と酢酸では硫酸のほうが強い酸であるので pH は小さい。炭酸水素ナトリウムと炭酸ナトリウムでは炭酸ナトリウムのほうがより強い塩基であるので pH が大きい。
問 36　3
〔解説〕
アルコールの分子内脱水は級数が大きいほど起こりやすい、また第一級アルコールでも高温では分子内脱水が進行し、対応するアルケンを生じる。
問 37　3
〔解説〕
反応式よりプロパン 1 モルが燃焼すると二酸化炭素は 3 モル生成する。0.05 モルのプロパンが燃えると 0.15 モルの二酸化炭素が生じる。二酸化炭素の分子量は 44 であるので、$0.15 \times 44 = 6.6$ g 生成する。
問 38　2
〔解説〕
逆性石鹸は洗浄力は劣るものの殺菌作用に優れる石鹸である。
問 39　4
〔解説〕
$-SO_3H$ はスルホ基（スルホン酸基）である。
問 40　4
〔解説〕
一般的に溶液の凝固点は溶媒の凝固点と比べると低い。これを凝固点降下という。

〔性質・貯蔵・取扱い〕

（一般）

問 41　4　　問 42　3　　問 43　1　　問 44　2
〔解説〕
問 41　硫酸亜鉛 $ZnSO_4 \cdot 7H_2O$ は、無色無臭の結晶、顆粒または白色粉末、風解性。水に易溶。有機溶媒に不溶。木材防腐剤、塗料、染料、農業用に殺菌剤。**問 42**　酸化バリウム BaO は劇物。無色透明の結晶。水にわずかに溶ける。水と作用すると多量の熱を出しして水酸化バリウムとなる。アルカリ性を呈する。用途は工業用の脱水剤、水酸化物の製造用、釉薬原料に使われる。また試薬、乾燥剤にも用いられる。　**問 43**　アミドチオエートは毒物。淡黄色油状。弱い特異臭がある。アセトン等の有機溶媒に可溶。水に難溶。用途は殺虫剤〔みかん、りんご、なし等のハダンニ類〕　**問 44**　サリノマイシンナトリウムは劇物。白色～淡黄色の結晶性粉末。わずかに臭いがある。酢酸エチルにきわめて溶ける。水にほとんど溶けない。が、ベンゼン、クロロホルム、アセトン、メタノールに溶けやすい。用途は飼料添加物。
問 45　3　　問 46　2　　問 47　1　　問 48　4
〔解説〕
問 45　ピクリン酸 $C_6H_2(NO_2)_3OH$：淡黄色の針状結晶で、急熱や衝撃で爆発。金属との接触でも分解が起こる。用途は試薬、染料。　**問 46**　フェノール C_6H_5OH は、無色の針状晶あるいは結晶性の塊りで特異な臭気があり、空気中で酸化され赤色になる。アルコール、エーテル、クロロホルム、水酸化アルカリに溶けるが、石油エーテルには溶けない。　**問 47**　メチルアミン（CH_3NH_2）は劇物。無色でアンモニア臭のある気体。メタノール、エタノールに溶けやすく、引火しやすい。また、腐食が強い。用途は医薬、農薬の原料、染料。　**問 48**　無水クロム酸（CrO_3）は劇物。暗赤色針状結晶。潮解性がある。水に易溶。きわめて強い酸化剤である。腐食性が大きく、酸性である。用途は工業用には酸化剤、また試薬等
問 49　1　　問 50　2　　問 51　3　　問 52　4
〔解説〕
問 49　ニッケルカルボニルは毒物。無色の揮発性液体で空気中で酸化される。60 ℃位いに加熱すると爆発することがある。多量のベンゼンに溶解し、スクラバー

を具備した焼却炉の火室へ噴霧して、焼却する燃焼法と多量の次亜塩素酸ナトリウム水溶液を用いて酸化分解。そののち過剰の塩素を亜硫酸ナトリウム水溶液等で分解させ、その後硫酸を加えて中和し、金属塩を水酸化ニッケルとしてで沈殿濾過して埋立死余分する酸化沈殿法。　**問 50**　アクロレイン CH_2=CHCHO　刺激臭のある無色液体、引火性。光、酸、アルカリで重合しやすい。医薬品合成原料。貯法は、反応性に富むので安定剤を加え、空気を遮断して貯蔵。廃棄方法は、1)燃焼法、(ｱ)珪藻土に吸着させ、開放型の焼却炉で焼却。(ｲ)可燃性溶剤に溶かし、火室へ噴霧して焼却。　2)酸化法、過剰の酸性亜硫酸ナトリウム水溶液に混合した後、過剰の還元剤を酸化剤(次亜塩素酸ナトリウム等)で酸化し、水で希釈処理。

問 51　シアン化ナトリウム NaCN は、酸性だと猛毒のシアン化水素 HCN が発生するのでアルカリ性にしてから酸化剤でシアン酸ナトリウム NaOCN にし、余分なアルカリを酸で中和し多量の水で希釈処理する酸化法。水酸化ナトリウム水溶液等でアルカリ性とし、高温加圧下で加水分解するアルカリ法。　**問 52**　過酸化水素水は H_2O_2 の水溶液で、劇物。無色透明な液体。廃棄方法は、多量の水で希釈して処理する希釈法。

問 53　2　　**問 54**　1　　**問 55**　3　　**問 56**　4

〔解説〕

問 53　塩素は劇物。常温では窒息性臭気をもつ黄緑色気体。漏えいした場合は漏えい箇所や漏えいした液には消石灰を十分に散布したむしろ、シート等をかぶせ、その上にさらに消石灰を散布して吸収させる。漏えい容器には散布しない。多量にガスが噴出した場所には遠くから霧状の水をかけて吸収させる。　**問 54**　ニトロベンゼン $C_6H_5NO_2$ は特有な臭いの淡黄色液体。水に難溶。比重 1 より少し大。可燃性。多量の水で洗い流すか、又は土砂、おが屑等に吸着させて空容器に回収し安全な場所で焼却する。　**問 55**　キシレン $C_6H_4(CH_3)_2$ は、無色透明な液体で o-、m-、p-の 3 種の異性体がある。水にはほとんど溶けず、有機溶媒に溶ける。溶剤。揮発性、引火性。　揮発を防ぐため表面を泡で覆う。　**問 56**　クロルピクリン CCl_3NO_2　は、無色～淡黄色液体、催涙性、粘膜刺激臭。水に不溶。少量の場合、漏洩した液は布でふきとるか又はそのまま風にさらとて蒸発させる。

問 57　3　　**問 58**　2　　**問 59**　4　　**問 60**　1

〔解説〕

問 57　硝酸 HNO_3 は無色の発煙性液体。蒸気は眼、呼吸器などの粘膜および皮膚に強い刺激性をもつ。高濃度のものが皮膚に触れるとガスを生じ、初めは白く変色し、次第に深黄色になる(キサントプロテイン反応)。　**問 58**　四塩化炭素 CCl_4 は特有の臭気をもつ揮発性無色の液体、水に不溶、有機溶媒に易溶。揮発性のため蒸気吸入により頭痛、悪心、黄疸ようの角膜黄変、尿毒症等。　**問 59**　N-ブチルピロリジンは、劇物。無色澄明の液体。魚肉腐敗臭がある。アルコール、ベンゼン等の有機溶媒に溶けるが。水とは交わらない。吸入した場合、呼吸器を刺激し、吐き気、嘔吐を起こす。皮膚に触れた場合、皮膚を刺激し、皮膚からも吸収され吸入した場合と同様の中毒症状がでる。　**問 60**　1

（農業用品目）

問 41　2　　**問 42**　1　　**問 43**　3　　**問 44**　4

〔解説〕

問 41　塩素酸カリウム $KClO_3$(別名塩素酸カリ)は、無色の結晶。水に可溶。アルコールに溶けにくい。熱すると酸素を発生する。そして、塩化カリとなり、これに塩酸を加えて熱すると塩素を発生する。用途はマッチ、花火、爆発物の製造、酸化剤、抜染剤、医療用。　**問 42**　イソキサチオンは有機リン剤、劇物(2 %以下除外)、淡黄褐色液体、水に難溶、有機溶剤に易溶、アルカリには不安定。ミカン、稲、野菜、茶等の害虫駆除。(有機燐系殺虫剤)　**問 43**　フッ化スルフリル(SO_2F_2)は毒物。無色無臭の気体。沸点-55.38 ℃。水１ｌに 0.75G 溶ける。アルコール、アセトンにも溶ける。用途は殺虫剤、燻蒸剤。　**問 44**　メソミル(別名メトミル)は、毒物(劇物は 45 %以下は劇物)。白色の結晶。水、メタノール、アセトンに溶ける。融点 78 ～ 79 ℃。カルバメート剤なので、解毒剤は硫酸アトロピン(PAM は無効)、SH 系解毒剤の BAL、グルタチオン等。

問 45　1　　**問 46**　4　　**問 47**　3　　**問 48**　2

〔解説〕

問 45　イミノクタジンは、劇物。白色の粉末(三酢酸塩の場合)。果樹の腐らん病、晩腐病等、麦の斑葉病、芝の葉枯病殺菌する殺菌剤。　**問 46**　クロルメコートは、劇物、白色結晶で魚臭、非常に吸湿性の結晶。エーテルに不溶。水、アルコールに可溶。用途は植物成長調整剤。4 級アンモニウム塩。　**問 47**　ディプレテックス(DEP)は、有機リン、劇物、白色結晶、稲や野菜の諸害虫に対する接触性殺虫剤。除外は 10 %以下。　**問 48**　硫酸タリウム Tl_2SO_4 は、劇物。白色結晶で、水にやや溶け、熱水に易溶、用途は殺鼠剤。硫酸タリウム 0.3 %以下を含有し、黒色に着色され、かつ、トウガラシエキスを用いて著しくからく着味されているものは劇物から除外。

問 49　3　**問 50**　4　**問 51**　2　**問 52**　1

〔解説〕

問 49　ダイアジノンは有機リン系化合物であり、有機リン製剤の中毒はコリンエステラーゼを阻害し、頭痛、めまい、嘔吐、言語障害、意識混濁、縮瞳、痙攣など。治療薬は硫酸アトロピンと PAM。　**問 50**　シアン酸ナトリウム NaOCN は、白色の結晶性粉末、水に易溶、有機溶媒に不溶。熱水で加水分解。劇物。除草剤、有機合成、鋼の熱処理に用いられる。治療薬はチオ硫酸ナトリウム。
問 51　モノフルオール酢酸ナトリウムは有機フッ素系である。有機フッ素化合物の中毒：TCA サイクルを阻害し、呼吸中枢障害、激しい嘔吐、てんかん様痙攣、チアノーゼ、不整脈など。治療薬はアセトアミド。　**問 52**　リン化亜鉛 Zn_3P_2 は、灰褐色の結晶又は粉末。かすかにリンの臭気がある。ベンゼン、二硫化炭素に溶ける。酸と反応して有毒なホスフィン PH3 を発生。用途は、殺鼠剤。ホスフィンにより嘔吐、めまい、呼吸困難などが起こる。

問 53　2　**問 54**　1　**問 55**　4　**問 56**　3

〔解説〕

問 53　EPN は毒物。芳香臭のある淡黄色油状または白色結晶で、水には溶けにくい。一般の有機溶媒には溶けやすい。TEPP 及びパラチオンと同じ有機燐化合物である。可燃性溶剤とともにアフターバーナー及びスクラバーを具備した焼却炉の火室へ噴霧し、焼却する燃焼法。用途は遅効性の殺虫剤として使用される。
問 54　塩素酸ナトリウム $NaClO_3$ は酸化剤なので、希硫酸で HClO3 とした後、これを還元剤中へ加えて酸化還元後、多量の水で希釈処理する還元法。　**問 55**　硫酸 H_2SO_4 は酸なので廃棄方法はアルカリで中和後、水で希釈する中和法。
問 56　硫酸銅 $CuSO_4$ は、水に溶解後、消石灰などのアルカリで水に難溶な水酸化銅 $Cu(OH)_2$ とし、沈殿ろ過して埋立処分する沈殿法。または、還元焙焼法で金属銅 Cu として回収する還元焙焼法。

問 57　4　**問 58**　3　**問 59**　1　**問 60**　2

〔解説〕

問 57　シアン化水素 HCN は、無色の気体または液体(b. p. 25. 6 ℃)、特異臭(アーモンド様の臭気)、弱酸、水、アルコールに溶ける。毒物。貯法は少量なら褐色ガラス瓶、多量なら銅製シリンダーを用い日光、加熱を避け、通風の良い冷所に保存。　**問 58**　ブロムメチル CH_3Br は可燃性・引火性が高いため、火気・熱源から遠ざけ、直射日光の当たらない換気性のよい冷暗所に貯蔵する。耐圧等の容器は錆防止のため床に直置きしない。　**問 59**　ホストキシン(リン化アルミニウム AlP とカルバミン酸アンモニウム $H_2NCOONH_4$ を主成分とする。)は、ネズミ、昆虫駆除に用いられる。リン化アルミニウムは空気中の湿気で分解して、猛毒のリン化水素 PH_3(ホスフィン)を発生する。空気中の湿気に触れると徐々に分解して有毒なガスを発生するので密閉容器に貯蔵する。使用方法については施行令第 30 条で規定され、使用者についても施行令第 18 条で制限されている。
問 60　ロテノンは酸素によって分解するので、空気と光線を遮断して貯蔵する。

（特定品目）

問 41　3　**問 42**　4　**問 43**　1　**問 44**　2

〔解説〕

問 41　トルエン $C_6H_5CH_3$ は、劇物。無色透明でベンゼン様の臭気がある液体。沸点は 110. 6 ℃で、エーテル、アセトンに混和する。用途は爆薬、染料、香料、合成高分子材料などの原料、溶剤、分析用試薬として用いられる。　**問 42**　一酸化鉛 PbO(別名密陀僧、リサージ)は劇物。赤色～赤黄色結晶。重い粉末で、黄色から赤色の間の様々なものがある。水にはほとんど溶けない。用途はゴムの加硫促進剤、顔料、試薬等。　**問 43**　過酸化水素 H_2O_2：無色無臭で粘性の少し高い液体。徐々に水と酸素に分解する。酸化力、還元力をもつ。漂白、医薬品、化粧品の製造。　**問 44**　四塩化炭素(テトラクロロメタン)CCl_4 は、特有な臭気をもつ不燃性、揮発性無色液体、水に溶けにくく有機溶媒には溶けやすい。用途は洗濯剤、清浄剤の製造などに用いられる。
問45　4　　問46　1　　問47　3　　問48　2
〔解説〕
問45　アンモニアNH_3は、常温では無色刺激臭の気体、冷却圧縮すると容易に液化する。水、エタノール、エーテルに可溶。強いアルカリ性を示し、腐食性は大。水溶液は弱アルカリ性を呈する。　**問46**　塩素Cl_2は劇物。黄緑色の気体で激しい刺激臭がある。冷却すると、黄色溶液を経て黄白色固体。水にわずかに溶ける。沸点-34 .05℃。強い酸化力を有する。極めて反応性が強く、水素又はアセチレンと爆発的に反応する。水分の存在下では、各種金属を腐食する。水溶液は酸性を呈する。粘膜接触により、刺激症状を呈する。　**問47**　硅弗化ナトリウムは劇物。無色の結晶。水に溶けにくい。アルコールに溶けない。酸と接触すると弗化水素ガス、四弗化硅素ガスを発生する。　**問48**　硫酸H_2SO_4は、劇物。無色無臭澄明な油状液体、腐食性が強い、比重 1.84、水、アルコールと混和するが発熱する。空気中および有機化合物から水を吸収する力が強い。
問49　2　　問50　1　　問51　4　　問52　3
〔解説〕
問49　塩素ガスは多量のアルカリに吹き込んだのち、希釈して廃棄するアルカリ法。必要な場合(例えば多量の場合など)にはアルカリ処理法で処理した液に還元剤(例えばチオ硫酸ナトリウム水溶液など)の溶液を加えた後中和する。その後多量の水で希釈して処理する還元法。　**問50**　水酸化カリウム KOH は、強塩基なので希薄な水溶液として酸で中和後、水で希釈処理する中和法。　**問51**　クロロホルム$CHCl_3$は含ハロゲン有機化合物なので廃棄方法はアフターバーナーとスクラバーを具備した焼却炉で焼却する燃焼法。　**問52**　クロム酸ナトリウムは十水和物が一般に流通。十水和物は黄色結晶で潮解性がある。水に溶けやすい。また、酸化性があるので工業用の酸化剤などに用いられる。廃棄方法は還元沈殿法を用いる。
問53　4　　問54　2　　問55　3　　問56　1
〔解説〕
問53　クロム酸塩を誤飲すると口腔や食道が侵され赤黄色に変化する。このクロムが皮膚を酸化することでクロムは3価になり、緑色に変色する。　**問54**　硝酸HNO_3は無色の発煙性液体。蒸気は眼、呼吸器などの粘膜および皮膚に強い刺激性をもつ。高濃度のものが皮膚に触れるとガスを生じ、初めは白く変色し、次第に深黄色になる(キサントプロテイン反応)。　**問55**　キシレン$C_6H_4(CH_3)_2$は、無色透明な液体。水に不溶。毒性は、はじめに短時間の興奮期を経て、深い麻酔状態に陥ることがある。　**問56**　ホルムアルデヒドを吸引するとその蒸気は鼻、のど、気管支、肺などを激しく刺激し炎症を起こす。
問57　3　　問58　4　　問59　2　　問60　1
〔解説〕
解答のとおり。

〔実　地〕

(一般)
問61　2　　問62　3
問63　1　　問64　4　　問65　3
〔解説〕
問61、問63　アニリン$C_6H_5NH_2$は、新たに蒸留したものは無色透明油状液体、光、空気に触れて赤褐色を呈する。特有な臭気。水には難溶、有機溶媒には可溶。水溶液にさらし粉を加えると紫色を呈する。劇物。　**問62、問64**　塩素酸カリウム$KClO_3$は白色固体。加熱により分解し酸素発生 $2KClO_3 \rightarrow 2KCl + 3O_2$　マッチの製造、酸化剤。熱すると酸素を発生して、塩化カリとなり、これに塩酸を加えて熱すると、塩素を発生する。水溶液に酒石酸を多量に加えると、白色の結晶性の物質を生ずる。　**問65**　沃化水素酸は、劇物。無色の液体。ヨード水素の水溶液に硝酸銀溶液を加えると、淡黄色の沃化銀の沈殿を生じる。この沈殿はアンモニア水にはわずかに溶け、硝酸には溶けない。用途は工業用の還元剤。
問66　4　　問67　1
問68　3　　問69　2　　問70　1
〔解説〕
問66、問68　メチルスルホナールは、劇物。無色の葉状結晶。臭気がない。水に可溶。木炭とともに熱すると、メルカプタンの臭気をはなつ。**問 67、問 69**　ホルムアルデヒド HCHO は、無色刺激臭の気体で水に良く溶け、これをホルマリンという。ホルマリンは無色透明な刺激臭の液体、低温ではパラホルムアルデヒドの生成により白濁または沈澱が生成することがある。水、アルコール、エーテルと混和する。アンモニ水を加えて強アルカリ性とし、水浴上で蒸発すると、水に溶解しにくい白色、無晶形の物質を残す。フェーリング溶液とともに熱すると、赤色の沈殿を生ずる。**問 70**　硫酸第二銅、五水和物白色濃い藍色の結晶で、水に溶けやすく、水溶液は青色リトマス紙を赤変させる。水に溶かし硝酸バリウムを加えると、白色の沈殿を生じる。

（農業用品目）

問 61　3　　**問 62**　4　　**問 63**　1　　**問 64**　2

〔解説〕

問 61　アンモニア水は無色透明、刺激臭がある液体。アルカリ性を呈する。アンモニア NH_3 は空気より軽い気体。濃塩酸を近づけると塩化アンモニウムの白い煙を生じる。$NH_3 + HCl \rightarrow NH_4Cl$　**問 62**　塩素酸ナトリウム NaClO3 は、劇物。潮解性があり、空気中の水分を吸収する。また強い酸化剤である。炭の中にいれ熱灼すると音をたてて分解する。　**問 63**　クロルピクリン CCl_3NO_2 の確認：1)CCl_3NO_2 ＋金属 Ca ＋ベタナフチルアミン＋硫酸→赤色沈殿。2)　CCl_3NO_2 アルコール溶液＋ジメチルアニリン＋ブルシン＋ BrCN →緑ないし赤紫色。　**問 64**　硫酸亜鉛 $ZnSO_4 \cdot 7H_2O$ は、硫酸亜鉛の水溶液に塩化バリウムを加えると硫酸バリウムの白色沈殿を生じる。

問 65　3　　**問 66**　2　　**問 67**　4
問 68　3　　**問 69**　2　　**問 70**　4

〔解説〕

問 65　フェントエートは、劇物。赤褐色、油状の液体で、芳香性刺激臭を有し、水、プロピレングリコールに溶けない。リグロインにやや溶け、アルコール、エーテル、ベンゼンに溶ける。有機燐系の殺虫剤。**問 66、問 68**　ジメトエートは、劇物。有機リン製剤であり、白色の固体で、融点は 51 ～ 52 度。キシレン、ベンゼン、メタノール、アセトン、エーテル、クロロホルムに可溶。水溶液は室温で徐々に加水分解し、アルカリ溶液中ではすみやかに加水分解する。太陽光線には安定で熱に対する安定性は低い。用途は殺虫剤。**問 67、問 69**　ダイファシノンは、黄色の結晶性粉末である。アセトン、酢酸に溶け、ベンゼンにわずかに溶ける。水にはほとんど溶けない。殺鼠剤として用いられる。**問 70**　パラコートは、毒物で、ジピリジル誘導体で無色結晶、水によく溶け低級アルコールに僅かに溶ける。融点 300 度。金属を腐食する。不揮発性である。除草剤。

（特定品目）

問 61　4　　**問 62**　2　　**問 63**　1
問 64　1　　**問 65**　4

〔解説〕

解答のとおり。

問 66　3　　**問 67**　1　　**問 68**　2
問 69　4　　**問 70**　2

〔解説〕

問 66、問 69　四塩化炭素（テトラクロロメタン）CCl_4 は、特有な臭気をもつ不燃性、揮発性無色液体、水に溶けにくく有機溶媒には溶けやすい。洗濯剤、清浄剤の製造などに用いられる。確認方法はアルコール性 KOH と銅粉末とともに煮沸により黄赤色沈殿を生成する。**問 67、問 70**　ホルマリンはホルムアルデヒド HCHO の水溶液。フクシン亜硫酸はアルデヒドと反応して赤紫色になる。アンモニア水を加えて、硝酸銀溶液を加えると、徐々に金属銀を析出する。またフェーリング溶液とともに熱すると、赤色の沈殿を生ずる。**問 68**　一酸化鉛 PbO（別名リサージ）は劇物。赤色～赤黄色結晶。重い粉末で、黄色から赤色の間の様々なものがある。水にはほとんど溶けないが、酸、アルカリにはよく溶ける。

※九州全県・沖縄県統一共通においては、毎年８月に行われている試験が台風の影響により、２通りに分かれて試験が実施されました。これに伴い令和元年度は、２つの試験問題作成がされたことで、２つの試験問題を収録いたしました。

九州全県・沖縄県統一共通②〔佐賀県・長崎県・熊本県・大分県・宮崎県・鹿児島県〕

令和元年度実施

〔法　規〕

（一般・農業用品目・特定品目共通）

問１　２

〔解説〕

解答のとおり。

問２　２

〔解説〕

この設問は、法第２条第３項→法別表第三に掲げられている特定毒物のことで、２のモノフルオール酢酸アミドが特定毒物。なお、水酸化ナトリウムとクロロホルムは、劇物。水銀は、毒物。

問３　２

〔解説〕

法第３条の３で、みだりに摂取、若しくは吸入、又はこれらの目的で所持してはならないことについて政令で規定されている。→施行令第32条の２において、①トルエン、②酢酸エチル、トルエン又はメタノールを含有する接着剤、塗料及び閉そく用又はシーリングの充てん剤である。なお、酢酸エチルについては単独ではない。この規定で該当する場合、酢酸エチル及びメタノールを含有する‥である。

問４　１

〔解説〕

解答のとおり。

問５　１

〔解説〕

法第３条第３項の条文。毒物又は劇物における販売、授与の目的で貯蔵、運搬、陳列について販売業の登録を受けていなければ販売、授与ができないことを規定している。

問６　４

〔解説〕

この設問は特定毒物についてで、イとエが正しい。イは法第３条の２第８項のこと。エは法第３条の２第２項のこと。なお、アについては法第３条の第４項で、特定毒物を学術研究以外の用途に供してはならないと規定されている。これにより誤り。ウは特定毒物を製造できる者は、毒物又は劇物製造業者と、特定毒物研究者の２者のみである。このことから誤り。法第３条の２第１項。

問７　２

〔解説〕

この設問では誤りはどれかとあるので、２が誤り。２における特定品目販売業の登録を受けた者は、法第４条の３第２項→施行規則第４条の３→施行規則別表第二に掲げられている品目のみで、この設問にある特定毒物を販売することはできない。

問８　１

〔解説〕

この設問は施行規則第４条の４第１項における製造所等の設備基準のこと。設問はすべて正しい。

問９　１

〔解説〕

この設問は法第７条及び法第８条のことで、誤っているものはどれかとあるので、1が誤り。1は、法第8条第1項で①薬剤師、②厚生労働省で定める学校で、応用化学を修了した者、③都道府県知事が行う毒物劇物取扱者試験に合格した者は、毒物劇物取扱責任者になることができる。なお、2は法第7条第3項のこと。3は法第8条第2項第一号のこと。4は法第7条第2項のこと。

問10　4

〔解説〕

この設問で正しいのは、ウとエである。ウは、法第10条第1項第二号のこと。エは法第9条第1項における追加申請のこと。設問のとおり。なお、アは、法第10条第1項第一号により、50日以内ではなく、30日以内に届け出なければならない。イは法第21条第1項で、50日以内ではなく、15日以内にその旨を届け出なければならない。

問11　3

〔解説〕

法第11条第4項は、飲食物容器の使用禁止のこと。

問12　1

〔解説〕

法第12条第1項は、毒物又は劇物の容器及び被包についての表示のこと。正しいのは、1である。なお、劇物の場合は、劇物の容器及び被包→「医薬用外」の文字に、白地に赤色をもって「劇物」の文字を表示。

問13　3

〔解説〕

法第12条第2項は、毒物又は劇物の容器及び被包についての表示として掲げる事項は、毒物又は劇物の①名称、②成分及びその含量、③厚生労働省令で定める毒物又は劇物〔有機燐及びこれを含有する製剤〕については、厚生労働省令で定める解毒剤の名称〔①　2－ピリジルアルドキシムメチオダイドの製剤、②　硫酸アトロピンの製剤〕

問14　2

〔解説〕

この設問は、着色する農業用品目のことで法第13条→施行令第39条で①硫酸タリウムを含有する製剤たる劇物、②燐化亜鉛を含有する製剤たる劇物については→施行規則第12条において、あせにくい黒色に着色すると規定されている。このことからアとエが正しい。

問15　1

〔解説〕

この設問は法第14条第2項における毒物又は劇物を販売する際に、譲受人から提出を受けなければならない書面の記載事項とは、①毒物又は劇物の名称及び数量、②販売又は授与の年月日、③譲受人の氏名、職業及び住所(法人の場合は、その名称及び主たる事務所)である。この設問では規定されていないものはどれかとあるので、1の毒物又は劇物の使用目的が該当する。

問16　3

〔解説〕

この設問は、毒物又は劇物販売業者が譲受人から提出を受けた書面の保存期間は、5年間保存と規定されている。

問17　3

〔解説〕

解答のとおり。

問18　2

〔解説〕

この設問は毒物又は劇物を運搬する車両に掲げる標識のことで、施行令第40条の5第2項第二号→施行規則第13条の5のこと。

問19　3

〔解説〕

この設問は毒物又は劇物を運搬する車両に備える保護具のことで、施行令第40条の5第2項第三号→施行規則第13条の6→施行規則別表第五に掲げられている品目にいて保護具を備えなければならない。設問では塩素とあるので施行規則別表第五において、①保護手袋、②保護長ぐつ、③保護衣、④普通ガス用防毒マスクを備えなければならない。

問20　3

〔解説〕

解答のとおり。

問21　3
〔解説〕
この設問は毒物又は劇物の性状及び取扱いについて、毒物劇物営業者が販売又は授与する際に情報提供をしなければならないことが施行令第40条の9で規定されている。正しいのは、イとウである。イについては施行規則第13条の11で、①文書の交付、②磁気ディスクの交付その他の方法と規定されている。このことからイは設問のとおり。ウは施行令第40条の9第2項のこと。なお、アについては、施行令第40条の9第1項ただし書規定により情報提供をしなくてもよい。エは施行令第40条の9第1項ただし書規定→施行規則第13条の10において、劇物については1回につき 200 ミリグラム以下の場合は情報提供を省略できるが、この設問では、毒物とあるので取扱量の多少にかかわらず情報提供をしなければならない。よって誤り。

問22　3
〔解説〕
施行令第40条の9第1項→施行規則第13条の12において情報提供の内容が規定されている。このことからイとエが正しい。

問23　3
〔解説〕
法第16条の2第1項は、事故の際の措置のこと。解答のとおり。なお、同法第16条の2については、第8次地域一括法(平成30年6月27日法律第63号。)→施行は令和2月4月1日より法第16条の2は、法第17条となった。

問24　4
〔解説〕
この設問で誤っているものはどれかとあるので、4が誤り。4の設問には、犯罪捜査上必要があると認めるときは‥とあるが法第17条第5項において、犯罪捜査のために認められたものと解してはならないと規定されているので誤り。なお、同法第17条については、第8次地域一括法(平成30年6月27日法律第63号。)→施行は令和2月4月1日より法第17条は、法第18条となった。

問25　2
〔解説〕
この設問は業務上取扱者の届出を要する事業とは、法第22条第1項→施行令第41条及び施行令第42条に規定されている。このことからこの設問では定められていない事業とあるので、2が該当する。

〔基礎化学〕
(一般・農業用品目・特定品目共通)

問26　3
〔解説〕
同素体とは同じ元素からなる単体で、性質が異なるものである。

問27　4
〔解説〕
アは蒸留によって分ける。イは再結晶により精製する。エはろ過により分離する。

問28　4
〔解説〕
アは気化または蒸発。イは凝固。ウは融解。エは昇華である。

問29　3
〔解説〕
pHが1異なると水素イオン濃度は10倍異なる。また、pH 7よりも小さいときは酸性で7よりも大きいときはアルカリ性、または塩基性という。

問30　3
〔解説〕
触媒は反応速度に影響を与えるが、自身は変化を受けない物質である。反応物が濃いほど、分子の接触確率が上がるために反応は早く進行する。

問31　4
〔解説〕
炎色反応は Li (赤)、Na(黄)、K(紫)、Cu(青緑)、Ca(橙)、Sr(紅)、Ba(黄緑)である。

問 32　4
〔解説〕
モル濃度は次の公式で求める。M ＝ w/m × 1000/v （M はモル濃度：mol/L、w は質量：g、m は分子量または式量、v は体積：mL）これに当てはめればよい。
0.4 = w/40 × 1000/2000,　w = 32 g

問 33　1
〔解説〕
ハロゲンの単体は強い酸化力を持つ。

問 34　2
〔解説〕
鉄の単体が空気酸化を受け、酸化鉄に変化するときに発熱する。単体が化合物になる変化は酸化還元反応である。

問 35　4
〔解説〕
解答のとおり

問 36　4
〔解説〕
$FeS + 2HCl \rightarrow H_2S + FeCl_2$ という反応が起こる。水に溶けやすく空気よりも重い気体は下方置換により捕集する。硫化物の多くは黒色である。

問 37　3
〔解説〕
反応式よりプロパン（分子量 44）1 モルから水（分子量 18）は 4 モル生じる。8.8 g のプロパンのモル数は 8.8/44 ＝ 0.2 モルであるから、生じる水のモル数は 0.2 × 4 = 0.8 モル。よって生じる水の重さは 0.8 × 18 = 14.4 g

問 38　1
〔解説〕
二酸化窒素は赤褐色の刺激臭のある気体。

問 39　2
〔解説〕
解答のとおり

問 40　3
〔解説〕
ダイヤモンドは炭素の単体であるため共有結合により結ばれている。

〔性質・貯蔵・取扱い〕

（一般）

問 41　2　　問 42　4　　問 43　3　　問 44　1
〔解説〕
問 41　アクリルアミドは無色の結晶。土木工事用の土質安定剤、接着剤、凝集沈殿促進剤などに用いられる。　**問 42**　水酸化ナトリウム（別名：苛性ソーダ）NaOH は、白色結晶性の固体。水と炭酸を吸収する性質が強い。空気中に放置すると、潮解して徐々に炭酸ソーダの皮層を生ずる。動植物に対して強い腐食性を示す。用途は、染料その他有機合成原料、塗料などの溶剤、燃料、試薬、標本の保存用。　**問 43**　リン化水素 PH3 は、毒物。別名ホスフィンは腐魚臭様の無色気体。水にわずかに溶ける。酸素及びハロゲンと激しく反応する。用途は半導体工業におけるドーピングガス。　**問 44**　四アルキル鉛は特定毒物。無色透明な液体。芳香性のある甘味あるにおい。水より重い。水にはほとんど溶けない。用途は、自動車ガソリンのオクタン価向上剤。

問 45　4　　問 46　2　　問 47　1　　問 48　3
〔解説〕
問 45　黄リン P_4 は、無色又は白色の蝋様の固体。毒物。別名を白リン。暗所で空気に触れるとリン光を放つ。水、有機溶媒に溶けないが、二硫化炭素には易溶。湿った空気中で発火する。空気に触れると発火しやすいので、水中に沈めてビンに入れ、さらに砂を入れた缶の中に固定し冷暗所で貯蔵する。　**問 46**　弗化水素 HF は毒物。不燃性の無色液化ガス。激しい刺激性がある。ガスは空気より重い。空気中の水や湿気と作用して白煙を生じる。また、強い腐食性を示す。水にきわめて溶けやすい。用途は、ガラスの目盛り字画、化学分析。銅、鉄、コンクリートまたは木製のタンクにゴム、鉛、ポリ塩化ビニルあるいはポリエチレンのライニングをほどこしたものに貯蔵する。火気厳禁。　**問 47**　クロロホルム $CHCl_3$ は、無色、揮発性の液体で特有の香気とわずかな甘みをもち。麻酔性がある。空気中で日光により分解し、塩素 Cl_2、塩化水素 HCl、ホスゲン $COCl_2$、四塩化炭素 CCl_4 を生じるので、少量のアルコールを安定剤として入れて冷暗所に保存。　**問 48**　カリウム K は、劇物。銀白色の光輝があり、ろう様の高度を持つ金属。カリウムは空気中では酸化され、ときに発火することがある。カリウムやナトリウムなどのアルカリ金属は空気中の酸素、湿気、二酸化炭素と反応する為、石油中に保存する。カリウムの炎色反応は赤紫色である。

問 49　1　**問 50**　4　**問 51**　2　**問 52**　3

〔解説〕

問 49　クロルピクリン CCl_3NO_2 は、無色～淡黄色液体、催涙性、粘膜刺激臭。水に不溶。少量の界面活性剤を加えた亜硫酸ナトリウムと炭酸ナトリウムの混合溶液中で、攪拌し分解させたあと、多量の水で希釈して処理する。　**問 50**　硫化カドミウム(カドミウムイエロー)CdS は黄橙色粉末または結晶。水に難溶。熱硝酸、熱濃硫酸に溶ける。用途は顔料。廃棄法は、固化隔離法又は焙焼法である。

問 51　トルエンは可燃性の溶液であるから、これを珪藻土などに付着して、焼却する燃焼法。　**問 52**　塩化亜鉛 $ZnCl_2$ は水に易溶なので、水に溶かして消石灰などのアルカリで水に溶けにくい水酸化物にして沈殿ろ過して埋立処分する沈殿法。

問 53　2　**問 54**　3　**問 55**　1　**問 56**　4

〔解説〕

解答のとおり。

問 57　3　**問 58**　2　**問 59**　4　**問 60**　1

〔解説〕

問 57　シュウ酸 $(COOH)_2 \cdot 2H_2O$ は無色の柱状結晶、風解性、還元性、漂白剤、鉄さび落とし。無水物は白色粉末。水、アルコールに可溶。エーテルには溶けにくい。また、ベンゼン、クロロホルムにはほとんど溶けない。シュウ酸の中毒症状：血液中のカルシウムを奪取し、神経系を侵す。胃痛、嘔吐、口腔咽喉の炎症、腎臓障害。　**問 58**　三酸化二砒素 AS_2O_3(別名亜砒酸)は、毒物。無色で、結晶性の物質。200 度に熱すると溶解せずに昇華する。水にわずかに溶けて、亜砒酸を生ずる。苛性アルカリには容易に溶け、亜砒酸のアルカリ塩を生ずる。用途は医薬用、工業用、砒酸塩の原料。殺虫剤、殺鼠剤、除草剤等。吸入した場合は、鼻、のど、気管支等の粘膜を刺激し、頭痛、めまい、悪心、チアノーゼを起こす。はなはだしい場合には血色素尿を排泄し、肺水腫を起こし、呼吸困難を起こす。治療薬は、亜硝酸ナトリウム、チオ硫酸ナトリウム。　**問 59**　PAP(フェントエート)は、劇物、有機リン製剤で殺虫剤(稲のニカメイチュウ、ツマグロヨコバイなどの駆除)、赤褐色油状、3 %以下は劇物除外。有機リン剤なので解毒は硫酸アトロピンや PAM。有機リン製剤の中毒：コリンエステラーゼを阻害し、頭痛、めまい、嘔吐、言語障害、意識混濁、縮瞳、痙攣など。　**問 60**　クロルメチル(CH_3Cl)は、劇物。無色のエータル様の臭いと、甘味を有する気体。水にわずかに溶け、圧縮すれば液体となる。空気中で爆発する恐れがあり、濃厚液の取り扱いに注意。クロルメチル、ブロムエチル、ブロムメチル等と同様な作用を有する。したがって、中枢神経麻酔作用がある。処置として新鮮な空気中に引き出し、興奮剤、強心剤等を服用するとよい。

（農業用品目）

問 41　4　**問 42**　1　**問 43**　2　**問 44**　3

問 45　2　**問 46**　削除　**問 47**　1　**問 48**　4

〔解説〕

問 41、問 45　N-メチル-1-ナフチルカルバメート(NAC)は、:劇物。白色無臭の結晶。水に極めて溶にくい。(摂氏 30 ℃で水 100mL に 12mg 溶ける。)アルカリに不安定。常温では安定。有機溶媒に可溶。廃棄法はそのまま焼却炉で焼却するか、可燃性溶剤とともに焼却炉の火室へ噴霧し焼却する焼却法。又は、水酸化カリウム水溶液等と加温して加水分解するアルカリ法。**問 42**　カルタップは、劇物。無色の結晶。水、メタノールに溶ける。廃棄法は：そのままあるいは水に溶解して、スクラバーを具備した焼却炉の火室へ噴霧し、焼却する焼却法。**問 43、問 47**　DDVP は劇物。刺激性があり、比較的揮発性の無色の油状の液体。水に溶けにくい。廃棄方法は木粉(おが屑)等に吸収させてアフターバーナー及びスクラバーを具備した焼却炉で焼却する燃焼法と 10 倍量以上の水と攪拌しながら加熱乾留して加水分解し､冷却後､水酸化ナトリウム等の水溶液で中和するアルカリ法｡**問 44、問 48**　弗化亜鉛は、劇物。四水和物は、白色結晶。水にきわめて溶けにくい。酸、アンモニア水に可溶。廃棄法は、セメントを用いて固化し、埋め立て処分する固化隔離法。

問 49　2　　問 50　1　　問 51　3

〔解説〕

問 49　シアン化第一銅は、毒物。別名シアン化銅、青化第一銅。白色半透明の結晶性粉末。水には溶けない。塩酸、アンモニア水、シアン化カリウム溶液に溶ける。用途は鍍金用。吸入した場合、シアン中毒(頭痛、めまい、悪心、意識不明、呼吸麻痺等)、また皮膚に触れた場合は、皮膚より吸収されシアン中毒を起こす。解毒剤としては、ヒドロキソコバラミンを用いる。　**問 50**　フェノブカルブ(BPMC)は、劇物。無色透明の液体またはプリズム状結晶で、水にほとんど溶けないが、クロロホルムに溶ける。中毒症状が発現した場合には、至急医師による硫酸アトロピン製剤を用いた適切な解毒手当を受ける。　**問 51**　パラコートは、毒物で、ジピリジル誘導体で無色結晶、水によく溶け低級アルコールに僅かに溶ける。融点 300 度。金属を腐食する。不揮発性である。除草剤。4 級アンモニウム塩なので強アルカリでは分解。消化器障害、ショックのほか、数日遅れて肝臓、腎臓、肺等の機能障害を起こす。

問 52　4

〔解説〕

硫酸タリウム Tl_2SO_4 は、劇物。白色結晶で、水にやや溶け、熱水に易溶、用途は殺鼠剤。疝痛、嘔吐、振戦、痙攣等の症状に伴い、しだいに呼吸困難となり、虚脱症状となる。解毒剤は、ヘキサシアノ鉄(Ⅱ)酸鉄(Ⅲ)水和物(プルシアンブルー)

問 53　1　　問 54　4　　問 55　3　　問 56　2

〔解説〕

問 53　塩素酸カリウム $KClO_3$ は、無色の結晶。水に可溶、アルコールに溶けにくい。漏えいの際の措置は、飛散したもの還元剤(例えばチオ硫酸ナトリウム等)の水溶液に希硫酸を加えて酸性にし、この中に少量ずつ投入する。反応終了後、反応液を中和し多量の水で希釈して処理する還元法。　**問 54**　ピロリン酸亜鉛は、劇物。三水和物は、白色結晶。水に溶けにくい。酸、アルカリに可溶。廃棄法は、セメントを用いて固化し、埋め立て処分する固化隔離法。　**問 55**　イソプロカルブは、劇物。1.5 %を超えて含有する製剤は劇物から除外。白色結晶性の粉末。水に溶けない。アセトン、メタノール、酢酸エチルに溶ける。廃棄法はそのまま焼却炉で焼却する(燃焼法)と水酸化ナトリウム水溶液等と加温して加水分解するアルカリ法がある。　**問 56**　塩化銅(Ⅱ)$CuCl_2 \cdot 2H_2O$ は劇物。無水物と二水和物がある。一般に二水和物が流通。二水和物は緑色結晶。潮解性がある。水、エタノール、メタノールに可溶。廃棄方法は、水に溶かし、消石灰、ソーダ灰等の水溶液を加えて処理し、沈殿ろ過して埋立処分する沈殿法。

問 57　4　　**問 58**　3　　**問 59**　1　　**問 60**　2

〔解説〕

問 57　カズサホスは、10 %を超えて含有する製剤は毒物、10 %以下を含有する製剤は劇物。硫黄臭のある淡黄色の液体。用途は殺虫剤(野菜等のネコブセンチュウ等の防除に用いられる。)。　**問 58**　イミダクロプリドは劇物。弱い特異臭のある無色結晶。水にきわめて溶けにくい。マイクロカプセル製剤の場合、12 %以下を含有するものは劇物から除外。用途は野菜等のアブラムシ等の殺虫剤(クロロニコチニル系農薬)。　**問 59**　ジメチルビンホスは、劇物。微粉末結晶。キシレン、アセトン等によく溶ける。用途は、稲のニカメイチュウ、キャッベツのアオムシ等の殺虫剤として用いられる。　**問 60**　ブラストサイジン S は、白色針状結晶、融点 250 ℃以上で徐々に分解。水に可溶、有機溶媒に難溶。pH5 ～ 7 で安定。塩基性抗カビ抗生物質で、稲のイモチ病に用いる。劇物。

(特定品目)

問 41　4　　**問 42　3**　　**問 43**　1　　**問 44**　2

〔解説〕

問 41　水酸化ナトリウム(別名：苛性ソーダ)NaOH は、白色結晶性の固体。水と炭酸を吸収する性質が強い。空気中に放置すると、潮解して徐々に炭酸ソーダの皮層を生ずる。動植物に対して強い腐食性を示す。用途は、染料その他有機合成原料、塗料などの溶剤、燃料、試薬、標本の保存用。　**問 42**　塩素 Cl_2 は、常温においては窒息性臭気をもつ黄緑色気体.冷却すると黄色溶液を経て黄白色固体となる。融点はマイナス 100.98 ℃、沸点はマイナス 34 ℃である。用途は酸化剤、紙パルプの漂白剤、殺菌剤、消毒薬。　**問 43**　重クロム酸カリウム $K_2Cr_2O_7$ は、橙赤色柱状結晶。水にはよく溶けるが、アルコールには溶けない。用途として強力な酸化剤、焙染剤、製革用、電池調整用、顔料原料、試薬。　**問 44**　ホルマリンは無色透明な刺激臭の液体、低温ではパラホルムアルデヒドの生成により白濁または沈殿が生成することがある。用途はフィルムの硬化、樹脂製造原料、試薬・農薬等。１％以下は劇物から除外。

問45　4　**問46**　1　**問47**　２　**問48**　３

〔解説〕

問 45　トルエン $C_6H_5CH_3$(別名トルオール、メチルベンゼン)は劇物。特有な臭いの無色液体。水に不溶。比重 1 以下。可燃性。蒸気は空気より重い。揮発性有機溶媒。麻酔作用が強い。　**問 46**　ケイフッ化ナトリウム $Na_2[SiF_6]$ は無色の結晶。水に溶けにくく、酸により有毒な HF と SiF4 を発生。用途は釉薬、試薬。

問 47　硫酸モリブデン酸クロム酸鉛(別名モリブデン赤、クロムバーミリオン)は、劇物。橙色又は赤色粉末。水にほとんど溶けない。酸、アルカリに可溶。用途は顔料。　**問 48**　四塩化炭素(テトラクロロメタン)CCl_4 は、劇物。揮発性、麻酔性の芳香を有する無色の重い液体。水に溶けにくく有機溶媒には溶けやすい。強熱によりホスゲンを発生。蒸気は空気より重く、低所に滞留する。溶剤として用いられる。

問49　３　**問50**　４　**問51**　２　**問52**　１

〔解説〕

問 49　塩化水素 HCl は酸性なので、石灰乳などのアルカリで中和した後、水で希釈する中和法。　**問 50**　重クロム酸塩なので橙赤色で水に易溶だが、重クロム酸アンモニウム $(NH_4)_2Cr_2O_7$ は自己燃焼性がある。廃棄法は希硫酸に溶かし、遊離させ還元剤の水溶液を過剰に用いて還元したのち、消石灰、ソーダ灰等の水溶液で処理し沈殿濾過する還元沈殿法。　**問 51**　メチルエチルケトン $CH_3COC_2H_5$ は、アセトン様の臭いのある無色液体。引火性。有機溶媒。廃棄方法は、C, H, O のみからなる有機物なので燃焼法。　**問 52**　一酸化鉛 PbO は、水に難溶性の重金属なので、そのままセメント固化し、埋立処理する固化隔離法。

問53　２　**問54**　１　**問55**　3　**問56**　４

〔解説〕

問 53　クロム酸塩を誤飲すると口腔や食道が侵され赤黄色に変化する。このクロムが皮膚を酸化することでクロムは 3 価になり、緑色に変色する。　**問 54**　メタノール CH_3OH は特有な臭いの無色液体。水に可溶。可燃性。染料、有機合成原料、溶剤。　メタノールの中毒症状：吸入した場合、めまい、頭痛、吐気など、はなはだしい時は嘔吐、意識不明。中枢神経抑制作用。飲用により視神経障害、失明。　**問 55**　過酸化水素 H_2O_2：無色無臭で粘性の少し高い液体。徐々に水と酸素に分解する。酸化力、還元力をもつ。皮膚に触れた場合、やけど(腐食性薬傷)を起こす。漂白、医薬品、化粧品の製造。　**問 56**　シュウ酸 $(COOH)_2 \cdot 2H_2O$ は、劇物(10 %以下は除外)、無色稜柱状結晶。血液中のカルシウムを奪取し、神経系を侵す。胃痛、嘔吐、口腔咽喉の炎症、腎臓障害。

問57　3　**問58**　４　**問59**　2　**問60**　1

〔解説〕

問57　トルエンが少量漏えいした液は、土砂等に吸着させて空容器に回収する。多量に漏えいした液は、土砂等でその流れを止め、安全な場所に導き、液の表面を泡で覆いできるだけ空容器に回収する　**問 58**　硝酸が少量漏えいしたとき、漏えいした液は土砂等に吸着させて取り除くか、又はある程度水で徐々に希釈した後、消石灰、ソーダ灰等で中和し、多量の水を用いて洗い流す。また多量に漏えいした液は土砂等でその流れを止め、これに吸着させるか、又は安全な場所に導いて、遠くから徐々に注水してある程度希釈した後、消石灰、ソーダ灰等で中和し多量の水を用いて洗い流す。　**問 59**　クロロホルム(トリクロロメタン)$CHCl_3$ は、無色、揮発性の液体で特有の香気とわずかな甘みをもち、麻酔性がある。水に不溶、有機溶媒に可溶。比重は水より大きい。揮発性のため風下の人を退避。できるだけ回収したあと、水に不溶なため中性洗剤などを使用して洗浄。

問 60　クロム酸ナトリウムが漏えいしたときは、飛散したものは空容器にできるだけ回収し、そのあとを還元剤（硫酸第一鉄等）の水溶液を散布し、消石灰、ソーダ灰等の水溶液で処理したのち、多量の水を用いて洗い流す。この場合、濃厚な廃液が河川等に排出されないよう注意する。

〔実　地〕

（一般）

問 61　3　　**問 62**　1
問 63　2　　**問 64**　3　　**問 65**　1

〔解説〕

問 61、問 63　四塩化炭素(テトラクロロメタン) CCl_4 は、特有な臭気をもつ不燃性、揮発性無色液体、水に溶けにくく有機溶媒には溶けやすい。洗濯剤、清浄剤の製造などに用いられる。確認方法はアルコール性 KOH と銅粉末とともに煮沸により黄赤色沈殿を生成する。**問 62、問 64**　メタノール CH_3OH は特有な臭いの無色透明な揮発性の液体。水に可溶。可燃性。あらかじめ熱灼した酸化銅を加えると、ホルムアルデヒドができ、酸化銅は還元されて金属銅色を呈する。**問 65**　過酸化水素 H_2O_2 は、無色無臭で粘性の少し高い液体。徐々に水と酸素に分解(光、金属により加速)する。安定剤として酸を加える。　ヨード亜鉛からヨウ素を析出する。

問 66　1　　**問 67**　4
問 68　4　　**問 69**　3　　**問 70**　1

〔解説〕

問 66、問 68　フェノール C_6H_5OH は、無色の針状晶あるいは結晶性の塊りで特異な臭気があり、空気中で酸化され赤色になる。確認反応は $FeCl_3$ 水溶液により紫色になる(フェノール性水酸基の確認)。**問 67、問 69**　三硫化燐(P_4S_3)は毒物。斜方晶系針状結晶の黄色又は淡黄色または結晶性の粉末。火炎に接すると容易に引火し、沸騰水により徐々に分解して、硫化水素を発生し、燐酸を生ずる。マッチの製造に用いられる。**問 70**　硝酸銀 $AgNO_3$ は、劇物。無色結晶。水に溶して塩酸を加えると、白色の塩化銀を沈殿する。その硫酸と銅屑を加えて熱すると、赤褐色の蒸気を発生する。

（農業用品目）

問 61　4　　**問 62**　1　　**問 63**　2

〔解説〕

問 61　チアクロプリドは、劇物。無臭の黄色粉末結晶。用途は、シンクイムシ類等に対する農薬。　**問 62**　ベンダイオカルは毒物。カルバメート剤。白色結晶状粉末。水には 40ppm 溶ける。用途は、農薬殺虫剤。　**問 63**　アンモニア NH_3 は、常温では無色刺激臭の気体、冷却圧縮すると容易に液化する。水、エタノール、エーテルに可溶。強いアルカリ性を示し、腐食性は大。水溶液は弱アルカリ性を呈する。化学工業原料(硝酸、窒素肥料の原料)、冷媒。

問 64　1　　**問 65**　2　　**問 66**　3

〔解説〕

問 64　メタアルデヒドは、劇物。白色粉末結晶。アルデヒド臭。強酸化剤と接触又は混合すると激しい反応が起こる。用途は、殺虫剤。　**問 65**　エチルチオメトンは、毒物。無色～淡黄色の特異臭(硫黄化合物特有)のある液体。水にほとんど溶けない。有機溶媒に溶けやすい。アルカリ性で加水分解する。　**問 66**　カルボスルファンは、劇物。有機燐製剤の一種。褐色粘稠液体。用途はカーバメイト系殺虫剤。

問 67　4　　**問 68**　3　　**問 69**　1　　**問 70**　2

〔解説〕

問 67　酢酸第二銅は、劇物。一般には一水和物が流通。暗緑色結晶。240 ℃で分解して酸化銅(Ⅱ)になる。水にやや溶けやすい。エタノールに可溶。用途は、触媒、染料、試薬。　**問 68**　塩素酸コバルトは、劇物。暗赤色結晶。用途は、焙染剤、試薬等に用いられる。　**問 69**　ニコチンは、毒物、無色無臭の油状液体だが空気中で褐色になる。殺虫剤。ニコチンの確認：1)ニコチン＋ヨウ素エーテル溶液→褐色液状→赤色針状結晶　2)ニコチン＋ホルマリン＋濃硝酸→バラ色。
問 70　硝酸亜鉛 $Zn(NO_3)_2$：白色固体、潮解性。水にきわめて溶けやすい。水に溶かした水酸化ナトリウム水溶液を加えると、白色のゲル状の沈殿を生ずる。

（特定品目）

問61　4　　問62　1　　問63　2
問64　1　　問65　4

〔解説〕

問61、問64　酸化第二水銀(HgO_2)は毒物。赤色又は黄色の粉末。製法によって色が異なる。小さな試験管に入れ熱すると、黒色にかわり、その後分解し水銀を残す。更に熱すると揮散する。用途は塗料、試薬。**問62、問65**　アンモニア水は無色透明、刺激臭がある液体。アルカリ性を呈する。アンモニア NH_3 は空気より軽い気体。濃塩酸を近づけると塩化アンモニウムの白い煙を生じる。$NH_3 + HCl \rightarrow NH_4Cl$　**問63**　酢酸エチル $CH_3COOC_2H_5$ は、無色果実臭の可燃性液体で、溶剤として用いられる。

問66　2　　問67　1　　問68　3
問69　4　　問70　2

〔解説〕

問66、問69　ホルムアルデヒド HCHO は、無色刺激臭の気体で水に良く溶け、これをホルマリンという。ホルマリンは無色透明な刺激臭の液体、低温ではパラホルムアルデヒドの生成により白濁または沈澱が生成することがある。水、アルコール、エーテルと混和する。アンモニ水を加えて強アルカリ性とし、水浴上で蒸発すると、水に溶解しにくい白色、無晶形の物質を残す。フェーリング溶液とともに熱すると、赤色の沈殿を生ずる。**問67、問70**　塩酸は塩化水素 HCl の水溶液。無色透明の液体 25 %以上のものは、湿った空気中で著しく発煙し、刺激臭がある。塩酸は種々の金属を溶解し、水素を発生する。硝酸銀溶液を加えると、塩化銀の白い沈殿を生じる。　**問68**　水酸化ナトリウム(別名：苛性ソーダ)NaOH は、白色結晶性の固体。水と炭酸を吸収する性質が強い。空気中に放置すると、潮解して徐々に炭酸ソーダの皮層を生ずる。動植物に対して強い腐食性を示す。

毒物劇物試験問題集 全国版 20

ISBN978-4-89647-273-8　C3043　¥3200E

令和２年６月19日発行　　定価 3,200円＋税

編　集　毒物劇物安全性研究会

発　行　薬務公報社

〒166-0003　東京都杉並区高円寺南2-7-1　拓都ビル
電話　03(3315)3821
FAX　03(5377)7275

薬務公報社の毒劇物図書

毒物及び劇物取締法令集　令和二年版

法律、政令、省令、告示、通知を収録。

監修　毒物劇物安全対策研究会　定価二、五〇〇円＋税

毒物劇物取締法事項別例規集　第12版

法令を製造、輸入、販売、取扱責任者、取扱等の項目別に分類し、例規（疑義照会）と毒劇物略説（化学名、構造式、性状、用途等）を収録

編集　毒物劇物安全対策研究会　定価六、〇〇〇円＋税

毒物及び劇物取締法解説　第四十三版

法律の逐条解説、法別表毒劇物全品目解説、基礎化学概説、法律・基礎化学の取扱者試験対策用の収録。例題と解説を解説を収録。

編集　毒劇物安全性研究会

定価　三、五〇〇円＋税

毒劇物基準関係通知集

毒物及び劇物の運搬事故時における応急措置に関する基準①②③④⑤⑥⑦⑧は、漏えい時、出火時、暴露・接触時（急性中毒と刺激性、医師の処置を受けるまでの救急法）の措置、毒物及び劇物の廃棄方法に関する基準①②③④⑤⑥⑦⑧⑨⑩は、廃棄方法、生成物、検定法を収録。

監修　毒物劇物関係法令研究会　定価五、〇〇〇円＋税

毒物及び劇物の運搬容器に関する基準の手引き

毒物及び劇物の運搬容器に関する基準について、液体状のものを車両を用いて運搬する固定容器の基準（その１）、積載式容器（タンクコンテナ）の基準（その２、３）、又は参考法令として毒物及び劇物取締法、消防法、高圧ガス取締法（抜粋）で収録。

監修　毒物劇物安全性研究会　定価四、四〇〇円＋税